GB/T 7588.1—2020
《电梯制造与安装安全规范
第1部分:乘客电梯和载货电梯》
理解与应用

陈路阳　孙立新　主编

中国质量标准出版传媒有限公司

中国标准出版社

北　京

图书在版编目(CIP)数据

GB/T 7588.1—2020《电梯制造与安装安全规范　第1部分:乘客电梯和载货电梯》理解与应用/陈路阳,孙立新主编.—北京:中国标准出版社,2021.10(2022.4重印)
ISBN 978-7-5066-9821-4

Ⅰ.①G… Ⅱ.①陈…②孙… Ⅲ.①电梯—安全生产—规范—中国②电梯—安装—安全技术—规范—中国 Ⅳ.①TU857-65

中国版本图书馆 CIP 数据核字(2021)第 108456 号

中国质量标准出版传媒有限公司
中　国　标　准　出　版　社 出版发行
北京市朝阳区和平里西街甲 2 号(100029)
北京市西城区三里河北街 16 号(100045)
网址:www.spc.net.cn
总编室:(010)68533533　发行中心:(010)51780238
读者服务部:(010)68523946
中国标准出版社秦皇岛印刷厂印刷
各地新华书店经销
＊
开本 787×1092　1/16　印张 47.25　字数 1 055 千字
2021 年 10 月第一版　2022 年 4 月第二次印刷
＊
定价 180.00 元

GB/T 7588.1—2020
《电梯制造与安装安全规范
第1部分:乘客电梯和载货电梯》理解与应用

编 委 会

主 编:陈路阳 孙立新

副主编:庞秀玲

编 委:李忠铭 孙宝亮 李宏海

吝俊霞 陈嘉禾

前　言

　　伴随着中国的大国崛起,电梯行业得到了迅猛发展,我国电梯的保有量、年产量、安装量均已达到全球第一。GB 7588 作为我国电梯行业最重要的技术标准,迎来了重大修订:由原本的 GB 7588—2003 修订为 GB/T 7588.1—2020《电梯制造与安装安全规范　第 1 部分:乘客电梯和载货电梯》与 GB/T 7588.2—2020《电梯制造与安装安全规范　第 2 部分:电梯部件的设计原则、计算和检验》。新版标准的颁布与实施,对于规范我国的电梯技术规则、提升电梯产品质量、保障电梯安全运行等方面具有十分重要的作用。因此,对新版标准的学习理解与应用成为所有从事电梯设计、制造、安装、维修与检测检验人员的必修课与当务之急。

　　GB 7588 是电梯主体技术标准,是电梯行业相关技术标准的技术基础。该标准自 1987 年首次颁布实施,历经了 1995 年、2003 年的 2 次改版与 2016 年 1 号修改单之后,于 2020 年再次改版发布。在 GB 7588—2003 颁布之后,我们曾出版了《电梯制造与安装安全规范——GB 7588 理解与应用》一书,并于 2016 年 1 号修改单实施之际进行了修订再版。本次适逢 GB 7588 的重大改版,我们将对新标准的学习心得辑录成册,供大家在学习、理解标准和探讨电梯技术时参考。

　　本书稿的写作修订历时三年,贯穿于该标准的起草、公告征求意见与评议审核过程中,其间我们查阅了大量的相关资料,包括众多的相关国家标准与国际标准,同时也参考了电梯行业许多专家的著作,是多年以来我们的一份读书和求知笔记。现将自己的小小收获与大家一同分享,献给那些曾给予我们莫大帮助的领导、专家、同仁和同事,感谢他们给予的指导、鼓励与鞭策。同时,也要感谢其他相关领域的朋友们,帮助我们从其他行业的角度分析 GB 7588 的条文含义,并帮忙寻找相关的资料。

　　诚挚地感谢所有帮助过我们的人!

　　本书作为一本学习与理解 GB 7588 的笔记,许多观点只是编者的心得和一家之言,其中的疏漏在所难免,恳请各位读者斧正。

　　谨以本书献给在电梯行业耕耘不辍,孜孜以求的人……

编　者

2020 年 12 月 20 日

凡 例

为方便读者阅读,本书写作采用了对 GB/T 7588.1 逐条解说的方式。对标准中原有的条文和附图没有进行任何删节、修改,书中加灰底的部分为标准的原文。

本书的目的是为读者提供如何更恰当地使用 GB/T 7588.1 的方案,因此除极个别的条款外,对于标准条文是否完全合理并未做深入的讨论。

由于本版之前的 GB 7588(GB 21240)均是以 EN 81.1(EN 81.2)为蓝本修改采用的,本次则是使用重新起草法修改采用 ISO 8100-1:2019《运载人员和货物的电梯 第 1 部分:乘客电梯和货客电梯》进行编写。在 ISO 8100-1:2019 中有如下说明:"本文档的内容已在 EN 81-20:2014 中发布。本文档仅包含边际上的更改和参考文献的更新"。由此可知,ISO 8100-1:2019来自于 EN 81-20:2014,两者内容并无本质不同,而有关 EN 81-20:2014 的文献、CEN/TC 10对其作出的解释等资料均更加丰富,因此本书还是以 EN 81-20:2014 为叙述主体进行解读。本书中出现的 EN 81-20:2014 与 ISO 8100-1:2019,可认为是相同的内容。

本书的叙述,主要以"解析"和"资料"两个部分为主。

"解析"部分分为两种情况:第一种是作者对 GB/T 7588 相应条文的理解。第二种是作者从各方面找到的关于 CEN/TC 10 对 EN 81 相关条款的解释和问题解答(解释单),供读者参考使用。关于 CEN/TC 10 对 EN 81 相关条款的解释单,如果内容比较简单,或有些内容不适合 GB/T 7588.1,则进行了摘要;而对那些内容相对较多、涉及问题复杂的解释单,则做了全文引用。

此外,为了使读者能够方便对比本次修订的标准与上一版标准的内容差别,在"解析"中给出了每一则标准条文与上一版标准条文的对应关系。由于本部分前言中已经说明:"本部分以GB 7588—2003 为主,整合了 GB 21240—2007 的部分内容……",因此除液压驱动电梯特有的内容外,本书仅提供了与 GB 7588—2003 的条文对应关系。

"资料"部分是写作过程中为说明相应条款而引用、摘录的权威资料的内容,包括相关的国家标准内容、手册、法规以及设计规范中的相关内容。"资料"部分还包括一些作者认为对贯彻执行 GB/T 7588 有用的内容。在相应的条文解析之后,会给出"资料"的相应信息,如请参见

"GB/T 7588.1 资料＊＊＊"。

由于篇幅所限,本部分"资料"放在 GB/T 7588.2 的理解与应用中。为了查找和对照方便,资料的标题由"标准号"(GB/T 7588.1 或 GB/T 7588.2)＋"资料"＋"条款号"＋"-序列号"＋"资料名称"构成。以"GB/T 7588.1 资料 5.9-7 带有同步机构的多级液压缸"为例,表示的是:该资料服务于 GB/T 7588.1 中 5.9 条,是 5.9 条的第 7 份资料,其内容是"带有同步机构的多级液压缸"。

目　录

---

1)　此处的前言是 GB/T 7588.1—2020 标准的前言。

前言

GB/T 7588《电梯制造与安装安全规范》分为以下部分：

——第1部分：乘客电梯和载货电梯；

——第2部分：电梯部件的设计原则、计算和检验。

本部分为 GB/T 7588 的第1部分。

本部分按照 GB/T 1.1—2009 给出的规则起草。

GB/T 7588.1 和 GB/T 7588.2 代替 GB 7588—2003《电梯制造与安装安全规范》（包括第1号修改单）和 GB 21240—2007《液压电梯制造与安装安全规范》。本部分以 GB 7588—2003 为主，整合了 GB 21240—2007 的内容，与 GB 7588—2003 和 GB 21240—2007 相比，除结构调整和编辑性修改外主要技术变化如下：

——更改了引言中的部分内容；

——增加了部分术语和定义；

——增加了重大危险清单；

——增加了对于本部分未涉及的相关危险的设计原则；

——增加了机器空间的定义及其具体要求；

——更改了井道、机房和滑轮间照明的要求；

——更改了底坑停止装置的位置和数量要求，并增加了设置底坑检修运行控制装置的要求；

——更改了紧急解困的要求；

——更改了进入底坑方式的要求；

——更改了通道门、安全门和检修门的要求；

——更改了轿厢与对重在井道中的设置要求；

——增加了从井道壁突入井道内的水平凸出物和水平梁的规定；

——更改了部分封闭井道的最小围壁高度与距电梯运动部件距离的要求；

——更改了井道下方空间的防护要求；

——更改了对重（或平衡重）隔障的要求；

——更改了井道内隔障的要求；

——更改了轿顶避险空间和顶层间距的要求；

——更改了底坑避险空间和间距的要求；

——增加了识别层门和轿门底部保持装置最小啮合深度的要求，更改了轿门机械强度的要求，对于液压电梯，还更改了层门机械强度的要求；

——更改了动力驱动自动门的保护装置的要求；

——增加了三角形开锁装置的位置要求；

——增加了底坑内人员能够操作层门锁紧装置的要求；

——对于液压电梯，更改了轿门开启的要求；

——更改了轿厢有效面积的要求；

——删除了超面积载货电梯的有关要求；

——增加了载货电梯装卸装置的有关要求；

——更改了轿壁机械强度的要求；

——更改了轿厢结构和装饰材料的要求；

——增加了护脚板的刚度要求；

——更改了轿顶机械强度要求，并增加了防滑要求；

——更改了轿顶护栏的要求；

——删除了轿厢上护板的要求；

——更改了轿厢照明和应急照明的要求；

——增加了识别对重块数量的要求；

——更改了钢丝绳端接装置的规定；

——更改了钢丝绳曳引的规定；

——增加了补偿装置安全系数的要求；

——增加了钢丝绳防脱槽装置的要求；

——增加了井道内曳引轮、滑轮和链轮的要求；

——增加了释放安全钳的载荷条件和释放方法；

——删除了液压电梯机械防沉降措施中的"夹紧装置"的规定；

——删除了额定载重量大和额定速度低的电梯专门设计限速器的规定；

——更改了对重（或平衡重）安全钳的限速器动作速度的规定；

——更改了破裂阀检查和调整位置的要求；

——增加了轿厢上行超速保护装置的有效工况要求和采用制动器作为减速部件
　　的自监测要求；

——更改了轿厢上行超速保护装置速度监测部件和动作速度的要求；

——更改了轿厢上行超速保护装置作用位置的要求；

——对于曳引式和强制式电梯，更改了轿厢意外移动保护装置采用制动器作为制
　　停部件的自监测要求；对于液压电梯，增加了轿厢意外移动保护装置的要求；

——更改了作用在导轨上力的要求；

——更改了导轨计算的方法；

——增加了非线性缓冲器减速度最大峰值的要求；

——更改了缓冲器减行程设计的规定；

——更改了驱动主机制动器的要求，并增加了监测制动器的要求；

——增加了手动释放制动器时向附近层站移动的要求；

——更改了静态元件对电动机供电和控制的要求；

——更改了电磁兼容性的要求；

——增加了电击防护的要求；

——更改了接触器和接触器式继电器的要求；

——更改了液压电梯过热保护动作后的要求；

——更改了轿顶、机房、滑轮间及底坑所需插座的供电要求；

——增加了电梯安全相关的可编程电子系统（PESSRAL）的规定；

——增加了电梯数据输出的规定；

——对于液压电梯，增加了平层准确度和平层保持精度的要求；

——更改了轿厢超载的规定；

——更改了检修运行控制的要求；

——更改了检修运行和紧急电动运行的速度要求；

——删除了载货电梯"对接操作"控制的规定；

——增加了维护操作的保护要求；

——增加了层门和轿门旁路装置的规定；

——增加了门触点电路故障时防止电梯正常运行的要求；

——增加了安全要求和（或）保护措施的验证方法；

——更改了交付使用前检查的要求；

——增加了机器空间入口的内容；

——增加了与建筑物接口的内容；

——增加了进入底坑梯子的要求。

本部分使用重新起草法修改采用 ISO 8100-1:2019《运载人员和货物的电梯 第 1 部分:乘客电梯和货客电梯》。

本部分与 ISO 8100-1:2019 相比在结构上做了以下调整：

——在 5.2.5.2.2.2b)、5.2.6.6.2c)、5.3.4.3、5.4.3.2.2a)、5.4.4、5.5.7、5.6.7.6、5.7.2.2、5.7.2.3.3、5.7.2.3.5、5.7.2.3.6、5.9.2.3.4、5.9.3.9.1.1、5.12.1.7、附录 B、附录 C、E.1 和 E.3.2 中，增加了条款编号，以便于应用；

——将 5.7.4.5、5.7.4.6、5.7.4.7 条款号分别修改为 5.7.5、5.7.6、5.7.7，修正了编辑性错误，以便于应用；

——在 6.3 中，增加了悬置段的编号和标题，即"6.3.1 总则"，并调整了后续条款的编号，以符合 GB/T 1.1—2009 规定和便于应用；

——对部分公式重新进行了编号，以满足 GB/T 1.1—2009 的规定。

本部分与 ISO 8100-1:2019 的技术性差异及其原因如下：

——关于规范性引用文件，本部分做了具有技术性差异的调整，以适应我国的技术条件，调整的情况集中反映在第 2 章"规范性引用文件"中，具体调整如下：

● 用等同采用国际标准的 GB/T 786.1 代替了 ISO 1219-1；

● 用等同采用国际标准的 GB/T 4208 代替了 IEC 60529；

● 用等同或修改采用国际标准的 GB/T 4728（所有部分）代替了 IEC 60617；

● 用等同采用国际标准的 GB/T 5013.5 代替了 IEC 60245-5；

● 用等同采用国际标准的 GB/T 5023.6 代替了 IEC 60227-6；

● 用修改采用国际标准的 GB/T 7588.2—2020 代替了 ISO 8100-2；

● 用修改采用国际标准的 GB/T 8903 代替了 ISO 4344；

● 用修改采用国际标准的 GB/T 14048.4—2010 代替了 IEC 60947-4-1；

● 用修改采用国际标准的 GB/T 14048.5—2017 代替了 IEC 60947-5-1；

● 用等同采用国际标准的 GB/T 14048.14 代替了 IEC 60947-5-5；

- 用等同采用国际标准的 GB/T 16935.1 代替了 IEC 60664-1；
- 用等同采用国际标准的 GB/T 18209.3 代替了 IEC 61310-3；
- 用等同采用国际标准的 GB/T 21711.1 代替了 IEC 61810-1；
- 用 GB 8624 代替了 EN 13501-1；
- 用 GB/T 18775 代替了 EN 13015；
- 用 GB/T 24475 代替了 EN 81-28；
- 用 GB/T 24480 代替了 EN 81-58；
- 用 GB/T 24807 代替了 ISO 22199；
- 用 GB/T 24808 代替了 ISO 22200；
- 增加引用了 GB/T 3639、GB 4053.1、GB 4053.2、GB/T 13793、GB/T 24476—2017、GB/T 27903、GB/T 32957、GB 50017、GA 494 和 JB/T 8734.6；
- 删除了 ISO 3008-2、ISO 29584：2015、EN 1993-1-1、EN 10305（所有部分）、EN 12385-5 和 EN 50214。

——在术语 3.4"平衡重"、3.20"安装单位"、3.21"瞬时式安全钳"和 3.50"安全部件"中，修改了定义，以适合我国国情。

——在 5.2.1.5.1a)3)中，用"距离底坑地面 1.10 m～1.30 m 高度的位置设置一个停止装置"代替了"距离底坑地面 1.2 m 高度的位置设置一个停止装置"，以提高可操作性。

——在 5.2.2.3 中，删除了为了维护和救援允许经过私人空间的有关内容，以提高安全要求和可操作性。

——在 5.2.2.5d)中，用"踏棍后面与墙壁的距离不应小于 200 mm，在有不连续障碍物的情况下不应小于 150 mm"代替了"踏棍后面与墙壁的距离不应小于 0.15 m"，以便与 GB/T 17888.4—2008 中 4.4.4 的规定一致。

——在 5.2.3.1 中，修改了当相邻两层门地坎间的距离大于 11 m 时的规定，以满足我国高层建筑发展的需要。

——在 5.2.3.3e)中，用"无孔，符合相关建筑物防火规范的要求"代替了"无孔，满足与层门相同的机械强度要求，并且符合相关建筑物防火规范的要求"，以提高可操作性和适合我国国情。

——在 5.2.5.2.2.2b)1)、5.2.5.3.2b)1)和 5.4.7.1a)中，用"永久变形不大于 1 mm"代替了"无永久变形"，更科学合理。

——在 5.2.5.2.3b)和图 2 中，修改了部分封闭井道的最小围壁高度与距电梯运动部件距离的规定，以提高安全要求和可操作性。

——在 5.2.5.7.1 和 5.2.5.8.1 中，增加了"另外，应采用宽度不小于 100 mm 的绿色边框标示出每个避险空间垂直投影的边缘"，以提高安全要求和可操作性。

——在 5.2.5.8.1 中，增加了柔性部件可进入避险空间的具体要求，以提高可操作性。

——在 5.3.5.3.2 中，增加了设置最小啮合深度的标志或标记的规定，以提高安全要求和可操作性。

——在表 5 和图 11 中，按 5.3.5.3.4 条文进行了修改，以使条文与图表的有关要求协调一致。

——在 5.3.9.3.2 中，增加了"仅被授权人员才能取得"，以提高安全要求和适合我国国情。

——在 5.3.14.1 中，增加了"不需要考虑上下导向装置同时损坏的情况"，以便与 5.3.11.1 相协调和适合我国国情。

——在 5.4.4.2 中，增加了轿门装饰材料的规定，以提高安全要求。

——在 5.4.4.3 中，修改了轿厢内使用的镜子和其他玻璃装饰的规定，以提高可操作性和适合我国国情。

——在 5.4.11.2 中，增加了"应具有能快速识别对重块数量的措施（例如：标明对重块的数量或总高度等）"的规定，以提高安全要求和可操作性。

——在 5.5.2.3.1 中，增加了"或者具有同等安全的其他装置"，以适合我国国情。

——在 5.6.1.3 中，增加了液压电梯平衡重坠落保护措施的规定，以提高安全要求。

——在 5.6.2.2.1.2 中，修改了限速器动作点之间对应于限速器绳移动的最大距离的规定，以便与 GB/T 7588.2—2020 中 5.3.2.3.1 的规定协调一致。

——在 5.6.2.2.1.3c)中，增加了"限速器绳的公称直径不应小于 6 mm"，以提高安全要求。

——在 5.6.6.2 和 5.6.7.3 中，修改了在使用驱动主机制动器的情况下的规定，以提高安全要求和适合我国国情。

——在 5.7.2.1.2、5.7.2.3.5 和 5.7.6 中，修改了有关导轨计算的规定，以使相关安全要求更合理。

——在 5.9.2.2.2.1 中，增加了监测制动器的规定，以提高安全要求。

——在 5.9.2.2.2.6 中，增加了有关更换磨损后制动衬块的警示信息的规定，以提高安全要求。

——在 5.9.3.3.3.3 中，增加了标明"允许的弯曲半径"的规定，以提高安全要求。

——在 5.11.3 增加了电梯数据信息输出的规定，以提高安全要求和适应电梯技术发展需要。

——在 5.12.1.2.2 中，删除了"最少超过 75 kg"的内容，将超载统一规定为超出 110％额定载重量，以提高安全要求和适应电梯技术发展需要。

——在 7.2.3 中，增加了驱动主机制动器、轿厢上行超速保护装置和轿厢意外移动保护装置维护说明的规定，以提高安全要求。

——删除了第 8 章，因为其不适合我国国情，并且存在与否并不影响本部分的应用。

——在附录 C 中，删除了 C.2 重大改装或事故后检查的内容，以便与第 1 章范围协调一致和适合我国国情。

——在 F.5a)中，增加了在有不连续障碍物的情况下的规定，以便与 GB/T 17888.4—2008 相关要求一致。

本部分做了下列编辑性修改：

——修改了标准名称；

——在 0.2.2.2 注中，删除了"EN 81-71 给出了耐故意破坏电梯的附加要求"，因为其不适合我国国情，并且存在与否并不影响本部分的使用；

——在 0.3.3 中，删除了第 1 段最后 1 句和第 2 段，以适合我国国情；

——在 0.3.6 中，删除了将 75 kg 作为检测依据的内容，以便与 5.12.1.2.2 协调一致；

——在 3.7 胜任人员和 3.30 维护中，增加了举例或注，以便于应用；

——在 5.2.1.8.2、5.2.1.8.3 和 5.2.3.3f)中，用 0.09 m² 代替了 0.30 m×0.30 m，以适用于所述的圆形面积和方形面积；

——在 5.2.1.9 中，修改了注，以及在 5.2.2.2、5.2.2.3、5.2.2.5、5.2.3.4、5.3.7.1、5.9.3.3.1.2 和 F.4a)中，删除了注，因为其不适合我国国情，并且存在与否并不影响本部分的使用；

——在 5.2.5.2.3d)中，明确了所引用的条款，以便于应用；

——在 5.2.6.4.5.3a)中，删除了"在平台上应标示允许的最大载荷"，以避免与 5.2.6.4.5.8 重复；

——在 5.3.5.3.1b)中，用"[见 5.3.1.4（最大 10 mm 的间隙）、5.3.6.2.2.1 i)3)（最大 5 mm 的间隙）和 5.3.9.1]"代替了"[见 5.3.1.4（最大 10 mm 的间隙）和 5.3.9.1]。玻璃门见 5.3.6.2.2.1 i)3)"，以便于应用和与有关条款协调一致；

——在 5.3.5.3.7c)、5.3.7.2.1a)2)、5.4.3.2.5c)和表 9 中，修改了夹层玻璃厚度标记的表示方式，以适合我国国情；

——在 5.3.6.3 中，删除了注，以避免与条文重复；

——在表 5 和表 12 中，增加了注，在表 6、表 7 和表 13 中，修改了注的表达形式，以符合 GB/T 1.1—2009 有关规定；

——在 5.4.4.2、5.7.7b)、5.9.3.3.2.1、5.10.1.2.2d)、5.10.6.1 和 F.3.1b)中，删除了"对于未采用 CEN 标准的国家，应采用有关的国家规定"，因为其不适合我国国情，并且存在与否并不影响本部分的使用；

——在 5.4.8a)中，修改了检修运行控制装置设置位置的内容，以明确要求和提高可操作性；

——在 5.4.11.1 中，对强制式电梯和液压电梯的平衡重分别提出了要求，以便与有关条款协调一致；

——在 5.5.2.3.1 中，删除了注和括弧中的例子，以适合我国国情；

——在 5.5.7 标题和表 10 表题中，增加了限速器和张紧轮，以便与 5.5.7.1 协调一致；

——在 5.7.2 标题中，用"载荷和力"代替了"许用应力和变形"，以便与条文协调一致；

——在5.12.1.9中,增加了注,以明确要求和适合我国国情;

——在附录B(资料性附录)中,修改了注,以指导应用;

——删除了附录G(资料性附录),因为其不适合我国国情,并且存在与否并不影响本部分的使用;

——在全文图中,修改了数值的单位,以便与条文中对应数值的单位协调一致。

本部分由全国电梯标准化技术委员会(SAC/TC 196)提出并归口。

本部分起草单位:中国建筑科学研究院有限公司建筑机械化研究分院、迅达(中国)电梯有限公司、上海三菱电梯有限公司、日立电梯(中国)有限公司、通力电梯有限公司、奥的斯电梯(中国)投资有限公司、东南电梯股份有限公司、奥的斯机电电梯有限公司、华升富士达电梯有限公司、苏州江南嘉捷电梯有限公司、西子电梯集团有限公司、广东省特种设备检测研究院、江苏省特种设备安全监督检验研究院苏州分院、深圳市特种设备安全检验研究院、东芝电梯(中国)有限公司、广州广日电梯工业有限公司、上海市特种设备监督检验技术研究院、巨人通力电梯有限公司、蒂森克虏伯电梯(上海)有限公司、康力电梯股份有限公司、永大电梯设备(中国)有限公司、苏州帝奥电梯有限公司、申龙电梯股份有限公司、上海现代电梯制造有限公司、菱王电梯股份有限公司、苏州通润驱动设备股份有限公司、苏州默纳克控制技术有限公司、国家电梯质量监督检验中心、昆山通祐电梯有限公司、森赫电梯股份有限公司、沈阳远大智能工业集团股份有限公司、日立楼宇技术(广州)有限公司、西子电梯科技有限公司、宁波申菱机电科技股份有限公司、宁波力隆企业集团有限公司、天津市奥瑞克电梯有限公司。

本部分主要起草人:陈凤旺、蔡金泉、茅顺、鲁国雄、王明凯、夏英姿、马依萍、温爱民、陈路阳、周卫东、金来生、卜四清、李杰锋、庄小雄、韩国庆、谭峥嵘、冯双昌、刘涛、郭贵士、顾楠森、赵建兵、唐林钟、唐志荣、李海峰、周国强、周卫、刘春凯、刘晶、王明福、费权钱、李振才、陈晓东、陈俊、侯胜欣、彭年俊、沈言。

本部分所代替标准的历次版本发布情况为:

——GB 7588—1987、GB 7588—1995、GB 7588—2003;

——GB 21240—2007。

【解析】

本版之前的GB 7588(GB 21240)均是以EN 81.1(EN 81.2)为蓝本修改采用,本次则是使用重新起草法修改采用ISO 8100-1:2019《运载人员和货物的电梯 第1部分:乘客电梯和货客电梯》进行编写。在ISO 8100-1:2019中有如下说明:"本文档的内容已在EN 81-20:2014中发布。本文档仅包含边际上的更改和参考文献的更新"。由此可知,ISO 8100-1:2019来自于EN 81-20:2014,两者内容并无本质不同,而有关EN 81-20:2014的文献、CEN/TC 10对其作出的解释等资料均更加丰富,因此本书还是以EN 81-20:2014为叙述主体进行解读。本书中出现的EN 81-20:2014与ISO 8100-1:2019,可认为是相同的内容。关于ISO 8100-1、ISO 8100-2与EN 81-20、EN 81-50的关系,可参考"GB/T 7588.1资料0-8 ISO 8100及EN 81标准系列"。

本章的内容是 ISO 8100-1:2019 的"第 0 章　前言"部分，是 ISO 8100-1:2019 的总纲。它叙述了 ISO 8100-1 制定的诸多原则和假设，对其后的所有内容起到原则性和指导性作用，也是保证标准合理性的基础。

　　ISO 8100-1:2019 是在第 0 章（即本章）的假设条件下才能够保证符合本部分的电梯的安全性；同时标准中后面的每个条款也均是为保护第 0 章中所描述的风险而制定的，是对第 0 章内容的详细化。因此，正确、全面地理解 EN81-20 第 0 章是理解和正确应用 ISO 8100-1:2019 的关键。

　　由于 GB/T 7588.1 来源于 ISO 8100-1:2019，因此本章同样是 GB/T 7588.1 的总纲，使用和学习本部分必须充分了解本章。

　　本部分遵守 GB/T 1.1《标准化工作导则　第 1 部分：标准的结构和编写》的要求："标准中的要求应容易识别，并且这些要求的条款要与其他可选择的条款相区分，以便使标准使用者在声明符合某项标准时，能了解哪些条款是应遵守的，哪些条款是可选择的。为此，有必要规定明确的助动词使用规则"。因此，本部分中的"应""不应"表示要准确地符合标准而应严格遵守的要求。"宜""不宜"表示在几种可能性中推荐特别适合的一种，不提及也不排除其他可能性，或表示某个行动步骤是首选的但未必是所要求的，或（以否定形式）表示不赞成但也不禁止某种可能性或行动步骤。"可""不必"表示在标准的界限内所允许的行动步骤。"能、不能"用于陈述由材料的、生理的或某种原因导致的能够和不能够。

引言

0.1 通则

依据 GB/T 15706,本部分属于 C 类标准。

在 GB/T 7588 的本部分的范围中,指出了本部分所适用的机械以及所涵盖的危险、危险状态和危险事件的程度。

当本 C 类标准的要求与 A 类标准或 B 类标准中的要求不同时,对于已按照本 C 类标准设计和制造的机器,本 C 类标准中的要求优先于其他标准中的要求。

【解析】

本条为新增内容。

本条中依据的 GB/T 15706—2012《机械安全 设计通则 风险评估与风险减小》是机械安全标准体系中所有标准的基础标准。结合 GB/T 30174—2013《机械安全 术语》中的相关内容,机械安全标准体系的结构及各类安全标准的定义如下。

(1)A 类标准(基础安全标准):给出适用于所有机械安全的基本概念、设计原则和一般特征的标准。

(2)B 类标准(通用安全标准):规定能在较大范围应用的机械的一种安全特性或一类安全装置的标准。

1)B1 类,规定特定的安全特征(如安全距离、表面温度、噪声)的标准;

2)B2 类,规定安全装置(如双手操纵装置、联锁装置、压敏装置、防护装置)的标准。

(3)C 类标准(机器安全标准):对一种特定的机器或一组机器规定出详细安全要求的标准。

电梯作为一部含有电气设备的机器(见本部分 5.10.1.1.1),符合 GB/T 15706—2012《机械安全 设计通则 风险评估与风险减小》对机器做出的定义:"由若干个零、部件连接构成并具有特定应用目的的组合,其中至少有一个零、部件是可运动的,并且配备或预定配备动力系统"。

很显然本部分是对符合机器定义的电梯适用的标准,属于 C 类标准。

下面介绍一下各类标准的分类背景、地位和编制原则,这样可以加深对本部分的了解。

我国的安全标准,部分参考了欧洲的相关标准。在欧洲机器指令之下,欧洲标准化组织制定了上百个标准,为了更好地管理并对这些标准分类,欧洲标准化组织制定了 EN 414《机械安全 安全标准的起草与表述规则》(我国已将其转化为 GB/T 16755《机械安全 安全标准的起草与表述规则》),将它们划分成三个不同的层次结构:A 类标准、B 类标准、C 类标准。

所有安全标准都应符合 A 类标准给出的基本概念、设计原则和一般特征。

B 类标准和 C 类标准包含机器的设计和/或构造;B 类标准应考虑一种特定的安全特征

或一类安全装置；C 类标准应考虑一种特定的机器或一组机器。

它们之间的关系如下（见图 0.1-1）。

——A 类标准：是涉及基本概念或设计原则的标准（如基本安全评估等）。

——B 类标准：在 A 类标准之下，是参考 A 类标准而制定的、对各种类别的机器做出规定的一类标准。B 类标准并不是针对某一种特定的机器，而是对整个类别的机器的共性做出了规定。B 类标准又划分为 B1 类标准和 B2 类标准。B1 类标准对与特定的安全特征相关的参数做出了规定，如安全距离、表面温度、噪声等；B2 类标准规定的是对安全装置的具体要求，如紧急停止开关、双手按钮、安全门开关、安全地毯等。

——C 类标准：在 B 类标准的基础之上，制定了大量的 C 类标准。C 类标准是针对特定产品所制定的安全标准，每一个 C 类标准都对一种具体的机器做出了详细的规定。

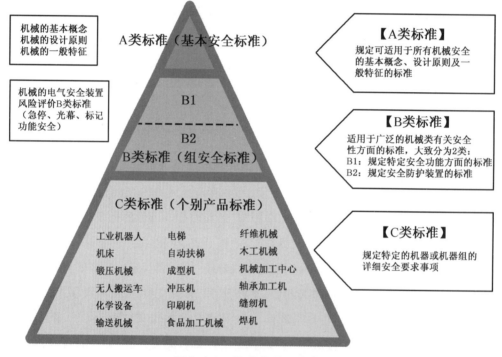

图 0.1-1　标准分级示意图

由此可知，GB/T 7588 应属于 C 类标准的范畴。

C 类标准制定的原则就是通过下述方法尽可能在一个标准中包括与一种或一组机器有关的所有危险：

1）引用相关的 A 类标准；

2）引用相关的 B 类标准和性能类别；

3）引用充分包括这些危险的其他标准（如 C 类标准）；

4）当不可能引用其他标准，而风险评价表明这些内容又是需要的，则在标准中规定安全要求和/或措施。

在确定不包括所有危险时（例如，为了包括所有危险，而引起标准的起草时间不可接受时），应在标准的适用范围中作出明确的规定，并列出所包括的危险一览表。

由以上原则可以知道，GB/T 7588 仅是一个针对具体产品所制定的标准（C 类标准）。它的制定原则就是尽可能引用 A 类和 B 类标准的内容，而不是取代它们。因此 GB/T 7588 不可能替代或取代其他基础标准。在使用本标准时还要符合其他的基础标准和相关标准的要求。

本部分的范围中规定了适用永久安装的，新的曳引、强制和液压驱动的乘客电梯或载货电梯，显然按照上述分类原则，本部分属于 C 类标准，通过风险评价的方法识别得出了与本部分有关的所有重大危险、危险状态和危险事件，并在第 4 章中列出，第 5 章的内容是针对第 4 章所列重大危险而规定的安全要求和（或）保护措施。

由于 C 类标准仅是对一种特定的机器或一组机器规定出详细的安全要求的标准，所以特定机器涉及的通用安全特征所对应的安全要求应依据 B 类或 A 类标准，除非在 C 类标准中已有特殊规定。因此，对于本部分未涉及的相关但非重大危险，应按照 GB/T 15706—2012《机械安全　设计通则　风险评估与风险减小》给出的方法进行设计。这一原则对于乘客电梯和载货电梯的设计、制造和安装非常重要。

GB/T 15706—2012《机械安全　设计通则　风险评估与风险减小》的引言"当 C 类标准的内容与本标准或者其他 B 类标准的一个或多个技术规定不一致时，以 C 类标准的技术规定为准"和 GB/T 16755—2008《机械安全　安全标准的起草与表述规则》的 4.5"当 C 类标准与 A 类标准或 B 类标准规定的几个方面或要求存在差异时，则 C 类标准优先于 A 类标准或 B 类标准"的内容与本部分的表述是一致的。

本条中的几个概念：

——"机器"是指由若干个零、部件连接构成并具有特定应用目的的组合，其中至少有一个零、部件是可以运动的，并且配备或预定配备动力系统。

——"危险"是指潜在的伤害源。

——"危险状态"是指人员暴露于至少具有一种危险的环境。

——"危险事件"是指能够造成伤害的事件。

0.2　概述

0.2.1　本部分以保护人员和货物为目的规定乘客电梯和载货电梯的安全规范，防止发生与电梯的正常使用、维护或紧急操作相关事故的危险。

【解析】

本条的内容与 GB 7588—2003 中 0.1.1 相对应。

根据 JB/T 7536—1994《机械安全通用术语》，"安全标准"的定义为："以保护人和物的安全为目的而制定的标准。"从这个意义上说，0.2.1 的内容说明了本部分是安全标准，本部

分中规定的是与安全相关的内容。可以这样认为，对于与安全方面无关的产品性能和质量
方面的内容，本规范不做过多要求。

　　本条同时强调了本部分保护的对象既包括人员又包括货物。在以下三种状态下，电梯
均应是安全的：a)正常使用；b)电梯维护作业；c)紧急操作。

0.2.2　研究了电梯的各种可能危险，见第 4 章。

【解析】

　　0.2.2 的内容在第 4 章"重大危险清单"中详细列出，与 GB 7588—2003《电梯制造与安
装安全规范》中 0.1.2.1 的危险条目相比较来说，"重大危险清单"更加翔实具体，且第 4 章
列出的重大危险、危险状态和事件是通过风险评价方法识别得出，在制定本部分时已经考
虑到以上危险发生的可能性，并已经考虑到在发生上述危险时，对人员、设备、建筑物和紧
邻设备区域的保护。可以这样认为，如果完全按照 EN 81-20 的要求去做，以上危险的可能
性要么可以被消除，要么在发生某些危险时其后果已被限制在可以接受的范围之内（危险
被减小）。举一个很典型的例子：GB/T 7588.2《电梯制造与安装安全规范　第 2 部分：电梯
部件的设计原则、计算和检验》中"5.12 钢丝绳安全系数"就是考虑到钢丝绳磨损和疲劳导
致失效的可能性，因此要用 5.12 中提供的方法（设计计算）来降低这种风险发生的概率，最
终达到避免发生坠落危险的目的。

0.2.2.1　保护的人员包括：

　　　a)　乘客、胜任人员和被授权人员［如：维护人员和检查人员（见 GB/T 18775）］；
　　　b)　井道、机房和滑轮间周围可能会受到电梯影响的人员。

【解析】

　　本条的内容与 GB 7588—2003 中 0.1.2.2 相对应。

　　0.2.2.1 表明，本部分保护的对象是使用电梯的人员和（或）电梯周围可能受到影响的
人员。结合 0.2.1,本部分是保护上述人员在"正常使用、维护或紧急操作"过程中的安全。

　　本条涉及的几种人员，其定义如下：

　　乘客：电梯轿厢运送的人员。（见 3.34）

　　胜任人员：在知识和实际经验方面，经过相应的培训和认可，按照必要的说明，能够安
全地完成所需的电梯检查或维护，或者救援使用者的人员。注：国家法规可能要求具有资
格证书。（见 3.7）

　　被授权人员：经负责电梯运行和使用的自然人或法人许可，进入受限制的区域（如机器
空间、滑轮间或井道等）进行维护、检查或救援操作的人员。注：被授权人员应具有从事所
授权工作的能力。（见 3.2）

　　被授权人员通常包括维护人员和检查人员。

　　"维护人员"在 GB/T 18775—2009《电梯、自动扶梯和自动人行道维修规范》的 3.5 中

定义为"已经过适当的培训,拥有足够的知识和实际经验,并能得到其所在维护组织必要的指导和支持,以便能够安全地进行所要求的维护操作的人员"。

"检查人员"应包括检验人员、试验人员、电梯验收的工作人员等。

这里要注意的是 b),在标准中不但要保护那些使用电梯和检查、维护电梯的人员,同时对在电梯井道、机房和滑轮间附近活动的人员也要提供必要的保护。本部分的 5.2.5.2.3(部分封闭的井道)、5.2.5.4(井道下方空间的防护)等都可视作对应本条的要求。

本条所声明的保护对象没有包括进行电梯安装、拆除的人员,因为在安装、拆除电梯的过程中,电梯并不是一个完整的设备,单凭 GB/T 7588.1 的规定是无法保护上述人员安全的。上述人员的安全保护还需要其他的安全防护措施以及相关的安全操作规程。

> 0.2.2.2 保护的物体包括:
>   a) 轿厢内的装载物;
>   b) 电梯的零部件;
>   c) 安装电梯的建筑;
>   d) 紧邻电梯的区域。
> **注**:GB/T 31095 给出了地震情况下电梯的附加要求。

【解析】

本条的内容与 GB 7588—2003 中 0.1.2.3 相对应。

0.2.2.2 表明,GB/T 7588.1 在保护物体方面的目的是保证上述物体免受损失。应注意的是,不但要保护电梯所运送货物的安全、电梯设备本身的安全,同时也要考虑建筑物的安全以及紧邻电梯区域的安全。由此可见,5.2.5.4 等都可视作对本条要求的具体化。

结合 0.2.2.1 对人员的保护,在分析了电梯的各种可能危险后,通过本部分对各方面的要求,能够对以下方面均予以保护:

——电梯运输的货物;

——电梯自身;

——电梯所处的建筑物和环境。

但即便完全符合本部分的各项要求,也只能保证在正常条件下,上述方面能够得到有效保护。当一些非正常情况发生时(如地震),还需遵照相关标准的要求进行必要的保护。关于地震情况下电梯的附加要求,参见"GB/T 7588.1 资料 0-1"。

> 0.2.3 当部件因重量、尺寸和(或)形状原因徒手不能移动时,则这些部件应:
>   a) 设置可供提升装置吊运的附件;或
>   b) 设计成可与吊运附件相连接(如:采用螺纹孔方式);或
>   c) 具有容易与标准型的提升装置缚系连接的外形。

【解析】

本条的内容与 GB 7588—2003 中 0.2.3 相对应。

本条是为了保证在设备吊装和搬运过程中人员和设备的安全而设定的。本条是充分考虑到人类功效学原则而制定的，人类功效学也是保证机械安全的一个重要方面。GB/T 15706—2012《机械安全　设计通则　风险评估与风险减小》认为，机械设计时忽略人类工效学原则可能产生各种危及人身安全的危险。关于 GB/T 15706—2012 的内容，参见"GB/T 7588.1 资料 0-2"。

GB 5083—1999《生产设备安全卫生设计总则》中对吊装和搬运也有类似的规定：

"能够用手工进行搬运的生产设备，必须设计成易于搬运或在其上设有能进行安全搬运的部位或部件（如把手）"（见该标准 5.9.1）；"因重量、尺寸、外形等因素限制而不能用手工进行搬运的生产设备，应在外形设计上采取措施，使之适应于一般起吊装置吊装或在其上设计出供起吊的部位或部件（如起吊孔、起吊环等）。设计吊装位置，必须保证吊装平稳并能避免发生倾覆或塑性变形"（见该标准 5.9.2）。图 0.2-1a)所示的曳引机设置了吊环，由于其外形基本对称，吊环可比较准确地设置在其重心位置，因此可以在吊装时保证作业安全。同时吊环的尺寸规格能够与标准型的提升装置（吊钩）相配合。图 0.2-1b)的曳引机外形和重心容易与标准型的提升装置（吊钩、吊带等）缚系连接。

a)　设置了可供提升装置吊运附件（吊环）

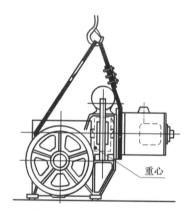

重心

b)　外形容易与标准型的提升装置缚系连接

图 0.2-1　设备的吊装

0.3　原则

0.3.1　总则：制定本部分时，采用了 0.3.2～0.3.6 所述的原则。

【解析】

本条告知本部分的使用者，0.3.2～0.3.6 所给出的内容，是本部分后续条文的默认条件。即，在制定本部分后续的所有条款时，均采用了 0.3.2～0.3.6 所述的原则。

0.3.2 本部分未重复列入适用于任何电气、机械及包括建筑构件防火保护在内的建筑结构的通用技术规范。

然而，有必要制定某些为保证良好制造质量的要求，因为它们对电梯的制造单位而言可能是特有的要求，或者因为在电梯使用中，可能有较其他场合更为严格的要求。

【解析】

本条的内容与 GB 7588—2003 中 0.2.1 相对应。

从 0.1 可知，GB/T 7588.1 为 C 类标准，而 C 类标准是针对特定产品所制定的具体的安全标准，不涵盖作为 A 类和 B 类标准中的通用安全要求，也不包含其他 C 类标准中的通用技术规范。

本部分规定的仅是与电梯相关的安全要求，其中不包含机械、电气以及建筑方面的通用技术要求。因此在电梯的设计、制造、安装等过程中，不但应满足本部分的要求，还必须同时满足相关的通用技术要求。GB/T 7588.1 中所给出的要求之所以能够保证电梯的安全，其基础是建立在遵守机械、电气以及建筑方面的基础标准和通用技术规范的前提下。

这里所说的"电梯的制造单位"在 GB/T 18775—2009《电梯、自动扶梯和自动人行道维修规范》中的定义是：负责电梯整机或部件的设计、制造和投放市场的法人。

0.3.3 本部分给出了电梯所安装的建筑物或构筑物最基本的要求。

【解析】

本条的内容与 GB 7588—2003 中 0.2.2 相对应。

GB/T 7588.1 中一些条款涉及对电梯所安装的建筑物（或构筑物）的要求，如 5.2.1.8、5.2.1.9、5.2.2 等。本条应从两个方面理解这些条款要求：

（1）GB/T 7588.1 中的这类条款，仅是针对建筑物为电梯运行、使用提供安全保障的最基本的要求，并不涉及建筑物和构筑物的通用要求。

（2）本部分中，针对建筑物的要求为最低要求。

本条所述的"建筑物"和"构筑物"存在一些区别。

建筑物：一般具备、包含或提供人类居住功能的人工建造物。比如民用建筑、工业建筑等。

构筑物：一般不具备、不包含或不提供人类居住功能的人工建造物，比如水塔、水池、过滤池、澄清池、沼气池等。

但应注意，建筑物和构筑物的概念不是绝对的，例如在水利水电工程中，江河、渠道上的所有建造物都称为建筑物。

0.3.4 本部分尽可能仅规定所用材料和部件须满足电梯安全运行的要求。

【解析】

本条的内容与 GB 7588—2003 中 0.2.4 相对应。

本条说明本部分是以安全标准的原则来制定的，其目的就是为了保证电梯能够安全运行。对于电梯的经济性、舒适程度、美观与否等方面，本部分都不做具体规定。本条表明本部分规定的内容都是最基本的要求，其范围也尽可能只涉及安全方面的内容。

> **0.3.5**　根据 GB/T 15706、GB/T 20900 和 GB/T 20438，考虑了风险分析、术语和技术解决方案。

【解析】

本条为新增内容。

0.1 说明了本部分为 C 类标准，对于电梯这种产品而言，其所对应的 A 类标准（基础安全标准）则是 GB/T 15706—2012《机械安全　设计通则　风险评估与风险减小》和 GB/T 20900《电梯、自动扶梯和自动人行道　风险评价和降低的方法》。此外，本部分也根据 GB/T 15706—2012、GB/T 20900 和 GB/T 20438《电气/电子/可编程电子安全相关系统的功能安全》系列标准进行了风险分析，并提出了技术解决方案，同时也采用了相关的术语与名词。

GB/T 20438《电气/电子/可编程电子安全相关系统的功能安全》系列标准属于 B 类标准（通用安全标准）中的 B2 类。

但应注意，当本部分的要求与 A 类标准（GB/T 15706—2012、GB/T 20900）或 B 类标准（GB/T 20438）中的要求不同时，对于电梯而言，GB/T 7588.1 中的要求优先于其他标准中的要求。关于本条提到的 3 个标准，可参见"GB/T 7588.1 资料 0-2"。

> **0.3.6**　人员平均体重按 75 kg 计算。基于该值，本部分规定了额定载重量对应的最大轿厢有效面积和运载人员数量对应的最小轿厢有效面积，以防止超载。

【解析】

本条为新增内容。

对于人员平均体重，不同地区存在差异，美国标准曾认为是 150 lb（磅），即 68 kg；俄罗斯认为是 80 kg；还有一些地方假定乘客的重量轻一些（比如日本认为是 65 kg）。

根据 GB/T 8420—2011《土方机械　司机的身材尺寸与司机的最小活动空间》中给出的数据，在世界人口的尺寸范围中，中等身材的司机体重为 74.4 kg；矮小身材的司机体重为 51.9 kg；高大身材的司机体重为 114.1 kg。

因此，欧洲标准认为乘客的平均重量为 75 kg 是符合上述统计的。以此数值为基准，来确定额定载重量对应的最大轿厢有效面积的关系（本部分的表6、表7）和运载人员数量对应的最小轿厢有效面积（本部分的表8），且在本部分的 5.4.2 中详细说明。确定此数值的目的是检测轿厢是否处于超载状态，防止电梯在超载状态下运行时，发生伤害 0.2.2.1 中的人员和 0.2.2.2 中的物体的安全事故。

0.4　假设

【解析】

本条之下的子条款内容,虽然称为"假设",但作为本部分制定的基础和前提条件,实际上应被视为对相关方(电梯供应商、买方、建筑建设方等)的要求,即各方应保证对于本条包含的内容达成一致。

0.4.1　总则:制定本部分时,做了 0.4.2～0.4.22 所述的假设。

【解析】

使用本部分时,假定已满足了后面的要求,也就是说 0.4 是使用本部分的前提;本部分 0.2.2.1 中的人员和 0.2.2.2 的物体都能够得到应有的保护,是基于满足 0.4 假设的情况下才能够做到的。如果超出了这些假设的范围或这些"假设"条件没有被充分满足时,本部分无法充分地保证人员和设备的安全。

"假设"是本部分能够对人员和设备安全进行有效保护的前提,同时也可以看作是对设备制造单位、电梯管理者和使用者的要求,只有满足了这些"假设"条件,本部分才能有效保护人员和电梯设备的安全。

0.4.2　买方和供应商之间就下列内容已进行了协商,并达成了一致:
  a)　电梯的预定用途;
  b)　对于载货电梯,预计使用的装卸装置的类型和质量;
  c)　环境条件,如温度,湿度,暴露在阳光、风、雪或腐蚀性空气中;
  d)　土木工程问题(如建筑法规);
  e)　与安装地点相关的其他事宜;
  f)　为了电梯部件或设备的散热,对井道和(或)机器空间、设备安装位置的通风要求;
  g)　与设备所引起的噪声和振动相关的信息。

【解析】

本条的内容与 GB 7588—2003 中 0.2.5 相对应。

"供应商"定义见"GB/T 7588.1 资料 3-1"补充定义 129 条。

之所以在本部分中规定买方和供应商之间应协商的内容,也是为了保证电梯交付使用后的安全。本条中的 7 个方面均是影响电梯安全运行和正常使用的重要方面。

a) 电梯的预定用途是买方需要明确的事项:是用来运送乘客还是装载货物,是安装于住宅还是酒店或者写字楼等内容。

b) 对于载货电梯来说,装卸装置的类型和质量对电梯的设计至关重要,此为买方需要明确的事项。载货设计计算时不仅考虑额定载重量,还要考虑可能进入轿厢的搬运装置的重量。最常见的情况就是使用叉车向载货电梯轿厢内运送货物,叉车的前端进入轿厢,并由轿厢支撑整个货物的重量附带叉车前端的重量。轿厢底板承受集中载荷的数值、轿厢平衡、轿厢导靴受力等问题都需要特殊考虑。

　　c) 环境条件，依据 GB/T 10058—2009《电梯技术条件》，对温度和湿度有这样的要求：3.2.2 机房内的空气温度应保持在＋5～＋40 ℃。3.2.3 运行地点的空气相对湿度在最高温度为＋40 ℃时，不超过 50％；在较低温度下可有较高的相对湿度；最湿月的月平均最低温度不超过＋25 ℃，该月的月平均最大相对湿度不超过 90％。若可能在电气设备上产生凝露，应采取相应措施。

　　如果长时间暴露在阳光下，对电梯的一些部件会产生影响，如阳光中的紫外线会加速塑料件（包括电线电缆绝缘层）的老化。

　　较强的气流可能会引起层门自闭困难，要求在设计时考虑到这种因素，并采取有效手段以达到本部分的要求。

　　虽然本部分相应条款中明确要求应保护电梯部件不受灰尘、有害气体等损害（见5.2.1.3），但有时难以避免诸如臭氧等气体的存在，甚至在某些特殊场所（如化工厂、冷库等）服务的电梯，必须能够承受特定的恶劣环境，此时需要电梯供应商与买方之间先行对电梯的使用环境进行协商并达成一致，只有这样才能保证电梯在交付使用后的安全运行。

　　d) 对于安装电梯的建筑物，其建筑设计、施工（即土木工程）问题，也应由电梯制造单位与买方事先协商并达成一致。举例来说，GB 50016—2014《建筑设计防火规范》中 6.2.9 关于建筑内的电梯井的相关规定以及 7.3 关于消防电梯的内容，也是需要协商的重要事项，并达成一致。

　　e) 与安装地点相关的事宜，包括的范围比较宽泛，例如：海拔高度在 GB/T 10058—2009 中 3.2.1 规定安装地点的海拔高度不超过 1 000 m，对于海拔高度超过 1 000 m 的电梯，其曳引机应按 GB/T 24478—2009 对电梯曳引机的要求进行修正；对于海拔高度超过2 000 m 的电梯，其低压电器的选用应按 GB/T 20645—2006 的要求进行修正。

　　本部分 0.4.15 "提供了用于吊装较重设备的通道"以及 0.4.18 "通向工作区域的通道具有足够的照明"也属于相关其他事宜。

　　f) 电梯部件如曳引机、控制柜等设备发热量很大，特别是对于无机房电梯来说，设备的发热量和通风要求更是不容忽视，供应商应提供设备的发热量数值和通风量的要求，同时买方应按照此要求采取相应的措施，保证电梯设备处于良好的散热和通风条件下。本部分0.4.17 的假设是对井道通风的具体要求。

　　g) 本部分 1.3 有如下说明："本部分未涉及噪声和振动，因为未发现它们对电梯的安全使用和维护达到了危害的程度。"但《中华人民共和国噪声污染防治法》、GB 50096—2011《住宅设计规范》、GB 50118—2010《民用建筑隔声设计规范》、GB 50352—2005《民用建筑设计通则》等标准对建筑物内的噪声均有相应的要求，因此电梯设备所引起的噪声和振动相关的信息也是不能忽视的。关于与噪声相关的标准，可参见"GB/T 7588.1 资料 0-3"。

　　因此为保证电梯的安全使用，在标准中规定了买方和供应商之间必须对以上几个方面进行协商并达成一致，共同保证电梯在安装后的使用安全。

> **0.4.3** 已考虑组成一部完整电梯的每个零部件的相关风险,并制定了相应要求。
>
> 零部件:
>
> a) 按照通常的工程实践(参见 GB/T 24803.2)和计算规范设计,并考虑到所有失效形式;
>
> b) 具有可靠的机械和电气结构;
>
> c) 由足够强度和良好质量的材料制成;
>
> d) 无缺陷;
>
> e) 未使用有害材料,例如石棉。

【解析】

本条涉及"4 重大危险清单"的"机械危险"(稳定性、强度、机械强度不足)和"材料/物质产生的危险"(纤维)相关内容。

本条的内容与 GB 7588—2003 中 0.3.1 相对应。

本条告诉我们,本部分在制定时,假定使用者已经考虑到电梯的每个零件可能出现的危险,同时针对这些危险已制定了相关规范。这要求我们在设计制造电梯时,为达到本部分所要求的安全保护的目的,应全面考虑电梯每一零件可能发生的各种风险,进行风险评价并根据评价结果采取相关的风险降低措施。绝不能不加分析地草率认定某个零部件不存在任何危险。

GB/T 24803.2—2013《电梯安全要求 第 2 部分:满足电梯基本安全要求的安全参数》规定了电梯、电梯部件和电梯功能的安全参数。其内容已被证明在工程实践中可以保证安全。

本部分能够保证安全的基本原则是:设计、制造、安装过程经过合理、全面地风险分析,并制定了合理的技术解决方案。

本条表明本部分的一个基础假定就是电梯的设计方法和工程实践是符合要求的,结构是可靠的。由于本标准是 C 类标准,它无法依靠标准本身的条款要求来覆盖通用设计和制造原则,因此其本身的可靠性和合理性是建立在正常的设计制造基本原则基础上的。也就是说,本标准只提出了与电梯相关的特殊要求,在使用时,应首先遵守通用的安全原则、机械和电气的设计标准、建筑物的建造和构筑规范、零部件的制造规范、原材料的质量要求等等。仅执行本标准的要求还是不能完全实现电梯的安全。

在使用本部分时,由零部件的质量问题、设计制造不当、原材料自身的缺陷等问题引发的危险,本部分不予考虑,避免这些因素导致的危险不是本部分需要解决的内容。

本部分禁止在电梯部件中使用有害材料。由于石棉材料可能引起癌症和矽肺,且曾经被用于制造制动器摩擦片,因此本条中特别指出不允许使用石棉。有关石棉的危害,请参见"GB/T 7588.1 资料 0-4"。当然有害材料不仅限于石棉材料,其他有害材料,尤其是公认的有害材料也应避免被使用。

本部分能够保证安全的第一个基础条件是:应充分满足通用技术规范,原材料和零部件符合质量要求。

> 0.4.4　零部件具有良好的维护并保持正常的工作状态，尽管有磨损，仍满足所要求的尺寸。所有的电梯零部件均按要求进行检查以确保在电梯使用寿命内持续地安全运行。
>
> 　　不仅在交付使用前的检查期间，而且在电梯使用寿命内，均保持本部分所规定的运行间隙。
>
> 　　注：不需要维护（如免维护或永久性密封）的零部件，也是可检查的。

【解析】

　　本条的内容与 GB 7588—2003 中 0.3.2 相对应。

　　本条实际是假定了电梯在使用过程中应处于正常良好的维护和保养的状态下。众所周知，零部件在使用过程中必然会发生磨损，但如果处于正常良好的维护和保养的情况下，磨损应不至于影响到零部件的预期性能和安全特性。

　　文中"运行间隙"在 GB 7588—2003 中属于第 11 章"轿厢与面对轿厢入口的井道壁，以及轿厢与对重（或平衡重）的间距"的内容，本部分将"运行间隙"的限定范围进一步扩大到整个电梯，并将相关条款上升为引言的内容。

　　本部分能够保证安全的第二个基础条件是：电梯在使用过程中应保证一直处于良好的维护状态下。

　　不应将任何部件设计成无法检查的结构，因为即使免维护部件也无法保证在任何情况下，在全寿命周期内均不会出现任何问题。如果零部件被设计成永久密封的结构，则意味着无法进行检查和维护。

> 0.4.5　在预期的环境影响和特定的工作条件下，所选择和配置的零部件不影响电梯的安全运行。

【解析】

　　本条的内容与 GB 7588—2003 中 0.3.3 相对应。

　　在选择和配置零部件时本部分假定已经充分考虑到 0.4.2"买主和供应商之间所作的协商"的 7 个方面的内容，以使得所选配的零部件能够适合电梯的特定要求。在使用本部分时，不考虑环境影响可能对电梯运行安全带来的不利影响。

　　本部分能够保证安全的第三个基础条件是：环境因素和特定工作条件应已被充分考虑。

> 0.4.6　承载支撑件的设计能保证在 0%～100% 额定载重量再加上设计允许的超载（见 5.12.1.2）的载荷范围内电梯的安全正常运行。

【解析】

　　本条的内容与 GB 7588—2003 中 0.3.4 相对应。

　　在解析本条前，有必要先说明一下"超载"的含义。本部分的 5.12.1.2 给出了所谓"超载"的具体指标，并不是只要超过额定载荷即为"超载"。超载是指轿厢实际载荷超出额定载荷的 10%，在 10% 以下时均不应视为超载。

本条假定了电梯始终运行在 0%～(100%＋10%) 额定载荷下，同时电梯的承载支撑部件也是根据此载荷范围设计的，并能保证在上述载荷条件下能安全运行。这里强调了"在 0%～(100%＋10%) 额定载荷下，电梯均能安全运行"，承重梁等部件在载荷为(100%＋10%)的条件下最为不利，但如钢丝绳在绳槽中的曳引力，可能是空载时最不利，因此要求在 0%～(100%＋10%) 额定载荷下电梯均能安全运行。

本部分能够保证安全的第四个基础条件是：电梯的载荷范围固定，且承载支撑部件的设计能够满足电梯在此载荷状态下安全运行。

0.4.7 本部分不考虑电气安全装置(见 5.11.2)或经型式试验证明完全符合本部分和 GB/T 7588.2 的安全部件失效的可能性。

【解析】

本条的内容与 GB 7588—2003 中 0.3.5 相对应。

本条款与 GB 7588—2003 中 0.3.5"本标准对于电气安全装置的要求是，若电气安全装置完全符合本标准的要求，则其失效的可能性不必考虑"的要求相比较，增加了"安全部件"的内容，这样更加合理和严谨。

本部分对电气安全装置和安全部件的型式和特点已经做了详细的规定和要求，如果电气安全装置完全符合本部分的要求，安全部件通过型式试验证明符合本部分和 GB 7588 中 3.2 的要求，其可能失效的概率已经被降至可以忽略的程度，也就是说，本部分认为符合标准规定的电气安全装置和经过型式试验验证的安全部件是不会失效的。

0.4.8 当使用者按预定方法使用电梯时，对其因自身疏忽和非故意的不小心而造成的危险应予以保护。

【解析】

本条的内容与 GB 7588—2003 中 0.3.6 相对应。

所谓"按预定方法"是指按照本部分和电梯使用手册允许的情况进行操作。本条所强调的是"按预定方法使用电梯时"和"因其自身疏忽和非故意的不小心"。所谓"预定方法"，可按照 GB/T 15706—2012《机械安全 设计通则 风险评估与风险减小》中 3.22 的定义和规定："按照使用说明书提供的信息使用机器。"

"自身疏忽"是指使用者虽然知道某种操作可能带来不安全的后果，但无意中做出了这种行为的情况。比如在层站冲击层门。

"非故意的不小心"是指使用者不知道某种操作会带来不安全的后果，而采取这种操作。比如在层门开启时手按在门扇上(可能造成挤压风险)。

GB/T 15706—2012 要求预定使用要与操作手册中的技术说明相一致，并要适当考虑可预见的误用。"可合理预见的误用"是指："不是按设计者预定的方法而是按照常理可预见的人的习惯来使用机器。"

在 GB/T 15706—2012 给出了非预期的操作者条件反射行为或机器可合理预见的误用，最常见的几种情况：

  ——操作者对机器失去控制（特别是手持式或移动式机器）；

  ——机器使用过程中发生失灵、事故或失效时，人员的条件反射行为；

  ——精神不集中或粗心大意导致的行为；

  ——工作中"走捷径"导致的行为；

  ——为保持机器在所有情况下运转所承受的压力导致的行为；

  ——特定人员的行为（如儿童、伤残人等）。

而 GB/T 15706—2012 中规定在"选择安全措施的对策"时应考虑"可合理预见的误用情况"。所谓"可合理预见的误用"指的是"不是按设计者的预定的方法而是按照容易预见的人的习惯来使用机器"。可见上述情况本部分都是应该进行保护的，也就是说做了"适当考虑可合理预见的误用"。

很显然，在考虑机械安全时应对"可合理预见的误用"进行保护，这种"误用"是"由于人员一般不小心所致，而不是由于有意滥用机器"而造成的。比如在电梯关门时，人员的部分身体处于门关闭的区间内就属于"按预定方法使用电梯时"和"因其自身疏忽和非故意的不小心"。此外，在采用玻璃轿壁和玻璃厅、轿门时，标准中要求采用夹层玻璃且必须有一定强度，就是为了保护人员在进出电梯可能不慎碰撞厅、轿门和轿壁，此时人员不至于受伤，电梯设备也不至于损坏。这就是符合"按预定方法使用电梯时"和"因其自身疏忽和非故意的不小心"的要求。

> **0.4.9**　在某些情况下，使用者可能做出某种鲁莽动作，本部分没有考虑同时发生两种鲁莽动作和（或）违反使用说明的可能性。

【解析】

本条的内容与 GB 7588—2003 中 0.3.7 相对应。

本条中所强调的"鲁莽动作"和"违反电梯使用说明的可能性"，这两点都带有主观故意的色彩。本部分无法保护两种（及以上）"违反电梯使用说明的情况"和/或两种（及以上）"鲁莽动作"。

本条应理解为：两种（及以上）的"鲁莽动作"，两种（及以上）的"违反电梯使用说明的情况"，一种（及以上）的"鲁莽动作"同时伴随一种（及以上）的"违反电梯使用说明的情况"，均未予以考虑。

本条中所谓"电梯使用说明的情况"，就是 GB/T 15706—2012 中 3.22"机器的预定使用"（详见 0.4.8 解说内容）。

同时，GB/T 15706—2012 也要求在"选择安全措施的对策"时应考虑"可能出现可合理预见的机器误用情况"。可见上述情况本部分都是应该进行保护的，也就是说做了"适当考虑可合理预见的误用"，因此，本部分考虑到了对单一"鲁莽动作"的保护。事实上也是如此，比如 5.3.6.2.2.1 i)中采用水平滑动玻璃门，为避免玻璃门拖曳儿童的手而采取的那些诸如感知手指的出现、使玻璃不透明的部分高度不低于 1.1 m 等措施，就是为了保护儿童趴在玻璃门上向井道中或候梯厅侧张望时，玻璃门会拖曳孩子的手而造成伤害。这就是保护了一个"鲁莽行为"。另外还比如，轿厢在运行过程中乘客扒开轿门，电梯立即停止运行，这也是保护了一个"鲁莽行为"。

考虑保护多个鲁莽行为的组合是不现实的，"违反电梯使用说明的情况"也是一样的。

> 0.4.10　如果在维护期间，使用者通常不易接近的安全装置被有意置为无效状态，此时电梯的安全运行无保障，则需遵照规程采取补充措施来保证使用者的安全。假定维护人员受到指导并按规程开展工作。

【解析】

本条的内容与 GB 7588—2003 中 0.3.8 相对应。

本部分在一定程度上认可使用规章制度来保证电梯的安全运行。例如，如果电梯采用了并联或群控的方式，主开关断开后，电梯之间的互联部分仍可能带电，而且照明部分也可能带电，这种情况是电梯（或组群）正常运行的必然要求，是难以避免的。因此应制定必要的规章制度来避免上述情况可能给电梯运行带来的危险，比如在使用须知中给出说明（见 5.2.6.2.2）。再如，层门和轿门旁路装置（见 5.12.1.8）动作时，则在电梯运行期间，轿厢上的听觉信号和轿底闪烁灯应起作用（见 5.12.1.8.3），提示使用者注意风险。

> 0.4.11　本部分相关条款中给出了水平力和（或）能量。如果本部分没有其他规定，通常一个人产生的能量所导致的等效的静力为：
> a)　300 N；
> b)　1 000 N，当发生撞击时。

【解析】

本条的内容与 GB 7588—2003 中 0.3.9 相对应。

这里所说的"一个人产生的能量所导致的等效的静力"是指人员在非故意破坏的情况下，无意或偶尔施加的。300 N 的力是指人员在静态情况下所能够施加的力（如倚靠轿壁等）；1 000 N 的力是人员在正常移动情况下（不包括奔跑、故意撞击等情况）所能够施加的力（如行走过程中可能碰到轿门、层门等）。这些值是基于人体功效学统计得出的结果，不能理解为：在任何条件下，单个人能够产生的最大力。我们知道，加助跑的撞击、用力蹬踹等情况能够产生比 1 000 N 大得多的力。这也是 5.3.5.3.4 和 5.4.3.2.3 要求进行摆锤冲击试验的原因。

> 0.4.12　除了已特别考虑的下列各项外，根据良好实践和标准要求制造的机械装置，包括钢丝绳在曳引轮上失控滑移，在无法检查的情况下，如果由制造单位提供的所有

说明已被正确地应用，将不会损坏至濒临危险状态：

    a)   悬挂装置的破断；

    b)   起辅助作用的绳、链条和带的所有连接的破断和松弛；

    c)   参与对制动轮或盘制动的机电式制动器机械零部件之一失效；

    d)   与主驱动部件和曳引轮有关的零部件失效；

    e)   液压系统的破裂（不包括液压缸）；

    f)   液压系统微小的泄漏（包括液压缸，见 6.3.11）。

【解析】

本条的内容与 GB 7588—2003 中 0.3.10 相对应。

本部分认为，一般部件只要是符合设计和制造规范、选用的材料符合质量要求，即使无法检查或未进行检查（如两次维保的间隔），也不会损坏到足以导致危害电梯安全运行的状态。

以钢丝绳在曳引轮上的失控滑移为例：

首先，设计者遵循良好设计和制造规范以及本部分的 5.5.3 和 GB/T 7588.2 的 5.11 的要求，是能够避免钢丝绳失控滑移的，这就是所谓的"根据良好实践和标准要求制造"；其次，曳引能力的改变是一个渐进过程，只要正常维保就不会突然发生曳引力失效，这就是所谓的"由制造单位提供的所有说明已被正确地应用"。

当然，有些情况下，难以避免钢丝绳在曳引轮上的滑移，例如轿厢运行时制动器动作，以及轿厢意外移动保护装置动作时，钢丝绳可能在曳引轮上发生滑移现象。但这不属于"失控滑移"。这些问题在 5.6.7.1 和 GB/T 7588.2 中的 5.11.2.2.2 中均予以妥善考虑。要强调的是，本条所说的由于钢丝绳在曳引轮上的失控滑移现象属于重大危险，任何滑移因素均应谨慎应对。

由于可能出现某些意外或突发状况，a)～f)所述的各项不包含在上述范围中。因此在本部分中对这些可能发生的机械故障均有考虑，如：

（1）5.5.1、5.5.2 和 GB/T 7588.2 的 5.12 的要求是为了避免"a)悬挂装置的破断"故障的发生；

（2）5.5.5.3、5.6.2.2.1.6c)要求的用于使驱动主机停止的电气安全装置和 5.6.2 安全钳及其触发装置都是为了防止当"b)起辅助作用的绳、链条和带的所有连接的破断和松弛"时发生危险；

（3）5.9.2.2.2 所要求的制动器机械部件应至少分两组设置是在 c)故障发生时，保证电梯依然是安全的；

（4）5.6.6 要求的轿厢上行超速保护装置能够保护"d)与主驱动部件和曳引轮有关的零部件失效"时，电梯使用人员和设备的安全；

（5）5.6.3 破裂阀是对"e)液压系统的破裂（不包括液压缸）"故障发生时，制停下行的轿厢，保证电梯的安全运行；

（6）交付使用前应进行 6.3.11 的压力试验，以检验是否存在"f）液压系统微小的泄漏（包括液压缸）"的故障现象。

上述仅是保护 a）～f）中所述危险的一些典型方法，通过上述例子可以看出，本部分充分考虑到了这些危险，并要求采取有效措施予以保护。

> **0.4.13**　轿厢在底层端站从静止状态自由坠落，在撞击缓冲器之前，允许安全钳有未起作用的可能性。

【解析】

本条的内容与 GB 7588—2003 中 0.3.11 相对应。

这一条可以理解为：轿厢在底层端站从静止状态自由坠落，撞击缓冲器时，即使安全钳未起作用，也能够保护人员和设备的安全。而不应认为是对轿厢在底层端站从静止状态自由坠落，恰巧发生限速器-安全钳系统故障的一种豁免。限速器-安全钳系统作为轿厢发生坠落时对于轿内人员和电梯设备的最终保护装置，在任何时候都不允许发生故障。这一点在 0.2.2 中明确说明了本部分"研究了电梯的各种可能危险"。因此，在这里所谓"即使安全钳未起作用"的原因只能是轿厢坠落速度没有达到限速器-安全钳系统的动作速度；或是安全钳还来不及将轿厢的速度降低至缓冲器允许的范围。而不应认为是限速器-安全钳系统失灵（如果在限速器-安全钳系统失灵条件下讨论超速保护是没有意义的，同时在 GB/T 7588.1 中从未对限速器-安全钳系统失灵条件加以考虑或设法保护）。

既然在本条假设中允许轿厢从底层端站坠落，且在撞击缓冲器前允许安全钳有未起作用的可能性，那么是否在这种情况下可以不顾及人员和设备的安全了呢？由于 GB/T 7588.1 是安全标准，其目的就是保护人员和设备的安全，而 0.4 又是整个标准的假设，GB/T 7588.1 当然不可能允许某种不安全的假设在本节出现，并被认为是合理的。

在"0.4 假设"中已经提到："已考虑组成一部完整电梯的每个零部件的相关风险，并制定了相应要求"。这说明本条所述的风险也应被充分考虑并将其降低到可以接受的范围内。其实，轿厢从底层端站坠落，在撞击缓冲器前安全钳不动作的情况下，如果采取合理的设计，完全可以保证人员和设备的安全。以下给出两种解决方案，供读者参考。

（1）合理地设置轿厢在平层时离缓冲器的距离

轿厢在底层端站平层时，轿厢缓冲器撞板与缓冲器之间的距离通常称为轿厢空行程。为保证轿厢从底层端站坠落，在撞击缓冲器前安全钳未起作用的情况下的安全，我们可以通过限定这个距离的上限值来实现安全保护。上限值可以这样设置：电梯在底层端站平层时，以初速度为零的状态下做自由落体运动，接触缓冲器时轿厢的速度应不大于缓冲器的允许撞击速度。

（2）合理地选择缓冲器

我们知道，无论是蓄能型缓冲器还是耗能型缓冲器，都有自己的速度使用范围，这个范围通常都是一个区段而不是某个单一的速度值。在选择缓冲器时，可以充分利用这样的区段来满足 0.4.13 的要求，既保证电梯在意外情况下的安全，又可以获得比较合理的轿厢空行程尺寸。

以上两个方案也可以这样使用，在合理地选择缓冲器的基础上，配合相应的轿厢空行程尺寸能够完美地解决空行程尺寸和安全保护之间的矛盾。但应注意在使用 5.8.2.2.2 中所述的"减行程缓冲器"时，轿厢空行程尺寸要根据"减行程缓冲器"的实际动作速度设定。

0.4.14　当轿厢速度与主电源频率相关时，假定速度不超过额定速度的 115% 或本部分规定的检修运行、平层运行等对应速度的 115%。

【解析】

本条的内容与 GB 7588—2003 中 0.3.12 相对应。

本条所假定的是：当电梯始终处于电气控制系统的控制之下时，无论是正常运行，还是处于检修运行或平层运行阶段，其速度都不会超过对应速度的 115%；这里所谓的"与主电源频率相关时"表明电梯没有失控，其运行还处于电气系统的控制之下。

本条假设是后续 5.6.2.2.1.1a)（安全钳）、5.8.2.1.1.1（线性缓冲器）、5.8.2.1.2.1（非线性蓄能型缓冲器）、5.8.2.2.1（耗能型缓冲器）等相关部件动作速度的技术基础。

这里要注意的是交流双速电梯，其驱动主机电动机的转速与电源频率直接相关，此时负载的变化将直接影响转差率。可能在出现轻负载的情况下，由于转差率较低，而导致电梯速度超过额度速度 115% 的情况。因此应在设计时采取必要措施，避免这种情况的发生。

此外，对于交流双速电梯来说，"假定速度不超过额定速度的 115%"指的是不超过其相应的分级速度的 115%。

0.4.15　提供了用于吊装较重设备的通道［参见 0.4.2e)］。

【解析】

本条的内容与 GB 7588—2003 中 0.3.14 相对应。

本条的假定条件是对电梯中较重设备吊装时提供必要的条件，这里的较重设备是指电梯曳引机、控制柜等。在电梯机房封顶前没有将曳引机、控制柜等吊入机房；或者在日后的电梯部件更换时，因这些设备单体体积较大、重量较重，且现场不能以散件组装的形式拼装，设备的吊装通道都是必不可少的。

本条所述的"用于吊装较重设备的通道"应由电梯设备供应商与买主之间协商解决，即本部分 0.4.2 所假设的"买方与供应商之间……进行了协商，并达成了一致"。

0.4.16　为了保证井道和机器空间内设备的正常运行，例如：考虑设备散发的热量，井道和机器空间内的环境温度视为保持在 +5 ℃～+40 ℃，参见 0.4.2。

　　注：参见 GB/T 16895.18—2010 表51A 中的代号 AA5。

【解析】

本条的内容与 GB 7588—2003 中 0.3.15 相对应。

本部分 0.4.2 假定的买方与供应商之间已经协商并达成一致的内容中，就包含了本条要求的环境条件。井道和机房内设备能够正常运行是以本条所假定的环境条件为前提的。

环境温度对电梯部件尤其是电气部件的影响巨大，环境温度过高时（超过 40 ℃），可能造成如电容的降容等诸多电气元器件的性能改变；当环境温度低于 5 ℃时，机械设备中的润滑油将受到影响。

根据 GB/T 5226.1—2019《机械电气安全 机械电气设备 第 1 部分：通用技术条件》4.4.3 环境空气温度中的规定："电气设备应能在预期环境空气温度中正常工作。所有电气设备的最低要求是在外壳（箱或盒）的外部环境空气温度在 5 ℃～40 ℃范围内正常工作"，因此 5 ℃～40 ℃的温度范围是保证电气设备安全运行的基础。

在 GB/T 12974—2012《交流电梯电动机通用技术条件》中 4.2 也有："在下列的海拔和环境空气温度条件下，电动机能额定运行，对于现场运行条件偏差的修正，按 GB 755—2008 的规定：a）海拔不超过 1 000 m；b）最高环境空气温度随季节而变化，但不超过 40 ℃；c）最低环境温度为＋5 ℃；d）环境空气不应含有腐蚀性和易燃性气体；e）安装地点的周围环境应不影响电动机的正常通风。"

因此将井道和机器空间环境温度控制在合理范围内是必要的。

GB/T 16895.18—2010《建筑物电气装置 第 5-51 部分：电气设备的选择和安装 通用规则》中定义的"环境温度"是指设备安装处周围空气的温度，它也包括受安装在同一场所的其他设备的影响在内的环境温度。

GB/T 16895.18—2010 表 51A 中的代号 AA5，表示环境温度为＋5 ℃～＋40 ℃。选择和安装要求的设备特性为常规，设备不需要特殊或专门设计。

本条中 5 ℃～40 ℃的环境温度，根据 GB/T 4798.3—2007《电工电子产品应用环境条件 第 3 部分：有气候防护场所固定使用》可知，属于该标准中的 3K3 级，这个等级要求使用场所采取温度控制，不要求控制湿度。为了保持要求的条件，特别是当室内和室外气候条件有较大差别时，可采用加温、冷却措施。本等级的条件适用于某些生活和工作场所，如起居室、公共场所（剧院、餐厅）的办公室、商店、电子组件和电工产品车间、通信中心、放置贵重物品和对气候敏感产品的库房。

> **0.4.17** 井道具有适当通风，根据国家建筑规范，考虑了制造单位给出的散热说明、电梯的环境状况和 0.4.16 给出的限制，如：因节能要求的建筑物环境温度、湿度、阳光直射、空气质量和气密性。
>
> **注：**对于进一步指导，参见 0.4.2 和 E.3。

【解析】

本条为新增内容。

井道的通风不仅是为了降低轿厢运行中的活塞效应，而且能够为电梯的发热部件提供有效的散热。因此为井道设置必要的通风是电梯正常运行的环境保障。

电梯井道通风要求通常包含在国家的建筑法规中，或者有专门的规定。电梯的安装单位应提供适当的建筑设计和计算的必要信息。一方面，以便使负责建筑或结构的工作人员确定是否需要为作为建筑物一部分的所有电梯提供通风或需要提供哪种通风。换言之，双方应告知对方必要的事实。另一方面，采取适当的措施，以确保建筑物中的电梯的正确操作、安全使用和维护。

电梯井道通风的作用是多方面的。首先，对于井道中的设备来说，适当的通风可以带走设备散发的部分热量，保持井道的环境温度处于+5 ℃～+40 ℃(0.4.16)，从而保证井道设备的正常运行(在GB/T 12974—2012中4.2也要求了"安装地点的周围环境应不影响电动机的正常通风")。其次，井道通风可以为井道中的工作人员(被授权人员)和乘坐电梯的人员提供必要的新鲜空气(轿厢内的空气通过轿厢通风孔与井道空气进行交换和流动)。

由于井道的结构型式类似于烟囱，因此如果设置井道通风孔，则通风口最好设置在井道顶部，以获得较好的自然通风。同时，为了避免雨水或异物通过通风孔进入井道，通风孔的启闭最好是可控的。在上一版的GB 7588中，给出了井道通风的建议："在没有相关规范或标准的情况下，建议井道顶部的通风口面积至少为井道截面积的1%"。

但应特别注意的是，井道不能用于建筑物其他区域的通风。在某些情况下，将电梯井道作为通风井的做法是极其危险的，例如在工厂或地下停车场，危险气体通过井道可能会对乘坐电梯的人员造成额外的风险。基于以上考虑，不能将建筑物其他区域的污浊空气通过井道排出。

本部分的0.4.2和E.3对井道通风有更加明确的要求和说明。

0.4.18 通向工作区域的通道具有足够的照明(参见0.4.2)。

【解析】

本条为新增内容。

本条文中的"工作区域"并不是一个固定的区域，本部分中"工作区域"可以分布在以下位置：

——机房内的工作区域(5.2.6.3.2)；

——井道内的工作区域(5.2.6.4.2)；

——轿厢内或轿顶上的工作区域(5.2.6.4.3)；

——底坑内的工作区域(5.2.6.4.4)；

——平台上的工作区域(5.2.6.4.5)；

——井道外的工作区域(5.2.6.4.6)。

对于到达这些区域的通道都需要(买方或建筑商)提供足够的照明。参照本部分5.2.2.2"进入井道、机器空间和滑轮间的任何门或活板门邻近的通道应设置永久安装的电气照明,照度至少为 50 lx"的要求,通向工作区域的照度也不适宜太低,至少为 50 lx。

通向工作区域的通道最好还设有应急照明设备,以使被授权人员在断电情况下也能方便地进入或者撤离相关工作区域。

> 0.4.19　按照维护说明(参见 0.4.2),电梯和(或)井道外工作区域任何保护装置的门或活板门的开启不阻碍最小通道、走廊和消防疏散通道等路径。

【解析】

本条为新增内容。

根据本部分 5.2.6.4.6 规定,井道外工作区域需要通过检修门(检修门的具体要求见 5.2.3)接近机器,此外,电梯的紧急和测试装置(见 5.2.6.6)也可能需要防护盖板等装置进行保护。当建筑物内的通道较狭窄时,这些门、防护盖板又正好处于通道位置的情况下,上述门或防护盖板在开启时可能会阻挡通道。当需要使用这些通道时,会给使用者带来不便甚至引发不必要的风险(如阻挡消防通道)。

这条假设更多考虑的是:电梯作为建筑物的垂直运输系统,无论是处于正常运行还是维护检修期间,当保护电梯设备的盖板、门以及井道检修门或活板门开启到最大位置时,与电梯临近的建筑物的最小通道、走廊和消防疏散通道等路径也都不应因为电梯的原因被阻挡。本条强调的是安装于建筑物的电梯和临近的通道、走廊的协调,不能彼此阻碍;既安全又高效地输送乘客和保证人员通行。

> 0.4.20　如果一个以上的人员同时在一部电梯上工作,在他们之间有充分的通信手段。

【解析】

本条为新增内容。

这条假设的目的是保证同在一部电梯上工作的两个或以上人员工作中的安全,工作人员之间具备通信手段,保持必要的沟通,保证工作协调一致,避免产生不必要的危险。通信手段可以是 5.12.3 的对讲系统,也可以是其他的通信方式,但应注意无论是哪种通信方式,都应是在工作区域内可以方便获取的。

> 0.4.21　在定期维护和检查期间,如果不得不拆卸通过物理屏障来专门防止机械、电气或任何其他危害的防护装置,当该防护装置被拆卸时,其固定件能保持在防护装置或设备上。

【解析】

本条为新增内容。

所谓"防护装置",根据 GB/T 15706—2012《机械安全　设计通则　风险评估与风险减小》中 3.27 的定义:"设计为机器的组成部分,用于提供保护的物理屏障。注 1:防护装置可以单独使用；对于活动式防护装置，只有当其'闭合'时才有效，对于固定式防护装置，只有当其处于'牢固的固定就位'才有效；与带或不带防护锁装置结合使用；在这种情况下无论防护装置处于什么位置都能起到防护作用。注2：根据防护装置的设计，它可以称作外壳、护罩、盖、屏、门和封闭式防护装置。"

防护装置的作用就是通过物理屏障将人员和机器隔离开，以避免接触可能带来的风险。如果为了维护和检查必须接触机器，则无法避免拆除或部分拆除防护装置。

本条是要求在拆卸时，防护装置的固定件不会因为拆卸操作从固定件上滑落。这是因为固定防护装置的部件如果滑落，很有可能落入机械部件的运动间隙中或电气部件上而造成危险，也可能砸到固定件下方人员的身体上，造成伤害事故。按照本条款"固定件保持在防护装置或设备上"的要求，则可以避免因固定件的滑落而发生的危险。图0.4-1是一种固定件保持在防护装置上的设计。

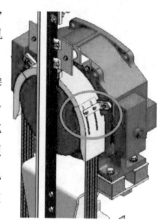

图0.4-1　固定件保持在防护装置上

从本条的叙述来看，这里的"防护装置"应属于GB/T 15706—2012中3.27.1所述"固定式防护装置"，即"以一定方式（如采用螺钉、螺母、焊接）固定的、只能使用工具或破坏其固定方式才能打开或拆除的防护装置"。要注意的是，拆除防护装置后，进行维护和检查的人员便暴露在接触机器所带来的风险中，此时还应考虑其他措施将风险降低到可接受的水平。

0.4.22　用于液压电梯传动的液压油符合GB/T 7631.2。

【解析】

本条涉及"4　重大危险清单"的"材料/物质产生的危险"（流体）相关内容。本条为新增内容。

GB/T 7631.2—2003《润滑剂、工业用油和相关产品（L类）的分类　第2部分：H组（液压系统）》对液压系统传动液压油进行了规定。从GB/T 7631.2的用途和分类来看，液压电梯所使用的液压油通常选用L-HM抗磨液压油或L-HV低温抗磨液压油（运行环境温度较低的情况下）。关于GB/T 7631.2，参见"GB/T 7588.1资料0-5"。

1 范围

【解析】

本部分给出的"范围"相对于 GB 7588—2003 更加细化和明确。由于内容补充和变动较多,本条后续条款不再与 GB 7588—2003 进行对照。

> 1.1 GB/T 7588 的本部分规定了永久安装的、新的曳引、强制和液压驱动的乘客电梯或载货电梯的安全准则。
>
> 本部分适用的电梯服务于指定的层站,具有用于运送人员或货物的轿厢,轿厢由绳或链条悬挂或由液压缸支撑并在与铅垂线倾斜角小于或等于 15°的导轨上运行。

【解析】

本条阐述本部分适用的范围是"永久安装的、新的曳引、强制和液压驱动的乘客电梯或载货电梯"。这里的"电梯"首先应符合 GB/T 7024 对电梯的定义,其次应符合以下几个原则:

(1) 电梯应是永久安装的,如果电梯是临时安装使用,则本部分不适用。

(2) 电梯应是"新"的,在用电梯的安装地点变更,即使是永久安装本部分也不适用。

(3) 电梯的驱动方式应是曳引驱动、强制驱动、液压驱动三种方式之一,除此之外的其他驱动方式(如螺杆驱动、齿轮齿条驱动等)本部分均不适用。

(4) 用途仅为乘客电梯及载货电梯,其他用途的电梯,如杂物电梯,本部分不适用。这里应注意,5.2.5.2.3 中所叙述的"观光电梯",并不是一个独立的电梯种类,而是包括在乘客电梯中的。

(5) 电梯应服务于指定的层站,即电梯在控制系统的控制下,按照已设定的指令,处于预期用途的良好运行中。

(6) 电梯应有轿厢,用于运送人员或货物。轿厢还应满足以下两点要求:

——轿厢运行在与铅垂线倾斜角小于或等于 15°的导轨上:

如果电梯运行方向与垂直方向的倾斜角角度超过 15°,则属于斜行电梯,不属于本部分的适用范围。

——轿厢应由绳或链条悬挂或由液压缸支撑:

轿厢由钢丝绳或链条悬挂,此时电梯才可能是曳引驱动或强制驱动(即使钢丝绳或链条由液压缸驱动);当轿厢由液压缸支撑,则电梯属于液压驱动。

相比较 GB 7588—2003 的适用范围,本部分将液压驱动的乘客电梯和载货电梯纳入适用的范围。本部分是整合了 GB 7588—2003 和 GB 21240—2007 两个标准的相关内容,详细的内容变化详见本部分的前言。

本部分的作用是在电梯设计、制造和安装时,给出相应的要求、指导或参考。各条款是否属于强制性规定在前言部分中有明确规定:"本部分第 1 章～第 3 章和 5.3.9.1.13、

5.4.2.3.2、5.6.2.1.1.3、5.6.2.2.1.8、5.6.3.9、5.6.4.7、5.6.6.12、5.6.7.14、5.8.1.8、5.9.2.4、5.10.1.1.5、5.11.2.3.5、5.12.4.3、6.3.4中带'宜'字的内容，以及附录B、附录C、附录D、附录E为推荐性的内容，其余为强制性的内容"。

本条提到的几种电梯（见图1.1-1）定义如下：

曳引式电梯：通过悬挂钢丝绳与驱动主机曳引轮槽的摩擦力驱动的电梯。

强制式电梯：通过卷筒和绳或链轮和链条直接驱动（不依赖摩擦力）的电梯。

液压电梯（液压驱动电梯）：提升动力来自于电力驱动的液压泵输送液压油到液压缸[可使用多个电动机、液压泵和（或）液压缸]，直接或间接作用于轿厢的电梯。

可见，强制式电梯与曳引式电梯的最主要区别就是驱动是否依赖于摩擦力，因强制式电梯不依赖摩擦力驱动，所以有过曳引的工况，需要在轿顶上设置能在行程顶部极限位置起作用的缓冲器等一系列的特殊要求，在后面的解析中将进一步说明。

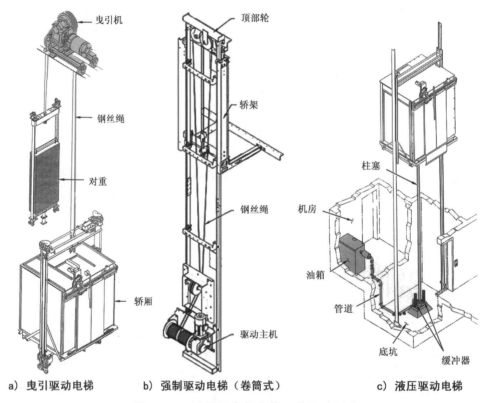

a) 曳引驱动电梯　　　b) 强制驱动电梯（卷筒式）　　　c) 液压驱动电梯

图1.1-1　适用于本部分的三种驱动形式

1.2 在特殊情况下（如：残障人员使用电梯、火灾情况、潜在的爆炸环境、极端的气候条件、地震情况或危险物品的运输等），除本部分的要求外，应考虑附加要求。

【解析】

本部分旨在保证电梯在一般情况下的使用安全，对于一些突发事件（如地震、火灾等）时使用的电梯，或电梯的使用者是特殊群体（如残障人员或可能故意破坏电梯的人），以及电梯的使用环境较为特殊(如潜在的爆炸环境等),电梯除了满足本部分的要求外,还应考虑附加要求以保证电梯安全良好地运行。此处的要求是对本部分的0.4.2买方和供应商之间进行协商内容的进一步说明。下面是一些对特殊场合或特殊人群使用的电梯的附加要求。

——对残障人员使用的电梯要求:GB/T 24477—2009《适用于残障人员的电梯附加要求》;

——对火灾情况下使用的电梯要求:GB/T 26465—2011《消防电梯制造与安装安全规范》;

——地震情况下对电梯的要求:GB/T 31095—2014《地震情况下的电梯要求》;

——对层门耐火的要求:GB/T 27903—2011《电梯层门耐火试验 完整性、隔热性和热通量测定法》、GB/T 24480《电梯层门耐火试验 泄漏量、隔热、辐射测定法》。

如果电梯需要服务于特殊场合或特殊人群,在本部分的基础上,还应满足(并不局限于)以上标准的附加要求。这里应特别注意,GB 50016—2014中对消防电梯和层门的耐火性均有相应要求。

正是由于本条对电梯使用环境的限定,在本部分第4章重大危险清单中才排除了"爆炸物"等危险。

1.3 本部分不适用于:

    a) 下列电梯:

        1) 采用1.1规定之外的驱动系统;

        2) 额定速度小于或等于0.15 m/s。

    b) 下列液压电梯:

        1) 额定速度大于1.0 m/s;

        2) 溢流阀(5.9.3.5.3)的设定压力超过50 MPa。

    c) 某些安装于现有建筑物的新乘客电梯或载货电梯。因为受到建筑结构的限制,这些电梯不能满足本部分的部分要求,需考虑GB/T 28621的规定。

    d) 升降设备,如:链斗式升降机、矿山升降机、舞台提升设备、具有自动吊笼和料斗的机械、施工升降机、船用升降机、海上开采或钻井平台、建筑和维修机械,或者风力发电塔内的电梯。

    e) 本部分实施前安装的电梯的改造。

    f) 在电梯的运输、安装、修理和拆卸期间操作的安全性。

    但是,本部分可作为参考。

    本部分未涉及噪声和振动,因为未发现它们对电梯的安全使用和维护达到了危害的程度(参见0.4.2)。

【解析】

本条阐述本部分不适用的范围。

(1) 本部分适用的驱动方式为1.1中所述的曳引驱动、强制驱动和液压驱动三种型式;对于齿轮齿条、螺杆以及直线电机等驱动方式不属于本部分所述及的范畴。

(2) 在我国,电梯设备中额定运行速度不超过0.15 m/s的提升输送设备属于垂直升降平台(见 GB/T 24805—2009《行动不便人员使用的垂直升降平台》)。而且,额定速度为 0.15 m/s 的提升设备,往往采用的是螺杆驱动、齿轮齿条驱动等方式,与本部分中的曳引驱动、强制驱动和液压驱动均有较明显的区别。

在其他领域,额定运行速度不超过 0.15 m/s 的升降设备通常服务于一些机械设备,与这些设备相连且专门用于进入工作地点。这类设备不属于通常意义上的"电梯",因此也没有纳入本部分的适用范围。

在欧洲,EN 81-20 所遵循的是 95/16/EC《电梯指令》的内容。2006/42/EU《机械指令》的 24 条对 95/16/EC 有所修订,规定了"本指令不适用于:速度不大于 0.15 m/s 的电梯"。对于额定速度小于或等于 0.15 m/s 的输送设备则适用于 2006/42/EU《机械指令》的范围。

因此本部分不适用于额定运行速度不超过 0.15 m/s 的提升输送设备。

(3) 本部分不适用于额定速度大于或等于 1.0 m/s 的液压电梯,是因为液压驱动一般应用于载荷较大且不要求较高速度的场合。受液压结构的限制,液压缸的速度决定于其缸径和进油速度,速度较高时终点冲击会很大,因此液压缸的速度不能做得过高。如果液压电梯想要获得较高的额定速度,通常会使用诸如 1:2、1:4 的绕绳比对液压缸的速度进行放大(图 1.3-1),受井道、建筑物等多重限制通常难以实现更大的绕绳比。

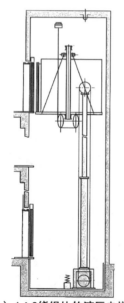

a) 1:2 绕绳比的液压电梯   b) 1:4 绕绳比的液压电梯

图 1.3-1 1:2 和 1:4 绕绳比的液压电梯

(4) 本部分不适用于溢流阀设定压力超过 50 MPa 的情况,这种情况下根据 5.9.3.5.3 对于溢流阀的要求,当溢流阀设定压力超过 50 MPa 时,液压系统的压力为 29.4 MPa(溢流阀设定压力为系统满载压力的 170% 时)至 35.7 MPa(溢流阀设定压力为系统满载压力的 140% 时)。此时系统压力已经超过 35.46 MPa,属于超高压液压系统(按照一般分类,系统压力大于 32 MPa 属于超高压）。

（5）现有建筑物安装电梯时，如果因为建筑物的原因无法满足本部分的要求，这种情况下即使是新制造的电梯，也不适用于本部分。所谓"现有建筑"，在 GB/T 28621—2012《安装于现有建筑物中的新电梯制造与安装安全规范》中的定义为"已建成两年以上，正在使用或订购电梯之前已使用过的建筑物。内部结构全部更新的建筑物视为新建筑物"。

对于上述情况，应遵守 GB/T 28621—2012 的相关要求。该标准主要针对因现场条件制约，顶层和底坑尺寸无法满足本部分的相关要求，在基于风险评价和风险降低的基础上，对安装在现有建筑物中的电梯进行了规定。所采用的安全原则基于两级实现：首先操作电气开关中断轿厢运行；其次对电梯轿厢进行机械制动。在有孔的电梯井道壁、轿厢与对重（或平衡重）的间距、在分离井道内的对重（或平衡重）、井道内滑轮、减小的顶部间距、轿顶护栏、减小的底部间距、护脚板、机房的高度、机房门的高度、机房活板门的尺寸、滑轮间的高度、滑轮间活板门的尺寸、层门高度 14 个方面提出了安全要求和/或保护措施。

（6）本部分不适用的升降设备，在文中也已经列明。对于这些升降设备可以参考本部分的内容，但更应采用与之设计、制造、安装相关的标准和规定。以施工升降机为例，相关的标准和规定有：GB/T 26557—2021《吊笼有垂直导向的人货两用施工升降》、GB/T 7920.3—1996《施工升降机 术语》、GB/T 10052—1996《施工升降机分类》、GB 10053—1996《施工升降机检验规则》、GB/T 10054.1—2021《货用施工升降机 第 1 部分：运载装置可进人的升降机》、GB 10055—2007《施工升降机安全规程》、GB 10056—1988《施工升降机试验方法》等。

（7）本部分只适用于建筑中安装的新电梯，不适应用于在用电梯的改造。所谓"改造"主要是对电梯的基本规格的更改和（或）电梯重要部件发生变化。

（8）电梯在运输、安装和拆卸期间，并不是一个完整的设备；修理期间可能要拆卸一部分安全保护部件，导致电梯的安全保护措施变得不完整。上述情况下，单凭本部分的规定无法保护人员、货物、设备和建筑物的安全，还需要其他安全防护措施以及严格执行合理的安全操作规程。与噪声和振动相关的内容，详见 0.4.2 的解析。

1.4 本部分不适用于在本部分发布日期前安装的乘客电梯和载货电梯。

【解析】

本部分只适用于新安装的电梯而非在用电梯。由于电梯的使用寿命可能比其他运输设备和建筑设备长，因此，已安装使用的部分在用电梯在设计上、性能上和安全上可能落后于当前的技术水平，如果这些电梯需要进行改装以降低存在的风险，可以依照 GB/T 24804—2009《提高在用电梯安全性的规范》进行。

在 GB/T 24804—2009 中对"在用电梯"的定义为："已经投入使用的电梯。"

2 规范性引用文件

下列文件对于本文件的应用是必不可少的。凡是注日期的引用文件,仅注日期的版本适用于本文件。凡是不注日期的引用文件,其最新版本(包括所有的修改单)适用于本文件。

GB/T 786.1 流体传动系统及元件图形符号和回路图 第 1 部分:用于常规用途和数据处理的图形符号(GB/T 786.1—2009,ISO 1219-1:2006,IDT)

GB/T 3639 冷拔或冷轧精密无缝钢管

GB 4053.1 固定式钢梯及平台安全要求 第 1 部分:钢直梯

GB 4053.2 固定式钢梯及平台安全要求 第 2 部分:钢斜梯

GB/T 4208 外壳防护等级(IP 代码)(GB/T 4208—2017,IEC 60529:2013,IDT)

GB/T 4728(所有部分) 电气简图用图形符号

GB/T 5013.5 额定电压 450/750 V 及以下橡皮绝缘电缆 第 5 部分:电梯电缆(GB/T 5013.5—2008,IEC 60245-5:1994,IDT)

GB/T 5023.6 额定电压 450/750 V 及以下聚氯乙烯绝缘电缆 第 6 部分:电梯电缆和挠性连接用电缆(GB/T 5023.6—2006,IEC 60227-6:2001,IDT)

GB/T 5226.1—2019 机械电气安全 机械电气设备 第 1 部分:通用技术条件(IEC 60204-1:2016,IDT)

GB/T 5465.2—2008 电气设备用图形符号 第 2 部分:图形符号(IEC 60417 DB:2007,IDT)

GB/T 7588.2—2020 电梯制造与安装安全规范 第 2 部分:电梯部件的设计原则、计算和检验(ISO 8100-2:2019,MOD)

GB 8624 建筑材料及制品燃烧性能分级

GB/T 8903 电梯用钢丝绳(GB/T 8903—2018,ISO 4344:2004,MOD)

GB/T 12668.502—2013 调速电气传动系统 第 5-2 部分:安全要求 功能(IEC 61800-5-2:2007,IDT)

GB/T 13793 直缝电焊钢管

GB/T 14048.4—2010 低压开关设备和控制设备 第 4-1 部分:接触器和电动机起动器 机电式接触器和电动机起动器(含电动机保护器)(IEC 60947-4-1:2009 Ed.3.0,MOD)

GB/T 14048.5—2017 低压开关设备和控制设备 第 5-1 部分:控制电路电器和开关元件 机电式控制电路电器(IEC 60947-5-1:2016,MOD)

GB/T 14048.14 低压开关设备和控制设备 第 5-5 部分:控制电路电器和开关元件 具有机械锁闩功能的电气紧急制动装置(GB/T 14048.14—2019,IEC 60947-5-5:2016,IDT)

GB/T 15706—2012 机械安全 设计通则 风险评估与风险减小(ISO 12100:2010,IDT)

GB/T 16895.2—2017　低压电气装置　第 4-42 部分：安全防护　热效应保护（IEC 60364-4-42：2010，IDT）

GB/T 16895.21—2011　低压电气装置　第 4-41 部分：安全防护　电击防护（IEC 60364-4-41：2005，IDT）

GB/T 16895.23—2012　低压电气装置　第 6 部分：检验（IEC 60364-6：2006，IDT）

GB/T 16935.1　低压系统内设备的绝缘配合　第 1 部分：原理、要求和试验（GB/T 16935.1—2008，IEC 60664-1：2007，IDT）

GB/T 17889.2—2012　梯子　第 2 部分：要求、试验和标志

GB/T 18209.3　机械电气安全　指示、标志和操作　第 3 部分：操动器的位置和操作的要求（GB/T 18209.3—2010，IEC 61310-3：2007，IDT）

GB/T 18775　电梯、自动扶梯和自动人行道维修规范

GB/T 21711.1　基础机电继电器　第 1 部分：总则与安全要求（GB/T 21711.1—2008，IEC 61810-1：2003，IDT）

GB/T 23821—2009　机械安全　防止上下肢触及危险区的安全距离（ISO 13857：2008，IDT）

GB/T 24475　电梯远程报警系统

GB/T 24476—2017　电梯、自动扶梯和自动人行道物联网的技术规范

GB/T 24480　电梯层门耐火试验　泄漏量、隔热、辐射测定法

GB/T 24807　电磁兼容　电梯、自动扶梯和自动人行道的产品系列标准　发射

GB/T 24808　电磁兼容　电梯、自动扶梯和自动人行道的产品系列标准　抗扰度

GB/T 27903　电梯层门耐火试验　完整性、隔热性和热通量测定法

GB/T 32957　液压和气动系统设备用冷拔或冷轧精密内径无缝钢管

GB 50017　钢结构设计标准

GA 494　消防用防坠落装备

JB/T 8734.6　额定电压 450/750 V 及以下聚氯乙烯绝缘电缆电线和软线　第 6 部分：电梯电缆

IEC 61810-3　基础机电继电器　第 3 部分：强制导向（机械连接）触点的继电器〔Electromechanical elementary relays—Part 3：Relays with forcibly guided (mechanically linked) contacts〕

EN 50274　低压成套开关设备和控制设备　电击防护　意外直接接触危险带电部分的防护（Low-voltage switchgear and controlgear assemblies—Protection against electric shock—Protection against unintentional direct contact with hazardous live parts）

【解析】

本章的规范性引用文件包括以下几种类型：

（1）我国国家标准；

（2）我国行业标准；

（3）欧洲标准化组织制定的标准（如 EN 50274）。

本章所述标准，其条文在本部分中相应的地方被引用，因此被引用的条文应作为本部分的条文来看待，在使用本部分时也应予以遵守。

根据 GB/T 1.1—2009 的规定："凡是注日期的引用文件，仅注日期的版本适用于本文件。凡是不注日期的引用文件，其最新版本（包括所有的修改单）适用于本文件。"

3 术语和定义

下列术语和定义适用于本文件。

【解析】

在使用本部分时,如果遇到本章没有给出的术语和定义,可参照 GB/T 7024—2008《电梯、自动扶梯、自动人行道术语》。除本条的术语和定义之外,其他的一些相关术语和定义参见"GB/T 7588.1 资料 3-1"。

3.1

护脚板 apron

从层门地坎或轿厢地坎向下延伸的半滑垂直部分。

【解析】

本条是对层站护脚板和轿厢护脚板的定义。本部分的 5.2.5.3.2 是对层站护脚板的要求:尺寸、刚度等;5.4.5 是对轿厢护脚板的要求,较 GB 7588—2003 来说,本部分增加了对轿厢护脚板的刚度要求。

3.2

被授权人员 authorized person

经负责电梯运行和使用的自然人或法人许可,进入受限制的区域(机器空间、滑轮间或井道)进行维护、检查或救援操作的人员。

注:被授权人员应具有从事所授权工作的能力(见 3.7)。

【解析】

本条与"3.7 胜任人员""3.34 乘客""3.64 使用者"一起说明。

首先,"被授权人员"应得到许可,才可进入受限制的区域;其次,"被授权人员"应具有相应的工作能力,如:对电梯设备进行维护、检查或者救援等工作(见"3.7 胜任人员")。负责电梯运行和使用的自然人或法人可以是电梯所安装的建筑物的所有权人或者是管理者等。

按照现阶段的情况,"胜任人员"应符合国务院 2003 年颁布,并于 2009 年修订的《特种设备安全监察条例》第三十八条:"锅炉、压力容器、电梯、起重机械、客运索道、大型游乐设施、场(厂)内专用机动车辆的作业人员及其相关管理人员(以下统称特种设备作业人员),应当按照国家有关规定经特种设备安全监督管理部门考核合格,取得国家统一格式的特种作业人员证书,方可从事相应的作业或者管理工作"的要求。

当"5.6.2.1 安全钳、5.6.5 棘爪装置、5.6.6 轿厢上行超速保护装置、5.6.7 轿厢意外移动保护装置、5.9.2.7 电动机运转时间限制器、5.12.2.3 极限开关"等装置动作后，必须由"胜任人员"使其释放或使电梯复位；同时只有"胜任人员"才可对受困的使用者进行救援。

"乘客"在本部分指利用电梯作为交通工具的人员。通常情况下，认为乘客并不具有关于电梯方面的专业知识和技能。

"使用者"是指利用电梯服务的人员，除了乘客，层站候梯人员和被授权人员也在"使用者"的范围内。

> **3.3**
>
> **轿厢有效面积 available car area**
> 电梯运行时可供乘客或货物使用的轿厢面积。

【解析】

应在距轿厢地板1 m高处测量轿壁至轿壁的内尺寸，确定轿厢面积，不考虑装饰。

对于轿壁的凹进和扩展部分，不管高度是否小于1 m，也不管其是否有单独门保护，在计算轿厢最大有效面积时均应计入。计算轿厢最大有效面积时，不必考虑由于放置设备而不能容纳人员的凹进和扩展部分（如：用于折叠椅、对讲系统的凹进）。

本部分修改了轿厢有效面积的要求，GB 7588—2003中8.2.1"当门关闭时，轿厢入口的任何有效面积也应计入"与本部分的要求有很大的区别。本部分要求，如果轿厢入口的框架立柱之间具有有效面积，当门关闭时：

（1）如果立柱内侧到任一门扇的深度（包括多扇门的主动门和从动门）小于或等于100 mm，则该地板面积不应计入轿厢有效面积；

（2）如果该深度大于100 mm，该地板面积应计入轿厢有效面积。

> **3.4**
>
> **平衡重 balancing weight**
> 用于强制驱动电梯或液压驱动电梯，为节能而设置的平衡全部或部分轿厢质量的部件。

【解析】

为了便于理解，将"平衡重"和"对重"结合起来考虑：

a）平衡重是为节能，对重的主要目的在于提供曳引力。

b）平衡重仅平衡了全部或部分轿厢自重；对重不但平衡了全部轿厢自重，而且平衡了部分载重。即对重有平衡系数的概念，而平衡重没有。

3.5

缓冲器 buffer

在行程端部的弹性停止装置，包括使用流体或弹簧（或其他类似装置）的制动部件。

【解析】

缓冲器是电梯极限位置的安全保护装置，其原理是使运动物体的动能转化为一种无害的或安全的能量形式。常用的有液压缓冲器（耗能型缓冲器）：以油作为介质吸收轿厢或对重产生动能的缓冲器；弹簧缓冲器（蓄能型缓冲器）：以弹簧变形来吸收轿厢或对重产生动能的缓冲器；非线性缓冲器（蓄能型缓冲器）：以非线性变形材料来吸收轿厢或对重产生动能的缓冲器。缓冲器是安全部件，应根据 GB/T 7588.2 的 5.5 进行型式试验。

3.6

轿厢 car

用以运载乘客和（或）其他载荷的电梯部件。

【解析】

轿厢一般由轿底、轿厢壁、轿顶、轿门以及轿架组成，是电梯运送乘客和货物的重要部件。

3.7

胜任人员 competent person

经过适当的培训，通过知识和实践经验方面的认定，按照必要的说明，能够安全地完成所需的电梯检查或维护，或者救援使用者的人员。例如：电梯的维护和检查人员、救援人员等。

注：国家法规可能要求具有资格证书。

【解析】

按照现阶段的情况，"胜任人员"应符合国务院 2003 年颁布，并于 2009 年修订的《特种设备安全监察条例》第三十八条："锅炉、压力容器、电梯、起重机械、客运索道、大型游乐设施、场（厂）内专用机动车辆的作业人员及其相关管理人员（以下统称特种设备作业人员），应当按照国家有关规定经特种设备安全监督管理部门考核合格，取得国家统一格式的特种作业人员证书，方可从事相应的作业或者管理工作"的要求。

当本部分"安全钳（5.6.2.1）、棘爪装置（5.6.5）、轿厢上行超速保护装置（5.6.6）、轿厢意外移动保护装置（5.6.7）、电动机运转时间限制器（5.9.2.7）、极限开关（5.12.2.3）"等装置动作后，必须由胜任人员使其释放或使电梯复位，胜任人员才可对受困的使用者进行救援。

3.8

对重　counterweight
具有一定质量，用于保证曳引能力的部件。

【解析】

见 3.4 解析。

3.9

直接作用式液压电梯　direct acting hydraulic lift
直接作用式液压驱动电梯
柱塞或缸筒与轿厢或轿架直接连接的液压电梯。

【解析】

根据柱塞或者缸筒与轿厢或轿架的连接方式不同，液压电梯可分为直接作用式液压电梯与间接作用式液压电梯（见 3.19）。对于直接作用式液压电梯，轿厢与柱塞（缸筒）之间应为挠性连接；对于间接作用式液压电梯，柱塞（缸筒）的端部应具有导向装置。对于拉伸作用的液压缸，如果拉伸布置可防止柱塞承受弯曲力的作用，不要求其端部具有上述的导向装置。直接作用式液压电梯结构简单，维修保养更加方便，且能够简化部分安全部件的使用。

3.10

下行方向阀　down direction valve
液压回路中用于控制轿厢下降的电控阀。

【解析】

下行方向阀是电控阀的一种，在液压回路中，起到控制轿厢下降的功能。下行方向阀应由电气控制保持开启，下行方向阀的关闭应由来自液压缸的液压油压力作用以及至少每阀由一个带导向的压缩弹簧来实现。

3.11

驱动控制系统　drive control system
控制和监测驱动主机运行的系统。

【解析】

驱动控制系统是对电梯驱动主机的运行进行控制和监控的系统，是电梯控制、调速等装置的系统集合。该系统是电梯轿厢安全平稳运行的基础。

3.12

电气防沉降系统 electrical anti-creep system

防止液压电梯危险沉降的措施组合。

【解析】

直接作用式液压电梯与间接作用式液压电梯的电气防沉降系统的组成要素是不同的，详见5.12.1.10电气防沉降系统和表12液压电梯的保护措施。

3.13

电气安全回路 electric safety chain

所有电气安全装置按下述方式连接形成的回路：其中任何一个电气安全装置的动作均能使电梯停止。

【解析】

本条说明中用到了3.4和3.52的内容。

本条中的所有电气安全装置是指本部分"附录A 电气安全装置表"所列出的内容。相比较GB 7588—2003，电气安全装置表中还规定了每个电气安全装置的最低安全完整性等级(SIL)。

安全完整性等级(SIL)是一种离散的等级，仅与电梯安全相关的可编程电子系统(PESSRAL)有关。

PESSRAL是本部分新增加的内容；PESSRAL是安全部件，应根据GB/T 7588.2的5.6进行型式试验。

电气安全回路、电气安全装置以及安全触点、安全电路、PESSRAL的关系见图3.13-1。

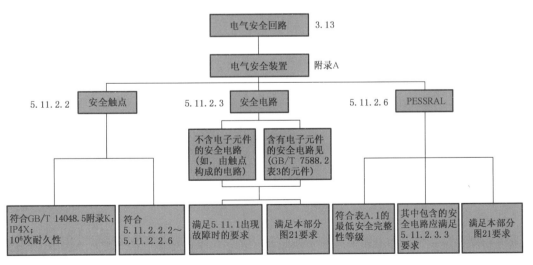

图3.13-1 电气安全回路及电气安全装置

3.14

满载压力 full load pressure

当载有额定载重量的轿厢停靠在顶层端站位置时，施加到管路、液压缸和阀体等部件上的静压力。

【解析】

满载压力作为一个量化的数值，在本部分的正文中多次出现，对液压管路、液压缸和阀体的选择、计算和验证等具有极其重要的意义。

3.15

载货电梯 goods passenger lift

主要用来运送货物的电梯，并且通常有人员伴随货物。

【解析】

相对于乘客电梯来说，载货电梯主要用来运送货物，而非乘客。大多数情况下，货物运送过程中是有伴随人员的，例如：用平板车运送货物，货物的伴随人员需要将装满货物的平板车推入轿厢，然后选定目的层站，电梯运行至目的层站，最后伴随人员将平板车推出轿厢。

3.16

导轨 guide rails；guides

为轿厢、对重及平衡重提供导向的刚性组件。

【解析】

轿厢、对重（或平衡重）各自应至少由两列刚性的钢质导轨导向。导轨应采用冷拉钢材制成，或摩擦表面采用机械加工方法制作。导轨可分为实心导轨和空心导轨两种类型。空心导轨由钢板经冷轧折弯成空腹 T 型的导轨，应用于不装设安全钳的对重（平衡重）侧。

3.17

顶层 headroom

轿厢服务的最高层站与井道顶之间的井道部分。

【解析】

以有机房曳引驱动式电梯为例，建筑物与所安装的电梯最直接相关的部分可分为三个区域：3.27机房、3.65井道和层站。电梯井道又有两个特殊的部分：位于最低层站以下的井道部分被称作底坑(3.36 底坑)；位于轿厢服务的最高层站与井道顶之间的部分被称作顶层，即本条的内容。

3.18

液压电梯　hydraulic lift
液压驱动电梯
提升动力来自电力驱动的液压泵输送液压油到液压缸[可使用多个电动机、液压泵和(或)液压缸]，直接或间接作用于轿厢的电梯。

【解析】

本条中的液压电梯是本部分适用的三种驱动方式电梯的一种，另外两种驱动方式的电梯是：3.37 的强制式电梯和 3.59 的曳引式电梯。液压电梯分为 3.9 的直接作用式液压电梯和 3.19 的间接作用式液压电梯。

强制式电梯：通过卷筒和绳或链轮和链条直接驱动(不依赖摩擦力)的电梯。

曳引式电梯：通过悬挂钢丝绳与驱动主机曳引轮槽的摩擦力驱动的电梯。

3.19

间接作用式液压电梯　indirect acting hydraulic lift
间接作用式液压驱动电梯
柱塞或缸筒通过悬挂装置(绳或链条)与轿厢或轿架连接的液压电梯。

【解析】

见 3.9 的解析。

3.20

安装单位　installer
负责将电梯安装在建筑物最终位置的法人。

【解析】

依据《中华人民共和国特种设备安全法》第二十二条的规定："电梯的安装、改造、修理，必须由电梯制造单位或者其委托的依照本法取得相应许可的单位进行。"在欧美等发达国家，电梯的安装单位有 70％左右是由电梯制造单位构成，我们国家也在通过立法等方式，逐步引导电梯的制造单位成为电梯安装单位的主体，以保证负责电梯安全性能的主体不发生变化，提高电梯的安装质量。

3.21

瞬时式安全钳　instantaneous safety gear
作用在导轨上制动减速，瞬间完成全部夹紧动作的安全钳。

【解析】

本条与 3.41 渐进式安全钳和 3.51 安全钳一起说明。

安全钳是指在超速或悬挂装置断裂的情况下，在导轨上制停轿厢、对重或平衡重并保持静止的机械装置，安全钳分为两类：瞬时式安全钳和渐进式安全钳。

瞬时式安全钳一般采用刚性钳体和硬度较高、摩擦系数较大的偏心块、楔块或滚柱构成，为了增大摩擦力，通常在偏心块、楔块或滚柱这些制动元件上滚花并硬化。由于这种安全钳的承载结构是刚性的，因此在制停期间对导轨会产生一个非常大的压力，制动距离很短。因此这种安全钳也称为刚性、急停型安全钳。

与瞬时式安全钳相比，渐进式安全钳在制动元件和钳体之间设置了弹性元件，有些安全钳甚至将钳体本身就作为弹性元件使用。在制动过程中靠弹性元件的作用，制动力是有控制地逐渐增大或恒定。渐进式安全钳比瞬时式安全钳在制停距离上要长很多，但减速度处于受控状态，渐进式安全钳可以用于速度更高的电梯。

安全钳是安全部件，应根据 GB/T 7588.2 的 5.3 进行型式试验。

3.22

液压缸　jack
组成液压执行装置的缸筒和柱塞的组合。

【解析】

在液压控制技术中，液压缸作为一种直线式执行部件，一般分为单作用、双作用、缓冲式、多级、组合式液压缸以及其他特殊形式液压缸等，每一种形式中又有更细的分类。应用在液压电梯中的液压缸种类主要是单作用柱塞液压缸、多级同步液压缸两种。液压缸是液压电梯系统中的重要动力执行部件，要求行程长、可靠性高、成本低而且安装方便。

3.23

夹层玻璃　laminated glass
两层或更多层玻璃之间用塑胶或液体粘结组合成的玻璃。

【解析】

在 GB 15763.3—2009《建筑用安全玻璃　第 3 部分：夹层玻璃》中定义夹层玻璃为：玻璃与玻璃和/或塑料等材料，用中间层分隔并通过处理使其粘结为一体的复合材料的统称。常见和大多使用的是中间分隔，并通过处理使其粘结为一体的玻璃构件。与本条的定义基本是一致的，其结构见图 3.23-1。

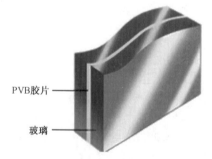

PVB胶片

玻璃

图 3.23-1　夹层玻璃结构示意

当夹层玻璃受冲击破裂时，由于塑胶膜具有吸收冲击能量的作用和极强的粘结力，玻璃碎片仍牢固地粘结在塑胶膜上，而且冲击物不易贯穿玻璃，破碎的玻璃表面仍保持完整连续，从而减少对人体的伤害。这就有效防止了碎片扎伤和穿透坠落事件的发生,确保了人身安全。

3.24

平层 levelling

达到在层站停靠精度的操作。

【解析】

按照控制系统指令,轿厢在平层区域内,使轿厢地坎与层门地坎达到同一平面的操作即为平层。这一操作应与 3.25 平层保持精度、3.45 再平层、3.58 平层准确度综合起来考虑更容易理解。

平层准确度:轿厢在实现平层的操作中,应保证其平层准确度为 ±10 mm。

平层保持精度:电梯装卸载期间,轿厢地坎与层站地坎之间的铅垂距离。如果平层保持精度超过 ±20 mm,则应校正至 ±10 mm,即平层准确度的要求范围。

再平层:将平层保持精度超过 ±20 mm,校正至 ±10 mm 范围内的电梯操作即为再平层。

3.25

平层保持精度 levelling accuracy

电梯装卸载期间,轿厢地坎与层门地坎之间铅垂距离。

【解析】

见 3.24 解析。

3.26

驱动主机 lift machine

用于驱动和停止电梯的设备。对于曳引式或强制式电梯,可由电动机、齿轮、制动器、曳引轮(链轮或卷筒)等组成;对于液压电梯,可由液压泵、液压泵电动机和控制阀等组成。

【解析】

对于曳引式电梯、强制式电梯以及液压电梯来说,直接或间接参与驱动的钢丝绳并不是驱动主机的组成部分。

3.27

机房 machine room

具有顶、墙壁、地板和通道门的完全封闭的机器空间,用于放置全部或部分机器设备。

【解析】

本条与3.29机器空间、3.42滑轮间一起说明。

机器空间的范围比较宽泛,井道内的、井道外的放置部分或整个机器的空间都称作机器空间,与机器相关的工作区域也是机器空间的范围。机房是特殊的机器空间,要求完全封闭;对于无机房电梯来说,只存在机器空间而没有机房的概念;但机器空间不是无机房电梯特有的区域。滑轮间也属于机器空间的定义,相比较机房来讲,滑轮间不可以放置驱动主机,这是两者最主要的区别。滑轮间在GB/T 7024—2008的3.1.7中又称为"辅助机房"。

> 3.28
>
> **机器　machinery**
> 控制柜及驱动系统、驱动主机、主开关和用于紧急操作的装置等设备。

【解析】

电梯本身就是一台机器,但此处的机器是对组成电梯的一些装置的定义,并不局限于本条中所列举的这些装置,例如:限速器也属于"机器"的范畴。

> 3.29
>
> **机器空间　machinery space**
> 井道内部或外部放置全部或部分机器的空间,包括与机器相关的工作区域。
> **注:** 机器柜及其相关的工作区域均被认为是机器空间。

【解析】

见3.27解析。

> 3.30
>
> **维护　maintenance**
> 在安装完成后及其整个使用寿命内,为确保电梯及其部件的安全和预期功能而进行的必要操作。
> 可包括下列操作:
> a) 润滑、清洁等;
> b) 检查;
> c) 救援操作;
> d) 设置和调整操作;
> e) 修理或更换磨损或破损的部件,但并不影响电梯的特性。
> **注:** 国家法规对维护可能有其他要求。

【解析】

维护是电梯设备安全稳定运行的必要条件,良好的维护可有效延长部件的使用寿命。维护的周期、内容不是统一和不变的,应根据电梯的年龄、使用频率、使用工况、自然气候等实际情况,制定切实可行的维护计划,既不过度维护也不欠维护,始终保证电梯在整个寿命范围内的安全运行。

救援操作是维护操作的内容;在修理或更换磨损或破损的部件后,不可影响电梯的特性,比如:额定速度、额定载重量等。

> **3.31**
>
> **单向阀　non-return valve**
> 仅允许液压油向一个方向流动的阀。

【解析】

本条与 3.32 单向节流阀、3.47 节流阀一起说明。

单向阀又称止回阀或逆止阀,用于液压系统中防止油流反向流动。在液压电梯的液压系统中应具有单向阀,单向阀应设置在液压泵与截止阀之间的油路上。

节流阀是通过内部节流通道将出入口连接起来的阀,可以通过改变节流截面或节流长度以控制阀体内的流体流量。在液压系统发生重大泄漏的情况下,节流阀应防止载有额定载重量的轿厢的下行速度超过下行额定速度(v_d)+0.30 m/s。

将节流阀和单向阀并联则可组合成单向节流阀。具有机械移动部件的单向节流阀是安全部件,应根据 GB/T 7588.2 的 5.9 进行型式试验。

> **3.32**
>
> **单向节流阀　one-way restrictor**
> 允许液压油向一个方向自由流动,而在另一方向限制性流动的阀。

【解析】

见 3.31 解析。

> **3.33**
>
> **限速器　overspeed governor**
> 当电梯达到预定的速度时,使电梯停止且必要时能使安全钳动作的装置。

【解析】

限速器是检测电梯系统(包括轿厢、对重或平衡重)运行是否超速的装置,电梯在以额定速度运行时,限速器以和电梯相同的速度同步运行,并不发出使电梯停止或触发安全钳的动作。限速器是安全部件,应根据 GB/T 7588.2 的 5.4 进行型式试验。

> **3.34**
>
> **乘客　passenger**
> 电梯轿厢运送的人员。

【解析】

见 3.2 解析。

3.35

棘爪装置　pawl device

用于停止轿厢非操作下降并将其保持在固定支撑上的机械装置。

【解析】

棘爪装置应仅在液压电梯轿厢下行时动作,可分为蓄能缓冲型棘爪装置和耗能缓冲型棘爪装置。

3.36

底坑　pit

位于底层端站以下的井道部分。

【解析】

见 3.17 解析。

3.37

强制式电梯　positive drive lift

强制驱动电梯

通过卷筒和绳或链轮和链条直接驱动(不依赖摩擦力)的电梯。

【解析】

见 3.18 解析。

3.38

预备操作　preliminary operation

当轿厢位于开锁区域且门未关闭和锁紧时,使驱动主机和制动器(液压阀)做好正常运行的准备。

【解析】

预备操作是为了保证电梯的运行效率而提前做好正常运行的准备工作。进行的这些预备操作并不包含启动轿厢或使轿厢继续运行的动作。预备操作是在安全回路断开情况下进行的,不允许给制动器和驱动主机供电。

3.39

溢流阀　pressure relief valve

通过溢出流体限制系统压力不超过设定值的阀。

【解析】

溢流阀是一种液压压力控制阀，在液压设备中主要起定压溢流、稳压、系统卸荷和安全保护作用。在液压电梯的液压系统中应具有溢流阀。溢流阀应连接到液压泵和单向阀之间的油路上，溢流阀溢出的油应回流到油箱。

3.40
　　电梯安全相关的可编程电子系统　programmable electronic system in safety related applications for lifts；PESSRAL
　　用于表 A.1 所列安全应用的，基于可编程电子装置的控制、保护、监测的系统，包括系统中所有单元（例如：电源、传感器和其他输入装置、数据总线和其他通信路径以及执行装置和其他输出装置）。

【解析】

对于"可编程电子系统"，在 GB/T 20438.4—2017《电气/电子/可编程电子安全相关系统的功能安全　第 4 部分：定义和缩略语》中对"可编程电子"和"可编程电子系统"的定义如下：

（1）可编程电子：以计算机技术为基础，可以由硬件、软件及其输入和（或）输出单元构成。

注：这个术语包括以一个或多个中央处理器(CPUs)及相关的存储器等为基础的微电子装置。

举例：下列均是可编程电子装置：

——微处理器；

——微控制器；

——可编程控制器；

——专用集成电路（ASICs）；

——可编程逻辑控制器（PLCs）；

——其他以计算机为基础的装置（智能传感器、智能变送器、智能执行器）。

（2）可编程电子系统：基于一个或多个可编程电子装置的控制、保护或监视系统，包括系统中所有的组件，如电源、传感器和其他输入装置，数据总线和其他通信路径，以及执行器和其他输出装置（图 3.40-1）。

注：PES 的结构如图 3.40-1a）。图 3.40-1b）是阐述 GB/T 20438 中 PES 在 EUC 和其接口中具有不同于传感器、执行器的可编程电子单元的方式。但是，在 PES 中可编程电子可能存在于多处。图 3.40-1c）表示具有两个分立的可编程电子单元的 PES。图 3.40-1d）表示具有双重可编程电子单元（即双通道）的 PES，但共用一个传感器和执行器。

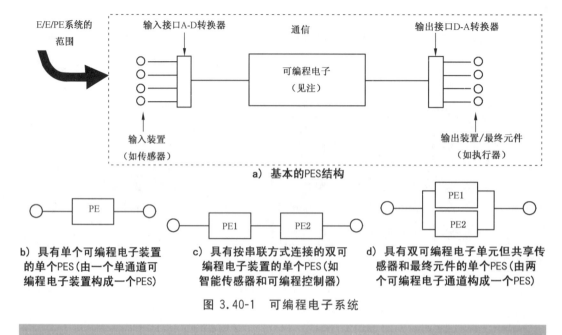

图 3.40-1　可编程电子系统

3.41

渐进式安全钳　progressive safety gear

作用在导轨上制动减速，并按特定要求将作用在轿厢、对重或平衡重的力限制在容许值范围内的安全钳。

【解析】

见 3.21 解析。

3.42

滑轮间　pulley room

放置滑轮的房间，也可放置限速器，但不放置驱动主机。

【解析】

见 3.27 解析。

3.43

额定载重量　rated load

电梯正常运行时预期运载的载荷，可以包括装卸装置（参见 0.4.2）。

【解析】

相比较 GB/T 7024—2008 中 3.1.4"额定载重量是电梯设计所规定的轿厢载重量"的定义，显然本条的定义更准确。额定载重量是电梯的重要参数之一，额定载重量与轿厢有效面积和乘客数量紧密相关，而且也是电梯安全部件设计选用的必要参数，如：曳引机、安全钳、破裂阀等。

3.44

额定速度 rated speed

v

电梯设计所规定的速度。

注:对于液压电梯:

　　v_m ——上行额定速度,单位为米每秒(m/s);

　　v_d ——下行额定速度,单位为米每秒(m/s);

　　v_s ——上行额定速度(v_m)和下行额定速度(v_d)两者中的较大值,单位为米每秒(m/s)。

【解析】

GB/T 7024—2008中3.1.2额定速度是电梯设计所规定的轿厢运行速度,与本条的定义是一致的。额定速度是电梯的重要参数之一,是电梯安全部件设计选用的必要参数,如:曳引机、限速器、安全钳等。对于液压电梯,GB/T 7024—2008中6.6对上行额定速度定义为:轿厢空载上行时的设计速度;下行额定速度定义为:轿厢载以额定载重量下行时的设计速度。

3.45

再平层 re-levelling

电梯停止后,允许在装卸载期间进行校正轿厢停止位置的操作。

【解析】

见3.24解析。

3.46

救援操作 rescue operations

由被授权人员安全地释放被困在轿厢和井道内人员的特定活动。

【解析】

救援操作可以是电梯维护的操作内容,见3.30维护的定义。特别需要注意的是:救援操作一定是由被授权的人员进行。被授权人员一定是胜任人员(见3.7),胜任人员应经过负责电梯运行和使用的自然人或法人的许可,才能作为被授权人员。

3.47

节流阀 restrictor

通过内部节流通道将出入口连接起来的阀。

【解析】

见3.31解析。

3.48

破裂阀 rupture valve

当在预定的液压油流动方向上流量增加而引起阀进出口的压差超过设定值时,能自动关闭的阀。

【解析】

破裂阀是在液压电梯的油管路破裂时,防止轿厢超速向下运行且使轿厢在允许的减速度范围内停止的安全部件,应按照 GB/T 7588.2 中 5.9 的规定进行型式试验。

3.49

安全电路 safety circuit

满足电气安全装置要求的电路,包含触点和(或)电子元件。

【解析】

本条中的电气安全装置是指本部分的"附录 A 电气安全装置表"所列出的内容。对于安全触点来说,其动作应由断路装置将其可靠地断开,甚至两触点熔接在一起也应断开。对于含有电子元件的安全电路是安全部件,应按照 GB/T 7588.2 中 5.6 的规定进行型式试验。

3.50

安全部件 safety component

实现电梯的安全功能且需要通过型式试验证明的部件。

注:例如安全钳、限速器和层门门锁装置等。

【解析】

本条中的安全部件与 GB/T 7588.2 中 3.2 安全部件的定义是一致的,都是在使用中实现安全功能的部件。安全部件需要通过型式试验证明其安全性能,如:安全钳、限速器、缓冲器、层门和轿门门锁、含有电子元件的安全电路和(或)电梯安全相关的 PESSRAL、轿厢上行超速保护装置、轿厢意外移动保护装置、破裂阀和具有机械移动部件的单向节流阀等。

3.51

安全钳 safety gear

在超速或悬挂装置断裂的情况下,在导轨上制停下行的轿厢、对重或平衡重并保持静止的机械装置。

【解析】

见 3.21 解析。

3.52

安全完整性等级　safety integrity level；SIL

一种离散的等级（可能是三个等级之一），用于规定分配给电梯安全相关的可编程电子系统的安全功能的安全完整性要求。本部分中 SIL1 代表的是最低的等级要求，SIL3 是最高的等级要求。

【解析】

对于"安全完整性"，在 GB/T 20438.4—2017《电气/电子/可编程电子安全相关系统的功能安全　第4部分：定义和缩略语》中的定义如下：

安全完整性：在规定的时间段内和规定的条件下，安全相关系统成功执行规定的安全功能的概率。

注1：安全完整性越高，安全相关系统在要求时未能执行规定的安全功能或为未能实现规定的状态的概率就越低。

注2：有4个安全完整性等级。

注3：在确定安全完整性时，宜包括所有导致非安全的失效原因（随机硬件失效和系统性失效），如硬件失效，软件导致的失效和电磁干扰导致的失效，某些类型的失效，尤其是随机硬件失效，可以用危险失效模式下的平均失效频率或安全相关保护系统未能在要求时动作的概率来量化，但是安全完整性还取决于许多不能精确量化只可定性考虑的因素。

注4：安全完整性由硬件安全完整性和系统安全完整性构成。

注5：本定义针对安全相关系统执行安全功能的可靠性。

3.53

安全绳　safety rope

与轿厢、对重或平衡重连接的辅助钢丝绳，在悬挂装置失效的情况下，触发安全钳动作。

【解析】

安全绳只可用于对重安全钳（非上行超速保护）的触发。安全绳通常是由机房（或滑轮间）导向轮导向的一根辅助绳，其一段固定在轿厢上，另一段固定在对重安全钳操纵机构上。当悬挂电梯的钢丝绳断裂时，由于轿厢安全钳将由限速器触发而将轿厢制停在导轨上，此时连接在轿厢和对重安全钳拉杆之间的安全绳也将由于轿厢的制停而停止，由于对重继续坠落，安全绳将提拉对重安全钳拉杆，触发对重安全钳。当对重再坠落一段距离（此距离即是对重安全钳拉杆的行程）后，对重安全钳将对重制停在导轨上。

3.54

截止阀　shut-off valve

一种手动操纵的双向阀，该阀的开启和关闭允许或防止液压油在任一方向上的流动

【解析】

液压电梯的液压系统应具有截止阀，对其所在的管路中的液压油起着切断和节流的重

要作用。

> **3.55**
>
> **单作用液压缸　single acting jack**
> 一个方向由液压油的作用产生位移，另一个方向由重力的作用产生位移的液压缸。

【解析】

液压缸也称为线性的油压马达，一般由缸桶、活塞以及活塞杆三部分构成。按其作用的方式分为单作用液压缸和双作用液压缸。

> **3.56**
>
> **轿架　sling**
> **对重架**
> **平衡重架**
> 与悬挂装置连接，承载轿厢、对重或平衡重的金属构架。
> 注：轿架和轿厢可为一个整体。

【解析】

轿架和对重（平衡重）架应具有足够的强度和刚度，以承受额定载重量的轿厢和对重（平衡重）的质量，而且可吸收安全钳制停轿厢或对重（平衡重）而产生的冲击能量。

> **3.57**
>
> **专用工具　special tool**
> 为了使设备保持在安全运行状态或为了救援操作，所需的特定工具。

【解析】

专用工具，应能在电梯现场取得，且专用工具的位置和使用应给予详细说明。

> **3.58**
>
> **平层准确度　stopping accuracy**
> 按照控制系统指令轿厢到达目的层站停靠，门完全打开后，轿厢地坎与层门地坎之间的铅垂距离。

【解析】

见3.24解析。

> **3.59**
>
> **曳引式电梯　traction lift**
> **曳引驱动电梯**
> 通过悬挂钢丝绳与驱动主机曳引轮槽的摩擦力驱动的电梯。

【解析】

见 3.18 解析。

3.60

随行电缆　travelling cable

轿厢与固定点之间的挠性多芯电缆。

【解析】

GB/T 7024—2008 中 4.48 对"随行电缆"的定义是：连接于运行的轿厢底部与井道固定点之间的电缆，与本条的定义是一致的。随行电缆是电梯轿厢与控制系统信号传输的纽带。

3.61

型式试验证书　type examination certificate

由被批准机构进行型式试验后出具的文件，该文件证明产品样品符合相应的规定。

注：被批准机构的定义参见 GB/T 7588.2—2020 中的 3.1。

【解析】

《中华人民共和国特种设备安全法》第二十条规定："特种设备产品、部件或者试制的特种设备新产品、新部件以及特种设备采用的新材料，按照安全技术规范的要求需要通过型式试验进行安全性验证的，应当经负责特种设备安全监督管理部门核准的检验机构进行型式试验。"电梯是特种设备，应严格遵守《中华人民共和国特种设备安全法》的规定，对电梯整梯和安全部件进行型式试验验证并取得型式试验证书。

GB/T 7588.2 中 3.1 规定：被批准机构是指运行已批准的完整的质量保证体系进行安全部件测试的机构。

GB/T 7588.2 中 3.3 规定：型式试验证书由被批准机构进行型式试验后出具的声明产品样品符合所适用的相关规定的文件，其定义与本条是一致的。

为了便于理解，在此简要介绍一下型式试验相关的内容：

GB/T 1.3—1987《标准化工作导则　产品标准编写规定》中 6.6.1"检验分类"对"型式试验"的定义是：对产品质量进行全面考核，即对标准中规定的技术要求全部进行检验（必要时由双方协议，还可增加试验项目），称为型式检验。在 GB/T 20000.1—2002《标准化工作指南　第 1 部分：标准化和相关活动的通用词汇》中 2.14.5 对"型式试验"的定义是："根据一个或多个代表生产产品的样品所进行的合格测试"。对于特种设备来说，型式试验是取得制造许可的前提，试验依据是型式试验规则、型式试验细则和相关标准等。

GB/T 1.3—1987 中 6.6.1 还规定，有下列情况之一时，一般应进行型式检验：

a）新产品或老产品转厂生产的试制定型鉴定；

b）在正式生产后，如结构、材料、工艺有较大改变，可能影响产品性能时；

c）正常生产时,定期或积累一定产量后,应周期性进行一次检验；

d）产品长期停产后,恢复生产时；

e）出厂检验结果与上次型式检验有较大差异时；

f）国家质量监督机构提出进行型式检验的要求时。

TSG T7007—2016《电梯型式试验规则》中所要求的电梯型式试验规则适用产品目录见表 3.61-1。

表 3.61-1　电梯型式试验适用产品目录

类别	品种
曳引与强制驱动电梯	曳引驱动乘客电梯
	曳引驱动载货电梯
	强制驱动载货电梯
液压驱动电梯	液压乘客电梯
	液压载货电梯
其他类型电梯	防爆电梯
	消防员电梯
	杂物电梯
电梯安全保护装置	限速器
	安全钳
	缓冲器
	门锁装置
	轿厢上行超速保护装置
	含有电子元件的安全电路和可编程电子安全相关系统
	限速切断阀
	轿厢意外移动保护装置
电梯主要部件	绳头组合
	控制柜
	层门
	玻璃轿门
	玻璃轿壁
	液压泵站
	驱动主机

3.62

轿厢意外移动　unintended car movement

在开锁区域内且开门状态下,轿厢无指令离开层站的移动,不包含装卸操作引起的移动。

【解析】

相比较 GB 7588—2003 来说,本部分增加了轿厢意外移动保护措施的要求。

在层门未被锁住且轿门未关闭的情况下,由于轿厢安全运行所依赖的驱动主机或驱动控制系统的任何单一部件失效引起轿厢离开层站的意外移动,电梯应具有防止该移动或使移动停止的装置。轿厢意外移动保护装置包含检测、自监测、触发和制停子系统;轿厢意外移动保护装置应作为一个完整的系统,或者对其检测、操纵装置和制停子系统按照 GB/T 7588.2 中 5.8 的规定进行型式试验。

电梯在装卸载期间,将平层保持精度超过±20 mm,校正至±10 mm 范围内的动作是再平层操作,不属于轿厢意外移动。

3.63

开锁区域　unlocking zone
层门地坎平面上、下延伸的一段区域,当轿厢地坎平面在此区域内时,能够打开对应层站的层门。

【解析】

GB/T 7024—2008 中 3.1.27 对"开锁区域"的定义是:层门地坎平面上、下延伸的一段区域,当轿厢停靠该层站,轿厢地坎平面在此区域内时,轿门、层门可联动开启。我们觉得本条定义更加准确,在开锁区域内时,能都打开对应层站的"层门",而"层门"的打开不一定是与轿门联动开启。

开锁区域不应大于层站地坎平面±0.20 m。在采用机械方式驱动轿门和层门同时动作的情况下,开锁区域可增大到不大于层站地坎平面的±0.35 m。

3.64

使用者　user
利用电梯服务的人员,包括乘客、层站候梯人员和被授权人员。

【解析】

见 3.2 解析。

3.65

井道　well
轿厢、对重(或平衡重)和(或)液压缸柱塞运行的空间。通常,该空间以底坑底、墙壁和井道顶为界限。

【解析】

见 3.17 解析。

4 重大危险清单

本章列出了与本部分有关的所有重大危险、危险状态和事件。它们通过风险评价方法识别得出，对于该类机器是重大的且需要采取措施消除或减小，见表1。

表 1 重大危险清单

序号	危险[a]	相关条款号
1	**机械危险**	
	加速、减速（动能）	5.2.5、5.3.6、5.5.3、5.6.2、5.6.3、5.6.6、5.6.7、5.8.2、5.9.2、5.9.3
	接近向固定部件运动的元件	5.2.5、5.2.6、5.5.8
	坠落物	5.2.5、5.2.6
	重力（储存的能量）	5.2.5
	距离地面高	5.3、5.4.7、5.5.5.6
	高压	5.4.2、5.9.3、也见1.3
	运动元件	5.2、5.3、5.4、5.5、5.6、5.7、5.8
	旋转元件	5.5.7、5.6.2、5.9.1
	粗糙表面、光滑表面	5.2.1、5.2.2、5.4.7
	锐边	未涉及（见5.1.1）
	稳定性	0.4.3
	强度	0.4.3
	挤压危险	5.2.5、5.3
	剪切危险	5.3
	缠绕危险	5.5.7、5.6.2、5.9.1
	吸入或陷入危险	5.2.1、5.3.1、5.3.8、5.4.11、5.5.3、5.5.7、5.6.2、5.9.1、5.10.5、5.12.1
	碰撞危险	5.8
	——人员的滑倒、绊倒和跌落（与机器有关的）	5.2.1、5.2.2、5.3、5.4.7、5.5、5.6、5.12.1.1.4
	——运动幅度失控	5.2.1、5.2.5、5.5.6、5.8
	——部件机械强度不足	0.4.3
	——滑轮或卷筒的不适当设计	5.5.3
	——人员从承载装置坠落	5.3、5.4.3、5.4.6、5.4.7
2	**电气危险**	
	电弧	5.11.2
	带电部件	5.2.6、5.11.2、5.12.1
	过载	5.10.4
	故障条件下变为带电的部件	5.10.1、5.10.2、5.10.3、5.11.2
	短路	5.10.3、5.10.4、5.11.1、5.11.2
	热辐射	5.10.1

表1　重大危险清单(续)

序号	危险[a]		相关条款号
3	热危险		
	火焰		5.3.6
	高温或低温的物体或材料		5.10.1
	热源辐射		5.10.1
4	噪声危险		无关(见1.3)
5	振动危险		无关(见1.3)
6	辐射危险		
	低频电磁辐射		5.10.1.1.3
	无线电频率电磁辐射		5.10.1.1.3
7	材料/物质产生的危险		
	易燃物		5.4.4
	粉尘		5.2.1
	爆炸物		未涉及(见1.2)
	纤维		0.4.3
	可燃物		5.9.3
	流体		0.4.22,5.2.1
8	机械设计时忽视人类工效学原则产生的危险		
	通道		5.2.1,5.2.2,5.2.4,5.2.5,5.2.6,5.6.2,5.9.3,5.12.1
	指示器和可视显示单元的设计或位置		5.2.6,5.3.9,5.12.1.1,5.12.4
	控制装置的设计、位置或识别		5.4.8,5.10.5,5.10.8,5.10.10,5.12.1.1,5.12.1.5
	费力		5.2.1,5.2.3,5.2.5,5.2.6,5.3.8,5.3.12,5.3.14,5.4.7,5.9.2
	局部照明		5.2.1,5.2.2,5.2.6,5.3.10,5.4.10,5.10.1,5.10.5,5.10.7,5.10.8
	重复活动		5.12.1
	可见性		5.2.5,5.9.1,5.12.1
9	与机器使用环境有关的危险		
	粉尘和烟雾		5.2.1
	电磁干扰		5.10.1
	潮湿		5.2.1,5.2.6
	温度		5.2.1,5.2.6,5.3.12,5.9.3,5.10.4
	水		5.2.1,5.2.6
	风		5.7.2.3.1a)2)

表 1　重大危险清单（续）

序号	危险[a]		相关条款号
9	动力源失效		5.2.1,5.2.3,5.2.4,5.2.5,5.2.6,5.3.12,5.4.3,5.4.6,5.6.2,5.9.2,5.9.3,5.12.1,5.12.3
	控制回路失效		5.6.7
	因动力源中断后又恢复而产生的意外启动、意外越程/超速（或任何类似故障）		5.2.1,5.2.6,5.4.7,5.6.2,5.6.5,5.6.6,5.6.7,5.8,5.10.5,5.12.2
[a]　本表中所列的危险基于 GB/T 15706—2012 的附录 B。			

【解析】

本部分是依据 GB/T 15706—2012《机械安全　设计通则　风险评估与风险减小》识别出的，与电梯有关的重大危险、危险状态和危险事件。清单所列的危险是基于 GB/T 15706—2012 附录 B 的表 B.1 得到的，并去除了一些与本部分不相关的危险，如各种噪声及震动危险、电离辐射和光辐射等。

为了便于理解，首先对相关术语说明如下：

（1）重大危险：指已识别为相关危险，需要设计者根据风险评价采用特殊方法去消除或减小的危险（见 GB/T 15706—2012 中 3.8）；

（2）相关危险：指已识别出的机器本身存在的或与机器相关的危险（见 GB/T 15706—2012 中 3.7）。

表中所列的每一项重大危险，都给出了对应的安全要求和（或）保护措施的条款号，例如：本部分表 1 重大危险清单中，序号 1 机械危险的第 4 项危险："重力（储存的能量）"，所对应的安全要求和（或）保护措施的条款是本部分的 5.2.5。因此在理解第 5 章"安全要求和（或）保护措施"时，可参考第 4 章"重大危险清单"中所对应的危险，以便了解相关安全要求和（或）保护措施的目的。

表中有 7 项重大危险与第 5 章无关，比如序号 1 机械危险的"稳定度""强度""部件机械强度不足"与"0.4.3"相关；有两项重大危险不完全与第 5 章相关，比如序号 1 机械危险的"高压"与"5.4.2、5.9.3"相关，也与"1.3"相关，在学习标准时请加以区分。

关于风险评价原则的介绍，可参见"GB/T 7588.1 资料 0-7"。

为了读者阅读方便，将在后续每一条解析中，说明该条在重大危险清单中有哪些相关的重大危险。

5　安全要求和(或)保护措施

本部分第 4 章列举了所有与电梯有关的重大危险、危险状态和危险事件,本章针对第 4 章的重大危险清单,规定了应该采取的安全要求和(或)保护措施。第 4 章所列的每一项重大危险,都给出了对应的安全要求和(或)保护措施的条款号,见第 4 章列表。

本章所说的"安全要求"和(或)"保护措施",是建立在风险评价的基础上,并采取相应的风险降低方法,经过反复迭代评价,将第 4 章重大危险清单中的相关风险降低至可以接受的水平。

关于如何减小风险,可参见"GB/T 7588.1 资料 0-7",也可参考 GB/T 20900—2007《电梯、自动扶梯和自动人行道　风险评价和降低的方法》。

5.1　通则

5.1.1　乘客电梯和载货电梯应符合本章的安全要求和(或)保护措施。此外,对于本部分未涉及的相关但非重大危险(如:锐边等),乘客电梯和载货电梯应按照 GB/T 15706 中的原则进行设计。

【解析】

本条为新增内容。

本章是建立在第 4 章所识别出的与电梯相关的重大危险的基础上,并通过风险降低措施将这些重大危险引发的风险降低至可以接受的水平。因此乘客电梯和载货电梯应符合本章要求,以充分降低相关风险。

对于本部分未涉及的相关但非重大危险,应按照 GB/T 15706—2012《机械安全　设计通则　风险评估与风险减小》(或 GB/T 20900—2007)给出的方法进行设计。这体现了机械安全标准的重要原则:C 类标准仅是对一种特定的机器或一组机器规定出详细的安全要求的标准,特定机器涉及的通用安全特征所对应的安全要求应依据 B 类或 A 类标准,除非在 C 类标准中已有特殊规定。

引言 0.1 通则中已指明,本部分属于 C 类标准,所以本部分并未涉及对于通用安全特征所对应的安全要求,未涉及部分应该满足 A 类标准要求。即,对于乘客电梯和载货电梯应该满足 GB/T 15706—2012 的安全要求。

锐边等危险不属于重大危险,对于此类危险应满足 GB/T 15706—2012 的安全要求。

5.1.2　所有标志、标记、警示和操作说明应永久固定、不易擦除、清晰和易于理解(如必要可用标志或符号辅助)。应使用耐用材料,设置在醒目位置,并采用中文书写(必要时可同时使用几种文字)。

【解析】

本条为新增内容。

本条所要求的注意和标记从内容上可分为：禁止标志、警告标志、指令标志和说明标志等，这种标记的作用如下：

——禁止标志：禁止人们的不安全行为；

——警告标志：提醒人们注意，避免可能发生的危险；

——指令标志：强制人们必须做出某种动作或采取某种防范措施；

——提示标志：向人们提供某一信息，用于说明某种事物。操作说明即属于此类标志。

所有注意事项、标记和操作说明是为约束每个电梯使用人员的相关行为，为正常使用及在电梯上工作提供安全保障的信息，是风险减小"三步法"（见"GB/T 7588.1 资料 0-7"）中的最后一步，也是安全保障非常重要的一环，所以其"永久固定、不易擦除、清晰和易于理解"的特性至关重要。

所谓"永久固定、不易擦除"是指：

（1）本条要求的信息（含信息的基体材料和上面的文字、符号，下同）的自然寿命不应低于其所依附部件的使用寿命；

（2）在该部件的使用寿命内，固定在该部件上的信息不能自然脱落；

（3）在该部件的使用寿命内，信息上面的字体和/或符号不能与基体材料发生自然剥离；

（4）在不使用工具的情况下，不能将信息上的字迹和/或符号擦除。

本部分对书写信息的材料没有明确规定，符合上述要求的材料都是可用的，但必须是耐用材料。所谓"耐用材料"是指在设计寿命期间内，在正常的使用条件下，其主要功能参数均能满足使用需要。

这里所要求的标签、注意事项、标记和操作说明等属于《中华人民共和国产品质量法》中所规定的"产品标识"的范围。因此，无论电梯的原产地是何处，在中国境内安装的电梯产品，上述标识应采用中文。

与 GB 7588—2003 相比，本部分对电梯的标签、注意事项、标记和操作说明的描述更加细化和明确。

GB 7588—2003 中的第 15 章列出了对所有需要标签、注意事项、标记和操作说明的地方或部件的详细要求，此次的修订版标准没有将这些要求汇总在一起，而是散落在各小节之中。比如：缓冲器的铭牌的要求，GB 7588—2003 在 15.8 中作了规定，此次修订在 5.8 缓冲器中的 5.8.1.8 中作了规定。

5.2　井道、机器空间和滑轮间

【解析】

本条涉及"4　重大危险清单"的"运动元件"相关内容。

本部分 5.2 是整合了 GB 7588—2003 中第 5 章"电梯井道"、第 6 章"机房和滑轮间"的内容，并加入了"机器空间"的概念。在每一条的内容上，难以与 GB 7588—2003 中的条款逐条进行对应。

在 0.2.1 和第 1 章都阐明了，本部分的目的是保护人员和货物安全。电梯属于机器设备，依据 EN 292-1 的定义，假如机器能依设计目的而正常地被连续操作、调整、维修、拆卸及处理，且不致造成伤害或损及人体健康时，即可被称为"安全"。可见"安全"的含义有两个方面：一方面是设备自身的安全；另一方面是保证人员的安全。很明显，上述概念也适用于电梯。提高机器安全的常用方法有很多，最有效的方法之一就是利用安全栅栏等相关的防护结构，来隔离人员肢体碰触机械或物品。

对于电梯来讲，最主要的防护结构就是专用的空间，即本章所述的"井道、机器空间和滑轮间"。从这个意义上讲，上述空间不单纯是供电梯运行的建筑物的一部分，更重要的是它们还为电梯运行安全和使用者人身安全提供安全屏障。它们保证了电梯的正常运行不受干扰，同时也保证了人员不受到电梯的伤害。

GB 7588—2003 中没有"机器空间"的概念，本次修订中"机器空间"的释义见 3.29。近几年，由于无机房电梯在市场中已经成为非常普通的产品，同时按照风险评价和风险降低后的无机房产品，已经将取消机房的风险降低到了可以接受的水平，因此没有理由禁止无机房电梯的存在。对此，CEN/TC 10 在几年前对 EN 81-1 进行了修订，在第 2 号修改单（A2）中，用"机器设备空间"的概念替代了"机房"。本次修订将此概念纳入其中，此概念并不只适用于无机房，有机房电梯也同样适用。

5.2.1　总则

【解析】

本条涉及本部分"4　重大危险清单"的"粗糙表面、光滑表面；吸入或陷入危险；人员的滑倒、绊倒和跌落；通道；费力；局部照明；潮湿；温度；动力电源失效；因动力电源中断后又恢复而产生的意外启动、意外越程/超速或任何类似故障"相关内容。

5.2.1.1　电梯设备的布置

5.2.1.1.1　所有电梯设备应安装在电梯井道、机器空间或滑轮间内。

【解析】

本条款规定了允许电梯设备所处的位置或空间。如前所述，限定设备安装的位置或空间，为电梯运行安全和使用者人身安全提供了安全屏障。本部分对这些空间与其他空间的

"边界"(如井道壁、层门等)做了相应的规定，以保证电梯运行安全和使用者人身安全。

所谓"井道"在这里指的是电梯运行区间与周围空间的隔离，这种隔离可以是使用实体的防护设施(井道壁、底板和井道顶板)隔离，也可以通过足够的空间进行隔离。

所谓"机器空间"，是容纳"机器"的空间。其中的"机器"是指控制柜及驱动系统、驱动主机、主开关和用于紧急操作的装置等(见 3.28)。机器空间则是井道内部或外部放置全部或部分上述设备的空间，包括与上述设备相关的工作区域。对于"机器空间"，在 GB 7588—2003 对应的是"机房"。因为考虑到无机房电梯或上述机器设备的灵活布置，在本次修订的标准中将"机房"的概念修改扩充为"机器空间"，其位置可参考图 5.2-45。

"滑轮间"与机器空间的区别是，滑轮间只可以放置滑轮和限速器，不可以放置驱动主机控制柜及驱动系统、主开关等。(这一点与 GB 7588—2003 中的要求是不同的，在 GB 7588—2003 中滑轮间是可以安装电气设备的)。

> **5.2.1.1.2**　如果不同电梯的部件在同一机房和(或)滑轮间内，每部电梯的所有部件(驱动主机、控制柜、限速器、开关等)应采用相同的数字、字母或颜色加以识别。

【解析】

本条内容与 GB 7588—2003 中 15.15 的内容对应，但增加了用颜色区分的方法。删除了原条款中"为便于维护，在轿顶、底坑或其他需要的地方也应标有同样的符号"的内容。

当多台电梯共用一个机房或滑轮间的情况下，尤其是当电梯的规格和型号相近时，各电梯所用的部件极易混淆，给电梯的维修、保养以及救援工作带来不便，甚至导致危险的发生。为避免上述情况，要求能够明确区分各台电梯所用的部件。

5.2.1.2　井道、机房和滑轮间的专用

> **5.2.1.2.1**　井道、机房和滑轮间不应用于电梯以外的其他用途，也不应设置非电梯用的线槽、电缆或装置。
>
> 但电梯井道、机房和滑轮间可设置：
> a)　这些空间的空调或采暖设备，但不包括以蒸汽或高压水加热的采暖设备。然而，采暖设备的控制与调节装置应在井道外。
> b)　火灾探测器或灭火器。应具有高的动作温度(如 80 ℃ 以上)，适用于电气设备且有合适的防意外碰撞保护。
>   如果使用喷淋系统，应仅当电梯静止在层站且电梯电源和照明电路由火灾或烟雾探测系统自动切断时，喷淋系统才能动作。
>   注：烟雾、火灾探测和喷淋系统是建筑管理者的责任。

【解析】

本条内容与 GB 7588—2003 中 6.1.1 相对应。

从 GB/T 15706—2012《机械安全　设计通则　风险评估与风险减小》中可知，可以通

过设置防护装置降低机械风险,这个原则同样适用于电梯。实现电梯安全有效的方法之一就是利用隔障、隔离栅等防护结构,防止人员肢体碰触电梯的运动部件。

对于电梯而言最主要的防护结构就是井道、机房和滑轮间。从这个意义上讲,电梯井道、机房和滑轮间不单纯是供电梯运行的建筑物的一部分空间,更重要的是它们还为电梯运行安全和使用者人身安全提供安全屏障。在保证了人员不会受到电梯伤害的同时,也保证电梯的正常运行不受干扰。因此井道、机房和滑轮间的专用是将无关人员与电梯有效隔离的必要手段,这些空间内不得设置与电梯无关的设备和设施,最大化减少与电梯无关的人员需要接近甚至进入这些空间的客观需求。

井道、机房和滑轮间不应设置其他非电梯用的线槽、电缆或装置,首先是为了避免这些电缆或装置干扰电梯的正常运行;其次是防止这些装置影响电梯操作空间的使用(如占用电梯的检修/紧急操作空间);最重要的是,上述空间中如果有与电梯无关的装置,这些装置在检修、更换时,无法避免与电梯无关的检修人员进入上述空间(相对应电梯设备而言,这些人不是"被授权人员",见5.2.2.1的规定),因而可能造成人身伤害或设备损坏。

a) 空调或采暖设备不能以蒸汽或高压水作为热源,主要是为防止在管道破裂后蒸汽或水泄漏时危及在机房内工作的人员的人身安全并损坏设备。采暖设备的控制和调节装置设在井道外,为的是当需要调节采暖温度时,相关人员(对于电梯而言,调节采暖温度的人员不属于"被授权人员")可以从井道外进行调节,不必因进入井道而承担电梯带来的风险。

有时为了满足0.4.16和0.4.17的规定,需要在井道和机房中安装空调。这种情况下应注意,空调的维护必须从井道和机房外进行。如果要在井道和机房内维修空调,只有由负责电梯维修的人员进行或这些人员到场时才可进行。

b) 条则是对火灾探测器或灭火器进行了要求:针对电梯设备本身尤其是驱动主机、泵站、控制系统和阀体的发热特点,要求了火灾探测器和灭火器要有较高的动作温度,以降低误动作的可能。比较典型的火灾探测装置动作温度通常为50 ℃～70 ℃,考虑到电梯运行造成周围环境的温升,动作温度高于80℃是比较合理的。这个要求是针对"定温式温感火灾探测器"而言的,即环境温度超过设定的上限值时,定温式温感火灾探测器动作。如果采用"差温式温感火灾探测器"(即在一定时间内,环境温度上升值超过规定数值时,差温式温感火灾探测器开始动作),则参考此规定选用,可适当降低火灾探测器的敏感程度。

灭火器的设置则强调了应"适用于电气设备"。很明显,水是不可以作为灭火物的。较常见的适用于电气设备的灭火器有:干粉灭火器、二氧化碳灭火器(干冰灭火器)、四氯化碳灭火器和六氟丙烷灭火器等。由于电梯设备需要日常维护检修,而意外碰撞可能造成灭火器外壳损伤,影响灭火器的正常使用,甚至引发灭火器爆裂,因此灭火器应能防止被意外碰撞。

如果使用喷淋系统,由于水会对电气系统造成损害,导致正在运行的电梯发生短路等严重故障，因此对喷淋系统的启动条件必须加以限制：首先，为了避免导致人员被困，电梯必须停止在层站上；其次，电梯的动力电源和照明电源必须已经被建筑物的消防探测系统（火灾或烟雾探测系统）自动有效切断，而不是由人员干预切断。在以上条件均满足的情况下，喷淋系统才允许启动，本部分认为只有这样才能够避免损伤电梯的电气设备。

由于火灾检测系统和喷淋系统是建筑物的一部分，且需与其他设施联动，不应该也不可能由电梯设备供应方提供，因此本部分明确要求：火灾检测和喷淋系统是由建筑管理者选择并提供。

5.2.1.2.2 机房内可放置其他种类电梯的驱动主机，例如：杂物电梯的驱动主机。

【解析】

本条内容与GB 7588—2003中6.1.1相对应。

诸如杂物电梯、供残疾人使用的升降平台等设备与电梯的情况类似，设备特点也存在许多共通之处，检修时对工作人员的要求也相似，这些设备与电梯共用机房时不会增加对检修人员和设备的额外风险，因此允许放置这些与电梯设备技术特点相似的设备的驱动主机。本条并不违背"井道、机房和滑轮间的专用"宗旨。

5.2.1.2.3 符合5.2.5.2.3的部分封闭井道，视为"井道"的区域是：
a) 有围壁部分，指围壁内的区域；
b) 无围壁部分，指距电梯运动部件1.50 m水平距离内的区域。

【解析】

本条内容与GB 7588—2003中5.2.1相对应。

所谓"井道"在GB/T 7024—2008《电梯、自动扶梯、自动人行道术语》中的定义是："保证轿厢、对重（平衡重）和（或）液压缸柱塞安全运行所需的建筑空间。"这个空间可以是通过实体的防护设施（井道壁、底板和井道顶板）实现分隔，也可以是通过足够的空间进行隔离。无论何种隔离，都应能有效防止来自井道外的因素干扰电梯的正常运行，同时能防止电梯对井道外人员的伤害。

5.2.1.3 井道、机器空间和滑轮间的通风

井道、机器空间和滑轮间不应用于非电梯用房的通风。
应保护电动机、设备以及电缆等，使其不受灰尘、有害气体和湿气的损害。
注：进一步指导参见附录E中E.3。

【解析】

本条内容与GB 7588—2003中5.2.3相对应。

本条目的主要有三个：一是考虑如果建筑物其他区域通过井道通风，存在污浊气体或危险气体通过井道对乘坐电梯的人员造成伤害的可能；二是为了保护电动机、电气元件与电子装置、电缆及其他相关设备不受灰尘、有害气体和湿气的损害；三是保证设备运行环境温度在 0.4.1 所规定的"＋5 ℃～＋40 ℃"。

根据建筑物的地理位置，机房通风可以采用自然或强制通风。使用自然通风时应注意当地的常年风向和周围环境是否存在有害气体。

关于井道通风：当电梯在井道内运行时，由于轿厢的横截面积通常占了井道横截面积的一半甚至大部分，因此轿厢在井道内运行时将产生活塞效应。电梯运行速度较高时，活塞效应带来的影响是不可忽视的，一方面它会增加电梯运行时能量的消耗，另一方面也会增加电梯的运行噪声。井道适当通风，可以减轻电梯运行时产生的活塞效应，最终缓解或避免上述情况的发生。由于井道通常为竖直形式，井道通风孔最好设置在井道顶部，这样的设置可以获得较好的自然通风。同时，为了避免雨水或异物通过通风孔进入井道。通风孔的启闭最好是可控的。

单梯井道活塞效应明显，通常要设置通风孔，而多梯井道可以避免活塞效应，一般不必开设通风孔。

如果开有通风孔，通风孔可以直接通向室外，也可经机房或滑轮间通向室外。井道通风孔在开设时应注意保证以下几点：

（1）不应妨碍电梯的正常运行或给电梯的安全运行带来隐患；

（2）不应妨碍电梯安装、调试、检修、测试及改造时的安全；

（3）通风孔不应妨碍电梯周围用房的正常功用；

（4）应防止水和异物由通风孔进入井道而影响电梯安全；

（5）通风孔的设置位置和形式不应影响到电梯外的人员安全和健康。

在本部分的资料性附录 E"与建筑物的接口"的 E.3 中，针对轿厢、井道和机房分别给出了详细的建议。

与 GB 7588—2003 的 5.2.3、6.3.5 相比，本部分取消了对井道通风孔面积的建议（井道顶部通风孔面积至少为井道截面积的 1%）。井道通风孔应按照保证电梯运行安全和性能的要求进行设置，如果的确没有相关资料，可以参考"井道截面积的 1%"的值。

5.2.1.4　照明

【解析】

本条对各处照明进行了要求。从保证人员安全和使用方便的角度来说，照明可参考如下设计：

（1）最好采用在点亮时不经过延时的（如白炽灯）照明设备。例如，在采用启辉器启动的荧光灯时，会闪烁一段时间；高压钠灯或高压汞灯开启时需要预热，这些照明装置是不适宜的。

（2）如果井道、底坑以及每个机房、滑轮间需要安装多盏照明灯时，则开关应能同时开关这些照明。不应每个照明设置一个开关，避免工作人员需要重复操作每个照明设备。为安全起见，最好设有应急照明设备，以使工作人员在断电情况下也能安全撤离。

（3）对于照明控制装置（开关）的要求见 5.2.1.5.1（底坑、井道）、5.2.1.5.2（机器空间和滑轮间）和 5.2.2.2（通道）。

> **5.2.1.4.1** 井道应设置永久安装的电气照明装置，即使所有的门关闭时，轿厢位于井道内整个行程的任何位置也能达到下列要求的照度：
> a) 轿顶垂直投影范围内轿顶以上 1.0 m 处的照度至少为 50 lx；
> b) 底坑地面人员可以站立、工作和（或）工作区域之间移动的任何地方，地面以上 1.0 m 处的照度至少为 50 lx；
> c) 在 a) 和 b) 规定的区域之外，照度至少为 20 lx，但轿厢或部件形成的阴影除外。
> 为了达到该要求，井道内应设置足够数量的灯，必要时在轿顶可设置附加的灯，作为井道照明系统的组成部分。
> 应防止照明器件受到机械损坏。
> 照明电源应符合 5.10.7.1 的要求。
> 注：对于特定的任务，可能需要设置附加的临时照明，如手持灯具。
> 测量照度时，照度计需朝向最强光源。

【解析】

本条内容与 GB 7588—2003 中 5.9 相对应并增加了新的内容。

在《机械设计手册》中关于工作环境的要求中，50 lx 的照度仅是对"通道"一类环境的照度要求。对于在轿顶和底坑中的作业要求，50 lx 照度并不是用于工作的理想照度，仅是从保证作业人员安全角度考虑的最低照度，如果工作需要，应提供更大的、满足要求的照度。关于照度可参见"GB/T 7588.1 资料 5.2-1"。

在实际使用中，通过永久设置在井道内的灯而在井道内任何位置上获得 50 lx 的照度是比较困难的，因为照度不仅取决于灯还取决于井道内表面因素。为保证所需要的照度，可以在轿顶上永久地安装一盏灯（该灯也作为井道照明的组成部分）。此灯的设置位置应符合顶层空间自由距离（5.2.5.7）的有关规定。

应注意，本条款如果通过采用轿顶设置照明的方法来获得足够的井道内照度，此照明应视为井道照明的一部分，应能够由井道照明开关控制。这是因为如果电梯出现故障停在两层中间，检修人员从井道到轿顶进行救援或维修时，打开层门后在进入轿顶前无法接触到轿顶的照明开关，此时可能会因井道照明不足给维修和救援人员带来不便或不安全因素。

a) 和 b) 规定的区域最低照度 50 lx，是因为这两个区域是检修设备时人可以进入的区域。

本条是在对 GB 7588—2003 中 5.9 内容进行修订的基础上，给出对井道永久照明的新规定。

与 GB 7588—2003 相比，本部分取消了"距井道最高和最低点 0.50 m 以内各装设一盏灯，再设中间灯"的要求。

对于采用部分封闭井道的电梯，取消了"如果井道附近有足够的电气照明，井道内可不设照明"的描述。这种修改体现了本标准是安全标准的定位，即仅提出安全要求，不规定具体结构型式，避免标准条文成为技术应用多样性的阻碍。

另外，由于井道内照明的工作环境比较恶劣，可能会受到人员、工具的意外撞击，为了增加照明器件的可靠性，同时减小照明器件的破碎对人员造成伤害的风险，本部分增加了照明器件防机械损坏的要求（见图 5.2-1）。

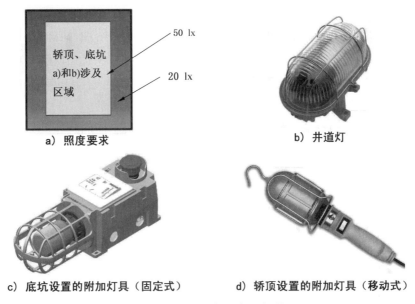

图 5.2-1　照度要求及灯具

本部分还对照明电源进行了要求：照明电源应按照 5.10.7.1 要求设计，即照明电源应独立于驱动主机电源。

对于需要设置临时照明的情况，本部分也做出了相应的规定，如果 50 lx 的照度无法满足某些检修作业的照度要求，则需要增加临时照明，比如手持灯具。手持灯具比较灵活，可以满足一些被遮挡部件的照度要求，但应注意灯具使用的安全和便利性。

照度计是利用光敏半导体元件的物理光电现象制成的。当外来光线射到硒光电池（光电元件）后，硒光电池可将光能转变为电能，通过电流表显示出光的照度值。由于井道内空间通常较为狭小，且可能由多个照明设备共同决定照度值，因此某一点的最终照度值是由最强光源的照度决定的，如果照度计不是朝向最强光源，则照度计设备本身可能阻挡部分光照，造成测量结果的偏差（会导致测量结果偏小）。为防止因照度计使用不当，影响最终的测量结果，本部分给出了测量方法，及测量时照度计需朝向最强光源。此外，根据照度计的原理和设备特性，测量时也要考虑受光计的初始效应等可能影响测量结果的因素，并加以避免（如测量前，使受光计提前曝光等）。

对于照明的设计，可参考 5.2.1.4 解析。

对于各个位置照明的要求，可参见"GB/T 7588.1 资料 5.4-9"。

> **5.2.1.4.2**　机器空间和滑轮间应设置永久安装的电气照明，人员需要工作的任何地方的地面照度至少为 200 lx，工作区域之间供人员移动的地面照度至少为 50 lx。照明电源应符合 5.10.7.1 的要求。
>
> 　　注：该照明可以是井道照明的组成部分。

【解析】

本条内容与 GB 7588—2003 中 6.3.6 和 6.4.7 相对应。

机器空间和滑轮间是电梯安装、检修以及出现故障进行紧急操作的场所，因此为保证以上工作能够安全、顺利进行，要求在前述空间内设置固定的电气照明，并且人员需要工作的任何地方的地面照度不应小于 200 lx。在 GB 50034—2013《建筑照明设计标准》中也有电梯机房的地面照度为 200 lx 的规定。这是由于在上述空间内进行工作时可能需要查阅图纸或资料，也可能会进行装配作业，因此 200 lx 的照度是适宜的。

50 lx 的照度是对"通道"一类环境的照度要求，对于机器空间和滑轮间，这个照度可以满足人员移动时安全的照度要求。在 GB 50034—2013 中对走廊、流动区域等处的照度要求也是 50 lx。

为了保证照明的持续有效，避免在切断主机电源时照明被一同切断，照明电源不应与驱动主机电源采用同一供电回路。

当机器空间在井道内的情况或井道为部分封闭形式，如果能够利用井道照明作为机器空间照明，只要照度方面完全满足本条要求，允许采用井道照明。

对于照明的设计，可参考 5.2.1.4 解析。

对于各个位置照明的要求，可参见"GB/T 7588.1 资料 5.4-9"。

> **5.2.1.5　底坑、机器空间和滑轮间中的电气装置**
>
> **5.2.1.5.1**　底坑内应具有：
> 　　a)　停止装置，该装置应在打开门进入底坑时和在底坑地面上可见且容易接近，并应符合 5.12.1.11 的要求。该装置的位置应符合下列规定：
> 　　　　1)　底坑深度小于或等于 1.60 m 时，应设置在：
> 　　　　　　——底层端站地面以上最小垂直距离 0.40 m 且距底坑地面最大垂直距离 2.00 m；
> 　　　　　　——距层门框内侧边缘最大水平距离 0.75 m。
> 　　　　2)　底坑深度大于 1.60 m 时，应设置 2 个停止装置：

——上部的停止装置设置在底层端站地面以上最小垂直距离 1.00 m 且
　　　　　　　　　距层门框内侧边缘最大水平距离 0.75 m;

　　　　　　　　——下部的停止装置设置在距底坑地面以上最大垂直距离 1.20 m 的位
　　　　　　　　　置,并且从其中一个避险空间能够操作。

　　　　3)　如果通过底坑通道门而非层门进入底坑,应在距通道门门框内侧边缘最
　　　　　　大水平距离 0.75 m,距离底坑地面 1.10 m～1.30 m 高度的位置设置一
　　　　　　个停止装置。

　　　　　　如果在同一层站具有两个可进入底坑的层门,则应确定其中一个层门是
　　　　　　进入底坑的门,并设置进入底坑的设备。

　　　　　　注:停止装置可与 b)所要求的检修运行控制装置组合。

　　b)　永久设置的符合 5.12.1.5 规定的检修运行控制装置,应设置在距离避险空
　　　　间 0.30 m 范围内,且从其中一个避险空间能够操作。

　　c)　电源插座(见 5.10.7.2)。

　　d)　井道照明操作装置(见 5.2.1.4.1),设置在进入底坑的门地面以上最小垂直
　　　　距离 1.00 m 且距该门门框内侧边缘最大水平距离 0.75 m 的位置。

【解析】

本条为新增内容。

本部分规定了底坑中必须至少装设以下设备:a)停止装置;b)检修控制装置;c)电源插
座;d)井道照明操作装置。这些装置是为了在维护、检修操作时,保障操作人员的安全 a)或
为操作人员提供便利 b)、c)和 d)。

a) 中所述的停止开关是为了人员在底坑内工作时或进入底坑时,操作人员能够可靠停
止电梯,以免被运动部件伤害。为此必须对停止开关的位置提出要求,这个要求是两个层
面的:

　　——停止开关位置应在打开门进入底坑时和在底坑地面上容易接近;

　　——在底坑内以及进入底坑时操作人员必须能够看见停止开关,即停止开关不能被遮
　　　　挡并易于识别。

为了做到易于接近,本条 1)、2)的内容,限定了底坑停止开关装设的具体位置范围(垂
直位置和相对于底层层门的水平位置)。同时,根据底坑深度不同,要求了不同数量的停止
装置。

(1) 底坑深度较小时(不大于 1 600 mm)需要设置 1 个停止装置,该停止装置的位置应
符合以下要求:

① 垂直方向上的距离要求

　　——底层端站地面以上最小垂直距离 0.40 m;

　　　　停止开关设置在底层端站地面以上不小于 0.4 m 的位置,是考虑到人员在进入底
　　　　坑前可以下蹲姿势触动停止开关。从 GB/T 18717.2—2002《用于机械安全的人

类工效学设计　第 2 部分：人体局部进入机械的开口尺寸确定原则》可以查到，操作人员以蹲姿操作时，肘高在 600 mm 以上。考虑到手臂活动范围，要求停止开关距离底层端站以上最小垂直距离不小于 400 mm 是可以接受的。

——距离底坑地面垂直距离不大于 2 m。

对于 2 m 的垂直距离要求，从 GB/T 13547—1992《工作空间人体尺寸》中可查得，18 岁～60 岁成年男性中，95% 的人员的中指指尖上举高度超过 1 971 mm（4.1.1）。另外，根据 GB/T 12985—1991《在产品设计中应用人体尺寸百分位数的通则》中对于穿鞋后的人体修正量，男子为 25 mm（附录 B 中 B1.2）。因此站在底坑内的工作人员，正常状态下伸手能操作停止按钮高度为：男子 1 971 mm＋25 mm＝1 996 mm，考虑人体的伸展，取 2.0 m 可以在保证人员安全的前提下满足使用要求。

② 水平方向上的距离要求

为了达到打开门进入底坑时停止开关可见，且容易接近的要求，它距离底层层门的水平距离也必须进行限制：距层门框内侧边缘最大水平距离不得超过 0.75 m。根据 GB/T 13547—1992 的统计数据，坐姿状态下 99% 的成年男性上肢前伸长的尺寸为 0.77 m，此距离取 0.75 m 可以保证人员在操作停止开关时身体重心不必探入井道，充分满足进入底坑时的安全性。

（2）底坑深度较大时（大于 1 600 mm）规定了在不同的高度方向需要设置"一高一低"两个停止装置。设置两个停止开关的要求主要是从两方面考虑的：一方面是操作人员进入底坑和在底坑地面时，均能够接近停止开关；另一方面是降低操作人员操作停止开关时坠入井道的风险。

① 较高位置的停止开关位置

设置在距离底层端站地面 1.0 m 高度以上，且距层门框内侧边缘水平距离要求在 0.75 m 以内。

较高位置的停止开关要求人员在进入井道前以站立方式可以触及到。根据 GB/T 10000—1988 中的数据：18 岁～60 岁的成年男性中，99% 以上的人员以站立姿势，肘高为 925 mm（4.2.3）。同样根据 GB/T 12985—1991《在产品设计中应用人体尺寸百分位数的通则》中对于穿鞋后的男子人体修正量为 25 mm（附录 B 中 B1.2），因此正常情况下操作人员站立时操作停止开关时的肘高在 950 mm 以上，本条要求为 1.0 m 是合适的。关于此处的停止开关，只要求了"设置在底层端站地面以上最小垂直距离 1.0 m"，并没给出设置位置的高度上限，这似乎是一个疏漏。为了方便人员使用，可参考 1) 中的要求，最高位置距地面不超过 2.0 m。

关于 0.75 m 的水平距离要求，参见（1）的解析。

② 较低位置的停止开关位置

设置在距底坑地面 1.20 m 高度以下，而且还要满足能从避险空间进行操作。

对于较低位置的停止开关,主要是考虑到在井道内工作时多为蹲姿或跪姿,因此设置的位置不能过高,以免工作区间的人员以工作姿势无法触及。根据 GB/T 10000—1988 中 4.1 和 GB/T 12985—1991 中 4.1、4.3 规定的人体相关尺寸,正常情况下工作人员以蹲姿或跪姿在底坑工作时,双臂功能上举高度约为 1.4 m,考虑到停止开关不一定在工作区间的正上方,因此要求该装置设置位置不超过底坑底面上 1.2 m。

考虑到人员遇到非正常情况时,可能会使用底坑内避险空间(避险空间的要求参见5.2.5.8),为了使底坑内操作人员对电梯的运行/停止状态进行控制,则在避险空间内应能有效操作停止开关。如果底坑中存在多个避险空间时,在其中一个避险空间应能够操作停止开关即可。本部分没有要求每个避险空间均必须能操作停止开关。

关于各种情况下设置停止开关的位置示意图,见图 5.2-2。

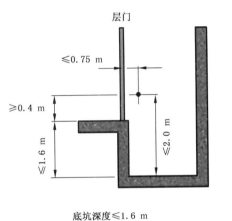

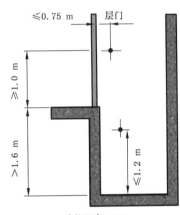

图 5.2-2　停止装置设置位置

关于底坑深度以 1.6 m 作为一个界限,根据 GB/T 10000—1988 中的统计数据,18 岁~60 岁的成年男性中,50 百分位数的眼睛高度为 1 568 mm;95 百分位数的眼睛高度为 1 664 mm,即一半的成年男性眼睛高度超过 1 568 mm,而 95% 的人眼睛高度不超过 1 664 mm。因此 1 600 mm 的底坑基本上是正常男性眼睛高度,在考虑人体延展性的前提下,站在底坑中,刚好能看到底坑外。

（3）如果单独设置了底坑通道门(见 5.2.2.4,底坑深度 2.5 m 时应设置通道门),不用层门作为进入底坑的情况,停止开关应设置在距离通道门框边缘不超过 0.75 m 的位置上,参见(1)的解析。

如果下端层是贯通层门(包括底层存在多个层门)的情况,则底层层站存在通过不同层门进入底坑的可能,此时需要"确定其中一个层门是进入底坑的门,并设置进入底坑的设备"。这里进入底坑的门和进入底坑的设备一定要是捆绑在一起的,即进入底坑的门一定要设置进入底坑的设备;不进入底坑的门不能设置进入底坑的设备。这是因为如果给另一个没有被确定是进入底坑的层门设置了进入底坑爬梯之类的设备,但没有停止装置,使进入底坑的人员会有被伤害的风险。

（4）"停止装置"的相关要求:

本条中要求停止装置符合5.12.1.11要求,具体要符合以下条件:

① 停止装置应由安全触点或安全电路构成。

② 停止装置应为双稳态,误动作不能使电梯恢复运行。

③ 停止装置上或其近旁应标出"停止"字样,设置在不会出现误操作危险的地方。

停止装置是电气安全装置并被列入在附录A中,它应串联在电气安全回路中。

本部分5.12.1.11中明确要求:"停止装置应使用符合GB/T 14048.14要求的按钮装置。"因此本条所要求的停止装置应采用蘑菇形急停开关的形式,如图5.2-3a)所示。其他形式的停止装置,如旋转式或拨杆式开关,见图5.2-3b)、c),不是本部分要求的形式。

停止装置可以单独设置,也可以与底坑中的检修控制装置结合在一起。

以上位置要求的停止装置是电气安全装置并被列入在附录A中,它应串联在电气安全回路中。

a) 蘑菇形开关	b) 旋转式开关	c) 拨杆式开关
(符合本部分要求的形式)	(不符合本部分要求)	(不符合本部分要求)

图5.2-3 几种双稳态开关[只有a)是符合本部分要求的形式]

b)中要求底坑中应设置检修控制装置,其目的是使人员在底坑中工作时能够通过检修运行移动电梯,该装置应该符合5.12.1.5的规定。

检修控制装置应包括:

① 满足安全触点或安全电路要求的开关(检修运行开关);

② "上"和"下"方向按钮,清楚地标明运行方向以防止误操作;

③ "运行"按钮,以防止误操作;

④ 满足5.12.1.11要求的停止装置。

检修控制装置上的按钮名称和符号要求见5.12.1.5.2.4。电源插座应该取自独立于驱动主机的电路,是2P+PE型(250 V),直接供电。底坑内检修运行装置如图5.2-4所示。

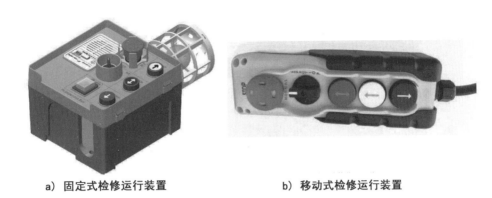

a) 固定式检修运行装置　　　　　　b) 移动式检修运行装置

图 5.2-4　底坑内检修运行装置示例

从图 5.2-4 可见，操作检修装置的动作较为复杂，使用检修装置需要持续揿压等连续动作（这一点与操作停止开关不同）。而且出于安全考虑，要求从避险空间能够方便地操作检修控制装置，因此该装置的设置位置应适合操作人员进行试验。根据 GBT 18717.3—2002《用于机械安全的人类工效学设计　第 3 部分：人体测量数据》中的统计数据，"操作臂长"的 5 百分位数为 340 mm，考虑到避险空间的不同类型，这里要求检修装置距离避险空间应限制在 0.3 m 以内，这与停止装置最大水平距离 0.75 m 是不同的。如果有多个避险空间的时候，本部分没有要求必须从所有避险空间中都可以操作检修装置，可以从其中一个避险空间中操作即可。

c)中要求底坑中应设置电源插座，这是考虑到在底坑中的一些工作可能用到电动工具（见图 5.2-5）。由于在底坑中工作时，可能会将电梯主电源断开，为了保证底坑插座的有效供电，电源插座应该取自独立于驱动主机的电路。底坑插座应采用 2P＋PE 型（见 5.7.3.4 解析）。

d)为了保证安全，在进入底坑时都应先打开井道照明。因此，无论是通过层门进入底坑还是有专门的底坑通道，都应保证操作人员在进入底坑时能够方便地触及井道照明开关（见图 5.2-6）。本条限定了该装置设置的位置，相关尺寸参见（2）的解析。

图 5.2-5　井道照明开关和插座

5.2.1.5.2　机器空间和滑轮间内应具有：

a)　照明控制开关，仅被授权人员可接近，设置在靠近每个入口的适当高度位置；

b)　至少一个电源插座（见 5.10.7.2），设置在每个工作区域的适当位置；

c)　滑轮间内应具有符合 5.12.1.11 规定的停止装置，设置在滑轮间内接近每个入口位置。

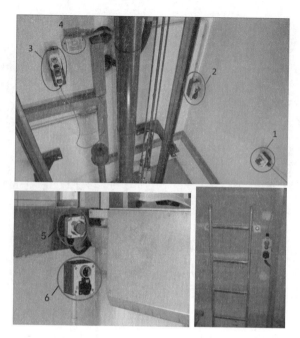

1—停止开关；2—停止开关、照明开关和插座；3—检修装置（移动式）；

4—报警装置；5—停止装置；6—照明开关和插座

图 5.2-6　井道内各开关、插座示意

【解析】

本条内容与 GB 7588—2003 中 6.3.6 和 6.4.7 相对应。

本条款是对机器空间和滑轮间照明开关的位置、电源插座和在滑轮间入口处设置停止装置的要求。

在机器空间和滑轮间中，操作人员应得到有效的安全保护。为了保证人员在工作时的安全和便利，与底坑的要求类似，机器空间和滑轮间也需要有照明控制开关、电源插座和停止装置。

a）在每个机器空间和滑轮间的每个入口处，都要设置"区域和空间的照明控制开关"。这一点对于每个机器空间和滑轮间有多个入口的情况，以及多个机器空间和滑轮间来说是非常必要的，因为操作人员可能有多种进入上述空间的选择，因此为了保证安全，每个入口都需要有照明的控制开关。而且每个开关均应能够控制该区域的照明，即无论其他入口的开关处于何种状态，都可以按照需要开关照明系统。此外，照明开关设置的高度应方便人员操作，对此可参考 GB 50303—2002《建筑电气工程施工质量验收规范》中的规定：开关边缘距门框边缘的距离 0.15 m～0.2 m，开关距地面高度 1.3 m（见 22.2.2）。

图 5.2-7 是个 3 个开关控制同一照明电路的示意图。

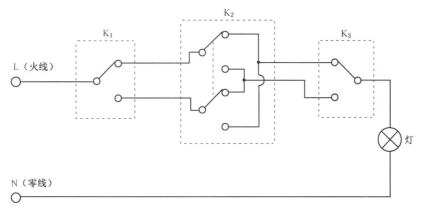

图 5.2-7　多个开关控制同一照明电路图

本条要求照明控制开关"仅被授权人员可接近",是因为有时机器空间并不是与公共场所完全、充分隔离的,如 5.2.2.1 中所提到的,工作区域在轿厢内的情况,此外也可能存在工作区域在层站等位置的情况。上述情况下,就必须保证照明控制开关仅能使被授权人员接近,以免无关人员随意操作,给维修、检查或紧急救援等操作人员带来危险。

b) 在机器空间或滑轮间内进行维护、检修或紧急救援操作时,可能要使用一些用电设备,因此要求机房内应至少设置一个能提供 2P+PE 型 250 V、50 Hz 交流电源插座。机房内的插座电源应与电梯驱动主机的电源分开,可通过另外的电路或通过主开关供电侧相连获得电源。电源插座应满足用电器所需的用电容量。

c) 要求滑轮间在内部临近入口的位置设置停止装置,在出现紧急情况时,可以断开主电源开关或使用上述设备上的停止开关来停止电梯的运行。如果滑轮间有多个入口,操作人员存在从不同入口进入的可能,因此每个入口都需要设置停止开关。这里没有提及机器空间也必须设置停止装置,这是由于本部分要求了机器空间靠近入口处需装设主开关(5.10.5.1.2),且驱动主机、紧急和测试操作屏上要求设置停止开关,因此不必要求再单独设置停止装置。

停止开关是电气安全装置并被列入在附录 A 中,它应串联在电气安全回路中。

5.2.1.6　紧急解困

如果没有为困在井道内的人员提供撤离手段,则应在人员存在被困危险的地方(见 5.2.1.5.1、5.2.6.4 和 5.4.7)设置接通符合 GB/T 24475 要求的报警系统的报警触发装置,并且从其中一个避险空间可操作该装置。

如果在井道外区域存在人员被困的风险,需与建筑物业主进行协商[参见 0.4.2e)]。

【解析】

本条内容与 GB 7588—2003 中 5.10 相对应。

这里强调了因为"没有为困在井道内的人员提供撤离手段"导致"在人员存在被困危险的地方"要设置报警启动装置。如果提供了撤离手段，则不要求一定要设置该装置，也不必考虑撤离手段失效的情况。要说明的是，"撤离手段"应是安全且可行的，如通过轿厢或井道撤离。有些手段是存在较大风险的，如从井道下面的排水井撤离、攀爬导轨或钢丝绳达到某层门、通道门或安全门等方式都是不安全的，不应作为撤离手段。当然，通过爬梯是安全的，因为爬梯本身就是供人员安全出入底坑的固定的设施。

报警装置应设置在那些没有撤离手段且存在被困危险的位置。通常来说，在如下位置存在人员被困风险：
——底坑内(5.2.1.5.1)；
——井道内的工作区域和轿厢内、轿顶上的工作区域以及底坑内的工作区域(5.2.6.4)；
——轿顶上(5.4.7)。

人员在底坑内工作时，如果设有通往底坑通道，则被困的风险较小。但如果只能通过层门进入底坑，一旦轿厢停在最底层层门处将层门挡住，则工作人员无法通过层门逃脱，此时需要在底坑内设置报警触发装置。人员在轿顶进行作业时，一旦电梯出现故障或发生断电，人员有可能无法通过层门逃脱，因此要求在轿顶上需装设报警触发装置。在井道、轿内、轿顶和底坑的工作区域工作时情况与以上两种情况类似。

另外，本条还要求在避险空间也应能够操作报警触发装置。显然，轿顶和底坑内的避险空间相对狭小，如果人员在此处被困，且不能在避险空间启动报警装置，则存在无法脱困的风险。

有些情况下，层门前方存在带有建筑物的门的封闭空间(参见5.3.4.2)，当层门和上述的门都关闭的情况下，人员会被困在这个封闭的空间内。这种情况就是本条所说的"如果在井道外区域存在人员被困的风险"，此时应与建筑物业主通过协商确定解决方案，以避免人员被困。

应注意，本条并不是要求在上述位置均设置"报警系统"，而是要求设置"报警系统的报警触发装置"。如果有多个避险空间的情况下，本部分要求只要在其中一个空间操作报警触发装置即可，并未要求在所有的避险空间均能操作。因此报警触发装置的设置位置可以相对灵活，图5.2-8给出了相应的示例。但应注意，如果设置有多个报警触发装置时，其中任意一个报警触发装置不应妨碍其他报警触发装置实现其自身的功能。

GB/T 24475—2009《电梯远程报警系统》对"报警系统"和"报警触发装置"的解释如下：

报警系统：由报警触发装置和报警装置组成。

报警触发装置：供设备使用人员在被困情况下寻求外部帮助的装置。

报警装置：报警系统中能检测、识别、证实报警并启动双向通信的部分，是电梯的一部分。

a) 报警触发装置设置在底坑中

b) 报警触发装置设置在轿厢底面　　c) 报警触发装置（按钮）

图 5.2-8　报警触发装置及其设置位置示例

对于报警触发装置和报警装置的可接近性（即安装位置），也有如下规定：

——报警触发装置应安装在使用人员存在被困维修的地方。轿内的报警触发装置一般应设置在操纵盘上。

——报警装置应安装在轿厢（但乘客不可接近）、井道、机器空间或滑轮间。

GB/T 24475—2009 给出了电梯和救援服务组织之间的典型双向通行模型（见图 5.2-9）。

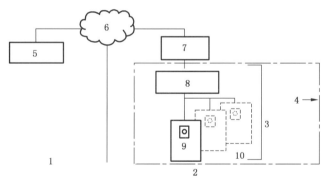

1—救援服务组织；2—现场；3—报警系统；4—报警系统的界限；5—接收装置；

6—通信网络；7—传输器；8—报警装置；9—报警触发装置；10—电梯

图 5.2-9　电梯和救援服务组织之间的典型双向通行模型

5.2.1.7　设备的吊运

在机器空间以及在井道顶端（如果有必要）的适当位置应设置具有安全工作负荷标志的一个或多个悬挂点，用于较重设备的吊装（参见 0.4.2 和 0.4.15）。

【解析】

本条内容与 GB 7588—2003 中 6.3.7 相对应,只是将悬挂点的要求从机房顶板扩大到了机器空间及井道顶端,以满足和适用无机房电梯的情况。

为搬运较重的电梯部件,在机器空间及井道顶部应设置能够承担足够载荷的悬挂点。所谓"悬挂点",最常见的形式是吊钩(挂环)。为避免在吊运设备时,起重设备的承载超出吊钩的设计使用载荷,吊钩或承重梁上应标明设计使用载荷的标识。

所谓"适当位置"是指吊钩的高度要考虑到吊具(如手葫芦和吊索)占据的空间高度和设备应吊起的高度。"悬挂点"也可以是起重设备(如起重滑车等)。

曾有人提出这样的问题:"在机房中,如果吊装重型设备(仅用于电梯)的吊钩不是固定在机房房顶上而是固定在可移动的结构上,是否符合本条要求?"。

CEN/TC 10 的回答:符合要求,前提是保证重型设备的安全吊装操作,该结构要保留在机房中,以及保证机器空间所要求的面积。

5.2.1.8 墙壁、底面和顶板的强度

【解析】

对于井道壁和底坑底的强度要求,可参见"GB/T 7588.1 资料 5.2-7"。

5.2.1.8.1 井道、机器空间和滑轮间的结构应符合国家建筑规范的要求,并应至少能承受下述载荷:驱动主机施加的载荷,在轿厢偏载情况下安全钳动作瞬间通过导轨施加的载荷,缓冲器动作产生的载荷,防跳装置作用的载荷,以及轿厢装卸载所产生的载荷等。参见 E.1。

【解析】

本条内容与 GB 7588—2003 中 5.3 相对应。

井道是建筑物土建结构的一部分,井道结构设计应在建筑设计时应予以充分考虑,本部分没有对井道结构做具体要求,而只要求"应符合国家建筑规范"。同时,井道又是电梯运行安全的重要保证,因此,井道不但要满足国家相关建筑规范的要求,同时也必须满足电梯使用的要求。目前,绝大多数电梯都将井道作为承载构件,因此,井道必须能够承受电梯主机施加的载荷、轿厢偏载情况下安全钳动作时所施加的力以及轿厢装载和卸载时所产生的载荷。井道的底坑部分应能够承受缓冲器动作时施加的力、电梯补偿绳防跳装置动作时施加的力。

本条中提到附录 E"与建筑物的接口"作为本部分的资料性附录,其中 E.1 给出了一般情况下电梯设备对建筑物产生的载荷类型:

——由静止质量产生的静载荷;和

——由运动质量及其在紧急操作时产生的动载荷和力(其动态影响冲击系数为2)。

5.2.1.8.2　井道壁应具有下述机械强度：能承受分别从井道外侧和内侧垂直作用于任何位置且均匀分布在 0.09 m² 的圆形（或正方形）面积上的 1 000 N 的静力，并且：

　　a)　永久变形不大于 1 mm；

　　b)　弹性变形不大于 15 mm。

【解析】

本条与 GB 7588—2003 中 5.3.1.1 相对应，但新标准将 300 N 的力均匀分布在 5 cm² 的圆形或方形面积上，变更为 1 000 N 的静力均匀分布在 0.09 m² 的圆形或正方形面积上。

水平方向的作用力，300 N 是一个人可能施加的静力；1 000 N 是一个人能施加的冲击力。

该力的作用结果，将"无永久变形"变更为"永久变形不大于 1 mm"。1 000 N 的静力均匀地分布在 0.09 m² 的圆形（或方形）面积上，相当于一个大约 100 kg 圆柱形或方形的重物产生的力作用在这样的面积上。根据 GB/T 18717.3—2002《用于机械安全的人类工效学设计　第 3 部分：人体测量数据》的统计数据，人体厚度（P_{95}）取值为 342 mm，这相当于一个人以身体的侧面（肩部）撞击井道壁的作用面积。在这种条件下，井道应能满足不大于 1 mm 的永久变形和不大于 15 mm 的弹性变形，这里要求的井道壁强度是井道最低应具有的强度。

应注意：本条对井道壁的要求，不适用于 5.2.5.5 中所述的隔障，隔障不认为是井道壁。

5.2.1.8.3　平的或成形的玻璃面板均应使用夹层玻璃。

　　　　玻璃及其附件应能承受分别从井道外侧和内侧垂直作用于任何位置且均匀分布在 0.09 m² 的圆形（或正方形）面积上的 1 000 N 的静力而无永久变形。

【解析】

本条内容与 GB 7588—2003 中 5.3.1.2 相对应。

本条规定的目的在于降低井道、机器空间和滑轮间的围壁、门等部分（机房和滑轮间的窗户除外），如果使用玻璃面板，则应防止玻璃受到冲击时对人体的划伤、扎伤及飞溅造成的伤害。

本部分对玻璃门扇、玻璃面板有了比以往更加严格的要求：任何玻璃门扇、玻璃板（无论是不是人员正常可接近的，如高度在 3.5 m 以上的位置），均必须采用夹层玻璃。这是因为夹层玻璃安全性高，其中间层的胶膜坚韧且附着力强，受冲击破损后不易被贯穿，碎片与胶膜粘合在一起不会脱落。与其他玻璃相比，夹层玻璃具有耐震、耐冲击的性能，从而大大提高使用的安全性。在使用了夹层玻璃的前提下，还应能承受在 0.3 m×0.3 m 的圆形面积上作用 1 000 N 的静力下（参见 5.2.1.8.2 解析）无永久变形。这里没有限定弹性是考虑到玻璃的特性，在电梯上应用的满足本部分要求的玻璃，不可能在 1 000 N 的作用力下发生 15 mm 的弹性变形。

在满足了 5.2.1.8.3 的情况下，则可以认为：因维护操作期间工具意外坠落而对玻璃组成的井道围壁造成损害的风险已被充分地降低到可接受的程度。

从本条要求来看，与玻璃层门、轿壁相比似乎对于玻璃构成的井道、机器空间和滑轮间的围壁、门等部分的要求较低，并没有要求按照 5.3.5.3.4 进行摆锤冲击试验（见 GB/T 7588.2 中 5.14）。其实这是一种误解，由于井道、机器空间和滑轮间的围壁、门是属于建筑范围，按照 0.3.2 的原则，本部分没有列入建筑结构的通用技术规范。同时，根据 5.2.1.8.1 的要求，由玻璃组成的井道、机器空间和滑轮间的围壁、门等部分（机房和滑轮间的窗户除外）的设计除满足本条要求外，还必须符合国家建筑法规的要求。对于建筑用夹层玻璃，相对应的标准为 GB 15763.3—2009《建筑用安全玻璃 第 3 部分：夹层玻璃》。GB 15763.3—2009 给出了夹层玻璃的选用原则、技术条件以及与本部分规定的摆锤冲击试验相类似的霰弹袋冲击试验方法。

5.2.1.8.4 除悬空导轨外，每列导轨下的底坑底面应能承受来自导轨的下述作用力：由导轨自重加上固定或连接到导轨上的部件产生的力和（或）紧急停止时附加的作用力（如：如果驱动主机设置在导轨上，由于回弹而作用在曳引轮上的载荷），再加上安全钳动作瞬间的作用力和通过导轨压板传递的作用力（见 5.7.2.3.5）。

【解析】

本条内容与 GB 7588—2003 中 5.3.2.1 相对应。

本条要求了底坑底面必须能够承受导轨施加的力，包括：

（1）静力：导轨自重、导轨连接件重量、固定在导轨上的电梯部件的重量（如曳引机、井道遮磁板、限位开关等）；

（2）附加作用力：紧急停止时，电梯部件通过导轨传递的力（尤其是当曳引机架设在导轨上时）、安全钳动作时的通过导轨传递的力。这些要求主要是考虑到无机房情况下，电梯驱动主机安放在导轨上等情况。

在绝大多数情况下，电梯导轨是由底坑支撑的，因此底坑底面应坚实可靠、足以承受以上所述导轨施加的力。在考虑导轨对底坑底面所施加的力时，不但要计算静力，还必须考虑能够承受冲击载荷（包括最极端的情况——安全钳动作将轿厢制停在导轨上时）。

但是，导轨在井道内的安装可能存在多种情况：导轨可能不是支撑在底坑底面，而是固定在井道顶部，或是井道顶部没有固定点的悬空导轨（导轨完全靠压板和支架的摩擦力保持其悬挂状态）。通常悬空导轨是用于液压电梯多级油缸的导向（见图 5.2-10）或顶部滑轮导向（见图 5.7-11），

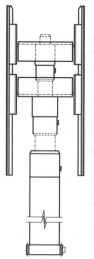

图 5.2-10 悬空导轨

因其所受垂直方向的力较小,且导向不长,因此可以不需要底坑底面提供支反力。

当导轨不是由底坑底表面支撑时,可不必考虑由导轨施加的力及由导轨传递到底坑底面的力。

> **5.2.1.8.5** 轿厢缓冲器支座下的底坑底面应能承受4倍满载轿厢静载的作用力(F),该作用力应按公式(1)计算,并均匀分布在所有轿厢缓冲器上。
>
> $$F = 4g_n \cdot (P+Q) \quad\cdots\cdots\cdots\cdots\cdots\cdots\cdots(1)$$
>
> 式中:
>
> F ——垂直方向的合力,单位为牛(N);
>
> g_n——标准重力加速度,取值9.81 m/s²;
>
> P ——空载轿厢与由轿厢支承的零部件[如部分随行电缆、补偿绳或链(如果有)等]的质量和,单位为千克(kg);
>
> Q ——额定载重量,单位为千克(kg)。

【解析】

本条内容与 GB 7588—2003 中 5.3.2.2 相对应。

本条是对轿厢缓冲器下底坑地面承载能力的要求,其中"轿厢缓冲器支座下的底坑地面应能承受满载轿厢静载4倍的作用力"意思是底坑地面应能承受满载轿厢所施加的静载荷4倍的作用力,且分布在所有轿厢缓冲器上。这里要求的"4倍"是一个由经验得出的系数,在一定范围内,考虑到缓冲器在制停轿厢时可能产生的冲击。

应注意,本条规定的是底坑底表面必须满足的受力要求,如果电梯制造厂家有更加严格的要求,应以电梯制造厂家的要求为准。

另外还应注意,本条中要求"能够承受 4 倍满载轿厢静载的作用力"不应与 5.8.2.1.2.1e)中所述(非线性缓冲器)"减速度最大峰值不应大于 $6.0g_n$"混淆,$6.0g_n$ 是峰值加速度,而本条要求的 $4g_n(P+Q)$ 是静载作用力。

> **5.2.1.8.6** 对重缓冲器支座下的底坑底面应能承受4倍对重静载的作用力(F),该作用力应按公式(2)计算,并均匀分布在所有对重缓冲器上。
>
> $$F = 4g_n \cdot (P+q \cdot Q) \quad\cdots\cdots\cdots\cdots\cdots\cdots\cdots(2)$$
>
> 式中:
>
> F ——垂直方向的合力,单位为牛(N);
>
> g_n——标准重力加速度,取值9.81 m/s²;
>
> P ——空载轿厢与由轿厢支承的零部件[如部分随行电缆、补偿绳或链(如果有)等]的质量和,单位为千克(kg);
>
> q ——平衡系数,表示由对重平衡额定载重量的量;
>
> Q ——额定载重量,单位为千克(kg)。

【解析】

本条内容与 GB 7588—2003 中 5.3.2.3 相对应。

参见 5.2.1.8.5 解析。要说明的是，本条与 GB 7588—2003 中 5.3.2.3 相对应，但 GB 7588—2003 中 5.3.2.3 中还提及了平衡重缓冲器下方底坑底面的受力要求（与对重缓冲器支座下的底坑底面要求一致，也是 4 倍平衡重的静载作用力）。本部分中没有提到平衡重，可能是一个疏漏，也可能是由于带平衡重的液压梯和强制式电梯很少见，如果有这种情况，建议设计底坑时按照本条要求考虑平衡重缓冲器下面的底坑底面。

> **5.2.1.8.7** 对于液压电梯，位于每个液压缸下的底坑底面应能承受液压缸施加的载荷和力。

【解析】

本条内容与 GB 21240—2007 中 5.3.2.4 相对应。本条是对液压缸下方底坑地面承载能力的要求。

> **5.2.1.8.8** 对于液压电梯，棘爪装置动作期间施加到固定点上的垂直力可按公式(3)和公式(4)估算：
>
> a) 对于蓄能缓冲型棘爪装置：
> $$F = \frac{3g_n \cdot (P+Q)}{n} \quad\cdots\cdots\cdots\cdots\cdots (3)$$
>
> b) 对于耗能缓冲型棘爪装置：
> $$F = \frac{2g_n \cdot (P+Q)}{n} \quad\cdots\cdots\cdots\cdots\cdots (4)$$
>
> 式中：
> F ——棘爪装置动作时施加在固定点上的垂直力，单位为牛(N)；
> g_n ——标准重力加速度，取值 9.81 m/s²；
> P ——空载轿厢与由轿厢支承的零部件[如部分随行电缆、补偿绳或链(如果有)等]的质量和，单位为千克(kg)；
> Q ——额定载重量，单位为千克(kg)；
> n ——棘爪装置数量。

【解析】

本条内容与 GB 21240—2007 中 5.3.4 相对应。

本条是基于经验值的基础上，对棘爪装置动作期间施加到固定点上垂直力的估算。值得注意的是，按照以上公式计算出的是由各棘爪施加的总的垂直方向的力。

5.2.1.9 墙壁、底面和顶板的表面

井道、机房和滑轮间的墙、地面和顶板的表面应采用经久耐用且不易产生灰尘的

材料建造,如混凝土、砖或预制砌块等。

供人员工作或在工作区域之间移动的地板表面应采用防滑材料。

注:有关的指南参见 GB/T 17888.2—2008 中的 4.2.4.6。

工作区域的地面应基本平整,缓冲器支座、导轨座以及排水装置除外。

导轨、缓冲器、隔障等安装竣工后,底坑不应漏水或渗水。

对于液压电梯,放置驱动装置的空间和底坑应设计成不渗漏的,以便能够容纳放置其内的机器所泄漏的全部液压油。

【解析】

本条内容与 GB 7588—2003 中 5.7.3.1、6.3.1.1、6.3.1.2、6.4.1.1、6.4.1.2 相对应。本次修订增加了对井道建筑材料的要求,而且增加了工作区域地面应近似水平的要求。

由于灰尘容易对电梯的电气和机械部件造成损害或引发设备故障,所以井道、机房和滑轮间的墙、地面和顶板的表面应采用经久耐用和不易产生灰尘的材料建造,而且应该尽量保持机房、滑轮间和井道的清洁。显然未经抹平的混凝土地面(毛地面)可以满足防滑的要求,但容易产生灰尘,因此也是不适合的,因此机房、滑轮间地面如果采用混凝土材料建造,应至少进行抹平处理。

本部分“注”中提到的 GB/T 17888.2—2008 的名称为《机械安全　进入机械的固定设施　第 2 部分:工作平台和通道》,该标准 4.2.4.6 的标题为:滑倒危险,条款内容是:“应对地板进行表面处理以降低滑倒危险。”

到目前为止,国际上公认的就评价和确定覆盖材料防滑性能的程序尚未形成标准。德国已有用于确定底面覆盖材料防滑性能的标准 DIN 51130,GB 16899—2011《自动扶梯和自动人行道的制造与安装安全规范》中的附录 J 采用了该标准的内容。

对于“防滑”的具体要求,可参见 GB/T 22374—2008《地坪涂装材料》:对于一般要求的场所,防滑性(干摩擦系数)应≥0.5(见该标准表 4);对于特殊场所,干摩擦系数和湿摩擦系数均应≥0.7(见该标准表 5)。摩擦系数的试验方法可参照 GB/T 4100—2015《陶瓷砖》中附录 M 的规定。

为了给进入工作区域的人员提供适宜的工作环境,本条要求了工作区域的地面应近似水平,以免倾斜地面或地面有突出物使工作人员难以站稳或容易绊倒。但工作区域(尤其是底坑内的工作区域)可能存在一些设施,如缓冲器座、导轨座或排水装置等,这些位置不要求水平。缓冲器座参见 5.8.1.1 解析。

对于“近似水平”:

CEN/TC 10 的解释为:

a)供人员站立的面积不应小于 0.12 m²,且短边不小于 0.25 m;b)地面突出物的高度最大不得大于 0.05 m;此外,制造商应对其设计进行风险评价。

底坑如果产生积水会影响电梯运行,所以底坑的防水工程必须做好。

一般情况下,底坑漏水或渗水的主要原因有以下几点:

（1）由于施工质量问题引起的外墙面刚性防水局部渗漏。

（2）未做好穿墙套管处的防水及房间的防水层。

（3）设计不合理，造成内墙面未做防水处理。

（4）安装电梯固定设备，钻孔产生漏水。

要避免底坑渗水或漏水，应着重注意以上四个方面。

另外，对于消防梯在灭火过程中产生的大量水无可避免地会流入电梯井道的情况，GB 50016—2014《建筑设计防火规范》中7.3.7给出了"消防电梯的井底应设置排水设施，排水井的容量不应小于 2 m³，排水泵的排水量不应小于 10 L/s"的要求，可供参考。

对于液压电梯，最可能漏油的部件是驱动装置（液压泵站）和油缸。由于液压油对环境的污染很大，因此液压梯在设计时应考虑将漏油对环境的影响降至最低。为达到此目的，本条要求将液压泵站放置的空间（机房）和油缸放置的空间（底坑）设计成防止渗漏的结构，以便在液压油泄漏（甚至全部泄漏）时，能够将漏出的油限制在这些位置。应注意，为了达到本条要求的"能够容纳放置其内的机器所泄漏的全部液压油"的目的，不但应将上述位置设计成防止渗漏的结构，还要有相应的阻挡液压油外溢的设计，如放置泵站的机房应设置挡油门槛等。

5.2.2　进入井道、机器空间和滑轮间的通道

【解析】

本条涉及到"4　重大危险清单"的"粗糙表面、光滑表面""通道""局部照明"等相关内容。

5.2.2.1　井道、机器空间和滑轮间及相关的工作区域应是可接近的。应规定：除电梯轿厢内的工作区域外，其他工作区域仅允许被授权人员进入，参见附录D。

【解析】

本条内容与GB 7588—2003中6.1.1中第1段相对应。

为了检修、检查和紧急操作，井道、机器空间和滑轮间及相关的工作区域应是可接近的。

机器空间通常存在于：机房、底坑、轿顶、井道内或井道外。当机器空间在井道内时，可能会出现检修机器所需要的工作区域在轿厢内的情况，由于轿内的工作区域与轿厢为乘客提供的服务空间相重合，无法杜绝非授权人员进入，因此只有电梯轿厢作为工作区域时，该区域在电梯正常服务时允许非授权人员进入。但应注意，如果在轿厢内对机器进行检修、维护或紧急操作等工作时，必须禁止非授权人员进入轿厢（此时的轿厢属于工作区域）。其他工作区域应全天候禁止非授权人员进入。附录D的图例指出了机器空间的入口。

被授权人员的定义见GB/T 7588.1—2020中3.2。

5.2.2.2 进入井道、机器空间和滑轮间的任何门或活板门邻近的通道应设置永久安装的电气照明,照度至少为 50 lx。

【解析】

本条内容与 GB 7588—2003 中 6.2.1a)相对应。

新条款将要求扩大到进入井道的任何门/活板门邻近的通道,将机房的概念扩大到机器空间。且新条款给出了最低照度值要求。50 lx 的照度是对"通道"一类环境的照度要求,对于机器空间和滑轮间这个照度可以满足人员移动时安全的照度要求。GB 50034—2013《建筑照明设计标准》对走廊、流动区域等处的照度要求也是 50 lx。

对于照明的设计,可参考 5.2.1.4 解析。

当通道有多个入口时,如果需要在每个入口均能对照明进行控制,可参考 5.2.1.5.2 解析。

对于各个位置照明的要求,参见"GB/T 7588.1 资料 5.4-9"。

5.2.2.3 为了维护和救援,通道(例如:通往底坑、层站、机器空间和滑轮间的通道)不应经过私人空间。

制造单位(或安装单位)需与建筑设计者(建造者或业主)就通道、火灾和人员被困有关的问题达成一致,参见 0.4.2 协商的内容。

【解析】

本条与 GB 7588—2003 中 6.2.1b)相对应。

根据 TSG T7001—2009《电梯监督检验和定期检验规则——曳引与强制驱动电梯》附件 A 第 8.7(2)项规定:"建筑物内的救援通道保持通畅,以便相关人员无阻碍地抵达实施紧急操作的位置和层站等处"。电梯对于维护、救援等操作必须是可接近的,而且应是容易接近的。如果必须经过私人场所,则难以做到"无阻碍地抵达"上述空间。

本条中所涉及的"私人场所"在这里应理解为:由其他人管理的,在使用或通过时需要额外的批准或授权的空间,而不应单纯理解为产权关系。

如果在电梯日常使用、维护保养、定期检验以及紧急救援的工作中,需要经过私人空间进入井道、机房和滑轮间(或进入通向这些位置的通道),则存在以下几个方面的使用缺陷与安全隐患:

(1)电梯发生故障(电力中断、安全部件动作、火灾等)出现被困人员时,救援人员如果需要通过私人空间接近层门、进入机房(或机器空间),则难以及时有效地实施紧急救援,增加了被困人员的风险。

(2)如果电梯在维护保养以及定期检验中,维保人员、检验人员必须通过私人空间接近电梯,一方面给上述工作带来不便,另一方面也增加了上述人员被困井道、机器空间的风险。

（3）由于私人场所的特殊性质，在该场所内设置的通道、照明等可能会被变更。如果需要经过私人场所才能接近电梯，则难以保证私人场所的环境不会对救援人员产生附加风险。

从一些实际案例来看，近些年来出现了一些建筑物采用了电梯直接入户（刷卡直接进户）的房屋结构。有不少电梯停靠层站只通往业主的进户门厅或阳台而不直接连通安全通道，甚至有些机房电梯的控制柜也在业主家中。救援人员或维修人员要到达机房和电梯停靠层站，无法借助消防通道（或楼道）实施救援，只有在有业主在家的情况下，借助业主的房间，才能到达施救的层站，在本部分中不允许上述情况发生。

制造单位（或安装单位）需与建筑设计者（建造者或业主）对于电梯在使用中可能发生的一些特殊情况（如火灾、人员被困等）。为了在这些特殊情况发生时，将使用电梯的人员（乘客、被授权的人员和层站候梯人员）的风险降低至可以接受的水平，应针对诸如：火灾情况下电梯应具有何种特性、电梯是否可以为消防员提供服务、人员可能发生被困及如何紧急救援的相关事项等进行提前协商并取得一致。对于一些环境因素，尤其是对于通往井道、机器空间和滑轮间的通道的要求（防滑、照明、高度、宽度、台阶或梯子等），也应达成一致。

> **5.2.2.4** 应提供进入底坑的下列方式：
>
> a) 如果底坑深度大于 2.50 m，设置通道门；
>
> b) 如果底坑深度不大于 2.50 m，设置通道门或在井道内设置人员从层门容易进入底坑的梯子。
>
> 底坑通道门应符合 5.2.3 的有关要求。
>
> 梯子应符合附录 F 的规定。
>
> 如果梯子在展开位置存在与电梯运动部件发生碰撞的危险，梯子应配置一个符合 5.11.2 规定的电气安全装置，当梯子未在存放位置时，能防止电梯运行。
>
> 如果该梯子存放在底坑地面上，当梯子处于存放位置时，应保持底坑的所有避险空间。

【解析】

本条与 GB 7588—2003 中 5.7.3.2 相对应。

本条规定对进入底坑的方法进行了更严格、更详细的规定。

（1）首先底坑深度大于 2.50 m 时，要求必须设置底坑通道门，不再以"建筑物布置允许"为前提。这是因为 GB/T 3608—2008《高处作业分级》规定："凡在坠落高度基准面 2 m 以上（含 2 m）有可能坠落的高处进行作业，都称为高处作业"。2.5 m 的高度不但属于"高处作业"，且已经接近 1 层楼的高度，如果通过爬梯上下是非常危险的。因此应设置专门的通往底坑的通道以及符合 5.2.3 的通道门（见 5.2.3 解析）出入底坑。

应注意底坑通道门开启后，如果与底坑底面有高度差，当高度差较高（如 0.5 m 以上）时，要考虑设置台阶或梯子。

由于缓冲器尺寸的限制，额定速度3 m/s以上的电梯底坑通常较深，因此受本条款影响较大。在建筑设计时，要特别注意底坑应留有通道门，且通道门的高度不应小于2.00 m，宽度不应小于0.60 m(见5.2.3.2)。

(2)当底坑深度不大于2.50 m时，可以设置通道门，也可以设置易于进入底坑的梯子。如果设置梯子，对梯子有如下要求：

1)从层门容易进入底坑：梯子的形式、安装位置等必须满足附录F的要求，而且如果梯子可以移动，则移动梯子所需要的力应是人员能够承受的。

2)梯子本身符合附录F的相关规定(见附录F解析)。

3)当梯子可展开且展开时进入了电梯运行中任何部件的移动空间，要求设置电气安全装置，确保在梯子展开时，电梯不能运行。

4)梯子如果存放在底坑地面，当梯子处于存放位置时，不应影响底坑的紧急避险空间。

应注意：本条款提到的附录F，是必须遵守的规范性附录。

图5.2-11是几种形式的底坑爬梯示意图。

a) 固定式底坑爬梯　b) 可移动的底坑爬梯　c) 折叠在底坑底部的爬梯　d) 验证梯子位置的开关

图5.2-11　爬梯示意图

5.2.2.5　应提供人员进入机器空间和滑轮间的安全通道。应优先考虑全部使用楼梯，如果不能设置楼梯，应使用符合下列条件的梯子：

a) 通往机器空间和滑轮间的通道不应高出楼梯所到平面4 m；如果高出楼梯所到平面3 m，则应设置防坠落保护。

b) 梯子应永久地固定在通道上，或至少采用绳或链条连接使之无法移走。

c) 梯子高度超过1.50 m时，其与水平方向夹角应在65°～75°之间，并不易滑动或翻转。

d) 梯子的内侧宽度不应小于0.35 m，踩踏面应处于水平且深度不应小于25 mm。对于直立的梯子，踏棍后面与墙壁的距离不应小于200 mm，在有不连续障碍物的情况下不应小于150 mm。踏板和踏棍的设计载荷应至少为1 500 N。

e) 靠近梯子顶端，应至少设置一个容易握到的把手。

f) 梯子周围1.50 m的水平距离内，应防止来自梯子上方坠落物的危险。

【解析】

本条款与 GB 7588—2003 中 6.2.2 相对应。

(1)优先选用楼梯作为进入机器空间和滑轮间的安全通道

因为采用梯子具有较大的坠落风险,并且需要消耗更多的体力,因此在设计时应尽量避免选用爬梯(无论是阶梯还是直梯)作为进入设施,最安全地进入机房的方法是使用楼梯。GB/T 17888.1—2020《机械安全 接近机械的固定设施 第1部分:固定设施的选择及接近的一般要求》也是推荐采用楼梯、坡道等作为进入两级平面之间的固定设备。楼梯角度应设置为 20°~45°,其他设计应符合国家建筑标准设计《楼梯 栏杆 栏板(一)》的相关要求。

(2)使用梯子作为进入机器空间和滑轮间的安全通道

如果受条件所限无法使用楼梯,不得不使用梯子作为进入机器空间和滑轮间的安全通道,梯子即使不是专用,也必须保持随时可用,为此需要满足以下诸多限制:

a)中所限定的"通道不应高出楼梯所到平面 4 m"是考虑到以下因素:

——梯子过高容易发生倾覆;

——万一发生坠落,伤害较大;

——过高的梯子(4 m)会给使用者造成心理压力,容易引发恐惧感,造成事故。

综上,要求通道与楼梯所到平面的高度差不超过 4 m,同时上述高度差达到 3 m 时,应该设计防坠落保护。

b)中"永久地固定"和"无法移走"目的是保证通道的可接近性,防止梯子被挪作他用。

c)为安全起见,本条规定当使用垂直的高度大于 1.5 m 的梯子时,其与水平方向应有适当的夹角(65°~75°)。根据本条对"梯子"的要求,对照 GB/T 17888.1 的定义,这里的"梯子"基本上属于 GB 17888.1 中的"阶梯"("阶梯"的倾角为 46°~74°),其水平构件应是踏板。

d)0.35 m 的净宽度是工作人员能够通过的最小宽度。为了减少坠落风险,踩踏面要求水平,其深度是指梯子梯级的进深方向尺寸。踏棍与后面的墙要求必须有一定距离,是为了人员在使用梯子时,能够以脚的中间部位接触踏棍,以保证踏稳。对于直立的梯子,如果不满足 200 mm 则意味着脚与踏棍的接触面过小,容易滑脱发生危险(有不连续障碍物的情况下不应小于 150 mm)。这里应注意的是:踏棍与梯子后面的墙之间所要求的不小于 0.15 m 的距离中,可以包含 25 mm 的踏棍深度。CEN/TC 10 曾对此给出过一个示意图,见图 5.2-12。

e)人员在使用梯子时,在梯子下端,可以将上面的梯级作为把手,但到了顶端,上方已经不再有梯级,必须设

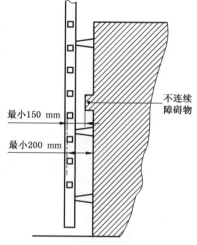

图 5.2-12 直立梯子与墙之间有不连续障碍物的示例

置把手,以使人员上下安全。

f) 这里要求防止"来自梯子上方坠落物的危险"是指如果有物品坠落危险时才需要防止,如果梯子四周1.5 m范围内上方没有其他建筑物或设备,则不需要防止。通常采用设置类似雨棚的结构来实现防护。

通过本条规定可知:通过梯子进入机房被认为是安全的,前提是梯子的使用应是专有的,且对于授权人员而言,可以方便地接近和使用梯子(如放置在非常接近入口的地方,且此位置不会被锁闭,或即使被锁闭的钥匙总是可以被维修人员或是被授权的人员随时取得或使用)。梯子还应是被固定在容易投入使用的位置,如果受到建筑物实际情况的限制(如梯子无法被永久固定在走廊上,以及在一些情况下出于美观的考虑等),梯子无法做到永久安装在固定位置上时,应至少用绳或链将梯子拴在通道上,即梯子可以被移动但不能被移走。

进入机房或滑轮间梯子的梯级可以是踏棍式也可以是踏板式。两者的区别在于:踏板深度小于80 mm的踩踏件称为踏棍;大于或等于80 mm的踩踏件称为踏板。如果梯子与水平面的夹角小于65°,一般来说应采用固定式阶梯,其宽度应不小于600 mm,且两边应设有护栏。

按照GB/T 17888.1—2020的分类:

——楼梯:具有20°~45°倾角的固定进入设备,其水平元件为踏板;

——阶梯:具有45°~75°倾角的固定进入设备,其水平元件为踏板;

——直梯:水平夹角大于75°其不大于90°的固定进入设备,其水平构件为踏棍。

相比进入底坑的装置而言,对于进入机房的梯子要求得比较详细,这是因为检修人员、紧急救援人员进入机房的概率远比进入底坑的概率高。

关于梯子的安全使用,可参见图5.2-15。

5.2.3 通道门、安全门、通道活板门和检修门

【解析】

本条涉及"4 重大危险清单"的"费力"和"动力电源失效"相关内容。

对于井道、机房所设置的通道门、安全门、通道活板门和检修门的情况,可参见"GB/T 7588.1 资料5.2-5"的汇总。

5.2.3.1 当相邻两层门地坎间的距离大于11 m时,应满足下列条件之一:

　　a) 具有中间安全门,使安全门与层门(或安全门)地坎间的距离均不大于11 m。

　　b) 紧邻的轿厢均设置5.4.6.2所规定的安全门。

　　c) 在上述a)或b)均不能满足的情况下,应充分考虑上部层门(或安全门)地坎与轿顶间的距离,使胜任人员能够安全地到达和离开轿顶,可采取以下措施之一:

> 1) 当相邻层门（或安全门）地坎间的距离不大于 18 m 时，可采用在现场可获得的消防用防坠落装备（见 GA 494），消防安全绳的长度与相邻地坎间的距离相适应。如果采用消防用防坠落装备，在上部层门（或安全门）附近的井道外建筑结构上设置安全固定点，其承载能力不应小于 22 kN。
>
> 2) 采用设置在井道内的固定式钢斜梯（见 GB 4053.2）或具有安全护笼的固定式钢直梯（见 GB 4053.1），并提供在上部层门（或安全门）、所设置的钢斜梯（或钢直梯）以及轿顶之间安全进出的措施（例如：采用符合 GA 494 的消防安全绳成套系统等）。
>
> 　　针对上述 c)，制造单位（或安装单位）应与建筑业主（建筑设计单位或施工单位）就救援组织、救援程序、救援设备以及被授权人员的培训和演练等内容达成一致（见 0.4.2）。
>
> 　　注："相邻"是指两个相邻的具有层门（或安全门）的楼层，无论贯通门还是直角门。

【解析】

　　本条与 GB 7588—2003 中 5.2.2.1.2 相对应。与上一版标准相比，本条最主要的变化是给出了既无法设置井道安全门，也无法在邻近的轿厢设置轿厢安全门的解决方案。

　　与上一版标准相比，对于处理"相邻两层门地坎间的距离大于 11 m"问题的要求，有极大变化。本部分增加了备注，明确两个"相邻"的具有层门的楼层，包括贯通门和直角门的设计，避免引起歧义或不同的理解。也就是说，只要是相邻的两个具有层门的楼层之间的距离不超过 11 m，无论这两个层门是在井道的同一侧，还是对侧（贯通门）或邻侧（直角门）（见图 5.2-13），均不需要设置井道安全门。

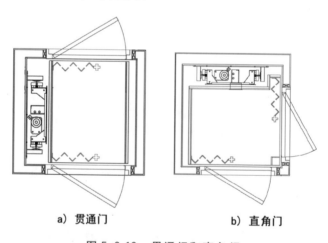

a) 贯通门　　　　　　　　　b) 直角门

图 5.2-13　贯通门和直角门

a) 设置井道安全门

　　井道安全门的作用是，当轿厢卡阻无法移动时，检修人员通过井道安全门进入轿顶，排除卡阻故障。此外，只有在极个别的情况下：无法解除轿厢卡阻，且设置了轿厢安全窗，同时轿顶距离安全门地坎高度差较小（通常认为不超过 500 mm 是安全的），在以上三个条件同时出现的情况下，才可能通过井道安全门救援被困乘客。

轿厢安全门的目的则是，在共用井道中运行的多台电梯中的某一轿厢发生卡阻无法移动时，通过相邻轿厢的安全门使被困乘客脱困。

　　关于井道安全门的要求见5.2.3.2、5.2.3.3、5.2.4.2。

　　以上情况下如果没有其他通道，如b)所述的轿厢安全门以及c)中所述的手段，只能通过层门或井道安全门进行故障排除或救援。如果相邻的两层门地坎之间的距离过大（大于11 m），轿厢由于故障停止在两地坎之间时，将造成轿顶与上面一层地坎的距离较远。此时，救援人员需要使用梯子到达轿顶操作电梯，使用的移动式梯子［固定式梯子见本条c)所述条件］长度有限，且根据GA 137—2007《消防梯》的规定："大于或等于12 m的消防梯应装有支撑杆，支撑杆应妥善固定在基础梯节上"（见GA 137—2007中5.3.10）。很明显，如果梯子带有支撑杆，则很难在井道中使用，因此一般只能应用长度小于12 m的梯子进行井道内救援。

　　另外，也应考虑采用安全的方法使用梯子时：如梯子与地面（或平台面）应保持约75°的夹角（即垂直方向和水平方向之比为4：1）；梯子顶部应留出1 m左右的高度作为扶手等，图5.2-15a)给出了安全使用梯子的示意。由图示可知，即使采用12 m的梯子，如果保证与轿顶表面夹角为75°，则垂直方向的高度也仅能满足11.5 m左右，如果再要求梯子顶部留出足够的余量作为扶手，则难以满足层间距离超过11 m时的使用要求。

　　由此可见，在两地坎间距过大（超过11 m）时，难以通过上部层门配合使用梯子到达轿顶进行救援。此外梯子太长也不利于救援人员安全抵达轿顶。因此，当相邻两地坎之间的距离超过11 m时，要求设置井道安全门以保证救援活动的安全。

　　这里没有指出井道安全门应该设置在井道的哪一侧，但由于救援人员要通过此门到达轿顶，如果安全门的地坎距轿厢的水平距离过大，容易发生坠落危险，通常在装有层门一侧的井道壁设置安全门更加适宜。

　　此外在安全门处于关闭状态的时候，作为井道的一部分，应满足本部分对于井道壁的相关要求，如5.2.5.3要求的井道内表面与轿厢地坎、轿门框架或滑动轿门的最近门口边缘的水平距离等。

　　应注意，井道安全门的基本用途是供救援人员进出井道时使用的。如果电梯发生故障停止在两层门之间，且两层门之间的距离大于11 m，那么救援人员需要从井道安全门进入井道抵达轿顶，通过操作使电梯运行至邻近层门位置，打开层门救出被困人员。所以井道安全门和轿厢安全窗没有必然联系，本部分没有要求电梯必须设置轿厢安全窗，也没有规定设置井道安全门时必须要配置轿厢安全窗。

　　b）轿厢安全门的设置

　　如果是多台电梯共用井道，且相邻轿厢设置了"轿厢安全门"（见本部分5.4.6.2所述），这种情况下不需要设置井道安全门。救援用的轿厢安全门设置在靠近相邻轿厢侧的轿壁上，在某一台电梯发生故障时，可以利用与其相邻的电梯，缓慢停靠在与故障电梯同一水平面的位置。通过两轿厢上开设的轿厢安全门将被困乘客救援到能够正常运行的电梯上。但应注意，通过轿厢安全门进行救援，必须做好各种防止坠落的措施，以避免给乘客带来额外风险。

c) 当无法满足 a)和 b)的条件时,为了使胜任人员能够安全地到达和离开轿顶而采取的其他措施。

1) 当相邻层门(或安全门)地坎间的距离不大于 18 m,在救援时,可采用设置在井道内的固定式钢梯(斜梯或具有安全护笼的直梯)配合消防防坠落装置到达或离开轿顶(这一点在下面会介绍),也可以由救援人员佩戴满足 GA 494—2004《消防用防坠落装备》的消防用防坠落装备从上部层门(或安全门)抵达轿顶。(见图 5.2-14)

a) 消防用防坠落装备　　b) 防坠落装备用安全绳　c) 便携式安全固定点（不可采用）

图 5.2-14　消防用防坠落装备

由于通常情况下,消防员个人使用的消防用防坠落装备的消防绳长度通常为 20 m 左右,考虑到还要与上部层门(或安全门)附近的井道外建筑结构上设置安全固定点连接,而层门高度不小于 2 m(见本部分 5.3.2.1)。因此相邻地坎之间的距离不大于 18 m 时,救援人员通过使用消防用防坠落装备能够从上部层门(或安全门)安全到达和离开轿顶。因此,本部分规定了在相邻层门(或安全门)地坎间距不大于 18 m 的情况下,才可以由胜任人员佩戴消防用防坠落装备进行救援。

为了使佩戴消防用防坠落装备的胜任人员能够安全地从上部层门(或安全门)到达和离开轿顶必须满足以下条件:

① 消防用防坠落装备满足 GA 494—2004《消防用防坠落装备》的要求

该标准对消防安全绳、消防安全带和辅助设备有相应的详细要求,只有满足这些要求,才能保证救援人员在使用这些器具时的安全。

② 现场可获得消防用防坠落装备

由于消防用防坠落装备属于较特殊的器具,一般较少用到,救援人员可能不会提前准备,因此为了保证救援的及时有效,应在现场放置一套。

③ 消防安全绳的长度与相邻地坎距离相适应

GA 494—2004 对"消防安全绳"的定义是:"消防部队在灭火救援、抢险救灾或日常训练中仅用于承载人的绳子"。消防安全绳的长度应由两个相邻的地坎之间的距离决定，应在考虑不同使用者的习惯的基础上留有相应的余量。

④ 在上部层门附近的井道外建筑结构上设置安全固定点

采用消防用防坠落装备到达或离开轿顶时，需要配合安全固定点使用。为了救援人员的安全，安全固定点应永久设置在上部层门附近，而不能采用便携式安全固定点。

安全固定点应设置在井道外侧，这是因为如果固定点设置在井道内侧，一旦需要将消防用防坠落装备与之相连接时，需要使用人员将身体探入井道内，容易引发坠落风险。

此外，安全固定点需要直接设置在建筑结构上，以免脱落。

⑤ 安全固定点的承载能力不小于 22 kN

本部分假设一个人的质量为 75 kg，考虑到人员在使用消防用防坠落装备到达或离开轿顶可能会携带必要的工具，同时考虑到人员在使用过程中施加的动载荷，安全固定点必须有较高的承载能力。22 kN 的承载能力约为人员重量的 30 倍，可见该承载能力可以充分保证使用人员的安全。正是基于同样原因，GA 494—2004 中对于消防用防坠落装备的辅助设备（如安全钩、上升器、下降器和滑轮装置等）的工作负荷的要求为均不大于 22 kN。

上述规定与新加坡标准 SS 550—2009《客梯和货梯的安装、运行及维修规范》对于相邻两层地坎之间距离超过 11 m 情况类似。关于 SS 550—2009 的相关内容可参见"GB/T 7588.1 资料 5.2-2"。

2）当相邻层门（或安全门）地坎间的距离大于或等于 18 m 时，这种情况下，如果仍然采用消防用防坠落装备将救援人员从上部层门（安全门）悬吊至轿顶风险较高，因此不允许将防坠落装置作为主要手段到达和撤离轿顶。此时，需要在井道内设置钢质梯子（直梯或斜梯）作为从上部层门到达轿顶的设施，如图 5.2-15b)所示。

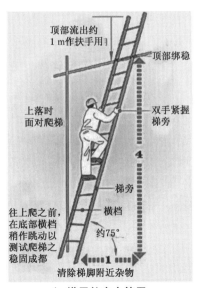 

a) 梯子的安全使用　　　　b) 钢直梯配合消防防坠落装置

图 5.2-15　救援用梯子和爬梯的使用

当使用钢直梯或钢斜梯时，梯子分别应满足 GB 4053.1—2009《固定式钢梯及平台安全要求 第 1 部分：钢直梯》和 GB 4053.2—2009《固定式钢梯及平台安全要求 第 2 部分：钢斜梯》的要求。由于此种情况，从上部层门到达或撤离轿顶时高度差很大，即使使用井道内设置的钢质梯子，尤其是直梯，仍不能完全保证救援人员的安全，因此还应有辅助措施保证人员进出轿顶的安全，如前面提到的符合 GA 494 的消防防坠落装备等。

对于消防用防坠落装备和钢梯的介绍，参考"GB/T 7588.1 资料 5.2-3"。

由于 c)条所涉及的情况，对救援人员的技能和装备的要求均较高。因此对于这种情况，应制定完备的救援程序，提供完善的救援设备。这要求电梯的提供者（制造单位、安装单位）对电梯的所有者（业主）及管理者就救援程序、设备使用进行必要的培训，并就相关问题达成一致。

> **5.2.3.2** 通道门、安全门、通道活板门和检修门应满足下列尺寸：
>   a) 进入机房和井道的通道门的高度不应小于 2.00 m，宽度不应小于 0.60 m；
>   b) 进入滑轮间的通道门的高度不应小于 1.40 m，宽度不应小于 0.60 m；
>   c) 供人员进出机房和滑轮间的通道活板门，其净尺寸不应小于 0.80 m×0.80 m，且开门后能保持在开启位置；
>   d) 安全门的高度不应小于 1.80 m，宽度不应小于 0.50 m；
>   e) 检修门的高度不应大于 0.50 m，宽度不应大于 0.50 m，且应有足够的尺寸，以便通过该门进行所需的工作。

【解析】

本条内容综合了 GB 7588—2003 中 5.2.2.1.1、6.3.3 和 6.4.3 中关于门的尺寸的要求。

与上一版标准相比，本部分将进入机房和井道的通道门的高度从不应小于 1.80 m，提高到了不应小于 2.0 m；安全门的宽度从不应小于 0.35 m，提高到了宽度不应小于 0.50 m；虽对检修门的最大高度和最大宽度尺寸要求没有变化，但强调应有足够的尺寸，以与通过该门进行的工作相适应。

参照 GB/T 18717.1—2002《用于机械安全的人类工效学设计 第 1 部分：全身进入机械的开口尺寸确定原则》中给出的计算方法以及 GB/T 18717.3—2002《用于机械安全的人类工效学设计 第 3 部分：人体测量数据》中给出的尺寸（取 P_{95} 值），可知：

a) 进入机房和井道的通道门尺寸（取决于人体高度和两肘间宽度，见图 5.2-16a）

直立水平向前走动用开口高度尺寸（A）=身高+高度余量=1 881 mm+60 mm+40 mm=1 981 mm≈2 m（考虑佩戴头盔并着安全鞋）

直立水平向前走动用开口宽度尺寸（B）=两肘间宽+宽度余量=545 mm+50 mm=595 mm≈0.6 m

b) 进入滑轮间的通道门尺寸

滑轮间通道门高度最低仅要求不小于 1.4 m，这是由于一般滑轮间高度有限，因此门的高度不能规定得太大。其宽度可参考 a)条解析。

c) 供人员进出机房和滑轮间的通道活板门尺寸(取决于两肘间宽度,见图 5.2-16b)

机房和滑轮间的通道活板门通常是在机房/滑轮间地面开设的用于进出上述空间的门,见图 5.2-20a)。

上述活板门可以开在机房与井道之间或机房与滑轮间之间。参考 GB/T 18717.1—2002 开口分类,属于"可能需要快速运动用人孔"类型。

开口直径(A)＝两肘间宽度＋宽度余量＝545＋100＝645 mm

如考虑携带工具,还应考虑更大的裕量。本条要求供人员进出机房和滑轮间的通道活板门尺寸不小于 0.80 m×0.80 m 是能够满足使用要求的。

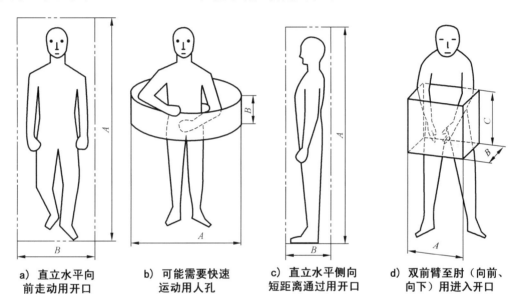

| a) 直立水平向前走动用开口 | b) 可能需要快速运动用人孔 | c) 直立水平侧向短距离通过用开口 | d) 双前臂至肘(向前、向下)用进入开口 |

图 5.2-16　人员通过各种开口的示意

d) 安全门尺寸(取决于人体高度和两肘间宽度,见图 5.2-16c)

井道安全门的尺寸是保证单人略微低头,侧身能够顺利通过。这种开口在 GB/T 18717.1—2002 中属于"直立水平侧向短距离通过用开口"。

直立水平侧向短距离通过用开口高度(A)＝身高＝1 881 mm(不必考虑佩戴头盔并着安全鞋)

直立水平侧向短距离通过用开口宽度(B)＝体厚＋宽度余量＝342 mm＋50 mm＝392 mm

通过井道安全门时,头可以略微低下以减少对安全门高度的要求。但侧身通过门时,身体厚度无法改变,考虑到不同体型的工作人员,安全门宽度方向应适当增加,取 0.5 m 是合适的。

e) 检修门(取决于前臂直径,见图 5.2-16d)

这里的检修门是为了检修方便,设置在井道上的作检修用的向外开启的门(见

图5.2-17)。这里应注意,检修门只是一个不能供人员出入的开口,检修人员通过开口对设备进行维护修理。因此其尺寸可参考 GB/T 18717.2—2002《用于机械安全的人类工效学设计 第2部分:人体局部进入机械的开口尺寸确定原则》中"双前臂至肘(向前、向下)用进入开口"。由于检修门是开在井道壁上,因此其高度和宽度可参照该标准中的开口宽度和厚度。

双前臂至肘(向前、向下)用进入开口宽度(A)=2×前臂直径+余量=2×120 mm+120 mm+20 mm=380 mm(考虑工作服厚度20 mm)

双前臂至肘(向前、向下)用进入开口高度(A)=210(肩部到眼睛的距离)+前臂直径+余量=210 mm+120 mm+120 mm+20 mm=470 mm(考虑工作服厚度20 mm)

考虑到操作时使用工具的必要空间,检修门高度和宽度不大于0.50 m×0.50 m。此开口尺寸不可过大,以防止人员通过检修门开口进出井道造成危险。

综合本条对各种门的尺寸要求,可以发现进入滑轮间的通道门和井道安全门的尺寸要求是有所差异的,甚至滑轮间通道门高度要求的最小值(1.4 m)低于井道安全门的高度。这是因为,进入滑轮间的检修人员通常是进行一般性维修工作的,其所携带的工具尺寸不会太大。而如果轿厢出于某些原因卡阻在井道中,需要人员进入轿顶排除卡阻故障,此时则需要通过井道安全门进入井道并达到轿顶,因此检修人员可能携带诸如梯子等较大的工具或设备通过井道安全门,因此井道安全门的高度需要高一些。同时,井道安全门也用于供在轿顶工作的检修人员脱困(见5.2.6.4.3.1),因此井道安全门的尺寸不能过小。此外井道安全门与普通层门尺寸的要求也不同,层门的高度要求最小净高度为2 m。

新版标准将旧版标准中层/轿门以外的其他门的名称进行了整合。新旧标准名称的对比见表5.2-1。

表5.2-1 新旧标准关于门的名称及尺寸对比

门的用途	门的名称		门的尺寸:宽×高 m	
	本部分	GB 7588—2003	本部分	GB 7588—2003
进入井道	通道门	检修门(5.2.2.1.1)	≥0.6×2.0	≥0.6×1.4
	检修门	检修门活板门 (5.2.2.1.1)	≤0.5×0.5	
	安全门	井道安全门 (5.2.2.1.1)	≥0.5×1.8	≥0.35×1.8
进入机房	通道门	通道门(6.3.3.1)	≥0.6×2.0	≥0.6×1.8
	供人员进出的 通道活板门	供人员进出的检修 活板门(6.3.3.2)	≥0.8×0.8	
进入滑轮间	通道门	通道门(6.4.3.1)	≥0.6×1.4	
	供人员进出的 通道活板门	供人员进出的检修 活板门(6.4.3.2)	≥0.8×0.8	

由表 5.2-1 的对比可见，本部分与旧版标准相比，最明显的变化是取消了进入井道的"检修活板门"，以"检修门"替代；上一版标准的"检修门"被本部分中的"通道门"替代，相应要求也有所提高；此外进入机房的"通道门"以及进入井道的"安全门"的尺寸也有所增加。

这些变化中，本部分中的"检修门"（见图 5.2-17）与 GB 7588—2003 中的"检修门"是两个概念，应注意不要混淆。

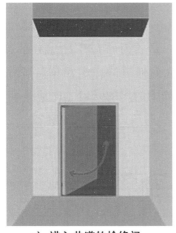 

a）进入井道的检修门　　　　　b）进入井道的检修活板门（不允许使用）

图 5.2-17　进入井道的检修门

5.2.3.3　通道门、安全门和检修门应：
a）　不向井道、机房或滑轮间内开启。
b）　设置用钥匙开启的锁，开启后不用钥匙亦能关闭并锁住。
c）　即使在锁闭状态，也可从井道、机房或滑轮间内不用钥匙打开。
d）　设置符合 5.11.2 规定的电气安全装置证实上述门的关闭状态。
　　　对于通往机房、滑轮间的通道门以及不是通向危险区域的底坑通道门（见 5.2.2.4），可不必设置电气安全装置。"不是通向危险区域"指电梯正常运行中，轿厢、对重（或平衡重）的最低部分（包括导靴、护脚板等）与底坑地面之间的净垂直距离至少为 2.00 m 的情况。
　　　对于随行电缆、补偿绳（链或带）及其附件、限速器张紧轮和类似装置，认为不构成危险。
e）　无孔，符合相关建筑物防火规范的要求。
f）　具有下述机械强度：能承受从井道外侧垂直作用于任何位置且均匀分布在 0.09 m² 的圆形（或正方形）面积上的 1 000 N 的静力，不应有超过 15 mm 的弹性变形。

【解析】

本条与 GB 7588—2003 中 5.2.2.2、6.3.3.1、6.4.3.1、5.2.2.2.1、6.3.3.3、6.4.3.3、5.2.2.2.2、5.2.2.3 内容相对应，本条将相关要求进行了归纳汇总。

a）这些门均不应向井道内开启，否则可能发生以下情况：

（1）一旦轿厢、对重或其他部件停在门的附近，将阻挡门的开启。

（2）当操作人员开启这些门时，会导致人员身体重心向井道内移动，极易造成人员坠入井道的事故。

（3）这些门可能凸入电梯运行空间，与电梯运行部件发生碰撞，造成事故。

（4）如果出现紧急情况，检修人员不能方便快捷地撤离。

机房门（滑轮间门）的打开方向也不得向机房内开启，是考虑到当有危险发生时，多人同时从通道撤离，当门向房内开启时，一旦发生拥挤，最前面的人将无法在最短时间内打开门。这里所说的"机房或滑轮间内"的概念其实是朝向通道的相反方向。当两台相邻的电梯机房布置为类似"套间"的形式时，两机房之间隔墙上的门的开启方向应是朝向靠近通道的机房方向（如图5.2-18所示）。同时，向机房内开启的门可能会侵占5.2.6.3.2.1所要要求的"工作空间"。

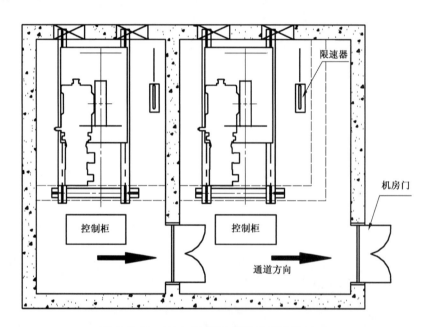

图5.2-18　两台相邻的电梯机房开门方向

b）本条所述的各类门，均应是被授权人员才能够开启。为了防止不相关的人员随意使用这些门，给电梯和人员自身带来危险，应设置锁将门锁闭，钥匙由被授权人员管理。但在检修或救援的情况下需要使用这些门，应考虑门开启后钥匙被带离现场的可能（丢失或被别的被授权人员取走）。因此要求在没有钥匙的情况下也能将门有效锁闭，以避免发生伤害事故。

c）人员进出井道、机房或滑轮间需要经过这些门，为防止人员被困，要求在前述空间内不用钥匙也可以打开这些门，以方便人员的撤离。

d）通往井道的门处于开启状态时，说明有人员通过该门进出井道。这时如果电梯处于运行状态，很可能造成工作人员人身伤害，必须予以避免。如果是在使用后忘记关闭上述门，则可能使无关人员进入井道，此时如果电梯处于运行状态很可能危及上述人员的人身安全，或使电梯的正常运行受到干扰。因此，无论是什么原因，只要是这些门没有被完全关闭，电梯均应不能正常运行。基于上述考虑，标准中要求使用符合本部分 5.11.2 要求的电气安全装置验证门的关闭状态。在本部分中，所谓"电气安全装置"分为安全触点、安全电路和 PESSRAL 三种形式。一般情况下，验证上述门的关闭都是采用一个安全触点型开关见图 5.2-19，这个开关是电气安全装置并被列入在附录 A 中，并应串联在电气安全回路中。在一些特殊情况下，某些验证门关闭状态的开关可以被旁路，但必须满足特定条件并设置了附加的保护，例如：当检修门设置在轿厢内的情况下（见 5.2.6.4.3.3），如果检修门开启时需要从轿厢内移动轿厢时，可以通过设置在轿厢内的检修控制装置来移动轿厢，但检修控制装置应满足特定的条件（见 5.2.6.4.3.4）。

图 5.2-19　检修门及用于证实检修门关闭的电气安全装置（圆圈处）

通往机房和滑轮间的通道门可不必设置安全装置，这是因为电梯在运行时，机房和滑轮间中的设备只有部件的转动且做了防护（见 5.9.1.2），并没有在水平和垂直方向上的位移，不会对人体造成危害。

对于通往底坑的通道门，当电梯正常运行时，轿厢、对重（或平衡重）的最低部分，包括导靴、护脚板等和底坑底之间的自由垂直距离至少为 2 m，可不必设置电气安全装置。这里要注意的是"电梯正常"运行时，而不是蹾底时，这两者有很大差异，尤其是高速电梯使用的缓冲器行程比较大时，两者的差距更大。这里保护的是在底坑中工作的人员不被正常使用的电梯所伤害。EN 81-20 认为 2 m 的净高度可以保证人员在站立的情况下不受伤害。根据 GB/T 10000—1988《中国成年人人体尺寸》99％以上的人身高在 1.83 m 以下，因此可以认为 2 m 以上的高度能够保证绝大多数成年人在直立的情况下不会被电梯所伤害。

由于随行电缆是柔软的，因此即使碰到底坑中的人员，也不会对人员造成伤害。尤其是在本部分后面关于底坑深度要求的条款中，这一点应特别注意。补偿绳、补偿链或补偿带以及限速器张紧装置，虽然其自身在运动，但作为一个整体其位置并未改变，不会对人体造成危害。

e) 由于通道门、安全门和检修门是开在井道上的，是井道壁的一部分，如果门上有孔，就有可能用手或手持物体触及井道中的设备而干扰电梯的安全运行，所以要求这些门应是无孔的。各国建筑法规中对于井道壁的耐火规定也有相应的具体要求（比如我国的 GB 50016—2014《建筑设计防火规范》要求供消防员使用的电梯，其井道耐火不低于 2 h），因此开在井道壁上的这些门也应符合相应的防火要求。

f) 本部分要求通道门、安全门和检修门的强度与 5.3.5.3 要求的层门的强度相同。

关于上述门是否应满足 5.3.5 所规定的全部要求？

CEN/TC 10 的解释：任何形式的门均应满足 5.3.5.1、5.3.5.2、5.3.5.3.1 要求；水平滑动门还应满足 5.3.5.3.2 和 5.3.5.3.3 的要求；玻璃门及宽度大于 150 mm 的门框还应满足 5.3.5.3.4 的要求。

> **5.2.3.4** 通道活板门，当处于关闭位置时，应能承受作用于其任何位置且均匀分布在 0.20 m×0.20 m 面积上的 2 000 N 的静力。
>
> 活板门不应向下开启。如果门上具有铰链，应属于不能脱钩的型式。
>
> 仅用于运送材料的通道活板门可只从里面锁住。
>
> 当活板门开启时，应具有防止人员坠落的措施（如设置护栏），并应防止活板门关闭造成挤压危险（如通过平衡）。

【解析】

本条与 GB 7588—2003 中 6.3.3.2、6.4.3.2、6.3.3.3 相对应。

新条款将通道活板门承载能力要求从 1 000 N 提高到了 2 000 N；取消了"应能支撑两个人的体重"和"门应无永久变形"的描述。由于检修门、井道安全门和通道活板门的用途是明确的，因此本部分删除了 GB 7588—2003 中 5.2.2.1 关于"通往井道的检修门、井道安全门和检修活板门，除了因使用人员的安全或检修需要外，一般不应采用"的规定。

活板门是一种在地板或天花板上设置的水平方向的门，可以是悬挂式也可以是滑动式。本部分加强了对通道活板门强度的要求，一方面考虑到通道活板门关闭后可能被人踩踏，另一方面考虑到通道活板门在关闭后，有可能作为机房内工作空间或工作空间其一部分（见 5.2.6.3.2.1），因此必须要考虑工作人员及携带的工具、设备施加的力以及人员活动产生的冲击载荷。因此，本部分要求应能在活板门的任何位置上，在 0.20 m×0.20 m 面积上提供支撑 2 000 N 静力的强度（2 000 N 的力是以垂直方向作用并均匀分布在上述面积上）。这样的要求在某些方面甚至高于对轿顶的最低要求（轿顶应至少能承受作用在其任何位置且均匀分布在 0.30 m×0.30 m 面积上的 2 000 N 的静力，并且永久变形不大于 1 mm）。根据 GB/T 10000—1988《中国成年人人体尺寸》中提供的数据，成年男子每只脚的 P_{95} 尺寸为 264 mm（长度方向）和 103 mm（宽度方向），考虑到人体重量及携带的工具和设备，在 0.20 m×0.20 m 面积上能够承受 2 000 N 的静力是比较严格的要求。

如果活板门向下开启，对于使用者来说是很危险的，开启过程中可能因为中心的移动而跌入井道，因此要求活板门只能向上开启。当门上装有铰链时，铰链应采用不能脱钩的型式。所谓"不能脱钩的型式"，即不可脱卸式铰链，特点是通过使用螺丝一类方式进行固定，需要工具才能拆卸（见图 5.2-20）。而脱卸式铰链通过拔出销轴等简单操作即可容易地将铰链脱出。采用不可脱卸式铰链是为了防止使用者在开启活板门时失误，使活板门意外脱落。

对于那些只供运送材料的活板门，即人员不能通过此该活板门进入另一个工作区域，则此类活板门可以只在递送材料侧锁住（人员不能通过，因此在接收材料一侧也能够锁住则没有实际意义)。

活板门在开启时,要采取防止人员坠落的措施,这里给出了例子:设置护栏。这里只要求"在活板门开启时"要设置防止人员坠落的措施,因此护栏不一定是固定在地面上的,摆放在地面上的护栏应被认为是可以的,但应能防止人员通过活板门坠入井道。

英国在执行上一版 EN 81 时曾对"仅作为进出设备而设置的活板门"做过补充说明:为了避免人员坠落须设置安全护栏,护栏高度最低不得低于 1.2 m,为防止材料不致滚落开启的活板门,在活板门的四周应设置高度不低于 50 mm 的圈框或者封闭护栏。上述规定可供参考。

应注意,本部分中对通道活板门没有明确的锁闭要求,但从实际使用的角度来看,为了防止非授权人员通过通道活板门进入机器空间,该门也是应该锁闭的,其锁闭形式可参照通道门、安全门和检修门的要求(见 5.2.3.3)。

a) 通道活板门   b) 不可脱卸式铰链   c) 可脱卸式铰链(不可使用)

图 5.2-20   通道活板门及其铰链

5.2.4   警告

【解析】

本条涉及"4 重大危险清单"的"通道"和"动力电源失效"相关内容。

5.2.4.1   在通往机房和滑轮间的门或活板门的外侧(层门、安全门和测试屏的门除外)应设置包括以下简短文字的警告:

"电梯机器——危险

未经允许禁止入内"

对于活板门,应设置以下警告,提醒活板门的使用者:

"谨防坠落——重新关好活板门"

【解析】

本条与 GB 7588—2003 中 15.4.1 内容相对应。本部分对"门或活板门"的范围,增加了"层门、安全门和测试屏的门除外"的说明，有利于防止产生歧义。

在前面 5.2.3.3b)中规定了通道门、安全门和检修门应设置用钥匙开启的锁，本条的要求仅是起到告知或提示相关人员注意的目的。

本条是根据机房（滑轮间）门和活板门引起的不同风险以及可能对人员造成的不同形式的伤害，给予有针对性的提示。机房（滑轮间）内主要是机器给人员带来的伤害风险，而活板门带来的则是坠入下方空间的风险，因此它们的警告用语是有区别的。

此外，这种警告语必须设置在门的外侧，即进入机房（滑轮间），或通过活板门进入其后方空间之前能够看到，目的是提前提示即将暴露在风险中的人员，引起必要的注意。

对于"供人员进出机房和滑轮间的通道活板门"的锁闭和"检修门"的警告可参见"GB/T 7588.1 资料 5.2-4"。

5.2.4.2　在井道外，通道门和安全门（如果有）近旁，应设置警告标明：

"电梯井道——危险

未经允许禁止入内"

【解析】

本条与 GB 7588—2003 中 15.5.1 相对应。

为了防止非授权人员触动或使用通道门和安全门，在井道外人员能够看到的位置上应给出本条要求的警示信息。

对于井道、机房所设置的各种门的情况，可参见"GB/T 7588.1 资料 5.2-5"的汇总。

5.2.5　井道

【解析】

本条涉及"4　重大危险清单"的"加速、减速（动能）""接近向固定部件运动的元件""坠落物""重力（储存的能量）""挤压危险""运动幅度失控""通道""费力""可见性""动力源失效"相关内容。

5.2.5.1　总则

【解析】

在 0.2.1 和第 1 章都阐明了，本部分的目的是保护人员和货物安全。电梯属于机器设备，依据欧洲标准 EN 292-1 的定义，假如机器能按设计目的正常地被连续操作、调整、维修、拆卸及处理，且不致造成伤害或损及人体健康时，即可被称为"安全"。很明显，上述的"安全"概念也适用于电梯。提高机器安全的常用方法有很多，最有效的方法之一就是利用安全栅栏等相关的防护结构，来隔离人员肢体碰触机械或物品。

对于电梯来讲，最主要的防护结构就是井道。从这个意义上讲，电梯井道不单纯是供电梯运行的建筑物的一部分空间，而且还为电梯运行安全和使用者人身安全提供了安全屏障。它既保证了电梯的正常运行不受干扰，也保证了人员不会受到电梯的伤害。

5.2.5.1.1　井道内可以设置一部或多部电梯的轿厢。

【解析】

本条与 GB 7588—2003 中 5.1.1 相对应。

本部分适用于装有一部或多部电梯的井道。装有单台或多台电梯轿厢的井道其含义可参见"GB/T 7588.1 资料 3-1"补充定义中 20、21。

要特别注意的是，井道内"设置多部电梯的轿厢"，指的是这些轿厢彼此平行运行，即在垂直方向上的投影没有相互重叠的情况。

以下情况不适用本部分：

——当两个轿厢通过钢丝绳连接，在同一井道内互为轿厢/对重时；

——同一井道中运行两个或多个在垂直方向上有相对运动，且投影彼此有重叠的情况（见图 5.2-21）。

图 5.2-21　同一井道内两台（或多台）在垂直方向上有相对运动且投影重叠的轿厢（不适用于本部分）

5.2.5.1.2　对重（或平衡重）应与轿厢在同一井道内。

【解析】

本条与 GB 7588—2003 中 5.1.2 相对应。

在 GB 7588—2003 中，允许观光电梯的对重（或平衡重）与轿厢不在一个井道内。在本次标准修订中取消了这项特例，目的是保护井道内工作人员。

考虑到检修时人员需要进入井道或接近需要维修的部件，如果轿厢和它的对重（或平衡重）不在同一井道内，而是分别处于两个不同的井道中，可能造成两个井道均有人员在工作。当移动电梯时，由于井道壁阻隔，无法看到另一井道内的情况，可能造成另一井道中的工作人员发生人身伤害事故。因此电梯的轿厢和对重（或平衡重）应在同一井道内，同时本部分后面的条文也均是以此为基础而制定的。

> **5.2.5.1.3**　对于液压电梯，液压缸应与轿厢在同一井道内，可延伸至地下或其他空间内。

【解析】

本条与 GB 21240—2007 中 5.1.3 相对应。

本条的保护目的见 5.2.5.1.2 解析。应特别说明的是，液压电梯按顶升的方式可分为直接顶升和间接顶升。直接顶升就是油缸直接作用于轿厢底部的一种结构，考虑到节省空间，一般需要将缸筒置于底坑地下的空间内（见图 5.2-22）。这种布置方式，由于人员不可能到达液压缸所处空间中，因此满足本条要求。

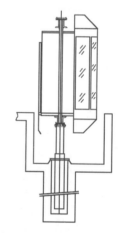

图 5.2-22　液压缸延伸至地下或其他空间的情况

> **5.2.5.2**　井道的封闭
>
> **5.2.5.2.1**　总则
>
> 电梯应由下述部分与周围分开：
>
> a)　井道壁、底板和顶板；或
> b)　足够的空间。

【解析】

本条与 GB 7588—2003 中 5.2.1 相对应。

所谓"井道的封闭"在这里指的是井道与周围空间的隔离，这种隔离可以是使用实体的防护设施（井道壁、底板和井道顶板）隔离，也可以是通过足够的空间进行隔离。无论何种隔离，都应能有效防止来自井道外的因素干扰电梯的正常运行，同时能防止电梯对井道外人员的伤害。

5.2.5.2.2　全封闭的井道

5.2.5.2.2.1　井道应由无孔的墙、底板和顶板完全封闭。

只允许有下列开口：

a)　层门开口；

b)　通往井道的通道门和安全门以及检修门的开口；

c)　火灾情况下，气体和烟雾的排气孔；

d)　通风孔；

e)　为实现电梯功能，在井道与机房或井道与滑轮间之间必要的开口。

【解析】

本条与 GB 7588—2003 中 5.2.1.1 相对应。

GB 50016《建筑设计防火规范》中 6.2.9 规定"电梯井的井壁除设置电梯门、安全逃生门和通气孔洞外，不应设置其他开口"，本条的开口是井道上的功能性开口，根据井道的具体情况不同，设置的开口也不同，除了 a)层门开口和 e)井道与机房或与滑轮间之间要设置必要的功能性开口之外，其他开口并不是每个井道都必须设置的。如果需要井道有助于防止火焰蔓延，但又需要设置上述开口，应充分考虑到这些开口对防火的影响。

5.2.5.2.2.2　对于任何从井道壁突入井道内的宽度和深度均大于 0.15 m 的水平凸出物，或者井道内宽度大于 0.15 m 的水平梁（包括分隔梁），应采取防护措施防止人员站立其上，除非轿顶设置了符合 5.4.7.4 规定的护栏。

该防护措施应符合下列要求：

a)　对于凸出物突入深度大于 0.15 m 的部分，具有与水平面夹角至少为 45° 的倒角。或

b)　对于凸出物突入深度大于 0.15 m 的部分或水平梁（包括分隔梁）宽度大于 0.15 m 的部分，设置与水平面成不小于 45° 斜面的防护板。该板能承受垂直作用于任何位置且均匀分布在 5 cm^2 圆形（或正方形）面积上的 300 N 的静力，并且：

　　1)　永久变形不大于 1 mm；

　　2)　弹性变形不大于 15 mm。

【解析】

本条为新增内容。

在 5.4.7.4 中轿顶可以是"……无护栏，但具有最小高度 100 mm 的踢脚板"，此种情况下，当有任何从墙壁突入井道的水平凸出物或宽度超过 0.15 m 的水平梁（包括分隔梁）时，由于人员可能站立其上，应设置防护。

在 5.4.7 中，轿顶可以设置护栏也可不设护栏。根据护栏情况，井道内突出物的防护可采用以下方案。

（1）轿顶不设置护栏，只设置 0.1 m 高的踢脚板（轿顶外边缘与井道壁水平距离不大于 0.3 m 时）

这种情况下，由于轿顶边缘距离井道壁较近，同时又没有护栏阻隔，如果井道壁存在 0.15 m 以上的突出部分时，轿顶检修人员可以很容易地从轿顶进入这个突出部分。一旦轿厢移动，进入突出部位的人员将可能发生坠落风险。因此，这种情况下必须设法减小突出尺寸使其不大于 150 mm；或在突出部位设置与水平面夹角至少为 45° 的倒角，防止人员站在凸出物上，示例见图 5.2-23。

实际应用时应该根据突入井道的水平突出物的尺寸，选择合适的防护措施防止人员站立其上，比如当突出物的尺寸较大时，采用图 5.2-23a）中倒角的方式尺寸 A 依然较大，当 A 大于 0.15 m 时，建议采用图 5.2-23b）的方式增加防护板的方式防护，而且图 5.2-23b）中的尺寸 A 也不应大于 0.15 m，否则仍然不能有效地防止人员站立其上。防护板的强度需要满足能够承受垂直作用于任何位置且均匀分布在 5 cm^2 圆形（或正方形）面积上的 300 N 的静力，并且：

1）永久变形不大于 1 mm；

2）弹性变形不大于 15 mm。

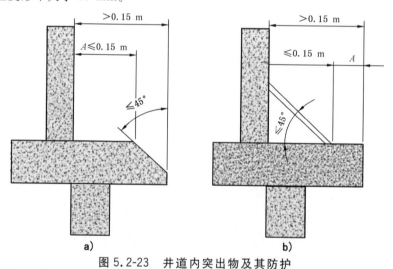

图 5.2-23　井道内突出物及其防护

此项要求对于防止发生坠落或挤压事故是非常重要的，如果不能采取以上措施防护，那么轿顶必须设置护栏，且护栏必须满足 5.4.7.4 的规定。

（2）轿顶设置护栏

轿顶护栏可以是：0.7 m 高度的护栏（护栏扶手内侧边缘与井道壁水平距离大于 0.3 m 且不大于 0.5 m 时）；或 1.1 m 高度的护栏（护栏扶手内侧边缘与井道壁水平距离大于 0.5 m 时）。护栏可以防止轿顶人员由于疏忽而进入井道内的突出部分，因此只要设置了符合 5.4.7.4 规定护栏（无论其高度是 0.7 m 还是 1.1 m），都可以不必考虑井道内突出物是否大于 0.15 m 的因素，即使存在大于 0.15 m 的突出物，也不必设置特殊的保护。

关于 0.15 m 的突出部分与人员站立在其上的问题，可参见"GB/T 7588.1 资料 5.2-6"。

5.2.5.2.3　部分封闭的井道

需要部分封闭的井道时,例如:与瞭望台、竖井、塔式建筑等建筑物连接的观光电梯,应符合下列要求:

a)　在人员可正常接近电梯处,围壁的高度足以防止人员:

    1)　遭受电梯运动部件伤害;

    2)　直接或用手持物体触及井道中电梯设备而干扰电梯的安全运行。

b)　如果符合图 1 和图 2 的要求,则认为围壁高度足够,即:

    1)　在层门侧的高度不小于 3.50 m;

    2)　在其余侧,当围壁与电梯运动部件之间的水平距离为最小允许值 0.50 m 时,高度不应小于 2.50 m;如果该水平距离大于 0.50 m,高度可随着水平距离的增加而降低;当水平距离为最大允许值 1.50 m 时,高度可减至最小值 1.60 m。

c)　围壁应是无孔的。

d)　围壁距地板、楼梯或平台边缘最大距离为 0.15 m(见图 1)或根据 5.2.5.2.2.2a)或 5.2.5.2.2.2b)进行防护。

e)　应采取措施防止由于其他设备干扰电梯的运行[见 5.2.1.2.3b)和 7.2.2c)]。

f)　对露天电梯,应采取特殊的防护措施(参见 0.4.5)。

单位为米　　　　　　　　　　　　　　　　　　　单位为米

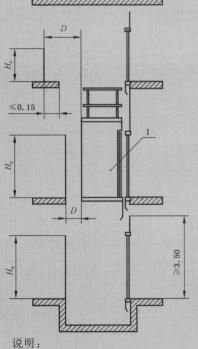

说明:

1 ——轿厢;

D ——与电梯运动部件的距离;

H_e ——围壁高度。

图 1　部分封闭的井道示意图

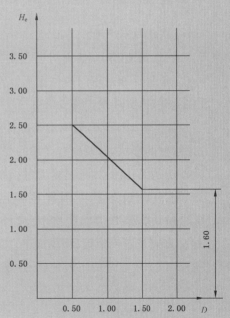

说明:

H_e ——围壁高度,单位为米(m);

D ——与电梯运动部件的距离,单位为米(m)。

图 2　部分封闭井道的最小围壁高度与距电梯运动部件距离的关系图

【解析】

本条与 GB 7588—2003 中 5.2.1.2 相对应。

火灾情况下，如果不需要通过井道来防止火焰蔓延，允许采用部分封闭的井道，否则井道应封闭。

GB 50016—2014《建筑设计防火规范》7.3.6 规定："消防电梯井、机房与相邻电梯井、机房之间应设置耐火极限不低于 2 h 的防火隔墙，隔墙上的门应采用甲级防火门"。因此，如果是消防用电梯则禁止使用部分封闭井道。

为了避免发生人身伤害事故或出现人员干扰电梯正常运行的情况，无论是部分封闭井道还是封闭井道，都要求能够防止人员随意进入电梯运行区间。因此，部分封闭井道必须提供足够的空间距离和必要的障碍物，给试图从井道方向接近电梯的人员造成正常情况下无法逾越的空间间隔。通过上述空间间隔和障碍物将电梯运行区间与公众活动的场所分隔开，使非授权人员无法接近危险位置。因此，部分封闭的井道只要充分考虑环境和位置条件后，并按照本部分的要求采取了相应的措施，可以认为是安全的。

应注意，本条强调的是"在人员可正常接近电梯处"应设置围壁，一些在正常情况下人员根本不可能到达的位置（如两层中间的位置），可以没有围壁。

为了保证部分封闭的井道能够防止人员"遭受电梯运动部件危害"和"直接或用手持物体触及井道中电梯设备而干扰电梯的安全运行"，本条规定了部分封闭井道其围壁在不同环境条件下的高度。

（1）在层门侧高度不小于 3.5 m

这里所说的"层门侧"不包括面对轿门的井道壁，而是指层门两旁的位置，面对轿门的方向上必须有井道壁。面对轿门的位置不但要求有井道壁，而且本部分对此位置上的井道壁还有着严格的限定，具体规定见 5.2.5.3。

（2）其余侧，围壁高度与距电梯运动部件距离的关系参见本部分图 2 所示关系图

对于井道围壁的形式，本条也有详细的要求：

首先，围壁应是无孔的，如果是露天电梯则应采取相应的措施进行必要的防护。其次，围壁应能够防止其他设备进入距离电梯运行区间的 1.5 m 范围以内［这个范围在 5.2.1.2.3b)中被认为是井道的范围］。此外，围壁距离地板、楼梯或平台边缘不应大于 0.15 m（围壁高度以及距离地板、楼梯或平台边缘的距离可参考图 1），如果大于 0.15 m，则需要设置符合 5.4.7.4 规定的轿顶护栏，此要求的解析见 5.2.5.2.2.2。

应注意，由于本条的目的不仅是防止人员上肢触及运行中的电梯部件而受到伤害，也是为了井道外人员"直接或用手持物体触及井道中电梯设备而干扰电梯的安全运行"。因此与 GB 12265.1—1997《机械安全 防止上肢触及危险区的安全距离》中的要求相比，本部分对"围壁高度"和"与电梯运动部件的距离"的要求更加严格。

图 1 中所示围壁距地板、楼梯或平台边缘距离超过 0.15 m 时，应采取措施防止人员站在上面或安装防护栏。

5.2.5.3 面对轿厢入口的层门与井道壁的结构

5.2.5.3.1 在整个井道高度,井道内表面与轿厢地坎、轿门框或滑动轿门的最近门口边缘的水平距离不应大于 0.15 m(见图 3)。

上述给出的间距:

a) 可增加到 0.20 m,但其高度不大于 0.50 m。这种情况在两个相邻的层门间不应多于一处。

b) 对于采用垂直滑动门的载货电梯,在整个行程内此间距可增加到 0.20 m。

c) 如果轿厢具有符合 5.3.9.2 要求的锁紧装置的轿门,并且仅能在开锁区域内打开,则此间距不受限制。

除了 5.12.1.4 和 5.12.1.8 所提及的情况外,电梯的运行应自动地取决于轿门的锁紧。该锁紧装置的锁紧应由符合 5.11.2 要求的电气安全装置米证实。

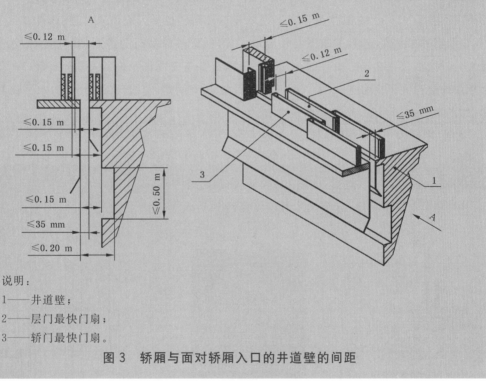

说明:

1——井道壁;

2——层门最快门扇;

3——轿门最快门扇。

图 3 轿厢与面对轿厢入口的井道壁的间距

【解析】

本条与 GB 7588—2003 中 11.2.1 相对应。

井道内表面与轿厢地坎、门框架或滑动门的最近门口边缘的水平距离要求不大于 0.15 m,是为了防止电梯由于故障原因停止在层站区域以外,轿内乘客扒开轿门跌入井道中发生危险。上述距离大于 0.15 m 的情况在层、轿门门扇较多的情况下很容易出现。如图 5.2-24a)所示,在双扇中分门的情况下,上述间距不大于 0.15 m 很好保证,但在图 5.2-24b)中的情况下,则这个间距很难做到不大于 0.15 m。但无论怎样,如果没有设置轿门锁,不管采用哪种型式的层、轿门,井道内表面与轿厢地坎、门框架或滑动门的最近门口边缘的水平距离要求不大于 0.15 m 的要求都必须满足,以免人员从上述间隙中坠入井道。

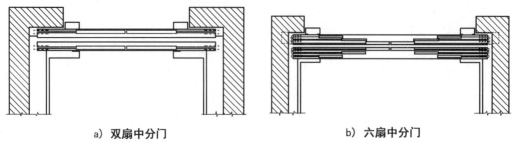

a)　双扇中分门　　　　　　　　　　　b)　六扇中分门

图 5.2-24　不同的层、轿门型式对距离的影响

a) 如果面对轿门的井道壁不平或有结构梁的情况下,井道壁有凹陷的地方,如果凹陷的高度不大于 0.5 m,在这个位置上即使乘客扒开轿门也不可能跌入井道,因此在这种情况下,在凹陷的最低点测量,井道壁与轿厢地坎、门框架或滑动门的最近门口边缘的水平距离最大可以增加到 0.2 m。而且这种“凹陷”可以沿井道壁间断(注意不是连续)出现,但在两个相邻的层门间不应多于一处。不可通过设置多个间距不大于 0.50 m 的水平横杆的方案,如图 5.2-25c)所示,来规避本条要求。

如果井道内表面与轿厢地坎、轿门框或滑动轿门的最近门口边缘的水平距离大于 0.15 m,且又没有设置本条 c)中所述的轿门锁,可以在面对轿厢门的井道壁上设置护板,将此距离减小至 0.15 m 以内。如图 5.2-25a)中给出的方案。

b) 对于垂直滑动门,这个尺寸可以放宽到 0.2 m。

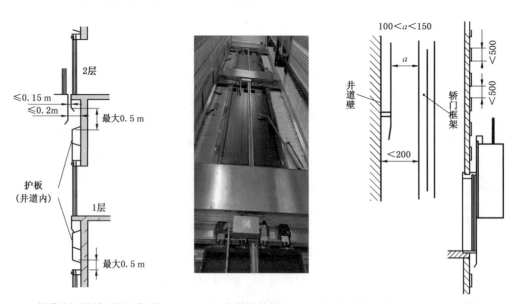

a)　井道内设置护板保证间隙　　b)　井道内护板　　c)　多个间距不大于0.5 m的凹陷(不允许)

图 5.2-25　井道内设置护板的情况

c）当电梯设置了轿门锁紧装置（如图 5.2-26 所示）时，由于轿门只有在层门开锁区域内打开，不存在乘客在非开锁区扒开轿门的情况，也就不存在坠入井道的危险，因此不必考虑这个间距。

对于在非开锁区域限制轿门开启，在本部分中有两处对此有规定，分别是 5.3.9.2 和 5.3.15.2，此处只提及了"轿厢具有符合 5.3.9.2 要求的锁紧装置的轿门，并且仅能在开锁区域内打开，则此间距不受限制。"并没有涉及 5.3.15.2 的相关内容。

5.3.9.1 规定了轿门的锁紧装置需要满足的机械形式、强度等要求，同时要求其锁紧状态需要有符合规定的电气安全装置来证实。此装置是安全部件，应该按照 GB/T 7588.2 中 5.2 的规定验证。而本部分的 5.3.15.2 中规定：在开锁区域之外时，在开门限制装置处施加 1 000 N 的力，轿门开启不能超过 50 mm。对于如何满足这个要求本部分没有限制，也没有要求做型式试验，所以尽管这条要求也是限制轿内人员开启轿门的，但是并不能限制轿门被扒开，如果使用的力超过 1 000 N，轿门还是有可能被扒开的。所以对于满足 5.3.15.2 但不满足 5.3.9.1 的规定的电梯，井道内表面与地坎、轿门框架或滑动门的最近门口边缘的水平距离应满足不大于 0.15 m 的要求或 a）、b）的要求。但如果设置了轿门锁，则可以满足 5.3.15.2 要求的轿门限制开启的要求。

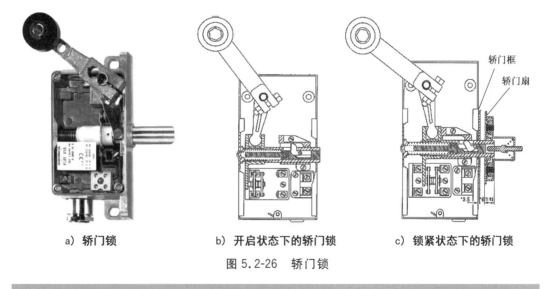

a）轿门锁　　　　　　b）开启状态下的轿门锁　　　　c）锁紧状态下的轿门锁

图 5.2-26　轿门锁

5.2.5.3.2 每个层门地坎下的井道壁应符合下列要求：

　　a）形成一个与层门地坎直接连接的垂直表面，其高度不应小于 1/2 的开锁区域加上 50 mm，宽度不小于门入口的净宽度两边各加 25 mm。

　　b）该表面应是连续的，由光滑而坚硬的材料（如金属薄板）构成。它能承受垂直作用于任何位置且均匀分布在 5 cm² 圆形（或正方形）面积上的 300 N 的静力，并且：

　　　　1）永久变形不大于 1 mm；

2) 弹性变形不大于 15 mm。

c) 任何凸出物均不超过 5 mm。超过 2 mm 的凸出物应倒角,倒角与水平面的夹角至少为 75°。

d) 此外,该井道壁应:

1) 连接到下一个层门的门楣;或

2) 采用坚硬光滑的斜面向下延伸,斜面与水平面的夹角至少为 60°,斜面在水平面上的投影深度不应小于 20 mm。

【解析】

本条与 GB 7588—2003 中 5.4.3 相对应。

由于本条对每个层门地坎下的井道壁的要求非常严格,因此在一般情况下,所谓"层门地坎下的井道壁"实际中通常采用"层门护脚板"的形式实现。对此,有以下 4 个方面的要求:

a) 垂直方向和水平方向上的尺寸

在垂直方向上的高度不小于"1/2 的开锁区域加上 50 mm"。GB/T 7024 对"开锁区域"的定义是:层门地坎平面上、下延伸的一段区域。当轿厢停靠该层站,轿厢地坎平面在此区域内时,轿门、层门可联动开启。即图 5.2-27a)中垂直部分(1)的高度不小于上述值。

当电梯开锁区较大,同时层间距较小无法满足本条要求时,参照本条 d)。

宽度方向上要求比门入口的净宽度要宽(至少两边各增加 25 mm)。

b) 对于强度和形式的要求

为了避免受力后发生较大的变形,层门地坎下的井道壁应能承受垂直作用于任何位置且均匀分布在 5 cm² 圆形(或正方形)面积上的 300 N 的静力,永久变形不大于 1 mm;弹性变形不大于 15 mm。

"均匀分布在 5 cm² 圆形(或正方形)面积上的 300 N 的静力"基本相当于一个人使用大拇指按压的作用。

此外,层门地坎下的井道壁应光滑、连续。

c) 对于突出物倒角的要求

本条 b)中要求了层门地坎下的井道壁是光滑的,如果上面有凸起,则应进行倒角。倒角情况见图 5.2-27。第一种情况,凸出部分不超过 2 mm 的情况下,不需要进行倒角处理;第二种情况,凸出部分超过 2 mm 的应进行倒角处理,倒角与水平的夹角不小于 75°。

d) 对于层门地坎下的井道壁的倒角和投影的要求

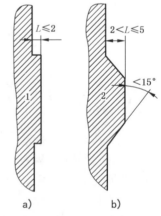

图 5.2-27 井道内突出物及其倒角

如果电梯开锁区较大，同时层间距较小，护脚板或牛腿高度无法做到要求的高度，则必须满足 d)条的规定："该井道壁应连接到下一个层门的门楣，或采用坚硬光滑的斜面向下延伸，斜面与水平面的夹角至少为 60°，斜面在水平面上的投影不应小于 20 mm"。因此只要连接到下一个门的门楣(此时门楣也应是无孔表面)，则满足标准要求。连接到门楣的情况参见图 5.2-28d)。

　　前面提到，一般情况下是以层门护脚板来作为"层门地坎下的井道壁"，之所以要求倒角，是由于在一些情况下为了提高电梯的运行效率，电梯会设计成带有"提前开门"功能(见 5.12.1.4)，这时在开锁区范围内，尽管轿厢还在运行，但轿门是可以将层门打开的。此时人员的脚很可能伸出轿厢地坎碰到井道前壁，如果采用图 5.2-28b)的结构，脚可能被夹住(当然如果 1 面与垂直面的角度足够小，可以防止夹脚，但还是垂直最安全)。图 5.2-28c)中 2 面垂直于面 1，当在 2 面附近打开轿门(轿门在非开锁区也可以打开)，如果脚伸到 2 面内，又恰好移动轿厢(盘车)，可能夹脚。

　　图 5.2-28 中，模拟了 3 种情况，我们逐一进行分析。

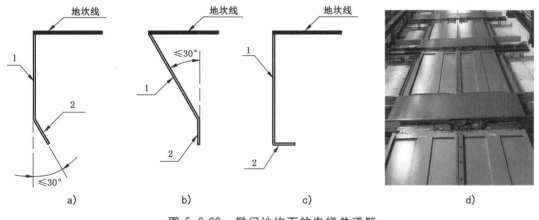

图 5.2-28　层门地坎下的电梯井道壁

　　1) 图 5.2-28a)中 1 面垂直于地坎线向下延伸，2 面为斜面且与水平线夹角不小于 60°，同时其投影不小于 20 mm，因此是符合要求的。

　　2) 图 5.2-28b)中 1 面与地坎线不垂直，2 面为垂直面，但它违反了 a)"应形成一个与层门地坎直接连接的垂直表面"条的叙述，因此不符合要求。

　　3) 图 5.2-28c)中 1 面垂直于地坎线向下延伸，2 面为垂直于 1 面，但注意，2 面与水平线的夹角不满足"不小于 60°"的要求(现在是 0°)，因此是不符合要求的。

　　之所以要规定一个投影尺寸，主要是防止护脚板不倒角而存在的剪切危险。

　　综合 a)和 d)的描述，面对层门的"井道壁"应是图 5.2-29 的形状：

　　对于每个层门地坎下的井道壁(面对轿厢入口的井道壁和层门)，本部分主要有以下几方面的要求：

　　(1) 面对轿门的井道壁和层门都应是无孔的[见 5.2.5.3.2b)、d)以及 5.3.1.2]。

　　(2) 上面的规定适用于整个井道高度(见 5.2.5.3.1，如果不符合(1)的要求，则满足不了 5.2.5.3.1 关于井道内表面与轿厢地坎、门框架或滑动门的最近门口边缘的水平距离的要求）。

（3）上面所述的无孔表面其宽度至少应等于整个开门宽度，如果是 5.2.5.3.2 述及的"层门地坎下的井道壁"则要求"宽度不应小于门入口的净宽度两边各加 25 mm"。

（4）面对轿厢入口的井道壁和层门的强度要求为："它能承受垂直作用于任何位置且均匀分布在 5 cm² 圆形（或正方形）面积上的 300 N 的静力，并且：1）永久变形不大于 1 mm；2）弹性变形不大于 15 mm。"。[见 5.2.5.3.2b)以及 5.3.5.3.1]这里所说的承受的力来自于井道内，井道壁及层门承受来自于井道外的力时需要满足 5.2.1.8.2 和 5.3.5.3.1b)的规定。

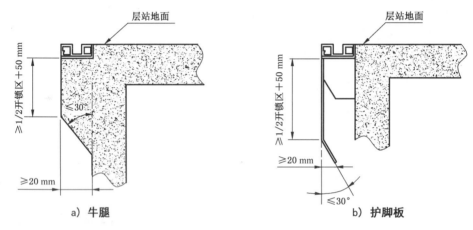

图 5.2-29　采用牛腿和护脚板

5.2.5.2 和 5.2.5.3 的比较可知：5.2.5.3 阐述的只是面对轿门方向的井道壁，无论是否是完全封闭的井道，这个位置必须根据 5.2.5.3 的要求设置。5.2.5.2 则是规定了关于井道封闭情况的一些可能出现的形式及其应具有的条件。5.2.5.2 所描述的不仅是井道壁，而是扩展到所谓的"井道围封"。井道围封可以是井道壁，也可以不是井道壁。但结合 5.2.5.3 来看，面对轿门侧仍需宽度至少为开门宽度的井道壁，且地坎下面的井道壁也必须满足 5.2.5.3 的要求。除上述部分之外的范围可不设置井道壁，但必须有满足 5.2.5.2.3 中图 1 和图 2 规定的围封。

5.2.5.4　井道下方空间的防护

如果井道下方确有人员能够到达的空间，井道底坑的底面应至少按 5 000 N/m² 载荷设计，且对重（或平衡重）上应设置安全钳。

【解析】

本条与 GB 7588—2003 中 5.5 相对应。对于底坑下存在人员可到达空间的防护，在旧版标准中有两种措施可以选择，比新版标准多一条"将对重缓冲器安装于（或平衡重运行区域下面是）一直延伸到坚固地面的实心桩墩。"也就是说新版标准规定只要存在上述空间，就必须要在对重（或平衡重）上设置安全钳。

之所以本次标准修订取消了"实心桩墩"的解决方案，主要有以下考虑：

——实心桩墩的强度取决于设计、结构以及桩墩所处的位置，无法采用简单的方法确定其是否能提供有效保护；

——底坑下方的空间往往会被使用，难以设置实心桩墩。

底坑下面有人员能够到达的空间是指地下室、地下车库、存储间等任何可以供人员进入的空间，如图 5.2-30 所示。这种情况在大型建筑中电梯分区设置的情况下尤其常见，那些服务于高层的电梯下方通常都存在人员活动的空间。当有人员能够到达底坑底面以下时，对重（或平衡重）应装设安全钳［如图 5.2-30b）所示］，而且底坑底面至少应按照 5 000 N/m² 载荷设计、施工。主要是防止钢丝绳断裂时，对重（平衡重）发生高空坠落的风险。对重（或平衡重）坠落导致的撞击可能造成底坑地面塌陷，若有人员处于底坑下方，必然造成人身伤害。而对重（平衡重）设置了安全钳，则可避免上述风险。

如果使用隔墙、隔障等措施使人员无法进入对重（平衡重）下方，可不设置对重（平衡重）安全钳。

本条要求"井道底坑的底面至少应按 5 000 N/m² 载荷设计"是设计时的最低限度，如果缓冲器和导轨下方的受力大于此值，必须将上述位置设计成符合实际受力要求的结构。同时底坑底面的设计载荷和破断载荷是两个不同的概念，按设计载荷每平方米 5 000 N 来设计的钢筋混凝土底面，其破断载荷可达数万牛。即便底坑底面能够承受对重（平衡重）及其附属部件（如钢丝绳、补偿链）从其所能达到的最高位置，以可能达到的最大速度垂直下抛所产生的动能，但由于每个井道设计采用的结构、混凝土标号、配筋等因素都不相同，难以进行统一要求，因此只要是底坑下方存在人员可以进入的空间，均应设置对重（平衡重）安全钳。

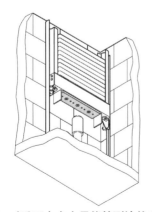
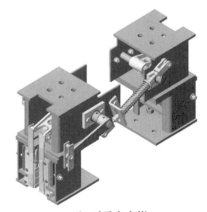

a）对重下方有人员能够到达的空间　　　　b）对重安全钳

图 5.2-30　对重下方有人员能够到达的空间及对重安全钳

对于井道壁和底坑底的强度要求，可参见"GB/T 7588.1 资料 5.2-7"。

5.2.5.5　井道内的防护

【解析】

本部分中，井道内防护分为三种：

——对重（或平衡重）运行区域隔障（5.2.5.5.1）

——多梯井道底坑间的隔障（5.2.5.5.2.1）

——多梯井道中间的隔障（5.2.5.5.2.2）

对于上述三种井道内防护的对比，见"GB/T 7588.1资料5.2-9"。

5.2.5.5.1　对重（或平衡重）的运行区域应采用隔障防护。该防护应符合下列要求：

a)　如果隔障是网孔型的，则应符合GB/T 23821—2009中4.2.4.1的规定。

b)　隔障应从对重完全压缩缓冲器位置时或平衡重位于最低位置时的最低点起延伸到底坑地面以上最小2.00 m处。

c)　从底坑地面到隔障的最低部分不应大于0.30 m。对于缓冲器随对重运行的情况，见5.8.1.1。

d)　宽度应至少等于对重（或平衡重）宽度。

e)　如果对重（或平衡重）导轨与井道壁的间距超过0.30 m，则该区域也应按照b)和c)防护。

f)　隔障上允许有尽可能小的缺口，以使补偿装置能够自由通过或供目测检查。

g)　隔障应具有足够的刚度，以确保能承受垂直作用于任何位置且均匀分布在5 cm²的圆形（或正方形）面积上的300 N的静力，并且所产生的变形不会导致与对重（或平衡重）碰撞。

h)　轿厢及其关联部件与对重[（或平衡重）（如果有）]及其关联部件之间的距离应至少为50 mm。

【解析】

本条与GB 7588—2003中5.6.1相对应。本次标准修订增加了隔障刚度的要求，以及缓冲器随对重运行的情况的要求。另外将旧版标准的11.3并入了本条。

对重（或平衡重）的允许区域之所以要求采用隔障防护，是因为人员在底坑中工作时可能误入对重的运行空间。由于轿厢的截面积较大，人员在底坑中作业时通常会非常小心轿厢的位置，但当轿厢上行时，对重会向底坑方向运行。此时，人员容易忽略对重的运行而造成危险。本条要求隔障将对重或平衡重的运行区域与人员可以到达的区域隔离开，就是为了保护在底坑中的工作人员不受到来自对重的伤害。

a)中的要求是为了避免使用开口隔障时，人员肢体（尤其是手指）通过开口进入隔障受到伤害。关于开口尺寸的详细要求见"GB/T 7588.1资料5.2-8"。

b)、c)这两条是对于隔障距离底坑底距离（起始）和延伸位置（隔障高度）的尺寸要求，目的是防止人员肢体接触到对重。其中距离底坑地面不超过 0.3 m 的要求，为的是正常情况下人无法从下面穿越（爬过）。根据《机械设计手册》，成人俯卧工作时高度最小值为 450 mm，因此，0.3 m 可以防止人以俯卧的姿势穿越。起始值要取"对重完全压缩缓冲器的位置或平衡重位于最低位置"的尺寸和 0.3 m 中的较小值。延伸到的尺寸要求为 2 m，主要是考虑人员不会刻意逾越此隔障，此高度足以防止人的肢体不小心抵达对重空间。

当然，有些时候对重防护网实际也并非绝对必要的，当电梯额定速度较高时，缓冲器高度相应也较高，有些情况下可能出现对重完全压在缓冲器上时，其最低位置距离底坑地面仍高于 2 m。从风险评价的角度来看，这种情况下不设对重防护网也不会造成底坑工作人员的人身伤害。如图 5.2-31b) 所示，对重缓冲器完全被压缩后的高度仍远高于人体高度，且对重最低部件不超过缓冲器撞板，当对重完全压缩缓冲器时其最低部件距底坑底表面高度仍大于人体高度。这种情况下，实际是不需要对重防护网的。但由于标准中有要求，因此在这种情况下也应设置对重防护网（见表 5.2-2）。

表 5.2-2　对重防护网

	$h<0.3$ m	0.3 m$\leqslant h\leqslant 2$ m	$h>2$ m
对重防护网下边缘距离底坑地面距离	h	0.3 m	标准中有要求， 但无实际作用
对重防护网延伸高度	2 m		

注：h 为对重完全压缩缓冲器（平衡重位于最低位置）时，对重最低部件距离井道底面的距离。

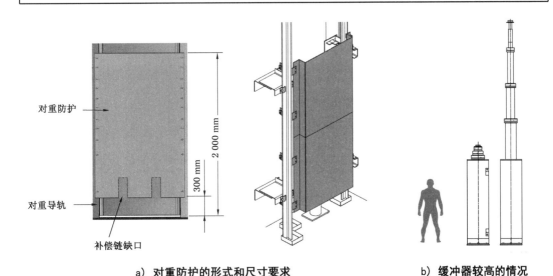

对重防护

2 000 mm

对重导轨

300 mm

补偿链缺口

a）对重防护的形式和尺寸要求　　　　b）缓冲器较高的情况

图 5.2-31　对重防护

d)、e) 两条是在宽度方向给出了对重防护隔障应保护的范围。隔障是为了防止人员进入对重下方而设置的防护，因此其宽度至少等于对重的宽度。对于隔障宽度，上一版标准中要求"其宽度应至少等于对重（或平衡重）宽度两边各增加 0.10 m"。本次标准修订之所以去掉 0.1 m 余量的要求，应是考虑此隔障的功能是防止无意间地抵达对重运行空间，与对重（或平衡重）等宽的隔障足以起到此作用了。

如果井道尺寸足够大，从对重导轨与井道的间隙能够到达对重运行区间（见图 5.2-32a），只在轿厢和对重之间设置防护是不够的，需要将对重周围都设置防护，使人员无法到达对重运行区域（见图 5.2-32b）。

f）标准中要求用于隔开对重或平衡重运行区域的刚性隔障应符合 b)、c)、d)、e)要求。但是，在设置补偿绳（或链）的情况下，由于在底坑中这些部件需要转向，不大于 0.30 m 的高度或对重完全压缩缓冲器的位置（平衡重位于最低位置）无法使这些部件顺畅通过。因此，在这种情况下可通过在隔障的下端另设"尽量小的缺口"的方法，来满足设置补偿绳（或链）转向的需要。另外，如果需要目测检查补偿绳、补偿链，也可以设置"尽可能小的缺口"。所谓"尽可能小"，可以理解为：满足功能需要的最小尺寸。但无论怎样，开口不应使隔障的功能丧失或受到损害。

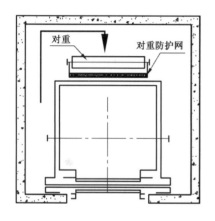

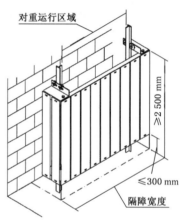

a）当井道尺寸较大，人员可以从箭头方向进入对重运行区域

b）将对重运行区域完全隔离开

图 5.2-32　井道内的防护

g）旧版标准中没有明确要求隔障的刚度，此次标准修订增加了此要求，因为如果隔障的刚度非常低，很容易在受力的情况下凸入对重的运行空间中，无法真正保护人员的安全。

增加对隔障的刚度要求，主要是出于以下原因：

刚度不足的隔障无法保证 GB/T 23821—2009《机械安全　防止上下肢触及危险区的安全距离》中 4.2.4.1 的要求。隔障作为防护措施，就是通过安全距离来保护人员的安全，而刚度不足的隔障无法满足安全距离的要求。在 GB/T 23821—2009 中 3.2 是这样定义"安全距离"的："防护结构距离危险区的最小距离"。而 GB/T 23821—2009 所设定的安全距离是建立在一些假定基础上的，其中很重要的两条假设便是：

——防护结构和其中的开口形状和位置保持不变；

——人们可能迫使身体某一部分越过防护结构或通过开口企图触及危险区。

很明显，如果要在"人们迫使身体某一部分越过防护结构或通过开口企图触及危险区"的情况下，仍满足"防护结构和其中的开口形状和位置保持不变"的话，隔障必须满足一定的刚度要求。人能够施加的水平力，静态为 300 N，所以本条规定了隔障的刚度需要满足"能承受垂直作用于任何位置且均匀分布在 5 cm^2 的圆形（或正方形）面积上的 300 N 的静力，并且所产生的变形不会导致与对重（平衡重）碰撞"。

h）本条要求轿厢（及其关联部件）与对重或平衡重（及其关联部件）之间的距离应不小于 50 mm，在计算这个距离时，通常是取轿厢外延到对重或平衡重外延之间的距离。应注意，计算间距时是以轿厢、对重（或平衡重）的最外轮廓算起，如图 5.2-33 所示，当电梯设置补偿绳时，对重外延应取固定在对重上的补偿绳绳头的最外边缘。

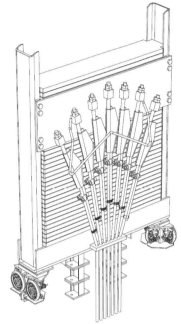

图 5.2-33　带有补偿绳的对重

由于轿厢和对重（平衡重）在运行时其方向相反，为了保证在出现一些可以预见的情况（如轿内偏载等）下，或受到扰动时，轿厢和对重（平衡重）及其两者的关联部件之间避免干涉，要求了 h）条的最小间距。同时，为了防止轿顶的工作人员肢体可能突出到轿厢投影以外，在移动轿厢时造成剪切或挤压，上述 50 mm 的最小距离也是应予以保证的。该距离在轿厢和对重整个高度上均有效。

应特别注意的是：本条规定的"轿厢及其关联部件"中不包括轿顶护栏扶手。对于扶手的要求更加严格，5.4.7.4 中明确规定："扶手外侧边缘和井道中的任何部件[对重（或平衡重）、开关、导轨、支架等]之间的水平距离不应小于 0.10 m"，因此扶手到对重的距离仍必须不小于 0.1 m。

本条在本部分中容易引起歧义：将"50 mm 的距离"误认为是运动部件之间的最小间隙，并且这个间隙适用于电梯的所有部件。这是不对的，针对此问题的疑问，解释如下。

CEN/TC 10 的解释： 除本章所规定的轿厢与面对轿厢入口井道壁；轿厢与对重之间的距离的最小值；以及 5.2.5.5.2 之规定外，对于轿厢及其连接部件与井道内其他部件之间的距离，本标准没有规定水平方向的最小值。这些值应由制造单位根据特定的安装来决定。

正因为如此，本部分并未做出类似"轿厢门机边缘到井道壁之间的距离不小于 50 mm；或要求对重到井道壁之间的间隙不得小于 50 mm"的规定。而且，本部分是安全标准，其约束的只是与安全相关的内容，这种所谓"运动部件之间的最小距离"并不属于安全范畴，不会在本部分中规定。

另外，在对重隔障上或其附近应设置标志，标明轿厢位于顶层端站时对重和对重缓冲器之间的最大允许距离，以便保证轿顶以上空间的尺寸（见 5.2.5.7.1）。

根据 GB 2893—2008《安全色》的规定："黄色　传递注意、警告的信息"。因此对重防护网宜采用黄色。

对于"对重（或平衡重）运行区域隔障""多梯井道底坑间的隔障""多梯井道中间的隔障"的对比，可参见"GB/T 7588.1 资料 5.2-9"。

5.2.5.5.2　在具有多部电梯的井道中，不同电梯的运动部件之间应设置隔障。

如果这种隔障是网孔型的，则应符合 GB/T 23821—2009 中 4.2.4.1 的规定。

隔障应具有足够的刚度，以确保能承受垂直作用于任何位置且均匀分布在 5 cm² 的圆形（或正方形）面积上的 300 N 的静力，并且所产生的变形不应导致与运动部件碰撞。

【解析】

本条与 GB 7588—2003 中 5.6.2 相对应。本次标准修订增加了刚度的要求，原因见 5.2.5.5.1 解析。

当多台电梯共用井道时，为了防止在底坑工作的人员在对一台电梯进行安装、维保等操作时进入另一台电梯的运行空间而发生危险，要求不同电梯的运动部件之间应设置隔障（见图 5.2-34）。

关于开口尺寸的详细要求见"GB/T 7588.1 资料 5.2-8"。

图 5.2-34　多部电梯的井道中的隔障

5.2.5.5.2.1　隔障应从底坑地面不大于 0.30 m 处向上延伸至底层端站楼面以上 2.50 m 高度。

宽度应足以防止人员从一个底坑通往另一个底坑。

在不是通向危险区域[见 5.2.3.3d)]的情况下，轿厢行程的最低点以下无需设置隔障。

【解析】

本条与 GB 7588—2003 中 5.6.2.1 相对应。

对于共用井道的情况，为了防止进入一台电梯的底坑时触及到另一台电梯的运动部件，或无意中进入到另一台电梯的运行空间，要求井道间的隔障从底坑地面不大于 0.30 m 处至少延伸到最低层站楼面上 2.5 m 的高度。对于 0.3 m 的要求，可参见 5.2.5.5.1c)解析。本条要求的"延伸至底层端站楼面以上 2.50 m 高度"是考虑人员从最底层层门进入井道时，隔障能够有效防止另一台电梯对人员造成伤害。

对于隔障的宽度，标准中没有给出，只是要求"应能防止人员从一个底坑通往另一个底坑"。参考本部其他条款，隔障边缘距离井道壁不超过 0.15 m 时，可以防止人员从一个底坑通往另一个底坑。

对于"不是通向危险区域"在 5.2.3.3d)中说明是"指电梯正常运行中，轿厢、对重（或平衡重）的最低部分（包括导靴、护脚板等）与底坑地面之间的净垂直距离至少为 2.00 m 的情况。"

"具有多部电梯的井道"有两种情况：

（1）多台电梯的底坑处于同一平面

这种情况下，原则上是要按照上述原则设置隔障。但如果在不是通向危险区域〔见5.2.3.3d)〕的情况下，隔障可以从轿厢行程的最低点开始设置。"轿厢行程的最低点"应理解为轿厢完全压在缓冲器上时其部件的最低点。

这种情况往往出现在当电梯额定速度较高时，此时缓冲器高度相应也较高，有些情况下可能出现轿厢完全压在缓冲器上时，其最低部件距离底坑地面仍高于2 m。从风险的角度来看，这种情况下即使轿厢行程的最低点以下不设置隔障，人员进入到了另一台电梯的底坑中，也不会造成底坑工作人员的人身伤害。如图5.2-35a)所示，缓冲器油缸高度为3 000 mm高，且轿厢最低部件不超过缓冲器撞板，当轿厢全压缩缓冲器时其最低部件据底坑底表面高度也大于3 000 mm。这种情况下，轿厢行程的最低点下无需设置隔障。

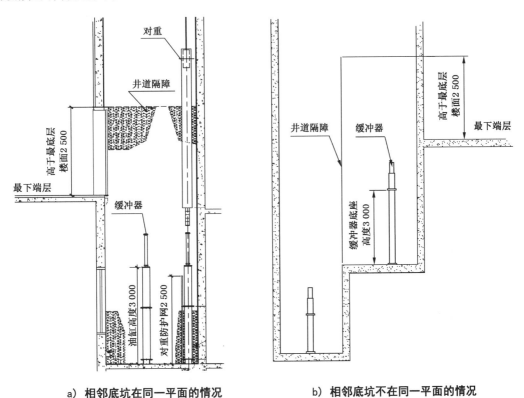

a) 相邻底坑在同一平面的情况　　　b) 相邻底坑不在同一平面的情况

图5.2-35　多台电梯的井道隔障

（2）多台电梯的底坑不处于同一平面

如果共用井道的电梯底坑地面不在同一水平面上，同时轿厢行程的最低点距底坑底面很高，如图5.2-35b)所示。当轿厢完全压缩缓冲器时，其最低部件距底坑底面较高（如距离为2 500 mm），此台电梯如果从这个高度开始设置井道隔障，则无法防止人员从此台电梯底坑进入邻近电梯底坑，而且有工作人员有从较高的底坑地面跌入较低底坑的风险。这种情况下，井道隔障应从距较高的底坑底表面不超过300 mm的高度开始设置，并延伸到该电梯最低层站楼面之上 2.5 m 高度。

在充分满足 5.2.3.3 所要求的情况下，可以在井道隔障上开设进入另一台电梯底坑的门。

根据 GB 2893—2008《安全色》的规定："黄色 传递注意、警告的信息"，隔障宜采用黄色。

> **5.2.5.5.2.2** 如果任一电梯的护栏内边缘与相邻电梯运动部件［轿厢、对重（或平衡重）］之间的水平距离小于 0.50 m，则这种隔障应贯穿整个井道。
>
> 在整个井道高度，其宽度应至少等于运动部件的宽度每边各加 0.10 m。

【解析】

本条与 GB 7588—2003 中 5.6.2.2 相对应。

本条的主要目的是保护轿顶工作人员的安全。在检修过程中相邻电梯之间可能会有相对运动，而且检修人员的肢体也可能在无意中突出到轿顶护栏之外，这种情况下存在对检修人员造成剪切和挤压的隐患。为保护检修人员的人身安全，在与相邻电梯运行部件间距离小于 0.5 m 时，需要设置贯穿整个井道的隔障，见图 5.2-34。

根据 GB/T 10000—1988《中国成年人人体尺寸》中对于"人最大肩宽在 486 mm 以下"的规定，在相邻两电梯的运动部件之间的距离大于 0.50 m 时，不设置隔障也不会造成在轿顶工作的人员由于不慎而被相邻电梯伤害的危险。

GB 50016—2014《建筑设计防火规范》7.3.6 规定"消防电梯井、机房与相邻电梯井、机房之间，应设置耐火极限不低于 2 h 的防火隔墙，隔墙上的门应采用甲级防火门"。因此作为消防梯使用时，必须按照 GB 50016—2014 的规定执行，不可仅以隔障分隔消防电梯和非消防电梯井道。这一点在本部分 0.3.2"本部分未重复列入适用于任何电器、机械及包括建筑构件防护保护在内的建筑结构的通用技术要求规范……"中已经作出了说明。但 GB 50016—2014 中并没有限定，共用井道的两台消防电梯之间也必须使用隔墙，因此在与当地消防机构达成一致认可的情况下，共用井道的消防电梯之前可以采用符合本部分要求的隔障进行分隔。

对于"对重（或平衡重）运行区域隔障""多梯井道底坑间的隔障""多梯井道中间的隔障"的对比，参见"GB/T 7588.1 资料 5.2-9"。

> **5.2.5.6 轿厢、对重和平衡重的制导行程**

【解析】

5.2.5.6～5.2.5.8 对应 GB 7588—2003 中的 5.7.1～5.7.3.3，内容基本相同，只是表述方式不同，GB 7588—2003 中直接规定顶层空间和底坑空间，此次修订分三步进行规定说明，5.2.5.6 规定轿厢、对重和平衡重的制导行程，5.2.5.7 规定轿顶避险空间和顶层间距，

5.2.5.8 规定底坑避险空间和间距。

所谓"制导行程"就是在顶部或底部（悬空导轨的情况）极限位置，导靴与导轨的配合长度。

5.2.5.6.1　轿厢、对重和平衡重的极限位置

5.2.5.6.1.1　按 5.2.5.6 考虑制导行程的要求，以及按 5.2.5.7 和 5.2.5.8 考虑避险空间和间距的要求时，应采用表 2 中轿厢、对重和平衡重的极限位置。

表 2　轿厢、对重和平衡重的极限位置

位置	曳引驱动	强制驱动	液压驱动
轿厢最高位置	对重完全压缩缓冲器＋$0.035v^{2a}$	轿厢完全压缩上部缓冲器	柱塞达到其行程限位装置所限定的极限位置＋$0.035v_m^2$
轿厢最低位置	轿厢完全压缩缓冲器	轿厢完全压缩下部缓冲器	轿厢完全压缩缓冲器
对重（或平衡重）最高位置	轿厢完全压缩缓冲器＋$0.035v^2$	轿厢完全压缩下部缓冲器	轿厢完全压缩缓冲器＋$0.035v_d^2$
对重（或平衡重）最低位置	对重完全压缩缓冲器	轿厢完全压缩上部缓冲器	柱塞达到其行程限位装置所限定的极限位置＋$0.035v_m^2$

a　$0.035v^2$ 表示对应于 115% 额定速度时的重力制停距离的一半，即 $\frac{1}{2} \cdot \frac{(1.15v)^2}{2g_n} = 0.033\,7v^2$，圆整为 $0.035v^2$。

【解析】

表 2 中规定的轿厢和对重（或平衡重）的极限位置，是后面讨论制导行程和顶层、底坑空间的基础条件。

（1）对于轿厢和对重（或平衡重）的最高位置

1）曳引驱动电梯在对重或轿厢完全压缩缓冲器后，实际上轿厢或对重此时已经失去了能使其向上运动的力，只需考虑其上抛的距离，此条中规定要考虑 115% 额度速度时的重力制停距离的一半。选取"一半"，是考虑到对重或轿厢上抛过程中不仅受到重力作用，还存在摩擦力、空气阻力、钢丝绳在弯曲状态下的弹力等均会减小轿厢上抛的距离。因此，"重力制停距离的一半"是一个经验值。而 115% 额定速度的来源，可参见本部分 0.4.14 的假设前提。

2）对于强制驱动的电梯，轿厢撞到上部缓冲器（或轿厢撞到下部缓冲器）后就会强迫停止，不存在上抛的现象，所以不必考虑此距离。

3）液压驱动电梯（尤其是间接作用的液压电梯和液压缸作用于平衡重上时）在制导行程方面与曳引驱动情况类似。

（2）对于轿厢和对重（或平衡重）的最低位置

1）曳引驱动电梯在轿厢（对重）完全压缩缓冲器的时候，轿厢（对重）即处于最下端极限位置。

2）强制驱动电梯，当轿厢完全压缩下部缓冲器时，轿厢处于下部极限位置；压缩上部缓冲器时，平衡重位于下部极限位置。由于是缓冲器阻挡，而不是靠重力停止，因此不需要额外增加"重力制定距离"。

3）液压电梯轿厢的下极限位置与曳引驱动电梯相同。平衡重的最低位置比较复杂，可按照柱塞作用位置和形式（如间接式或倒拉缸等）不同进行分析讨论。以"倒拉缸"（见图5.2-36）为例进行分析：当柱塞到达其下行限位装置所限定的极限位置时，如果轿厢由于惯性继续做"上抛"动作，则整个平衡重的重量全部落在柱塞上，可能突破限位装置所限定的极限位置继续下行。但轿厢由于重力的作用制停时，由于平衡重的重量不可能大于空载轿厢净重

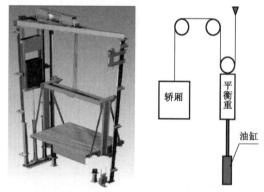

图5.2-36　液压缸作用在平衡重上的情况（倒拉缸）

（最多相等），此时平衡重不可能再继续压缩柱塞。这种情况下平衡重的最低位置就是本条所要求的"柱塞达到其行程限位装置所限定的极限位置+$0.035v_\mathrm{m}^2$"

应注意，曳引式电梯的情况下，用于保护人员安全的"避险空间和间距"，是建立在本部分5.5.3和GB/T 7588.2中5.11的基础上的。当轿厢对重压到缓冲器上时，如果不考虑其他阻力，轿厢处于竖直上抛其前提是曳引条件必须满足：当对重完全压在它的缓冲器上以后，无论曳引轮如何转动，钢丝绳也不能够将空轿厢持续提升。在这种状态下，本条规定的顶层高度才能够保证轿厢（或对重）在冲顶时人员和设备的安全。否则如果在对重完全压在它的缓冲器上以后，钢丝绳与曳引轮绳槽之间的摩擦力仍能够将轿厢提起，则$0.035v^2$（115%额定速度时重力制停距离的一半）的距离内，无法保证轿厢能够停止下来。

5.2.5.6.1.2　当曳引式电梯驱动主机的减速是按照5.12.1.3的规定被监控时，表2中的$0.035v^2$值可按轿厢或对重触及缓冲器时的速度减小（见5.8.2.2.2）。

【解析】

本条与GB 7588—2003中5.7.1.3相对应。

5.12.1.3 规定："在 5.8.2.2.2 情况下，轿厢到达端站前，符合 5.11.2 规定的电气安全装置应检查驱动主机的减速度是否有效。如果未能有效减速，驱动主机制动器应能将轿厢速度减速，在轿厢或对重接触缓冲器时，其撞击速度不应大于缓冲器的设计速度"。这就是通常所说的"减行程缓冲器"，此时速度值可不必按照电梯额定速度的 115% 来计算。由于使用减行程缓冲器要符合：到达端站前速度被控制在缓冲器的设计速度范围内，因此，这种情况下计算重力制停距离时，可以按照轿厢或对重触及缓冲器的设计速度计算。

> **5.2.5.6.1.3** 对具有补偿绳及补偿绳张紧轮和防跳装置的曳引式电梯，计算间距时，表 2 中的 $0.035v^2$ 值可用张紧轮可能的移动量（随使用的悬挂比而定）再加上轿厢行程的 1/500 来代替。考虑到钢丝绳的弹性，轿厢行程的 1/500 的最小值为 0.20 m。

【解析】

本条与 GB 7588—2003 中 5.7.1.4 相对应。

我们知道，$0.035v^2$ 值是由重力制停距离得来的。由于带张紧装置的补偿绳存在，当对重压在缓冲器上时，轿厢向上的冲程不仅受重力的影响，还受补偿绳张力的约束，根据能量守恒：$m \times v^2/2 = mgh + fh$

其中，m 为轿厢重量；h 为行程；f 为补偿绳张力。因此有：$h = m \times v^2/(mg + f)$。

由于 f 是变量，且受诸多因素影响（如张紧轮可能的移动量），因此 h 需要根据防跳装置的具体结构计算。

本规范规定的张紧轮的可能移动量再加轿厢行程的 1/500 取代 $0.035v^2$ 值是为实用化而选取的经验值。"可能的移动量"是指张紧轮在导向槽中最大可能的移动量。轿厢行程的 1/500 相当于钢丝绳的弹性伸长量，这也是实验数据。由于补偿绳多用在高速、行程大的电梯上，因此补偿绳的伸长量是不能被忽略的。

> **5.2.5.6.1.4** 对于直接作用式液压电梯，不需要考虑表 2 中的 $0.035v^2$ 值。

【解析】

本条与 GB 21240—2007 中 5.7.1.1f)相对应。

对于直接作用式液压电梯，由于不会存在"上抛"的情况，所以不需要考虑表 2 中的 $0.035v^2$ 值。

> **5.2.5.6.2　曳引式电梯**
>
> 当轿厢或对重位于 5.2.5.6.1 规定的最高位置时，其导轨长度应能提供不小于 0.10 m 的进一步的制导行程。

【解析】

本条与 GB 7588—2003 中 5.7.1.1a)相对应。

本条要求的目的是当轿厢或对重失控冲顶时，在轿厢或对重可能到达的高度的基础上再预留 0.10 m 的距离，防止轿厢或对重脱轨。在实际计算导轨制导行程时，应根据 5.2.5.6.1.1 表 2 中轿厢和对重的最高位置再加 0.1 m。

即：对重（轿厢）导轨制导行程＝轿厢（对重）完全压缩缓冲器＋$0.035v^2$＋0.1（ m）。

应注意，本条要求的是"制导行程"而不是导轨长度，如果导轨长度足够，但导轨上存在阻碍轿厢或对重进一步上行的障碍物时，也不满足要求。

5.2.5.6.3　强制式电梯

5.2.5.6.3.1　轿厢从顶层向上直到撞击上缓冲器时的行程不应小于 0.50 m，轿厢继续上行至缓冲器行程的极限位置应一直具有导向。

【解析】

本条与 GB 7588—2003 中 5.7.2.1 相对应。

强制驱动是用卷筒驱动钢丝绳或用链轮驱动悬吊链的非摩擦驱动方式，因此只要是驱动主机没有停止运行，轿厢可以一直被提起。为防止轿厢撞击，在井道顶部也需要缓冲器，同时要求轿厢在压缩井道顶部缓冲器时，在整个缓冲器的行程内（包括极限位置），轿厢不能脱离导轨。

由于强制驱动的上述特点，为了降低轿厢冲撞上部缓冲器的风险，要求轿厢在顶层平层位置时，轿顶缓冲器撞块距离上缓冲器的距离应至少为 0.5 m。本条没有 $0.035v^2$ 的要求是因为强制式电梯在冲顶撞击并压缩上部缓冲器后不会再有轿厢竖直"上抛"的情况。

5.2.5.6.3.2　当平衡重（如果有）位于 5.2.5.6.1 规定的最高位置时，其导轨的长度应能提供不小于0.30 m 的进一步的制导行程。

【解析】

本条与 GB 7588—2003 中 5.7.2.3 相对应。

参考 5.2.5.6.2 解析。这里只讲平衡重是因为强制驱动电梯只有平衡重，不设置对重。

5.2.5.6.4　液压电梯

5.2.5.6.4.1　当轿厢位于 5.2.5.6.1 规定的最高位置时，其导轨长度应能提供不小于0.10 m 的进一步的制导行程。

【解析】

本条与 GB 21240—2007 中 5.7.1.1a)相对应。

参考 5.2.5.6.2 解析。

5.2.5.6.4.2　当平衡重(如果有)位于 5.2.5.6.1 规定的最高位置时,其导轨长度应能提供不小于 0.10 m 的进一步的制导行程。

【解析】

本条与 GB 21240—2007 中 5.7.1.2 相对应。

参考 5.2.5.6.2 解析。

5.2.5.6.4.3　当平衡重(如果有)位于 5.2.5.6.1 规定的最低位置时,其导轨长度应能提供不小于 0.10 m 的进一步的制导行程。

【解析】

本条与 GB 21240—2007 中 5.7.2.4 相对应。

当液压缸作用在平衡重上时(倒拉缸),见图 5.2-36,平衡重的导轨没有必要一直设置到底坑底部。在这种情况下,为了防止平衡重在最低位置时脱离导轨,导轨长度要求能够提供不小于 0.10 m 的进一步制导行程。

5.2.5.7　轿顶避险空间和顶层间距

【解析】

与 GB 7588—2003 相比,本部分对轿顶避险空间和顶层间距有了更加严格的要求。在 GB 7588—2003 中,对于各种距离只是使用"自由垂直距离"来表示,本次修订对间隙和倾斜距离加以区分并进行了不同对待,最大程度地降低了剪切风险。为保证轿顶人员的安全,本部分在轿顶避险空间和顶层间距空间方面预留了一定的裕量,相关内容可参见"GB/T 7588.1 资料 5.2-10"。

5.2.5.7.1　当轿厢位于 5.2.5.6.1 中规定的最高位置时,轿顶上至少具有一块净面积,以容纳一个按表 3 选取的避险空间。

对于类型 2 的避险空间,允许避险空间接触轿顶的一侧边缘减小,即:在不大于 0.30 m 高度内宽度可减小不大于 0.10 m(见图 4),以容纳安装在轿顶的部件。

如果需要一个以上人员在轿顶上进行检查和维护工作,应为每个增加的人员提供一个额外的避险空间。

在具有多个避险空间的情况下,它们应为同一类型,并且不应互相干涉。

从层站进入轿顶的位置,应能看到轿顶上的标志,该标志明确标明允许进入的人员数量和与避险空间类型对应的姿势(见表 3)。另外,应采用宽度不小于 100 mm 的绿色边框标示出每个避险空间垂直投影的边缘。

当采用对重时,在对重隔障(见 5.2.5.5.1)上或其近旁应设置标志,标明轿厢位于顶层端站时对重和对重缓冲器之间的最大允许距离,以便保证轿顶以上空间的尺寸。

表 3　轿顶避险空间的尺寸

类型	姿势	图形标志	避险空间的水平尺寸	避险空间的高度 m
1	站立		0.40 m×0.50 m	2.00
2	蜷缩		0.50 m×0.70 m	1.00

注：这些安全标志中包含了 GB/T 31523.1—2015 中表 5 的编号 5-28"当心碰头"图形标志。

单位为米

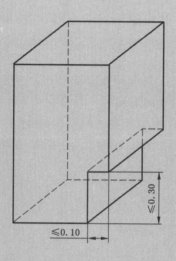

图 4　避险空间减小的最大尺寸

【解析】

本条是对轿顶避险空间的要求,目的是保护在轿顶的工作人员。在 GB 7588—2003 中没有对轿顶避险空间的要求,实际上满足 5.7.1.1b)、d 规定的空间也可以保护轿顶的工作人员。相比较,本次修订后的要求更加具体和严格:增加了轿顶避险空间标志的要求,提醒轿顶设计的避险空间允许进入的人数,以及避险姿势,降低由于人员过多或避险姿势不正确造成伤害的风险。

由于采用对重时,轿厢的最高位置是对重完全压缩缓冲器 $+0.035v^2$ 对应的轿厢位置,可以看出其与对重空程(即轿厢位于顶层端站时对重和对重缓冲器之间的距离)有关,所以此条款中增加了要求在对重隔障(见 5.2.5.5.1)上或其附近应设置标志,标明对重空程的最大允许距离,以便保证轿顶以上空间的尺寸。

空间尺寸可以通过 GB/T 10000—1988《中国成年人人体尺寸》中获得。

(1) 站立情况下 99 百分位数(P_{99})以下人体尺寸:

身高(H_1)为 1 814 mm(4.1.1);最大肩宽(W_1)为 486 mm(4.2.4)和胸厚(T_1)尺寸 261 mm(4.4.2)

结论:由以上人体尺寸可见,当检修人员在轿顶采用站立姿势的情况下,轿顶最小所需的空间尺寸为:

0.261 m×0.486 m×1.814 m(胸厚×最大肩宽×身高)。即使考虑到衣物、鞋等的必要修正尺寸,轿顶能够提供一个 0.40 m×0.50 m×2.0 m 的尺寸也是能够保证紧急情况下轿顶检修人员所需的必要空间。

(2) 由于没有人体蜷缩情况的尺寸资料,可参考坐姿情况下 99 百分位数(P_{99})以下人体尺寸:

座高(H_2)为 979 mm(4.3.1);最大肩宽(W_2)为 486 mm(4.2.4)和臀膝距(T_2)尺寸 613 mm(4.3.10)

结论:由以上人体尺寸可见(图 5.2-37b),当检修人员在轿顶采用蜷缩姿势的情况下,轿顶最小所需的空间尺寸为:0.486 m×0.613 m×0.979 m(臀膝距×最大肩宽×座高),且人员在避险情况下的蜷缩姿势通常会采取跪姿,跪姿比较坐姿而言所需空间更小,即使考虑到衣物、鞋等的必要修正尺寸,轿顶提供一个 0.50 m×0.70 m×1.0 m 的尺寸完全能够保证紧急情况下轿顶检修人员采用蜷缩姿势所需的必要空间。

应注意,曳引绳无论是否直接系住电梯,均不能包含在"避险空间"中,这比 GB 7588—2003 中的要求更严格。

相比表中类型 1 的避险空间(人员采取站立姿势),类型 2 的避险空间(人员采取蜷缩姿势)所需轿顶面积较大,通常会有设备安装在轿顶而难以提供一个完整的净水平面积。而人员蜷缩情况下,人体可根据空间的形状较灵活地调整自身姿势以适应所处空间。因此,为了能容纳轿顶部件,当采用 2 类避险空间时,在满足一系列限定条件的情况下,允许避险空间在轿顶边缘方向有所减小。

a) 蜷缩坐姿　　　　　　　b) 蜷缩跪姿　　　　　c) 轿顶紧急避险示意图

图 5.2-37　轿顶紧急避险示意

要特别提出的是，减小避险空间只能用于类型 2 的情况下，不适用于类型 1。

本条所规定的"一侧边缘减小"是指仅允许在上述空间的一个边缘上向内缩进，这是由于人员在蜷缩状态下，无法妥善顾及多个方向的尺寸，为避免发生危险不允许上述空间在不同边缘进行缩进，即便缩进尺寸不超过图 4 给的值。

上述空间的目的是在紧急状态下给轿顶检修人员提供避险空间，以保证人员的人身安全，因此还必须限制此空间的减小尺寸，即不得超过 0.10 m(宽度)×0.30 m(高度)。

如果轿顶上有加强筋或类似结构，可参考 5.2.1.9 对"近似水平"的解析，即加强筋可以包含在避险空间内，但应考虑下列条件：

a) 加强筋不能过多地突入到 5.2.5.7.3 所述供人员站立的空间(供人员站立的面积不应小于 0.12 m^2，且短边不小于 0.25 m)；

b) 地面突出物的高度不得大于 0.05 m。

此外，电梯制造单位应根据实际情况设计进行风险评价，并根据结果设置必要的紧急避险空间。

有些情况下，通过轿顶进行的检修和维护工作可能需要多人共同参与，如果出现紧急情况则需要保护每一个轿顶工作人员的安全，因此在这种情况下，需要为每个人员提供紧急避险空间。每一个避险空间必须独立满足表 3 的要求，不得相互借用面积和高度。而且，为了避免混乱并降低检修人员在紧急避险情况下的错误行为，避险空间必须为同一种类型，即要么都是类型 1 的避险空间(人员采取站立姿势)，要么都是类型 2 的避险空间(人员采取蜷缩姿势)，不可将两类避险空间混合设置。

通过设置避险空间、规定避险空间的形式和尺寸等的手段，是从技术角度降低轿顶工作人员面临的风险等级，而针对避险空间，还应有清晰且信息量足够的警告和指示进一步提升安全等级。因此，在人员进入轿顶之前，就应该能够看到允许进入轿顶的人员数量，这不仅是为了避免超过轿顶能够承受的载荷，保护轿顶结构，也是为了保证进入轿顶的人员数量不要超过轿顶提供的避险空间数量,以避免在发生紧急情况下人员受到伤害。同时也需标明避险空间的类型以及紧急情况下人员使用避险空间时应采取的姿势。该标志应使用固定的表示方式,最大程度上使相关人员容易清晰明了地理解标志的含义,因此应按照表3中的形式设置标志。对于避险空间种类的标志应属于"警告标志"类,按照GB 2894—2008《安全标志及其使用导则》中的形式,应采用正三角形边框(见4.2.1)。按照GB 2893—2008《安全色》中的规定,用于"传递注意、警告的信息"的颜色应为黄色(见4.1.3),其对比色应采用黑色(见4.2)。

为避免进入轿顶的人员错误地使用空间,方便紧急情况下做出正确的判断,避险空间的位置应标示出来。由于设置避险空间的目的是为人员提供安全保护,因此根据GB 2893—2008《安全色》的规定,应选用绿色作为图形的边框。

轿顶避险空间的位置标识见5.2.5.8.1解析中的图示。

轿顶空间,包括避险空间在内,其高度方向的尺寸直接关系到能否有效保护人员安全。我们知道,高度方向上的尺寸不但与轿厢本身结构和轿顶部件相关,同时和对重侧的缓冲器冲程以及对重距离缓冲器的距离相关(平衡重下方不必设置缓冲器)。对重缓冲器冲程在设计选择缓冲器时便已经确定,在使用过程中不会发生变化。而对重距离缓冲器的距离则由于钢丝绳伸长等原因,在使用过程中经常发生变化。为了保证轿顶空间尤其是避险空间高度在紧急情况下的有效性,必须限定轿厢位于顶层端站时对重和对重缓冲器之间的最大允许距离,并制作标志将此距离标示在检查时方便看到的位置(对重隔障或其附近)。

本条与5.2.5.8.1的安全标志中包含了GB/T 31523.1—2015中表5的编号5-28"当心碰头"图形标志。此标志在该标准中属于"警告标志(W类)"的范围。采用正三角形黄色标志,对比色采用黑色,这与GB 2893—2008和GB 2894—2008中的规定一致。

> **5.2.5.7.2** 当轿厢位于5.2.5.6.1中规定的最高位置时,井道顶最低部件(包括安装在井道顶的梁及部件)(见图5)与下列部件之间的净距离:
>
> a) 在轿厢投影面内,与固定在轿厢顶上设备最高部件[不包括b)、c)所述的部件]之间的垂直或倾斜的距离应至少为0.50 m。
>
> b) 在轿厢投影面内,导靴或滚轮、悬挂钢丝绳端接装置和垂直滑动门的横梁或部件(如果有)的最高部分在水平距离0.40 m范围内的垂直距离不应小于0.10 m。
>
> c) 轿顶护栏最高部分:
>   1) 在轿厢投影面内且水平距离0.40 m范围内和护栏外水平距离0.10 m范围内,应至少为0.30 m;
>   2) 在轿厢投影面内且水平距离超过0.40 m的区域任何倾斜方向距离,应至少为0.50 m。

【解析】

此条是对顶层空间的要求，图 5 对以上空间有形象的表述。应注意，本条所要求的所有距离的计算基础是"当轿厢位于 5.2.5.6.1 中规定的最高位置"，即轿厢冲顶可能达到的最高位置。

本条款的目的是保护轿顶的设备以及轿顶工作人员。对于轿厢投影面内轿顶设备与井道顶最低部件之间的距离，与 GB 7588—2003 不同的是，新版标准不但要求了垂直距离，还要求了倾斜方向的距离。关于避险空间的要求 5.2.5.7.1 已有规定，目的是保护工作人员，此条中关于倾斜距离的要求也是为了保护在轿顶的工作人员，如果在轿厢投影面内人员站立在避险空间中，如果有肢体突出避险空间，此条可以保护工作人员不遭受剪切危险。

与 GB 7588—2003 相比，新版标准增加了图 5，将各种情况下轿顶部件与轿厢投影面内的井道最低部件的距离非常清晰地给定出来了，避免了旧版标准中"自由垂直距离"引起的歧义。

根据 GB/T 12265.3—1997《机械安全　避免人体各部位挤压的最小间距》中可知，人体不同部位避免受到挤压的最小距离是不同的，因此本条给出的最小垂直（或倾斜）距离也各不相同。具体而言：

a) 最小距离为 0.5 m，这是避免人身体受挤压的最小间距值（见 GB/T 12265.3—1997 中表 1）。

b) 由于导靴或滚轮。钢丝绳端接装置以及垂直滑动门梁处于轿厢上方较高部位，通常是伸手在这些部位进行检查或修理，因此这里规定的"0.1 m"是避免手腕受到挤压的最小距离（见 GB/T 12265.3—1997 中表 1）。

c) 中：

1) 部分中的"0.3 m"是避免头部受到挤压的最小距离（见 GB/T 12265.3—1997 中表 1）；

2) 部分中的"0.5 m"同上。

值得注意的是，本条除了 c)中第 1)部分外，所有涉及到的井道顶部最低部件都是在轿顶投影面积内的，轿顶投影范围之外的井道顶部最低部件与轿顶部件、轿顶护栏之间的距离没有要求。

但 c)中第 1)部分中涉及了"轿顶护栏最高部分"与"护栏外水平距离 0.10 m 范围内"的距离要求，即如果井道顶最低部件虽然在轿厢投影面之外（轿顶护栏允许紧沿轿顶边缘安装）但距离护栏的外边缘不大于 0.1 m 时，则需要满足"至少为 0.30 m"的距离要求。

关于 GB/T 12265.3—1997《机械安全　避免人体各部位挤压的最小间距》中涉及的人体不同部位的间距要求可参见"GB/T 7588.1 资料 5.2-11"。

5.2.5.7.3 在轿顶或轿顶设备上的任何单一连续区域，如果最小净面积为 0.12 m² 且其中最短边尺寸不小于 0.25 m，则认为是可站人的区域。当轿厢位于 5.2.5.6.1 中规定的最高位置时，任一该区域上方与井道顶的最低部件（包括安装在井道顶的梁和部件）之间的垂直距离应至少达到 5.2.5.7.1 中规定的相应避险空间的高度。

【解析】

本条为新增内容。

除了避险空间外，轿顶可能还存在其他平面，这种情况下难以阻止轿顶的工作人员进入上述空间并在其间工作。从工程实践角度，当水平面达到一定面积（0.12 m²，且最短边尺寸不小于 0.25 m），能够容纳人的双脚，则人员便有可能进入并停留在此空间。为了保护在轿顶的工作人员，对于此类虽未纳入避险空间但仍有可能供人员站立的空间，在轿厢冲顶时也应提供足够的高度，以避免人员受到伤害（见图 5.2-38）。

图 5.2-38　在轿厢达到最高点时，供人员站立的空间应有足够高度，避免人身伤害

在确定"最小净面积"时，应注意以下方面：

（1）不仅要确定轿顶是否有 0.12 m² 的净面积（短边尺寸不小于 0.25 m），还应确定轿顶设备上是否也具有上述面积。如有，也应遵守本条中关于垂直距离的要求。

（2）0.12 m² 的净面积（短边尺寸不小于 0.25 m）应为单一连续表面，即该表面没有间断或被物体分隔。

（3）本条中"垂直距离应至少达到 5.2.5.7.1 中规定的相应避险空间的高度"应这样理解：

——当本条所述"最小净面积"小于 5.2.5.7.1 中的 0.50 m×0.70 m 的尺寸时，该区域上方与井道顶的最低部件之间的垂直距离应不小于 2 m；

——该面积大于或等于 0.50 m×0.70 m 的尺寸时，上述垂直距离为不小于 1 m。

本条所述面积，常出现在轿顶面积较大的情况，如果井道顶部的最低部件情况复杂，难以满足 5.2.5.7.1 中规定的相应避险空间的高度，可采取措施消除避险空间以外的可站人的区域。

5.2.5.7.4 当轿厢位于5.2.5.6.1中规定的最高位置时，井道顶最低部件与上行柱塞顶部组件的最高部件之间的净垂直距离不应小于0.10 m。

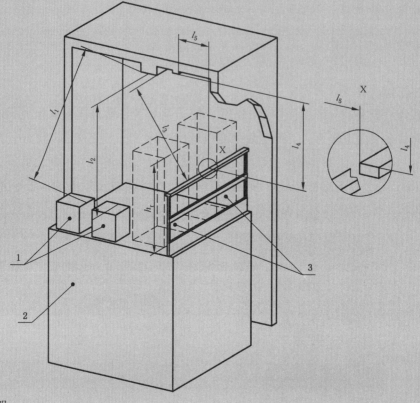

说明：

l_1——距离≥0.50 m[5.2.5.7.2a)]；

l_2——距离≥0.50 m[5.2.5.7.2a)]；

l_3——距离≥0.50 m[5.2.5.7.2c)2)]；

l_4——距离≥0.30 m[5.2.5.7.2c)1)]；

l_5——距离≤0.40 m[5.2.5.7.2c)1)]；

1——安装在轿顶的最高部件；

2——轿厢；

3——避险空间；

h_r——避险空间的高度（见表3）。

图5　轿顶部件与井道顶最低部件之间的最小距离

【解析】

本条是针对液压缸侧顶布置结构可能出现的情况而提出的要求（一般为间接作用式液压电梯），规定0.1 m主要原因是这个位置不在轿厢顶部站人空间范围内。这部分内容区别于曳引式电梯的顶部空间的要求。其余要求可见5.2.5.7.2b)解析。

5.2.5.8 底坑避险空间和间距

5.2.5.8.1 当轿厢位于5.2.5.6.1中规定的最低位置时，在底坑地面上至少具有一块净面积，以容纳一个按表4选取的避险空间。

满足下列条件时，随行电缆、补偿链（带）及其附件等类似装置进入底坑避险空间时不认为对底坑避险空间的人员产生影响：

a) 这些装置进入避险空间的部分应能向外自由摆动；

b) 不应勾挂衣服；

c) 从底坑入口位置应能看到底坑中的标志，标明：

"注意——柔性部件进入避险空间"

d) 这些装置仅允许从一侧进入避险空间，且补偿链（带）及其附件装置进入避险空间水平尺寸应不大于200 mm。

如果需要一个以上人员在底坑进行检查和维护工作，应为每个增加的人员提供一个额外的避险空间。

在具有多个避险空间的情况下，它们应为同一类型，并且不应互相干涉。

从入口位置，应能看到底坑中的标志，该标志明确标明允许进入的人员数量和与避险空间类型对应的姿势（见表4）。另外，应采用宽度不小于100 mm的绿色边框标示出每个避险空间垂直投影的边缘。

表4 底坑避险空间的尺寸

类型	姿势	图形标志	避险空间的水平尺寸	避险空间的高度 m
1	站立		0.40 m×0.50 m	2.00
2	蜷缩		0.50 m×0.70 m	1.00

表4（续）

类型	姿势	图形标志	避险空间的水平尺寸	避险空间的高度 m
3	躺下	0.5m	0.70 m×1.00 m	0.50

注：这些安全标志中包含了 GB/T 31523.1—2015 中表5的编号5-28"当心碰头"图形标志。

【解析】

本条为新增内容。

本条是对轿厢在最低位置时的底坑内避险空间要求，目的是保护在底坑的工作人员。所谓"当轿厢位于5.2.5.6.1中规定的最低位置时"即轿厢完全压缩缓冲器时。

表4中的避险空间增加了一个类型，即供人员躺倒的空间（3）。表4中的空间尺寸仍然可以通过 GB/T 10000—1988《中国成年人人体尺寸》获得：

（1）站立情况下，见5.2.5.7.1中相关解析。

（2）蜷缩情况下，见5.2.5.7.1中相关解析。

（3）由于没有人体蜷缩躺倒情况的尺寸资料，躺倒情况下可参考坐姿情况下99百分位数（P_{99}）以下人体尺寸：

座高（H_2）为979 mm（4.3.1）；最大肩宽（W_2）为486 mm（4.2.4）和臀膝距（T_2）尺寸613 mm（4.3.10）

结论：由以上人体尺寸可见，当检修人员在底坑采用侧向躺倒姿势的情况下（见图5.2-39），底坑最小所需的空间尺寸为：0.613 m×0.979 m×0.486 m（臀膝距×座高×最大肩宽）。

可见，采用图5.2-39的躺倒姿势，0.70 m×1.00 m×0.50 m 这个空间能够保证人员安全。

如图5.2-40a）所示，由于补偿链（补偿缆、带）、随行电缆等部件可能悬垂在底坑内，这些部件由于自身柔软、光滑等特性导致难以避让，因此如果满足一定条件，能够排除这些部件对底坑避险空间内人员带来人身伤害风险，这些部件突入到底坑避险空间是允许的，且被认为是安全的。

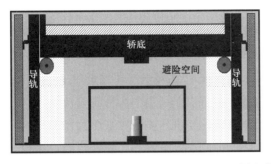

图 5.2-39　侧向躺倒姿势

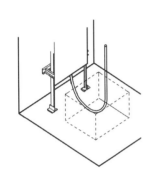
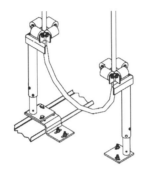
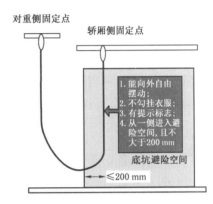

a) 柔性部件自由
悬垂的情况

b) 柔性部件通过导向
装置的情况

c) 柔性部件进入避险空间需要
满足的要求

图 5.2-40　柔性部件进入避险空间图示

如果有上述部件进入避险空间，需满足特定条件才可被认为是安全的，具体而言，需要满足以下条件：

a) 这些装置进入避险空间的部分应能自由摆动

由于补偿链（带）、随行电缆等部件的悬垂特性，如果其能够向外自由摆动，在特定空间内是不会对人员造成人身伤害的。应注意，能够向外自由摆动的含义应包括：

① 摆动的范围和幅度在所需要的空间内不受限制；

② 使上述部件离开其所在位置所需的力不宜过大，根据在避险空间中的环境状况，可参考 GB/T 14775—1993《操纵器一般人类工效学要求》，每班操纵次数不超过 5 次，以单手臂（肩、前臂、手）操作时，操作力不大于 150 N（见 GB/T 14775—1993 中表 9）；

③ 摆动的方向是向避险空间以外的。如果补偿链/带穿过对重护网，或具有导向装置，在穿越护网位置的附近或导向装置附近，则不能被认为是"能够自由摆动"的，如图 5.2-40b）。

b) 不应勾挂衣服

上述部件表面应是光滑的，不应存在能够勾挂衣物的突起，也不应过于粗糙，以免在运动情况下对人员造成伤害。值得注意的是，随行电缆端部可能存在电缆夹、补偿链端部的挂架等部件，这些部件可能会勾挂衣物。

c) 从底坑入口位置应能看到底坑中的标志

为了能让进入底坑的人员了解是否有柔性部件进入避险空间，以便在紧急情况下使用避险空间时能够提前做出相应的准备，因此在进入底坑之前，在层门位置（采用层门作为进入底坑的入口时）或底坑通道门的位置应能看到诸如："**注意——柔性部件进入避险空间**"的提示标志。

d) 这些装置仅从一侧进入避险空间，且进入避险空间水平尺寸应不大于 200 mm。

应限制上述悬垂的部件进入避险空间的尺寸和方式，如果进入避险空间过多或从不同方向进入，不利于底坑人员避让上述部件。

与轿顶避险空间相似，如果多个人员在底坑同时工作，每个人员都需要各自独立的避险空间，避险空间之间不能相互占用、重叠，且应为同一类型（见 5.2.7.1 相关解析）。

底坑避险空间也需要进行标示，以明确可以容纳的人员数量、避险空间的类型、人员在紧急情况下使用避险空间应采取的姿势等，且这些标志能在进入底坑前（在层门处或在底坑通道门处）被人员看到。图 5.2-41 给出了避险空间标志的示例。

a) 1类避险空间　　　　b) 2类避险空间　　　　c) 3类避险空间　　　　d) GB/T 31523.1中
标志示例　　　　　　　标志示例　　　　　　　标志示例　　　　　　　"当心碰头"图形标志

图 5.2-41　避险空间的标志示例（仅为参考）

5.2.5.8.2 当轿厢位于 5.2.5.6.1 中规定的最低位置时，应满足下列条件：

a) 底坑地面与轿厢最低部件之间的净垂直距离不小于 0.50 m。在下述情况下，该距离可以减小：

1) 护脚板任何部分或垂直滑动轿门的部件与相邻的井道壁之间的水平距离在 0.15 m 之内时，可以减小到 0.10 m；

2) 对于轿架部件、安全钳、导靴、棘爪装置，根据其距导轨的最大水平距离，按照图 6 和图 7 确定。

b) 设置在底坑的最高部件（如补偿绳张紧装置位于最高位置时、液压缸底座、管路以及其他附件）与轿厢的最低部件[5.2.5.8.2a)1)和2)中所述的情况除外]之间的净垂直距离不应小于0.30 m。

c) 底坑地面或设置在底坑的设备顶部与倒装液压缸下行柱塞顶部组件的最低部件之间的净垂直距离,应至少为 0.50 m。

但是,如果不可能误入柱塞顶部组件下面(如按照 5.2.5.5.1 设置隔障),该垂直距离可以从 0.50 m 减至最小 0.10 m。

d) 底坑地面与直接作用式液压电梯轿厢下的多级液压缸最低导向架之间的净垂直距离不应小于 0.50 m。

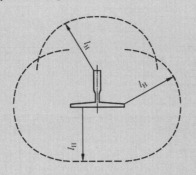

说明:
l_H——导轨周围的水平距离。

图 6 导轨周围的水平距离

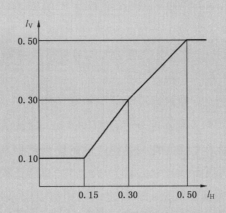

说明:
l_V ——最小垂直距离,单位为米(m);
l_H ——导轨周围的水平距离,单位为米(m)。

图 7 轿架部件、安全钳、导靴和棘爪装置的最小垂直距离

【解析】

本条与 GB 7588—2003 中 5.7.3.3 和 GB 21240—2007 中 5.7.2.3 相对应。

本条要求在轿厢蹾底情况下,底坑底面及各部件与轿底部件之间的距离。

图 5.2-42 为轿厢完全压在缓冲器上时,轿厢最低部件与底坑底表面之间的距离要求。

当轿厢完全压在缓冲器上时,为了给正在底坑中工作的人员必要的空间保护,本部分要求此距离不得小于 500 mm。只有本条 1)和 2)中的部件与导轨或井道壁之间的距离不大于 0.15 m 时，这些部件距底坑底面的距离才可以减少到 0.1 m(至少)。

由 GB/T 12265—2021《机械安全 防止人体部位挤压的最小间距》可知，0.5 m 是保护身体避免挤压风险的最小距离。

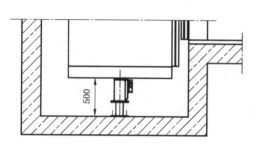
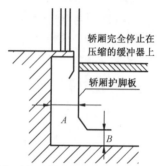

a) 轿厢最低部件与底坑的距离　　　b) 轿厢护脚板与井道壁、底坑底面的关系

图 5.2-42　轿厢完全压在缓冲器上时，轿厢最低部件与底坑的距离

a) 条 1)中对于那些设置在井道壁附近的轿厢部件(如，护脚板或垂直滑动门的部件)，如果这些部件距离井道壁很近(不超过 0.15 m)，则能够避免挤压风险。应注意，只有"护脚板任何部分或垂直滑动轿厢门的部件与相邻的井道壁之间的水平距离在 0.15 m 之内时"，轿厢完全压在缓冲器上时，这些部件与底坑底面之间的距离才允许减小到 0.1 m。如图 5.2-42b)所示，如果尺寸 A 超过 150 mm，则尺寸 B 应至少为 0.5 m。

由 GB/T 12265—2021《机械安全 防止人体部位挤压的最小间距》可知，0.1 m 是保护手、拳、腕避免挤压风险的最小距离。

a) 条 2)中涉及部分设置在导轨附近的轿厢部件(如，轿架部件、安全钳、导靴、棘爪装置)，如果这些部件在水平方向上伸出长度超不过一定的值(0.15 m)，则被认为能够避免对在底坑内的人员造成挤压风险。因此如果上述部件与导轨之间的距离按照图 6 所示的方式测量，并将测量结果根据图 7 所示的两段折线来取值，则可得出它们距离底坑底表面的安全距离。

b) 是对底坑最高部件距离轿底最低部件之间的距离要求，即在轿厢墩底时，除了 a)中另有规定的部件外，其他设置在底坑内的最高部件与轿底最低部件之间的距离不得小于 0.3 m。前面已经进行过说明，根据 GB/T 12265—2021《机械安全 防止人体部位挤压的最小间距》可知，0.3 m 是保护头部避免挤压风险的最小距离。这里值得说明的是，本条 a)中所要求的是轿底最低部件与底坑底表面之间的距离，而 b)中要求的是与设置在底坑内最高部件之间的距离。可见，如果底坑内设置的最高部件距离底坑底面高度在 0.2 m 以下，a)条将是制约条件，反之则是 b)条成为制约条件。

c) 中所述"倒装液压缸"是液压缸底部并非按照常见的方式安装在底坑底面，柱塞伸出时的方向也与通常情况不同，其运动方向是向下，柱塞是通过轮系与轿厢相连接的结构(这种情形只出现在间接作用式液压电梯)，见图 5.2-43 所示。此结构与通常所说的"倒拉式"不同，"倒拉式"是指液压缸安装在底坑，柱塞向上运行，但并不作用在轿厢上而是作用在平衡重上的结构。

当采用倒装液压缸时,其柱塞是向下延伸的,为了保证人员安全,必须留有足够的避免挤压肢体的空间。如果能够符合以下要求,柱塞向下运行的空间则被认为能够有效地与底坑内人员隔离开:

① 柱塞其部件能够达到的最低位置与底坑设备顶部之间的垂直净距离达到 0.5 m 以上;

② 上述垂直净距离在设置符合以下条件的隔障时,可以降低至 0.1 m:

  ——无孔隔障;

  ——隔障如果带有网孔,应满足 GB/T 23821—2009 中 4.2.4.1 要求;

  ——隔障至最低部分距离底坑底面的距离不超过 0.3 m,宽度至少能够覆盖柱塞及其端部组件;

  ——能够防止人员绕过隔障到达柱塞下面;

  ——如果需要对柱塞及其端部组件进行目测检查,隔障上的开口必须够小(不影响其防护功能);

  ——隔障具有足够的刚度,在任何位置能够承受 300 N 的力(均匀分布在 5 cm² 的面积上),其变形不会导致突入柱塞的运行空间。

d) 定义"直接作用式液压电梯"指柱塞或缸筒直接作用在轿厢或轿厢架上的液压电梯。这种形式也称"直接顶升液压电梯"或"直顶式液压电梯"。直接顶升是柱塞与轿厢直接相连,柱塞的运动速度与轿厢运行速度相同,其传动比 1∶1。而柱塞与轿厢的连接可以在轿厢底部中间,也可以在侧面。

由于采用多级式液压缸的直接作用式液压梯,其导向架随着柱塞的运动而运动,由于这种形式的液压电梯其液压缸往往安装在轿厢投影范围内,轿厢完全压缩缓冲器后,为了防止最低的导向架挤压底坑内人员,所以规定其与底坑底面的垂直距离不应小于 0.5 m(见图 5.2-44)。

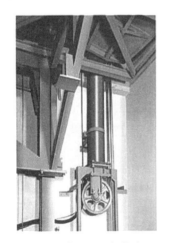
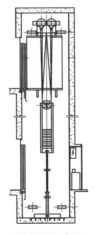
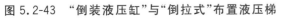

a) **倒装液压缸下行柱塞** b) **"倒拉式"布置**

图 5.2-43 "倒装液压缸"与"倒拉式"布置液压梯

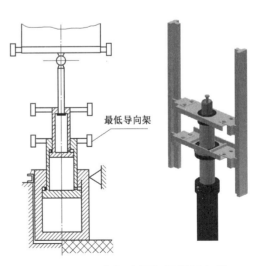

图 5.2-44 多级液压缸最低导向架

关于 GB/T 12265.3—1997《机械安全　避免人体各部位挤压的最小间距》中涉及的人体不同部位的间距要求可参见"GB/T 7588.1 资料 5.2-11"。

5.2.6　机器空间和滑轮间

【解析】

本条涉及"4 重大危险清单"的"接近向固定部件运动的元件""坠落物""带电部件""通道""指示器和可视显示单元的设计或位置""费力""局部照明""潮湿""温度""水""动力源失效""因动力源中断后又恢复而产生的意外启动、意外越程/超速（或任何类似故障）"相关内容。

本部分对于"机器"和"机器空间"是有特定含义的："机器"是指控制柜及驱动系统、驱动主机、主开关和用于紧急操作的装置等设备（见 3.28）；"机器空间"是指井道内部或外部放置全部或部分机器的空间，包括与机器相关的工作区域、机器柜及其相关的工作区域。

（1）机器可能被设置在以下 4 个位置，如图 5.2-45a)所示：

1）机房内；

2）井道内；

3）井道外；

4）滑轮间。

（2）工作区域可能设置在以下 6 个位置，如图 5.2-45b)所示：

1）机房内；

2）轿顶或轿内；

3）平台上；

4）底坑内；

5）井道外；

6）滑轮间。

表 5.2-3 给出了机器空间和工作区域的关系。

表 5.2-3　机器空间和工作区域

机器位置	工作区域
机器在机房内 （5.2.6.3）	机房内
机器在井道内 （5.2.6.4）	轿厢内或轿顶上（5.2.6.4.3）
	底坑内（5.2.6.4.4）
	平台上（5.2.6.4.5）
	井道外（5.2.6.4.6）

表 5.2-3（续）

机器位置	工作区域
机器在井道外 （5.2.6.5）	井道外
机器在滑轮间 （5.2.6.7）	滑轮间

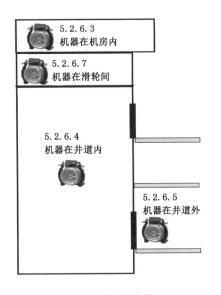

a) 机器设置的位置

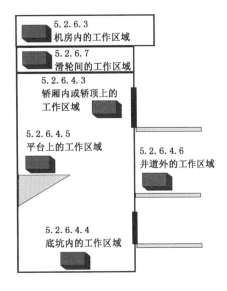

b) 工作区域可能分布的位置

注1：机器设置在井道内时,可能安装在多个位置。

注2：图中曳引机仅为示例,"机器"的定义见3.28。

图 5.2-45 机器空间及工作区域可能分布的位置

5.2.6.1 总则

为了防止周围环境的影响,对于维护、检查和紧急操作的空间和相关的工作区域,应进行适当防护,参见0.3.3、0.4.2和0.4.5。

【解析】

本条为新增内容。

目的是防止检修人员在机器空间和滑轮间内工作时,进入检修空间和紧急操作空间等位置进行操作的过程中,被周围设置的装置(或进入周围的装置)伤害。

为防止人员在上述空间内受到伤害,通常可以通过两种途径实现:

（1）在检查和紧急操作的空间和相关的工作区域设置防护

采用设置防护的方法保护上述空间内的人员必须与建筑物的所有者(或管理者)协商

并达成一致，以便在建筑物中设置有效的防护（见0.3.3、0.4.2）。

（2）维护、检查和紧急操作的空间和相关的工作区域内，所选用的电梯零部件不会导致伤害的风险（见0.4.5）。

5.2.6.2 警告和说明

5.2.6.2.1 主开关与照明开关均应设置标记以便于识别。

【解析】

本条与GB 7588—2003中15.4.2相对应。

由于主开关和照明开关担负的功能不同，为防止混淆，避免在操作中出现失误，应对主开关（第5.10.5）与照明开关（5.10.7.1）给予适当的标志，以确保能够区分开关的功能及其所对应的电梯。比较可靠的方法是在主开关和照明开关旁边设置明显的标志，如图5.2-46。

图5.2-46　主开关与照明开关及其标志

5.2.6.2.2 在主开关断开后，如果某些部分仍保持带电（如电梯之间互联及照明部分等），应在使用须知中给予说明。

【解析】

本条与GB 7588—2003中15.4.2相对应。

在具有多台电梯客流量大的高层建筑物中，通常把电梯分为若干组，每组4～6台电梯，将几台电梯控制连在一起，分区域进行综合统一控制，对乘客呼叫电梯的信息进行自动分析后，选派最适宜的电梯及时应答呼梯信号，即通常所说的群管理模式（群控）。对于一组群控电梯，一般梯群的调度部分安装在其中某一台电梯中，这台电梯称为主控梯。但梯群调度部分的电源是整个梯群共用的，不受主控梯主开关的控制，此时即使切断主控梯电源主开关，但群控调度部分仍带电。此外，机器空间、滑轮间、井道和轿厢的照明、电源插座不会被主开关切断（见5.10.5.1.2）。

为了保证切断电源后在主控梯上工作人员的人身安全，带电的调度部分其电路应被分隔开。如果没有单独分隔，应提供相应的使用须知，说明带电部分的情况，具体要求可依照本部分5.10.6.3.5规定："如果电梯的主开关或其他开关断开后，一些连接端子仍然带电，且电压超过交流25 V或直流60 V，在主开关或其他开关的附近应设置符合GB/T 5226.1—2019第16章要求的永久的"警告标志"，并且在使用说明书中应有相应的说明。此外，对于连接到这些带电端子的电路，应符合GB/T 5226.1—2019中5.3.5有关标牌、隔离或颜色识别的要求。"本条是对上述条文的具体规定。

5.2.6.2.3 在机房内(见 5.2.6.3)、机器柜内(见 5.2.6.5.1)或在紧急和测试操作屏上(见 5.2.6.6),应设置详细的说明[见 7.2.2g)、h)和 i)],指出电梯发生故障时应遵守的规程,尤其应包括救援操作装置和三角钥匙的使用说明。

【解析】

本条与 GB 7588—2003 中 15.4.3 相对应,本条所要求的是通常在机房(机器柜或紧急和测试操作屏)中设置的《紧急救援说明》。通常此说明提供了紧急救援(包括手动及电动紧急操作)时的方法、步骤以及必须告知的注意事项。同时提供了如何手动释放制动器、手动开启层门等操作的说明。此外还提供了三角钥匙的使用说明。

5.2.6.3 机器在机房内

【解析】

本条所述情况,是驱动机、控制柜、驱动系统、电源主开关以及限速器等机器设置在机房中的情况,及比较常见的有机房电梯的布置形式,如图 5.2-47a)所示。

a) 曳引机安装在机房内　　b) 曳引轮安装在井道内

图 5.2-47　机器在机房内

5.2.6.3.1 曳引轮在井道内

如果曳引轮设置在井道内,应满足下列条件:

a) 能够在机房内进行检查、测试及维护操作;

b) 机房与井道之间的开口尽可能小。

【解析】

本条与 GB 7588—2003 中 6.1.3 相对应。

这里所说的曳引轮装在井道内的设计在实际应用中非常少见,如图 5.2-47b)。曳引轮绝大多数情况下是与曳引机一体的（采用皮带作为电动机和曳引轮之间传动的曳引机，如图5.9-1，这是特例）。

本条所要求的"机房与井道间的开口应尽可能地小"是为了保护在机房内工作的人员安全而规定的，由于结构不同，无法给定一个限制值来限定机房和电梯井道之间的开口尺寸。所谓"尽可能小"只是一个原则，究竟小到什么程度，应由电梯设计人员向建筑物土建设计人员提供具体数据。

另外，为了防止物体通过此开口坠落的危险，应该采用圈框，此圈框应凸出楼板或完工地面至少50 mm。关于此要求见本部分的5.2.6.3.3。

5.2.6.3.2 尺寸

5.2.6.3.2.1 机房应有足够的空间，以便能安全和容易地对有关设备进行作业。

特别是工作区域的净高度不应小于2.10 m，且：

a) 在控制柜（控制屏）前应有一块水平净面积，该面积：
   1) 深度，从控制柜（控制屏）的外表面测量时不应小于0.70 m；
   2) 宽度，取0.50 m或控制柜（控制屏）全宽的较大值。

b) 为了对运动部件进行维护和检查，在必要的地点以及需要手动紧急操作的地方（见5.9.2.3.1），应有一块不小于0.50 m×0.60 m的水平净面积。

【解析】

本条与GB 7588—2003中6.3.2.1相对应，对于工作区域的净高度要求有所提高，GB 7588—2003要求"工作区域的净高不应小于2 m"，本部分要求此高度为2.1 m。

"工作区域"是指人员在对有关设备进行作业时所使用的区域。"对有关设备进行作业"通常包括：安装、改造、调试、检验测试、检修、维保以及紧急救援和故障处理等。本部分之所以要求工作区域应具有不小于2.1 m的净高度，根据GB/T 10000—1988《中国成年人人体尺寸》的统计，18～65岁的成年男子中身高的99百分位数（P_{99}）为1 814 mm。考虑到穿戴护具且采取站立姿势工作时，还应给出一定的高度裕量：鞋的裕量为40 mm；使人增加高度的个体防护装备，如头盔等裕量为60 mm；快走或跑，或频繁或是长时间使用的活动裕量为100 mm（见GB/T 18717.1—2002《用于机械安全的人类工效学设计 第1部分：全身进入机械的开口尺寸确定原则》中A.3.1）。因此标准中"工作区域的净高不应小于2.1 m"的规定是合适的。

要求控制屏和控制柜前有深度不小于0.7 m的一块净空面积，这里的"0.7 m"是人员进行必要工作的最小尺寸值。这里所说的控制屏，通常是老式电梯采用的控制部件。与控制柜相比，控制屏没有外壳，控制元件设置在架子上（见图5.2-48）。

a) 中所说的面积，是指在控制柜（控制屏）前方地面上需要留出的净面积。且此面积向上一直延伸至地面上方2.1 m处，在此空间范围内均应保持净空。此外，在此区域中工作时，最好能够方便、清晰地看到曳引机，并应能判断曳引机的动作。

b) 在每一运动部件周围,特别是曳引机周围应通畅,均应留出 0.50 m×0.60 m 且没有障碍的地面净空面积。

　　应注意:原则上,在所有需要维保的运动部件(包括限速器)附近均要求达到 b)中所述面积要求。但对于某一运动部件维保所需的面积,可以与其相邻部件全部或部分共用该面积。

　　a) 控制柜　　　　　　　　b) 控制屏　　　　　c) 控制柜前面的检修空间

图 5.2-48　控制柜、控制屏及其前面的检修空间

> 5.2.6.3.2.2　活动区域的净高度不应小于 1.80 m。
>
> 　　通往 5.2.6.3.2.1 所述的净空间的通道宽度不应小于 0.50 m,如果没有运动部件或 5.10.1.1.6 所述的热表面,该值可减少到 0.40 m。
>
> 　　活动区域的净高度从通道地面测量到顶部最低点。

【解析】

　　本条与 GB 7588—2003 中 6.3.2.2 相对应。

　　这里所说的"活动区域的净高度"不是"工作区域",而是供活动的区域,比如通道或人员从一个工作区域移动到另外一个活动区域需要经过的地方。由于人员不是一直停留在这些位置上,同时人员在这些位置上的动作相对简单(通常只是经过),因此,人员活动区域要求的最小净高度比工作区域的要求(最小 2.1 m)要低一些。应注意,如果活动区域的屋顶有突出物,则必须测量突出物的下沿至地面的距离,并以此距离作为判断活动区域净高度的依据。

　　同样,净高度和通道宽度的最小值,也只是为了保证人员能够安全通行而非提供工作空间,因此能够提供 0.5 m 的通道宽度即可。如果通道没有诸如散热器、功率电阻等发热元件,不会在人员通过时引起灼伤或烫伤,通道宽度还可以进一步降低至 0.4 m。应注意,如果有发热部件可能造成人员烫伤,则不仅通道宽度要增加至不小于 0.5 m,同时这些发热表面也应设置必要的防护。

　　对于热表面是否可能引发灼伤或烫伤,是由其表面温度和接触时间决定的,对于烧伤阈的分布可参考GB/T 18153《机械安全 可接触表面温度 确定热表面温度限值的工效学数据》中的相关内容。以皮肤接触裸露金属热光滑表面的烧伤阈分布为例,当热表面温度超过55 ℃,接触时间超过10 s时,即可发生烧伤;而当热表面温度超过65 ℃,接触时间超过1 s时,即可发生烧伤。

5.2.6.3.2.3 在无防护的驱动主机旋转部件的上方应有不小于0.30 m的净垂直距离。

【解析】

本条与GB 7588—2003中6.3.2.3相对应。

驱动主机旋转部件上方的不小于0.30 m的垂直净空距离,是为了避免人员卷入危险的发生,也是考虑人员头部不被挤压的最小安全距离,参见"GB/T 7588.1资料5.2-11"。

对于无保护的电梯驱动主机旋转部件,其上方应有不小于0.30 m的垂直净空距离。但如果主机旋转部件被完全、安全地防护以避免对人员的伤害,则旋转部件上方的净空高度可以小于0.30 m。也就是说,如果机房高度不足时,可以采用在驱动主机旋转部件上设置防护罩的方式降低此高度。

5.2.6.3.2.4 机房地面高度不一且相差大于0.50 m时,应设置楼梯或符合5.2.2.5规定的固定的梯子,并设置护栏。

【解析】

见5.2.6.3.2.5。

5.2.6.3.2.5 机房地面有任何深度大于0.05 m,宽度在于0.05 m～0.50 m的凹坑或槽坑时,均应盖住。本要求仅适用于需要有人员工作的区域或在不同工作地点移动时的区域。

对于宽度大于0.50 m的凹坑,应认为是不同的地面,见5.2.6.3.2.4。

【解析】

5.2.6.3.2.4与本条分别与GB 7588—2003中6.3.2.4和6.3.2.5相对应。

"机房地面高度不一",指的是机房内作为工作面的高度不一。如果仅仅是机房内存在不同高度的平面,但人员只可能在其中一个平面上作业,这种情况不在本条规定之列。如果机房内存在两个以上不同平面的工作面,且相邻平台高度差大于0.5 m,这时不使用楼梯或台阶的辅助,人员想要在两个平面上行动是不方便的,同时也存在跌落受伤的危险,因此要求设置楼梯或台阶以及护栏。这一点与GB 17888.3—2008《机械安全 进入机械的固定设施 第3部分:楼梯、阶梯和护栏》"当可能坠落的高度超过500 mm时,应安装护栏"的要求是一致的。台阶和护栏的设置见图5.2-49。

护栏的高度应不小于0.9 m(GB 50310—2002《电梯工程施工质量验收规范》中

4.2.4)。应注意,安全防护栏杆的结构应考虑当使用者以弯腰或下蹲姿势工作时也能提供有效保护,尤其应防止此姿势下人员从防护栏杆扶手下方滚落到另一台面上。如果机房的工作环境允许,护栏的高度和对人员的防护形式可参照 GB/T 17888.3—2008《机械安全 进入机器和工业设备的固定设施 第 3 部分:楼梯、阶梯和护栏》的相关要求,即护栏扶手的最小高度应为 1 100 mm;护栏至少应包括一根中间横杆或某种其他等效防护;扶手和横杆及横杆与踢脚板之间的自由空间不应超过 500 mm;当用立杆代替横杆时,各立杆之间的水平间距最大为 180 mm;最小高度为 100 mm 的踢脚板应安置在离基面不大于 10 mm 处。各支柱轴线间距离

图 5.2-49 机房内爬梯和护栏的设置

应限制在 1 500 mm 内,如果超过这一距离,应特别注意支柱的固定强度和固定的装置。在中断扶手的情况下,为了防止人员的手陷入其中,两段护栏之间的间距宜在 75～120 mm。护栏应有一定强度,在受到人员的意外碰撞时不被损坏。关于碰撞的力可以参考本部分 0.3.9 之规定。

当机房地面如果有深度大于 0.05 m,且宽度在 0.05～0.50 m 的凹坑或槽坑时,为防止工作人员被绊倒或扭伤,要求盖住凹坑。覆盖的材料应具有一定强度,且应被可靠固定,覆盖后最好和地面齐平。在此我们推荐盖住凹坑或槽坑的材料应能承受 75 kg(一个成年人)的质量而无永久变形。

本部分中没有规定护栏的高度,也没有规定盖住凹坑的盖子的强度,但无论如何设置护栏和盖子的最终目的是保护在机房的工作人员免受伤害。如果无法实现这个目的,无论采用何种手段均是不符合要求的。

如果凹坑的深度大于 0.05 m 且宽度大于 0.5 m 时,本条认为这种情况不属于"凹坑或槽坑",而属于不同地面,因此应按照 5.2.6.3.2.4 "机房地面高度不一"来处理,即在周围加护栏并设置楼梯或台阶(见图 5.2-49)。

当凹坑或槽坑的宽度或深度小于 0.05 m 时,由于尺寸太小,不足以造成人员人身伤害,可以不做处理。

"本要求仅适用于需要有人员工作的区域或在不同工作地点移动时的区域"是指只有那些人员需要到达的工作区域或活动区域,才需要按照本条要求设置护栏、梯子等设施,以及采用盖住凹坑等措施保持地面的平整。例如,如果机房面积很大的情况下,没有必要在那些人员在正常工作时根本不会到达的位置也设置上述防护措施,只要够保证人员不会到达那些与工作不相关的且可能造成危险的位置即可。

5.2.6.3.3　其他开口

在满足使用功能前提下，楼板和机房地面上的开口尺寸应减到最小。

为了防止物体通过位于井道上方的开口（包括用于电缆穿过的开孔）坠落的危险，应采用凸缘，该凸缘应凸出楼板或完工地面至少 50 mm。

【解析】

本条与 GB 7588—2003 中 6.3.4 相对应。

机房地板，尤其是在井道正上方的地板，由于要穿过钢丝绳和电缆，必须开有一定尺寸的孔。在标准中，并没有规定孔的具体尺寸，为的是保证各种设计都可根据自己的实际情况掌握。孔的尺寸的原则是：满足使用的前提下应减到最小。一般如果是为了穿过钢丝绳，为了避免钢丝绳与机房楼板孔边缘发生摩擦，从而损坏钢丝绳，通常情况下钢丝绳与楼板孔边距离设置在 20~40 mm；为了避免机房的异物，尤其是机房内机器漏出的油通过机房地板开孔进入井道，要求通向井道的开孔四周设置高度不小于 50 mm 的圈框。

5.2.6.4　机器在井道内

【解析】

本条所述情况是驱动机、控制柜、驱动系统、电源主开关以及限速器等机器全部或部分设置在井道中的情况，这种情况最常见的就是无机房电梯的布置形式。

机器设备在井道内的情况，通常是将机器安装在井道某个位置的钢梁上，见图 5.2-50a）或设置在导轨上，见图 5.2-50b）；也可安装在轿顶上，见图 5.2-50c）。

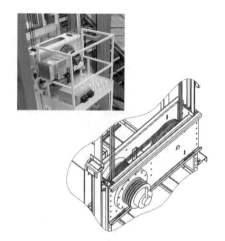

a）机器安装在钢梁上　　　b）机器安装在导轨上　　　c）机器安装在轿顶上

图 5.2-50　机器设备在井道内的安装情况

5.2.6.4.1 总则

5.2.6.4.1.1 当部分封闭的井道位于建筑物的外部时,对于井道内的机器,应进行适当防护,以防环境的影响。

【解析】

本条为新增内容。

当部分封闭的井道位于建筑物的外部时,对于井道内的机器,应充分考虑预期环境影响和特定的工作条件,所选择和配置的零部件不应影响电梯的安全运行(见0.4.5)。应保护电动机、电缆等设备,使其不受灰尘、有害气体和湿气的损害。尤其部分封闭的井道应该考虑天气环境的影响,如雨淋、大风、沙尘等恶劣天气,可能会对井道内的机器造成损害,应从机器自身的防护和建筑防护两方面考虑对机器的保护。比如大风天气可能使随行电缆大幅度晃动,在设计时需要考虑由此引发的危险,增加对电缆的保护,限制其在安全范围内运动;有可能被雨淋到的部件要进行防水设计等。

5.2.6.4.1.2 在井道内从一个工作区域到另一个工作区域的活动空间的净高度不应小于1.80 m。

【解析】

本条为新增内容。

本条主要针对无机房电梯,由于控制柜和曳引机等机器部件均设置在井道内,因此人员从一个工作区域到另一个工作区域移动时也是在井道内,为了保证人员能够安全通行,要求此空间的净高度不小于1.8 m。

5.2.6.4.1.3 在下列情况下,应在井道内适当的位置设置标志,清楚地给出所有必需的操作说明:
　　——可收回的平台(见5.2.6.4.5)和(或)可移动的止停装置[见5.2.6.4.5.2b)];或
　　——手动操作的机械装置(见5.2.6.4.3.1和5.2.6.4.4.1)。

【解析】

本条为新增内容。

当机器设备安装在井道内,日常的检修保养、检查测试等工作可能无法像机器在机房内(5.2.6.3)的情况一样,人员在机房地面即可完成上述工作。此时可能需要一些辅助设备(如5.2.6.4.5提到的可收回的平台),为操作和检查机器设备提供必要的空间。可收回的平台在其工作位置上时可能会处于轿厢或对重(平衡重)的投影范围内,此时在其上的工作人员处在上述部件的运行路径中,如果不标明平台的使用方法和步骤,极易发生危险。根据GB/T 15706—2012《机械安全 设计通则 风险评估与风险减小》中风险减小的三步法,在采用了本质安全设计措施、安全防护和/或补充保护措施后,但风险仍然存在时,则应在使用信息中明确剩余风险。因此,为工作人员提供可收回的平台的使用信息进行安全措施的补充说明非常必要。

而且对于可收回的平台如果不能按照要求收回,由于其处于轿厢或对重(平衡重)的运行路径中,极易造成事故。因此,此处应该在易于看到的地方设置标志,清楚地给出所有必需的操作说明,此操作说明应包括:提示打开平台前需要先锁定轿厢或者开启可移动停止装置限制轿厢的运行范围;打开平台的操作步骤;工作完成后收回平台的步骤以及收回后的平台的正确位置等。

与可收回的平台的情况类似,可移动的止停装置(5.2.6.4.5.2b)和手动操作装置(5.2.6.4.3.1和5.2.6.4.4.1)也关系到工作人员的安全,因此必须在合适的位置标明可移动的止停装置信息,以及在适当的位置标明手动操作的机械装置的操作方法,操作方法中要指明其应该处于的正确的工作位置。

5.2.6.4.2 井道内工作区域的尺寸

5.2.6.4.2.1 机器的工作区域应有足够的空间,以便能安全和容易地对有关设备进行作业。

特别是工作区域的净高度不应小于2.10 m,且:
a) 在控制柜(控制屏)前应有一块水平净面积。该面积:
1) 深度,从控制柜(控制屏)的外表面测量时不应小于0.70 m;
2) 宽度,取0.50 m或控制柜(控制屏)全宽的较大值。
b) 为了对部件进行维护和检查,在必要的地点应有一块不小于0.50 m×0.60 m的水平净面积。

【解析】

本条为新增内容。检修空间的要求见5.2.6.3.2.1解析。

当机器设置在井道内时,机器的工作区域(5.2.6.4.3、5.2.6.4.4和5.2.6.4.5)均应满足本条要求。

机器在井道中时,人员对机器设备的检修、试验等操作可能会在井道内进行,这是与机器设置在机房中的情况相比最大的不同。

在井道内操作、测试机器设备,操作空间可以在底坑中;也可以在轿顶或轿内;还可以在平台上,具体位置取决于所操作、测试的机器设备的位置。

——如果是操作空间在平台上的情况,可以采用永久固定的平台,也可以采用可以移动的平台,关于此平台的要求见5.2.6.4.5。

——如果机器的工作区域采用轿厢内或轿顶上的工作区域,要满足5.2.6.4.3的规定。

——如果机器的工作区域在底坑内,要满足5.2.6.4.4的规定。

无论在哪个工作区域,都应能够安全、方便地对有关机器设备进行作业。具体而言,就

是需要有足够的工作空间。(关于工作区域净高度不小于2.10 m,参见5.2.6.3.2.1解析)

a)对于控制柜(控制屏)

控制柜(控制屏)前应有一块足够人员操作的水平净面积。该面积的深度,从控制柜(控制屏)的外表面测量时不应小于0.70 m(见图5.2-51)。如果控制柜(控制屏)前的工作区域处于轿顶,轿厢和控制屏之间不可能不存在间隙,此时此间隙也算作工作区域净面积之内,轿顶的护栏也可以包括在内。也就是说护栏的存在是为了保证检修人员的安全,不算作障碍物。采用工作平台进行检修时,如果平台和控制柜(控制屏)之前有间隙,也可以算在该面积之内。

关于"水平净面积"的确定,可参考5.2.6.3.2.1解析。

b)对于曳引机、限速器等部件

曳引机、限速器(限速器也属于3.28定义的"机器")等部件的维护和检修,在必要的地点应有一块不小于0.50 m×0.60 m的水平净面积(见图5.2-51),此面积之上也应具有不小于2.1 m的净高度。同样,轿厢或检修平台与曳引机或限速器之间的间隙也可以算在检修面积之内,护栏作为保护检修人员安全的设施且尺寸不大,可以不算作障碍物,允许包括在此面积之内。

与5.2.6.3.2.1b)不同的是:此处没有要求需要人工紧急操作的地方的面积,是因为用于紧急操作的装置必须设置在能够从井道外进行操作的位置,见5.2.6.4.3.2规定。在紧急操作屏的前面也应该有一块不小于0.50 m×0.60 m的水平净面积,只不过这个工作区域应在井道外(不应在井道内),见5.2.6.6.4的规定。

应注意,本条要求的是"机器的工作区应有足够的空间",这里的"机器"是指3.28所述的部件(包括限速器),安装在井道内的层门、导轨等部件不属于"机器"范畴,对于相关作业无需执行本条要求。

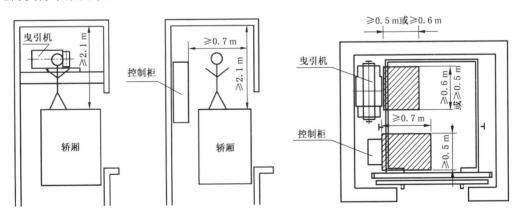

图5.2-51 轿顶上工作区域的尺寸

5.2.6.4.2.2 在无防护的驱动主机旋转部件的上方应有不小于0.30 m的净垂直距离。

【解析】

参见 5.2.6.3.2.3 解析。

主机放在顶层时,如果顶层高度不够,可以考虑给驱动主机的旋转部件加一个完全的、安全的防护罩,此时可以不必要求有不小于 0.30 m 的净垂直距离。

5.2.6.4.3 轿厢内或轿顶上的工作区域

5.2.6.4.3.1 在轿厢内或轿顶上进行机器的维护和检查时,如果因维护和检查导致的任何轿厢失控或意外移动可能给维护或检查人员带来危险,则应满足下列要求:

a) 采用机械装置防止轿厢的任何危险的移动;

b) 通过符合 5.11.2 规定的电气安全装置来防止轿厢的所有运行,除非该机械装置处于非工作位置;

c) 当该机械装置处于工作位置且由于施加在其上的力而不能收回时,应能通过下列方式之一离开井道:
  1) 层门,借助于轿门门头(或门机)上方至少为 0.50 m×0.70 m 的净开口;
  2) 轿厢,借助于符合 5.4.6 规定的轿顶安全窗。应提供台阶、梯子和(或)抓手以确保安全下到轿厢内;
  3) 符合 5.2.3 规定的安全门。
应在使用维护说明书中给出有关正确撤离程序的说明。

【解析】

检修人员站在轿内或轿顶进行机器的维护和检查时(例如对于驱动主机制动器的检查),可能造成轿厢的意外移动或失控,可能会给维护和检查人员带来危险,所以进行检修或维护前必须使用考虑防止轿厢的任何危险的移动。

a) 应使用机械装置防止轿厢的任何危险的移动,图 5.2-52 给出的是一种比较常见的防止轿厢移动的机械装置。其原理是在轿底上设置一套停止销 1,将轿顶作为工作区域时,销子由操作手柄 5 操作顶出。如果轿厢发生意外移动时销子会被停止挡块 2 挡住,并阻止轿厢移动。

此机械装置应具有足够的强度,在选型和设计时应当考虑轿厢的重量、站在轿内或轿顶的检修人员以及检修需要的工具和设备。一旦出现意外状况(如制动器制动力矩不足等),此机械装置的强度应足以使轿厢停止。机械停止装置最好对称布置,一旦电梯意外移动,不至于使轿厢由于所受约束力不同发生偏斜。

机械停止装置固定轿厢的位置要考虑机器的工作区域尺寸满足 5.2.6.4.2.1 的规定,当工作区域在轿顶时,固定后的轿顶上要有 2.1 m 高的空间。当然,如果固定的位置过低,也有可能造成检修困难。

b) 机械装置停止的作用就是阻止轿厢移动,因此它应该与一个符合 5.11.2 规定的电气安全装置联动,一旦此机械装置处于工作位置,与之联动的电气安全装置应该使制动器制动并防止电梯驱动主机启动。

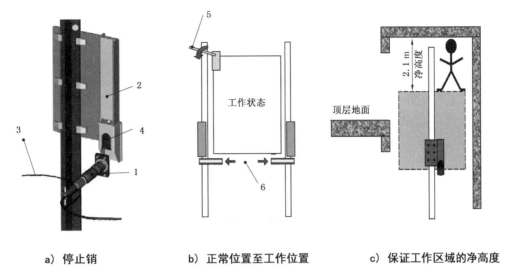

| a）停止销 | b）正常位置至工作位置 | c）保证工作区域的净高度 |

1—停止销；2—停止挡块；3—操纵绳；4—停止销与挡块啮合位置；

5—操纵手柄；6—手柄操作停止销顶出

图 5.2-52　防止轿厢移动的机械装置

c）当使用轿顶或轿内作为工作区域时，人员在此空间内对机器设备进行检修、测试，此时如果轿厢有轻微滑移而被机械停止装置阻止，则该装置可能受到较大的力而难以收回。以图 5.2-52a)中示例的停止销为例，如果停止销处于工作位置时，轿厢发生移动（无论是钢丝绳滑移还是制动力矩不足等原因导致），停止销与停止挡块配合将轿厢停止下来并保持在安全位置。此时停止销与停止挡块之间的摩擦力很大，在收回停止销时可能发生卡阻的情况，甚至导致无法收回。这种情况下，在轿顶工作的人员将无法通过移动轿厢使自己离开工作位置，存在被困风险。因此必须给出人员脱困的途径。

本部分给出了检修或维护人员离开井道的 3 种途径，即：

——层、轿门上方的开口；

——轿顶安全窗；

——井道安全门。

应注意，以上 3 种途径的最终目的是在工作人员被困时能够安全、有效地离开井道，而不是仅提供这些手段（之一）就满足要求。例如，如果层、轿门上方的开口或井道安全门地坎距离下面的地面非常高，人员无法通过这些开口或门撤离，这种情况不能满足本部分的要求，必须设置附加装置。

由于机械停止装置不能收回，而采取的离开井道的途径可参见图 5.2-53：

图 5.2-53 是工作区域在轿顶时的撤离路径，开始对井道内的机器进行维护或检修前，可以使用检修运行的方式抵达机器的检修位置，但在开始工作前，必须要先将 a)条所要求的机械装置置于工作位置，同时触发本条 b)中提到的电气安全装置，使主机不能意外启动。

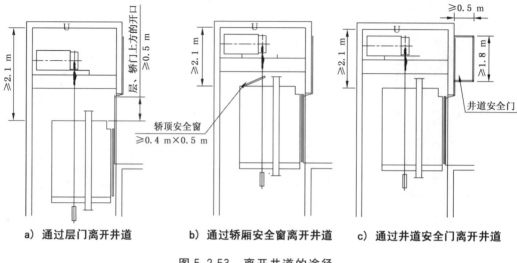

a) 通过层门离开井道　　　b) 通过轿厢安全窗离开井道　　　c) 通过井道安全门离开井道

图 5.2-53　离开井道的途径

1) 通过层、轿门上方开口撤离井道时，开口的尺寸不小于 0.50 m×0.70 m。开口下方如果距离地面较高（如大于 500 mm 时），应在检修前准备安全的平台和（或）台阶、梯子，并保证在检修期间这些装置不会被移走。通过这些装置可以确保检修人员可以安全地抵达地面。

2) 通过安全窗撤离时，安全窗应该符合 5.4.6 的规定。并应提供台阶、梯子和（或）抓手以确保安全下到轿厢内。台阶、梯子、扶手等可不必是轿厢内永久安装的装置，在检修前准备好上述装置，并保证在检修期间这些装置不会被移走即可。

3) 通过安全门撤离时，安全门应该符合 5.2.3 的规定。如果安全门地坎下方不是地面，与 1)所述情况类似，也应该在检修前准备安全的平台和（或）台阶、梯子，以确保检修人员可以安全地抵达地面。

应注意，在正常状态下，工作完毕后应采取收回机械停止装置并通过检修运行的方式离开井道或轿厢。只有在机械停止装置无法收回，轿厢被卡阻的情况下，才使用上述 3 种途径脱困。

应在使用说明书中给出有关正确撤离程序的说明以及一些需要特别提示的项目，如可通过上述文件给出撤离程序中规定要求预先准备的台阶或梯子等设备。

要注意，只有在以轿顶或轿内作为机器设备的维护和检查空间时，才需要满足本条要求，而不是只要是在轿顶和轿内工作均必须遵照本条款。只有维护和检查 3.28 所述的部件：控制柜及驱动系统、驱动主机、主开关和用于紧急操作的装置等设备（也包括限速器），才需要按照本条的要求设置相应的保护和撤离通道。例如，在轿厢中进行诸如更换照明、检修按钮等常规操作；在轿顶上进行导靴/导轨的检查以及通过轿顶检查维护层门门锁等操作不属于本条所述的"在轿厢内或轿顶上进行机器的维护和检查"，也就不需要符合本条款的后续要求。

5.2.6.4.3.2 用于紧急操作和动态试验所必需的装置,应按5.2.6.6规定设置在能够从井道外进行操作的位置。

【解析】

本条为新增内容。

由于机器处于井道内,如果不对紧急操作装置进行特殊设计的话,当电梯发生故障(如困人)需要紧急操作,此时往往无法移动轿厢,使工作人员安全及时地进入井道内需要的位置。此外,如果通过其他手段(如使用梯子、消防防坠落设备等)工作人员即使能够进入井道,也可能无法到达工作位置。例如,当需要手动松开制动器时,如果不能使轿顶到达曳引机附近,人员是无法操作的。由于工作人员在井道内进行紧急操作,既不安全也难以实现,所以紧急操作装置必须设置在能够从井道外进行操作的位置(见图5.2-54)。

a) 安装在井道内的机器设备

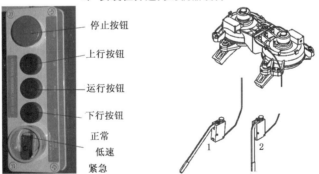

b) 紧急操作装置(电动)　　**c) 紧急操作及动态测试装置(手动)**

图5.2-54 机器设备安装在井道内的紧急操作装置和动态测试装置

进行动态试验(如限速器安全钳联动试验、单组制动器制动力测试等)时,如果每次都需要测试人员进入井道,一方面非常不方便,可操作性差;另一方面风险等级非常高,万一轿厢失控,会对井道内人员造成重大伤害,所以进行动态实验所必需的装置也应能够从井道外操作。常见的一个误解是,当限速器、曳引机等部件安装在底坑中时,认为可以通过进入底坑进行紧急操作和动态试验,这不符合本部分的要求。

图 5.2-54 给出了紧急操作装置和动态测试装置的示例。图 5.2-54b)是电动紧急操作装置;图 5.2-54c)是手动松开制动器的示例,通过与制动器制动部件连接至井道外的钢丝,可以通过松闸手柄松开单侧或双侧制动器,松开单侧制动器可用于单组制动器制动力矩的测试,松开双侧制动器则可用于解救被困乘客。

紧急操作和动态试验装置应该满足的要求见 5.2.6.6。这些装置应能仅被授权人员接近,并应该能提供所有的紧急操作和动态测试所需要的功能。此装置还应满足:

——永久安装在井道外的固定位置;

——照度不小于 200 lx 的电气照明

——前方具有一块不小于 0.50 m×0.60 m 的水平净面积。

> **5.2.6.4.3.3** 如果检修门设置在轿壁上,应:
> a) 符合 5.2.3.2e)规定;
> b) 当检修门的宽度大于 0.30 m 时,设置屏障以免坠入井道;
> c) 不向轿厢外开启;
> d) 具有用钥匙开启的锁,且不用钥匙亦能关闭并锁住;
> e) 设置符合 5.11.2 规定的电气安全装置来证实其锁住位置;
> f) 满足与轿壁相同的要求。

【解析】

本条为新增内容。

在轿内进行检修或维护时,需要在轿厢壁板上设置检修门,应该满足以下要求:

a) 尺寸要求

符合 5.2.3.2 e)规定,即检修门尺寸应满足高度不应大于 0.50 m,宽度不应大于 0.50 m,且应有足够的尺寸,以便通过该门进行所需的工作。

b) 防护要求

当检修门的宽度大于 0.30 m 时,设置屏障以免坠入井道。根据 GB/T 10000—1988 对中国成年人人体尺寸的统计,18~60 岁的成年人肩宽一般为 328~486 mm,肩部是人体站立时最宽的部位。当检修门大于 300 mm 时,即使是正方形的检修门(对角线长度最短),此时对角线方向的尺寸也已经超过了 424 mm,工作人员通过检修门进行检修时有坠落的危险,因此要设置屏障(如护栏),以防坠落危险。

c) 开启方向

不向轿厢外开启,5.2.3.3 中规定检修门不能向井道内开启,原因见 5.2.3.3 的解析。

d) 锁闭

具有用钥匙开启的锁,且不用钥匙也能关闭并锁住,解析见 5.2.3.3b)。

e) 对于锁闭的验证

设置符合 5.11.2 规定的电气安全装置来证实其锁住位置,解析见 5.2.3.3 d)。轿厢内的检修运行开关(见 5.2.6.4.3.4)可使本条要求的电气安全装置失效。

　　f) 与轿壁一致

　　因为轿厢内的检修门也是轿厢壁板的一部分，所以其强度要满足轿壁的要求。其应具有以下机械强度：

　　1) 能承受从轿厢内向轿厢外垂直作用于检修门的任何位置且均匀地分布在 5 cm² 的圆形(或正方形)面积上的 300 N 的静力，并且：

　　① 永久变形不大于 1 mm；

　　② 弹性变形不大于 15 mm。

　　2) 能承受从轿厢内向轿厢外垂直作用于检修门的任何位置且均匀地分布在 100 cm² 的圆形(或正方形)面积上的 1 000 N 的静力，并且无大于 1 mm 的永久变形。

　　如果检修门采用了水平滑动的形式，应满足 a)中要求的与层门相同的机械强度，即能够承受摆锤冲击试验。如果采用了其他形式(见图 5.2-55)，则需要满足上述与轿壁一致的机械强度。

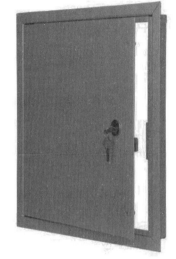

图 5.2-55　轿壁上设置的检修门

5.2.6.4.3.4　如果检修门开启时需要从轿厢内移动轿厢，应满足：

　　a) 在检修门的附近，具有可使用的符合 5.12.1.5 规定的检修运行控制装置；

　　b) 仅被授权人员可以接近该检修运行控制装置，例如：将其放置在检修门的后面，并且使被授权人员站在轿顶上时无法使用该装置移动轿厢；

　　c) 如果开口短边的尺寸大于 0.20 m，轿壁上开口的外边缘与面对该开口在井道内安装的设备之间的水平净距离应至少为 0.30 m。

【解析】

　　本条为新增内容。

　　当检修门开启时，如果需要从轿内移动轿厢，则应提供相应的控制装置，并符合以下要求：

　　a) 控制轿厢移动的装置应采用检修运行控制装置

　　检修控制装置的要求要满足 5.12.1.5 的规定。

　　由于需要在移动时观察轿厢的运动，所以控制轿厢移动的检修装置要在检修门的附近，而且方便通过检修门确认轿厢的位置。

　　b) 检修运行控制装置的专用

　　由于轿厢内是乘客可以到达的地方，因此检修装置应该是由被授权人员使用专门的工具才可以触及，本条举例说可以将其放置在检修门的后面，因为检修门必须通过钥匙才可以开启，能够保证该工具只能由被授权人员使用。当然，也可以放在检修门以外的轿厢壁板的后面,但必须设置盖板且有钥匙将其锁住。在 5.12.1.5.2.1j)中规定,轿厢内的检修开关应该使 5.2.6.4.3.3 中 e)条规定的电气安全装置失效。5.2.6.4.3.3 中要求轿厢内的检修门开启时应该有一个电气安全装置防止电梯驱动主机启动,或使其立即停止运转,如果这个电气安全装置有效,那么检修门开启时,不可能使轿厢移动,所以此检修装置要使验证检修门关闭的电气安全装置失效才可以操作电梯。

本条所要求的检修控制装置,仅当被授权的人员在轿厢内才能使用,如果被授权人员在轿顶上,应无法使用该检修控制装置。因此,这个检修控制装置应与轿顶检修控制装置分别设置,且人员站在轿顶时无法获得本条要求的检修控制装置。

应特别注意,本条要求的"使被授权人员站在轿顶上时无法使用该装置移动轿厢",不应理解为设置在轿内检修门附近的检修控制装置的优先级高于轿顶检修控制装置,而是在轿顶的被授权人员无法使用本条所述的检修控制装置。在本部分中,设置了多个检修控制装置的情况,其相互之间的关系需要满足 5.12.1.5.2.1i)的要求。

c) 当检修门尺寸较大时,应对井道部件至开口之间的距离作出限制

根据 GB/T 18717.2—2002《用于机械安全的人类工效学设计　第 2 部分:人体局部进入机械的开口尺寸确定原则》中 4.5 可知,当开口短边大于 0.2 m 时,单臂(至肩关节)向同侧用进入开口(根据 GB/T 18717.3—2002《用于机械安全的人类工效学设计　第 3 部分:人体测量数据》)上臂直径 P_{95} 值为 121 mm。当检修门短边开口尺寸大于 0.2 m 时,开口尺寸远远大于人的上臂直径,如果在检修门开着的情况下需要移动轿厢,井道内部件距离轿厢检修门开口应有足够距离,防止剪切或挤压人体。从 GB/T 23821—2009《机械安全防止上下肢触及危险区的安全距离》中可以查到,如果是肩部或腋窝限制运动的条件下,安全距离至少是 0.85 m(参见该标准表 6)。本条要求"不小于 0.3 m 的距离"是考虑到在检修门开启的工况下移动轿厢时,人员不会刻意将手臂最大程度伸出,而只是不慎伸出轿外。可参照 GB/T 13547—1992《工作空间人体尺寸》中"前臂加手功能前伸长"(见该标准中 4.2.2)P_{95} 值为 391 mm。因此,本条要求"至少为 0.3 m 的距离"能够满足保护的要求。

本条 c)仅从安全角度限定了开口尺寸及对应的开口外边缘与井道内设备之间水平距离间的关系,应注意从轿厢内检修门的功能角度来看,至少还应注意:

① 轿内检修门距离轿厢地面高度应适用人员操作

开口高度可参照 GB/T 18717.2—2002《用于机械安全的人类工效学设计　第 2 部分:人体局部进入机械的开口尺寸确定原则》附录 B 所示的不同形式的开口来确定:开口上沿距离地面不高于 1 560 mm,下沿距地面不低于 600 mm。

② 开口外边缘与井道内设备之间水平距离

应能够保证开口尺寸和工作状态下人员手臂能够触及的范围相适应,即开口边缘与机器设备之间的距离不能过远,以免在工作时难以触及。此距离与开口尺寸是密切相关的。

应注意,本条 c)中对轿厢上开设的检修门尺寸做出的限制,仅限于在检修门开着的情况下需要移动轿厢的情况,如果不需要移动轿厢,则不受本条款的尺寸约束。

5.2.6.4.4　底坑内的工作区域

【解析】

底坑作为工作区域，指的依然是对 3.28 所述的"机器"（包括限速器）进行相应维护、检查等作业需要在底坑内进行的情况（不包括对诸如缓冲器、对重防护网等部件的作业）。底坑作为工作区域的情况多见于如图 5.2-56 所示的驱动主机设置在底坑内的无机房电梯的情况。这种布置方式经常需要在底坑内对曳引机、控制系统等部件进行检查、维护或测试。

图 5.2-56　机器设备在底坑内的形式

5.2.6.4.4.1　在底坑内进行机器的维护或检查时，如果维护或检查导致的任何轿厢失控或意外移动可能给人员带来危险，则应满足下列要求：

　　a)　设置永久安装的装置，能机械地制停载有不超过额定载重量的任何载荷以不超过额定速度的任何速度运行的轿厢，使工作区域的地面与轿厢最低部件[不包括 5.2.5.8.2a)1)和 2)所述部件]之间的净垂直距离不小于 2.00 m。除安全钳外的机械装置的制停减速度不应超过缓冲器作用时的值(见 5.8.2)。

　　b)　该机械装置能保持轿厢停止状态。

　　c)　该机械装置可手动或自动操作。

　　d)　使用钥匙打开任何通往底坑的门时，应由符合 5.11.2 规定的电气安全装置来检查，除了仅允许符合 f)规定的运行以外，防止电梯的其他任何运行。

　　e)　采用符合 5.11.2 规定的电气安全装置防止轿厢的任何运行，除非该机械装置处于非工作位置。

　　f)　当符合 5.11.2 规定的电气安全装置检测到该机械装置处于工作位置时，仅能由检修运行控制装置来控制轿厢的电动运行。

　　g)　只有通过设置在井道外的电气复位装置才能使电梯恢复到正常工作状态，且该电气复位装置仅被授权人员才能接近，例如：在能锁上的箱(柜)内。

【解析】

本条为新增内容。

在底坑中对本部分 3.28 所述"机器"进行维护或检查时，有可能需要使曳引机运转，这种情况下可能存在轿厢失控或意外移动的可能。由于此时人员在底坑内工作，意外移动或失控的轿厢会给人员带来撞击、挤压等风险，因此必须采取以下措施降低或消除上述风险。

　　a) 设置机械停止装置，在轿厢失控或意外移动时能够将其制停，机械停止装置要求如下：

1）永久安装在底坑内

永久安装在底坑内，意味着不能被移出底坑。在人员进入底坑对机器设备进行相关作业时，随时可以获得并方便地使用。

2）应为机械结构

此装置应采用机械方式直接停止意外移动或失控的轿厢，而不得采用电气方式，即使是电气安全装置也不能替代机械结构。

3）应有一定的强度

机械停止装置的强度应能够将载有额定载荷并以额定速度运行的轿厢，安全制停。当然，当载重量小于额定载重量，速度低于额定速度的情况下，也必须能将其制停。

4）制停轿厢时的减速度不致引起危险

此机械装置在制停空载至额定载荷且以不超过额定速度的任何速度运行的轿厢，在制停过程中给轿厢施加的减速度均不应超过缓冲器作用时的值（平均减速度不大于 $1g_n$；$2.5g_n$ 以上的减速度时间不大于 0.04 s）。

应注意，本条有一个例外，即"除安全钳外的机械装置的制停减速度"，这意味着可以采用安全钳作为机械停止装置，即在导轨上距离底坑足够高的地方设置挡块，如果轿厢发生失控或意外移动，安全钳碰到挡块后被提起，将轿厢制停。此时可以不满足缓冲器动作时的减速度。

5）将轿厢制停的位置在高度方向上能为底坑内的工作人员提供足够的空间

在机械停止装置动作，将轿厢制停之后，底坑内人员的工作区域地面与轿底最低部件之间的净垂直距离不小于 2.00 m。由于护脚板或垂直滑动门的部件距离井道壁比较近（不超过 0.15 m），不会给底坑工作区域的人员带来危险，可不受 2 m 距离的限制。同样的道理，轿架部件、安全钳、导靴、棘爪装置其距导轨的最大水平距离通常不会很大，且 5.2.5.8.2 对它们也有相应的规定，因此也可不受 2 m 距离的限制。

b）机械停止装置在将失控或意外移动的轿厢停止之后，能够保持轿厢的停止状态

在额定载重量范围内，无论轿厢的载荷是多少，均应满足本条要求。

c）机械停止装置可以通过手动或自动进入工作位置

由于机械停止装置可以将轿厢制停在距离底坑工作区域地面至少 2 m 的位置，又要求是永久安装的，因此它必须既在底坑中，又不能影响电梯的正常运行。因此，最可行的方案是此装置在电梯正常运行时和人员进入底坑进行机器的维护或检查时处于不同的位置。即处于非工作位置时，不影响电梯正常运行；处于工作位置时，能够保护底坑中工作人员的安全。

图 5.2-57 是一套机械停止装置的示意图。当轿厢正常运行时，此装置处于图 5.2-57a）的位置，当在底坑进行维修或维护时，应将此装置设置于图 5.2-57b）的位置。在机械停止装置处于工作位置时，可以制停意外移动或失控的轿厢，使得与工作区域投影重合的轿厢

最低部件保持在工作区域的 2 m 以上的位置。

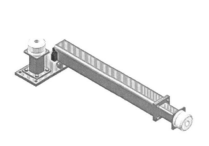

a）机械停止装置处于非工作位置　　b）机械停止装置处于工作位置

c）用于验证机械停止装位置的电气安全装置

图 5.2-57　在底坑内进行机器的维护或检查时设置的机械停止装置及其电气安全装置

设置机械停止装置，应注意以下事项：

——应该在井道的适当位置设置标志，清楚地给出所有的操作说明；

——机械停止装置处于非工作位置时，不应侵入底坑避险空间。

d）通往底坑的门应设置电气安全装置验证

当打开通往底坑的门的门锁时，应由符合 5.11.2 的电气安全装置来检查，除了允许在 f）所述的情况下（验证机械停止装置的电气安全装置验证该装置机处于工作位置时），且由检修控制装置来控制电梯的电动运行（检修运行），除此之外必须防止电梯的其他任何运行。可参考本部分第 5.12.1.5.2.2 解析。

在 5.2.3.3 中指出通往底坑的通道门不是通往危险区域时可以不必设置电气安全开关以验证门的关闭；本条要求的机械停止装置可以将轿厢停止在距离底坑 2 m 以上的位置。似乎设置了停止轿厢的装置，就不需要为底坑通道门设置验证其关闭的电气安全装置。但本条却明确要求应设置此电气安全装置，综合分析原因如下：

1）两者概念不同

5.2.3.3 中所谓"不是通向危险区域"指电梯在正常运行中，轿厢、对重（或平衡重）的最低部分（包括导靴、护脚板等）与底坑底面之间的净垂直距离至少为 2 m 的情况。而本条款中说的机械停止装置是使底坑的工作区域的地面与轿厢最低部件[不包括 5.2.5.8.2a)1)和 2)所述部件]之间的净垂直距离不小于 2.00 m。而"不包括 5.2.5.8.2a)1)和 2)所述部件"正好是 5.2.3.3 中要求"包括导靴、护脚板等"。因此本条和 5.2.3.3 所说的并非同一概念。

2）对于人员的保护的程度不同

本条 c)明确了"该机械装置可手动或自动操作"，如果采用手动方式使机械停止装置进入工作位置，则必须先进入底坑。因此，在机械停止装置进入工作位置前，人员须先行通过底坑通道门（如果有），此时并不能保证底坑通道门"不是通向危险区域"。

3）如果能够满足 5.2.3.3 中所谓"不是通向危险区域"的限定条件，不但可以不必设置电气安全装置验证底坑通道门的关闭情况，而且不必单独设置本条要求的机械停止装置。

满足 5.2.3.3 中所谓"不是通向危险区域"的条件，通常是底坑较深，缓冲器（包含缓冲器底座）的尺寸较高的情况，即使轿厢完全压在缓冲器上，轿底最低部件距离底坑底表面之间的距离也应不小于 2 m。这种情况下，缓冲器（保护缓冲器底座）已经能够充分避免轿厢失控或意外移动给底坑中进行机器维护或检查的人员带来的风险。因此完全可以使用缓冲器作为本条要求的机械停止装置，而不必再单独设置一套功能完全一样的机械装置。

e）机械停止装置应设置电气安全装置验证该装置机处于非工作位置

由于本条 c)允许机械停止装置通过手动或自动进入工作位置。因此应有电气安全装置验证机械停止装置是否处于非工作位置。如果处于非工作位置，则轿厢可以正常运行；如果未处于非工作位置（要注意，未处于非工作位置，不代表处于工作位置），此时机械停止装置可能会妨碍轿厢的正常运行，则应防止轿厢的一切运行以避免发生对人员的伤害。本条还应结合 f)一同理解。

f）机械停止装置应设置电气安全装置验证该装置处于工作位置

机械停止装置设置的目的是防止维护或检查导致的任何轿厢失控或意外移动可能引发的危险，因此进入底坑对机器设备进行作业时，需要将机械停止装置设置在工作位置。应设置一个电气安全装置验证机械停止装置是否处于工作位置。如果该装置处于工作位置，并且维护或检查机器设备时需要移动轿厢，此时应能够采用检修控制装置来控制轿厢的电动运行。

应注意：e)和 f)中要求的电气安全装置应是独立的两套，而不可使用一个电气安全装置验证两种状态，如图 5.2-57c)。这是因为：

1）机械停止装置可能存在"非工作位置""工作位置""既不在非工作位置也不在工作位置"三种状态，一个电气安全装置仅能验证两种状态，无法满足本条要求。

2）e)条明确要求"电气安全装置防止轿厢的任何运行，除非该机械装置处于非工作位置"；而 f)条要求"电气安全装置检查到该机械装置处于工作位置时，仅能由检修控制装置来控制轿厢的电动运行"，如果是一套电气安全装置，无法同时满足这两条的要求。

3）从本部分的附录 A 来看，e)条和 f)条所描述的开关并列在表 A.1 电气安全装置表中。

g）除验证机械停止装置位置的电气安全装置外，还应设置电气复位装置当人员在底坑内完成了对机器设备的作业之后，在离开底坑之前要先将机械停止装置设置到非工作位置，此时验证机械停止装置位置的电气安全装置检查到该装置处于非工作位置，则意味着轿厢可以正常运行了。然而此时人员尚未离开底坑，运行的轿厢可能给人员带来挤压和撞击的风险。因此，必须设置一个额外的复位装置，在人员没有离开底坑之前能够阻止电梯恢复到正常工作状态。为了实现这个目的，此复位装置应：

1）由人员操作，不可自动复位；

2）安装在井道外，只有人员离开底坑后才能操作；

3）该电气复位装置应置于可以锁住的封闭空间内，仅能由被授权人员接近，防止其他人员误操作或故意破坏，造成底坑内检修人员受伤或损害机器安全。

对于g)中所要求的电气复位装置，本部分虽然没有明确要求与机械停止装置有动作上的关联，也没有明确排除采用在井道外设置单独的停止开关（人员进入底坑前使停止开关动作，离开底坑后将开关手动复位）。但应注意，5.2.1.5.1已经要求了进入底坑时停止开关的设置，无论人员是采用梯子进入底坑或通过底坑通道门进入底坑，均应设置停止开关。很显然，此处并不是要求使用停止开关的形式。

比较好的设计可以采用对机械停止装置用于验证位置的两个开关（工作位置和非工作位置）的两个电气安全装置的状态进行采样并保持。在采样保持阶段，除检修运行之外的所有运行都应被防止，直至人员离开底坑后在井道外进行复位。

本条要求的电气复位装置应被防护在一个锁闭的空间中，仅能够被授权的人员操作和使用，以避免无关人员滥用或误操作。

该电气复位装置在本部分中没有要求必须采用电气安全装置。

本条g)中所要求的"电气复位装置"，是用于存在"底坑内的工作区域"的情况，与本部分5.12.1.5.2.2c)要求的装置是不同的。不同点如下：

① 保护的人员不同

本条g)要求的装置是保护在底坑工作区域工作的人员；5.12.1.5.2.2c)要求的装置是保护在底坑操作检修运行控制装置的人员。

② 设置形式和复位方式不同

本条g)要求的电气复位装置仅被授权人员才能接近（例如：在能锁上的箱（柜）内）；5.12.1.5.2.2 c)要求的装置可以与本条要求相同，也可采用"通过进出底坑层门的紧急开锁装置操作"。

③ 如果没有"底坑内的工作区域"，可不设本条g)要求的电气复位装置。但由于底坑中都必须设置检修运行控制装置（见5.12.1.5.1.1），因此，在任何情况下都需要设置5.12.1.5.2.2c)要求的电气复位装置。

从以上对比可见，如果设置了本条要求的电气复位装置时，该装置一定满足5.12.1.5.2.2c)的要求，因此可与本条要求的装置共用。

应注意，本条要求的机械停止装置在轿厢失控或意外移动时，能够将轿厢制停在其最低部件距离工作区域地面以上净垂直距离不小于 2 m 的高度上，这个要求应视作对避险空间的要求。也就是说，这里要求的 2 m 净垂直距离，不是工作区域的净高度要求，而是为了保护在底坑机器工作区域的工作人员所设置的避险空间。这个避险空间与 5.2.5.5.1 表 4 中规定的 3 种避险空间是同样的概念，只不过 5.2.5.5.1 表 4 是为了保护在"底坑内"工作的人员，而本条要求是为了保护在"底坑内的工作区域"的人员。这里考虑在底坑内工作区域的作业人员，工作时多数情况下是站立姿势，因此只允许采用站立姿势时的避险空间尺寸。

工作区域的净高度还是要满足 5.2.6.4.2.1 规定的不小于 2.1 m 的要求，而不是本条所要求的 2.0 m。

当电梯额定速度较高时，可能出现缓冲器被完全压缩时高度超过 2 m 的情况，参见图 5.2-11b)所示。这种情况下，不必设置本条要求的机械停止装置，因为本条的前提是"如果维护或检查导致的任何轿厢失控或意外移动可能给人员带来危险"。如果缓冲器被完全压缩后其高度超过 2 m，则应认为是不会给人员带来危险的。

对于人员在底坑工作区域作业时，防止轿厢失控或意外移动的手段，可参见"GB/T 7588.1 资料 5.2-12"。

对于本条，CEN/TC 10 给出解释单（见 EN 81-20 019 号解释单）：

询问：在 EN 81-20 中，如果需要在底坑中进行机器的维护，5.2.6.4.4.1g)要求在井道外设置复位装置。

查阅 5.12.1.5.2.2c)，也有关于检查的内容。有人理解为，无论机器是否设置在底坑内，只要在底坑内设置检修盒，都需要在底坑外设置复位装置。我们认为，在 5.12.1.5.2.2c)中出现的"电气复位"意味着这种复位在标准中的其他地方有所述及。在标准中只有 5.2.6.4.4.1 提到了这个要求。

在底坑中维护机器时，为了机器能安全地工作，预先在底坑中留有了 2 m 的安全高度（通过机械装置将轿厢停止在自由距离为 2 m 的高度上），因此井道外复位是必须的。在离开井道前，移除这个机械装置时，会禁止所有的电气运行，即使在底坑中使用检修盒也不行，因此必须设置复位装置。

如果不需要在底坑中维护机器，本部分中符合 5.2.5.8 的自由空间就可被认为是足够安全的，不需要在井外进行电气复位。同样情况也适用于轿顶。

CEN/TC 10 的回答：所述不正确，应这样理解：

当使用底坑中的控制装置时，无论机器是否设置在底坑中，均必须释放所有的停止开关，以便保证电梯运行。如果人员在恢复正常操作前忘记重新操作停止开关，则可能面临严重的伤害风险。

因此，任何情况下均要求在井道外设置一个与使用底坑控制装置相关的复位开关。

5.2.6.4.4.2 当轿厢处于 5.2.6.4.4.1 a)中规定的位置时,应能通过下列方式之一离开底坑:

　　a) 层门地面与轿厢护脚板最低边之间的垂直距离至少为 0.50 m 的净开口;

　　b) 底坑的通道门。

【解析】

　　本条为新增内容。

　　此条规定了在底坑内进行机器的维护或检查时,工作人员撤离底坑的途径。如果底坑深度大于 2.5 m 时,根据 5.2.2.4 要求,需要设置通道门,也就是说工作人员可以从采用 b)的方式撤离底坑。如果底坑深度不大于 2.5 m 时,可以不用设置通道门,如果没有设置通道门,需要保证层门地面与轿厢护脚板最低边之间至少保证有不小于 0.50 m 的垂直距离,见图 5.2-58 所示。如果不能保证 a)中提到的距离,即使底坑深度小于 2.5 m,也必须要设置通道门。通道门的要求需要满足 5.2.3 的要求。

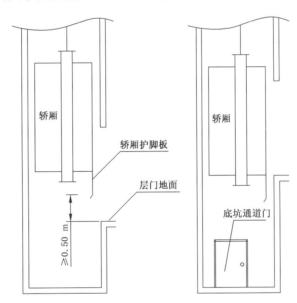

图 5.2-58　撤离底坑的路径

5.2.6.4.4.3 用于紧急操作和动态试验所必需的装置,应按 5.2.6.6 规定设置在能够从井道外进行操作的位置。

【解析】

　　见 5.2.6.4.3.2 解析。

5.2.6.4.5　平台上的工作区域

【解析】

"平台上的工作区域"相关条款均为新增内容。

当机器安装在井道内时，有些情况下对机器的操作无法在轿顶、轿内或底坑中进行，而需要在特殊设置的平台上进行操作，见图 5.2-59。最常见的在平台上的作业是对驱动主机和控制柜的检查、试验。

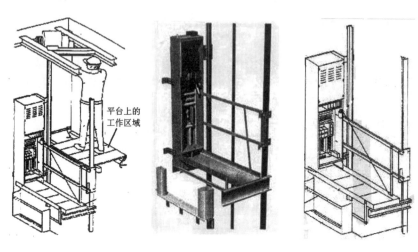

图 5.2-59 平台上的工作区域

> **5.2.6.4.5.1** 当从平台上进行机器的维护和检查时，该平台：
> a) 应是永久安装的；
> b) 如果进入轿厢或对重（平衡重）的运行路径，应是可收回的。

【解析】

为了便于安全和容易地对有关设备进行作业，机器前必须有工作区域。当机器在井道中时，为了获得充足的工作区域，需要设置平台，人员在平台上对机器进行维护和检查。如果需要设置平台，则应满足以下两个条件：

a）平台应该是永久安装的

这里所说的"永久安装"是指平台可以在需要对机器设备进行作业时，在该机器设备附近随时获得。并不是要求平台永久处于工作状态。在非工作状态时，可以将平台折叠，但不能被移走。

b）平台如果进入轿厢或对重（平衡重）的运行路径，应是可收回的

本条中的"可收回"是指能够被移出轿厢或对重（平衡重）的运行路径。

由于平台必须靠近被检查或维修的机器部件，同时还必须提供符合 5.2.6.3.2.1 充足的面积：

——对于控制柜：不小于 0.7 m（深度）×0.5 m（或控制柜全宽，两者取较大值）；

——对于运动部件和需要手动紧急操作的位置：不小于 0.5 m×0.6 m。

对于机器设备设置在井道内的情况而言，符合上述条件的平台往往处于轿厢轿厢或对重（平衡重）的运行路径上。此时，当平台处于非工作位置时，为了不影响电梯的正常运行，它应是可收回的。"收回"的常见形式是折叠。

> **5.2.6.4.5.2** 如果在进入轿厢或对重（平衡重）的运行路径的平台上进行维护或检查，则：
> a) 应采用符合 5.2.6.4.3.1a)和 b)的机械装置锁定轿厢；或
> b) 需要移动轿厢时，应采用可移动止停装置限制轿厢的运行范围。该止停装置应按下列方式停止轿厢：
> 1) 如果轿厢以额定速度向平台下行，轿厢停止在距平台上方至少 2.0 m 处；
> 2) 如果轿厢以额定速度向平台上行，轿厢停止在平台下方符合 5.2.5.7.2 规定的位置。

【解析】

如果在轿厢或对重（平衡重）的运行路径上对机器设备进行作业，如果轿厢意外移动，会给作业人员带来危险，所以当检修平台处于轿厢或对重（平衡重）的运行路径上时，进入到平台之前需要采取措施保护人员的安全。为此，可采用以下两种方式：

a）对机器设备作业时不需要移动轿厢

这种情况下与工作区域在轿顶的情况类似，可以采用符合 5.2.6.4.3.1a)和 b)的机械装置将轿厢锁定在固定位置，并防止轿厢任何移动（该机械装置的要求参见 5.2.6.4.3.1 的解析）。

b）对机器设备作业时需要移动轿厢

应设置可移动止停装置限制轿厢的运行范围，即使轿厢意外失控，也可以保证平台上的检修人员有避难空间或者平台不被冲撞。考虑到平台可能设置在井道在垂直方向上的各种位置上，因此必须考虑轿厢从上方和下方两个方向接近平台的可能性，这一点与工作区域在底坑内的情况有很大不同。

① 轿厢从上方接近平台（平台在轿厢下方）的情况

应考虑检修人员站立时的避险空间，可移动止停装置应能将以额度速度运行的轿厢停止在距平台上方至少 2.0 m 的位置（根据 5.2.5.8.1 表 4）。

这个要求与工作区域在底坑内的情况相类似，可参考 5.2.6.4.4.1 解析。

② 轿厢从下方接近平台（平台在轿厢上方）的情况

应考虑平台不被冲撞，可移动止停装置应能将以额定速度运行的轿厢停止，且轿顶与平台最低部件之间的最小距离应符合 5.2.5.7.2 的规定。

应注意，本条没有涉及可移动止停装置制停轿厢时轿厢内的载重量情况，但在设计时应参考底坑内的工作区域（5.2.6.4.4.1）的相关要求，即能够制停"载有不超过额定载重量的任何载荷"的轿厢；同时还应"能保持轿厢停止状态"。

此外，虽然本条是对"如果在进入轿厢或对重（平衡重）的运行路径的平台上进行维护或检查"进行了要求,但从具体措施来看,只对平台进入轿厢运行路径的情况进行了规定,没有包括对重(平衡重)的情况进行规定,这可能是标准的一点疏漏。如果存在平台进入对重运行路径的情况,应参考本条a)或b)的要求进行设计。图5.2-60b)给出了一种停止对重(平衡重)的设计方案。

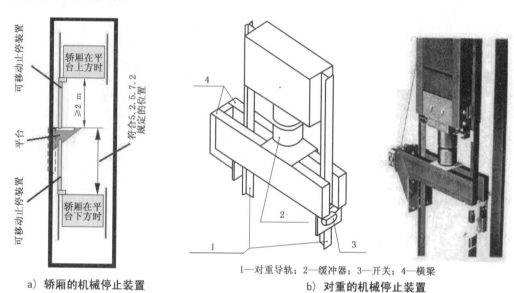

a) 轿厢的机械停止装置

1—对重导轨；2—缓冲器；3—开关；4—横梁

b) 对重的机械停止装置

图 5.2-60 可移动止停装置制停轿厢/对重(平衡重)

5.2.6.4.5.3 该平台应:

a) 能够在其任何位置支撑2个人的重量而无永久变形,每个人按在平台0.20 m×0.20 m面积上作用1 000 N计算。如果此平台还用于装卸较重的设备,则应据此考虑相应的平台尺寸,平台还应具有足够的机械强度来承受载荷和预计作用其上的力(见5.2.1.7);

b) 设置符合5.4.7.4的护栏；

c) 采取措施以保证:
1) 平台地面与入口通道平面之间的台阶高差不超过0.50 m；
2) 在平台与通道门门槛之间的任何间隙不能通过直径为0.15 m的球。

【解析】

作为工作区域的平台,不但应提供充足的工作面积,同时其本身也应满足一定的要求,保证人在平台上作业时的安全。为此,平台应满足以下条件:

a) 强度方面的要求

考虑到工作区域在各种情况下的均应满足使用要求,因此平台需要具有一定的强度,当人员在平台上面工作时,平台应能提供足够的支撑。具体来说,平台应满足:

① 能够在其任何位置支撑2个人的体重而无永久变形

由于平台是工作区,同时在平台上工作的人员不止一个,且可能携带一些必要的设备和工具,因此平台要设计成承载结构。其强度应具有在任何位置都可承受两个人的体重(150 kg)而无永久变形。

② 0.20 m×0.20 m 面积上作用 1 000 N 无永久变形

考虑到工作人员在平台上工作时可以预见的各种情况(如携带工具等)以及在必要的情况下可能采取一些特殊的姿势从而减少了脚着地的面积,因此对平台的载荷提出了较高的要求,即 0.20 m×0.20 m 面积上能承受 1 000 N 的载荷(高于 GB 4053.3—2009 对平台的相应要求)而无永久变形。

③ 如果平台还用于装卸较重的设备,与之相适应的机械强度

根据 GB 4053.3—2009《固定式钢梯及平台安全要求　第3部分:工业防护栏杆及钢平台》中 4.4 钢平台设计载荷要求:"钢平台的设计载荷应按实际使用要求确定,并应不小于本部分规定的值"。如果平台还要用于装卸笨重设备,1)要求的"任何位置支撑 2 个人的质量而无永久变形"则无法满足要求。因此必须提供额外的强度,以满足装卸设备时产生的力。对于吊运较重的设备,5.2.1.7 中要求了"在机器空间以及在井道顶端(如果有必要)的适当位置应设置具有安全工作负荷标志的一个或多个悬挂点,用于较重设备的吊装"。因此,如有必要,还需要设置满足此条款的悬挂点(通常是吊钩)。

此外,还要考虑平台的尺寸,以适应装卸较重的设备的要求。

注意,本条没有要求平台地面的挠度,可参照 GB 4053.3—2009 中 4.4.4 的要求:"平台地板在设计载荷下的挠曲变形应不大于 10 mm 或跨度的 1/200,两者取小值"。

b) 在平台上工作的防护要求

平台上应该设置护栏,以防工作人员坠落的危险。护栏的高度及强度同轿顶护栏的要求(参见 5.4.7.4 解析)。

注意:本条没有对平台地面做出相应的要求,如果是钢制平台,可以参考 GB 4053.3—2009 中 6.4.1 的要求:"平台地板宜采用不小于 4 mm 厚的花纹钢板或经防滑处理的钢板铺装,相邻钢板不应搭接。相邻钢板上表面的高度差应不大于 4 mm"。

c) 进入平台时的防护要求

① 对于平台与通道的高度差

平台地面与入口通道平面之间的台阶高差超过 0.50 m 以后,有坠落致伤的危险,所以此处不应超过 0.50 m。此处的解析参见 5.2.6.3.2.4。

② 对于平台与通道的间隙

平台与通道门槛之间的间隙如果比较大,也存在坠落风险。因此,此处限制任何间隙不能通过直径 0.15 m 的球。此处的解析参见 5.2.5.3.1。

5.2.6.4.5.4 除了 5.2.6.4.5.3 要求之外,可收回的平台还应:
a) 设置一个符合 5.11.2 的电气安全装置,证实平台处于完全收回的位置。

> b) 设置使平台进入或退出工作位置的装置,该装置的操作可从底坑中进行,或者通过设置在井道外且仅被授权人员才能接近的装置来进行。手动操作平台的力不应大于250 N。
>
> c) 如果进入平台的通道不通过层门,则平台不在工作位置时应不能打开该通道门,或者应采取措施防止人员坠入井道。

【解析】

5.2.6.4.5.1中提到,(平台)如果进入轿厢或对重(平衡重)的运行路径,应是可收回的。如果采用可收回式平台,应满足以下要求:

a）平台位置的验证

可收回式平台在完全收回后,将离开轿厢或对重(平衡重)的运行路径,不会给电梯的运行造成影响。因此验证平台所处的位置是保证电梯安全运行所必须的条件。为此应设置一个符合5.11.2的电气安全装置来验证平台的状态,如果平台没有完全收回,应立即使驱动主机停止,并防止驱动主机启动。

b）平台的操作

对于可收回的平台,必然要通过一定的操作,使其进入或退出工作位置。操作平台的过程,也应是安全的且符合人体功效学的要求。

① 设置使平台进入或退出工作位置的装置

应设置操作平台进入或退出工作位置的装置,这个装置可以手动操作,也可以由电动(或液压等)方式操作。

② 上述装置的操作位置

操作平台进入或退出工作位置的装置,人员可以在以下位置操作:

——底坑中;

——井道外,前提是该操作装置仅能被授权的人员接近,以免被误用或滥用。

③ 手动操作平台时,对操作力的要求

操作手动平台的力应该是一个易于实现的力,本条规定这个力不应大于250 N。

根据GB/T 14775—1993《操纵器一般人类工效学要求》中5.4的要求:对于双臂操作手轮、转向把和曲柄,且每班需要操作的次数很少(小于5次)时,最大作用力不应超过200 N。

电梯的检修平台不是需要频繁操作的装置(每次作业只需要操作不超过两次),所以此处要求此力不应大于250 N,可以认为是一个易于手动操作的力。

c）进入平台的规定

进入平台的通道可以采用两种方式:

① 使用通道门进入平台

如果使用通道门作为进入平台的途径,则必须考虑人员经过通道门时的安全性,应满足以下要求:

——平台不在工作位置时应不能打开通往平台的通道门;或

——通道门在开启时能够防止人员坠入井道。

② 通过层门进入平台

由于通过层门并不只是可以进入该平台,所以也无法要求层门的开启与平台是否处于工作位置相关联。

> **5.2.6.4.5.5** 在 5.2.6.4.5.2b)的情况下,当平台伸展时,可移动止停装置应自动动作,并应设置:
> a) 符合 5.8 规定的缓冲器;
> b) 一个符合 5.11.2 规定的电气安全装置,只有止停装置处于完全收回位置,才允许轿厢移动;
> c) 一个符合 5.11.2 规定的电气安全装置,在平台伸展时,只允许止停装置处于完全伸展位置轿厢才能移动。

【解析】

平台伸展时如果进入轿厢或对重(平衡重)的运行路径,而且此时为了维护和检查,需要移动轿厢,则可能造成轿厢或对重(平衡重)冲撞平台。因此在上述情况下,当平台伸展时,可移动的止停装置应该自动进入工作位置,以保护平台及平台上的工作人员。之所以要求"可移动止停装置应自动动作",是为了避免操作人员忘记操作停止装置,或将停止装置的方向弄错。

应注意,本条只是要求了"当平台伸展时",可移动停止装置应自动动作,当平台收回时没有这个要求。

可移动止停装置应设置在轿厢或对重(平衡重)可能对平台冲撞的方向,如果轿厢和对重(平衡重)均可能从不同方向冲撞平台,则两个方向上都需要设置可移动的止停装置。为了安全可靠地使用可移动的止停装置,则需要满足以下条件:

a) 可移动止停装置上应设置缓冲装置

为了避免在制停轿厢或对重(平衡重)时产生过大的冲击,可移动止停装置上应设置符合 5.8 规定的缓冲器以避免制停轿厢或对重(平衡重)时造成轿厢或平台的损坏。

b) 应设置电气安全装置验证止停装置处于完全收回位置

由于本条所述的平台在展开时处于轿厢或对重(平衡重)的运行路径上;而且本条也没有要求当平台收回时,可移动止停装置应自动收回(只是要求了平台伸展时,可移动止停装置应自动动作)。因此,如果平台处于收回状态,而止停装置没有在完全收回位置,则可能与轿厢、对重(或平衡重)发生碰撞。为了避免这种情况的发生,应设置电气安全装置对止停装置是否处于完全收回的位置进行验证。如果该装置没有处于完全收回的位置,则应防止轿厢的一切运行。

c) 应设置电气安全装置验证止停装置处于完全伸展位置

除应设置验证止停装置处于完全收回位置的电气安全装置外，还应设置能够验证止停装置处于完全伸展位置的电气安全装置。当制停装置处于完全伸展位置时，该电气安全装置动作。此时如果平台处于伸展位置，即 5.2.6.4.5.4a)中要求的电气安全装置验证平台未处于完全收回位置的情况下，则可以通过检修控制装置移动轿厢。

> **5.2.6.4.5.6**　如果需要从平台上移动轿厢，应能够在平台上使用符合 5.12.1.5 规定的检修运行控制装置。
> 当可移动止停装置处于伸展位置时，轿厢的电动运行应只能通过该检修运行控制装置进行。

【解析】

5.2.6.4.5.5 的 c)条中已经提到，在平台上对机器设备进行检修时，如果需要人员在平台上移动电梯，则应在平台工作区域处设置一套检修控制装置。通过该装置，电梯可以在止停装置限制的范围内进行检修运行。当可移动止停装置处于伸展位置时，意味着平台上有人员在工作，为了保证人员的安全，轿厢的电动运行只能由平台上的人员通过该装置控制。

> **5.2.6.4.5.7**　用于紧急操作和动态试验所必需的装置，应按 5.2.6.6 规定设置在能够从井道外进行操作的位置。

【解析】

此条解析同 5.2.6.4.3.2。

> **5.2.6.4.5.8**　在平台上应标示允许的最大载荷。

【解析】

作为工作区域的平台，不但需要支撑在其上工作的人员的种类以及人员所携带的必要的工具施加的载荷，而且还可能用于装卸较重的设备（见 5.2.6.4.5.3）。为了保证平台不发生因超载造成坍塌的危险，必须标示出允许的最大载荷以提示使用者平台能够承受的力，以免超载。

> **5.2.6.4.6　井道外的工作区域**
>
> 当机器设置于井道内，并且需要从井道外对其进行维护和检查时，可在井道外设置满足 5.2.6.3.2.1 和 5.2.6.3.2.2 规定的工作区域，但只能通过符合 5.2.3 规定的检修门接近机器。

【解析】

本条为新增内容。

在有些情况下，机器设置于井道内，但需要从井道外对其进行维护和检查。这种情况下,井道外的工作区域可能不是只有被授权人才可以到达,因此为了保证机器、井道外人以及检修人员的安全,只能通过符合5.2.3规定的检修门才能接近机器,见图5.2-61所示。为了方便安全和容易地对有关设备进行作业,井道外的空间要求同有机房的要求,见5.2.6.3.2.1和5.2.6.3.2.2。

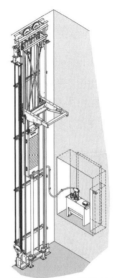
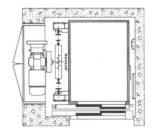

a) 曳引式电梯曳引机维修空间在井道外 b) 液压电梯泵站检修空间在井道外

图5.2-61 井道外的工作区域及检修门

5.2.6.5 机器在井道外

【解析】

本条为新增内容。

机器设备在井道外的情况,较常见的是无机房电梯的控制柜安装在井道外(层站位置,见图5.2-62),以及液压梯的驱动主机设置在井道外的情况。

图5.2-62 设置在层站处的控制柜

5.2.6.5.1　机器柜

【解析】

"机器柜"部分均为新增内容。

所谓机器柜，是指用于容纳电梯机器设备的专用柜。机器柜的作用是为设置在井道外的机器设备提供一个封闭的空间，同时通过锁闭装置，使得仅被授权人员才可接近井道外的机器设备。

设置在井道外的控制柜外壳可以看作是机器柜。此外，常见的机器柜还有安放液压梯驱动主机的机柜，见图 5.2-63。

图 5.2-63　安装在机器柜中的液压梯驱动主机

5.2.6.5.1.1　电梯的机器应设置在机器柜内，该柜不应用于电梯以外的其他用途，也不应包括非电梯用的管槽、电缆或装置。

【解析】

机器在本部分的中定义是指控制柜、驱动主机、主开关和用于紧急操作的装置等设备。当以上这些设施设置在井道外时，如果被非授权人员接近，极易造成人身伤害和电梯部件的损坏。因此当机器在井道外时，为了避免人身伤害或有人干扰机器的正常运行，电梯的机器应该被放置在一个非授权人员无法接近的空间内。如图 5.2-63 所示，通常采用机器柜来放置机器，机器柜的作用与机房类似。因此对于机器柜而言，机房、井道和滑轮间的专用要求（见 5.2.1.2.1）也必须满足，即机器柜必须是电梯专用的，不得用于其他用途。同时，机器柜中也不能设置其他非电梯用的管槽、电缆或装置，以防止这些电缆或装置干扰电梯的正常运行。

这里应注意，虽然控制柜也属于机器，当它设置在井道外时，如果控制柜外壳可以满足本条对机器柜的相关要求（如封闭、带锁、足够的开口等），控制柜柜体本身就可以视作"机器柜"，不必在其外面再套一个"机器柜"，如图 5.2-18。

5.2.6.5.1.2　机器柜应由无孔的壁、底、顶和门组成。

仅允许有下列开孔:

a)　通风孔;

b)　电梯功能所需的井道与机器柜之间的必要的开孔;

c)　火灾情况下的烟气排放孔。

如果非被授权人员容易接近这些开孔,则应符合下列要求:

——根据 GB/T 23821—2009 中表 5 防止与危险区域接触的要求进行防护;

——防护等级不低于 IP2XD(见 GB/T 4208)防止与电气设备接触。

【解析】

机器在井道外时,机器柜应该能有效地防止人员接触柜内的机器,所以机器柜应由无孔的壁、底、顶和门组成。但是出于功能需要可以开以下几种孔:

a) 通风孔

由于在电梯运行过程中驱动主机以及驱动系统(变频器)和控制系统会发热,如果不能有效散热,将会对电梯的正常运行产生影响。因此设置驱动主机的机器柜以及控制柜可以设置通风孔,在电梯运行过程中降低上述部件的温升。

b) 电梯功能所需的井道与机器柜之间的必要的开孔

常见的"井道与机器柜之间的必要的开孔"如下:

①　液压电梯的管路开口;

②　控制系统的进线、出线孔;

③　驱动主机的布线开口。

以上开口及其他功能性开口,是电梯运行所必须的,因此允许在机器柜上设置这些开口。

c) 火灾情况下的烟气排放孔

机器柜上还可能设置在火灾情况下的排烟排气孔。

由于机器柜的作用是为了使非被授权人员无法接近电梯的机器设备,因此如果上述开口可导致机器设备被无关人员接近,则应做相应的防护,以防止人员接触机械和电气设备。

①　防止人员上肢与危险区域接触

防止人员上肢接触到危险区域,最直接和彻底的方法就是采用安全距离,将人员的上肢与危险区域通过足够的空间进行隔离。而采取这种方法的最重要的方面就是确定"足够的空间"的确切距离。可以根据 GB/T 23821—2009《机器安全　防止上下肢触及危险区的安全距离》来确定这个距离。本条的要求是根据 GB/T 23821—2009 中表 5 的要求进行防护。

与本部分 5.2.5.5.1a)和 5.2.5.5.2 的规定有所不同:上述两条涉及 GB/T 23821—2009 标准中 4.2.4.1,即 14 岁及以上人群通过开口触及危险区域的距离;表 5 是 GB/T 23821—2009 中 4.2.4.2 的要求,既适用于较小上肢厚度尺寸和 3 岁以上人群的行为。这是因为如果机器设备设置在井道外的机器柜内,机器柜的功能性开口可能会被不同的人群所接触，包括3岁及以上的儿童，需要对这一类人员也进行必要的防护。因此本条要求使用 GB/T 23821—2009 中表5的规定。

GB/T 23821—2009 的相关内容见"GB/T 7588.1 资料 5.2-7"的介绍。

② 防止人员接触电气设备

由于机器有带电的部分，所以要防止人员不慎触电发生危险。触电是指电流通过人体而引起的病理、生理效应。触电一般分为两种：直接触电和间接触电。

直接触电

人身直接接触电气设备或电气线路的带电部分而遭受的电击。它的特征是人体接触电压，就是人所触及带电体的电压；人体所触及带电体所形成接地故障电流就是人体的触电电流。直接触电带来的危害是最严重的，所形成的人体触电电流远大于可能引起心室颤动的极限电流。直接触电必须采用防护罩进行防护。

间接触电

人员接触正常情况下不带电的导体，但这些导体由于电气设备故障或是电气线络绝缘损坏发生单相接地故障，导致其外露部分存在对地故障电压（这就是一般我们所称的漏电），人体接触此外露部分而遭受的电击。它主要是由于接触电压而导致人身伤亡的。为防止间接触电（漏电）对人的伤害，可采用接地的方法。

机器柜开口最容易导致人员直接触电。因此对机器柜的开口的防护等级进行了要求，即外壳防护等级不低于 GB/T 4208—2017《外壳防护等级（IP代码）》中规定的 IP2XD。

所谓外壳，是指能防止设备受到某些外部影响并在各个方向防止直接接触的设备部件。这里的 IP2XD 是防护等级的代号，其相关要求见 GB/T 4208。所谓"防护等级"是指按 GB/T 4208 规定的检验方法，外壳对接近危险部件、防止固体异物进入或水进入所提供的保护程度。"IP代码"是表明外壳对人接近危险部件、防止固体异物或水进入的防护等级以及与这些防护有关的附加信息的代码系统。

根据 GB/T 4208 中的规定，外壳防护等级为 IP2XD 时，可以防止手指接近危险部件，其具体防护指标是直径不小于 12.5 mm 的固体不得进入外壳内，D 表示的是防止接近的危险部件是金属线。GB/T 4208 相关内容见"GB/T 7588.1 资料 5.10-3"的介绍。

5.2.6.5.1.3 机器柜的门应：
　　a） 具有足够的尺寸，以便进行所需的作业；
　　b） 不向机器柜内开启；
　　c） 具有用钥匙开启的锁，不用钥匙也能关闭并锁住。

【解析】

作为安放电梯机器设备的空间，机器柜的门不仅是防止机器设备被无关人员接触，而且也是被授权的人员对机器设备进行作业的途径。因此，为了方便地工作，机器柜的门需要具有足够的尺寸。

此外，机器柜的门应该在被授权的人员操作完毕之后，将机器与无关人员隔离开，因此机器柜应设置锁，只有被授权人员才能拿到钥匙，使用钥匙打开机器柜。而关闭时应能方便地锁住，因此要不用钥匙也能关闭并锁住。

由于机器柜的空间有限，向内开启的门还可能会碰到内部的机器设备，造成不必要的损坏。为了避免损坏设备和造成作业不便，要求机器柜的门应向外开启。

5.2.6.5.2　工作区域

机器柜前面的工作区域应满足 5.2.6.4.2 的规定。

【解析】

参见 5.2.6.4.2 解析。

5.2.6.6　紧急和测试操作装置

5.2.6.6.1　在 5.2.6.4.3、5.2.6.4.4 和 5.2.6.4.5 的情况下，应在紧急和测试操作屏上设置必要的紧急和测试操作装置，以便在井道外进行所有的电梯紧急操作和动态测试，例如：曳引、安全钳、缓冲器、轿厢上行超速保护、轿厢意外移动保护、破裂阀、节流阀、棘爪装置、缓冲停止和压力等测试。只有被授权人员才能接近该屏。

如果紧急和测试操作装置未设置在机器柜内，则应采用适合的盖板防护。该盖板应：

　　a)　不向井道内开启；

　　b)　具有用钥匙开启的锁，不用钥匙也能关闭并锁住。

【解析】

本条为新增内容。

当机器设备安装在井道内时，如果人员对机器设备的操作（即工作区域）需要在轿顶或轿厢内（见 5.2.6.4.3）、底坑内（见 5.2.6.4.4）或平台上（见 5.2.6.4.5）时，考虑到人员接近机器的难度较高，因此应设置紧急和测试操作装置，通过该装置应能在井道外进行所有的电梯紧急操作和动态测试。

为了保证人员和设备的安全，紧急和测试操作装置应能防止被无关人员误用或滥用。简单的方法就是将上述装置设置在符合 5.2.6.5 要求的机器柜中。

如果这些装置没有设置在机器柜内，则也应设法使该装置仅能由被授权人员接近，即采用合适的盖板进行防护。对于盖板，应满足以下要求：

a)　避免妨碍电梯正常运行或伤害到操作人员，盖板不得向井道内开启。

b)　盖板应能被锁闭

①　为保证紧急操作和测试操作装置的专用，盖板的锁应只能用钥匙开启。

② 为了最大限度地避免盖板没有锁闭的情况,盖板的锁应不用钥匙也能关闭并锁住盖板。

> 5.2.6.6.2　紧急和测试操作屏应具有:
>
> a)　符合 5.9.2.2.2.7 和 5.9.2.3(或 5.9.3.9)规定的紧急操作装置以及符合 5.12.3.2 规定的对讲系统;
>
> b)　能进行动态测试的控制装置;
>
> c)　显示装置或直接观察驱动主机的观察窗,应能获得下列信息:
>
> 　　1)　轿厢运行的方向;
>
> 　　2)　轿厢到达开锁区域;
>
> 　　3)　轿厢的速度。

【解析】

本条为新增内容。5.2.6.6 要求应设置紧急和测试操作屏装置,本条对该设备做了进一步要求:

a) 应设置紧急操作装置

如果电梯因突然停电或发生故障而停止运行时,轿厢可能停在两层之间;电梯蹲底或冲顶时轿厢也可能会停留在开锁区之外,这种情况会导致人员被困。紧急操作装置就是为了在出现上述情况时,使救援人员可通过非常规的操作,以手动或电动的方式将轿厢移动到平层位置,并将轿厢内乘客救援到安全的地方而设置的救援装置。进入井道内进行救援,既难以操作也无法保证救援人员的安全,因此要求紧急操作装置井道外可以操作。

紧急操作装置应具有以下功能:

① 可以打开驱动主机制动器(具体要求见 5.9.2.2.2.7);

② 将轿厢安全地移动到开锁区域(具体要求见 5.9.2.3 或 5.9.3.9);

③ 轿厢内和紧急操作处通话的对讲系统(具体要求见 5.12.3.2)。

b) 应设置测试操作装置

在电梯交付使用前,应对电梯的安全保护功能进行全面检查(见本部分第 6 章)。使用周期内,也应定期对电梯进行维护保养和检查测试。有些检查测试需要移动轿厢,甚至需要在比正常运行的工况更加恶劣的情况下进行(如 6.3.3 要求的曳引检查,需要电梯载有125%额定载荷的情况下以额定速度运行)。与曳引检查类似,安全钳、缓冲器、轿厢上行超速保护、轿厢意外移动保护、破裂阀、节流阀、棘爪装置、缓冲停止和压力等测试也需要在电梯运行的状态下进行,这些就是所谓的"动态测试"。这些测试如果要求人员在井道内进行,将难以保证测试人员的人身安全,因此必须设置测试操作装置,以便上述动态试验能在井道外进行。

应注意,如果对重(平衡重)上设置了安全钳(见 5.2.5.4),则该安全钳也应在能够紧急和测试操作屏上进行测试。

c）应有能够获取轿厢运动和位置信息的装置

无论紧急操作还是测试电梯，都需要能够随时了解轿厢运行和位置的准确信息。因此，紧急操作和测试装置上，应有能获取上述信息的装置，见图5.2-64。

① 装置可采用以下形式：

——显示装置

一个类似于轿厢楼层显示器的装置或专用显示屏，通过它能够随时获取轿厢的动态信息。

——直接观察驱动主机的观察窗

通过观察窗能够看到驱动主机的曳引轮和钢丝绳。

② 通过显示装置或观察窗能够获取轿厢的动态信息包括以下内容：

——轿厢运行的方向

轿厢的运行方向可以由显示器（显示屏）获得，例如显示向上或向下的箭头等方式，也可通过观察窗直接观察轿厢的运动方向。当观察窗无法直接看到轿厢或对重（平衡重）时，能够从曳引轮、钢丝绳的运动方向判定其是否满足要求。

——轿厢到达开锁区域

当轿厢到达开锁区时，应能从显示器（显示屏）上获得相应的信息，例如显示层站名或其他方式。也可通过观察窗，根据预先在钢丝绳上做出的标记判断轿厢是否到达开锁区。

——轿厢的速度

能够通过显示器（显示屏）或观察窗判断轿厢的速度是否处于安全范围，以免超速发生失控的情况。

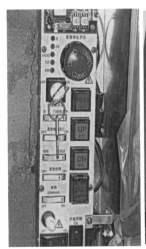 

a）紧急和测试操作装置及照明　　b）紧急和测试操作装置设置在机器柜中

图5.2-64　紧急和测试操作装置

5.2.6.6.3　应采用永久安装的电气照明，使紧急和测试操作屏上的紧急和测试操作
装置的照度不应小于 200 lx。

应在该屏上或靠近该屏的位置设置用于控制该屏照明的开关。

该照明的电源应符合 5.10.7.1 的规定。

【解析】

参见 5.2.1.4.2 解析。

5.2.6.6.4　在紧急和测试操作屏的前面应有符合 5.2.6.3.2.1 规定的面积。

【解析】

参见 5.2.6.3.2.1 解析。

5.2.6.7　滑轮间的结构和设备

【解析】

从名词术语来看，机房(3.27)和滑轮间(3.42)最根本的区别是：机房可以用于安装全
部或部分机器设备，包括安装电梯驱动主机、控制柜及驱动系统、主开关和用于紧急操作的
装置、限速器等设备；滑轮间仅供设置滑轮，也可放置限速器。

5.2.6.7.1　尺寸

5.2.6.7.1.1　滑轮间应有足够的空间，以便被授权人员能够安全和容易地接近所有
设备。

特别是：

a)　供人员活动的区域的净高度不应小于 1.50 m。

该净高度从通道地面测量到顶部突出物最低点。

b)　对于有必要进行维护和检查的运动部件的部位，应提供至少为 0.50 m×
0.60 m 的水平净面积。通往该区域的通道宽度至少为 0.50 m。如果没有运
动部件或 5.10.1.1.6 所述的热表面，宽度可减少到 0.40 m。

【解析】

本条与 GB 7588—2003 中 6.4.2.1 和 6.4.2.2 相对应。

由于滑轮间的主要功能是放置电梯的滑轮，因此与机房相比对于滑轮间的空间要求较
低，仅需要"授权人员能够安全和容易地接近所有设备"即可。

a) 滑轮间的高度要求

滑轮间内，供人员活动的区域的净高度不应小于 1.50 m，此净高度应从滑轮间顶部最
突出的点测量至地面。根据 GB/T 13547—1992《工作空间人体尺寸》，人员采用跪姿时，体

高为 1 330 mm(男性,18～60 岁,99 百分位数,见 4.3.2)。而采用坐姿时,中指指尖点上举高为 1 467 mm(男性,18～60 岁,99 百分位数,见 4.2.5),可见 1.5 m 为人员以坐姿进行操作的必要高度。由此可见,滑轮间至少应提供人员以跪姿或坐姿工作的必要空间。

b) 检修面积要求

在每一个需要检查维护的运动部件周围应通畅,且均应留出没有障碍的地面净空面积,此面积不小于 0.5 m×0.6 m。

c) 通道要求

通道要求参见 5.2.6.3.2.2 解析。

5.2.6.7.1.2 在无防护的滑轮上方应有不小于 0.30 m 净垂直距离。

【解析】

参见 5.2.6.3.2.3 解析。

5.2.6.7.2 开口

在满足使用功能前提下,楼板和滑轮间地面上的开口尺寸应减到最小。

为了防止物体通过位于井道上方的开口(包括用于电缆或套管穿过的开口)坠落的危险,应采用凸缘,该凸缘应凸出楼板或完工地面至少 50 mm。

【解析】

参见 5.2.6.3.3 解析。

5.3 层门和轿门

【解析】

本条涉及到"4 重大危险清单"的"距离地面高""运动元件""挤压危险""剪切危险""人员的滑倒、绊倒和跌落(与机器有关的)""人员从承载装置坠落"等相关内容。

电梯层门和轿门是乘客或使用者进入轿厢的入口,在使用电梯时首先接触到或看到是电梯层门部分。门系统不但是确保电梯和人员安全的部件,同时由于其与建筑物密不可分,还承担着建筑内美观方面的功能。

曾有资料统计,有 80% 的电梯故障和 70% 以上的电梯事故是由于电梯门系统故障引起的,虽然可能并不精确,但可以看出门系统对于保护人员的安全和电梯的正常运行有着极其重要的作用。

门系统安全性能主要表现在以下几个方面:

(1) 层门和轿门本身的强度;

(2) 层门和轿门的锁闭及证实锁闭的电气安全装置;

（3）层门的自闭；

（4）层门和轿门在关闭过程中对碰撞、剪切、挤压的保护。

ISO/TC178/WG4（国际标准化组织，电梯、服务梯、自动扶梯及自助人行道标准化技术委员会，其第4工作组）在论述电梯层门时提及："每个电梯安全标准（这里指的是每个国家的电梯安全标准）都承认电梯门的开闭与锁紧是保证电梯使用者安全的首要条件。"

本章是对层门和轿门的要求，并不是对层站和轿厢的要求，因此有关层站和轿厢的一些其他设备，如按钮、指示器等部件，由于其选取形式、设置位置等与电梯的安全没有关系，在本章中并没有加以规定。

如果电梯需要具有特殊功能，如无障碍操作、火灾时供消防员使用等时，层站和轿内的相关设备应能够满足其设计使用功能。比如消防员用电梯的层站按钮和显示器应能工作在较高的温度环境下（在0～65 ℃情况下能够工作2 h）；无障碍电梯需要盲文按钮、低位按钮（距地面应在0.90～1.10 m）等。此外在电梯采用无障碍化设计时还应注意：由于轮椅具有一定尺寸，为保证乘坐轮椅的残障人士容易使用电梯，候梯厅呼梯按钮不应设置在两面墙壁的拐角处。呼梯按钮距离最近的墙壁或两墙壁的拐角应不小于500 mm。这些要求虽然在本部分中并没有强制规定，但当电梯需要具有特定功能时，不但要充分满足本部分中的一般性安全要求，同时必须考虑到电梯的特殊功能而加以合理的特殊设计。本标准不能代替其他的通用及专门标准。

本节是对GB 7588—2003相关条文的整合和重新分配，本部分的条文与旧版标准的条文在内容的分布上差异较大。本部分5.3与GB 7588—2003中的7（层门）、8.5～8.11（轿门）以及第1号修改单相对应。

关于层门和轿门的比较，可参见"GB/T 7588.1资料5.3-5"。

5.3.1　总则

【解析】

本条涉及到"4　重大危险清单"的"吸入或陷入危险"。

5.3.1.1　进入轿厢的井道开口处应设置层门，轿厢的入口应设置轿门。

【解析】

本条与GB 7588—2003中7.1和8.5相对应。

电梯在层站（即，进入轿厢的井道开口）处应设置层门，以防止人员坠入井道或被运动的电梯部件伤害。与设置层门的原因类似，轿厢的入口应设置轿门，与家用电梯不同（参见GB/T 21739—2008《家用电梯制造与安装规范》中7.13.3），乘客和载货电梯均不允许使用无轿门结构。

5.3.1.2　门应是无孔的。

【解析】

本条与 GB 7588—2003 中 7.1 和 8.6.1 相对应。

本条明确表明,在乘客和载货电梯上,无论是层门还是轿门均应是无孔的。

(1) 对于层门

有孔的层门可能对人员手臂、手指造成剪切,因此不允许使用(例如图 5.3-1 的栅栏门)。

(2) 对于轿门

与 GB 7588—2003 有所不同,本部分不再允许任何形式的网状或带孔的板状形式的轿门(GB 7588—2003 中 8.6.1 允许当轿门采用垂直滑动门时采用有孔形式)。

应注意,如果采用了垂直滑动门,由于轿门不得开孔或镂空,在轿厢内用持续操作的方式关闭层门和轿门时,需要监视候梯厅侧是否出现挤压人员的事故或是否发生机构上的故障。根据 5.3.6.2.2.3a) 的要求:垂直滑动门"门的关闭是在使用者持续控制和监

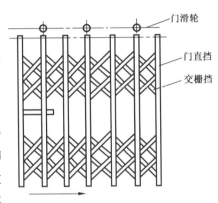

图 5.3-1　栅栏门(不允许使用)

视下进行,如:持续操作运行控制"和 5.3.6.2.2.3d) 要求的"层门开始关闭之前,轿门至少已关闭到 2/3",此时必须提供其他手段,使得轿门至少在关闭 2/3 的情况下,关闭层门时依然能够在轿厢内监视层门的关闭情况(比如通过在层站上加设监视探头,配合轿内的显示装置实现)。

5.3.1.3　除必要的间隙外,层门和轿门关闭后应将层站和轿厢的入口完全封闭。

【解析】

本条与 GB 7588—2003 中 7.1 和 8.6.2 相对应。

为了防止坠落和剪切风险,本条与 5.3.1.2 一同限定了当层门和轿门关闭后,门的活动部件(门扇等)和门的固定部件(门框、地坎等)相配合,能将入口完全遮挡起来。

由于门是运动部件,与门框、地坎等固定部件之间必然存在必要的运动间隙,这些间隙必须受到限制(参见 5.3.1.4)。

5.3.1.4　门关闭后,门扇之间及门扇与立柱、门楣和地坎之间的间隙不应大于 6 mm。由于磨损,间隙值可以达到 10 mm,符合 5.3.6.2.2.1 i)3) 的玻璃门除外。如果有凹进部分,上述间隙从凹底处测量。

【解析】

本条与 GB 7588—2003 中 7.1 和 8.6.3 相对应。

本条规定的"门关闭后，门扇之间及门扇与立柱、门楣和地坎之间的间隙"应理解为：

——"门扇之间的间隙"系指相邻的每扇门相互之间（无论是中分、旁开、双扇、四扇等）的间隙。

——"门扇与立柱、门楣和地坎之间的间隙"是指门扇与最邻近该门扇的这些部件之间的间隙。

上述间隙见图5.3-2所示。

如果本条所述的部件之间间隙偏大，不仅影响美观以及导致异物坠入井道等风险，更重要的是由于门扇（运动部件）与立柱、门楣及地坎（固定部件）之间的相对运动容易造成人员肢体卷入这些间隙发生挤压伤害（最常见的如夹手等）。

出于避免运动部件之间的刮擦的考虑，上述位置的部件之间留有一定的运动间隙是必要的，同时为了保证使用者的安全，这些间隙必须加以限制：对新安装的客梯，本条中所述的间隙最大不能超过6 mm；对于使用一段时间发生磨损的电梯，上述间隙都不能超过10 mm。

本部分的目的是避免人身伤害、环境及设备的破坏等，对于电梯性能方面并不作强制性限定，如果本条所述的间隙过小，可能造成门扇和门框的刮擦，但由于不涉及人身安全，因此并不限定间隙的最小值。同样为了保证安全，规定了"如果有凹进部分，上述间隙从凹底处测量"，目的就是避免挤压或剪切使用人员的手。

对应在门上设置凹下的手柄。

CEN/TC 10 的解释：本条的目的是避免剪切事故。仅当两个门柱之间的距离满足无论门扇在何位置，手柄保持在门柱之间的净距离范围内时，才允许设有凹进的手柄。

对于符合5.3.6.2.2.1i)3)的玻璃门，由于其各部件之间的间隙要求更加严格（如，从地坎到至少1.60 m高度范围内，门扇与门框之间的间隙不应大于4 mm，如因磨损，则该间隙值可达到5 mm等），因此不适用本条。

此外，本条要求的测量条件为"门关闭后"，水平滑动旁开门和两扇以上的水平滑动中分门在开关门过程中会出现此间隙较大的情况（如图5.3-2 c)中所示），不能在此工况下测量。

a) 门扇与立柱之间的间隙　　b) 门扇与地坎之间的间隙　　c) 双扇旁开门未关闭时

图5.3-2　门扇与立柱、地坎、门楣之间的间隙

5.3.1.5 对于铰链轿门，为防止其旋转到轿厢外面，应设置撞击限位挡块。

【解析】

本条与 GB 7588—2003 中 8.6.4 相对应。

本条规定了轿门为铰链门时，其开启方向应是向轿内开启，同时还要有防止其向轿厢外摆动的限位装置。通常是采用凸出的门扇边缘来实现这个功能，如图 5.3-3 所示。

铰链式轿门不得向轿外开启是因为即便是在轿厢停靠某层并已经平层以后，轿厢和层站的相对位置依然可能发生变化（如自动再平层）。如果铰链式轿门向

图 5.3-3　铰链门

外开启，在轿厢和层站相对位置发生变化时轿门可能被卡住而无法关闭造成轿门损坏。同时，在平层位置，由于平层误差，存在无法打开轿门的情况。

5.3.2　入口的高度和宽度

5.3.2.1　高度

层门和轿门入口的净高度不应小于 2 m。

【解析】

本条与 GB 7588—2003 中 7.3.1 和 8.1.2 相对应。

层门和轿厢入口的净高度是指层站和轿厢地坎上表面到层门和轿门门楣下沿的距离。

虽然都是通道门，层门和轿门的净高尺寸要求与井道和轿厢安全门有所不同，层、轿门的高度要求最小净高度为 2 m，而井道、轿厢安全门最小高度为 1.8 m。这是因为电梯在正常使用中，出入层门轿门的乘客没有专业人员指导和陪伴，且 1.8 m 的高度不足以避免乘客出入层站和轿厢时发生碰撞。而井道安全门是用于救援乘客，在救援操作时，乘客处于专业人员的指导或陪伴之下可以避免安全门高度不足造成的碰撞，因此两者面临的风险严重程度不同。由于上述原因，因此，要求层门和轿门的高度大于井道、轿厢安全门的高度。

5.3.2.2　宽度

层门入口净宽度比轿厢入口净宽度在任一侧的超出部分均不应大于 50 mm。

【解析】

本条与 GB 7588—2003 中 7.3.2 相对应。

本条要求的情况如图 5.3-4
所示：

本条规定应是出于下述原
因：由于轿门的宽度可以和轿厢
等宽，如果允许层门比轿门的宽
度大很多，层门的门框与轿厢的
外轮廓之间如果存在较大间隙，
这个间隙可能会卡住人员而发
生危险。

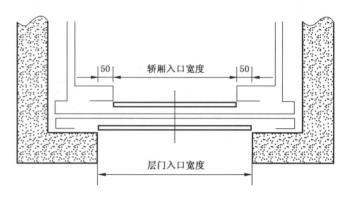

图 5.3-4　层门净宽度要求

虽然在轿厢入口的规定上，
并没有类似的条文规定"轿厢净入口宽度比层门净入口宽度在任一侧的超出部分均不应大
于 50 mm"。但必须注意以下内容：5.4.5 论述了轿厢护脚板；5.2.5.3.2 论述了牛腿或层
门护脚板。但这两个护脚板的宽度要求却不一样：5.4.5 要求轿厢护脚板"其宽度应至少等
于对应层站入口的整个净宽度"；5.2.5.3.2 要求每个层门地坎下的电梯井道壁（其实就是
牛腿或层门护脚板）"不应小于门入口的净宽度两边各加 25 mm"。如果轿门比层门宽，则
不应超过层门护脚板的宽度。

应注意，如果轿厢有多个入口时，本条是针对同一侧的层门和轿厢入口的要求。

5.3.3　地坎、导向装置和门悬挂机构

5.3.3.1　地坎

每个层站及轿厢入口均应设置具有足够强度（见 5.7.2.3.6）的地坎，以承受通过
其进入轿厢的载荷。

注：在各层门地坎前面有稍许坡度，有助于防止洗刷、喷淋装置等的水流进井道。

【解析】

本条与 GB 7588—2003 中 7.4.1 相对应。

地坎的强度和电梯的用途密切相关，尤其是载货电梯，必须考虑地坎可能受到的最大
载荷。关于地坎作用力的相关要求见 5.7.2.3.6。

5.3.3.2　导向装置

5.3.3.2.1　层门和轿门的设计应能防止正常运行中脱轨、机械卡阻或错位。

【解析】

本条与 GB 7588—2003 中 7.4.2.1 和 8.6.6 的部分内容相对应。

本条要求了电梯层门应有良好的导向。导向装置应能防止层门在正常运行中出现脱轨，卡阻或行程终端时错位的情况。这样就要求导向装置在层门/轿门正常运行的整个过程中都应提供顺畅、有效的导向。

5.3.3.2.2 水平滑动层门和轿门的顶部和底部都应设置导向装置。

【解析】

本条与 GB 7588—2003 中 7.4.2.2 和 8.6.6 相对应。

水平滑动层门的结构特点决定了如果只在顶部或底部设置导向装置，在门受到垂直于门扇方向的水平力的作用时，如果力的作用点正好靠近没有导向的一侧，则水平滑动层门无法保持在正常位置上，同时也会使水平滑动门难以满足强度。门地坎和门滑块是门的导向组件，与门导轨和门滑轮配合，使门的上、下两端（对于垂直滑动门而言是左右两边）均受导向和限位。门在运动时，门滑块沿着地坎槽滑动，门滑块的作用是保证门扇在正常外力作用下不会倒向井道。图 5.3-5 是水平滑动轿门及其上、下导向装置的示意图，层门的相应结构与此类似。

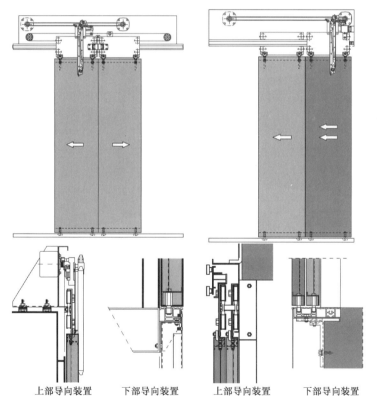

上部导向装置 下部导向装置 上部导向装置 下部导向装置

a) 双扇中分式水平滑动门及其导向装置 b) 双扇侧开式水平滑动门及其导向装置

图 5.3-5 水平滑动门及其导向装置

5.3.3.2.3　垂直滑动层门和轿门两侧都应设置导向装置。

【解析】

本条与 GB 7588—2003 中 7.4.2.3 和 8.6.6 相对应。

垂直滑动门与水平滑动门的最大区别在于门开合的方向不一样，水平滑动门是往两边开，垂直滑动门的是往上下开。与水平滑动层门类似，如果只在一侧设置导向装置，在门受到垂直于门扇方向的水平力的作用时，如果力的作用点正好靠近没有导向的一侧，则垂直滑动层门很难保持在正常位置上。

5.3.3.3　垂直滑动门的悬挂机构

【解析】

本条的内容与 GB 7588—2003 中 7.4.3 相对应。

垂直滑动门的悬挂机构见图 5.3-6。应注意的是，本条所有内容是针对垂直滑动门而制定的，对于最常见的水平滑动门，并不做此要求。垂直滑动门的结构及部件见图 5.3-6a)。

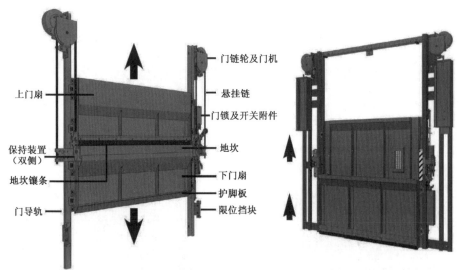

a) 双扇对开式垂直滑动门及其导向装置和悬挂机构　b) 双扇上开式垂直滑动门及其导向装置和悬挂机构

图 5.3-6　垂直滑动门及其导向装置和悬挂机构

5.3.3.3.1　垂直滑动层门或轿门的门扇应固定在两个独立的悬挂部件上。

【解析】

本条与 GB 7588—2003 中 7.4.3.1 和 8.6.6 相对应。

这一条要求是为了保证如果其中的一个悬挂部件断裂，也不会造成门扇整体或部分下落而发生危险。

CEN/TC 10 对于本条的解释:如果仅有一个悬挂元件,它在断裂时不会引起门的全部或部分的坠落,不会在层站入口处产生超过 30 mm 宽的间隙,同时也不会在轿厢入口处产生超过 60 mm 宽的间隙,则视为满足本部分的要求。

> **5.3.3.3.2** 悬挂用的钢丝绳、链条和带的设计安全系数不应小于 8。

【解析】

本条与 GB 7588—2003 中 7.4.3.2 相对应。

本条对垂直滑动门悬挂传动部件(钢丝绳、链条或带等)的安全系数作出了要求,其目的是在设计时采用充足的裕量,在通常使用环境下不会损坏至濒临危险的状态(见 0.4.12)。

> **5.3.3.3.3** 悬挂用的钢丝绳滑轮的节圆直径不应小于钢丝绳公称直径的 25 倍。

【解析】

本条与 GB 7588—2003 中 7.4.3.3 相对应。

本条要求的比值,是为了在垂直滑动门的悬挂钢丝绳与绳轮配合使用时,钢丝绳具有较长的寿命,以避免在两次维护间隔中发生损坏(见 0.4.4)。

对此可参见"GB/T 7588.1 资料 5.5-3"介绍。

> **5.3.3.3.4** 悬挂用的钢丝绳和链条应加以防护,以防脱出滑轮槽或链轮。

【解析】

本条与 GB 7588—2003 中 7.4.3.4 相对应。

如果使用了钢丝绳或链条作为垂直滑动门的悬挂部件,为了避免由于钢丝绳脱离绳槽或链条脱离链轮造成门扇异常,这两种悬挂部件都应加以防护,避免上述意外的发生(参见图 5.3-6)。

> **5.3.4 水平间距**
>
> **5.3.4.1** 轿厢地坎与层门地坎之间的水平距离不应大于 35 mm(见图 3)。

【解析】

本条与 GB 7588—2003 中 11.2.2 相对应。

为防止乘客在进出轿厢时,乘客的鞋进入轿厢与层门之间的间隙,在入口地坎处被绊倒或卡住的风险,要求轿厢地坎与层门地坎之间的间隙不大于 35 mm。这个间距是最低要求,当电梯需要提供特殊服务时(如残疾人用),这个间隙应能满足特殊的使用要求(小于此距离)。

> **5.3.4.2** 在整个正常操作期间,轿门前缘与层门前缘之间的水平距离,即通向井道的间隙,不应大于 0.12 m(见图 3)。
>
> 在层门前面,如果建筑有其他的门,应避免人员被困在两门之间(也见 5.2.2.1 和 5.2.2.3)。

【解析】

本条与 GB 7588—2003 中 11.2.3 相对应。

本条指的是在轿厢停止在层站时,轿门与层门在正常操作时(无论门扇是在运动的情况下还是在停止的情况下),两者前边缘之间的水平距离不超过 0.12 m,这个要求为的是保证人员(包括儿童)进入层门和轿门之间的安全空间。根据 GB/T 12265—2021《机械安全　防止人体部位挤压的最小间距》中 4.2 中的相关内容,防止人员脚和手臂被挤压的最小距离均是 120 mm,本条要求同时也防止了人员手臂或脚被卡在层门、轿门之间。

此外,层站处通往通道若有其他的门,此门应不用钥匙可从层站内打开,以防止这些门与墙壁构成的封闭空间将人员困住。

> 5.3.4.3　对于下列组合,关闭后的门之间的任何间隙(见图 8、图 9、图 10)均应不能放下直径为 0.15 m 的球:
> 　　a)　铰链式层门和折叠式轿门(见图 8);
> 　　b)　铰链式层门和水平滑动轿门(见图 9);
> 　　c)　非机械联动的水平滑动轿门和层门(见图 10);

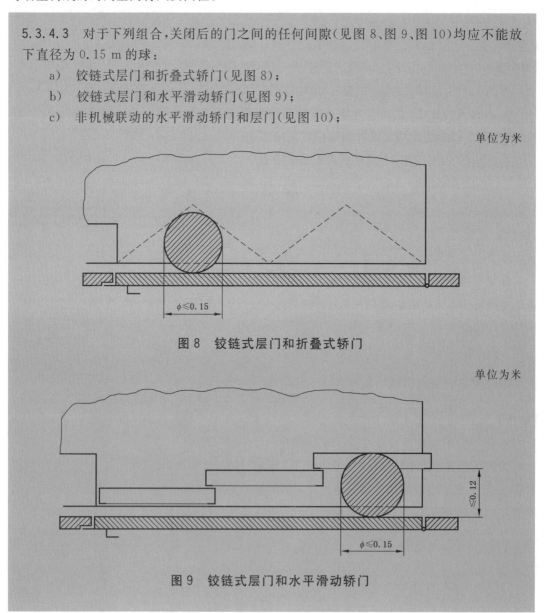

图 8　铰链式层门和折叠式轿门

图 9　铰链式层门和水平滑动轿门

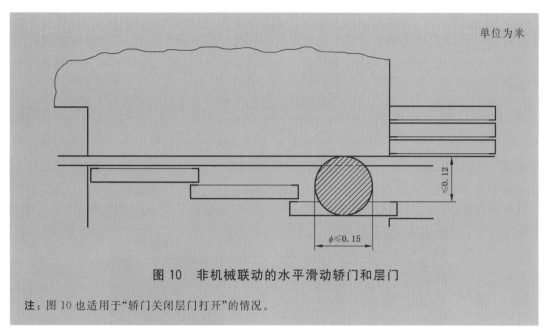

单位为米

图 10 非机械联动的水平滑动轿门和层门

注:图 10 也适用于"轿门关闭层门打开"的情况。

【解析】

本条与 GB 7588—2003 中 11.2.4 相对应。

本条所述的三种情况,均是轿门和层门处于非机械联动的情况。这种情况下,如果门扇之间的间隙过大,仅靠门扇边缘距离不超过 120 mm(5.3.4.2)无法保证人员不会进入门扇之间,并停留在此间隙中。因此必须对本条所述的三种情况的门间隙进行限制。

图 5.3-7a)~c)分别对应了图 8~图 10 的情况,可参照理解。

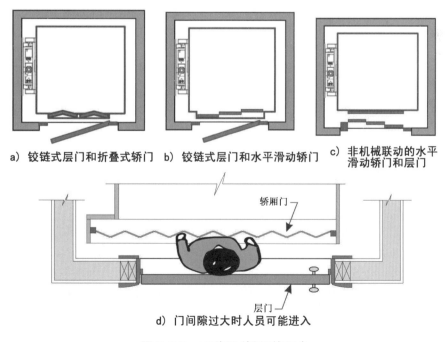

a) 铰链式层门和折叠式轿门　b) 铰链式层门和水平滑动轿门　c) 非机械联动的水平滑动轿门和层门

d) 门间隙过大时人员可能进入

图 5.3-7 三种层/轿门的组合

a) 中所述情况，由于铰链门的开启过程不是在水平方向或垂直方向滑动，而是向井道外开启，因此要求在门关闭的情况下进行门扇之间的间隙测量。此外，由于铰链式层门和折叠门轿门在关闭后不一定是水平的或彼此平行的，为了保证轿门与层门闭合后的水平距离不至过大，因此采用本条规定的方法测量这个间隙。

　　b) 中所述情况，与a)情况类似，如果此间隙过大也可能存在人员进入的风险。同理，b)中的组合也应在门关闭的情况下进行间隙测量。

　　c) 中所述情况，由于层门和轿门均是水平滑动门形式，图10所示情况在测量间隙时，只要轿门关闭，无论层门是否关闭均应满足本条的间隙要求。

　　铰链式层门和折叠式轿门见图5.3-8所示。

　　此外，轿门前缘与层门前缘之间的水平距离，仍需满足不大于0.12 m的要求。

a) 铰链式层门　　　　**b) 铰链**

c) 折叠式轿门

图5.3-8　铰链式层门和折叠式轿门

5.3.5　层门和轿门的强度

【解析】

　　有关层门和轿门强度的要求，是本次GB 7588—2003修订重大的修改之一。

5.3.5.1 总则

在预期的环境条件下，部件的材料应在预期寿命内保持足够的强度。

【解析】

本条与 GB 7588—2003 中 7.2.1 相对应。

这里并没有强制规定门及其框架用某种特定材料制成（如金属），用任何材料都可以，但应满足"门在预期寿命内保持足够的强度"的要求，即在其设计使用寿命期内，不应因使用的频繁程度、正常的气候环境变化而导致其尺寸、形状、强度及功能方面的改变。例如，使用木材制造层门也可以被接受，但要保证木材在气候变化时仍保持作为层门应具有的特性和功能。有关层门和轿门强度的具体要求在 5.3.5.3 中有规定。

5.3.5.2 火灾情况下的性能

层门应符合建筑物火灾保护的有关法规的规定，这些层门应按 GB/T 24480 或 GB/T 27903 的要求进行试验。

【解析】

本条与 GB 7588—2003 中 7.2.2 相对应。

本条要求层门应具有能在一定时间内阻燃、隔热，在一定时间内阻挡火焰或炽热气体通过的能力。层门的耐火要求是根据建筑设计的防火要求来确定的（见 0.3.2）。

要求层门具有耐火性能，其目的是在发生火灾情况下阻止火焰蹿入井道，进而蔓延至其他楼层。因此，与通常的建筑防火门不同，耐火层门只需做到单侧（层站侧）具有防护作用即可，层门耐火性试验，见图 5.3-9。

a）试验前   b）试验中

图 5.3-9　层门耐火性试验

层门的耐火等级分类通常基于门的完整性，另外也可以增加热绝缘或热辐射的要求。

欧洲电梯指令 95/16/EC 对电梯层门的耐火（见 4.2）有如下要求："平台门（包括有玻璃的）要有助于建筑物防火，就必须具有整体性、隔热（抑制火焰）性能和传热（热辐射）

性能。"。

　　我国对电梯层门耐火要求体现在 GB 50016—2014《建筑设计防火规范》中（6.2.9）："电梯层门的耐火极限不应低于 1.00 h，并应符合 GB/T 27903《电梯层门耐火试验　完整性、隔热性和热通量测定法》规定的完整性和隔热性要求"。

　　对于 GB/T 24480—2009《电梯层门耐火试验》和 GB/T 27903—2011《电梯层门耐火试验　完整性、隔热性和热通量测定法》的介绍，可参见"GB/T 7588.1 资料 5.3-1"。

5.3.5.3　机械强度

5.3.5.3.1　层门在锁住位置和轿门在关闭位置时，所有层门及其门锁和轿门的机械强度应满足下列要求：

    a）　能承受从门扇或门框的任一面垂直作用于任何位置且均匀地分布在 5 cm^2 的圆形（或正方形）面积上的 300 N 的静力，并且：

        1）　永久变形不大于 1 mm；

        2）　弹性变形不大于 15 mm。

    试验后，门的安全功能不受影响。

    b）　能承受从层站方向垂直作用于层门门扇或门框上或者从轿厢内侧垂直作用于轿门门扇或门框上的任何位置，且均匀地分布在 100 cm^2 的圆形（或正方形）面积上的 1 000 N 的静力，而且没有影响功能和安全的明显的永久变形［见 5.3.1.4（最大 10 mm 的间隙）、5.3.6.2.2.1i)3)（最大 5 mm 的间隙）和 5.3.9.1］。

    注：对于 a)和 b)，为避免损坏门的表面，用于提供测试力的测试装置的表面可使用软质材料。

【解析】

　　本条与 GB 7588—2003 第 1 号修改单中 7.2.3.1 相对应。

　　本条规定了层门、轿门和门框的机械强度。要注意的是，本条是针对层门、轿门门扇和门框在静力作用下的要求，不是耐冲击要求。冲击试验见 5.3.5.3.4。

　　为了尽可能贴近电梯在日常使用中层门和轿门可能受到的力，a)和 b)的测试均应在门处于关闭（层门在锁住）状态下进行。

　　a)条含义是：门扇和门框应能承受 300 N 的垂直作用于层门、门框任何一个面上的任何位置的静力。5 cm^2 的面积通常对应的是人员手指等部位施力时的面积；300 N 是人以手指能够施加的力。这里要求的层门、轿门和门框强度应看作是最低要求。

　　由于门扇和门框在受力时会产生变形，为了保护人员的安全，必须限制上述部件的永久变形和弹性变形。本修改单发布前，标准中规定的"无永久变形"是无法做到且难以评测的，因此本次修订为"永久变形不超过 1 mm"。这是考虑到 1 mm 的永久变形不会对门和门框的安全保护功能产生实质影响，同时给出了可实施、可测量的手段。

"弹性变形不大于 15 mm"指的是允许的最大弹性变形。

本条还规定了"试验后，门的安全功能不受影响"，这里只是强调了在力的作用测试之后，门的安全功能不受影响，也就是说，门对使用者的保护功能不能受影响。对于其他方面，如美观是否受到影响并不作要求。

b)条含义是：门扇和门框的任何位置均应能承受 1 000 N 的垂直作用于层门、轿门和门框的静力。力的方向与 a)中的要求不同，本条要求 1 000 N 的力来自于通常情况下人员能够接触的方向（对于层门是层站方向，对于轿门是轿厢内方向）。

100 cm² 的面积是人员手掌等部位施力时的面积；1 000 N 是人以手掌能够施加的力。

在 1 000 N 的静力作用时，门扇和门框的永久变形不应影响到这些部件的安全和功能，即：

① 门扇、门框的永久变形的值最大不得超过规定值（从凹底处测量）。

——对于一般情况

门扇之间及门扇与立柱、门楣和地坎之间的间隙不能大于 10 mm（参照的是 5.3.1.4 中由于磨损，上述部件间隙值允许达到 10 mm）。

——对于符合 5.3.6.2.2.1i)3)的动力驱动的水平滑动玻璃门的情况

出于保护儿童的手的目的，上述部件间隙要求更加严格。因此在受到 1 000 N 的静力作用时，其永久变形不能按照一般情况下间隙不大于 10 mm 的规定来要求（10 mm 的间隙无法保护儿童的手指）。此时应按照 5.3.6.2.2.1i)3)中"因磨损该间隙值可达到 5 mm"来要求。

注：由于是要测量永久变形，因此以上变形量应在作用力卸载后进行测量，而非在 1 000 N 作用力施加时测量。

② 层门门锁的啮合不小于 7 mm。

③ 层门门锁和轿门门锁（如果有）无永久变形且不降低锁紧的效能。

在进行 a)、b)两项测试时，由于要在门和门框的一定的面积上施加相应的力（5 cm² 作用 300 N、100 cm² 作用 1 000 N），如果使用坚硬测试装置施加作用力，则有可能损坏门和门框的表面，对美观造成影响。因此，允许采用软质表面的测试装置进行相关试验。但应注意，软质表面在测试时的变形应予以考虑，以免误判。

> **5.3.5.3.2**　固定在门扇上的正常导向装置失效时，水平滑动层门和轿门应有将门扇保持在工作位置上的保持装置。具有保持装置的完整的门组件应能承受符合 5.3.5.3.4a)要求的摆锤冲击试验，并且应在正常导向装置最可能失效条件下，按表 5 和图 11 中的撞击点进行试验。在底部保持装置上或者其附近应设置识别最小啮合深度的标志或标记。
>
> 　　保持装置可理解为阻止门扇脱离其导向的机械装置，可以是一个附加的部件也可以是门扇或悬挂装置的一部分。

【解析】

本条与 GB 7588—2003 第 1 号修改单中 7.2.3.7 相对应。

通常情况下，非金属材质的门吊轮、与地坎啮合的门滑块 (也称门导靴)等由于磨损、火灾或锈蚀等原因容易失效，而导向装置上的一些连接件、加强件在锈蚀后也存在失效的可能。为了保证人员安全，避免由于上述情况造成门扇全部或部分脱离工作位置而导致坠落风险，本条规定了如果固定在层、轿门门扇上的导向装置部分或全部失效(无论任何原因)，则应有一个装置使层门、轿门在上述情况下保持在其工作位置上。而且，即使导向装置失效，门扇保持装置能够禁受 5.3.5.3.4a)要求的摆锤冲击试验，并在试验后保持门扇处于工作位置上。当然，这里不要求门在导向装置失效的情况下或在摆锤冲击试验后依然可以正常工作。

从本条要求可知，无论是否采用玻璃材料，门扇均应进行 5.3.5.3.4a)中的软摆锤冲击实验。

"保持装置"应是机械部件，可以是原导向装置的一部分，也可以是一个单独的附加部件。只要是在导向装置(一般是门滚轮和门滑块)失效时，能够将门保持在原有位置上即可。举例来说，如果悬挂门扇的尼龙吊轮发生磨损可能导致门从导轨上脱落，则应有额外的装置在滚轮磨损时将门保持在其工作位置上。门滑块也是如此。

图 5.3-10 是门滚轮和门导轨的配合情况，以及两种门滚轮的区别。图 5.3-10a)是一套完整的门扇悬挂结构，图 5.3-10d)、e)中所示的门导轮完全由尼龙制成，当尼龙磨损后，门导轮不具有保持门扇位置的功能，因此还需设置额外的门扇位置保持装置以符合本部分的要求。

图 5.3-10f)中所示的结构是在门挂板上设置能够与门导轨啮合的挂钩，当门滚轮失效后，由挂钩将门扇保持在其工作位置上。

而图 5.3-10b)、图 5.3-10c)为门导轮，两侧由金属制成，当中间的尼龙或聚氨酯磨损后，金属构件仍能将门扇保持在工作位置上，图 5.3-10b)中滚轮上的金属构件可视为"保持装置"。

a) 门滚轮和门导轨的配合

b) 带门扇保持的门滚轮

c) 带门扇保持的门滚轮与门导轨配合

图 5.3-10　门保持装置(门滚轮和门导轨的配合)

d) 不带门扇保持的门滚轮　　e) 不带门扇保持的门滚轮与门导轨配合

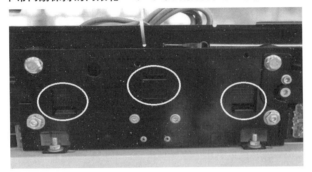

f) 采用挂钩作为门保持装置(圆圈所示)

图 5.3-10(续)

门滑块的情况与门滚轮类似,图 5.3-11 是门滑块和地坎槽配合的示意图以及带有门扇保持的门滑块。当门滑块上具有导向作用的尼龙材料磨损之后,被包裹在内部的金属材料可以将门扇保持在工作位置上。图 5.3-11b)中的尼龙部件可视作"导向装置",而金属部件可视作"保持装置"。

上述情况,门保持装置均是采用了附加部件,当导向装置失效时,由附加部件将门保持在工作位置上。有些情况下,保持装置可与门扇或悬挂装置做成一体,即作为门扇或悬挂装置的一部分,如图 5.3-11c)所示,门保持装置是由构成门扇的钢板延伸构成,并安装门滑块。

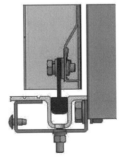

a) 门滑块与地坎配合　　　　　　　　b) 带门扇保持的门滑块

图 5.3-11　门保持装置(门地坎和门滑块的配合)

c) 作为门扇或一部分的门保持装置

图 5.3-11（续）

当门保持装置为附加部件时，如图 5.3-11a)、图 5.3-11b)所示，由于该装置与门扇的联接采用了可拆卸联接方式，应充分评估这种结构可能存在的风险（联接件的松脱造成导向失效等）。应严格按照本部分 0.4.3 和 0.4.4 的假设进行相应设计，保证零部件是可靠的机械结构以减小该风险。通常，为了减小底部可拆卸联接方式所存在的因联接件松脱而造成导向装置失效的风险，可采取如下措施：

（1）每个门扇底部的每个导向装置至少采用两套联接件与层门门扇联接；

（2）联接件应具有足够的设计强度；

（3）导向装置和门扇之间的联接采用可靠的防松设计（如采用冗余型的防松联接等）；

（4）考虑到火灾和磨损的影响，联接件由耐久的材料（如金属）制造；

（5）考虑到磨损和锈蚀的影响，对联接件应制定适当的维护检查规定；

（6）底部保持装置的最小啮合深度的标志或标记应便于检查。

电梯在使用一段时间之后，门下部的保持装置与地坎槽的啮合深度可能较刚投入使用时有所变化。为了在啮合尺寸减小的情况下也不至于影响门的安全性能，要求在门底部保持装置上或者其附近应设置识别最小啮合深度的标志或标记，以便可以在维护和检查中能够清楚地了解保持装置啮合的现状是否能够保证门的安全性能。

关于在进行摆锤冲击试验时是否要模拟导向装置失效的工况，在 TSG T 7007—2016《电梯型式试验规则》W6.1.2 中有如下要求："冲击试验应当在考虑门系统产生磨损、锈蚀后的最不利条件下进行；当磨损、锈蚀、火灾等原因可能导致正常导向装置失效时，则冲击试验应当在模拟正常导向装置失效后的状态下进行"。因此，在试验时应松掉门吊轮，并去掉门扇底部与地坎啮合的门滑块的非金属部分。以便使冲击时的能量完全作用在保持装置上，以验证保持装置的有效性。

在试验时，摆锤的撞击点要按照本标准图 11 和表 5 的要求，选择最容易使正常导向装置失效的位置进行。

对于折叠门是否需要满足本条要求的询问。

CEN/TC 10 的解释："对折叠门的要求与水平滑动门相同"。

5.3.5.3.3 对于水平滑动层门和折叠层门，在最快门扇的开启方向上最不利的点徒手施加 150 N 的力，5.3.1 规定的间隙可大于 6 mm，但不应大于下列值：

a)　对旁开门，30 mm；

b)　对中分门，总和为 45 mm。

【解析】

本条与 GB 7588—2003 中 7.2.3.2 相对应。

应注意本条要求是："在水平滑动门和折叠门最快门扇的开启方向，……施加在一个最不利的点上"，这里所说的"最快门扇"即是主动门扇。测试时如果有多扇主动门，应每个门扇上均施加 150 N 的力；不应向被动门扇上施加力。在施加 150 N 的力的时候，测试 5.3.1 规定的各位置的间隙，由于在额外的力的作用下，间隙可以超过 5.3.1 的规定（6 mm），但不得大于本条规定的范围。

所谓"最快门扇"是指：在开关门过程中，速度最快且行程最大的门扇。

a）对于旁开门

如图 5.3-12a)、图 5.3-12d)所示，在最快门扇（开门方向上的最外侧门扇）上施加 150 N 的力，测量 5.3.1 中的各间隙，不得大于 30 mm。

b）对于中分门

如图 5.3-12b)、图 5.3-12e)所示，在每一个最快门扇（最靠中间门扇）上各施加 150 N 的力，测量 5.3.1 中的各间隙，不得大于 45 mm。

之所以规定要在最快门扇上施加力来检验各间隙，是因为最快门扇是主动门扇，即直接受力的门扇，同时也是行程较大的门扇（至少行程不小于被动门扇的行程）。在主动门上施加力来验证间隙是比较严谨的。

本条所指的"间隙"，在旁开门（侧开式伸缩门）情况下，间隙值为门扇与门框之间的间隙；中分门情况下，间隙值是分别向两边分开的门扇之间的间隙总和。

之所以旁开门和中分门的间隙要求有所差异，是由于中分门两个层门是联动的，在受力时两个层门分别向两侧运动，而且是每个最快门扇各施加 150 N 的力，这样势必造成两扇门之间的间隙较旁开门更大（旁开门的两个门扇是朝一个方向运动的），因此对中分门来说，间隙允许到 45 mm，而对旁开门而言，间隙只允许到 30 mm。

折叠门（如图 5.3-12c)的情况如水平滑动门的要求一致。

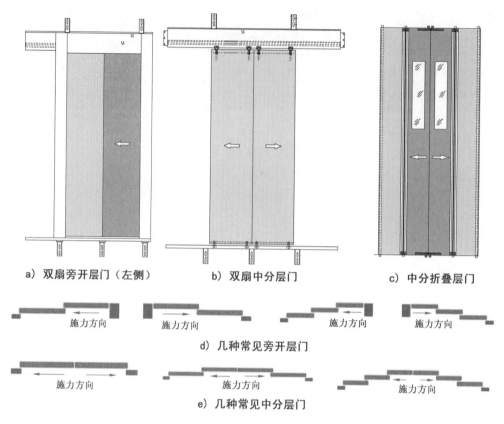

a) 双扇旁开层门（左侧）　　　b) 双扇中分层门　　　c) 中分折叠层门

施力方向　　施力方向　　　　　施力方向　　施力方向

d) 几种常见旁开层门

施力方向　　　　　施力方向　　　　　施力方向

e) 几种常见中分层门

注：箭头方向是施力方向，每个箭头代表 150 N 的力。

图 5.3-12　测试门间隙时，施力方向和施力位置

5.3.5.3.4 另外，对于：

——具有玻璃面板的层门，

——具有玻璃面板的轿门，

——宽度大于 0.15 m 的层门侧门框。

注 1：门外侧用来封闭井道的附加面板视为侧门框。

应满足下列要求（见图 11）：

a) 从层站侧或轿厢内侧，用相当于跌落高度为 800 mm 冲击能量的软摆锤冲击装置（见 GB/T 7588.2—2020 中的 5.14），从面板或侧门框的宽度方向的中部以符合表 5 所规定的撞击点，撞击面板或侧门框后：

  1) 可以有永久变形；

  2) 门组件不应丧失完整性，并保持在原有位置，且凸进井道后的间隙不应大于 0.12 m；

  3) 在摆锤试验后，不要求门能够运行；

  4) 对于玻璃部分，应无裂纹。

b) 从层站侧或轿厢内侧,用相当于跌落高度为 500 mm 冲击能量的硬摆锤冲击装置(见 GB/T 7588.2—2020 中的 5.14),从玻璃面板的宽度方向的中部以符合表 5 所规定的撞击点,撞击大于 5.3.7.2.1a)所述的玻璃面板时:

    1) 应无裂纹;

    2) 除直径不大于 2 mm 的剥落外,面板表面应无其他损坏。

  注 2:在多个玻璃面板的情况下,考虑最薄弱的面板。

表 5　撞击点

摆锤冲击试验	软摆锤		硬摆锤	
跌落高度	800 mm	800 mm	500 mm	500 mm
撞击点高度	(1.00 ± 0.10) m	玻璃中点	(1.00 ± 0.10) m	玻璃中点
无玻璃面板的门扇或宽度大于 0.15 m 的侧门框[图 11a]	√			
具有较小玻璃面板的门扇或宽度大于 0.15 m 的侧门框[图 11b]	√	√		√
具有多个玻璃面板的门扇或宽度大于 0.15 m 的侧门框[图 11c](在最不利的玻璃面板上测试)	√	√		√
具有较大玻璃面板或全玻璃的门扇或宽度大于 0.15 m 的侧门框[图 11d]	√(撞击在玻璃上)		√(撞击在玻璃上)	
具有在 1.00 m 高度处开始(或结束)的玻璃面板的门扇或宽度大于 0.15 m 的侧门框[图 11e]	√	√		√
具有在 1.00 m 高度处开始(或结束)的玻璃面板的门扇或宽度大于 0.15 m 的侧门框[图 11f]	√(撞击在玻璃上)		√(撞击在玻璃上)	
具有视窗的门(5.3.7.2)	√	√		
注:"√"表示考虑该项试验。				

单位为米

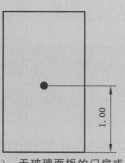

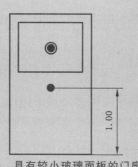

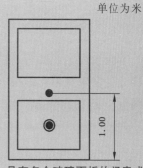

  a) 无玻璃面板的门扇或宽度大于 0.15 m 的侧门框 b) 具有较小玻璃面板的门扇或宽度大于 0.15 m 的侧门框 c) 具有多个玻璃面板的门扇或宽度大于 0.15 m 的侧门框

图 11　门和侧门框的摆锤冲击试验——撞击点

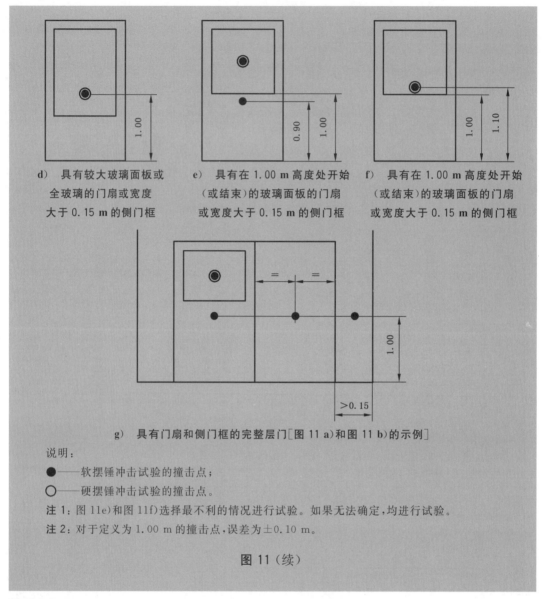

d) 具有较大玻璃面板或 全玻璃的门扇或宽度 大于 0.15 m 的侧门框

e) 具有在 1.00 m 高度处开始 （或结束）的玻璃面板的门扇 或宽度大于 0.15 m 的侧门框

f) 具有在 1.00 m 高度处开始 （或结束）的玻璃面板的门扇 或宽度大于 0.15 m 的侧门框

g) 具有门扇和侧门框的完整层门［图 11 a)和图 11 b)的示例］

说明：

● ——软摆锤冲击试验的撞击点；

○ ——硬摆锤冲击试验的撞击点。

注 1：图 11e)和图 11f)选择最不利的情况进行试验。如果无法确定，均进行试验。

注 2：对于定义为 1.00 m 的撞击点，误差为±0.10 m。

图 11（续）

【解析】

本条与 GB 7588—2003 第 1 号修改单中 7.2.3.8 相对应。

本条款规定了层门、轿门和宽度大于 150 mm 的层门侧门框需要进行摆锤冲击试验。本部分的要求与 GB 7588—2003 中原条款的区别在于：无论是否带有玻璃面板，所有的门扇和宽度大于 150 mm 的层门侧门框均应接受摆锤冲击试验。

所谓"宽度大于 150 mm 的层门侧门框"是指侧门框在平行于层门方向上，且用于封闭井道的情况下，其尺寸超过 150 mm。由于 150 mm 的宽度可能会被人员倚靠，如果强度不足可能引发人身伤害或设备损坏事故。

冲击试验分为软、硬两种摆锤进行测试：

——软摆锤：适用于所有情况的层、轿门和宽度大于 150 mm 的层门侧门框；

——硬摆锤:具有超出视窗尺寸的玻璃面板或全玻璃的门扇[图11d)]、具有位于1 m高度处开始或结束的玻璃面板的门扇[图11e)、图11f)]。

应注意:无论是使用软摆锤还是硬摆锤进行冲击实验,层门和门框均应是在层站方向而不是井道内方向进行测试;轿门应从轿内侧进行测试。以求最接近电梯层、轿门和门框的正常使用工况。

a) 本条规定了层、轿门和大于150 mm的门框应接受软摆锤装置的冲击试验(试验方法见GB/T 7588.2);试验的撞击点应按照表5确定。

对软摆锤冲击试验后的完整性进行了要求:

1) 门扇和门框本身的完整性

① 非玻璃的门扇和门框允许有永久变形;

② 玻璃面板的门扇不允许永久变形(玻璃在无裂纹时不会有永久变形)。

2) 门装置的完整性

① 门装置总体(不但含门扇和门框,还包含其导向、连接件等相关部件)不应丧失完整性;

② 门装置保持在原有位置;

③ 凸进井道后的间隙不应大于0.12 m;

注:考虑到金属门扇和门框在摆锤冲击试验中会产生永久变形,为了保证上述部件在受到冲击后仍然能够保护人员的安全,必须限制门扇、门框本身及其固定件和连接件的永久变形。因此规定在试验后,其凸进井道后的间隙不应大于0.12 m,以防止人员通过此间隙坠入井道。应注意,本条要求的是"试验后"测量上述间隙,而不是试验过程中测量上述间隙。

b) 从表5可知,只有玻璃面板才需要进行硬摆锤冲击试验,因此本条可以看作是对玻璃面板的附加规定。硬摆锤冲击试验的目的是检验玻璃面板在受到硬物冲击时是否会有较大面积的破碎性剥落。

符合5.3.7.2.1所述的透明视窗不需要进行硬摆锤试验,因为透明视窗在试验时"玻璃的破损不认为是测试失败",只需要在摆锤冲击试验期间玻璃面板不从门上分离即可,见5.3.7.2.1a) 1)。

1) 玻璃面板的完整性

① 无裂纹;

② 除直径不大于2 mm的剥落外,面板表面无其他损坏。

注:如果层门、门框是由多个玻璃面板构成时,硬摆锤冲击试验应考虑最薄弱的面板,无法判断时可逐一进行试验。

2) 门装置的完整性

由于硬摆锤比软摆锤轻很多(硬摆锤质量为10 kg,软摆锤质量为45 kg),其下落高度也小于软摆锤(硬摆锤为500 mm,软摆锤为800 mm),因此其对门扇、门框的冲击能量远小于软摆锤(硬摆锤冲击能量为49 J,软摆锤冲击能量为352.8 J)见图5.3-13。可见,如果经过软摆锤冲击试验后,门装置能够保持整体完整性,则硬摆锤试验对门和门框的整体完整性不会造成影响。

a）摆锤冲击试验装置　　　　b）软摆锤　　　　　c）硬摆锤

图 5.3-13　摆锤冲击试验装置及两种摆锤

本部分表 5"撞击点高度"与 GB 7588—2003 相比有所变化，旧版标准的要求是："面板设计地平面上方（1.0±0.05）m 处"。变化的原因是±0.1 m 的高度更容易调整，原来规定的公差实现起来较为困难。

询问：在摆锤冲击试验中，针对用于水平滑动门的平面式玻璃门扇，我们认为也可用于铰链门的平面式玻璃门扇。

CEN/TC 10 的解释：不正确。在这点上铰链门与滑动门是不可比较的。

对于门和门框所需进行的测试，在"GB/T 7588.1 资料 5.3-2"中进行了总结。

5.3.5.3.5　门或门框上的玻璃应使用夹层玻璃。

【解析】

本条与 GB 7588—2003 第 1 号修改单中 7.2.3.3 相对应。

本条规定了门和门框如果使用玻璃，必须为夹层玻璃，与 GB 7588—2003 中 7.2.3.3 的部分内容相对应。应注意：在 GB 7588—2003 中规定的是"玻璃尺寸大于 7.6.2 所述的玻璃门，应使用夹层玻璃"，即尺寸大于窥视窗的规定（7.6.2）时，应使用夹层玻璃。修订后标准的要求更加严格。

夹层玻璃安全性高，其中间层的胶膜坚韧且附着力强，受冲击破损后不易被贯穿，碎片与胶膜粘合在一起不会脱落。与其他玻璃相比，夹层玻璃具有耐震、耐冲击的性能，从而大大提高使用中的安全性。夹层玻璃结构见图 5.3-14。

5.3.5.3.6　门玻璃的固定件，即使在玻璃下沉的情况下，也应保证玻璃不会滑出。

【解析】

本条与 GB 7588—2003 中 7.2.3.4 和 8.6.7.3 相对应。

在本部分中允许使用玻璃门,需满足 5.3.5.3.4 的要求的同时还需满足 5.3.5.3.7 和 5.3.6.2.2.1 中 g)～i)的规定。在本条中要求固定玻璃门的固定件,应能有效防止玻璃与固定件脱开,见图 5.3-14。也就是在设计使用周期内,且玻璃门没有被蓄意损坏的情况下,玻璃应是被固定的。

应注意,只要门上有玻璃,不论大小,其固定都应满足本条要求。

整体玻璃门可以看作"门上有玻璃"的一种特例。

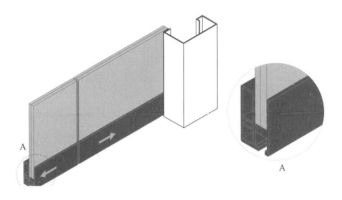

图 5.3-14　夹层玻璃及其固定

5.3.5.3.7　玻璃门扇上应具有下列信息的永久性标记:
　　a)　供应商名称或商标;
　　b)　玻璃的型式;
　　c)　厚度[如(8+0.76+8)mm]。

【解析】

本条与 GB 7588—2003 中 7.2.3.5 和 8.6.7.4 相对应。

这里的永久性标记应是不可擦除和撕毁的,而且标记的有效期不低于玻璃的寿命。要求玻璃上应标记供应商名称或商标,是因为在受到冲击的情况下,玻璃实际上是涉及电梯安全的部件,与其他涉及安全的部件一样,要求标记厂商的名称或商标。此外玻璃的类型、处理方式(如,是否钢化)以及夹胶厚度等在电梯安装完毕后不易被检查,为保证在需要时能够有效获取玻璃的相关参数,应将这些必要信息标记在玻璃上。应注意的是,这些标记在玻璃安装完成后应该是可以被看到的。

5.3.6　与门运行相关的保护

【解析】

本条涉及"4　重大危险清单"的"加速、减速(动能)"和"火焰"危险。

5.3.6.1 总则

门及其周围的设计应减少因人员、衣服或其他物体被夹住而造成损坏或伤害的风险。

为了避免运行期间发生剪切危险,动力驱动的自动滑动门的层站侧或轿厢内侧的表面不应有大于 3 mm 的凹进或凸出,这些凹进或凸出的边缘应在开门运行方向上倒角。

上述要求不适用于 5.3.9.3 规定的三角形开锁装置入口处。

【解析】

本条与 GB 7588—2003 中 7.5.1 和 8.7.1 相对应。

门及其周围的设计要求应尽可能减少由于人员、衣物被夹住而造成损坏或伤害危险,可以采取尽量减小门与其周围部件间隙的方法,也可以在这些间隙的位置设置保护,如织物保护条(一般是毡条)等。凹进或凸出部分如果大于 3 mm,其边缘应在开门运行方向上倒角,目的是在门打开时,如果有夹入危险发生时,倒角可以使即将被夹入的物体更容易脱离间隙,从而减少人员、衣物被夹入门与其周围的间隙的可能性。这里只要求了在"开门运行方向上倒角",是由于在关门方向上不存在人员、异物被夹入的危险,因此在关门方向上没有必要进行倒角保护。

这些要求不适用于 5.3.9.3 所规定的开锁三角钥匙入口处,是因为开锁三角钥匙的入口处的外表面较层门表面一般来说大于或等于 3 mm,而其内部又凹进层门一般大于 3 mm。虽然与上述规定显然不符,但由于凹进部分的直径固定为 14 mm,而且开口位置又一般位于层门的上方甚至顶门框上,因此发生剪切的风险极低。

本部分不允许采用任何形式的有孔轿门(GB 7588—2003 中,对于垂直滑动门允许采用有孔轿门),因此本条的要求对于层门和轿门没有任何例外情况。

5.3.6.2 动力驱动门

【解析】

"动力驱动门"应理解为直接由机电装置驱动的门,即由电动机、液力或气动装置驱动的门。

5.3.6.2.1 总则

在轿门和层门联动的情况下,门联动装置应符合 5.3.6.2.2~5.3.6.2.4 的规定。

【解析】

本条与 GB 7588—2003 中 7.5.2.1.1.4 和 8.7.2 相对应。

这里明确指出，当层门和轿门联动的情况下，以下几种门的形式均应满足规定：

——水平滑动门（包括动力驱动的自动门和动力驱动的非自动门）；

——垂直滑动门；

——其他形式的门。

主要要求满足以下规定：

——门关闭时的保护；

——阻止关门力（不应大于150 N）；

——轿门及其刚性连接的机械零件的动能（在平均关门速度下测量或计算时，动能不应大于10 J，此时要用层门和轿门的质量和计算动能）。

5.3.6.2.2 水平滑动门

【解析】

常见的水平滑动门的形式有以下几种，见图5.3-15：

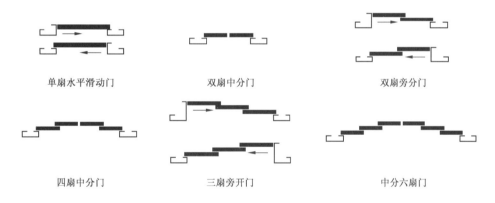

单扇水平滑动门 双扇中分门 双扇旁分门

四扇中分门 三扇旁开门 中分六扇门

图5.3-15 常见的水平滑动门形式

应注意，在5.3.6.2.2的子条款中，并不完全只有对水平滑动门的要求，还包括了针对折叠门的要求，见5.3.6.2.2.1e)和f)，以及对垂直滑动门的要求，见5.3.6.2.2.3。

5.3.6.2.2.1 动力驱动的自动门

应满足下列要求：

a) 层门和（或）轿门及其刚性连接的机械零件的动能，在平均关门速度下的计算值或测量值不大于10 J。

   滑动门的平均关门速度是按其总行程减去下列的数值来计算：

   1) 对中分门，在行程的每个端部减去25 mm；

   2) 对旁开门，在行程的每个端部减去50 mm。

b) 在门关闭过程中,人员通过入口时,保护装置应自动使门重新开启。该保护装置的作用可在关门最后 20 mm 的间隙时被取消。并且：

    1) 该保护装置(如：光幕)至少能覆盖从轿厢地坎上方 25 mm～1 600 mm 的区域；

    2) 该保护装置应能检测出直径不小于 50 mm 的障碍物；

    3) 为了抵制关门时的持续阻碍,该保护装置可在预定的时间后失去作用；

    4) 在该保护装置故障或不起作用的情况下,如果电梯保持运行,则门的动能应限制在最大 4 J,并且在门关闭时应总是伴随一个听觉信号。

    注：轿门和层门可以共用一个保护装置。

c) 阻止关门的力不应大于 150 N,该力的测量不应在关门开始的 1/3 行程内进行。

d) 关门受阻应启动重开门。

    重开门并不意味着门应完全开启,但应允许多次重开门以去除障碍物。

e) 阻止折叠门开启的力不应大于 150 N。该力的测量应在门处于下列折叠位置时进行,即：折叠门扇的相邻外缘之间或折叠门扇外缘与等效部件(如：门框)之间的距离为 100 mm 时。

f) 如果折叠轿门进入凹口内,则折叠轿门的任何外缘与凹口的交叠距离不应小于 15 mm。

g) 如果在最快门扇的前缘或最快门的边缘和固定门框的结合部位采用了迷宫或折弯(如为了限制火势蔓延),凹槽和凸出不应超过 25 mm。

    对于玻璃门,最快门扇前缘的厚度不应小于 20 mm。玻璃的边缘应经过打磨处理,以免造成伤害。

h) 除了 5.3.7.2.1a)规定的透明视窗外,对于玻璃门,应采取措施将阻止开门的力限制在 150 N,并且发生门阻碍时停止门的运行。

i) 为了避免拖拽儿童的手,对于动力驱动的水平滑动玻璃门,如果玻璃尺寸大于 5.3.7.2 的规定,应采取下列减小该风险的措施：

    1) 使用磨砂玻璃或磨砂材料,使面向使用者一侧的玻璃不透明部分的高度至少达到 1.10 m;或

    2) 从地坎到至少 1.60 m 高度范围内,能感知手指的出现,并能停止门在开门方向的运行;或

    3) 从地坎到至少 1.60 m 高度范围内,门扇与门框之间的间隙不应大于 4 mm。因磨损该间隙值可达到 5 mm。

    任何凹进(如具有框的玻璃等)不应超过 1 mm,并应包含在 4 mm 的间隙中。与门扇相邻的框架的外边缘的圆角半径不应大于 4 mm。

【解析】

本条与 GB 7588—2003 中 7.5.2.1.1 和 8.7.2.1.1 相对应。

本条所述"动力驱动的自动门"是指由动力驱动，且其开启和关闭均不需要人员采取任何强制性动作（包括不需要持续揿压按钮）操作的门。可以这样理解：自动门都是由动力驱动的，但动力驱动的不一定都是自动门，也可以是手动门。例如由动力驱动的但需要人员连续揿压按钮操作的门就是属于动力驱动的手动门。此时动力驱动本身只是作为辅助人员手动操作，使门按照使用者的需要而动作。

本条内容较多，以下分项进行解析。

a）层门和（或）轿门在平均关门速度下的动能限制（计算值或测量值不大于 10 J）

当人走过电梯门口电梯关门时，在系统处于能量最大的位置上，人员可能会受到门的强烈撞击，应考虑在门行程的一些特性点上对瞬时动能予以限制，尤其是在关门速度最大的位置上。这是因为在此位置的人员受到

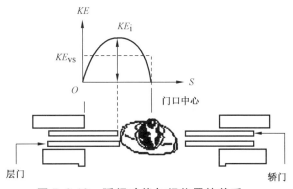

图 5.3-16 瞬间动能与门位置的关系

的不是平均动能而是接近最大动能的碰撞，如图 5.3-16 所示。

根据 1989 年 5 月国际标准化 ISO 技术委员会 178 工作组第 4 小组会议上提交的重要研究报告，WG4 决定将 ISO 技术报告 ISO/TR 11071-1《世界电梯安全标准对比 第 1 部分：电梯（自动扶梯）》纳入以下推荐内容，以指导标准的修订者："6.3.4 当人走过电梯门口电梯关门时，在系统拥有的能量为最大的某一特定位置上人可能会受到门的强烈碰撞，安全标准应考虑限制最大瞬时动能"。

ISO 推荐这些内容的理由是：身体纤细的部分弹性较小，吸收动能的能力较小；而身体粗壮部位以及更富弹性的部位能承受动能的能力更强。例如，同样大小的动能碰撞，肩能承受并无伤害，而手则不然。

本条所述的最大动能 10 J 包括了层门和轿门及其刚性连接的机械零件，而不单是层门。同时要求测量或计算的条件是"在平均关门速度下的测量值或计算值"，上面提到过，动力操纵的水平滑动门的关门速度曲线类似于正弦曲线，因此通过积分可以得出关门速度的最大值应是平均值的 1.57 倍，而最大速度时的动能则大约是平均动能的 2.5 倍左右。

计算如下：$v = A\sin t$，$t = \pi$，距离 $S = \int_0^{\pi} A\sin t\, \mathrm{d}t = A(-\cos\pi + \cos 0) = 2A$，平均速度 $\bar{v} = S/t = 2A/\pi$，最大速度 $v_{max} = 1A$，$v_{max}/\bar{v} = \pi/2 \approx 1.571$。

在计算距离时，注意应将实际的开门宽度（门运行的距离）与计算时门行程的有效取值范围区别开：中分滑动门的平均关门速度是按其开门宽度总行程在每个末端上减去 25 mm 计算；旁开滑动门是按其总行程在每个末端上减去 50 mm 计算。但在本部分中，测量计时的起始和终点位置叙述得似乎不太明确，参考美国标准 ASME A17.1，发现其中有相同的

要求，其叙述则更容易理解：上述减去两个末端距离的门的行程，在 A17.1 中称作"code zone"即"规范区"，规范区的距离与门通过规范区所用的时间的比值即"滑动门的平均关门速度"。对于本部分的要求，也就是中分门从每扇门开始运动 25 mm 后开始计时，到距离门彻底关闭前 25 mm 处停止计时。用这段距离与经过这段距离所用的时间的比就是"滑动门的平均关门速度"。如果是旁开门，将 25 mm 增加至 50 mm（如图 5.3-17 所示）。

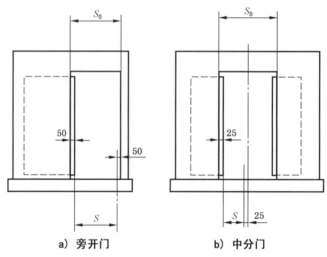

a）旁开门   b）中分门

S_0—门运行的实际距离；S—门行程的取值

图 5.3-17   计算平均关门速度下平均动能时行程的取值

对于本条对门行程的有效取值范围的规定：旁开门情况下，$S=S_0-50\times2$；中分门情况下，$S=S_0/2-25\times2$。因此，平均关门速度应是图 5.3-18 中的 $\bar{v}_1$，而不是 $\bar{v}_2$。

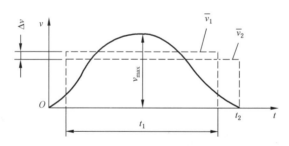

图 5.3-18   平均关门速度示意图

计算关门平均速度还可以采用这样的方法：根据关门速度与时间的关系曲线，按照 $\bar{v}=1/t\int_0^t v(t)\mathrm{d}t$ 计算得出。同样，在计算时门行程的有效取值范围与前面的算法一样。

ISO/TC 178/WG4 认为：动能不大于 10 J 是对门的平均速度而言，但瞬时的最大值可能达到规定值的 2.5 倍，并提出应在标准中规定最大的瞬时速度。

同样，平均速度相同，而关门速度曲线不同时，门的最大动能也是不同的。目前市场上有许多各式各样的门机，这些门机系统的特定的速度分布情况是其所使用的传动装置、电动机和电气控制系统组成的整机的一种特性。有矩形、抛物线形、梯形和正弦波形指令的几种关门速度分布，如图 5.3-19 所示。这几种速度分布的最大速度不同，但是平均速度都一样，所以就平均速度而言，门的动能是相同的。很显然，具有这 4 种速度分布的门，瞬时动能最大时乘客受到的碰撞，带有正弦速度分布的（具有代表性的谐波传动的门系统就有此种分布）要高于最大速度较低的另外几个。

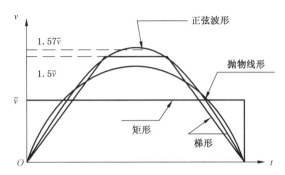

图 5.3-19 平均动能相同，但速度分布不同的情况

从本条规定可以知道，判别关门时的平均动能并不一定需要计算，也可使用工具测量获得。常用的测量工具是由带刻度的活塞和一个弹性系数为 25 N/mm 的弹簧构成（如图 5.3-20 所示），配合装有一个容易滑动的圆环，以便测定撞击瞬间的运动极限点。在测量时，读出撞击瞬间的刻度值，根据公式 $E = 1/2kL^2\,E$ 可以很容易地计算得出。式中，E 为平均动能(J)；k 为弹簧弹性系数(25 N/mm)；L 为活塞行程(m)。

应注意，在使用上述测量仪器时，与门接触的活塞头上应有缓冲垫（其厚度和硬度均不应影响测量的准确性），以减少活塞与门撞击的瞬时作用力，消除材料本身特性对试验结果的影响。

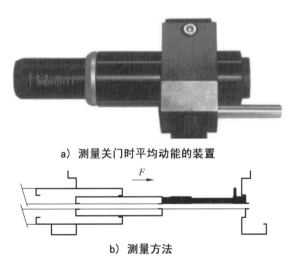

a) 测量关门时平均动能的装置

b) 测量方法

图 5.3-20 测量关门时平均动能的装置及测量方法

b) 在门关闭过程中，人员通过入口时，门的自动重新开启保护

"保护装置应自动使门重新开启"说明了本条要求的保护装置应是非接触式的，在门关闭时如果有人员通过，门扇尚未触及人身体时，即会反向开启。与 GB 7588—2003 不同，本部分不再允许采用接触式的保护装置（如安全触板）。

应注意，本条要求的保护装置动作后，正在关闭的门应该重新开启，而不是仅仅停止关闭。

使门重新开启的保护装置可以是单独的光电式保护装置或超声波监控装置、电磁感应装置等，也可以是上述装置的组合（见图5.3-21）。

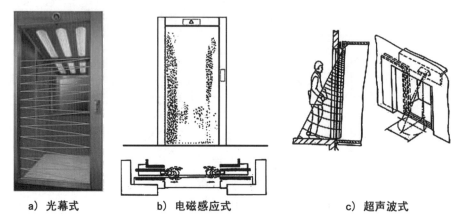

a) 光幕式　　　　　b) 电磁感应式　　　　　c) 超声波式

图 5.3-21　几种非接触式保护装置

由于本条规定的保护装置是保护"人员通过入口时，保护装置应使门重新开启"，当门扇关闭到最后20 mm的间隙时，基本可排除"撞击"的风险，因此允许在门扇关闭到最后20 mm的间隙时，保护装置的保护作用被消除（如图5.3-22所示）。

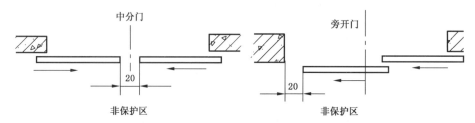

图 5.3-22　门区的保护范围

对门关闭时的保护装置的要求如下：

1）保护范围

保护装置至少能覆盖从轿厢地坎上方25～1 600 mm的区域，见图5.3-23所示。

根据GB/T 12265—2021《机械安全　防止人体部位挤压的最小间距》的规定，避免脚趾被挤压的最小尺寸是50 mm（见该标准4.2）；而GB/T 24803.2—2013《电梯安全要求　第2部分：满足电梯基本安全要求的安全参数》中给出了儿童脚趾为25 mm（见该标准表A.1第46行）。门关闭保护装置能够覆盖轿厢地坎上方25 mm，可以有效地防止门在关闭的时候挤压乘客（包括儿童）的脚趾或鞋的前端。

根据GB/T 10000—1988《中国成年人人体尺寸》，18～60岁成年男性肩高的99百分位数值约为1 494 mm，即使考虑到人员穿鞋等因素，门关闭保护装置如能够覆盖轿厢地坎上方至少1 600 mm高度，可以有效防止门在关闭的时候碰撞乘客肩部。

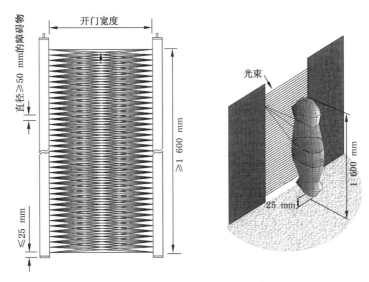

图 5.3-23　保护装置的覆盖范围

2）可检测的障碍物最小直径

要求关门保护装置应能检测出直径不小于 50 mm 的障碍物，以免挤压乘客手臂。

3）为了抵制关门时的持续阻碍，该保护装置可在预定的时间后失去作用

在正常情况下，乘客（或障碍物）被门保护装置探测到之后，门会自动重新开启，乘客离开门关闭的路径后，不可能一直使该保护装置动作。当使门重新开启的保护装置在一段时间内一直处于动作状态时，应被认为有异常情况发生（如光电开关被黏附的污物遮挡等）。因此，在保护装置动作达到一定时间后，应使保护装置失效。这就是通常意义上的"强迫关门"。

4）在门保护装置故障或不起作用的情况下，应限制关门动能

门保护装置故障，并不是指门保护装置完全无法检测到障碍物，只要无法检测到本条2）中所述的 50 mm 以上的障碍物，即应认为门保护装置发生故障。

当门保护装置发生故障（如光幕损坏）或在本条 3）所述的情况下门保护装置失去作用（强迫关门）的情况下，门关闭时的动能不应大于 4 J。一般来说，强迫关门的力较大（当然，无论如何，力也不应大于本条 c 中所规定的 150 N），但根据本条的要求，动能不得大于 4 J，可以知道，这时门的速度必须非常慢。如果按照最大动能 4 J、阻止关门的力 150 N 计算，阻止关门时门移动的距离约为 27 mm，可见此距离极为有限。

在门保护装置发生故障或失去作用时，门在关闭过程中需要持续给出声音信号，对乘客进行提示。

应注意：4）的前提是当门保护发生故障或失去作用时，如果电梯仍保持运行，应保证上述的动能限制和声音提示的要求。如果此时电梯不再运行，则不必遵守本条的要求。

此外，门保护装置也不是必须安装在门扇上随门一起运动，也可以安装在门两侧的固定位置上，如图 5.3-24 所示。

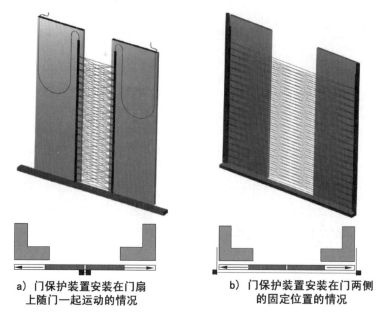

a) 门保护装置安装在门扇
上随门一起运动的情况

b) 门保护装置安装在门两侧
的固定位置的情况

图 5.3-24　门保护装置的安装位置

应注意,当门保护装置动作时,如果是多扇门,应使所有的门扇均反向开启。对此,曾有过向 CEN/TC 10 的询问,及 CEN/TC 10 的解释。

询问:在小开门宽度(如 1 m)中分门的情况,当人员被碰撞时,两门扇中仅有一扇门边能触发再开门保护装置,这种情况是否可以接受?

事实上,在这种情况下,可假设人员从门开口中分线左右的位置进出门。我们的解释是否正确?

CEN/TC 10 的回复:不可接受,当人员被任一门扇碰撞(或将要被碰撞)时,无论净开门宽度是多少,保护装置应使门自动再开门。

虽然上述询问和解释比较早,与现在的标准要求也不完全相符,但对于理解标准仍有一定价值,供读者参考。

从本条要求来看,本部分中对于门保护装置的要求参考了电敏保护设备的一些要求,例如 2)中所要求的对障碍物的检测,在 GB/T 4584—2007《压力机用光电保护装置技术条件》中也有相同的要求(见该标准 4.4.6)。此外对于门保护装置故障的检测,在 GB/T 19436.1—2013《机械电气安全　电敏保护设备　第 1 部分:一般要求和试验》中也有类似的要求,只不过 GB/T 19436 中所设计的电敏保护设备属于安全部件,比本部分对门保护装置的要求更加严格。

出于成本的考虑,门保护装置一般安装在轿门上(轿门上只需要一套,整个井道的每个层门都可以使用而不需要单独安装保护装置)。

c) 对于关门力的限制

阻止关门的力不应大于 150 N,该力的测量不应在关门开始的 1/3 行程内进行。

动力操纵的水平滑动门的关门速度曲线类似于正弦曲线,从 1/3 行程、1/2 行程、2/3 行程范围内，是其速度值较大的区域（在 1/2 行程附加速度增加到最大值），也是动能最大的区域。换言之，在 1/3 行程到 2/3 行程范围内是冲击最大的区域，在此区域，门撞击或夹伤乘客的可能性最大。上述区域见图 5.3-25。

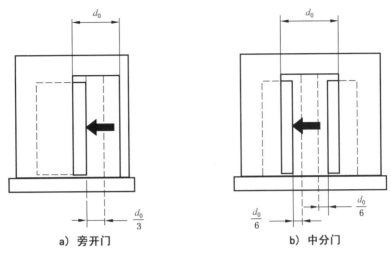

图 5.3-25　测量阻止关门的力的区域

应注意：阻止关门的力不大于 150 N 的要求，是在所有条件下均应满足的要求，无论是在门保护装置正常的情况下还是在门保护装置故障或不起作用的情况下均应满足。

此外，如果由于障碍物直径较小（小于 50 mm）门保护装置没有检测出来，导致门对障碍物的撞击，阻止关门的力也不应超过 150 N。

如果不能满足阻止关门的力不应超过 150 N 的要求，必要时要设置力的限制装置。

CEN/TC 10 的说明：当层门由于结构和（或）尺寸的原因，需要大于 150 N 的力才能被驱动时，动力操作的水平滑动层门应有门控制装置，该装置只允许在使用人员持续控制的情况下关闭门（5.3.6.2.2.2）。

d）关门受阻应启动重开门

这里指的"关门受阻"不是 b）中所述的门保护装置动作时造成的门的反向开启。"关门受阻"通常发生在以下情况下：

——b）4）中所述"保护装置故障或不起作用时"；

——直径小于 50 mm 的障碍物未被门保护装置检测出来时；

——由于门与门楣、门框、地坎等部件的间隙处存在异物，造成门卡阻的情况。

此时如果发生关门受阻，门应重新开启。门的重新开启不一定要求门完全开启，可以开启到某个不会发生撞击和挤压的位置并停止关门即可。

可以采用多次重新开门的方式，以便在门与门楣、门框、地坎等部件的间隙处存在异物（障碍物）时，能够将异物（障碍物）去除。

e）对于折叠门的开门力保护要求

折叠门一般为图 5.3-26 的形式：门扇在开门状态时是折叠起来的，关门状态时，重叠收回的门扇会相对伸展开。折叠门在开闭过程中门扇有滑动也有转动,折叠门扇的外缘在开启过程中会有沿门宽和垂直于门宽两个方向的位移,这将造成门扇之间在开启过程中相互折叠。此时,如果人员的肢体或物品恰好处于两门扇之间,很容易被挤压。因此除了限制阻止关门的力不大于 150 N 之外,对于折叠门还有必要限制门开启时的力不大于 150 N,以免在上述情况下伤害人员。实际上其原因与限制阻止水平滑动门关闭的力是相同的。

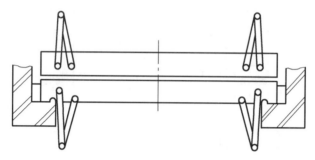

图 5.3-26　折叠门

应特别注意,对于折叠门而言,不是只需要限制阻止门开启的力不大于 150 N,阻止关门的力也必须满足本条 c)中的要求。

f) 对折叠轿门的要求

为防止使用者的手指夹在折叠门和凹口之间,要求折叠门外边缘的任何位置如果与凹口发生交叠,则交叠的距离不应小于 15 mm,以免间隙过小挤压乘客的手指。

g) 对于主动门扇前边缘的要求

有些情况下,主动门扇的前边缘并不是平齐的,而是采用了凹凸配合或迷宫结构(常见于耐火门)。此外在旁开门的情况下,主动门扇和门框的结合部位也可能采用上述结构,见图 5.3-27。

主动门扇在关门时处于运动的最前端,如果门边缘(包括门边缘与门框之间)的凸起和凹陷过大,容易对乘客手指造成剪切危险。而且,根据本条 b)中所述"保护装置的作用可在关门最后 20 mm 的间隙时被取消",这种情况下关门力可能达到 150 N[见本条 c)],这样的力与过大的凸起和凹陷共同作用,可能会给人员的手指带来较大伤害。因此,如果上述位置采用了迷宫或折弯结构,凹凸交叠的距离应限制在 25 mm 以内。

此外,当主动门扇为玻璃门时,为了降低门撞击人员产生的危险,主动门扇的前边缘厚度不应小于 20 mm。如果前边缘是玻璃(没有包边的玻璃门扇),玻璃的边缘应处理成圆角,以消除锐边可能对人员造成的伤害。

h) 对于玻璃门的开门力保护要求

当门扇由玻璃构成[不包括 5.3.7.2.1 中 a)所述的透明视窗],由于玻璃的表面特性所致,玻璃与橡胶一类的软性材料(包括皮肤)之间的摩擦系数很大,能够达到 0.8~0.9。当水平滑动的玻璃门扇开启时,如果指、手掌这些部位接触玻璃,很容易由于摩擦卷入门扇与门框之间的间隙中。因此必须对阻止开门的力进行限制,限制该力不超过 150 N。

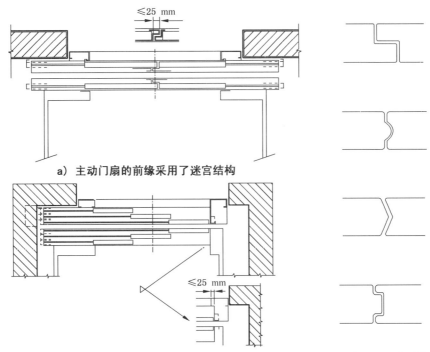

a) 主动门扇的前缘采用了迷宫结构

b) 主动门扇的边缘与固定门框的结合部位采用了折弯结构　c) 几种常见的迷宫结构

图 5.3-27　主动门扇的边缘结构

当阻止开门的力超过 150 N 时，玻璃门应停止运行。也就是门不再发生任何运动：不继续开启，也不向相反方向关闭。对于"门停止运行之后，是否在一段时间内可以自行恢复开启"，本部分没有规定。但如果门开启时受到超过 150 N 的力的阻碍，门就一直停止运行，将会在很大程度上妨碍电梯的正常运行。

CEN/TC 10 的解释：当发生门阻碍的时候，可以假定门机马达的电源被切断，这样门在反向关闭时不会扩大伤害的几率。当一段时间之后（如 60 s），门机马达可以重新通电并继续开门。如果阻碍门开启的力仍然超过 150 N，门应再次停止运行。

应注意，玻璃门既要满足本条要求的阻止开门的力不超过 150 N，同时要满足 c)条规定的"阻止关门的力不超过 150 N"。因为这两条保护的风险不同：本条是为了保护手指不卷入门与门框之间的间隙；c)条是保护人员受到撞击和挤压时的安全。

i) 当采用动力驱动的水平滑动玻璃门时，对儿童的保护要求（本条仅是针对水平滑动门的情况）上一条已经述及，由于玻璃与手掌、手指之间的摩擦系数很大，在水平滑动门运行过程中，很容易拖曳儿童的手。"拖曳儿童的手"并不会出现危险，其危险在于被拖曳的儿童的手，尤其是手指可能被夹在门扇和门框的间隙中，这才是真正的危险。从后续措施来看，本条要求保护的也不完全是玻璃门扇拖曳儿童的手，而是从各方面避免儿童的手被夹在门扇和门框或其他与门扇相关的间隙中。

当构成门扇的玻璃尺寸较大，超出了 5.3.7.2、1a)中所述的视窗尺寸时，则需要在以下1)～3)方面采取措施（其中之一即可，不要求同时全部采用），降低由于拖曳儿童的手可能

223

导致的风险：

1）使玻璃不透明部分的高度达到 1.1 m 以上

本条要求的"玻璃不透明部分的高度至少达到 1.10 m"其原因如下：玻璃门扇之所以会拖曳儿童的手，是因为儿童会趴到玻璃上。儿童趴到玻璃层门上的原因无非是由于对透明的玻璃层门（"透明"是玻璃的特性，也是采用玻璃制造门扇的原因）的本身以及对井道内的情况好奇而造成的。

从 GB/T 26158—2010《中国未成年人人体尺寸》中可以获得，4～6 岁儿童眼高（直立时，眼睛的高度）的 P_{95} 值为 1 104 mm（即 95% 的情况，低于此高度）。如果在 1.1 m 高度以下的层门不透明，儿童就不会在好奇心的驱使下趴到层门上，也就不会造成门扇拖曳儿童的手。

1.10 m 的高度应从地面（层站地坎面或轿厢地坎面）起测量，而不是从玻璃的下沿测量。

本条特别要求的是"使面向使用者一侧"的玻璃不透明高度至少达到 1.10 m。这是因为，有些玻璃材料有单向透视效果，称为单向玻璃。这种玻璃分为正、反两面，正面为玻璃镜面，用来反射光线，从这个面无法透过玻璃看到对面，而另一面的效果正好相反。如果采用这种玻璃作为门扇，应将正面（即玻璃镜面）面对使用者一侧，这种玻璃用于层门的情况下，正面面对层站；也就是：轿门的情况下，正面面对轿内。

本条对于玻璃的表面处理方式也做出了要求，即"使用磨砂玻璃或磨砂材料"。所谓磨砂玻璃，就是玻璃表面采用磨砂处理；所谓磨砂材料，通常是指具有磨砂效果的贴膜。为避免损坏磨砂贴面和使磨砂的不透明效果失效（在磨砂表面喷水即可使磨砂玻璃变得透明），磨砂和贴膜的表面最好设置在正常情况下人员无法接触的一面。

如果没有采用 1）中的方法，可采用：

2）从地坎到至少 1.60 m 高度范围内，能感知手指的出现，并能停止门在开门方向的运行

可以设置一套保护措施，从地坎向上至少覆盖 1.60 m 高度范围（与门关闭时的保护装置的范围相同），在此范围内能感知到手指出现在门扇附近，门扇动作时能够停止开门动作。

下面图 5.3-28 中给出的结构是一种"感知手指的出现"的装置。在门开启的过程中，如果手指被玻璃门扇拖曳，在手指即将夹入门扇与门框之间时，将触动"防夹手装置"使门停止。

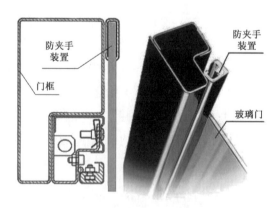

图 5.3-28　采用玻璃门时使用的"防夹手装置"

如果1)和2)中的方法均没有采用,也可采用:

3)限制门扇与门框之间的间隙及形状

① 在地坎到至少1.60 m高度范围内,将门扇与门框之间的间隙由一般情况下的6 mm(见5.3.1)减小到4 mm。通常可以采用增加保护条或减小与门扇相邻的框架的外边缘的圆角半径的方法来达到本条的要求。图5.3-29给出了减小间隙的方法示例。

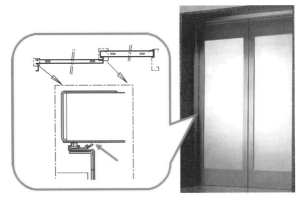

a)采用保护条减小门扇与门框之间的间隙(不大于4 mm)

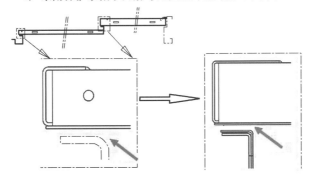

b)减小与门扇相邻的框架的外边缘的圆角半径(不大于4 mm)

图5.3-29 两种减小间隙的方法示例

② 由于使用中的磨损,由一般情况下允许达到10 mm(见5.3.1)减小到5 mm。

③ 当门上面有任何凹进时,由一般情况下要求的不超过3 mm(见5.3.6.1),减小到1 mm,且这个凹进要包含在4 mm的间隙中。

1)、2)、3)给出的措施,并不要求同时实施,只需要根据情况选取其中的某一种即可。

对于4 J的动能限制,CEN/TC 10给出解释单(见EN 81-20 005号解释单)如下:

询问:4)条要求在保护装置故障或不起作用的情况下,如果电梯保持运行,应限制动能。但并不清楚哪些情况应被认为是保护装置的故障,以及何时电梯应停止服务或限制门的动能。是在轿厢地坎上方25~1 600 mm范围内无法检测到50 mm的物体,还是在保护装置完全失效的情况,例如保护装置可能仅在距离轿厢地坎1 550 mm处仍然有效?我们的问题是:5.3.6.2.2.1b)4)所述的失效是否可以理解为:保护装置完全失效(如同保护装置被停用一样),或是在轿厢地坎上方25~1 600 mm范围内无法检测到50 mm的物体?

CEN/TC 10 的回复:是的。5.3.6.2.2.1b)4)中所指的故障,其目的是在保护装置不能检测到 50 mm 物体时能够限制动能或使电梯退出运行。

5.3.6.2.2.2 动力驱动的非自动门

在使用者连续控制和监视下,通过持续按压按钮或类似方法(持续操作运行控制)关闭门时,当按 5.3.6.2.2.1a)计算或测量的动能大于 10 J 时,最快门扇的平均关闭速度不应大于 0.30 m/s。

【解析】

本条与 GB 7588—2003 中 7.5.2.1.2 和 8.7.2.1.2 相对应。

"非自动门"指的就是需要在使用人员连续控制和监视下才可以正常工作的门。它并不特指手动、使用人力开启的门。虽然动力驱动的非自动门有开门机,但门不会自动关闭,只有操作人员持续按压关门按钮直到门完全关闭。这样的门由于在其工作过程中一直处于使用人员的监控下,因此它的动能可以大一些。但由于人的反应速度限制以及人能够承受的撞击的限制,门的速度应被限制在一定范围内。一般情况下动力驱动的非自动门是用于货梯的,此时门的尺寸和质量均较大,因此如果门扇平均关闭速度较高,则撞击人员时可能给被撞击的人带来伤害。我们可以估算,在动能是 10 J 且门扇的关闭速度不大于 0.3 m/s 时,门扇的质量大约是 200 kg。

对动力驱动的非自动门,没有关门阻止力和防撞击的要求。

对动力驱动的非自动门,在手动操作门尚未完全关闭之前,如果操作人员松开了关门按钮,门是应该停止不动还是反向开启,这一点本部分并未明确限定。因此,这两种情况都是允许的。

5.3.6.2.3 垂直滑动门

该型式的滑动门只能用于载货电梯。

只有同时满足下列条件,才能使用动力关闭的门:

a) 门的关闭在使用者持续控制和监视下进行,如:持续操作运行控制;
b) 门扇的平均关闭速度不大于 0.30 m/s;
c) 轿门是 5.3.1.2 规定的结构;
d) 层门开始关闭之前,轿门至少已关闭到 2/3;
e) 对门的机械装置进行防护,以防止意外接近。

【解析】

本条与 GB 7588—2003 中 7.5.2.2 和 8.7.2.2 相对应。

由于垂直滑动门在开门宽度较大时不增加井道和轿厢宽度,因此在载重较大的货梯上有时会被使用,除此之外垂直滑动门很少被用到。在本部分中垂直滑动门仅允许用于载货电梯。垂直滑动门在关闭时，门扇是上下运行的，由上至下运行的门扇容易撞击人员头顶，因此比水平方向的门的危险更大。在使用动力关闭垂直滑动门时，必须满足本条 a)～e)的所有条件，否则不允许使用动力关闭。常见的垂直滑动门见图 5.3-30。

a）双扇上下开启垂直滑动门　　　　**b）双扇上开垂直滑动门**

图 5.3-30　两种垂直滑动门

a) 垂直滑动门不允许用自动门，这样便排除了集选控制等自动操作的方式，以及仅由司机或使用者通过按一下按钮就可以自动开、关门的可能。而且要注意，这里要求的是"使用人员持续控制和监视"，所谓"持续控制"是指使用人员连续进行同一操作而使门关闭。比如通过按压按钮的方式操作，则必须持续按压按钮门才能够关闭，一旦停止按压，则门必须停止关闭甚至反向开启。曾有一种设计：在关门按钮附近设有开门按钮，当操作者预见到正在关闭的门可能造成危险时，立即按压开门按钮使门反向开启，希望以此满足本条要求。但与本条要求相比，由于无法保证人员按压开门按钮的及时性，因此这种设计的风险明显较高。而且通过按压开门按钮使反向开启，不属于"持续操作"的概念。综上所述，必须是使用人员连续进行同一操作使门关闭，而不能以多个操作的组合来替代。同样，"持续监视"是指垂直滑动层门在关闭过程中，操作者能够连续不断地监察注视门的关闭状态。

b) 由于人的反应速度限制以及人能够承受的撞击的限制，门的速度应被限制在 0.3 m/s 之内。

c) 轿门应是无孔的。本条较 GB 7588—2003 有变化，原来允许载货电梯的轿门可以是网状或带孔的板状形式。无孔结构的门更有利于保证安全。

d) 一般情况下，采用垂直滑动门的货梯在候梯厅侧不光有呼梯按钮，同时还有关门按钮。使用者将货物装到货梯中并选层之后，在候梯厅侧持续按下关门按钮使厅、轿门关闭。从 5.3.1.2 可知，由于层门是无孔的，只有轿门先于层门关闭，在候梯厅侧的使用人员才能通过层门连续地监视轿门在关闭过程中是否顺畅，是否有卡阻。如有卡阻或其他故障可以立即停止关门并及时处理。一般使用垂直滑动门的场合，门的宽度都比较大，门扇的质量相对水平滑动门来说也要大出很多（水平滑动门的门扇可以是多扇，但垂直滑动门在设计上很难实现多扇门同步动作、门扇固定牢靠且门扇间无缝。）因此，在出现故障后排除也相对困难。轿门先于层门关闭为的就是让使用者及时发现将要出现的故障，避免故障的进一步扩大。

如果使用者需要陪伴货物而一同乘坐电梯，轿门先于层门关闭有利于保证轿内人员的安全。因为层门一旦关闭，将阻挡候梯厅操作人员的视线，无法知道轿门此时是否挤压了轿内的人员。

由于垂直滑动门的轿门也是无孔的，如果门是由轿内人员持续按压按钮控制的，而且此时轿门也是无孔的，本条 a)的规定："门的关闭是在使用人员持续控制和监视下进行的"，正如我们上面提及的，"持续监控"是指门在关闭过程中，操作者能够连续不断地监察注视门的关闭状态。由于轿门是无孔的，要求有其他方式能够监视到候梯厅的情况（比如在通过在层站上加设监视探头，在轿内安装显示装置的方法实现）。因此只要是能够满足本条 a)要求的"持续监视"则不会影响此时监视候梯厅侧是否出现挤压人员的事故或是否发生机构上的故障。

e) 相比水平滑动门而言，由于垂直滑动门的传动系统以及相关机械装置通常设置在门两侧，且相对复杂，容易被人员接触。如果人员的肢体或衣物被卷入传动钢丝绳或链条中，会发生较严重的伤害。因此要求对垂直滑动门的机械装置设置防护，以避免伤害的发生。

应注意，本部分并没有限定垂直滑动门必须是向上开启的（见图 5.3-30），可以设计成上下对开，甚至向下开启的。

5.3.6.2.4　其他型式的门

如果采用其他型式的动力驱动门（如铰链门），当开门或关门有碰撞使用者的危险时，应采用类似于对动力驱动滑动门所规定的保护措施。

【解析】

本条与 GB 7588—2003 中 7.5.2.3 相对应。

本部分并不限制其他类型的动力驱动的门，也可以是铰链门（开关门运动是绕着门框上的铰链转动的）以及其他型式的门。但无论是哪种型式，只要是动力驱动的门都应采用类似于动力驱动的滑动门的保护措施。

5.3.6.3　关门过程中的反开

对于动力驱动的自动轿门，在轿厢内应设置控制按钮，当轿厢在层站时，允许门再打开。

【解析】

本条与 GB 7588—2003 中 8.8 相对应。

一般情况下，采用动力驱动的自动门时，层门是被动的，其开闭由轿门带动。因此在轿厢控制盘上应有一个装置，使用人员通过这个装置使正在关闭中的轿门（包括轿门带动的层门）反向运动而开启。通常图 5.3-31 的这个装置是轿厢操作盘上的开门按钮。

应注意，开门按钮是标准中要求的，为的是在必要情况下使用人员能够通过它开启门，即便是门正在关闭时也可以使门反开，以免门扇撞击到人，这是出于对人员保护的目的而设置的。即使 5.3.6.2.2.1b)中规定的"为了抵制关门时的持续阻碍，该保护装置可在预定的时间后失去作用"情况下，开门按钮也应能够使轿门反开。轿厢操作盘上的关门按钮不是本部分要求的，可以没有。关门按钮只是提高了电梯的运行效率，与安全无关。

此外，只有采用了动力驱动的自动轿门才需要在轿内设置开门按钮，如果使用其他形式的门，可以不设置此按钮。

图 5.3-31　轿内开门按钮

5.3.7　层站局部照明和"轿厢在此"信号

5.3.7.1　层站局部照明

在层门附近，层站上的自然照明或人工照明在地面上的照度不应小于 50 lx，以便使用者在打开层门进入轿厢时，即使轿厢照明发生故障，也能看清其前面的区域（参见 0.4.2）。

【解析】

本条与 GB 7588—2003 中 7.6.1 相对应。

在 5.2.1.4.2 中曾有说明，50 lx 的照度仅相当于"通道"环境的照度要求。自层门进入轿厢时，由于层门、轿门地坎是否平齐受平层精度的影响，不可能在任何情况下都完全平齐。当人员进入轿厢时，为了防止绊倒，要求层门附近应具有一定照度，即使轿内照明无法提供充足的亮度，人员也能够通过层门附近的照明看清其所处的环境，保证安全。

5.3.7.2　"轿厢在此"指示

5.3.7.2.1　如果层门是手动开启的，使用者应能知道轿厢是否在该层站。

为此，应设置下列 a)或 b)之一：

a)　符合下列条件的一个或多个透明视窗：

1) 具有5.3.5.3规定的机械强度,按照5.3.5.3.4a)在摆锤冲击试验期间玻璃面板不应从门上分离,玻璃的破损不认为是测试失败。

2) 夹层玻璃最小厚度为(3+0.76+3)mm,并标记:

ⅰ) 供应商的名称或商标;

ⅱ) 厚度[如(3+0.76+3)mm]。

3) 每个层门所设置的玻璃面积不应小于0.015 m²,每个视窗的面积不应小于0.01 m²。

4) 宽度不小于60 mm且不大于150 mm。对于宽度大于80 mm的视窗,其下沿距地面不应小于1.00 m。

b) 一个发光的"轿厢在此"信号,应在轿厢即将停在或已经停在指定的层站时燃亮。当轿厢停靠在层站且门关闭时,该信号可以关闭。当轿厢所在层站的呼梯按钮被触发时,该信号应重新燃亮。

【解析】

本条与GB 7588—2003中7.6.2相对应。

如果层门是手动开启的,即类似于房间门的结构,这时层门是否能够打开,完全取决于人员的操作。当轿厢不在本层时,如果操作门的人员将层门打开,可能会造成其坠入井道。而且这种情况势必造成正在运行中的电梯突然停止,给设备本身和电梯内的人员造成不利影响。手动门情况如图5.3-32所示:

为使操作层门的人员获取轿厢是否在本层的信息,应能让操作者直接看到[本条a)要求的透明视窗情况],或能够获取一个间接的指示信号[本条b)要求的发光信号]。

a)中4个条件给出了"透明视窗"应有的特性:

1)"透明视窗"要求有足够强度。除了满足5.3.5.3规定的强度外,还需满足5.3.5.3.4a)要求的软摆锤冲击试验,但不需要进行硬摆锤试验。这是因为冲击试验后不要求玻璃完好,只要求玻璃不从门上脱落即可,而硬摆锤冲击试验的目的是检验玻璃面板在受到硬物冲击时是否会有较大面积的破碎性剥落。

2)"透明视窗"应有足够的厚度,其最小厚度:(3+0.76+3)mm,以保证在受到冲击的情况下"透明视窗"能够保持完好,至少不会给人员带来危险。

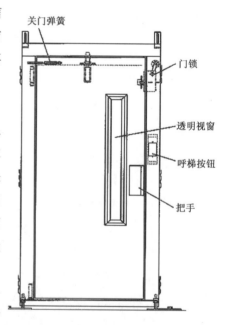

图5.3-32 手动门

同时与玻璃门扇的要求类似,需要将供应商的名称或商标以及玻璃的厚度标示出来(见5.3.5.3.7)。由于玻璃视窗较小,不需要标注玻璃的形式。

3）层门上单个"透明视窗"的尺寸不应太小（每个均不应小于0.01 m²），尺寸太小则看不清轿厢是否在本层。多个视窗时，总面积也不应太小（注意不是每个视窗的面积），当面积小于0.015 m²的情况下也不利于获得轿厢位置的信息。

4）视窗尺寸应适宜，宽度小于60 mm时，由于宽度太小而看不清轿厢的位置。视窗宽度不允许超过150 mm，这是考虑到当视窗受到冲击时，即使视窗破碎（摆锤冲击试验时，玻璃的破损不认为是测试失败），人员也不会坠入井道。

由于本部分规定的单个视窗的最小面积，如果视窗宽度较大，则在最小面积的情况下高度必然较小，如果此时玻璃距离地面过低，则人员难以观察。

例如，当面积为0.01 m²时，宽度大于80 mm，则玻璃高度小于125 mm，显然这样的高度在离地面很低的情况下，不方便被站立姿势的人观察。

除了a）条所述的透明视窗外，"轿厢在此"指示还可以采用b）的形式。

b）要求轿厢即将停在或已经停在特定的楼层时燃亮一个发光的"轿厢在此"信号。

当轿厢停留在那里的时候，该信号应保持燃亮。信号要求必须是"发光"的，是因为当环境比较暗时，信号也能够被清晰地看到。而且这个信号必须能够可靠地指示轿厢是否在此，即只有轿厢即将停在或已停在特定的楼层，这个信号才燃亮。这里所说的"……轿厢即将停在或已停在特定的楼层"包括轿厢平层和再平层状态。当轿门关闭时该信号可以关闭，这是由于当轿门关闭后，层站人员不应再手动开启层门，信号熄灭即表示轿厢未停靠本层，这样可以防止人员手动开启层门，如图5.3-33所示。

图5.3-33 手动开启门时应设置"轿厢在此"的发光信号，以避免误开启

本条可能存在的疏漏：本部分中限制了层门的最小高度（2 m），但并没有限制层门的最大高度。如果在层门很高的情况下，只规定玻璃视窗距地面的距离是不够的，要保证玻璃视窗能够被使用人员正常使用，还应规定玻璃视窗安装的最高位置。

本条a）中要求的"透明视窗"与5.3.5.3.4的"玻璃门扇"是不同的。不同点在于：

① "透明视窗"不需要进行硬摆锤试验；

② "透明视窗"不要求在软摆锤冲击试验后保持玻璃的完整；

③ "透明视窗"厚度要求较低；

④ "透明视窗"有玻璃宽度的上下限，"玻璃门扇"的宽度没有上限；

⑤ "透明视窗"不需要防止拖曳儿童的手；

⑥ "透明视窗"对于固定件没有诸如"保证透明材料不会滑出"等方面的规定。

5.3.7.2.2　如果层门具有透明视窗［见5.3.7.2.1a)］，则轿门也应设置透明视窗。如果轿门是自动门，并且当轿厢停靠在层站时轿门保持在开启位置，则轿门可不设置透明视窗。

所设置的透明视窗应满足5.3.7.2.1a)的规定，当轿厢停靠在层站时，轿门透明视窗与层门透明视窗的位置应对正。

【解析】

本条与 GB 7588—2003 中 8.6.5 相对应。

当采用了手动开启的层门时，层门设置透明视窗的目的是获取轿厢是否在本层的信息。为了防止由于井道内照度不足，层站人员无法看清轿厢是否到达平层位置，从而难以判断是否可以开启层门。因此在层门设置了视窗的情况下，轿门也应设置视窗，以便层站人员能够准确获知轿厢是否在本层的信息。

如果轿门是自动门，且能保证到达层站后轿门一直保持开启状态，层站人员可以方便、准确地了解轿厢是否在本层，因此可不必在轿门上设置透明视窗。

由于轿厢和层门上设置视窗的目的是实现同样的功能，即使层站侧的使用人员获知轿厢是否在本层，因此无论是轿厢还是层门上的视窗，对其尺寸和设置位置的要求应是相同的（见5.3.7.2.1）。当轿厢在层站平层停靠后，层门和轿门的视窗应对齐。如果不能对齐，那么真正有效的视窗面积和视窗尺寸就会变少，则难以满足使用要求。

如果采用了5.3.7.2.1b)中所述的"轿厢在此"的发光信号，层站人员可以通过该信号获知轿厢位置，那么可不必设置透明视窗。

5.3.8　层门锁紧和关闭的检查

【解析】

本条涉及"4　重大危险清单"的"吸入或陷入危险"和"费力"危险。

5.3.8.1　坠落的防护

在正常运行时，应不能打开层门（或多扇层门中的任意一扇），除非轿厢在该层门的开锁区域内停止或停靠。

开锁区域不应大于层门地坎平面上下 0.20 m。

在采用机械方式驱动轿门和层门联动的情况下，开锁区域可增大到不大于层门地坎平面上下的 0.35 m。

【解析】

本条与 GB 7588—2003 中 7.7.1 相对应。

本条的保护目的是防止电梯正常运行时发生剪切、挤压和坠落的风险。这里所说的

"在正常运行时，应不能打开层门"是指正常情况下由电梯自身驱动或由使用者手动开启。但不包括5.3.9.3所述及的"紧急开锁"。在任何时候使用紧急开锁三角钥匙都应可以开启层门。

　　应注意的是，这里要求的"在正常运行时，应不能打开层门"既适用于动力驱动的自动门和非自动门，也适用于手动开启的层门。既然手动开启的层门需要一个"轿厢在此"的信号，那么为什么还要求"正常运行时，应不能打开层门"？这是因为，"轿厢在此"的标示无论是"透明视窗"还是"发光信号"，均是被动的。它们必须被使用者所主动使用时才能够保证安全。但这里的使用者不一定是被授权的专业人员，因此无法保证这种"轿厢在此"的信号一定能被使用者使用。为进一步保证安全，可以使用类似这样的结构：层门设两套门锁，一套由使用者手动开启，另一套门锁由轿厢上安装的碰铁类结构控制，当轿厢在本层平层时轿厢上的碰铁压层门锁的凸轮，此时如使用者手动开启层门时，层门才能被打开。这样的结构可以防止发生由于使用者的主观因素而造成的层门错误开启。

　　GB/T 7024对"开锁区域"的定义是：开锁区域是指层门地坎上、下延伸的一段区域。当轿厢停靠该层站，轿厢地坎平面在此区域内时，轿门、层门可联动开启。开锁区范围不应太大，尤其是非机械方式驱动的厅、轿门且厅、轿门不是联动的情况下，开锁区范围更不应太大。因为这时乘客必须用手依次关闭或打开层门和轿门。如果开锁区范围很大，会造成乘客在开启轿门时，由于轿厢距离平层线较远，造成门开启很困难。

　　开锁区的范围由门刀的有效长度决定，只要是在门刀能够挂住门滚轮开启层门的区域，均应算作开锁区范围，当然，此开锁区范围不能大于本条规定的值。

5.3.8.2　剪切的防护

　　除了5.12.1.4和5.12.1.8的情况外，如果层门或多扇层门中的任何一扇开着，应不能启动电梯或使电梯保持运行。

【解析】

　　本条与GB 7588—2003中7.7.2相对应。

　　门区是电梯事故发生概率比较大的部位，本条的目的是防止层门在开启的情况下电梯仍然运行，对人员造成剪切伤害。因此在电梯正常运行（见5.12.1.1）、检修运行（见5.12.1.5）和紧急电动运行（见5.12.1.6）状态下，无论电梯的载荷如何（见5.12.1.2），也无论电梯速度是否受到监控（见5.12.1.3），如果在层门（多扇门中任何一扇门）打开时，运行中的电梯应立即停止，处于停止状态的电梯应不能启动。

　　以上要求只有两种情况下可以例外：

　　（1）平层、再平层和预备操作控制（见5.12.1.4）

　　这种情况是为了达到以下目的：

　　1）为提高电梯运行效率而采取的平层、预备操作控制

——对于平层

在电梯运行到达层站附近(抵达开锁区)时,可以采取一边使轿厢平层,一边开启轿门、层门的方法,即在轿厢没有完全停止前层门和轿门可以提前开启,其目的是节省电梯开门时间,增加电梯的有效交通流量,这就是通常所说的"提前开门"功能。

——对于预备操作控制

当轿厢保持在层站附近(20 mm的范围内)时,电梯可以为运行进行预备操作,以缩短电梯运行的准备时间,从而提高运行效率。

2) 保证电梯的平层保持精度

当轿厢在停站时,由于乘客、货物进出轿厢造成的钢丝绳伸长量、绳头弹簧以及轿厢顶部或底部弹性部件的压缩量等因素发生变化,导致原本在同一水平面上的轿厢地坎和层站地坎之间在垂直方向上有了较大的差值。为了保证人员进出轿厢不会被绊倒,本部分要求平层保持精度不超过20 mm(见5.4.2.2.1和5.12.1.1),超过20 mm范围时,应自动修正。此时如果需要关闭层门和轿门再移动轿厢,会严重影响电梯运行效率,甚至无法完成自动修正的动作。在层门没有关闭的情况下移动轿厢,这就是通常所说的"自动再平层"功能。

这里的"平层和再平层"包括自动再平层(蠕动)和手动再平层(点动)。

(2) 使用了层门和轿门旁路装置(见5.12.1.8)

这种情况是为了维护层门触点、轿门触点和门锁触点,需要将可能发生故障的上述触点进行旁路,以查找和排除故障。

之所以允许在上述两种情况下,在层门没有关闭的状态下移动轿厢,除了实际需要外,5.12.1.4和5.12.1.8对上述情况下的轿厢移动进行了诸多限制和保护,使得即使门在开启的状态下移动轿厢,仍然能够保护人员不发生挤压和剪切的危险。具体而言:

1) 5.12.1.4要求的保护措施

由于门锁触点(层门和轿门)是串联在电气安全回路中的,平层(提前开门)和再平层时必须通过某种手段桥接或旁接轿门和相应的层门触点,必须保证这种桥接或旁接是安全的。同时保证平层和再平层的速度不超过某个最大值。

保证桥接或旁接安全性的要求:至少有一个装于门及桥接或旁接式电路中的电气安全装置,并由此防止轿厢在开锁区域外的所有运行。同时只有已给出停站信号之后桥接或旁接电路才能使门电气安全装置不起作用。

2) 5.12.1.8要求的保护措施

在控制屏(柜)或紧急和测试操作屏上设置旁路装置的目的是维护层门触点、轿门触点和门锁触点。这个装置可以是开关,也可以是插头插座组合,但必须有功能提示并能够防止误用。

当旁路装置动作时,能旁路层门和轿门的门锁及关闭触点,但不能同时旁路轿门和层门的触点，且应有独立的监控信号来证实轿门处于关闭位置。电梯不响应正常控制只能在检修运行或紧急电动运行模式下工作。在旁路装置动作后，轿厢上应有听觉信号并且轿底应有闪烁的光信号对人员进行提示。

应注意，与 GB 7588—2003 相比，本部分不再允许货梯的"对接操作"（对接操作时也需要在门开启的情况下移动轿厢）。

5.3.9　层门和轿门的锁紧和紧急开锁

【解析】

本条涉及到"4　重大危险清单"的"指示器和可视显示单元的设计或位置"危险。

5.3.9.1　层门锁紧装置

5.3.9.1.1　每个层门应设置门锁装置以符合 5.3.8.1 的要求，该装置应具有防止故意滥用的防护。

除了 5.12.1.4 和 5.12.1.8 的情况外，轿厢运行前应将层门有效地锁紧在关闭位置，层门锁紧应由符合 5.11.2 规定的电气安全装置来证实。

【解析】

本条与 GB 7588—2003 中 7.7.3 和 7.7.3.1 相对应。

这里所谓的"滥用"是指不恰当地使用，比如无关人员能够轻易使门锁失效等。

门锁装置可以是自动的，也可以是手动的，图 5.3-34 所示是一种手动拉杆门锁的示例。

为防止轿厢离开层站后，层门尚未锁紧甚至尚未完全关闭而导致人员坠入井道发生危险，本部分要求轿厢运行前层门必须被有效锁紧在闭合位置上。这里强调的"有效锁紧"，是满足以下各条关于门锁的型式、强度、结构等方面的要求，而且强调必须在层门闭合位置上锁紧。在门锁紧以前轿厢不应发生运动，但轿厢运行的预备操作（比如内选、关门等）不会导致任何危险发生，同时可以提高电梯的运行效率，因此这些操作是被允许的。

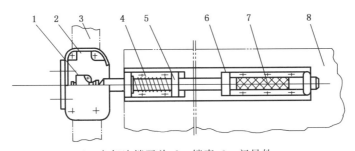

1—电气连锁开关；2—锁壳；3—门导轨；

4—复位弹簧；5、6—拉杆固定架；7—拉杆；8—门扇

图 5.3-34　拉杆门锁装置

为了使门锁在没有锁紧的情况下能够被检查出来,要求门锁上带有电气装置(一般为安全触点型电气安全装置),要求门锁在锁紧状态和未锁紧状态下,该电气装置处于不同状态,以便由电梯系统判断层门是否已经被锁紧。这个电气安全装置可以采用5.11.2规定的安全触点型式或安全电路型式,也可采用可编程电子系统,即PESSRAL(采用安全电路和PESSRAL的形式的情况较少)。总的来说,这个安全装置要么通要么断,没有中间状态,而且在任何情况下都能够被有效地强制断开;或者是能够有效、可靠地检查自身是否处于故障状态。

　　验证层门锁紧的开关是电气安全装置并被列入附录A中,它应串联在电气安全回路中。

　　层门锁闭装置多采用所谓的"钩子锁",其机械锁紧装置和电气触点开关设计为一体,也被称为机电联锁(层门锁闭装置及其电气联锁见图5.3-35)。机械锁紧装置的作用是防止层门自开启或被人从外面扒开,它是对人员坠落的保护;电气触点开关防止在开锁区域以外的地方开门运行,属于对人员被剪切的保护。

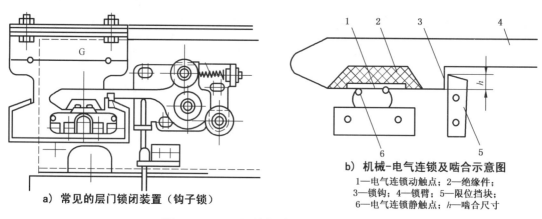

a) 常见的层门锁闭装置（钩子锁）

b) 机械-电气连锁及啮合示意图

1—电气连锁动触点；2—绝缘件；
3—锁钩；4—锁臂；5—限位挡块；
6—电气连锁静触点；*h*—啮合尺寸

图 5.3-35　层门锁紧装置及其验证装置

5.3.9.1.2　电气安全装置应在锁紧部件啮合不小于 7 mm 时才能动作,见图 12。

单位为毫米

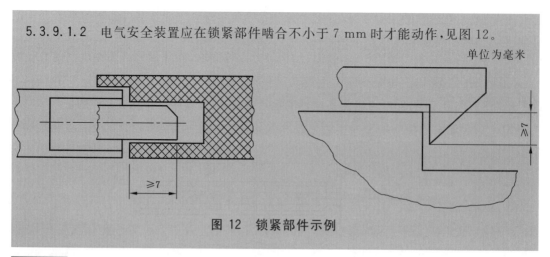

图 12　锁紧部件示例

【解析】

　　本条与 GB 7588—2003 中 7.7.3.1.1 相对应。

　　为了防止层门锁钩在轿厢离开层站后由于一些非预见性原因而导致锁钩意外脱开,要求层门门锁在锁紧状态下锁紧部件啮合长度不小于 7 mm。只有在这种条件下，轿厢才能启动。结合 5.3.9.1.1 来看，锁紧部件之间只有达到了最小的 7 mm 啮合尺寸（如图 12）后，才能使电气安全装置动作以证实门锁已锁紧。结合 5.3.9.3 来看，当通过门刀或三角钥匙打开门锁时，在锁紧元件之间脱离啮合之前，电气安全装置应已经动作。即门关闭时，电气安全装置应后于机械啮合闭合；而在门开启时，电气安全部件的动作应先于机械啮合脱开，只有这样才能做到真正意义上的"证实锁紧"。

应注意的是，门锁锁钩的开口是朝上还是朝下，本身与是否符合本部分要求没有关系，关键在于锁钩的重心位置。即当所有的锁紧力保持元件全部失效后，在重力的作用下是否依然能够保持锁紧，如图 5.3-36 和图 5.3-37 所示。

a) 锁钩开口朝下的结构

b) 锁钩开口朝上的结构

图 5.3-36　两种不同结构的门锁装置

5.3.9.1.3　证实门扇锁紧状态的电气安全装置的元件，应由锁紧部件强制操作而无任何中间机构。

特殊情况：用在潮湿或爆炸性环境中需要做特殊保护的门锁装置，其连接只能是刚性的，机械锁紧部件与电气安全装置的元件之间的连接只能通过故意损坏门锁装置才能被断开。

【解析】

本条与 GB 7588—2003 中 7.7.3.1.2 相对应。

为了使锁紧元件上的电气安全装置能够真正反映门扇是否有效锁紧，它必须是由锁紧部件直接操作，并与锁紧部件牢固连接的。两者之间不能采用中间机构，例如采用联杆、凸轮等来操作电气安全装置，因为这些中间机构如果出现损坏可能导致电气安全装置不能正常反映锁紧部件的实际状态，图 5.3-35 就是"强制操作而无任何中间机构"的一种设计。这充分表明，用于验证门闭合的电气安全装置与门锁装置的机械部分是机械-电气联锁装置，而不应由各自独立的机械和电气部件构成。

为了保证电梯的正常运行,门锁装置应能防止电气安全装置发生误动作。防止电气安全装置的误动作可以由电气安全装置自身保证(如安全电路或安全触点型开关等),也可由门锁机构保证。误动作的概念很广,比如由于门锁触点生锈,当门锁锁紧后电气安全装置不能正常导通也属于误动作。因此,防止电气安全装置误动作要从各方面进行保证。

在特殊环境下,如潮湿或易爆等环境中,如果需要将机械锁紧元件和电气安全装置分开安装,两者之间应采用刚性连接(同样是不得有任何中间机构的直接连接)使其结合在一起。在其所处的预期环境下,两者不应有分离的风险。

本条所谓的"强制操作"就是 GB/T 15706—2012《机械安全 设计通则 风险评估与风险减小》中的"采用直接机械作用"(见该标准 6.2.5)。其描述如下:"如果一个机械零件运动不可避免地使另一个零件通过直接接触或通过刚性连接件随其一起运动,这就实现了直接机械作用。电路中开关装置的直接打开操作是其中一个示例(见 GB 14048.5—2001 和 GB/T 18831—2002)。

注:如果一个机械部件的运动造成第二个部件自由运动(如因为重力、弹簧力),则前者对后者不存在直接机械作用"。

5.3.9.1.4 对铰链门,应尽可能在接近门的关闭的垂直边缘处锁紧。即使在门下垂时,也能保持正常锁紧。

【解析】

本条与 GB 7588—2003 中 7.7.3.1.3 相对应。

当采用铰链门的型式,为了保护门锁不被损坏,必须考虑当门受到一个垂直于门表面的力作用下,上述力对门锁装置产生的力矩影响。人员在对铰链门施加力(垂直于门表面)时,由于铰链侧是无法移动的,因此人员施加力的作用位置一般来讲是应在门的垂直闭合边缘或其附近位置(如果靠近铰链侧施加力,这个力将主要由铰链本身承受),当门锁部件尽可能靠近门的垂直闭合边缘时,门锁受到力矩的影响将被减小到最低限度。

即使当铰链受力变形造成门垂直闭合边下垂,锁紧装置也能够保证将门锁住,同时电气安全装置能够正确验证门锁是否处于锁闭状态。

5.3.9.1.5 锁紧部件及其附件应是耐冲击的,应采用耐用材料制造,以确保在其使用条件下和预期的寿命内保持强度特性。

注:冲击要求见 GB/T 7588.2—2020 中的 5.2。

【解析】

本条与 GB 7588—2003 中 7.7.3.1.4 相对应。

这里要求锁紧部件及其附件能够耐受冲击要求见 GB/T 7588.2 中 5.2 的冲击试验。

层门的锁紧部件应采用耐用材料制造。所谓"耐用材料"是指在门锁的设计寿命期间内,在正常的使用条件下,其强度、刚度特性及形状均能满足使用需要。

通常锁紧部件都是用钢材制造的。

5.3.9.1.6 锁紧部件的啮合应满足沿着开门方向作用 300 N 力不降低锁紧的性能。

【解析】

本条与 GB 7588—2003 中 7.7.3.1.5 相对应。

300 N 是一个人正常可以施加的静态的力,锁紧部件的强度应能保证在承受这个力(用手扒门)的情况下锁紧性能不会降低,锁紧部件更不会意外被打开。

此外,在 300 N 的力作用时,5.3.9.1.1 中要求的验证门锁紧的电气安全装置也不应断开。这是因为该电气安全装置的用途就是验证门锁是否有效锁紧,如果断开表明门锁装置的锁紧性能降低。

5.3.9.1.7 在进行 GB/T 7588.2—2020 中 5.2 规定的试验期间,门锁装置应能承受一个沿开门方向且作用在门锁装置高度处的最小为下列规定值的力,而无永久变形:
    a) 对于滑动门,为 1 000 N;
    b) 对于铰链门,在锁销上为 3 000 N。

【解析】

本条与 GB 7588—2003 中 7.7.3.1.6 相对应。

在按照 GB/T 7588.2 中 5.2 进行试验时的要求与 5.3.9.1.6 的差异在于:

(1)力的作用位置的差异

5.3.9.1.6 要求的力的作用位置是门的任意位置,只要方向是沿着开门方向即可,这样会产生一个力矩,使实际作用在门锁上的力比人员实际施加的力要大。在按照附录 GB/T 7588.2 中 5.2 进行试验时,力的作用位置是门锁高度,门锁的受力即试验中施加的力。

(2)承受的力不同

5.3.9.1.6 要求的 300 N 是一个人正常可以施加的静态的力,而本条要求的 1 000 N 或 3 000 N 是考虑到实际使用中在受力的情况下,力矩对锁紧部件的影响。

(3)判定标准的不同

5.3.9.1.6 要求"不降低锁紧性能",此时锁紧部件肯定没有被破坏,弹性变形也不足以影响其正常使用。而本条要求的"无永久变形",仅是不被破坏即可。

5.3.9.1.8 应由重力、永久磁铁或弹簧来产生和保持锁紧动作。如果采用弹簧,应为带导向的压缩弹簧,并且其结构应满足在开锁时不会被压并圈。

    即使永久磁铁(或弹簧)失效,重力也不应导致开锁。

    如果锁紧部件是通过永久磁铁的作用保持其锁紧位置,则简单的方法(如加热或冲击)不应使其失效。

【解析】

本条与 GB 7588—2003 中 7.7.3.1.7 相对应。

本条要求门锁不但要能够产生锁紧动作，而且锁紧状态能够被保持。保持锁紧的力应是稳定的、能够防止意外开锁的形式。这里所述及的几种力（重力、永久磁铁的磁力和压缩弹簧提供的力），都属于不易受到外界影响而失效的力。如果采用电磁力、摩擦力或气、液压力等，会由于环境的变化造成力的不稳定，不易保持锁紧动作的稳定、可靠。

但应注意，这里的弹簧要求是压缩弹簧，这是由压缩弹簧具有特性接近于直线型、刚度值较稳定、不易发生塑性形变等特点所决定的。而且要求在正常开锁时弹簧不得被压实（并圈），可以有效降低弹簧长期使用中自由高度和负荷的减小（弹簧松弛），保证了弹簧的寿命和提供压力的耐久性。对于压缩弹簧，如其长度较大时，则受力后容易失去稳定性，这在工作中是不允许的。为了避免失稳现象，应对所采用的压缩弹簧设置导向装置（导向杆、导向套等），以保证力的方向的稳定。

如果使用磁力来保持锁紧动作，要求使用永久磁铁，以免失电情况下磁力也随之消失。

在正常情况下，只有重力是全天候存在且不会失效（消失）的，在门锁上我们能够利用的其他的力均有可能存在由于提供力的元器件失效（永久磁铁和弹簧的失效）而导致无法保持锁紧动作的可能，因此要求万一在产生和保持锁紧力的元器件失效的情况下，单凭重力不能开锁。如图 5.3-36 和图 5.3-37b)所示，当压缩弹簧失效时，锁钩依然能够在重力作用下将层门锁紧。

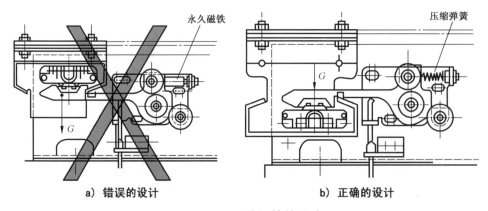

a) 错误的设计　　　　　　　　　　b) 正确的设计

图 5.3-37　两种门锁的设计

由于永久磁铁本身的特性，当受高温（磁性材料有一个称为"居里点"的温度点，超过这个温度，永磁材料的磁性将完全退去）或冲击时可能造成永磁材料的磁性减弱甚至消失。当永久磁铁作为产生和保持锁紧动作的力的元器件时，必须有相应的防护措施，以使得在加热或撞击等情况造成磁性减弱或消失时，锁紧部件也不会失效。图 5.3-37a)是一个错误的设计：如果永久磁铁磁性减弱或消失，则重力会导致锁紧失效；图 5.3-37b)中的压缩弹簧即使被损坏，门锁装置也会在重力作用下保持锁紧。

5.3.9.1.9　门锁装置应有防护，以避免可能妨碍正常功能的积尘风险。

【解析】

本条与 GB 7588—2003 中 7.7.3.1.8 相对应。

由于门锁的工作环境不可能是无尘的、洁净的。一方面门锁装置应能够耐受一定程度的恶劣环境而不会影响其正常功能；另一方面也应有必要的防护措施以避免积尘。

5.3.9.1.10　工作部件应易于检查，例如采用透明盖板。

【解析】

本条与 GB 7588—2003 中 7.7.3.1.9 相对应。

由于门锁的重要性，以及门锁工作环境相对来说有较多灰尘，因此在日常维保中门锁一般应被经常检查，为方便检查门锁的工作部件，本条做了相应的要求。要注意的是，这里描述的"采用透明盖板"只是一个例子，为了达到"以便观察"的效果。不应认为门锁上必须带有一块透明的盖板。

图 5.3-36a)中验证层门锁闭的电气触点就是被设置在透明的保护罩内。

5.3.9.1.11　当门锁触点在盒中时，盒盖的紧固件应为不可脱落式。在打开盒盖时，它们应仍留在盒或盖的孔中。

【解析】

本条与 GB 7588—2003 中 7.7.3.1.10 相对应。

上面也提到过门锁受工作环境的影响，当门锁安装完毕后，在以后的维修、检查中不可能每次都将门锁整体拆下来。人员一般也不容易在门锁安装位置的附近作业，尤其类似螺钉这样的细小部件很容易在人员拆开锁盒时落入井道，而且一旦落入井道很难找到。当锁盒螺钉丢失后，如果不及时补配则盒盖无法安装，将造成门锁触点暴露在外面。这将可能造成触点上被灰尘覆盖，导致触点接触不良而致使电梯故障。更重要的是，门锁触点是带电的，而且是串联在电气安全回路中的。由于电气安全回路串联了多个触点，为了保证电气安全回路向系统反馈信号的清晰（电压足够），一般情况下电气安全回路的电压通常较高（高于安全电压）。如果触点暴露在外面，很容易对维修保养人员造成电击伤害。为防止门锁触点盒上的螺丝丢失，这些螺丝应设计成不可脱落式的。

5.3.9.1.12　门锁装置是安全部件，应按 GB/T 7588.2—2020 中 5.2 的规定验证。

【解析】

本条与 GB 7588—2003 中 7.7.3.3 相对应。

在 EN81 中规定了 7 种安全部件，这 7 种安全部件都必须按照 GB/T 7588.2 的相关要求进行型式试验。这些安全部件是:限速器、安全钳、缓冲器、门锁、上行超速保护装置、轿厢意外移动保护装置和含有电子元件的安全电路和/或可编程电子系统(PESSRAL)。这些安全部件是直接关系人身安全的,是电梯最基本的也是最重要的安全部件。门锁之所以作为安全部件之一,一方面是由于在门区出现安全事故的几率很高;另一方面是由于门区出现安全事故时对人员造成的伤害也比较严重(可能发生剪切、挤压、坠落等危险)。

GB/T 7588.2规定了电梯上使用的各种应进行型式试验的部件及其型式试验方法,本部分中所有安全部件都应据此进行型式试验。

关于"型式试验"的定义可参见"GB/T 7588.1资料3-1"中130条目。

> 5.3.9.1.13 门锁装置上应设置铭牌,并标明:
> a) 门锁装置制造单位名称;
> b) 型式试验证书编号;
> c) 门锁装置的型号。

【解析】

本条与GB 7588—2003中15.13相对应。

铭牌的作用是:(1)标明型号规格,以便识别;(2)标明门锁的生产厂、型式试验证书编号,目的在于可追溯。

本条所述及的信息是门锁装置作为一件独立的产品,其自身最基本的特征标识。为了后续维护保养和监督检验的需要,这些信息应能被相关人员在现场容易地获取。

门锁装置上的铭牌见图5.3-36a)所示。

> **5.3.9.2 轿门锁紧装置**
>
> 如果轿门需要锁紧[见5.2.5.3.1c)],其门锁装置应满足5.3.9.1的规定。
> 该装置应具有防止故意滥用的防护。
> 该装置是安全部件,应按GB/T 7588.2—2020中5.2的规定验证。

【解析】

本条与GB 7588—2003中8.9.3相对应。

与层门不同,轿门可以不锁紧。这是因为如果层门没有门锁,一旦层门被意外开启,层站侧的人员有跌入井道而发生人身伤害事故的危险。而针对轿门和面对轿门的井道内表面(面对轿门的井道壁,见5.4要求)间的距离则在5.2.5.3.1中有相应的要求:"电梯井道内表面与轿厢地坎、轿厢门框架或滑动门的最近门口边缘的水平距离不应大于0.15 m"。同时给出了两种特例:"a)可增加到0.20 m,其高度不大于0.50 m;这种情况在两个相邻的层门间不应多于一处;b)对于采用垂直滑动门的载货电梯,在整个行程内,此间距可增加到0.20 m;"。因此在上述要求的保证下,在轿厢运行过程中,如果轿门意外开启,轿门即使没有门锁，人员也不可能从轿门和面对轿门的井道壁之间的间隙坠入井道。同时在这种情况下，轿厢在5.3.13.2所要求设置的证实轿门关闭的电气安全装置的作用下，将立即停止运行，这时人员不会被面对轿门的井道壁擦伤。因此，即使轿门不设置门锁也不会造成人员的伤害。

5.2.5.3.1c)所叙述的是当轿门和面对轿门的井道壁之间的距离不满足5.2.5.3.1a)和5.2.5.3.1b)的要求时，必须装设轿门锁。如果轿门装设门锁，其门锁装置应满足5.3.9.1的规定。

与层门门锁不同，轿门锁不要求设置紧急开锁装置。这是由于层门上的紧急开锁装置是给营救轿内被困乘客的专业人员使用的。由于轿内乘客不是专业人员，不可能随身携带三角钥匙或其他紧急开锁工具，因此即使轿门锁有紧急开锁装置，乘客被困时也无法打开轿门。而且，在电梯发生故障而导致乘客被困时，允许乘客自行脱困也是不安全的。

对于轿门在救援过程中的开启是在5.3.15中规定的。

这里所谓的"滥用"是指不恰当地使用，比如无关人员能够轻易使门锁失效等。

如果轿门设置锁紧装置，验证轿门锁紧的开关是电气安全装置，并被列入附录A中，它应串联在电气安全回路中。

本条所述的轿门锁紧装置可以替代轿门开启限制装置（见5.3.15.2）。

轿门锁作为安全部件，应按照GB/T 7588.2中5.2的规定进行型式试验。关于"型式试验"的定义可参见"GB/T 7588.1资料3-1"中第130条。

5.3.9.3 紧急开锁

5.3.9.3.1 借助于一个与图13规定的三角形开锁装置相配的三角钥匙，每个层门均应能从外面开启。

单位为毫米

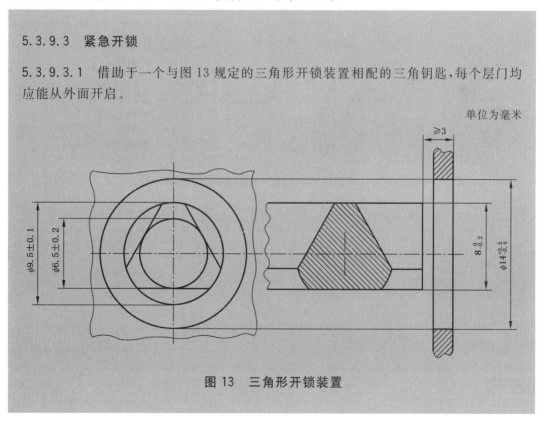

图13 三角形开锁装置

【解析】

本条与 GB 7588—2003 中 7.7.3.2 相对应。

本条要求每层层门必须可使用三角钥匙从井道外开启,在以下两种情况均应能实现上述操作:其一轿厢不在平层区,开启层门;其二轿厢在平层区,层门与轿门联动的情况下,开启层门和轿门。

三角钥匙应符合图 13 的要求,层门上的三角钥匙孔应与其相匹配。本条目的是为援救、安装、检修等提供操作条件。三角钥匙应附带有类似"注意使用此钥匙可能引起的危险,并在层门关闭后应注意确认已锁住"内容的提示牌。对于三角钥匙的管理是有效保证只有"被授权的人员"才能紧急开锁。同时钥匙上应附带有相关说明,可以在三角钥匙使用过程中提示使用人员应注意的事项(见 7.2.2)。三角钥匙及其提示标牌(示例)见图 5.3-38。

图 13 中详细规定了三角钥匙的尺寸,而且必须采用图中所示的形式。这是因为三角钥匙是应急操作的工具,使用三角钥匙的人员必须是"被授权的",但是"被授权的"人员并不一定是本台电梯的安装、维修或保养人员,也不一定是本台电梯制造厂商或销售商的人员。这些人员还可能包括涉及处理公共安全的人员(如消防员)等。因此一方面要求三角钥匙应具有一定的特殊性以防止无关人员轻易开启层门另一方面要求三角钥匙应具有一定的通用性以保证救援人员能够普遍获取(消防员只要带有一把三角钥匙就可以开启任意品牌和类型的电梯)。

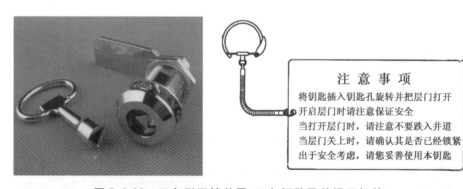

注意事项

将钥匙插入钥匙孔旋转并把层门打开
开启层门时请注意保证安全
当打开层门时,请注意不要跌入井道
当层门关上时,请确认其是否已经锁紧
出于安全考虑,请您妥善使用本钥匙

图 5.3-38 三角形开锁装置、三角钥匙及其提示标牌

5.3.9.3.2 三角形开锁装置的位置可在门扇上或门框上。

当在门扇或门框的垂直平面上时,三角形开锁装置孔距层站地面的高度不应大于 2.00 m。

如果三角形开锁装置在门框上且其孔在水平面上朝下,三角形开锁装置孔距层站地面的高度不应大于 2.70 m。三角钥匙的长度应至少等于门的高度减去 2.00 m。

长度大于 0.20 m 的三角钥匙是专用工具,应在电梯现场且仅被授权人员才能取得。

【解析】

本条为新增内容,主要是对三角形开锁装置的位置和钥匙进行了明确的规定。与旧版标准相比,本部分规定了三角形开锁装置(三角钥匙孔)安装的位置及相应的要求。

（1）安装在门扇或门框的垂直平面上

使用三角钥匙开启层门时,如果三角钥匙孔位置过高,可能造成人员重心不稳导致发生危险。本条要求当三角形开锁装置安装在层门或层门门框的垂直面上时,距离地面的垂直高度不得大于2 m,见图5.3-39a）。

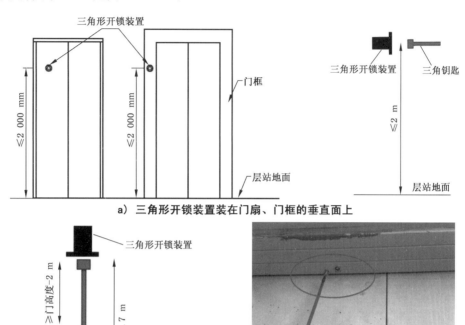

a）三角形开锁装置装在门扇、门框的垂直面上

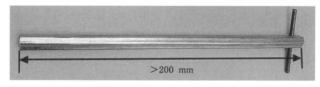

b）三角形开锁装置安装在门框上且孔的方向向下

c）长度大于0.20 m的三角钥匙

图5.3-39 三角形开锁装置安装位置

根据GB/T 13547—1992《工作空间人体尺寸》中4.1.2可知,18～60岁男性的双臂功能上举高度为1 869 mm（P_5值,即只有5%的人低于此值）。根据GB/T 12985—1991《在产品设计中应用人体尺寸百分位数的通则》中对于穿鞋后的人体修正量,男子为25 mm（见附录B 1.2）。这里要求三角钥匙孔距离地面的垂直高度不大于2 m,能够保证救援人员开启层门时的安全。

（2）安装在门框上且其孔在水平面上

有些情况下,为了层门的美观,会将三角钥匙孔安装在层门的顶门框上。此时如果三角钥匙孔距离层站地面过高,会给人员开启层门带来不便。

根据 GB/T 13547—1992《工作空间人体尺寸》中 4.1.2 可知,18～60 岁男性的双臂功能上举高度为 2 003 mm(P_{50} 值,即 50％的人员高度不超过此值)。即使考虑到人员穿鞋后有 25 mm 的修正量(见(1)解析),当三角钥匙孔距离地面高度超过 2.7 m 时,绝大多数人的双臂功能上举高度与三角钥匙孔的高度差超过 700 mm。这种情况下,人员需要使用将近 0.7 m 长的三角钥匙,无疑是非常不方便的。因此将三角钥匙孔距离层站地面的高度限制在 2.7m 以内是合理的,见图 5.3-39b)。

当三角形开锁装置安装在门框上时,由于此装置距离地面最高允许到 2.7m,此高度已经超出了人员手臂上举时的高度,必须使用带有长手柄的三角钥匙才能开启层门。因此,本条对三角钥匙的长度作出了要求,即"应至少等于门的高度减去 2.00 m",见图 5.3-39b)所示。由此可知,当层门高度为 2.7 m 时,三角钥匙至少需要达到 0.7 m 才符合要求。

(3)长度超过 0.20 m 的三角钥匙是专用工具

上面已经述及,当三角钥匙孔设置在顶门框上时,需要使用带有较长手柄的三角钥匙才能开启层门。但这种三角钥匙较为罕见,因此应将这种三角钥匙作为专业工具对待,见图 5.3-39c)。为了能让开启层门的人员有效获取,这种三角钥匙应能够在电梯现场获取。但应注意,只有被授权人员才能取得(通常是放在能锁闭的盒子中)。

结合本条中"三角钥匙的长度应至少等于门的高度减去 2.00 m"的要求,当层门高度超过 2.2 m 时,且使用了三角形开锁装置在门框上,且其孔是朝下的设计,所使用的三角钥匙长度就达到了 200 mm,应作为专用工具并能够在电梯现场被授权人员取得。

5.3.9.3.3 在一次紧急开锁后,如果层门关闭,则门锁装置应不能保持在开启位置。

【解析】

本条与 GB 7588—2003 中 7.7.3.2 相对应。

本条要求,在使用了紧急开锁(即人员使用三角钥匙手动从层站手动开启层门)后,如果层门关闭,则门锁装置应自动锁紧。

这里所说的"不能保持在开启位置"是指:

(1)层门门锁的锁紧部件啮合不小于 7 mm;

(2)验证层门锁闭的电气安全装置接通。

5.3.9.3.4 在轿门驱动层门的情况下,当轿厢在开锁区域之外时,如果层门无论因为何种原因而开启,则应具有一种装置(重块或弹簧)能确保该层门关闭和锁紧。

【解析】

本条与 GB 7588—2003 中 7.7.3.2 相对应。

电梯大部分事故发生在门系统上,其中由于层门不应打开而打开造成的事故最为严重。因此在轿门驱动层门的情况下,开启的层门如果在开启方向上没有外力作用,确保层门自动关闭的装置应能使层门自行关闭见图 5.3-40。本条是防止人员坠入井道发生伤亡事故。显然，只有当层门自动关闭装置的力大于阻止关闭层门的力的情况下，层门才能有效地自动关闭。而阻止关闭层门的力是由多方面原因造成的，层门自动关闭装置能够提供的力至少需要克服层门的摩擦阻力和锁钩接触限位块时的阻力。确保层门自动关闭的装置一般有重锤式、弹簧式（卷簧、拉簧或压簧）及连杆式等。当使用重锤式门自动关闭装置时，应设置重锤的行程限位装置，防止断绳后重锤落入井道内。

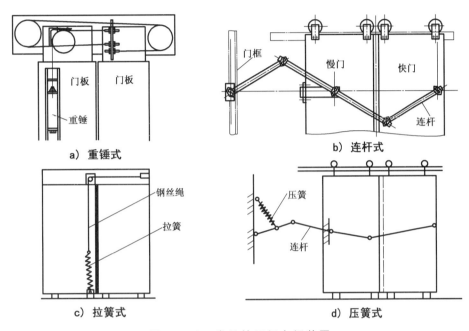

图 5.3-40　常见的层门自闭装置

5.3.9.3.5　如果没有进入底坑的通道门，而是通过层门，则从符合 5.2.2.4b)的底坑爬梯且在高度 1.80 m 内和最大水平距离 0.80 m 范围内应能安全地触及门锁，或者底坑内的人员通过永久设置的装置能打开层门。

【解析】

此条为新增内容。

如果没有设置底坑通道门，而是通过层门进出底坑进行操作，当人员需要从底坑返回层站时，需要从井道内触及门锁并在开启门锁后打开层门。由于层门高度不小于 2 m（见5.3.2.1)，且底坑具有一定深度，人员站在底坑底面时，无法打开层门门锁。如果开启门锁需要站在爬梯上，且爬梯位置距离门锁过远，人员很容易在试图触及门锁时从爬梯上跌落。为了避免上述危险，本条对于底坑内人员通过何种方式打开层门以及在何范围内能够安全地触及层门门锁作出了要求，可以按照以下两种方案进行：

（1）站在爬梯上开启门锁

由于这种情况存在跌落的风险，因此要求：

1) 开启门锁时,人员站在爬梯上距离底坑地面的高度不超过 1.8 m

由 GB/T 13547—1992《工作空间人体尺寸》可知:18～60 岁男性的双臂功能上举高为 1 869 mm(P_5)。由于人员站在爬梯上,考虑到容易出现人体失稳的情况,为了确保安全,这里规定不超过 1.8 m 是适当的。而且,这个高度可以覆盖 95% 以上的人群。

2) 距离门锁的水平距离不超过 0.8 m

由 GB/T 13547—1992《工作空间人体尺寸》可知:18～60 岁男性的双臂展开宽为 1 579 mm(P_5),单臂展开并考虑人员上身宽度,800 mm 是可以达到的。而且,这个水平距离可以覆盖 95% 以上的人群。

3) 能安全地触及门锁

"安全地触及门锁"是指人员在爬梯上触及门锁时没有坠落、触电和机械伤害的风险。

(2) 底坑内设置开启层门的装置

这种情况规避了人员坠落风险,相对于人员站在爬梯上开启门锁更加安全。为了能使底坑内人员在需要离开井道时可以随时开启层门,开启层门的装置必须是永久设置的。还应注意,此装置的设置位置应方便底坑内人员触及,以避免人员在使用该装置时发生危险。底坑内采用的开启层门的装置见图 5.3-41 所示,通常是底层层门门扇上设置一根固定的拉绳,底坑内人员需要开启层门时,可通过此部件使层门门锁释放。

由于底坑深度的不同和开门高度的变化等因素的影响,人员站在爬梯上开启门锁的条件往往难以满足。相对而言,采用永久设置在底坑内的装置打开层门更加简单。

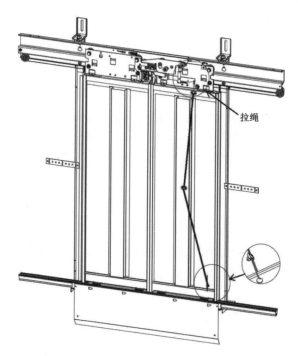

拉绳

图 5.3-41 底坑内设置开启层门的装置

5.3.9.4 证实层门关闭的电气安全装置

5.3.9.4.1 每个层门应设置符合5.11.2规定的电气安全装置,以证实层门的关闭,从而满足5.3.8.2所提及的要求。

【解析】

本条与 GB 7588—2003 中 7.7.4.1 相对应。

在这里要求每个层门都应带有一个电气安全装置(安全触点或安全电路),用于证实层门的闭合位置,以避免电梯在层门没有关闭的情况下运行,见图 5.3-42。

当使用安全触点进行验证时,主要需满足以下几点:a)可靠的断开;b)可靠的绝缘;c)可靠的爬电距离;d)可靠的触点分断距离。

验证层门闭合的开关是电气安全装置,并被列入附录 A 中,它应串联在电气安全回路中。

a) 带有证实层门关闭的电气装置的门锁　　　b) 证实层门关闭的电气装置

图 5.3-42　证实层门关闭的电气安全装置

5.3.9.4.2 在与轿门联动的水平滑动层门的情况下,如果证实层门锁紧状态的装置是依赖于层门的有效关闭,则该装置同时可作为证实层门关闭的装置。

【解析】

本条与 GB 7588—2003 中 7.7.4.2 相对应。

当层门与轿门联动,且层门只有在关闭情况下才能被锁紧,验证层门锁紧的电气安全装置可以兼作证实层门闭合的装置。但应注意,验证层门闭合位置的电气安全装置和验证层门锁紧的电气安全装置实际上是两个概念,只是在条件允许的时候它们才可以作为一个部件。即只有在"与轿门联动的水平滑动层门"时才允许这样做。

之所以要求"与轿门联动的"是因为验证层门、轿门关闭的开关在层门和轿门上应分别各有一套,只有层门、轿门联动的情况,才能做到在正常运行的情况下层门和轿门同时开闭。这种情况下,如果证实层门闭合的电气安全装置与验证层门锁紧的电气安全装置为同一装置,则验证轿门闭合的电气安全装置可以对层门是否闭合起到补充验证作用。

5.3.9.4.3　在铰链式层门的情况下，此装置应设置在靠近门的关闭边缘处或在证实层门关闭状态的机械装置上。

【解析】

本条与 GB 7588—2003 中 7.7.4.3 相对应。

当采用铰链门的型式，验证门闭合的电气安全装置安装在上述位置时，即使由于铰链受力变形造成门的边缘闭合不良，验证层门关闭的装置也能够保证正确地验证门是否闭合的状态。图 5.3-43 是一种用于验证铰链门关闭的开关及其安装位置示意。

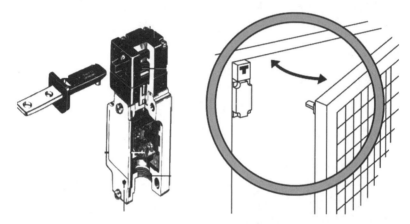

图 5.3-43　验证铰链门关闭的开关及其安装位置

5.3.10　证实层门锁紧状态和关闭状态装置的共同要求

【解析】

本条涉及"4　重大危险清单"的"局部照明"危险。

以下要求是验证层门锁闭状态和验证层门闭合状态装置应共同具有的特性。

5.3.10.1　在层门未关闭或未锁紧的情况下，从人员正常可接近的位置，用单一的不属于正常操作程序的动作应不能启动电梯。

【解析】

本条与 GB 7588—2003 中 7.7.5.1 相对应。

在门打开或没有可靠锁闭的情况下，在层站或轿内（这两个地方是人员正常可接近的位置），用一个单一的动作，即便这个动作不属于正常操作，电梯也不能被启动。

本条的三个关键点是"人员正常可接近的位置""单一的""不属于正常操作程序的动作"。这里所说的"人员"是任何人，不但包括使用者，还包括安装、检修、紧急操作等人员。但只有这些人员在正常可接近的位置时，才能得到有效保护。如果使用 5.12.1.8 中的"层门和轿门旁路装置"，当然可以在层门未关闭或未锁紧的状态下启动电梯，但该装置要求安装在控制屏(柜)或紧急和测试操作屏上，上述位置不属于"人员可正常接近的位置"。"人员可正常接近的位置"只限于轿内和层站。井道内(含底坑)、机房内(含滑轮间)属于正常情况下人员无法接近的。

"单一的不属于正常操作程序的动作"应看作"单一的，即便是不属于正常操作程序的动作"。

可能会有这样的疑惑：这里只说了"不属于正常操作程序的动作"，对于"属于正常操作程序的动作"怎么办？这一条是否可以这样表述："在门门打开或未锁住的情况下，从人们正常可接近的位置，用单一的(或几个)属于正常操作程序的动作应可能启动电梯"？当然不能这样理解，因为当门没有关闭或没有锁紧时，在人们正常可接近的位置，通过属于正常操作程序的动作，根据 5.3.8.2 和 5.3.9.1.1 的要求依然不能使轿厢运行。

5.3.10.2　证实锁紧部件位置的装置应动作可靠。

【解析】

本条与 GB 7588—2003 中 7.7.5.2 相对应。

验证锁紧部件位置的电气安全装置应能可靠证实层门锁紧部件啮合是否不小于 7 mm。当啮合小于 7 mm 时，应阻止轿厢启动或使轿厢不能保持继续运行。"动作可靠"是指验证锁紧部件位置装置是强制通断的，比如其动作是强制的。

5.3.11　机械连接的多扇滑动层门

【解析】

本条所有子条款，均是针对层门而言。轿门相关要求见 5.3.14。

5.3.11.1　如果滑动门是由数个直接机械连接的门扇组成，允许：
　　a)　将 5.3.9.4.1 或 5.3.9.4.2 规定的装置设置在一个门扇上；
　　b)　如果仅锁紧一个门扇，则应在多折门门扇关闭位置钩住其他门扇，使该单一门扇的锁紧能防止其他门扇的开启。

门在关闭位置时，多折门每个门扇的回折结构使快门钩住慢门，或者通过悬挂板上的钩达到相同的连接，认为是直接机械连接。因此，不要求在所有门扇上均设置 5.3.9.4.1 或 5.3.9.4.2 规定的装置。即使在门导向装置损坏的情况下，该连接也应确保有效。不需要考虑上下导向装置同时损坏的情况。应验证门扇的钩住部件在所设计的最小啮合深度时符合 5.3.11.3 的强度要求。

　　注：门悬挂板不是导向装置的组成部分。

【解析】

本条与 GB 7588—2003 中 7.7.6.1 相对应，并进一步明确了对多折门门扇锁闭的要求。

如果层门的几个门扇间是通过连杆或齿轮等方式连接在一起动作的，就是属于直接机械连接的滑动门。"直接机械连接"还可以通过结构来保证，比如：多折门的每个门扇的背面为折边结构，当门在关闭位置时，将快速门扇与慢速门扇钩住（如图 5.3-44 中 X、Y 处所示），在此情况下，快门关闭后其他门扇不能被打开，因此可以认为符合本条中所指的"直接机械连接"。此外，如果在每扇门的门挂板上设置彼此连接的结构（如挂钩）并保证在门运行时不会脱离，也被认为是直接机械连接的结构。

由机械连接的多扇滑动门，由于其门扇之间是采用机械机构（如铰链、联杆等）直接、牢固、刚性地连接，一个门扇的开启或闭合的状态就可以反映整个层门的开启和闭合状态；锁紧一个门扇就可以达到防止整个层门的其他门扇被打开。因此验证层门关闭的电气安全装置（这个电气安全装置也可能与验证层门锁紧状态的电气安全装置是一体的）和层门门扇的锁紧装置可以只安装在一个门扇上，而不是每个门扇都必须安装。即如果滑动门的所有门扇采用了直接机械连接的结构，则：

a) 仅在一个门扇上设置验证层门关闭的电气安全装置即可。

b) 通过锁紧一个门扇实现锁紧整个层门的锁紧。

当采用上述 a) 和 b) 的方式设置门扇锁紧装置和验证锁紧的电气安全装置时，每个门扇之间的"直接机械连接"必须达到下述要求：

1) 电气安全装置的安装位置应能验证层门门扇的闭合和锁紧情况；

2) 每个门扇之间的直接机械连接部件，其强度需能够承受 5.3.11.3 规定的力；

3) 即使门导向装置失效（不考虑上下导向装置同时失效），每扇门之间的直接机械连接也必须有效。

应注意，由于门挂板可不认为是门扇的导向装置，也就是说可以不必考虑门挂板失效的情况，但其前提是：门挂板与门扇之间必须是采用螺栓、焊接等方式直接连接的。

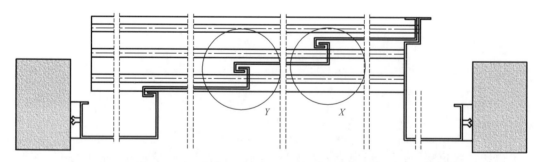

图 5.3-44 每个门扇的回折结构使快门钩住慢门

5.3.11.2 如果滑动门是由数个间接机械连接（如采用绳、带或链条）的门扇组成，允许只锁紧一个门扇，条件是：该门扇的单一锁紧能防止其他门扇的打开，且这些门扇均未设置手柄。未被锁住的其他门扇的关闭位置应由符合 5.11.2 规定的电气安全装置来证实。

【解析】

本条与 GB 7588—2003 中 7.7.6.2 相对应。

一般情况下，直接机械连接要比间接机械连接更加可靠，间接机械连接失效的可能性相对较高。

当组成滑动门的各门扇之间采用非直接连接，而在中间采用钢丝绳、皮带、链条等连接时，可以采用每个门扇单独锁紧的方式，如图 5.3-45a)所示。

a）每个门扇均设置锁紧

b）仅锁紧一个门扇

图 5.3-45　门锁的设置

也可以仅锁住多扇门中的一扇，如图 5.3-45b)所示，但前提是被锁住的门扇可以防止其他门扇的打开。同时应考虑门扇间非刚性连接部件断裂的可能性，因此要求对于未被直接锁住的门扇增加一个电气安全装置（一般是一个安全触点型开关）来验证此扇门是否处于关闭位置，这就是所谓的"层门副锁开关"。

这里强调的"这些门扇均未装设手柄"，其中"这些门扇"指的是除锁紧的门扇外的其他门扇。如果其他门扇装设手柄，则意味着该门扇的开启或闭合不是（至少不完全是）依靠各门扇中间的连接部件（钢丝绳、皮带、链条等）与被锁紧的门扇联动的，在这种情况下仅锁紧一扇门难以做到防止其他门扇打开。

应当注意的是，5.3.11 所述及的无论是直接机械连接的门扇还是间接机械连接的门扇，其连接部位的强度应不低于本部分中对门锁要求的强度，即能通过根据 GB/T 7588.2 中 5.2.2.2 要求进行机械试验。而且 GB/T 7588.2 中 5.2 规定的层门锁紧装置的试验应将门锁安装在其实际的工作位置（层门）上，这样才能真正反映层门锁紧系统的可靠性。

验证非直接锁闭门扇闭合位置的开关是电气安全装置，并被列入附录A中，它应串联在电气安全回路中。

对于"间接机械连接"与"直接机械连接"的区别，可参见"GB/T 7588.1资料5.3-3"。

> **5.3.11.3** 符合5.3.11.1规定的门扇间的直接机械连接或符合5.3.11.2规定的间接机械连接装置是门锁装置的组成部分。
>
> 它们应能够承受5.3.9.1.7a)所述的1 000 N的力，即使与5.3.5.3.1所述的300 N的力同时作用。

【解析】

本条是新增条款。

由于本部分允许通过"直接机械连接"和"间接机械连接"的门扇仅在一个门扇上设置锁紧装置，前提是锁紧一个门扇，能够通过门扇之间的机械连接（无论是直接连接还是间接连接）有效防止其他门扇打开。事实上，在锁紧一个门扇的情况下，上述机械连接结构在功能上起到了锁闭其他门扇的功能。因此本条认为"直接机械连接装置"（5.3.11.1）和"间接机械连接装置"属于门锁装置。对于门锁装置的受力要求也适用于上述连接。

应注意的是，本条要求机械连接装置的受力要求应能承受两个方向同时施加的力：

（1）沿着门开启的方向，1 000 N[5.3.9.1.7a)]；

（2）从门扇的任一面垂直于门扇方向，300 N（5.3.5.3.1）。

这个要求的目的是模拟人员在试图扒开门扇时（沿开门方向），对门扇施加的推力（垂直门扇方向），即使在这种情况下，门之间的机械连接也不应失效。

> **5.3.12 动力驱动的自动层门的关闭**
>
> 在层门参与建筑物防火的情况下，电梯正常运行中，如果没有轿厢运行指令，则根据电梯使用情况所确定的必要的时间段后，层门应关闭。
>
> 注：GB/T 26465和GB/T 24479给出了消防（员）电梯和电梯在发生火灾情况下特性的要求。

【解析】

本条涉及"4 重大危险清单"中的"费力""温度""动力电源失效"危险。

本条与GB 7588—2003中7.8相对应。

在电梯暂时不运行时，电梯应关闭层门等候召唤，而不应长时间开门等候召唤。如果层门处于开启状态等候召唤（当然此时轿厢必然在开启层门的位置），由于层门和轿厢之间存在间隙以及气压和气流等原因，井道在火灾发生时是一个"抽气筒"，容易使火烧向轿厢或向其他层蔓延。

由于本部分5.3.5.2对电梯层门的耐火性进行了规定，层门具有一定的耐火等级，具备在火灾情况下仍具备完整性和(或)隔热性的能力。当火灾发生时，关闭的层门在客观上应能减缓甚至阻止火灾通过井道向相邻层站蔓延。

本条的目的只是避免电梯井道在火灾情况下成为火势蔓延的通道，而不是火灾情况下电梯应具备的性能。对于电梯在火灾情况下的特性的要求和对消防电梯的要求见 GB/T 24479—2009《火灾情况下的电梯特性》和 GB/T 26465—2011《消防电梯制造与安装安全规范》。

5.3.13　证实轿门关闭的电气安全装置

5.3.13.1　除了 5.12.1.4 和 5.12.1.8 所述情况外，如果轿门(或多扇轿门中的任一门扇)开着，应不能启动电梯或保持电梯继续运行。

【解析】

本条与 GB 7588—2003 中 8.9.1 相对应。

本条解析见 5.3.8.2。对于提前开门和自动再平层的情况下，通过旁接一部分电气安全装置，允许在轿门开启的情况下保持电梯"运行"。当然前提是必须符合一系列严格的要求。

本条还排除了 5.12.1.8 的情况，即使用轿门旁路装置的情况。按照本条的说法，在上述情况下如果轿门没有关闭，是可以移动轿厢的。但 5.12.1.8d)要求了"为了允许旁路轿门关闭触点后轿厢运行，提供独立的监控信号来证实轿门处于关闭位置。该要求也适用于轿门关闭触点和轿门门锁触点共用的情况"。这一条明确要求了在使用轿门旁路装置时，轿门开启时不能移动轿厢。因此本条排除了 5.12.1.8 所述情况，疑为一个失误。

5.3.13.2　轿门应设置符合 5.11.2 规定的电气安全装置，以证实轿门的关闭，从而满足 5.3.13.1 中的要求。

【解析】

本条与 GB 7588—2003 中 8.9.2 相对应。

本条解析见 5.3.9.4.1。

验证轿门闭合的开关是电气安全装置，并被列入附录 A 中，它应串联在电气安全回路中。

5.3.14　机械连接的多扇滑动轿门或折叠轿门

【解析】

本条涉及"4　重大危险清单"的"费力"危险。

5.3.14.1 如果滑动门或折叠门是由数个直接机械连接的门扇组成，允许：

    a) 将 5.3.13.2 要求的装置设置在：

        1) 一个门扇上（对多折门为最快门扇）；或

        2) 如果门的驱动部件与门扇之间是直接机械连接的，则在门的驱动部件上。和

    b) 在 5.2.5.3.1c)规定的条件和情况下，对于多折门或折叠门，仅锁紧一个门扇，条件是：在门扇关闭位置钩住其他门扇，使该单一门扇的锁紧能防止其他门扇的开启。

    门在关闭位置时，多折门每个门扇的回折结构使快门钩住慢门，或者通过悬挂板上的钩达到相同的连接，认为是直接机械连接。因此，不要求在所有门扇上均设置 5.3.13.2 规定的装置。即使在门导向装置损坏的情况下，该连接也应确保有效。不需要考虑上下导向装置同时损坏的情况。应验证门扇的钩住部件在所设计的最小啮合深度时符合 5.3.11.3 的强度要求。

    注：门悬挂板不是导向装置的组成部分。

【解析】

    本条与 GB 7588—2003 中 8.10.1 相对应。

    如果数扇滑动门之间是直接机械连接的（见图 5.3-46），5.3.13.2 中要求的验证门关闭的电气安全装置（开关）可以安装在门扇上、门的驱动元件上（条件是驱动元件和门扇是直接机械连接的）；如果有轿门锁，也可以安装在轿门锁上（条件是如果只锁紧一个门扇，能够防止其他门扇的打开）。

 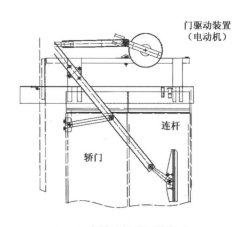

a) 直接连接的滑动门扇   b) 直接连接的折叠门扇

图 5.3-46　门扇直接机械连接的示例

    这里允许安装验证轿门关闭的开关的位置实际上和层门的要求是一样的，与本条要求的情况类似，在 5.3.9.4.2 中有"在与轿门联动的水平滑动层门的情况中，如果证实层门锁紧状态的装置是依赖层门的有效关闭，则该装置同时可作为证实层门关闭的装置"的要求，实际上 5.3.11.1 和 5.3.9.4.2 两条规定加在一起构成了与本条类似的对于层门的要求。

    本条可参考 5.3.11.1 解析。

5.3.14.2 如果滑动门是由数个间接机械连接(如采用绳、带或链条)的门扇组成,允许将 5.3.13.2 规定的装置设置在一个门扇上,条件是:

　　a)　该门扇不是主动门扇;和

　　b)　主动门扇与门的驱动部件是直接机械连接。

【解析】

本条与 GB 7588—2003 中 8.10.2 相对应。

轿门的主动门扇(被驱动的门扇)与门驱动部件有两种机械连接形式:

——直接机械连接,见图 5.3-47a)。

——间接机械连接,见图 5.3-47b),这种形式更常见。

本条要求的是,当轿门的主动门扇与门驱动部件采用直接机械连接时,本部分 5.3.13.2 要求的验证轿门闭合的电气安全装置可以只安装在从动门上。经过简单地分析不难得知,此时轿门不能关闭可能只会发生在从动门上。因为主动门与驱动装置是直接机械连接的,不可能无法关闭,仅可能是连接主动门与从动门之间的间接机械连接装置(如钢丝绳、皮带或链条等)出现断裂、伸长等故障而导致从动门无法正常关闭。因此这个验证轿门是否关闭的电气安全装置只需要安装在从动门上即可。

　　应注意:这里的一个前提是"主动门扇与门的驱动部件是直接机械连接",最简单的例子是驱动轿门的门机是与主动门扇采用齿轮、连杆等方式连接,如图 5.3-47a)所示。

　　如果门机是安装在轿厢门上方的梁、框架或其他位置,通过钢丝绳、皮带或链条等非直接连接的方法驱动主动门,如图 5.3-47b)所示,则由于主动门上的这些间接连接部件也可能发生上述故障而导致主动门不能正常关闭,因此只将验证轿门关闭的电气安全装置安装在一个门扇上(无论其是主动门还是从动门)时,则不能有效验证轿门是否有效关闭,这种情况下每个门扇都应设置验证轿门关闭的电气安全装置。

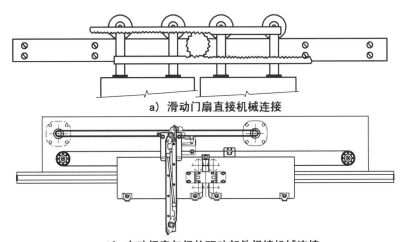

a) 滑动门扇直接机械连接

b) 主动门扇与门的驱动部件间接机械连接

图 5.3-47　门扇的直接机械连接与间接机械连接

5.3.15　轿门的开启

5.3.15.1　如果由于任何原因电梯停在开锁区域（见 5.3.8.1），应能在下列位置用不超过 300 N 的力，手动打开轿门和层门：

　　a)　轿厢所在层站，用三角钥匙或通过轿门使层门开锁后；

　　b)　轿厢内。

【解析】

本条与 GB 7588—2003 第 1 号修改单中 8.11.1 相对应。

当电梯由于故障或人为的鲁莽动作而停止时，为了能及时将人员救援出来，层/轿门应作为最首选的救援出口使用。如果发生故障时轿厢停在层站开锁区内，为实现上述目的，应允许营救人员在层站处通过层门紧急开锁装置手动开启轿门，同时为使轿厢内人员在这种情况下有自救的可能（此时轿厢处于开锁区内），当轿门和层门联动时，被困人员或通过其他方式（如轿顶安全窗）进入轿厢的救援人员，应能在轿厢中用手开启轿门及与之联动的层门。在开锁区内开启轿门应符合下面 4 个条件：

（1）位置必须限定在开锁区内

"开锁区域"定义见 3.63。为了保证安全，开锁区不能过大，在 5.3.8.1 中对"开锁区域"有如下限制：

　　——开锁区域不应大于层站地坎平面上下 0.2 m；

　　——在采用机械方式驱动轿门和层门联动的情况下，开锁区域可增加到不大于层站地平面上下 0.35 m。

之所以规定了应在开锁区内能够开启轿门和层门，是因为如果轿厢停止的位置不是在层门开锁区，通过轿门救援被困人员无法保证安全。此外，由于电梯结构的限制，轿厢停在开锁区域以外时，无法实现轿门与层门的联动。而且本部分也规定了：在开锁区域外，在开门限制装置处施加 1 000 N 的力，轿门开启不能超过 50 mm（见 5.3.15.2），故轿厢内人员（开锁区域外）根本无法开启轿门。

（2）开启力的限制

本条规定的"开门所需的力不得大于 300 N"是为了保证在救援被困人员时，能够容易地开启层/轿门。根据 0.4.11 可知，300 N 的力是人能够施加的静态力，因此可以得出如下结论：轿门应有适合的受力点，人员可以通过受力点持续施加力直至轿门开启。同时，如果层/轿门联动，开启轿门和与其联动的层门的力的和应不大于 300 N。

（3）手动打开

这里所说的"手动打开"实际上是指"在不使用工具的情况下，利用人力达到开启门的目的"。其中至少包含两层含义：

a)　力的要求：在不使用工具的条件下，以正常的人能够施加的力（即 300 N）可以开启门；

b）着力点的要求：应有适合的着力点，在门完全开启前，通过它可以对轿厢门施加相对持续和稳定的力。

尤其是当轿厢形状比较特殊时，要特别注意着力点的提供。如图5.3-48所示为圆柱形轿厢（轿门为圆柱的一部分）时，如果轿门缝隙很小则应特别注意用手开启轿门时应提供必要的着力点。

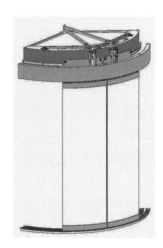

图5.3-48　圆弧形轿门以及采用圆弧形轿门的轿厢

（4）手动打开的方式和方法

由于层门具有锁紧装置（5.3.9.1.1要求），因此如果层门锁闭，即使轿厢在本层站，依然无法仅凭手动开启层/轿门。因此对手动开启层/轿门的方式和方法做了特别的规定。

a）轿内

如果轿厢在层站开锁区内，从轿内应不用任何工具和辅助手段开启层/轿门；

b）轿厢所在层站

——用三角钥匙

三角钥匙的规定见5.3.9.3"紧急开锁装置"，即三角钥匙也符合"手动打开"的要求。这是因为三角钥匙是被授权人员的常备工具，或在电梯现场能够（且仅能够）让被授权人员获得（见5.3.9.3.2），不需通过特殊途径获得。

——通过轿门使层门开锁

可以在轿内或轿顶等能够触及轿门的位置，通过开启轿门，带动开启层门门锁（轿厢此时在开锁区内），最终达到开启层/轿门的目的。

无论是否设置了符合5.3.9.2规定的轿门锁，本条的要求均必须满足。

此外，这里还应注意一个区别，在GB 7588—2003中规定的开启轿门的条件是："在轿厢停止并切断开门机（如有）电源的情况下……"，而本部分没有给定这样的条件。

CEN/TC 10的解释是：无论是否切断了开门机的电源，开门施加力的测量值均不应超过300 N。

对于本条"如果由于任何原因电梯停在开锁区域（见5.3.8.1），应能在下列位置用不超过 300 N 的力,手动打开轿门和层门"的规定,曾有争论:是否可以使用轿内开门按钮实现上述要求。其背景是,有些轿门机在轿门关闭且轿厢门机带电的情况下,由于门机马达力矩的原因不符合本部分的要求。针对这种情况,曾有人提出以下方案：

———当电源有效时,

通过层站的呼梯按钮和轿内控制门重新开启的按钮(见 5.3.6.3)可以分别从层站和轿内开启轿门,所需的力也不会大于 300 N。

———当电源失效时,

此时轿厢门机断电,马达不再有力矩输出,可以保证在轿内手动开启轿门的力不大于 300 N。

但上述方案难以完全满足本条要求。从 5.3.15.1 的规定来看,要求通过不大于 300 N 的力在层站(使用三角钥匙或通过轿门使层门开锁)和轿内开启轿门,其目的是允许乘客离开轿厢。如果采用上述方法,在控制系统出现问题的情况下,如果按钮不响应操作且门机处于带电状态,可能无法满足本条要求。

> **5.3.15.2** 为了限制轿厢内人员开启轿门,应提供措施使：
> a) 轿厢运行时,开启轿门的力大于 50 N;和
> b) 轿厢在 5.3.8.1 中规定的区域之外时,在开门限制装置处施加 1 000 N 的力, 轿门开启不能超过 50 mm。

【解析】

本条与 GB 7588—2003 第 1 号修改单中 8.11.2 相对应。

为了防止轿内人员轻易开启轿门,对保持轿门关闭的力应做最低限制(这里"开启轿门的力"实际是指"保持轿门关闭的力")：

(1) 轿厢运行时,开启轿门的力应大于 50 N

在电梯运行时,由于轿厢运行所产生的气流和振动可能对轿厢开门机或传动装置产生影响,导致在运行过程中轿厢门误开启(或电气触点断开)。为避免上述情况,要求在轿厢运行情况下,无论其是否在开锁区(运行中的轿厢会经过开锁区),保持轿门关闭的力均应大于 50 N。

同时应注意的是,本条要求的保持轿门关闭的力是在电梯运行时要求的,如果电梯停止层站,则没有必要要求 50 N 的保持轿门关闭的力,只需要遵守"用不超过 300 N 的力,手动打开轿门和层门"即可。

(2) 轿厢在开锁区以外,在开门限制装置处施加 1 000 N 的力,轿门开启不能超过 50 mm

轿厢应设有"开门限制装置",当轿厢不在开锁区时,"开门限制装置"可以保证在承受 1 000 N 的力的情况下,轿门开启不能超过 50 mm。根据 0.4.11 可知,1 000 N 的力是当发生撞击时,人能够施加的等效静态力,这个要求的目的是防止电梯困住人情况下,人员盲目

自救，导致伤害事故的发生。

要注意，"在开门限制装置处施加 1 000 N 的力，轿门开启不能超过 50 mm"的要求，无论是轿厢运行还是停止，只要不在开锁区内，这个条件都必须满足。

轿门开启不能超过 50 mm，这一距离应按照如下方法测量：

——中分门：轿门扇之间的缝隙；

——旁开门：轿门扇与门框（侧立柱）之间的缝隙。

对于本条 a)和 b)之间的关系，应做如下理解：

（1）在轿厢运行中，如果向轿门施加的力（轿门的任何位置）不超过 50 N，则轿门不会被开启，电梯也不会停止。

（2）在轿厢处于开锁区之外时（无论是运行还是停止），在开门限制装置处（不是任意处）施加 1 000 N 的力，轿门是能够被开启的，并且开启间隙不超过 50 mm（见图 5.3-49）。如果轿门开启（即使不超过 50 mm），验证轿门闭合的触点应断开，电梯停止并不能被启动。

应注意，测试时应在任意一侧的开门限制装置处施加 1 000 N 的力，并测量轿门开启间隙，而不是在两扇轿门上同时施加各 1 000 N 的力。这一点在中分门的情况下要特别注意。

对于轿门开启不能超过 50 mm 的规定，SAC/TC 196 与 CEN/TC 10 进行过交流，此条款的目的是：如果人员在开锁区外试图开启轿门，此间隙在不超过 50 mm 的情况下，可以防止轿厢内人员的手臂伸出轿门开启轿门锁。

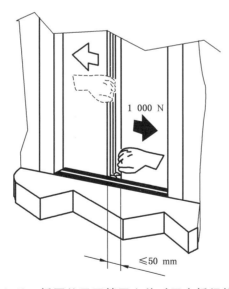

图 5.3-49　轿厢处于开锁区之外时开启轿门的间隙

图 5.3-50 为两种典型的轿厢开门限制装置的示意图。图 5.3-50a)为叶片结构，其工作原理是：门刀通过连杆与皮带夹相连，利用门机皮带的行程实现叶片的张开和并拢。在门的开关过程中，由止动杆与上连杆相配合使叶片保持张开。图 5.3-50b)为连杆结构，利用了连杆死点位置作为限制轿门开启的手段。

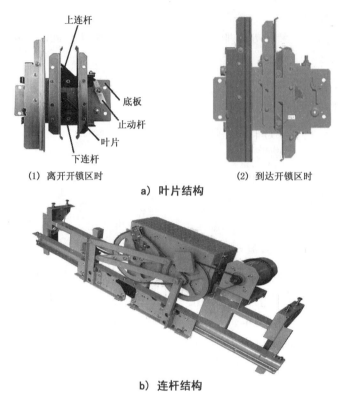

上连杆

底板

止动杆

叶片

下连杆

(1) 离开开锁区时　　　　　　(2) 到达开锁区时

a）叶片结构

b）连杆结构

图 5.3-50　轿厢开门限制装置示意图

询问：开门限制装置安装在中分门的一扇轿门上时，只有安装了开门限制装置的门扇被机械地锁住。只在这个门扇上的开门限制装置的高度上施加 1 000 N 的力进行测试是否符合要求？

CEN/TC 10 的解释是：1 000 N 的力应施加在开门限制装置上。但施加在特定的门扇上也不应导致门保护的失效。

应注意，本条要求的轿门开启限制装置可以被轿门锁紧装置替代。

轿门开启限制装置与轿门锁紧装置的区别可参见"GB/T 7588.1 资料 5.3-4"。

> **5.3.15.3**　至少当轿厢停在 5.6.7.5 规定的距离内时，打开对应的层门后，应能够不用工具从层站打开轿门，除非用三角钥匙或永久性设置在现场的工具。本要求也适用于具有符合 5.3.9.2 的轿门锁紧装置的轿门。

【解析】

本条与 GB 7588—2003 第 1 号修改单 8.11.3 相对应。

本条规定了轿厢停止在"防止轿厢意外移动"装置的制停区域内（5.6.7.5 规定的距离），在开启层门后，应能够通过以下手段从层站打开轿门：

——不用工具；

——用三角钥匙；

——永久性设置在现场的工具；

这里没有要求开启层门时，必须能够带动轿门一同开启，而仅是要求在"打开对应的层门后"能够开启轿门，因为如果此时轿厢不在开锁区，无法实现层门带动轿门开启。

而且要注意，本条要求的是从层站打开轿门，而不是在轿内开启轿门。当然，如果轿厢位置恰好在开锁区以内，从轿内也是可以开启轿门的。但无论如何，应能够从层站开启轿门。

"防止轿厢意外移动"装置的制停区域的范围见5.6.7.5。

之所以要求在这个区域内能够在打开层门后方便地开启轿门，是因为一旦发生轿厢意外移动，轿厢意外移动保护装置（UCMP）动作后，轿厢停止。根据UCMP制停轿厢的要求：

——与检测到轿厢意外移动的层站的距离不大于1.20 m；

——轿厢地坎与层门门楣之间或层门地坎与轿厢门楣之间的垂直距离不小于1.00 m；

——层门地坎与轿厢护脚板最低部分之间的垂直距离不大于0.20 m。

而根据开锁区域的规定：

——开锁区域不应大于层站地平面上下0.2 m。

——在用机械方式驱动轿门和层门同时动作的情况下，开锁区域可增加到不大于层站地平面上下0.35 m。

可见，当UCMP动作后，轿厢停在层站附近，但可能已经超过了开锁区域。但在这个区域通过层/轿门救援被困乘客也是安全的，因此要求在UCMP制停轿厢的距离内，能够容易地通过层门开启轿门以便救援乘客。

不用附加工具开启轿门是最佳选择，这样做是最容易最方便的。作为被授权人员的常备工具，三角钥匙不需通过特殊途径获得，因此使用三角钥匙开启轿门也是允许的。此外，如果要使用其他工具开启轿门，那么这个工具应永久设置在现场。应该注意，由于轿厢可能在任何一个层站发生意外移动，从而被UCMP制停，因此如果需要使用工具开启轿门，且这个工具不是三角钥匙，则在任何层站的层门附近都应能获取该工具，并且被授权人员可以容易地获得该工具（如果三角钥匙的长度超过200 mm，也应被视为专用工具并能够在现场被获得）。

应注意，当采用"永久性设置在现场的工具"，应保证该工具仅能由被授权者获得。

由于5.2.5.3.1c)的原因，当轿厢设置了轿门锁（见5.3.9.2）时，也应满足本条的要求。

5.3.15.4　对于符合5.2.5.3.1c)规定的电梯，应仅当轿厢位于开锁区域内时才能从轿厢内打开轿门。

【解析】

本条与GB 7588—2003第1号修改单8.11.4相对应。

对于5.2.5.3.1c)所述的电梯，由于轿厢门和面对轿厢门的井道壁之间间隙较大，如果在开锁区域之外开启轿门，可能造成轿内人员坠入井道而发生人身伤害，因此要求对于

5.2.5.3.1c)所述的电梯要求必须设置轿门锁,在这种情况下要求只有轿厢位于开锁区域内时才能从轿厢内打开轿门。

应注意,本条是对"从轿厢内打开轿门"的限制,从层门侧在开启层门后开启轿门应符合5.3.15.3的规定。

5.4　轿厢、对重和平衡重

【解析】

本条涉及"4　重大危险清单"的"运动元件"危险。

本节是针对轿厢、对重和平衡重的相关要求,轿厢和对重是电梯垂直运动的主体部件。由于电梯的一切运行最终都要通过轿厢反映给乘客,因此本节对轿厢的规定占了大部分篇幅。

与层门一样,轿厢是电梯系统中,人员在正常情况下能够接触的部件,同时轿厢作为电梯系统中运送乘客的主要部件,其坚固性、可靠性直接关系到乘客的安全,因此本部分相对于 GB 7588—2003 而言,对轿厢的要求更加细致和严格。

应说明的是,本条规定给出的是通常用途的电梯轿厢的安全要求,在一些特殊场合下,轿厢不但要满足本部分 5.4 的要求,同时还必须满足其应用场合和应用目的的特殊要求:如当电梯需要进行无障碍化设计时,轿厢应满足 GB/T 24477—2009《适用于残障人员的电梯附加要求》;当发生火灾电梯需要进行消防服务时,应符合 GB/T 26465—2011《消防电梯制造与安装安全规范》。

5.4.1　轿厢高度

轿厢内部净高度不应小于 2.0 m。

【解析】

本条与 GB 7588—2003 中 8.1.1 相对应。

"轿厢内部净高度"与"轿厢高度"应区分开,GB/T 7024—2008《电梯、自动扶梯、自动人行道术语》中"轿厢高度"指:"在轿厢内测得的轿厢地板到轿厢结构的顶部之间的垂直距离,轿顶灯罩和可拆卸的吊顶在此距离之内";"轿厢内部净高度"则指的是轿顶灯罩和可拆卸的吊顶到轿厢地板面的距离(及轿厢地板面距轿顶最低部件之间的距离)。

5.4.2　轿厢的有效面积、额定载重量和乘客人数

【解析】

本条涉及"4　重大危险清单"的"高压"危险。

5.4.2.1　总则

5.4.2.1.1　为了防止由于人员导致的超载,轿厢的有效面积应予以限制。

为此额定载重量与最大有效面积之间的关系见表6。

【解析】

本条与 GB 7588—2003 中 8.2.1 部分相对应。

本条说明了限制轿厢面积目的:避免超载。轿厢的超载可能导致曳引力、制动力矩以及安全部件(如安全钳、缓冲器、轿厢上行超速保护装置以及防止轿厢意外移动装置等)的保护能力不足,造成严重的人员与设备安全事故。而且,电梯的机械和电气系统也是以额定载重量作为基础依据进行设计的,因此保证电梯在使用中的实际载重量不超出允许范围,是保证电梯运行安全的重要条件。

5.4.2.1.2　应在距地板 1.0 m 高度处测量轿壁至轿壁的内尺寸确定轿厢有效面积,不考虑装饰。

【解析】

本条与 GB 7588—2003 中 8.2.1 部分相对应。

本条给出了测量轿厢有效面积的方法:

——是从轿厢一侧的壁板测量至对侧壁板,应保证测得两侧壁板之间的垂直距离;

——在距离轿厢地面 1.0 m 高的位置进行测量。

当有扶手、半身镜、凸出壁板面的操作盘或残疾人操作盘等部件时,不考虑它们对轿厢面积的影响,仍以一侧壁板至对侧壁板间的测量值为准,也就是说在测量时认为这些部件不会减小轿厢的有效面积。

这里所说的"不考虑装饰",是指在测量轿厢有效面积时,应基于出厂时的轿厢壁板,并按照上述方法测量的有效面积为准。出厂后增加的诸如贴面、包覆等装饰,均不应考虑它们对轿厢面积的影响。因为这些装饰可以在使用过程中被拆除或改变,在电梯使用寿命期内一旦拆除这些装饰,则轿厢有效面积与允许乘坐人数的关系可能超过表6给定的范围。

5.4.2.1.3　对于轿壁的凹进和扩展部分,不管高度是否小于 1.0 m,也不管其是否有单独门保护,在计算轿厢最大有效面积时均应计入。

计算轿厢最大有效面积时,不必考虑由于放置设备而不能容纳人员的凹进和扩展部分(如:用于折叠椅、对讲系统的凹进)。如果轿厢入口的框架立柱之间具有有效面积,当门关闭时:

　　a)　如果立柱内侧到任一门扇的深度(包括多扇门的快门和慢门)小于或等于 100 mm,则该地板面积不应计入轿厢有效面积;

　　b)　如果该深度大于 100 mm,该地板面积应计入轿厢有效面积。

表6 额定载重量与轿厢最大有效面积

额定载重量 kg	轿厢最大有效面积 m²	额定载重量 kg	轿厢最大有效面积 m²
100ª	0.37	900	2.20
180ᵇ	0.58	975	2.35
225	0.70	1 000	2.40
300	0.90	1 050	2.50
375	1.10	1 125	2.65
400	1.17	1 200	2.80
450	1.30	1 250	2.90
525	1.45	1 275	2.95
600	1.60	1 350	3.10
630	1.66	1 425	3.25
675	1.75	1 500	3.40
750	1.90	1 600	3.56
800	2.00	2 000	4.20
825	2.05	2 500ᶜ	5.00

注:对于中间的额定载重量,最大有效面积采用线性插值法确定。

ª 1人电梯的最小值。

ᵇ 2人电梯的最小值。

ᶜ 额定载重量超过2 500 kg时,每增加100 kg,最大有效面积增加0.16 m²。

【解析】

本条与GB 7588—2003中8.2.1相对应。

这里是对"轿厢有效面积"定义的补充规定,在3.3中定义的轿厢面积是:"电梯运行时可供乘客或货物使用的轿厢面积"。在测量轿厢有效面积时,如果轿壁上有凹进或扩展,那么这些空间在电梯使用中可能为乘客提供额外的空间,属于3.3定义的范围。如果这些面积不计算在轿厢有效面积之内,则可能发生超载的情况。

这里所提到的轿厢在1.0 m以下的(或许有单独的门保护)的凹进部分,这样的设计可能被用于在公寓楼中安装的电梯:由于轿厢的尺寸受到限制而无法容纳担架,则在轿厢上设有一个向轿厢外凹陷的空间,平时用门保护,当需要运送躺在担架上的人员时,将门打开,则担架的一端可以伸到这个凹陷空间中去,这种情况在计算面积时是必须计入轿厢有效面积的。

对于轿厢内部有折叠座椅、踩踏点(消防电梯)、骨导式助听器(残障人员用电梯)等设备时,容纳这些设备的凹陷很小,不会被人员占用,因此可以不计入轿厢有效面积。

此外,对于轿厢入口处的面积是否计入轿厢有效面积取决于立柱内侧到任一门扇的深度,包括多扇门的快门和慢门(主动门和从动门),轿厢面积的计算见图5.4-1。

关于轿厢有效面积的由来,可参见"GB/T 7588.1资料5.4-1"。

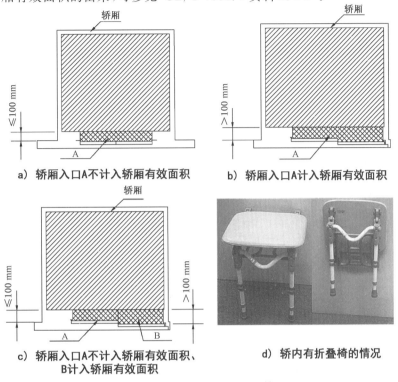

a) 轿厢入口A不计入轿厢有效面积　　　　b) 轿厢入口A计入轿厢有效面积

c) 轿厢入口A不计入轿厢有效面积、
B计入轿厢有效面积

d) 轿内有折叠椅的情况

图5.4-1　轿厢面积的计算

5.4.2.1.4 轿厢的超载应由符合5.12.1.2规定的装置来监控。

【解析】

本条与GB 7588—2003中8.2.1相对应。

即使限定了轿厢的最大有效面积,轿厢还是要设置防止超载的装置来监控载重量是否超过额定载荷的10%,当超载时:

(1)应防止电梯正常启动及再平层;

(2)轿厢内应有听觉和视觉信号通知使用者;

(3)动力驱动自动门应保持在完全开启位置;

(4)手动门应保持在未锁状态;

(5)5.12.1.4所述的预备操作应取消。

注:5.12.1.4允许层门和轿门在未关闭和未锁紧时,进行轿厢的平层和再平层运行与预备操作。

5.4.2.2　载货电梯

【解析】

关于载货电梯的定义"主要用来运送货物的电梯,并且通常有人员伴随货物"(见3.15)

关于载货电梯的要求与 GB 7588—2003 相比,变化较大。

5.4.2.2.1 对于载货电梯,5.4.2.1 的要求在下列条件下适用:

a) 装卸装置的质量包含在额定载重量中。或

b) 在下述条件下,装卸装置的质量应与额定载重量分别考虑:

1) 装卸装置仅用于轿厢的装卸载,不随同载荷被运载。

2) 对于曳引式和强制式电梯,轿厢、轿架、轿厢安全钳、导轨、驱动主机制动器、曳引能力和轿厢意外移动保护装置的设计应基于额定载重量和装卸装置的总质量。

3) 对于液压电梯,轿厢、轿架、轿厢与柱塞(缸筒)的连接、轿厢安全钳、破裂阀、节流阀或单向节流阀、棘爪装置、导轨和轿厢意外移动保护装置的设计应基于额定载重量和装卸装置的总质量。

4) 如果由于装卸载时的冲击,轿厢超出了平层保持精度,则应采用机械装置限制轿厢的向下移动,并应符合下列要求:

ⅰ) 平层保持精度不超过±20 mm;

ⅱ) 该机械装置在门开启前起作用;

ⅲ) 该机械装置具有足够的强度保持轿厢停止,即使驱动主机制动器未动作或液压电梯的下行阀开启;

ⅳ) 如果该机械装置不在工作位置,通过符合 5.11.2 规定的电气安全装置防止再平层运行;

ⅴ) 如果该机械装置不在完全收回位置,通过符合 5.11.2 规定的电气安全装置防止电梯正常运行。

5) 应在层站按图 14 标明装卸装置的最大质量。

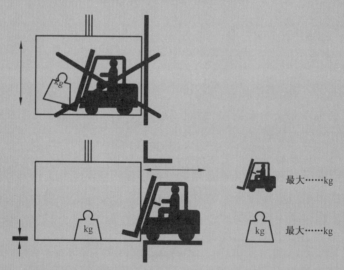

注: 在这些象形图中,包含了 GB/T 31523.1—2015 中表 5 编号 5-17 的叉车图形符号和 ISO 7000:2014 中编号 1321B 的质量图形符号。

图 14 在层站使用装卸装置装卸载的象形图

【解析】

关于货梯的轿厢载重量,根据预计使用的装卸装置的类型和质量不同(见 0.4.2),应分为以下几种情况分别对待:

a)装卸装置随货物一同被轿厢运输时,装卸装置的质量应包含在额定载重量中。常见于采用托盘、小车等运送货物的情况。

b)在一些情况下,装卸装置的质量与额定载重量要分别考虑。本条所说的"分别考虑"不是指装卸装置的质量在轿厢设计中不需要被考虑。而是为了运输货物,装卸装置需要与货物一同进入轿厢,此时可能超出轿厢的额定载重量(虽然货物的质量在额定载重量要求之内)。在这种情况下,应考虑装卸装置的质量对轿厢的影响,即所谓"装卸装置的质量应与额定载重量分别考虑"。应满足在装卸装置进入和离开轿厢时,电梯的安全性能和保护功能不受影响。

以下情况,装卸装置的质量与额定载重量应分别考虑:

1)装卸装置不随货物一同被轿厢运输时。这种情况多见于采用叉车等一些较大的运输车辆进行货物搬运。如果运输车辆不会给轿厢增加额外负载,则可以不必考虑运输车辆的质量;但如果运输车辆某一部分(如前轮)可能进入轿厢,并由轿厢支撑整个货物的质量以及叉车某一部分的质量,则应考虑相应的附加载荷。

2)和 3)中提及的曳引式、强制式和液压电梯,其承载部件(如轿厢、轿架、导轨、轿厢与柱塞的连接等)、安全装置(安全钳、驱动主机制动器、破裂阀、节流阀、棘爪、轿厢意外移动保护装置等)以及曳引能力(仅对于曳引式电梯)在设计时均应基于额定载重量和装卸装置质量之和进行设计。

4)与客梯不同,载重量较大的货梯其轿厢内部载荷可能在短时间内变化非常大,尤其是有运输车辆进入或单个质量较大的货物时。这种情况可能出现轿厢的平层保持精度"突然"超出 ±20 mm 的情况以及制动器或下行阀失效。轿厢向下移动过大,可能会对正在进入轿厢的人员和运输设备造成伤害。因此在这种情况下应设置机械装置加以限制。这里所说的机械装置,可以类似于液压梯用的棘爪装置,如图 5.4-2 所示。

这个装置应能满足以下条件:

① 该装置应为机械结构,并能将轿厢的下行移动限制在不超过 20 mm 的范围内。

② 在层门、轿门开启的情况下,轿厢的移动可能造成对人员和运输设备的伤害,因此本条所述的机械装置应在层门、轿门开启之前起到保护作用。

③ 该机械装置能够承受额定载荷及装卸装置对轿厢所施加的力,且为了避免

图 5.4-2 用于限制轿厢向下移动的机械装置

驱动主机制动器(对于曳引式和强制式电梯)不起作用以及下行阀开启(对于液压电梯)时带来的风险,机械装置应能承受上述轿厢施加的最大力(包括自重、运输工具重量和运送载荷)。

④ 轿内进入较大质量的载荷时,如果轿厢再平层正好起作用,此时制动器是开启的,如果限制轿厢的向下移动的机械装置不在工作位置,很容易造成轿厢向下移动距离过大,对正在进入轿厢的人和运载设备带来风险。因此,应通过电气安全装置防止再平层运行。

⑤ 由于限制轿厢向下移动的机械装置处于工作位置时,将限制轿厢在下行方向上的运动。为了防止干涉轿厢运行,当该装置没有完全收回时,应通过电气安全装置限制电梯的正常运行。

5) 由于装卸装置的种类对电梯相关部件等的设计和配置有很大的影响(见图 5.4-3),故必须在层站的明显的位置设置使用装卸装置装卸载的象形图(见图 14)。

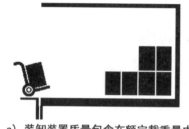

a) 装卸装置质量包含在额定载重量中

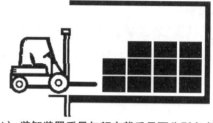

b) 装卸装置质量与额定载重量要分别考虑

货物质量
5 000 kg

叉车质量＝3 000 kg

F＝总质量＝叉车质量＋货物质量

c) 内燃机叉车装卸时的计算方法(示例,仅供参考)

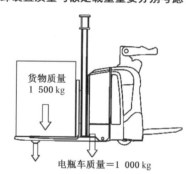

货物质量
1 500 kg

电瓶车质量＝1 000 kg

F＝总质量＝电瓶车质量＋货物质量

d) 电瓶车装卸载时的计算方法(示例,仅供参考)

e) 装卸装置完全进入轿厢

f) GB/T 31523.1—2015中编号5-17的叉车图形符号

图 5.4-3 装卸装置对载货电梯的影响

对于本条，CEN/TC 10 给出的解释单（见 EN 81-20 015 号解释单）如下：

询问：

1.（本条 4 中）没有"保持精度"的明确定义，可能引发以下疑问：

a) 符合 5.12.1.1.4 的±20 mm；或

b) 符合 5.3.8.1 和 5.12.1.4.a)能够在门开启情况下进行再平层的门区（机械的和电气的）；或

c) 5.6.5.3a)/5.6.5.7.2（棘爪）定义的 0.12 m？

5.4.2.2.1b)是客货梯（主要用于载货，也可运送人员）其装卸装置的质量不包括在额定载重量中，因此不清楚是否允许再平层（5.12.1.2.1 不允许曳引式电梯在超载情况下再平层）。如果允许再平层，应满足上述 b)和 c)，如果不允许再平层，则必须满足上述 a)的要求。由于一些原因，如较小的滑轮直径等，可能有必要将行程限制在小于 5.3.8.1 所规定的值。

假如，当机械装置处于动作状态时，5.4.2.2.1b) 4) i)与平层准确度相关。

2. 在 5.4.2.2.1b) 4) v)中，要求在机械装置不在完全收回位置时，应防止电梯正常运行。实际上这是不可行的。由于轿厢内载荷的原因，机械装置将处于为了收回该装置，而需要提升轿厢的状态。

因此，5.6.5.9 中要求只考虑轿厢向下运动的棘爪装置，这在液压电梯中很容易实现，但在 ACVF 驱动的曳引式电梯中难以实现。因此，本条应进行修改。

总体而言，5.4.2.2.1 表达了使用棘爪装置的"可能"，在使用不同的系统的情况下，对于重载而言，这不是最佳方案，该系统将轿厢设定在了固定的停止位置上，因此轿厢根本不可能向下移动。

CEN/TC 10 的回答：

原则上，电梯再平层总是可能的，但实际上并非如此，因为在严重超载情况下溢流阀会泄压。电梯应通过机械装置保持在层站地面下 20 mm 处。

当移出装卸装置时，应结束超载工况。

5.4.2.2.1b) 4)将在下一版中明确为：

"如果由于装卸载导致的轿厢行程超出平层准确度要求（见 5.12.1.1.4），并且不可能进行再平层，则机械装置应限制轿厢向下运动，并符合以下要求：

…

v) 如果机械装置不在完全收回位置，应防止轿厢向下移动"。

5.4.2.2.2 对于液压载货电梯，轿厢有效面积可以大于表 6 中所确定的值，但不应超过表 7 中相应额定载重量对应的值。

表 7 液压载货电梯的额定载重量与轿厢最大有效面积

额定载重量 kg	轿厢最大有效面积 m²	额定载重量 kg	轿厢最大有效面积 m²
400	1.68	1 000	3.60
450	1.84	1 050	3.72
525	2.08	1 125	3.90
600	2.32	1 200	4.08
630	2.42	1 250	4.20
675	2.56	1 275	4.26
750	2.80	1 350	4.44
800	2.96	1 425	4.62
825	3.04	1 500	4.80
900	3.28	1 600[a]	5.04
975	3.52		

注：对于中间的额定载重量，最大有效面积采用线性插值法确定。

[a] 额定载重量超过 1 600 kg 时，每增加 100 kg，最大有效面积增加 0.40 m²。

注：计算示例：

所需的液压载货电梯的额定载重量为 6 000 kg，轿厢宽度 3.40 m、轿厢深度 5.60 m（即轿厢面积 19.04 m²）。

a) 使用表 7，额定载重量 6 000 kg 轿厢最大有效面积：

——1 600 kg 对应 5.04 m²；

——按表 7 脚注 a 计算超过 1 600 kg 部分的有效面积：(6 000 kg−1 600 kg)/100 kg＝ 4 400/100＝44，由此 44×0.40 m²＝17.60 m²；

——对应额定载重量的最大有效面积：5.04 m²＋17.60 m²＝22.64 m²。

额定载重量为 6 000 kg 的液压载货电梯选择 19.04 m² 的轿厢有效面积是符合要求的，因为轿厢有效面积小于最大允许的面积（22.64 m²）。

b) 按照表 6 计算，上述面积满载乘客时的相应载荷：

——5.00 m² 对应 2 500 kg；

——按表 6 脚注 c 计算超过 5.00 m² 部分的额定载重量：(19.04 m²−5.00 m²)/ 0.16 m²＝14.04/0.16≈88，由此 88×100 kg＝8 800 kg；

——该轿厢有效面积（19.04 m²）所对应的最大载荷：2 500 kg＋8 800 kg＝11 300 kg。

按照 5.4.2.2.4 的规定，所列出的电梯部件（如：轿架、安全钳等）应基于 11 300 kg 计算。

【解析】

本条与 GB 21240—2007 中 8.2.2.1 相对应。

此条款给出轿厢最大有效面积的计算方法和电梯部件设计基准。考虑到液压载货电梯的用途并不是运送乘客，而是运送货物，货物的密度并不是预先可知的，且由于液压构件对超载的耐受能力较大，因此轿厢有效面积允许选择表 7 中给定的值。但液压载货电梯的轿厢有效面积按照表 7 所列面积来执行是有附加要求的：此时除了液压缸是按照表 7 给定的载荷来计算，其余承压部件如轿厢、轿架、轿厢与柱塞（缸筒）的连接、间接作用式液压电梯的悬挂装置、轿厢安全钳、破裂阀、节流阀（单向节流阀）、棘爪装置、导轨和缓冲器的设计必须按表 6 中的载荷值来计算（见 5.4.2.2.4）。

本条与 GB 7588—2003 中 8.2.2 允许载货电梯轿厢有效面积超出给定值的情况非常类似，均是需要做到"安全受到有效控制"的前提。因此，尽管表 7 中的轿厢面积较大，但绝大多数主要承压部件还需以表 6 为基准进行设计，其安全性没有本质的变化。

5.4.2.2.3 对于具有平衡重的液压载货电梯，根据轿厢有效面积按表 6 确定的额定载重量不应导致系统压力超过液压缸和管路设计压力的 1.4 倍。

【解析】

本条与 GB 21240—2007 中 8.2.2.2 相对应。

具有平衡重的液压载货电梯，可能发生平衡重或轿厢卡阻的风险。以液压缸作用在轿厢上的情况为例，见图 5.4-4，正常情况下平衡重平衡了轿厢的质量（或部分质量），液压系统的压力仅为：额定载重量＋部分轿厢质量；当平衡重发生卡阻，则液压系统压力变为：额定载重量＋全部轿厢质量。可见，发生卡阻时，液压系统的压力大于正常情况下的压力。

本条考虑的情况是，如果按照表 6 确定的额定载重量的液压货梯，当平衡重或轿厢发生卡阻的情况时，由载重量带来的压力不会导致液压缸和管路安全系数的降低。

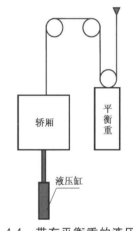

图 5.4-4 带有平衡重的液压电梯

5.4.2.2.4 对于液压载货电梯，轿厢、轿架、轿厢与柱塞（缸筒）的连接、间接作用式液压电梯的悬挂装置、轿厢安全钳、破裂阀、节流阀（单向节流阀）、棘爪装置、导轨和缓冲器的设计应基于表 6 给出的额定载重量来计算。液压缸可根据表 7 给出的额定载重量计算。

【解析】

本条与 GB 21240—2007 中 8.2.2.3 相对应。

对于液压载货电梯，无论轿厢面积按照表 6 还是表 7 进行选择，在设计承压、承载部件时除液压缸外，其他均应将轿厢面积对应到表 6 中给定的载重量进行计算。

参见 5.4.2.2.2 解析。

5.4.2.3 乘客数量

5.4.2.3.1 乘客数量应取下列较小值：

a) 按 $Q/75$ 计算（其中 Q 为额定载重量，单位为 kg），计算结果向下圆整到最近的整数；

b) 表 8 中的值。

表 8 乘客人数与轿厢最小有效面积

乘客人数 人	轿厢最小有效面积 m²	乘客人数 人	轿厢最小有效面积 m²
1	0.28	11	1.87
2	0.49	12	2.01
3	0.60	13	2.15
4	0.79	14	2.29
5	0.98	15	2.43
6	1.17	16	2.57
7	1.31	17	2.71
8	1.45	18	2.85
9	1.59	19	2.99
10	1.73	20[a]	3.13
[a] 乘客人数超过 20 人时，每增加 1 人，面积增加 0.115 m²。			

【解析】

本条与 GB 7588—2003 中 8.2.3 相对应。

为了保证确定的轿厢有效面积不至于在载有额定乘客数量时过分拥挤，规定了最小的有效面积。据统计，一个人站在地板上感到宽松舒适的面积约为 0.28 m²；而当轿厢内乘客比较拥挤时，平均每人的空间面积约 0.19 m²；如果乘客拥挤贴身，此时平均每人的空间面积为 0.14 m²。因此为了保证满载时能够容纳设计预期的乘客数量，轿厢的最小有效面积应有所规定。

但由于 EN 81-1 不是性能标准。所以，除了避免超载以外，不应试图指定乘客人数。这里获得乘客数量的方法是取 a)中公式的计算结果和表 8 中的较小值。应注意，表 8 是作为以轿厢面积为基础推算乘客数量的依据，而不是作为载重量和轿厢面积相对应关系必须遵守的规定。比如：1 000 kg 载重量，按照 a)中公式计算，乘客人数是 13 人，从表 2 中查得，13 人的轿厢最小有效面积为 2.15 m²。但这并不是说 1 000 kg 载重量的轿厢最小有效面积为 2.15 m²，上述面积只是对应 13 人。假设轿厢面积只有 1.87 m²（对应 11 人），但电梯的所有承载部件以及拖动系统容量完全可以满足 1 000 kg 载重量，此时电梯可以标称额定载重量为 1 000 kg,但乘客数量应标 11 人而不是 13 人。

关于轿厢面积和乘客数量的关系,可参见 GB/T 7588.1 资料 5.4-2。

5.4.2.3.2　轿厢内应标明下列内容:

　　a)　制造单位的名称或商标;

　　b)　电梯的编号;

　　c)　制造的年份;

　　d)　额定载重量(kg);

　　e)　乘客人数(人),乘客人数应依据 5.4.2.3.1 来确定。

上述 d)、e)应采用字样"……kg……人"表示,或者采用象形图表示。

象形图的示例为:

　　　　人数　　　　　　　载重

注 1:象形图可在数字的前面或后面,也可在数字的上面或下面以及其他顺序。

注 2:人员图形符号源于 GB/T 5465.2—2008 中的编号 5840,质量图形符号源于 ISO 7000:2014 中的编号 1321B。

另外,上述 d)、e)所用字和象形图的高度不应小于:

——10 mm,指文字、大写字母、数字和象形图;

——7 mm,指小写字母。

【解析】

本条与 GB 7588—2003 中 15.2.1 和 15.2.2 相对应。

本条 a)~c)要求的内容是为了电梯在使用寿命期内,对其出厂时的基本信息可追溯。与 GB 7588—2003 相比,增加了电梯编号和制造的年份。《中华人民共和国产特种设备安全法》第二十一条规定"……并在特种设备的显著位置设置产品铭牌、安全警示标志及其说明"。而特种设备产品铭牌是指固定在产品上向用户、检验机构等提供生产单位信息、产品基本技术参数、产品生产信息等的铭牌。故此次增加制造年份也是符合特种设备安全法规定的。

　　d)和 e)要求标明额定载重量和乘客人数,因为这些参数是涉及安全且应由乘客知晓的。一些只是关系到性能的参数,如速度等,并不强调必须标出。为使使用者能够清晰获得所标出的电梯参数,要求使用的文字、字母和数字应具有相应大小,也可采用象形图表示。

上述信息还应满足本部分 5.1.2 规定。

GB/T 5465.2—2008《电气设备用图形符号　第 2 部分:图形符号》是电气设备用图形符号及其基本规则系列国家标准之一。其中编号 5840 的符号,常用于医用的设备。

对于本条,CEN/TC 10 给出解释单(见 EN 81-20 021 号解释单)如下:

询问：本条可以理解为 a)～e)中的所有信息应具有规定的最小字高。

在 EN 81-1(GB 7588—2003)中规定："15.2.1　应标出电梯的额定载重量及乘客人数（载货电梯仅标出额定载重量）。乘客人数应依据 8.2.3 来确定。所用字样应为：'……kg……人'；所用字体高度不得小于：a)10 mm，指文字、大写字母和数字；b)7 mm，指小写字母"。

本条 a)～c)中增加的项目未包含在 EN 81-1 中，因此没有规定字符高度的要求。我们认为，附加信息也不必符合最低高度要求。这些信息与使用者无关。即使字高比较小，维护和检查人员以及市场监督机构也可以读取这些信息。

我们的理解正确吗？

CEN/TC 10 的回答：是的，但是标示必须清晰易读，将在下一次修订 EN 81-20 时予以考虑。

5.4.2.3.3　对于载货电梯，应设置标志标明额定载重量，并从层站装卸载区域总能看见该标志。

【解析】

本条与 GB 7588—2003 中 15.5.3 相对应。

本条要求的目的主要是防止由于操作人员不了解载货电梯的规格而造成货梯超载。

5.4.3　轿壁、轿厢地板和轿顶

【解析】

本条涉及"4　重大危险清单"的"人员从承载装置坠落"和"动力源失效"危险。

5.4.3.1　轿厢应由轿壁、轿厢地板和轿顶完全封闭，仅允许有下列开口：
    a)　使用者出入口；
    b)　轿厢安全窗和轿厢安全门；
    c)　通风孔。

【解析】

本条与 GB 7588—2003 中 8.3.1 相对应。

由于要求轿厢应是"完全封闭"的，因此排除了采用部分封闭的轿厢的可能。这里讲到的"仅允许有下列开口"是指有目的、有针对性地预留开口，并不是说轿厢壁板之间、轿门和门框之间、天花板和轿厢壁板之间不可以存在缝隙，事实上这样也是做不到的。

这里提到的"轿厢安全窗"在 GB/T 7024—2008《电梯、自动扶梯、自动人行道术语》中的定义是："在轿厢顶部向外开启的封闭窗，供安装、检修人员使用或发生事故时援救和撤离乘客的轿厢应急出口。窗上装有当窗扇打开或没有锁紧即可断开安全回路的开关"。轿厢安全窗和轿厢安全门并不是必须设置的。

考虑到轿厢内乘客较多的情况下，一旦遇到停电故障造成轿厢风扇停止时，可能造成轿内人员窒息，因此要开设通风孔。通风孔的具体要求在 5.4.9 中有规定。

应注意，除本条所述 3 种开口之外，本部分 5.2.6.4.3.3 允许"检修门设置在轿壁上"。本条没有提及这种情况，应该是遗漏了。

5.4.3.2　包括轿架、导靴、轿壁、轿厢地板和轿厢吊顶与轿顶的总成应具有足够的机械强度，以承受在电梯正常运行和安全装置动作时所施加的作用力。

【解析】

本条与 GB 7588—2003 中 8.3.2 相对应。

本条所述的"轿架、导靴、轿壁、轿厢地板和轿厢吊顶与轿顶的总成"是轿厢正常运行和安全装置动作时以及制停轿厢时对轿厢结构起到支撑作用的主要部件。这些部件必须具有足够的强度，以保证轿厢正常运行和安全装置动作时轿厢不发生结构性损坏。

轿顶通常作为工作平台供人员使用，其机械强度不仅要满足上述要求，还应满足人员在上面站立和工作时所施加的力。对此，在 5.4.7.1 中有这样的规定"轿顶应有足够的强度以支撑 5.2.5.7.1 所述的最多人数。然而，轿顶应至少能承受作用于其任何位置的 0.30 m×0.30 m 面积上的 2 000 N 的静力，并且永久变形不大于 1 mm"。

本条和 5.4.7.1 共同构成了对轿顶强度的最低要求。

5.4.3.2.1　在轿厢空载或载荷均匀分布的情况下，安全装置动作后轿厢地板的倾斜度不应大于其正常位置的 5%。

【解析】

本条与 GB 7588—2003 中 9.8.7 相对应。

倾斜度是指安全钳动作前后轿厢地板的相对倾斜，而不是相对水平位置的绝对倾斜。这里明确规定非偏载因素引起的轿厢地板倾斜度，主要是要求安全钳制动的同步性和均匀性。

安全钳在制动时，都会对轿厢产生一定程度上的冲击，尤其是瞬时式安全钳产生的冲击更加严重。在冲击过程中，如果轿厢倾斜过大，可能会导致安全钳和导靴脱出导轨。为避免这种危险，本条要求在安全钳动作后，由于非偏载因素引起的轿厢倾斜度要限制在 5% 以内。这里要求的"空载或者载荷均匀分布的情况下"就是为了消除偏载的影响。本条要求的是"正常位置"，而不是"水平位置"，其实是剔除了轿厢地板原有的偏斜对测量的影响。即，本条要求验证的仅是由于安全钳动作而造成的轿厢地板倾斜。

轿厢安全钳动作时的不同步将导致轿厢地板倾斜，试验表明，同一轿厢上的两个安全钳，即便使用了同步联动杆系统提拉两个安全钳，但联动系统的误差、间隙不均、各铰接部件的摩擦阻力不完全相同以及安全钳与导轨间隙的偏差仍会使两个安全钳的动作有差异。使得轿厢两侧安全钳并非同时作用在导轨上，而且其完全同步动作的概率非常小。在这种情况下，在安全钳制动时，轿厢会向动作较晚的安全钳一侧偏斜。这种偏斜将对导轨和轿架施加较大的水平方向的力。如果轿厢偏斜过于严重将影响导轨的垂直度，也可能造成轿架变形。

因此，本条主要是要求了轿厢的两安全钳在动作时的同步性。当然，其他因素，如轿厢（含轿架）自重的分布，或者说是悬挂中心是否为自重的重心，对此也有影响。

> **5.4.3.2.2** 轿壁的机械强度应符合下列要求：
> a) 能承受从轿厢内向轿厢外垂直作用于轿壁的任何位置且均匀地分布在 5 cm² 的圆形（或正方形）面积上的 300 N 的静力，并且：
>   1) 永久变形不大于 1 mm；
>   2) 弹性变形不大于 15 mm。
> b) 能承受从轿厢内向轿厢外垂直作用于轿壁的任何位置且均匀地分布在 100 cm² 的圆形（或正方形）面积上的 1 000 N 的静力，并且永久变形不大于 1 mm。
> **注：** 这些力施加在轿壁"结构"上，不包括镜子、装饰板、轿厢操作面板等。

【解析】

本条与 GB 7588—2003 中 8.3.2.1 相对应。

这里的规定与轿门及层门类似。但值得注意的是，5.3.5.3.1a)没有像本条 a)一样明确指定了受力方向（沿轿厢内向轿厢外方向垂直作用于轿壁的任何位置上）。这是因为，对于轿厢壁而言，人员不可能从轿厢外向轿厢内施加作用力。但对于轿门或层门而言，人员完全可能扒开轿门或层门推层门或轿门，因此在两个方向上都要能经受住这样的力。

本条 b)为新增加条款，新增条款中规定 1 000 N(见 O.4.11)的静力作用在轿壁上的情况，这里对轿壁强度有了更高的要求。当然这里要求的强度都是最小值，轿壁的实际强度应由实际需要决定。

本条是对轿厢壁板强度的要求，轿内的内饰、操作面板、镜子、读卡器以及对讲机外罩等附加设备的作用不是用于隔离乘客和井道部件，即使在受力时发生变形甚至破损也不会给乘客造成危险，因此上述部件均不适用本条。

> **5.4.3.2.3** 轿壁所使用的玻璃应为夹层玻璃。
> 当相当于跌落高度为 500 mm 冲击能量的硬摆锤冲击装置（见 GB/T 7588.2—2020 的 5.14.2.1）和相当于跌落高度为 700 mm 冲击能量的软摆锤冲击装置（见 GB/T 7588.2—2020 的 5.14.2.2），撞击在地板以上 1.00 m 高度的玻璃轿壁宽度中心或部分玻璃轿壁的玻璃中心点时，应满足下列要求：
> a) 轿壁的玻璃无裂纹；

b) 除直径不大于 2 mm 的剥落外,玻璃表面无其他损坏;

c) 未失去完整性。

如果轿壁的玻璃符合表 9 且其周边有边框,则不需要进行上述试验。

上述试验应在轿厢内表面上进行。

表 9 轿壁所使用的平板玻璃

玻璃的类型	最小厚度/mm	
	内切圆直径最大 1 m	内切圆直径最大 2 m
夹层钢化或夹层回火	8 (4+0.76+4)	10 (5+0.76+5)
夹层	10 (5+0.76+5)	12 (6+0.76+6)

【解析】

本条与 GB 7588—2003 中 8.3.2.2 相对应。

夹层玻璃的特性可参见 3.23 的解析。如果轿厢壁板采用玻璃面板构成,则与轿门、层门一样需要采用夹层玻璃。而且,构成轿厢壁板的夹层玻璃也应做摆锤冲击试验(符合表 9 且其周边有边框的除外)。

与层门和轿门对各种情况下摆锤撞击点严格而细致的规定不同,对玻璃轿壁的撞击点只是要求"撞击在地板以上 1 m 高度的玻璃轿壁宽度中心或部分玻璃轿壁的玻璃中心点"即可:

——如果玻璃壁板延伸至轿厢地板附近,则撞击地板以上 1 m 高度的玻璃轿壁宽度中心;

——如果玻璃壁板的下沿高于地板面以上 1 m 或玻璃边缘以及固定玻璃的框非常接近地板面以上 1 m 时,则撞击玻璃中心点(由多块玻璃构成的轿壁除靠近地板的玻璃外,其他玻璃面板也应撞击玻璃的中心点)。

构成轿壁的玻璃面板在进行摆锤冲击试验时,硬摆锤试验要求与玻璃轿门和层门的试验要求相同,而软摆锤试验要求低于玻璃轿门和层门的试验要求:摆锤的跌落高度为 700 mm(门的软摆锤冲击试验跌落高度为 800 mm)。

摆锤冲击试验的判定标准与玻璃层门和轿门的判定标准一致(参见 5.3.5.3.4 解析)。

此外,如果构成轿厢壁板的玻璃尺寸和类型符合表 9 规定,且周边有边框,这种情况下认为玻璃已经具有足够的耐冲击强度,因此不需要进行摆锤冲击试验。这里所说的"周边有边框"是指玻璃面板四周采用金属边框固定,装饰用边框不属于本条的适用范围。

对于表 9 中给出的免于摆锤冲击试验的玻璃尺寸(针对 GB 7588—2003 附录 J7),可供理解本条时参考。

CEN/TC 10 的解释:对于免于摆锤冲击试验的玻璃轿壁和门板,表中内容是标准的规定,因此没有必要再去参考其他标准。

对于免于摆锤冲击试验的玻璃轿壁形状:尽管数学定义术语“内切圆直径”指的是能放入玻璃模型里面的最大圆,表 9 所规定的尺寸也适用于长方形玻璃板。

CEN/TC 10 的解释:“与数学定义不同,本部分中的‘内切圆’是指在玻璃面板的轮廓内能放置的最大圆”。可见如果是矩形玻璃面板,内切圆直径即矩形的短边长度。

对于表 9 中所述的玻璃的“钢化”与“回火”,可参见“GB/T 7588.1 资料 5.4-3”。

> **5.4.3.2.4** 轿壁上的玻璃固定件,在两个方向运行时所受到的所有冲击(包括安全装置动作)期间,应保证玻璃不能脱出。

【解析】

本条与 GB 7588—2003 中 8.3.2.3 相对应。

本条可参见 5.3.5.5.6 解析。有所不同的是,由于轿厢在上下运行期间,在安全钳动作、撞击缓冲器、制动器紧急制动等情况下,会产生较大冲击。本条要求,根据 0.3.5 的原则,应按照 GB/T 15706 和 GB/T 20900 的相关准则考虑到所有可能发生的冲击,并保证在受到这些冲击期间,玻璃能够被固定牢固。

> **5.4.3.2.5** 玻璃轿壁应具有下列信息的永久性标记:
> a) 供应商名称或商标;
> b) 玻璃的型式;
> c) 厚度[如(8+0.76+8)mm]。

【解析】

本条与 GB 7588—2003 中 8.3.2.4 相对应。

参见 5.3.5.3.7 解析。

> **5.4.3.2.6** 轿顶应满足 5.4.7 的规定。

【解析】

5.4.7 要求了轿顶的强度和护栏形式等内容。

> **5.4.3.3** 如果轿壁在距轿厢地板 1.10 m 高度以下使用了玻璃,应在高度 0.90 m～1.10 m 设置扶手,该扶手的固定应与玻璃无关。

【解析】

本条与 GB 7588—2003 中 8.3.2.2 相对应。

此处要求设置的扶手与 GB 50763—2012《无障碍设计规范》中要求的“轿厢正面和侧面

应设高0.85～0.9 m的扶手"不是同一目的。这里设置扶手是出于安全考虑,相当于护栏的作用,而 GB 50763—2012 设置扶手的目的是方便残疾人使用。

虽然用做轿壁的玻璃要么根据 GB/T 7588.2 的 5.14.2.1 和 5.14.2.2 的要求进行试验,要么是按照表9选择了足够安全的玻璃,但无论是表9还是冲击试验,只能说明玻璃本身是耐冲击的,但并不能防止玻璃在轿厢使用过程中由于固定点或固定支架的变形而产生内应力。如果玻璃的内应力较大,此时正好再受到外力的冲击,则容易破碎。同时玻璃如果受到尖锐的锥形物体冲击时,也可能损坏。可见即使选用了足够安全的玻璃,仍要防止安装中的一些不确定因素对玻璃造成影响。因此,当距离轿厢地板1.1 m高度以下使用玻璃轿壁,为防止玻璃破碎后人员坠入井道,同时使乘客心理上具有安全感,要求在"高度 0.90 m～1.10 m 设置扶手"以便扶手可以使人员的身体重心保持在轿厢内。而且要求扶手不得固定在玻璃上或与轿壁的玻璃部分相关联,以防止在玻璃破碎后,扶手失去防护效果,见图5.4-5。

虽然本部分对于轿内扶手没有提出明确的强度要求,但由于其作用与护栏相似,可参考护栏的要求:应在水平方向承受至少300 N的静力,或1 000 N的撞击力(见 O.4.11)时,不得导致危险的发生。但应明确的是,O.4.11 中对这样的力的描述是"这是一个人可能施加的作用力",如果考虑到轿厢内人员较多的情况,由于人员拥挤对扶手施加的力,则应远大于此。垂直作用在扶手上的力,应由可能同时按压在护栏上的人员数量决定。

a) 玻璃轿壁及其扶手　　　　　　b) 常见的扶手形式

图 5.4-5　采用玻璃轿壁时扶手的设置

5.4.4　轿门、地板、轿壁、吊顶和装饰材料

【解析】

本条涉及"4　重大危险清单"的"易燃物"危险。

5.4.4.1 轿厢的支撑结构应采用不燃材料制成。

【解析】

本条与 GB 7588—2003 中 8.3.3 相对应。

轿厢的支撑结构通常包括轿厢框架、底板、底梁、横梁以及拉条等主要承受载荷的部件。轿厢支撑结构是电梯最重要的承重系统之一，因此其材料的稳定性，尤其是针对特殊环境条件的稳定性对电梯使用寿命期内的安全至关重要。这里要求轿厢的支撑结构使用不燃材料制成，就是考虑到在火灾和高温的情况下轿厢的承载能力仍然不会降低。对于除支撑结构外的轿厢其他部分的燃烧性能要求，见5.4.4.2。

"不燃材料"的介绍，可参见"GB/T 7588.1 资料 5.4-4"。

5.4.4.2 轿厢地板、轿壁、轿门和轿厢吊顶的装饰材料的选择应符合 GB 8624 的下列要求：
   a) 轿厢地板：C-s2；
   b) 轿壁和轿门：C-s2,d1；
   c) 轿厢吊顶：C-s2,d0。
   上述要求不适用于轿壁、轿门和轿厢吊顶上厚度不大于 0.30 mm 的装饰层以及操作装置、照明和指示器等固定装置。

【解析】

本条与 GB 7588—2003 中 8.3.3 相对应。

轿厢是唯一在电梯运行全过程均与使用人员相关且能被使用者在正常情况下触及的电梯部件。为了防止火灾情况下轿厢燃烧危及乘客安全，本条规定支撑结构应采用不燃材料，而轿厢壁板以及轿厢地板、轿厢吊顶的装饰材料应采用难燃材料制造。

a)～c)中出现的"C"是燃烧性能等级，表示难燃；"s2"表示产烟等级；"d1"或"d0"是燃烧滴落物/微粒等级，其中"d0"表示 600 s 内无燃烧滴落物/微粒，"d1"表示 600 s 内燃烧滴落物/微粒持续时间不超过 10 s。由于轿厢吊顶在乘客头顶上方，因此对于燃烧滴落物/微粒等级的要求更加严格。

如果轿壁、轿门和天花板吊顶有装饰层，且装饰层的厚度不大于 0.3 mm，则认为由于装饰层较薄，在受热时不会产生较多的烟雾和滴落物，因此构成装饰层的材料可不受本条对轿厢地板、轿壁和轿厢吊顶的限制。此外操作装置、照明和指示器等固定装置也可不受上述限制。

对于轿厢支撑结构的燃烧性能要求，见 5.4.4.1。

关于建筑材料及制品燃烧性能分级的相关介绍，可参见"GB/T 7588.1 资料 5.4-4"。

5.4.4.3 在轿厢内使用镜子和其他玻璃装饰时，应使用钢化玻璃（参见 GB 15763.2）、夹层玻璃（参见 GB 15763.3）、夹丝玻璃（参见 JC 433）或者 A 类或 B 类贴膜玻璃（参见 JC 846）。

【解析】

此条为新增内容。

当轿厢内使用镜子和其他玻璃装饰时，即使这些玻璃并不是作为轿厢壁板使用，不承担将乘客与井道隔离开的作用，但由于玻璃的特性，仍需对其进行相应的规定。为了防止在电梯运行过程中，尤其是电梯受到冲击时（如安全钳动作）玻璃破裂导致乘客受到伤害，轿内使用的玻璃应符合下列标准之一：

——GB 15763.2—2005《建筑用安全玻璃　第 2 部分：钢化玻璃》

GB 15763.2 对"钢化玻璃"的定义：经热处理工艺之后的玻璃。其特点是在玻璃表面形成压应力层，机械强度和耐热冲击强度得到提高，并具有特殊的碎片状态。

——GB 15763.3—2009《建筑用安全玻璃　第 3 部分：夹层玻璃》

GB 15763.3 对"夹层玻璃"的定义：玻璃与玻璃和/或塑料等材料，用中间层分隔并通过处理使其粘结为一体的复合材料的统称。常见的和大多使用的是玻璃与玻璃，中间层分隔并通过处理使其转接为一体的玻璃构件。

——JC 433—1991《夹丝玻璃》

JC 433—1991 中对于夹丝玻璃有两种分类：夹丝压花玻璃和夹丝磨光玻璃。

夹丝压花玻璃：在压延过程中夹入金属丝或网，一面压有花纹的平板玻璃。

夹丝磨光玻璃：表面进行磨光的夹丝玻璃。

——JC 846—2007《贴膜玻璃》

JC 846—2007 对"贴膜玻璃"的定义：贴有有机薄膜的玻璃制品。

其中 A 类和 B 类贴膜玻璃应具有以下性能：

A 类贴膜玻璃：具有阳光控制和/或低辐射及抵御破碎飞散功能。

B 类贴膜玻璃：具有抵御破碎飞散功能。

5.4.5 护脚板

【解析】

轿厢护脚板是涉及安全的重要部件。护脚板的作用有两个：

一是防止人员在轿厢提前开门或再平层（参见 5.12.1.4 中内容）时挤压、剪切靠近层门附近的人员的脚。

二是在救援释放轿内乘客时，如果轿厢护脚板下沿未超出层门地坎，在没有其他附加安全措施的情况下，护脚板的高度可以挡住轿厢地坎以下部分层门开口，可以防止层站侧的救援人员和从轿内爬出（跳出）的人员坠入井道发生人身伤害事故。

本条中只要求了护脚板的尺寸、形式、刚度和强度。由于护脚板还起到防止人员坠入井道的作用，因此必须具有一定的强度和刚度。

有些底坑非常浅的电梯，曾有过护脚板设计为活动式的结构。当电梯在正常运行时，护脚板折叠或旋转一个角度，避免干涉底坑；在开启层门救援时，需要先将护脚板置于保护位置（即满足本条要求的状态）。这种结构在欧洲是被认可的，但需要一系列附加保护。在我国，如果电梯是安装于现有建筑物中的情况，也允许采用上述带有活动结构的护脚板，相关规定可参考 GB/T 28621—2012《安装于现有建筑物中的新电梯制造与安装安全规范》5.8.2 并进行相应的风险评价。但在本部分中，很显然护脚板是按照固定式结构考虑的。

> **5.4.5.1** 每一轿厢地坎上均应设置护脚板，护脚板的宽度应至少等于对应层站入口的整个净宽度。其垂直部分以下应以斜面延伸，斜面与水平面的夹角应至少为 60°，该斜面在水平面上的投影深度不应小于 20 mm。
>
> 护脚板上的任何凸出物（如紧固件），不应超过 5 mm。超过 2 mm 的凸出物应倒角成与水平面至少为 75°。

【解析】

本条与 GB 7588—2003 中 8.4.1 相对应。

关于护脚板的宽度请注意是"对应层站入口的整个净宽度"而不是轿厢入口的净宽度，尤其是在层门宽度大于轿厢入口宽度的时候（5.3.2.2），这一点尤其重要。特别是如果存在某层的层门入口宽度大于其他层，轿厢护脚板的宽度应至少等于宽度尺寸最大的层站入口的宽度。

护脚板的垂直部分的要求，在 5.2.5.3.2 中已经论述过了。

与 5.2.5.3.2c）中的要求一样，如果护脚板上有超过 2 mm 的凸出物（最大不得超过 5 mm），为了避免对人员造成伤害，这些凸出物应倒角（参见 5.2.5.3.2 解析）。

5.4.5.1 论述了轿厢护脚板；5.2.5.3.2 论述了牛腿或层门护脚板。但这两个护脚板的宽度要求却不一样：

5.4.5.1 要求"其宽度应等于相应层站入口的整个净宽度"；5.2.5.3.2 要求"不应小于门入口的净宽度两边各加 25 mm"。

应注意，如果有多个轿门时，每个轿厢地坎下方均应设置护脚板。

> **5.4.5.2** 护脚板垂直部分的高度不应小于 0.75 m。

【解析】

本条与 GB 7588—2003 中 8.4.2 相对应。

轿厢护脚板垂直部分应具有足够的高度，一方面，在 5.12.1.4 所允许的轿厢提前开门时，尽可能保护候梯厅侧人员的脚不被轿厢地坎和层门地坎剪切；另一方面，当电梯在层站附近(当轿厢地板面高于层站地面时)发生故障而无法运行时,救援人员可以通过打开层门后开启轿门,进而救援被困乘客。此时需要防止由于重心偏移、站立不稳等原因造成人员从轿厢地坎下方空挡坠入井道,而轿厢护脚板为上述风险提供了保护,因此护脚板在垂直方向必须具有一定的高度。

如果要在轿厢地面高于层站地面的情况下撤离轿内人员,则必须控制上述两个平面之间的高度差。可以认为,当人站在层站地面上,如果手肘平放能够触及轿厢地面,即图 5.4-6a)中 H 不超过图 5.4-6b)中的肘高时,人员以图 5.4-6a)中的方式撤离轿厢是安全的。根据 GB/T 10000—1988《中国成年人人体尺寸》可以查出 18~60 岁人体肘高尺寸 P_1 为 925 mm,因此取 $H = 925$ mm 时,人员撤离是安全的。当护脚板与层门地坎的间隙 ≤150 mm 时,不存在人员从护脚板与层站之间的间隙坠入井道的风险。由此计算护脚板的高度值大约为 $925 - 150 = 775$ mm,而护脚板斜面部分的高度最小为 $20/\tan30° \approx 34.6$ mm(根据 5.4.5.1),此时护脚板的垂直高度最小应为 $775 - 34.6 = 740.4$ mm,故标准中规定护脚板垂直部分的高度不小于 0.75 m 是合适的。

应注意:当电梯发生故障时,轿厢地板面距离层站地面(H)较高时,尤其是 H 超过 1.09 m 时,此时护脚板下沿与层站地面的高度差超过 300 mm,这时人员一旦不慎跌倒,将有滚入井道的危险,因此,在救援过程中应当增加坠入井道的其他防护措施。

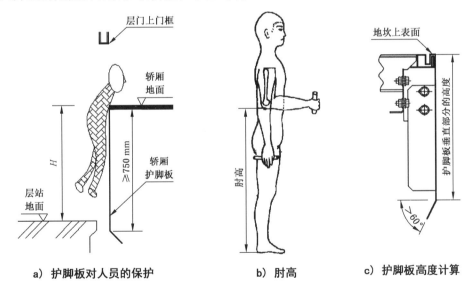

a) 护脚板对人员的保护　　b) 肘高　　c) 护脚板高度计算

图 5.4-6　护脚板示意图

全国电梯标准化技术委员会(SAC/TC 196)对于"护脚板垂直部分的高度"有相关解释,认定"护脚板垂直部分的高度"是指轿厢地坎上表面与 5.4.5.1 所述"斜面"的上折边之间的垂直高度,见图 5.4-6c)。

5.4.5.3 护脚板应能承受从层站向护脚板方向垂直作用于护脚板垂直部分的下边沿的任何位置，并且均匀地分布在 5 cm² 的圆形（或正方形）面积上的 300 N 的静力，同时应：

  a) 永久变形不大于 1 mm；

  b) 弹性变形不大于 35 mm。

【解析】

本条为新增内容。

当轿厢停止在非平层位置时，护脚板承担着封堵轿厢地坎下方空隙的作用，因此它应有足够的强度以承受人员施加的力，见图 5.4-7a)，这一点与层门下方的井道壁的作用相类似（见 5.2.5.3.2）。因此本条规定了轿厢护脚板的最低强度要求，见图 5.4-7b)。轿厢护脚板和层门护脚板的比较可参见"GB/T 7588.1 资料 5.4-5。"

a) 轿厢护脚板应有足够强度
承受人员可能施加的力

300 N

弹性变形≤35 mm

b) 轿厢护脚板的受力要求

图 5.4-7　轿厢护脚板对人员的保护

5.4.6　轿厢安全窗和轿厢安全门

【解析】

本条涉及"4　重大危险清单"的"人员从承载装置坠落"和"动力源失效"危险。

轿厢安全窗一般有两个作用：

——维修人员在轿顶检修电梯时如果被困，可以通过轿厢安全窗进入轿厢脱困（见 5.2.6.4.3.1）。

——当轿厢卡阻无法移动时，通过轿厢安全窗使被困乘客脱困（只有极个别的情况下才可通过轿厢安全窗救援被困乘客，见 5.2.3.1 和 5.4.6.1 解析）。

轿厢安全门的目的则是：在共用井道中运行的多台电梯中的某一轿厢发生卡阻无法移

动时,通过相邻轿厢的安全门使被困乘客脱困。

5.4.6.1 如果轿顶上具有轿厢安全窗(参见 0.4.2),其净尺寸不应小于 0.40 m×0.50 m。

　　注:如果空间允许,建议使用 0.50 m×0.70 m 的轿厢安全窗。

【解析】

　　本条与 GB 7588—2003 中 8.12.2 相对应。安全窗的尺寸要求大于 GB 7588—2003 中的要求,GB 7588—2003 要求的是不应小于 0.35 m×0.50 m。

　　本部分中没有规定必须要在轿顶设置轿厢安全窗,但如果设置轿厢安全窗,则其必须满足本条的尺寸要求,以及 5.4.6.3.1.1 规定的结构要求。应注意,即使设置有轿厢安全窗,由于轿壁通常是光滑得没有踩踏点,因此轿内的被困乘客难以通过轿厢安全窗到达轿顶。

　　轿厢安全窗应看作是为防止当工作区域在轿厢内或轿顶时,工作人员在上述位置工作时发生被困风险而设置的脱困通道[见 5.2.6.4.3.1c)],虽然在紧急情况下(如由于卡阻,无法移动轿厢)也可以通过轿厢安全窗救援被困乘客,但这种情况非常少见(见 5.2.3.1 解析)。因此,井道安全门和轿顶安全窗之间没有必然联系,并没有规定当设置井道安全门时必须设置轿顶安全窗,这一点在 5.2.3.1 已经论述过。

　　轿厢安全窗要求的最小尺寸:0.40 m×0.50 m,应视为轿厢安全窗开口的净尺寸,是人员能够安全通过的最小尺寸。

　　轿厢安全窗不宜用于救援乘客,主要存在以下风险:

　　(1)利于轿厢安全窗救援的范围有限

　　只有当轿顶距离某一层门较近时才可能利于轿厢安全窗进行救援。从 5.2.2.1.2 的规定我们可以知道,允许的相邻两层门(或井道安全门)地坎之间的最大距离为 11 m,发生故障时如果轿顶的位置距离其上方的层门地坎的距离比较高,且要求被困乘客也采用上述工具到达最临近的层门或井道安全门,救援人员即使通过梯子、绳索等工具能够到达轿顶还是可能超出了乘客的心理和体能的承受能力。因此只能在轿顶与上方地坎高度差很小时(建议 500 mm 以下为宜)才可进行救援,见图 5.4-8。

　　(2)被困人员难以通过轿顶安全窗到达轿顶

　　由于轿顶设备较多且受到轿厢天花板形式的限制,轿厢安全窗的尺寸通常受到很大限制,在本部分中规定最小尺寸为 0.40 m×0.50 m。即使如此,在救援的过程中,被困人员想要通过梯子、绳索等工具在救援人员的指导下通过轿厢安全窗也不是件容易的事。

　　(3)对紧急救援预案和救援人员的要求较高

　　在使用轿厢安全窗进行紧急救援时,不但要限定轿顶到最临近的上一层层门地坎之间的距离,而且要制定完善的方案,以防止被救援乘客通过轿厢安全窗到达轿顶后,以及从轿顶到达临近层门过程中发生人身伤害危险。

(4)通常情况下,轿顶没有足够的空间和强度供救援人员和被救援人员同时使用

由于轿顶可能存在各种电梯部件,其可容纳人员的空间非常有限,往往难以容纳多个人员共同使用。此外,轿顶往往仅考虑供工作人员使用,其强度也是按照仅供工作人员使用而设计的(见5.4.7.1),因此可能无法承受更多人员共同使用。

图5.4-8 距离上方地坎较近时,通过轿厢安全窗救援被困乘客

5.4.6.2 在具有相邻轿厢的情况下,如果轿厢之间的水平距离不大于1.00 m,可使用轿厢安全门(见5.2.3.3)。

该情况下,每个轿厢应具有确定被救援人员所在轿厢的位置的方法,以便停到可实施救援的平面。

救援时,如果两个轿厢安全门之间的距离大于0.35 m,应提供一个连接到轿厢并具有扶手的便携式(或移动式)过桥或设置在轿厢上的过桥,过桥的宽度不应小于0.50 m,并且具有足够的空间,以便开启轿厢安全门。

过桥应设计成至少能支撑2 500 N的力。

如果采用便携式(或移动式)过桥,该过桥应存放在有救援需要的建筑中。在使用维护说明书中应说明过桥的使用方法。

轿厢安全门的高度不应小于1.80 m,宽度不应小于0.40 m。

【解析】

本条与GB 7588—2003中8.12.3相对应。GB 7588—2003中8.12.3中规定:如果轿厢之间的水平距离不大于0.75 m,可使用安全门。安全门的高度不应小于1.8 m,宽度不应小于0.35 m。本条有两个尺寸比GB 7588—2003规定的尺寸略大,同时增加了对两轿厢之间过桥的要求,见图5.4-9。

在5.2.3.1所述及的"当相邻两层门地坎间的距离大于11 m时",应该设置满足5.2.3.2要求的井道安全门,使得井道安全门地坎到相邻两层门地坎间距离不大于11 m。或者,如果井道装有多台电梯,且相邻两轿厢的水平距离不大于1.0 m时,可以采用在这两

个轿厢的相邻壁板上设置满足此条要求的轿厢安全门。当某一个轿厢发生故障而造成人员被困时，可以通过将另一轿厢行驶到与故障轿厢相平齐的位置，打开两轿厢的安全门，将故障轿厢中被困的乘客通过安全门营救到另一轿厢中，然后行驶到预定层站，使人员脱困。

图5.4-9 带安全门的轿厢

与轿厢安全窗不同，本部分中轿厢安全门的目的是用于解救被困乘客（见5.2.3.1）。为了保证救援的安全，轿厢安全门必须满足诸多限制条件，有些限制还是隐含的，比如在5.2.5.5.2.2中要求了"如果任一电梯的护栏内边缘与相邻电梯运动部件［轿厢、对重（或平衡重）］之间的水平距离小于0.50 m，则这种隔障应贯穿整个井道"。显然，当相邻两电梯间的隔障贯穿整个井道时，即使设置了轿厢安全门，由于隔障的阻挡，安全门也无法提供救援被困乘客的出入口，因此在轿厢顶部边缘和相邻电梯的运动部件之间的距离小于0.5 m时，是无法采用轿厢安全门的方式救援乘客的。当轿厢之间的水平距离大于1.0 m时，由于距离较大，在救援过程中乘客从一个安全门进入另一个安全门的过程中，坠入井道的风险较高，因此相邻轿厢距离超过1.0 m时不允许使用轿厢安全门的方法进行救援。也就是说设置轿厢安全门的条件是：

——两轿厢共用井道；且

——两轿厢的水平距离不大于1.0 m且其护栏内边缘与相邻电梯运动部件之间的水平距离不小于0.5 m。

以上仅是对轿厢安全门的基本要求，是否可以设置安全门还取决于轿厢结构。可见轿厢安全门的设置受诸多因素限制。

值得注意的是，当轿厢之间的水平距离大于1.0 m时，可以通过安装在轿底上的地坎来减小此距离，只要使两轿厢安全门地坎之间距离不大于1.0 m，即可设置轿厢安全门。与我们对5.2.3.1所规定的井道安全门的分析类似：在共用井道的两台电梯其中，一台发生故障时，如需使用另一台电梯，通过轿厢安全门对被困的乘客进行救援，前提是另一台电梯能够正常运行。即电梯故障应是单台电梯的个体故障，因为如果发生停电故障，则所有电梯均会停止运行，这种情况下，即便两台相邻电梯设置了轿厢安全门也无法相互救援，标准上显然没有把所有电梯都出现问题时的情况考虑进去。GB 7588—2003 中 8.12.1 要求："援救轿厢内乘客应从轿外进行，尤其应遵守 12.5 紧急操作的规定"，GB 7588—2003 中 12.5 提及了盘车或紧急电动运行的方法。本部分中虽没有上述要求，但出于安全考虑，应尽量用盘车或紧急电动运行的方法通过层门或井道安全门来救援乘客，只有当通过紧急操作的方式需要移动轿厢的距离过长，甚至轿厢由于故障不可移动时，通常才选择通过轿厢安全门或安全窗的方式救援。

这里规定的轿厢安全门的最小尺寸是人员以略低头且侧身的姿势能够通过的尺寸。

设置轿厢安全门以及适用安全门救援时应注意以下事项：

a) 轿厢安全门设置范围有限：只能是在两轿厢距离 0.5 m～1.0 m 的范围内设置轿厢安全门。

b) 利于轿厢安全门救援的范围有限：在多台电梯共用井道的条件下，无论相邻两台电梯运动部件的水平距离是否大于 0.5 m，根据 5.2.5.5.2 的要求在底坑地面不大于 0.30 m 处延伸到最底层楼面以上 2.5 m 的高度上应设置隔障。在上述范围内由于轿厢之间存在隔障，因此无法利用轿厢安全门援救被困乘客。

c) 救援过程中乘客的心理压力较大：乘客要在距最底层楼面至少 2.5 m 的高度上[参见 b)]，通过轿厢的安全门，再进入另一台电梯。尤其是电梯故障发生在靠近井道顶端的时候，人员经过故障电梯的轿厢安全门，在进入营救电梯的轿厢之前，其恐惧心理是可想而知的。

d) 对紧急救援预案和救援人员的要求较高：在使用轿厢安全门进行紧急救援时，要求严格保证乘客在离开故障电梯轿厢但尚未进入救援电梯轿厢的过程中不会发生乘客坠入井道或被井道内机械部件伤害等安全事故。这就要求有完备的紧急救援预案，同时紧急救援人员要严格地按照紧急救援预案进行救援操作。

为了防止在救援过程中发生坠落危险，当两个轿厢安全门之间的距离大于 0.35 m 时，应提供一个具有足够强度的过桥，连接两个轿厢安全门。过桥应该满足以下要求：

1) 应具有扶手。

2) 宽度不应小于 0.50 m。

3) 能至少支撑 2 500 N 的力，相当于大约 255 kg 的质量，也就是可以供至少 3 个人同时在轿顶。

值得注意的是，本条和 5.2.5.5.2.2 所述情况之间的关系：

——本条中有"……如果两个轿厢安全门之间的距离大于 0.35 m，应提供一个连接到轿厢并具有扶手的便携式（或移动式）过桥或设置在轿厢上的过桥"；

——5.2.5.5.2.2 中要求了"如果任一电梯的护栏内边缘与相邻电梯运动部件[轿厢、对重（或平衡重）]之间的水平距离小于 0.50 m，则这种隔障应贯穿整个井道"。

看上去似乎本条和 5.2.5.5.2.2 的规定是矛盾的：如果两个轿厢安全门之间的距离大于 0.35 m 但小于 0.5 m，5.2.5.5.2.2 要求有贯穿整个井道的隔障，而本条要求有过桥。

很显然,如果隔障贯穿整个井道的话,是无法通过轿厢安全门相互救援的。

其实本条与5.2.5.5.2.2的规定并不矛盾,可以通过采用合理的技术方案解决。轿厢安全门的设置基础仍然是相邻两轿厢在轿厢安全门一侧的护栏内边缘与相邻电梯运动部件之间的水平距离不小于0.5 m(否则应设置贯通井道的隔障)。如果不想设置过桥,可采用在安全门地坎上设置活动的延伸部分(折叠式或可收回结构),使得相邻两轿厢的安全门地坎之间水平距离不大于0.35 m。

> **5.4.6.3**　如果具有轿厢安全窗或轿厢安全门,则应满足下列要求:
> **5.4.6.3.1**　轿厢安全窗或轿厢安全门应具有手动锁紧装置。

【解析】

本条与GB 7588—2003中8.12.4.1相对应。

首先,无论轿厢安全窗还是轿厢安全门应该设置锁闭装置,以免被随意开启。轿厢安全窗或轿厢安全门应采用手动锁闭的方式,以免在救援乘客过程中安全门或安全窗被意外关闭并锁住。

> **5.4.6.3.1.1**　轿厢安全窗应能不用钥匙从轿厢外开启,并应能用5.3.9.3规定的三角钥匙从轿厢内开启。
> 　　轿厢安全窗不应向轿厢内开启。
> 　　轿厢安全窗在开启位置不应超出轿厢的边缘。

【解析】

本条与GB 7588—2003中8.12.4.1.1相对应。

前面曾经分析过,轿厢安全窗的主要用途是作为人员在轿顶工作区域被困时脱困的通道(见5.2.6.4.3.1)。因此对轿厢安全窗进行了如下要求:

a) 轿厢安全窗应能不用钥匙从轿厢外开启

能够到达轿顶工作区域的人员一定是被授权人员,这些人员的行为可以被信赖。因此,为方便被授权人员尽可能简便地开启安全窗以脱离被困位置,轿厢安全窗在轿厢外面应允许不用钥匙开启。

b) 轿厢安全窗三角钥匙从轿厢内开启

如果工作区域在轿厢内,被授权人员也应能够通过轿厢安全窗脱困。但与轿顶工作区域不同,在电梯正常使用中,轿厢内有普通乘客(非授权人员),为了防止乘客随意开启安全窗,轿厢安全窗应上锁,且在轿内开启安全窗必须使用钥匙,否则无法防止安全窗被随意打开。为使被授权人员所使用钥匙能够通用,避免由于钥匙的差异无法开启安全窗,要求锁闭轿厢安全窗的锁能使用5.3.9.3所规定的三角钥匙开启。

本条所要求的"应能用5.3.9.3规定的三角钥匙从轿厢内开启"应理解为:如不使用三角钥匙,则无法从轿内开启安全窗,三角钥匙应作为在轿内解锁安全窗的唯一工具。

c) 轿厢安全窗不应向轿厢内开启

轿厢安全窗的开启方向只能向轿厢外开启，这是由其位置所决定的。轿厢安全窗设置在轿顶，如果轿厢安全窗向轿内开启，则会带来一些额外的风险：

1) 在开启的过程中，轿内如果有其他工作人员，安全窗本身可能砸到上述人员的头顶造成伤害；

2) 如果安全窗向轿内开启，则要求被授权人员向轿内探身，缓慢放下安全窗以免损坏轿内设施或造成人员伤害，可能会造成救援人员在开启过程中不慎跌入轿厢。

但当被授权人员在轿内开启安全窗时，情况则有所不同。由于安全窗位置在轿顶，向外开启的安全窗（见图5.4-10）不会造成轿内的操作人员坠入井道（这一点和轿厢安全门不同）。

d) 轿厢安全窗在开启位置不应超出轿厢的边缘

由于轿厢安全窗是朝向轿厢外开启的，开启后如果其边缘超出轿厢的外边缘，可能会碰到井道内其他部件（如随行电缆等），甚至凸入对重等部件的运行路径，造成不必要的损坏。

图 5.4-10 轿厢安全窗

> 5.4.6.3.1.2 轿厢安全门应能不用钥匙从轿厢外开启，并应能用5.3.9.3规定的三角钥匙从轿厢内开启。
>
> 轿厢安全门不应向轿厢外开启。
>
> 轿厢安全门不应设置在对重（或平衡重）运行的路径上，或设置在妨碍乘客从一个轿厢通往另一个轿厢的固定障碍物（轿厢间的横梁除外）的前面。

【解析】

本条与 GB 7588—2003 中 8.12.4.1.2 相对应。

关于"轿厢安全门应能不用钥匙从轿厢外开启，并应能用5.3.9.3规定的三角钥匙从轿厢内开启"的原因与上面轿厢安全窗的原因相同。与轿厢安全窗不同，轿厢安全门不得向轿厢外开启。这也是由轿厢安全门设置的位置和特点决定的。在轿厢中开启轿厢安全门时，轿内人员在操作中可能探身到轿厢外，如果安全门向外开启，会导致人员坠落风险。但如果安全门向轿厢内开启，轿厢外的救援人员只能向轿内探身，不可能坠入井道发生危险，见图5.4-11。

与设置在轿顶的轿厢安全窗不同，轿厢安全门的位置是在轿壁上，即使向内开启也不会砸到轿内乘客造成伤害。同时，由于安全门的尺寸较大且设置在轿壁上，如果向轿外开启，无论如何都会凸出轿厢的外边缘,这样就可能碰到井道内部件。

轿厢安全门设置的目的是作为救援被困乘客的通道,如果安全门设置在对重(或平衡重)运行的路径上,当电梯发生故障时,如果对重或平衡重的位置正好与轿厢平齐,则安全门可能被对重或平衡重阻挡,造成人员无法通过安全门到另一轿厢。同样的道理,如果相邻的轿厢之间存在妨碍乘客通过的固定的障碍物时,安全门不应设置在可能被这些固定障碍物阻挡的位置。这里所说的"固定障碍物"指的是永久存在的且不易被移走的障碍物,比如轿厢框的立柱等。类似随行电缆这类悬垂的设备,由于其能够很容易地被移开,不应被视作"固定障碍物"。限速器钢丝绳由于存在张紧装置,在水平方向上难以移动位置,因此应视为

图 5.4-11　通过轿厢安全门和
过桥救援被困乘客

"固定障碍物"。界定"固定障碍物"也有一个例外,当井道内装有多台电梯时,为了安装导轨支架,要在每个轿厢之间设置横梁。只要是多台电梯共用井道时,这种分隔轿厢的横梁就是不可避免的,也只有在共用井道的情况下设置轿厢安全门才是有意义的,为调和这一对矛盾,同时考虑到实际情况下分隔轿厢的横梁的尺寸一般不会很大,因此将井道中的这种横梁作为可以接受的障碍物。

> **5.4.6.3.2**　在5.4.6.3.1中规定的锁紧应通过一个符合5.11.2规定的电气安全装置来证实。
> 　　如果轿厢安全门未锁紧,该装置也应使相邻的电梯停止。
> 　　只有在重新锁紧后,电梯才能恢复运行。

【解析】

本条与 GB 7588—2003 中 8.12.4.2 相对应。相较于 GB 7588—2003,本条增加了"如果轿厢安全门未锁紧,该装置也应使相邻的电梯停止。"

如同层门锁紧需要电气安全装置验证一样,轿厢安全窗和安全门的锁紧也需要一个带有安全触点的电气开关进行验证。其目的是防止在救援乘客的操作中,轿厢突然意外启动对乘客和救援人员带来危险。同时也防止轿厢安全窗和安全门在使用后没有被锁紧的情况下电梯就投入正常运行,在运行中由于安全门或安全窗的意外开启给乘客带来人身伤害。因此,如果安全门和安全窗的锁紧失效,电气开关应能够使电梯停止,只有验证其锁紧后,电梯才能继续运行。

这个开关是电气安全装置,并被列入附录 A 中,它应串联在电气安全回路中。

本条款新增加了"如果轿厢安全门未锁紧,该装置也应使相邻的电梯停止。"要求。由于轿厢安全门是在同其他电梯共用井道且两轿厢距离不大于 1.0 m 的情况下才会设置,如果轿厢安全门没有锁紧,那么轿厢内的乘客就有探出轿厢的可能,相邻的电梯运动就会对乘客造成极大伤害。因此,要求如果轿厢安全门未锁紧时,该电梯以及与未锁紧的轿厢安全门相邻的电梯均应停止运行。

本条所述"该装置也应使相邻的电梯停止",在轿厢有不止一个安全门时应特别注意:

——任何一个轿厢安全门没有锁紧时,电梯都应停止运行;

——与未锁紧的轿厢安全门相邻的电梯应停止运行,但不与该轿厢安全门相邻的其他电梯可以不受影响。如图 5.4-12 所示,当 B 轿厢 3# 安全门没有锁紧时,与其相邻的 C 轿厢应停止运行,但由于 A 轿厢并不临近 3# 安全门,因此其可不受影响。

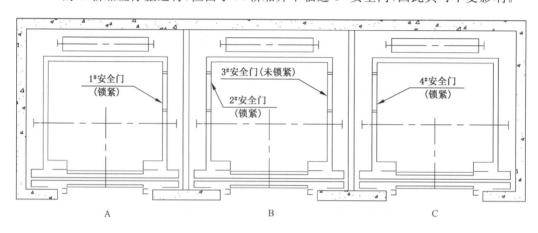

图 5.4-12　轿厢安全门未锁紧情况

5.4.7　轿顶

【解析】

本条涉及"4　重大危险清单"的"距离地面高""粗糙表面、光滑表面""人员的滑倒、绊倒和跌落(与机器有关的)""人员从承载装置坠落""费力""因动力源中断后又恢复而产生的意外启动、意外越程/抄送(或任何类似故障)"危险。

5.4.3 只是对轿顶的一个粗略要求,具体要求在本条中体现。

5.4.7.1　除满足 5.4.3 的规定外,轿顶应符合下列要求:

　　a)　轿顶应有足够的强度以支撑 5.2.5.7.1 所述的最多人数。

　　　　然而,轿顶应至少能承受作用于其任何位置且均匀分布在 0.30 m×0.30 m 面积上的 2 000 N 的静力,并且永久变形不大于 1 mm。

　　b)　人员需要工作或在工作区域间移动的轿顶表面应是防滑的。

　　注:有关的指南参见 GB/T 17888.2—2008 的 4.2.4.6。

【解析】

本条与 GB 7588—2003 中 8.13.1 相对应,载荷强度要求高于 GB 7588—2003。GB 7588—2003 要求"在轿顶的任何位置上,应能支撑两个人的体重,每个人在 0.20 m×0.20 m 面积上作用 1 000 N 的力,应无永久变形。"而且本条增加了轿顶表面防滑的要求。

轿顶应考虑到轿顶作为工作区,同时在轿顶工作的人员不止一个,且可能携带一些必要的设备和工具,因此轿顶要设计成承载结构。轿顶也可以视为一个工作平台,所以要满足工作平台的要求:

a) 载荷强度方面

在 5.2.5.7.1 中要求了在轿顶应具有避险空间,而且规定了进入轿顶的工作人员数量不能超过轿顶避险空间能够容纳的数量,那么轿顶的强度要能满足避险空间能容纳的最多人数的质量。然而,轿顶仅仅能够支撑其上站立的人的质量是不够的,因为其作为一个工作区间,站在轿顶的人可能携带一些必要的设备和工具,工作时也有可能产生其他的力作用于轿顶,所以本条参照了工作平台的设计载荷要求,GB 4053.3—2009 中 4.4 钢平台设计载荷要求,钢平台的设计载荷应按实际使用要求确定,并应不小于本部分规定的值。整个平台区域内应能承受不小于 3 kN/m² 均匀分布动载荷。在平台区域内中心距为 1 000 mm,边长 300 mm 正方形上应能承受不小于 1 kN 集中载荷。GB/T 17888.2—2008 的 4.2.5 要求:平台结构承受均布载荷时为 2 kN/m²;在地板最不利的位置 200 mm×200 mm 区域内承受的集中载荷为 1.5 kN。本条根据轿顶的实际情况要求的载荷强度均高于 GB 4053.2 对于工作平台的要求。

b) 防护方面

轿顶的工作区域以及移动经过的位置,应做防滑处理。这里给出了相应的参考:GB/T 17888.2—2008 的 4.2.4.6 要求:"应对地板进行表面处理以降低人员滑倒危险"。

另外就是护栏方面的防护要求见 5.4.7.2~5.4.7.4。

应注意,进入轿顶工作前一定要注意轿顶的警示标志。

5.4.7.2 应采取下列保护措施:

    a) 轿顶应具有最小高度为 0.10 m 的踢脚板,且设置在:

        1) 轿顶的外边缘;或

        2) 轿顶的外边缘与护栏之间(如果具有满足 5.4.7.4 要求的护栏)。

    b) 在水平方向上轿顶外边缘与井道壁之间的净距离大于 0.30 m 时,轿顶应设置符合 5.4.7.4 规定的护栏。

    净距离应测量至井道壁,井道壁上有宽度或高度小于 0.30 m 的凹坑时,允许在凹坑处有稍大一点的距离。

【解析】

本条与 GB 7588—2003 中 8.13.3 和 8.13.3.1 相对应。

本部分规定轿顶必须设置踢脚板,当在水平方向上轿顶外边缘与井道壁之间的净距离大于0.30 m时,轿顶还需设置符合5.4.7.4规定的护栏。也就是说,在水平方向上轿顶外边缘与井道壁之间的净距离不大于0.30 m时,轿顶只需要设置高度不小于0.10 m的踢脚板,见图5.4-13a);当此距离大于0.30 m时,轿顶既需要设置踢脚板又需要设置护栏。轿顶设置踢脚板,消除了人员在轿顶工作时,脚不慎滑出轿顶边缘的风险,但依然可能存在工作过程中人员因身体重心超出轿厢边缘而发生坠落的风险。然而当轿厢边缘到井道壁之间的距离不大于0.3 m时,由于踢脚板的阻挡,人员的脚始终在轿顶范围内,这种情况下即使人员身体重心超出轿厢边缘,也可以通过扶住井道壁支撑身体防止坠入井道。本条要求与5.2.5.3中"井道内表面与轿厢地坎、轿门框架或滑动轿门的最近门口边缘的水平距离不应大于0.15 m"保护的目的有所不同,5.2.5.3要保护的是任意情况下,人员无论是故意还是非故意都不可能通过0.15 m的距离。当然从实际情况考虑,井道在建造时不可能是没有误差或凹凸情况的,因此如果井道上有尺寸不大的凹坑(宽度或高度小于0.3 m,这里并没有要求宽度和高度均小于0.3 m)时,距离可以稍大一点。具体大多少,应以不发生坠落危险为原则,根据具体情况而定。

a) 轿顶仅设置踢脚板的情况　　　b) 轿顶三面设置护栏及踢脚板的情况

c) 轿顶两面设置护栏及踢脚板的情况　　d) 轿顶一面设置护栏及其他位置设置踢脚板的情况

图5.4-13　轿顶踢脚板与护栏

不必每一边都设置轿顶护栏,只需要在轿顶外边缘与井道壁之间的水平距离大于

0.30 m 的位置设置即可，见图 5.4-13c)、d)。

　　另外轿顶设置踢脚板还可以防止轿顶工作面上的工具落入井道对其他人员和电梯设备造成影响。轿顶踢脚板与人员脚踩的工作面之间是否必须采用无缝隙的连接呢？我们认为并不是这样。只要能够避免人的脚尖凸出轿厢边缘，以及工具不会坠入井道即可，不一定强调踢脚板必须与工作面无缝连接，同时踢脚板也没有强调必须是无孔的。只要能够满足 GB 12265.2—2000《机械安全　防止下肢触及危险区的安全距离》中的要求即可。如果踢脚板与工作台面之间有间隙，为防止小工具滚入井道，可在轿厢边缘设计卷边结构。GB/T 17888.3—2008《机械安全　进入机械的固定设施　第 3 部分：楼梯、阶梯和护栏》的7.1.7 规定：最小高度为 100 mm 的踢脚板应安置在离步行表面及平台的边缘最大为 10 mm的位置处（见图 5.4-13）。基于此标准，建议轿顶的踢脚板与轿顶工作面的间隙不大于 10 mm。

　　GB/T 23821—2009《机械安全　防止上下肢触及危险区的安全距离》概要及与本部分相关规定的介绍可参见"GB/T 7588.1 资料 5.2-8"。

5.4.7.3　位于轿顶外边缘与井道壁之间的电梯部件可以防止坠落的风险（见图 15 和图 16），符合下列条件的位置可不设置 5.4.7.4 要求的护栏：

　　a)　当轿顶外边缘与井道壁之间的距离大于 0.30 m 时，在轿顶外边缘与相关部件之间、部件之间或护栏的端部与部件之间应不能放下直径大于 0.30 m 的水平圆；

　　b)　在该部件任意点垂直施加 300 N 的水平静力，仍应满足 a)；

　　c)　在轿厢运行的整个行程中，该部件应能延伸到轿顶以上，以便构成与 5.4.7.4规定的护栏相同的保护。

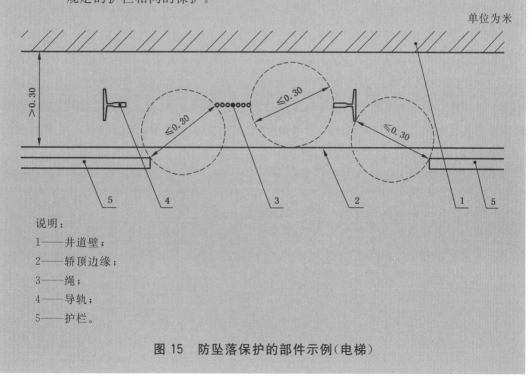

图 15　防坠落保护的部件示例（电梯）

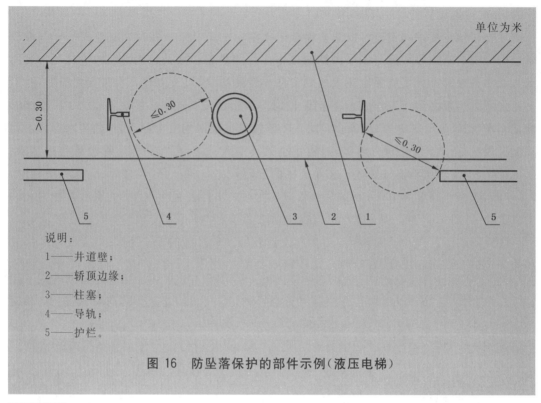

单位为米

说明：

1——井道壁；

2——轿顶边缘；

3——柱塞；

4——导轨；

5——护栏。

图16　防坠落保护的部件示例（液压电梯）

【解析】

本条是新增内容，规定了符合条件的位置可以不设置护栏。因为设置护栏的目的是防止坠落，有些位置虽然轿顶边缘与井道壁距离大于0.30 m，但是与电梯的其他部件之间、部件之间或护栏的端部与部件之间不能放下直径大于0.30 m的水平圆，也就是说实际上这些位置的部件可以防止人员坠落，所以尽管与井道壁距离大于0.30 m，但也可以不设置护栏。另外，这些客观上可以防止人员坠落的部件应具有一定的强度，不至于在其上垂直施加300 N的水平静力，就能使其与轿顶边缘的距离增大，从而存在人员坠落隐患。而且，无论轿厢处在任何运行位置，该部件都能满足此条a)中要求的距离，以保证在整个轿厢的运行过程中，都可以起到防坠落的保护作用。

5.4.7.4　护栏应符合下列要求：

a)　护栏应由扶手和位于护栏高度一半处的横杆组成。

b)　考虑护栏扶手内侧边缘与井道壁之间的水平净距离（见图17），护栏的高度应至少为：

　　1)　当该距离不大于0.50 m时，0.70 m；

　　2)　当该距离大于0.50 m时，1.10 m。

c)　护栏应设置在距轿顶边缘最大为0.15 m的位置。

d)　扶手外侧边缘与井道中的任何部件[如对重（或平衡重）、开关、导轨、支架等]之间的水平距离不应小于0.10 m。

在护栏顶部的任意点垂直施加1 000 N的水平静力，弹性变形不应大于50 mm。

单位为米

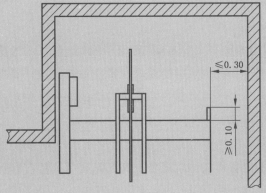

a) 无护栏，但具有最小高度0.10 m的踢脚板

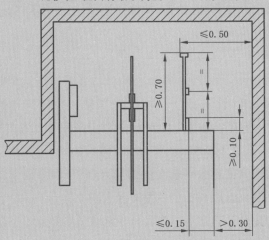

b) 具有最小高度0.70 m的护栏和最小高度0.10 m的踢脚板

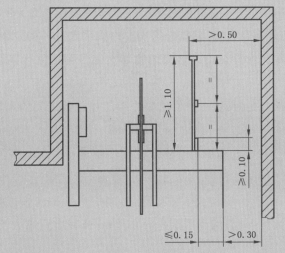

c) 具有最小高度1.10 m的护栏和最小高度0.10 m的踢脚板

图17 轿顶护栏的高度示意图

【解析】

本条与 GB 7588—2003 中 8.13.3.1，8.13.3.2，8.13.3.3，8.13.3.5 相对应。比 GB 7588—2003 增加了对护栏强度的要求。

a) 对护栏形式的要求

这里对护栏的描述与 GB/T 17888.3—2008《机械安全 进入机器和工业设备的固定设施 第3部分：楼梯、阶梯和护栏》中的要求非常类似。其扶手是防止人员在站立状态下发生坠落危险，同时也作为人员用手抓住并支撑身体的部件。位于高度一半处的中间栏杆可以防止人员在蹲坐、屈膝、跪爬等姿势工作时发生坠落。

值得注意的是，当护栏总高度较高（尤其是超过 1.1 m 时）时，如果只在护栏高度一半处设置中间栏杆，依旧不能防止人员在蹲坐、屈膝、跪爬等姿势工作时发生坠落危险。在这里建议如果护栏的总高度超过 1.1 m，可参考 GB/T 17888.3—2008《机械安全 进入机器和工业设备的固定设施 第3部分：楼梯、阶梯和护栏》中的要求：扶手与横杆及横杆和踢脚板之间的净空不应超过 0.5 m。

b) 对护栏高度的要求

护栏的作用是防止人员坠落井道，因此应具有足够的高度。护栏高度为 0.7 m 时，人身体发生重心倾斜可能会超出护栏扶手，所以此时要求护栏的扶手内侧边缘至井道墙壁的净距离不大于 0.5 m。而根据 GB/T 10000—1988《中国成年人人体尺寸》18～60 岁人体主要尺寸表格中可以查出，只有 1% 的人上臂长和前臂长的和不到 0.5 m，也就是说绝大多数人可以用手臂支撑到距离自己不大于 0.5 m 的墙壁，使身体不至于发生重心倾斜超出轿顶范围导致坠落危险。而当墙壁距离扶手内侧边缘大于 0.5 m 时，用手臂支撑墙壁则有可能不能保证人体重心不超出轿顶范围，或者根本不能触及墙壁，此时需要加高护栏来保护轿顶工作人员。当护栏的高度大于 1.1 m 时，护栏可以有效地保护轿顶工作人员的重心不超出轿顶范围。

但要注意，这里在计算自由距离时，必须是护栏扶手到另一固定物体之间的距离，类似随行电缆一类的物体不应计算在内。这样的物体在人员可能发生坠落时无法对人员提供支撑。

这里指的水平净距离是指：护栏扶手内侧边缘与井道壁之间的水平净距离。不是轿顶的边缘，也不是扶手的外侧边缘，此处与 GB 7588—2003 要求不同。GB 7588—2003 中 8.13.3.2 要求的是护栏扶手外边缘到井道壁的自由距离不大于 0.85 m 时，护栏扶手的高度最低可以设计成 0.7 m；自由距离大于 0.85 m 时，护栏扶手的高度最低可以设计成 1.1 m。本条比 GB 7588—2003 的要求得更严格，当护栏扶手内侧边缘与井道壁之间的水平净距离不大于 0.5 m 时，护栏的高度至少为 0.7 m；当该净距离大于 0.5 m 时，护栏的高度至少为 1.1 m。

在这里护栏扶手在各个方向上的高度可以不同：自由距离不大于 0.5 m 的位置，护栏扶手高度最小可以是 0.7 m；自由距离大于 0.5 m 的位置，护栏扶手高度最小可以是 1.1 m

（在此，应认为进入轿顶的人员都应该是"被授权人员"）。

对于将水平距离 0.85 m 的界限更改为 0.5 m 的疑问。

CEN/TC 10 的理由是：这个尺寸在 EN 81-1 中考虑的是人员在从护栏上方向前扑倒时，能够伸手触及井道壁，以阻止其进一步坠落的风险。而 EN 81-20 中考虑到更大的风险是人员背对护栏，从护栏上方跌倒时，无法伸手触及井道壁从而阻止坠落。出于这个原因，上述距离由旧版标准中的 0.85 m 减小至 0.5 m。

对于 EN 81-1 中 0.85 m 的间隙的疑问。

CEN/TC 10 的解释是："在 0.85 m 距离内的墙将能防止从 0.7 m 高的护栏坠落，因为人员能够触及墙面（前提是在 0.85 m 之内）并用自己的手支撑自身"。

对于 CEN/TC 10 给出的解释，从《机械设计手册》中也可得到印证：当人员在上身与手臂一起移动时，有 95% 的人的手可以触及 1.3～1.4 m 的距离。如果只是考虑人员面对护栏向前跌倒造成人员重心移出护栏时（与"上身和手臂一起移动"的状态最相似），0.85 m 是人员能够用手触及且提供支撑的范围。而当人员向后跌倒时，无法做到上身与手臂一起移动，因此减小上述间隙是必要的。

从 EN 81 中这些涉及人身安全的距离变化可以看出，CEN/TC 10 一直致力于对电梯安全的研究以及提高电梯对人员的保护。

c）对护栏位置的要求

由于护栏允许的最小高度为 0.7 m（在某些情况下为 1.1 m），这个高度不能防止人员跨越护栏。为防止人员在轿顶工作时越过护栏到达护栏以外区域活动，因此规定护栏边缘距离轿顶边缘的最大距离不超过 0.15 m，这个距离是人员无法穿越并且不能停留的距离。对于井道壁也有相似的规定，在 5.2.5.2.2.2 中规定"任何从墙壁突入井道的水平凸出物或水平梁（包括分隔梁），当其突入深度超过 0.15 m 时，应采取防护措施防止人员站立其上。"5.2.5.2.3 部分封闭的井道中也有相似的要求，临界值也是 0.15 m。

d）对护栏与井道运动部件距离及护栏的强度要求

为防止在轿厢运动时，人员抓握扶手（即人体某部分可能会超出护栏扶手外缘）而造成的与其他相对运动部件之间的剪切事故，规定扶手外边缘与井道内的任何部件之间的水平距离不小于 0.1 m。要注意的是，这里所强调的井道内任何部件既包括运动部件也包括非运动部件。

这里说的水平距离，是指在水平面上的最小距离。

本部分 5.2.5.5.1h）规定："轿厢及其关联部件与对重（或平衡重）（如果有）及其关联部件之间的距离应至少为 50 mm"，这里所说的轿厢关联部件应该不包括轿顶护栏扶手，扶手到对重的距离仍必须不小于 0.1m。

关于护栏的强度：本部分 0.4.11 规定：当发生撞击时，通常一个人产生的能量所导致的等效静力为 1 000 N，所以要求护栏顶部的任意点垂直施加 1 000 N 的水平静力，应无大于

50 mm的弹性变形。d)中规定"扶手外侧边缘与井道中的任何部件如对重(或平衡重)、开关、导轨、支架等之间的水平距离不应小于0.10 m。"而5.2.5.5.1h)规定:"轿厢及其关联部件与对重(或平衡重)(如果有)及其关联部件之间的距离应至少为50 mm",如果护栏的弹性变形超过50 mm,则都不能满足5.2.5.5.1的规定,轿厢与对重(或平衡重)为相对运动的部件,如果轿顶的工作人员突出护栏过多会有剪切的危险。

关于护栏的扶手以及中间栏杆是否可以是不连续的:标准中并没有要求护栏的扶手以及中间栏杆必须是连续的,有时出于设计的原因,扶手或中间栏杆可能与轿顶的一些部件干涉,需要将其设置成间断的形式,这是可以的。但必须保证人员在轿顶工作时,不会由于护栏的扶手以及中间栏杆不连续而发生坠入井道事故。相关设计需满足本部分5.4.7.3的要求。

图5.4-14是一个典型的护栏的示例,它符合GB 17888.3—2008《机械安全 进入机器和工业设备的固定设施 第3部分:楼梯、阶梯和护栏》的相关要求。

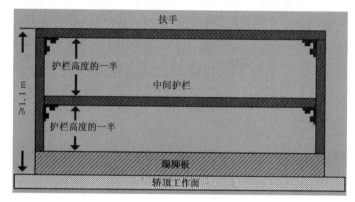

图5.4-14 护栏示例

5.4.7.5 轿顶所用的玻璃应是夹层玻璃。

【解析】

本条与GB 7588—2003中8.13.5相对应。

轿顶采用玻璃材质时也应该满足5.4.7.1要求的强度。之所以要求应该使用夹层玻璃,因为轿顶以上和轿顶以下都是人能抵达的空间,夹层玻璃的特性见3.23解析。

对于玻璃井道壁、玻璃层/轿门和玻璃轿壁的要求对比,参见"GB/T 7588.1 资料5.4-6"。

5.4.7.6 固定在轿厢上的滑轮和(或)链轮应具有5.5.7规定的防护。

【解析】

本条与GB 7588—2003中8.13.6相对应。

由于轿顶是被授权人员可以进入的空间,同时可能被用作工作平台,如果轿顶上设置有滑轮或链轮（用链悬挂的强制驱动的电梯，当其悬挂比大于 1∶1 时轿顶可能设置链轮），为避免轿厢在运动时由于轮的旋转以及轮与绳或链之间的相对运动，而对在轿顶工作人员造成卷入或咬入的伤害，应按照 5.5.7 的要求设置防护装置。防护装置应能避免：

　　a）人身伤害；

　　b）绳或链条因松弛而脱离绳槽或链轮；

　　c）异物进入绳与绳槽或链条与链轮之间。

5.4.8　轿顶上的装置

　　轿顶上应设置下列装置：

　　a）　符合 5.12.1.5 规定的检修运行控制装置，应设置在距离避险空间（见 5.2.5.7.1）0.30 m 范围内，且从其中一个避险空间能够操作。

　　b）　符合 5.12.1.11 规定的停止装置，在距检查或维护人员入口不大于 1.0 m 的易接近的位置。

　　　　该装置也可是距入口不大于 1.0 m 的检修运行控制装置上的停止装置。

　　c）　符合 5.10.7.2 规定的电源插座。

【解析】

　　本条涉及"4　重大危险清单"的"控制装置的设计、位置或识别"危险。

　　本条与 GB 7588—2003 中 8.15 相对应。

　　由于轿顶可供检修维护人员使用，因此应在轿顶相应的位置设置检修控制装置以及停止装置，以方便检修和维护作业。此外，在轿顶工作时可能会使用简单的电动工具，轿顶上还应设置电源插座，见图 5.4-15。

　　a）对检修控制装置的要求

　　1）控制装置应由检修运行开关操作。

　　2）检修运行开关的位置应是可接近的，此处要求距离避险空间（见 5.2.5.7.1）水平距离不超过 0.30 m，如果只有一个避险空间，要求从避险空间可以操作检修运行控制装置；如果存在多个避险空间，则有一个避险空间可以操作。

图 5.4-15　轿顶上的装置示例

　　3）检修运行开关是安全触点型开关或采用了安全电路（也允许使用 PESSRAL，但实际使用中未发现此类设计）。

　　4）检修运行开关应是双稳态的，并应设有误操作的防护。

　　5）应以安全触点或安全电路的型式防止轿厢的一切误运行。

6）控制装置应具有"上"和"下"方向按钮以及"运行"按钮，并清楚地标明以防止误操作。轿厢运行应依靠持续揿压方向按钮和"运行"按钮进行。

7）控制装置也可以与从轿顶上控制门机防止误操作的附加开关相结合。

8）检修运行开关上或其近旁应标出"正常"及"检修"字样。

9）控制装置应具有停止装置。

以上均是对检修操作控制装置硬件方面的要求，对于检修运行控制，将在5.12.1.5中详尽叙述。

b）停止装置的要求

1）停止装置应由安全触点或安全电路构成。

2）停止装置应为双稳态，意外操作不能使电梯恢复运行。

3）停止装置上或其近旁应标出"停止"字样，设置在不会出现误操作的地方。

4）停止装置应在检查或维护人员入口不大于1 m的易接近的位置。

如果检修装置设置在检查或维护人员入口不大于1 m的位置，可以不再额外设置停止装置。相反，如果检修装置设置在距离检查或维护人员入口1 m以外的地方，则需要在入口1 m以内再设置一个停止装置。

停止装置是电气安全装置，并被列入附录A中，它应串联在电气安全回路中。

c）电源插座应满足如下条件

1）其电源通过另外的电路或通过与主开关（5.10.5）供电侧的驱动主机供电电路相连；

2）插座的型式是2P+PE型250 V，且直接供电。

上述插座其电源线应有足够的截面积供用电器使用，但如果设置了适当的过电流保护，则不一定需要与插座的额定电流相匹配（可小于插座的额定电流）。

5.4.9　通风

5.4.9.1　在轿厢上部和下部应设置通风孔。

【解析】

本条与GB 7588—2003中8.16.1相对应。

5.4.3.1要求轿厢应由轿壁、轿厢地板和轿顶完全封闭，仅允许有下列开口：

a）使用者出入口；

b）轿厢安全窗和轿厢安全门；

c）通风孔。

所以在轿厢门关闭之后，为了避免轿内人员窒息，要求轿厢能够通风，因此轿厢应设有通风孔。考虑到空气的对流，通风口在轿厢上部和下部（见图5.4-16）都应开设。

关于通风口和风扇的关系：风扇是强制通风设备，比通风口的自然通风效率要高，但考虑到停电等情况发生时，风扇通风也会失效，电梯一旦发生故障人被困，在救援不及时的情况下轿内空气质量将严重劣化,因此即使轿厢设有风扇,也必须设置通风孔。当然,在计算通风孔面积时,可以将安装风扇的有效开口计算在内。

图 5.4-16　设置在轿厢下部的通风孔

5.4.9.2　位于轿厢上部和下部通风孔的有效面积均不应小于轿厢有效面积的 1%。

轿门四周的间隙在计算通风孔面积时可以计入,但不应大于所要求的有效面积的 50%。

【解析】

本条与 GB 7588—2003 中 8.16.2 相对应。

轿厢上部和下部均应设置通风孔,这两个位置的通风孔的面积均不应小于轿厢有效面积的 1%。从实际角度出发,轿厢门与门楣之间必然存在间隙,这些间隙也可作为通风孔使用。但间隙的尺寸不可能被非常有效地控制,并且该尺寸还取决于不同的轿厢设计。为保证无论在任何情况下都有足够的通风孔面积,在将轿门四周缝隙计入通风孔面积时,不得大于所要求的面积的 50%。

5.4.9.3　通风孔应满足:用一根直径为 10 mm 的刚性直棒,不可能从轿厢内经通风孔穿过轿壁。

【解析】

本条与 GB 7588—2003 中 8.16.3 相对应。

本条主要是为防止人员在轿厢内从通风孔将手指伸出轿厢发生危险,因此要求通风孔用直径为 10 mm 的坚硬直棒,且应不能够经通风孔穿过轿壁。

5.4.10　照明

【解析】

本条涉及"4　重大危险清单"的"局部照明"危险。

5.4.10.1 轿厢应设置永久性的电气照明装置，确保在控制装置上和在轿厢地板以上 1.0 m 且距轿壁至少 100 mm 的任一点的照度不小于 100 lx。

注：轿厢内的扶手、折叠椅等装置所产生的阴影的影响可忽略。
在测量照度时，照度计应朝向最强光源的方向。

【解析】

本条与 GB 7588—2003 中 8.17.1 相对应。GB 7588—2003 没有强调必须要提供要求的照度，只是给出建议值，以供参考使用。本部分为强制要求，要确保本条要求的照度。

为了给使用者提供一个安全、便利的操作环境，轿厢内要求设置永久照明。所谓永久照明指照明光源是固定的，且在需要时随时可用。照明能够提供的照度是在控制装置和在轿厢地板以上 1.0 m 且距轿壁至少 100 mm 的任一点的照度不小于 100 lx。轿厢照明主要是考虑乘客的感受，那么，多少照度是适宜的照度呢？我国关于室内照度的卫生标准没有电梯轿厢的照度要求，但是有关于室内（包括公共场所）照度的卫生标准，如在公共场所商场（店）的照度卫生标准 ≥ 100 lx；图书馆、博物馆、美术馆、展览馆台面照度的卫生标准 ≥ 100 lx。可见 100 lx 是对于非工作场合且为公共场所比较适宜的照度。

5.4.10.2 应至少具有两只并联的灯。

注：该灯是指单独的光源，例如灯泡、荧光灯管等。

【解析】

本条与 GB 7588—2003 中 8.17.2 相对应。

一般照明光源分为三类：热辐射光源、气体放电光源和 LED 光源。热辐射光源主要有白炽灯和卤钨灯；气体放电光源主要有荧光灯、高压金属气体放电灯、金属卤化物灯和氙灯等；LED 光源就是发光二极管。目前，轿厢最常见的照明设备是白炽灯、荧光灯以及 LED 灯，其他如高压金属气体放电灯、氙灯等几乎不会用于轿厢照明。轿厢照明至少要两只的灯并联使用，主要是考虑一只灯出现故障，还有另外一只灯保证轿厢内拥有一定的照度。5.1.10.4 提到的应急照明是在正常照明电源发生故障的情况下启动的，不包括灯出现故障的情况，所以此处要求至少有两只并联的灯，未考虑两只灯同时故障的情况。串联的灯具也不符合要求，因为串联电路中任何一只灯发生断路故障，则照明全部失效。

本部分要求的两只并联的灯每一只都是独立的光源，不能采用一个集中光源发光，之后用分光镜或光导纤维分出两束或多束光进行照明。如果采用这种设计，一旦集中光源失效，轿厢照明就处于完全失效的状态，与本条中"应至少具有两只并联的灯"的原意相违背。灯泡、荧光灯管、独立的 LED 灯头等符合本条"单独光源"的要求。

对于本条，CEN/TC 10 给出解释单（见 EN 81-20 012 号解释单）如下：

询问：本条内容在 EN 81-1：1998 中 8.17.2 有相似规定："如果照明是白炽灯，至少要有两只并联的灯泡"。

问题 1：EN 81-20 的要求是否包含了所有形式的照明（如 LED）。

问题 2：如果照明是由几块方形或圆形的 LED 板构成，这些 LED 板构成的发光点只有一个，但每个板上有多个 LED，这种情况该如何解释？是否我们应认为只用一块 LED 板的情况不符合标准要求？

CEN/TC 10 的回复：对于问题 1，是的，本标准考虑到了所有光源的形式。对于问题 2，如注释中所说，应至少有两只灯（独立光源）并联连接，与所使用的技术无关。对于 LED 技术，这意味着至少应该有两只 LED 灯，如果一只 LED 灯出现故障，另一只 LED 灯应该继续为轿厢照明。因此，由串联的 LED 灯构成的单根发光条是不够的。

> **5.4.10.3**　轿厢应具有连续照明。当轿厢停靠在层站且门关闭时，可关闭照明。

【解析】

本条与 GB 7588—2003 中 8.17.3 相对应。

正常使用中的电梯，轿厢内的照明必须是持续有效的，不可设计成运行过程中灯亮，层、轿门开启后灯灭（利用层站为轿厢照明）的形式。但当电梯轿厢在一段时间内没有接到运行指令，根据 5.3.12 的规定，在层门参与建筑物防火的情况下应关闭层门待机。这时候，由于能够确定没有人员在使用电梯，因此轿厢照明可以关闭。

> **5.4.10.4**　应具有自动再充电紧急电源供电的应急照明，其容量能够确保在下列位置提供至少 5 lx 的照度且持续 1 h：
> 　　a)　轿厢内及轿顶上的每个报警触发装置处；
> 　　b)　轿厢中心，地板以上 1 m 处；
> 　　c)　轿顶中心，轿顶以上 1 m 处。
> 在正常照明电源发生故障的情况下，应自动接通应急照明电源。

【解析】

本条与 GB 7588—2003 中 8.17.4 相对应。

电梯的正常照明电源是不受电梯主开关控制的，即使切断主开关，轿厢照明依然有效。但必须考虑到正常照明电源可能失效的情况，因此应设置紧急照明电源。

轿内应急照明的目的是确保如果正常照明失效，轿内仍可保持必要的照度。

"GB/T 7588.1 资料 5.2-1"中提到过，大致来说，1 支烛光的点光源在相距 1 m 处所产生的照度就是 1 lx。可以推出，5 lx 的照度可以使人看到报警装置并触发。此条也具体规定了需要保证 5 lx 照度的位置，其中 a)是为了保证轿厢内及轿顶的人一旦遇到电源故障被困，应急照明的光可以使其看到报警装置并触发；b)和 c)保证一定的照度可以使人能够看到周围的大致环境，不至于因为黑暗而恐慌。

在正常照明电源发生故障的情况下，应自动接通应急照明电源，不应需要人为操作任何开关触发。

由于无法确定正常照明失效后何时能够恢复，因此电源应具有足够容量使应急照明燃亮至少 1 h。应注意，如果存在多个应急照明，电源应能提供所有应急照明同时燃亮 1 h 的电量。

本部分中并没有要求底坑中也需要设置应急照明，经与 CEN/TC 10 交流认为，检修行为可能导致失去电源（如短路等），也有坠落或被井道内部件剐蹭的风险。如果由于电梯失电造成人员被困轿顶，从轿顶上可能找不到合适的脱困途径。但在底坑中的情况有所不同，底坑靠近最下层的层门（或有专门的底坑通道门），而且在底坑检修时轿厢通常在停在井道的上部。紧急情况下，人员能够比较容易地找到脱困通道。因此，底坑中没有要求设置应急照明。

关于 GB 7000.2 —2008《灯具 第 2-22 部分：特殊要求 应急照明灯具》中对应急照明及其电源的规定，可参见"GB/T 7588.1 资料 5.4-7"。各个位置照明要求的总结，可参见"GB/T 7588.1 资料 5.4-8"。

5.4.11 对重和平衡重

【解析】

本条涉及"4 重大危险清单"的"吸入或陷入"危险。

5.4.11.1 对于强制式电梯，平衡重的使用应符合 5.9.2.1.1 的规定；对于液压电梯，平衡重的使用应符合 5.9.3.1.3 的规定。

【解析】

本条与 GB 7588—2003 中 8.18 相对应。

强制式电梯是通过卷筒和绳或链轮和链条直接驱动（不依赖摩擦力）的电梯。强制驱动电梯不能使用对重，但为了节能可使用平衡重，其质量是全部或部分轿厢的质量。

液压电梯的平衡重的质量应该按照 5.9.3.1.3 进行计算：在悬挂机构（轿厢或平衡重）断裂的情况下，应保证液压系统中的压力不超过满载压力的 2 倍。在使用多个平衡重的情况下，计算时仅考虑一个悬挂机构断裂的情况。

对重和平衡重的区别是：平衡重是强制式电梯和液压电梯为了节能而设置的，其质量是全部轿厢或部分轿厢的质量。对重是曳引式电梯用来保证曳引能力的，其质量一般是全部轿厢质量和一定比例的载重量的质量和。对重参与动力的提供，平衡重只是为了节能。

5.4.11.2 如果对重（或平衡重）由对重块组成，则应防止它们移位。为此，对重块应由框架固定并保持在框架内。应具有能快速识别对重块数量的措施（例如：标明对重块的数量或总高度等）。

【解析】

本条与 GB 7588—2003 中 8.18.1 相对应。较 GB 7588—2003 而言,本条更加严格,删除了 GB 7588—2003 中"b)对于金属对重块,且电梯额定速度不大于 1 m/s,则至少要用两根拉杆将对重块固定住"的要求。

本条规定对重块应稳定地安装在框架内,以免在电梯运行过程中由于冲击、振动和受力不均等原因造成对重块破裂。即使对重块破裂,也可防止其碎块分散坠入井道。图 5.4-17 所示是两种常见的对重块固定方式。

由于对重的质量是影响曳引力的关键因素之一,因此必须保证在电梯使用期内对重质量保持稳定,防止因对重块丢失、维修后忘记安装等原因造成对重质量降低,引发安全事故(钢丝绳在曳引轮上滑移等)。因此要求提供一种简单易行的方法识别对重块数量(如图 5.4-18 所示),以便清晰明了地了解对重块的数量和总高度。

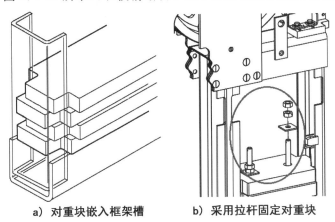

| a) 对重块嵌入框架槽 | b) 采用拉杆固定对重块 |

图 5.4-17　固定在框架中的对重块

图 5.4-18　能快速识别对重块
数量的方法

5.4.11.3 设置在对重(或平衡重)上的滑轮和(或)链轮应具有 5.5.7 规定的防护。

【解析】

本条与 GB 7588—2003 中 8.18.2 相对应。

装在对重(或平衡重)上的滑轮和(或)链轮应设置防护装置,以避免:

a)钢丝绳或链条因松弛而脱离绳槽或链轮;

b)异物进入绳与绳槽或链条与链轮之间。

5.5　悬挂装置、补偿装置和相关的防护装置

【解析】

本条涉及"4　重大危险清单"的"距离地面高""运动元件""人员的滑倒、绊倒和跌落

(与机器有关的)"危险。

5.5.1 悬挂装置

【解析】

电梯的悬挂装置一般是由钢丝绳(或链)以及端接装置、张力调节装置构成。悬挂装置是电梯的主要部件,其可靠程度不但关系到电梯的安全,同时也将直接影响电梯的整机性能。

在电梯上,以钢丝绳作为悬挂装置的情况最为常见,因此本条主要以钢丝绳作为电梯悬挂装置进行讨论。钢丝绳作为轿厢悬挂的主要部件,不仅涉及安全,而且对于电梯系统的振动和噪声也有很大影响,电梯钢丝绳相关介绍可参见"GB/T 7588.1 资料 5.5-1"。

在本条当中,不但论述了悬挂装置,还对补偿装置和相关防护装置(包括曳引轮、滑轮、链轮、限速器和张紧轮的防护)进行了规定。

根据本部分第 1 章申明的适用范围"本部分规定了永久安装的、新的曳引、强制和液压驱动的乘客电梯或载货电梯的安全准则"(见 1.1),本条关于悬挂装置的要求适用于上述几种驱动形式。

(1) 钢丝绳

使用钢丝绳作为悬挂装置的情况可以是曳引驱动、液压驱动或采用卷筒的强制驱动。

曳引驱动是我们最常见的形式:钢丝绳通过曳引轮、导向滑轮以及动滑轮(采用复绕法时)与轿厢和对重相连接,依靠曳引轮绳槽的摩擦力驱动轿厢和对重。

当采用钢丝绳配合卷筒,以强制驱动方式驱动电梯时,卷筒驱动常采用两组悬挂的钢丝绳,每组钢丝绳一端固定在卷筒上,另一端与轿厢或平衡重相连。钢丝绳在卷筒上的缠绕方式有两种,一种是所有钢丝绳以同方向缠绕在卷筒上,如图 5.5-1d)所示;另一种是两组钢丝绳分别在两个卷筒上按照相反方向(一组按顺时针方向,而另一组按逆时针方向)进行缠绕。同向缠绕多用于不设置平衡重的情况,如果是带有平衡重的强制驱动电梯,则一般采用反向缠绕的方式,即两组钢丝绳分别连接轿厢和平衡重,当一组钢丝绳绕出卷筒时,另一组钢丝绳绕入卷筒,如图 5.5-1a)所示。

当液压驱动电梯轿厢与液压缸之间采用间接作用时,绝大多数情况下采用钢丝绳悬挂。

(2) 链条

使用链条作为悬挂装置的情况只能采用链轮驱动,属于强制驱动[见图 5.5-1c)]。少数情况下,间接作用式液压电梯[见图 5.5-1b)],也采用链条悬挂。

a) 曳引驱动(钢丝绳悬挂)

b) 间接作用式液压电梯

c) 强制驱动(链条悬挂)

d) 强制驱动(钢丝绳悬挂)

图 5.5-1　各种驱动形式的悬挂装置

5.5.1.1　轿厢和对重(或平衡重)应采用钢丝绳或钢质平行链节链条或钢质滚子链条悬挂。

【解析】

本条与 GB 7588—2003 中 9.1.1 相对应。

本条给出了轿厢和对重(或平衡重)之间悬挂装置的选择:只能选取钢丝绳或钢质链条,见图 5.5-2。采用链传动的电梯,由于在运行过程中链条处于非循环式间歇往复双向运动,每个链接在啮入和啮出过程中均会出现动载荷,形成链轮和链条的啮合冲击,这种情况容易造成链条材料的疲劳以及链条与链轮接触面的磨损。由于钢质平行链节链条或钢质滚子链条与链轮齿槽啮合得更加充分,能够降低集中载荷和冲击载荷,因此为了减少上述情况带来的危险,链条只能采用钢质平行链节链条或钢质滚子链条,不能使用环形链节的链条(如锚链)、方框链等。

所谓"滚子链条"[见图 5.5-2e)]是由一系列短圆柱滚子链接在一起,由一个作为链轮的齿轮驱动。

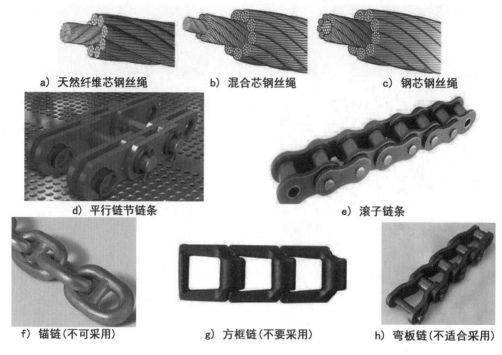

a) 天然纤维芯钢丝绳	b) 混合芯钢丝绳	c) 钢芯钢丝绳
d) 平行链节链条		e) 滚子链条
f) 锚链(不可采用)	g) 方框链(不要采用)	h) 弯板链(不适合采用)

图 5.5-2 几种悬挂链的形式

应注意,滚子链条中有一种侧面两端平行,中部弯折链板的弯板链,见图 5.5-2h)。虽然它也属于滚子链条,但由于其折弯的侧板在拉力作用下可能有较大的变形(弯板被拉直),因此也不适合使用。

5.5.1.2 钢丝绳应符合下列要求:

　　a) 钢丝绳的公称直径不小于 8 mm;

　　b) 钢丝的抗拉强度和其他特性(结构、延伸率、不圆度、柔性、试验等)应符合 GB/T 8903 的规定。

【解析】

本条与 GB 7588—2003 中 9.1.2 相对应。

钢丝的抗拉强度和其他特性如结构、延伸率、不圆度、柔性、试验等应符合 GB/T 8903《电梯用钢丝绳》的规定,但并不是所有参数和钢丝绳特性都要符合 GB/T 8903 的规定(该标准修改采用 ISO 4344)。电梯选用的钢丝绳是否合理并不完全由钢丝绳本身决定,也取决于与钢丝绳配合使用的曳引轮的参数(硬度、材质、槽型等),因此电梯选用的钢丝绳可以不必完全符合 GB/T 8903 规定,同时即使所选用的钢丝绳完全符合 GB/T 8903 的要求,也无法保证钢丝绳对于整个曳引(强制、液压)系统来说是合理的。

关于 GB/T 8903—2018《电梯用钢丝绳》的介绍,可参见"GB/T 7588.1 资料 5.5-2"。

5.5.1.3 钢丝绳或链条应至少有 2 根。

对于液压电梯，每一个间接作用式液压缸的钢丝绳或链条应至少有 2 根；连接轿厢和平衡重的钢丝绳或链条也应至少有 2 根。

注：如果悬挂比（绕绳比）不是 1∶1，考虑钢丝绳或链条的根数而不是其下垂根数。

【解析】

本条和 5.5.1.4 分别与 GB 7588—2003 中 9.1.3 和 9.1.4 相对应。

为保证安全，连接轿厢和对重（平衡重）的钢丝绳或链条不允许只使用 1 根，必须是 2 根或 2 根以上，以减少由于钢丝绳或链条断裂造成的轿厢坠落的可能。同理对于液压电梯，每一个间接作用式液压缸，连接轿厢和平衡重的钢丝绳或者链条也至少是 2 根。这主要是考虑到批量生产的钢丝绳或链条之间的个体差异，万一存在制造缺陷，造成其破断载荷达不到设计值，使用单根时将给电梯的安全运行造成重大隐患。此外，如果在电梯安装、使用中有无法预期的因素对钢丝绳造成损害（如安装时电焊迸溅到钢丝绳上），那么采用单根钢丝绳，钢丝绳失效的几率将大大增加。因此，无论单根钢丝绳或链条的安全系数能够达到多少，也不允许用单根钢丝绳或链条连接轿厢和对重（平衡重）。

考虑到 5.5.2.2 所规定的安全系数，2 根或 3 根钢丝绳是难以满足要求的。目前每台电梯钢丝绳的数量通常是根据电梯的载重量、速度以及钢丝绳的直径、曳引轮直径、绳槽型式等因素来确定，一般情况下是 4～7 根。

当悬挂系统的钢丝绳或链条选取 2 根时，将有一系列的特殊规定：

（1）5.5.2.2 规定：对于用 2 根钢丝绳的曳引式电梯安全系数为 16，而用 3 根及 3 根以上钢丝绳的曳引式电梯安全系数为 12。

（2）5.5.5.3a)规定：如果轿厢悬挂在 2 根钢丝绳或链条上，则应设置符合 5.11.2 规定的电气安全装置，在一根钢丝绳或链条发生异常的相对伸长时使驱动主机停止。

因此，实际上如果电梯的悬挂系统只使用 2 根钢丝绳或链条，则对钢丝绳或链条的要求将大大增加。

这里所说的"绕绳比不是 1∶1"，是针对轿厢、对重（或平衡重）带有动滑轮的情况，此时钢丝绳通过曳引轮和导向轮（也可以没有导向轮）后由轿厢或对重（或平衡重）的动滑轮绕回，如果需要也还可以通过机房中或井道中的定滑轮再回绕，最后固定在机房内或井道中的固定点上。有些情况也可固定在轿厢及对重或平衡重上，如绕绳比为 3∶1 的情况。在这种情况下悬挂绳或链条下垂的根数是实际根数的若干倍（视悬挂比不同而异）。以图 5.5-3a)中悬挂比为 2∶1 的情况为例，其悬挂绳下垂根数是实际根数的 2 倍。

在计算悬挂绳或链根数时，无论采用哪种绕法、每根钢丝绳或链条下垂数量有几段，其本质上还只是一根挂绳或链条，只是弯成若干折而已，因此只能计算其实际根数而不能计算其下垂根数。

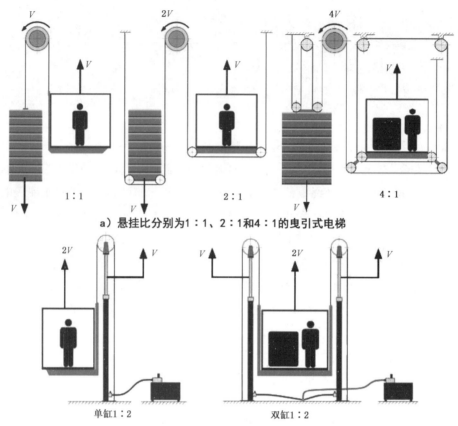

a）悬挂比分别为1：1、2：1和4：1的曳引式电梯

b）悬挂比为1：2的间接作用式液压电梯（单液压缸和双液压缸）

图 5.5-3　悬挂比示意图

要注意的是，"钢丝绳绕绳比不是 1：1"在设计上与为增大钢丝绳与曳引轮的包角为目的的"复绕"概念不同（"复绕"将在后面章节进行讨论）。钢丝绳绕绳比不是 1：1 时，将引入"悬挂比"（见 GB/T 7588.2 中 5.11 曳引力计算）的概念。钢丝绳下垂根数与实际根数的比值就是"悬挂比"，悬挂比为 1 的自然数倍数。

当液压电梯采用间接作用式液压缸时，见图 5.5-3b)，每个液压缸的钢丝绳或链条均应满足至少有 2 根的要求。如果液压电梯具有平衡重，连接轿厢和平衡重的钢丝绳或链条也应至少有 2 根。

对于"钢丝绳或链条应至少有 2 根"的要求，还有一种容易发生误解的情况：当强制驱动的电梯采用带有平衡重的设计时，平衡重与轿厢分别采用不同的绳/链悬挂。此时应注意：用于悬挂轿厢和平衡重的绳/链均不得少于 2 根，而不是悬挂平衡重的绳/链与悬挂轿厢的绳/链合计不少于 2 根（见图 5.5-4），原因如前所述。

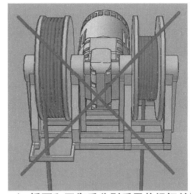

a）通过两个卷筒和两组独立钢丝绳分别悬挂轿厢和平衡重的强制式驱动主机

b）轿厢和平衡重分别采用单根钢丝绳悬挂（错误的情况）

图 5.5-4　采用钢丝绳悬挂带有平衡重的强制式电梯

5.5.1.4　每根钢丝绳或链条应是独立的。

【解析】

本条与 5.5.1.3 的内容与 GB 7588—2003 中 9.1.3 相对应。

本条是指：

（1）每根钢丝绳或链条自其起点至终点是独立的，与其他钢丝绳或链条没有交织；

（2）每根钢丝绳或链条末端应固定在轿厢、对重（或平衡重）或用于悬挂钢丝绳、链条的固定部件上。

图 5.5-5 所示的多排链结构均不属于独立的链条，在使用时只能按照一根链条对待。

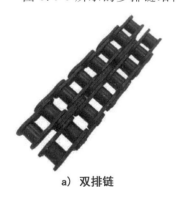

a）双排链

b）三排链

图 5.5-5　多排链（不能看作是独立的两根链条）

5.5.2　曳引轮、滑轮和卷筒的绳径比及钢丝绳或链条的端接装置

5.5.2.1　无论悬挂钢丝绳的股数多少，曳引轮、滑轮或卷筒的节圆直径与悬挂钢丝绳的公称直径之比不应小于 40。

【解析】

本条与 GB 7588—2003 中 9.2.1 相对应。

在所有的钢丝绳寿命试验中都能够得出这样的结论:作为钢丝绳寿命的指标——钢丝绳能够承受的折弯次数与折弯的曲率半径密切相关。

曳引轮直径影响了钢丝绳在通过绳轮时的折弯程度和绳丝、绳股之间相对位置的自我调节。在钢丝绳直径一定的情况下,曳引轮直径越小则通过绳轮时钢丝绳的折弯程度越剧烈,绳丝、绳股越难以适应折弯的条件,这时会造成钢丝绳中部分绳丝的弯曲应力过大。

因此,钢丝绳的疲劳失效很大程度上取决于绳轮和钢丝绳直径之比。此外,本标准中所要求的钢丝绳与曳引轮(包括其他滑轮)的直径比(其中曳引轮和滑轮的直径均是指节圆直径),即钢丝绳在通过绳槽时,钢丝绳中心到曳引轮、滑轮轴心的距离的 2 倍。在测量曳引轮或滑轮直径时,绝不能从轮槽的外边缘测量。GB/T 8903—2018《电梯用钢丝绳》中明确规定钢丝绳直径的测量按照如下方法,应用带有宽钳口的游标卡尺,按照图 5.5-6 方法进行测量。

其钳口的宽度至少跨越两个相邻的股,测量应在钢丝绳端头 15 m 外的平直部位上进行,在相距至少 1 m 的两截面上互相垂直地测量两个数值,4 次测量结果的平均值,即为钢丝绳的实测直径。实测直径应在无载荷、5% 或 10% 的最小破断拉力下测量。

关于钢丝绳直径与绳轮直径之比对钢丝绳寿命的影响,可参见"GB/T 7588.1 资料 5.5-3"。

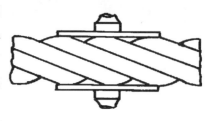

图 5.5-6　钢丝绳直径测量方法

5.5.2.2　悬挂装置的安全系数不应小于下列值:

 a)　对于使用三根或三根以上钢丝绳的曳引式电梯,为 12;

 b)　对于使用两根钢丝绳的曳引式电梯,为 16;

 c)　对于卷筒驱动的强制式电梯和使用钢丝绳的液压电梯,为 12;

 d)　对于悬挂链,为 10。

此外,曳引式电梯悬挂钢丝绳的安全系数不应小于根据 GB/T 7588.2—2020 的 5.12 得出的计算值。

安全系数是指载有额定载重量的轿厢停靠在底层端站时,一根钢丝绳的最小破断拉力(N)与该根钢丝绳所受的最大力(N)之间的比值。

对于强制式电梯和液压电梯,平衡重钢丝绳或链条的安全系数应根据平衡重质量在钢丝绳或链条上产生的力按上述方法计算。

【解析】

本条与 GB 7588—2003 中 9.2.2、9.2.4 相对应。

为了便于理解,先对"安全系数"进行说明:

安全系数是指为了防止因材料缺陷、工作偏差、外力突增等因素所引起的不良后果,工程的受力部分理论上能够担负的力必须大于其实际担负的力,即极限应力与许用应力之比。

对于电梯的悬挂装置，安全系数是指装有额定载荷的轿厢停靠在最低层站时，一根悬挂装置（钢丝绳或链条）的最小破断拉力（N）与这根钢丝绳或链条所受的最大力（N）之间的比值。

应注意，"安全系数"不能简单地看作是"安全倍数"，比如 6 根钢丝绳的安全系数是 12，但不能认为 1 根钢丝绳的安全系数为 2。这是因为所谓"安全系数"在这里是一个材料力学范畴的概念，材料力学解决问题的特点是以实验为基础采用假设的方法。结构件都是可变形固体，为了能简单地用公式表达，材料力学将这些材料的共性提取出来，建立模型，并假设其为连续的（内部无空隙，结构致密）、均匀的（任何一部分的力学性质都完全相同）、各向同性的（物体在各个方向上的力学性质相同）。因此，建立的模型本身就带有一定的近似性。但实际情况中，由于上述假设不可能完全满足、对材料的受力情况估计也不可能完全准确、力学模型的建立不可能完全准确等，这些因素的累加可能导致不安全情况的发生，为避免危险，同时考虑到给构件留有必要的强度储备，因此才留有裕量予以补偿，这就是安全系数。因此将安全系数简单地当作"安全倍数"是错误的。

根据选取的悬挂装置的种类不同，对其安全系数的要求也不同：

（1）对于钢丝绳

——对于使用 3 根或 3 根以上钢丝绳的曳引式电梯，为 12；

——对于使用 2 根钢丝绳的曳引式电梯，为 16；

——对于卷筒驱动的强制式电梯和使用钢丝绳的液压电梯，为 12；

对于曳引式电梯的悬挂钢丝绳的安全系数应根据钢丝绳根数不同与本条中的 a）或 b），同时还应不小于按照 GB/T 7588.2 中 5.12 得出的计算值（GB/T 7588.2 中 5.12 是考虑到疲劳、磨损等因素计算出的许用安全系数）：

1）按照 GB/T 7588.2 中的 5.12 计算出的安全系数：

应视作对于特定悬挂系统中钢丝绳必须满足的最小安全系数要求，这个系数越大则对悬挂系统钢丝绳的要求越严格。

2）按照破断载荷与最大受力比计算的安全系数：

该安全系数是钢丝绳在受力最大的情况下，单根钢丝绳的最小破断载荷与这根钢丝绳的最大受力之比。在本条中，限定的工况为"装有额定载荷的轿厢停靠在最低层站时"，这是因为电梯无论是否有补偿装置，由于钢丝绳自身重量的影响，轿厢侧最靠近曳引轮处所受的力最大，因此应以此处受力进行计算。计算时不但要考虑到钢丝绳的根数、轿厢重量、额定载重量和钢丝绳自身的重量，同时还应考虑到复绕倍率、悬挂在轿厢上的随行电缆和补偿装置的重量、绳头组合重量以及张紧装置的影响（如果采用带有张紧装置的补偿装置时，还应考虑张紧装置的影响）。

（2）对于悬挂链

——对于悬挂链，安全系数为 10。

提高钢丝绳寿命的方法可参见"GB/T 7588.1 资料 5.5-4"；衡量钢丝绳损坏的指标可

参见"GB/T 7588.1 资料 5.5-5"。

> **5.5.2.3** 钢丝绳与其端接装置的结合处按 5.5.2.3.1 的规定，应至少能承受钢丝绳最小破断拉力的 80%。

【解析】

本条与 GB 7588—2003 中 9.2.3 相对应。

钢丝绳端接装置的作用有两个，一是与钢丝绳的结合；二是与轿厢、对重（或平衡重）或用于悬挂钢丝绳的固定部件上悬挂部位的连接。通常端接装置与钢丝绳结合在安装现场制作完成。钢丝绳与端接装置结合处容易成为整个悬挂系统中最薄弱的位置，如果端接部位的强度过低，钢丝绳的安全系数选取得再高，对于整个悬挂系统来说都是没有任何意义的。因此本条规定了钢丝绳与其端接装置结合处的强度至少能够承受钢丝绳最小破断载荷的 80%。其原因是钢丝绳在电梯运行过程中不断与曳引轮（或卷筒）以及其他滑轮摩擦，必然会产生磨损和疲劳，在钢丝绳的整个寿命期内，其实际破断载荷以及安全系数在不断降低。但钢丝绳与其端接装置的结合部位不受电梯运行时间的影响，在整个寿命期内其安全系数可以近似认为是稳定不变的，因此允许结合处的强度可以略小于新钢丝绳的最小破断载荷。

> **5.5.2.3.1** 钢丝绳末端应固定在轿厢、对重（或平衡重）或用于悬挂钢丝绳的固定部件上。固定时，应采用自锁紧楔形、套管压制绳环或柱形压制的端接装置，或者具有同等安全的其他装置。

【解析】

本条与 GB 7588—2003 中 9.2.3.1 相对应。

本条对钢丝绳末端的端接装置及其固定部件作出了要求。电梯上常用到的钢丝绳端接装置见图 5.5-7：

各种端接装置的要求如下：

（1）自锁紧楔形绳套

结合部分由楔套、楔块和绳夹组成。在钢丝绳拉力的作用下，依靠楔块斜面与楔套内孔斜面自动将钢丝绳锁紧，如图 5.5-8 所示。

注意：在使用自锁紧楔形绳套时，对于穿过楔套的钢丝绳的回弯部分不需要再使用钢丝绳夹紧（防止回弯段钢丝绳摆动除外）。

（2）套管压制绳环或柱形压制的端接装置

结合部分由一个鸡心环套和金属套管组成，金属套管材料一般为铝合金，也可以用低碳钢。制作时必须在压力机上一次缓慢成型，接头的结构、制作要求、特性应符合 GB/T 6946—2008。包络鸡心环套的钢丝绳不应有松股现象，应贴合紧密、平整。加压之前钢丝绳不得松散。

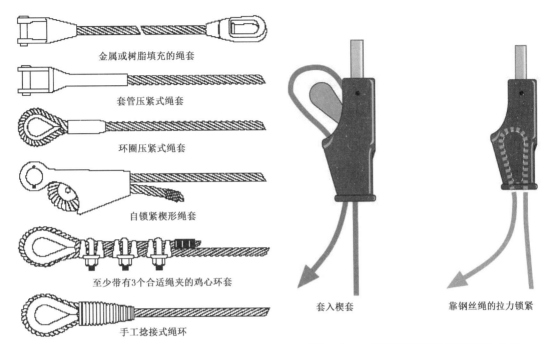

图 5.5-7 各种钢丝绳端接装置 　　　　图 5.5-8 自锁紧楔形绳套的制作方法

采用套环时，包络套环的钢丝绳不得有松股现象，应贴合紧密、平整。当无套环时，接头到绳套内边的距离 l 必须大于或等于吊钩宽度 B 的 3 倍或钢丝绳直径 d 的 15 倍，见图 5.5-9b）

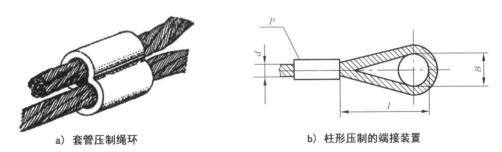

a）套管压制绳环 　　　　　　　　b）柱形压制的端接装置

图 5.5-9 套管压制绳环及无套环时接头各部分的尺寸

本部分中并不限制采用其他具有同等安全性能的钢丝绳端接装置。常见的端接装置还有：

（3）金属或树脂填充的绳套

结合部分由锻造或铸造的锥套和浇注材料组成。浇注材料一般为巴氏合金或树脂，浇注前将钢丝绳端部的绳股解开，编成"花篮"后套入锥套中。浇注后"花篮"与凝固材料牢固结合，不能从锥套中脱出，见图 5.5-10。

（4）至少带有 3 个合适绳夹的鸡心环套

结合部分是由一个鸡心环套和至少 3 个合适的绳夹构成。鸡心环套应符合 GB/T 5974.1—2006《钢丝绳用普通套环》的规定。

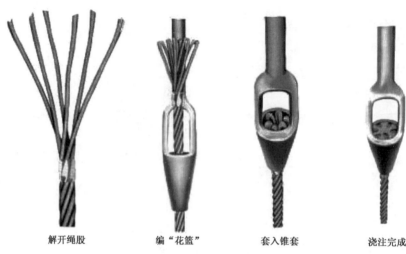

| 解开绳股 | 编"花篮" | 套入锥套 | 浇注完成 |

图 5.5-10　金属或树脂填充的绳套的制作方法

1）套环的技术要求：

① 套环的材料应符合表 5.5-1 的规定。

表 5.5-1　套环材料要求

力学性能	推荐材料
抗拉强度：375～530 N/mm²	GB/T 699—2015 中规定的 15 和 35
伸长率：不小于 20%	GB/T 700—2006 中规定的 Q235B

② 套环表面（除供需双方另有协定外）应进行热浸镀锌，镀锌层的质量不低于 120 g/m²。镀锌后表面应光滑平整，不得有漏镀、锌粒、气泡、裂纹等缺陷。

③ 套环成形后应光滑平整，不得有任何损害钢丝绳的裂纹、瑕疵、锐边和表面粗糙不平等缺陷。套环的尖端处应自由贴合，并将尖端部位截短至凹槽深度的一半。

④ 套环的最大承载能力应不低于公称抗拉强度为 1 770 MPa 的圆股钢丝绳的最小破断拉力的 32%。

⑤ 使用时，套环所采用的销轴直径不得小于钢丝绳直径的 2 倍。

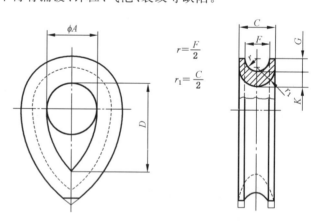

$$r = \frac{F}{2}$$

$$r_1 = \frac{C}{2}$$

图 5.5-11　钢丝绳用普通套环

套环的形状和尺寸如图 5.5-11 和表 5.5-2 所示。

⑥ 电梯钢丝绳常用到的套环尺寸如表 5.5-2 所示。

表 5.5-2　电梯钢丝绳常用套环尺寸　　　　　　　　mm

套环公称尺寸（钢丝绳公称直径 d）	尺寸									
	F	C		A		D		G	K	
		基本尺寸	极限偏差	基本尺寸	极限偏差	基本尺寸	极限偏差		基本尺寸	极限偏差
6	6.7±0.2	10.5	0 −1.0	15	+1.5 0	27	+2.7 0	3.3	4.2	0 −0.1
8	8.9±0.3	14.0		20		36		4.4	5.6	
10	11.2±0.3	17.5	0 −1.4	25	+2.0 0	45	+3.6 0	5.5	7.0	0 −0.2
12	13.4±0.4	21.0		30		54		6.6	8.4	
14	15.6±0.5	24.5		35		63		7.7	9.8	
16	17.8±0.6	28.0	0 −2.8	40	+4.0 0	72	+7.2 0	8.8	11.2	0 −0.4
18	20.1±0.6	31.5		45		81		9.9	12.6	
20	22.3±0.7	35.0		50		90		11.0	14.0	

2）所使用的绳夹（见图 5.5-12）的要求及使用方法

① 绳夹的技术要求

a）材料

夹座和 U 形螺栓的材料应符合表 5.5-3 的规定。

表 5.5-3　夹座和 U 型螺栓材料要求

零件名称		材　料
夹座	锻造	GB/T 700—2006《碳素结构钢技术条件》规定的 A3
	铸造	GB/T 11352—2009《一般工程用铸造碳钢件》规定的 ZG 340-640
		GB/T 9440—2010《可锻铸铁件》规定的 KTH 350-10
		GB 1348—2019《球墨铸铁件》规定的 QT 42-10
U 形螺栓		GB/T 700 规定的 A3
注 1：允许采用性能不低于表中的材料。		
注 2：当绳夹用于起重机上时，夹座材料推荐采用 A3 钢或 ZG 35Ⅱ铸钢。		

b）夹座

（i）夹座表面应光滑平整，尖棱和冒口应除去，夹座不得有降低强度和显著有损外观的缺陷（如气孔、裂纹、疏松、夹砂、铸疤、起磷、错箱等）。

（ii）夹座的绳槽表面应与钢丝绳的表面和捻向基本吻合[1]。铸件或缀件的 4 个翅子应

1）　常用绳槽表面以配合捻向为右旋 6 圆股钢丝绳为宜，如要求与其他结构的钢丝绳配合使用，订货时提出诸如钢丝绳股数、股型、捻向等特殊要求。

位于同一水平面上。夹座如系锻制成形，应进行正火处理，加热温度为 860～890 ℃，随后在空气中自然冷却。

（iii）未给出的尺寸偏差不得大于基本尺寸的 $^{+5}_{0}$ %。

c）U 形螺栓

（i）U 形螺栓应精制，杆部表面不允许有过烧裂纹、凹痕、斑疤、条痕、氧化皮和浮锈。

（ii）螺纹表面不允许有碰伤、毛刺、双牙尖、划痕、裂缝和扣不完整。

（iii）U 形螺栓可用热弯或冷弯成形，但冷弯时需进行正火处理，加热温度 860 ℃～890 ℃，随后在空气中自然冷却。

（iv）螺纹的基本尺寸应符合 GB/T 196—2013《普通螺纹 基本尺寸》的规定，牙型为粗牙。螺纹公差应符合 GB/T 197—2018《普通螺纹 公差》的规定，公差等级为 6H/6g。

（v）未给出的尺寸偏差不大于其基本尺寸的 $^{+5}_{0}$ %，螺纹长度偏差为 +2 扣。

d）六角螺母：螺母应符合 GB/T 6170—2015《1 型六角螺母》的规定。

e）镀锌

（i）夹座、U 形螺栓和六角螺母（除供需双方另有协定外）应进行热浸镀锌（公称尺寸 6 和 8 的 U 形螺栓和螺母允许采用电镀锌）。镀锌层的重量、单个试样不低于 450/m²，平均不低于 500 g/m²。

（ii）热浸镀锌后的零件表面应光滑平整，不得有影响使用和有损外观的漏镀、锌粒、气泡、裂缝、脱皮等缺陷。

f）装配：螺母与夹座接触应良好、无间隙存在。

② 电梯钢丝绳常用到的绳夹（见图 5.5-12）及尺寸

绳夹尺寸要求见表 5.5-4。

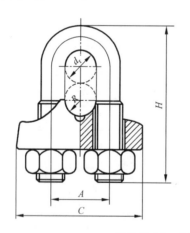
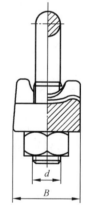

图 5.5-12 钢丝绳夹

表 5.5-4   绳夹尺寸要求   mm

绳夹公称尺寸 (钢丝绳夹公称直径 d_r)	尺寸					螺母 (GB/T 6170)	单组质量 kg
	A	B	C	R	H	d	
6	13.0	14	27	3.5	31	M6	0.034
8	17.0	19	36	4.5	41	M8	0.073
10	21.0	23	44	5.5	51	M10	0.140
12	25.0	28	53	6.5	62	M12	0.243
14	29.0	32	61	7.5	72	M14	0.372
16	31.0	32	63	8.5	77	M14	0.402

③ 钢丝绳夹使用方法

a）钢丝绳夹的布置

钢丝绳夹应按图 5.5-13 所示把夹座扣在钢丝绳的工作段上,U 形螺栓扣在钢丝绳的尾段上,钢丝绳夹不得在钢丝绳上交替布置。

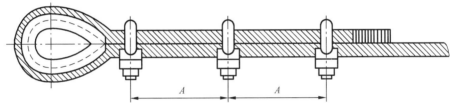

图 5.5-13   钢丝绳夹的正确布置方法

b）钢丝绳夹的数量

对每一连接处所需钢丝绳夹的最少数量不得少于 3 个。

c）钢丝绳夹间的距离

钢丝绳夹间的距离 A 等于钢丝绳直径的 6～7 倍。

d）绳夹固定处的强度

钢丝绳夹固定处的强度决定于绳夹在钢丝绳上的正确布置,以及人员对绳夹固定和夹紧的谨慎和熟练程度。

不恰当的紧固螺母或钢丝绳夹数量不足就可能使绳端在承载的开始就产生滑动。

如果绳夹严格按推荐数量,正确布置和夹紧,并且所有的绳夹将夹座置于钢丝绳的较长部分,而 U 形螺栓置于钢丝绳的较短部分或尾段,那么,固定处的强度至少为钢丝绳自身强度的 80%。

绳夹在实际使用中,受载一两次以后应做检查,在多数情况下,需要进一步拧紧螺母。

e）钢丝绳夹的紧固

紧固绳夹时需考虑每个绳夹的合理受力,离套环最远处的绳夹不得首先单独紧固;离套环最近处的绳夹(第一个绳夹)应尽可能地紧靠套环,但仍需保证绳夹的正确拧紧,不得损坏钢丝绳的外层钢丝。

（5）手工捻接绳环

结合部位由一个鸡心环套及捆扎钢丝绳组成。钢丝绳端部包络鸡心环套后，末端与工作段捻接，捻接完成后需用捆扎钢丝绳扎紧。捆扎长度不小于钢丝绳直径的 20～25 倍，同时不应小于 300 mm。

（6）图 5.5-14 是两种绳头正确/错误布置方式的对比

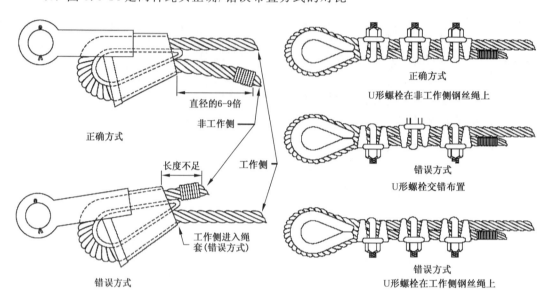

图 5.5-14　两种绳头正确/错误布置方式的对比

（7）电梯绳头组合试验方法

由于绳头组合是电梯的主要部件，尽管 GB/T 7588.2 中并没有要求对绳头组合进行型式试验，但如需要对绳头组合进行强度验证，可按下面的方法进行试验。

按照电梯在实际使用状态下绳头组合的型式制造一个试验样品，使用万能试验机或其他类似的装置进行试验。

5.5.2.3.2　钢丝绳在卷筒上的固定，应采用带楔块的压紧装置，或至少用两个绳夹将其固定在卷筒上。

【解析】

本条与 GB 7588—2003 中 9.2.3.2 相对应。

强制驱动的电梯如果采用卷筒/钢丝绳式，则钢丝绳端部在卷筒上必须安全可靠地固定。固定的方式与钢丝绳端接装置的固定方式类似。钢丝绳端部与卷筒固定的目的主要是防止在意外情况下，钢丝绳脱离卷筒造成危险。

钢丝绳在卷筒上固定方法通常采用压板螺钉或楔块（见图 5.5-15），利用摩擦原理来固定钢丝绳尾部，要求固定方法可靠，并且有利于检查和装拆，在固定处对钢丝绳不造成过度弯曲、损伤。

在卷筒上固定钢丝绳端部的方法有以下几种：

a）压板固定：利用压板和螺钉固定钢丝绳，方法简单、工作可靠、便于观察和检查，是最常见的固定形式，这种方法的缺点在于占用空间比较大，从安全方面考虑，压板数至少为2个。

b）楔块固定：此方法常用于直径较小的钢丝绳，不需要用螺栓。

c）卷筒端部压板固定：通过螺钉的压紧力，将带槽的长板条沿钢丝绳轴向将绳端固定在卷筒上。

此外，穿绳孔不得有锐利的边缘和毛刺，曲折处的弯曲不得形成锐角，以防止钢丝绳变形。

为了保证钢丝绳尾固定可靠，减少压板或楔块的受力，在取物装置到下极限位置时，在卷筒上除钢丝绳的固定圈外，还应当保留 1.5 圈的安全圈（见 5.5.4.2），以减小钢丝绳与卷筒连接处的张力。

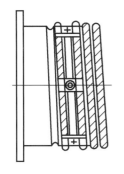 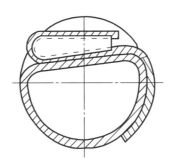 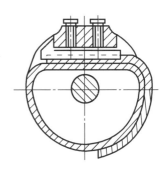

a）2个绳夹（压板）固定　　　b）带楔块的压紧装置　　　c）卷筒端部压板固定

图 5.5-15　钢丝绳固定在卷筒上的常见方法

5.5.2.4　每根链条的端部应采用端接装置固定在轿厢、平衡重或用于悬挂链条的固定部件上，链条与其端接装置的接合处应至少能承受链条最小破断拉力的 80%。

【解析】

本条与 GB 7588—2003 中 9.2.5 相对应。

见 5.5.2.3 解析。

5.5.3 钢丝绳曳引

钢丝绳曳引应满足下列 3 个条件:

a) 按 5.4.2.1 或 5.4.2.2 规定,轿厢载有 125% 的额定载重量,保持平层状态不打滑;

b) 无论轿厢内是空载还是额定载重量,确保任何紧急制动能使轿厢减速到小于或等于缓冲器的设计速度(包括减行程的缓冲器);

c) 如果轿厢或对重滞留,应通过下列方式之一,不能提升空载轿厢或对重至危险位置:

  1) 钢丝绳在曳引轮上打滑;

  2) 通过符合 5.11.2 规定的电气安全装置使驱动主机停止。

注:如果在行程的极限位置没有挤压的风险,也没有由于轿厢或对重回落引起悬挂装置冲击和轿厢减速度过大的风险,少量提升轿厢或对重是可接受的。

【解析】

本条涉及“4 重大危险清单”的“加速、减速(动能)”“吸入或陷入危险”“滑轮或卷筒的不适当设计”危险。

本条与 GB 7588—2003 中 9.3 相对应。

本部分中,对曳引驱动电梯曳引力的总体要求在本条中提出,即:

a) 在 125% 额定载荷的静止状态下不能打滑

曳引驱动是采用曳引轮作为驱动部件。钢丝绳悬挂在曳引轮上,一端悬吊轿厢,另一端悬吊对重装置,由钢丝绳和曳引轮之间的摩擦产生曳引力驱动轿厢作上下运行。因此曳引力是涉及曳引式电梯运行安全的关键。如果曳引力不足,可能会造成电梯在运行过程中打滑。电梯一旦打滑,除了安全钳或上行超速保护外,其他部件均无法使轿厢停下来,这是极其危险的。打滑不但可能引发人身伤亡事故,而且可能对钢丝绳和曳引轮造成严重的损坏。因此,在电梯正常运行时,即便轿厢超载,曳引绳在绳槽中也不能打滑,否则是极不安全的。

“125% 额定载荷”中的额定载荷指的是:

1) 一般情况下

按照表 6 中轿厢面积与额定载重量的关系所获得的轿厢额定载重量。

2) 载货电梯

——装卸装置包含在额定载重量的情况下,以额定载重量为准;

——装卸装置与额定载重量分别考虑的情况下,应考虑额定载重量与装置的质量之和;

——液压货梯,面积不符合表 6 但不大于表 7 的情况,以实际轿厢面积按照表 6 回推算出载重量(见 5.4.2.2.2 计算示例)。

b）确保任何紧急制动能使轿厢减速到小于或等于缓冲器的设计速度（包括减行程的缓冲器）

电梯出现紧急制动的原因是多方面的，可能是故障状态（诸如停电），也可能是电梯进行安全保护（如电梯运行时扒开轿门），电梯在运行过程中不可能保证永远不发生紧急制动的情况。但紧急制动时无论轿内的载重如何，为保证轿内人员的安全，都应能使轿厢减速到缓冲器可以保护的速度范围内。

紧急制动时要求将轿厢的减速度降低至缓冲器的作用范围内，可以认为是要求电梯在运行过程中如果出现紧急制动的情况，钢丝在曳引轮绳槽中：

——不出现打滑的现象；或

——通过打滑的摩擦能够使轿厢减速到不超过缓冲器的设计速度。

对于 a）和 b）的要求，需要在本部分 6.3.3 曳引检查中进行验证。

c）如果轿厢或对重滞留，应通过下列方式之一，不能提升空载轿厢或对重至危险位置

如果轿厢或对重滞留（轿厢或对重压在缓冲器上，或由于某种原因在井道内卡阻），则应采取以下手段阻止继续提升对重（轿厢卡阻的情况）或轿厢（对重卡阻的情况）至危险位置：

1）通过适当的设计，使得上述情况下悬挂钢丝绳在绳轮轮槽中打滑，丧失继续曳引的条件。通常是通过设置合理的轿厢/对重质量、绳槽形状（当量摩擦系数）、钢丝绳在曳引轮上的包角等参数保证在滞留工况下不能继续提升轿厢或对重至危险位置。

2）通过电气安全装置，使曳引机停止转动，防止将空载轿厢或对重提起至危险位置。应注意，本条要求应视作在任何滞留工况下，电气安全装置均能使驱动主机停止运转。

对于本条要求，可能会造成的误解是：当轿厢或对重压在缓冲器上时，缓冲器上的电气安全装置和极限开关均能保证使驱动主机停止。因此只要在缓冲器上设置了电气安全装置或具备极限开关，则在滞留工况下钢丝绳是否打滑均满足本部分要求。上述理解是错误的，因为电梯在做曳引力试验时，极限开关和缓冲器开关是处于短接状态，故无法再通过此开关使驱动主机停止运转。此外，当使用紧急电动运行时，由于此种工况下可以使缓冲器上的电气安全装置和极限开关失效（见 5.12.1.6.1），如果钢丝绳不能在绳槽中打滑，则存在提升空载轿厢或对重至危险位置的风险。

常见的通过电气安全装置使驱动主机停止的方式是采用变频器的"安全转矩关断"（Safety Torque Off，STO）功能。STO 可以设置由不同的故障触发，如超速、错误转向、意外启动或输出电流过大导致触发。触发后将 IGBT 的 G 端（门极触发电路）接地，使其一直处于低电平，任何信号不能触发 IGBT 输出，使得变频器不会输出电流。有些变频器的 STO 功能是一种基本的安全功能，安全等级能够达到 SIL2 PLd 或者 SIL3 PLe，此时可以通过滞留工况时变频器输出电流过大触发变频器的 STO 功能实现停止驱动主机运转的功能。

综上所述，c）要求的核心是：如果轿厢或对重出现滞留，则要么钢丝绳打滑，要么采用电

气安全装置使曳引机停止，无论哪种手段，最终要达到"防止将空载轿厢或对重提起至危险位置"的目的。

c）条的备注"如果在行程的极限位置没有挤压的风险，也没有由于轿厢或对重回落引起悬挂装置冲击和轿厢减速度过大的风险，少量提升轿厢或对重是可接受的"是指当轿厢或对重卡阻时，在初始阶段曳引轮两侧的钢丝绳张力差值不大。同时如果曳引轮在静止状态下启动，初始时钢丝绳与绳槽之间处于短暂的静摩擦状态，而最大静摩擦通常大于动摩擦。这种情况下，曳引轮由静止开始转动时，有可能略微提升轿厢或对重，但随着曳引轮两侧钢丝绳张力的差异增加，钢丝绳与绳槽之间的摩擦力无法再继续提升轿厢或对重。此时，被略微提升的轿厢或对重将会回落。这种情况下由于提升量非常小，在行程的极限位置没有挤压的风险，而且也没有由于轿厢或对重回落而引起的悬挂装置冲击和轿厢减速度过大的风险。因此这种并非有意设计的轿厢或对重的少量提升是可接受的。

5.5.4　强制式电梯钢丝绳的卷绕

5.5.4.1　在5.9.2.1.1b)所述条件下使用的卷筒，应加工出螺旋槽，该槽应与所用钢丝绳相适应。

【解析】

本条与GB 7588—2003中9.4.1相对应。

5.9.2.1.1.b)规定，电梯的驱动方式为强制式，只能采用卷筒和钢丝绳式或链轮和链条（平行链节的钢质链条或滚子链条）的型式。

当选用卷筒和钢丝绳型式时，5.5.4.3规定："卷筒上只能绕一层钢丝绳"，在单层缠绕卷筒的筒体表面切有弧形断面的螺旋槽，为的是增大钢丝绳与筒体的接触面积，并使钢丝绳在卷筒上的缠绕位置固定，以避免跳绳、咬绳现象的发生，同时也可避免相邻钢丝绳互相挤压、摩擦而影响寿命，见图5.5-16。

图5.5-16　有螺旋槽的卷筒

钢丝绳旋向的确定应遵循：右旋绳槽的卷筒推荐使用左旋钢丝绳；反之，左旋绳槽的卷筒宜使用右旋钢丝绳。对于单层缠绕的不旋转钢丝绳，应遵守上述原则，否则易引起钢丝绳结构的永久变形。

5.5.4.2　当轿厢停在完全压缩的缓冲器上时，卷筒的绳槽中应至少保留一圈半的钢丝绳。

【解析】

本条与 GB 7588—2003 中 9.4.2 相对应。

5.5.2.3.2 要求钢丝绳必须在卷筒上固定，钢丝绳固定在一段卷筒上的受力与钢丝绳在卷筒上所绕的圈数的弧度成指数关系（可参考欧拉公式）。当钢丝绳在卷筒上所缠绕的圈数最少时，为防止在电梯运行过程中，载荷对钢丝绳的固定段所施加的力过大而破坏钢丝绳的固定端，要求即使在意外情况下（轿厢完全压在缓冲器上），钢丝绳在卷筒上的圈数也不能少于一圈半。

我们分析一下不难得出这样的结论："一圈半"相当于 3π 的弧度，当轿厢完全压在缓冲器上，应视为滞留工况，钢丝绳与卷筒的摩擦系数是 0.2，这个摩擦系数是留有余量的，在此我们取装载工况的摩擦系数－0.1，当量摩擦系数为：$f=0.4/\pi$（钢丝绳处于半圆槽中，则 $\beta=0$，$\gamma=0$）。则 $e^{f\alpha}=e^{(0.4/\pi)\times3\pi}\approx3.3$。根据欧拉公式 $T_1/T_2 \leqslant e^{f\alpha}$ 则不会打滑的原则，当载荷给钢丝绳的拉力大于固定端能够承受的力的 3.3 倍以上时，固定端才可能被破坏。显然，这个安全余量是较大的。

5.5.4.3　卷筒上只能绕一层钢丝绳。

【解析】

本条与 GB 7588—2003 中 9.4.3 相对应。

钢丝绳在卷筒上缠绕后会对卷筒产生缠绕应力，如果钢丝绳在卷筒上多层卷绕，钢丝绳会出现相互交叉挤压，造成钢丝绳寿命减少。此外在实际工作时也极易由于多层钢丝绳排列凌乱而引起跳绳。为了避免缠绕应力、跳绳、咬绳，本部分要求在电梯上应用卷筒时，卷筒上只能绕一层钢丝绳。

5.5.4.4　钢丝绳相对于绳槽的偏角（放绳角）不应大于 4°。

【解析】

本条与 GB 7588—2003 中 9.4.4 相对应。

5.5.4.1 规定，在使用卷筒时，卷筒上"应加工出螺旋槽"，当放绳角过大时，容易造成钢丝绳脱槽。

本条规定了钢丝绳相对于卷筒绳槽的偏角（放绳角）最大值，见图 5.5-17。同时，对于电梯设备，在某种程度上，悬挂绳之间存在着相对运动，本部分没有规定钢丝绳之间的最小间距。

应注意，本条要求是针对强制驱动电梯的，对于曳引驱动电梯，没有规定钢丝绳相对于曳引轮槽的偏角最大值。对此，CEN/TC 10 认为：钢丝绳相对于曳引轮的偏角和钢丝绳之间的间距应由制造单位根据特定的电梯来确定。

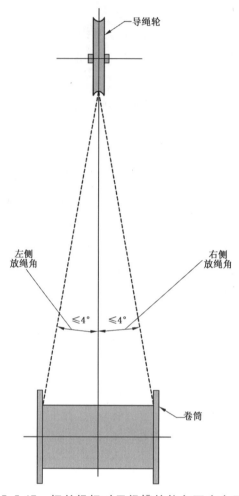

图 5.5-17　钢丝绳相对于绳槽的偏角不应大于 4°

5.5.5　钢丝绳或链条之间的载荷分布

5.5.5.1　应至少在悬挂钢丝绳或链条的一端设置自动调节装置以均衡各绳或链条的拉力。

【解析】

本条与 GB 7588—2003 中 9.5.1 相对应。

当曳引系统中各钢丝绳的张力差较大时,将造成张力较大的钢丝绳磨损严重,同时由于在钢丝绳安全系数计算时假定各钢丝绳之间受力是均匀的,如果各钢丝绳之间张力差较大,实际工况下的钢丝绳状态与实际计算时之间存在较大差异,则实际工况下的钢丝绳安全系数也会与计算值有较大差异,这将给电梯的安全运行带来隐患。

因此,至少应在悬挂钢丝绳或链条的一端设置一个调节和平衡各绳(链)张力的装置。这个调节装置在一定范围内应能自动平衡各钢丝绳的张力差,同时张力调节装置除了能够起到平衡各钢丝绳张力的作用,还具有降低电梯系统振动的功能。

最常见的形式有杠杆式、压缩弹簧和聚氨酯式。

杠杆式的结构如图5.5-18a)所示。当某根钢丝绳伸长量较长造成各钢丝绳之间的张力不均时,杠杆将在一定范围内发生少许扭转,从而使各绳头组合仍处于平衡位置,此时每根钢丝绳的张力重新恢复相同。

这种结构的优点是比较灵敏,同时如果设计得当,其使用的范围也较大。但它存在的一些缺点也影响了这种结构的使用。其缺点主要有:水平方向和高度方向的尺寸比较大,由于杠杆力臂的限制钢丝绳之间的距离也比较大。当采用这种结构时,在绳头距离曳引轮较近时,容易造成钢丝绳脱槽。为防止脱槽的发生,需要在顶部增加固定绳槽距的装置,导致其结构越发复杂,同时也需要较大的顶层高度。另外,这种结构只能在悬挂装置的一端使用,不能在两端同时使用,这是因为曳引轮直径、绳槽加工误差以及钢丝绳与绳槽之间的摩擦系数不同,杠杆也会发生扭转而失去作用。因此这种结构目前已经很少被采用。

下面这两种张力调节装置是目前使用比较广泛的,分别是压缩弹簧式和聚氨酯式,结构如图5.5-18b)、图5.5-18c)所示。

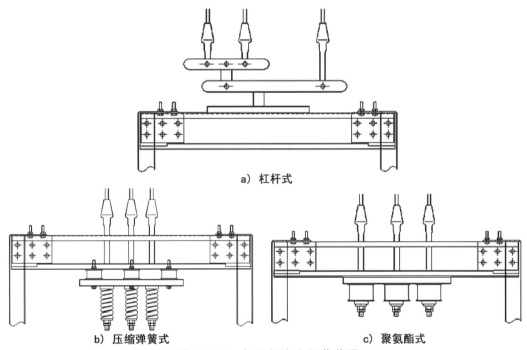

a) 杠杆式

b) 压缩弹簧式

c) 聚氨酯式

图5.5-18 钢丝绳张力调节装置

压缩弹簧式成本较低,制造容易,是目前使用最广泛的张力调节结构。如果将压缩弹簧换成内部发泡的聚氨酯材料,则可以减小整个绳头组合的尺寸,使得结构更加紧凑。但使用聚氨酯作为弹性部件必须要解决其耐油、耐老化的问题。同时由于聚氨酯材料的整体弹性系数并非线性,用作张力调节装置时,要求选取其近似线性的曲线段。

应注意,张力调节装置应便于现场调整。

5.5.5.1.1 与链轮啮合的链条,在其与轿厢和平衡重相连的端部,也应设置上述调节装置。

【解析】

本条与 GB 7588—2003 中 9.5.1.1 相对应。

参见 5.5.5.1 解析。

5.5.5.1.2 多个换向链轮同轴时,各链轮均应能单独旋转。

【解析】

本条与 GB 7588—2003 中 9.5.1.2 相对应。

当使用链轮和链条驱动时,由于各链条之间链节的制造误差,链条的总长度和链节数并不完全一致。如果各同轴的换向链轮之间不能相对转动,则在运行过程中可能造成链条和链轮的损伤,也会加剧各链之间受力的不一致。

5.5.5.2 如果用弹簧来均衡拉力,则弹簧应在压缩状态下工作。

【解析】

本条与 GB 7588—2003 中 9.5.2 相对应。

如果弹簧处于拉伸状态,容易在一段时间之后由于受力而伸长,最终导致弹簧弹性降低,影响其平衡各钢丝绳张力的效果。

5.5.5.3 在绳或链条异常伸长或松弛的情况下,应满足下列要求:
    a) 如果轿厢悬挂在两根钢丝绳或链条上,则应设置符合 5.11.2 规定的电气安全装置,在一根钢丝绳或链条发生异常的相对伸长时使驱动主机停止。
    b) 对于强制式电梯和液压电梯,如果存在松绳或松链的风险,应设置符合 5.11.2 规定的电气安全装置,在绳或链条松弛时使驱动主机停止。
停止后,应防止电梯的正常运行。
对于具有两个或多个液压缸的液压电梯,该要求适用于每一组悬挂装置。

【解析】

本条与 GB 7588—2003 中 9.5.3 相对应。

根据 5.5.1.3 规定,悬挂轿厢的钢丝绳(或链条)至少应使用两根。同时每根钢丝绳(或链条)应是独立的,不允许使用单根钢丝绳(或链条)。但是当采用两根钢丝绳(或链条)时,如果其中一根发生异常伸长,则整个轿厢、对重(或平衡重)的质量全部集中在一根钢丝绳(或链条)上,这是 5.5.1.3 所不允许的。同时,这种情况会造成另一根钢丝绳的张力增大,磨损增加,容易造成断绳。尽管使用两根钢丝绳悬挂轿厢时,其安全系数必须大于 16,但如果当一根钢丝绳发生异常伸长时,其总体安全系数下降的比例会很高,以致大大低于标准要求。因此,为避免上述危险的发生，必须设置一个符合 5.11.2 的电气安全装置（通常是一个能够强制断开的电气开关），保证只有在两根绳（或链）工作正常时才允许电梯运行。显然当悬挂绳（或链）多于两根时，不可能出现"只有一根没有伸长其余的全部伸长"的情况，因此不需要此装置。

这种开关一般称为松绳保护开关，其典型结构见图 5.5-19：当其中一根钢丝绳发生异常伸长时，钢丝绳张力减小，绳头弹簧伸长，带动碰铁时开关动作。

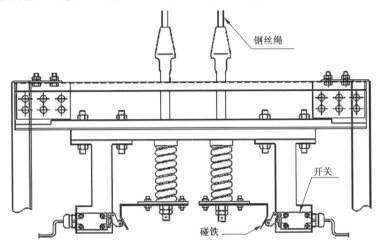

图 5.5-19 松绳保护开关

对于强制式电梯和液压电梯，如果存在松绳或松链的风险，也应设置符合 5.11.2 规定的电气安全装置，使驱动主机停止。停止后，应防止电梯的正常运行。防止松绳/松链的电气安全装置可以在每根绳/链上各设置一个，也可整个绳/链端接装置共用一个。但无论怎样，均应满足在任意一根钢丝绳或链出现松弛时，该装置动作。

如果液压电梯采用了多个液压缸，每一组悬挂装置均可能出现松弛的情况，因此每个液压缸的悬挂装置均应分别设置独立的电气安全装置。

除了上面的纯粹电气保护外，还可设置 5.6.2.2.2 中的由悬挂装置断裂（或松弛）触发的安全钳，但上述结构在本部分中并不作为强制要求。

5.5.5.4 调节钢丝绳或链条长度的装置在调节后，不应自行松动。

【解析】

本条与 GB 7588—2003 中 9.5.4 相对应。

钢丝绳或链的长度调节装置（见图 5.5-20）是当钢丝绳或链条伸长时用于调节各绳之间的张力，重新使之平衡。一般是采用螺母调节，当调节后，应能够锁紧，防止螺母自行松动，以免调节失效。

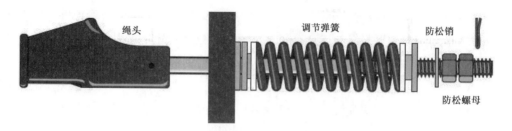

图 5.5-20　绳头调节装置及其防松螺母/销

5.5.6　补偿装置

【解析】

本条涉及"4 重大危险清单"的"运动幅度失控"危险。

5.5.6.1　为了保证足够的曳引力或驱动电动机功率，应按下列条件设置补偿悬挂钢丝绳质量的补偿装置：

　　a)　对于额定速度不大于 3.0 m/s 的电梯，可采用链条、绳或带作为补偿装置。

　　b)　对于额定速度大于 3.0 m/s 的电梯，应使用补偿绳。

　　c)　对于额定速度大于 3.5 m/s 的电梯，还应增设防跳装置。
防跳装置动作时，符合 5.11.2 规定的电气安全装置应使电梯驱动主机停止运转。

　　d)　对于额定速度大于 1.75 m/s 的电梯，未张紧的补偿装置应在转弯处附近进行导向。

【解析】

本条和 5.5.6.2 与 GB 7588—2003 中 9.6.1 和 9.6.2 相对应。

电梯运行过程中，轿厢和对重的相对位置不断变化会造成曳引轮两侧钢丝绳自重差异，尤其是提升高度较高的情况下，钢丝绳自重对曳引力和曳引机输出转矩的影响将会很大。为了消除这种影响，一般在提升高度较高的情况下（通常大于 30 m 时）加装补偿装置。设置补偿装置实际就是使电梯无论在什么位置，钢丝绳自身的质量都不会对曳引力产生影响，也不会对马达的转矩输出提出更高的要求。因此补偿装置单位长度的质量应和钢丝绳单位长度的总质量呈一定的关系。

使用补偿链和补偿缆的情况：$n_c G_c = i n_r G_r - G_t/4$

使用补偿绳的情况：$n_c = (i n_r - 1) G_r / G_c$

其中，G_c 为补偿链的单根单位质量；n_c 为补偿链根数；n_r 为钢丝绳根数；i 为曳引比；G_r 为每根钢丝绳单位质量；G_t 为随行电缆质量。

补偿装置可以是补偿链也可以是补偿带或补偿绳。

根据电梯速度的不同，本部分对补偿装置进行了规定：

a) 额定速度不大于 3.0 m/s 的电梯

对于 $v \leqslant 3.0$ m/s 的电梯可以使用补偿链、补偿带或补偿绳,绝大多数电梯均采用补偿链,其本身依靠自身重力张紧,为了防止电梯运行过程中链节之间碰撞、摩擦产生噪音,通常情况下在链节之间穿绕麻绳或在链表面包裹聚乙烯护套。麻绳一般是采用龙舌兰麻、蕉麻、剑麻,由于麻绳在受潮后会收缩变形影响链节之间的活动,同时还会造成补偿链的长度发生较大变化,目前已较少使用。

低速电梯较为常用的补偿链是如图 5.5-21b)所示的包裹聚乙烯护套的补偿链。由于被护套包裹的链节之间的相对运动较小,因此可以有效地减少噪声。同时由于护套抑制了链节之间的相互摩擦,使得磨损也有所减少。使用这种补偿链时应注意温度较低的情况下,护套容易变硬乃至破裂,以及护套在使用中的老化现象。

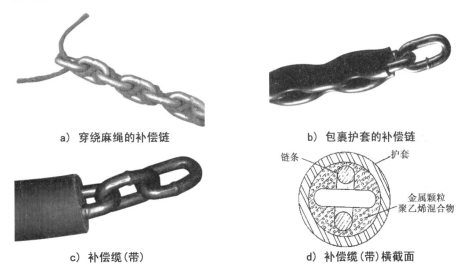

a) 穿绕麻绳的补偿链   b) 包裹护套的补偿链

c) 补偿缆(带)   d) 补偿缆(带)横截面

图 5.5-21   补偿链、补偿缆(带)

类似补偿链的另一种补偿装置为补偿缆(带),它是介于补偿绳和补偿链之间的一种补偿装置,其结构如图 5.5-21c)、图 5.5-21d)所示。补偿缆中间为金属环链,外侧包裹聚乙烯或橡胶护套,整个补偿缆的横截面为圆形。有些补偿链为了增加密度,在护套和金属链之间还添加了聚乙烯与金属颗粒的混合物。

b) 额定速度大于 3.0 m/s 的电梯

对于 $v > 3.0$ m/s 的电梯应使用补偿绳,这是因为速度较高的电梯在运行时产生的振动、气流都较强,会导致补偿链摇摆,一旦勾刮到井道其他部件上,可能造成危险。因此,速度较高的电梯要求使用补偿绳,见图 5.5-22。补偿绳与钢

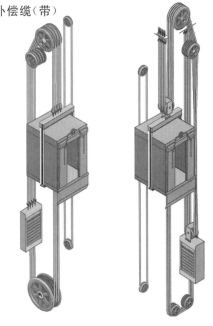

图 5.5-22   使用补偿绳及张紧装置的电梯

丝绳结构相近，但由于其作用仅是通过自身质量补偿运行中曳引轮两侧的钢丝绳质量差，因此对其抗拉强度、弹性模量等要求较低。

c）额定速度大于 3.5 m/s 的电梯

要求在 $v>3.5$ m/s 时应设置补偿绳防跳装置。这是因为当电梯速度较高时，如果在运行过程中出现紧急制动，可能出现张紧轮上下跳动的现象，造成电梯系统的剧烈振动，引发安全事故。

防跳装置的功能和设置目的可以从下面的推导得出：

图 5.5-23 中，当轿厢以加速度 a 紧急停止时，曳引轮两侧的动能关系如下式：

——轿厢侧动能：

$$E_C = (P/2g_n) v^2 + PH = (P/2g_n) v^2 + Pv^2/2a_C = Pv/2g_n (1+g_n/a_C)$$

——对重侧动能：

$$E_W = (G/2g_n) v^2 - GH = (G/2g_n) v^2 - Gv^2/2a_W = GV/2g_n (1+g_n/a_W)$$

式中：P——轿厢重量；G——对重重量；v——电梯紧急制动时的速度；a_C 和 a_W——轿厢和对重的加速度；g_n——重量加速度

对于对重侧，如果 $a_W<g_n$ 则 E_W 为负值，即在紧急制停过程中，对重被提升后的势能大于紧急制停前的原有动能。这说明在紧急制停过程中，钢丝绳一直是张紧的，对重处于受到钢丝绳拉力的状态（钢丝绳如果松弛，对重无法获得能量，则不可能出现在制停后势能大于原有动能的情况）。相反，当 $a_W>g_n$ 则 E_W 为正值，即在紧急制停过程

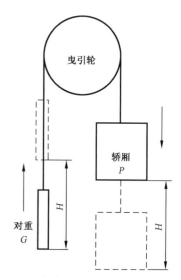

图 5.5-23　轿厢紧急制停时，
曳引轮两侧的情况

中，对重被提升后的势能小于紧急制停前的原有动能。紧急制停过程中，对重侧钢丝绳是松弛的，对重是靠自身的惯性作竖直上抛运动（即上跳）。由于补偿绳的两端分别是连接在轿厢和对重下部的，因此，在 $a_W>g_n$ 时，当对重上跳时，轿厢还没有向下走足够的距离（否则对重侧钢丝绳就不会松弛），此时对重侧动补偿绳固定端会拉动补偿绳并带动张紧轮上跳。当对重上跳到最高点后，又会回落，造成对重侧补偿绳松弛，此时张紧轮处于竖直上抛（上跳）状态，上跳到最高点后张紧轮也会回落。这样，对重的上跳、回落和补偿绳张紧轮的上跳、回落造成了电梯系统的屡次强烈震动，不但容易损坏钢丝绳及其端接部件，也给轿内乘客造成恐惧感。因此，补偿绳张紧轮应设置防跳装置，通过防跳装置不但限制了张紧轮的上跳，同时通过张紧轮拉动补偿绳也限制了对重的上跳。

在设计补偿绳张紧轮防跳装置时应注意，设置防跳装置的目的是防止对重和张紧轮的上跳和回落给系统带来震动，因此防跳装置不应是简单的刚性限位，否则在张紧轮与之发生撞击时依旧会给系统带来震动。防跳装置应使用一系列能够起到缓冲作用的部件减少

张紧轮给系统带来的冲击。参考 5.5.6.2 解析中的"补偿绳张紧轮"图和图 5.5-24"补偿绳张紧轮防跳装置"可以发现，这种防跳装置用于张紧轮时，当张紧轮有上跳的趋势，该装置在一定范围内先压缩弹簧；当超过了设定位置，张紧轮依然没有停止时，碰铁将推动渐进式安全钳楔块（使用渐进式安全钳也是为了减少对系统的冲击）将张紧轮制停在其导向装置（通常是张紧轮导轨）上，并使其不超过限定位置；如果拉动张紧轮上跳的力很大，上跳速度也较快，即使在安全钳动作后，到了限定位置张紧轮还没有停下来，则依靠橡胶垫撞击限位装置，强制使张紧轮停下来。这样就尽可能避免了由于对重和张紧轮上跳给系统带来的冲击。

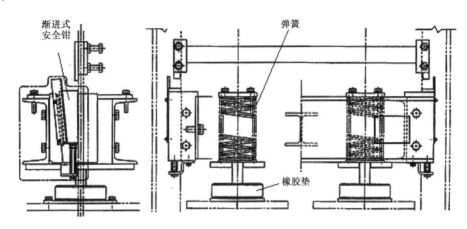

图 5.5-24　一种补偿绳张紧轮防跳装置示例

以上仅是一个补偿绳防跳装置的示例，其他设计也是允许的，例如将安全钳结构换作缓冲器，只要满足本部分的要求即可。

在设置了补偿绳张紧轮防跳装置后，还应设置一个电气安全开关（防跳开关），使得防跳装置动作时，能够通过它使电梯驱动主机停止转动。

依照本条及 5.5.6.2，对于 $v>3.5$ m/s 的电梯，应采用被张紧的且带有防跳装置的补偿绳。这意味着对于速度 $\leqslant3.0$ m/s 的电梯，可采用没有张紧装置的补偿装置，如：补偿链。但对于 $v>2.5$ m/s 的电梯，存在下述风险：在安全钳动作的情况下，由于对重跳跃，补偿绳可能发生松弛，存在勾挂井道内安装部件的风险。

d) 补偿装置的导向

对于 3.0 m/s $\geqslant v>1.75$ m/s 的电梯，如果补偿装置没有张紧，则应采用导向装置，导向装置通常设置在补偿装置的转弯处或附近，如图 5.5-25 导向装置示意图。该装置用以减小补偿装置的摇摆，当电梯速度较大时，防止因补偿装置的自由度太大勾刮到井道其他部件上，产生妨碍电梯安全运行的故障。

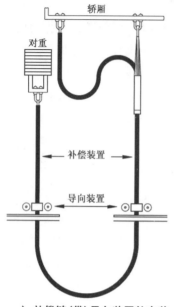

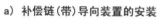

| a) 补偿链（带）导向装置的安装 | b) 常用的补偿链（带）导向装置 |

图 5.5-25　补偿链（带）导向装置示意图

关于本条内容，CEN/TC 10 曾接到询问如下：

询问：

1. 根据 5.5.6.1a)，是否额定速度不超过 3.0 m/s 的所有电梯均需要设置补偿装置？

2. 如果额定速度不超过 3.0 m/s 的电梯没有设置补偿装置，是否满足本标准要求？

CEN/TC 10 的解释是：

1. 不是。如果当曳引力计算需要设置补偿装置时，应设置符合本条要求的补偿装置。

2. 符合要求。前提是需要满足曳引力计算和试验。

5.5.6.2　使用补偿绳时应符合下列要求：

　　a)　补偿绳符合 GB/T 8903 的规定；

　　b)　使用张紧轮；

　　c)　张紧轮的节圆直径与补偿绳的公称直径之比不小于 30；

　　d)　张紧轮按照 5.5.7 规定设置防护装置；

　　e)　采用重力保持补偿绳的张紧状态；

　　f)　采用符合 5.11.2 规定的电气安全装置检查补偿绳的张紧状态。

【解析】

本条及 5.5.6.1 分别与 GB 7588—2003 中 9.6.1 和 9.6.2 相对应。

当额定速度大于 3.0 m/s 时，按照 5.5.6.1 的要求，应使用补偿绳。对于电梯使用补偿绳的情况，本条进行了详细要求。

a) 补偿绳应符合 GB/T 8903 的规定

补偿绳也是一种钢丝绳，应符合 GB/T 8903—2018《电梯用钢丝绳》的规定。GB/T 8903—2018 中 4.1 明示了该标准表 A.1～表 A.8 适用于补偿钢丝绳。

b）使用补偿绳时应设置张紧轮

由于捻制的原因，钢丝绳在自然下垂时无法依靠自身重力张紧，因此为了防止补偿绳晃动引起危险，必须同时使用张紧轮（见图 5.5-26）。而且还应设置 5.5.6.1 所要求的补偿绳防跳装置，用以限制在紧急制动时补偿绳和张紧轮的上跳，其安装位置见图 5.5-22。

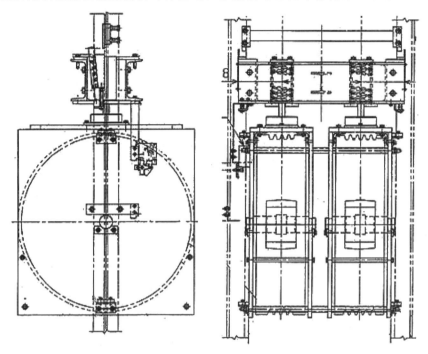

图 5.5-26　补偿绳张紧轮

c）补偿绳张紧轮的直径

考虑到补偿绳在张紧力的作用下也会导致疲劳失效（参见 5.5.2.1 解析），本条给出了张紧轮的最小直径——与补偿绳的公称直径之比不小于 30。与本条的目的类似，5.3.3.3.3 规定垂直滑动门的悬挂机构的钢丝绳滑轮节圆直径不小于钢丝绳公称直径的 25 倍；5.6.2.2.1.3 规定限速器绳轮的节圆直径与绳的公称直径之比不小于 30。

d）补偿绳张紧轮的防护

由于张紧轮设置在底坑中，随着电梯的运行，张紧轮也随之转动，此时如果底坑内有检修人员，张紧轮可能伤害到检修人员，因此应按 5.5.7 的要求设置防护装置。通常采用防护罩进行防护，在设计防护罩时，应特别考虑当张紧轮上跳时所能够到达的位置或防跳装置限位的最高点，以免碰撞。

e）补偿绳的张紧

为避免张紧失效，补偿绳必须采用重力张紧，也就是说应依靠张紧轮的重力来张紧，而不能通过在张紧轮上施加其他的力（如弹簧、磁力）等提供张紧力。

为了有效张紧补偿绳，张紧轮必须具有一定质量，张紧轮质量的选择如下：

$G_p = n_c G$，其中G_p为张紧轮重量；n_c为补偿绳根数；G为每根补偿绳所需要的张紧力。G与补偿绳的悬挂长度相关，通常G的选择采用下面的经验公式：

当提升高度$H \leqslant 162.5$ m 时，$G = 650$ N；当提升高度$H > 162.5$ m 时，$G = 4H$ N。

f) 应设置检查补偿绳张紧状态的电气安全装置

与曳引钢丝绳一样，补偿绳也会在张紧力的作用下伸长，为避免补偿绳由于过度伸长导致张紧轮碰到底坑地面导致的张紧失效，必须使用一个符合5.11.2规定的电气安全装置来检查张紧轮最下端的位置。在补偿绳伸长导致张紧轮下沉时，一旦超出预定位置，此开关动作，电梯运行停止。

在安装时应特别注意张紧轮位置开关，开关和其碰铁之间的间隙必须合适。间隙过大，张紧装置在到达上限位置以前碰不到开关；间隙过小，由于补偿绳的热胀冷缩容易造成开关误动作。开关的安装参见图5.5-27。

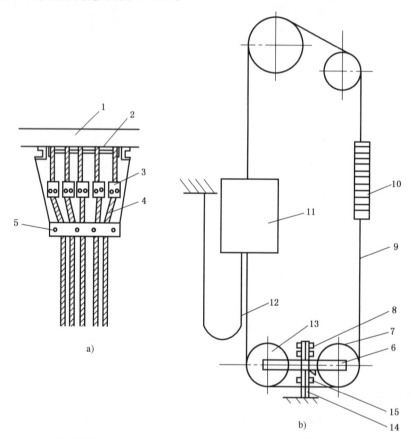

1—轿厢底梁；2—挂绳架；3—钢丝绳夹；4、9—钢丝绳；5—定位夹板；

6—张紧轮架；7—上限位开关；8—限位挡块；10—对重；11—轿厢；

12—随行电缆；13—补偿绳轮；14—导轨；15—下限位开关

图5.5-27 补偿绳和张紧装置

5.5.6.3 补偿装置(如绳、链条或带及其端接装置)应能承受作用在其上的任何静力，且应具有5倍的安全系数。

补偿装置的最大悬挂质量应为轿厢或对重在其行程顶端时的补偿装置的质量再加上张紧轮(如果有)总成质量的一半。

【解析】

本条是新增内容。

补偿装置的端接装置固定于轿厢和对重的底部，自身并不会运动，但补偿链、绳或带会按照电梯的额定速度进行往复的折弯，且会随着电梯的振动和井道内的气流产生不规则的摆动，不可避免地会有磨损和疲劳，在整个寿命期内安全系数在不断降低，所以在这里提出补偿装置应能承受作用在其上的任何静力，且有5倍的安全系数。这个要求适用于：

——补偿装置本身

如图5.5-28a)中所示的补偿装置本身，其强度应能够承受最大悬挂质量的5倍。

——补偿装置的端接装置

如图5.5-28b)中所示的吊环和U型螺栓，应能承受补偿装置最大悬挂质量的5倍。

——补偿链、绳或带的连接部位

如图5.5-28b)中所示的悬挂装置，其强度要求同上。

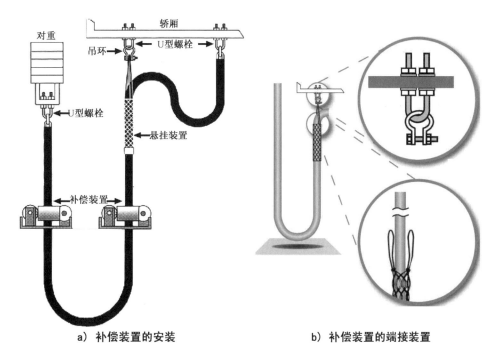

a) 补偿装置的安装　　　　　**b) 补偿装置的端接装置**

图5.5-28　补偿装置及其端接装置

在满足5倍的安全系数的同时，还应保证连接得牢固可靠，不因磨损和疲劳而发生不安全的情况。

本条明确给出了补偿装置最大悬挂质量的计算方法：

补偿装置最大悬挂质量＝轿厢（对重）在其行程最高点时补偿链的全部质量＋张紧轮质量/2

作用在补偿装置上的任何静力的计算均以补偿装置最大悬挂质量为基础。

5.5.7 曳引轮、滑轮、链轮、限速器和张紧轮的防护

【解析】

本条涉及"4 重大危险清单"的"旋转元件""缠绕危险""吸入或陷入危险"。

5.5.7.1 对于曳引轮、滑轮、链轮、限速器和张紧轮，应按照表 10 设置防护装置，以避免：

    a)   人身伤害；

    b)   绳或链条因松弛而脱离绳槽或链轮；

    c)   异物进入绳与绳槽或链条与链轮之间。

表 10 曳引轮、滑轮、链轮、限速器和张紧轮的防护

曳引轮、滑轮、链轮、限速器和张紧轮的位置			5.5.7.1 所述的危险		
			a)	b)	c)
轿厢上	轿顶上		√	√	√
	轿底下			√	√
对重或平衡重上				√	√
机房和滑轮间内			√[a]	√	√[b]
井道内	顶层	轿厢上方	√	√	
		轿厢侧面	√	√	
	底坑与顶层之间			√	√[b]
	底坑		√	√	√
液压缸	向上顶升		√[a]	√	
	向下顶升				√[b]
	具有机械同步装置		√	√	√

注："√"表示应考虑此项危险。

  [a] 至少进行卷入防护，以防止意外进入绳或链条进出曳引轮、滑轮、链轮、限速器或张紧轮的区域（见图 18）。

  [b] 表明仅在绳或链条以水平方向或与水平线的上夹角不超过 90°的方向进入曳引轮、滑轮或链轮时，才防护此项危险。

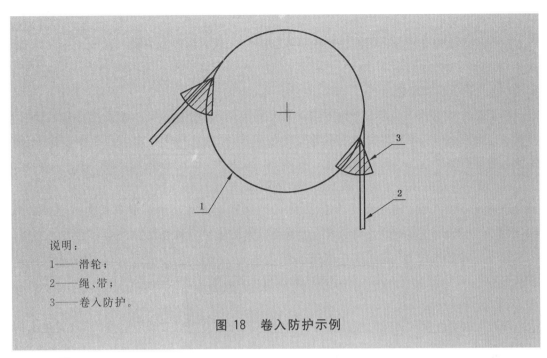

说明:
1——滑轮;
2——绳、带;
3——卷入防护。

图 18 卷入防护示例

【解析】

本条与 GB 7588—2003 中 9.7.1 相对应。

本部分对可能产生危险并且人员能够接近的旋转部件提出了比较全面的保护要求。在以往的电梯伤害事件中,曾发生过钢丝绳和曳引轮压断手指的事故。因此,为保护人员的安全和设备的正常运行,5.5.7 对各种轮的防护提出了要求(对其他旋转部件的防护在 5.9 中有规定)。

通过表 10,很容易判断曳引轮、滑轮、链轮、限速器和张紧轮在不同位置时需要设置的最低保护要求。同时,表 10 中要求的各项保护也是根据实际工况下,不同位置的滑轮可能具有的不同风险制定的。值得注意的是,这里的滑轮、链轮不仅是针对驱动轮或导向轮而言,同时也应包括补偿绳张紧装置等的轮,因为这些轮也存在本条所述的几种风险。

根据上述旋转部件所处的位置,为了避免发生本条 a)~c)所述危险,表 10 给出了具体的防护要求:

处于不同位置的各旋转部件的防护如图 5.5-29 所示。

(1)对于轿顶

由于轿顶上可能有人员工作,因此轿顶滑轮的防护不但要求能够防止钢丝绳或链条因松弛而脱离绳槽或链轮 b)情况和异物进入绳与绳槽或链与链轮之间 c)情况,同时要求必须能够防止发生人身伤害事故 a)情况。见图 5.5-29a)。

(2)对于轿底

轿底不可能有人员工作,因此只需要保护 b)和 c)的危险即可。见图 5.5-29b)。

（3）对于对重或平衡重

对重或平衡重上也不可能有人员工作,因此只需要保护 b）和 c）的危险即可。见图 5.5-29c）。

（4）对于机房和滑轮间

需要保护 b）中所述危险。同时视实际情况的不同,对危险 a）至少要设置防咬入保护。防咬入保护并不一定是将曳引轮或滑轮完全包起来,只要能够防止人员在工作过程中,肢体或衣物等不慎咬入曳引轮和钢丝绳之间即可。见图 5.5-29d）和图 5.5-29e）。

（5）对于井道内顶层空间轿厢上方和轿厢侧面

轿顶和轿厢侧面可能有人员工作,因此无论是对于轿厢还是对重或平衡重导向的滑轮,只要安装在这个空间内,必须安装防护装置以保护轿顶或轿厢侧面工作人员不受伤害。同时要防止钢丝绳或链条因松弛而脱离绳槽或链轮。由于不存在异物进入绳与绳槽或链与链轮之间的风险,因此不要求对 c）的危险进行保护。见图 5.5-29f）～图 5.5-29h）。

（6）井道内顶层与底坑之间

设置在这个位置上的滑轮或链轮,人员无法接近,因此不需要进行 a）的危险保护。但存在"钢丝绳或链条因松弛而脱离绳槽或链轮"和"异物进入绳与绳槽或链与链轮之间"的危险。见图 5.5-29i）。

（7）底坑

由于底坑内允许有工作人员,同时底坑在井道的最下部,容易有异物落入,因此底坑内如果设置有滑轮或链轮,a）、b）、c）三种危险都需要进行保护。见图 5.5-29j）。

（8）液压缸顶升机构（包括向上和向下）滑轮

向上顶升的情况存在人身伤害和绳或链条因松弛而脱离绳槽或链轮的可能,所以需要进行 a）、b）危险相关的保护;向下顶升的情况不可能有人员工作,因此只需要保护 b）和 c）的危险即可;具有机械同步装置的情况,同轿厢上轿顶上的情况,所以 a）、b）、c）三种危险都需要进行保护。见图 5.5-29k）和 5.5-29l）,液压缸向下顶升情况见图 5.2-43a）。

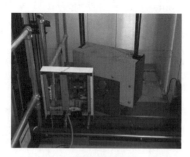 

a）轿顶轮防护　　　　　　b）轿底轮防护

图 5.5-29　不同位置的旋转部件及其防护形式

c)　对重/平衡重顶部滑轮防护

d)　曳引轮防护(机房内)

e)　限速器防护(机房或滑轮间内)

f)　井道内顶层空间轿厢上方链轮的防护

g)　井道内轿厢侧面(液压梯情况)

h)　井道内轿厢侧面(下置曳引机情况)

i)　曳引机设置在底坑与顶层之间的曳引轮防护

j)　底坑内限速器张紧轮防护

续图 5.5-29

k) 液压缸顶升机构(向上顶升)
滑轮防护

l) 具有机械同步装置的液压缸
(链轮部分)的防护

续图5.5-29

关于本条内容,CEN/TC 10曾接到咨询。

询问:滚轮导靴的滚轮是否需要设置相应的防护?

CEN/TC 10回复是:滚轮导靴的滚轮部件不属于"曳引轮、滑轮、链轮、限速器和张紧轮"的范畴。

关于表10中脚注b"表明仅在绳或链条以水平方向或与水平线的上夹角不超过90°的方向进入曳引轮、滑轮或链轮时,才防护此项危险"。对此通过分析表10中含有脚注a的内容我们会发现,标有脚注a的情况都在c)规定的情况内,即"异物进入绳与绳槽或链条与链轮之间"。因此我们认为脚注b就是为保护c)情况而设定的。在图5.5-30a)～d)中,很明显图5.5-30a)最可能发生"异物进入绳与绳槽或链与链轮之间"的危险;图5.5-30b)的这种危险减小了很多;而图5.5-30c)和d)的情况几乎不可能发生这种危险。因此我们认为,图5.5-30a)的情况是需要防止异物进而绳与绳槽或链与链轮之间的。

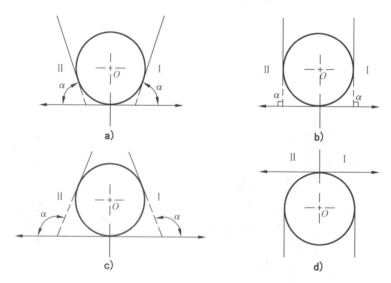

图5.5-30 钢丝绳与曳引轮夹角的几种情况

那么也就是在图5.5-30中,角α小于90°时需要设置防护,即属于脚注b所述情况。

如果是这样，脚注 b 所说的"仅在绳或链条以水平方向或与水平线的上夹角不超过 90°的方向进入曳引轮、滑轮或链轮时"，可以进一步明确地表述为："取钢丝绳或链条在绳轮、滑轮或链轮的包角圆弧为中心点，作绳轮、滑轮或链轮的切线，并作与轮轴中心的连线。以这两条相互垂直的直线为坐标轴，如钢丝绳或链条进入曳引轮、滑轮或链轮的位置在坐标的 Ⅰ、Ⅱ 象限，且在钢丝绳或链条进入曳引轮、滑轮或链轮的方向上作延长线与坐标轴相交。如延长线与坐标轴在远离绳轮的方向夹角小于 90°，则应防护此危险"。

> **5.5.7.2** 所采用的防护装置安装后，应能看到旋转部件且不妨碍检查和维护工作。如果防护装置是网孔型的，则应符合 GB/T 23821—2009 中表 4 的规定。
>
> 防护装置只能在下列情况下才能被拆除：
>
> a) 更换钢丝绳或链条；
>
> b) 更换绳轮或链轮；
>
> c) 重新加工绳槽。

【解析】

本条与 GB 7588—2003 中 9.7.2 相对应。

为了使 5.5.7.1 所要求的防护真正能够起到保护人员安全的作用，在一般的检查和维护中这些防护不应被要求拆除，同时这些防护也不应妨碍检查和维护工作。而且为了操作中的安全，应保持上述防护在检查和维护时持续有效，如图 5.5-31 所示。

根据本条要求，如果将曳引机或曳引轮整个罩住，而且没有留除必要的检修开口，这样的防护罩是不符合要求的。因为上述防护罩在日常维保检查钢丝绳和绳槽的磨损情况时，也要被打开。显然这种情况不符合本条要求。

如果采用将曳引机或整个曳引轮完全罩住的设计方案，可采取如图 5.5-31b)，在防护罩上留出必要的观察孔，以满足本条"应能见到旋转部件且不妨碍检查与维护工作"的要求。但应注意，为防止人员肢体（主要是手指）从孔中探入造成伤害，孔洞的尺寸应符合 GB/T 23821—2009 中表 4 的规定。

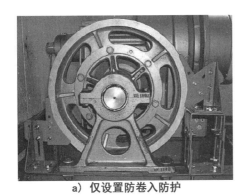

a) 仅设置防卷入防护   b) 网孔型防护罩

图 5.5-31 曳引机的防护装置

关于 GB/T 8196—2003《机械安全 防护装置 固定式和活动式防护装置设计与制造

一般要求》的内容可参见"GB/T 7588.1 资料 5.5-6"。

5.5.7.3 为防止钢丝绳脱离绳槽,在入槽和出槽位置附近应各设置一个防脱槽装置。如果钢丝绳在轮轴水平以下的包角大于 60°且整个包角大于 120°,应至少设置一个中间防脱槽装置(见图 19)。

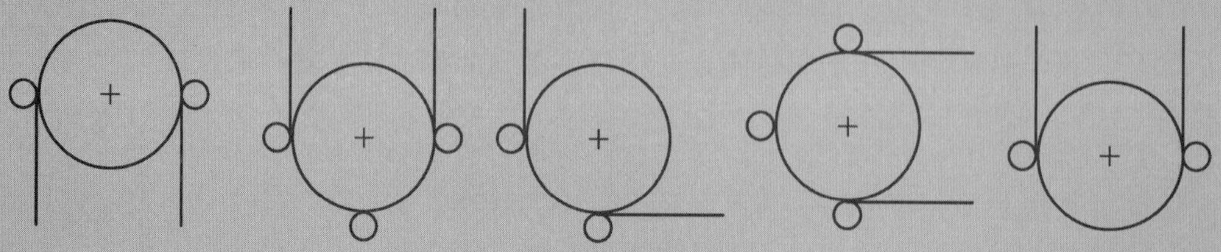

a) 示例 1   b) 示例 2   c) 示例 3   d) 示例 4   e) 示例 5

注 1:分图 a)~d)为符合本条要求的示例。

注 2:分图 e)为不符合本条要求的示例。

图 19 防脱槽装置布置示例

【解析】

本条与 GB 7588—2003 中 9.7.1 相对应。

电梯正常运行时,钢丝绳会因两侧拉力的作用与绳槽紧密地贴合;特殊情况下,比如 5.5.3 轿厢或对重出现滞留工况,钢丝绳在曳引轮槽内打滑,按照图 19 中 a)的示例:钢丝绳因其自身的重量,即使出现打滑,也不会发生脱离绳槽的现象;图 19e)的示例:如果作为轿厢或对重的顶部滑轮,因轿厢或者对重的滞留工况,钢丝绳松弛,即使在入槽和出槽位置附近各设置一个防脱槽装置,滑轮也会因下部的钢丝绳因其自由度较大,会发生脱离绳槽的情况,所以必须增加一个中间的防脱槽装置,如图 19b)所示。钢丝绳在轮轴水平以下的包角角度是判断是否设置一个中间防脱槽装置的关键。在实际设计中,往往采用图 5.5-32 的设计方式,将曳引轮防护、钢丝绳防护和防脱槽等相关防护措施一并解决。防脱槽装置的强度、刚度以及该装置与滑轮之间的间隙与钢丝绳直径相比,应能够有效避免钢丝绳脱槽。

关于本条内容,CEN/TC 10 给出解释单(见 EN 81-20 006 号解释单)如下:

询问:在以下情况下钢丝绳在进入和出离绳槽的距离很近,如果只设置一个防脱槽装置,两者之间的最小距离应为多少?

CEN/TC 10 的回复是:如果钢丝绳进入和出离绳槽之间的夹角不超过 30°,则只设置一个防脱槽装置是满足要求的。在这种情况下,防脱槽装置可以设置在中间,这样(每一侧与防脱槽装置之间的)夹角最大不超过 30°/2=15°。在 EN 81-77:2013(即 GB/T 31095—2014)5.6.1 中也有相应规定。

注:GB/T 31095—2014《地震情况下的电梯要求》中 5.6.1 要求为:应在离钢丝绳进、出绳槽的点不超过 15°的位置设置防止钢丝绳脱离绳槽的挡绳装置。

图 5.5-32　曳引轮和钢丝绳的防护

CEN/TC 10 还曾接到咨询。

询问:在复绕的情况下,如何设置钢丝绳防脱槽装置? 单绕情况下很清楚,如图 5.5-33a)所示,但复绕情况,图 5.5-33b)正确还是图 5.5-33c)正确?

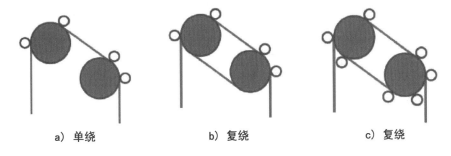

| a）单绕 | b）复绕 | c）复绕 |

图 5.5-33　单绕及复绕情况下的钢丝绳防脱槽装置

CEN/TC 10 的回复是:本条是以单绕情况为基础制定的。对于复绕情况,按照图 5.5-33b)所示设置防脱槽装置即满足在入槽和出槽位置附近应各设置一个防脱槽装置的要求。这种设置方案与电梯设计方面的国际广泛使用的其他标准是一致的。

5.5.8　井道内的曳引轮、滑轮和链轮

如果满足下列条件,曳引轮、滑轮和链轮可固定在井道内高于底层端站平层位置:

a)　应具有保持装置,在发生机械失效时,防止反绳轮和链轮坠落。该装置应能支撑滑轮或链轮及所悬挂的载荷。

b)　如果曳引轮、滑轮或链轮在轿厢垂直投影面内,顶层间距应符合 5.2.5.7 的规定。

【解析】

本条涉及"4 重大危险清单"的"接近向固定部件运动的元件"危险。

本条为新增内容,是对布置在井道内的曳引轮(无机房电梯)、滑轮和链轮的规定。

曳引轮、滑轮和链轮应具有良好的安装且牢固可靠,即使发生因疲劳、磨损等因素导致

的机械失效，也能避免滑轮和链轮坠落，而且能够在失效状态下支撑滑轮或链轮以及所悬挂的载荷，从而保证电梯乘坐人员以及电梯设备的安全。如果曳引轮、滑轮或链轮位于轿厢垂直投影面内，也就是在轿厢顶部的正上方，则顶层间距应满足 5.2.5.7 的规定。

如果曳引轮、滑轮和链轮布置在底坑与顶层之间，则相应的防护应满足 5.5.7.1 中表 10 的 b)和 c)的要求；如果曳引轮、滑轮和链轮布置在顶层范围内，相应防护应满足 a)和 b)的要求；如果曳引轮、滑轮和链轮布置在轿厢上方，则相应的防护应满足 a)、b)和 c)的要求。

应注意，从本条来看，本部分允许曳引轮、导向轮处于轿顶投影部分之内（如图 5.5-34 所示），而在旧版标准中不允许本条 b)中所述的布置方式（见 GB 7588—2003 中 6.1.2）。

关于本条内容，CEN/TC 10 曾接到咨询。

询问：

（1）只有在导向滑轮/链轮处于轿厢投影范围以内的情况下，才需要设置符合 a)的保持装置？

（2）如果不是，那么悬挂对重的导向滑轮/链轮是否属于"固定在井道内高于底层端站平层位置"？

（3）安装在轿厢或对重上面（或下面）的导向滑轮是否需要满足 5.5.8a)的要求？

（4）是否只有那些不随轿厢或对重移动的滑轮/链轮才需要满足 5.5.8a)的要求？

CEN/TC 10 的回复是：

（1）所有固定在井道内高于底层端站平层位置的滑轮/链轮均需要设置符合 5.5.8a)的防护装置，而不仅是处于轿厢投影范围以内的才需要设置。

（2）附属于对重和轿厢的滑轮不必设置这些防护。

（3）不需要。只有那些由于轮轴等部件失效会坠落到轿厢上的曳引轮、滑轮和链轮才需要满足 5.5.8a)的要求。

（4）是的。

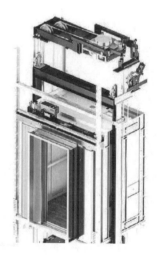

图 5.5-34　曳引轮及导向轮布置在轿厢投影上方

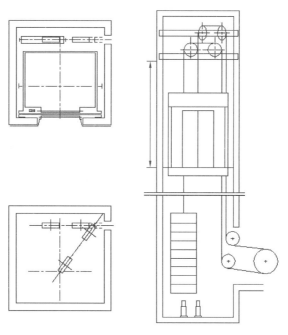

续图 5.5-34

5.6 防止坠落、超速、轿厢意外移动和轿厢沉降的措施

【解析】

本条涉及"4 重大危险清单"的"距离地面高""运动元件""人员的滑倒、绊倒和跌落（与机器有关的）"危险。

5.6 是对 0.4.12 假设的具体要求。

5.6.1 总则

5.6.1.1 应设置保护装置或保护装置的组合及其触发机构来防止：

  a) 坠落；

  b) 下行超速，或者曳引式电梯的上行和下行的超速；

  c) 开门状态的意外移动；

  d) 液压电梯从平层位置的沉降。

【解析】

无论是哪种方式驱动的电梯（曳引式、强制式或液压驱动），均存在本条所述的四种风险（或至少存在其中之一）。而以上风险均可能导致人身伤害事故的发生，故设计电梯时必须考虑设置必要的保护装置，避免上述情况的发生。

本条所述的坠落和下行超速，运动方向均是向下，但两者之间有很大的区别：

坠落是指轿厢、对重(平衡重)不受控制地自由下坠(不考虑空气阻力和导靴/导轨之间的摩擦力)。

下行超速则是指轿厢在其自身重力作用下导致下降时,仍有阻碍其下降的力(如对重/平衡重的质量、钢丝绳与绳槽之间的摩擦力、液压系统的剩余压力等),但上述力不足以使下行轿厢的速度保持在允许范围内的情况。

本条所述的各种风险,导致其发生的主要原因如下:

a) 坠落

坠落风险可能由悬挂钢丝绳、链条及其连接装置断裂;液压系统破裂(不包括液压缸)等情况导致。

b) 下行超速,或者曳引式电梯的上行和下行的超速

下行超速通常是由于电梯驱动主机的动力(如电动机扭矩、液压系统内压力等)不足、曳引条件失效、液压系统发生重大泄漏等情况导致轿厢在重力的作用下超速下降。

轿厢的上行超速是由于曳引驱动电梯设有对重,在轿厢内载重量较小的情况下,发生上述情况时,由于对重侧质量大于轿厢侧,导致对重下行拉动轿厢向上运行并超出允许速度。

c) 开门状态的意外移动

开门意外移动的原因比较复杂,可能由驱动主机失效或驱动控制系统失效导致。但不包括悬挂钢丝绳、链条和驱动主机的曳引轮、卷筒(或链轮)以及液压软管、液压硬管和液压缸的失效的情况。

注:曳引轮的失效包含曳引能力的突然丧失。

d) 液压电梯从平层位置的沉降

由于油温变化和微小泄漏(包括液压缸)等因素,轿厢较长时间停站后位置会发生向下移动,因此需要采取措施防止轿厢沉降。

5.6.1.2 曳引式电梯和强制式电梯应按照表11设置保护装置。

表11 曳引式电梯和强制式电梯的保护装置

危险状况	保护装置	触发方式
轿厢坠落和轿厢下行超速	安全钳(5.6.2.1)	限速器(5.6.2.2.1)
对重或平衡重在5.2.5.4情况下的坠落	安全钳(5.6.2.1)	限速器(5.6.2.2.1);或 对于额定速度不大于1.0 m/s的电梯: ——悬挂装置的断裂(5.6.2.2.2);或 ——安全绳(5.6.2.2.3)
上行超速(仅曳引式电梯)	轿厢上行超速保护装置(5.6.6)	包括在5.6.6中
开门状态的意外移动	轿厢意外移动保护装置(5.6.7)	包括在5.6.7中

【解析】

根据曳引式和强制式电梯的特点以及可能发生的风险，表11给出了电梯在采用上述两种驱动方式时应设置的保护装置和触发装置，避免轿厢（对重或平衡重）坠落、轿厢的上（下）行超速以及开门状态的意外移动。

每种保护装置及其触发方式的规定和介绍，将在后续相关条文中进行论述。

从本条要求来看，大致总结出各种风险及其保护措施：

（1）坠落和下行超速

轿厢的坠落和下行超速，以及对重（平衡重）的坠落均应采用安全钳作为保护装置。触发安全钳的装置，根据不同情况，可以是限速器、安全绳或悬挂装置的断裂（依靠加速度）。

注：对重（平衡重）的下行超速必然导致轿厢的上行超速，因此将这个风险并入轿厢上行超速进行保护。

（2）上行超速和开门状态的意外移动

轿厢的上行超速保护和开门状态的意外移动均需要设置专门的保护（见5.6.6和5.6.7的要求），其触发装置包含在保护装置中。

5.6.1.3 液压电梯应按照表12采取保护措施，以及平衡重在5.2.5.4情况下的坠落保护措施（触发方式见表11）。另外，还应按5.6.7的规定设置轿厢意外移动保护装置。

表12　液压电梯的保护措施

			除再平层(5.12.1.4)之外的防止沉降措施		
		可选择的组合	由轿厢向下移动(5.6.2.2.4)触发的安全钳(5.6.2.1)	棘爪装置(5.6.5)	电气防沉降系统(5.12.1.10)
防止坠落或超速下降的措施	直接作用式液压电梯	由限速器触发(5.6.2.2.1)的安全钳(5.6.2.1)	√	√	√
		破裂阀(5.6.3)		√	√
		节流阀(5.6.4)		√	
	间接作用式液压电梯	由限速器触发(5.6.2.2.1)的安全钳(5.6.2.1)	√	√	√
		破裂阀(5.6.3)加上由悬挂装置断裂触发(5.6.2.2.2)或由安全绳触发(5.6.2.2.3)的安全钳(5.6.2.1)	√		√
		节流阀(5.6.4)加上由悬挂装置断裂触发(5.6.2.2.2)或由安全绳触发(5.6.2.2.3)的安全钳(5.6.2.1)	√	√	
注："√"表示可供选择的一种组合措施。					

【解析】

本条与 GB 21240—2007 中 9.5.2 相对应。

由于液压电梯结构的多样性,对于防坠落、超速措施及防沉降措施都有多种。而防坠落、超速措施与防沉降措施的组合选用也有多种形式。根据液压电梯的特点,以及可能发生的风险,表 12 给出了电梯在采用液压驱动方式时应设置的保护装置和触发装置。其竖向栏表示防止轿厢自由坠落或超速下降的预防措施,即防止电梯发生高速故障的预防措施;横向栏表示防沉降预防措施,即防止发生电梯低速下滑故障的预防措施。

由于无论是直接作用式还是间接作用式液压电梯均不存在上行超速的问题,因此只需要对液压电梯轿厢的坠落、超速下降、沉降(除再平层之外)和轿厢意外移动进行相关保护即可。其中,轿厢意外移动的保护装置在 5.6.7 进行了规定,没有包含在表 12 中。

直接作用式液压电梯和间接作用式液压电梯最大的区别在于,间接作用式液压电梯的柱塞或缸筒不是与轿厢直接连接,而是通过钢丝绳或链条等悬挂装置连接(见 3.9 和 3.19 的定义)。因此在防止轿厢坠落的风险时必须考虑悬挂装置的断裂。

表 12 表示防止轿厢坠落、超速下降和沉降三种非正常情况所应采取的组合安全措施。表中"√"表示对于液压电梯可供选择的一种组合安全措施,且只要具备其中一种组合安全措施即可。

(1) 对于直接作用式液压电梯(见图 5.6-1)

防止以上三种非正常情况的组合安全措施有 6 种,即:

1) 由限速器触发的安全钳＋由轿厢下行运动使安全钳动作;

2) 由限速器触发的安全钳＋棘爪装置;

3) 由限速器触发的安全钳＋电气防沉降系统;

4) 破裂阀＋棘爪装置;

5) 破裂阀＋电气防沉降系统;

6) 节流阀＋棘爪装置。

(2) 对于间接作用式液压电梯

防止以上三种非正常情况的组合安全措施有 8 种,即:

1) 由限速器触发的安全钳＋由轿厢下行运动使安全钳动作;

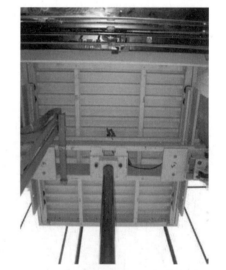

图 5.6-1　直接作用式液压电梯
可不设置限速器/安全钳

2) 由限速器触发的安全钳＋棘爪装置;

3) 由限速器触发的安全钳＋电气防沉降系统;

4) 破裂阀、由悬挂装置断裂触发或安全绳触发的安全钳两者同时作用＋由轿厢下行运动使安全钳动作;

5) 破裂阀、由悬挂装置断裂触发或安全绳触发的安全钳两者同时作用＋棘爪装置;

6）破裂阀、由悬挂装置断裂触发或安全绳触发的安全钳两者同时作用＋电气防沉降系统；

　　7）节流阀、由悬挂装置断裂触发或安全绳触发的安全钳两者同时作用＋由轿厢下行运动使安全钳动作；

　　8）节流阀、由悬挂装置断裂触发或安全绳触发的安全钳两者同时作用＋棘爪装置。

　　从表 12 中可以看出，无论是直接作用式液压电梯还是间接作用式液压电梯，在防止轿厢自由坠落或超速下降的预防措施方面，只要安装了由限速器控制的安全钳就可以满足要求。但实际情况下，很多液压电梯在安装了限速器/安全钳系统的同时仍设置有破裂阀，这就使系统具备双重保险，安全性更好。

　　防止轿厢自由坠落或超速下降的预防措施还必须与防止轿厢沉降措施组合。也就是说，即使使用了限速器/安全钳系统和破裂阀的双重保护措施，还是需要配置防沉降（如电气防沉降）保护措施。事实上，电气防沉降等防护措施与限速器安全钳和破裂阀保护的是不同的速度段，它们并不重复，而是互补的。在防止轿厢沉降措施方面，表 12 中提供了 3 种选择，但目前用得最多的还是电气防沉降，因为电气防沉降更容易实现，保护效果也更好。电气防沉降的介绍见 5.12.1.10 解析。

　　如果液压电梯带有平衡重，且井道下方确有人员能够到达的空间的情况下，还需要为平衡重设置安全钳作为防坠落保护措施（见 5.2.5.4）。平衡重安全钳的触发，需要采用符合表 11 规定的形式。

5.6.2　安全钳及其触发装置

【解析】

　　本条涉及“4 重大危险清单”的“加速、减速（动能）”“缠绕危险”“旋转元件”“人员的滑倒、绊倒和跌落（与机器有关的）”“通道”“动力源失效”“因动力源中断后又恢复而产生的意外启动、意外越程/超速（或任何类似故障）”危险。

5.6.2.1　安全钳

【解析】

　　GB/T 7024—2008《电梯、自动扶梯、自动人行道术语》对于安全钳的定义为“限速器动作时，使轿厢或对重停止运行保持静止状态，并能夹紧在导轨上的一种机械安全装置”。作为独立的（不依赖驱动主机制动器、悬挂装置、液压系统的压力及阀体）且能够直接制停轿厢的安全部件，安全钳广泛地应用于保护坠落和下行超速的轿厢。

5.6.2.1.1 总则

5.6.2.1.1.1 安全钳应能在下行方向动作，并且能使载有额定载重量的轿厢或对重（或平衡重）达到限速器动作速度时制停，或者在悬挂装置断裂的情况下，能夹紧导轨使轿厢、对重（或平衡重）保持停止。

根据 5.6.6 的规定，可使用具有上行动作附加功能的安全钳。

【解析】

本条与 GB 7588—2003 中 9.8.1.1 相对应。

轿厢安全钳装置是当轿厢超速下行（包括钢丝绳全部断裂的极端情况）时，为防止对轿厢内的乘客造成伤害，能够将电梯轿厢紧急制停夹持在导轨上的安全保护装置。其动作是靠限速器的机械动作带动一系列相关的联动装置，最终使安全钳楔块夹紧导轨、摩擦并使轿厢制停。

如图 5.6-2 所示，安全钳动作的过程如下：限速器钢丝绳两端的绳头与安全钳杠杆系统的拉杆连接，在电梯正常运行过程中，运动中的轿厢通过拉杆带动限速器钢丝绳运动，安全钳摩擦元件处于释放状态，并与导轨表面保持一定的间隙。当轿厢超速达到限定值时，限速器通过自身的动作使限速器钢丝绳制停。此时由于轿厢继续下行，已经停止的限速器钢丝绳带动与其相连接的拉杆，通过拉杆的作用使安全钳制动元件与导轨表面接触，从而将轿厢制停。

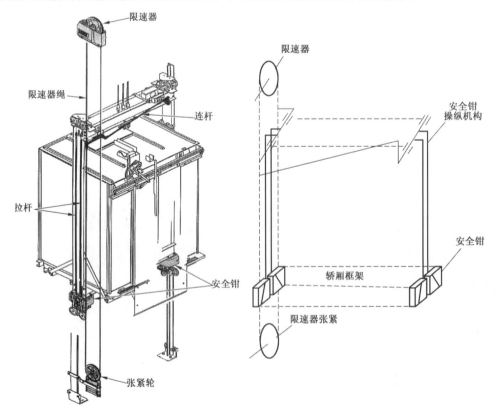

图 5.6-2　限速器-安全钳联动示意图

由以上介绍可知，安全钳是当轿厢在下行方向超速以及坠落时，保护电梯内人员安全的重要部件。

5.6.6 中所要求的上行超速保护装置也可以设计成与安全钳类似的结构，这时可以采用在轿厢上设置双向都可以动作的安全钳来实现。但这时候，其动作的含义是有所区别的：电梯下行超速（包括钢丝绳全部断裂的极端情况）导致的危险由"安全钳"来保护；上行超速导致的危险是由类似安全钳结构的"轿厢上行超速保护"装置来保护。尽管此时的"轿厢上行超速保护"装置和"安全钳"可能是设计结构相似，或者相同，甚至就是同一个部件上的两组零件，但由于它们所防护的危险不同（上行和下行是不同的，轿厢发生上行超速时钢丝绳必然没有断裂，但下行超速却可能是由于钢丝绳断裂引起的）因此对于它们的要求也不相同。图 5.6-3a) 和 b) 都是安全钳结构的上行超速保护装置。它们与下行的安全钳分别采用了"分体式"和"一体式"结构。

安全钳的种类以及设计、计算的简要方法见"GB/T 7588.1 资料 5.6-1"。

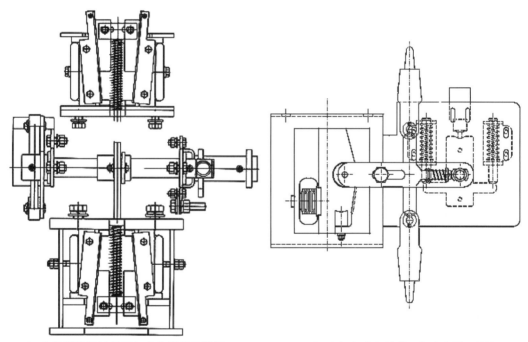

a）上行超速保护装置与安全钳分体设置　　　　b）上行超速保护装置与安全钳一体设置

图 5.6-3　安全钳结构的上行超速保护装置

从受力的角度来说，安全钳装置用于夹紧导轨并制停轿厢的部分一般设置在轿厢下部，安装在轿厢框架中，处于立柱部件的下部底梁两侧（如图 5.6-2）。这主要是考虑到轿厢内乘客的质量是作用于轿底和底梁上的，安全钳设置在轿厢下部尤其是图 5.6-3 中位置时，整个轿厢框架的受力较好，对整个安全钳提拉系统的稳定性也有利。但标准也不禁止将安全钳设置在轿厢的其他位置，也可以将安全钳设置在轿厢顶梁两端或立柱的中间部分。只要能够解决受力问题和动作的稳定性问题，任何设计都是可以的。

5.6.2.1.1.2 安全钳是安全部件，应根据 GB/T 7588.2—2020 中 5.3 的要求进行验证。

【解析】

本条与 GB 7588—2003 中 9.8.1.3 相对应。

安全钳是轿厢下行超速，甚至自由坠落时对乘客、电梯设备的"终极保护"，因此安全钳的可靠性非常重要。GB/T 7588.2 中 5.3 的验证就是为了试验安全钳的设计、制造是否可靠。

关于"型式试验"的定义可参见"GB/T 7588.1 资料 3-1"中 130 条目。

5.6.2.1.1.3 安全钳上应设置铭牌，并标明：
a) 安全钳制造单位名称。
b) 型式试验证书编号。
c) 安全钳的型号。
d) 如果是可调节的，则：
    1) 标出允许质量范围；或
    2) 在使用维护说明书中给出调整参数与质量范围关系的情况下，标出调整的参数值。

【解析】

本条与 GB 7588—2003 中 5.14 相对应。

见 5.4.2.3.2 解析。

5.6.2.1.2 各类安全钳的使用条件

5.6.2.1.2.1 轿厢安全钳：
a) 应是渐进式的；或
b) 如果额定速度小于或等于 0.63 m/s，可以是瞬时式的。

对于液压电梯，仅在破裂阀触发速度或节流阀（或单向节流阀）最大速度不超过 0.80 m/s 时，才能使用不由限速器触发的不可脱落滚柱式以外的瞬时式安全钳。

【解析】

本条与 GB 7588—2003 中 9.8.2.1 相对应。

本条是对轿厢安全钳的要求，当对重或平衡重设置安全钳时，应遵循 5.6.2.1.2.3 要求。

对于轿厢安全钳，渐进式安全钳可用于所有速度，而瞬时式安全钳的使用条件则很受限。这是由于瞬时式安全钳在制动过程中制动距离短，制动减速度大，对轿厢和轿内乘客产生的冲击也大，因此瞬时式安全钳只能用于低速电梯，见图 5.6-4。

为了保证安全钳制动过程中轿内人员的安全，在电梯额定速度大于0.63 m/s时只能采用渐进式安全钳。

瞬时式安全钳根据其制动元件的不同通常又分为不可脱落滚柱式、楔块式和偏心轮式。不可脱落滚柱式瞬时安全钳动作时，因钳体、滚柱或导轨的变形而使制动过程相对较长，制动的剧烈程度（冲击）相对楔块式要小一些，对轿内乘客或货物的冲击要相对弱一些。

其他型式的瞬时安全钳（楔块式、偏心轮式）动作时对轿厢及轿内乘客的冲击较大，同时对导轨的损伤也较大。因此对于液压电梯，如果不采用限速器作为触发方式，只能在破裂阀触发速度或节流阀（或单向节流阀）最大速度不超过0.80 m/s的情况下，才允许使用上述型式的瞬时式安全钳（楔块式、偏心轮式）。使用限速器触发的情况见5.6.2.2.1.1（最大速度也为0.8 m/s），这只相当于1.27倍的电梯额定速度。

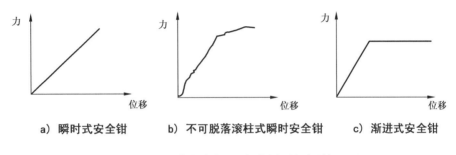

图 5.6-4　几种安全钳制动时"力-位移"关系图

5.6.2.1.2.2　如果轿厢、对重（或平衡重）具有多套安全钳，则它们均应是渐进式的。

【解析】

本条与GB 7588—2003中9.8.2.2相对应。

对于高速电梯或速度较低、但载重量较大的电梯，如果采用一对安全钳无法满足制动要求时，轿厢可采用多套安全钳（见图5.6-5）。在动作时，这几套安全钳同时动作，产生的合力制停轿厢。

这种情况下，即使轿厢额定速度不超过0.63 m/s，但由于采用了多套安全钳，而每套安全钳的拉杆安装、间隙调整等不可能完全一致，在技术上也难以保证这几套安全钳在同一时刻同时动作，每套安全钳在动作时必然会存在时间上的差异。如前所述，瞬时式安全钳制动时间极短，制动减速度很大，如果几套安全钳不同步，就会造成实际上只有其中几只制动，而另几只没有来得及制动，先制动的安全钳和其所作用的导轨将承受大部分甚至全部能量，这于安全钳本身、导轨和轿厢结构来说都是非常危险的，很容易引起这些部件的损坏。而渐进式安全钳则不同，由于其制动距离较长，而且每个安全钳的制动力都被限定，因而对于动作同步性的要求不像瞬时式安全钳那样严格，同步性略有差异时也不会造成严重的后果。所以，如果同时使用多套安全钳时，这些安全钳全部应为渐进式。利用渐进式安全钳在动作过程中的弹性元件的缓冲作用来缓解多套安全钳不能同步动作带来的影响。

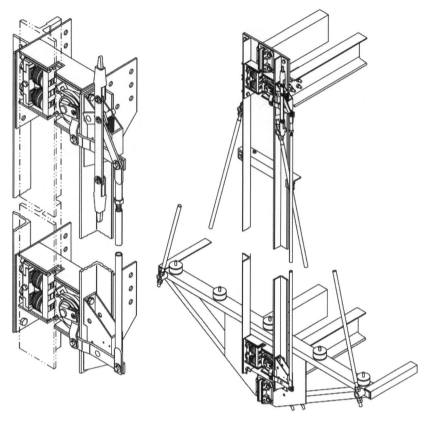

图 5.6-5　轿厢装有多套安全钳的情况

5.6.2.1.2.3　如果额定速度大于 1.0 m/s，对重（或平衡重）安全钳应是渐进式的，其他情况下，可以是瞬时式的。

【解析】

本条与 GB 7588—2003 中 9.8.2.3 相对应。

由于对重或平衡重上不可能有人员停留，因此如果对重或平衡重上设置安全钳，其限制条件要比轿厢宽松一些。允许在额定速度不大于 1 m/s 的情况下使用瞬时式安全钳。

前面曾经论述，之所以不允许在额定速度较高的情况下在轿厢侧使用瞬时式安全钳，是由于瞬时式安全钳制动减速度大，容易危害轿内人员的安全。但是既然对重（或平衡重）上不可能有人员停留，那么为什么还要规定"若额定速度大于 1 m/s，对重（或平衡重）安全钳应是渐进式的"。很简单，如果电梯的额定速度很高，对重侧使用了瞬时式安全钳，在对重安全钳动作时，对重的制停距离非常短，但轿厢在惯性作用下竖直上抛，然后坠落，引发巨大振荡。这与 5.5.6 中要求的"补偿绳张紧轮需要设置防跳装置"的意思一样。

虽然本条允许额定速度不大于 1.0 m/s 的情况下，对重（或平衡重）可选用瞬时式安全钳，但还应注意本部分对此还有以下规定：

（1）当使用限速器作为触发方式时应满足：

1）触发安全钳的限速器的动作速度应至少等于额定速度的 115%；

2）对于不可脱落滚柱式瞬时式安全钳，限速器动作速度不超过 1.00 m/s；

3）对于除了不可脱落滚柱式以外的其他形式的瞬时式安全钳，限速器动作速度不超过 0.80 m/s。

（2）当安全钳通过悬挂装置的断裂或安全绳触发时，应能保证安全钳的触发速度与所对应的限速器的触发速度一致。

综上所述，当对重/平衡重使用瞬时式安全钳时，无论采用哪种触发方式，电梯的额定速度应满足：

$$v_额 \leqslant v_t / 1.15$$

式中，$v_额$ 为电梯额定速度 v_t 为限速器触发速度。

因此，电梯的额定速度应满足：

——对于不可脱落滚柱式瞬时式安全钳：$v_额 = 1.0 / 1.15 \approx 0.87$ m/s

——对于除了不可脱落滚柱式以外的其他形式的瞬时式安全钳：$v_额 = 0.8 / 1.15 \approx 0.70$ m/s

与 GB 7588—2003 相比，本次修订不再要求对重安全钳的限速器动作速度大于轿厢限速器的动作速度（但不得超过 10%），操作轿厢和对重的限速器动作速度可以相同。但由于在额定速度超过 0.63～1.0 m/s 的情况下，轿厢必须采用渐进式安全钳而对重可采用瞬时式安全钳，而瞬时式安全钳动作后对导轨、安全钳的损伤较大，释放起来也比较困难，因此在上述情况下，选用限速器时最好还是使轿厢限速器的动作速度小于对重限速器的动作速度。这样可以使对重侧的瞬时式安全钳在尚未动作时，轿厢侧限速器的电气开关已经动作（此时轿厢虽然处于上行，但限速器的电气开关可双向动作），避免轿厢继续超速导致对重侧安全钳动作。当然如果轿厢和对重的安全钳选用了相同的形式（均为瞬时式或均为渐进式），则不必考虑以上情况。

5.6.2.1.3 减速度

载有额定载重量的轿厢或对重（或平衡重）在自由下落的情况下，渐进式安全钳制动时的平均减速度应为 $0.2g_n \sim 1.0g_n$。

【解析】

本条与 GB 7588—2003 中 9.8.4 相对应。

由于不能严格控制瞬时式安全钳制动减速度，因此其适用范围有严格限制。而渐进式安全钳在制停轿厢的过程中也要防止制动减速度过大或过小的情况发生。

在实际使用中，轿厢中的载荷并不是恒定的，由空载到满载的情况都可能出现。在任何情况下发生轿厢坠落事故时，安全钳制动的平均减速度值都不能太大，否则可能危及轿内乘客的人身安全。平均速度也不应过小，以免在环境条件（如导轨表面的润滑情况等）发生变化时，制动力不足。因此本条将渐进式安全钳制动装有额定载荷的轿厢时所提供的平均减速度限定在 $0.2g_n \sim 1.0g_n$。

由于渐进式安全钳的制动力是近似恒定值的，因此制停减速度的大小取决于额定载荷与轿厢自重之比。空载和满载情况下减速度的差值可按下式粗略计算：

$$a_空 = Q/P \times (g_n + a_额) + a_额$$

式中：

$a_空$——空载轿厢自由下落时安全钳制动时的平均减速度；

$a_额$——装有额定载荷的轿厢自由下落时安全钳制动时的平均减速度；

Q——额定载荷；

P——轿厢质量。按照上式可以推算空载轿厢的制动减速度。

虽然在这里并没有要求对重或平衡重的安全钳在动作时的平均减速度应在 $0.2g_n \sim 1.0g_n$，但在 5.6.2.1.1.2 中要求"安全钳是安全部件，应根据 GB/T 7588.2 中 5.3 的要求进行验证"。而根据 GB/T 7588.2 中 5.3 的试验方法，任何安全钳（无论是轿厢安全钳还是对重、平衡重安全钳）都必须满足上述速度范围。

此外，还应注意，在计算或验证安全钳的平均减速度时，应从安全钳开始减速的时间点算起，这与缓冲器试验有所不同（见 GB/T 7588.2 中 5.5.3.2.6.1a)）。

5.6.2.1.4　释放

5.6.2.1.4.1　只有将轿厢或对重（或平衡重）提起，才能使轿厢或对重（或平衡重）上的安全钳释放并自动复位。

【解析】

本条与 GB 7588—2003 中 9.8.5.2 相对应。

由于安全钳动作时可能是在悬挂轿厢、对重（或平衡重）的钢丝绳已经断裂的情况下，因此如果不是在将轿厢、对重（或平衡重）提起的情况下释放安全钳，可能导致灾难性后果。为了避免这种情况的发生，本部分规定了只有在将轿厢、对重（或平衡重）提起的情况下才能释放动作后的安全钳。也就是说，安全钳动作后，除上述措施外，其他任何方式均不应使安全钳解除自锁。同样也不应提供能够在不提起轿厢、对重（或平衡重）而释放安全钳的装置。

同时，考虑到实际情况下使安全钳复位可能存在困难，允许动作后的安全钳在轿厢、对重（或平衡重）被提起的情况下自动复位。

从本条要求可以看出，"将轿厢或对重（或平衡重）提起"只是释放和自动复位安全钳的必要条件，在满足这个条件后，安全钳可以自动释放和自动复位，也可以通过人工释放并复位。而且这种自动复位应仅限于安全钳本身（如，楔块的复位），而不是电梯系统的自动复位并投入继续运行。根据 5.6.2.1.4.3 的要求，动作后的安全钳经释放后，仍需要胜任人员干预后才能使电梯恢复正常运行。

> **5.6.2.1.4.2**　在不超过额定载重量的任何载荷情况下，采取下列方式应能释放安全钳：
> a)　通过紧急操作(见 5.9.2.3 或 5.9.3.9)；或
> b)　按现场操作程序(见 7.2.2)。

【解析】

本条为新增内容。

由于安全钳是用于保护轿厢的下行超速和坠落风险，以及对重/平衡重的坠落风险的，因此安全钳均是在轿厢、对重(或平衡重)向下运动时才会发生动作。而 5.6.2.1.4.1 要求"只有将轿厢或对重(或平衡重)提起，才能使轿厢或对重(或平衡重)上的安全钳释放并自动复位"。因此释放安全钳必须设法提起被其制停的轿厢、对重(或平衡重)。也应注意，提起轿厢、对重(或平衡重)应采用安全的方式，以避免在上述操作过程中导致危险的发生。

本条给出了两种提起轿厢、对重(或平衡重)的方式：

a) 通过紧急操作方式释放安全钳

不同驱动方式的电梯用于提起轿厢、对重(或平衡重)的紧急操作方式也有所不同。

① 对于曳引驱动和强制驱动电梯

对于轿厢下行超速(而不是坠落)导致的安全钳动作，由于此时悬挂装置依然有效，因此可采用以下方式提起轿厢、对重(或平衡重)：

——手动操作的机械装置(常见的如盘车)，见 5.9.2.3a)；

——手动操作的电动装置，见 5.9.2.3b)；

——紧急电动运行方式，见 5.12.1.6。

② 对于液压驱动电梯

采用手动泵向上移动轿厢。

b) 按照现场操作程序释放安全钳

除本条 a)中所述采用紧急操作方式释放安全钳，还可以采用其他通过提升轿厢、对重(或平衡重)释放安全钳的方法。此外，如果是曳引驱动、强制驱动或间接作用液压电梯，当悬挂装置断裂时，无法通过紧急操作方式向上提升轿厢、对重(或平衡重)。因此应采取其他安全有效的手段释放安全钳。本部分 7.2.2 要求了电梯的使用说明书中应对专用工具和救援操作进行说明[见 7.2.2 中 g)、i)]。因此，按照电梯使用说明书中提供的方法释放安全钳被认为是安全的。

> **5.6.2.1.4.3**　安全钳释放后，应通过胜任人员干预后才能使电梯恢复到正常运行。
> **注：**仅通过主开关复位使电梯恢复到正常运行是不可取的。

【解析】

本条与 GB 7588—2003 中 9.8.5.1 对应。

安全钳动作是发生在轿厢下行超速甚至是坠落的情况下，这些故障本身能够导致重大人身伤害。因此如果安全钳动作，必须要查明原因并消除故障，不能在安全钳释放后自动将电梯投入正常运行。

对于"应通过胜任人员干预"也不应认为是由胜任人员随意操作或走过场式地操作一下[如，仅仅提起轿厢或对重（或平衡重）使动作的安全钳释放]，即可将电梯恢复正常运行，而是应对安全钳动作的原因进行切实检查，并进行有效处理后，方可允许继续使用电梯。

CEN/TC 10 曾收到对于本条注解的提问：

提问：为什么仅在 5.6.2.1.4.3 中有此注解？5.6.5.9.2、5.6.6.7、5.6.7.9、5.9.2.7.3 和 5.12.2.3.2 本条的注解内容是否也适用？

CEN/TC 10 的回复是：注解的目的是避免在没有真正查清安全钳动作原因的情况下，电梯就被恢复使用。有些情况下可能是用于检查安全钳的电气安全装置动作造成电梯停止运行，而该电气安全装置的动作并不代表安全钳完全动作。当安全钳的电气检查装置不是双稳态的情况下，可能在电气安全装置恢复后使电梯重新运行。但无论何种原因造成安全钳电气检查开关动作，都应由胜任人员查清其动作原因。由于其他情况下安全装置动作后不通过胜任人员的干预是无法使电梯恢复正常运行（如 5.6.7.9 所述情况，轿厢在开锁区外且轿门开启，不经过胜任人员干预是不可能恢复运行的），因此不需要特别加入本条注解内容。

5.6.2.1.5　电气检查

当轿厢安全钳作用时，设置在轿厢上的符合 5.11.2 规定的电气安全装置应在安全钳动作以前或同时使电梯驱动主机停止运转。

【解析】

本条与 GB 7588—2003 中 9.8.8 相对应。

本条要求的电气安全装置通常是采用一个符合 5.11.2.2 规定的安全触点型开关实现，总结起来有如下方面：

（1）应设置电气安全装置（通常是安全触点型开关，以下以开关型式为例进行描述）使主机停转，见图 5.6-6。不但要求切断电机的电源，而且曳引机的制动器也要同时动作。

（2）这个开关要验证的是安全钳是否动作，以及安全钳是否已经被复位。为保证正确检验安全钳的真实状态，此开关要装在轿厢上，不能用限速器上的开关或其他开关替代。

（3）开关的作用是当轿厢安全钳动作前或动作时及时反映安全钳的情况。

（4）这个开关并没有要求必须是手动复位的。也就是说，可以在提起轿厢使安全钳复位后，开关被复位（当然在安全钳完全复位前，必须防止开关复位）。不一定要专门去复位这个开关。

（5）为正确反映安全钳状态，该电气安全装置在安全钳没有被复位时，不应被恢复正常状态。在这个意义上，其实在释放安全钳后能够自动复位的开关满足本部分要求。

（6）这个开关仅在轿厢安全钳上有所要求，对重或平衡重安全钳没有要求类似的装置。

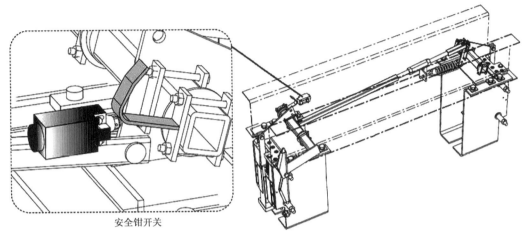

安全钳开关

图 5.6-6　安全钳电气检查装置（安全钳开关）

5.6.2.1.6　结构要求

5.6.2.1.6.1　禁止将安全钳的夹爪或钳体充当导靴使用。

【解析】

本条与 GB 7588—2003 中 9.8.6.1 相对应。

这里所谓的"夹爪"就是安全钳的制动元件。

安全钳作为防止轿厢（对重或平衡重）坠落的最终保护部件，必须避免在电梯的正常使用过程中遭到损坏。如果将安全钳的钳体或制动元件兼作导靴使用，在电梯使用中安全钳部件难免受到磨损，从而导致安全钳在动作时不能发挥其应有的作用。因此，安全钳只能专门用于防止坠落的安全保护，而不能兼作其他用途。

5.6.2.1.6.2　如果安全钳是可调节的，最终调整后应加封记，以防在未破坏封记的情况下重新调整。

【解析】

本条与 GB 7588—2003 中 9.8.6.3 相对应。

本条的目的是防止其他人员调整安全钳、改变其额定速度、总容许质量，导致安全钳失去应有作用。因此作为安全部件的安全钳如果是可调节的，其额定速度和总容许质量应根据电梯主参数在生产厂出厂前完成调整。由于安全钳的调整将涉及其动作特性，为防止无关人员随意调整，以及在安全钳状态检查中能够及时判断其调整和设定是否处于正常状态，电梯生产厂家应在安全钳调节完成，并测试合格后加上封记。

封记可采用铅封或漆封也可以用定位销锁定，只要是能够防止无关人员随意调整安全钳，或能够容易地检查出安全钳是否处于正常调整状态即可。

5.6.2.1.6.3 应尽可能防止安全钳误动作，例如：与导轨间留有足够的间隙，允许导靴水平移动。

【解析】

本条是新增内容。

安全钳误动作是指：在未发生下行超速或悬挂装置未断裂的情况下动作，均属于安全钳的误动作（5.6.2.2.1.5检查和测试的情况除外）。常见的安全钳误动作是由于安全钳摩擦块与导轨之间的间隙过小，在轿厢偏载等条件下导靴变形造成安全钳摩擦块接触导轨，电梯运行时导轨和摩擦块之间的摩擦力导致安全钳误动作。为了避免上述情况的发生，在电梯设计时，应充分考虑电梯在使用过程中导靴的变形和位移、轿厢偏载等因素可能导致的安全钳误动作。本条中要求的"足够的间隙"指的是该间隙能够避免由于运行过程中导靴的移动、变形而造成安全钳误动作，见图5.6-7。

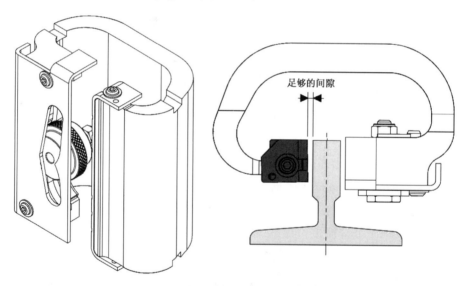

图5.6-7 安全钳摩擦块与导轨之间的间隙

5.6.2.1.6.4 不应使用电气、液压或气动操纵的装置来触发安全钳。

【解析】

本条与GB 7588—2003中9.8.3.2相对应。

考虑到电气、液压或气动装置在动作时受到外界的限制较多，如电源情况、环境温度状况（主要会对气动和液压装置产生影响）等，而安全钳作为电梯坠落时的"终极保护"不能出现任何问题，否则将发生人身伤亡的重大事故。因此，要将外界对整个安全钳系统（包括操纵系统)的影响减小到最低限度。

5.6.2.1.6.5 当安全钳通过悬挂装置的断裂或安全绳触发时,应能保证安全钳的触发速度与所对应的限速器的触发速度一致。

【解析】

本条为新增内容。

当安全钳通过悬挂装置断裂触发或通过安全绳触发时,均可能是在轿厢运行时上述方式操作安全钳动作,因此要求采用这两种触发形式时,必须保证安全钳触发速度和所对应的限速器触发速度(见5.6.2.2.1.1)一致。虽然上述两种触发方式并没有限速器参与,但安全钳被触发时的速度应与限速器触发时的速度相同,这样就保证了安全钳通过悬挂装置的断裂或安全绳触发时,其安全性与采用限速器触发时相同。

5.6.2.2 触发方式

5.6.2.2.1 限速器触发

【解析】

采用限速器触发安全钳的方式最为普遍,在各种条件下均可采用限速器与安全钳的联动来保护轿厢坠落和下行超速、对重或平衡重的坠落以及轿厢沉降。可以应用在轿厢上,也可应用于对重或平衡重上。而且,无论是曳引驱动、强制驱动还是液压驱动电梯均可采用。在液压电梯上使用时,无论是直接作用式还是间接作用式液压电梯,均适用这种触发方式(直接作用式液压电梯允许不采用限速器-安全钳防止坠落和下行超速)。

限速器的种类以及设计、计算的简要方法见"GB/T 7588.1 资料5.6-3"。

5.6.2.2.1.1 总则

应满足下列条件:

a) 触发安全钳的限速器的动作速度应至少等于额定速度的115%,但应小于下列值:

　　1) 对于除了不可脱落滚柱式以外的瞬时式安全钳,为0.80 m/s;

　　2) 对于不可脱落滚柱式瞬时式安全钳,为1.00 m/s;

　　3) 对于额定速度小于或等于1.00 m/s的渐进式安全钳,为1.50 m/s;

　　4) 对于额定速度大于1.00 m/s的渐进式安全钳,为$1.25v+0.25/v$,单位为米每秒(m/s)。

对于额定速度大于1.00 m/s的电梯,建议选用尽可能接近4)所规定的动作速度值。

对于低速电梯,建议选用尽可能接近a)所规定动作速度的下限值。

> b)　对于只靠曳引来产生提拉力的限速器，其轮槽应：
>
> ——经过额外的硬化处理；或
>
> ——具有符合 GB/T 7588.2—2020 中 5.11.2.3.1 规定的切口槽。
>
> c)　限速器上应标明与安全钳动作相应的旋转方向。
>
> d)　限速器动作时，限速器绳的提拉力不应小于以下两个值的较大者：
>
> ——使安全钳动作所需力的两倍；或
>
> ——300 N。

【解析】

本条与 GB 7588—2003 中 9.9.1、9.9.4 和 9.9.5 相对应。

与 GB 7588—2003 的 9.9.1 不同，本条的要求不但适用于操纵轿厢安全钳的限速器，同时也适用于操纵对重（或平衡重）安全钳的限速器。

a）触发安全钳的限速器的动作速度的要求

（1）限速器动作速度的下限

由于在本部分 5.9.2.4 中有这样的规定："当电源为额定频率，电动机施以额定电压时，电梯轿厢在半载，向上和向下运行至行程中段（除去加速和减速段）时的速度，不应大于额定速度的 105％"，也就是说轿厢正常运行时可能达到的最大速度为额定速度的 105％。考虑到防止安全钳误动作，因此限速器动作速度较电梯正常运行时可能达到的最大速度略有提高。因此给定的最低动作速度为："触发安全钳的限速器的动作速度应至少等于额定速度的 115％"。

（2）针对不同形式的安全钳，以及不同的电梯额定速度，规定了限速器动作速度的上限

① 对于瞬时式安全钳

对于在轿厢上使用瞬时式安全钳时，曳引驱动和强制驱动电梯的最高额定速度为 0.63 m/s；液压电梯的破裂阀触发速度或节流阀（或单向节流阀）最大速度不超过 0.8 m/s（参见 5.6.2.1.2.1）。当在对重或平衡重上使用瞬时式安全钳时，电梯额定速度不超过 1 m/s（参见 5.6.2.1.2.3）。但是按照本条的触发速度要求，对重或平衡重上使用瞬时式安全钳的情况，电梯的额定速度应不能达到 1 m/s（见 5.6.2.1.2.3 解析）。

而瞬时式安全钳根据其制动元件的不同通常又分为不可脱落滚柱式、楔块式和偏心轮式。之所以限速器的动作速度的上限值与安全钳结构型式相关是因为不同型式的安全钳在其动作过程中吸收能量的能力以及动作后复位的难易程度是不一样的，所以对其动作的要求有不同的限制。

——对于不可脱落滚柱式以外的其他形式的瞬时式安全钳

其他型式的瞬时安全钳（楔块式、偏心轮式）动作后释放比不可脱落滚柱式安全钳更加困难，因此这些型式的瞬时式安全钳所配合使用的限速器的动作速度相比不可脱落滚柱式瞬时安全钳来说就要更加严格些，允许动作速度降低至 0.8 m/s，用于轿厢时，相当于 1.27

倍的电梯额定速度。

——对于不可脱落滚柱式瞬时式安全钳

不可脱落滚柱式瞬时安全钳动作时，因钳体、滚柱或导轨的变形会使制动过程相对较长，制动的剧烈程度（冲击）相对双楔块式要小一些，对轿内乘客或货物的冲击要相对弱一些，释放相对来说也容易些，因此与其配套使用的限速器的动作速度可以略高些，允许限速器动作速度为 1 m/s，用于轿厢时，相当于 1.59 倍的电梯额定速度。

② 对于渐进式安全钳

渐进式安全钳可以用于任何额定速度的电梯。为了在安全钳动作时电梯不至于到达危险速度，对于不同的额定速度限速器的触发速度上限也应有所区别。

——额定速度大于 1.00 m/s 时，

限速器动作速度上限按照公式：$1.25v+0.25/v$(m/s)计算，额定速度越大，其结果越接近 $1.25v$。

——额定速度小于或等于 1.00 m/s 时，

对于额定速度小于 1 m/s 时，如果仍按 $1.25v+0.25/v$ 选取，则速度很低的电梯（例如，速度低于 0.2 m/s）的限速器动作速度的上限值超过电梯额定速度的值会较大，这也是危险的。

因此设定限速器触发速度的上限值在按照 $1.25v+0.25/v$ 选取的同时，还要求上限速度不超过为 1.5 m/s。这样可以有效避免出现限速器动作速度超出额定速度过多的情况。

将 1.5 m/s 代入，有 $1.25v+0.25/v=1.5$ m/s，可知，1 m/s 和 0.2 m/s 是函数的两个解，即：在这两个速度之间时，限速器动作速度均应小于 1.5 m/s；0.2 m/s 以下的电梯，限速器动作速度将大于 1.5 m/s。

在此，选取 1.5 m/s 的限速器动作速度，可以兼顾 0.2 m/s≤v≤1 m/s 的速度段和 0.15 m/s＜v＜0.2 m/s 的速度段，避免速度段过于零散。

注：这里"0.15 m/s"是根据 1.3 得来的，v≤0.15 m/s 的设备不适用本标准。

各种型式的安全钳使用在轿厢上时，其适用限速器的动作速度见表 5.6-1。

表 5.6-1　各种安全钳的限速器动作速度

项目	不可脱落滚柱式瞬时式安全钳	除不可脱落滚柱式以外其他型式的瞬时式安全钳	渐进式安全钳	
电梯额定速度	v≤0.63 m/s	v≤0.63 m/s	v≤1 m/s	v＞1 m/s
限速器动作下限值	≥1.15 v			
限速器动作上限值	1 m/s	0.8 m/s	1.5 m/s	$1.25v+0.25/v$

上文已经论述，对于额定速度超过 1 m/s 的电梯，根据本部分规定，应选用渐进式安全钳，限速器动作速度上限应为 $1.25v+0.25/v$（v 为额定速度）。随着电梯额定速度的提高，上式中"$0.25/v$"这一项对计算结果的影响越来越小，因此其动作速度上限值越来越接近额

定速度的 1.25 倍。而渐进式安全钳制停电梯是靠制动元件将电梯的动能通过与导轨的摩擦转化为热能消耗掉，在其制停距离中是一个耗能的过程。同时，渐进式安全钳要求的是平均制动减速度在一定范围内，在轿厢 $P+Q$ 确定的情况下，如果其平均制停减速度是一定的，平均制动力必然也是一定的，安全钳动作时轿厢速度在一定范围内变化时只是影响了制动元件在导轨上的滑移距离而已。因此，渐进式安全钳的制动性能对一定范围内的限速器动作速度的变化并不很敏感。在这种情况下，限速器选用接近上限值的动作速度，可以给电气安全装置的动作及系统对电气安全装置（见 5.6.2.2.1.6）留出足够的时间来作出反应。如果电气安全装置的动作能够使轿厢速度降低直至停止（这是主要依靠驱动主机的制动器），就可以避免安全钳的动作。毕竟安全钳动作时对轿厢的冲击较大，其释放也比较困难，如果在能保证安全的前提下应尽可能避免安全钳动作。

b）对限速器轮槽的要求

为了保证对于只靠摩擦力来产生提拉力的限速器在使用一段时间后，依然能够在动作的时候提供足够的提拉力，要求槽口经过硬化处理或附带下切口，避免由于磨损而造成当量摩擦系数的降低。

c）对限速器动作方向标识的要求

为避免安装错误以及试验操作时明确方向，应在限速器上标明与安全钳动作相应的旋转方向。尤其是那些靠摩擦力来产生张力的限速器，一般都是对称结构，限速器上也没有明显的夹绳装置，如果没有动作方向的标识，安装时难以正确分辨方向。如果轿厢上行超速保护装置（见 5.6.6）与安全钳共用一套限速器，则限速器上应标示与安全钳动作相应的旋转方向，如图 5.6-8 所示。

图 5.6-8　限速器上与安全钳动作相应的旋转方向标识

d）对限速器触发安全钳时的提拉力要求

这里所说的是"限速器动作时，限速器绳的提拉力"，即限速器钢丝绳能够触发安全钳动作而提供的力。

由于限速器动作时通过绳轮与钢丝绳之间的摩擦阻力或通过夹紧装置与钢丝绳之间的摩擦阻力,就是这里所要求的"限速器动作时,限速器绳的提拉力",对于靠绳轮与钢丝绳之间的摩擦阻力制停钢丝绳的限速器来说,就是限速器钢丝绳在绳轮上的摩擦力;对于通过夹紧装置夹紧钢丝绳的限速器来说,就是夹紧装置对钢丝绳的摩擦阻力。

为了能够有效地触发安全钳,这里规定了限速器动作时钢丝绳提拉力的下限值:$T \geqslant 300$ N 且 $T \geqslant 2$ 倍的触发安全钳所需要的力。这里虽然并没有规定上限值,但并非对上限值没有规定,根据 5.6.2.2.1.3 中的 b)"限速器绳的最小破断拉力相对于限速器动作时产生的限速器绳的提拉力的安全系数不应小于 8",可以获得提拉力的上限值。限速器绳的安全系数也应是根据这个力计算出来的。

5.6.2.2.1.2 响应时间

为确保在达到危险速度之前限速器动作,触发渐进式安全钳的限速器动作点之间对应于限速器绳移动的最大距离不应大于 250 mm。触发瞬时式安全钳的限速器动作点之间对应于限速器绳移动的最大距离不应大于 100 mm。

【解析】

本条与 GB 7588—2003 中 9.9.7 相对应。

限速器从达到动作速度,到其动作并通过钢丝绳、连杆装置触发安全钳这段时间应予以限制,通俗地讲就是:限速器达到动作速度后到制动钢丝绳的这段响应时间要尽可能地短,不允许在安全钳动作前,电梯系统到达危险速度,这个要求是非常必要也是非常重要的。尤其对于非连续捕捉的限速器来说,限速器绳轮的节径和每个圆周上捕捉点的数量的关系是限速器选型的关键因素之一。限速器绳轮节径越大,每个圆周上的捕捉点数量越少,限速器动作的离散性就越大,越难以满足本条要求,对于连续捕捉的限速器则不存在上述问题。

如果限速器采用夹块制停钢丝绳,夹块对钢丝绳的夹紧力必须适当选取;当采用绳槽摩擦制停钢丝绳时,槽口的当量摩擦系数和钢丝绳的张紧力是设计中要着重要考虑的。也就是说,限速器的响应时间实际是由两个方面构成的:限速器对于超速是否能够及时捕捉;捕捉后是否能够及时制停钢丝绳。针对本条要求,这两点都必须予以充分考虑。

与旧版标准相比,本部分中对于"达到危险速度之前"有了量化的要求,即:

——对于瞬时式安全钳

触发瞬时式安全钳的限速器动作点之间对应于限速器绳移动的最大距离不应大于 100 mm。

——对于渐进式安全钳

触发渐进式安全钳的限速器动作点之间对应于限速器绳移动的最大距离不应大于 250 mm。

所谓"触发渐进式安全钳的限速器动作点之间对应于限速器绳移动的最大距离"就是限速器两个捕捉点之间的弧度对应到限速器绳节圆上的弧长,见图 5.6-9a)。

≤250 mm(对于渐进式安全钳)

≤100 mm(对于瞬时式安全钳)

a) 4个捕捉点的限速器　　　　　　　　　　b) 2个捕捉点的限速器

图 5.6-9　触发安全钳的限速器动作点之间对应于限速器绳移动的最大距离

　　需要说明的是,根据本条要求对于触发渐进式和瞬时式安全钳的限速器动作点对应于限速器绳的最大移动距离是不同的。瞬时式安全钳的要求比渐进式安全钳更加严格,这是因为瞬时式安全钳在制停时,钳体吸收的能量比渐进式安全钳大很多。从 GB/T 7588.2 中的 5.3.2.3.1 的吸收能量的计算即可反映出本条所述的 100 mm 这个距离。渐进式安全钳主要是靠楔块与导轨的摩擦将动能变为热量耗散出去,其制停的初速度越高对应的制停距离越长,这与瞬时式安全钳主要通过钳体吸收能量完全不同。因此,瞬时式安全钳对速度的增加更加敏感。

　　"触发渐进式安全钳的限速器动作点之间对应于限速器绳移动的最大距离不应大于 250 mm"的要求,CEN/TC 10 是参照目前市场上应用比较广泛的、绳轮节圆直径 300 mm、带有 4 个捕捉点(均匀分布)的限速器制定的。图 5.6-9b)所示的限速器结构,由于仅有 2 个捕捉点,当限速器绳轮直径稍大(使用渐进式安全钳大于 159 mm;使用瞬时式安全钳大于 63.7 mm)时即无法满足本条要求。

　　关于响应时间的问题,在 EN81-1 中 CEN/TC 10 曾被问到以下问题:

询问:

(1) 什么是"足够短"和"危险速度"?

(2) 在一个安全操作过程中,在哪个时刻之间测量响应时间?

(3) 此条文是否实际上理解为"在限速器动作后,安全钳的响应时间应……"?

(4) 对于下列额定速度,当观测安全钳试验时,测量时间和速度是什么值?

CEN/TC 10 的回答是:

(1) 如果在操纵安全钳所需的力刚建立的瞬时,所达到速度不超过已认定的安全钳最大速度，则响应时间为足够短。因此，"危险的速度"被定义为：超过已整定的安全钳最大速度的速度。

（2）响应时间是一段时间，从达到限速器理论动作速度的时刻起到达到所需要的操作力的时刻，见 EN 81-1 的 9.9.4 和 EN81-2 的 9.10.1。

（3）不是。响应时间与限速器有关系，而不是安全钳。

（4）目前，本标准没有要求在限速器和安全钳之间要有直接的兼容性。在以后的修订中，将考虑此观点。

5.6.2.2.1.3　限速器绳

限速器绳应满足下列条件：

a) 限速器应由符合 GB/T 8903 规定的限速器钢丝绳驱动。

b) 限速器绳的最小破断拉力相对于限速器动作时产生的限速器绳提拉力的安全系数不应小于 8。对于曳引型限速器，考虑摩擦系数 $\mu_{max}=0.2$ 时的情况。

c) 限速器绳的公称直径不应小于 6 mm，限速器绳轮的节圆直径与绳的公称直径之比不应小于 30。

d) 限速器绳应采用具有配重的张紧轮张紧，张紧轮或其配重应具有导向装置。限速器可以作为张紧装置的一部分，但其动作速度不能因张紧装置的移动而改变。

e) 在安全钳作用期间，即使制动距离大于正常值，也应保持限速器绳及其端接装置完好无损。

f) 限速器绳应易于从安全钳上取下。

【解析】

本条与 GB 7588—2003 中 9.9.6.1～9.9.6.7 相对应。

通常情况下，限速器-安全钳联动系统的设计是采用限速器绳绕经限速器轮和张紧轮形成一个封闭的环路，其两端通过绳头连接装置安装在轿厢框架上操纵安全钳的连杆系统上。张紧轮的质量使限速器绳保持张紧状态，并在限速器轮槽和限速器绳之间形成一定的摩擦力。在不同情况下，限速器绳分别起到了如下作用：

——正常情况下，由轿厢通过限速器绳带动限速器绳轮转动，使轿厢的运行直线速度转换为限速器轮的转动速度；

——限速器触发时，限速器绳轮停止运转或触发制动限速器钢丝绳的装置，使限速器绳操作安全钳系统动作。

作为限速器-安全钳系统的传动元件，本部分对限速器绳做了详细的规定。

a）限速器应由钢丝绳驱动

这里排除了限速器采用链、齿轮等方式驱动的型式。主要出于以下考虑：齿轮、链等驱动方式与钢丝绳与绳轮的配合型式不同，它们之间无法产生必要的相对滑动，在限速器动作时可能造成部件的破坏。

　　询问：是否允许采用链条驱动限速器？

　　CEN/TC 10 的解释是： 不允许，GB 7588—2003 中 9.9.6.1 明确地要求采用柔性钢丝绳。

　　b）限速器绳应具有足够的安全系数

　　由于限速器动作后限速器钢丝绳被制停，但轿厢需要再继续下行一段距离后才能够被安全钳最终制停。尤其是渐进式安全钳，其制动距离比较长，在制停过程中限速器绳也必须跟随轿厢运行并在限速器上滑移一段距离。在这段距离中，钢丝绳要克服绳轮或夹块等的摩擦力产生滑移，因此限速器钢丝绳必须具有足够的强度，以免损坏。

　　在选用限速器钢丝绳时必须有一定安全裕量，本部分规定限速器钢丝绳的安全系数不小于 8。在此应特别注意，为满足上述安全裕量，限速器在动作时对限速器钢丝绳的制停不能过猛。对于带有夹绳机构的限速器，夹绳机构缓冲弹簧的设定是保证钢丝绳安全系数的关键；对于依靠钢丝绳与绳轮槽口之间的摩擦来提拉安全钳的限速器，限速器张紧装置的质量是影响限速器钢丝绳安全系数的关键。

　　对于摩擦型限速器，在计算动作时限速器钢丝绳提拉力时的关键是选取合适的摩擦系数。为了保证在限速器动作时钢丝绳有足够的安全系数，这里建议采用摩擦系数 $\mu=0.2$ 的钢丝绳。这个摩擦系数值是钢丝绳和绳槽之间可能达到的最大值再取一定的安全余量而给出的。

　　如果在滑移过程中所受到的摩擦力太大，可能会造成钢丝绳损伤甚至破断；如果摩擦力不足则可能无法可靠提拉安全钳。因此选取适当的摩擦力是非常关键的。本条与5.6.2.2.1.1 的 d）共同限制了钢丝绳提拉力的最大和最小值。

　　应注意，本条给出的摩擦系数 $\mu=0.2$，是在选取钢丝绳安全系数时用于计算摩擦力使用的，为了充分保证钢丝绳具有充足的安全系数，这个值给得比较大。当适配安全钳所需的提拉力时，不能单纯依照本条给出的值，而应通过实验测定摩擦系数或摩擦力。

　　c）限速器绳的最小公称直径和绳/轮直径比

　　为保证限速器钢丝绳强度的稳定性，其直径不应过细，以免个别绳丝在断裂时对其总强度影响过大。

　　与悬挂轿厢、对重（或平衡重）的钢丝绳类似，限速器钢丝绳运行于绳轮上时也存在疲劳失效的问题，因此在选取限速器时，应使限制限速器绳轮的节圆直径与绳的公称直径的比值足够大。

　　由于限速器钢丝绳两端所受到的拉力远小于悬挂轿厢、对重（或平衡重）的钢丝绳的拉力，因此拉力在钢丝绳在绳轮上弯曲时的附加应力也远小于悬挂轿、对重（或平衡重）的钢丝绳。因此，绳轮的节圆直径与绳的公称直径之比不小于 30 即可。

　　关于钢丝绳直径与绳轮直径之比对钢丝绳寿命的影响，可参见"GB/T 7588.1 资料5.5-3"。

在选用限速器绳时，除了对于限速器钢丝绳最小直径（不小于 6 mm）、绳轮节径与限速器钢丝绳的直径比（不小于 30 倍）、安全系数（不小于 8）等要求外，限速器钢丝绳还有许多值得注意的地方。

（1）钢丝绳捻制型式的选择

由于在绝大多数情况下限速器钢丝绳长度约为整个井道高度的 2 倍，在使用时限速器钢丝绳形成封闭的绳环，靠下部的张紧装置保持张紧，而张紧装置及其导向一般采用重块与杠杆、铰链配合并使用导轨夹夹持在导轨上的型式，如图 5.6-10 所示。在选择限速器钢丝绳时，应根据张紧的实际情况，尽可能选择那些扭转内力小，甚至无扭转内力的钢丝绳，否则当井道总高较高时，限速器钢丝绳由于悬垂长度较大，扭转力也较大，造成张紧轮有扭转的趋势，使铰链轴的位置受到额外的力，影响钢丝绳的张紧效果。在选取限速器钢丝绳时，最好选取交互捻制型式的钢丝绳，尽量不要选择顺捻的钢丝绳。尽管顺捻型钢丝绳有较好的抗疲劳性能，但由于其绳丝和绳股的捻制方向相同，其应力的方向性也更加明显，容易造成扭转、松股等现象，而交互捻制的钢丝绳具有不易扭转、抗松股性能较好的特点。

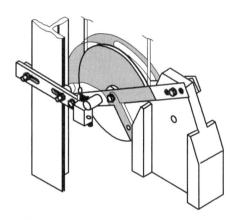

图 5.6-10　限速器张紧装置示意图

（2）限速器钢丝绳应比较柔软

限速器绳的柔软性很重要，它不仅影响绳和轮槽的使用寿命，还对张紧状态及张紧质量有一定影响。如果钢丝绳较硬，将加剧绳槽的磨损，使得保持正常张紧状态所需的张紧质量也要加大。

（3）应充分考虑环境对限速器钢丝绳的影响

钢丝绳芯材料一般有硬质纤维（蕉麻、剑麻等）和软质纤维（黄麻等）两种，当环境湿度较高时，纤维绳芯容易受潮。虽然钢丝绳绳芯含有润滑脂，但还是会随空气湿度变化导致吸湿膨胀或干燥收缩，导致钢丝绳直径及长度变化。主钢丝绳由于悬挂载荷（轿厢及对重质量）较大，所以受湿度影响较小，而限速器钢丝绳承受的载重相对较小，受湿度的影响则较明显。当限速器钢丝绳受潮后，其直径更加容易变大，而长度变短，甚至由于绳芯在各个部位膨胀程度不同，造成钢丝绳直径不均匀，形成"竹节"，在电梯运行过程中引起限速器钢丝绳在绳槽中的震动。此外，在潮湿天气下安装调节好的限速器钢丝绳，当周围空气湿度下降时，绳径便会渐渐减小，绳长相应增加，以致碰到断绳开关。在南方湿度最大的月份，这种收缩率可以达到 0.2％左右，而将洗净的麻芯钢丝绳无负载状态下浸在水中 100 h，其收缩率甚至达到了 1.0％。

为了尽可能减小潮湿环境对限速器钢丝绳造成的不良影响，可采用一些受湿度影响较小的新型电梯用钢丝绳，例如采用绳芯是合成纤维材料的钢丝绳。合成纤维芯钢丝绳由于绳芯不吸水，即使是无负载状态下浸在水中，收缩率也只有 0.05％，这样其长度受潮湿天气的影响是微乎其微的。

　　d）对限速器绳张紧的要求

为保证限速器动作时能够可靠触发安全钳，钢丝绳应处于张紧状态。张紧轮、配重及导向装置参见图 5.6-10 及"GB/T 7588.1 资料 5.6-3"中的图 2。

对于靠绳槽与钢丝绳之间摩擦来制停钢丝绳的限速器，没有良好而适当的张紧力，限速器就不能提供所需的提拉力，这一点与曳引驱动电梯的曳引力计算非常类似。只有钢丝绳两边的拉力相对于其差值来说足够大的情况下，这种限速器才能在动作时产生触发安全钳足够的力。而钢丝绳两边的拉力就来自于限速器绳的张紧。对于这种限速器来说，钢丝绳的张紧是至关重要的，它决定着限速器动作是否有效。这种限速器的张紧力必须根据安全钳所需的提拉力来确定。

对于带有夹绳装置的限速器，适当的张紧力能够保证限速器绳轮与轿厢同步运行，没有相对速度差，因此保证适当的张紧力也是必要的。

此外张紧装置的作用还在于，如果选用纤维绳芯的限速器钢丝绳时，必须保持一定的张紧质量，以防止绳芯在空气湿度变化时，由于其直径的变化而导致钢丝绳长度变化过大。

如果张紧轮或其配重自由悬垂于井道中，很容易受到风或电梯运行气流的影响而摆动，极易与电梯其他部件碰撞。为避免这种情况发生，要求张紧轮或其配重要有导向装置，以使其位置被限定在允许的范围内。

当限速器触发安全钳装置的操作力取决于张紧轮的作用时，允许将限速器安装在井道下部，如果通过试验或计算能够验证这种结构的限速器安全钳系统可正确地动作，则由限速器自身质量来实现张紧是可行的。

　　e）限速器绳及端接装置在触发安全钳动作时应保持完好

在限速器动作并触发安全钳后，安全钳尤其是渐进式安全钳在制停轿厢、对重（或平衡重）的过程中要在导轨上有一段滑移距离。这段距离在安全钳设计时有所考虑，并对限速器的设计产生一定的影响。但是如果受到环境的影响，尤其是导轨和安全钳制动元件表面状态的影响，安全钳在动作时的滑移距离可能大于设计的预期值，即使发生这种情况，限速器绳及其附件也应完好无损。这个要求一方面是规定了限速器钢丝绳及其附件应有足够的强度，在受到较大的拉力时不会损坏；另一方面也限定了钢丝绳在限速器动作后不应被完全卡死,应能够在一定程度上随轿厢的滑移而滑移,以免造成钢丝绳被拉断或表面损伤。

f) 限速器绳的易维护性

本条规定实际上是要求了限速器钢丝绳与安全钳提拉机构的连接要简单。一般情况下,限速器钢丝绳端接部分也应采用绳头,绳头的形式与悬挂电梯系统的主钢丝绳类似,一般采用楔块式和绳夹/鸡心环套式。

这个绳头不但要求具有足够的强度,同时还应在必要时容易与安全钳提拉机构分离。绳头的强度在本部分中并没有明确规定,参考 5.5.2.4,建议绳头的强度不小于钢丝绳的破断载荷的 80%。

5.6.2.2.1.4 可接近性

限速器应满足下列条件:

a) 限速器应是可接近的,以便于检查和维护。

b) 如果限速器设置在井道内,则应能从井道外面接近。

c) 当下列三个条件均满足时,上述 b)不再适用:

1) 能够从井道外使用远程控制(除无线方式外)的方式来实现 5.6.2.2.1.5 所述的限速器动作,这种方式应不会造成限速器的意外动作,且仅被授权人员能接近远程控制的操纵装置;

2) 能够从轿顶或从底坑接近限速器进行检查和维护;和

3) 限速器动作后,提升轿厢、对重(或平衡重)能使限速器自动复位。
如果从井道外采用远程控制的方式使限速器的电气部分复位,则不应影响限速器的正常功能。

【解析】

本条与 GB 7588—2003 中 9.9.8.1~9.9.8.3 相对应。

作为防止轿厢坠落和下行超速的保护系统中的重要部件,限速器在日常电梯使用中的维护保养和检查测试是必不可少的。因此对限速器的可接近性提出了要求。对于限速器安装在机房和井道内的情况,在 5.2.6.3.2.1b)和 5.2.6.4.2.1b)中分别要求有一块不小于 0.5 m×0.6 m 的水平净面积,这也可以视作对可接近性的保障之一。

a) 限速器应可接近

通常情况下,限速器可能设置在机房/滑轮间内或井道内,也可设置在轿厢上(见图 5.6-11)。由于限速器在安装完成后必须按照 6.3 交付使用前的检验检查限速器以及进行限速器-安全钳联动试验。而且在定期检验、重大改装或事故后的检验时(参照附录 C)也应进行限速器检查。因此限速器必须是可以接近的,以便于人员检查和维修。

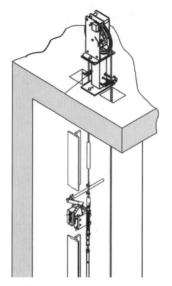
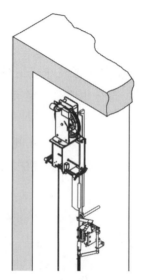

a) 限速器安装在机房或滑轮间内　　　b) 限速器安装在井道内

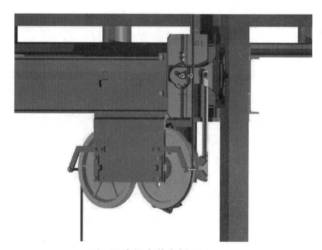

c) 限速器安装在轿厢上

图 5.6-11　安装在不同位置的限速器

b) 限速器安装在井道内的要求

当采用无机房布置的情况下,限速器可以安装在井道内,但是其检查和维修应能够从井道外进行,例如在井道上开设检修门(检修门必须符合本部分 5.2.3.2 和 5.2.3.3 的相关规定)。符合 b)条的限速器安装形式见图 5.6-12。

c) 对于安装在井道内的限速器,满足其可接近性的其他手段

当限速器安装在井道内时,可以采取其他手段替代本条 b)要求。也就是说,c)条的要求与 b)条的要求具有同等安全性。在满足 c)条的基础上无需同时满足 b)条的要求。

符合 c)条的限速器安装形式见图 5.6-13。

本条所要求的几个条件实际上完全是基于检查和维修的需要:

1）在进行限速器-安全钳联动试验时，能够用一种有线遥控的方式进行。这个遥控装置应只能被具有相应资格的人员获得且不会导致限速器误动作。

图 5.6-12 安装在井道内的限速器

应注意，这里所说的"远程控制"既可以是机械方式也可以是电气方式。但如果采用电气方式，不能使用无线控制，以免受到干扰而发生误动作。

机械方式远程控制限速器的方法通常是采用能够带动限速器卡爪的钢丝，在检查和测试时通过拉动钢丝使限速器动作见图 5.6-13a）。

电气方式远程控制限速器的方法通常是由能够在井道外使用的有线控制的电磁铁实现的，限速器则多采用前面介绍过的惯性限速器。与一般的惯性限速器相比，它在棘爪和摆轮之间的连臂上增加了一根摆杆，如图 5.6-13b）。在试验时操作电磁铁，由电磁铁推动摆杆使棘爪与棘轮啮合，实现限速器动作。

a）采用机械方式远程控制的限速器

b）采用电气方式远程控制的限速器

图 5.6-13 安装在井道内的限速器

2）在日常维修保养中，如需要对限速器进行必要的检查和维护，应能够从轿顶上接近限速器并进行相关的操作。这是由于当限速器安装在井道内，且检查和维修不能从井道外进行，为了实现限速器的检查和维修，必须提供一种能够在井道内接近限速器的方法，而且这种方法必须是安全的。保证在轿顶上进行相关作业人员的安全。

　　3）限速器动作后的释放，应在提起轿厢、对重（或平衡重）释放安全钳的过程中同时将限速器复位。避免由于限速器安装在井道中而带来的人员手动复位操作的困难。在通过有线遥控的方式远程释放电气开关时，不能使限速器的正常功能受到影响。也就是说，远程释放电气开关时，不应对限速器的机械状态有所影响。

　　对于"限速器动作后，提升轿厢、对重（或平衡重）能使限速器自动复位"应理解为，所谓"自动复位"是指通过在井道外向安全钳动作的相反方向提拉轿厢，使得限速器的机械部分和电气部分均能被复位。通过这种方法复位后，限速器应能正常运行。

　　如果限速器的电气部分不能通过提升轿厢、对重或平衡重复位，应能够通过井道外的远程控制装置（如电磁铁以及其他类似或等效的方法）复位。远程控制装置应位于机房内，或位于测试操作装置内，释放操作应设计为单人可以完成。

5.6.2.2.1.5　限速器动作的可能性

　　在检查或测试期间，应有可能在低于 5.6.2.2.1.1a)规定的速度下通过某种安全的方式使限速器动作来触发安全钳动作。

　　如果限速器是可调节的，最终调整后应加封记，以防在未破坏封记的情况下重新调整。

【解析】

　　本条与 GB 7588—2003 中 9.9.9、9.9.10 相对应。

　　对于限速器动作的检查和测试是为了验证限速器-安全钳系统是可靠的，而对于安全钳本身由于其动作时所能吸收的能量已经在型式试验中得到了验证（见 GB/T 7588.2 中 5.3），交付使用前试验的目的是检查其是否被正确地安装、调整；同时检查整个组装件，包括轿厢、安全钳、导轨及其和建筑物的连接件的坚固性。限速器和安全钳本身的性能没有必要在这里进行验证。而且，考虑到安全钳在额定速度下动作可能会给导轨带来较大的损伤（尤其高速梯使用的渐进式安全钳，在额定速度下动作将对导轨及钳体造成一定的破坏），故速度较大的电梯推荐以比额定速度低的速度进行。因此在本标准 6.3.4 讲到："瞬时式安全钳，轿厢应以额定速度进行试验"；"渐进式安全钳，轿厢应以额定速度或较低的速度进行试验"。这就要求在比额定速度小的时候应有办法使限速器动作提起安全钳。

　　通常情况下，依靠夹绳装置制停钢丝绳的限速器，在检查和测试时可以直接动作夹绳装置。靠绳轮槽口摩擦制停钢丝绳的限速器，通常采用直接制停限速器绳轮，如图 5.6-14a)；或另外增加试验用绳槽的方法，见图 5.6-14b)。图 5.6-14a)中所示限速器在检查和测试时可通过远程触发机构在低速情况下动作卡爪，停止限速器绳轮的转动。图 5.6-14b)中带试验绳槽的限速器，其绳轮上有两个节径不等的绳槽，直径较大的绳槽是电梯正常运行时使用的；直径较小的绳槽作为试验用槽。当把限速器绳放在试验绳槽中时，在相同角速度的情况下，试验绳槽与正常运行时使用的绳槽的线速度存在差异。在电梯额定速度运行或检修速度运行时，限速器轮的转速就已达到实际动作速度并提拉安全钳。

应注意，在进行限速器-安全钳联动试验时，不能采用手动触发安全钳的方式来替代限速器。

由于限速器是电梯安全部件，其动作速度应根据电梯额定速度在生产厂出厂前完成调整、测试，并加上封记，安装施工时不允许再进行调整。这里的"封记"可采用铅封或漆封，其条件是在对限速器动作速度整定并加以封记后，对影响动作速度的任何调整，都将明显地损毁原封记。目的是防止其他人员调整限速器、改变动作速度，造成安全钳误动作或达到动作速度不动作，造成人身伤害。

这里所要求的封记不仅应加在调整速度的部位，其他任何可引起限速器开关动作速度、制动绳的动作速度以及夹绳力变化的可变动部位都应加封记。

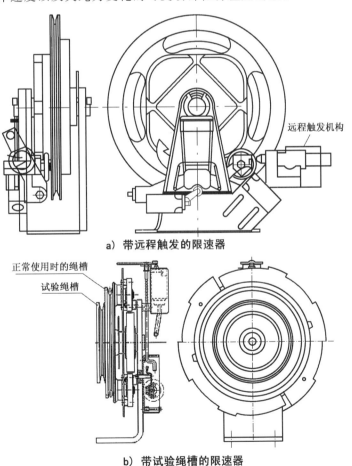

a) 带远程触发的限速器

b) 带试验绳槽的限速器

图 5.6-14　以较低速度动作限速器的方法

5.6.2.2.1.6　电气检查

应满足下列要求:

a)　在轿厢上行或下行的速度达到限速器动作速度之前,限速器或其他装置上的符合 5.11.2 规定的电气安全装置使驱动主机停止运转。

　　但是,如果额定速度不大于 1.0 m/s,该电气安全装置最迟可在限速器达到其动作速度时起作用。

b)　如果安全钳释放后(5.6.2.1.4),限速器未能自动复位,则在限速器未复位时,符合 5.11.2 规定的电气安全装置应防止电梯的启动,但是,在5.12.1.6.1d)3)规定的情况下,该装置应不起作用。

c)　限速器绳断裂或过分伸长时,一个符合 5.11.2 规定的电气安全装置使驱动主机停止运转。

【解析】

本条与 GB 7588—2003 中 9.9.11.1～9.9.11.3 相对应。

a) 这里要求的电气安全装置在一般情况下采用的是一个安全触点型的电气开关(符合5.11.2.2)。这个开关在这里是专门用于限速器的,不能与其他开关(如安全钳开关)混用,见图 5.6-15a)。

这里所谓"在轿厢上行或下行的速度达到限速器动作速度之前"是对电气安全装置的要求,触发轿厢安全钳动作的限速器的机械部分只要求在轿厢下行超速时动作。当然,如果限速器还负担着触发上行超速保护装置的任务的话,这样的限速器肯定是在轿厢上行或下行都能够动作。虽然本条对限速器机械部分没有要求在轿厢上行或下行都能够动作,但其电气开关在上行和下行超速时都应能够起作用。

电气开关的动作速度应小于限速器的机械动作速度,这是因为在限速器机械动作之前,如果能够通过使电气开关动作的方式利用驱动主机制动器将超速的轿厢停止(或降低速度),则可以避免限速器机械动作以及安全钳动作。毕竟,安全钳动作会给导轨、安全钳钳体,甚至轿厢带来一定的损害,而且释放安全钳是比较困难的。只有当驱动主机制动器不能控制超速下行的电梯,限速器的机械动作装置才发挥作用,通过提拉安全钳将轿厢控制在导轨上。

当使用除了不可脱落滚柱式以外的瞬时式安全钳时,限速器动作速度为 0.8 m/s;当使用不可脱落滚柱式瞬时式安全钳时,限速器动作速度为 1 m/s;当使用额定速度小于或等于1 m/s 的渐进式安全钳时,限速器动作速度为 1.5 m/s。对于额定速度不大于 1 m/s 的电梯,考虑到限速器动作速度的上限与额定速度之间的差值较小,电气开关可能来不及在限速器机械动作前发生动作,因此允许电气开关最迟在限速器达到其动作速度时起作用。

对于电气开关的动作速度，本部分只是说"达到限速器动作速度之前"，但提前多长时间没有明确。一般在设计中，电气开关动作的速度下限应保证不小于 $1.15\ v$。

美国标准 A17.1 曾有规定：额定速度为 $0.76{\sim}2.54\ \mathrm{m/s}$ 的电梯，限速器电气开关在电梯下行速度不超过限速器动作速度的 90% 时动作；对于额定速度大于 $2.54\ \mathrm{m/s}$ 的电梯，则为不超过限速器动作速度的 95%。以上要求可以在一般设计中作为参考使用。

b) 当安全钳被释放后，限速器仍处于动作状态（限速器可以在释放安全钳时自动复位），限速器上应有一个电气开关防止电梯启动。这个开关就是本条 a) 条所要求的开关。

但为了在电梯发生故障时及时救援轿厢内乘客，在 5.12.1.6"紧急电动运行控制"的情况下，这个电气开关不起作用。

关于 EN 81-1:1998 中 9.9.11.1、9.9.11.2 所述电气安全装置问题，CEN/TC 10 有如下解释单：

问题：9.9.11.2（GB 7588—2003，下同）规定当限速器在动作状态时，一个电气安全装置应防止电梯的启动。我们的理解是：如果当限速器在动作状态时，9.9.11.1 中的电气安全装置可手动复位使电梯启动，那么只要限速器在动作状态，需要 9.9.11.2 的其他装置防止电梯的启动。问题 1：a) 我们的上述理解是否正确？b) 9.9.11.1 中的装置是足够的吗？问题 2：如果上述 b) 是正确的，当限速器在动作状态时，手动复位 9.9.11.1 的装置并启动电梯是可能的。如何协调它与"当限速器在动作状态时，该装置应防止电梯的启动"的要求之间的不一致？

CEN/TC 10 的解释：问题 1 的 a)：正确。问题 1 的 b)：只有安全钳释放后，限速器自身自动恢复的情况下，9.9.11.1 中的电气安全装置才是足够的，或只要限速器在动作状态下，9.9.11.1 的装置就不能被复位的情况下，9.9.11.1 中的电气安全装置才是足够的。

c) 由于限速器钢丝绳的断裂或过分伸长（松弛）都会使限速器不起作用或发生误动作，为防止上述故障影响限速器的功能，应有一个电气开关监控以上两种故障状态，见图 5.6-15b)。由于这两种故障都会引起限速器张紧装置位置的变化，因此通常情况下这个电气开关安装在限速器钢丝绳的张紧轮上，通过监视限速器张紧轮的位置来确定是否发生了限速器绳断裂或过分伸长的故障。在发生上述两种故障时，这个开关被触发，使驱动主机的电动机停止转动，以避免更严重的危险发生。

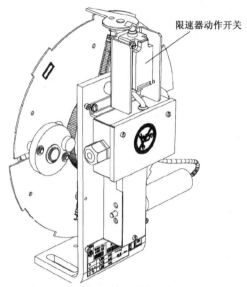

限速器动作开关

a) 限速器动作开关

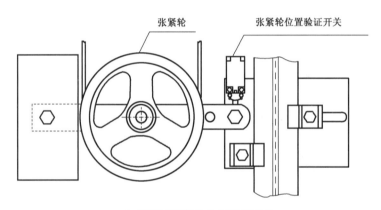

张紧轮   张紧轮位置验证开关

b) 限速器张紧轮位置验证开关

图 5.6-15 限速器电气检查

5.6.2.2.1.7 验证

限速器是安全部件，应按照 GB/T 7588.2—2020 中 5.4 的规定进行验证。

【解析】

本条与 GB 7588—2003 中 9.9.12 相对应。

作为在下行超速时触发安全钳的部件，限速器在电梯系统中也是安全部件，并要求对其进行型式试验。

限速器的主要参数是动作速度和钢丝绳提拉力。其中动作速度又分为机械动作速度和电气动作速度。限速器的型式试验就是验证这些主要参数。此外在型式试验中还应验证限速器钢丝绳、限速器绳轮轮槽以及复位开关。

限速器作为安全部件，应按照 GB/T 7588.2 中 5.4 的规定进行型式试验。关于"型式试验"的定义可参见"GB/T 7588.1 资料 3-1"中 130 条目。

5.6.2.2.1.8　铭牌

限速器上应设置铭牌，并标明：

a)　限速器制造单位名称；

b)　型式试验证书编号；

c)　限速器型号；

d)　所整定的动作速度。

【解析】

本条与 GB 7588—2003 中 15.6 相对应。

见 5.4.2.3.2 解析。

5.6.2.2.2　悬挂装置的断裂触发

如果安全钳通过悬挂装置的断裂触发，应满足下列条件：

a)　触发机构的提拉力不应小于以下两个值的较大者：

1)　使安全钳动作所需力的两倍；或

2)　300 N。

b)　当使用弹簧触发安全钳时，应使用带导向的压缩弹簧。

c)　在测试过程中，应不需要进入井道能进行安全钳和触发机构的测试。

为了能实现该测试，应设置一种装置，在轿厢下行过程中（正常运行状态下），通过悬挂钢丝绳张紧的松弛使安全钳动作。如果该装置是机械的，操作该装置所需的力不应超过 400 N。

在测试完成后，应检查确认未出现对电梯正常使用有不利影响的损坏或变形。

注：允许该装置的操作装置放置在井道内，在测试时将其移到井道外。

【解析】

本条与 GB 21240—2007 中 9.10.3 相对应。

虽然 GB 7588—2003 中允许采用安全绳和悬挂装置的断裂触发安全钳，但没有给出具体要求，相应内容在 GB 21240—2007 有所体现。本次修订中对这两种触发方式给出了详细的规定。

曳引式和强制式电梯的轿厢安全钳在任何情况下均不得采用悬挂装置的断裂触发方式（见表 11），但这种触发方式可用于液压电梯轿厢安全钳。无论是哪种驱动形式，对重或平衡重上设置的安全钳均可采用悬挂装置的断裂触发方式（见表 11），前提条件是电梯的额定速度不大于 1.0 m/s。

借助于悬挂装置断裂来触发安全钳的结构目前比较少见，其结构可以有多种不同的方式。以触发液压电梯轿厢安全钳为例，当电梯的任一钢丝绳松弛或断裂时，安全装置能触发安全钳动作，顶推连杆触板，同时切断动力供电，使油泵停止工作。其原理是：利用绳头端接装置(轿厢一侧)的弹簧在松绳(或断绳)时的回弹力，顶推拉杆(或触板)，带动连杆转动，提升安全钳楔块，使安全钳动作(见图 5.6-16)，同时使安全开关动作，切断驱动主机供电。

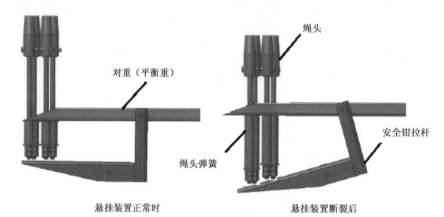

a) 悬挂装置断裂触发装置示意图

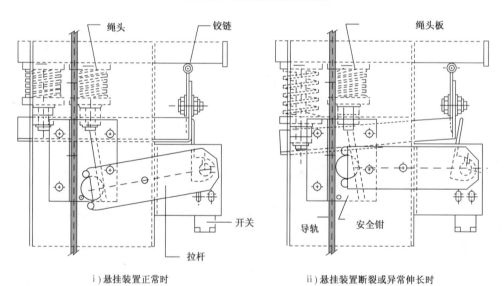

ⅰ) 悬挂装置正常时　　　　ⅱ) 悬挂装置断裂或异常伸长时

b) 悬挂装置断裂触发的安全钳

图 5.6-16　由悬挂装置断裂触发的安全钳的结构

a) 悬挂装置断裂触发安全钳的提拉力要求

采用通过悬挂装置断裂触发安全钳的方式时，为了能够有效地触发安全钳，触发机构应能提供足够的提拉力，其要求与采用限速器触发安全钳时的提拉力要求一致，参见

5.6.2.2.1.1d)解析。

b）当采用弹簧触发安全钳时对弹簧的要求

如果采用弹簧触发安全钳，如图 5.6-16 所示结构，则弹簧的稳定性和有效性是非常重要的。由于压缩弹簧具有特性接近于直线型、刚度值较稳定、不易发生塑性形变等特点，因此应选取压缩弹簧作为安全钳触发元件。此外对于压缩弹簧，如其长度较大时，则受力后容易失去稳定性，这在工作中是不允许的。为了避免失稳现象，应对所采用的压缩弹簧设置导向装置（导向杆、导向套等）以保证力的方向稳定。

c）对检查和测试安全钳触发机构的要求

与限速器的可接近性要求类似，当采用通过悬挂装置断裂触发安全钳的方式时，也应提供一种能够通过不进入井道即可对安全钳及其触发机构进行检查和测试的方法。对此，本条进行了具体要求：

1）应在轿厢下行时使钢丝绳松弛并触发安全钳；

2）为了使人员能够安全有效地检查和测试，如果是机械装置，其操作所需的力不超过400 N；

3）使钢丝绳松弛的测试装置可以存放在井道内（当然也可以存放在检查和测试的操作位置）。

由以上要求可以看出，较常规的测试方法可采用手动紧急操作装置（如盘车）使轿厢压在缓冲器上后，使驱动主机向轿厢下行方向继续运转，使用钢丝绳松弛并触发安全钳的方式进行检查和测试，也可使用其他方法进行检查和测试。

测试完成后，应确认测试后电梯的完好性，以免对电梯运行安全造成隐患。

5.6.2.2.3 安全绳触发

如果安全钳通过安全绳触发，应满足下列条件：

a） 安全绳的提拉力不应小于以下两个值的较大者：
　　1） 使安全钳动作所需力的两倍；或
　　2） 300 N。

b） 安全绳应符合 5.6.2.2.1.3 的规定。

c） 安全绳应靠重力或弹簧张紧，该弹簧即使断裂也不影响安全性能。

d） 在安全钳作用期间，即使制动距离大于正常值，安全绳及其端接装置也应保持完好无损。

e） 安全绳断裂或松弛时，符合 5.11.2 规定的电气安全装置使驱动主机停止运转。

f） 安全绳滑轮与任何悬挂钢丝绳或链条的轴或滑轮组分别设置，并设置符合 5.5.7.1 规定的防护装置。

【解析】

本条与 GB 21240—2007 中 9.10.4 相对应。

本次修订中对通过安全绳触发安全钳的方式给出了具体的规定，弥补了 GB 7588—2003 在这方面的空白。虽然 GB 7588—2003 中也提到了采用安全绳安全钳的方式，但没有给出具体要求，而 GB 21240—2007 中有相应内容。"安全绳"是这样的装置：它是由机房（滑轮间）导向轮导向的一根辅助绳，平时并不承受载荷。其一端固定在轿厢上，另一端固定在对重安全钳拉杆上。当悬挂钢丝绳断裂后，轿厢和对重分别下坠，虽然对重安全钳并没有自己的限速器，但其动作可以靠下坠的轿厢与安全绳把安全钳提起来。

考虑到当电梯额定速度较高时，如果靠轿厢坠落牵动安全绳而触发对重安全钳，给安全绳带来的冲击力会很大，会破坏安全绳。因此根据表 11 所示，采用安全绳触发的安全钳只能用于对重或平衡重上设置的安全钳，且电梯的额定速度不大于 1.0 m/s。

应注意，轿厢安全钳在任何情况下均不得采用这种触发方式。

对于通过安全绳触发的安全钳的方式，有以下具体要求：

a）为了能够有效地触发安全钳，触发机构应能提供提拉力。提拉力的要求与采用限速器触发安全钳一致，参见 5.6.2.2.1.1d）解析。

b）安全绳的要求和规格与限速器钢丝绳相同。

c）安全绳应张紧，且张紧只能依靠重力或弹簧两种方式。当张紧力可能失效时（弹簧断裂或失效），安全绳的安全性能不受影响。

d）由于安全钳（尤其是渐进式安全钳）在制停对重或平衡重的过程中在导轨上有一段滑移距离，即使滑移距离大于设计的预期值，安全绳及其附件也应完好无损。参见 5.6.2.2.1.3e）解析。

e）安全绳的断裂或松弛会影响到安全钳的有效触发，因此应有一个电气开关（见图 5.6-17）监控以上两种故障状态。参见 5.6.2.2.1.6c）解析。

f）为了保证安全绳的有效性和独立性，安全绳系统应与悬挂系统分开设置，以避免共同失效。安全绳的滑轮也需要设置必要的防护，防止人身伤害、异物进入以及安全绳脱槽。

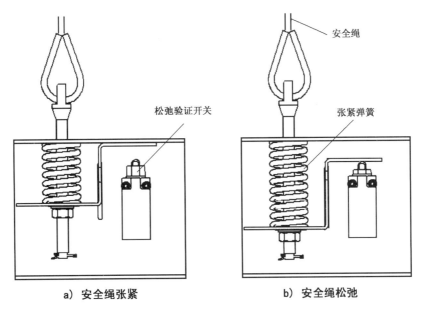

a) 安全绳张紧　　　　　　　　b) 安全绳松弛

图 5.6-17　安全绳验证开关

5.6.2.2.4　轿厢向下移动触发

【解析】

本条与 GB 21240—2007 中 9.10.5 相对应。

根据表 11 和表 12 可知,轿厢向下移动触发安全钳的方式仅用于液压驱动电梯。其作用是防止液压梯轿厢坠落、超速下行和沉降。

一般情况下,轿厢向下移动触发安全钳的方式,都是在轿厢停站时,通过对安全钳提拉装置的预动作的方法,如卡住钢丝绳(见 5.6.2.2.4.1)或将挡块与挡块相啮合(见 5.6.2.2.4.2),一旦出现轿厢向下移动,均会触发安全钳制停轿厢。

由此可见,轿厢向下移动触发安全钳的方式仅能防止轿厢在停站位置的坠落、沉降等任何原因导致的下行,而在轿厢正常运行时,上述危险是没有作用的。因此轿厢向下移动触发安全钳的方式,必须结合其他安全保护措施(如由限速器触发的安全钳、破裂阀、由悬挂机构失效或安全绳触发的安全钳两者同时作用、节流阀、由悬挂机构失效或安全绳触发的安全钳两者同时作用)共同实现轿厢的坠落、下行超速和沉降保护。

当液压驱动电梯采用轿厢向下移动触发安全钳时,可通过以下两种不同的方式进行触发:

——钢丝绳触发;

——杠杆触发。

5.6.2.2.4.1　钢丝绳触发

如果安全钳通过与其连接的钢丝绳触发，应满足下列条件：

a) 在正常停站后，按照5.6.2.2.3a)规定的力，卡绳机构夹住连接在安全钳上的符合5.6.2.2.1.3规定的钢丝绳（如限速器绳）；

b) 卡绳机构应在轿厢正常运行期间释放；

c) 卡绳机构应靠带导向的压缩弹簧和(或)重力动作；

d) 在所有情况下能进行紧急操作；

e) 卡绳机构上的符合5.11.2规定的电气安全装置应最迟在夹紧钢丝绳的瞬间使驱动主机停止运转，并防止轿厢继续正常向下运行；

f) 在轿厢向下运行期间，应采取预防措施避免在电源中断的情况下由钢丝绳引起安全钳的意外动作；

g) 钢丝绳系统和卡绳机构应在安全钳动作期间不会发生损坏；

h) 钢丝绳系统和卡绳机构应不会因轿厢向上运行而发生损坏。

【解析】

本条与GB 21240—2007中9.10.5.1相对应。

液压驱动电梯采用轿厢向下移动触发安全钳时，可通过钢丝绳触发或杠杆触发两种方式。本条是对采用钢丝绳作为触发安全钳的手段，来实现"轿厢向下移动触发"的规定。

采用钢丝绳触发的原理：钢丝绳与安全钳触发机构连接，当轿厢停站时由卡绳机构将钢丝绳卡住。如果停站过程中发生轿厢坠落、沉降等任何原因导致的下行，被卡住的钢丝绳将提拉安全钳使轿厢制停。

对于钢丝绳触发机构，应满足以下要求：

a) 轿厢停站时，应卡紧触发安全钳的钢丝绳，卡紧钢丝绳的力与限速器钢丝绳提拉力要求相同；触发用钢丝绳与限速器钢丝绳要求相同。

b) 轿厢正常运行时，卡绳机构应不再起作用并使钢丝绳得到释放。

c) 卡绳机构的动作只能依靠重力、弹簧（也可由重力和弹簧共同作用）两种方式提供，弹簧的要求与5.6.2.2.2b)相同。

d) 钢丝绳触发安全钳后，均能够进行救援操作。

e) 在卡绳机构卡紧钢丝绳时，应有一个电气开关停止驱动主机的运行。

f) 停电情况下，不应造成安全钳意外动作。也就是说，卡紧钢丝绳机构的释放是靠电磁方式（类似驱动主机制动器方式），在电源中断情况下，有造成卡绳装置动作继而引发安全钳误动作的可能。应有相应的预防措施避免上述情况的发生。

g) 轿厢停站时，如果轿厢向下移动，安全钳将被已经卡紧的钢丝绳触发。由于安全钳在制停轿厢的过程中要在导轨上有一段滑移距离，这段滑移距离不应造成被卡紧的钢丝绳和卡紧钢丝绳的机构损坏。参见 5.6.2.2.1.3e)解析。

h) 轿厢停站时,卡绳机构将钢丝绳卡紧的情况下,如果轿厢向上移动或向上运行,卡绳机构连同钢丝绳均不应被损坏。即卡绳装置仅能在轿厢向下移动时卡紧钢丝绳。

5.6.2.2.4.2　杠杆触发

如果安全钳通过与其连接的杠杆触发,应满足下列条件:

a) 在正常停站后,连接在安全钳上的杠杆伸展到与设置在每一层站的固定挡块相啮合的位置。

b) 在轿厢正常运行期间,杠杆应收回。

c) 杠杆向伸展位置的移动应由带导向的压缩弹簧和(或)重力来实现。

d) 在所有情况下能进行紧急操作。

e) 在轿厢向下运行期间,应采取预防措施避免在电源中断的情况下由杠杆引起安全钳的意外动作。

f) 杠杆和固定挡块系统在下列情况下均不会损坏:

1) 在安全钳动作期间,即使在制动距离较长的情况下;

2) 轿厢向上运行。

g) 电梯正常停靠后,如果杠杆不在伸展位置,则电气装置应防止轿厢的任何正常运行,轿门应关闭,电梯退出运行。

h) 当杠杆不在收回位置时,符合 5.11.2 规定的电气安全装置应防止轿厢的任何正常向下运行。

【解析】

本条与 GB 21240—2007 中 9.10.5.2 相对应。

液压驱动电梯采用轿厢向下移动触发安全钳,除使用上述的钢丝绳触发外,还可通过杠杆的方式进行触发。其作用原理与钢丝绳触发相类似,只是将钢丝绳换作杠杆,夹紧机构换做挡块。本条是对采用杠杆作为触发安全钳的方法,来实现"轿厢向下移动触发"的规定。

本条 a)～f)的要求,请参见 5.6.2.2.4.1 相应内容的解析。

g)和 h)的规定是根据杠杆触发自身的特点制定的。由于杠杆可能没有正常地处于伸展或收回位置,因此应设置两个电气安全装置,分别验证杠杆是否处于上述位置。

g)中电梯停站时,如果杠杆没有到达伸展位置,无论是处于收回位置还是处于没有伸展到位的非正常位置,均可能无法在轿厢下行时触发安全钳。这种情况下应有电气安全装置防止电梯运行,并将电梯退出正常服务。本条要求电梯退出正常服务时,轿门应处于关闭状态,因为此时液压电梯的电气防沉降系统是不工作的(见 5.12.1.10),此时即使保持供电,仍会存在轿厢因液压系统泄漏并下沉而产生危险的可能。如果轿门开着,会带来附加风险。

h)中如果杠杆没有被收回,无论它是处于伸展位置还是处于没有收回到位的非正常位置,均有可能造成轿厢下行时安全钳误动作。这种情况下应有电气安全装置防止电梯下行。这种情况下,可允许电梯正常向上运行。

从本条内容来看,是通过触发安全钳的杠杆移动,并与挡块啮合来防止轿厢停站时向下移动。图5.6-18给出了一种由通过移动挡块与杠杆啮合,触发安全钳的结构示例:轿厢停站时挡块(5)在顶杆及电磁操作机构(7)的作用下与安全钳杠杆(2、3)啮合。如果轿厢(8)向下移动,则杠杆(2、3)直接操作安全钳(4)的楔块,将轿厢制停在导轨(1)上。这种结构也是允许的,但必须设置对挡块位置的验证,并满足本条a)～h)的要求。

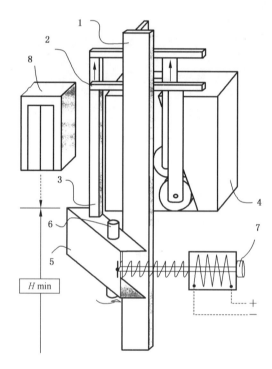

1—导轨;2、3—杠杆;4—安全钳;5—挡块;6—销轴;7—顶杆及电磁操作机构;8—轿厢

图5.6-18　一种由杠杆触发安全钳的结构

5.6.3　破裂阀

【解析】

本条涉及"4重大危险清单"的"加速、减速(动能)"危险。

在液压电梯系统中,为了防止油管破裂引起的轿厢坠落或超速下行,需设置破裂阀。当管路中流量增加而引起的阀进出口的压差超过设定值时,能自动关闭油路,停止轿厢运行并保持静止状态。因此破裂阀又称管道破裂阀,相当于曳引梯的限速器。

图5.6-19为一种破裂阀的实物图片和机械结构图。阀芯上端通过节流器与B口相

通，下端与 A 口相通。

正常使用时，无论电梯是上行还是下行，阀芯下方油路的压力和弹簧压力的合力总能克服阀芯右侧油路的压力，所以破裂阀一直处于常开状态。由于阀中部的过流截面较小，因此它可以作为流量-压力转换器件。一旦油缸因某种原因急剧下滑时（液流从 A 流向 B），液压回路流量增大，因节流的作用，阀芯两侧的油路压力差急剧上升（B 口的压力随流量的增加明显下降），将推动阀芯向下移动，将阀口关小。流量再增大时，该阀完全关闭并锁死，从而切断液流。节流器 3 可以用来调节阀芯的运动阻尼。当油液反向流动时，破裂阀没有限流作用。

液压阀的功能与分类可参见"GB/T 7588.1 资料 5.6-4。"

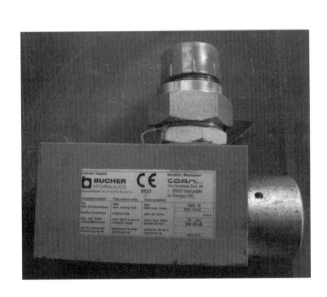

a）破裂阀实物

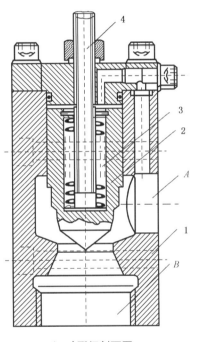

b）破裂阀剖面图

1—阀体；2—阀芯；3—调节弹簧；4—调节杆

图 5.6-19　破裂阀

5.6.3.1 破裂阀应能制停下行的轿厢并使其保持停止状态。破裂阀最迟在轿厢下行速度达到下行额定速度（v_d）加上 0.30 m/s 时动作。

破裂阀应使轿厢平均减速度（a）在 $0.2g_n \sim 1.0g_n$ 之间，减速度大于 $2.5g_n$ 的时间不应大于 0.04 s。

平均减速度（a）按公式（5）计算：

$$a = \frac{Q_{max} \cdot r}{6 \cdot A \cdot n \cdot t_d} \qquad\qquad\qquad (5)$$

式中:

a ——平均减速度,单位为米每二次方秒(m/s²);

Q_{max} ——最大流量,单位为升每分(L/min);

r ——绕绳比;

A ——液压缸承受压力作用的截面积,单位为平方厘米(cm²);

n ——共用一个破裂阀并联作用的液压缸的数量;

t_d ——制动时间,单位为秒(s)。

以上值可从技术文件或型式试验证书中选取。

【解析】

本条与 GB 21240—2007 中 12.5.5.1 相对应。

破裂阀属于流量阀的一种,当发生管路破裂时,液压缸出口压力迅速下降,在轿厢自重的作用下液压缸急剧下降,导致与液压缸直接连接的破裂阀出入口两端的压力差突然变大,这个压力差克服了破裂阀阀芯弹簧的阻力,将阀芯推出关闭阀口,从而使液压缸出口被封闭,保证了油缸的油不外泄而制止负载下落,最终将下行轿厢制停。见图 5.6-19。

为了有效制停轿厢,避免轿厢达到危险速度,破裂阀的动作速度应最大不超过轿厢下行额定速度加 0.3 m/s,由于破裂阀的动作是由轿厢超速下行触发的,因此破裂阀也称作限速切断阀。

制停轿厢时,为了保护轿内乘客,应对制停减速度按照本条要求进行限制。

破裂阀应动作灵敏可靠,流动阻力损失小,其平均减速度 a 应按本条给定的公式(5)进行计算。

使用破裂阀作为防止轿厢坠落或超速下降的保护装置应注意:

(1)对于直接作用式液压电梯

防止轿厢坠落或超速下降可以采用三种方式之一,分别是由限速器触发的安全钳、破裂阀或节流阀,破裂阀起作用时即可单独使轿厢停止。

(2)对于直接作用式或间接作用式液压电梯

如采用破裂阀作为防止轿厢坠落或超速下降的预防措施,则其防沉降措施既可采用机械防沉降措施(如棘爪)也能采用电气防沉降措施。

(3)对于间接作用式液压电梯

如果轿厢不是采用由限速器触发的安全钳方式防止轿厢坠落或超速下降,则破裂阀必须配置由悬挂装置断裂或安全绳触发的安全钳两者同时作用才能满足要求。

5.6.3.2 破裂阀的设置位置应便于直接从轿顶或底坑进行调整和检查。

【解析】

本条与 GB 21240—2007 中 12.5.5.2 相对应。

破裂阀是液压驱动电梯重要的安全部件，其设置应是可接近的（如同限速器一样），且应能根据需要安全、方便地进行调整和检查。由于破裂阀要求直接设置在液压缸上（见 5.6.3.3），因此本部分要求破裂阀应能从轿顶或底坑（见图 5.6-20）直接接近。对此，应这样理解：

（1）在轿顶和底坑位置接近破裂阀被认为是安全的，因此必须能够从这两个位置的其中之一对破裂阀进行调整和检修。其他位置，如采用井道内搭架子、层站处搭平台等方式均不认为是安全的。

（2）应能从轿顶或底坑直接接触破裂阀，并可对其进行调整和检查操作。所谓"直接"是指：

1）在轿顶或底坑不需要再通过平台、爬梯等设备即可触及破裂阀；

2）不需要通过远程工具或设备（如拉线、电磁遥控等）即可对破裂阀进行调整和检查；

3）调整和检查破裂阀应不受其他部件或设备的阻碍。

图 5.6-20　在底坑中能够对破裂阀进行调整和检查

5.6.3.3　破裂阀的连接应是下列方式之一：

a）　与液压缸为一整体；

b）　采用法兰直接与液压缸刚性连接；

c）　设置在液压缸附近，用一根短硬管与液压缸相连，采用焊接、法兰连接或螺纹连接；

d）　采用螺纹直接连接到液压缸上。

破裂阀端部应加工成螺纹并具有台阶，台阶应紧靠液压缸端面。

液压缸与破裂阀之间不允许使用其他连接型式（如压入连接或锥形连接）。

【解析】

本条与 GB 21240—2007 中 12.5.5.2 相对应。

破裂阀的作用是当管路破裂时，能够保持液压缸内的压力，避免轿厢坠落，因此破裂阀又称为管道破裂阀。如果液压缸破裂以及破裂阀与液压缸之间的连接失效，破裂阀则无法进行有效保护。

为了避免破裂阀与液压缸之间的连接失效，本部分对此作出了详细规定，两者之间必须采用以下四种方式（见图 5.6-21）之一进行连接：

a）破裂阀作为液压缸的一部分，两者之间没有间隙。这种方式可以保证破裂阀与液压缸之间没有连接，因而不存在连接失效的可能。但这种连接方式加工难度较大，目前应用中比较少见。

b）采用法兰连接破裂阀与液压缸。由于法兰盘之间有法兰垫，且采用多颗螺栓固定，因此这种连接方式强度高、密封性能好。受自身尺寸限制，法兰一般用于大口径的管道连接。

c）破裂阀也可不直接连接在液压缸上，但为了避免连接管道的损坏（如果破裂阀与液压缸之间的连接管道破裂造成泄漏，破裂阀是无法保护的），液压缸中间的连接部件应采用短硬管，不能采用软管。连接管道也不能过长，避免在受力时造成扭曲变形，进而发生破裂。

也可采用焊接连接，但焊接的管头耐震性能不好，焊缝不易检查，装卸不便，因此较少使用。

d）破裂阀与液压缸之间可采用螺纹直接连接，这样可以有效避免连接管道破裂造成的泄漏。为了避免在螺纹连接处发生泄漏，破裂阀端部应加工出台阶，并直接与液压缸端面紧密结合，这种结构增加了接触面积，有利于改善密封效果。

由于对破裂阀与液压缸之间的连接可靠性和密封性要求较高，且在电梯使用寿命期内将对破裂阀进行检修和测试，因此只允许使用螺纹连接的方式。其他连接方式如过盈配合的压装配合（压入连接）以及承插连接（锥形连接）均无法保证连接部位密封的耐久性，因此不允许使用。

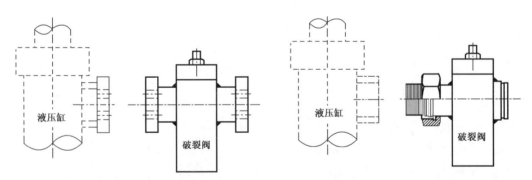

a）破裂阀与液压缸之间采用法兰连接　　　b）破裂阀与液压缸之间采用螺纹直接连接

图 5.6-21　破裂阀与液压缸的连接方式

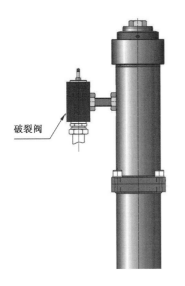

c) 破裂阀与液压缸之间采用短硬管连接　　　　d) 直接连接在液压缸上的破裂阀

图 5.6-21（续）

5.6.3.4　如果液压电梯具有几个并联工作的液压缸,则可共用一个破裂阀。否则,几个破裂阀应相互连接使之同时闭合,以避免轿厢地板由其正常位置倾斜 5% 以上。

【解析】

本条与 GB 21240—2007 中 12.5.5.3 相对应。

当液压电梯采用并联工作的液压缸时,由于所有液压缸的压力均相同（见 5.9.3.1.2）因此可将破裂阀安装在连通器输入端,每个油缸上不再单独设置破裂阀,见图 5.6-22a)。

如果由于管路布置、液压缸距离等原因,需要在每个液压缸上分别设置破裂阀时,应安装相连通的平衡管使每个破裂阀相互连通,在管道破裂时能同步闭合,见图 5.6-22b)。如果破裂阀闭合不完全同步,会引起每个柱塞行程不同,进而造成轿厢倾斜。本部分要求在这种情况下,轿厢的倾斜度不能超过 5%。

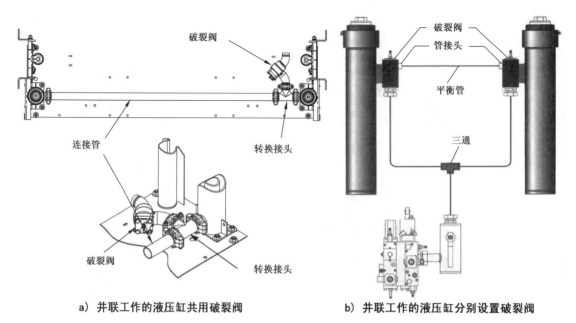

a) 并联工作的液压缸共用破裂阀　　　　　　b) 并联工作的液压缸分别设置破裂阀

图 5.6-22　并联工作的液压缸破裂阀的设置

5.6.3.5　破裂阀应按照液压缸的方法计算。

【解析】

本条与 GB 21240—2007 中 12.5.5.4 相对应。

为避免破裂阀本身失效,在设计时应按照液压缸的设计基准进行计算和校核。

5.6.3.6　如果破裂阀的关闭速度由节流装置控制,应在该装置前面尽可能接近的位置设置滤油器。

【解析】

本条与 GB 21240—2007 中 12.5.5.5 相对应。

液压系统中可能混入各种杂质,尤其是难以避免在使用过程中由外部进入液压系统的杂质(如经加油口和防尘圈等处进入的灰尘),以及液压工作过程产生的杂质(如密封件受液压作用形成的碎片、运动作相对磨损产生的金属粉末以及因液压油变性产生的固态、胶体杂质等)。上述杂质混入液压油后,随着液压油的循环作用,会到达液压系统的各个部位。关闭速度由节流装置控制的破裂阀(见图 5.6-23)的节流器处相对运动部件之间的间隙以及节流孔均很小,容易被杂质卡死或堵塞,导致破裂阀出现动作速度异常的情况(根据生产统计,液压系统中的故障有 75% 以上是由于液压油中混入杂质造成的)。因此本部分要求在破裂阀的节油器前端最靠近节流器的位置设置液压滤油器,以过滤油液,保证油液的清洁。

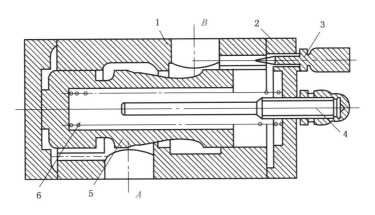

1—阀体;2—阀套;3—节流器;4—调节杆;5—阀芯;6—弹簧

图 5.6-23 节流装置控制关闭速度的破裂阀

5.6.3.7 在机器空间内应具有一种手动操作装置,在无需使轿厢超载的情况下,在井道外能使破裂阀达到动作流量。应防止该装置的意外操作。在任何情况下均不应使靠近液压缸的破裂阀失效。

【解析】

本条与 GB 21240—2007 中 12.5.5.6 相对应。

为了能够安全地对破裂阀进行测试,应设置一个能使破裂阀达到动作流量的装置。该装置应满足以下要求:

(1) 设置在机器空间内,从井道外能够通过该装置使破裂阀达到动作流量

由于需要检修和调整,这个装置应设置在机器空间内。同时,为了安全方便地对破裂阀进行测试,应能从井道外操作该装置,以便使破裂阀达到动作流量。

(2) 应为手动操作装置

为了保证破裂阀测试时液压系统的安全,该装置不应采用动力驱动(电力、液力等),也不应采用遥控等方式进行操作,而应采取手动直接操作的方式。

(3) 测试时不需要通过轿厢超载的方式

为了保证破裂阀测试时液压系统的安全,不应采用使轿厢超载的方式使破裂阀进油口和出油口之间的压力差增大至动作值。通常是采用将下行流量调整阀调到最大值,来模拟管路出现大量泄漏的情景,然后操作电梯下行,通过让破裂阀的流量达到其动作值,使破裂阀动作。

如图 5.6-24 所示,调整下行阀(2)使其阀芯开口最大,后操作电梯下行,使破裂阀(1)的流量达到其动作值。

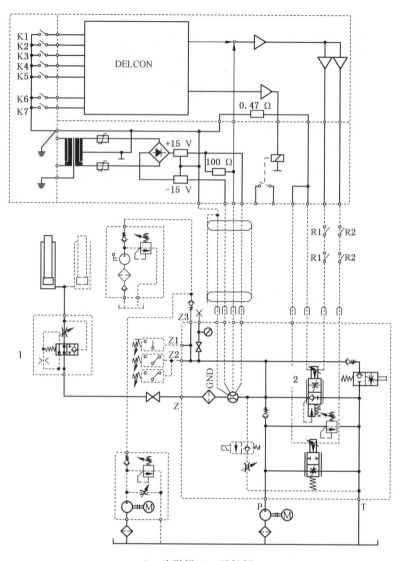

1—破裂阀；2—下行阀

图 5.6-24 破裂阀试验

（4）测试装置应安全可靠

测试装置的安全可靠体现在以下两个方面：

——能够防止意外操作发生即应避免在非测试情况下被操作；

——在任何情况下均不应使靠近液压缸的破裂阀失效，即测试装置不能影响破裂阀的保护功能。

5.6.3.8 破裂阀是安全部件，应按照 GB/T 7588.2—2020 中 5.9 的规定进行验证。

【解析】

本条与 GB 21240—2007 中 12.5.5.7 相对应。

破裂阀与限速器、安全钳一样，是液压电梯的安全部件，因此应进行验证。关于"型式试验"的定义可参见"GB/T 7588.1 资料 3-1"中 130 条目。

> **5.6.3.9** 破裂阀上应设置铭牌，并标明：
> a) 破裂阀制造单位的名称；
> b) 型式试验证书编号；
> c) 所整定的触发流量。

【解析】

本条与 GB 21240—2007 中 15.19 相对应。

参考 5.4.2.3.2 解析。由于触发流量是破裂阀的关键参数，因此所整定的触发流量也应在铭牌上标明。

5.6.4 节流阀

【解析】

节流阀是普通节流阀的简称，是一种通过内部的一个节流通道将出入口连接起来的阀。

单向节流阀是指允许液压油在一个方向自由流动，而在另一个方向限制流动的阀。

节流阀作为最基本的流量控制阀，其原理是通过内部的一个节流通道将出入口连接起来，通过改变节流口的通流面积，使液压油的流量得到调节。节流阀在液压电梯中的应用非常广泛，有时它还作为某个液压阀的一个部件出现在液压系统中。

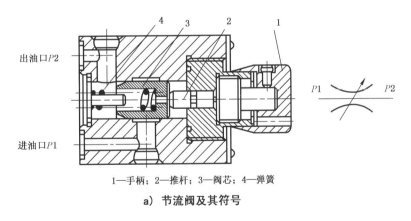

1—手柄；2—推杆；3—阀芯；4—弹簧

a) 节流阀及其符号

图 5.6-25 节流阀与单向节流阀

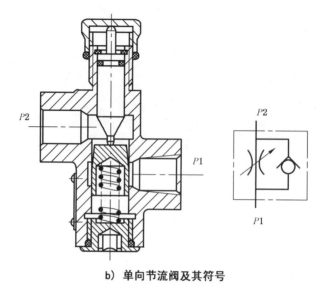

b) 单向节流阀及其符号

图 5.6-25(续)

(1)节流阀

如图 5.6-25a)所示的节流阀结构,其节流口采用轴向三角槽形式。压力油从进油口 $P1$ 流入,经阀芯(3)左端的节流沟槽,从出油口 $P2$ 流出。转动手柄(1),通过推杆(2)使阀芯(3)做轴向移动,可改变节流口的通流面积,实现流量的调节。弹簧(4)的作用是使阀芯向右抵紧推杆。

单向节流阀是节流阀和单向阀的组合,在结构上是利用一个阀芯同时起节流阀和单向阀两种作用。如图 5.6-25b)。

(2)单向节流阀

如图 5.6-25b)所示,当压力油从油口 $P1$ 流入时,油液经阀芯上的轴向三角槽节流口,从油口 $P2$ 流出,旋转手柄可改变节流口通流面积大小,实现调节流量。当压力油从油口 $P2$ 流入时,在油压作用力作用下,阀芯下移,阻止压力油从油口 $P1$ 流出,起单向阀作用。

作为一种流量阀,节流阀实质上是一个可调节的局部阻力——节流口。由于采用了不同类型的局部阻力和结构措施,所以性能上有较大差异。也可以说,节流阀之间的主要差别主要体现在节流口的结构上,节流口的形式很多,但其工作原理相同,图 5.6-26 给出了节流阀几种常见的节流口形式。

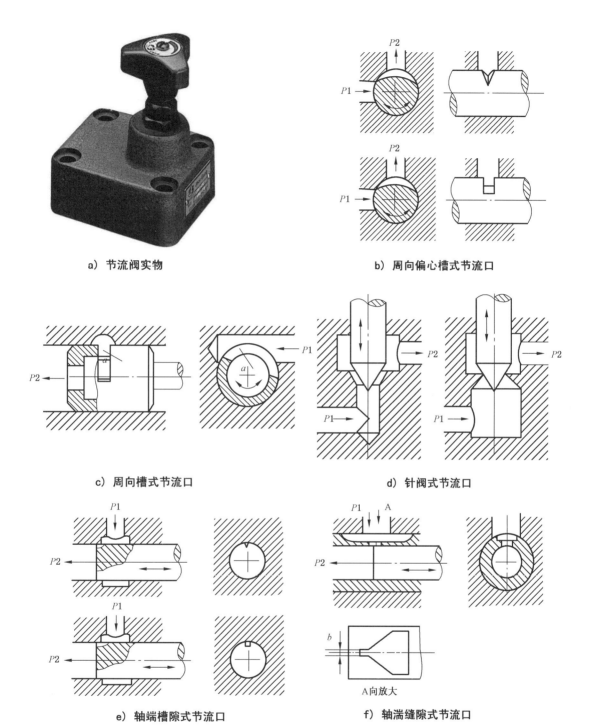

a）节流阀实物　　　　　　　　　　　b）周向偏心槽式节流口

c）周向槽式节流口　　　　　　　　　　d）针阀式节流口

e）轴端槽隙式节流口　　　　　　　　　f）轴端缝隙式节流口

图 5.6-26　节流阀与几种常见的节流口形式

5.6.4.1　在液压系统重大泄漏的情况下，节流阀应防止载有额定载重量的轿厢的下行速度超过下行额定速度（v_d）加上 0.30 m/s。

【解析】

本条与 GB 21240—2007 中 12.5.6.1 相对应。

从以上节流阀的结构介绍来看，节流阀允许液压油在一个方向自由流动，而在另一个方向限制性流动。因此可以使用节流阀作为防止轿厢超速下降的预防措施。

使用节流阀作为防止轿厢坠落或超速下降的保护装置应注意：

（1）对于直接作用式液压电梯

防止轿厢的坠落或超速下降可以采用下面三种方式之一，分别是由限速器触发的安全钳、破裂阀或节流阀。需要注意的是，前两种方式起作用时均可单独使轿厢停止，而单纯依靠节流阀是无法使轿厢停止的。虽然不能单独依靠节流阀停止轿厢但仍采用节流阀的原因是：液压电梯运行速度低，在意外情况下如能控制轿厢的下降速度，可再通过采用其他的措施彻底消除危险。

（2）直接作用式或间接作用式液压电梯

如采用节流阀作为防止轿厢坠落或超速下降的预防措施，则其防沉降措施只能采用机械防沉降措施（如棘爪），而不能采用电气防沉降措施。但由于电气防沉降措施相对简单，目前的液压电梯大多采用电气防沉降措施，因此使用节流阀作为预防措施的已经不多见了。

（3）间接作用式液压电梯

如轿厢不是采用由限速器触发的安全钳方式防止轿厢的坠落或超速下降，则节流阀必须配置由悬挂机构失效或安全绳触发的安全钳两者同时作用才能满足要求。

为了有效制停轿厢，避免轿厢达到危险速度，节流阀应将电梯的下行速度限制在额定速度 $v_d + 0.3$ m/s 以内。

5.6.4.2 节流阀的设置位置应便于直接从轿顶或底坑检查。

【解析】

本条与 GB 21240—2007 中 12.5.6.2 相对应。

参考 5.6.3.2 解析。

5.6.4.3 节流阀连接应是下列方式之一：

    a) 与液压缸为一整体；

    b) 采用法兰直接与液压缸刚性连接；

    c) 设置在液压缸附近，用一根短硬管与液压缸相连，采用焊接、法兰连接或螺纹连接；

    d) 采用螺纹直接连接到液压缸上。

节流阀端部应加工成螺纹并具有台阶，台阶应紧靠液压缸端面。

液压缸与节流阀之间不允许使用其他连接型式（如压入连接或锥形连接）。

【解析】

本条与 GB 21240—2007 中 12.5.6.3 相对应。

参考 5.6.3.3 解析。

5.6.4.4　节流阀应按照液压缸的方法计算。

【解析】

本条与 GB 21240—2007 中 12.5.6.4 相对应。

参考 5.6.3.5 解析。

5.6.4.5　在机器空间内应具有一种手动操作装置，在无需使轿厢超载的情况下，在井道外能使节流阀达到动作流量。应防止该装置的意外操作。在任何情况下均不应使靠近液压缸的节流阀失效。

【解析】

本条与 GB 21240—2007 中 12.5.6.5 相对应。

参考 5.6.3.7 解析。

5.6.4.6　使用机械移动部件的单向节流阀是安全部件，应按照 GB/T 7588.2—2020 中 5.9 的规定进行验证。

【解析】

本条与 GB 21240—2007 中 12.5.6.6 相对应。

由于节流阀的用途非常广泛，基本特性是流量特性，而其作用是在一定压力差下，依靠改变节流口液阻的大小来控制节流口的流量，从而调节执行元件（液压缸或液压马达）运动速度。因此在液压系统中节流阀常作为流量的节流控制元件或用作其中的一部分（如，比例流量阀等）。很显然，这些集成在控制阀中的节流阀的目的并非作为防止轿厢坠落或超速下行的安全部件，它们是液压控制部件的一部分而不属于安全部件。不带机械移动部件的节流阀就相当于一个节流口截面积固定的管道，液压系统的压力和液压油的黏度决定了通过节流口的流量，并以此控制电梯的运行。此时在节流口截面上的液流在两个方向上均可流动。

仅使用机械移动部件的单向节流阀可以截断一个方向上的液流，而只允许另一个方向的液流通过，这种节流阀可被用作安全部件，用于防止轿厢超速下行或坠落。因此只有这种节流阀需要按照 GB/T 7588.2 中 5.9 的规定进行验证。

本条可参见 5.6.3.8 解析。

5.6.4.7　使用机械移动部件的单向节流阀(见 5.6.4.6)上应设置铭牌,并标明:

　　a)　单向节流阀制造单位的名称;

　　b)　型式试验证书编号;

　　c)　所整定的触发流量。

【解析】

本条与 GB 21240—2007 中 15.19 相对应。

参考 5.6.3.9 解析。

液压阀的功能与分类可参见"GB/T 7588.1 资料 5.6-4。"

5.6.5　棘爪装置

【解析】

本条涉及"4 重大危险清单"的"因动力源中断后又恢复而产生的意外启动、意外越程/超速(或任何类似故障)"危险。

由于液压系统的微小泄漏或油液热胀冷缩,造成液压缸柱塞下降,使原本停止在层站位置的轿厢在一段时间后离开平层位置,这就是所谓的沉降。对此,液压电梯应该设置防止轿厢沉降的措施,限制轿厢的沉降现象。防沉降措施作用范围是层站以下 0.12 m到开锁区下限(层站以下 0.2 m 或 0.35 m)。常用防沉降措施有棘爪装置和电气防沉降系统。

棘爪装置是用于制停液压梯轿厢非操作下降并将其保持在固定支撑上的机械装置,属于机械防沉降措施。

棘爪装置在下面两种情况下动作:

(1)当液压油泄漏或油温变化引起的轿厢沉降时;

(2)当管道破裂时。

棘爪装置应仅在轿厢下行时动作,使轿厢停止并在固定挡块上保持静止状态。

如图 5.6-27 所示棘爪的工作原理类似一个缓冲器,可为空载至满载的轿厢提供不超过 1 g_n 的减速度,它可以取代缓冲器。与缓冲器类似,棘爪装置也分为蓄能型和耗能型两种。

目前已经很少使用棘爪装置了。

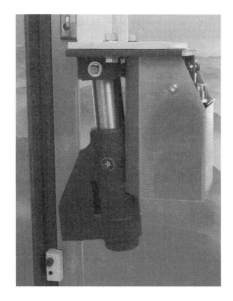
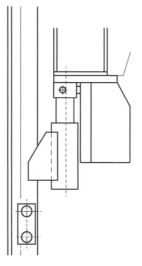
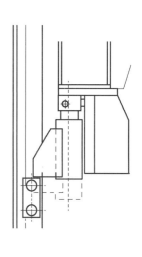

a）棘爪　　　　　　　b）棘爪释放时　　　　　　c）棘爪动作时

图 5.6-27　棘爪装置及其动作

5.6.5.1　棘爪装置仅在轿厢下行时动作，应能使载有符合表 6（见 5.4.2.1）载荷以下列速度运行的轿厢制停，并在固定的支撑座上保持静止状态：

　　a）　对于具有节流阀（或单向节流阀）的液压电梯，棘爪装置在轿厢下行速度达到下行额定速度（v_d）加上 0.30 m/s 时动作；或

　　b）　对于其他液压电梯，棘爪装置在轿厢下行速度达到下行额定速度（v_d）的 115％时动作。

【解析】

本条与 GB 21240—2007 中 9.11.1 相对应。

棘爪装置用于防止液压电梯轿厢的沉降和装卸载时轿厢下坠，因此应仅能在轿厢下行时动作。在棘爪装置动作时，应能将表 6 所示的轿厢在满载情况下制停并保持静止。此外，根据 5.4.2.2.1 要求，在液压载货电梯上使用的棘爪，在设计时还应考虑装卸载装置的总质量。

棘爪应在以下速度下动作：

a）对于使用节流阀（或单向节流阀）作为防止坠落或下行超速的液压电梯

由于节流阀（或单向节流阀）能够将电梯的下行速度限制在额定速度 v_d＋0.3 m/s，因此棘爪的动作速度也应按照以上公式进行计算。

b）其他情况的液压电梯

与限速器的动作速度要求类似，棘爪的动作速度也应设定为轿厢下行额定速度的 115％。

5.6.5.2　应至少设置一个可电动收回的棘爪,在其伸展位置能将向下运行的轿厢停止在固定的支撑座上。

【解析】

本条与 GB 21240—2007 中 9.11.2 相对应。

由于棘爪的作用是防止液压电梯的沉降,因此应考虑当电源失效时棘爪仍能防止上述风险,因此应设置可电动收回的棘爪(至少一套),见图 5.6-28。只有当电源有效时,且棘爪才可能被收回;当电源失效时,棘爪会自动伸展到工作位置。

当液压电梯的驱动主机停止时,也应切断电动收回装置的供电,以确保棘爪处于伸展位置(见 5.6.5.5)。

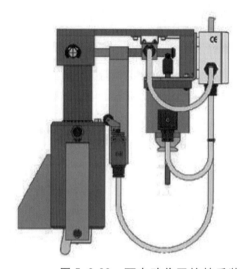

图 5.6-28　可电动收回的棘爪装置

5.6.5.3　对于每一个停靠层站,应在两个平面设置支撑座:
a)　以防止轿厢从平层位置下降超过 0.12 m;和
b)　将轿厢停止在开锁区域的下限位置。

【解析】

本条与 GB 21240—2007 中 9.11.3 相对应。

液压电梯在发生沉降时,可能处于门开启的状态。如果沉降范围过大,则可能有剪切、挤压等风险。同时如果沉降造成轿门超出开锁区,则在轿内无法手动开启轿门(见 5.3.15.2),并且层门/轿门无法联动,导致人员被困轿厢。因此棘爪应能将轿厢限制在一定范围内:

——平层位置以下 0.12 m 以内;

——开锁区域下限。

应注意,以上位置均需要考虑棘爪(或支撑座)缓冲装置的压缩量,在装置完全压缩时也不应超过以上位置限制(见 5.6.5.7.2)。

5.6.5.4　棘爪向伸展位置的移动应由带导向的压缩弹簧和(或)重力来实现。

【解析】

本条与 GB 21240—2007 中 9.11.4 相对应。

当电源失效时棘爪仍能防止沉降导致的挤压、剪切和被困风险,棘爪应由不可失效的力使其达到伸展位置。因此,本部分要求使用带导向的压缩弹簧(见 5.6.2.2.2 关于压缩弹簧的叙述)或重力驱动棘爪向伸展位置移动,这样即使在电源失效时,棘爪也能可靠移动至伸展位置。

5.6.5.5　当驱动主机停止时,应切断电动收回装置的供电。

【解析】

本条与 GB 21240—2007 中 9.11.5 相对应。

如果液压电梯的驱动主机停止,即使保持供电,液压电梯的电气防沉降系统也是不工作的,此时会存在轿厢因液压系统泄漏下沉而产生危险的可能。因此只要是驱动主机停止,则棘爪的电动收回装置的电源就应被切断,使棘爪处于伸展位置,以防止电梯沉降可能带来的危险。

5.6.5.6　棘爪和支撑座,无论棘爪处于任何位置,应不会阻挡轿厢向上运行或造成损坏。

【解析】

本条与 GB 21240—2007 中 9.11.6 相对应。

棘爪的作用是防止电梯沉降时轿厢的危险移动,此时轿厢的移动方向仅可能是向下的,因此本部分要求"棘爪装置仅能在轿厢下行时动作"(见 5.6.5.1)。因此,无论棘爪处于收回位置还是伸展位置,如果轿厢向上运行,均不应发生支撑座与棘爪干涉而造成损坏的情况。

5.6.5.7　棘爪装置(或固定的支撑座)应具有缓冲装置。

【解析】

本条与 GB 21240—2007 中 9.11.7 相对应。

为了能够平稳地制停轿厢,且制停减速度不至于达到人员无法承受的范围,棘爪装置和其支撑座不能同时采用刚性结构。也就是说,棘爪装置或固定支撑座两者至少应有一个具有缓冲装置。

5.6.5.7.1 棘爪装置(或固定的支撑座)的缓冲装置应为下列型式:

a) 蓄能型;或

b) 耗能型。

【解析】

本条与 GB 21240—2007 中 9.11.7.1 相对应。

棘爪的缓冲装置既可以采用蓄能型(如弹簧、聚氨酯等);也可采用耗能型(如液压)。

5.6.5.7.2 缓冲装置应满足 5.8.2 有关的规定。

此外,棘爪装置(或固定的支撑座)的缓冲装置应能使载有额定载重量的轿厢静止在任一平层位置以下不超过 0.12 m 的位置。

【解析】

本条与 GB 21240—2007 中 9.11.7.2 相对应。

棘爪装置的缓冲装置,无论是设置在棘爪上还是设置在支撑座上,均应满足本部分对轿厢/对重缓冲器的相关要求。除此之外,缓冲装置还应满足:

——能够将装有额定载重量的轿厢保持停止(对于载货电梯,设计时还应考虑装卸装置的质量)状态;

——棘爪(或支撑座)缓冲装置在完全压缩时也不应超过 5.6.5.3 所规定"平层位置下降超过 0.12 m"的位置限制。

5.6.5.8 当具有多个棘爪装置时,应采取措施保证在轿厢下行期间,即使在供电中断的情况下,所有的棘爪装置作用在其相应的支撑座上。

【解析】

本条与 GB 21240—2007 中 9.11.8 相对应。

当轿厢质量和(或)载重量较大时,单个棘爪可能无法满足 5.6.5.1、5.6.5.7.2 等要求,需使用多个棘爪共同动作,以实现保护的目的。在这种情况下,如果供电中断,且轿厢处于下行状态时,应保证每个棘爪装置都能作用在相应的支撑座上,以免由于部分棘爪无法与支撑座啮合,造成其他棘爪装置对轿厢的制停能力不足,导致危险状况的发生。

5.6.5.9 当棘爪不在收回位置时,符合 5.11.2 规定的电气安全装置应防止轿厢的任何向下运行。

【解析】

本条与 GB 21240—2007 中 9.11.9 相对应。

棘爪有 3 个可能的位置:①完全收回位置;②完全伸展位置;③中间位置(既没有在收回位置也没有在伸展位置)。这 3 个位置当中,只有棘爪在收回位置时,才能保证轿厢向下运行不会受到支撑座的阻挡（在伸展位置时，肯定会被阻挡；在中间位置时，无法确定）。因此应设置电气安全装置（见图 5.6-29），验证棘爪是否处于收回位置，如果没有处于收回位置，为了避免损坏电梯，应防止轿厢向下运行，无论是正常运行还是检修运行或紧急电动运行，轿厢均应被停止。

由于棘爪和支撑座不会阻挡向上运行的轿厢而造成损坏（见 5.6.5.6），因此在棘爪不在收回位置时，本条要求的电气安全装置仅防止轿厢向下运行即可，没有防止轿厢向上运行的要求。

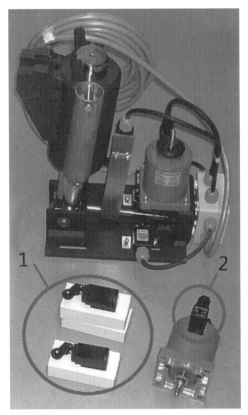

1—5.6.5.9、5.6.5.10 要求的两个电气安全装置；2—5.6.5.9.1 要求的电气装置

图 5.6-29　棘爪及电气安全装置、电气装置

5.6.5.9.1　当轿厢停止时，应通过电气装置证实棘爪装置在伸展位置。

【解析】

本条为新增内容。

本条要求应设置电气装置验证棘爪在伸展位置，如果不在伸展位置，则应满足 5.6.5.9.2 的要求。

（1）当轿厢处于停止状态时需要进行上述验证

这是由于电梯运行中不会发生沉降，而棘爪处于伸展位置的目的就是为了防止电梯沉降，因此在电梯运行时不必进行上述验证。

（2）使用电器装置验证

本部分没有要求使用电气安全装置进行上述验证，只需要电气装置即可。也就是说，使用诸如微动开关一类的电气开关也是允许的，见图5.6-29。

> **5.6.5.9.2**　如果棘爪装置不在伸展位置，则：
> a)　符合5.11.2.2规定的电气装置应防止门开启及轿厢任何的正常运行；
> b)　应完全收回棘爪装置并将轿厢运行到底层端站；和
> c)　开启轿门和层门以便乘客离开轿厢，然后电梯退出服务。
> 只有经过胜任人员干预，才能恢复正常运行。

【解析】

本条为新增内容。

当棘爪装置不在伸展位置时，无论是处于收回位置还是处于中间位置，均不能防止电梯沉降引起的危险。因此如果5.6.5.9.1中的电气装置无法证实棘爪处于伸展位置，则电梯应进行以下动作：

a)　防止开门机轿厢的任何正常运行

如果开启层门、轿门则有可能在沉降时发生挤压、剪切等危险，因此如果棘爪不在伸展位置时，则层门、轿门不能被开启。此时可以判断棘爪处于故障状态，因此轿厢应不能进行正常运行。

应注意，本条要求使用"符合5.11.2.2规定的电气装置"，5.11.2.2要求的是"安全触点"，但本条所要求的又是"电气装置"，并不是"电气安全装置"，也没有列入附录A"电气安全装置表"中。因此"符合5.11.2.2规定的电气装置"似乎是一个错误，实际想表达的意思应是"触点型的电气装置"。

b)　收回棘爪并将轿厢运行至底层端站

在电梯到达停站位置，停止后没有证实棘爪处于伸展位置时，则应能判定棘爪的伸展发生故障，此时应将电梯（连同轿内乘客）运行到底层端站。这是因为在底层端站时，即使电梯发生沉降，其范围也很小，不会造成重大危险。

c)　到达底层端站后，开启层门、轿门，之后电梯退出服务

由于在底层端站即使发生电梯沉降，其范围也非常小，因此在底层端站可以开启层、轿门使乘客离开。但由于棘爪处于故障状态，则电梯应退出服务。

所谓"退出服务"是指电梯不再响应正常的呼叫，以及火灾、消防等服务要求。

棘爪不能正常伸展故障，应由胜任人员进行检查和维修，将故障排除后，电梯方可恢复正常运行。

执行本条时，应特别注意以下几个问题：

（1）本条与5.6.5.9.1一样，均是轿厢处于停止状态时才需要对棘爪是否处于伸展位

置进行判断。否则轿厢处于运行状态，棘爪应处于收回位置，如果继而需要满足 a)～c)条要求，则电梯无法正常运行。

（2）a)条中所提及的"轿厢任何的正常运行"，不包括 b)和 c)中的"轿厢运行到底层端站"和"开启轿门和层门"。

本条以及 5.6.5.9.1 与 5.6.5.9 应为并列条款关系，不应属于 5.6.5.9 的子条款，疑为编辑性错误。

> **5.6.5.10**　如果棘爪装置使用耗能型缓冲装置[5.6.5.7.1b)]，当缓冲装置未在正常的伸出位置，且轿厢正在向下运行时，符合 5.11.2 规定的电气安全装置应立即使驱动主机停止运转并防止启动向下运行。应按照 5.9.3.4.3 的规定断开供电。

【解析】

本条与 GB 21240—2007 中 9.11.10 内容部分相对应。

根据 5.6.5.7.1b)的要求，棘爪装置或固定支撑座应采用缓冲装置，如果采用耗能型缓冲装置（如液压缓冲器）时，如果发生沉降导致缓冲装置被压缩，有可能在电梯向上运行后缓冲装置没有完全复位。此时如果在停站时发生电梯沉降，棘爪与固定支撑座啮合，缓冲装置有可能无法提供适当的缓冲作用。因此应设置电气安全装置验证缓冲装置处于正常伸出位置，参见图 5.6-29 中圆圈标记 1 处，图 5.6-28 展示了开关的工作位置。

棘爪缓冲装置没有处在正常的伸出位置，而且轿厢下行，该电气安全装置应停止驱动主机运行、防止轿厢向下运行并切断电源。应注意，轿厢上行时棘爪装置不会动作，因此即使缓冲装置未正常复位，也不会导致危险的发生，因此不必采取上述保护措施。

应注意，上述所有要求均是当棘爪装置采用了耗能型缓冲装置时的要求，这是由耗能型缓冲装置的特定结构决定的。采用蓄能型缓冲装置（如弹簧）时，由于不会发生缓冲装置无法正常复位的情况，因此不必设置这个电气安全装置。

5.6.6　轿厢上行超速保护装置

【解析】

本条涉及"4 重大危险清单"的"加速、减速（动能）"和"因动力源中断后又恢复而产生的意外启动、意外越程/超速（或任何类似故障）"危险。

轿厢上行超速保护装置是防止轿厢冲顶的安全保护装置。

应注意，本部分仅要求了曳引驱动电梯应设置（见表11）上行超速保护装置，强制驱动电梯和液压电梯并不需要设置。这是因为，强制驱动电梯的平衡重只平衡轿厢或部分轿厢的质量，因此无论强制驱动电梯是否带有平衡重，即使轿厢空载时，也绝不会比平衡重侧轻。在驱动主机制动器失效时也不可能出现钢丝绳或链条带动绳鼓或链轮向上运行的现象。液压电梯的情况与强制驱动电梯类似。

对于曳引驱动电梯，则必须设置上行超速保护装置，原因在于曳引驱动电梯必然存在对重（对重是提供曳引力的关键部件之一），而对重的质量是整个轿厢质量及部分载重量之和，因此对重质量必然大于空载轿厢质量。在传动机构等中间环节失效时，可能会造成轿厢冲顶。

造成冲顶的原因大致有以下几种：

（1）电磁制动器衔铁卡阻，造成制动器失效或制动力不足；

（2）曳引轮与制动器中间环节出现故障：多见于有齿曳引机的齿轮、轴、键、销等发生折断，造成曳引轮与制动器脱开；

（3）钢丝绳在曳引轮绳槽中打滑；

（4）手动救援操作不当。

轿厢上行方向超速导致冲顶将给轿内人员带来重大伤害，尤其是头部的伤害，因此曳引式电梯必须设置上行超速保护。但并非所有的上行超速均采用轿厢上行超速保护装置进行防护，如制动器问题，可采用内部冗余的措施来降低风险；为避免钢丝绳在绳槽中打滑，可采用 GB/T 7588.2 给出的曳引力计算方法等。

轿厢上行超速保护装置介绍可参见"GB/T 7588.1 资料 5.6-5。"

> 5.6.6.1　该装置包括速度监测和减速部件，应能检测出上行轿厢的超速（见5.6.6.10），并能使轿厢制停，或至少使轿厢速度降低至对重缓冲器的设计范围。该装置应在下列工况有效：
> 　　a)　正常运行；
> 　　b)　手动救援操作，除非可以直接观察到驱动主机或通过其他措施限制轿厢速度低于额定速度的 115%。

【解析】

本条与 GB 7588—2003 中 9.10.1 内容部分相对应。其中对工况的要求是新增内容。

上行超速保护装置由速度监控元件和执行机构两个部分构成，在电梯上行超速时，速度监控元件应能检测出轿厢超速信号，并以机械或者电气方式触发执行机构工作，使电梯制停或至少减速至对重缓冲器设计的范围内。这里之所以要求"至少使轿厢速度降低至对重缓冲器的设计范围"，是因为只要能将上行轿厢的速度控制在此范围内，则对重撞击缓冲器时就不会发生缓冲器失效带来的风险。

上行超速保护装置包括一套相同或类似于限速器的装置，以监测和判断轿厢是否上行超速；同时还包括一套执行机构，在获得轿厢上行超速的信息时能够将轿厢制停或减速至安全速度范围以内。注意，这里并不要求必须能够制停轿厢。

上行超速保护装置的速度监控元件有多种类型，因限速器结构简单、运行可靠，在电梯中已成熟可靠地应用了多年，所以一般采用限速器作为速度监控元件。根据所选用的减速元件的形式和设置位置的不同，可以采用两个限速器分别控制安全钳（用于下行超速保护）和上行超速保护装置，也可以使用在轿厢上行和下行都能够动作的限速器，目前后者应用更加常见。

根据作用位置的不同（见5.6.6.4），上行超速保护装置的减速部件可以有多种形式：

——安装在轿厢上：通过夹持导轨工作，常见的有上行安全钳、夹轨器等；

——安装在对重上：通过夹持导轨工作，常见的有对重安全钳；

——安装在悬挂钢丝绳或者补偿钢丝绳上：通过夹持悬挂钢丝绳或者补偿钢丝绳工作，这种型式的执行机构称为夹绳器；

——安装在曳引轮上：通过直接制动曳引轮工作，这种型式的执行机构称为曳引轮制动器；

——安装在只有两个支撑的曳引轮轴上：通过制动直接与曳引轮连接的轴工作，这种型式的执行机构称为轮轴制动器。

应注意，与用于下行超速和坠落保护的安全钳不同，轿厢上行超速保护装置并不要求全部采用机械式，可以是机械式也可以是电磁式或其他型式。

本条规定了轿厢上行超速保护装置的动作速度，即：大于或等于1.15倍的额定速度且小于轿厢安全钳的动作速度（见5.6.6.10）。

轿厢上行超速保护装置需要在以下工况下提供保护：

a）正常运行

所谓"正常运行"不仅包括响应乘客呼叫、运送乘客的运行，也包括火灾情况下电梯自动返回指定层的运行（见GB/T 24479—2009）、消防员使用电梯时的运行（见GB/T 26465—2011）以及地震运行模式（见GB/T 31095—2014）等情况。

b）手动救援操作

手动救援操作时，由于要手动开启制动器，在无法直接观察到驱动主机的情况下就可能造成轿厢上行超速，轿厢中的乘客（救援操作时轿内一定会有乘客，否则不会采取救援操作）可能会受到伤害。因此上行超速保护装置应对此进行保护。

但如果能够直接观察到驱动主机，则进行手动救援操作的人员可以判断是否发生了轿厢上行超速，从而予以干预和控制，因此这种情况下可以认为不会发生轿厢上行超速保护的风险。

与5.2.6.6.2c)条不同，本条要求"直接观察到驱动主机"，是指不经过中间手段（如视频监控等）即可观察到驱动主机。这是由于如果采用中间手段，如视频监控（摄像头、中间传输和显示器），无法保证中间环节的实时有效，如果发生电源失效或传输故障、显示画面丢帧等情况，则轿厢可能出现上行超速的危险。

此外，如果能够采用其他有效措施消除轿厢上行超速的可能（限制轿厢速度低于额定速度的115%）时，也可以认为没有上行超速的风险。

5.6.6.2　在没有电梯正常运行时控制速度或减速、制停轿厢或保持停止状态的部件参与的情况下，该装置应能符合 5.6.6.1 的规定，除非这些部件存在内部的冗余且自监测正常工作。

> 注：符合 5.9.2.2.2 规定的制动器认为是存在内部冗余。

在使用驱动主机制动器的情况下，自监测包括对每组机械装置正确提起（或释放）的验证和（或）对每组机械装置作用下制动力的验证，自监测应符合下列要求之一：

a)　制动力自监测周期不大于 24 h；

b)　制动力自监测的周期大于 24 h，且对机械装置正确提起（或释放）进行验证，制动力自监测的周期不超过制造单位的设计值；

c)　仅对机械装置正确提起（或释放）验证的，按制造单位确定的周期进行制动器定期维护保养时检测制动力。

按 b)或 c)进行自监测时，如果驱动主机制动器的电磁铁的动铁芯采用柱塞式结构且存在卡阻的可能，电梯还应设置其他制动装置（如电气制动），在驱动主机制动器不起作用时使停在任何层站的空载轿厢保持静止，或者至少使轿厢速度降低至对重缓冲器的设计范围。

如果检测到失效，应防止电梯的下一次正常启动。

对于自监测，应进行型式试验。

该装置在动作时，可以由与轿厢连接的机械装置协助完成，无论此机械装置是否有其他用途。

【解析】

本条与 GB 7588—2003 中 9.10.2 内容部分相对应。对"自监测"的要求是新增内容。

轿厢上行超速保护装置应是独立的。在制停轿厢，或对轿厢减速时，应完全依靠自身的制动能力完成。不应依赖于速度控制系统（如强迫减速开关）、减速或停止装置（如驱动主机制动器）。但如果这些部件存在冗余且进行自监测，则可以利用这些部件帮助轿厢上行超速保护装置停止或减速轿厢。

由于在本部分中对驱动主机的制动器已经有了"所有参与向制动面施加制动力的制动器机械部件应至少分两组设置。如果由于部件失效其中一组不起作用，应仍有足够的制动力使载有额定载重量以额定速度下行的轿厢和空载以额定速度上行的轿厢减速、停止并保持停止状态"的要求（见本部分 5.9.2.2.2.1）。因此在有些情况下（主要是无齿轮曳引机），只要对制动器进行自监测以保证其正常工作，在此条件下使用驱动主机制动器作为轿厢上行超速保护装置是允许的。

从本条可以看出，既然允许在速度控制系统、减速或停止装置存在冗余的情况下，利用这些部件帮助轿厢上行超速保护装置停止或减速轿厢，可见标准中是不考虑这些部件完全失效的情况，如驱动主机制动器完全失效（两组均失效）的情况。

与旧版标准要求有所不同的是，本条对使用驱动主机制动器作为轿厢意外移动保护装置制停部件增加了自监测的要求。自监测可以采用以下方法：

（1）对制动器的机械装置是否能够正确提起（或释放）进行验证，这个方法在制动器每一次动作时均应进行［以下称方法（1）］。

（2）对制动器的制动力进行验证，采用这个方法在两次验证之间可以有一定的间隔［以下称方法（2）］。

显然，方法（1）是针对制动器可能出现的卡阻造成的不能正常制动以及不能正常打开的监测手段。前者会造成制动力不足；后者可能导致制动器没有正常打开，驱动主机运行造成制动片磨损。而方法（2）是针对制动力的直接验证。

应注意，无论采用上述哪种监测手段，应对每组机械装置均应进行监测。

对于以上自监测手段，可以单独采用，也可同时采用。无论哪种手段，都是为了保证驱动主机每组制动器的制动力符合要求。因此均需要对制动力进行验证，只不过针对自监测手段不同，验证周期有所差异：

a）仅方法（2）：制动力监测周期不大于 24 h。

b）方法（1）＋方法（2）：制动力的监测周期可大于 24 h，但不超过制造单位的设计值；

c）仅方法（1）：按照制造单位规定的周期进行维护保养时，要检测制动力［即，采用方法（2）检测制动力］；

b）和 c）的自监测均包含方法（1），虽然这种手段能够验证机械装置正确提起（或释放），但如果驱动主机制动器的电磁铁的动铁芯发生卡阻，验证装置也仅能监测到其发生故障，而无法使之复位。制动器打开时出现卡阻状况最危险，将造成制动器无法制动。根据目前实际工程使用的情况来看，柱塞式结构的动铁芯（见图 5.6-30）在磨损之后，容易出现卡阻的情况。因此在使用这种结构的动铁芯时，如果存在卡阻的可能，则应设置其他制动装置。"其他制动装置"可以是机械式（例如钢丝绳制动装置、曳引轮制动装置等），也可以是电气式（如涡流制动或封星等）。封星制动可参见"GB/T 7588.1 资料 5.9-2"永磁同步曳引机封星介绍。

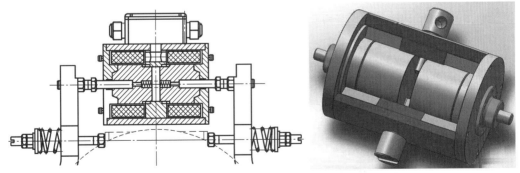

图 5.6-30　采用柱塞结构动铁芯的制动器电磁铁

无论使用哪种"其他制动装置"，在驱动主机制动器不起作用时，应满足以下要求：

——使停在任何层站的空载轿厢保持静止；或者

——至少使轿厢速度降低至对重缓冲器的设计范围。

规定上述要求的原因是：空载轿厢情况最容易发生轿厢上行超速风险，如果能够使轿厢保持静止或者使其移动速度足够低（低于对重缓冲器的设计范围），则轿厢上行超速带来的伤害风险可降至最低。

如果检测到制动器不能正确提起（或释放）和（或）制动力不符合要求，则为了防止轿厢上行超速时不能有效制停轿厢而造成人员伤害，则应防止电梯的下一次正常启动。

应注意：对于采用了方法（1）的自监测系统［包括仅方法（1）和方法（1）＋方法（2）］，只要发现一组制动器机械装置没有正确提起（或释放），自监测系统就应防止电梯的下一次正常启动。而不是等到两组均出现问题时才进行动作。

由于自监测系统其作用是为了发现制动器失效，因此应进行型式试验，以确保其可靠性。

本部分 5.6.6.11 已经对轿厢上行超速保护装置需要进行型式试验进行了要求，本条仍强调要对自监测系统进行型式试验。这是因为，按照 5.6.6.1 的规定，轿厢上行超速保护装置包括速度监测和减速部件，而本条要求的"自监测"仅是使用驱动主机制动器作为轿厢上行超速保护装置时，对制动器的附加要求。由于并不是每种形式的轿厢上行超速保护装置都具有"自监测"功能，在 GB/T 7588.2 第 5.7 中并不包含对自监测的试验内容，因此在这里做了特别要求。

对于使用制动器作为轿厢上行超速保护装置的情况，制动器还需要按照 GB/T 7588.2 中 5.7.3.2.1.2 的要求进行制动器动作试验。当采用了冗余、自监测和可靠性试验手段之后，采用制动器作为轿厢上行超速保护装置被认为是安全的。

应注意，本条要求的自监测与 5.9.2.2.2.1（机电式制动器）针对机电式制动器的自监测要求不是一个概念，其差异体现在以下方面：

（1）适用范围不同

本条要求的"自监测"仅是在使用制动器作为轿厢上行超速保护装置时才需要设置；而 5.9.2.2.2.1 则要求所有机电式制动机均需要有"自监测"功能。

（2）验证方式不同

5.9.2.2.2.1 只是要求"监测制动器的正确提起（或释放）或验证其制动力"；而本条既要求验证"正确提起（或释放）"，也要求"对制动力验证"。

（3）验证内容不同

5.9.2.2.2.1 监测周期没有要求；本条对监测周期有明确要求（见前文）。

（4）验证要求不同

本条要求的"自监测"需要进行型式试验；而 5.9.2.2.2.1 则没有这方面的要求。

本条中要求了"采用对机械装置正确提起（或释放）验证"，但并没有明确要求验证部件必须使用电气安全装置。我们认为是考虑到以下几个因素：

1）本条已经要求对自监测系统进行型式试验，其总体可靠性是满足要求的；

2）制动力处于被监测的状态，即使验证开关失效（如粘连），也不会立即引发危险；

3）针对制动器卡阻的风险采取了措施：当自监测侦测到制动器的某个组件失效，另一个组件失效前会被系统监测到,因此不可能出现两个组件同时失效的风险。

4) 制动器的机械冗余部分同时失效的概率极低。

5) 如果检测到失效,监测系统能够防止电梯的下一次正常启动。

因此,自监测系统可采用普通的电气开关验证机械装置正确提起(或释放)也被认为是足够安全的。当然,用于自监测系统的电气开关,其作用应在维护期间进行检查和确认。

对于本条中"该装置在动作时,可以由与轿厢连接的机械装置协助完成,无论此机械装置是否有其他用途",可以这样理解为:协助轿厢上行超速保护装置动作的部件可以是与轿厢连接的机械装置,而且此装置不必是专门为轿厢上行超速保护装置而设置的。比如,当轿厢上行超速保护装置采用在轿厢上设置能够在上下两个方向均能起作用的安全钳的形式时,触发下行动作的安全钳与触发上行动作的安全钳可以是同一套拉杆系统,也可以采用同一套限速器(当然必须是可双向机械动作的形式)。

对于电梯驱动主机的制动器的状态监测,在 GB/T 10060—2011《电梯安装验收规范》和 GB/T 24478—2009《电梯曳引机》中也有相应的要求:

GB/T 10060—2011 中 5.1.8.9 规定:"应装设机-电式制动器的每组机械部件工作情况进行检测的装置。如果有一组制动器机械部件不起作用,则曳引机应当停止运行或不能启动"。

GB/T 24478—2009 中 4.2.2.2 规定:"……应监测每组机械部件,如果其中一组部件不起作用,则曳引机应停止运行或不能启动……"。

上述两个标准只是要求了电梯正常起动或停层时,应监测或检测曳引机制动器的每组机械部件的工作情况,但未对监测或检测方法作出具体规定。

如果采用方法(1),可认为能够同时满足 GB/T 10060—2011 和 GB/T 24478—2009 对制动器监测或检测的要求。

如果采用方法(2),只有在电梯正常起动或停层时(不是间隔一段时间),均能监测制动器每组机械部件的工作情况,才可以认为同时满足了 GB/T 10060—2011 和 GB/T 24478—2009 对制动器监测或检测的要求。

5.6.6.3 该装置在使空载轿厢制停时,其减速度不应大于 $1g_n$。

【解析】

本条与 GB 7588—2003 中 9.10.3 相对应。

从理论上说,除了直接作用在轿厢上的轿厢上行超速保护装置在动作时可能使轿厢的制停减速度为 $1g_n$,其余形式的轿厢上行超速保护装置均不可能直接造成轿厢的制动减速度大于 $1g_n$。但不能仅考虑阻止轿厢上行的减速度,还应考虑轿厢上抛后下落过程中被钢丝绳制停时的减速度。

要求制动减速度不超过 $1g_n$ 是考虑如果减速度过大,乘客将由于失重而在轿厢中被"抛"起来,可能造成人员头部撞击以及落下时引发安全事故。

要求的条件是"空轿厢制停时"，是因为在这个时候轿厢系统的质量最小。当一个确定的制动力施加给轿厢时，轿厢系统质量最小的情况可导致最大减速度的出现。标准中这样规定，就是为了在最不利的情况下也能获得不至于伤害到乘客人身安全的减速度。

轿厢上行超速保护装置的最大加速度不能超过 $1g_n$，因此瞬时式安全钳不能用于此处。

5.6.6.4　该装置的减速部件应作用在：
　　　a)　轿厢；或
　　　b)　对重；或
　　　c)　钢丝绳系统（悬挂钢丝绳或补偿绳）；或
　　　d)　曳引轮；或
　　　e)　只有两个支撑的曳引轮轴上。

【解析】

本条与 GB 7588—2003 中 9.10.4 相对应。

本条明确说明了轿厢上行超速保护装置作用的位置只可能有 6 个位置：轿厢、对重、曳引钢丝绳、补偿绳、曳引轮或最靠近曳引轮的轮轴上（只有两个支撑）。只有直接作用在上述部位才可能最大限度地直接保护轿厢内的人员。之所以允许保护装置作用在钢丝绳上，是因为轿厢的上行超速，绝不可能是由于钢丝绳断裂造成的，此时钢丝绳及其连接装置必定是有效的。因此轿厢上行超速保护装置作用在上述任一位置，在制动时通过钢丝绳的作用均可使上行超速的轿厢停止或减速。

需要说明的是本条中 e)对轿厢上行超速保护装置的减速部件作用在曳引轮轴上给出的限制条件："只有两个支撑"的轮轴上，见图 5.6-31a)。这是因为，曳引轮轮轴的支撑，在对轴进行支撑的同时也会产生约束作用。有些曳引轮轴不是只有两个支撑点，见图 5.6-31b)，支撑点越多则约束也越多，在轴的转动过程中，这些约束给轴施加的扭转力也越大，轴所受到的交替变化的应力也越剧烈，这种情况容易造成轴的疲劳损坏。因此，为了保证安全，同时也为了不加剧轮轴的损坏，多点支撑的曳引轮轴不可作为轿厢上行超速保护装置制停部件的作用位置。

还应注意的是，本条所述的"支撑"不能仅理解为使用了多少个轴承（虽然轴承有对轴支撑的作用），而且还与轴承的设置位置有关。有些情况下，曳引轮轴的每一处受力点可能设置了不止一个轴承。但在确定"支撑"时，同一个受力点即使设置了多个轴承，也应被认为是一个支撑。但如果如 5.6-31b)中所示的情况，轮轴不仅在减速箱外壳两端有轴承支撑，而且在曳引轮外侧也有轴承支撑，这种情况就属于有多个支撑的曳引轮轴。

此外，如果作用在曳引轮的轮轴上，轮轴应与曳引轮直接连接。

a)　只有两个支撑的曳引轮轴　　　　　　　　b)　有多个支撑的曳引轮轴

图 5.6-31　曳引轮轴及其支撑

5.6.6.5　该装置动作时，应使符合 5.11.2 规定的电气安全装置动作。

【解析】

本条与 GB 7588—2003 中 9.10.5 相对应。

轿厢上行超速保护装置动作时，应有一个电气安全装置（一般采用安全开关）来验证其状态。

请注意：在本条中虽然没有说明电气安全装置动作之后要求电梯系统作出何种反应，但这里要求的电气安全装置必须符合 5.11.2 规定："当附录 A 给出的电气安全装置中的某一个动作时，应按 5.11.2.4 的规定防止电梯驱动主机启动，或使其立即停止运转"。

此开关既可以设置在减速部件上，也可以设置在速度监控部件上。因为本条所说的"该装置"指的是轿厢上行超速保护装置整体，并不特指减速部件或速度监控部件。速度监控部件上在 5.6.6.10 中要求必须有电气安全装置验证其自身的状态，可与本条要求的电气安全装置为同一部件。

本条中的"该装置"表示轿厢上行超速保护装置，鉴于轿厢上行超速保护装置安装位置和形式的多样性，"电气安全装置"可选择被安装的部件。例如，电气安全装置可以安装在对重限速器上或是对重安全钳上。这就说明使用对重安全钳作为上行超速保护装置时，5.6.6.5 要求的电气安全装置可以是装在对重限速器上的安全触点型开关。

5.6.6.6　释放该装置应不需要进入井道。

【解析】

本条与 GB 7588—2003 中 9.10.7 相对应。

这里所说的"释放"，主要是针对上行超速保护装置制动元件的机械部分。轿厢上行超速保护装置动作后的释放应容易进行。"不需要进入井道"是因为当上行超速保护装置动作时，通常是由于电梯的驱动主机（包括减速机构、联轴器等部件）出现较严重的故障，此时进入井道是非常危险的。此外由于轿厢上行超速保护装置可以采用直接作用在轿厢或对重上的形式，动作时轿厢或对重并非在井道中某一特定位置，要接近它们也是比较困难的。

由于轿厢上行超速保护装置的型式很多，实现本条要求的方法也不止一种：对于曳引机制动器或安装在机房内的钢丝绳制动器，在机房里就可以释放；对于对重安全钳或轿厢上行安全钳（或双向安全钳），其机械部分的释放可以通过紧急电动运行或手动盘车上提对重而释放。

5.6.6.5 要求的电气安全装置采用自动复位还是手动复位的形式，要看轿厢上行超速保护安装的位置。这是因为，设置在机房内的轿厢上行超速保护装置由于释放不需要进入井道，则采用何种形式的开关都能够满足本条要求；如果轿厢上行超速保护装置采用的是双向安全钳、对重安全钳或轿厢制动系统见"GB/T 7588.1 资料 5.6-5"图 2 的形式，则非自动复位式开关在释放时就需要进入井道，这种情况下如果没有特殊设计，只能使用自动复位式开关。

5.6.6.7　该装置释放后，应通过胜任人员干预后才能使电梯恢复到正常运行。

【解析】

本条与 GB 7588—2003 中 9.10.6 相对应。

由于轿厢上行超速保护装置一旦动作，必然是由于电梯系统出现故障（很可能是重大故障）而导致的。此时必须由胜任人员进行检查，确认排除故障后方可释放轿厢上行超速保护装置，并使电梯恢复正常运行。

5.6.6.8　释放后，该装置应处于工作状态。

【解析】

本条与 GB 7588—2003 中 9.10.8 相对应。

这里所谓的"工作状态"指的是当轿厢上行超速时能够正确响应速度监控元件的信号或动作，并能够将轿厢制停或减速到安全速度的状态。

上行超速保护在动作以后，如果被释放，其能够立即投入工作状态。也就是说，轿厢上行超速保护装置要么是处于动作状态，要么是处于正常工作状态。

5.6.6.9　如果该装置需要外部能量来驱动，当能量不足时应使电梯停止并保持在停止状态。此要求不适用于带导向的压缩弹簧。

【解析】

本条与 GB 7588—2003 中 9.10.9 相对应。

所谓"外部能量"是指上行超速保护装置（包括速度监控元件和执行机构）正常工作所

依赖的由外界提供的能量,这种能量可以是机械能、电能、液压能等多种形式,这种能量包括:

——速度监控元件正常工作所依赖的能量;

——执行元件正常工作所依赖的能量。

如果轿厢上行超速保护装置(无论是监控元件还是执行元件)是依靠外部能量来检测速度、制停或减速轿厢的,那么在失去外部能量或外部能量不足以使轿厢上行超速保护装置正常工作的情况下,应能防止上行超速保护装置失效带来的风险。即,一旦发生这种情况,轿厢应停止并保持此状态。

应注意,本条并没有要求停止轿厢并将轿厢保持在停止状态的装置必须是轿厢上行超速保护装置,这一点与 GB 7588—2003 中 9.10.9 有所不同(9.10.9 要求的是"……该装置应能使电梯制动并使其保持停止状态……")。可以采用其他部件(如制动器)将电梯停止并保持停止状态。

在有些设计中,外部能量消失时,上行超速保护装置就不再起作用了,这里我们以采用电磁式执行元件作为减速部件的轿厢上行超速保护装置为例,来分析其能量不足时的动作情况:

电磁式执行元件通常分为"断电触发"和"通电触发"两种操作模式。

——断电触发:是指在电梯正常运行时,这种电磁执行元件的线圈本身通有电流产生电磁力,并和上行超速保护装置某一机械装置的力相平衡;当外部电能消失时,线圈失去电磁力,机械装置的力促使上行超速保护装置动作。也就是说,外部能量的作用只能是保持轿厢上行超速保护装置处于释放状态,而不能作为上行超速保护装置在动作时提供制动力的来源。这一点与驱动主机制动器的要求极为相似。

——通电触发:是指在电梯正常运行中,这种电磁线圈中没有工作电流,只有当电梯上行超速至需要上行超速保护装置动作时,电路才会通电,使轿厢上行超速保护装置动作。也就是说,外部能量提供了制停轿厢的动力。

按照本条要求,当外部电能消失时,由于没有动作的能量,"断电触发"方式可以使电梯上行超速保护装置动作,进而达到制停轿厢(或将轿厢保持在停止状态)的要求。但单纯采用"通电触发"方式则不可能使上行超速保护装置工作,如果要满足本条要求,还需要其他制动部件(如制动器)的配合。

另外,本条似乎存在一个疏漏:5.6.6.1 对于轿厢上行超速保护装置动作时并不要求必须将轿厢制停,只要求将其速度降低至对重缓冲器能够承受的速度即可。但本条要求"应能使电梯停止并保持在停止状态",相比而言似乎更加严格了。

由如果"外部能量"来源于带导向的压缩弹簧,由于其自身特点能够保证持续、稳定地提供所需的力,因此可不必考虑弹簧失效造成的"能量不足"。

关于触发装置与"能量"的关系,可参见"GB/T 7588.1 资料 5.6-6。"

5.6.6.10 使轿厢上行超速保护装置动作的速度监测部件应是：

a) 符合5.6.2.2.1要求的限速器。或

b) 符合下列要求的装置：

1) 动作速度符合5.6.2.2.1.1a)或5.6.2.2.1.6；

2) 响应时间符合5.6.2.2.1.2；

3) 可接近性符合5.6.2.2.1.4；

4) 动作的可能性符合5.6.2.2.1.5；和

5) 电气检查符合5.6.2.2.1.6b)。

同时，也应保证符合5.6.2.2.1.3a)、5.6.2.2.1.3b)、5.6.2.2.1.3e)、5.6.2.2.1.5（封记）和5.6.2.2.1.6c)的有关规定。

【解析】

本条与GB 7588—2003中9.10.10相对应。

这里规定了轿厢上行超速保护的速度监控部件应是限速器（符合5.6.2.2.1要求），或是类似限速器的装置。

5.6.6.11 轿厢上行超速保护装置是安全部件，应按照GB/T 7588.2—2020中5.7的规定进行验证。

【解析】

本条与GB 7588—2003中9.10.11相对应。

轿厢上行超速保护装置作为防止轿厢由于上行超速而导致的冲顶事故的重要部件，其动作是否可靠关系到轿内乘客的人身安全。因此本部分将其列入安全部件，并要求根据GB/T 7588.2中5.7进行型式试验是非常必要的。

但是GB/T 7588.2中5.7对轿厢上行超速保护装置如何进行型式试验并没有明确的规定，这是由于本部分中允许轿厢上行超速保护装置安装在5.6.6.4要求的几个不同的位置，因此针对每种上行超速保护装置应采取不同的试验方法。关于"型式试验"的定义可参见"GB/T 7588.1 资料3-1"中130条目。

5.6.6.12 轿厢上行超速保护装置上应设置铭牌，并标明：

a) 制造单位名称；

b) 型式试验证书编号；

c) 所整定的动作速度；

d) 轿厢上行超速保护装置的型号。

【解析】

本条与GB 7588—2003中15.16相对应。

见5.4.2.3.2。

5.6.7 轿厢意外移动保护装置

【解析】

本条与 GB 7588—2003 第 1 号修改单中 9.11 相对应。

据统计，电梯事故主要发生在门区，而且各种事故中，以层/轿门未关闭的情况下轿厢意外移动给人员带来的剪切、挤压伤害最为严重，风险等级非常高。为了保护人员在门区的安全，必须增加技术措施，降低层/轿门未关闭的情况下轿厢意外移动所带来的风险，保护人员的人身安全。

轿厢意外移动指在开锁区域内且开门状态下，轿厢无指令地离开层站的移动，不包含装卸操作引起的移动。轿厢意外移动是电梯的一种极其危险的状态，它可能给进出轿厢的乘客带来严重的剪切伤害。

轿厢意外移动保护装置见图 5.6-32，可参见"GB/T 7588.1 资料 5.6-7。"

图 5.6-32 轿厢意外移动保护装置对人员的保护

5.6.7.1 在层门未被锁住且轿门未关闭的情况下，由于轿厢安全运行所依赖的驱动主机或驱动控制系统的任何单一失效引起轿厢离开层站的意外移动，电梯应具有防止该移动或使移动停止的装置。

下列失效除外：

a) 悬挂钢丝绳、链条；

b) 驱动主机的曳引轮、卷筒（或链轮）；

c) 液压软管；

d) 液压硬管；

e) 液压缸。

曳引轮的失效包含曳引能力的突然丧失。

不具有符合 5.12.1.4 规定的开门情况下的平层、再平层和预备操作的电梯，并且其制停部件是符合 5.6.7.3 和 5.6.7.4 规定的驱动主机制动器，不需要检测轿厢的意外移动。

轿厢意外移动制停时由于曳引条件造成的任何滑动，均应在计算和（或）验证制停距离时予以考虑。

【解析】

本条与 GB 7588—2003 第 1 号修改单中 9.11.1 相对应。

为了保护人员在门区不受到剪切、挤压伤害，本部分规定了轿厢意外移动的保护装置的相关内容，并从几个方面规定了说明了"轿厢意外移动保护"的设置：

（1）"轿厢意外移动保护"装置的目的

设置"轿厢意外移动保护"装置的目的旨在降低下列部件失效的情况下的风险：

1）驱动主机，包括：电动机、传动装置（如齿轮箱、联轴器、轴等）的失效；

2）驱动控制系统，包括：轿厢在层站停止时的启（制）动控制系统及速度控制系统等发生故障。

本条的一个重点是强调了"单一元件失效"，是指驱动主机或驱动控制系统只有一个部件/元件的失效的情况。以驱动主机为例，制动器的一套机械部件不能正常工作或传动机构失效，每一个均属于"单一失效"，但两者同时发生，不属于"单一失效"（5.6.7.3 要求："自监测"功能在制动器机械部件失效时应防止电梯的正常启动，这种情况下再同时发生传动机构失效的可能性几乎不存在）。驱动控制系统的失效与以上情况类似。

综上所述，以下失效可不必考虑：

——驱动主机发生两个或两个以上元件同时失效的情况；

——驱动主机和驱动控制系统同时各发生一个元件失效的情况。

（2）"轿厢意外移动保护"装置动作的场合

在以下情况下，"轿厢意外移动保护"装置将起作用，使轿厢停止，从而避免人员受到剪切、挤压等伤害：

1）层门未被锁住且轿门未关闭；

2）上述系统（驱动主机或驱动控制系统）的任何单一元件失效，导致轿厢离开层站的意外移动。

但应注意，以下情况下的轿厢移动，无论其是否会发生危险，均无法（或不需要）通过轿厢意外移动保护装置进行防护：

① 在层门被锁住或轿门关闭的情况（此情况下不会发生剪切、挤压风险）；

② 驱动主机和驱动控制系统中两个或两个以上元件失效的情况；

③ 符合5.6.7.3要求冗余设置的制动器同时失效；

④ 不是由于"驱动主机或驱动控制系统的任何单一元件失效"引起的轿厢移动（如人为盘车等）；

⑤ 悬挂绳、链条和曳引轮、滚筒、链轮、液压管（包括软管和硬管）和液压缸的失效的情况，其中曳引轮的失效包含曳力的突然丧失（这是由于在正确的设计制造、无缺陷的材料和良好维护的前提下，上述零部件不会突然失效）；

⑥ 其他故意滥用的情况（如人为使轿厢意外移动保护失效等）。

（3）"轿厢意外移动保护"装置需达到的要求

对于"轿厢意外移动保护装置"，本条从阻止轿厢意外移动的方法和制停轿厢时的表现两个方面进行了要求。

1）阻止轿厢意外移动的方法

对于可能发生的轿厢意外移动，可以从以下方面进行阻止：

① 防止轿厢意外移动的发生

平层时使轿厢不会移动或限制其在层站附近的移动距离。

② 使轿厢移动停止的装置

发生了轿厢意外移动，能及时制停。

2）制停时，需达到的要求

为了保护人员的安全，"轿厢意外移动保护"装置动作时，需要满足"轿厢意外移动制停时由于曳引条件造成的任何滑动，均应在计算和/或验证制停距离时予以考虑"。具体来说，应考虑制停时以下部件的滑动：

① 制动元件与其作用部件之间的滑动

制动元件是靠摩擦制停轿厢，因此制动元件与其作用的部件之间不可避免地会有滑动距离。

② 钢丝绳在绳槽中可能存在的滑动（尤其是当制动元件作用在曳引轮或只有两个支撑的曳引轮轴上时）

当制动元件作用在曳引轮或曳引轮轴（只限两个支撑的曳引轮轴）上时，在制动力矩较大的情况下，可能会出现钢丝绳与绳轮轮槽之间产生相对滑移的现象。

在轿厢意外移动保护装置的制停过程中，无论是制动元件与其作用部件之间的滑动还是钢丝绳在绳槽中可能存在的滑动，都应在设计制造中予以考虑，以避免在制停过程中这些滑动给人员带来的危险。

（4）不具有门开着情况下的平层、再平层和预备操作的电梯，驱动主机制动器符合要求，不需要检测轿厢的意外移动

本条款有以下两层意思：

1）必须同时满足以下①、②两种情况，可以不需要检测轿厢的意外移动

① 不具有门开着情况下的平层、再平层和预备操作功能

不具有符合 5.12.1.4 的开门情况下的平层、再平层和预备操作功能的电梯，从设计上不可能在层门没有锁住且轿门没有关闭的情况下发生轿厢的移动（此时电气安全链断开，驱动主机电动机和制动器均处于断电状态）。因此这种情况下可以不需要检测轿厢的意外移动。

要注意：本条要求的不但是没有开门情况下的"平层""再平层"功能，还要求不具有"预备操作"功能。

"开门情况下的平层"功能的解析见 5.3.8.2。其"预备操作"通常是指在开门平层（提前开门）时，层门虽然没有开启，但层门锁紧装置已经处于解锁状态。

如果具有这种开门情况下的平层的"预备操作"，也必须检测轿厢的意外移动。

② 制停部件是符合 5.6.7.3 和 5.6.7.4 的驱动主机制动器

如果不是使用驱动主机制动器作为轿厢意外移动保护装置的制停部件，而是采用了诸如安全钳、钢丝绳制动器等部件，则无论是否有门开着情况下的平层、再平层和预备操作功能，都需要检测轿厢的意外移动。

本条之所以规定了使用制动器（符合 5.6.7.3 和 5.6.7.4）作为制停部件，且没有开门情况下的平层、再平层和预备操作功能的电梯可以不需要检测轿厢的意外移动，是因为：

——对于没有开门情况下的平层、再平层和预备操作功能的电梯，在设计上没有开门运行的情况，验证层、轿门关闭的电气安全装置不会在门区被旁路，因此只要是在层门和（或）轿门没有关闭的情况下，均不会由于驱动控制系统的控制程序出错致使控制电路失效或某一电气元件故障（即任何单一元件失效）而导致的轿厢意外移动；

——层门没有关闭（包括没有锁紧）或轿门没有关闭，验证层/轿门关闭的电气安全装置动作，驱动主机和制动器的电源被切断，不能启动电梯或保持电梯的自动运行（见 5.3.8.2、和 5.3.9 的规定）。此时，只要是层门、轿门的任一门扇没有关闭则制动器将阻止轿厢移动。

上述规定已经在本部分的其他条款中有所体现，因此如果使用制动器作为制停部件，且电梯没有门开着情况下的平层、再平层和预备操作功能，已经排除了轿厢意外移动的可能，显然不需要检测轿厢意外移动。

但如果使用其他类型的部件作为轿厢意外移动保护的制停元件（如夹绳器、双向安全钳等），标准中没有规定在层门、轿门没有关闭的情况下它们必须能够防止轿厢移动，那么使用这些部件作为轿厢意外移动保护的制停部件时，就必须要设置意外移动检测装置。

结合本部分 5.12.1.1.4 来看，平层保持精度只要有超出 ±20 mm 的可能，则必须有再平层功能，且必须设置检测轿厢意外移动的装置。

2）"不需要检测轿厢的意外移动"但不代表可以没有轿厢意外移动保护的制停部件

虽然不具有门开着情况下的平层、再平层和预备操作功能的电梯避免了由于驱动控制系统的任何单一元件失效而导致的轿厢意外移动的可能，但仍存在驱动主机失效（包括传动系统、马达)的可能。而如果在层站位置,层、轿门开启的情况下,驱动主机的失效也会引起轿厢意外移动。因此无论何种情况,轿厢意外移动保护的制停部件都是必须设置的。

只不过,符合 5.6.7.3、5.6.7.4、5.6.7.5、5.6.7.6 和 5.9.2.22 要求的驱动主机制动器可以作为制停部件,可以不另行设置其他单独的制停部件。

CEN/TC 10 曾接到过针对轿厢意外移动保护的问询。

询问:本部分 5.12.1.8.3 中允许同时旁路层门门锁触点和层门关闭触点(手动门情况除外),如果轿厢处于紧急电动运行状态且层门触点被旁路,此时是否允许轿厢意外移动保护失效?

CEN/TC 10 对此的回复是:不允许。

检修运行或紧急电动运行时并不需要使轿厢意外移动保护失效,理由如下:

(1) 通常情况下检修运行和紧急电动运行时层门和轿门均处于关闭状态;

(2) 本部分不允许同时旁路层门和轿门触点;

(3) 轿厢意外移动是指层门未被锁住且轿门未关闭的情况下轿厢离开层站的运动。

5.6.7.2 该装置应能够检测到轿厢的意外移动,并应制停轿厢且使其保持停止状态。

【解析】

本条与 GB 7588—2003 第 1 号修改单中 9.11.2 相对应。

为了在发生轿厢意外移动的情况下,保护人员安全,则轿厢意外移动保护装置必须能够:

——监测到轿厢意外移动的发生;

——轿厢发生意外移动时及时阻止。

不具有符合 5.12.1.4 的开门情况下的平层、再平层和预备操作功能的电梯,且如果制动器符合 5.6.7.3 和 5.6.7.4 的规定,则不需要检测轿厢的意外移动。

5.6.7.3 在没有电梯正常运行时控制速度或减速、制停轿厢或保持停止状态的部件参与的情况下,该装置应能达到规定的要求,除非这些部件存在内部的冗余且自监测正常工作。

注:符合 5.9.2.2.2 规定的制动器认为是存在内部冗余。

在使用驱动主机制动器的情况下,自监测包括对每组机械装置正确提起(或释放)的验证和(或)对每组机械装置作用下制动力的验证,自监测应符合下列要求之一:

a) 制动力自监测周期不大于 24 h;

b) 制动力自监测的周期大于 24 h,且对机械装置正确提起(或释放)进行验证,制动力自监测的周期不超过制造单位的设计值;

c) 仅对机械装置正确提起(或释放)验证的,按制造单位确定的周期进行制动器定期维护保养时检测制动力。

按b)或c)进行自监测时，如果驱动主机制动器的电磁铁的动铁芯采用柱塞式结构且存在卡阻的可能，电梯还应设置其他制动装置（如电气制动），在驱动主机制动器不起作用时使停在任何层站载有不超过100%额定载重量的任何载荷的轿厢保持静止，或者在轿厢移动距离不超过1.2 m的范围内使轿厢速度不大于0.3 m/s。

在使用正常运行时用于减速和停止的两个串联工作的电磁阀的情况下，自监测是指在空载轿厢静压下对每个电磁阀正确开启或闭合的独立验证。

如果检测到失效，应关闭轿门和层门，并防止电梯的正常启动。

对于自监测，应进行型式试验。

【解析】

本条与GB 7588—2003第1号修改单中9.11.3相对应。

本条前半部分内容可参见5.6.6.2解析。与5.6.6.2要求不同的是，"其他制动装置"，在驱动主机制动器不起作用时，应满足以下要求：

——使停在任何层站载有不超过100%额定载重量的任何载荷的轿厢保持静止；或

——在轿厢移动距离不超过1.2 m的范围内使轿厢速度不大于0.3 m/s。

以上要求的原因是，在轿厢载有额定载荷或空载时最可能发生意外移动，而5.6.6.2中已经降低了空载轿厢工况的风险，因此本条主要要求装有额定载荷的工况。另外，按照5.6.7.5要求，轿厢发生意外移动时，轿厢意外移动保护装置应在1.2 m内使轿厢停止，因此在此距离范围内，"其他制动装置"应能通过限制轿厢意外移动的速度降低风险。

电磁阀是用来控制流体的自动化基础元件，液压电梯的控制系统中使用电磁阀配合不同的电路调整液压油的方向、流量、速度和其他的参数来实现预期的控制。电磁阀有很多种，不同的电磁阀在控制系统的不同位置发挥作用，最常用的是单向阀、安全阀、方向控制阀、速度调节阀等。

在液压电梯中可以使用电磁阀进行减速和停止控制，在这种情况下，如果上述电磁阀（正常运行时参与工作）存在内部冗余，则可以用作轿厢意外移动保护装置，但对电磁阀应进行自监测以保证其正常工作。

如果用作轿厢意外移动保护的电磁阀之间是串联的，则自监测应该对每个电磁阀单独进行验证，以确保每个单独的阀都是可靠的。应采用空载轿厢对液压系统产生的静压力对其进行验证。

在自监测中，如果发现对轿厢意外移动保护装置工作不正常（例如出现驱动主机制动器的机械部件不能正常提起或放下、制动力矩超出预期值或电磁阀有泄漏等情况），则应关闭层门和轿门以避免因保护失效造成人员在门区受到剪切、挤压等伤害，同时应防止电梯启动，并需要经过胜任人员干预，电梯才能投入运行（见5.6.7.9）。

5.6.7.4　该装置的制停部件应作用在:

a)　轿厢;或

b)　对重;或

c)　钢丝绳系统(悬挂钢丝绳或补偿绳);或

d)　曳引轮;或

e)　只有两个支撑的曳引轮轴上;

f)　液压系统(包括上行方向上独立供电的电动机或泵)。

该装置的制停部件,或保持轿厢停止的装置可与用于下列功能的装置共用:

——下行超速保护;

——上行超速保护(5.6.6)。

该装置用于上行和下行方向的制停部件可以不同。

【解析】

本条与 GB 7588—2003 第 1 号修改单中 9.11.4 相对应。

本条 a)～e)参见 5.6.6.4 解析以及"GB/T 7588.1 资料 5.6-5"相关内容。

f)　针对液压驱动电梯的情况,轿厢意外移动保护装置应设置在液压系统上,通常可采用:

——切断油路:采用破裂阀(应能对较小泄漏或油压变化作出反应)、截止阀等切断液压系统的油路;

——切断电源:采用切断上行方向独立供电的电动机或泵的电源的方式;

——限制柱塞运动:采用柱塞制动器防止柱塞的活动等方法,见图 5.6-33。

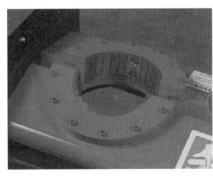

图 5.6-33　柱塞制动器

轿厢意外移动保护装置可以采用与一些超速保护部件相同的结构,如:

——轿厢上行超速保护装置;

——轿厢安全钳;

——对重安全钳。

而且,由于轿厢意外移动可以有上行和下行两个方向,本条允许使用不同的部件制停轿厢的意外移动。例如,使用轿厢安全钳制停轿厢下行意外移动,使用对重安全钳制停轿厢上行意外移动;或是以安全钳作为下行意外移动保护,使用钢丝绳制动器作为上行意外移动保护。但无论采用何种形式,均需要符合5.6.7的其他要求。

5.6.7.5 该装置应在下列距离内制停轿厢(见图20):

　　a) 与检测到轿厢意外移动的层站的距离不大于1.20 m;

　　b) 层门地坎与轿厢护脚板最低部分之间的垂直距离不大于0.20 m;

　　c) 按5.2.5.2.3设置井道围壁时,轿厢地坎与面对轿厢入口的井道壁最低部分之间的距离不大于0.20 m;

　　d) 轿厢地坎与层门门楣之间或层门地坎与轿厢门楣之间的垂直距离不小于1.00 m。

　　轿厢载有不超过100%额定载重量的任何载荷,在平层位置从静止开始移动的情况下,均应满足上述值。

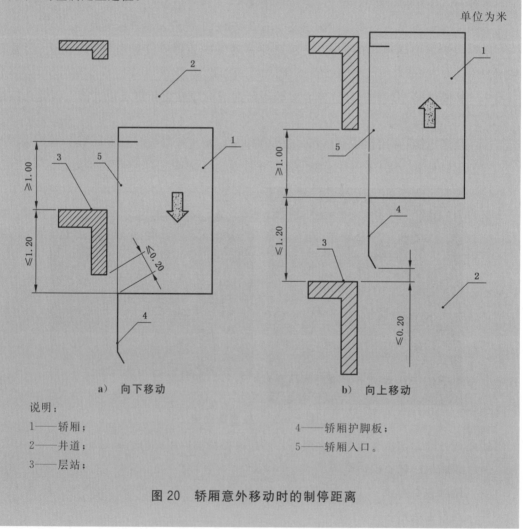

单位为米

　　a) 向下移动　　　　　　　　b) 向上移动

说明:

1——轿厢;　　　　　　　　　　4——轿厢护脚板;

2——井道;　　　　　　　　　　5——轿厢入口。

3——层站;

图20　轿厢意外移动时的制停距离

【解析】

本条与 GB 7588—2003 第 1 号修改单中 9.11.5 相对应。

本条规定了轿厢意外移动保护装置在制停轿厢时制停距离的要求,如果制停距离过大,无法避免轿厢在意外移动时层门、轿门的上门框和地坎对人员造成的剪切和挤压伤害。

a) 规定了轿厢意外移动的最大距离

意外移动时,无论上行还是下行,均应在 1.2 m 的距离内制停轿厢,这是对检测出意外移动到制停轿厢的距离要求,即所有的滑移量都要在 1.2 m 距离内;

b) 轿厢意外移动保护装置动作后,层门地坎与轿厢护脚板最低部分之间的垂直距离

在轿厢向上意外移动时,制停后的层门地坎与轿厢护脚板最低部分之间的垂直距离不能过大(不超过 200 mm),见图 5.6-34,以免救援时人员从此间隙中坠落井道(5.3.15.3 规定,在轿厢意外移动保护装置动作后,可以方便地开启层门和轿门)。

c) 对于部分封闭井道,规定了轿厢地坎与围封的下沿之间的垂直距离

如果是部分封闭的井道,在轿厢向下意外移动时,制停后的轿厢地坎与围封的下沿之间的垂直距离不能过大(不超过 200 mm),见图 5.6-34,以免人员从此间隙中坠落井道。

d) 轿厢意外移动保护装置动作后,轿厢地坎与层门门楣之间或层门地坎与轿厢门楣之间的最小垂直距离

——轿厢地坎与层门门楣之间不小于 1 m;或

——层门地坎与轿厢门楣之间不小于 1 m。

垂直距离不能过小(不小于 1.00 m),以免人员在这个间隙中受到挤压伤害。1 m 是人蜷缩的高度,图 5.6-34 比较形象地说明了避免挤压人员以及轿厢意外移动在向上和向下方向上的距离、间隙要求。

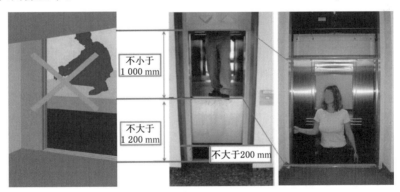

图 5.6-34 轿厢意外移动保护功能对人员的防护

对于轿厢意外移动保护装置,应有如下制停能力:

——轿厢载有不超过 100% 额定载重量的任何载荷的情况下

应理解为 0~100% 额定载荷,即不考虑轿厢超载时的任何载荷;

——在平层位置从静止开始移动的情况下

由于轿厢意外移动是发生在层站位置,且层门未锁闭、轿门开启的状态(见 5.6.7.1),

此时轿厢不可能是在运行工况下，因此不必考虑制停具有一定初速度的轿厢。

在以上两个工况下，轿厢意外移动保护装置在制停轿厢时，均应满足本条 a)～d)的距离和间隙。

> **5.6.7.6**　制停过程中，该装置的制停部件不应使轿厢减速度超过：
> a)　空载轿厢向上意外移动时为 $1.0g_n$；
> b)　向下意外移动时为自由坠落保护装置动作时允许的减速度。

【解析】

本条与 GB 7588—2003 第 1 号修改单中 9.11.6 相对应。

本条规定了轿厢意外移动保护装置在制停轿厢时减速度的要求，以避免减速度过大时对轿内人员产生的冲击伤害。

a) 对于轿厢向上意外移动，空载时由于系统质量最小（系统质量＝轿厢质量＋载荷＋对重质量＋主钢丝绳质量＋补偿及其张紧装置质量＋随行电缆质量的一半），这时制停部件产生的系统加速度最大，因此选取这种工况进行要求。详细情况参见 5.6.6.3 解析。

b) 对于轿厢向下意外移动时，则无论是在哪种载荷的情况下，应不超过轿厢安全钳的允许减速度。详细情况参见 5.6.2.1.3 解析。

> **5.6.7.7**　最迟在轿厢离开开锁区域（见 5.3.8.1)时，应由符合 5.11.2 规定的电气安全装置检测到轿厢的意外移动。

【解析】

本条与 GB 7588—2003 第 1 号修改单中 9.11.7 相对应。

本条规定了轿厢意外移动保护装置的检测装置，应符合 5.11.2 的要求，既可以是安全触点、含有电子元件的安全电路，也可以是电梯安全相关的可编程电子系统（PESSRAL)。

本条要求的用于检测轿厢意外移动的电气安全装置可以与 5.12.1.4a)所述的电气安全装置共用，但应注意满足以下条件：

(1) 由电气安全装置检测的门区长度应适当，以使轿厢意外移动的制停部件能够有充分的时间将轿厢制停，且距离不超过 5.6.7.5 所规定的距离。

(2) 本条要求的电气安全装置如果与 5.6.7.8 中要求的验证轿厢意外移动保护装置动作的开关共用时，还应注意：在这种情况下，电气装置需要由胜任人员使其释放或使电梯复位（在 5.12.1.4 中没有"由胜任人员使其释放或使电梯复位"的要求）。

如果电梯属于 5.6.7.1 中所述"不具有符合 5.12.1.4 的开门情况下的平层、再平层和预备操作的电梯，并且其制停部件是符合 5.6.7.3 和 5.6.7.4 的驱动主机制动器"，则不需要安装本条所述的轿厢意外移动的检测装置。

> **5.6.7.8**　该装置动作时，应使符合 5.11.2 规定的电气安全装置动作。
> 注：可与 5.6.7.7 中的开关装置共用。

【解析】

本条与 GB 7588—2003 第 1 号修改单中 9.11.8 相对应。

本条参见 5.6.6.5 解析。与轿厢上行超速保护的电气安全装置一样，本条所要求的电气安全装置可以与轿厢意外移动的检测装置共用。

> **5.6.7.9** 当该装置被触发或当自监测显示该装置的制停部件失效时，应由胜任人员使其释放或使电梯复位。

【解析】

本条与 GB 7588—2003 第 1 号修改单中 9.11.9 相对应。

轿厢意外移动保护装置一旦被触发，极有可能是由于电梯系统出现故障（很可能是重大故障）而导致的。即使该装置没有动作，制停部件的自监测一旦发现问题，也意味着电梯存在潜在风险。

本条中"当自监测显示该装置的制停部件失效"，最常见的情况有两种：

——用于监测制动器机械装置正确提起或释放的装置发现该装置没有被正常提起或释放；

——制动力自监测装置发现制动力发生超出预期的改变。

因此无论是轿厢意外移动保护装置动作，还是制停部件监测装置发现问题，都必须由胜任人员进行检查，确认排除故障后，方可释放轿厢意外移动保护装置并使电梯恢复正常运行。

> **5.6.7.10** 释放该装置应不需要进入井道。

【解析】

本条与 GB 7588—2003 第 1 号修改单中 9.11.10 相对应。

本条参见 5.6.6.6 解析。

> **5.6.7.11** 释放后，该装置应处于工作状态。

【解析】

本条与 GB 7588—2003 第 1 号修改单中 9.11.11 相对应。

本条参见 5.6.6.8 解析。

> **5.6.7.12** 如果该装置需要外部能量来驱动，当能量不足时应使电梯停止并保持在停止状态。此要求不适用于带导向的压缩弹簧。

【解析】

本条与 GB 7588—2003 第 1 号修改单中 9.11.12 相对应。

本条参见 5.6.6.9 解析。

5.6.7.13 轿厢意外移动保护装置是安全部件，应按 GB/T 7588.2—2020 中 5.8 的规定进行验证。

【解析】

本条与 GB 7588—2003 第 1 号修改单中 9.11.13 相对应。

轿厢意外移动保护装置作为防止轿厢在层站时，在层门、轿门没有关闭的情况下意外移动，引发人员剪切、挤压等恶性事故的重要部件，其动作是否可靠关系到人员的人身安全。因此本部分将其列入安全部件，并要求根据 GB/T 7588.2 中 5.8 的规定进行验证。关于"型式试验"的定义可参见"GB/T 7588.1 资料 3-1"中 130 条目。

在进行型式试验时，可对检测子系统、制停子系统和自监测子系统组成的轿厢意外移动保护装置完整性系统进行型式试验；也可对检测子系统、制停子系统和自监测子系统单独进行型式试验。已单独进行了型式试验的检测子系统、制停子系统和自监测子系统的相互适配性及完整系统的适用范围需经型式试验机构审查确认，并出具完整系统的型式试验报告。

应注意以下情况：

（1）只需提供驱动主机制动器的型式试验报告（含自监测）

以驱动主机制动器作为制停部件的情况下，以下两种情况只需要提供制动器（含自监测）的型式试验报告：

——电梯整梯不具有符合 5.12.1.4 规定的开门情况下的平层、再平层和预备操作功能；并且

——其制停部件是符合 5.7.6.3 和 5.7.6.4 规定的驱动主机制动器。

该制停部件的型式试验报告可由部件制造单位申请并经型式试验机构检验合格出具的型式试验报告（主要是针对永磁同步曳引机的制动器）。

（2）需要提供完整的系统型式试验

若电梯具有符合 5.12.1.4 规定的开门情况下的平层、再平层和预备操作功能；或制停部件不是符合 5.7.6.3 和 5.7.6.4 规定的驱动主机制动器的情况下，电梯整梯单位需对检测子系统、制停子系统和（或）自监测子系统组合的完整系统进行型式试验，若其检测子系统已经具有由型式试验机构出具的含电子元件的安全电路或可编程电子安全相关系统的型式试验报告，且其中包含轿厢意外移动保护功能，则该检测子系统在整梯型式试验时不需要对该检测子系统进行单独试验论证。

5.6.7.14 轿厢意外移动保护装置的完整系统或子系统（见 GB/T 7588.2—2020 中 5.8.1）上应设置铭牌，并标明：
a）　轿厢意外移动保护装置制造单位名称；
b）　型式试验证书编号；
c）　轿厢意外移动保护装置型号。

【解析】

本条与 GB 7588—2003 第 1 号修改单中 15.17 相对应。

本条参见 5.4.2.3.2 解析。

5.7 导轨

【解析】

与 GB 7588—2003 和 GB 21240—2007 相比,导轨部分有以下两点变化:

——修改了作用在导轨上力的要求;

——增加了导轨上的力的计算的方法。

5.7.1 轿厢、对重和平衡重的导向

【解析】

本条与 GB 7588—2003 中 10.2 相对应。

5.7.1.1 轿厢、对重(或平衡重)各自应至少由两列刚性的钢质导轨导向。

【解析】

本条与 GB 7588—2003 中 10.2.1 相对应。

轿厢、对重(或平衡重)的导轨是为了保证轿厢、对重(或平衡重)在运行过程中的稳定性。一般情况下,轿厢、对重(或平衡重)是以在其上安装的导靴与导轨配合实现导向作用的。导靴一般分为滑动导靴(适用于速度较低的电梯)和滚动导靴(适用于高速电梯),参见图 5.7-1。

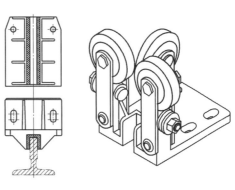

a) 滑动导靴　　b) 滚动导靴

图 5.7-1 导靴

5.7.1.2 导轨应采用冷拉钢材制成,或摩擦表面采用机械加工方法制作。

【解析】

本条与 GB 7588—2003 中 10.2.2 相对应。

导轨应采用冷拉或表面进行机械加工,不允许采用表面不做任何处理的型钢用作导轨。这是因为,轿厢、对重(或平衡重)沿导轨运行时对导轨的工作表面要求较高,如果工作表面过于粗糙,无法保证这些部件在运行过程中的平稳性。同时,由于导轨工作表面引起

的冲击和振动也可能带来一定的安全隐患。当采用渐进式安全钳时，由于这种安全钳动作时其制动距离较长，减速度在很大程度上受导轨工作面的影响，因此在这种情况下要求导轨表面粗糙度应限制在一定范围内。

目前市场上的 T 型导轨材料为镇静钢（普通质量的碳素结构钢），之所以要求导轨应采用冷拉钢材制造，是出于对材料特性及耐久性的考虑。

5.7.1.3 对于没有安全钳的对重（或平衡重）导轨，可使用成型金属板材，并应作防腐蚀保护。

【解析】

本条与 GB 7588—2003 中 10.2.3 相对应。

对于没有安全钳作用的导轨（对重或平衡重导轨），可以采用图 5.7-2 所示的空心导轨。

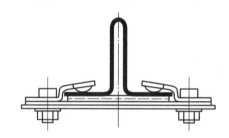

图 5.7-2　空心导轨

空心导轨是用板材折弯而成，不能承受安全钳动作时的挤压，因此只能用于没有安全钳装置的对重或平衡重导轨。空心导轨通常需要进行防腐处理。

5.7.1.4 导轨与导轨支架在建筑物上的固定，应能自动地或采用简单方法调节，对因建筑物的正常沉降和混凝土收缩的影响予以补偿。

应防止因导轨附件的转动造成导轨的松动。

【解析】

本条与 GB 7588—2003 中 10.1.3 相对应。

为防止建筑物正常沉降、混凝土收缩以及导轨的热胀冷缩导致安装好的导轨变形和产生内部应力，应采用导轨压板将导轨夹紧在导轨支架上，不应采用焊接以及直接螺栓连接。当建筑物下沉时，可以使导轨与导轨支架之间在垂直方向上有相对滑动的可能。以下是 3 种不同的导轨压板。

图 5.7-3a)为刚性导轨压板，这种压板一般由铸造或锻造制成，在使用中对导轨的夹紧力较大，多用于速度不高（不超过 2.5 m/s）且提升高度不是很大的情况。图 5.7-3b)为弹性导轨压板，这种导轨压板由弹簧钢锻造制成，夹紧导轨后由于其本身有一定弹性，因此这种压板阻碍导轨在垂直方向上滑动的力较小。同时为了使导轨尽可能顺畅地滑动，在弹性导

轨压板与导轨之间往往还垫有铜制垫片，起到减小摩擦阻力作用。图 5.7-3c)是用于空心导轨的压板。

为了避免压板夹紧导轨后导轨脱出和在水平方向上发生位移，导轨支架上固定导轨压板的孔不宜做成水平或垂直方向上的长孔，通常做成圆孔或 45°的倾斜长孔，如图 5.7-4 所示。

固定导轨的导轨支架一方面要求应具有一定强度，另一方面也要求有一定的调节量，以弥补电梯井道的建筑误差。导轨支架的形式见图 5.7-5 所示。

a) 刚性导轨压板

b) 弹性导轨压板　　**c) 空心导轨压板**

图 5.7-3　常见的导轨压板

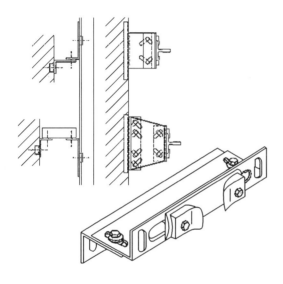

图 5.7-4　可调节的导轨支架

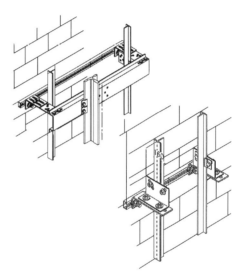

图 5.7-5　导轨支架

导轨支架在建筑物上的固定方法一般有以下几种：

（1）预埋法：在井道内按照一定的间距直接预埋导轨支架，安装导轨时直接利用这些已经预埋的导轨支架即可。这种方法安装方便，但调整范围小，需要土建配合的程度较高。

（2）焊接法：这种方法多见于井道为钢架结构的情况，导轨支架直接焊接在构成井道的钢架上即可。在其他种类的井道中也有采用，这就要求在建造井道时根据电梯供货商要求在井道中按照一定间距设置预埋件。在安装导轨时，支架直接焊接在这些预埋件上。这种方法工艺简单、安全可靠，但预埋件的位置是固定的，无法进行较大的调整。同时在提升高度较高的情况下，焊接操作也很不方便。

（3）螺栓固定：在井道内按照预先确定好的间距预埋 C 形槽，安装导轨支架时，将螺栓滑入槽中用螺母固定支架。这种方法的利弊与焊接法相似。

（4）预埋地脚螺栓：在井道内按照一定间距预埋地脚螺栓，安装时导轨支架可以使用预埋的地脚螺栓固定。这种方法可以通过导轨支架两面的螺母来调节导轨与井道壁之间的距离，安装时可以适应一定范围内的井道误差，但对地脚螺栓的埋入深度等要求较高。

（5）膨胀螺栓连接：这是目前应用最广泛的导轨支架安装方法。它不需要任何预埋件，在安装导轨支架时直接在井道壁上所需要的位置打孔并安装膨胀螺栓。这样导轨支架在井道壁上的安装位置可以非常灵活，同时也可以简化安装过程。在安装膨胀螺栓的位置，通常要求井道壁采用混凝土结构。

导轨的固定装置应牢固可靠，应考虑固定在其上的导轨附件的移动、转动造成固定装置松动。通常，连接导轨固定装置的螺栓都会采用弹簧垫圈防止其松动。

CEN/TC 10 曾接到过关于导轨固定以及补偿建筑物沉降问题的咨询：

询问：标准的条文指出："对因建筑物的正常沉降和混凝土收缩的影响，导轨与导轨支架和建筑物的固定应能自动地或采用简单调节方法予以补偿"。根据该条文，一些制造单位主张只有垂直方向的调整是必需的。相反，一个国家委员会认为：也应在水平面（纵向和横向）上可调整，以便校正导轨间距或导轨垂直度。事实上，建筑物的下沉不总是一致的（因地基、结构不均衡及建筑物载荷不均衡等方面）。能否告知对于该问题的观点？

CEN/TC 10 的回复是：实质上，对导轨的固定、允许导轨在水平面两个方向上调整取决于建筑结构。因此，不需要通用性的规则。

> **5.7.1.5** 对于含有非金属零件的导轨固定组件，计算允许的变形时应考虑这些非金属零件的失效。

【解析】

本条为新增内容。

随着技术的进步，非金属材料已广泛地应用于工程领域，电梯的导轨固定组件如果采用非金属材料制造（例如，为了减震隔音，导轨支架上带有橡胶、聚氨酯等缓冲材料等），在计算固定组件的挠度时应考虑这些非金属零件的失效，在其失效的情况下也应能够保证电梯安全运行。

> **5.7.2 载荷和力**
>
> **5.7.2.1 总则**
>
> **5.7.2.1.1** 导轨及其接头和附件应能承受施加的载荷和力，以保证电梯安全运行。
> 电梯安全运行与导轨有关的部分为：
> a) 应保证轿厢与对重（或平衡重）的导向；
> b) 导轨变形应限制在一定范围内，使得：
>   1) 不应出现门的意外开锁；
>   2) 不应影响安全装置的动作；和
>   3) 运动部件应不会与其他部件碰撞。

【解析】

本条与 GB 7588—2003 中 10.1.1 相对应。

在绝大多数情况下，电梯导轨起始的一段都是支撑在底坑中的支撑板上（也有少数情况下，导轨是悬吊在井道顶板上的）。每根导轨的长度一般为 5 m，在井道中每隔一定距离就有一个固定点，将导轨固定于设置在井道壁的导轨支架上。

在电梯正常运行时，导轨需要承受载荷的偏载、悬挂点与轿厢重心不重合而产生的弯矩、导靴产生的摩擦等。在电梯装载和卸载的过程中，导轨将承受作用于地坎上的力。在安全钳或作用在导轨上的轿厢上行超速保护装置动作时，导轨作为被夹持的部件，必须承受轿厢及载荷（或对重、平衡重）、补偿装置、随行电缆的重量，并对这些部件提供必要的减速度。

基于以上作用，导轨及其附件和接头不但应能为轿厢（及载荷）、对重或平衡重提供有效的导向，而且当电梯出现本部分所规定的必须加以保护的情况，导轨都必须有足够的强度及刚度以提供必要的支撑。导轨及其附件和接头具有足够强度和刚度的标准就是本条所要求的几个方面。

5.7.2.1.2 应考虑导轨及导轨支架的变形、导靴与导轨间隙、导轨直线度及建筑结构的影响，以确保电梯的安全运行。参见 0.4.2 和 E.2。

【解析】

本条为新增内容。

电梯导轨是轿厢和对重或平衡重运动的轨道，通过导靴与导轨的贴合来实现精准的导向作用，所以一旦出现固定于建筑物的导轨支架和导轨的变形量增加，会引起导轨的直线度变化，与之贴合的导靴靴衬或滚轮的磨损量会急剧增加，电梯的运行质量下降（如噪音和振动增大）。如果变形量进一步增大则会严重影响电梯的安全运行。因此，要充分重视导轨支架和导轨的总变形量，定期检测、调整，尽量减少变形量对导轨直线度的影响，从而保证电梯的安全运行，见图 5.7-6。

导靴与导轨之间的间隙如果过大，会影响电梯运行时导轨导向作用，应予以控制。此外，建筑物的结构对电梯的安全运行也会产生影响，根据 0.4.2 和 E.2 的要求，需要与买方与供应商达成一致。

对于 5.7.2.1.2（本条）、5.7.6 和 E.2，CEN/TC 10 给出解释单（见 EN 81-20 010 号解释单）

询问：在本部分的不同条款中，表述了将位移包括最大挠度，最大挠度标准为 5 mm 和 10 mm（见 5.7.6），这在之前的 EN 81-1 中是没有的。我们认为本部分在编辑上有误：在 5.7.6 给出的尺寸中，没有考虑由于建筑结构的位移而导致导轨位移的要求。例如，建筑物内部的移动或建筑物结构的变形导致导轨和支架一起移动，则不会发生变形，因此不会成为安全限制因素。我们认为，E.2 款的目的是允许 5.7.2.1.2 所述的导轨和支架发生挠曲，同时任何可能影响导向装置的建筑结构的移位都要经过 EN 81-20 导言中定义的协商和良好工程实践。

CEN/TC 10 的答复： 正确。在 EN 81-20 的下一次修订中，条款将进行更正。

5.7.2.1.2 改为："应考虑导轨、导轨支架和建筑结构的总变形对导靴和导轨直线度的影响，以确保电梯的安全运行。参见 0.4.2 和 E.2"。

5.7.6 中删除"应考虑建筑结构的变形引起导轨的位移，参见 0.4.2 和 E.2"。

E.2 中删除"在 5.7 所要求的计算中应考虑这些横梁或框架的变形"。

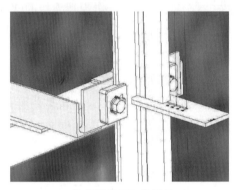 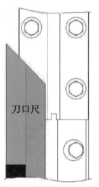

a）使用校道尺调整导轨　　　　　　　　　b）使用刀口尺调整导轨

图 5.7-6　对导轨直线度的确认和调整

5.7.2.2　载荷工况

应考虑以下载荷工况：

a)　正常使用：运行；

b)　正常使用：装载和卸载；

c)　安全装置动作。

注 1： 对于每种载荷工况，力的组合可能作用在导轨上（见 5.7.2.3.1）。

注 2： 根据导轨的固定方式（竖立或悬挂），需考虑与安全装置施加在导轨上的力有关的最不利情况。

【解析】

本条为新增内容。

对于 a)、b)、c) 的工况见 5.7.2.1.1 解析。这里需要说明，无论是以上哪一种工况，都有可能承受此种载荷的力的组合，在 5.7.2.3.1 中明确有来自导靴的水平力、垂直力和附加设备及其动态冲击引起的力矩；并且应按照导轨不同的固定方式，考虑当安全装置动作时的最不利情况，以保证电梯在安全装置动作时可以把轿厢安全制停在电梯导轨上，保护乘客（货物）以及电梯设备的安全。

5.7.2.3　作用在导轨上的力

5.7.2.3.1　在计算导轨允许的应力和变形时，应考虑以下作用在导轨上的力：

　　a)　来自导靴的水平力，由于：

　　　　1)　轿厢和额定载重量、补偿装置、随行电缆等部件的质量或对重(或平衡重)的质量，考虑它们的悬挂点，并通过系数考虑动态冲击；和

　　　　2)　风载，对于在建筑外部部分封闭井道的电梯。

　　b)　垂直力，来自：

　　　　1)　安全钳动作时的制动力和固定在导轨上的棘爪装置的制动力；

　　　　2)　固定在导轨上的附件；

　　　　3)　导轨的质量；和

　　　　4)　导轨压板所传递的力。

　　c)　附加设备及其动态冲击引起的力矩。

【解析】

本条涉及"4　重大危险清单"的"风"相关危险。

本条与 GB 7588—2003 中 G2.7 和 G2.8 部分对应。

与 GB 7588—2003 和 GB 21240—2007 相比，作用在导轨上的力有了更加详细的要求，作用在导轨上的力主要来自 3 个方面：水平力、垂直力和附加力。

a)　水平力

1)　一般情况下，轿厢、对重(或平衡重)是以在其上安装的导靴与导轨配合实现导向作用的，所以对于导轨来说，其水平方向的受力基本都来自导靴。当轿厢的悬挂点与其重心距离较大时，给导轨施加的水平方向的力将非常大。此外轿厢的一些附属装置，如随行电缆、补偿装置等，因其在轿厢上的悬挂位置不同，可能会影响到轿厢的重心，进而影响到对导轨施加的水平方向的力。这种情况下，必须考虑这些部件的影响，尤其是它们一起施加的动态冲击。

2)　如果是建筑物外部部分封闭的井道，则还需要考虑风载的影响。这种情况下需要同建筑设计师协商确定(参见 0.4.2)。风载荷的取值和计算，可参考 GB 50009—2012《建筑结构荷载规范》中第 8 章以及附录 E 的内容。

对于空载轿厢、对重(或平衡重)、额定载重量的水平力作用点应分别按照 5.7.2.3.2、5.7.2.3.3、5.7.2.3.4 的要求考虑。

b)　垂直力

1)　安全部件动作时施加的力

无论是安全钳还是棘爪，其制停轿厢时均会对导轨施加力，依靠与导轨的摩擦(安全钳)或棘爪挡块将轿厢停止。此时不但要计算轿厢(或对重、平衡重)及轿内载荷的静力，还应考虑制停时的冲击载荷。

2）固定在导轨上的附件对导轨施加的力

电梯的一些井道内部件需要固定在导轨上，例如随行电缆、限速器钢丝绳张紧装置、井道内平层开关、对重防护等。应注意的是，随行电缆不但可以通过轿厢（取决于悬挂点）向导轨施加水平方向的力，其自身往往固定在导轨上，对导轨也会施加垂直方向的力，见图 5.7-7。

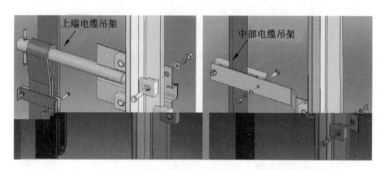

图 5.7-7　随行电缆挂在导轨上的情况

3）导轨的质量

在对导轨进行受力分析时，必须考虑其自身的质量。以目前工程上较常用到的、GB/T 22562—2008《电梯 T 型导轨》中（T89/A）型导轨为例，其每米长度的质量达到了 12.38 kg。按照每根导轨 5 m 长计算，每根导轨的自身质量已经超过了 60 kg。可见在计算导轨允许的应力和变形时，其自身质量不可忽视。

4）导轨压板传递的力

导轨压板只能限制导轨在水平面上的位移，但对于垂直方向并不能完全限制。也就是说导轨压板夹紧后，并不能完全阻止导轨在垂直方向上移动，这一点在本部分 5.7.1.4 中也有相关规定。因此在计算导轨在垂直方向上的受力时，必须考虑由上面导轨所施加的力。

c）附加力

有时导轨还要为一些附加设备提供支撑，例如采用无机房布置的情况下，为了降低对建筑物受力的要求，有时把驱动主机、钢丝绳悬挂装置和限速器固定在导轨上，这些部件对导轨产生的力必须充分考虑。如图 5.7-8a)所示，驱动主机和限速器对导轨主要施加的是垂直方向的力，而图 5.7-8b)所示，驱动主机和限速器还会对导轨施加弯矩。因此对导轨上的附加设备要按照具体情况进行分析并按照表 13 给出的工况进行计算。在进行导轨上的力的计算时，还应充分考虑这些部件在各种工况条件下对导轨施加的动态冲击，以及由此引起的弯矩。

a）对导轨施加的垂直方向的力　　b）对导轨施加弯矩

图 5.7-8　导轨上的附加设备（驱动主机、限速器等）

5.7.2.3.2 空载轿厢及其支承的零部件[如：柱塞、部分随行电缆、补偿绳或链（如果有）等]的质量（P）的作用点应为它们的重心。

【解析】

本条与 GB 7588—2003 中 G2.1 相对应。

5.7.2.3.2 是对作用在导轨上的力有水平力、垂直力以及附加力的作用点进行的说明。在进行导轨上的力的验算时，作用于导轨上的力的大小和力的方向都容易区分，但力的作用点是不容易确定的。

对于空载轿厢而言，在进行导轨上力的计算时，轿厢质量的作用点应选择其重心。理论上，如果轿厢的重心与悬挂点、导轨完全重合，导轨上的受力最小，但实际工况要复杂得多。

以图 5.7-9a)为例，轿厢的重心并没有与悬挂点重合，在计算时应充分考虑轿厢重量对导轨施加的弯矩。

此外，轿厢的一些附属部件，如随行电缆、补偿绳（链）及其张紧等，对轿厢重心也会产生较大影响：一方面是由于这些部件的悬挂点与空载轿厢的重心的位置关系；另一方面是由于轿厢在上下运行时这些悬垂部件施加在轿厢上的重力也不断变化。这些条件在导轨上的力的计算时也应充分予以考虑。

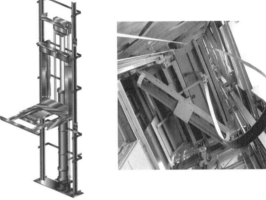

a) 轿厢的重心　　b) 悬垂部件对轿厢重心的影响

图 5.7-9　空载轿厢及其支承部件质量作用点的选取

5.7.2.3.3 对重（或平衡重）的导向力应考虑以下因素计算：

　　a) 重力的作用点；

　　b) 悬挂；和

　　c) 补偿绳或链（如果有）及其张紧（如果有）产生的力。

对于中心悬挂和导向的对重（或平衡重），应考虑重力的作用点的偏差，水平截面上的偏差在宽度方向至少为 5%，深度方向至少为 10%。

【解析】

本条与 GB 7588—2003 中 G2.6 相对应。

本条 a)~c)见 5.7.2.3.2 解析。

与轿厢相比，对重（或平衡重）的情况相对简单一些。通常情况下，会采用中心悬挂和导向的形式，即对重的悬挂点和导向均在其几何中心，见图 5.7-10a)。采用这种形式时默认的情况是对重（或平衡重）质量分布均匀，没有偏差或偏差小到可以忽略不计。但通常情况下对重（或平衡重）在结构、安装方式、悬挂点的选取精度等方面均存在不确定性，可能导致对重（或平衡重）重力的作用点与其几何中心有所偏差。如图 5.7-10b)所示，对重两侧的质量可能不完全一致。因此对于中心悬挂和导向的对重（或平衡重）应考虑其重力作用点在水平截面上的偏差。本条要求考虑的偏差为：宽度方向至少为 5%，深度方向至少为 10%。如果能够确切计算出偏差的大小，可以按照计算值选取，但无论如何不得小于上述范围。

当采用 5.7-10c)所示的非对称型对重（或平衡重）时，必须仔细确定其重心位置，并在导轨计算时考虑其重心给导轨带来的附加力矩。

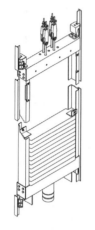 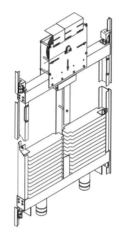  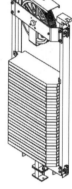

a) 中心悬挂和导向 的情况 　　b) 对重可能存在质量分布 不均的情况 　　c) 非对称型对重块及其安装

图 5.7-10　对重（或平衡重）重量的分布

5.7.2.3.4　在"正常使用"和"安全装置动作"的工况下，额定载重量（Q）应按最不利的情况均匀分布在 3/4 的轿厢面积上。

然而，如果通过协商（参见 0.4.2）有不同的载荷分布情况，应在此基础上进行另外的计算，并应考虑最不利情况。

安全装置动作时的制动力应平均分配于导轨上。

注：假定安全装置同时作用在导轨上。

【解析】

本条与 GB 7588—2003 中 G1.1.2 和 G2.2 相对应。

对于乘客电梯来说，在正常使用工况下，每一次运行，乘客在轿厢内的分布都可能产生变化，Q 的作用点也是变化的，所以本条特别规定了额定载重量应按照最不利的情况下均匀分布在 3/4 的轿厢面积上。

如果通过 0.4.2 要求的协商，可以预见到轿厢内的载荷分布，应按照实际情况进行计算。

对于安全装置动作的工况，本条要求："安全装置动作时的制动力应平均分配于导轨上"，这与旧版标准有很大不同，GB 7588—2003 中此内容是作为在 G1.1.2 的一个假设，而本部分是作为一个要求出现的，这种改变既是必要的，也是合理的：

  ——必要性：由于此内容对安全装置的性能将产生很大影响，因此不宜作为资料性附录（GB 7588—2003 附录 G 为资料性附录）中的假设出现，而应明确作为标准条文的要求。以安全钳为例，每个轿厢至少为两个安全钳（对重或平衡重上带有安全钳时也一样），当安全钳动作时，为了避免制动力不均匀造成的安全钳和导轨损坏，应采取相应措施使制动力均匀分配。

  ——合理性：本部分 5.4.3.2.1 中已经要求："在轿厢空载或载荷均匀分布的情况下，安全装置动作后轿厢地板的倾斜度不应大于其正常位置的 5%"。为此，要求安全装置动作时制动力的平均分配是合理的。以轿厢安装一套（两只）安全钳的情况为例，如果满足 5.4.3.2.1 的要求，安全钳动作时两只安全钳制动力不可能相差较大，可近似认为同时作用且制动力平均分布在两列导轨上。多列导轨的情况也一样，而且当采用多套安全钳时，本部分 5.6.2.1.2.2 要求了"如果轿厢、对重（或平衡重）具有多套安全钳，则它们均应是渐进式的"。进一步保证了安全钳动作时制动力的平均分配。

  安全装置的触发不可能完全同步，但本部分假定认为安全装置动作时，对导轨产生的作用是同时发生的。这是由于，本条要求了制动力在导轨上的平均分配，因此假定安全装置的同步动作是合理的。

  本条与 5.7.2.3.2 和 5.7.2.3.3 的要求作为固定的模型，在进行导轨验算时严格执行即可。

5.7.2.3.5 轿厢、对重（或平衡重）导致导轨受压力或拉力的垂直力（F_v）应按公式（6）～公式（8）计算：

  a) 对于轿厢：

$$F_v = \frac{k_1 \cdot g_n \cdot (P+Q)}{n} + N \qquad\cdots\cdots\cdots\cdots\cdots\cdots（6）$$

  b) 对于对重：

$$F_v = \frac{k_1 \cdot g_n \cdot M_{cwt}}{n} + N \qquad\cdots\cdots\cdots\cdots\cdots\cdots（7）$$

  c) 对于平衡重：

$$F_v = \frac{k_1 \cdot g_n \cdot M_{bwt}}{n} + N \qquad\cdots\cdots\cdots\cdots\cdots\cdots（8）$$

公式（6）～公式（8）中的 N 按公式（9）和公式（10）计算：

  ——对于导轨支撑在底坑底面：

$$N = M_g \cdot g_n + F_p \qquad\cdots\cdots\cdots\cdots\cdots\cdots（9）$$

  ——对于在井道顶部无固定点的悬空导轨：

$$N=\frac{1}{3}(M_g \cdot g_n+F_p) \quad\quad\cdots\cdots\cdots\cdots\cdots\cdots\cdots(10)$$

F_p 按公式（11）和公式（12）计算：

$$F_p=n_b \cdot F_r \quad\quad\cdots\cdots\cdots\cdots\cdots\cdots\cdots(11)$$

当提升高度不超过 40 m 或 10 年以上的建筑物时：

$$F_p=0 \quad\quad\cdots\cdots\cdots\cdots\cdots\cdots\cdots(12)$$

注：F_p 取决于导轨的固定方式、固定支架数量、导轨支架和压板的设计。小提升高度时建筑（非木质）的沉降影响小，可被支架的弹性吸收。因此，在这种情况下非滑动压板的使用是普遍的。

在固定于井道顶部的悬空导轨的情况下，计算应包括悬挂导轨质量和安全钳作用的拉力、其他安全装置可能的作用力（如上行超速保护装置）以及因建筑物收缩引起的推力（压力），它们可能是正的和（或）负的。

式中：

F_p ——一列导轨上所有导轨支架所传递的力（由于建筑的正常沉降或混凝土的收缩导致），单位为牛（N）；

F_r ——每个支架处所有压板所传递的力，单位为牛（N）；

g_n ——标准重力加速度，取值 9.81 m/s²；

k_1 ——根据表 14 给出的冲击系数（在没有安全装置作用于导轨的情况下，$k_1=0$）；

M_{cwt} ——对重的质量，单位为千克（kg）；

M_{bwt} ——平衡重的质量，单位为千克（kg）；

M_g ——一列导轨的质量，单位为千克（kg）；

n ——导轨的列数；

n_b ——一列导轨的支架数量；

P ——空载轿厢与由轿厢支承的零部件［如：部分随行电缆、补偿绳或链（如果有）等］的质量和，单位为千克（kg）；

Q ——额定载重量，单位为千克（kg）。

考虑建筑的收缩，根据导轨的固定方式，设计时应在导轨的上方和（或）下方留有足够的空间。

【解析】

与 GB 7588—2003 和 GB 21240—2007 相比，本条修改了作用在导轨上力的要求，增加了导轨自身质量 M_g 和建筑物的正常沉降及混凝土收缩通过导轨支架传递给导轨的力 F_p。建筑物的正常沉降及混凝土收缩而由导轨支架及导轨夹传递给导轨的力很大，可能达到几万牛（下面的导轨验算也证明了这一点），对于导轨压弯应力、压弯和弯曲的合成影响很大，在验算导轨的过程中需要特别注意。

附录 E.2 考虑到建筑为混凝土、砌块或砖的结构，可以假定支撑导轨的导轨支架不会因井道壁的位移而发生移位，与本部分 5.7 所提及的收缩不同，应加以区分。

但是，当导轨支架通过钢梁连接到建筑或者通过连接件连接到木构架建筑时，这些结构可能会因轿厢通过导轨和导轨支架所作用的载荷而产生变形。另外，由于外部载荷（如风荷载、雪荷载等）的作用，可能会使电梯的支撑结构产生位移。在5.7要求的计算中应考虑这些支撑结构的任何变形。

安全钳等部件的可靠动作所允许的导轨总变形应包含任何因建筑结构变形而产生的导轨位移和导轨及其固定部件自身因轿厢载荷作用而产生的变形。因此，重要的是支撑结构的设计单位和施工单位与电梯供应商进行沟通，以确保支撑结构适用于所有载荷条件。

对于每个支架处所有压板所传递的力 F_r，应由电梯制造单位根据实验结果（通常是采用台架实验的方法）进行确定。即，采用实验方法得出导轨压板将导轨压紧在支架上时能够提供的最大摩擦力，并据此进行相关计算。

所谓"在井道顶部无固定点的悬空导轨的情况"是指，导轨完全靠压板和支架的摩擦力保持其悬挂状态，见图5.7-11。

通常，悬空导轨是用于液压电梯顶部滑轮导向或多级油缸（参见

a) 固定于井道顶部的悬空导轨   b) 在井道顶部无固定点的悬空导轨

图5.7-11 悬空导轨

图5.7-11)的导向，因其所受垂直方向的力较小，且导向长度不大，因此可以不需要底坑底面提供支撑力。

5.7.2.3.6 轿厢装卸载时，假设地坎上的垂直力（F_s）是作用在轿厢入口的地坎中心。垂直力的大小按公式(13)～公式(15)计算：

a) 对于乘客电梯：
$$F_s = 0.4g_n \cdot Q \quad\quad\quad (13)$$

b) 对于载货电梯：
$$F_s = 0.6g_n \cdot Q \quad\quad\quad (14)$$

c) 对于使用重型装卸装置（如叉车等）且其质量不包含在额定载重量之中的载货电梯：
$$F_s = 0.85g_n \cdot Q^{1)} \quad\quad\quad (15)$$

在地坎上施加该力时，应认为轿厢是空载。当轿厢有多个入口时，只需将该力施加在最不利轿厢入口地坎上。

轿厢位于平层位置时，如果轿厢上部导靴和下部导靴与导轨支架的垂直距离均不大于导轨支架间距的10%，则作用于地坎的力导致的弯曲可忽略不计。

---

1) 式中的0.85是考虑了额定载重量的60%和重型装卸装置（如叉车等）重量的一半，即0.6+0.5×0.5＝0.85。

【解析】

本条是对于电梯正常运行时轿厢装载工况下的受力情况的说明，对于轿厢有多个入口（贯通门）的情况，需要考虑垂直力施加在最不利轿厢入口地坎上，对轿厢导轨产生的弯曲应力、合成应力、翼缘弯曲及挠度等。

对于装卸载时的垂直力见图 5.7-12，是按照额定载重量并选取一个系数来确定的，系数的选取应不但要保证在计算时更加接近实际情况，而且更重要的是必须保证导轨在上述工况下能够提供足够的强度以支撑轿厢的装卸载。

——对于乘客电梯取 0.4 的系数。对于载重量较小的乘客电梯而言，这个系数已经非常接近实际工况了。

——对于载货电梯取 0.6 的系数。应注意，这里的"载货电梯"应指 5.4.2.2.1a)中"装卸装置的质量包含在额定载重量中"的情况。即，Q 是指货物质量和装卸装置质量之和。

——对于使用重型装卸装置的载货电梯，采用 0.85 的系数。这种工况见 5.4.2.2.1b)，系数的选取依据见本条脚注。

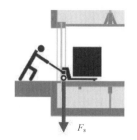
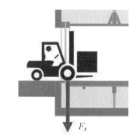

$$F_s = 0.4 \cdot g_n \cdot Q$$
a) 对于乘客电梯

$$F_s = 0.6 \cdot g_n \cdot Q$$
b) 对于载货电梯

$$F_s = 0.85 \cdot g_n \cdot Q$$
c) 对于使用重型装卸装置的载货电梯

图 5.7-12　装卸载时的垂直力

5.7.2.3.7　固定在导轨上的附加设备对每列导轨产生的力和力矩（M_{aux}）应予考虑，但是限速器及其相关部件、开关或定位装置除外。

如果驱动主机或钢丝绳悬挂装置固定在导轨上，还应考虑表 13 给出的工况。

【解析】

对于安装于导轨上的轿厢平层感应开关、极限开关等，这些零部件本身质量很小，因此其对导轨产生的力和力矩可不必考虑。

与轿厢和对重相比，限速器及其张紧装置对导轨施加的力和力矩非常小，在计算时也可以不必考虑。但如果限速器的质量较大或提拉安全钳时的作用力较大，以及限速器的安装位置会给导轨带来较大的力矩，建议在计算时也考虑其带来的影响。

5.7.2.3.8 对于建筑外部的电梯，如果具有部分封闭井道，还应考虑风载荷 WL，其值可同建筑设计者协商确定（参见 0.4.2）。

【解析】

本条与 GB 7588—2003 中 G2.8 相对应。

本条是针对建筑物外部的电梯，如果是部分封闭的井道需要考虑风载荷的对电梯导轨的影响。

风荷载也称风的动压力，主要应考虑风对轿厢、对重或平衡重以及固定在导轨上的部件所产生的压力，其大小与风速的平方成正比。如果是建筑物内部的电梯，即使是部分封闭的井道，因不受自然风的影响，所以可不用考虑。

按照 GB 50009—2012《建筑结构荷载规范》风载荷 WL 可按照如下方法计算：

$$WL = \beta_z \mu_s \mu_z w_0$$

式中：

WL ——指风载荷标准值，单位为千牛每平方米，kN/m^2；

β_z ——高度 z 处的风振系数，用以考虑风结构、物体体型、尺寸等因素对风压的影响；

μ_s ——风载荷体型系数；

μ_z ——风压高度变化系数；

w_0 ——基本风压，单位为千牛每平方米，kN/m^2。

风载荷的取值和计算，可参考 GB 50009—2012 中第 8 章以及附录 E。

5.7.3 载荷和力的组合

载荷和力及所考虑的工况见表 13。

表 13 不同工况下的载荷和力

工况		P	Q	M_{cwt}/M_{bwt}	F_s	F_p	M_g	M_{aux}	WL
正常使用	运行	√	√	√		√[a]	√	√	√
	装卸载	√			√	√[a]	√		√
安全装置动作		√	√	√		√[a]	√	√	
注1："√"表示考虑该项。									
注2：载荷与力可能不同时作用。									
[a] 见 5.7.2.3.5。									

【解析】

本条与 GB 7588—2003 中 G3.1 相对应。

载荷与力的组合可以按照表 13 的分类，在进行导轨验算时按照正常使用（运行、装卸载)和安全装置动作两种工况计算；对于安全装置动作和正常使用：运行工况，还需要考虑 5.7.4 的冲击系数，冲击系数的数值见表 14。

5.7.4 冲击系数

5.7.4.1 安全装置动作

安全装置动作时的冲击系数(k_1)(见表 14)取决于安全装置的类型。

【解析】

安全装置动作的目的通常是为了制停轿厢。当轿厢以较高的速度运行时，制停所产生的冲击力较大。冲击载荷作用于导轨上产生的动挠度或动应变，一般较同样的静载荷所产生的静挠度或静应变要大。冲击载荷与相应的静载荷的比值称为冲击系数。由于不同型式的安全装置在动作时产生的冲击力不同，因此冲击系数 k_1 取决于安全装置的类型。

5.7.4.2 正常使用

在"正常使用：运行"的工况下，垂直方向移动的轿厢质量($P+Q$)和对重(或平衡重)质量(M_{cwt} 或 M_{bwt})应乘以冲击系数(k_2)(见表 14)，以便考虑由于电气安全装置的动作或电源突然中断而引起的制动器紧急制动。

【解析】

制动器紧急制动也会造成较大的冲击力，因此在"正常使用：运行"的工况下在计算时应考虑冲击系数 k_2，以保证在电源失效或电气安全装置动作而导致的制动器紧急制动情况下，导轨能提供足够的支撑。

5.7.4.3 固定在导轨上附加部件和(或)其他操作工况

考虑轿厢、对重(或平衡重)在安全装置制停时的反弹，轿厢、对重(或平衡重)施加给导轨的力应乘以冲击系数(k_3)(见表 14)。

【解析】

当安全装置动作时，不仅会对导轨施加直接的冲击载荷，也可能间接导致其他冲击载荷的产生。以安全钳动作为例，当轿厢安全钳动作并制停轿厢的过程中，对重可能会存在一个上抛下落的过程，这就是所谓的反弹。应考虑轿厢、对重(或平衡重)反弹带来的冲击。

5.7.4.4 冲击系数值

冲击系数值见表 14。

表 14　冲击系数

冲击工况	冲击系数	数值
非不可脱落滚柱式瞬时式安全钳的动作	k_1	5.0
不可脱落滚柱式瞬时式安全钳或具有蓄能型缓冲棘爪装置或蓄能型缓冲器的动作		3.0
渐进式安全钳或具有耗能型缓冲棘爪装置或耗能型缓冲器的动作		2.0
破裂阀动作		2.0
运行	k_2	1.2
固定在导轨上附加部件和其他操作工况	k_3	(……)[a]
[a]　由制造单位根据实际电梯情况确定。		

【解析】

　　表 14 给出了各种型式的安全装置应采用的冲击系数的具体值,同时也给出了不同工况下的冲击系数。

5.7.5　许用应力

　　许用应力应按公式(16)确定:

$$\sigma_{\text{perm}} = \frac{R_{\text{m}}}{S_{\text{t}}} \quad\quad\quad\quad\quad\quad\quad\quad (16)$$

　　式中:

σ_{perm}——许用应力,单位为兆帕(MPa);

R_{m}——抗拉强度,单位为兆帕(MPa);

S_{t}——安全系数。

安全系数应从表 15 中取值。

表 15　导轨的安全系数

载荷工况	断后伸长率(A)	安全系数
正常使用	$A > 12\%$	2.25
	$8\% \leqslant A \leqslant 12\%$	3.75
安全装置动作	$A > 12\%$	1.8
	$8\% \leqslant A \leqslant 12\%$	3.0

强度数值由制造单位提供。

不应使用断后伸长率小于 8% 的材料。

【解析】

本条给出了导轨的许用应力，在计算和选用导轨时，可以按照公式(16)得出许用应力。

对于导轨使用的钢材，当其应力低于比例极限(弹性极限)时，应力-应变关系是线性的，表现为弹性行为，当移走载荷时其应变消失。而应力超过弹性极限后，发生的变形包括弹性变形和塑性变形两部分，塑性变形不可逆。评价金属材料的塑性指标包括伸长率(延伸率)σ_h和断面收缩率。

断裂伸长率是指金属材料受外力(拉力)作用断裂时，试件伸长的长度与原来长度的百分比，见图 5.7-13，其计算公式为：$\sigma_h = (l_1 - l_0)/l_0 \times 100\%$

最初标距长度(l_0)：在试件变形前的标距长度。

最终标距长度(l_1)：在试件断裂后，将断裂部分仔细地对合在一起使之处于一条直线上的标距长度。

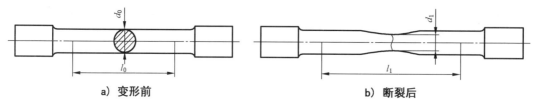

a) 变形前　　　　　　　　　　　b) 断裂后

图 5.7-13　材料的断后伸长

材料断后伸长率越大则表明材料的塑性越好，由于断后伸长率小于 8% 的材料太脆，因此不应用于导轨制造。

5.7.6　许用变形

T 型导轨及其固定部件(如导轨支架、隔梁等)的最大计算许用变形(δ_{perm})为：
a)　对于设置安全钳的轿厢、对重(或平衡重)导轨，当安全钳动作时，在两个方向上均为 5 mm；
b)　对未设置安全钳的对重(或平衡重)导轨，在两个方向上均为 10 mm。

【解析】

本条要求是针对 T 型导轨的，其他类型的导轨并不在本条限制范围之内。

在 5.7.2.1.1 中仅要求了"导轨及其附件和接头应能承受施加的载荷和力，以保证电梯安全运行"；以及"导轨变形应限制在一定范围内"，并要求导轨在变形时应能保证：①不应出现门的意外开锁；②安全装置的动作应不受影响；③移动部件应不会与其他部件碰撞等要求。但并没有明确给出导轨的最大允许变形。本条中要求了导轨的最大变形不得超过：受到安全钳夹持的导轨为 5 mm；没有安全钳作用的导轨为 10 mm。本条和 5.7.2.1.1 的关系是这样的：本条是最大允许变形，无论是否能够满足 5.7.2.1.1 要求，导轨的变形都不能超出本条的限制。而 5.7.2.1.1 是出于保护的目的，在满足本条要求的基础上，无论导轨变形如何小，都必须满足 5.7.2.1.1 的要求。

对于本条以及 5.7.2.1.2 和 E.2，CEN/TC 10 给出了解释单（见 EN 81-20 010 号解释单），具体内容见 5.7.2.1.2 解析。

5.7.7 计算

导轨应采用下列方法计算：
a) GB/T 7588.2—2020 中的 5.10；或
b) GB 50017；或
c) 有限元计算方法（FEM）。

【解析】

5.7.1～5.7.6 给出了导轨计算应考虑的各种因素、各种工况下的参数取值等内容。本条对如何计算导轨给出了要求。可以采用以下方法：

a) GB/T 7588.2 中 5.10 给出的方法，并可以参考附录 C 导轨验算示例的内容，以具体的实例进行导轨的验算。

b) 按照 GB 50017—2003《钢结构设计规范》给出的通用计算方法。

c) 有限元计算方法。

有限元法（Finite Element Method，FEM）是基于近代计算机而发展起来的一种近似数值方法，用来解决力学、数学中的带有特定边界条件的偏微分方程问题（PDE）。而这些偏微分方程是工程实践中常见的固体力学和流体力学问题的基础。有限元和计算机发展共同构成了现代计算力学（Computational Mechanics）的基础。有限元法的核心思想是"数值近似"和"离散化"。

5.8 缓冲器

【解析】

本条涉及"4 重大危险清单"的"运动元件""碰撞危险""运动幅度失控""因动力源中断后又恢复而产生的意外启动、意外越程/超速（或任何类似故障）"危险。

缓冲器是电梯极限位置的安全保护装置，其原理是使运动物体的动能转化为一种无害的或安全的能量形式。当电梯系统由于超载、钢丝绳与曳引轮之间打滑、制动器失效或极限开关失效等原因，电梯超越最顶层或最底层的正常平层位置时，轿厢或对重（平衡重）撞击缓冲器。由缓冲器吸收或消耗电梯的能量，减缓轿厢与底坑之间的冲击，最终使轿厢或对重（平衡重）安全减速并停止。

CEN/TC 10 认为：轿厢（或对重）以缓冲器设计速度撞击缓冲器不属于危险工况。

缓冲器的设计和选用可参见"GB/T 7588.1 资料 5.8-1"。

5.8.1 轿厢和对重缓冲器

5.8.1.1 缓冲器应设置在轿厢和对重的行程底部极限位置。

缓冲器固定在轿厢上或对重上时，在底坑地面上的缓冲器撞击区域应设置高度不小于 300 mm 的障碍物（缓冲器支座）。

如果符合 5.2.5.5.1 规定的隔障延伸至距底坑地面 50 mm 以内，则对于固定在对重下部的缓冲器不必在底坑地面上设置障碍物。

【解析】

本条与 GB 7588—2003 中 10.3.1 相对应。删除了 GB 7588—2003 中"对缓冲器，距其作用区域的中心 0.15 m 范围内，有导轨和类似的固定装置，不含墙壁，则这些装置可认为是障碍物"；增加了"如果符合 5.2.5.5.1 规定的隔障延伸至距底坑地面 50 mm 以内，则对于固定在对重下部的缓冲器不必在底坑地面上设置障碍物"的要求。

一般情况下，缓冲器均设置在底坑内，也有的缓冲器设置于轿厢、对重（或平衡重）底部并随之一同运行，见图 5.8-1。5.2.5.8 只是要求当轿厢完全压缩缓冲器时，应同时满足的条件，但如果缓冲器设置于轿厢底部并随之一同运行时，缓冲器作为轿厢下面的最低部件，在轿厢蹾底甚至在下端层正常平层时缓冲器就已经凸入底坑中，并可能对底坑中的工作人员造成伤害。因此在这种情况下，应在轿厢缓冲器的作用点上设置一个一定高度的"障碍物"，使得在轿厢撞击缓冲器时能够在底坑中留有足够空间，以满足 5.2.5.8 的要求；最重要的是让底坑内的人员知道哪里是可能接触缓冲器的危险区域。对重下随行的缓冲器在撞击底坑时同样存在底坑内工作人员被挤压的危险，需要在底坑设置障碍物，但是，如果对重有符合 5.2.5.5.1 规定的隔障延伸至距底坑地面 50 mm 以内，人的肢体不会到达对重缓冲器运行的区间，那么可以不必在底坑地面设置障碍物。

a）缓冲器安装在底坑内　　　b）缓冲器固定在对重上　　　c）底坑内缓冲器支座

图 5.8-1　缓冲器安装位置及地坑支座

但应注意，如果采用图 5.8-2 所示结构：轿厢结构与装有滑动固定装置的悬挂部件（轿架）之间装有缓冲器。在行程的终端，轿厢悬挂部件（轿架）撞击可靠地固定在导轨上的停止装置。由于悬挂装置作用在悬吊架上，而轿厢与悬吊架之间可以有相对移动，并在两者之间的底部设置了缓冲器，那么在撞击挡块时，悬吊架制停时没有缓冲，而轿厢依靠与悬吊架之间的缓冲器制停。这种结构不能替代目前在底坑底面设置缓冲器的方式。

CEN/TC 10 对此的解释是：如果轿厢撞击底坑中设置缓冲器，不仅应防止乘客免于较大减速度的伤害，而且应减少对重的跳跃。因此，图 5.8-2 中所显示的结构不满足本部分的要求。

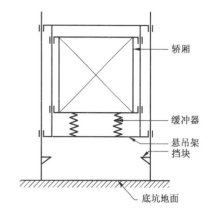

图 5.8-2　一种不恰当的
缓冲器设计

5.8.1.2　对于强制式电梯，除满足 5.8.1.1 的要求外，还应在轿顶上设置能在行程顶部极限位置起作用的缓冲器。

【解析】

本条与 GB 7588—2003 中 10.3.2 相对应。

强制驱动电梯与曳引式电梯不同，由于强制驱动电梯在轿厢、对重（或平衡重）完全压在缓冲器上时，驱动主机仍然能够继续提升轿厢。因此，为了防止轿厢冲顶时给轿内人员带来伤害，要求在轿厢上部设置能在行程极限位置起作用的上部缓冲器。在轿厢到达井道上部极限位置时，由缓冲器吸收或消耗轿厢的能量，减缓轿厢与井道顶之间的冲击，最终使轿厢安全减速并停止。

强制驱动电梯轿顶上设置的缓冲器的目的不仅是为了将轿厢停止下来，也是为了保证在撞击过程中轿厢的平均减速度被限定在人员能够承受的范围内。

强制驱动电梯的轿顶缓冲器可以装在轿顶上随轿厢一起运行，也可以倒置安装在井道顶板下面，见图 5.8-3。

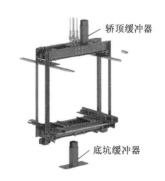

图 5.8-3　强制驱动电梯要求设置的缓冲器及极限位置限位

请注意本条的一个细节：强制驱动电梯没有要求设置平衡重缓冲器。即，对于有平衡重的强制驱动式电梯，没有强制要求在平衡重行程下部装设末端起作用的缓冲器。

5.8.1.3　对于液压电梯，当棘爪装置的缓冲装置用于限制轿厢在底部的行程时，仍需设置符合 5.8.1.1 规定的缓冲器支座，除非棘爪装置的固定支撑座设置在轿厢导轨上，并且棘爪收回时轿厢不能通过。

【解析】

本条与 GB 21240—2003 中 10.3.2 相对应。

对于液压电梯，可以采用棘爪装置作为限制轿厢在底部行程的装置，如图 5.8-4 所示。此时也应在底坑中设置一个缓冲器支座（见 5.8.1.1 解析），以防止轿厢蹾底时对人员的伤害。

如果棘爪的固定支座设置在导轨上，且棘爪收回时轿厢不可能发生蹾底时，则不会发生人员伤害，因此可以不设置 5.8.1.1 规定的缓冲器支座。

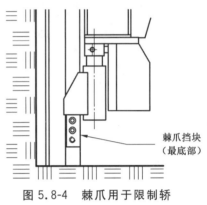

棘爪挡块（最底部）

图 5.8-4　棘爪用于限制轿厢在底部的行程

5.8.1.4　对于液压电梯，当缓冲器完全压缩时，柱塞不应触及缸筒的底座。

对于保证多级液压缸同步的装置，如果至少一级液压缸不能撞击其下行程的机械限位装置，则该要求不适用。

【解析】

本条与 GB 21240—2003 中 10.3.4 相对应。

为了防止轿厢蹾底时损坏液压电梯的柱塞和油缸，当缓冲器完全压缩时，柱塞和缸筒底座之间应保持必要的间距，以免撞击或挤压。

如果采取多级缸，且带有同步装置（机械式或液压式）时，这种情况下由于同步液压缸不存在伸缩节间相对位移的失控，因此只要至少一级液压缸不能撞击其下行程的机械限位装置，则不需要提供专门的间距以避免柱塞和缸筒底座之间的撞击或挤压。

5.8.1.5　蓄能型缓冲器（包括线性和非线性）只能用于额定速度小于或等于 1.0 m/s 的电梯。

【解析】

本条与 GB 7588—2003 中 10.3.3 相对应。

本条中的线性蓄能型缓冲器通常是指弹簧缓冲器；非线性蓄能型缓冲器通常是指聚氨酯缓冲器。

线性蓄能型缓冲器（弹簧缓冲器）在受到冲击后，使轿厢或对重的动能和重力势能转化为弹簧的弹性势能，利用弹簧压缩时的反力，使轿厢或对重减速。当轿厢/对重达到静止时，此时弹簧压缩到极限位置，此时弹簧势能为：$ks^2 = \dfrac{1}{2}mv^2 + mgs$，其中，$k$ 为弹簧弹性系数；s 为弹簧压缩行程；v 为轿厢/对重接触缓冲器时的速度。上式可变形为：$ks = \dfrac{mv^2}{2s} + mg$。其中 ks 为轿厢/对重达到静止时，弹簧的弹力。显而易见，$ks > mg$，即弹簧在压缩到极限位置时的弹力大于轿厢/对重的重力。因此在轿厢/对重撞击缓冲器被缓冲器制停后，将反弹直至弹力与轿厢/对重重量相等而达到平衡。在这个过程中，撞击速度越高，反弹速度越大。因此弹簧式缓冲器只能适用于额定速度不大于 1.0 m/s 的电梯。

非线性蓄能型缓冲器（聚氨酯缓冲器）受到撞击时其内部存在摩擦阻尼，其变形有一个滞后的过程，这在缓冲碰撞的初始瞬间可能对撞击它的电梯部件产生很大的制动力和制动减速度。因此也不能用于额定速度大于 1 m/s 的电梯上。

5.8.1.6　耗能型缓冲器可用于任何额定速度的电梯。

【解析】

本条与 GB 7588—2003 中 10.3.5 相对应。

由于耗能型缓冲器的制动减速度可以设计为恒定值，且在撞击过程中不会对轿厢产生反弹，因此耗能型缓冲器能够用于额定速度较大的场合。

5.8.1.7　非线性蓄能型缓冲器和耗能型缓冲器是安全部件，应根据 GB/T 7588.2—2020 中 5.5 的规定进行验证。

【解析】

本条与 GB 7588—2003 中 10.3.6 相对应。

缓冲器作为电梯不可缺少的安全保护装置，应根据 GB/T 7588.2 中 5.5 的规定进行型式试验。关于型式试验的定义参见"GB/T 7588.1 资料 3-1"中 130 条目。

其中，线性蓄能型缓冲器可以不必进行试验验证，这是由于其结构非常单一，主要部件就是弹簧，只要选型计算合理，没有必要对其进行特别验证，因其不存在对于非线性蓄能型缓冲器和耗能型缓冲器非常重要的复位时间等指标。而且，本部分引言中 0.3.2 指出"本部分未重复列入适用于任何电气、机械及包括建筑构件防火保护在内的建筑结构的通用技术规范。"弹簧作为通用零件，有相关国家标准和试验规范指导，所以本部分没有重复列入。

5.8.1.8　除线性缓冲器（见 5.8.2.1.1）外，在缓冲器上应设置铭牌，并标明：
　　a)　缓冲器制造单位名称；
　　b)　型式试验证书编号；
　　c)　缓冲器型号；
　　d)　液压缓冲器的液压油规格和类型。

【解析】

本条与 GB 7588—2003 中 15.8 相对应。

见 5.4.2.3.2 解析。

5.8.2 轿厢和对重缓冲器的行程

【解析】

本条涉及"4 重大危险清单"的"加速、减速（动能）"危险。

5.8.2.1 蓄能型缓冲器

5.8.2.1.1 线性缓冲器

5.8.2.1.1.1 缓冲器可能的总行程应至少等于相应于 115% 额定速度的重力制停距离的两倍，即：$0.135v^2 (m)^{2)}$。

无论如何，此行程不应小于 65 mm。

【解析】

本条与 GB 7588—2003 中 10.4.1.1.1 相对应。

5.8.1.5 解析中已经提到，蓄能型缓冲器中的线性缓冲器通常为弹簧缓冲器。

根据蓄能型缓冲器最小行程为 65 mm 计算，这种缓冲器只能用于不超过 1 m/s 的额定速度的电梯。当 $v = 1$ m/s 时，制停距离和减速度为：$S = v^2/2a$；可知：$a = (1.15v_{额})^2/2S \approx g_n$

虽然 65 mm 的行程很短，但同比耗能型缓冲器，其减速度也相当于 $a = g_n$，与 5.6.2.1.3 中安全钳减速度的最大值：$a = g_n$ 相同。

5.8.2.1.1.2 缓冲器应在静载荷为轿厢质量与额定载重量之和（或对重质量）的 2.5 倍～4 倍时能达到 5.8.2.1.1.1 规定的行程。

【解析】

本条与 GB 7588—2003 中 10.4.1.1.2 相对应。

在保证 5.8.2.1.1.1 中"蓄能型缓冲器其缓冲行程满足不小于 $0.135v^2 (m)$，且最小行程在任何情况下都不小于 65 mm"的前提下，仍能承受静载荷为轿厢质量与额定载重量之和（或对重质量）的 2.5 倍～4 倍，而且此时缓冲器应完好无损。

由于静载荷 $F = (2.5 \sim 4) \times (P+Q)$，动载荷 $F_b = (P+Q) \times (1+a/g_n)$，动载荷系数：

---

2) $\dfrac{2 \times (1.15v)^2}{2 \times g_n} = \dfrac{(1.15v)^2}{9.81} = 0.134\,8v^2$，圆整为 $0.135v^2$。

$\beta=(1+a/g_n)$。当取 $\beta=2.5\sim4$，由上式可以分析出其缓冲时静载荷 $F=(2.5\sim4)\times$ $(P+Q)$ 相当于 $a=(1.5\sim3)g_n$ 动载荷的冲击力。

5.8.2.1.2　非线性缓冲器

5.8.2.1.2.1　当载有额定载重量的轿厢或对重自由下落并以 115% 额定速度撞击缓冲器时，非线性蓄能型缓冲器应符合下列要求：

    a)　按照 GB/T 7588.2—2020 的 5.5.3.2.6.1a)确定的减速度不应大于 $1.0g_n$；

    b)　$2.5g_n$ 以上的减速度时间不应大于 0.04 s；

    c)　轿厢或对重反弹的速度不应超过 1.0 m/s；

    d)　缓冲器动作后，应无永久变形；

    e)　减速度最大峰值不应大于 $6.0g_n$。

【解析】

本条与 GB 7588—2003 中 10.4.1.2.1 相对应。

5.8.1.5 解析中已经提到，蓄能型缓冲器中的非线性缓冲器通常为聚氨酯缓冲器。

从本条规定来看，非线性缓冲器在本部分中被认为是介于蓄能型线性缓冲器与耗能型缓冲器之间的一种类型：a)、b)类似于耗能型缓冲器的要求；c)、d)类似于蓄能型线性缓冲器的要求。但本部分没有对非线性缓冲器的行程作出任何规定。

本部分比 GB 7588—2003 增加了"e)　减速度最大峰值不应大于 $6.0g_n$"，目的是限制非线性蓄能型缓冲器的减速度过大。尽管持续的时间不大于 0.04 s，但也无法保证过高的减速度不会对人体造成伤害。根据以往的经验，短时的 $6.0g_n$ 的减速度是安全的，所以此处限制减速度最大峰值不应大于 $6.0g_n$。

5.8.2.1.2.2　在表 2 中提到的术语"完全压缩"是指缓冲器可压缩高度被压缩掉 90%，可压缩高度不包含可能限制缓冲器压缩行程的固定件高度。

【解析】

本条与 GB 7588—2003 中 10.4.1.2.2 相对应。

如图 5.8-5 所示，"完全压缩"= $(H-h)\times90\%$

CEN/TC 10 对此条的解释："完全压缩"是指压缩量为除去所有坚实的固定装置外，缓冲器可压缩高度的 90%。

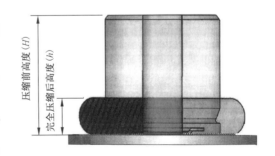

图 5.8-5　蓄能型非线性缓冲器压缩量

5.8.2.2　耗能型缓冲器

5.8.2.2.1　缓冲器可能的总行程应至少等于相应于115％额定速度的重力制停距离，即：$0.067\,4v^2$（m）。

【解析】

本条与 GB 7588—2003 中 10.4.3.1 相对应。

耗能型缓冲器的总行程在其减速度不超过 $1g_n$ 的前提下，应至少等于 115％额定速度下的重力制停距离，见图 5.8-6。

$$S=(1.15v)^2/2g_n\approx0.067v^2$$

本条规定缓冲器可能的总行程应至少等于相应于115％额定速度的重力制停距离，选取115％额度速度的主要原因是：

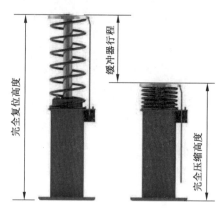

图 5.8-6　缓冲器行程

——在绝大多数情况下，电梯如果超速运行，在撞击缓冲器之前，超速保护装置会制停轿厢；

——5.6.2.2.1.1要求限速器动作的速度应至少等于额度速度的115％，即如果电梯速度超过115％额定速度，应在限速器-安全钳系统的保护范围内（使用钢丝绳触发安全钳时）；

——0.4.14假设"当轿厢速度与主电源频率相关时，假定速度不超过额定速度的115％或本部分规定的检修控制运行、平层运行等对应额定速度的115％"；

综上所述，选取115％额度速度作为基准值是合理的。

5.8.2.2.2　对于额定速度大于 2.50 m/s 的电梯，如果按 5.12.1.3 的要求对电梯在其行程末端的减速进行监控，按照 5.8.2.2.1 规定计算缓冲器行程时，可采用轿厢（或对重）与缓冲器刚接触时的速度代替115％额定速度。但在任何情况下，行程不应小于 0.42 m。

【解析】

本条与 GB 7588—2003 中 10.4.3.2 相对应。

本条所述的情况在 5.12.1.3 中被称为"减行程缓冲器"。根据缓冲器行程公式：$S=(1.15v)^2/2g_n\approx0.067v^2$ 可知，速度越高的电梯，其缓冲器行程就越高，这样势必造成电梯的底坑深度和顶层高度增加（参见本部分 5.2.5.7 及 5.2.5.8 的相关要求），建筑结构上难以满足。因此为了降低电梯对建筑物的要求，允许使用行程小于 $0.067v^2$ 的缓冲器，即减行程缓冲器。

按照本部分的要求，行程更小的缓冲器，意味着该缓冲器能够适用的电梯额定速度也更低。因此，如果要将额定适用于速度较低的缓冲器用于较高的额定速度（即使用减行程缓冲器），其条件是要在电梯的行程末端（最上和最下部都需设置）设置能够可靠监控电梯速度的装置，当这个装置动作后，电梯的速度能够被可靠控制在所采用的缓冲器能够承受的撞击速度内。

行程末端速度监控装置较常见的是采用安全触点型，如图 5.8-7a）或安全电路型如以图 5.8-7b）的方式实现监控。图 5.8-7 所示的结构是安装在井道上下位置，当轿厢或对重在撞击缓冲器前依靠轿厢上安装的碰铁拨打滚轮，并带动一组安全触点，将电梯的速度可靠地降至缓冲器能够承受的范围。图 5.8-7 中的行程末端速度监控装置是由一组光电开关以及安全电路构成，安装在轿厢上。配合井道上下位置安装的挡板向曳引机给信号，在电梯撞击缓冲器前将其速度降低至缓冲器能够承受的范围。

但无论采用何种行程末端速度监控装置，减行程缓冲器的行程也必须不小于 0.42 m。按照 5.8.2.2.1 中的公式，0.42 m 就是电梯速度为 2.5 m/s 时计算出的缓冲器行程。

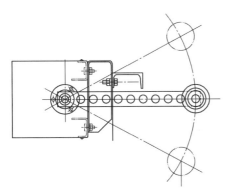

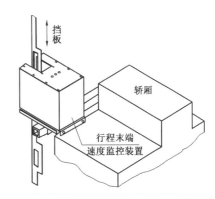

a）安全触点型行程末端速度监控装置　　**b）安全电路型行程末端速度监控装置**

图 5.8-7　行程末端速度监控装置

5.8.2.2.3　耗能型缓冲器应符合下列要求：

a）当载有额定载重量的轿厢或对重自由下落并以 115% 额定速度或按照 5.8.2.2.2 规定所降低的速度撞击缓冲器时，缓冲器作用期间的平均减速度不应大于 $1.0g_n$；

b）$2.5g_n$ 以上的减速度时间不应大于 0.04 s；

c）缓冲器动作后，应无永久变形。

【解析】

本条与 GB 7588—2003 中 10.4.3.3 相对应。为保证轿厢在撞击缓冲器过程中轿内人员的安全，要求在整个碰撞过程中缓冲器对轿厢的平均减速度不超过 $1g_n$。同时，最大减速度（超过 $2.5g_n$ 的减速度）持续时间不超过 0.04 s，见图 5.8-8。

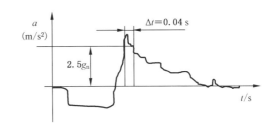

图 5.8-8　缓冲器动作曲线

为保证缓冲器能够提供可靠的保护，还要求缓冲器在动作后应没有永久变形。

5.8.2.2.4　在缓冲器动作后，只有恢复至其正常伸长位置后电梯才能正常运行，检查缓冲器的正常复位所用的装置应是符合 5.11.2 规定的电气安全装置。

【解析】

本条与 GB 7588—2003 中 10.4.3.4 相对应。耗能型缓冲器在动作后，应及时恢复至正常位置（缓冲器完全复位的最大时间限度为 120 s）。缓冲器的复位可以采用弹簧（包括空气弹簧，如图 5.8-9）复位或重力复位的型式。但如果弹簧断裂或由于不是垂直撞击而造成缓冲器的柱塞卡阻时，缓冲器可能无法复位、复位不完全或复位时间超过规定值。为避免缓冲器在没有正常复位时，

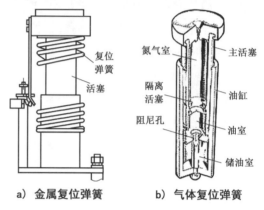

a) 金属复位弹簧　　　b) 气体复位弹簧

图 5.8-9　缓冲器的复位装置

轿厢、对重（或平衡重）再次撞击而发生缓冲器无法提供应有的缓冲减速度的危险，必须有一个电气安全装置验证缓冲器是否正常复位。如果缓冲器没有正常复位，则应防止电梯的启动。一般情况下，用于缓冲器复位验证的电气安全装置，其设计都是采用一个安全触点型开关，如图 5.8-9。

关于这个安全触点型开关在缓冲器复位后是应该自动复位还是必须依靠人工手动复位，在本部分中没有限定，即这两种方式都是允许的。但详细分析后不难得出这样的结论：检查缓冲器是否正常复位的电气安全装置如果能够随缓冲器复位而自动复位，这种设计更加合理。这是因为，之所以要设置这个电气安全装置，就是为了正确验证缓冲器的状态，因此没有必要在缓冲器已经正常复位的情况下依然保持电气安全装置处于动作状态。同时，如果每次都需要人工手动复位，就增加了操作的复杂性。

5.8.2.2.5　液压缓冲器的结构应便于检查其液位。

【解析】

本条与 GB 7588—2003 中 10.4.3.5 相对应。为保证液压缓冲器中所充液体在缓冲器动作时能够保持正常状态，必须在日常维修保养时进行液压油量的检查。因此要求液压缓冲器应便于检查其液位。通常情况下的缓冲器都设置如图 5.8-10 所示的液位检查开口，也有一些缓冲器是直接在液压缸上开油量观察窗以确定缓冲器

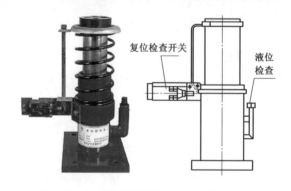

图 5.8-10　缓冲器及其复位检查开关和液位检查开口

液位。

【解析】

驱动主机是电梯运行的动力来源,其作用就是产生动力驱动轿厢和对重(或平衡重)作上下往复运行。根据驱动形式不同,本部分中的驱动主机分为:

——曳引电梯驱动主机(曳引机),分为有减速箱型和无减速箱型(曳引机的减速装置通常采用蜗轮蜗杆或齿轮系,因此上述两种型式也分别被称为有齿轮曳引机和无齿轮曳引机)。

——强制电梯驱动主机:根据悬挂装置的不同,又分为"绳鼓＋钢丝绳"和"链轮＋链条"两种形式。

——液压电梯驱动主机:通常由液压动力系统、油缸、控制阀组、管路和保护系统等五部分构成。

以上驱动形式和悬挂方式可参考图1.1-1和图5.5-1。

5.9.1　总则

【解析】

本条涉及"4　重大危险清单"的"旋转元件""缠绕危险""吸入或陷入危险""可见性"危险。

5.9.1.1　每部电梯应至少具有一台专用的驱动主机。

【解析】

本条与GB 7588—2003中12.1相对应。

本条明确要求,不允许两台或多台电梯共用驱动主机。这是因为本部分中所有关于电梯驱动主机的要求,均没有考虑到一台以上电梯共用驱动主机的情况。

5.9.1.2　对可接近的旋转部件应采取有效的防护,尤其是下列部件:

　　a)　传动轴上的键和螺钉(螺栓);

　　b)　带(如钢带、皮带等)、链条;

　　c)　齿轮、链轮和滑轮;

　　d)　电动机的轴伸。

但盘车手轮、制动轮、任何类似的光滑圆形部件和具有5.5.7所述防护装置的曳引轮除外,这些部件应至少部分地涂成黄色。

【解析】

本条与 GB 7588—2003 中 12.11 相对应。与旧版标准相比,本部分取消了甩球式限速器的保护要求,增加了滑轮的说明。这是因为 5.9.1 针对对象为驱动主机,是强调对于驱动主机上的部件和部位应采取的防护要求,限速器保护要求已经在 5.5.7 中体现,故此处不再体现。

本条应理解为:对于人员可接近的任何旋转部件均应采取有效防护,而不是仅有 a)~d)的部件需要进行防护。

所要求提供的防护通常采用设置防护罩的方法来实现。防护罩能够起到的主要作用有:

(1)防止设备的旋转部分伤害人体;

(2)防止杂物落入绳与绳槽之间;

(3)防止悬挂绳松弛时脱离绳槽。

但用于满足本条要求时,更注重的是防范人身伤害。此外还应注意,防护罩的设置不应妨碍对驱动主机的正常检查和维护。

盘车手轮、制动轮及其他类似的光滑圆形部件因本身的结构已经避免了上述风险,故不在此列。而具有 5.5.7 所述防护装置的曳引轮,已经进行了相关防护,因此可不必按照本条要求再采取额外措施。

根据 GB 2893—2008《安全色》的规定:黄色为表示提醒人们注意。凡是警告人们注意的器件、设备及环境都应以黄色表示。因此,盘车手轮(无论是可拆卸式的还是不可拆卸式的)、制动轮、曳引轮以及其他类似的光滑圆形部件都应至少部分涂成黄色,以提示人们注意。这里之所以要求"至少部分地涂成黄色"是由于如制动轮一类的部件的工作面是不可能进行涂装的,因此只能局部涂成黄色。

5.9.2 曳引式和强制式电梯的驱动主机

【解析】

本条涉及"4 重大危险清单"的"加速、减速(动能)""费力""动力源失效"危险。

曳引式和强制式驱动主机是包括电机、制动器在内的用于驱动和停止电梯的装置。驱动主机设置于机房内(机房和滑轮间的最根本区别就是是否设置驱动主机)。一般设置在井道顶部,极少数设置在井道下部或侧面。目前在电梯上应用最广泛的驱动方式是曳引式,采用曳引式驱动的电梯驱动主机称为曳引机。

曳引式和强制式电梯驱动主机的介绍可参考"GB/T 7588.1 资料 5.9-1"。

5.9.2.1 总则

5.9.2.1.1 允许使用下列两种驱动方式:

a) 曳引式,即:使用曳引轮和曳引绳。

b) 强制式,即:

    1) 使用卷筒和钢丝绳;或

    2) 使用链轮和链条。

  强制式电梯的额定速度不应大于 0.63 m/s,不能使用对重,但可使用平衡重。

在计算传动部件时,应考虑到对重或轿厢压在其缓冲器上的可能性。

【解析】

  本条与 GB 7588—2003 中 12.1.1 相对应。

  5.9.2 和 5.9.3 对于轿厢和对重(或平衡重)的驱动明确规定了驱动方式,即曳引式、强制式或液压驱动。排除了其他方式的驱动,比如在轿厢上设置齿轮,配合使用齿条形导轨;或使用螺柱驱动轿厢。

  强制式驱动由于其自身特性导致其应用的局限性。以链轮和链条传动为例,由于运行过程中链条处于非循环式间歇往复双向运动,每个链接在啮入和啮出过程中均会出现动载荷,形成链轮和链条的啮合冲击,不但会引起振动和噪声,也会导致链条材料的疲劳以及链条与链轮接触面的磨损;同时链的许用条件还取决于各种外界因素(如润滑等)。因此,本标准中强制驱动方式的使用受到了严格的限制,在额定速度大于 0.63 m/s 的情况下只允许采用曳引驱动方式。

  对重与平衡重的区别在于:首先,对重的目的在于提供曳引力,而平衡重则是为节能;其次,对重不但平衡了全部轿厢自重,而且平衡了部分载重,而平衡重仅平衡了全部或部分轿厢自重。强制驱动的电梯不需要钢丝绳两边的质量来提供所需要的曳引力,因此没有必要使用对重。

  针对驱动主机而言,当钢丝绳与曳引轮之间打滑或者制动器失效时,存在电梯超越最顶层或最底层的正常平层位置从而撞击轿厢或者对重缓冲器的状况。同时 CEN/TC 10 认为:轿厢(或对重)以缓冲器设计速度撞击缓冲器不属于危险工况。故在选用计算曳引机时,应考虑到上述状况的发生。

5.9.2.1.2 可使用带将单台(或多台)电动机连接到机电式制动器(见 5.9.2.2.1.2)所作用的零件上,此时带不应少于两条。

【解析】

  本条与 GB 7588—2003 中 12.1.2 相对应。

  电动机与制动器之间允许采用皮带进行间接连接。综合 5.9.2.2.2.2 的“被制动部件应以机械方式与曳引轮或卷筒、链轮直接刚性连接”要求可知:制动部件必须直接、刚性地连接在曳引轮或卷筒上,但可以使用带与电机相连。采用带传动的驱动主机(如上面介绍过的皮带传动曳引机)只要满足 5.9.2.2.2.2 要求,就完全符合本部分要求。

根据本条规定,当驱动制动器的作用部件(如图 5.9-1 所示的制动盘)与电动机采用带连接的情况下,为了防止连接失效,带的数量不得少于两根。

本条款与旧版标准中 12.2.2 内容相近,仅将"皮带"改成了"带",这是因为随着新技术的发展,将会有除皮带以外的其他类型的带状材质也可能会用于驱动主机的传动。故新版标准对此进行了修订。

图 5.9-1　制动器的作用部件采用带与电动机连接

5.9.2.2　制动系统

5.9.2.2.1　总则

5.9.2.2.1.1　电梯应设置制动系统,在出现下列情况时能自动动作:

　　a)　动力电源失电;

　　b)　控制电路电源失电。

【解析】

本条与 GB 7588—2003 中 12.4.1.1 相对应。

本条强调制动系统在电梯上是必须设置的部件。同时其动作(制动电梯)不是依靠电梯系统外部供电达到目的,相反,当动力电源和控制电源失电时,制动器应能将电梯系统制动。这就要求制动回路电源取自动力电源回路(当然应根据需要附加相关的变压器和整流装置)。同时要求控制制动回路的电气装置(接触器)的控制电源取自控制回路。

制动系统是电梯驱动主机乃至整个电梯系统最关键的安全保护部件之一,制动系统失效对电梯运行安全的威胁极大,是发生剪切和挤压伤害的直接因素。而且由于制动系统失灵而造成的危险依靠其他安全部件进行保护也是非常困难的(上行超速保护装置和安全钳又只能在轿厢速度超过 115% 的额定速度情况下才有可能进行保护)。因此制动系统能否可靠动作,关系到整个电梯系统和使用人员的安全。

5.9.2.2.1.2　制动系统应具有机电式制动器(摩擦型)。另外,还可增设其他制动装置(如电气制动)。

【解析】

本条与 GB 7588—2003 中 12.4.1.2 相对应。

机-电式制动器(摩擦型)是通过自带的压缩弹簧将制动器摩擦片压紧在制动鼓(盘)上,依靠二者之间的摩擦制停电梯系统。制动器为常闭式结构,电梯运行时制动器电磁铁通电后产生磁场推动衔铁，并带动连杆使制动器摩擦片与制动鼓（盘）产生间隙，从而允许驱动主机正常运转。

当出现 5.9.2.2.1.1 中的情况，即动力电源或控制电源失电的状态，电磁铁线圈失电，制动器摩擦片压紧在制动鼓（盘）上，强迫驱动主机停止运行，并将其保持在停止状态。

机-电式制动器是在电气安全回路被切断后，确保驱动主机停止转动的重要部件。

驱动主机除必须设置机-电式制动器外，还可以根据需要增设电气制动装置，如利用电动机的特性可以采用能耗制动、反接制动，也可采用涡流制动。在使用永磁电机时还可以利用永久磁铁的特性，采用自发电能耗制动方式（即所谓"封星"）。但这些制动方式并不是标准中规定必须有的。同时由于这些电气制动方式并非直接制动，对电场、磁场的依赖极强（例如，封星时的制动力矩与永磁体的磁感应强度密切相关），其特性不是很稳定。因此只能作为辅助手段，绝不允许用电气制动等方式替代本条要求的"机-电式制动器（摩擦型）"。

"GB/T 7588.1 资料 5.9-2"是对一种电磁制动方式的介绍。

5.9.2.2.2 机电式制动器

5.9.2.2.2.1 当轿厢载有 125％额定载重量并以额定速度向下运行时，仅用制动器应能使驱动主机停止运转。在上述情况下，轿厢的平均减速度不应大于安全钳动作或轿厢撞击缓冲器所产生的减速度。

所有参与向制动面施加制动力的制动器机械部件应至少分两组设置。如果由于部件失效其中一组不起作用，应仍有足够的制动力使载有额定载重量以额定速度下行的轿厢和空载以额定速度上行的轿厢减速、停止并保持停止状态。

电磁铁的动铁芯被认为是机械部件，而电磁线圈则不是。

应监测制动器的正确提起（或释放）或验证其制动力。如果检测到失效，应防止电梯的下一次正常启动。

【解析】

本条与 GB 7588—2003 中 12.4.2.1 相对应。与旧版标准相比，增加了对制动器的正确提起（或释放）或验证其制动力的要求。

机-电式制动器要求有足够的制动能力，即在轿厢超载 25％的情况下，以额定速度下行时（此时可看作是最不利情况）仅依靠制动器的制动力矩应能使曳引机停止运转。

但是如果制动器对轿厢造成的制动减速度过大，将会危害到轿内人员的人身安全，因此在保证制动器有足够制动力的情况下还必须限制制动器制动轿厢时的减速度（因为该减速度在制动器设计计算时，需按照固定值来考虑，故此处规定为平均减速度）。这就要求在125％额定载重量的状态下，制动器制停轿厢所产生的减速度不超过安全钳或缓冲器动作时的减速度，即 $1g_n$。制动器减速度的设定，会对 GB/T 7588.2 中 5.11 曳引力的计算产生影响。

为保证制动器在电梯运行过程中始终能够安全有效地提供足够的制动力，要求制动器的设置应有冗余。要求参与施加制动力的机械部件至少必须分两组设置，每一组在独立动作时都应有足够的制动力使装有额定载荷且以额定速度下行的轿厢和空载以额定速度上行的轿厢减速、停止并保持停止状态。

本条要求的是"所有参与向制动面施加制动力的制动器机械部件应至少分两组装设"，不单是指衔铁，还应包括联杆、制动器的压缩弹簧等部件，它们都属于"施加制动力的机械部件"，都必须至少分两组设置。

以鼓式制动器为例，如图 5.9-2a)中制动器弹簧、联杆和衔铁都只有一组，一旦其中任何部件失效，制动器将完全丧失制动能力。图 5.9-2b)中虽然制动器弹簧和联杆分为两组设置，而且彼此独立，但衔铁只有一组，一旦发生衔铁卡阻，制动器也将完全失效。图 5.9-2c)中虽然联杆、衔铁都分为两组设置，但制动器压缩弹簧仅有一组，显然不符合要求。而且，从表面上看，两个衔铁各自分别控制一个制动臂联杆，但应注意，这两个衔铁彼此并不完全独立，其中任一衔铁均是另一衔铁磁路的一部分，只要剩磁过大，仍能导致制动器完全失效。只有图 5.9-2d)中的制动器联杆压缩弹簧、衔铁均为两组设置，且彼此独立，因此是符合要求的制动器。

对于电磁铁来说，所谓机械部件，是电磁铁的衔铁（本条中"电磁铁的动铁芯"即衔铁），而线圈本身则不视为机械部件，也不要求分两组设置。这是因为在制动器释放后，电磁铁的衔铁可能由于生锈、异物等原因卡阻，使其操作的制动器摩擦片无法压紧在制动轮（盘）上。因此，为避免衔铁卡阻带来的制动器不能正常制动，衔铁必须按照机械部件的要求设置为独立的两组。但线圈不同，线圈故障的情况无非是烧毁，线圈烧毁后无法形成磁场，制动器自然处于制动状态，不会造成电梯系统的危险。

同时，因制动器在电梯安全运行中起着至关重要的作用，故为了保证制动器的可靠运行，应当采用监测装置监测制动器的正确提起（或释放），或者通过相关方法验证其制动力是否满足电梯运行要求。如果一旦检测到制动器失效，为了防止电梯安全事故的发生，应防止电梯的下一次正常启动。

总之，判断一个制动器是否为符合要求的制动器，可以假设当两组制动器中的任何一个部件或部位发生任何一种失效，如断裂、松弛、不动作、卡阻等可能出现的故障，如果不会导致制动器完全失效，同时在这种情况下剩余的制动力还能够"使载有额定载重量以额定速度下行的轿厢和空载以额定速度上行的轿厢减速、停止并保持停止状态"，这样的制动器就是符合要求的安全的制动器。

应注意，制动器在刚投入使用的时候，其衬垫的摩擦系数较大，使用一段时间后会逐渐减小，但本条要求在曳引机整个使用寿命期内都必须得到保证。

本条对驱动主机制动器的有效性验证提出了特别的要求，即应监测制动器的正确提起（或释放）或验证其制动力。如果检测到失效，应防止电梯的下一次正常启动。这个要求与使用驱动主机制动器作为轿厢上行超速保护装置、防止轿厢意外移动装置的要求有一定的区别，详细情况见"GB/T 7588.1 资料 5.9-3"。

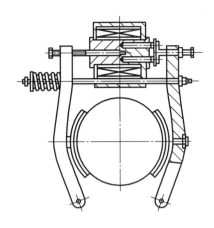

a）联杆、制动器压缩弹簧、衔铁
均为单组设置

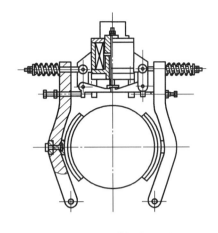

b）制动器弹簧和联杆分两组设置、
衔铁为单组设置

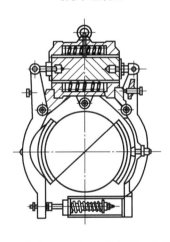

c）制动部件虽都采用两组设置，但彼此不独立

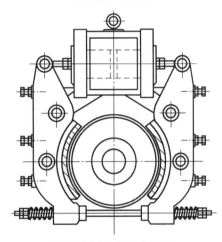

d）符合要求的制动器置

图 5.9-2　各种类型的制动器

对驱动主机制动器正确提起（或释放）的验证通常是采用一组微动开关实现的，见图 5.9-3。

应注意，与 5.6.6.2（轿厢上行超速保护装置）和 5.6.7.3（轿厢意外移动保护装置）不同，本条没有要求驱动主机既要"监测制动器的正确提起（或释放）"，又要"验证其制动力"，这两者只要采取一种就可。

CEN TC 10/WG 1 对 EN81-1:1998 中 12.4.2.1 的解释：试验必须确定制动器有能力制停载有 125% 额定载荷、以额定速度下行的轿厢，制动器应使轿厢以不大于安全钳和缓冲器作用时所要求的值减速。如果仅一个制动元件起作用，它应有能力使以额定速度下行的装有额定载荷的轿厢减速。

当进行制动器制动力矩试验时，载有 125% 额定载荷轿厢以额定速度向下运行时；当轿厢位于高层站且向下运行进行制动时，因为轿厢与缓冲器之间的距离足够长，制动器能使轿厢在撞击缓冲器之前制停；而轿厢位于低层站且向下运行进行制动时，因为轿厢与缓冲器之间的距离短,制动器未能及时地制停轿厢,轿厢就会撞击到缓冲器上。

CEN/TC10的解释是:没有限定减速度的最小值,这表明当轿厢撞击缓冲器时,曳引机可能没有达到停止状态。

本条要求了"应监测制动器的正确提起(或释放)或验证其制动力。如果检测到失效,应防止电梯的下一次正常启动",但并没有明确要求验证部件必须使用电气安全装置,我们认为是考虑到以下几个因素:

(1)由于制动器本身的冗余设计,即使验证开关中的一个开关发生了故障,也不会立即引起危险;

(2)如果监测开关中的一个开关检测到失效,监测系统能够防止电梯的下一次正常启动。

驱动主机机电式制动器的"自监测"要求与轿厢上行超速保护以及轿厢意外移动保护中的"自监测"要求,两者的差异和对比可参考5.6.6.2解析。

a) 监测装置安装位置

b) 用于监测的微动开关

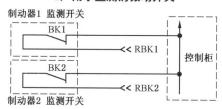

c) 制动器监测开关电路

图 5.9-3　用于监测制动器正确提起（或释放）的开关

5.9.2.2.2.2 被制动的部件应以可靠的机械方式与曳引轮或卷筒、链轮直接刚性连接。

【解析】

本条与GB 7588—2003中12.4.2.2相对应。

按照本条要求,可以利用电机转子轴与曳引轮直接连接或通过齿轮等部件刚性连接,但不能采用诸如皮带这种柔性连接部件。其目的是制动器对制动轮(盘)制动时必须使得曳引轮也被可靠制停。

本条规定在有齿轮曳引机上尤其需要注意:通常在有齿轮曳引机上,制动器一般安装在电动机和减速箱之间,即安装在高速轴上。这是因为高速轴上所需的制动力矩小,可以减小制动器的结构尺寸。以蜗轮副曳引机为例,制动器作用的制动轮就是电动机和减速箱之间的联轴器。根据本条规定,制动器应作用在蜗杆一侧,不应作用在电机一侧,以保证联轴器破断时,电梯仍能被制停(如图5.9-4所示)。这也正是本

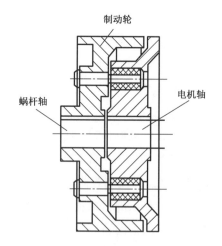

图 5.9-4　蜗轮蜗杆曳引机制动作用位置

条规定的目的。

对于无齿轮曳引机，通常采用的盘式、鼓式或轮轴制动的方式均是通过螺栓、花键等方式将被制动部件（制动盘、制动鼓或轮轴）与曳引轮或卷筒、链轮直接刚性连接在一起的。由于没有减速箱的存在，使得满足本条要求更加容易。

> **5.9.2.2.2.3** 除 5.9.2.2.2.7 允许的情况外，制动器应在持续通电下保持松开状态。应符合下列规定：
>
>   a)　电气安全装置按 5.11.2.4 的规定切断制动器电流时，应通过以下方式之一：
>
>   1)　满足 5.10.3.1 要求的两个独立的机电装置，不论这些装置与用来切断电梯驱动主机电流的装置是否为一体；
>   当电梯停止时，如果其中一个机电装置没有断开制动回路，应防止电梯再运行。即使该监测功能发生固定故障，也应具有同样结果。
>
>   2)　满足 5.11.2.3 要求的电路。
>   此装置是安全部件，应按 GB/T 7588.2—2020 中 5.6 的要求进行验证。
>
>   b)　当电梯的电动机有可能起发电机作用时，应防止该电动机向操纵制动器的电气装置直接馈电。
>
>   c)　断开制动器的释放电路后，制动器应无附加延迟地有效制动。
>
>   **注**：用于减少电火花的无源电子元件（例如：二极管、电容器、可变电阻）不认为是延迟装置。
>
>   d)　机电式制动器的过载和（或）过流保护装置（如果有）动作时，应同时切断驱动主机供电；
>
>   e)　在电动机通电之前，制动器不能通电。

【解析】

本条与 GB 7588—2003 中 12.4.2.3.1～12.4.2.3.3 相对应。

本部分对于制动器的工作要求是：

——制动器在持续通电时保持松开状态；

——在失电时保持制动状态；

——5.9.2.2.2.7 允许的情况（即采用持续手动操作方法打开制动器的状况）除外。

有上述要求是因为，在任何情况下，包括电源失效情况下，制动器均应能正常起作用，将电梯制停并保持在停止状态。只有这样才能最大限度地保证使用者和电梯设备的安全。

除上述最基本的要求之外，制动器的工作还应符合 a)～e)的规定：

a) 对使用电气安全装置切断制动器电流的要求

本条给出了使用电气安全装置切断制动器电流时，允许采用的两种方式（应视作只允许使用这两种方式）：

1) 使触点（接触器）切断制动器电流

① 对触点形式的要求

用于切断制动器电流的两个独立的机电装置应满足 5.10.3.1 的规定，从下文来看，机电装置就是接触器。按照本条要求设置的接触器如图5.9-5所示。

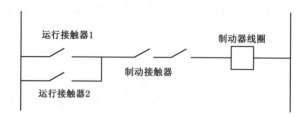

图5.9-5 由两个独立的接触器切断制动器电流

② 对接触器数量的要求

应使用两个独立的接触器,之所以要求两个独立的接触器,是因为如果只使用一个接触器控制,当此接触器触动无法正常断开时,制动器将无法制动。

对于所谓"独立"的理解应是这样的:

——触点不能出自同一接触器,也不应存在电气联动、机械联动;

——两组触点在安全控制上不能存在主从关系,即当这两组触点中的一组发生粘连时,另一组触点应不受影响,仍能正常工作(即任何一个接触器触点的吸合动作不依赖于另一个触点的吸合动作),不会出现故障的连锁反应。

应注意:在此处明确要求使用两个接触器,同时两个接触器必须是独立的,不允许使用一个接触器的主触点和辅助触点进行相互校验。尽管接触器的主、副触点在动作时能够满足正确验证主触点动作情况的要求,但由于辅助触点容量、分断距离不能够满足主触点,因此绝不能使用辅助触点替代另一个独立的接触器进行保护。

③ 对接触器连接形式的要求

控制制动器线圈的电路中应至少有两个独立的接触器,两个接触器用于控制电动机的主触点应该串连于主回路中,只要有任意一个主接触器主触点动作就能切断电动机的供电。标准中也允许借助主电源接触器来实现本条规定的"两个独立的机电装置",同时也没有要求两个接触器的主触点必须串联。可以应用主电源接触器的辅助常开触点作为其一,另外再设计一个抱闸接触器。但应注意利用辅助触点作为检测主触点的状态信号时,应符合5.10.3.1对接触器触点的要求。

④ 防止粘连的要求

"如果其中一个接触器的主触点未打开,最迟到下一次运行方向改变时,必须防止轿厢再运行",这个要求实际就是我们平常所说的防粘连(即接触器防粘连保护)。控制制动器回路的接触器应具有防粘连保护,当任何一个接触器的主触点在电梯停梯时没有释放,应该最迟到下一次运行方向改变时防止轿厢继续运行。这就要求接触器的吸合或释放应随电梯的运行或停止进行相应的动作。

当两个接触器的主触点中的一个发生粘连时,由于两个接触器是彼此独立的,另一个接触器仍能够正常工作,电梯仍能够正常工作。但其安全状态已经达到了极限(如果另一个接触器也发生粘连,则会出现制动器电流无法切断的重大事故),继续运行电梯风险很大,因此在电梯控制系统中需要建立一种监控机制,一旦出现上述情况,应将电梯停止并避免其再次运行。

这里要注意,1)中所述的制动器电路中用于切断制动器电流的两个接触器是有触点结构的,静态元件和电子开关属于无触点的接触器,属于2)要求的范围。

2) 使用安全电路切断制动器电流

应满足5.11.2.3的要求。且该安全电路因为是安全部件,故应按GB/T 7588.2中5.6的要求进行型式试验。关于"型式试验"的定义可参见"GB/T 7588.1 资料 3-1"中130条目。

b) 电动机向操纵制动器的电气装置直接馈电

电梯的电动机在一些情况下(如电梯满载下行),处于发电状态,这种情况时应防止电动机所发出的电能对制动器的控制产生影响,避免制动器误动作。另外,防止电动机向电梯电气系统馈电的方式一般采用制动电阻直接转换为热能消耗掉,也可以采用特殊的电气装置将能量直接回馈至电网,以此达到节能的目标。

c) 对制动器响应及时性的要求

为避免制动器电源被切断时,不能迅速制停电梯,要求切断制动器回路电源后,电梯的制停不能被附加延迟(当然正常的制停过程不属于此范畴)。这里所指的"附加延迟"不但包括机械方面,同时也包括电气方面。由于制动器线圈为电感元件,在切断电源时会产生感应电流,这将影响制动器的有效动作。为避免此现象的发生,通常在设计时会附加一个由电阻和电容组成的电路,吸收感应电流,使之不会影响制动器电磁铁的释放。

由于在切断制动器电流的电路中可能存在开关器件(如接触器),当触点在吸合的瞬间会有一个短暂的脉冲电流,引起电火花烧蚀触头。对此可以设计抑制电路:

——继电器线圈增加续流二极管,消除断开线圈时产生的反电动势干扰。

——在继电器接点两端并接火花抑制电路(一般是电阻-电容串联电路)。

上述电路中的二极管、电容器、可变电阻等无源电子元件不认为是延迟装置。

d) 对制动器过载、过流的保护

为了防止线圈过电流造成烧毁,有些机电式制动器设置了过载、过流保护装置。当监测到制动器过载或过流时会切断制动器电流,此时制动器失电并动作。本条要求,在上述情况下也应切断驱动主机电源,否则驱动主机会在制动器动作的情况下继续拖动轿厢/对重(或平衡重)运行,导致制动器摩擦片失效或其他部件的损坏。

目前常用的机电制动器,为了减少通电时的发热量,常采用动作电压和保持电压分别设计的方式,即采用较高的动作电压,以保证制动器能够有效打开;制动器打开后转换为较低的保持电压,保持制动器的持续开启。这种设计既保证了制动器能够可靠地打开,又保证了通电保持状态下发热量较低。但这种设计有个缺陷,一旦电压切换出现故障,通电保持时没有切换为低电压,很容易导致制动器线圈过流、发热。对此设置过载、过流保护是非常必要的。

e）制动器不能先于电动机通电

此项的要求可以理解为，在电动机通电之前，制动器是不能处于开启状态的。因为电动机未通电时，曳引机不会对电梯输出曳引力，此时制动器一旦通电并处于开启状态，则在曳引轮（卷筒或链轮）两侧如果存在重力差，就有可能发生轿厢的非预期移动，引发包括人身伤害在内的安全事故。

5.9.2.2.2.4 制动靴或制动衬块的压力应由带导向的压缩弹簧或重砣施加。

【解析】

本条与 GB 7588—2003 中 12.4.2.5 相对应。

施加给制动靴或制动衬块的压力应是不易或不能失效的力，如利用带有导向的压缩弹簧（不易失效）或利用重块的重力（不会失效）来施加压力。由于带导向的压缩弹簧能够提供持续稳定的制动力，且压缩弹簧体积小、布置方便（压缩弹簧的特性见 5.3.9.1.8 解析），因此目前常采用这种方式向制动靴或制动衬块施加压力，见图 5.9-6。

靠重砣向制动靴或制动衬块施加压力的方式很少被采用，这是因为重砣在闭合制动时会引起杠杆振动，可能导致制动过程中制动器的抖动，且制动器制动过程较长，不利于制动器的迅速响应。

图 5.9-6　由带导向的压缩弹簧向制动靴或制动衬块施加压力

5.9.2.2.2.5 禁止使用带式制动器。

【解析】

本条与 GB 7588—2003 中 12.4.2.6 相对应。

带式制动器是利用制动带包围制动轮并在表面压紧制动带的摩擦制动装置，其结构如图 5.9-7 所示。这种制动器的摩擦系数变化很大；同时由于制动皮带的绕入和绕出端张力不同，导致制动皮带沿制动轮周围的磨损不均匀；而且这种制动器散热条件很差。这些因素造成了带式制动器制动效果不稳定、离散性大。而电梯制动器要求性能稳定，因此带式制动器不适用于电梯。此外，带式制动器在制动过程中不但对制动轮表面产生摩擦力，同时对驱动主机主轴、机座等部件也产生力，使制动轮轴承受额外的附加弯曲作用力，这一点对驱动主机来说无疑是不利的。

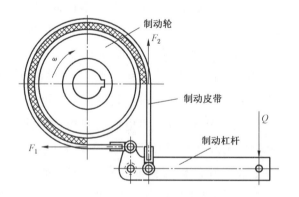

图 5.9-7　带式制动器

5.9.2.2.2.6 制动衬块应是不燃的。在制动器附近，应有制动衬块磨损后更换的警示信息（如检查方法、更换条件等）。

【解析】

本条与 GB 7588—2003 中 12.4.2.7 相对应。

制动器在制动过程中由于摩擦会产生一定的热量，因此要求制动器的摩擦材料不易燃。当然仅仅不易燃还是不够的，制动器的摩擦材料还应有足够的热稳定性，在温度升高（设计范围内）时，其主要性能参数（如摩擦系数）能够保持在符合要求的范围内。

注："不燃"在 GB 8624—2012 中有明确规定，具体介绍参照 5.4.4 解析。

5.9.2.2.2.7 应能采用持续手动操作的方法打开驱动主机制动器。该操作可通过机械（如杠杆）或由自动充电的紧急电源供电的电气装置进行。

考虑连接到该电源的其他设备和响应紧急情况所需的时间，应有足够容量将轿厢移动到层站。

手动释放制动器失效不应导致制动功能的失效。

应能从井道外独立地测试每个制动组。

【解析】

本条与 GB 7588—2003 中 12.4.2.4 相对应。

在紧急情况下，电梯驱动主机的制动器都会有效制动。当电梯被有效制动后，如果需要移动轿厢（如救援），首先要完成的工作就是使电梯制动器打开。应考虑在最不利的情况下（如制动器电源失效等）提供一种手动打开制动器的方法。这里说的"手动释放"可以采取以下方式：

——手工，完全以人力操作；

——通过机械装置（如杠杆）人力操作；

——由人员操作的电力（或液力）。

常见的手动打开驱动主机制动器的方法是杠杆的方式，将人力放大抵消压缩弹簧相制动臂/制动衬施加的力，从而能够使曳引轮转动。

有些情况下，如高速、大载重的情况下，由于要求的制动力矩非常大，以简单的机械方式无法或难以打开制动器。这种情况下可以采用电气或以电动方式驱动的液压方式进行上述操作，见图 5.9-8。应注意，本条所述的"紧急电源供电的电气装置"是用于打开制动器的，而不是用于操作机电制动器的制动。

当使用电气装置打开制动器时，必须满足两点要求：

（1）必须采用紧急电源供电，且该紧急电源可自动充电。因为只有这样才能保证在任何情况下（例如停电），该装置均可满足要求。

（2）该紧急电源要有足够的容量，至少要满足将轿厢移动到层站。这里面有两点需要注意：

① 如果紧急电源连接了其他的设备（如对讲机及紧急照明灯），则必须在满足本条要求的"打开制动器和移动轿厢至层站"之外，还要考虑有足够容量供其他设备在响应紧急情况（见 5.4.10.4 及 5.12.3 的规定）的使用。

② 应有足够容量将轿厢移动到层站。这条规定对设计该紧急电源容量起到重要的指导作用。例如，当层站之间距离过大时，设计紧急电源容量应特别加以考虑。

通常情况下，采取带有自动充电的紧急电源供电的电气装置打开制动器并移动轿厢至层站，属于紧急电动运行。关于紧急电动运行的其他要求见 5.12.1.6。

a) 以杠杆方式打开驱动主机制动器　　b) 以电气–液压方式打开驱动主机制动器

图 5.9-8　打开驱动主机制动器的方法

手动释放制动器时，必须要求手动施加一个持续的力保持制动器的释放状态，当力失去时，制动器应能有效地制动电梯。其目的是防止在进行手动紧急操作时，由于轿厢及轿内载荷与对重/平衡重的质量差导致轿厢运行失去控制，这种情况对轿内人员和紧急操作人员都是相当危险的，极易发生人身伤害事故，必须避免。

手动释放是制动器的一个附加功能，当手动释放失效时，制动器的制动能力应不受影响。也就是说，即使手动释放制动器的装置失效，制动器的制动能力也不应受影响。

本条与 5.2.6.6 要求的"应能从井道外独立地测试每个制动组"类似，即应能独立地测试每个制动组，且在测试时保证实验人员的安全。图 5.9-9 给出了一个示例，当曳引机安装在井道内时，通过连接到制动器上的钢丝，在井道外打开制动器并进行测试。

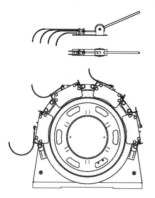 

手动释放制动器上的钢丝与制动器连接端

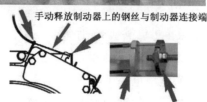

图 5.9-9　从井道外释放制动器

5.9.2.2.2.8 使用信息和相应的警示信息，尤其是减行程缓冲器的信息应设置在手动操作驱动主机制动器的装置上或近旁。

【解析】

手动打开制动器的操作时，如果操作不当容易引发事故。为了保障操作人员及设备的安全，相关规范流程及相应的警示信息应当明确地设置在操作设备近旁。

由于在使用减行程缓冲器（见5.8.2.2.2）时，轿厢、对重（或平衡重）在撞击缓冲器之前，其速度能够被可靠地控制在缓冲器允许的动作速度内，换句话说，就是缓冲器的动作速度低于轿厢、对重（或平衡重）的额定运行速度。因此在手动打开制动器时要充分了解这一点，避免由于打开制动器造成轿厢、对重（或平衡重）在撞击缓冲器时的速度超过缓冲器可以承受的范围。综上所述，应在手动打开制动器的装置上（或附近，以能够无阻碍地识别为准）给出使用减行程缓冲器的相应信息。

5.9.2.2.2.9 对于手动释放制动器，轿厢载有以下载荷时：
　　——小于或等于$(q-0.1)Q$；或
　　——大于或等于$(q+0.1)Q$且小于或等于Q。
其中：
q——平衡系数，表示由对重平衡额定载重量的量；
Q——额定载重量。
应能采用下列方式将轿厢移动到附近层站：
a) 重力导致自行移动。或
b) 手动操作，包括：
　　1) 放置在现场的机械装置；或
　　2) 放在现场的独立于主电源供电的电动装置。

【解析】

本条为新增内容。

本条规定了当轿厢内载质量与轿厢质量之和与对重质量存在较大差异时，手动打开制动器之后的情况。

所谓"轿厢内载重量与轿厢质量之和与对重质量存在较大差异"是指轿内载重在不超过额定载重量（Q）的情况下，处于以下区间内：

　　——轿内载荷≤$(q-0.1)Q$；或
　　——轿内载荷≥$(q+0.1)Q$。

其中，q是平衡系数（通常取0.4～0.5）。

在满足以上的条件下，应能：

a) 由重力导致轿厢移动至附近层站

所谓"由重力导致"就是依靠轿厢、对重两边的质量差克服系统阻力，从而移动轿厢。

如果采用这种方法，则对平衡系数的设置以及系统的阻力、绕绳比等方面应综合考虑。显然系统阻力过大，或绕绳比过大，以致质量差难以抵消，则无法依靠曳引轮两侧的质量差移动轿厢。

　　b）采用手动操作将轿厢移动至层站，可以采用

　　1）机械装置

　　采用机械装置的前提条件是该装置应放置在现场，需要移动轿厢时能够随时获得。这种移动轿厢的方式有很多形式：如盘车手轮（见 5.9.2.3.1）等，也包括在现场放置重块，通过将重块置于轿顶或挂在补偿链上的方式移动轿厢。

　　2）电气装置

　　前提是该装置应放置在现场，并有独立于主电源的供电。

　　"放在现场"请参见上文论述。"独立于主电源供电"是指该电气装置是与主电源之间没有电气关联的一组独立供电。举例：如果主电源是线电压为 380 V 的三相供电，该电气装置不能与主电源属于同一回路，也不能从主电源中取得某一相作为电源使用。

　　应注意，本条采用"轿厢载有以下载荷"作为条件，实际上是比较粗略的。曳引轮两侧的质量差实际上还与钢丝绳/补偿装置的情况和随行电缆悬垂部分的质量有关。

　　对于本条，CEN/TC 10 给出了解释单（EN 81-20 002 号解释单），具体内容参见本部分5.9.2.3.1 解析。

5.9.2.3　紧急操作

【解析】

　　当电梯因突然停电或发生故障而停止运行时，若轿厢停在层距较大的两层之间，或蹲底、冲顶时，乘客可能被困在轿厢中。紧急操作装置就是为了在出现上述情况时，使救援人员可通过非常规的操作（如在机房中进行紧急电动运行或手动松开制动器并利用平滑手轮进行盘车）将轿厢移动到平层位置，并将轿厢内乘客救援到能够保证其人身安全的地方而设置的救援装置。

5.9.2.3.1　如果紧急操作需要采用 5.9.2.2.2.9b）的手动操作，应是下列方式之一：
　　a）　使轿厢移动到层站所需的操作力不大于 150 N 的手动操作机械装置，该机械
　　　　　装置符合下列要求：
　　　　1）　如果电梯的移动可能带动该装置，则应是一个平滑且无辐条的轮子。
　　　　2）　如果该装置是可拆卸的，则应放置在机器空间内容易接近的地方。如果
　　　　　　　该装置有可能与相配的驱动主机混淆，则应做出适当标记。
　　　　3）　如果该装置可从驱动主机上拆卸或脱出，符合 5.11.2 规定的电气安全装
　　　　　　　置最迟应在该装置连接到驱动主机上时起作用。

> b) 满足以下要求的手动操作电动装置:
>
> 　　1) 出现故障之后的 1 h 内,电源应可以使载有任何载荷的轿厢移动到附近的层站。
>
> 　　2) 速度不大于 0.30 m/s。

【解析】

本条与 GB 7588—2003 中 12.5.1、12.5.1.1 相对应。

本条是对于 5.9.2.2.2.9b)中提供的两个方式(即放置在现场的机械装置;放置在现场的独立于主电源供电的电气装置)的具体规定。

a) 手动操作的机械装置

采用手动机械紧急操作装置时,应保证轿厢移动到层站所需的操作力不超过 150 N 时,同时该机械装置应该具备能够保证安全使用的特质。

1) 对操作力的要求

首先应明确,150 N 的力是指手作用在盘车手轮外圆上的切向力。

根据《机械设计手册》中给出的数据,成年男子直立姿势时,能够施加的扭力为(389 ± 130)N;成年女子站立姿势时,能够施加的扭力为(204 ± 80)N。且用力保持时间随时间的加长而降低。由此可知,1 个成年人在一段时间内可持续施加的扭力按照不超过 150 N 考虑是合适的,与旧版标准相比,本次修订将操作力由不大于 400 N 变更为不大于 150 N,相比之前的 400 N 更加合理。

计算手动紧急操作时所需要的力可使用下面的公式(不计摩擦阻力时):

$$F = \frac{(1-\psi)QD_t}{\eta D_h ri} \cdot g$$

其中,ψ 为平衡系数;Q 为载重量(kg);D_t 为曳引轮直径(mm);D_h 为盘车手轮直径(mm);η 为机械效率;r 为绕绳比;i 为齿轮比;g 为重力减速度(m/s^2)。

在这里应注意以下几个问题:

① 本条规定的"操作力不大于 150 N"并没有要求具体方向。由于本条是基于 5.9.2.2.2.9 的工况提出的,即轿厢侧和对重侧质量差较大的情况,因此随着轿内载荷的不同,移动轿厢时一定存在某个方向上所需的力较大,另一个方向上需要的力较小(如空载工况下,向上移动轿厢所需要的力较小;满载反之)。本条没有要求较大的力不大于 150 N。

② 本条没有规定盘车手轮的尺寸,似乎可以这样认为,无论载重量多大的轿厢,在满载情况下,只要增大盘车手轮的直径,都能够做到"操作力不大于 150 N"。但不能忽视的是,如果盘车手轮的直径过大,使用人员可能无法正常使用。通过查阅 GB/T 14775—1993《操纵器一般人类工效学要求》可知,如图 5.9-10a)所示,手轮的尺寸应符合表 5.9-1 规定:

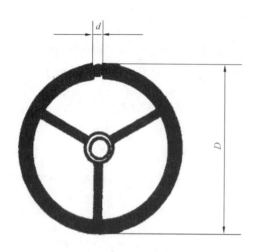

a）GB/T 14775—1993《操纵器一般人类工效
学要求》中的盘车手轮示意图

b）盘车手轮上标注了相匹配的驱动主机

图 5.9-10　盘车手轮

表 5.9-1　手轮尺寸　　　　　　　　　　　　　　　　　　　　　　　mm

操纵方式	手轮直径 D		轮缘直径 d	
	尺寸范围	优先选用	尺寸范围	优先选用
双手扶轮缘	140～630	320～400	15～40	25～30
单手扶轮缘	50～125	70～80	10～25	15～20
手握手柄	125～400	200～320		
手指捏握手柄	50～125	75～100		

　　显然，在盘车时是"双手扶轮缘"的操作方式，手轮直径应选择的应在 140～630 mm，优先选用尺寸为 320～400 mm。

　　还有一种倾向认为：如果两人或多人进行盘车操作，则没有必要给出"操作力不大于 150 N"的限制。但对于用于紧急操作的空间，本部分给出了规定："……需要手动紧急操作的地方（见 5.9.2.3.1），应有一块不小于 0.5 m×0.6 m 的水平净面积"（见 5.2.6.3.2.1 和 5.2.6.6.4）。很显然，上述净面积仅能容纳一个人操作，可见在进行紧急操作时，本部分是以一个人手动操作机械装置为前提进行规定的（不包含释放制动器的人）。

　　当然图 5.9-10 中的手轮是带辐条的，不符合本条的要求（下文有相关论述），但可以参考图 5.9-10 和表 5.9-1 的尺寸来设计盘车手轮。

　　如果直接操作的力大于 150 N，但仍希望采用手动紧急操作装置时，可采用带力放大机构的盘车手轮（如图 5.9-11 所示）。

　　③ 本条规定"使轿厢移动到层站所需的操作力不大于 150 N 的手动操作机械装置"，并不是说在操作力不大于 150 N 的情况下就不允许采用紧急电动运行的方式救援乘客，同时也不应认为在这种情况下必须有手动紧急操作装置，如果设置了紧急电动运行则可以不设

置手动紧急操作装置。

图 5.9-11　几种带力放大机构的盘车手轮

2）机械装置的形式

机械装置应具有安全的形状、处于方便获取的位置并有电气连锁保护。同时，机械装置本身应有足够的强度，以避免在移动轿厢时发生损坏。

① 电梯的移动可能带动该机械装置，则应是一个平滑且无辐条的轮子

这里提到的要求"平滑的且无辐条的轮子"，其实就是常用的盘车手轮（盘车手轮的定义参见补充定义第 110 条）。采用杆状或辐条结构很容易在盘车时在轿厢移动的情况下带动机械装置，从而击伤操作人员，同时也容易造成衣物绞入。

② 对于可拆卸的机械装置应准确、方便地获取

盘车手轮可以是两种形式的，以在电梯正常工作时是否可以将其移除为条件，分为可

拆卸式和不可拆卸式两种。不可拆卸式盘车手轮与驱动主机的高速轴固定，电梯运行时它与驱动主机的高速轴一起转动；可拆卸式盘车手轮是在盘车时才装到驱动主机高速轴端的，由于这种盘车手轮与轴的连接通常是靠键连接，因此在电梯正常运行时必须卸下。

对于可拆卸的盘车手轮，卸下后必须放置在机房内容易接近的地方，一旦电梯发生故障需要紧急救援时，操作人员可以方便及时地将其安装到指定位置并盘车。机房内有多台电梯的驱动主机时，如果每台驱动主机的盘车手轮又不完全相同，为了避免弄错而延误救援，应做合适的标记，使救援人员能够清楚地分辨不同的盘车手轮适用于哪台驱动主机，如图 5.9-10b)所示。

应注意：安装可拆卸的手轮时，如果需要进行比较复杂的操作（如需要拆卸部分部件），这种妨碍快速操作，而且又对操作人员的能力有要求的结构是不满足本部分要求的。

CEN/TC 10 的解释为：如果电梯没有紧急电动运行，则应在没有使用工具的情况下可以安装可拆卸的手轮。

③ 对于可拆卸的机械装置应带电气连锁保护

对于可拆卸的盘车手轮，本部分要求应有一个符合 5.11.2 规定的安全触点型开关，在盘车手轮装设到驱动主机上之前动作并切断驱动主机主电源回路和制动器电源回路。这个电气安全装置在附录 A《电气安全装置一览表》中被称为"检查可拆卸盘车手轮的位置"的装置。

此装置是防止出现当盘车手轮安装到驱动主机上之后，在电梯恢复正常使用时盘车手轮忘记取下，仍留在驱动主机高速轴上时，电梯运行会将盘车手轮甩出，造成重大危险。

许多人认为这个开关的作用是防止在盘车过程中驱动主机起动伤害盘车人。理由是，以前曾发生过因忘记关闭电源开关进行人工盘车，电梯突然起动致使盘车人受伤的事故。但经分析不难知道，这种情况无论盘车手轮是哪种形式（可拆卸或不可拆卸式），都可能出现危害盘车人员的事故，而标准中只规定了对于可拆卸的盘车手轮才需要这个开关，显然没有考虑因忘记关闭电源开关进行人工盘车的危险。

目前，这个装置通常安装一个与轴安全罩（在用电梯都装有曳引电动机外伸轴安全保护装置即轴安全罩）相联动的电气安全开关，这个开关就是"检查可拆卸盘车手轮位置"的安全装置。驱动主机正常工作时，安装在轴安全罩上的电气安全开关处于闭合状态，当装盘车手轮时，需先将轴安全罩拆下（或打开），这时电气安全开关动作，驱动主机不能工作，从而达到在断开驱动主机状态下进行盘车的目的。

b) 电动运行的方式

在不满足 a)方式的情况时，就必须采用 b)方式即电动运行的方式来进行紧急操作。

1) 电源容量的要求

由于可能采用蓄电池或临时发电作为移动轿厢的电源，因此要求电源应具有一定容量，出现故障之后的 1 h 内，可以使载有任何载荷的轿厢移动到相邻的层站。这里有 3 个要点：

① 时间长度:1 h

本部分中,不论是应急照明的时长(见5.4.10.4)还是紧急电源容量可供相关设备运行的时长,均限定为1 h,即本部分要求在故障发生后的1 h内,相关人员应该已经对故障进行了处理,至少应该已经解救出轿厢内的被困人员。另,本条对电源容量的要求与5.9.2.2.2.7中的要求是一致的,电源容量的考虑也可参照5.9.2.2.2.7的说明。

② 轿内载荷:任何载重量

轿内载有0～100%额定载重量的情况下,电源均有足够能力移动带有上述负载的轿厢。这里的载荷应该不超过电梯标称的额定载荷范围。从其他条文来看,电梯安全钳及缓冲器这样的安全部件的型式试验中要求其可应对的最大载重均为额定载荷。

③ 移动到达的位置:附近层站

本条没有要求依靠该电源能将轿厢移动到某指定层站,只需要移动到附近层站即可。"附近层站"应理解为包括井道安全门在内的、可供乘客安全脱困的位置。

2)移动轿厢速度的要求

本部分规定的开锁区最大可以达到0.7 m。在紧急救援过程中,要求救援人员要在看到轿厢到达平层位置之后尽快作出反应,以便使轿厢能停止在开锁区内。因此通过电气装置移动轿厢时,速度不能过高,不大于0.30 m/s的规定是合适的。

对于本条,CEN/TC 10给出解释单(见EN 81-20 002号解释单)如下:

询问:为了符合本条要求,我们认为有必要提供一种设备,在电源失效的情况下(如电池电量不足/低电压,没有与独立电源连接),完成电梯到目的地楼层的行驶,疏散乘客后则取消电梯服务。是否同意此观点?

CEN/TC 10的回复:不同意。目前不需要监控二次电源的状况。以下可能作为EN 81-20中的新要求,不是解释内容。要求电梯在二次供电下应有足够的动力运行,以便在故障后1 h内进行救援行动。在此阶段之后如需移动电梯,可根据具体情况制定其他措施。辅助电源与主电源同时发生故障,或者导致电梯停止的故障被视为此标准中未解决的故障的组合。在EN 81-20的下一次修订中,将进一步研究监测二次电源故障剩余风险的主题。

以上CEN/TC 10关于后备电源讨论可作为资料使用。

对于紧急操作与紧急电动运行的关系,可参考5.9.2.3.3解析。

对于紧急操作涉及的"机械装置"和"电动装置"的使用条件,可参见"GB/T 7588.1资料5.9-4"。

5.9.2.3.2 应能易于检查轿厢是否在开锁区域,也见5.2.6.6.2c)。

【解析】

本条与GB 7588—2003中12.5.1.2相对应。

紧急救援就是要将乘客从被困的轿厢中疏散到层门位置。因此在机房中应能够判断轿厢是否在层门开锁区的位置。

可参见 5.2.6.6.2c)解析。

5.9.2.3.3　如果向上移动载有额定载重量的轿厢所需的手动操作力大于 400 N，或者未设置 5.9.2.3.1a)规定的机械装置，则应设置符合 5.12.1.6 规定的紧急电动运行控制装置。

【解析】

本条与 GB 7588—2003 中 12.5.2 相对应。

本条明确了设置紧急电动运行操作装置的两个条件，只要符合其中一个，则必须设置紧急电动运行操作装置。

（1）如果向上移动载有额定载重量轿厢所需的手动操作力大于 400 N

如果设置了符合 5.9.2.3.1a)规定的机械装置（盘车手轮），使用盘车手轮移动轿厢。由于并没有规定力的方向，可能会出现在某一个方向上使用不大于 150 N 的力可以移动轿厢，但另一个方向上需要更大的力的情况（见 5.9.2.3.1 解析）。因此本条对于移动轿厢的最大力做了规定，即，向上移动载有额定载重量轿厢所需的手动操作力大于 400 N 时，需要设置紧急电动运行控制装置。这是因为受人员体能的限制，不能再采用手动紧急操作装置（盘车手轮），依靠人力完成移动轿厢，对此可参考 5.9.2.3.1 的解析。

（2）没有设置 5.9.2.3.1a)规定的机械装置的情况

如果没有提供通过机械装置移动轿厢的手段，则需设置本条所要求的电气操作装置（符合 5.12.1.6 的规定）。通过进行紧急电动运行，采用正常电源或备用电源移动轿厢。紧急电动运行的电气操作装置在机房中，是靠持续按压按钮来控制的，此操作可在电气安全回路局部发生故障情况（如限速器，安全钳开关动作）或后进行。紧急电动实际就是将一些电气安全装置旁接后达到上述效果。

对于紧急电动运行与紧急操作的关系，可参考 5.9.2.3.1 解析。

与本条内容相关，在欧洲曾有这样的咨询。

询问：对于驱动主机，当手动提升载有额定载重量轿厢的力小于或等于 400 N 时，是否允许在机房中设置电气紧急操作开关？

CEN/TC 10 的解释是：在满足 EN 81-1 的 12.5.1（该条款是 EN 81-1：1998 内容）要求的前提下，允许设置。

对于"紧急电动运行"的使用条件，可参见"GB/T 7588.1 资料 5.9-4"。

对于本条内容，CEN/TC 10 给出解释单（见 EN 81-20 003 号解释单）如下：

询问：当紧急电动运行用于本条时，我们认为它在符合紧急电动运行的要求的同时（手动移动载有额定载荷的轿厢所需的操作力在 150～400 N），也应满足 5.9.2.2.2.9b)2)和 5.9.2.3.1b)1)的要求。是否同意我们的观点？

CEN/TC 10 的回复：不同意。目前 EN 81-20 中没有要求根据 5.9.2.3.3 进行紧急电动运行时必须有二次电源。以下流程图 5.9-12 显示 EN 81-20 中紧急操作的要求。

5.12.1.6 明确规定:"驱动主机应由正常的主电源供电或由备用电源供电(如果有)"。因此没有规定用于此目的的备用电源供电,从 1978 年制定 EN 81-1 以来一直如此。下一次修订中,会进一步研究备用电源问题。

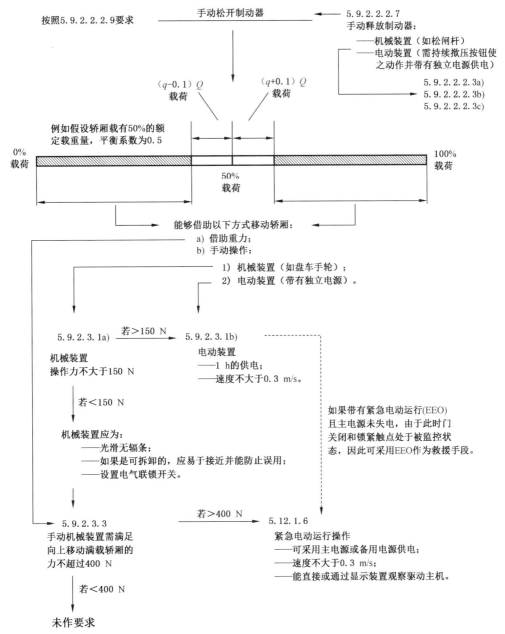

图 5.9-12　CEN/TC 10 给出的紧急救援操作关系

注 1:如果按照 5.9.2.2.2.9 规定手动释放制动器,通过重力移动轿厢,则不必设置 5.9.2.2.3.1b)要求的附加电气装置。

注 2:如果带有备用电源,可采用 5.12.1.6 替代 5.9.2.2.3.1b)的要求,但此时存在无法释放制动器并移动轿厢的风险。对此,制造商应作进一步的风险评价。

5.9.2.3.4 操纵紧急操作的装置应设置在：

    a) 机房内（见5.2.6.3）；或

    b) 机器柜内（见5.2.6.5.1）；或

    c) 紧急和测试操作屏上（见5.2.6.6）。

【解析】

本条为新增内容。

本条明确了操作紧急操作装置应设置的位置。本条指明的3个地方（根据各自条款的要求），均具备人员操作的空间及相应的便利性。

5.9.2.3.5 如果盘车手轮用于紧急操作，则轿厢运动方向应清晰地标在驱动主机上靠近盘车手轮的位置。如果盘车手轮是不可拆卸的，则轿厢运动方向可标在盘车手轮上。

【解析】

本条为新增内容。

紧急操作时，救援人员需了解电梯的运动方向，以便采用最省时省力的方式，将轿厢运行至最近层站。如果使用可拆卸盘车手轮进行紧急操作时，为了便于人员操作，轿厢运行方向（即，盘车的方向与电梯运行方向的对应关系）应标识在盘车手轮的附近。

对于不可拆卸的盘车手轮，可将轿厢运动方向标识于盘车手轮上。

本条对于上述两种盘车手轮做出了区别性的规定，是因为在同一机房内，虽然使用了相同的曳引机，但由于曳引机的布置方向不同（轿厢悬是挂在曳引轮侧还是导向轮侧），可能造成不同电梯之间，盘车的方向相同，但轿厢运动方向相反（见图5.9-13）。此时如果轿厢的运动方向

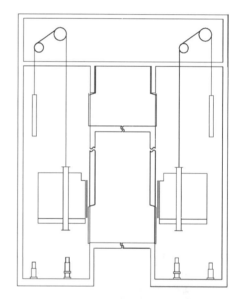

图5.9-13 盘车方向受曳引机布置方向的影响

是标识在盘车手轮上，如图5.9-10b)所示的情况，则一旦出现混用（由于曳引机型号相同，存在混用的可能性），则会导致操作人员作出错误的判断。

但对于不可拆卸的盘车手轮，由于手轮一直固定在曳引机上，不存在混用的可能，则不存在误判轿厢运行方向的状况，因此轿厢运动方向可标识在盘车手轮上。

5.9.2.4　速度

当电源为额定频率,电动机施以额定电压时,电梯轿厢在半载,向上和向下运行至行程中段(除去加速和减速段)时的速度,不应大于额定速度的 105%,不宜小于额定速度的 92%。

下列速度的值,不应大于其设定值的 105%:

a)　平层[5.12.1.4c)];

b)　再平层[5.12.1.4d)];

c)　检修运行[5.12.1.5.2.1e)和 5.12.1.5.2.1f)];

d)　紧急电动运行[5.12.1.6.1f)]。

【解析】

本条与 GB 7588—2003 中 12.6 相对应。

在 GB 7588—1987 中,本条有这样的注解:"实践证明,在上述测定条件下,速度在额定速度以下且不低于额定速度的 8% 是比较好的。

从以上条款不难看出,本条中提及的以额定频率和电压运行时的速度实际上一般称为快车速度,变频器和曳引机完全可以保证,而 a)～d)中提及的速度限制在一般的电梯控制系统中都远低于此限制,很容易满足。

5.9.2.5　断开使电动机运转的供电

【解析】

本条规定了驱动主机在不同的供电和控制的情况下可以采取的切断电源的方法。

(1)驱动主机电动机的供电和控制方式

曳引式和强制式电梯的驱动主机电动机有以下三大类供电和控制方式:

A.接触器控制的交流或直流电源直接供电。

B.采用直流发动机-电动机组驱动

这种方式又可细分为:

B1:发电机的励磁由传统元件供电;

B2:发电机的励磁由静态元件供电和控制。

C.交流或直流电动机由静态元件供电和控制。

(2)允许通过以下四种方式切断驱动主机电动机电源:

① 两个独立的接触器;

② 一个接触器＋阻断静态元件电流的装置＋电流监测装置;

③ 安全电路;

④ 安全转矩取消(STO)功能(SIL3、HFT1)。

驱动主机电动机供电和控制方式与切断电源方式的对应关系见表5.9-2。

表5.9-2 驱动主机电动机供电和控制方式与切断电源方式对应关系

驱动主机电动机供电和控制方式		切断驱动主机电动机电源的方式			
		①	②	③	④
A		√	×	×	×
B	B1	√	×	×	×
	B2	√	√	×	×
C		√	√	√	√

注：表中"√"表示驱动主机电动机供电和控制方式可以采用该方式切断电源；反之以"×"表示。

5.9.2.5.1 总则

电气安全装置按5.11.2.4的规定断开使电动机运转的供电，应符合5.9.2.5.2～5.9.2.5.4的规定。

【解析】

本条与GB 7588—2003中12.7相对应。

5.11.2.4中要求"电气安全装置应直接作用在控制电梯驱动主机供电的设备上"。"如果使用符合5.10.3.1.3的继电器或接触器式继电器控制驱动主机的供电设备，则应按照相关要求对其进行监控"。

实际上其中有两点最为关键：

（1）防止电梯驱动主机启动或立即使其停止运转；制动器的电源也应被切断；

（2）电气安全装置应直接作用在控制电梯驱动主机供电的设备上。

5.9.2.5.2 接触器控制的交流或直流电源直接供电的电动机

应采用两个独立的接触器切断电源，接触器的触点应串联于电源电路中。电梯停止时，如果其中一个接触器的主触点未打开，最迟到下一次运行方向改变时，应防止电梯再运行。即使该监测功能发生固定故障，也应具有同样结果。

【解析】

本条与GB 7588—2003中12.7.1相对应。

当电梯驱动主机是由电源直接供电（如双速电梯），则必须使用两个独立的接触器来控制电源回路。这两个接触器的触点应串联在电源回路中，只要有一个主触点不吸合，则驱动主机的供电回路被切断。如果在电梯停止时，两个接触器中的某一个接触器的主触点没有释放，即该监测功能发生了固定故障，应该防止轿厢继续运行（最迟到下一次运行方向改变时）。这就要求接触器的吸合或释放应随电梯的运行或停止来进行。而且必须具有触点防粘连保护的设计与检查。这里允许当一个接触器的主触点粘连但电梯运行方向不改变（包括中间停车）时，电梯系统不对其故障进行判断和处理。这里是采用忽略微小概率事件的方法：从理论上讲，在一个接触器已粘连，但电梯运行方向尚未改变时，另一接触器也可能发生粘连。但电梯在同一方向行驶的时间非常短，这种危险出现的概率极低。

电梯驱动主机是在电源直接供电的情况下，一般采用控制电梯运行方向（上行和下行）的接触器与控制电梯速度（快速和慢速）的接触器配合使用（主触点串联）。两个方向的接触器动断触点相互控制对方动合触点的线圈（如图 5.9-14 所示）。

关于"两个独立接触器"以及接触器防粘连的保护，请参考 5.9.2.2.2.3 切断制动器电流的接触器的相关解析。

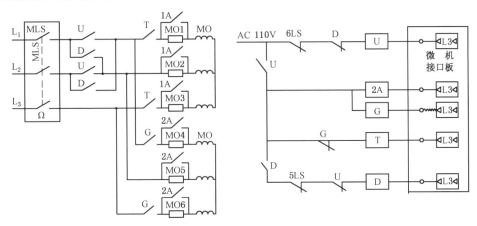

图 5.9-14　接触器在由电源直接供电的电动机主电源回路中的位置

CEN/TC 10 的解释：由于三相电机在三角形连接或没有零线的星形连接的情况下，断开其中两相是足以切断供电电源的，因此不需要断开三相。

关于用两个独立的接触器来切断电梯电动机的电流的问题，CEN/TC 10 有如下解释单：

询问：用两个独立的接触器来切断电梯电动机的电流（由静态元件控制，如变频器）。通常，这两个主接触器的功能检查（在一次正常运行后断开）借助于一个（电子的）处理器-入口来进行。主接触器的两个常闭触点与处理器-入口串联连接。对于处理器-入口是否需要一个单独的监测装置？

如果是，若由于故障该处理器-入口（它进行主接触器功能-检查）不再工作，是否该监测装置应该立即引起电梯停止（或阻断）？

CEN/TC 10 的回复：不，对于处理器-入口不需要一个单独的监测装置。处理器-入口的故障自身不能导致危险发生。最迟到电梯下一次运行方向改变时，应检出故障，并防止电梯的再运行。

5.9.2.5.3　采用直流发电机-电动机组驱动

【解析】

本条与 GB 7588—2003 中 12.7.2 相对应。

本条所说"直流发电机-电动机组"是指电梯驱动主机采用直流电动机，其供电是由交流电动机-直流发电机将交流电改变为直流电对驱动主机供电的情况。

5.9.2.5.3.1　发电机的励磁由传统元件供电

两个独立的接触器应切断：

a)　电动机发电机回路；或

b)　发电机的励磁；或

c)　电动机发电机回路和发电机励磁。

电梯停止时，如果其中一个接触器的主触点未打开，最迟到下一次运行方向改变时，应防止电梯再运行。即使该监测功能发生固定故障，也应具有同样结果。

在 b)和 c)的情况下，应采取有效措施防止发电机中的剩磁电压使电动机运转（例如：防爬行电路）。

【解析】

本条与 GB 7588—2003 中 12.7.2.1 相对应。

如果发动机的励磁回路由非静态元件供电（如可采用电源直接供电并使用可变电阻等控制励磁回路的电流），对于驱动主机电动机（直流电动机）的主电源回路必须用两个独立的接触器切断。这两个接触器应切断发电机-电动机回路，这相当于切断了驱动主机电动机的电源回路；也可以切断直流发电机的励磁回路；当然也可以将发电机-电动机回路和直流发电机的励磁回路同时切断。

这两个接触器也如同 5.9.2.5.2 要求的一样，具有主触点防粘连保护，其实现方法可参考 5.9.2.5.2。

由于直流发电机的励磁可采用自激或他激的方式（他激方式是采用外加的直流电源励磁，而自激是靠本身的发电来励磁），无论哪种方式励磁绕组在通电后都会使铁心磁化，在绕组失电后铁心仍会有剩磁，尤其是自激发电的直流发电机，其最初就是利用剩磁发电向励磁绕组供电的，这种情况下剩磁是无法避免的。在铁心有剩磁的情况下，即使接触器切断了励磁绕组的电流，但如果直流发电机的转子继续旋转，仍然能够发电并可能使驱动主机电动机继续旋转，这实际上是驱动主机的失控。为避免上述情况的发生，应防止剩磁电压继续使电动机转动。通常是利用接触器的辅助触点将发动机励磁绕组反接至电枢两端，如果发动机尚有由于剩磁产生的电源，则这个电源将施加到励磁绕组中，产生一个与剩磁方向相反的励磁磁场，这两个磁场相互抵消，从而避免电动机转动。

应注意的是，本条并没有要求两个接触器的主触点是串联的，可以使用一个接触器切断电动机发电机回路，而另一个接触器切断发电机励磁回路。但这两个接触器之间必须具有相互校验主触点是否粘连的保护。这也正是本条要求的"在 b)和 c)情况下，应采取有效措施防止发电机中产生的剩磁电压使电动机转动"的原因。试想，本条 a)的情况是切断了电动机发电机回路；b)的情况是切断发电机励磁回路；而 c)的情况是两者都切断。但之所以要求 b)和 c)的情况下要防止发电机中产生的剩磁电压使电动机转动，正是考虑到两个接触器分别切断两个回路的情况。假设如果切断电动机发电机回路的接触器粘连，虽然切断励磁回路的接触器能够切断励磁回路，但如果发动机中有足够的剩磁电压，也可能导致电动机转动。因此必须避免这种情况的发生。

5.9.2.5.3.2　发电机的励磁由静态元件供电和控制

应采用下列方法中的一种：

a)　与 5.9.2.5.3.1 规定的方法相同；或

b)　由下列元件组成的系统：

1)　用来切断发电机励磁或电动机发电机回路的接触器。

应至少在每次改变运行方向之前释放接触器线圈。如果接触器未释放，应防止电梯再运行。即使该监测功能发生固定故障，也应具有同样结果；和

2)　用来阻断静态元件中电流流动的控制装置；和

3)　用来验证电梯每次停靠时电流流动阻断情况的监测装置。

在正常停靠期间，如果静态元件未能有效阻断电流的流动，监测装置应使接触器释放并应防止电梯再运行。

应采取有效措施，防止发电机中的剩磁电压使电动机运转（例如：防爬行电路）。

【解析】

本条与 GB 7588—2003 中 12.7.2.2 相对应。

如果发动机的励磁是由静态元件，如晶闸管、IGBT 一类的开关元件供电并进行控制的，可以使用 5.9.2.5.3.1 规定的方法来停止电梯驱动主机。

也可以采用下面的元件组合实现：

——由一个接触器切断电机励磁回路或电动机发电机回路；

——采用某种装置来阻断静态元件中的电流流动；

——能够检测出电流流动阻断情况的监控装置。

如图 5.9-15 所示电路，主运行接触器 H 与方向接触器 UX、DX 主触点串联与发电机的励磁回路，同时主运行接触器的辅助动合触点串联在方向接触器的线圈回路中，形成电气连锁保护，保证在电梯停梯（接触器 H 主触点释放）时，方向接触器不会吸合。两个方向接触器的辅助动断触点相互串联到对方的线圈回路中形成互锁，能够保证当其中一个触点未释放时，另一个触点不会吸合。这样就能够保证每次电梯运行方向改变时，即使一个接触器触点未释放，也可防止电梯再运行。

电梯停止时，用于运行接触器 H 释放，能够直接切断发电机励磁电流。

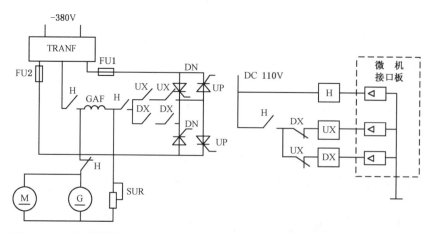

图 5.9-15 接触器控制由采用直流发电机—电动机组驱动的电动机的情况

图 5.9-15 中的电路中直流发电机励磁绕组通过由 UP、UN 四个晶闸管(静态元件)组成的全波整流电路供电。晶闸管门极的触发脉冲由微机提供,触发脉冲决定晶闸管的导通和关断,进而决定了输出电流大小。方向接触器(UX、DX)切换电流方向。本条要求具有"用来阻断静态元件中电流流动的控制装置",实际上就是提供静态元件触发脉冲的微机。

同时在图 5.9-15 中的电路中,主运行接触器 H 和方向接触器 UX、DX 的通断全部由微机控制,在电梯停梯时,可采取微机控制信号与各接触器线圈电压信号进行对比的方法实现"检验电梯每次停车时电流流动阻断情况的监控"的要求。

与 5.9.2.5.3.1 的规定一样,本条也要求"防止发电机中产生的剩磁电压使电动机转动"。在上述电路中用于满足这个要求的方法与 5.9.2.5.3.1 中所述相同。

应注意,在本条当中,静态元件对电动机电流的阻断作用与接触器是相同的,在静态元件供电的系统中,静态元件和用来导通或阻断静态元件电流的控制装置的组合可以看作是一个"智能接触器"(静态元件类似于接触器的触点,控制静态元件的控制装置类似于接触器的线圈)。静态元件与普通接触器一样,可以完成主电路的导通和阻断,只不过在完成电流导通的同时还可以调节电流、电压和频率的大小。因此静态元件如果被击穿造成断路,或其控制上出现故障,与接触器的主触点粘连效果相同,只不过发生的概率较小而已。因此,在使用静态元件供电时,外加一个用来切断发电机励磁或电动机发电机回路的接触器来防止静态元件的上述故障是必要的,同时这个接触器本身也应具有防粘连保护。

5.9.2.5.4 交流或直流电动机由静态元件供电和控制

应采用下列方法中的一种:
a) 使用两个独立的接触器切断电动机电流。
电梯停止时,如果其中一个接触器的主触点未打开,最迟到下一次运行方向改变时,应防止电梯再运行。即使该监测功能发生固定故障,也应具有同样结果。

b)　由以下元件组成的系统:

　　　　1)　切断各相(极)电流的接触器。

　　　　　　应至少在每次改变运行方向之前释放接触器线圈。如果接触器未释放,应防止电梯再运行。即使该监测功能发生固定故障,也应具有同样结果;和

　　　　2)　用来阻断静态元件中电流流动的控制装置;和

　　　　3)　用来验证电梯每次停靠时电流流动阻断情况的监测装置。

　　　　　　在正常停靠期间,如果静态元件未能有效阻断电流的流动,监测装置应使接触器释放并应防止电梯再运行。

　　c)　符合 5.11.2.3 要求的电路。

　　　　该装置是安全部件,应按照 GB/T 7588.2—2020 中 5.6 的要求进行验证。

　　d)　具有符合 GB/T 12668.502—2013 中的 4.2.2.2 规定的安全转矩取消(STO)功能的调速电气传动系统,该安全转矩取消(STO)功能的安全完整性等级应达到 SIL3,且硬件故障裕度应至少为 1。

【解析】

　　本条与 GB 7588—2003 中 12.7.3 相对应,增加了采用安全电路和安全转矩取消(STO)功能的要求。

　　本条所述"交流或直流电动机用静态元件供电和控制"的情况,实际上就是使用变频器控制电梯驱动主机,目前市场上的电梯产品大多数都是采用这种驱动控制方式。

　　采用变频器控制电梯驱动主机的方法,在本条中给出了 a)～d)4 种方式,以下逐一介绍。

　　a)　采用两个接触器时的要求

　　本条给出的方式为,可以采用如同 5.9.2.5.2 一样的方法,采用两个独立的接触器切断,这两个接触器在电梯运行过程中每次停梯时都应释放,且应采用电气连锁设计,以满足"电梯停止时,如果其中一个接触器的主触点未打开,最迟到电梯下一次运行方向改变时,必须防止轿厢再运行"的要求。

　　值得注意的是,现在有相当多的电梯在系统设计时,在变频器前端和后端各设置了一个接触器(如图 5.9-16 所示)。靠近电源侧接触器(接触器 1)只有在锁梯、断电时断开,靠近电动机侧接触器(接触器 2)在电梯每次停梯时释放。这种设计并不是上面所说的"用两个独立的接触器来切断电动机电流"的情况,因为接触器 1 并不是每次停梯时都释放。这种情况应属于按照 5.9.2.5.4b)设计其主回路的接触器。

　　b)　采用一个接触器时的要求

　　本条给出的是除了使用上面所述的两个独立接触器控制驱动主机电动机电源回路的方法,也可使用一个接触器切断电动机各相电流,这个接触器在每一次电梯运行方向改变时都应被释放。同时还应对其主触点设计防粘连保护,以防止触点粘连时电梯能够再

运行。

此外,b)中第 2 条还要求了"用来阻断静态元件中电流流动的控制装置"。对于这个装置,由于变频器中开关元件的脉冲触发信号是由变频器自带的微机控制,当没有触发信号时,开关元件关断,阻止了电流的流动,因此变频器的微机可以认为是符合"用来阻断静态元件中电流流动的控制装置"要求的,如图 5.9-16 中的 CPU,也可以利用电梯控制系统的电脑板或 PLC,通过监测变频器内部的运行信号时序判断变频器是否处于正常工作状态,如果变频器发生异常,则操纵接触器切断主电路。此外,还可以通过变频器输出侧的电压和电流检测装置,根据其所输出的变频器内部电流信号控制接触器,在必要时切断主电路,实现对电梯系统的保护。

对于第 3 条要求,"用来检验电梯每次停车时电流流动阻断情况的监控装置",在变频器的输出端带有输出电流检测装置,监视输出电流,当电梯每次停止时,如果输出电流检测装置检测到静态元件中仍有电流流动,变频器中的"综合诊断保护电路"将给出相应信号。在变频器自身保护的同时,控制系统主微机也可以利用此信号进行判断,并由控制系统主微机给出信号操作断开电动机供电回路的接触器。

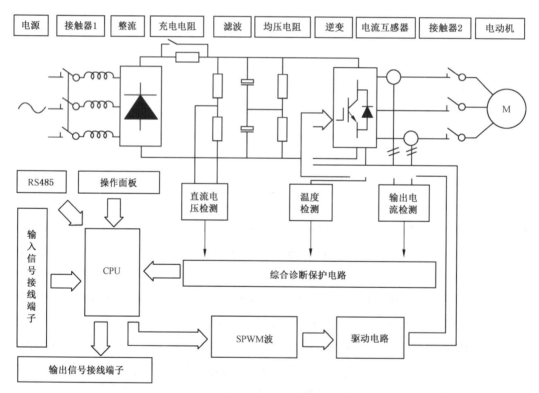

图 5.9-16　变频器系统基本结构

在这里应注意的是,接触器可以直接切断或导通大的电流,但静态元件就不同了。由于静态元件自身的特性要求,通过它的电流不应是突变的大电流,尤其是在输出端更是如此。如果静态元件的工作输出未关断而输出端突然断路,将产生巨大的浪涌冲击,不但损坏静态元件，而且造成接触器触点拉弧烧损。这就是通用变频器的使用条件中不允许在电动机和变频器之间连接电磁开关、电磁接触器的原因。同时，经常性地导通和切断大电流也极易造成静态元件的损坏。因此，当静态元件和与之串联的接触器工作时，应使接触器先于静态元件导通，而后于静态元件被切断，这样就可以防止静态元件中产生浪涌冲击。只有当静态元件被击穿造成断路，或其控制上出现故障无法正常切断电动机电流（如同接触器粘连）的情况下，不得已时才直接切断接触器使静态元件断电或断开静态元件的输出回路。这时，如果接触器分断静态元件的输出回路时，静态元件的关断应设定为基极关断，以防止接触器拉弧。

c）采用安全电路

本条给出了采用安全电路的方式来对驱动主机进行控制，当然该安全电路的设计，应当满足 5.11.2.3 的要求，同时此电路作为安全部件，应按照 GB/T 7588.2 中 5.6 的要求进行验证，验证合格，方可使用。关于"型式试验"的定义可参见"GB/T 7588.1 资料 3-1"中 130 条目。

d）采用安全转矩取消（STO）功能的要求

"安全转矩取消"（Safe Torque Off，STO）又称为"安全转矩关断""安全转矩截止"，该功能可以防止电机停止时产生转矩，使机器成为安全系统的一部分。当激活这个功能时，通过断掉门极（G 极）触发电路的电源并使之接地，使得变频器不会输出转矩。这个功能可以作为急停、机械检修、安全联锁或者与其他安全功能共同组合，实现更为复杂的安全功能。

STO 功能是一种基本的安全功能，安全等级一般是 SIL2（PLd）或者 SIL3（PLe）。本部分要求 STO 功能的安全完整性等级应达到 SIL3。

硬件安全功能的最高安全完整性等级，受限于两个因素：

——硬件故障裕度（HFT）；

——执行该安全功能的子系统的安全失效分数。

所谓"硬件故障裕度"（HFT），是指部件或子系统在出现一个或几个硬件故障的情况下，功能单元继续执行所要求的安全功能的能力。硬件故障裕度 N 意味着 $N+1$ 个故障会导致硬件全功能的丧失。例如：硬件故障裕度为 1，表示如有两个部件，它们的结构应使得两个部件之一的危险失效不得阻止安全动作发生。

本部分要求，硬件故障裕度为 1，即要求使用冗余系统。在确定硬件故障裕度时不考虑其他可能控制故障影响的措施，如诊断。

5.9.2.6 控制装置和监测装置

5.9.2.5.3.2b)2)或 5.9.2.5.4b)2)中所述的控制装置和 5.9.2.5.3.2b)3)或 5.9.2.5.4b)3)中所述的监测装置不必是 5.11.2.3 规定的安全电路。

只有满足 5.11.1 的要求并获得与 5.9.2.5.4a)类似的效果时，才能使用这些装置。

【解析】

本条与 GB 7588—2003 中 12.7.4 相对应。

5.9.2.5.3.2 和 5.9.2.5.4 中所要求的"用来阻断静态元件中电流流动的控制装置"以及"用来验证电梯每次停靠时电流流动阻断情况的监测装置"不要求必须符合 5.11.2.3 规定的安全电路的要求。但应能防止 5.11.1 所描述的各种故障给电梯带来的危险，同时应能获得与 5.9.2.5.4a)所要求的"用两个独立的接触器来切断电动机电流。电梯停止时，如果其中一个接触器的主触点未打开，最迟到电梯下一次运行方向改变时，必须防止轿厢再运行"的效果类似时，这些装置才被认为是安全的。

5.9.2.7 电动机运转时间限制器

5.9.2.7.1 曳引式电梯应设置电动机运转时间限制器，在下列情况下断开驱动主机的供电并保持在断电状态：
   a) 当启动电梯时，驱动主机不转；
   b) 轿厢或对重向下运动时由于障碍物而停住，导致曳引绳在曳引轮上打滑。

【解析】

本条与 GB 7588—2003 中 12.10.1 相对应。

本条要求电梯系统在获取曳引机不转（如电动机堵转）或由于轿厢、对重受到阻碍而导致钢丝绳在曳引轮上打滑的信息后，应有一个时间限制器，在超过 5.9.2.7.2 规定的时间后，将驱动主机停止并保持停止状态。

很明显，这个时间限制器是由于曳引机不转或轿厢、对重被阻碍时才被触发的。当电梯系统正常运行时，无论连续运行多长时间，无论轿厢的位置处于何处，此时间限制器动均不应起作用。

曳引驱动电梯需要电动机运转时间限制器（强制驱动电梯不需要），这是因为如果曳引驱动电梯轿厢或对重在运行过程中受到阻碍，如果驱动主机继续旋转则钢丝绳将在曳引轮绳槽上打滑，如果打滑持续的时间较长，很容易损坏钢丝绳或绳槽，造成更严重的事故（如钢丝绳断裂等）。为避免这种情况的发生，要求设置电动机运转时间限制器，在尚未造成更严重的事故时，时间限制器起作用，停止驱动主机运转并将驱动主机保持在停止状态下。此外，在电梯启动后，如果由于转子堵转而造成电动机无法运行，此时电动机内部的堵转电流很大，如果持续较长时间则可能烧毁电动机定子线圈。为了保护电动机，也需要运转时间限制器将驱动主机停止。

曳引驱动电梯的运转时间限制器与强制式驱动的监测钢丝绳或链条松弛的开关的作用是类似的，都是避免电梯的轿厢、对重（或平衡重）在运行过程被电梯阻碍而引起更加严重的电梯事故。

5.9.2.7.2　电动机运转时间限制器应在不大于下列两个时间值的较小值时起作用：

a)　45 s；

b)　正常运行时运行全程的时间再加上 10 s。如果运行全程的时间小于 10 s，则最小值为 20 s。

【解析】

本条与 GB 7588—2003 中 12.10.2 相对应。

应注意本条所说的电动机运转时间限制器（图 5.9-17）起作用的时间范围，其前提条件不包括电梯正常运行的情况。在电梯正常运行时，即电梯启动后电动机旋转，且运行过程中轿厢和对重也没有受到阻碍的情况下，电梯连续运行时间（也可认为是电动机连续旋转的时间），无论是否大于 45 s，也无论是否大于电梯运行全程再加上 10 s，电动机运转时间限制器都不应起作用。

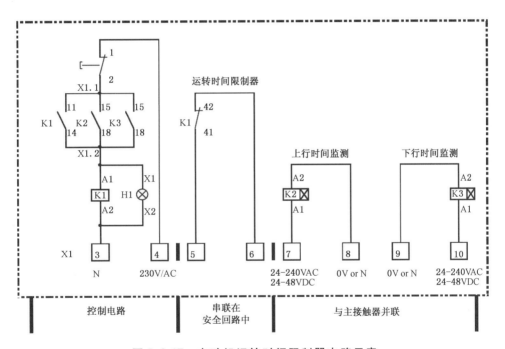

图 5.9-17　电动机运转时间限制器电路示意

对电动机运转时间限制器动作时间的要求是这样的，如果假设电梯运行全程的时间为 T；电梯出现 5.9.2.7.1 的故障直至电动机运转时间限制器起作用的时间间隔为 t，则有：

$t \leqslant 45$ s；（$T > 35$ s 时）

$t \leqslant (T+10)$s；（$T \geqslant 10$ s 时）

$t \leqslant 20$ s；（$T < 10$ s 时）

5.9.2.7.3　只能由胜任人员通过手动复位恢复正常运行。恢复断开的电源后，驱动主机无需保持在停止位置。

【解析】

本条与 GB 7588—2003 中 12.10.3 相对应。

在电动机运转时间限制器起作用时，驱动主机被停止并保持停止状态之后，电梯系统如果需要恢复正常运行，不能采取能够自动复位的形式，应只能通过胜任人员手动复位才可使电梯再次投入正常使用。这是因为，一旦电动机运转时间限制器起作用，说明电梯启动后电动机没有转动或运行过程中轿厢和对重受到阻碍，这种故障可能引起更严重的事故，因此当电梯再次投入正常运行前，必须将所出现的故障隐患彻底排查并予以解决。

手动恢复曳引机的供电后，曳引机不必保持在其停止位置，这是指电动机运转时间限制器动作时，电梯轿厢不一定在平层位置，恢复曳引机供电时，即使外部没有给电梯运行指令（包括外呼、内选或检修运行、紧急电动运行指令），电梯曳引机是可以自动运行到可以停止的最近层站或者控制系统记忆的原目的层站。

5.9.2.7.4 电动机运转时间限制器不应影响检修运行和紧急电动运行。

【解析】

本条与 GB 7588—2003 中 12.10.4 相对应。

当轿厢处于检修运行或紧急电动运行时，速度较正常运行时慢很多，此时电动机运转时间限制器不应动作。

CEN/TC 10 对此的解释是：电动机运转时间限制器动作后，检修操作和紧急电动运行应能继续（有效）工作。

5.9.3 液压电梯的驱动主机

【解析】

本条涉及"4 重大危险清单"的"加速、减速（动能）""高压""可燃物""通道""温度""动力源失效"危险。

液压电梯的驱动主机，包括液压泵、液压泵电动机和控制阀等部件。本部分 5.9.3 对液压缸和部分管路也作出了要求。液压电梯驱动主机及关键部件介绍可参见"GB/T 7588.1 资料 5.9-5"。

5.9.3.1 总则

5.9.3.1.1 允许使用以下方式：
   a) 直接作用式；或
   b) 间接作用式。

【解析】

本条与 GB 21240—2007 中 12.1.1 相对应。

本部分允许液压电梯采用柱塞(或缸筒)与轿厢(或轿架)直接连接;也可以采用柱塞(或缸筒)通过钢丝绳(或链条)与轿厢(或轿架)连接的方式,见图 5.9-18。

a)直接作用式

直接作用式是指液压电梯采用柱塞(或缸筒)与轿厢(或轿架)直接连接。采用这种作用方式的液压电梯也称为"直接顶升液压电梯"或"直顶式液压电梯"。直接顶升是柱塞(或缸筒)与轿厢直接相连,柱塞的运动速度与轿厢运行速度相同,其传动比 1:1。而柱塞(或缸筒)与轿厢的连接可以在轿厢底部中间,也可以在侧面。

b)间接作用式

间接作用式是柱塞(或缸筒)通过滑轮和钢丝绳(或链轮和链)拖动轿厢,这样可以利用液压顶升力大的优势,柱塞(或缸筒)的运动速度是轿厢运行速度的一半,其传动比 1:2。提升钢丝绳应不少于两根,一端固定在油缸或其他结构上,另一端绕过柱塞顶部滑轮,固定在轿厢上。柱塞顶部滑轮由导轨导向(采用悬空导轨),也可以利用轿厢导轨进行导向。

应注意的是,如果液压电梯设置了平衡重,柱塞(或缸筒)与平衡重之间连接也是允许的,这种情况属于间接作用式。

除以上两种方式外,柱塞(或缸筒)与轿厢(或轿架)之间的其他的作用方式均不在本部分允许范围内。

液压电梯的几种典型布置方式可参见"GB/T 7588.1 资料 5.9-6"。

a)直接作用式　　　　b)间接作用式(钢丝绳悬挂)　　　　c)间接作用式(链悬挂)

图 5.9-18　直接作用式和间接作用式液压电梯

5.9.3.1.2　当使用多个液压缸驱动时，液压缸之间应采用液压并联连接，以使所有液压缸的压力相同。

在5.7.2.2中规定的任何适用的载荷条件下，轿厢、轿架、导轨和轿厢导靴（滚轮）的结构应保持轿厢地板水平和柱塞同步运行。

注：为平衡每个液压缸内的压力，从总管通往每个液压缸的支管路的长度大致相等且具有相同的特性，例如管路的弯曲次数和弯曲类型。

【解析】

本条与GB 21240—2007中12.1.2相对应。

对于大吨位的电梯，通常采用多缸同时作用形式，如四缸、六缸以及八缸等，这些液压缸应采用并联形式。多个液压缸协同工作时，有三种连接形式：并联、串联和串并联。所谓"并联"是指：液压油与各路换向阀进油联通，回油经回油路汇集。所谓"串联"是指：后一路换向阀的进油由前一路的回油供给，各路阀无单独的回油路与回油相连。所谓"串并连"是指：进油的串联和回油的并联组合，即进油是串联形式，然而阀的机能又不能形成串联回路（这里说的并联只是指各路阀的回油路是并联的）。

很显然，并联的各路可以同时工作，但存在负载低的先动作的情况（争油现象）；串联的各路也可以同时工作，但存在前一路负载大则影响后一路的负载能力的情况（争压现象）。液压缸串联会导致负载能力的不稳定，而只要解决了争油现象，则并联液压缸的同步性就得到了有效保证，其负载的稳定性和运行的平顺性更适合在液压电梯上使用。

当使用多个液压缸驱动时，由于油缸的制造公差、柱塞与密封圈的配合差异以及油缸的装配误差，都会引起两个油缸在运行过程中不同步，进而造成轿厢的倾斜与扭曲，见图5.9-19a）。为避免上述问题，必须采取相应措施解决油缸不同步的问题。一般采取以下手段使所有液压缸的压力相同：

（1）从主油管到分油管使用油路分配器（如，三通），使分配到每个油缸中的流量达到均衡；

（2）在两个油缸间接平衡管，用来平衡两个油缸内的压力；

（3）当使用多个油泵为液压缸供油时，每个泵输出的液压油都必须输到同一个主油管中；

（4）轿厢架要有足够的强度，在液压缸之间存在微小不同步的情况下不致产生扭曲、变形。

通过上述手段，尽可能使各油缸的运行同步，以保证在以下工况：

——正常使用：运行；

——正常使用：装载和卸载；

——安全装置动作。

均能保证轿厢、轿架、导轨和轿厢导靴（滚轮）的结构应保持轿厢地板水平和柱塞同步运行。

这里要特别说明的是，"安全装置动作"时的同步：在电梯超速下行达到破裂阀动作速度时，每个油缸出口处装设的破裂阀动作会有不同步现象，所以可以在分配器与主油管接口之间设置破裂阀，来保证电梯超速下行时破裂阀动作后油缸也同步动作（见5.6.3.4解析）。

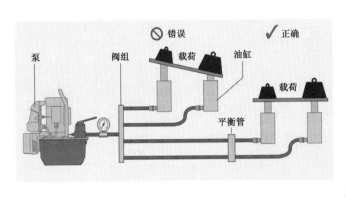

|a) 平衡多个液压缸的压力示意图|b) 液压系统总管和进入不同液压缸的支管|

图 5.9-19 多个液压缸之间的同步

由于管路的长度、有效管径、弯曲类型、弯曲次数等因素均会影响流经该管路进入液压缸的压力，因此为了保证多个液压缸内压力的一致，从总管通往每个液压缸的支管路特性（长度、弯曲次数、弯曲类型、走向和布局）应大体一致，见图 5.9-19b）。

> **5.9.3.1.3** 平衡重（如果有）的质量应按以下计算：在悬挂机构（轿厢或平衡重）断裂的情况下，应保证液压系统中的压力不超过满载压力的 2 倍。
>
> 在使用多个平衡重的情况下，计算时应仅考虑一个悬挂机构断裂的情况。

【解析】

本条与 GB 21240—2007 中 12.1.3 相对应。

液压电梯带有平衡重时，往往采用"倒拉式"，即将柱塞顶部连接平衡重下部，通过滑轮钢丝绳绕组来拖动轿厢升降的一种结构，见图 5.9-20。平衡重的质量通常设定为平衡整个或部分轿厢质量。当悬挂装置有效的情况下，平衡重的质量并未完全作用在柱塞上，此时平衡重自身质量对液压系统的作用很小；当悬挂装置断裂后，平衡重完全压在柱塞上，此时系统的压力会发生较大变化。

为了在上述情况下系统压力不至于过大，在选取平衡重时，应考虑在选装置断裂时，平衡重给柱塞施加的压力和系统本身的压力之和不超过满载压力的 2 倍。

如果设置了多个平衡重（这种情况极少见），悬挂所有平衡重的钢丝绳（或链）不可能同时断裂，因此这种情况不必考虑，仅考虑一个平衡重悬挂机构断裂的情况即可。但应注意，如果这些平衡重的质量不同，悬挂质量最大的平衡重的钢丝绳（或链）断裂时，也应保证液压系统中的压力不超过满载压力的 2 倍。

本部分 6.3.10 规定了液压电梯的压力试验，采用的压力为满载压力的 2 倍，因此不超过这个压力值，液压系统是可以承受的。

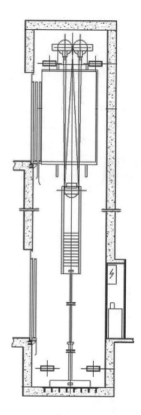

图 5.9-20　带有平衡重的液压电梯

5.9.3.2　液压缸

5.9.3.2.1　缸筒和柱塞的计算

5.9.3.2.1.1　压力计算

应满足下列要求：

a)　缸筒和柱塞，在由 2.3 倍满载压力所形成的力的作用下，应保证相对于材料屈服强度($R_{p0.2}$)的安全系数不小于 1.7。

b)　对于多级液压缸的计算，应采用因液压同步装置的作用所产生的最大压力代替满载压力。

　　注：计算时需考虑在液压同步机构安装期间，由于调整不当而产生的反常的过高压力这一因素。

c)　进行壁厚计算时，对于缸筒壁和缸筒基座，其计算值应增加 1.0 mm；对于单级液压缸或多级液压缸的空心柱塞壁，计算值应增加 0.5 mm。

用于制造缸筒的管材的尺寸和公差应符合 GB/T 3639、GB/T 13793 或 GB/T 32957 的规定。

d)　按照 GB/T 7588.2—2020 中的 5.13 进行计算。

【解析】

本条与 GB 21240—2007 中 12.2.1.1.1～12.2.1.1.4 相对应。

液压传动是利用密封工作容积内液体的压力来完成由原动机向工作装置进行能量或动力的传递或转换，而液压电梯是靠传递压力驱动轿厢运动。作为执行部件，液压缸的压力计算是保障液压系统安全稳定的基础。

因此本部分给出了对于液压缸的缸筒和柱塞计算的详细要求。

液压系统计算的基础依据之一是"满载压力"，是指当载有额定载重量的轿厢停靠在最高层站位置时，施加到直接与液压顶升机构连接的管路上的静压力。

a) 在计算缸筒和柱塞时，压力的基准值取满载压力的 2.3 倍（在带有平衡重的系统中，5.9.3.1.3 要求悬挂机构断裂的情况下，应保证液压系统中的压力不超过满载压力的 2 倍）。这里取 2.3 倍是考虑到摩擦损失 1.15 和压力峰值 2（在系统静压试验时达到的，见 6.3.10）。以此基准对材料屈服强度（$R_{P0.2}$）进行校核，得出的压强值再乘以不小于 1.7 倍的安全系数。

这里所说的材料屈服强度是指，材料所能承受外力的极限，大于此极限的外力作用，材料将永久失效，无法恢复。如低碳钢的屈服极限为 207 MPa，当大于此极限的外力作用之下，零件将会产生永久变形，小于这个外力作用，零件还会恢复原来的样子。屈服强度（$R_{P0.2}$）是以规定发生一定的残留变形为标准，如通常以 0.2% 残留变形的应力作为屈服强度。

取屈服强度（$R_{P0.2}$）是因为缸筒和柱塞通常为厚壁钢管制造，所使用的金属材料属于对于屈服现象不明显的材料，通常取应力-应变的直线关系的极限偏差达到规定值（通常为 0.2% 的原始标距）时的应力。

b) 对于多级液压缸，本部分要求应具有机械或液压同步机构（见 5.9.2.3.6.4），即各级同时伸出且伸出的速度相等。以使用液压同步机构为例，由于多级缸的各柱塞面积不等，因此运行过程中各个容腔中的压力也不相同。因此在计算缸筒和柱塞所受压力时，应采用最大压力代替满载压力。

多级同步伸缩液压缸在运行过程中，受到诸如泄漏、摩擦力、侧向力等非线性因素的影响，可能产生液压不同步，以致引起不正常的高压，这种因素在计算时也必须加以考虑。

c) 液压缸的缸筒和柱塞一般是以厚壁钢管制成，对于制造缸筒的管材，其尺寸和公差应满足 GB/T 3639—2009《冷拔或冷轧精密无缝钢管》、GB/T 13793—2016《直缝电焊钢管》、YB/T 5209—2010《传动轴用电焊钢管》的要求。以上 3 个标准的版本是本部分在发布时的有效版本，如果有更新，应使用最新版标准。

对于制造缸筒和柱塞的管材，其壁厚由其强度条件来计算，即应根据液压梯的系统压力（不小于 2.3 倍满载压力）通过计算选择。缸筒和柱塞的壁厚一般是指结构中最薄处的厚度。从材料力学可知，承受内压力的圆筒，其内应力分布规律因其壁厚的不同而各异。为了保证缸筒和柱塞具有足够的刚度，以避免在加工、安装过程中出现变形，最终导致液压缸在工作时发生卡死或漏油，因此在计算得到的缸筒和柱塞的壁厚上应增加一定的裕量。
按照经验：

　　——对于缸筒壁和缸筒基座，计算值应增加 1.0 mm；

　　——对于单级液压缸或多级液压缸的空心柱塞壁，计算值应增加 0.5 mm。

　　d) GB/T 7588.2 的 5.13 给出了缸筒和柱塞的计算方法。本条中 a)～c) 要求进行的计算和校核应按照该方法进行。

5.9.3.2.1.2　稳定性计算

液压缸在承受压缩载荷作用时应满足下列要求：

a)　当液压缸完全伸出且承受由满载压力 1.4 倍所形成的作用力时，稳定性安全系数不应小于 2；

b)　按照 GB/T 7588.2—2020 中的 5.13 进行计算；

c)　可采用不同于 5.9.3.2.1.2b) 的更为复杂的计算方法，但应至少保证相同的安全系数。

【解析】

本条与 GB 21240—2007 中 12.2.1.2.1～12.2.1.2.3 相对应。

为了避免液压缸在承受压缩载荷时丧失稳定性，应对其稳定性进行计算。所谓丧失稳定性是指杆受到的轴向压力达到某一极限值时，若再作用一横向干扰力使杆发生微小弯曲，当撤去横向力后，杆不能自动恢复到原有直线形状的情况。由于液压电梯使用的液压缸尺寸较大，很难通过试验确定诸如临界载荷等相关数据，因此合理的计算是非常重要的。

当油缸-柱塞的计算长度大于柱塞直径的 10 倍以上时，需要进行受压稳定性计算，通常把油缸-柱塞作为细长杆进行处理，考虑其弯曲稳定性并进行验算。

对于稳定性计算，也是依据满载压力进行的，对于满载压力，可参见 5.9.3.2.1.1 解析。

a) 计算液压缸的弯曲稳定性时，应以液压缸完全伸出时的长度进行校核。保持其工作稳定的临界负载力取满载压力的 1.4 倍。与 5.9.3.2.1.1 "压力计算"中，取"2.3 倍满载压力"不同，这里考虑的是对液压缸施加的外力，即轿厢及其载荷所施加的力。由于 5.4.2 对轿厢面积的控制，不可能达到 2.3 倍的额定载荷。这里的 1.4 倍包括了轿厢的运动加速度和系统最大摩擦引起的压力增加。本部分要求以所施加的外力为 1.4 倍满载压力为基准，计算得出的稳定性安全系数不小于 2。

在校核液压缸时，通常是根据以上条件：1.4 倍的满载压力所形成的力、稳定性安全系数不小于 2，并结合所需的柱塞伸长量（由提升高度和作用方式有关），对液压缸的直径、截面系数和支撑方式进行计算和选择。

b) 对于液压缸的稳定性计算，在相关手册中往往将柱塞和油缸作为一个整体细长杆（缸体和柱塞视为相同截面积）进行处理，这样计算的结果较为保守。如果进行精确计算，液压缸（尤其是多级液压缸）稳定性计算是一个求解矩阵广义特征值的问题，非常烦琐。

GB/T 7588.2 中的 5.13 给出了相对简单易行的方法。

　　c) 在保证安全系数不降低的情况下，可采用不同于 GB/T 7588.2 中的 5.13 的更为复杂的计算方法。常见的更为复杂的方法是采用变截面法（不能计算多级液压缸）或能量法。

5.9.3.2.1.3　拉伸应力计算

　　受拉伸载荷作用下的液压缸，在由 1.4 倍满载压力所形成的力的作用下，应保证相对于材料屈服强度（$R_{p0.2}$）的安全系数不小于 2。

【解析】

　　本条与 GB 21240—2007 中 12.2.1.3 相对应。

　　液压缸按其作用方式不同可分为单作用式和双作用式两种。单作用式液压缸中液压力只能使活塞（或柱塞）单方向运动，反方向运动必须靠外力（弹簧力或对重等）实现；双作用式活塞缸可由液压力实现活塞（或柱塞）两个方向的运动。当使用双作用式活塞缸时，可以采用受拉伸的布置方式，见图 5.9 21。

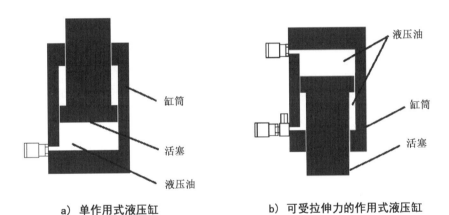

a）单作用式液压缸　　　　b）可受拉伸力的作用式液压缸

图 5.9-21　单作用式和双作用式液压缸

　　拉伸作用的液压缸应按照相应的拉伸载荷（1.4 倍满载压力所形成的力）进行拉伸强度的校核。

　　关于 1.4 倍的满载压力，可参见 5.9.3.2.1.2 解析。

5.9.3.2.2　轿厢与柱塞（缸筒）的连接

5.9.3.2.2.1　对于直接作用式液压电梯，轿厢与柱塞（缸筒）之间应为挠性连接。

【解析】

　　本条与 GB 21240—2007 中 12.2.2.1 相对应。

　　所谓"挠性连接"又称柔性连接、可曲挠连接，是指允许连接部位发生轴向伸缩、折转和垂直轴向产生一定位移量的连接方式。挠性连接使连接件之间既有约束或传递动力的关系,又可以有一定程度的相对位移。对于直接作用式液压电梯,轿厢与柱塞或缸筒之间要求使用挠性连接。这是因为液压电梯轿厢内会出现活动载荷,而且可能出现载荷不均匀的情况,如果使用刚性连接,其连接部位不具有补偿相连两轴轴线相对偏移的能力,也不具有缓冲减震性能。而且刚性连接容易发生应力集中,造成连接部位的损坏。

本条只是对直接作用式液压电梯的连接部位作出了挠性连接的要求,见图5.9-22a),间接作用式液压电梯由于使用了钢丝绳或链与滑轮或链轮配合,绳或链本身就具有了挠性连接的特性,见图5.9-22b)。

此外,对于柱塞或缸筒作用在平衡重上的情况(倒拉式),由于平衡重不存在活动载荷,载荷可视为均匀分布,因此也可不必采用挠性连接。

a) 直接作用式液压电梯柱塞端部的连接（挠性）　　b) 间接作用式液压电梯柱塞端部的连接

图5.9-22　柱塞端部的连接

5.9.3.2.2.2　轿厢与柱塞(缸筒)之间的连接件,应能承受柱塞(缸筒)的重量和附加的动态力。连接方式应牢固。

【解析】

本条与 GB 21240—2007 中 12.2.2.2 相对应。

柱塞(缸筒)通过连接件向轿厢施加动力,使轿厢运动。因此连接件应承受柱塞或缸筒施加的动态力。如果柱塞或缸筒的质量也作用在连接件上时(对于拉伸作用的液压缸),也应一并考虑。

5.9.3.2.2.3　如果柱塞由多节组成,每节之间的连接件应能承受所悬挂的柱塞节的重量和附加的动态力。

【解析】

本条与 GB 21240—2007 中 12.2.2.3 相对应。

要求提升高度较大的情况下，单级液压缸难以满足要求，可能会用到多级液压缸，如图 5.9-23 所示。此时，每一节柱塞之间的连接件的强度应足够承受柱塞节的重力以及附加在其上的力。

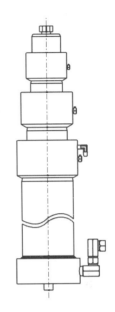

图 5.9-23　多级液压缸

5.9.3.2.2.4　对于间接作用式液压电梯，柱塞（缸筒）的端部应具有导向装置。

　　对于拉伸作用的液压缸，如果拉伸布置可防止柱塞承受弯曲力的作用，不要求其端部具有上述的导向。

【解析】

本条与 GB 21240—2007 中 12.2.2.4 相对应。

间接作用式液压电梯通常是在柱塞顶部设置滑轮或链轮，并通过钢丝绳或链条与轿厢连接。这种情况下轿厢的导向装置（导轨/导靴）只能向轿厢提供支撑力，但钢丝绳会通过滑轮向柱塞施加偏离轴向的（横向）力。因此，要求在柱塞（缸筒）的某段设置导向装置。通常是在导向轮上设置导靴，由专门的导轨或与轿厢共用导轨提供导向，见图 5.9-22b）。

对于拉伸作用的液压缸，由于受力一般是铅锤方向，且不存在压杆稳定性问题，因此如果通过布置能保证柱塞只是受到垂直向下的力，而没有偏离轴向的力，则可以没有端部导向装置。

对于直接作用式液压电梯，由于柱塞（缸筒）与轿厢直接连接，而轿厢有自身的导向装置，因此不需要单独设置端部导向装置。

5.9.3.2.2.5　对于间接作用式液压电梯，其柱塞端部导向装置的任何部件不应在轿顶的垂直投影之内。

【解析】

本条与 GB 21240—2007 中 12.2.2.5 相对应。

由于间接作用式液压电梯柱塞端部的运行速度与轿厢的运行速度不同（常见的运行速度是轿厢运行速度的 1/2 或 1/4），因此，如果导向装置的部件在轿顶的垂直投影内，当轿顶有人员工作时，很容易碰到这些部件。为避免上述风险，应将导向装置及其部件设置在轿顶的垂直投影范围以外。

5.9.3.2.3　柱塞行程的限制

5.9.3.2.3.1 应采取措施使柱塞在能够满足 5.2.5.7.1 和 5.2.5.7.2 要求的位置缓冲制停。

【解析】

本条与 GB 21240—2007 中 12.2.3.1 相对应。

为了使液压电梯的柱塞运行至上极限位置时能保证 5.2.5.7.1 和 5.2.5.7.2 所要求的顶层空间，应设置制停装置，在能够保证上述顶层空间的位置使柱塞制停。为了避免冲击，制停应带有缓冲作用。对于缓冲停止装置的具体结构和形式，参见 5.9.3.2.4.1 解析。

5.9.3.2.3.2 柱塞行程的限制应满足下列要求之一：
a) 采用缓冲停止装置；
b) 采用液压缸与液压阀之间的机械连接，关闭通向液压缸的油路，使柱塞制停。该连接的断裂或伸长不应导致轿厢的减速度超过 5.9.3.2.4.2 规定的值。

【解析】

本条与 GB 21240—2007 中 12.2.3.2 相对应。

对于液压缸而言，上行行程限制是必须的，而且必须带有缓冲，以避免在电气控制失效时，柱塞上行与缸盖发生硬性冲击。

本条是对柱塞行程限制的具体要求，采用以下形式之一均可：

a) 采用缓冲停止装置

缓冲停止装置可以是类似缓冲器的形式，也可以是内置在液压缸中，作为液压缸的一部分。

对于缓冲停止装置具体结构和形式，参见 5.9.3.2.4.1 解析。

应注意，这里所说的缓冲停止装置与 5.8.1 要求的轿厢缓冲器不是同一个概念。

b) 通过设置位置开关关闭通向液压缸的油路

这里所说的位置开关的动作，应通过液压缸与控制进油的阀之间的机械连接起作用。开关动作时，强制性地切断液压缸的油源，从而达到使柱塞停止的目的。液压缸与阀之间的机械连接应保证有效，而且即使断裂或伸长也不会影响制停柱塞。在采用这种结构时，通常的设计是：在液压缸和液压阀之间设置一套机械连杆，在非动作位置连杆处于张紧状态，一旦连杆断裂或伸长，该开关动作并切断油路。当采用这种设计时应保证，在电梯正常运行时，即使开关动作（由于连接装置的断裂或伸长），切断油路使柱塞停止时轿厢平均减速度不大于$1g_n$。

5.9.3.2.4 缓冲停止装置

5.9.3.2.4.1 缓冲停止装置应符合下列要求之一：
a) 是液压缸的一部分；
b) 由位于轿厢投影之外的一个或多个液压缸外部的装置组成，其合力应施加在液压缸的中心线上。

【解析】

本条与 GB 21240—2007 中 12.2.3.3.1 相对应。

液压缸活塞高速运动至行程终端时，若没有装设恰当的缓冲装置，就会发生剧烈的压力冲击，使系统工作性能不稳定，甚至会造成液压传动零部件的损坏。经验表明，当活塞运动速度达到 0.03 m/s 时，可以考虑加装缓冲装置；当速度到达 0.5 m/s 以上时，则必须加装缓冲装置。利用缓冲装置降低工作缸活塞在行程末端的速度。

本条是对采用缓冲停止装置作为柱塞行程限制的具体要求，可以采用以下两种形式：

a) 在液压缸内部结构上做出特别设计

通常的设计是：当柱塞到达终端还有一段距离时，端头进入缸盖时，在柱塞端头上开有斜口的三角槽和节流小孔使液压油经过斜口的三角槽及节流小孔排出，即在排油过程中形成一定的缓冲力，缓冲力成为运动中的柱塞缸运动的阻力，使柱塞减速缓冲停止。常见的结构如图 5.9-24 所示。

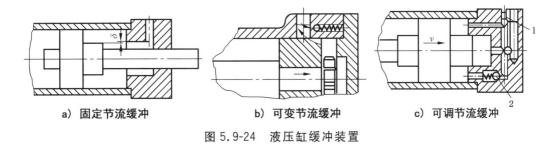

a) 固定节流缓冲　　　b) 可变节流缓冲　　　c) 可调节流缓冲

图 5.9-24 液压缸缓冲装置

图 5.9-24a)是缝隙节流缓冲，当活塞移动到其端部，活塞上的凸台进入缸盖的凹腔，将封闭在回油腔中的油液从凸台和凹腔之间的环状缝隙 δ 中挤压出去，从而造成背压，迫使运动活塞降速制动，实现缓冲。这种缓冲装置结构简单，缓冲效果好，但冲击压力较大。

图 5.9-24b)是在活塞上开有横截面为三角形的轴向斜槽，当活塞移近液压缸缸盖时，

活塞与缸盖间的油液需经三角槽流出,从而在回油腔中形成背压,达到缓冲的目的。

图 5.9-24c)是缸盖中装有针形节流阀 1 和单向阀 2。当活塞移近缸盖时,凸台进入凹腔,由于它们之间间隙较小,所以回油腔中的油液只能经节流阀流出,从而在回油腔中形成背压,达到缓冲的目的。调节节流阀的开口大小,就能调节制动速度。

无论哪种结构,其原理都是利用活塞或缸筒在其走向行程终端时,在活塞和缸盖之间封住一部分油液,强迫它从小孔或缝隙中挤出,以产生很大的阻力,使工作部件受到制动逐渐减慢运动速度,达到避免活塞和缸盖相互撞击的目的。上述缓冲装置,只能在液压缸行程至端盖时才起缓冲作用,当执行元件在中间行程位置运动停止时,上述缓冲装置不起作用,这时可通过在回油路上设置背压阀来解决。

b) 采用外部装置

可以在柱塞行程的轴线上安装类似缓冲器的弹性缓冲装置,但为了保证轿顶工作人员的安全,弹性缓冲装置应位于轿厢投影之外。

5.9.3.2.4.2　缓冲停止装置应使轿厢的平均减速度不大于 $1.0g_n$,且对于间接作用式液压电梯该减速度不会导致松绳或松链。

【解析】

本条与 GB 21240—2007 中 12.2.3.3.2 相对应。

缓冲装置作用时,应保证轿厢的减速度不能过大。尤其是间接作用式液压电梯,过大的减速度可能导致钢丝绳或链条由于失重发生松弛,甚至脱出绳槽或链轮。

5.9.3.2.4.3　在 5.9.3.2.3.2b)和 5.9.3.2.4.1b)的情况下,在液压缸内部应具有限位停止装置,防止柱塞脱出缸筒。

在 5.9.3.2.3.2b)的情况下,该停止装置的位置也应满足 5.2.5.7.1 和 5.2.5.7.2 的要求。

【解析】

本条与 GB 21240—2007 中 12.2.3.4 相对应。

对于液压缸而言,上行行程限制是必须的,尤其要防止柱塞脱出缸筒。采用限制柱塞行程的装置包括:

——切断油路,见 5.9.3.2.3.2b);或

——外部缓冲装置,见 5.9.3.2.4.1b)。

上述措施都需要在液压缸内部设置限位停止装置。液压缸最后的限位停止装置是缸盖,在保护失效时,缸盖与缸筒的连接是最终避免柱塞脱出缸筒的手段。缸盖与缸筒的连接方式有很多种,可采用焊接、螺纹、半环或拉杆等多种方法。液压电梯上常用的是法兰式连接见图 5.9-25。这种结构不但易于加工和装配,而且连接强度高。

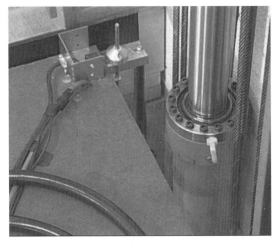

图 5.9-25　液压缸盖与法兰式连接

5.9.3.2.5　保护措施

5.9.3.2.5.1　如果液压缸延伸至地下，则应设置在底端密封的保护管中。如果延伸入其他空间，则应具有适当的保护。

【解析】

本条与 GB 21240—2007 中 12.2.4.1 相对应。

当液压电梯采用 5.9.3.1.1 所述的"直接作用式"时，往往要将油缸延伸至底坑以下。通常的做法是在底坑打一垂直向下的孔，将油缸置于孔内。这种情况下，应考虑潮湿、电解质等因素引起的油缸腐蚀和损坏。因此应设置底端密封的保护管，对油缸进行防护。通常情况下是采用 PVC 材料的液压缸套进行保护。

当油缸处于其他空间时，也应根据环境的具体情况采取保护。

由于破裂阀、节流阀，包括上述阀与油缸之间的管路以及阀之间的连接管路，与油缸处于相同或相似的环境，因此也应得到与油缸相同的保护。

5.9.3.2.5.2　应收集缸筒端部泄漏的油液。

【解析】

本条与 GB 21240—2007 中 12.2.4.2 相对应。

在液压缸中，柱塞与导向环接触，相互之间会存在间隙，间隙中存在液压油做为润滑。因此电梯在运行时会出现刮油现象，致使少量液压油从间隙中溢出。对于溢出的液压油，通常是在液压缸端部加工出导油槽将其导出液压缸。此外在对油缸进行放气时（见 5.9.3.2.5.3）也会带出少量油液。为了避免油液污染底坑，应对这些漏油进行收集。通常采用集油盆或集油桶配合软管收集缸筒端部的漏油，见图 5.9-26。

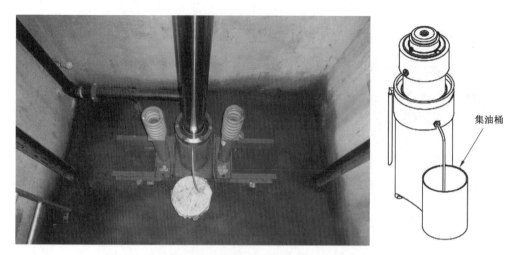

图 5.9-26 伸入地下的液压缸及收集油缸端部漏油的装置

5.9.3.2.5.3 液压缸应具有放气装置。

【解析】

本条与 GB 21240—2007 中 12.2.4.3 相对应。

由于液压油中混有空气,或者液压缸长期不用导致空气侵入液压缸,会导致液压缸内最高部位有空气聚积。空气的存在会使液压缸运动不平稳,产生振动或爬行。因此应采用适当手段将缸内的空气排出。

由于液压电梯对速度稳定性要求较高,因此不能采用将进、出油口设置在缸筒两端的最高处,利用回油使空气随油液一起排往油箱的方法进行放气。而需要在液压缸上设计专门的排气装置,如排气孔或排气阀,图 5.9-27 所示为常用排气阀的典型结构。以螺塞式为例,放气时松开排阀的锁紧螺钉后,低压往复运动几次,带有气泡的油液就会排出,空气排完后拧紧螺钉,便可正常运行。两种排气阀都是在液压缸排气时打开,排气完毕后关闭。

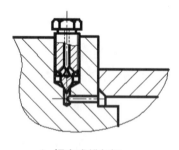

a) 螺塞式排气阀

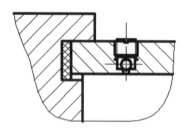

b) 钢球式排气阀

c) 螺塞式排气阀实物

图 5.9-27 放气装置

5.9.3.2.6 多级液压缸

【解析】

本条与 GB 21240—2007 中 12.2.5 相对应。

当要求提升高度较大时，往往采用多级液压缸，如图 5.9-23。多级液压缸的柱塞依次伸出时可获得较长行程，缩回时又使液压缸保持较小轴向尺寸。

应注意，由于 5.9.3.2.6.4 要求了"多级液压缸应具有机械或液压同步机构"，普通的伸缩缸不能适用于液压电梯。这是因为工程机械上常用伸缩液压缸，当柱塞逐个伸出时，随着有效工作面积逐级减小：如果输入流量相同，则外伸速度逐次增大；如果负载恒定，则缸的工作压力逐级增高。这种缸的运动性能无法满足载人运输设备的要求。

这里所说的多级液压缸是指同步式多级液压缸，因各级柱（活）塞在伸缩时同时动作，避免了顺序伸缩方式的柱塞直接冲击，具有较高的平稳性。目前的多级同步伸缩液压缸多为二级或三级结构。

> **5.9.3.2.6.1**　在相续的多级柱塞缸节之间应设置限位停止装置，防止柱塞脱离其相应的缸筒。

【解析】

本条与 GB 21240—2007 中 12.2.5.1 相对应。

多级液压缸又称多套缸，是由两个或多个柱塞（活塞）式缸套套装而成，后一级的缸筒是前一级的柱塞。在这种情况下应防止每一级柱塞脱离其所在的缸筒。如图 5.9-28 所示，通常是在上部柱塞上设置止停套，与下部柱塞（对于上部柱塞而言是缸筒）端部配合，防止柱塞脱离缸筒。

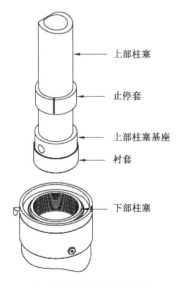

a）缸套及柱塞间的配合　　　　　　　　b）液压缸端部结构

图 5.9-28　防止柱塞脱离缸筒

5.9.3.2.6.2　在液压缸位于直接作用式液压电梯轿厢底部的情况下，当轿厢位于完全压缩的缓冲器上时，则：

　　a)　相续的导向架之间的净距离应至少为 0.30 m；和

　　b)　最高的导向架与距该支架垂直投影水平距离 0.30 m 内的轿厢最低部件[不包括(5.2.5.8.2a)提及的部件]之间的净距离应至少为 0.30 m。

　　注：另见 5.2.5.8.2d)。

【解析】

本条与 GB 21240—2007 中 12.2.5.2 相对应。

当直接作用式液压电梯使用多级液压缸时，由于各级液压缸设置了外部导向，则导向架(见图 5.9-29)将随柱塞的运动而运动，为了防止导向架伤害到底坑内的工作人员，因此有如下规定：

a)　保证相续的导向架之间的间距

相续的导向架在随柱塞运动中可能对人员发生挤压风险，因此要求其最小净间距不小于 0.30 m。这个值是避免人员头部受到挤压的最小距离(见 GB/T 12265.3—2021 中表 1)。

b)　保证最高导向架与轿厢最低部件之间的间距

由于直接作用式液压电梯的液压缸往往安装在轿厢投影范围内，因此同样是为了保护人员安全，规定导向架与距该支架垂直投影水平距离 0.30 m 内的轿厢最低部件之间的净距离不小于 0.30 m，以免发生挤压风险。

5.9.3.2.6.3　不具备外部导向的多级液压缸的每一级的导向长度应至少为对应的柱塞直径的两倍。

【解析】

本条与 GB 21240—2007 中 12.2.5.3 相对应。

如果多级液压缸每一级的长度较小，不采用外部导向装置(参见图 5.9-29)时，作为对柱塞的支撑，每一级的导向长度应不小于柱塞直径的 2 倍，以保证液压缸的整体稳定性。

5.9.3.2.6.4　多级液压缸应具有机械或液压同步机构。

【解析】

本条与 GB 21240—2007 中 12.2.5.4 部分相对应。

如果采用多级缸，首先要解决油缸的自同步问题。相对于多个液压缸并联的同步(多缸同步)，多级液压缸的同步也称为油缸的自同步。所谓油缸的自同步，是指多级缸的每一级柱塞应该做到同步伸缩。

对于多级缸的同步，常见的有两种方式：

——液压方式：油缸靠油缸内部阀组同步(又称内同步油缸)。

——机械方式:靠外部链条强制同步(又称外同步油缸)。

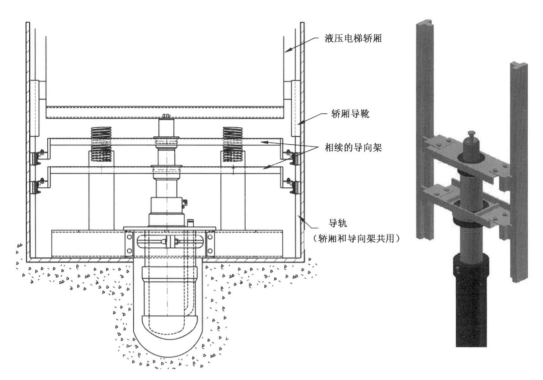

a) 多级液压缸导向架安装示意图

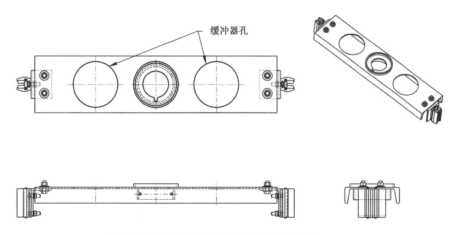

b) 多级液压缸的外部导向装置(导向架)

图 5.9-29 多级液压缸的导向架及其安装

5.9.3.2.6.5 使用具有液压同步装置的多级液压缸时,应设置电气装置,在压力超过满载压力 20% 时防止正常启动。

【解析】

本条与 GB 21240—2007 中 12.2.5.4 相对应。

由于多级液压缸每一级的直径依次递减，因此在使用液压同步装置时，截面积最小的一级液压缸的压力最大。为了限制系统最大压力，在超出满载压力 20% 时应有电气装置防止液压电梯正常启动。

5.9.3.2.6.6 当钢丝绳或链条用于机械同步机构时，应满足下列要求：

a) 至少有两根独立的钢丝绳或链条。

b) 满足 5.5.7.1 的要求。

c) 安全系数：

1) 对于钢丝绳，至少为 12；

2) 对于链条，至少为 10。

安全系数为每根钢丝绳（或链条）的最小破断拉力与该钢丝绳（或链条）所受的最大拉力的比值。

对于最大拉力的计算，应考虑以下因素：

——由满载压力造成的作用力；

——钢丝绳（或链条）的根数。

d) 当同步机构失效时，应有一个装置防止轿厢下行速度超过下行额定速度（v_d）加上 0.30 m/s。

【解析】

本条与 GB 21240—2007 中 12.2.5.5 相对应。

采用机械同步的多级液压缸，通常是由几条链条（或钢丝绳，较常见的为链条）组成，链条的一端固定在井道壁上，另一端固定在某个伸缩节上。链条在导向轮上的卷绕方式据油缸伸缩节的数目，以不同的方式布置，见图 5.9-30。采用机械同步装置的液压缸，由于链条或钢丝绳的连接，每一级柱塞之间不存在相对位移的失控的风险。即使发生液压油的泄漏，在每个行程中通过油泵可以自动补偿（就像通常的单级油缸的单油腔供油一样）。

a) 用于机械同步的钢丝绳或链条至少两根，且相互独立（参考 5.5.1.4 解析）。

b) 与同步用钢丝绳或链配合的绳轮或链轮应带有防护，且防护应满足相关要求（参考 5.5.7.1 解析）。

c) 绳和链应具有足够的安全系数：

绳和链的安全系数计算方法为：$s = nF_b/F_s$，其中，F_b 为绳或链的破断拉力；F_s 为系统满足压力造成的作用力；n 为绳或链的根数。

按照以上计算得出的安全系数：

——对于钢丝绳：$s \geqslant 12$；

——对于链条：$s \geqslant 10$。

d) 当同步机构失效时，应防止轿厢下行超速。

为了防止同步机构失效时发生的轿厢下行超速，在液压缸的每一级内部设置一个阀，使轿厢下行速度限制在 $[v_d + 0.3(\text{m/s})]$ 的范围以内。

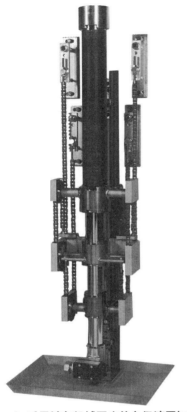 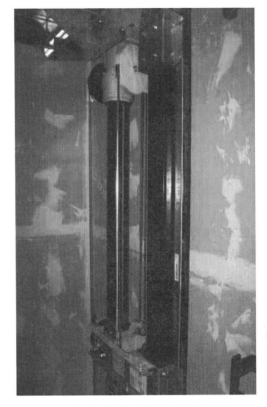

a) 采用链条机械同步的多级液压缸 　　　b) 采用钢丝绳机械同步的多级液压缸

图 5.9-30　采用机械同步的多级液压缸

5.9.3.3　管路

【解析】

管路用于连接液压元件，输送液压油，构成完整的液压系统通道。在管路接口处通常使用可以拆卸的连接件，即管接头。选择管路、管接头时要考虑液压系统的静态和动态压力、通过流量、密封特性、机械振动和液压脉动以及安装便利性等因素。

对于管路的介绍可参见"GB/T 7588.1 资料 5.9-5。"

5.9.3.3.1　总则

5.9.3.3.1.1　承受压力的管路和附件（如管接头、阀等）应：

　　a)　与所使用的液压油相适应；

　　b)　在设计和安装上应避免由于紧固、扭转或振动产生任何非正常应力；

　　c)　防止损坏，特别是由于机械上的原因。

【解析】

本条与 GB 21240—2007 中 12.3.1.1 相对应。

在液压系统中，管路、管接头、各种阀、表等辅助部件，在系统工作中需要承受压力。因此这些部件的正常工作是保证液压系统稳定的必要条件。因此本部分对于液压系统各辅助部件作了要求：

a）与所用的液压油相适应

液压油是液压系统的传动介质，系统中的各部件应与液压油的特性相适应，以保证液压系统的表现能够符合电梯运行的需要。液压油的主要特性有以下几个方面：

1）密度：通常液压油的密度在 $0.9\ \mathrm{kg/m^3}$，且一般认为变化量较小。

2）可压缩性：体积弹性模量 $K=(1.2\sim2)\times10^3\ \mathrm{MPa}$，对于一般液压系统，认为不可压缩。

3）黏性：液体在外力作用下流动时，液体分子间内聚力会阻碍分子相对运动，即分子间产生一种内摩擦力，这一特性称为液体的黏性。黏性是选择液压油的重要依据。通常在温度高、使用频繁的设备中，使用黏度高的液压油；运动速度高的设备，采用黏度低的液压油；系统压力高的设备，宜采用黏度高的液压油。

4）黏度：液体黏性的大小用黏度表示：动力黏度、运动黏度和相对黏度。

5）黏温特性：黏温特性是黏度随温度变化而变化的性质。温度对黏度影响很大，当油液温度上升时，油液黏度显著下降。

b）避免非正常应力

液压系统的上述各附件，通常是通过管接头的方式与泵站、液压缸进行连接，非正常应力对液压系统的密封性影响非常大，因此应在设计和安装中注意尽量避免。尤其是油管和管接头的设计非常重要，其材料、直径、长度、走向和布局都应合理设计，必要时采用相应尺寸和足够强度的管夹固定。油管的结构形式应适当选择，否则不仅会增加压力损失，降低液压系统效率，产生噪声和振动，而且会引起漏油甚至开裂，造成液压系统无法正常工作。避免非正常应力的出现，需要在装配阶段和设计阶段遵守一定的规则。

1）装配阶段的注意事项（见图 5.9-31）

对于液压管路的装配，除通用装配工艺中应注意的事项（如紧固适度、避免滑丝脱扣等）外，还应根据液压系统的特点，作出特别处理。

① 对于硬管的装配

装配硬管时，加工弯曲部位时应使用弯管器，弯曲部位应保持圆滑、防止出现褶皱。在连接金属油管时还应注意热胀冷缩的影响，留出涨缩余量，固定点之间的直管段至少应有一个松弯，避免紧死的直管。

② 对于软管的装配

装配软管时，应注意设置足够的长度和较大的弯曲半径。油管弯曲半径过小，不仅容易出现褶皱，增大液流阻力，而且会导致油管应力集中，降低其疲劳强度。应按照 5.9.3.3.3.4 的要求设置软管的弯曲半径。从一般工程实践角度来看，软管的最小弯曲半径一般为软管公称直径的 4 倍以上,同时油管弯曲后,弯曲处外侧壁减薄不应超过油管壁厚的 20%,椭圆度不应超过 15%。

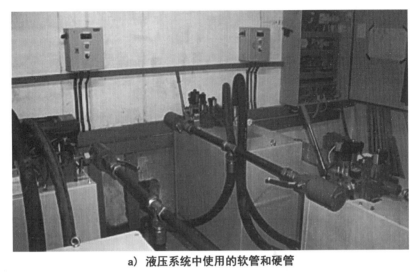

a) 液压系统中使用的软管和硬管

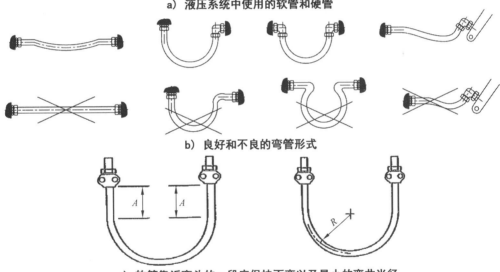

b) 良好和不良的弯管形式

c) 软管靠近弯头的一段应保持不弯以及最小的弯曲半径

图 5.9-31 软管和硬管连接以及弯管形式

2) 设计阶段的注意事项

为避免非正常应力,不仅要在装配阶段引起注意,在油管的配布设计时就应采取相应措施。由于管路的布置主要是受液压元件的制约,因此在设置各元件时就应充分考虑缩短和减少管路,尽量避免交叉和迂回,使管路布局合理,尽量做到各管路在装配时互不妨碍。

c) 防止损坏

液压系统的附件在设计和安装上都要注意避免因机械原因引起的损坏。承受压力的管路和附件(如管接头、阀等),应具有足够的强度,避免损坏,尤其是机械损坏。这些部件中最容易出现损坏的是油管和管接头。

对于管路,主要是管壁厚度应按照液压系统压力进行选择,管壁材料应适合其工作环境。

金属的管接头能够避免软管窝扁,正确地安装可以避免硬管受到过大的应力。管接头的情况比较复杂,最主要的问题在于连接方式。常用的管接头有直接连接、法兰连接和螺纹连接三种。

1) 直接连接

由于直接连接管头不耐震,焊缝不易检查,装卸不便,一般很少采用。

2) 法兰连接

法兰连接主要用于大口径的管道连接,一般耐压可达 6.5～20 MPa。

3) 螺纹连接

螺纹连接是应用最广的一种方式,常用的有以下几种:

① 焊接式管接头

如图 5.9-32a)所示,在油管端部焊一个管接头接管,用螺母将接管与接头体连接起来。接管与接头体接合处用 O 形密封圈或密封垫圈(用纯铝等软金属制作)密封。

② 卡套式管接头

如图 5.9-32b)所示,拧紧螺母时,卡套使接管的端面与接头体的端面彼此压紧。这种连接由于卡套具有良好的弹性,故能耐较大的冲击和震动,性能可靠,装卸方便,工作压力可达 32 MPa,是应用较广的一种连接方式。

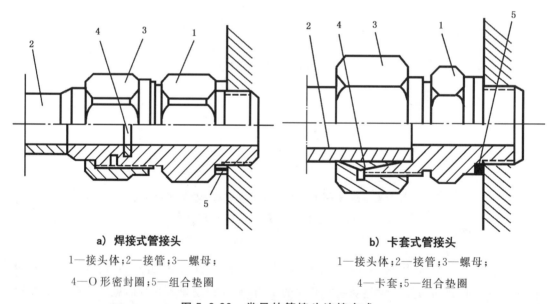

a) 焊接式管接头

1—接头体;2—接管;3—螺母;
4—O 形密封圈;5—组合垫圈

b) 卡套式管接头

1—接头体;2—接管;3—螺母;
4—卡套;5—组合垫圈

图 5.9-32　常见的管接头连接方式

5.9.3.3.1.2 管路和附件应适当固定并便于检查。

如果管路(硬管或软管)穿过墙或地面,应使用套管保护,套管的尺寸应允许在必要时拆卸管路,以便进行检查。

套管内不应有管路的接头。

【解析】

本条与 GB 21240—2007 中 12.3.1.2 相对应。

管路包含硬管和软管,附件包含管接头和阀等。所有的管路,尤其是高压管路均应适当固定支撑。特别是高压系统中弯管前后及与软管连接处必须支撑,否则流量的任何突然扰动都将在弯管处产生使管路伸直的倾向。如果管路未加支撑固定,则将导致管路的移动。在设计和安装上都要避免由于紧固、扭转对管路产生任何非正常的应力。必要时采用相应尺寸和足够强度的管夹固定,但管夹要避免将管路卡死,应为热胀冷缩留出足够的自由度。

液压系统在工作时,管路及液压能的传递会引起管路及其附件的受力振动(不允许动刮擦),管路及其附件的可靠固定是指固定时应考虑到被固定元件可能承受的力以及采用的固定件可能会对被固定元件产生破坏的风险。

液压系统中的管、接头以及阀门等部件承受一定的压力,长期使用后会存在渗漏等问题,因此,在设计、安装时还要考虑管路及附件维修更换的可操作性。

油管在穿过地面或者墙壁时需要在管外加装套管,这样在更换时可以方便地拆装。如果机房不与井道相邻,连接机房与井道的液压管路和电气线路应安装在管道或线槽中或专门预留的管槽中。如果管路经过通道,则必须对管路用套管施以保护。此外,如果管路直接暴露于阳光之下,还应采用抗阳光老化的材料进行保护。

由于油管接头存在渗漏的可能,为方便检查、维修,不允许将接头位置放在套管内。

5.9.3.3.2　硬管

【解析】

对于具有不同管路长度的刚性连接,一般采用硬管。硬管的成本低、阻力小且更加安全,因此在软管和硬管之间,应优先选用硬管。从管径上分,硬管可分为通径定尺寸和外径定尺寸两大类;从材质上分为钢管和铜管。

(1)钢管

钢管分为焊接钢管和无缝钢管。由于液压电梯的系统工作压力一般低于 15 MPa,因此常采用焊接钢管。在需要防锈防腐的环境下可采用不锈钢管材。钢管能承受的工作压力较高、性能好、强度高、弹性变形小、工作可靠、价格较低,但装配时不能任意弯曲,多用于装配位置比较方便和功率较大的液压系统中。

(2)铜管

铜管一般采用纯铜(紫铜)制作,承受的工作压力较低,通常在 6.5～10 MPa。纯铜材料较软,可以根据需要进行弯曲,装配比较方便。但铜管价格较高,且易使油液氧化,不耐冲击和振动,目前逐渐被钢管取代。如果使用铜管还必须注意,由于其制造通常采用冷拔工艺,存在加工硬化现象,装配前应进行退火处理。

为了减少管路对液压系统造成的压力损失,硬管应尽可能短。

> **5.9.3.3.2.1** 液压缸与单向阀或下行方向阀之间的硬管和附件,在由 2.3 倍满载压力所形成的力的作用下,相对于材料屈服强度($R_{p0.2}$)的安全系数不应小于 1.7。
>
> 　　计算应按照 GB/T 7588.2—2020 中的 5.13.1.1 进行。
>
> 　　用于制造硬管的管材的尺寸和公差应符合 GB/T 3639、GB/T 13793 或 GB/T 32957 的规定。
>
> 　　进行壁厚计算时,对于液压缸与破裂阀之间的管路接头(如果有),其计算值应增加 1.0 mm;对其他硬管,其计算值应增加 0.5 mm。

【解析】

　　本条与 GB 21240—2007 中 12.3.2.1 相对应。

　　参见 5.9.3.2.1.1 解析。

> **5.9.3.3.2.2** 当使用多于两级的多级液压缸和液压同步机构时,在计算破裂阀与单向阀或下行方向阀之间的硬管和附件时,应考虑 1.3 倍的附加安全系数。
>
> 　　对于液压缸与破裂阀之间的管路和附件(如果有),计算时所用的压力与计算液压缸时的相同。

【解析】

　　本条与 GB 21240—2007 中 12.3.2.2 相对应。

　　采用液压同步机构的多级液压缸时,每一级的直径依次递减,导致在运行过程中各容腔中的压力各不相同,截面积最小的一级压力最高。5.9.3.2.6.5 中,为了限制系统最高压力,在超出满载压力 20% 时,应有电气装置防止液压电梯正常启动。因此,考虑到可能产生的超压,在计算破裂阀与单向阀或下行方向阀之间的硬管和附件时,应考虑 1.3 倍的附加安全系数。

　　5.6.3.3c)允许使用一根短硬管将破裂阀与液压缸相连接;5.6.3.4 允许并联工作的液压缸共用一根破裂阀。因此破裂阀与液压缸之间可能存在管路和附件(主要是管接头),此时管路和管接头计算所有的压力应与计算液压缸时的相同。

5.9.3.3.3　软管

【解析】

　　常见的软管主要指橡胶软管,一般用作相互运动的液压元件之间的挠性连接或经常需要装卸的部件之间的连接,分高压软管和低压软管两种,见图 5.9-33。软管能够吸收液压冲击和振动,在特殊情况下也可以在非运动部件之间(如液压泵的出口处)加设一段橡胶软管,以改善液压系统的工作性能。但是橡胶软管的弹性变形较大,容易引起运动部件动作的滞后。

a) 高压软管　　　　　　　　　　　　　　b) 低压软管

图 5.9-33　液压电梯用软管

（1）高压软管

高压软管由耐油橡胶夹钢丝编织网制成，钢丝层数越多，耐压越高，小直径的 3 层钢丝钢丝橡胶软管最高耐压可达 34.3 MPa。

（2）低压软管

低压软管由耐油橡胶夹棉线或麻线织成的帆布制作，耐压一般在 9.8 MPa 以下。

5.9.3.3.3.1　在选用液压缸与单向阀或下行方向阀之间的软管时，其破裂压力相对于满载压力的安全系数应至少为 8。

【解析】

本条与 GB 21240—2007 中 12.3.3.1 相对应。

"液压缸与单向阀或下行方向阀之间的软管"应使用高压软管，其构成部分一般包含金属层或其他高强度材料，如图 5.9-33a）。

由于液压缸与单向阀或下行方向阀之间的系统压力最大，软管在用于上述位置时需要具有足够的安全系数，本部分要求破裂压力对于满载压力的安全系数不小于 8。所谓破裂压力是指由于液压系统内部压力、外部荷载超过了管路所能承受的压力引起管道的结构性损坏。在一般液压系统中通常取系统最高压力不高于软管的最低破裂压力的 25%，由于液压电梯涉及人身安全，因此本部分要求此安全系数至少为 8。

5.9.3.3.3.2　液压缸与单向阀或下行方向阀之间的软管及接头应能承受 5 倍于满载压力的压力而不损坏，该试验由软管组装的制造单位进行。

【解析】

本条与 GB 21240—2007 中 12.3.3.2 相对应。

5.9.3.3.3.1 中要求了软管在用于液压缸与单向阀或下行方向阀之间时，其破裂压力相对应满载压力的安全系数不小于 8。

本条规定是对此做出的验证，为了避免损坏软管，应采用低于上述安全系数的压力进行测试。为保证试验能够反映软管及接头的可靠性，需采用5倍于满载压力的压力进行试验，且软管和接头在使用中和试验完成后应保证完好。

由于此试验在现场不易实现，因此要求由制造单位进行该试验。

> **5.9.3.3.3.3** 软管上应设置永久性标记，标明：
> a) 制造单位名称或商标；
> b) 允许的弯曲半径；
> c) 试验压力；
> d) 试验日期。

【解析】

本条与GB 21240—2007中12.3.3.3相对应。

管路的有效性关系到液压系统是否能够正常工作以及液压系统的安全，相比硬管而言，软管具有更大的不确定性（如机械损坏、弯曲半径改变等）。通常，液压软管连接机房液压泵站和油缸，需要承受高压，需有制造厂做耐压试验后才能出厂。因此应在软管上标注必要的信息。所谓"永久性标记"是指标记不可被移除且不易损毁。

> **5.9.3.3.3.4** 软管固定时，其弯曲半径不应小于软管制造单位标明的允许弯曲半径。

【解析】

本条与GB 21240—2007中12.3.3.4相对应。

与软管的弯曲曲率相同的圆的半径，叫作软管的弯曲半径。弯曲半径过小，不仅容易出现褶皱，增大液流阻力，而且会导致油管应力集中，降低其疲劳强度。当软管的直径比较大或材质比较硬时，上述效应尤其明显，所以软管的弯曲半径不应小于制造单位标明的运行弯曲半径（5.9.3.3.3.3要求在软管上设置的永久性标记中有此数据）。从工程实践的角度看，软管的最小弯曲半径一般为软管公称直径的4倍以上。

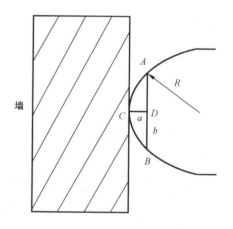

图5.9-34 软管弯曲半径的
现场测定（弦高法）

如果需要在现场进行精确测定，可采用"弦高法"测量计算（根据现场情况也可采用其他方法）。

如图5.9-34所述，取管上一点C，以C为中点取AB，过C作AB的垂线交AB于D。现场采用绳子或直尺实测CD长a，AB长b，则弯曲半径$R^2=(0.5b)^2+(R-a)^2$，得出$R=0.125b^2/a+0.5a$。

5.9.3.4　停止驱动主机和停止状态的检查

【解析】

本条规定了驱动主机在不同的供电和控制的情况下可以采取的停止方法。

（1）执行元件

可通过对液压电梯驱动主机(含控制阀)执行元件的供电来控制液压电梯的运行:

1）上行方向的执行元件

——电动机;

——旁通阀。

2）下行方向的执行元件

——下行方向阀。

（2）允许通过以下方式切断执行元件电源:

① 两个独立的接触器;

② 一个接触器切断电动机 ＋ 两个串联的独立机电装置切断旁通阀;

③ 安全电路;

④ 安全转矩取消(STO)功能(SIL3、HFT1);

⑤ 两个串联的独立机电装置(接触器式继电器);

⑥ 电气安全装置(安全触点)。

驱动主机执行元件与切断电源方式的对应关系见表5.9-3。

表 5.9-3　驱动主机执行元件与切断电源方式的对应关系

项目		切断电源的方式					
运行方向	执行元件	①	②	③	④	⑤	⑥
上行	电动机	√	不适用	√	√	×	×
	电动机＋旁通阀	不适用	√	不适用	不适用	不适用	不适用
下行	下行方向阀	√	不适用	√	不适用	√	√

注:表中"√"表示驱动主机电动机供电和控制方式可以采用该方式切断电源;反之以"×"表示。

5.9.3.4.1　总则

电气安全装置按5.11.2.4的规定使驱动主机停止时,应按5.9.3.4.2～5.9.3.4.4的规定进行控制。

【解析】

本条与 GB 21240—2007 中 12.4.1 相对应。

5.11.2.4要求"电气安全装置动作时应立即使驱动主机停止，并防止驱动主机启动"。5.9.3.4.2～5.9.3.4.4规定了在上述情况下的控制形式。

5.9.3.4.2　向上运行

对于上行运行控制，应采用下列方式之一：

a)　电动机的电源应至少由两个独立的接触器切断，这两个接触器的主触点应串联于电动机供电电路中。

b)　电动机的电源由一个接触器切断，且旁通阀(见5.9.3.5.4.2)的供电回路应至少由两个串联于该阀供电回路中的独立的机电装置来切断。
此时电动机和(或)液压油的温度监测装置(5.9.3.11、5.10.4.3、5.10.4.4)应作用在开关装置上，而不是作用在接触器上，以便停止驱动主机。

c)　由符合5.11.2.3要求的电路使电动机停止运转。该装置是安全部件，应按GB/T 7588.2—2020中5.6的要求进行验证。

d)　由符合GB/T 12668.502—2013中的4.2.2.2规定的安全转矩取消(STO)功能的调速电气传动系统使电动机停止运转，该STO功能的安全完整性等级应达到SIL3，且硬件故障裕度应至少为1。

【解析】

本条与GB 21240—2007中12.4.1.1相对应，增加了采用安全电路和安全转矩取消(STO)功能的要求。

与曳引式和强制式电梯相比，液压电梯的运行有自己的特殊性：其上行是依靠电力输送液压油，使管路内油压增高，进而驱动轿厢运行；其下行是依靠轿厢质量将液压缸中的油液压回油箱。

电梯上行时，如果需要使驱动主机停止并避免启动，方法与曳引式和强制式类似。

a) 采用两个接触器切断电动机电源时的要求

可参考5.9.2.5.2解析。所不同的是，本条没有如5.9.2.5.2一样，要求"电梯停止时，如果其中一个接触器的主触点未打开，最迟到下一次运行方向改变时，应防止电梯再运行。即使该监测功能发生固定故障，也应具有同样结果"。并不是本条降低了要求，而是上述要求在5.9.3.4.4中已体现。

b) 采用一个接触器切断电动机电源时的要求

电梯上行时，驱动主机可以采用一个接触器切断其电源，此时要求采用旁通阀(或阀芯可起到旁通作用的阀)用作上行方向阀，且旁通阀的供电回路应至少由两个串联的机电装置来切断。

液压电梯中，上行方向阀和下行方向阀用于控制液压缸柱塞的上升和下降，实现轿厢的上行和下行，当轿厢上行时，上行方向阀起到调节进入液压缸流量的作用。以Bucher公司LRV主控阀为例(见图5.9-35)，轿厢的上行和下行通过两个比例电磁阀进行控制，控制器通过流量传感器实时检测系统的反馈流量并与指令速度信号进行对比，闭环调节获得比例阀的控制信号。图 5.9-35 中 16 是作为上行方向阀的旁通阀，其阀芯由比例电磁阀控制。当电梯上行时，比例电磁铁将控制旁通阀逐渐关断向油箱的油液，使液压油流向液压缸，此时轿厢加速上行。当轿厢进入减速段时，比例电磁铁将旁通阀打开，油液通过旁通阀流回油箱，轿厢逐渐停止。

当切断驱动主机电动机电源时，控制旁通阀的比例电磁铁失电，在弹簧的作用下旁通阀打开，使液流不再流向液压缸而全部回流进入油箱，使轿厢的上行运行停止。

为了有效切断比例电磁铁供电，需要两个独立的且与电磁铁线圈串联的机电装置用于切断线圈的供电，以保证在切断驱动主机电源时，旁通阀能够被有效及时地打开。

应注意，这里要求的"机电装置"不一定采用电气安全装置。

本部分 5.9.3.11、5.10.4.3 和 5.10.4.4 中要求液压电梯设置电动机和液压油的温度监测装置，当出现过热时，轿厢应停站或停止后返回底层端站。当只采用一个接触器电动机电源时，温度监测装置不能仅作用在接触器上，否则一旦接触器粘连，电梯仍可在油温过热情况下运行。

c）采用安全电路

可参见 5.9.2.5.4c)解析。

d）采用安全转矩取消(STO)功能的要求

可参见 5.9.2.5.4d)解析。

5.9.3.4.3　向下运行

对于下行运行，下行方向阀的供电应通过下列方式之一断开：

a)　至少由两个串联的独立的符合 5.10.3.1 的机电装置切断。

b)　直接由一个电气安全装置切断，条件是该电气安全装置具有足够的电气容量。

c)　由符合 5.11.2.3 要求的电路切断。

该装置是安全部件，应按照 GB/T 7588.2—2020 中 5.6 的要求进行验证。

【解析】

本条与 GB 21240—2007 中 12.4.1.2 相对应，增加了采用安全电路的要求。

以图 5.9-35 进行说明，当轿厢下行时，比例电磁铁控制下降滑阀芯 14 逐渐开启使得轿厢加速，开启到最大位置时，轿厢的速度达到最大值。轿厢减速下行阶段，控制器下降滑阀芯 14 逐渐关闭，使得流回油箱的过流面积减少，电梯速度逐渐降低最终停止。

可见，只需要关闭下行方向阀的供电，阀芯在弹簧的作用下切断液压油返回油箱的油路，就可以停止下行方向的液压电梯轿厢。对此可采用以下方式之一切断下行方向阀的供电。

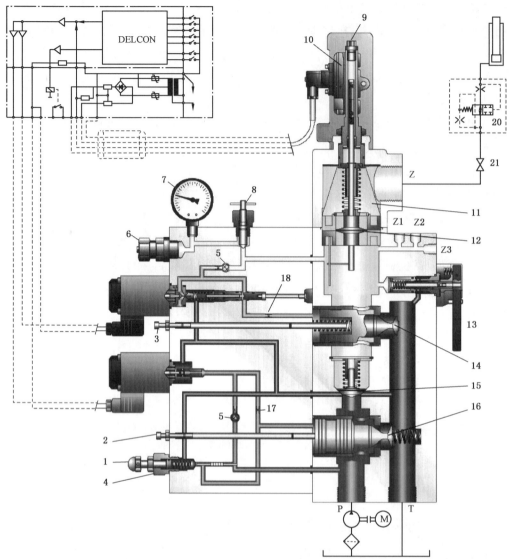

1—安全阀调节螺丝;2—旁通阀压力设定螺丝;3—下行速度上限调整螺丝;4—安全阀;5—小滤网;

6—测试口;7—压力表;8—压力表开关阀;9—放气螺丝;10—反馈感应装置;11—主滤网;

12—流量测定系统;13—手动紧急下降装置;14—下降滑阀(下行方向阀);15—单向阀;

16—旁通阀(上行方向阀);17—上行阻尼喷嘴;18—下行阻尼喷嘴;20—破裂阀;21—球阀

注:主控阀作为安全部件,应按照 GB/T 7588.2 中 5.6 的规定进行型式试验。关于"型式试验"的定
义可参见"GB/T 7588.1 资料 3-1"中 130 条目。

图 5.9-35 Bucher 公司 LRV 主控阀

a) 采用接触器或接触器式继电器

采用接触器或接触器式继电器切断下行方向阀供电时,需要设置至少两个上述部件,
且应相互独立。这些接触器(或接触器式继电器)应采用串联形式,以避免发生粘连而出现
无法切断下行方向阀供电的情况。

b）采用电气安全装置

可以采用电气安全装置切断下行方向阀的供电，以达到停止下行轿厢的目的。由于不必考虑电气安全装置失效的情况（见 0.4.7），因此只需要设置一个电气安全装置即可。

应注意，本条 c）提到了可以采用"安全电路"的方式切断下行方向阀的供电，而"安全电路"属于"电气安装装置"的一部分，因此 b）中的描述可能是标准中的一个瑕疵，实际上 b）中描述的应为"安全触点"。

使用安全触点切断下行方向阀的供电时，应注意保证安全触点具有足够的电气容量，即具有足够的电流切断能力。

c）采用安全电路

可以采用安全电路切断下行方向阀的供电。

5.9.3.4.4　停止状态的检查

当液压电梯停止时，如果其中一个接触器[5.9.3.4.2a）或 5.9.3.4.2b）]的主触点没有断开或其中一个机电装置[5.9.3.4.2b）或 5.9.3.4.3a）]没有断开，最迟到下一次运行方向改变时，应防止电梯再运行。即使该监测功能发生固定故障，也应具有同样结果。

【解析】

本条与 GB 21240—2007 中 12.4.1.3 相对应。

参见 5.9.2.5.2 解析。

5.9.3.5　液压控制和安全装置

【解析】

液压系统的控制，其核心是液压阀和控制方式。

（1）液压阀

在液压系统中用液压控制阀（简称液压阀）对液流的方向、压力的高低以及流量的大小进行控制，是直接控制工作过程和工作特性的重要器件。

液压阀按功能分类可分为：

——压力控制阀，包括：溢流阀、减压阀、顺序阀；

——流量控制阀，包括：节流阀、调速阀、分流阀；

——方向控制阀，包括：单向阀、换向阀、截止阀等；

——安全阀，包括：破裂阀、泄压阀等。

（2）控制方式

从液压传动的特征可以知道，只要改变油泵向油缸输出的油量就可以改变电梯的运行速度，因此液压电梯的速度控制实际上就是液压系统的流量控制。液压系统的流量控制有3种方法：容积调速控制、节流调速控制和复合控制。

1）容积调速系统

利用变量泵对进入液压缸的流量进行控制，从而达到对电梯运行速度进行无级调速的系统。

常见容积调速有：采用变量泵容积调速和变频变压调速的容积调速两种。

容积调速具有功率损耗小、效率高、系统发热少等优点，但也存在早期调速精度低、系统响应慢、调速系统相对复杂的缺点。

2）节流调速系统

节流调速是液压电梯中广泛应用的流量控制系统，根据其作用的回路不同，一般分为进油路、回油路和旁油路等3种节流调速方案。

液压电梯上行速度控制中，上行速度控制通常采用旁路节流调整方式（早期曾采用进油路节流调速方式进行，有能耗大、发热严重等缺点）。在下行油路中，一般采用回油路节流调速方式。

由于节流调速是对液压电梯上、下行液压回路的流量进行控制，通过阀控制液压缸的输入或排出流量，液压油通过节流口的节流损失，导致系统能耗大并使液压系统温度升高。

节流调速液压电梯有开环开关控制节流调速、闭环开关控制节流调速和电液比例控制节流调速等三种。

现在，乘客液压电梯一般都采用电液比例控制节流调速回路。电液比例调速系统是利用电液比例流量控制阀对电梯运行速度进行无级节流调速的系统。电梯的速度运行曲线产生于专用电路或微机程序，结合速度或流量反馈信号，借助于现代控制策略，获得一定规则的电控信号，将此信号不断传输给比例电磁铁，实时调节变化着的流量，使电梯按预定曲线运行。

5.9.3.5.1　截止阀

【解析】

截止阀的定义参见3.54，其作用是用于阻断油液流动，通常采用带手柄的球阀，见图5.9-36a）。

5.9.3.5.1.1　液压系统应具有截止阀。截止阀应设置在将液压缸连接到单向阀和下行方向阀的油路上。

【解析】

本条与GB 21240—2007中12.5.1.1相对应。

液压电梯上使用的截止阀是油路的总阀，通常用于停机后锁定系统。因此截止阀要求设置在液压缸连接到单向阀和下行方向阀的油路上。

5.9.3.5.1.2 截止阀的位置应靠近驱动主机上的其他阀。

【解析】

本条与 GB 21240—2007 中 12.5.1.2 相对应。

操作截止阀之后,为了避免截止阀与其他阀之间油路中的存油影响截止效果,截止阀不应距离驱动主机的其他阀过远,见图 5.9-36b)。同时,截止阀与其他阀临近布置,也可以使其阀的位置更加容易辨识。

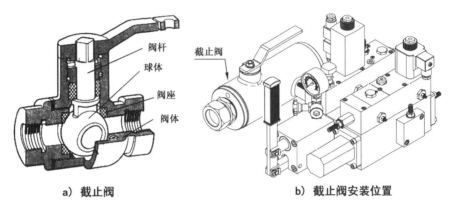

a) 截止阀　　　　　　　　　　b) 截止阀安装位置

图 5.9-36　截止阀及其安装位置

5.9.3.5.2　单向阀

【解析】

单向阀的定义参见 3.31。

单向阀是只允许液体沿一个方向流动,反向时则阀关闭,故又称止回阀。单向阀又分为球阀、锥阀和滑阀 3 种,图 5.9-37a)为锥阀结构的普通单向阀。球阀结构简单,但易产生泄漏、振动和噪音,一般用于流量小的油路上;锥阀结构比较复杂,但密封性好,工作平稳可靠,大多数情况下都采用锥阀。

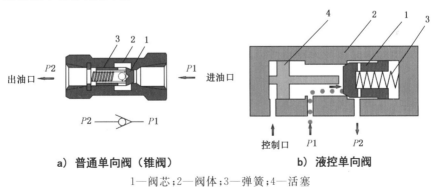

a) 普通单向阀（锥阀）　　　　b) 液控单向阀

1—阀芯;2—阀体;3—弹簧;4—活塞

图 5.9-37　单向阀

5.9.3.5.2.1 液压系统应具有单向阀。单向阀应设置在液压泵与截止阀之间的油路上。

【解析】

本条与 GB 21240—2007 中 12.5.2.1 相对应。

单向阀设置的位置应在液压泵出口处与截止阀之间的油路上。为的是避免液压缸和管路内的液压油向液压泵出口处倒流。对单向阀的要求是：正向流动阻力损失小；反向密封性好、动作灵敏。

5.9.3.5.2.2 当供油系统压力降低至最低工作压力以下时，单向阀应能够将载有额定载重量的轿厢保持在井道内的任一位置上。

【解析】

本条与 GB 21240—2007 中 12.5.2.2 相对应。

图 5.9-37 中，液压油从进油口 $P1$ 流入时，由于 $P1$ 的油压高于出油口 $P2$，油压克服弹簧压力推动阀芯，接通油路，流体从 $P2$ 流出。当液压油反向流入时，由于 $P2$ 侧油压大于 $P1$ 侧压力，阀芯被液压油的压力压紧在阀座的密封面上，液流被截止。因此可以在供油系统压力降低（驱动主机停止等）情况下，即使是系统压力降低至最低工作压力以下时，通过单向阀的背压作用也应能将轿厢保持在停止位置。

本条实际上是对单向阀能够耐受压力的要求，即当轿厢载有额定载重量时，即使系统压力降至工作压力以下，单向阀也能承受两边的压力差，将轿厢保持在井道任意位置。

通常的设计是，在回油管设置单向阀作为背压阀，保持液压缸内的油压，防止液压电梯驱动主机不工作时油液在负载形成的压力作用下流回油箱。

5.9.3.5.2.3 单向阀的闭合应由来自液压缸的液压油压力的作用，并至少由一个带导向的压缩弹簧和(或)重力的作用来实现。

【解析】

本条与 GB 21240—2007 中 12.5.2.3 相对应。

单向阀的动作原理见 5.9.3.5.2.2 解析。

由于 5.9-37a)所示的单向阀只能起到单向阻断液流的作用，因此在实际液压系统中很少采用。在多数情况下，需要使被单向阀所闭锁的油路重新接通，这就要求单向阀能够控制液压油的流向，按照需要的方向导通或阻断液流。为此可把单向阀做成闭锁方向能够控制的结构，这就是可控方向的单向阀。图 5.9-37b)是一种液控单向阀，它除了具有普通单向阀的作用外，还可以通过接通控制液压油，使阀反向导通。

液控单向阀动作过程是：在控制油口未接通液压油时，此阀与图 5.9-37a)所示的普通单向阀作用相同。当需要反向导通时，控制油口在液压油的作用下活塞右移顶开阀芯，使单向阀打开。液体从出油口 $P2$ 向进油口 $P1$ 反向流动。液控单向阀也可以做成常开式结构,即平时油路畅通,需要时通过液控闭锁一个方向的油液流动,使油液只能单方向流动。

这种可以控制并选择液流方向的单向阀的设计应设计为:开启依靠控制口的油压控制方式,闭合依靠液压缸的油压。只有这样才能在切断控制电源后,通过单向阀保持液压缸内的压力,实现5.9.3.5.2.2要求的"将载有额定载重量的轿厢保持在井道内的任一位置上"。

单向阀中的弹簧主要是用于克服摩擦力、阀芯的重力和惯性,如果试验弹簧驱动阀芯,应是以带导向的压缩弹簧(压缩弹簧的特性见5.3.9.1.8解析)。由于重力是一种稳定的力,也可通过重力使单向阀闭合。

在液压回路中,常使用两个液控单向阀组成液压锁,使油缸锁紧,防止由于油路压力变化而移动。

5.9.3.5.3 溢流阀

【解析】

溢流阀的定义参见3.39。作为一种压力控制阀,溢流阀是利用作用于阀芯上的液体压力和弹簧力相平衡的原理来进行工作。溢流阀分为直动式溢流阀和先导式溢流阀两种,如图5.9-38所示。

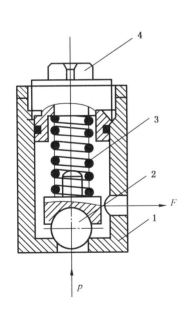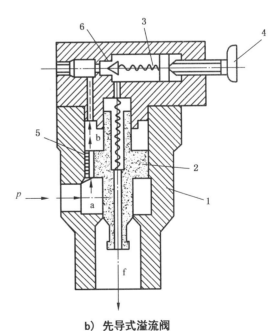

a) 直动式溢流阀   b) 先导式溢流阀

1—阀体;2—阀芯;3—调压弹簧;4—调节手柄;5—主阀芯小孔;6—先导阀芯

图5.9-38 溢流阀

(1)直动式溢流阀

直动式溢流阀是依靠系统中的液压油直接作用在阀芯上与弹簧力相平衡来控制阀芯

启闭动作的溢流阀。阀体的内腔有两个环形槽，进油口 P 和出油口 F 分别与两槽相通。阀芯上端由弹簧压紧，另一端和进油口相通。常态时阀芯在弹簧的作用下处于底部，进油/出油口被隔开，此时阀芯底部油压力的作用力小于弹簧的预紧力。

当进油压力升高，阀芯所受的油压推力超过弹簧的压紧力时，阀芯抬起，将进油口 P 和出油口 F 连通，使多余的油液流回油箱，即溢流。进油口的压力基本保持在弹簧调整的压力。通过调节调压螺钉改变弹簧的预紧力，就可改变溢流阀的开启压力，从而起调节系统压力的作用。

直动式溢流阀因液压力直接与弹簧力相比较而得名。若压力较大，流量也较大，则要求调压弹簧具有较大弹簧力，使得调节能力差而且结构上也受到体积的限制。起安全限压保护的溢流阀多安装在执行机构附近或压力冲击较大的地方，一般多为直动式溢流阀。

（2）先导式溢流阀

先导式溢流阀由先导阀和主阀两部分组成。

当液压油从系统流入主阀的进油口 P 以后，部分油液进入主阀芯的径向孔后分成两路：一路经轴向小孔流到阀芯的左端；另一路经阻尼小孔流到阀芯的右端和先导锥阀芯的底部（通常外控口是被堵死的）。当作用在先导锥阀芯上的油压力小于调压弹簧的作用力时，先导阀不打开，主阀芯也打不开。

当系统压力升高，使锥阀芯底部的液压推力大于调压弹簧的作用力时，锥阀便被顶开，部分油液经泄油孔流到回油口再流回到油箱。由于阻尼小孔有较大的液阻，因而使主阀芯两端形成一定的压力差。在此压力差的作用下，主阀芯克服右端平衡弹簧的压紧力向右移动，使进油口 P 和出油口 F 连通，系统中大部分液压油经此溢回油箱。

> **5.9.3.5.3.1**　液压系统应具有溢流阀。溢流阀应连接到液压泵和单向阀之间的油路上，并且在除使用手动泵外不能被旁路，溢流阀溢出的油应回流到油箱。

【解析】

本条与 GB 21240—2007 中 12.5.3.1 相对应。

液压系统应设置安装在泵站和单向阀之间的溢流阀。液压电梯正常工作中，溢流阀只是作为安全阀，处于常闭状态，只有在系统的压力由于压力冲击或者系统过载的情况下压力超过设定范围时溢流阀才开启，使油回流到油槽内。因此，出于此目的的溢流阀只用于进油路上。

本条要求将溢流阀设置在液压泵与单向阀之间的油路上，是由于如果液压泵输出的压力过大，或液压缸活塞杆完全伸出后，造成其与主单向阀之间的油路压力超过设定范围，液压泵输出流量全部通过溢流口流回油箱，以保证系统安全。

在液压系统中，为了保证压力一直处于设定范围内，溢流阀应一直起作用，因此溢流阀不应被旁路。当使用手动泵时，由于手动泵要求设置溢流阀（见 5.9.3.9.2.3），且能够保证其压力不超过满载压力的 2.3 倍，因此可以将本条要求的溢流阀旁路。

为保证液压系统中的油量总体稳定，从溢流阀溢出的液压油应流回油箱。在液压系统中溢流阀还可以有其他用途，例如，当使用节流阀与定量泵配合控制液压缸速度时，调节节流阀可使进入液压缸的流量发生变化，从而调节液压缸的速度。由于定量泵的输出为定值，经节流阀调节后多余的油液必须从溢流阀溢出，溢流阀始终处于溢流状态，这样就能保持溢流阀进口的压力基本不变。如果将溢流阀并接在液压泵的出油口，就能达到调节液压泵出口压力基本保持不变的目的。可见，在这种情况下，溢流阀的阀口始终是开启的。但溢流阀的这种用途与本条所述内容不同，不要混淆。

5.9.3.5.3.2　溢流阀的压力应调节为不超过满载压力的 140%。

【解析】

本条与 GB 21240—2007 中 12.5.3.2 相对应。

如图 5.9-38 所示，拧动螺钉可调节弹簧的作用力，从而调节系统的压力。为保证液压系统的正常工作，溢流阀的压力设定值应高于满载压力，考虑到轿厢加速运行和系统摩擦等引起的压力增加，溢流阀的压力应调节为不超过满载压力的 140%。

5.9.3.5.3.3　由于管路较大的内部损耗（管接头损耗、摩擦损耗），必要时溢流阀可调节到较高的压力值，但不应超过满载压力的 170%。

**　　此时，对于液压设备（包括液压缸）的计算，应采用一个虚拟的满载压力值，该值为 $p_s/1.4$（其中 p_s 为所选定的压力设定值）。**

**　　在进行稳定性计算时，过压系数 1.4 应由相应于溢流阀调高的压力设定值的系数代替。**

【解析】

本条与 GB 21240—2007 中 12.5.3.3 相对应。

液压系统内部损耗主要是管接头引起的损耗以及由于管径、传输距离、管路的折弯等原因引起的管路内摩擦损耗。当油管比较长或因液压系统内部损耗较高的情况，输出到油缸的压力达不到额定负荷压力时，为了保证驱动部件（液压缸）有足够的连续工作压力，通过适当地调高溢流阀的动作压力是保证液压电梯正常性能的常用方法。上述情况下可以将溢流阀调定为不超过满负荷压力的 170%。

但这导致液压设备的预期承压能力值上升，为了保证液压系统仍有足够的安全系数，在设计时就应当对液压缸和液压管路进行相应的耐压计算。其计算的核心是采用一个虚拟的满载压力值（正常满载压力值的 k 倍，$k=$ 调高的动作压力倍数/1.4，即 k 值的范围为 $1<k\leqslant 1.214$）来代替 5.9.3.2.1.1 中的"满载压力值"；将 5.9.3.2.1.2 中的"满载压力的 1.4 倍"改为本条所述的"溢流阀调高的压力设定值"。且使用上述替代参数后，计算的结果应当符合同等要求。

5.9.3.5.4 方向阀

【解析】

常规的方向阀是对液流进行通、断切换,工作原理比较简单,结构也不复杂。为了满足不同液压系统对液流方向的控制要求,方向阀的种类较多。广义而言,单向阀、换向阀、多路阀和截止阀等都属于方向阀的范畴。

5.9.3.5.4.1 下行方向阀

下行方向阀应由电气控制保持开启。下行方向阀的关闭应由来自液压缸的液压油压力作用以及至少每阀由一个带导向的压缩弹簧来实现。

【解析】

本条与 GB 21240—2007 中 12.5.4.1 相对应。

下行方向阀的作用是:当阀开启时,液压缸中的液压油在轿厢及载荷施加的压力下,经阀流回油箱,实现轿厢下行,见图 5.9-35。下行方向阀的开启应采用电气控制并保持,以免电源失效时下行方向阀自动打开,造成轿厢向下意外移动甚至超速下行。其关闭应靠液压缸中的液压油的油压来实现,当下行方向阀关闭时,在液压缸内油压的作用下能够可靠地保持关闭状态,避免意外开启。下行方向阀阀芯的移动,应采用带导向的压缩弹簧实现(压缩弹簧的特性见 5.3.9.1.8 解析)。下行方向阀的作用及结构,可参考图 5.9-35 中的部件 14。

5.9.3.5.4.2 上行方向阀

如果驱动主机的制停是由 5.9.3.4.2b)所述方法实现,则仅旁通阀用于此目的。旁通阀应由电气控制关闭。旁通阀的开启应由来自液压缸的液压油压力作用以及至少每阀由一个带导向的压缩弹簧来实现。

【解析】

本条与 GB 21240—2007 中 12.5.4.2 相对应。

当采用 5.9.3.4.2b)所述方法,即采用一个接触器切断上行状态的液压电梯电动机电源时,应采用旁通阀作为上行方向阀。旁通阀的动作可参考 5.9.3.4.1b)的解析。

上行方向阀的开启应由液压缸中液压油的压力实现,上行方向阀的关闭应由电气控制,这一点与下行方向阀正好相反。当切断电源时,旁通阀能够通过液压缸的油压开启,使液压油回流至油箱。上行方向阀的作用及结构,可参考图 5.9-35 中的部件 16。

5.9.3.5.5　滤油器

应在下列回路之间设置滤油器或类似装置:

a)　油箱与液压泵之间;和

b)　截止阀与下行方向阀之间和单向阀与下行方向阀之间。

上述 b)所述的滤油器(或类似装置)应是可接近的,以便进行检查和维护。

【解析】

本条与 GB 21240—2007 中 12.5.7 相对应。

无论是从外界混入液压系统的杂质,还是在使用中由液压元件脱落的金属粉末、橡胶颗粒等,都有可能造成划伤、磨损甚至卡死有相对运动的零件,或堵塞零件上的小孔及缝隙而影响系统的正常工作,降低液压元件的寿命,甚至造成液压系统的故障。据资料统计,75%以上的液压系统的故障是由于油液污染所致。因此,应采取必要措施来清除油中的各种杂质,本条所要求设置的滤油器其目的即在于此。

滤油器的形式有很多,按滤芯材料和结构形式不同,可分为网式、线隙式、纸芯式、烧结式和磁性滤油器等。

——网式滤油器结构简单,通油性能好,能滤除 $130\sim180\ \mu m$ 的杂质颗粒,过滤精度不高,仅用于粗滤器。

——线隙式滤油器结构简单,过滤精度为 $30\sim80\ \mu m$,通油能力大,但不易清洗。

——纸芯式滤油器过滤精度为 $5\sim20\ \mu m$,但堵塞后无法清洗,需更换滤芯。

——烧结式滤油器的特点是强度大,抗腐蚀性好,制造简单,过滤精度高($10\sim100\ \mu m$),缺点是颗粒易脱落,堵塞后清洗困难。

——磁性滤油器主要是滤除铁质微粒。

滤油器的重要指标是过滤精度,指滤油器滤除杂质颗粒直径 d 的公称尺寸(单位:μm)。按过滤精度不同滤油器可分为四个等级:粗滤油器($d\geqslant100\ \mu m$);普通滤油器($d\geqslant10\sim100\ \mu m$);精滤油器($d\geqslant5\sim10\ \mu m$);特精滤油器($d\geqslant1\sim5\ \mu m$)。

在液压系统中设置滤油器的目的是清除液压油中的杂质,因此应在以下位置设置滤油器:

a) 油箱与液压泵之间

由于液压油在系统中循环,不可避免地会将缸筒和柱塞摩擦脱落的金属屑、液压管路(尤其是软管)剥落的橡胶碎片等杂物带入油箱。为了不使上述杂物随液压泵再次进入油路,应在油箱和液压泵之间设置滤油器,过滤油液中的杂质。

b) 截止阀与下行方向阀之间和单向阀与下行方向阀之间

由于下行方向阀的开启是由电气控制保持的,而其关闭则是来自缸内液压油的作用,如果有异物进入则不能保证阀的有效关闭,进而可能引起轿厢的意外移动甚至超速下行。

因此应在下行方向阀前端，即与截止阀和单向阀之间分别设置滤油器，以保证进入下行方向阀的液压油的清洁，防止发生上述危险。如图 5.9-35 中部件 11 的主滤网就是出于这种目的。

之所以上行方向阀前端没有要求必须设置滤油器，是因为上行方向阀的打开是靠液压缸内的油压，杂质不可能造成阀的无法打开，只可能造成关闭不严。上行方向阀关闭不严只会造成液压缸的压力不足，不会带来较大危险。

为了避免由于滤油器聚集了过多的杂质，造成过油时压力损失较大，影响下行方向阀的正常工作，下行方向阀前端的滤油器应容易接近以便被清理。

此外，多数情况下阀体中也会带有滤油器，如图 5.9-35 中部件 5，这些滤网的设置是为了保证阀体的正常工作和使用寿命，而本条要求的滤油器是出于安全目的，应注意区别。

选择过滤器时，需考虑以下几个方面的问题。

1）过滤精度应保证系统油液能达到所需的污染度等级。

2）油液通过过滤器所引起的压力损失应尽可能小。

3）过滤器应具有一定的纳污容量，不必频繁更换滤芯。

5.9.3.6　液压系统压力检查

5.9.3.6.1　应设置压力表用于指示液压系统的压力。压力表应连接到单向阀或下行方向阀与截止阀之间的油路上。

【解析】

本条与 GB 21240—2007 中 12.6.1 相对应。

液压电梯设置压力表的目的是能够方便地观测液压系统的压力，并根据需要进行调整和控制，因此压力表应安装在调整系统压力时能够直接观察到的部位。由于单向阀或下行方向阀与截止阀之间的油路压力能够直接反映液压电梯负载对液压缸内压力的影响，因此应在上述位置设置压力表。

液压电梯一般选用弹簧管式压力表，其量程不应小于额定载荷时压力的 150%，精度等级通常为 1.5～4 级。

5.9.3.6.2　在主油路与压力表接头之间应设置压力表关闭阀。

【解析】

本条与 GB 21240—2007 中 12.6.2 相对应。

主油路和压力表之间的关闭阀是为了在更换压力表时可以通过关掉该阀门，切断主油路与压力表的连接。此外在做耐压试验时，为了避免压力表损坏也可临时关闭其计量功能。同时，关闭阀本身开口的阻尼作用，也可以防止系统压力突变或压力脉动导致压力表损坏。在液压系统正常工作时，该阀门是开启的，否则压力表无法工作。

5.9.3.6.3　连接部位应加工成 M20×1.5 或 G1/2″的管螺纹。

【解析】

本条与 GB 21240—2007 中 12.6.3 相对应。

压力表连接部位应采用螺纹连接,其螺纹形式应为通用螺纹。

根据 GB/T 196—2003《普通螺纹基本尺寸》可知:M20×1.5 表示公制螺纹,M20 是指螺纹公称直径 20 mm,1.5 是指螺距为 1.5 mm,牙型角为 60°(细牙螺纹)。而 G1/2″为英制螺纹,表示 1/2 寸圆柱管螺纹,牙型角为 55°。由于牙型角不同,这两种螺纹是不同的。

液压电梯采用的压力表通常为 GB/T 1226—2010《一般压力表》中的径向直接式(直接安装)压力表,根据上述标准,接口采用 M20×1.5 螺纹时,液压表的外壳公称直径有100 mm、150 mm、200 mm 和 250 mm 4 种(见 GB/T 1226—2010 表 3)。

5.9.3.7　油箱

油箱应易于:

a)　检查油箱中油液高度;

b)　注油和排油。

油箱上应标明液压油的特性。

【解析】

本条与 GB 21240—2007 中 12.7 相对应。

油箱的功能主要是储油、散热、分离油中所含的空气和沉淀液压油中的杂物等。

油位的检查方式有多种,图 5.9-39 中油箱采用了透明管装置(部件 3)。其设置的目的不仅可以及时了解液压油的储量,同时还可以起到粗略判断轿厢位置和油质变化的作用。对于采用非直观式的方式,如油位探尺,也是符合要求的。

油箱还应方便注油和排油,为此,油箱底部通常设计成倾斜形式,以利于排油。

液压油应定期更换,如果长时间使用,油液将失去润滑性能,并可能呈现酸性,从而引起液压系统中金属部分的腐蚀等。因此液压电梯一般在累计工作 10 000 h 后,应当换油。若间断使用,可根据具体情况隔半年或一年换一次油。为了防止更换液压油时使用不合适的油类,应

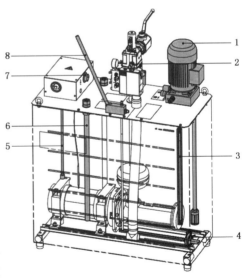

1—电动机;2—紧急下降阀;3—油位计;

4—加热器;5—油位浮动开关;6—冷却器接口;

7—温度传感器;8—手泵

图 5.9-39　油箱及其附件

在油箱上注明液压油的特性。

5.9.3.8 速度

5.9.3.8.1 上行额定速度(v_m)和下行额定速度(v_d)不应大于 1.0 m/s[见 1.3b)]。

【解析】

本条与 GB 21240—2007 中 12.8.1 相对应。

1.3 中已经明确了本部分不适用的范围,其中 b)是"额定速度大于 1.0 m/s"的液压电梯。

5.9.3.8.2 空载轿厢上行速度不应超出上行额定速度(v_m)的 8%,载有额定载重量的轿厢下行速度不应超出下行额定速度(v_d)的 8%,以上两种情况下,速度均与液压油正常运行温度有关。

对于上行方向运行,假设供电电源频率为额定频率,电压为电动机的额定电压。

【解析】

本条与 GB 21240—2007 中 12.8.2 相对应。

本条要求了液压电梯空载上行和满载下行时的最大速度:分别不得超过其上行、下行额定速度的 8%。

由于液压电梯下行工况普遍采用出口节流调速,由此必然带来系统发热。而在一些控制方式下,温度可能对液压电梯的运行速度控制带来影响。例如,采用流量局部反馈的小闭环控制方式时,液压电梯的运行速度无法排除油温变化等小闭环之外的非线性因素干扰,因此本条对速度范围限定的前提是与液压油正常运行温度有关。

液压电梯的速度控制,最理想的方式是直接检测轿厢速度,将所获取的速度信号反馈到比例阀放大器上,调节阀的开口度可以更精确地控制进出液压缸流量变化的方式,这种方法可以最大化避免油温对速度的影响。由液压电梯的工作原理可知,液压电梯只有在上行工况时需要液压泵提供液压油,带动负载向上运动;下行工况中依靠轿厢及负载自重实现向下运动。因此,对于上行运行条件,应假定电源频率为额定频率,电源为额定电压。

5.9.3.9 紧急操作

5.9.3.9.1 向下移动轿厢

5.9.3.9.1.1 液压电梯应具有手动操作的紧急下降阀。即使在失电的情况下,也允许使用该阀使轿厢向下运行至层站,以便疏散乘客。该阀应设置在:
a) 机房内(5.2.6.3);或

b) 机器柜内(5.2.6.5.1);或

c) 紧急和测试操作屏上(5.2.6.6)。

【解析】

本条与 GB 21240—2007 中 12.9.1.1 相对应。

为了在液压电梯出现故障(如温度保护、电源失效等)情况下使乘客安全离开轿厢,避免人员被困风险,需要设置手动操作的紧急下降阀。该装置是安装在液压系统下行油路中的两个二通手动阀,分别连接着油箱和液压缸供油路,如图 5.9-35 中部件 13。当开启紧急下降阀时,液压缸中的液压油可以通过阀口流回油箱,使轿厢缓慢下行至最近楼层位置。当然,如果是安全钳动作,通过紧急下降阀是无法向下移动轿厢的。

为了能够方便操作,紧急下降阀应设置在机房、机器柜或紧急和测试操作之一的位置上。

5.9.3.9.1.2 轿厢的下行速度不应大于 0.30 m/s。

【解析】

本条与 GB 21240—2007 中 12.9.1.2 相对应。

当紧急下降阀向下移动轿厢时,应控制轿厢速度不超过 0.3 m/s,以免发生超速的危险。通常是利用阀口的节流作用,控制液压油从液压缸流回油箱的速度,以实现轿厢缓速下降的目的。

5.9.3.9.1.3 该阀的操作需要以持续的手动按压保持其动作。

【解析】

本条与 GB 21240—2007 中 12.9.1.3 相对应。

为了避免在使用紧急下降阀时造成液压电梯失控,该阀应通过手动持续按压才能开启,如图 5.9-40 所示。这一点与曳引式和强制式驱动主机手动松开制动器的要求有相似之处,可参考 5.9.2.2.2.7 解析。

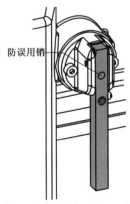

防误用销

图 5.9-40 紧急下降阀操作机构及防止误操作设计

5.9.3.9.1.4　应防止该阀意外操作。

【解析】

本条与 GB 21240—2007 中 12.9.1.4 相对应。

由于操作紧急下降阀可使液压电梯轿厢向下运行，因此应防止该阀在意外触碰的情况下被操作。通常是在阀的操作位置采用防止误操作设计，见图 5.9-40。

图 5.9-40 所示，紧急下降阀的操作机构为手柄。其防止误操作的设计是在手柄上部设置一小孔，需要操作时，须先拆卸小孔上的销子，否则手柄不能被动作。

5.9.3.9.1.5　当压力低于制造单位设定的压力值时，紧急下降阀不应导致柱塞进一步的下降。

对于有可能发生松绳（或链）的间接作用式液压电梯，手动操纵该阀应不能使柱塞产生的下降引起松绳（或链）。

【解析】

本条与 GB 21240—2007 中 12.9.1.5 相对应。

当液压系统低于设定的最小压力时，即使操作紧急下降阀也不应使柱塞下降。当管道破裂液压油泄漏，破裂阀保持液压缸内的压力时，如果操作紧急下降阀使液压油排出油缸，可能会导致失控的危险。因此，当系统压力低于最小操作压力时，该阀应处于无效状态。

对于间接式液压电梯还应注意，当安全钳夹住导轨后轿厢停止，操作手动下降阀，应当不能使液压缸的柱塞下降导致钢丝绳或链条松脱。一般情况下，可采用在紧急下降阀与油箱之间串接一个减压阀的设计，以满足上述要求。

5.9.3.9.1.6　在手动操作紧急下降阀的近旁应设置标志，标明：
"注意——紧急下降"

【解析】

此条款为新增要求。

为了清晰明了地告知操作人员紧急下降阀，应在手动紧急下降阀的操作位置设置标志。

5.9.3.9.2　向上移动轿厢

5.9.3.9.2.1　每部液压电梯应具有能使轿厢向上移动的手动泵。

手动泵应存放于液压电梯所在的建筑物内，只有被授权人员才能取得。手动泵的连接部件应适用于每台驱动主机。

对于非永久安装在驱动主机的情况，应清晰地标明用于维护和救援操作的手动泵的放置位置以及如何正确地连接。

【解析】

本条与 GB 21240—2007 中 12.9.2.1 相对应，但要求更加严格。

当液压电梯出现故障时，通过手动紧急操作下降阀就可以实现轿厢向下方向的救援。但如果是由于安全钳制停等情况，则必须向上提升轿厢，使安全钳复位后才能移动轿厢。

由于液压梯下行可以依靠轿厢及轿内载荷的重量，但上升时需要额外的动力，因此如需在电源失效时仍能够向上提升液压电梯，则需要配置手动泵。所谓手动泵应理解为由人力操作的泵，其原理是通过反复按压手柄，该装置将液压油泵入油路，实现向上移动轿厢的目的。

之所以本条要求配置手动泵，一方面是保证在电源失效时依然能够向上移动轿厢，另一方面是由于手动泵的输出流量很小，可以较好地控制轿厢的移动速度。

本条要求每一台液压电梯均需要配置手动泵（见图 5.9-41），但并不是手动泵必须固定在每一台液压电梯的驱动主机上，因此安装在同一建筑物中的液压电梯可以共用手动泵。这种情况下手动泵应满足以下条件：

（1）存放在建筑物中，当需要使用时可以被方便地获得。

（2）应能防止无关人员获得，以免干扰电梯的正常运行，甚至带来不可预见的风险。

（3）手动泵应能适用于每一台液压电梯的驱动主机，因此它应能与每一台驱动主机的连接口相匹配。

（4）手动泵如果能够与驱动主机分离，则在操作手动泵的位置附近应给出手动泵的放置位置、连接方法等必要信息。

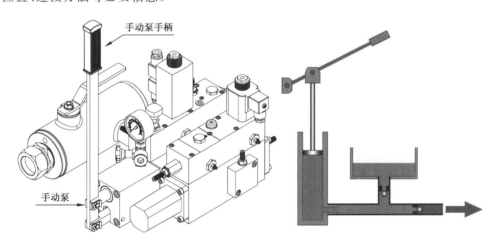

图 5.9-41　手动泵

有些情况下，由于操作力和空间原因，手动泵的手柄（作杆）操是可拆卸的，平时可拆下存放，需要操作时再安装上。在这种情况下，对于手柄的设置应参考对手动泵的要求。

5.9.3.9.2.2 手动泵应连接到单向阀或下行方向阀与截止阀之间的油路上。

【解析】

本条与 GB 21240—2007 中 12.9.2.2 相对应。

手动泵在油路中的连接位置应在截止阀与单向阀或下行方向阀之间，这是因为有的情况下（如管道渗漏等）为了保持液压缸中的压力，可能关闭截止阀，在这种情况下手动泵的工作应不受截止阀状态的影响。

> **5.9.3.9.2.3**　手动泵应设置溢流阀，以限制系统压力不超过满载压力的 2.3 倍。

【解析】

本条与 GB 21240—2007 中 12.9.2.3 相对应。

由于手动泵连接在截止阀与单向阀或下行方向阀之间，而液压系统的溢流阀是连接在液压泵和单向阀之间的油路上（见 5.9.3.5.3.1），因此液压系统的溢流阀无法保护由手动泵造成的系统过压。因此手动泵应具有自己的溢流阀，并将系统压力限制在满载压力的 2.3 倍以内。

> **5.9.3.9.2.4**　在靠近紧急向上运行的手动泵的近旁应设置标志，标明：
> **"注意——紧急上行"**

【解析】

此条款为新增要求。

为了清晰明了地告知操作人员手动泵的作用，应做出设置标志。

> **5.9.3.9.3**　**轿厢位置的检查**
>
> 如果液压电梯服务多于两个层站，应能从机器空间检查轿厢是否在开锁区域内，该检查装置应独立于供电电源。本条中的机器空间是指下列之一：
> a)　机房内（5.2.6.3）；
> b)　机器柜内（5.2.6.5.1）；
> c)　具有紧急操作装置（5.9.3.9.1 和 5.9.3.9.2）的紧急和测试操作屏上（5.2.6.6）。
> 本要求不适用于具有机械防沉降装置的液压电梯。

【解析】

本条与 GB 21240—2007 中 12.9.3 相对应。

救援时，可在机器空间内进行操作使轿厢向上或向下运行至层站开锁区，开启层/轿门使被困人员脱困。应可以在机器空间设置能够确认轿厢位置的装置，为操作人员在移动电梯时提供轿厢位置的指示。

液压电梯的缺点之一是油温变化和泄漏等因素会造成轿厢停止后出现下沉的情况，检查轿厢位置的装置是为了避免轿厢下沉脱离开锁区，但操作人员由于不了解情况而导致失误的情况。

本条所述的 3 个位置均有可能设置紧急移动轿厢的装置,因此应在上述位置提供检查轿厢位置的装置。

应注意,本条 c)中明确:只有当紧急和测试操作屏上设置了紧急下降阀和(或)手动泵的情况下,才需要提供检查轿厢位置的装置。这是因为只有在这种情况下,才能在紧急和测试操作屏的位置移动轿厢。

此外,检查轿厢位置的装置(或手段)应在电梯电源失效的情况下依然能够起作用。

带有机械防沉降装置(棘爪或由轿厢向下移动触发安全钳)时,轿厢会被防沉降装置限制在开锁区以内,因此采用机械防沉降装置可不必设置轿厢位置检查装置。电气防沉降装置则不同,在电源失效时无法保证正常工作,因此对于设置了电气防沉降装置的液压电梯,仍必须设置检查轿厢位置的装置。

5.9.3.10 电动机运转时间限制器

5.9.3.10.1 液压电梯应设置使电动机断电的运转时间限制器。当启动液压电梯时如果电动机不转或轿厢未移动,该时间限制器应使电动机断电并保持断电状态。

【解析】

本条与 GB 21240—2007 中 12.12.1 相对应。

参考 5.9.2.7.1 解析。

5.9.3.10.2 电动机运转时间限制器应在不大于下列两个时间值的较小值时起作用:
a) 45 s;
b) 载有额定载重量的轿厢正常运行全程的时间再加上 10 s;如果全程运行时间小于 10 s,则最小值为 20 s。

【解析】

本条与 GB 21240—2007 中 12.12.2 相对应。

参考 5.9.2.7.2 解析。

5.9.3.10.3 只能通过手动复位恢复正常运行。恢复断开的电源后,驱动主机无需保持在停止位置。

【解析】

本条与 GB 21240—2007 中 12.12.3 相对应。

参考 5.9.2.7.3 解析。

5.9.3.10.4 电动机运转时间限制器不应影响检修运行(5.12.1.5)和电气防沉降系统(5.12.1.10)。

【解析】

本条与 GB 21240—2007 中 12.12.4 相对应。

当轿厢处于检修运行和电气防沉降系统工作时,速度较正常运行时慢很多,此时电动机运转时间限制器不应动作。

5.9.3.11 液压油的过热保护

应具有温度监测装置。该装置应按5.10.4.4的规定,停止驱动主机的运行并使其保持停止状态。

【解析】

本条与 GB 21240—2007 中 12.14 相对应。

液压系统里的液压油会随着电梯升降而多次往返于泵站和油缸。由于液压电梯的下行运行一般采用回油路节流调速方式,通过节流阀控制液压缸排出流量,而且液压油通过节流口会产生节流损失,因此每一次往返都会导致油温逐渐升高。

液压系统中,液压油除了作为传递能量的介质外,还在系统中起润滑、密封、冷却、冲洗等重要作用。系统运行的可靠性、准确性、灵活性与液压油的黏度和黏-温特性等性能均有直接的关系。油温过高引起的液压油黏度下降可能导致系统泄漏增大、密封件老化加剧、油液变质、液动速度不稳定等问题的发生。

因此,需要对油温进行监测和控制。常用的油温监测装置是利用直接探入油箱的热电偶对油温进行探测,如果油温超出限度,应停止驱动主机的运行并在冷却前防止其再次启动。

一般情况下,液压电梯的油温常控制在 70 ℃ 以下,在环境温度和使用频率较高的情况下,油温容易上升到极限温度。为了避免频繁停梯,通常会给液压系统增加一个液压油冷却装置,见图 5.9-42。当温度监测装置探测到油温升高到规定温度时,就会接通液压油冷却装置的油泵,把油箱中的高温油抽吸到冷却装置中,经冷却后再把已冷却的液压油送回油箱。

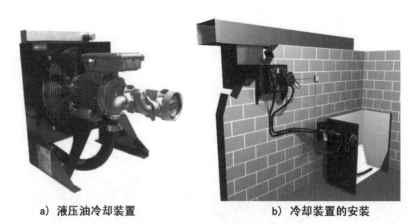

a) 液压油冷却装置　　　　　　b) 冷却装置的安装

图 5.9-42　液压油冷却装置及其安装

油温升高的原因很多，除了环境温度和使用频率的因素之外，油箱容积过小、散热面积不够、油箱储存油量少、系统中没有卸载回路、在停止工作时油泵仍在高压溢流，以及油管太细太长、弯曲过多、压力损失过大，元件加工精度不高、相对运动件摩擦发热过多等因素都会导致油温上升。

液压油温度的升高在短时间内并不会引起直接危险，所以 5.10.4.4 规定：在油温监测装置动作时，轿厢应直接停止运行后，返回底层层站，以避免因轿厢急停而使乘客被困。

5.10　电气设备（装置）及其连接

【解析】

本章是对电梯电气设备、电气安装的总体要求，其目的是当这些部件被用于电梯时能够保证安全、有效。

5.10.1　通则

【解析】

本条涉及"4 重大危险清单"的"故障条件下变为带电的部件""热辐射""高温或低温的物体或材料""热源辐射""局部照明""电磁干扰"危险。

5.10.1.1　适用范围

5.10.1.1.1　本部分的各项要求适用于：

　　a)　动力电路主开关及其从属电路；

　　b)　轿厢照明电路开关及其从属电路；

　　c)　井道照明及其从属电路。

电梯应视为一个整体，如同一部含有电气设备的机器。

注：国家有关电力供电线路的各项要求，只适用到开关的输入端。但这些要求适用于机房、滑轮间的全部照明和插座电路。

【解析】

本条与 GB 7588—2003 中 13.1.1.1 相对应。与旧版标准相比，本部分也适用于井道照明及其从属电路。

本条明确了对电气安装连接和电气设备（装置）组成部件的要求的适用范围：动力电路主开关、轿厢照明电路开关、井道照明以及它们的从属电路。对于除上述之外的电路及电气系统，如建筑物中敷设的供电线路在进入机房之前的部分，不属于本部分所要求的范围。也就是说，对于电梯开关输入端之后的电气线路和电气设备应满足本部分的要求。但为机房、滑轮间提供照明和电源插座的供电电流应符合国家有关电力供电线路的各项要求。

电梯是由机械系统和电气系统有机结合的机电类产品,因此应作为一个整体对待。

与 GB 7588—2003 相比较,本部分中电路的适用范围增加了井道照明及其从属电路。这是因为井道照明及其从属回路在电梯检修中有着重要的作用,是对检修人员人身安全的重要保障。随着科学技术的发展,电梯功能的增加,在井道内布置的相应线路会越来越多,井道内相关检修与维护工作也将急剧增加,井道照明及其从属电路对这些检修与维护工作的重要性不言而喻,因此将井道照明及其从属电路也纳入了适用范围。

> **5.10.1.1.2**　电梯的电气设备应符合本部分条款中所引用的 GB/T 5226.1—2019 的要求。
>
> 　　如果没有给出确切资料,电气设备应:
>
> 　　a)　适用于它们的预期用途;
>
> 　　b)　符合相关的国家标准;
>
> 　　c)　按照供应商的说明使用。

【解析】

本条与 GB 7588—2003 中 13.1.1.2 相对应。

本部分中,对于在电梯上使用的电气设备作出了规定,其中很多内容引用了其他标准,尤其是 GB/T 5226.1—2019《机械电气安全　机械电气设备　第 1 部分:通用技术条件》。应用于电梯的电气设备应当符合本部分所引用的 GB/T 5226.1—2019 的相关要求。如果本部分对所使用的电气设备没有给出确切的资料或应符合的技术规范,则电气设备应考虑以下方面:

a) 用于电梯的电气设备的用途以及电梯对该电气设备的特殊要求(见本部分 0.3.4);

b) 电气设备应符合相应的国家标准(见本部分 0.3.2);

c) 用于电梯的电气设备应按照供应商的说明进行使用。

本条 a)~c)的内容实际上是引用了 GB/T 5226.1—2019 中的 4.2.1。

GB/T 5226.1—2019《机械电气安全　机械电气设备　第 1 部分:通用技术条件》的简介可参见"GB/T 7588.1 资料 5.10-1"。

> **5.10.1.1.3**　电磁兼容性应符合 GB/T 24807 和 GB/T 24808 的要求。
>
> 　　符合 5.9.2.2.2.3a)2)、5.9.2.5.4c)、5.9.2.5.4d)、5.9.3.4.2c)、5.9.3.4.2d)和 5.9.3.4.3c)要求的控制装置(设备)应符合 GB/T 24808 对安全电路抗扰度的要求。

【解析】

本条涉及"4　重大危险清单"的"低频电磁辐射"和"无线电频率电磁辐射"危险。

本条与 GB 7588—2003 中 13.1.1.3 相对应。

随着变频变压调速技术在电梯拖动系统的普及,微处理器及功率电子器件的广泛应用,电梯电气系统的电磁兼容性变得不容忽视。电梯系统对环境的电磁干扰程度和自身的抗干扰性能成为衡量电梯系统的重要指标之一。GB/T 24807 规定电梯对其他设备产生最小干扰的电磁辐射应减少；GB/T 24808 的目的是使电梯设备在多数情况下保证适当的电磁抗干扰度水平。

本部分中符合 5.9.2.2.2.3a）2）、5.9.2.5.4c）、5.9.2.5.4d）、5.9.3.4.2c）、5.9.3.4.2d）和 5.9.3.4.3c）要求的控制设备应符合 GB/T 24808 对安全电路抗扰度的要求。因为这些控制设备都与安全相关，因此必须保证一定的抗干扰度，以保证这些控制设备的正常工作。

GB/T 24807—2009、GB/T 24808—2007 简介可参见"GB/T 7588.1 资料 5.10-2"。

5.10.1.1.4　电气操动器的选择、安装、标志应符合 GB/T 18209.3 的要求。

【解析】

本条为新增条款。

本条说明了本部分对电梯中电气操动器的要求，其安装、选择、标志均应当符合 GB/T 18209.3《机械电气安全　指示、标志和操作　第 3 部分：操动器的位置和操作的要求》，申明了本部分的要求是根据相关的现行国家标准，并考虑了电梯的特殊要求。

所谓"操动器"，GB/T 18209.1 中（3.1.1）给出的定义是："将外部手动作用施加在装置上的部件"。

应注意，GB/T 5226.1—2019 中的定义（3.1）与 GB/T 18209.1 相同，但由于 GB/T 5226.1—2019 在定义中有"有某些操作方式只要求起作用而不需要外部作用力"的备注，因此不适用于电梯。

常见的操动器形式有：手柄、旋钮、脚踏板、按钮、滚轮、推杆、鼠标、光笔、键盘、触摸屏等，其中旋钮、按钮是电梯常用的电气操动器。

GB/T 18209.3—2010 规定了在人机接口用手或人体的其他部分操纵的操动器的有关安全要求。一般要求如下：

——操动器运动的一般方位；

——一个操动器相对其他操动器的布置；

——作用与其最终效应之间的相关性。

5.10.1.1.5　所有的控制装置（设备）（见 GB/T 5226.1—2019 的 3.1.13）应按照便于从前面进行操作和维护的原则设置。如果需要定期的维护或调整，相关的装置应位于工作区域地面以上 0.40 m～2.0 m 之间。宜将端子设置在工作区域地面以上至少 0.20 m 处，以便导线和电缆能容易地连接到端子上。上述要求不适用于轿顶上的控制装置。

【解析】

本条为新增条款。

所谓"控制装置",GB/T 5226.1—2019 中 3.1.13 给出了如下定义:"开关电气及其相关控制、测量、保护和调节设备的组合,也包括这些器件及设备与相关内部连接、辅助装置、外壳和支承结构的组合,一般用于消耗电能的设备的控制"。

本条说明了控制装置(设备)的设置原则:操作的安全及便利。

(1)方向上的要求

在控制装置(设备)的前面进行操作,为的是可以容易地看到被操作设备。不仅便于操作,而且也避免了部分误操作,从而提高了安全性。

(2)高度上的要求

针对需要定期维护或者调整的控制装置(设备),该装置(设备)应位于工作区域地面以上 0.4～2.0 m,这是从人体工学角度考虑的,根据《机械设计手册》(第三版)(机械工业出版社)第 5 卷 26 篇的人机工程相关章节,在此高度范围内,人员操作设备不仅可获得较大的力(如拉力、推力等),同时操作的舒适性也可以得到较好的保证。

针对接线端子,其连接的部分分别为装置本身引出的电线电缆及需要与该装置对接的其他装置引入的电线电缆,就电线电缆的安装、检修而言,不低于工作区域地面 0.2 m 的高度,可使相关人员更好更方便地将相关导线、电缆连接到端子上。

对于轿顶,因其工作空间受诸多因素限制,尤其是在高度方面难以满足本条要求,因此本条不适用于设置在轿顶的控制装置。

> **5.10.1.1.6** 发热元件(如散热器、功率电阻等)放置的位置应确保其附近的每个部件的温度保持在允许范围。
>
> 在正常运行条件下,可直接接近的设备温度不应超过 GB/T 16895.2—2017 表 42.1 给出的限值。

【解析】

本条为新增条款。

电气设备(装置)在工作过程中会散发一定的热量,本条给出了电气设备(装置)表面温度的限定原则。

(1)防止发热对部件正常工作产生影响

由于电气设备的正常工作条件之一就是在允许的温度范围内,因此电气设备工作中的发热可能影响到电气设备自身和周围元件的正常工作。

为了满足元器件工作的条件,在设计中应考虑以下方面:

——发热元件的发热量;

——环境对于散热的影响;

——元器件的允许工作温度。

(2)防止发热引起的人身伤害

正常运行条件下,可直接接近设备的温度不应超过 GB/T 16895.2—2017《低压电气装

置　第 4-42 部分:安全防护　热效应保护》中表 42.1 给出的限值,以免对人员造成灼伤。在正常工作中,如果有超出该表给出的值,即使是短时间的,也应加以防护,防止人员意外接触。

GB/T 16895.2—2017 对防火保护、灼伤保护、过热保护 3 种保护提出具体要求。

表 5.10-1 是对 GB/T 16895.2—2017 表 42.1 的内容摘录

表 5.10-1　给出了可直接接近的设备温度要求

可触及部分	可触及表面的材料	最高温度/℃
操作时手握的部分	金属的	55
	非金属的	65
有意触及的,但非手握的部分	金属的	70
	非金属的	80
正常操作时不必触及的部分	金属的	80
	非金属的	90

可接触到的机械表面是烧伤风险源,接触该热表面,可能是有意识的,例如操纵机器手柄;也可能是机器附近的人员无意识发生的。在规定的接触时间内,以皮肤与热表面接触无烧伤和引起表层部分烧伤间的温度界限定义的表面温度被称为"烧伤阈"。

人体接触热表面时,导致烧伤的最重要的因素有以下几个方面:

——表面温度;

——构成表面的材料;

——皮肤与表面接触的时间。

每类材料有类似的热传导性能,因而也有类似的烧伤阈。

从 GB/T 18153—2000《机械安全　可接触表面温度　确定热表面温度限值的工效学数据》中可以获得人体烧伤的阈值。

5.10.1.2　电击防护

【解析】

电气设备(装置)在使用过程中,应当使危险的带电部分不会被有意或无意地触及,这种防护措施即通常所说的电击防护。

5.10.1.2.1　总则

保护措施应符合 GB/T 16895.21 的规定。

如果外壳上没有标记清楚地表明其包含可能引起触电危险的电气设备,则外壳上应设置具有 GB/T 5465.2—2008 中图形符号 5036 的警告标志,即:

该警告标志应在外壳的门或盖上清晰可见。

【解析】

本条为新增条款。

本条款指明了电击防护应当遵循的原则。

（1）保护措施应当符合 GB/T 16895.21—2011《低压电气装置　第 4-41 部分：安全防护　电击防护》的规定。该标准规定了人、畜和财产的直接接触和间接接触防护的基本要求。

1）保护措施

GB/T 16895.21 中的保护措施体现在以下两个方面：

——基本保护措施和独立保护措施的适当组合；或

——兼有基本保护和故障保护的加强保护措施。

例如，加强绝缘就可看作是加强保护的有效措施之一。

2）电气装置的每个部分应根据外界影响条件分别采用一种或多种保护措施

在设备的选择及安装中，应考虑电气装置保护措施的要求，通常允许采用以下保护措施：

——自动切断电源；

——双重绝缘或加强绝缘；

——向单台用电设备供电的电气分隔；

——特低电压（SELV 和 PELV）。

在电气装置中，最常用的保护措施是自动切断电源，这一方法在本部分中被多处提及。

（2）触电警示信息

1）如果电气装置可能引起触电危险，应在设备外壳上有标志表明其包含可能引起触电危险的电气设备。

2）如果没有上述标志，则应在外壳上设置符合 GB/T 5465.2—2008 中 5036 的警告标志。

GB/T 5465.2—2008《电气设备用图形符号　第 2 部分：图形符号》中图形符号 5036 的警告标志表示的是"危险电压"，其符号如图 5.10-1 所示。

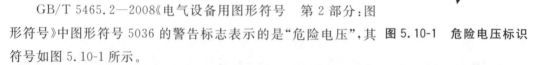

图 5.10-1　危险电压标识

5.10.1.2.2　**基本保护（直接接触的防护）**

除 5.10.1.2.1 要求外，还应满足下列要求：

a) 在井道、机器空间和滑轮间内,应采用防护外壳(罩)以防止直接接触电气设备。所用外壳(罩)防护等级不低于 IP2X(见 GB/T 4208)。

b) 如果非被授权人员能够接近设备,防止直接接触的最低防护等级是 IP2XD(见 GB/T 4208)。

c) 如果救援操作需要打开含有危险带电部件的外壳,避免接触危险电压的最低防护等级是 IPXXB(见 GB/T 4208)。

d) 对于其他包含有危险带电部件的外壳,应满足 EN 50274 的要求。

【解析】

本条与 GB 7588—2003 中 13.1.2 相对应,但有更多的要求。

本条规定是防止人员因接触带电的电梯设备而造成触电危险。

触电是指电流通过人体而引起的病理、生理效应。这里要求防护的是直接触电,触电一般分为两种:直接触电和间接触电。

直接触电是指人身直接接触电气设备或电气线路的带电部分而遭受的电击。它的特征是人体接触电压,就是人所触及的带电体的电压;人体所触及带电体所形成接地故障电流就是人体的触电电流。直接触电带来的危害是最严重的,所形成的人体触电电流远大于可能引起心室颤动的极限电流。直接触电必须采用防护罩进行防护。

间接触电是指人员接触正常情况下不带电的导体,但这些导体由于电气设备故障或是电气线络绝缘损坏发生单相接地故障,导致其外露部分存在对地故障电压(这就是一般我们所说的"漏电"),人体接触此外露部分而遭受的电击。它主要是由于接触电压导致的人身伤害。为防止间接触电(漏电)对人的伤害,可采用接地的方法。

本条规定的外壳防护等级是防止直接触电的有效手段。防止间接触电的手段在 5.10.1.2.3 中进行了规定。

所谓"外壳(罩)",是指能防止设备受到某些外部影响并在各个方向防止直接接触的设备部件。

所谓"防护等级",是指按 GB/T 4208《外壳防护等级(IP 代码)》规定的检验方法,外壳对接近危险部件、防止固体异物进入或水进入所提供的保护程度。

"IP 代码"是指,外壳对人接近危险部件、防止固体异物或水进入的防护等级以及与这些防护有关的附加信息的代码系统。本条提到的 IP2X、IP2XD 和 IPXXB 等都是防护等级的代号,其相关要求见 GB/T 4208《外壳防护等级(IP 代码)》。

针对安装在不同场所的带电部件,本条对以下 4 种情况分别进行了规定:

a) 对于只有被授权人员能够接触的设备

在井道、机器空间和滑轮间内的设备,外壳的防护等级应不低于 IP2X,即:可以防止手指接近危险部件,其具体防护指标是直径大于 12.5 mm 的固体不得进入外壳内。

由于只有被授权人员才能进入井道、机器空间和滑轮间,因此设置在上述空间的电气设备只需要使用能够防止直接接触的外壳即可，见图 5.10-2。

b) 能够被非被授权人员能够接近设备

这种情况下应能防止直接接触的最低防护等级是 IP2XD，见图 5-10-2，即：可以防止手指接近危险部件（其具体防护指标是直径不大于 12.5mm 的固体不得进入外壳内），且可以防止金属线接触危险部件。

c) 当带电部件的外壳需要被打开

在救援或其他紧急操作的情况下，有时可能需要打开带电部件的防护外壳（罩），此

图 5.10-2　直接接触的防护（IP2X）

时外壳的防护已经不可能继续有效。应采用进一步的设计，降低人员直接接触带电部件的风险。本条要求，在救援操作需要打开含有危险带电部件的外壳时，最低防护等级至少应为 IPXXB。这是考虑到救援人员属于授权人员，且移除外壳的目的就是为了对带电部件进行操作，因此仅要求了防止工作人员手指接触危险部件，对固体异物进入或者防水无要求（IPXXB 代码即是上述含义）。

d) 对于其他包含有危险带电部件的外壳

此处规定了上述 a)～c)项之外的其他包含危险带电部件外壳的防护要求，应当满足 EN 50274《低压开关控制组件　防电击穿　防止与危害生命的部件意外直接接触》的要求。

在欧洲曾有人询问过井道内部件的 IP 等级。

CEN/TC 10 的解释是：在 EN 81-1 和 EN 81-2 中，没有直接规定井道的防护等级，然而，依据 13.1.1.3，IEC 和 CENELEC 标准适用于井道。尤其是至少应考虑意外接触带电部件。

注：在指令 86/312/EEC 中，对于机房和滑轮间，要求防护等级为 IP2X。

应注意，无论带电部件是否采用了特低电压（SELV、PELV 或 FELV，其含义见 5.10.1.3.1 解析），在井道、机器空间和滑轮间内带电设备的外壳防护等级均不得低于 IP2X；能够被非被授权人员接近设备，外壳防护等级均不得低于 IP2XD。

GB/T 4208《外壳防护等级（IP 代码）》的简介可参见"GB/T 7588.1 资料 5.10-3"。

关于触电对人体的伤害，可参见 5.2.6.5.1.2 解析。

5.10.1.2.3　附加保护

对于下列装置或电路，应采用额定动作电流不大于 30 mA 的剩余电流动作保护装置（RCD）进行附加保护：

a)　依赖于 5.10.1.1.1b)和 5.10.1.1.1c)中所述电路的插座；和

b)　电压高于 AC 50 V 的层站控制装置和指示器的控制电路及电气安全回路；和

c)　轿厢上电压高于 AC 50 V 的电路。

【解析】

本条为新增条款。

对于移动式、手握式设备及插座线路，由于操作人员接触频次较高，而这些线路的接地又比较困难，所以一般采用剩余电流动作保护装置（RCD）。本条 a)～c) 就是属于此类电路，故需要采用 RCD 进行保护。

剩余电流动作保护装置（residual current operated protective device，RCD），又叫漏电保护器，是指在规定条件下，当剩余电流达到或超过给定值时，能自动断开电路的机械开关电器或组合电器。其主要功能是对有致命危险的人身触电提供间接接触保护和直接接触保护，也能对因设备及线路绝缘损坏产生的泄漏电流和接地故障电流引起的电气火灾进行保护。RCD 是防止人身触电、电气火灾及电气设备损坏的一种有效的防护措施。

RCD 的种类虽然很多，但其基本原理大致相同，一般都是以线路上出现的非正常不平衡电流作为动作信号，图 5.10-3 是开关的剩余电流动作保护器(衔铁开断式)线路图。图中左侧的零序电流互感器是检测信号用的，正常时，通过互感器的三相电源导线中的电流在铁芯中产生的磁场互相抵消，互感器副边 H 中不产生感应电势，也没有电流，图中右侧的极化电磁铁 T 的吸力克服反作用弹簧的拉力，使衔铁保持在闭合位置，线路开关不动作。当设备漏电时，在通过互感器的三相电源导线中出现零序电流（三相电流不平衡时的欠量和），互感器副边产生感应电动势，极化电磁铁线圈中有电流流过，并产生交变磁通，这个磁通与永久磁铁的磁通叠加，施加的结果使电磁铁去磁，从而使其对衔铁的吸力减小，于是衔铁被弹簧的反作用力拉开，脱扣机构 TK 动作，并通过开关装置断开电源。

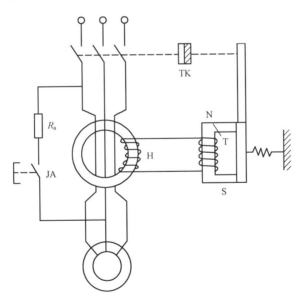

图 5.10-3　剩余电流动作保护器电路

RCD 的主要作用如下：

(1) 提高单相接地短路保护的灵敏度，若选用安装得当，基本能避免人身受到电击致死；

（2）解决在恶劣环境条件和特别危险场所的安全供电问题；

（3）避免相线对地短路，特别是户外架空线路中相线触地时，避免设备带上危险电压；

（4）可满足某些电子设备防电击的特殊要求，如电视机等的拉杆天线，当机内绝缘损坏时，可能带上危险电压，装设 RCD 可迅速切断电源，保证安全；

（5）防止电气火灾。1A 以下的故障电流就可引起炽热，在一定的条件下能造成火灾，特别是在木材表面，0.5A 的故障电流便可引起燃烧。

人体对于频率 50 Hz～60 Hz 的电流比较敏感，30 mA～50 mA 的电流通过人体时，数秒至数分钟即可造成人员昏迷、强烈痉挛和心室颤动。因此国际上公认 30 mA 为人体安全电流的最大值。在一般场合，倾向于漏电保护装置动作电流≤30 mA，动作时间小于 0.1 s，即可保证人身安全。

同时，根据 GB/T 13955《剩余电流动作保护装置安装和运行》中的要求："手持式电动工具、移动电器、家用电器等设备应优先选用额定剩余动作电流不大于 30 mA，一般性（无延时）的剩余电流保护装置"（见该标准 5.7.1）。

在进行一般环境条件下的电气计算时，通常将人体电阻取为 1 700 Ω，如果在漏电时需要将通过人体的电流限制在 30 mA 以内，则电压最高不能超过 51 V。这是本条 b）和 c）中要求"电压高于 AC 50 V"需要设置漏电保护装置的原因。

5.10.1.2.4 残余电压的防护

应符合 GB/T 5226.1—2019 中 6.2.4 的要求。

【解析】

本条为新增条款。

条款明确了电气部件残余电压的保护应当符合 GB/T 5226.1—2019 中 6.2.4 的要求。申明了本部分的要求是根据相关的现行国家标准并考虑了电梯的特殊要求而制定的。

GB/T 5226.1—2019 中 6.2.4 对于残余电压的保护要求是：电源切断后，任何残余电压高于 60 V 的带电部分，都应在 5 s 之内放电到 60 V 或 60 V 以下，只要这种放电速率不妨碍电气设备的正常功能（元件存储电荷小于或等于 60 μC 时，可免除此项要求）。如果这种防护办法会干扰电气设备的正常功能，则应在容易看见的位置或在包含带电部分的外壳邻近处，做耐久性警告标志提醒人员注意危害，并注明打开外壳前所需的延时时间。

对于插头/插座或类似的器件，拔出它们会裸露出导体件（如插针），放电至 60 V 的时间不应超过 1 s，否则这些导体元件应加以防护，防护等级至少为 IP2X 或者 IPXXB。如果放电时间不小于 1 s，最低防护等级又未达到 IP2X 或 IPXXB（例如：有关汇流线、汇流排或汇流环装置涉及的可移式集流器），应采用附加开关电器或适当的警告措施，如提醒注意危险的警告标志，并注明所需的演示时间。当设备位于所有人（包括儿童）都能接触到的地方,仅警告是不够的,需保证避免接触带电部分的最低防护等级为 IP4X 或 IPXXD。

5.10.1.3 绝缘电阻(GB/T 16895.23)

【解析】

此节内容为绝缘电阻相关要求,条款出自 GB/T 16895.23—2020《低压电气装置 第6部分:检验》。在 GB/T 16895.23 中规定了绝缘电阻的测量方法及取值范围,见表5.10-2。

GB/T 16895.23—2020 中有如下规定:

电气装置的绝缘电阻应测量带电导体和连接到接地配置的保护导体之间的绝缘电阻。在进行该项测量时,可将带电导体连接在一起。测量不接用电器具,以表5.10-2所列的测试电压测得的每一回路的绝缘电阻不小于表5.10-2所列的相应值即为满足要求的。检验不接地保护导体与大地间的绝缘电阻时应采用表5.10-2所列值。

当电涌保护器(SPD)或其他设备可能影响测试结果或可能被损坏时,在进行绝缘电阻测试之前,应断开这些设备。当断开这些设备不合理或不可行时(例如当固定插座和 SPD 为一体时),特殊电路的测试电压可降低至 DC250 V,但绝缘电阻值必须至少为 1 MΩ。

注1:为测量目的,中性导体要从保护导体断开。

注2:在 TN-C 系统中,测量是在带电导体和 PEN 导体之间进行的。

注3:在火灾危险场所,宜测量带电导体之间的绝缘电阻。实际应用中,在电气装置安装期间连接设备之前,进行这一测量是必要的。

注4:绝缘电阻值通常远远高于表6.1中所列的值,当测得值明显异常时,需进一步研究原因。

表 5.10-2 绝缘电阻最小值(引自 GB/T 16895.23—2020 表 6.1)

回路标称电压/V	直流测试电压/V	绝缘电阻/MΩ
SELV 和 PELV	250	0.5
500 V 及以下,包括 FELV	500	1
500 V 以上	1 000	1

注:SELV 表示"安全特低电压";PELV 表示"保护特低电压";FELV 表示"功能特低电压",各自含义见 5.10.1.3.1 解析。

5.10.1.3.1 应在所有通电导体与地之间测量绝缘电阻,额定 100 VA 及以下的 PELV 和 SELV 电路除外。

绝缘电阻的最小值应按照表16取值。

表 16 绝缘电阻

额定电压 V	测试电压(DC) V	绝缘电阻 MΩ
大于 100 VA 的 SELV[a] 和 PELV[b]	250	≥0.5
≤500 包括 FELV[c]	500	≥1.0
>500	1 000	≥1.0

> [a] SELV:安全特低电压。
> [b] PELV:保护特低电压。
> [c] FELV:功能特低电压。

【解析】

本条与 GB 7588—2003 中 13.1.3 相对应。

本条规定了在额定 100 VA 以上的电路,需对绝缘电阻进行测量,其测量条件满足表 16 的要求。

查阅 GB/T 16895.23—2020 中关于绝缘电阻的条款(见 5.10.1.3 解析)的要求可发现,表 16 源于 GB/T 16895.23—2020 表 6.1,但表 16 追加考虑了"当电涌保护器(SPD)或其他设备可能影响测试结果或可能被损坏时,在进行绝缘电阻测试之前,应断开这些设备。当断开这些设备不合理或不可行时(例如当固定插座和 SPD 为一体时),特殊电路的测试电压可降低至 DC250 V,但绝缘电阻值必须至少为 1 MΩ"(见 GB/T 16895.23 中 61.3.3)的要求。故在额定电压≤500 V 包括 FELV 的情况下,绝缘电阻需满足大于或等于 1 MΩ 的要求。

电气设备正常运行的条件之一就是其绝缘材料的绝缘程度,即绝缘电阻的数值。该条规定通电导体与地之间的绝缘电阻,主要是防止发生因导体对地短路损坏设备,以及防止电磁干扰影响电梯正常运行。

特低电压保护原理是:通过对系统中可能作用于人体的电压进行限制,从而使人体触电时流过人体的电流受到抑制,将触电危险性控制在没有危险的范围内。

特低电压保护类型分为以下 3 类:

SELV:只作为不接地系统的安全特低电压用的防护。

PELV:只作为有保护接地系统的安全特低电压用的防护。

FELV:由于功能上的原因(非电击防护目的),需采用特低电压,但不能满足或没有必要满足 SELV 和 PELV 的所有条件。FELV 防护是在这种前提下,补充规定了某些直接接触电击和间接接触电击防护措施的一种防护。

5.10.1.3.2 对于控制电路和安全电路,导体之间或导体对地之间的直流电压平均值和交流电压有效值均不应大于 250 V。

【解析】

本条与 GB 7588—2003 中 13.1.4 相对应。

本条要求限制了控制电路和安全电路的最高电压(直流电压平均值或交流电压有效值)。从安全技术方面考虑,通常将电气设备分为高压和低压两种:对地电压在 250 V 以上的为高压;对地电压在 250 V 及以下的为低压。而 36 V 及以下的称为安全电压(在一般情况下对人体无危害)。

由于高压对人员的人身安全威胁很大,因此在控制电路和安全电路中不应使用高压电源,而应采用电压在 250 V(直流平均值或交流有效值)及以下的低压电源。

5.10.2 输入电源的端子

应符合 GB/T 5226.1—2019 中 5.1 和 5.2 的要求。

【解析】

本条涉及"4 重大危险清单"的"故障条件下变为带电的部件"危险。

本条是对输入电源的端子的相关要求,条款出自 GB/T 5226.1—2019《机械电气安全 机械电气设备 第 1 部分:通用技术条件》中 5.1 和 5.2 要求,摘录如下:

(1) GB/T 5226.1—2019 中 5.1 引入电源线端接法

宜将机械电气设备连接到单一电源上。如果需要用其他电源供电给电气设备的某些部分(如不同工作电压的电子设备),这些电源宜尽可能取自组成为机械电气设备一部分的器件(如变压器,换能器等)。对大型复杂机械包括许多以协同方式一起工作的且占用较大空间的机械,可能需要一个以上的引入电源,这要由场地电源的配置来定(见 GB/T 5226.1—2019 中 5.3.1)。

除非机械电气设备采用插头/插座直接连接电源处(见 GB/T 5226.1—2019 中 5.3.2e),否则宜将电源线直接连到电源切断开关的电源端子上。

使用中线时应在机械的技术文件(如安装图和电路图)上标识清楚,按 GB/T 5226.1—2019 中 16.1 要求标记 N,并应对中线提供单用绝缘端子(见 GB/T 5226.1—2019 中附录 B)。

在电气设备内部,中线和保护联结电路之间不应相连,也不应使用 PEN 兼用端子。

例外情况:TN-C 系统电源到电气设备的连接点处,中线端子和 PE 端子可以相连。

所有引入电源端子都应按 GB/T 4026—2019 和 GB/T 5226.1—2019 中 16.1 做出清晰的标识(外部保护导线端子的标识见 GB/T 5226.1—2019 中 5.2)。

(2) GB/T 5226.1—2019 中 5.2 连接外部保护线(体)的端子

电气设备应提供连接外部保护性(体)的端子,该连接端子应设置在和引入电源有关相线端子的同一隔间内。

这种端子的尺寸应适合与相关导体尺寸确定截面积的外部铜保护导线（体）相连接，并符合于表 5.10-3 的规定。

表 5.10-3　铜保护导线（体）的最小截面积（引自 GB/T 5226.1—2019 中表 1）　　mm²

设备供电相线的截面积 S	外部保护导线的最小截面积 S_q
$S \leqslant 16$	S
$16 < S \leqslant 35$	16
$S > 35$	S/2

如果外部保护导线（体）不是铜的，则端子尺寸应适当选择（见 GB/T 5226.1—2019 中 8.2.2）。

每个引入电源点，连接外部保护接地系统或外部保护导线（体）的端子均应加标志或用字母标志 PE 来标识（见 IEC 60445:2010）。

5.10.3　接触器、接触器式继电器和安全电路元件

【解析】

本条涉及"4　重大危险清单"的"故障条件下变为带电的部件"和"短路"危险。

5.10.3.1　接触器和接触器式继电器

【解析】

接触器和接触器式继电器作为自动化控制电器，在电梯系统中起到控制通断电流的作用，是整个电梯系统安全、稳定运行的基础部件。本节是对电梯用接触器和接触器式继电器的要求。

对于接触器和接触器式继电器，GB 14048.1—2012《低压开关设备和控制设备　第 1 部分：总则》中给出了相应的定义。

接触器是指：仅有一个休止位置，能接通、承载和分断正常电路条件（包括过载运行条件）下的电流的非手动操作的机械开关电器。

接触器式继电器是指：用作控制开关的接触器。

可见，接触器式继电器本质上就是接触器。接触器式继电器与电磁式继电器工作原理相同，区别在于：电磁式继电器接通控制线路，电流小、无灭弧装置；接触器式继电器接通用电设备，电流大、有灭弧装置。接触器式继电器就是用于接通控制回路，但触点采用了灭弧罩等类似接触器的技术，所以叫接触器式继电器。

关于接触器、继电器、接触器式继电器简介可参见"GB/T 7588.1 资料 5.10-4"。

5.10.3.1.1 主接触器(即按 5.9.2.5 和 5.9.3.4 要求使电梯驱动主机停止运转的接触器)应符合 GB/T 14048.4 的规定，并根据相应的使用类型选择。

主接触器及与其关联的短路保护装置应为"1"型协调配合(见 GB/T 14048.4—2010 中 8.2.5.1)。

此外，对于直接控制电动机的接触器，应允许启动操作次数的 10％为点动运行，即 90％AC-3＋10％ AC-4。

这些接触器应具有镜像触点(见 GB/T 14048.4—2010 中的附录 F)，以确保 5.9.2.5.2、5.9.2.5.3.1、5.9.2.5.3.2b)1)、5.9.2.5.4a)与 b)1)、5.9.3.4.2a)与 b)和 5.9.3.4.3a)中的功能，即检测主触点的未断开。

【解析】

本条与 GB 7588—2003 中 13.2.1.1 相对应。

本条对电梯驱动主机的主接触器进行了要求。主接触器是指按 5.9.2.5 和 5.9.3.4 要求使电梯驱动主机停止运转的接触器。

(1) 主接触器的选用要求

主接触器应符合 GB 14048.4—2010 的选型要求。在选型时应着重考虑以下因素：

——电器的种类和型式；

——主电路的额定值和极限值；

——使用类别；

——控制电路；

——辅助电路；

——与短路保护电器的协调配合；

——自动转换电器和自动加速控制电器的形式和特性(接触器的延时)。

(2) 主接触器及与其关联的短路保护装置的要求

主接触器及与其关联的短路保护装置应当符合 GB 14048.4—2010 中 8.2.5.1 对协调配合类型 1 的规定。该条规定要求接触器或启动器在短路条件下不应对人及设备造成危害，在未修理和更换零件前，允许其不能继续使用，同时规定了相关的实验方法(具体见 GB 14048.4—2010 中 8.2.5.1 条款说明)。

(3) 对于点动运行的要求(针对直接控制电动机的接触器)

本条还要求针对直接控制电动机的接触器，应允许启动操作次数的 10％为点动运行。点动运行，通常发生在电梯安装调试阶段和检修运行过程中，此时由于接触器的频繁通断，电动机的感性负载特性非常明显，这种情况下接触器接通的电动机电流往往为其额定电流的 5～7 倍，且通电时间很短。因此要求选择的主接触器能够经受这样的电流冲击。

电梯上使用的接触器属于反复短时工作制或间断工作制，"10％点动运行"的概念应这样理解：在 90％的时间中，以 AC-3(笼型感应电动机的起动、运转中分断)形式运行；在 10％的时间中，以 AC-4(笼型感应电动的起动、反接制动或反向运转、点动)形式运行。

是否能够满足上述要求,是由接触器的额定工作制决定的。接触器的额定工作制分为:

1)8 h 工作制:又称间断长期工作制。即接触器的主触点保持闭合并通稳定电流达到热平衡,但超过 8 h 必须分断。

2)长期工作制:接触器的主触点保持闭合并通稳定电流超过 8 h(几天、几个月甚至更长时间)也不分断。

3)短时工作制:接触器的主触点保持闭合时间不足以使其达到热平衡,而在两次通电间隔之间的无负载时间是以使接触器的温度恢复到与冷却介质相同的温度为准。短时工作制的标准值规定为触点闭合时间 10 min、30 min、60 min、90 min。

4)反复短时工作制或间断工作制:接触器的主触点保持闭合的周期与无负载的周期间有一定的比例,两种周期均很短,使接触器不能达到热平衡。间断工作制用电流值、通电时间和负载系数(工作周期与全周期之比)来表征其工作特性,常用百分数表示,称作通电持续率,计算方法为:

$T_d = T_i/T \times 100\%$,其中,T_d 为通电持续率;T_i 为触点闭合通电时间;T 为触点闭合通电和分断间歇的全周期。

很明显,电梯上使用的接触器属于反复短时工作制或间断工作制(第 4 类),所谓 10%的点动运行,即通电持续率为 10%。

5)接触器和电动机起动器主电路通常选用的使用类别见表 5.10-4。

表 5.10-4 接触器和电动机起动器主电路通常选用的使用类别及其代号

(引自 GB 14048.4—2010 中的表 1)

电流	使用类别代号	附加类别名称	典型用途举例
AC	AC-1	一般用途	无感或微感负载、电阻炉
	AC-2		绕线式感应电动机的起动、分断
	AC-3		笼型感应电动机的起动、运转中分断
	AC-4	镇流器	笼型感应电动的起动、反接制动或反向运转、点动
	AC-5a	白炽灯	放电灯的通断
	AC-5b		白炽灯的通断
	AC-6a		变压器的通断
	AC-6b		电容器组的通断
	AC-7a		家用电器和类似用途的低感负载
	AC-7b		家用的电动机负载
	AC-8a		具有手动复位过载脱扣器的密封制冷压缩机中的电动机控制
	AC-8b		具有自动复位过载脱扣器的密封制冷压缩机中的电动机控制
DC	DC-1		无感或微感负载、电阻炉
	DC-3		并激电动机的起动、反接制动或反向运转、点动、电动机在动态中分断

表 5.10-4(续)

电流	使用类别代号	附加类别名称	典型用途举例
DC	DC-5		串激电动机的起动、反接制动或反向运转、点动、电动机在动态中分断
	DC-6	白炽灯	白炽灯的通断

注 1:AC-3 使用类别可用于不频繁地点动或在有限时间内的反接制动,例如机械地移动,在有限的时间内操作次数不超过 1 min 内 5 次或 10 min 内 10 次。

注 2:密封制冷压缩机是由压缩机和电动机构成的,这两个装置装在同一外壳内,无外部传动轴或轴封,电动机在冷却介质中操作。

注 3:使用类别 AC-7a 和 AC-7b 见 GB 17885—2009。

(4)对镜像触头的要求

主接触器应具有镜像触点,所谓"镜像触点"就是与电源触头相连接的辅助触头。每个接触器可以有一个以上的镜像触头。

作为分断辅助触头,镜像触头在以下情况发生时,不能与主触头同时处于闭合位置:

1)主触头发生熔焊情况;

2)线圈不带电时,应测量:

——镜像触头两端受到冲击电压作用,不应有破坏性放电;或

——触头间的气隙应大于 0.5 mm(如果有两个及以上的触头气隙,气隙总和应大于 0.5 mm)。

镜像触头的原理图见图 5.10-4。镜像触头以前还被称为肯定安全触头、强制触头、连接触头或肯定驱动触头,其符号见图 5.10-5。镜像触点的典型应用就是在电动机控制电路中,镜像触头可以可靠地检测接触器的状态。在本部分中,用镜像触头来检测 5.9.2.5.2、5.9.2.5.3.1、5.9.2.5.3.2b)1)、5.9.2.5.4a)与 b)1)、5.9.3.4.2a)与 b)和 5.9.3.4.3a)中主触头未断开的情况。

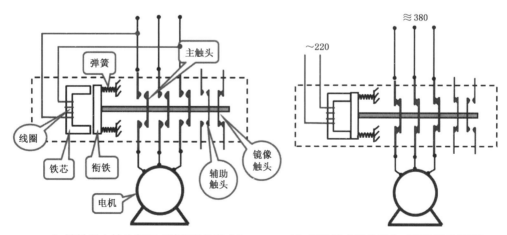

a)接触器主触头断开(镜像触头吸合)　　b)接触器主触头吸合(镜像触头断开)

图 5.10-4　接触器及其触头

但也不能过分依赖镜像触头，并将其作为确保安全的唯一措施，本部分对于保证断开驱动主机电动机供电有更可靠的保证，如采用两个独立的接触器（见 5.9.2.5.2、5.9.2.5.3.1)等。主接触器的镜像触头，仅作为检测主触头未断开的手段。

图 5.10-5　接触器镜像触头符号

> **5.10.3.1.2**　如果使用接触器式继电器操作主接触器，则接触器式继电器应符合 GB/T 14048.5 的规定。
> 　　如果使用继电器操作主接触器，则继电器应符合 GB/T 21711.1 的规定。
> 　　它们应按照下列使用类型进行选择：
> 　　a)　AC-15，用于控制交流接触器；
> 　　b)　DC-13，用于控制直流接触器。

【解析】

本条与 GB 7588—2003 中 13.2.1.2 相对应。

本条规定了当采用接触器式继电器和继电器操作主接触器时，接触器式继电器和继电器应满足的要求。

当某些大型接触器的电磁线圈功率及吸合电流均较大时，由于电子开关元件的容量限制，使用电子开关元件去直接操控接触器是不可靠的，需要中间设置接触器式继电器（或继电器）实现对主接触器的控制。这时，开关元件控制接触器式继电器（或继电器），通过接触器式继电器（或继电器）控制主接触器的线圈，以此操纵主接触器的通断。

（1）对操作主接触器的接触器式继电器的要求

GB/T 14048.1—2010《低压开关设备和控制设备　总则》将"接触器式继电器"定义为：用作控制开关的接触器。当采用接触器式继电器作为控制接触器的中间继电器时，应符合 GB 14048.5《低压开关设备与控制设备　第 5-1 部分：控制电路电气和开关元件　机电式控制电路电器》的相关要求。

（2）对操作主接触器的继电器的要求

如果采用继电器操作主接触器，则继电器应符合 GB/T 21711.1《基础机电继电器　第 1 部分：总则与安全要求》的规定。

（3）继电器和接触器式继电器类型的选取

用于操作主接触器的继电器和接触器式继电器，应选取 GB/T 14048.5—2017 中：

——AC-15 型继电器用于控制电磁铁负载(>72 VA);

——DC-13 型继电器用于控制电磁铁负载。

开关元件的使用类别见表 5.10-5(引自 GB/T 14048.5—2017 中的表 1)。

表 5.10-5 开关元件的使用类别

电流种类	使用类别	典型用途
交流	AC-12	控制电阻性负载和光电耦合隔离的固态负载
	AC-13	控制具有变压器隔离的固态负载
	AC-14	控制小型电磁铁负载(≤72 VA)
	AC-15	控制电磁铁负载(>72 VA)
直流	DC-12	控制电阻性负载和光电耦合隔离的固态负载
	DC-13	控制电磁铁负载
	DC-14	控制电路中具有经济电阻的电磁铁负载

应注意,只有必要时才应设置接触器式继电器。由于承受功率的原因而在电气安全回路中使用接触器式继电器时,虽然其作用表现为继电器,但对其特性的要求与接触器相同,即同样要求其具有强迫断开的特性,以及 4 mm 的分断距离。同时在选用接触器式继电器时要注意,不但要满足标准中所规定的 AC-15(用于控制交流电磁铁负载)和 DC-13(用于控制直流电磁铁负载)型继电器,同时必须考虑到接触器式继电器应具有适当的电压、电流和功率参数,以便在动作时能够可靠分断。

5.10.3.1.3 对于 5.10.3.1.1 所述的主接触器、5.10.3.1.2 所述的接触器式继电器和继电器以及 5.9.2.2.2.3 所述的切断制动器电流的机电装置,有必要采取下列措施以满足 5.11.1.2f)、g)、h)、i)的规定:

a) 按照 GB/T 14048.5—2017 的附录 L,主接触器的辅助触点是机械联锁触头元件;

b) 接触器式继电器符合 GB/T 14048.5—2017 的附录 L;

c) 继电器符合 IEC 61810-3,以便确保任何动合触点和任何动断触点不能同时在闭合位置。

【解析】

本条与 GB 7588—2003 中 13.2.1.3 相对应。

本条规定了切断驱动主机电动机的主接触器(见 5.10.3.1.1)、接触器式继电器(见 5.10.3.1.2)、继电器以及切断制动器电流的电气装置(见 5.9.2.2.2.3)需要满足的要求。

在出现 5.11.1.2f)、g)、h)、i)的情况时:

f) 接触器或继电器的可动衔铁不吸合或吸合不完全;

g) 接触器或继电器的可动衔铁不释放;

h) 触点不断开;

i) 触点不闭合；

为了保证上述情况下的安全,本条所述的主接触器、接触器式继电器、继电器以及切断制动器电流的电气装置应满足 a)~c)的相关要求。

a) 主接触器的辅助触点是符合 GB/T 14048.5—2017 中的附录 L 的机械联锁触头元件

所谓机械联锁触头元件又称为压力触头、肯定动作触头或联锁触头,是指由 n 个接触触头元件和 m 个分断触头元件组合而成,它们设计成在 GB/T 14048.5—2017 的附录 L 中 8.4 规定的实验条件下不能同时处于闭合位置。其典型用途为机器控制电路的自监测。

b) 接触器式继电器应符合 GB/T 14048.5—2017 中附录 L 的要求

由于接触器式继电器本质上就是接触器,因此其整体要求也应当遵循 GB/T 14048.5—2017 中附录 L 的要求。

c) 继电器符合应 IEC 61810-3:2015 的要求

本条要求继电器应能满足"任何动合触点和任何动断触点不能同时在闭合位置"的要求。以上要求在接触器和接触器式继电器上很容易满足,而常用的普通中间继电器则不满足这些要求。IEC 61810-3:2015 要求:不管继电器线圈是否施加激励,在常闭触点熔接时,常开触点无论如何不会接通;在常开触点熔接时,常闭触点无论如何不会接通。

继电器的失效可参考 5.10.3.2.1 解析。

d) 用于切断驱动主机制动器电源的电气装置也应符合 a)~c)的要求

可以看出,本条规定的核心就是电气部件必须要保证其常开触点及常闭触点无论在何时不能同时闭合。这是因为基于接触器、接触器式继电器、继电器和用切断驱动主机制动器电源的电气装置,其故障检测一般都是利用辅助触点,因此接触器和继电接触器的检测与被检测触点之间的连接结构是保证检测有效性的关键。

以接触器为例,其主触点和辅助触点是联动的,二者之间的连接结构具有强制动作分合的推拉式结构。

有些接触器为了延长使用寿命,保证其工作的可靠性,减少触点粘连故障的发生,在设计制造中还会采取一些措施避免触点粘连,如一组触点的两个接点采用不同的金属等措施。但这些方法都只是起到使接触器的触点更加可靠,但无法监测其触点是否发生粘连,也无法在触点粘连时进行保护。因此绝不能单纯使用上述延长寿命、提高部件可靠性的方法作为接触器或接触器式继电器触点防粘连的保护措施。

前面对接触器的介绍中也曾提到,辅助触点主要用于实现电气连锁、发送信号等用途。因此辅助触点应能够验证主触点的状态:如果主触点(假设动合触点)中的一个闭合,用于验证主触点位置的辅助动断触点应全部断开;如果辅助动断触点中的一个闭合,则主触点全部断开。当然,也可以同时利用辅助动断触点、动合触点进行冗余验证,以便更可靠地验证主触点的状态。

在满足上述要求的情况下,5.11.1.2 的 f)~i)中描述的故障可能引起的危险,可认为已经被有效保护。

5.10.3.2 安全电路元件

【解析】

安全电路在防止机械和系统事故方面有重要作用。在出现故障时，通过安全电路可以让系统切换到安全状态。因此对于安全电路中所使用的元件有着严格的要求。本部分出现了以下几种用于安全电路中的元件：

（1）电气安全装置；

（2）安全触点；

（3）安全电路（包括含有电子元器件的安全电路、电梯安全相关的可编程电子系统等）；

（4）安全部件。

它们之间的关系，可以这样表述：

——安全触点包含于安全装置内，是安全装置的一部分。

——安全装置，如符合安全电路要求的开关和继电器等，是安全电路的组成部分，即若干安全装置进行逻辑组合，满足一定的逻辑关系组成安全电路。

——冗余型安全电路和含有电子元器件的安全电路是特殊形式的安全电路，安全电路不仅是这两种，还可以采用相异、自诊断等方式。

——可编程电子系统与安全触点、安全电路一样，属于可用作电气安全装置的部件。

——安全电路和电气安全相关的可编程电子系统与限速器——安全钳系统、上行超速保护装置等一样，是多种安全部件中的一种。

以上关系可参考 3.13-1 所示。

5.10.3.2.1 如果 5.10.3.1.2 所述的接触器式继电器或继电器用于安全电路，也应满足 5.10.3.1.3 的规定。

【解析】

本条与 GB 7588—2003 中 13.2.2.1 和 13.2.2.2 相对应。

与 5.10.3.1.2 相同，接触器式继电器在用于安全电路时只有必要时才应被设置。其用于安全电路时，也应当遵循 5.10.3.1.3 的规定。

5.10.3.1.3 的要求（任何动合触点和任何动断触点不能同时在闭合位置），对于接触器和接触器式继电器而言很容易满足，而对于普通中间继电器而言则属于较高的要求。

由于中间继电器自身结构的特点，其触点相对比较容易发生故障。触点故障有不接通和不断开两种极限状态，即通常所说的接触不良和分断不良。触头寿命通常以触点簧片开合失误的程度来衡量，另一个衡量指标是触点间的接触电阻。

以下讨论中间继电器的失效形式以及用于安全电路的继电器应具有的性能。

（1）中间继电器常见的故障

1）簧片故障

① 簧片弹性下降：触点的簧片在使用过程中，由于材料疲劳导致弹性下降，在触点接触不可靠时容易造成触点粘连。

② 簧片断裂：由于长期使用、操作过于频繁，可能导致簧片断裂。

2）触点故障

① 粘连：通常由触点熔焊造成，多因使用不当、安装不妥、负载过重或操作过于频繁所致。

② 接触不可靠：长期使用后触点表面氧化或电弧烧蚀造成缺陷、毛刺等，接触电阻增加，导致触点温升过高，由面接触变成点接触。

③ 变形：因触片变形、弹性连接片变形或弹性系数变化造成触点接触不良。

④ 拉弧导致触点磨损加快：继电器吸合、断开时拉弧，导致触点腐蚀过快，缩短其使用寿命。

因为可能发生上述故障，普通中间继电器在使用过程中很可能出现某一组常开触点粘连，而其余常开触点仍处于开启状态，对常闭触点亦然。这正是用于安全电路中的继电器与普通继电器的不同点之一。如果发生这种情况，且常用的普通中间继电器恰巧是连接在电气安全装置之后，故障发生以后，无法做到对触点粘连或驱动机构卡滞的保护。因此用于安全电路中的继电器应是带有强制引导触点的继电器。这种继电器在设计上已经考虑到所有可能发生的故障，并针对这些故障的影响进行了检验。国际设计标准 EN 50205 规定了带有强制引导触点的继电器的设计规范。

（2）用于安全电路中的继电器的特点功能

1）机械牵制的带强制引导触点的功率继电器；

① 该功率继电器必须同时拥有至少一个常开触点和一个常闭触点，并在机械设计上保证常开触点和常闭触点不会同时闭合。

② 在设计寿命内，不论是在正常工作还是在失效情况下，触点间距不会小于 0.5 mm。

这种设计保证了各自独立的触点可以相互监测其他触点失效状态。例如，当电源切断时，常开触点粘连可以通过常闭触点不恢复到原始状态而被指示出来。

2）用于安全电路中的继电器设计中的故障考虑

① 故障及可能导致的结果（见表 5.10-6）

表 5.10-6 可能的故障和结果

可能的故障	结果
由于粘连，触点不能打开	即使继电器没有工作电压，动合触点不能打开导致动断触点不能闭合； 即使继电器工作电压正常，动断触点不能打开导致动合触点不能闭合

表 5.10-6（续）

可能的故障	结果
由于电源失误而导致触点没有打开	驱动电源与带强制引导触点的继电器的动作无关
继电器簧片折断	即使簧片折断,动断触点和动合触点不可能同时闭合。完全独立的触点空间或栅栏确保触点0.5 mm的间距

② 普通继电器与用于安全电路中的继电器在触点粘连时的不同表现

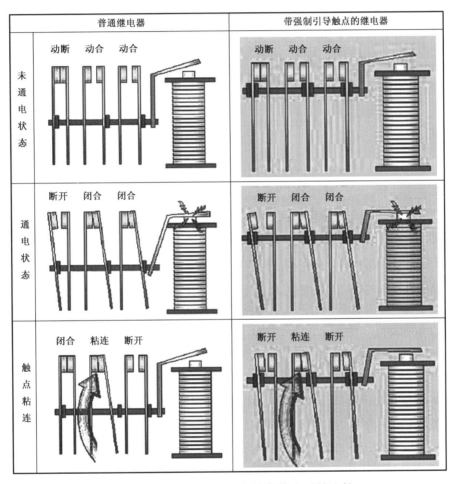

图 5.10-6　两种继电器在触点粘连时的比较

图 5.10-6 所示,带强制引导触点的继电器的动断触点和动合触点永远不能同时接通。在这种情况下,5.11.1.2 中 f)所述"接触器或继电器的可动衔铁不吸合或吸合不完全"的故障可不予考虑。

用于电气安全回路中的继电器不仅要满足触点粘连情况下,动断、动合触点保证不能同时接通,还要满足在触点簧片断裂的情况下不应造成动断、动合触点同时接通的故障。此外触点间隙要求在任何时候都不能小于 0.5 mm。

图 5.10-7 中是普通继电器与用于安全电路中的继电器在触点簧片断裂时的不同表现,

以及在出现某个粘连情况时，其他触点间隙也应满足不小于 0.5 mm。

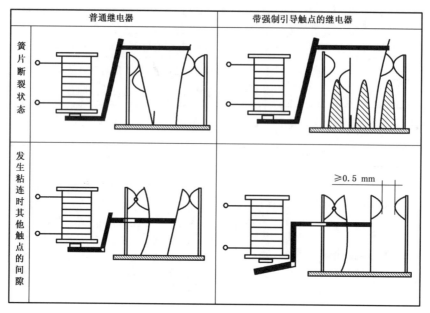

图 5.10-7　两种继电器在触点簧片断裂时的比较

（3）用于安全电路中的继电器应具有的性质

综上所述，用于安全电路中的继电器应具有以下性质：

1）继电器中的动触点与静触点是刚性连接的，至少有一个动合触点（常开触点）和一个动断触点（常闭触点），只要在规定条件下（允许温度、电流、电压）使用，触点能被强制保持一致性，即使两触点熔接在一起时也能被强制保证一致性，即不可能同时出现触点同时闭合或开启的现象；

2）采用适当的附加电子线路，消除线圈铁心剩磁，保证衔铁的正常释放；

3）采用凸式触点接触，确保触点能够可靠接触；

4）对于有两副或两副以上触点的继电器，均应通过单独隔离的电气空间进行绝缘隔离，以防止簧片折断或触点脱落时发生断路故障，导电材料的磨损也不应导致断路的发生；

5）在设计寿命内，不论是在正常工作还是在失效情况下，触点间距不会小于 0.5 mm。

用于安全电路中的继电器（带强制引导触点的继电器）通常也被称为"安全继电器"。

应注意，单一的带强制引导触点的继电器，在独立使用的情况下也是无法达到较高的安全控制等级的要求（如：本部分中 5.11.2.3 要求）。如果要实现安全控制的要求，首先要根据风险评估评定安全控制等级，而后按不同的安全控制等级的需要，把几个带强制引导触点的继电器进行逻辑组合，使之满足一定的逻辑关系，例如：冗余、相异、自检等功能，方能满足安全控制的要求。这一点在 5.11.2.3 中关于安全电路的内容中进行论述。

（4）带强制引导触点的继电器应用举例

安全控制电路的结构是基于特定的失误条件。带强制引导触点的继电器具有常开触点和常闭触点不会同时闭合的特点。图 5.10-8 所示电路是一个由此 3 个 4 组触点带强制引导触点的继电器构成的紧急制动控制电路。

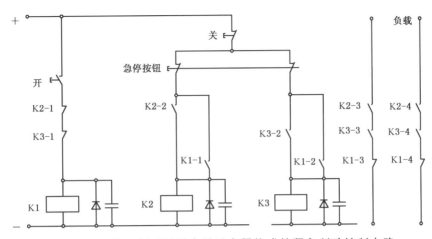

图 5.10-8 带强制引导触点的继电器构成的紧急制动控制电路

1）操作

闭合 ON 开关，K1 继电器开始工作。由于触点 K1-1、K1-2 闭合，K2，K3 继电器的线圈得到驱动电压，使触点 K2-2、K2-3 闭合并保持 K2、K3 处于工作状态。触点 K2-1、K3-1 打开，线圈 K1 失去工作电压，则动断触点 K1-3、K1-4 复位，负载电路导通。

2）第一次失误发生

由于使用了超过设计要求的元器件（冗余设计），不会引起安全功能失效。避免重新启动并可作为结果进行监测（自我监控）。

3）失误分析（见表 5.10-7）

表 5.10-7 失误分析

失效类型	有无危险	是否需要重启
触点 K2-3 无法断开	无危险 当触发紧急制动后， 触点 K3-3 断开	不需重启 K2-1 和 K2-3 不会同时闭合， ON 按钮不会令 K1 工作
触点 K1-3 无法断开	无危险 当触发紧急制动后， 触点 K2-3、K3-3 断开	不需重启 由于 K1-3 闭合，触点 K1-1、K1-2 不会同时闭合， 线圈 K2 和 K3 不会被激励

5.10.3.2.2 对用于安全电路或连接在电气安全装置之后的装置，根据电路的额定电压，爬电距离和电气间隙在下列条件下应满足 GB/T 16935.1 的要求：

　　a）污染等级 3；

　　b）过电压类别Ⅲ。

如果该装置的防护等级为 IP5X（见 GB/T 4208）或以上，可使用污染等级 2。

与其他电路的电气分隔，根据相邻电路之间的工作电压的有效值，也应在上述条件下满足 GB/T 16935.1 的要求。

印制电路板应满足 GB/T 7588.2—2020 中的 5.15 和表 3（元件 3.6）的要求。

【解析】

本条与 GB 7588—2003 中 13.2.2.3 相对应。

本条是对"用于安全电路或连接在电气安全装置之后的装置"的内部绝缘配合的要求。绝缘配合意指根据设备的使用及周围环境来选择设备的电气绝缘特性。

安全电路的定义见本部分 3.49。

所谓"用于安全电路或连接在电气安全装置之后的装置"的含义是：从电气上看，该装置比电气安全装置更靠近停止电梯驱动主机以及检查其停止状态的接触器（5.9.2.5）和切断驱动主机制动器电流的接触器（5.9.2.2.2.3）。这些装置不能因为有符合本部分要求的电气安全装置而降低其爬电距离和电气间隙的要求。

（1）本条出现的一些概念

GB/T 16935.1《低压系统内设备的绝缘配合　第1部分：原理、要求和试验》对本条出现的一些重要术语分别定义如下：

1）额定电压：制造单位对元件、电器或设备规定的电压值，它与运行（包括操作）和性能等特性有关。

注：设备可有一个以上的额定电压或可具有额定电压范围。

2）爬电距离：两导电部件之间沿固体绝缘材料表面的最短距离。

注：两个绝缘材料部件间接缝认为是表面部分。

3）电气间隙：两个导电部件之间在空气中的最短距离。

4）污染：使绝缘的电气强度和表面电阻率下降的外来物质（固体、液体或气体）的任何组合。

5）污染等级：用数字表征微观环境受预期污染的程度。

6）过电压类别：用数字表示瞬时过压条件。

7）工作电压：在额定电压下，在设备的任何特定绝缘两端可能产生的交流电压或直流电压的最高有效值。

注1：不考虑瞬时现象。

注2：开路和正常运行两种情况都要考虑。

GB 50054—2011《低压配电设计规范》中对"电气分隔"有如下定义：

8）电气分隔：将危险带电部分与所有其他电气回路和电气部件绝缘以及与地绝缘，并防止一切接触的保护措施。

从"爬电距离"和"电气间隙"的定义可以看出，一个开关或触点的爬电距离和电气间隙是指两个接线端子间的几何参数，即视线距离为电气间隙，从一个端子沿表面到另一个端子的轮廓则为爬电距离。爬电距离不能小于相应的电气间隙，但最小的爬电距离有可能等于要求的电气间隙。除选定尺寸极限外，空气中的最小电气间隙与容许的最小爬电距离之间并无物理联系。

"爬电距离"和"电气间隙"的测量见图 5.10-9。

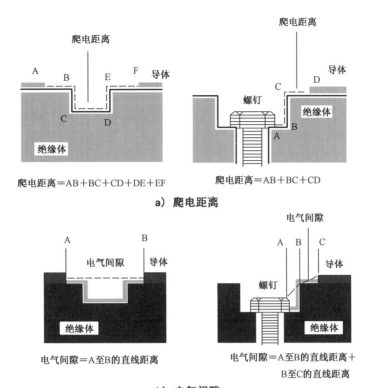

a）爬电距离

b）电气间隙

图 5.10-9　爬电距离和电气间隙的测量

（2）对绝缘的要求

环境决定了污染对绝缘的影响，GB/T 16935.1 中也给出了"有效地使用外壳，封闭式或气密封闭式等措施可减少对绝缘的污染"的结论（见该标准 4.6.1）。因此本条根据"用于安全电路或连接在电气安全装置之后的装置"的外壳防护等级不同，以 IP5X 等级为界限确定其爬电距离和电气间隙。根据 GB/T 4208—2017《外壳防护等级（IP 代码）》中的相关内容，IP5X 防护等级为"防尘"。

1）对于防护等级为 IP5X（防尘）以下等级时

由于此时设备外壳没有达到防尘等级，因此需要考虑环境影响比较恶劣的情况。

——本条中 a）应取污染等级 3，即：

有导电性污染或由于预期的凝露使干燥的非导电性污染变为导电性污染。

——本条中 b）过电压类别Ⅲ，即：

设备是固定式配电装置中的设备，以及设备的可靠性和适用性必须符合特殊要求者。

2）对于防护等级为 IP5X（防尘）或以上等级时

如果设备的外壳防护达到防尘（IP5X）或尘密（IP6X）等级，污染等级可降至 2 级。即，一般仅有非导电性污染，然而必须预期到凝露会偶然发生短暂的导电性污染。

但仍需要考虑过电压类别Ⅲ的情况。

（3）与其他电路的电气分隔

根据相邻电路之间的工作电压的有效值,按照外壳防护等级的不同选取不同的污染等级和过电压类别,并应符合满足 GB/T 16935.1 的要求。

(4)对印制电路板的要求

应满足 GB/T 7588.2 中的 5.15 和表 3(元件 3.6)的要求:

1)短路排除的条件:

——PCB 总体技术条件符合 GB/T 16261 的要求;

——基础的材料能符合 GB/T 4721、GB/T 4723、GB/T 4724、GB/T 4725 的要求;

——PCB 的结构符合上述要求,而且各最小数值在下列条件下满足 GB/T 16935.1—
　　2008 的要求:

　　　　污染等级是 3、材料组别是Ⅲ、非均匀电场。

2)如果 PCB 的防护等级不低于 IP54,且印制侧具有抗老化表面涂层或保护层覆盖所有电路,并作为多层 PCB 的内层,则可使用污染等级为 2 的 PCB。

注:经验表明,阻焊层是可以作为保护层的。

3)如果层间绝缘材料满足以下条件(见 GB 4943.1—2011 中的 2.10.6.4),多层 PCB 层间短路故障可以排除:绝缘材料最小厚度不小于 0.4 mm,或者采用至少 3 层预浸材料(或其他薄层绝缘材料)组成并满足加强绝缘的要求。

关于 GB/T 16935.1—2008《低压系统内设备的绝缘配合 第 1 部分:原理、要求和试验》的简介,可参见"GB/T 7588.1 资料 5.10-5"。

5.10.4　电气设备的保护

【解析】

本条涉及"4 重大危险清单"的"过载""短路""温度"危险。

5.10.4.1　电气设备的保护应符合 GB/T 5226.1—2019 中 7.1~7.4 的要求。

【解析】

本条明确了电气设备应具有 GB/T 5226.1—2019《机械电气安全 机械电气设备 第 1 部分:通用技术条件》中 7.1~7.4 要求的保护。

GB/T 5226.1—2019 中 7.3 是关于"电动机的过热保护",在本部分 5.10.4.2 中有所体现。因此本条主要针对过电流和异常温度的保护。

(1)过电流保护(GB/T 5226.1—2019 中 7.2)

所谓"过电流"是指超过额定值的各种电流,就导线而言额定电流指载流容量。

GB/T 5226.1—2019 要求,当机械电路中的电流如果超过元件的额定值或导线的载流能力,则应配置过电流保护。应当采取的过电流保护措施的部件有:电源线、动力电路、控制电路、插座及其有关导线、照明电路和变压器等。

过电流保护器件应安装在导线截面积减小或导线载流容量减小处。其满足额定短路分断能力应不小于保护器件安装处的预期故障电流。经过电流保护器件的短路电流除了来自电源的电流,还包括附加电流(如,来自电动机、功率因数补偿电容器),这些电流均应考虑进去。

(2)异常温度的保护(GB/T 5226.1—2019 中 7.4)。

正常运行中可能因达到异常温度以致引起危险情况的发热电阻或其他电路(如,由于短时间工作制或冷却介质不良),应提供恰当的检测,以引发适当的控制响应。

5.10.4.2 每台电动机均应具有过热保护。

　　注:根据 GB/T 5226.1—2019 中 7.3.1,0.5 kW 以下的电动机不需要具有过热保护。但是,该规定不适用于本部分。

【解析】

本条要求不仅驱动主机电动机需要过热保护,而且电梯上使用的每一台电动机(如门机电动机)均应设置过热保护。

在电梯设备上电动机、变频器、电阻、制动器等工作时都会产生热量,当温度超过正常温升时,会造成绝缘破坏、烧毁等严重后果。

GB/T 5226.1—2019《机械电气安全　机械电气设备　第 1 部分:通用技术条件》中对额定功率在 0.5 kW 以上的电动机要求设置过热保护,并作出了相应的要求(见该标准7.3)。

但本条款明确了与电动机功率大小无关,任何容量的电动机都应具有过热保护。以电梯门机的电动机为例,其功率可能小于 0.5 kW,在电梯频繁地开关门中,如果其不具备过热保护功能,可能存在电动机温升过高的状况,可能造成电动机烧毁,甚至引起其他难以预期的危险。

电梯上使用的电动机(无论其额定功率是否超过 0.5 kW)的过热保护,可参照GB/T 5226.1—2019 中 7.3 的要求。

电动机的过热保护可通过下列方式实现;

(1)过载保护

过载保护器件检测电路负载超过容量时电路中时间与电流间的关系(I^2t),同时作适当的控制响应。

在提供过载保护的场合,所有通电导线都应接入过载检测,中线除外。然而,在电缆过载保护未采用电动机过载检测的场合,过载检测器件数量可按用户的要求减少。对于单相电动机或直流电源,检测器件只允许在一根未接地通电导线中。

如果过载是用切断电路的办法作为保护措施,则开关电器应断开所有通电导线,但中线除外。

如果电动机属于特殊工作制(如要求频繁启动或制动),应专门设计保护器件。

（2）超温度保护

温度检测器件可检测温度过高并引发适当的控制响应。

电动机散热不良的场所，应采用带超温保护的电动机。根据电动机型式，如果在转子失速或缺相条件下温度保护不总起作用，则应提供附加保护。电梯常用的超温度保护传感器有双金属片温度开关、PTC 热敏电阻、NTC 热敏电阻等。

（3）限流保护

应防止过热保护复原后任何电动机自行重新起动，以免引起危险情况，损坏机械或加工件。

在三相电动机中，用电流限制方法达到防治过热的场合，电流限制器件的数量可以从 3 个减少到 2 个。对于单相交流电动机或直流电源，电流限制器件只允许用在未接地带电导线中。

应注意：GB/T 5226.1—2019 中 7.3 中有"应防止过热保护复原后任何电动机自行重新起动，以免引起危险情况，损坏机械或加工件"的要求，但本部分 5.10.4.3 中有"只有在充分冷却后，电梯才能自动恢复正常运行"的规定。这两个要求并不矛盾，因为 GB/T 5226.1—2019 中 7.3 中不允许电动机自行启动的目的是"避免引起危险情况，损坏机械或加工件"。对于电梯而言，只要充分冷却，电动机自动投入运行是不会发生上述风险的。

> **5.10.4.3**　如果具有温度监测装置的电气设备的温度超过了其设计温度，则轿厢应停在层站，以便乘客能离开轿厢。只有在充分冷却后，电梯才能自动恢复正常运行。

【解析】

本条与 GB 7588—2003 中 13.3.6 相对应。

温度对电气设备的寿命和稳定性（尤其绝缘材料的稳定性）有很大影响，因此为保证电气设备的寿命和运行稳定可靠，应对电气设备进行必要的温度监控。而电气设备的温度超过设定值时一般不会立即对设备造成损害，因此当电气设备温度超过设定值时，轿厢就近停靠在层站，而不必立即停止运行。通常在电动机绕组内埋设传感器（如热敏电阻）等方法，当检测到电动机绕组内的温升大于规定值后，切断电源停止电梯运行，待电动机温升降低至允许值后，才允许电梯恢复运行。但必须注意，切断电源停止电梯运行的前提条件是本条所规定的"此时轿厢应停在层站，以便乘客能离开轿厢"。这是考虑到在电动机过载时，如果能够就近停站（可以向上运行也可以向下运行），既可以保证过载的时间很短，不会造成电动机烧毁的故障，也可避免将乘客困在轿厢内。

本条所述"温度监测装置的电气设备"是指除 5.10.4.4 中的液压电梯驱动主机之外的所有具有温度检测的电气设备。但应注意，本条不应看作要求电梯必须设置符合 GB/T 5226.1—2019 中 7.3 要求的"超温度保护"，而是对"如果具有温度监测装置"的情况的规定。

本条仅适用于采用了符合 GB/T 5226.1—2019 中 7.3 要求的"超温度保护"的电气设

备，而不适用于采用"过载保护"和"限流保护"的电气设备。

关于"只有在充分冷却后，电梯才能自动恢复正常运行"的规定，可参见 5.10.4.2 解析。

> **5.10.4.4**　如果具有温度监测装置的液压电梯的驱动主机电动机和（或）油的温度超过了其设计温度，则轿厢应直接停止再返回底层端站，以便乘客能离开轿厢。只有在充分冷却后，液压电梯才能自动恢复正常运行。

【解析】

本条与 GB 21240—2007 中 13.3.5 相对应。

与 5.10.4.3 不同的是，对于液压电梯，若其电动机和（或）油的温度超过了其设计温度，则轿厢应直接停止再返回底层端站。对于液压电梯而言，温度对其电动机和液压油的寿命及稳定性均有很大影响，因此为保证电梯运行稳定可靠，应对其电动机和液压油进行必要的温度监控。

关于液压油的过热保护参见本部分 5.9.3.11 解析。

而当电动机和液压油的温度超过设定值时，轿厢应直接停止。因为液压电梯的下行是依靠轿厢自重及载重量实现的，因此可使轿厢直接返回底层层站，开门使轿内乘客离开。

之所以要求返回底层层站，是为了避免在液压油温冷却过程中轿厢沉降带来的风险。

本条与 5.10.4.3 的规定类似，但仍有细节上的差异：由于液压油温度过高容易对液压油的特性产生影响甚至引发火灾，因此在检测到液压电梯的驱动主机或油温过热时，为了不再继续增加过热的风险，本条只允许液压电梯向下运行（此时不再依靠油泵将液压油泵入油缸，驱动主机不再发热）。

5.10.5　主开关

【解析】

本条涉及"4　重大危险清单"的"吸入或陷入危险""控制装置的设计、位置或识别""局部照明""因动力源中断后又恢复而产生的意外启动、意外越程/超速（或任何类似故障）"危险。

> **5.10.5.1**　每部电梯都应单独设置能切断该电梯所有供电电路的主开关。该开关应符合 GB/T 5226.1—2019 中 5.3.2a)～d)、5.3.3 的要求。

【解析】

本条规定每一台电梯都应设置一个供这台电梯专用的主开关。不允许多台电梯共用一个主开关，无论这些电梯的驱动主机是否处于同一机房（机器空间）内。对于主开关有下列要求：

（1）能切断该电梯所有供电电路

这里所说的"供电电路"包括电梯动力电源和控制电路电源。主开关可以切断上述所有电源，也包括制动器电源。这里应注意的是，当电梯有多个供电回路时，主开关应能够切断每一个供电回路。带有停电应急功能（停电时通过蓄电设备使轿厢平层并释放乘客）的电梯，主开关也应切断该功能向电梯驱动主机和控制系统的供电。

（2）主开关应符合 GB/T 5226.1—2019《机械电气安全　机械电气设备　第1部分：通用技术条件》中 5.3.2a)～d) 的要求。

按照 GB/T 5226.1—2019 中 5.3.2 电源切断开关应是下列型式之一：

1）隔离开关

隔离开关是一种主要用于隔离电源、用于连通和切断小电流电路，无灭弧功能的开关器件。隔离开关在分位置时，触头间有符合规定要求的绝缘距离和明显的断开标志；在合闸位置时，能承载正常回路条件下的电流及在规定时间内异常条件（例如短路）下的电流的开关设备。

作为采用隔离开关作为主开关时，应符合 GB/T 14048.3—2017，且使用类型为 AC-23B 或 DC-23B。

GB/T 14048.3—2017《低压开关设备和控制设备　第3部分：开关、隔离器、隔离开关以及熔断器组合电器》中有如下概念：

① （机械）开关：在正常电路条件下（包括规定的过载工作条件），能够接通、承载和分断电流，并在规定的非正常电路条件下（例如短路），能在规定时间内容承载电流的一种机械开关电器。

注：开关可以接通且能分断短路电流。

② 隔离器：在断开状态能符合规定的隔离功能要求的机械开关电器。

③ 隔离开关：在断开状态下能符合隔离器的隔断要求的开关。

④ AC-23B 是指在交流电源情况下，隔离开关用于通断电动机负载或其他高感负载的场合。"B"表示使用类型适用于因结构或使用上的原因、只准备做不经常操作的电器。

⑤ DC-23B 是指在直流电源情况下，隔离开关用于通断高感负载（如串激电动机）的场合。"B"表示使用类型适用于因结构或使用上的原因、只准备做不经常操作的电器。

2）控制和保护装置（隔离器）

在分闸后，能够建立可靠的绝缘间隙，将设备或线路与电源用一个明显的断开点隔开，以保证检修人员和设备的安全。可带负荷分断和接通线路。

使用隔离器作为主开关时，要求使用符合 GB/T 14048.3—2017，带辅助触点的隔离器，在任何情况下辅助触点都使开关器件在主触点断开之前先切断负载电路。

隔离器在 GB/T 14048.3—2017 中的定义见上文所述。

3）断路器

断路器是指能够关合、承载和开断正常回路条件下的电流并能关合、在规定的时间内承载和开断异常回路条件下的电流的开关装置。断路器可用来分配电能，不频繁地启动异步电动机,对电源线路及电动机等实行保护,当它们发生严重的过载或者短路及欠压等故障时能自动切断电路,其功能相当于熔断器式开关与过欠热继电器等的组合,而且在分断故障电流后一般不需要变更零部件。

采用断路器作为主开关时,其绝缘应符合 GB/T 14048.2—2008 的要求。

GB/T 14048.1—2012《低压开关设备和控制设备 第1部分:总则》将"断路器"定义为:能接通、承载和分断正常电路条件下的电流,也能在规定的非正常条件下(例如短路条件下),接通、承载一定时间和分断电流的一种机械开关电器。

4)任何既符合 IEC 产品标准和满足 GB/T 14048.1—2012 隔离要求,又在产品标准中定义适合作为电动机负荷开关或其他感应负荷应用类别的开关电器,见图 5.10-10。

a)隔离开关　　　　　b)隔离器　　　　　c)断路器

图 5.10-10　几种可用作主开关的开关电器

(3)主开关在选用以上 1)~4)所述的电气设备时,还必须满足 GB/T 5226.1—2019 中 5.3.3 的要求

当电源切断开关采用 GB/T 5226.1—2019 中 5.3.2a)~d)规定的型式之一时,它应满足下述全部要求:

1)把电气设备从电源上隔离,仅有一个"断开"和"接通"位置,清晰地标记为"○"和"｜"。

说明:上述要求的目的是防止弄错主开关的通、断位置,见图 5.10-11a)。

2)有可见的触头间隙或位置指示器并已满足隔离功能的要求,指示器在所有触头没有确实断开前不能指示断开(隔离)。

说明:所谓"指示器"通常为手柄上的一个标记,它与"断开"和"接通"位置标记("○"和"｜")配合指示开关的通断情况,见图 5.10-11a)。

3)有一个外部操作装置(如手柄),例外情况:动力操作的开关设备有其他办法断开的场合,这种操作不必一定要从电柜外部进行。在外部操作装置不打算供紧急操作使用场合时,外部操作装置的颜色最好使用黑色或灰色。

说明:上述要求的目的是避免与紧急操作装置(如停止开关)通常使用的红色,以及带有警告含义的黄色清晰地区分开,见图 5.10-11a)。

4)在断开(隔离)位置上提供能锁住的机构(如挂锁),锁住时应防止遥控及在本地使开关闭合。

　　说明:上述要求的目的是防止在主开关被切断的情况下,有人误操作。但还应注意,主开关应能够避免在正常状态被锁闭,也就是说必须设法防止紧急情况下需要切断主开关而主开关被锁闭无法被切断的情况出现。虽然这一点在本部分和 GB/T 5226.1 中均没有规定,但实际是需要的。

　　图 5.10-11b)开关箱只有在主开关切断电源的情况下才能够锁闭,在正常情况下是无法锁闭的。在锁闭的情况下,最多允许使用 6 把锁同时锁闭(即提供了 6 个人同时工作的可能)。

a) 操作手柄及其通断位置标记

b) 能够使用多把锁锁闭的电源主开关箱

图 5.10-11　主开关

　　5) 切断电源电路的所有带电导线。但对于 TN 电源系统,中线可以切断也可以不切断。

　　说明:驱动主机的供电系统在三相平衡的情况下,中性线通常不带电且不可能驱动电动机旋转,因此也可不切断。

　　6) 有足以切断最大电动机堵转电流及所有其他电动机和负载的正常运行电流总和的分断能力,计算的分断能力可以用验证过的差异因素适当降低。当电机由变换器或类似装置供电时,计算应考虑所要求的分断能力可造成的影响。

　　说明:主开关应能切断电梯正常使用中可能出现的最大电流,通常这个最大电流出现在驱动主机电动机堵转,且其他电动机(如门机电动机)正常情况下的运行电流。

　　上述条款说明,每台电梯的主开关只要是符合 GB/T 5226.1—2019 中 5.3.2a)～d)中任何一条即可。

　　但符合 GB/T 5226.1—2019 中 5.3.2a)～d)中任何一条的产品必须满足上述 GB/T 5226.1—2019 中 5.3.3 的全部要求。

　　应特别注意的是,在 GB 7588—2003 中 13.4.2 明确要求了"主开关应具有稳定的断开和闭合位置""在断开位置时应能用挂锁或其他等效装置锁住"的要求,而从本部分的条文中则无法直接找到这些要求。并不是本部分放宽了对主开关的要求,而是相关要求在 GB/T 5226.1—2019 中 5.3.3 中有相应规定,且本部分对该标准的上述条文进行了引用。

　　此外,为了便于维修人员操作,电源主开关应设置在容易接近的位置;在高度方面,电源切断装置的操作机构应安装在距离地面 0.6 m～1.9 m，上限宜为 1.7 m（见 GB/T 5226.1—2019 中 5.3.4）。

> **5.10.5.1.1** 主开关不应切断下列供电电路：
> a) 轿厢照明和通风；
> b) 轿顶电源插座；
> c) 机器空间和滑轮间照明；
> d) 机器空间、滑轮间和底坑电源插座；
> e) 井道照明。

【解析】

本条与 GB 7588—2003 中 13.4.1 相对应。

设置主开关的目的是在电梯发生紧急情况时，能够迅速、方便地切断电梯动力电源和控制电路电源，避免电梯事故的进一步扩大。电梯发生紧急情况时轿厢内可能有乘客，因此为了保证轿内乘客的安全，主开关不应切断照明、通风的电路。同理为了保证在井道、机房（或滑轮间）以及轿顶的工作人员的安全，主开关不应切断这些位置的照明电路和电源插座的供电，如图 5.10-12 所示。

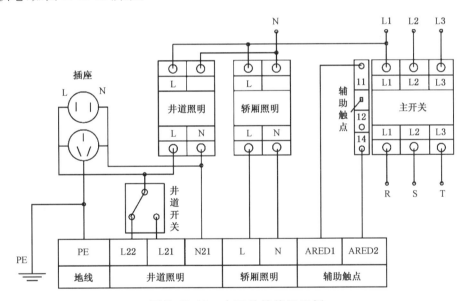

图 5.10-12　主开关接线图示例

在 GB 7588—2003 中还指明了不应切断报警装置的电路，本版标准中取消了此条款。因为本部分 5.4.10.4 已经要求：使乘客能够报警呼救的报警装置的电路，其电源应为具有自动再充电的紧急电源。该电源应当不受主开关的控制，故此处取消了主开关不应切断报警装置电路的条款要求。

为满足上述条件，a)～e)的供电应引自另一条不受主开关控制的电路或电梯的动力电源主开关取得，同时应有相应的开关控制这些电路的供电。

5.10.5.1.2 主开关应:

  a) 具有机房时,设置在机房内。或

  b) 没有机房时,如果控制柜未设置在井道内,则设置在控制柜内。或

  c) 没有机房时,如果控制柜设置在井道内,则设置在紧急和测试操作屏上(5.2.6.6)。如果紧急操作屏和测试操作屏是分开的,则设置在紧急操作屏上。

如果从控制柜、驱动系统或驱动主机处不易直接接近主开关,则在它们所在位置应设置符合 GB/T 5226.1—2019 中 5.5 的要求的装置。

【解析】

本条与 GB 7588—2003 中 13.4.1 相对应。

主开关的设置位置必须易于接近,使得维修人员可方便快捷地就近操作。因此本条给出了主开关应安装的位置及其优先原则:

a) 主开关优先设置在机房中

如果电梯有机房,由于驱动主机和控制柜均安装在机房中,因此机房是最便于进行紧急操作的场所。这种情况下将主开关设置在机房中,是最安全可靠且对于人员操作而言是最方便快捷的方式。

b) 如果没有机房,控制柜设置在井道外,则主开关优先设置在控制柜中

如果电梯没有机房,电梯的驱动主机通常设置在井道内而难以接近。此时如果控制柜是可接近的(设置在井道外),为了在切断主开关后可以就近对控制柜进行操作,主开关应设置在控制柜内。

c) 如果没有机房且控制柜也难以接近(设置在井道内),则主开关应设置在紧急操作和测试操作屏上紧急操作和测试屏是用于在井道外进行电梯所有的紧急操作和动态测试的装置(见 5.2.6.6),当驱动主机和控制柜都无法接近的情况下,主开关应与紧急操作和测试操作屏设置在一起。

如果紧急和测试操作屏是分开设置的,主开关应与紧急操作屏设置在一起。

紧急操作和测试操作屏可以分为两个部分,其中测试屏用于进行井道外动态测试时使用。这种情况下,为了能够在发生紧急情况下安全和及时地进行处置,主开关应与紧急操作屏设置在一起。

应注意,虽然上述每一个要求均是"或"的关系,但它们是有优先顺序的,即从 a)至 c)优先级逐步降低。这种优选顺序是由主开关操作的安全和便捷性决定的。同时,按照上述优先顺序设置主开关,也可以使进行紧急操作或设备维修的人员能够更有效方便地获知主开关的位置。

从以上位置可以看出,主开关安装的位置应具有以下特点:

1) 可接近

无论是机房、设置在井道外的控制柜还是紧急操作和测试操作屏,都是可接近的,主开

关设置在上述位置也必然是可接近的。

2）有照明

上述位置均要求有照明,且能够达到足够的照度(见 5.2.1.4.2、5.2.6.6.3)。

3）足够的操作空间

机房、设置控制柜或紧急操作和测试屏的空间,工作高度均不小于 2.1 m,并有足够操作的水平净面积(见 5.2.6.3.2.1、5.2.6.4.6 和 5.2.6.4.4)。

4）空间的专用

上述空间均为电梯设备的专用空间,可以保证主开关不会被无关人员操作。

如果在驱动主机、驱动系统和控制柜处难以接近主开关,则上述部件应符合以下原则(见 GB/T 5226.1—2019 中 5.5):

——对预期使用适当而方便;

——安排合适;

——对电气设备的电路或部件进行维修时可以快速识别。当它们的功能和用途指示不明显时(例如:以它们的位置),应标记指示这些装置隔离设备的程度。

5.10.5.2 应能从机房入口处直接接近主开关的操作机构。如果机房为多部电梯所共用,各部电梯主开关的操作机构应易于识别。

如果机器空间有多个入口,或者同一部电梯有多个机器空间并且每个机器空间又有各自的一个或多个入口,则可使用接触器,该接触器应由符合 5.11.2 的安全触点或符合 GB/T 5226.1—2019 中 5.5 和 5.6 规定的装置控制,上述触点或装置接入接触器线圈的供电回路。该接触器应具有足够的分断能力,以切断电动机的最大电流,即所有电动机和(或)载荷的正常运行电流的总和。

接触器断开后,除借助于上述使接触器断开的装置外,接触器不应被重新闭合或不应有被重新闭合的可能。接触器应与符合 GB/T 5226.1—2019 中 5.5 和 5.6 规定的手动分断开关连用。

【解析】

本条与 GB 7588—2003 中 13.4.2 相对应。

为便于检修人员迅速地接近电源主开关的操作机构,要求电源主开关的操作机构设置在靠近机房入口且方便接近的地方。在垂直方向上,电源主开关的操作机构应安装在距离地面 0.6 m~0.9 m(见 GB/T 5226.1—2019 中 5.3.4)。

当机房为多台电梯共用的情况,为避免混淆,主开关的操作机构上应有易于识别的标识,能够让使用者分辨其所对应的电梯。

这里所说的是主开关的操作机构,应注意与上面所说的主开关是有所区别的。主开关不一定要设置在“从机房入口处直接接近”的位置,但在上述位置上必须能够操作主开关。也就是说,允许使用适当的装置去操作电梯主开关,这个装置就是所谓的“主开关操作机构”。比较常见的操作机构是手柄。

机器空间有多个入口或同一部电梯有多个机器空间且每个机器空间又具有各自的入口时，允许使用接触器切断电梯所有供电电路[5.10.5.1.1a)～e)除外]，与主开关的要求一样，接触器的容量应能切断电梯正常使用中可能出现的最大电流。

上述接触器应与一个具有符合5.11.2要求的安全触点的手动分断开关联用。这个手动分断开关的触点接入接触器的线圈中，通过它能够切断触器线圈的供电，见图5.10-13。同时只有通过这个手动分断装置才可能将断开的断路器接触器闭合。

图中KM1为接触器，QF1为主开关。接触器KM1受安全触点型开关SA1和SA2控制。这两个安全触点型开关分别设置在机房其他两个入口

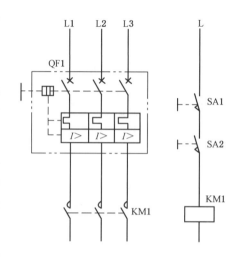

图 5.10-13　机房有多个入口时采用断路器接触器控制示例

处。应注意，接触器的主触头只能与主开关的触头串联，且只能串联在主开关QF1后面。

此外，与接触器联用的手动分断开关，应符合GB/T 5226.1—2019中5.5和5.6规定，即：

——能够适当而方便地使用。

——设置合理。

——维修时可快速识别。

——能够防止其断开的情况下因疏忽或误操作被闭合（例如，加锁）。

5.10.5.3　接入电梯的每路输入电源都应具有符合GB/T 5226.1—2019中5.3规定的电源切断装置，该装置应设置在主开关的附近。

对于群控电梯，当一部电梯的主开关断开后，如果部分操作回路仍然带电，这些带电回路应能被分别隔离，而无需切断组内全部电梯的电源。此要求不适用于PELV和SELV电路。

【解析】

本条与GB 7588—2003中13.4.3相对应。

本条的目的是，当需要的情况下（如电梯设备工作期间），可通过电源切断开关切断任何一条输入电源的回路。该切断开关需符合GB/T 5226.1—2019中5.3的要求。当需要时（如电梯工作期间），电源切断装置将切断（隔离）电梯的电源。如果配备两个或两个以上的电源切断装置时，为了防止出现危险情况，应采取连锁保护措施。

为了便于维修人员对其操作，电源切断装置应设置在主开关附近并容易接近；在高度

方面，电源切断装置的操作机构应安装在距离地面 0.6 m～1.9 m，上限宜为 1.7 m（见 GB/T 5226.1—2019 中 5.3.4）。这样做是为了保证电梯用电的安全，同时在发生故障时，可以在最短时间切断回路的供电。

所谓"接入电梯的每路电源"，是指两方面内容：

（1）电梯的动力电路、照明电路（包括井道照明、轿厢照明、机器空间和滑轮间照明）、插座电路和通风电路

通常情况下，电梯驱动主机均采用 380V 三相工频电作为动力电源，而照明、插座和通风则采用 220V 单相电源。上述单相电源可引自用于驱动主机的三相电源（220V 电源应当与 380V 电源进行隔离，使其相对独立）；也可取自其他供电回路。无论以上哪种情况，每一路电源均应设置电源切断装置。即，电梯的动力电路、照明电路（包括井道照明、轿厢照明、机器空间和滑轮间照明）、插座电路和通风电路均应设置电气切断装置。

（2）当电梯电源（包括动力、照明、插座和通风电源）由多路供电系统供电

当电梯由多条电源回路供电时，每一条电源回路均应能被电源切断装置切断。

本条所要求的"电源切断装置"与电源主开关不同：由于接入电梯的每路输入电源都应设置电源切断装置，因此每个电源切断装置均应能切断其控制的回路，而主开关则不允许切断通风、照明和插座的供电电路（见 5.10.5.1.1）。因此，即使电梯只有一条主电源供电回路，且照明、插座、通风以及井道照明均引自该回路，也不能仅设置主开关，而不设置电源切断装置，否则无法单独控制这些回路。

对于一组群控电梯，一般梯群的调度部分安装在其中某一台电梯中，这台电梯称为主控梯。但梯群调度部分的电源是整个梯群共用的，不受主控梯主开关的控制，此时即使切断主控梯电源主开关，群控调度部分仍带电。为了保证切断电源后在主控梯上工作人员的人身安全，带电的调度部分的电路应被分隔开。PELV 和 SELV 电路因其属于安全电路，故不在此要求范围内。

> **5.10.5.4** 任何改善功率因数的电容器，都应连接在主开关的前面。
>
> 如果有过电压的危险，例如：当电动机由很长的电缆连接时，主开关也应切断与电容器的连接。

【解析】

本条与 GB 7588—2003 中 13.4.4 相对应。

驱动电梯运行的主要动力来源是驱动主机的电动机，电动机属于感性负载，具有相应的感性无功功率。根据《全国供用电规则》第 26 条规定："无功电力应就地平衡。用户应在提高用电自然功率因数的基础上，设计和装置无功补偿设备，并做到随其负荷和电压变动及时投入或切除，防止无功电力倒送"。并有明确的功率因数规定。

如果需要补偿电梯驱动主机电动机的感性无功功率，一般采用在电路中并联相应容量的电容器的方式，通过电容器的放电抵消电动机的感性无功功率。当主开关 SW 切断后，

电容器有个放电的过程，如果电容器接在电路主开关 SW 后面，则电容器在放电时有可能使电梯维修人员触电。因此改善功率因数的电容器设置位置应如图 5.10-14 所示，将其设置在主开关的前面，当主开关切断后，即使电容器放电，电流将被主开关阻断，不会对维修人员造成伤害。

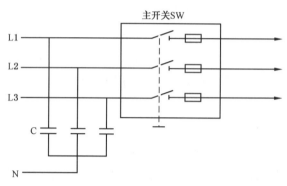

图 5.10-14　改善功率因数的电容器设置位置

所谓"过电压"，是由于在电气系统中，各种电压等级的电气设备在正常运行状态下只起承受其额定电压的作用。但在异常情况下，可能由于系统运行中的操作故障等原因引起系统内部电磁能量的振荡、积聚和传播，从而造成对电气设备绝缘有危险的电压升高的现象。过电压现象虽然持续的时间很短（一般从几微秒至几十毫秒），但电压升高的能量较大，在设备本身绝缘水平较低时，可能发生电气设备的绝缘击穿。

使用变频器控制电动机时，受场所限制变频器可能无法设置在电动机附近，必须使用较长的电缆来连接。如果变频器是采用脉宽调制的方式（PMW），其输出的电流波形并不是正弦曲线而是一系列占空比可变的梯形脉冲，这些脉冲通过电机电缆传送到电机。由于电缆上的漏电感和耦合电容与变频器、电机的阻抗不匹配，造成 PMW 边缘（上升和下降）波形中的高频成分沿着其输入方向反射回去，当这些反射波与原边缘波形叠加，就会出现过压与振荡现象，引起电动机侧出现高压甚至导致绝缘破损。

为避免这种情况的发生，可采用 LC 滤波器，滤波器由 3 个电抗器和电容网络组成，如图 5.10-15 所示，它的基本原理是选择合适的 L、C 值，使这个 LC 低通滤波器的截止频率正好可以将 PWM 波形中的高频成分过滤掉，有效地减小谐振现象，使有可能引起共振的高频成分无法到达电动机。

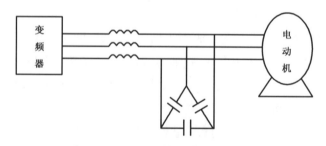

图 5.10-15　LC 滤波器连接位置

这种方案在电路中并联了电容器成分，在主开关切断后，电容器放电可能伤害到检修人员的安全。因此，要求在上述情况下，主开关也必须切断与电容器之间的连接（如上述电容器应设置在主开关前端）。

> **5.10.5.5** 在主开关切断电梯供电期间，应防止电梯的任何自动操作的运行（例如自动的电池供电运行）。

【解析】

此条为新增内容。

主开关切断电梯供电期间，若电梯自动运行，则检修人员在毫无准备的情况下非常容易发生危险。在这种情况下，为了保证维修人员的安全，电梯不应进行任何自动操作。而对于自动电池供电的运行，在主开关切断电梯供电时，电梯也必须不能运行，这就要求在电梯设计中，自动电池供电的运行开关应安装在主开关之前，当断开主开关时，自动电池供电的救援装置也应当一并失效。

5.10.6　电气配线

5.10.6.1　导线和电缆

> 应依据 GB/T 5226.1—2019 中 12.1～12.4 的要求选用导线和电缆。
>
> 除绝缘材料的类型要求外，随行电缆应符合 GB/T 5013.5、GB/T 5023.6 或 JB/T 8734.6 的要求。

【解析】

本条与 GB 7588—2003 中 13.5.1 相对应。

电梯使用的导线应依据 GB/T 5226.1—2019 中 12.1～12.4 的要求进行选取。应从以下几个方面考虑：

（1）对导线和电缆的一般要求（GB/T 5226.1—2019 中 12.1）

导线和电缆的选择应适合于工作条件（如电压、电流、电击防护、电缆分组）和可能存在的外界影响[如环境温度、存在水或腐蚀物质、燃烧危险和机械应力（包括安装期间的应力）]。

（2）导线（GB/T 5226.1—2019 中 12.2）

一般情况下导线应为铜质。如果用铝导线，截面积应至少为 16 mm^2。导线应保证足够的机械强度。

（3）绝缘（GB/T 5226.1—2019 中 12.3）

由于火的蔓延或者有毒或腐蚀性烟雾扩散，绝缘导线和电缆（如 PVC）可能存在火灾危险时，应寻求电缆供方的指导。对具有安全功能电路的完整性予以特别注意。

所用电缆和导线的绝缘应适合试验电压：

——工作电压高于 AC 50 V 或 DC 120 V 的电缆和导线，要经受至少 AC 2 000 V 持续 5 min 的耐压试验。

——PELV 电路应承受至少 AC 500 V 的持续 55 min 的耐压试验。

在工作及敷设时，尤其是电缆拉入管道时，绝缘的机械强度和厚度应保证不应损坏。

（4）正常工作时的载流容量

导线和电缆的载流容量取决于几个因素，如绝缘材料、电缆中的导体数、设计（护套）、安装方法、集聚和环境温度。

由于随行电缆为运动部件，故对随行电缆的要求更加严格。除绝缘材料的类型要求外，随行电缆应当符合电梯电缆的标准 GB/T 5013.5、GB/T 5023.6 或 JB/T 8734.6 的要求。

符合 GB/T 5023.6、GB/T 5013.5 或 JB/T 8734.6 要求的电缆的介绍可参见"GB/T 7588.1 资料 5.10-6"。

5.10.6.2　导线截面积

为了保证足够的机械强度，导线截面积不应小于 GB/T 5226.1—2019 中表 5 的规定值。

【解析】

本条对导线截面积的规定值，并非出于对流经导线中电流大小的考虑，而是为保证导线应具有足够的机械强度。对于这些导线，不但要注意应有足够的机械强度，而且要考虑其折断的可能性。本条据此给出了选择的要求，即导线截面积不应小于 GB/T 5226.1—2019 中表 5 的规定值。值得注意的是，表 5.10-8 的给出值，仅为铜导线的最小截面积数值，其他材质的导线是不适用的。

表 5.10-8　铜导线最小截面积　　　　　　　　　　　　　mm²

位置	用途	导线、电缆型式				
		单芯		多芯		
		5 类或 6 类软线	硬线（1 类）或绞线（2 类）	双芯屏蔽线	双芯无屏蔽线	三芯或三芯以上屏蔽线或无屏蔽线
（保护）外壳外部配线	配电线路、固定布线	1.0	1.5	0.75	0.75	0.75
	动力电路、受频繁运动的支配	1.0	—	0.75	0.75	0.75
	控制电路	1.0	1.0	0.2	0.5	0.2
	数据通信	—	—	—		0.08

表 5.10-8(续)　　　　　　　　　　　　　　　　　　　　　　　　　　　　mm²

位置	用途	导线、电缆型式				
		单芯		多芯		
		5 类或 6 类软线	硬线(1 类)或绞线(2 类)	双芯屏蔽线	双芯无屏蔽线	三芯或三芯以上屏蔽线或无屏蔽线
0.75 外壳外部配线	动力电路(固定连接)	0.75	0.75	0.75	0.75	0.75
	控制电路	0.2	0.2	0.2	0.2	0.2
	数据通信	—	—	—	—	0.08
注:所有导线截面积单位为:mm²。						

5.10.6.3 接线方法

5.10.6.3.1 应符合 GB/T 5226.1—2019 中 13.1.1、13.1.2 和 13.1.3 的要求。

【解析】

本条给出了电梯中接线方法的总体要求,应符合 GB/T 5226.1—2019 中 13.1.1~13.1.3 的要求,具体如下:

(1)一般要求(GB/T 5226.1—2019 中 13.1.1)

所有连接,尤其是保护联结电路的连接应牢固,防止意外松脱。

连接方法应适合被端接导线的截面积和性质。

只有专门设计的端子,才允许一个端子连接两根或多根导线。但一个端子只应连接一根保护导线。

只有提供的端子适用于焊接工艺要求才允许焊接连接。

接线座的端子应清楚标示或用标签标明与电路图上一致的标记。

当错误的电气连接(例如由更换元器件引起的)可能是危险源并且通过设计措施不可能降低时,在导线和/或端子端部做标记。

软导线管和电缆的敷设应使液体能排出该装置。

当器件或端子不具备端接多股芯线的条件时,应提供拢合绞心束的办法。不允许用锡焊达到此目的。

屏蔽导线的端接应防止绞合线磨损并应容易拆卸。

识别标牌应清晰、耐久,适合于实际环境。

接线座的安装和接线应使内部和外部配线不跨越端子。

(2)导线和电缆敷设(GB/T 5226.1—2019 中 13.1.2)

导线和电缆的敷设应使两端子之间无接头或拼接点。使用带适合防护意外断开的插头/插座组合进行连接，不认为是接头。

例外的情况：如果在分线盒中不能提供（接线）端子（如对活动机械，对有长软电缆的机械；电缆连接超长，使电缆制造厂做不到在一个电缆盘上提供电缆；电缆的修理是由于安装和工作期间的机械应力造成的），可以使用拼接或接头。

为满足连接和拆卸电缆和电缆束的需要，应提供足够的附加长度。

电缆端部应夹牢以防止导线端部的机械应力。

只要有可能，就应将保护导线靠近有关的负载导线安装，以便减小回路阻抗。

在铁磁电柜中的交流电路导线的安排应使得电路中所有导线（包括保护导线）装入同一外敷物中。

进入铁磁电柜中的交流电路导线的安排应使得电路中所有导线（包括保护导线）只能由铁磁材料保护，电路的导线之间为非铁磁材料，即电路的所有导线应经过同一电缆输入孔进入电柜。

（3）不同电路的导线（GB/T 5226.1—2019 中 13.1.3）

不同电路的导线可以并排放置，可以穿过同一管道中（如导线管或电缆管道装置），也可以处于同一多芯电缆中或处于同一个插头/插座组中，只要这种安排不削弱各自电路的原有功能，并且：

——如果这些电路的工作电压不同，应将它们用适当的遮拦彼此隔开，或

——任何导线的绝缘均可以承受系统中的最高电压，如非接地系统线间电压和接地系统的相对电压。

> **5.10.6.3.2**　导线和电缆应设置在导管、线槽或等效的机械防护装置中。
>
> 　　如果所安装的位置可以避免意外损坏（如被运动部件），双层绝缘导线和电缆可不采用导管或线槽。

【解析】

为了避免导线和电缆的绝缘破损，必须将导线和电缆敷设在导管、线槽或等效的机械防护装置中以进行防护。

但是本条也指明，对于绝缘强度已经足够的双层绝缘导线和电缆，如果将其安装在可以避免意外损坏（如被移动部件）的位置时，可以不必采用此类保护措施。

> **5.10.6.3.3**　下列情况不必满足 5.10.6.3.2 的要求：
>
> 　　a)　未连接到电气安全装置的导线或电缆，如果：
>
> 　　　　1)　它们承受的额定输出不大于 100 VA；和
>
> 　　　　2)　它们是 SELV 或 PELV 电路的一部分。
>
> 　　b)　控制柜或控制屏内的操作装置或配电装置间的配线，即：
>
> 　　　　1)　电气装置的不同器件间；或
>
> 　　　　2)　这些器件与连接端子间。

【解析】

本条与 GB 7588—2003 中 13.5.1.4 相对应。

对于未连接到电气安全装置的导线或电缆，在满足额定输出不大于 100 VA，并且是 SELV 或 PELV 电路的一部分时，即满足本条款 a)的情况时，由于其功率和电压已经被限定得很低，流经导线的电流不大，因此可以不遵守 5.10.6.3.2 的要求。如，连接在层门上的电气配线如果符合 a)中的条件，可以不必设置线槽、导管等防护。

由于控制柜中或控制屏上的控制或配电装置的配线受到外部壳体的保护，因此也可以不设置 5.10.6.3.2 的防护。

> **5.10.6.3.4**　如果接头、接线端子和连接器未设置在保护外壳内，连接和断开时，均应不低于 IP2X(见 GB/T 4208)的防护等级，它们应适当固定，以防意外断开。

【解析】

出于对人员触电的保护，所有接头、接线端子和连接器等(除非其具有符合 5.10.1.2 规定的防止触电的外壳)，均应设置在保护壳内，以避免人员和设备直接触及这些裸露的带电部件，造成人身伤害和设备的损坏。而由于一些功能和设置的原因不能设置在保护外壳内时，必须保证以下两点：

(1) 在连接和断开时(即人员操作时)，需要具备不低于 IP2X 的防护等级，其防护指标为直径大于 12.5 mm 的固体(如手指)，不能触及带电端子；

(2) 应有合适的固定措施，防止其意外断开，以避免出现相关的人员伤害或者设备损坏。

> **5.10.6.3.5**　如果主开关或类似作用的开关断开后，一些连接端子仍然带电，且电压超过交流 25 V 或直流 60 V，在主开关或其他开关的近旁应设置符合 GB/T 5226.1—2019 第 16 章要求的永久的警告标志，并且在使用维护说明书中应有相应的说明。
>
> 此外，对于连接到这些带电端子的电路，应符合 GB/T 5226.1—2019 中 5.3.5 有关标志、隔离或颜色识别的要求。

【解析】

本条与 GB 7588—2003 中 13.5.3.3 相对应。

当电梯主开关或其他开关断开后，有时控制柜、轿厢的一些部件、一些电气设备或接线端子仍是带电的(如电梯之间互联、照明部分及轿厢的报警系统等)，如果其电压超过 AC 25 V 或 DC 60 V，可能造成检修人员触电，因此应设置适当的标记提醒检修人员，防止触电事故的发生。此标记需符合 GB/T 5226.1—2019 中第 16 章要求的永久的警告标志，见图 5.10-16。

图 5.10-16　带电端子的标志

在设置警告标志提示带电端子的同时，在使用说明书中也应有相应的说明，以供操作人员了解。这一点在 GB/T 5226.1—2019 的 5.3.5 中也有相应要求。

另外，对于连接到这些带电端子的电路，应符合 GB/T 5226.1—2019 的 5.3.5 有关标牌、隔离或颜色识别的要求。具体要求为：

（1）永久警告标志需按照图 5.10-16 进行永久标记；

（2）要求例外的电路（即不必经电源切断开关切断的电路，如维修时的照明回路，维修设备用的插座插头等）必须与其他电路隔离；

（3）颜色标识导线时应参照如下的要求：

当使用颜色代码标记导线时，建议使用下列颜色代码：

——黑色：交流和直流动力电路；

——红色：交流控制电路；

——蓝色：直流控制电路；

——橙色：例外的电路。

> **5.10.6.3.6**　对于意外连接可能导致电梯危险故障的连接端子，应明显地隔开，除非其结构方式能避免这种危险。

【解析】

本条与 GB 7588—2003 中 13.5.3.4 相对应。

在接线过程中，为避免由于误接端子而导致电梯发生危险故障，要求将那些在不慎互接时可能导致电梯发生危险的接线端子明显地分开。根据本条要求，除非有经过特殊设计的结构能够避免这种危险的发生。否则不能将直流电压的"＋"极和"－"极、交流与直流、高压与低压等端子线号相互紧邻，应做相关隔开处理。

> **5.10.6.3.7**　为确保机械防护的连续性，导线和电缆的保护外层应完全进入开关和设备的壳体，或者接入合适的封闭装置中。
>
> 　　但是，当由于部件运动或框架本身锋利边缘具有损伤导线和电缆的危险时，则与电气安全装置连接的导线应加以机械保护。
>
> 　　**注**：层门和轿门的封闭框架，可以视为设备壳体。

【解析】

本条与 GB 7588—2003 中 13.5.3.5 相对应。

保护外层的作用是为导线和电缆提供机械防护。为使导线和电缆在其接口处也能得到充分保护，应保证其外层完全进入开关和接线盒内。同时，为避免这些开关、接线盒等设备的外壳的进线入口边缘划伤导线和电缆，这些位置应有必要的防护，这种防护通常就是一般的塑料或橡胶的保护，见图 5.10-17a）。

对于处于运动部件上的与电气安全装置连接的导线或电缆，应有适当的保护，防止在反复运动的情况下造成导线疲劳折断或被其他部件擦伤。比如可以将导线穿在软管中,并适当固定,防止导线受到机械损伤。

a) 导线和电缆保护外层完全进入壳体的情况 (符合要求)

b) 导线和电缆保护外层没有完全进入壳体的情况 (不符合要求)

图 5.10-17 导线和电缆的外层与壳体保护

5.10.6.4 连接器件

插头插座的连接应符合 GB/T 5226.1—2019 中 13.4.5 除第 4 段、第 5 段和 d)外的要求。

设置在安全电路中的连接器件和插接式装置应设计和布置成:不可能将它们插入导致危险状况的位置。

【解析】

本条与 GB 7588—2003 中 13.5.4 相对应。

当安全电路中的连接器件和插接式装置两个相连接的部件可以分开,且错误地连接会造成电梯发生危险时,应保证被分开的部件再次连接时不会出现错误连接的可能。

本条需符合 GB/T 5226.1—2019 中 13.4.5 要求的内容如下:

电柜内部由固定插头/插座组合(不是软电缆)端接的部件,或通过插头/插座组合连接总线系统的部件不属于本条认定的插头/插座组合。

当根据 GB/T 526.1—2019 中 13.4.5a)安装后,插头/插座组合的型式应在任何时间,包括连接器插入和拔出期间，防止与带电部分意外接触。防护等级应至少为 1P2X 或 IPXXB。PELV 电路除外。

当插头/插座组合包含保护联结电路用触电时，应使它首先接通，最后断开。

插头/插座组合的意外或事故断开会引起危险情况时，应有保持措施。

插头/插座组合的安装应满足下列要求（适用时）：

（1）断开后仍然有电的元件至少应有 1P2X 或 IPXXB 的防护等级，并考虑要求的电气间隙和爬电距离。PELV 电路除外。

（2）插头/插座组合的金属外壳应连接保护联结电路，PELV 电路除外。

（3）预期待动力负载但在带负载条件下不能断开的插头/插座组合应有保持措施以防意外或事故断开，并应有清晰标记，表明在带负载条件下不能断开。

（4）控制电路用插头/插座组合应满足 IEC 61984 的要求。

例外：依照 IEC 60309-1 插头/插座组合，应仅用于控制电路的触点。本例外不适用于动力电路上使用叠加高频信号的控制电路。

图 5.10-18 是一个能够防止连接错误的继电器和插头的例子。要防止插接件在连接时发生错误，可在插座上设置定位槽或孔，插头上有相应配合的定位榫或销，连接时如果不是按照预定的方向，插头和插座将无法配合。

a）防止连接错误的继电器及其插座示例   b）防止连接错误的插头示例

图 5.10-18　防止器件连接错误的设计

5.10.7　照明与插座

【解析】

本条涉及"4　重大危险清单"的"局部照明"危险。

5.10.7.1　轿厢、井道、机器空间、滑轮间与紧急和测试操作屏的照明电源应独立于驱动主机电源，可通过另外的电路或通过与主开关（5.10.5）供电侧的驱动主机供电电路相连，而获得照明电源。

【解析】

本条与 GB 7588—2003 中 13.6.1 相对应。

5.10.5.1.1 也要求了电梯电源主开关断开时不应切断轿厢、井道、机器空间和滑轮间的照明电源。因此，这些地方的照明供电应引自另一条不受主开关控制的电路或引自电梯的动力电源主开关供电侧相连的电路（即主开关前面），同时应有相应的开关控制这些电路的供电。

> **5.10.7.2** 轿顶、机器空间、滑轮间及底坑所需的插座电源，应取自5.10.7.1所述的电路。
>
> 这些插座是 2P＋PE 型 250 V，且直接供电。
>
> 上述插座的使用并不意味着其电源线应具有相应插座额定电流的截面积，只要导线有适当的过电流保护，其截面积可小　些。

【解析】

本条与 GB 7588—2003 中 13.6.2 相对应。

在电梯电源主开关断开后，轿顶、机房、滑轮间及底坑的插座电源不应被断开（在5.10.5.1.1 中也有要求）。因此，上述插座的电源应如 5.10.5.1.1 中所要求的照明电源一样，取自另一条不受主开关控制的电路或取自电梯的动力电源主开关供电侧相连的电路（即主开关前面）。

插座的型式是 2P＋PE 型 250V，直接供电。

所谓 2P＋PE 型插座就是 GB/T 2099.1—2008《家用和类似用途的插头和插座　第 1 部分：通用要求》中的 2P＋型插座，其额定电压为 250 V，额定电流分为 10 A、16 A 和 32 A 三种。此类插座就是我们常见的三线插座，其外形如图 5.10-19 所示。其中的 PE 为保护接地线。该插座的 3 个插孔不是均匀分布的，可以防止连接错误（本部分 5.10.6.3.6 要求）。

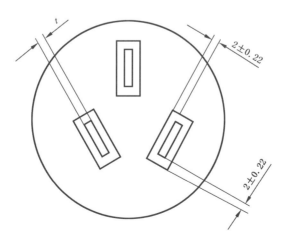

图 5.10-19　2P＋PE 型插座

此类插座的额定电流分为 10A、16A 和 32A 三种，但用电设备实际不一定会用到这样的电流，如果连接插座的导线有适当的过流保护，保证在过电流的情况下切断电源输出，则这些导线的额定电流可小于配用插座的额定电流。

5.10.8　照明和插座电源的控制

【解析】

本条涉及"4　重大危险清单"的"控制装置的设计、位置或识别"和"局部照明"危险。

5.10.8.1　应具有控制轿厢照明和插座电路电源的开关。如果机房中有几部电梯的驱动主机，则每部电梯均应有一个开关。该开关应邻近相应的主开关。

【解析】

本条与 GB 7588—2003 中 13.6.3.1 相对应。

按照本条要求，轿厢照明和插座应由一个开关控制，该开关安装在机房入口合适高度处的墙壁上。如果机房中有数台电梯的驱动主机，则每台电梯均应设置控制轿厢照明和插座电路电源的开关，并且这些开关应邻近安装在各自的主开关旁，以便识别，避免人员误操作。

5.10.8.2　未在井道内的机器空间，应在其入口处设置照明开关，也见 5.2.1.4.2。

井道照明开关（或等效装置）应分别设置在底坑和主开关附近，以便这两个地方均能控制井道照明。

如果轿顶上设置了附加的灯（如 5.2.1.4.1），应连接到轿厢照明电路，并通过轿顶上的开关控制。开关应在易于接近的位置，距检查或维护人员的入口处不超过 1 m。

【解析】

本条与 GB 7588—2003 中 13.6.3.2 相对应。

由于机房照明和井道照明都不受电梯电源主开关控制（见 5.10.5.1.1），在机器空间内靠近入口处的合适高度上，应设置控制机器空间照明（机器空间的照明可以是井道照明的一部分）的开关。

为了使用方便，无论在机器空间或在底坑中均能控制井道照明，用于控制井道照明的开关在上述两个位置都要设置。本条中"这两个地方均能控制井道照明"，应理解为：在正常情况下，无论井道照明处于何种状态（燃亮或熄灭），也无论机器空间或底坑中的开关处于何种状态，通过改变其中任何一个开关的状态，都可以根据要求任意燃亮或熄灭井道照明。为达到这样的目的，在机器空间和底坑的井道照明开关不应是串联或并联形式，否则都不可能在机房和底坑两个位置实现对井道照明的完全控制。

图 5.10-20 是实现在机器空间和底坑内均能控制井道照明的示例

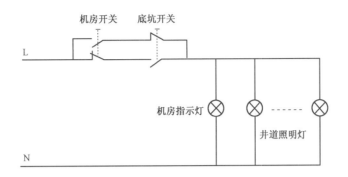

图 5.10-20　采用双联开关实现在机房和底坑内均能控制井道照明的示例

在按照本条要求设置照明开关时，应特别注意：如果按照 5.2.1.4 设置的机器空间（井道）照明安装在轿顶上（其目的是方便检修人员操作），则本条要求的控制上述照明的控制开关应安装在轿顶上，且其电路应并入轿厢照明电路。为了检修人员的方便操作，控制轿顶照明的开关应设置在易于接近的位置，距检查或维护人员的入口处不超过 1 m。

安装在底坑和主开关附近的用于控制井道照明的开关不应控制轿顶的照明，即使该照明的目的是满足 5.2.1.4 要求的机器空间的照度。

5.10.8.3　每个 5.10.8.1 和 5.10.8.2 规定的开关所控制的电路均应具有各自的过流保护装置。

【解析】

本条与 GB 7588—2003 中 13.6.3.3 相对应。

轿厢、机器空间和井道照明电路，以及轿厢插座电路均应设置各自的过流保护。通常这种保护是采用熔断器（熔丝）或空气开关实现。

5.10.9　接地保护

应符合 GB/T 16895.21—2011 中 411.3.1.1 的要求。

【解析】

本条与 GB 7588—2003 中 13.1.5 相对应。

本条给出了电梯的接地保护的相关要求，即需符合 GB 16895.21—2011《低压电气装置　第 4-11 部分：安全防护　电击防护》中 411.3.1.1 的要求。

GB 16895.21—2011 中 411.3.1.1 要求为：

（1）外露可导电部分应按 TN 系统（见该标准 411.4）、TT 系统（见该标准 411.5）或 IT 系统（见该标准 411.6）所述的各种系统接地型式的具体条件，与保护导体连接。

（2）可同时触及的外露可导电部分应单独地、成组地或共同地连接到同一个接地系统。

（3）保护接地的导体应符合 GB/T 16895.3—2017《低压电气装置　第 5-54 部分：电气

设备的选择和安装　接地配置和保护导体》的规定。

（4）每一回路应具有连接至相关的接地端子的保护导体。

本部分中，电梯设备需要接地的主要目的有 3 个：

1）安全保护

为防止直接触电，在本部分 5.10.1.2.2 中要求了防止直接接触的保护，即必须采用防护罩壳，并要求了各种情况下的外壳防护等级（IP 等级）。而对间接触电（接触正常时不带电而故障时带电的电气设备造成的触电）的防护是采用接地保护。在电气设备发生绝缘损坏和导体搭壳等故障时，通过变压器中性点之间的电气连接和相线形成故障回路，在故障电流达到一定值时，使串联在回路中的保护装置动作切断故障电源，防止发生间接触电故障。

2）抑制外部干扰

为了对电阻设备进行保护，抑制外部电磁干扰的影响以及防止电子设备向外发射电磁干扰（即电磁兼容性的要求），一般都采用屏蔽层、屏蔽体，这些屏蔽装置都必须良好接地才能起到应有的屏蔽作用。这种接地应与保护线、防雷装置作等电位连接，这样才能使外界干扰对电子设备的影响降到最低（法拉第笼的屏蔽作用），这种接地又称屏蔽接地。

3）电子设备的工作要求

要使电子设备能正常、稳定地工作，必须处理好等电位点的接地问题，这类接地称为系统接地。系统接地也是要与保护线、防雷装置作等电位连接，也可悬空。因为电子学上的接地不等同于电气设备的保护接地，它只是用来描述零电位的基准点。

以上所有接地要求的前提是具有符合要求的接地方式。本条要求了电梯的零线和接地线必须分开，不能采用接零保护代替接地保护。这是因为如果接零前端导线出现断裂，会造成所有接零外壳上出现危险的对地电压。

此外，如果零线和接地线不分开，电梯的电气设备采用 TN-C 接地保护系统，工作零线和保护零线合用一根导体，此时三相不平衡电路、电梯单相工作电流等因素都会在零线上及接零设备外壳上产生电压降。这不但会对电梯的控制系统带来干扰，在严重的时候还可能导致人员工作时产生电麻感甚至触电。因此进入机房后，零线与接地线就要始终分开，并要求接地线分别直接接到接地点上，不得相互串联后再接地。

我国采用三相四线制的供电方式，即相线 L1、L2、L3 和中线 N，并且大多数供电系统采用中线 N 接地的 TN 系统（关于各种供电系统的介绍见下文）。如果要实现零线与接地线始终分开，就必须同时设置工作零线（中线）和保护零线（接线），因此电梯的供电系统必须采用三相五线制（TN-S 系统）或局部三相五线制（TN-C-S 系统）。要求其工作零线（中线）引入电梯机房后不得接地，不得连接电气设备所有外露部分，与地是绝缘的。保护零线（接地线）与电梯电气设备所有外露可到达部分以及为了防止触电应该接地的部位进行直接连接，且接地电阻值不应大于 4 Ω。

电梯设备接地介绍可参见"GB/T 7588.1 资料 5.10-7"。

5.10.10 标记

所有的控制装置和电气元件均应按照电气原理图清楚地标示。

熔断器必要的规格(如额定值和型号等)应在熔断器上或熔断器座上(或近旁)标示。

如果使用多线连接器,仅连接器需要标示,而电线不用。

【解析】

本条涉及"4 重大危险清单"的"控制装置的设计、位置或识别"危险。

本条与 GB 7588—2003 中 15.10 相对应。

为防止维护人员因不了解设备而误操作造成设备损坏,本条对相关电气部件标示进行了要求:

(1)所有的控制装置和电气元件均应按照电气原理图清楚地标示,这样可防止维修人员的误操作。

(2)熔断器必要的规格(如额定值和型号等)应在熔断器上或熔断器座上(或附近)标示。这可以使维修人员清楚地了解到,该电路可能存在的峰值电流,避免触电危险。

但在使用多线连接器时,由于插入连接器的导线较多,每根导线都标示反而会给维修人员带来识别困难,可能造成相关误操作,故仅连接器需要标示,而电线则不需要。

5.11 电气故障的防护、故障分析和电气安全装置

5.11.1 电气故障的防护和故障分析

【解析】

本条涉及"4 重大危险清单"的"短路"危险。

5.11.1.1 5.11.1.2 中所列出的任何单一电气设备故障,除了 5.11.1.3 和(或)GB/T 7588.2—2020 中 5.15 所述的情况外,其本身不应成为导致电梯危险故障的原因。

对于安全电路,见 5.11.2.3。

【解析】

本条与 GB 7588—2003 中 14.1.1 相对应。

GB/T 16855.1《机械安全 控制系统有关安全部件 第1部分:设计通则》中对"故障"的定义是这样的:故障是指"无能力执行所需功能的产品特征状态,不包括预防性维修或其他有计划的活动期间或由于缺乏外部资源而无能力执行所需功能"。

所谓"电梯危险故障"在本部分中并没有给出明确定义,参照前面几章所述及的安全

方面内容和电气安全装置（列于附录A中）对电梯可能发生的故障的防护，"电梯危险故障"可以这样表述：无论电梯在何种状态下，凡是对乘客、维修人员、救援人员的人身安全造成威胁或使建筑物和电梯设备严重损坏的故障均可以称为"电梯危险故障"。总结起来，其具体内容就是本部分第4章所述及的：剪切、挤压、坠落、撞击、被困、火灾、电击以及材料失效等。

本章只是对电气故障的防护，使电气设备的故障不会成为导致电梯危险故障的原因。作为例子，本条中列举了触点不断开（5.11.1.2所述）和电气元件可能发生的各种形式的失效。对于触点不断开，只要符合5.11.1.3要求的安全触点，此故障可以被排除（即不必考虑，认为不会发生）；对于电气元件可能出现的各种失效，只要根据GB/T 7588.2中5.15进行对照分析，并采取相应措施，则该故障就不必考虑。否则，应分析它的出现是否会导致电梯出现危险故障。

本部分要求，5.11.1.2中所列的所有电气故障，只要是单一出现的，都不应成为导致电梯危险故障的原因。

而安全电路的相关规定在5.11.2.3中，安全电路在出现故障时，不但要保证在出现15.11.1.2中所列出的单一故障时电梯系统的安全，同时在发生多个故障（故障组合）时也不应导致电梯的危险故障。

关于GB/T 16855.1—2005《机械安全　控制系统有关安全部件　第1部分：设计通则》中对"故障考虑"的介绍，可参见"GB/T 7588.1资料5.11-1"。

> 5.11.1.2　可能出现的故障：
> a)　无电压；
> b)　电压降低；
> c)　导体（线）中断；
> d)　对地或对金属构件的绝缘损坏；
> e)　电气元件（如电阻器、电容器、晶体管、灯等）的短路或断路以及参数或功能的改变；
> f)　接触器或继电器的可动衔铁不吸合或不完全吸合；
> g)　接触器或继电器的可动衔铁不释放；
> h)　触点不断开；
> i)　触点不闭合；
> j)　错相。

【解析】

本条与GB 7588—2003中14.1.1.1相对应。

本条列出了电梯电气系统可能出现的故障。这里举出的10种可能出现的故障，在5.11.1.1中已经要求了，在发生单一故障的情况下，不应成为电梯危险故障的原因。这里应注意的是，上述故障本身可能并不会导致电梯的危险故障，但在与其他因素结合在一起时,可能就会导致电梯的危险故障,此时本条中所述故障就是所谓"成为电梯危险故障的原因"。比如 g)中"接触器或继电器的可动衔铁不释放",当电梯停止运行时,这个故障本身并不会直接导致电梯的危险故障,但如果在电梯运行过程中发生这样的故障,则可能造成电梯无法停止。再如 h)条所述的"触点不断开",假设在门锁触点后面串联一个继电器,继电器的触点粘连,此故障本身不会直接导致电梯的危险故障,但如果电梯正在运行,层门被打开,则可能发生"开门走车"的故障,导致剪切危险。这些示例都说明了,如果出现本条所述的 10 种故障,不应直接成为电梯的危险故障,也不允许"成为电梯发生危险故障的原因"。这就要求我们在设计时采用各种方法去避免出现上述故障时导致电梯危险故障的发生。比如我们可以采用接触器式继电器(5.10.3.1.3)来避免衔铁不释放;采用触点粘连保护(5.9.2.5)来避免在发生触点不断开的故障时,电梯系统出现危险故障。

　　c)中"导体(线)中断"也是值得特别注意的故障形式。

　　本条中也有一些故障在某些条件下不会对电梯系统的安全产生影响,比如 j)错相,当电梯的驱动主机采用由交流源直接供电的电动机时,一旦发生错相将会引起电动机旋转方向异常,是非常危险的。但当使用变频器时,由于一般情况下电梯用变频器带有整流-逆变的环节,因此电梯系统的工作与电源的相序无关。当需要针对错相故障进行保护时,通常是采用相序保护器进行保护,图 5.11-1 是相序保护器原理图。

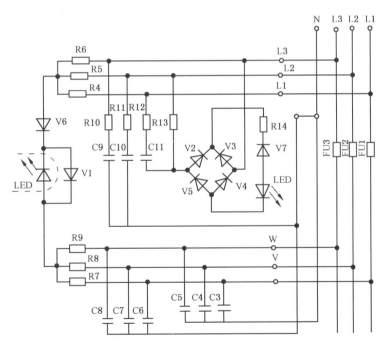

C—电容器;L—相线;R—电阻器;V—晶体管;FU—熔断器;LED—发光二极管

图 5.11-1　XJ3 型相序保护器原理图

5.11.1.3　对于符合 5.11.2.2 要求的安全触点,不必考虑其触点不断开的情况。

【解析】

本条与 GB 7588—2003 中 14.1.1.2 相对应。

在本部分中,电气安全装置要么具有安全触点的结构,要么属于安全电路。而安全电路的效果实际上是等效于安全触点的,因此安全触点结构的可靠性是至关重要的。作为触点结构,只要符合 5.11.2.2 的要求,则可认为其满足安全触点的要求。而对于安全触点,其不断开的情况可以不必考虑。

5.11.1.4　含有电气安全装置的电路、符合 5.9.2.2.2.3 规定的控制制动器的电路或符合 5.9.3.4.3 规定的控制下行方向阀的电路的接地故障应:
　　a)　使驱动主机立即停止运转;或
　　b)　如果最初的单一接地故障不构成危险,在第一次正常停止运转后,防止驱动主机再启动。
恢复电梯运行只能通过手动复位。

【解析】

本条与 GB 7588—2003 中 14.1.1.3 和 GB 21240—2007 中 14.1.1.3 相对应。

电流接地或接触金属构件而造成接地,可能会造成部分电路过电流,损害电气设备,也会造成部分电路电压过低,如果不加保护,电气设备将会较长时间低电压运行,会造成电机的出力和效率降低或不能起动,而且也会引起过电流而造成电机过热甚至烧毁。

如果是包括电气安全装置的电路以及控制制动器的电路和控制下行方向阀的电路发生接地,则可能引发危险。根据发生接地故障的位置不同,其引发的危险也有所差异。

若安全电路为悬浮的隔离电源,当电气安全回路中出现两处或以上接地或接触金属构件时,两个短路点间串接的电气安全装置将失去功效,见图 5.11-2。此时如果该电路没有得到有效保护,随时会有安全事故的发生。

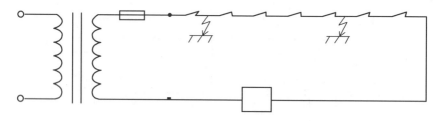

图 5.11-2　包括电气安全装置的电路发生接地

如果安全电路的电源变压器二次边(OV 端)接地,在电气安全回路中发生接地时,接地点后面所有串联电气安全装置将失去功效,见图 5.11-3。如果电路没有接地保护,将造成大量电气安全装置失效。

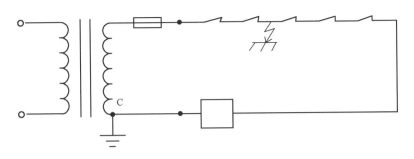

图 5.11-3　变压器二次边接地情况下电路发生接地

因此电梯系统的电路必须要求有接地保护，当电路发生接地故障时，应能将电梯立即停止。如果能够确定接地故障不会立即使电梯系统出现危险故障，则可以在第一次正常停止运转（到站、停梯、开门、使乘客离开）后，防止电梯驱动主机再启动。

而且，为保证电梯系统再次投入使用时，当接地故障已被排除后，要求如果由于电路接地而造成电梯停梯，则恢复电梯运行只能采用手动复位形式。

关于本条，CEN/TC 10 曾接到咨询。

询问："我们认为，如果在控制回路的接触器和接地分支之间装有触点，而这些触点既非安全触点也不属于安全回路中的触点，则它仍然满足标准要求。因为在上例中即使是由于偶然的接地故障导致电梯意外启动，则该启动不管是在正常状态（运行依赖电气安全装置的接通）还是在检修运行状态，都不会导致电梯危险故障"。

CEN/TC 10 的回复是：同意上述见解。

5.11.2　电气安全装置

【解析】

本条涉及"4　重大危险清单"的"电弧""带电部件""故障条件下变为带电的部件""短路"危险。

根据 GB/T 15706.1—1995《机械安全　基本概念与设计通则　第 1 部分：基本术语和方法》中的定义，"安全装置"是指：消除或减小风险的单一装置或与防护装置联用的装置（而不是防护装置）。

电气安全装置，我们可以理解为：消除或减小风险的单一电气装置或与防护装置联用的电气装置（而不是防护装置）。

安全装置（包括电气安全装置）是通过自身结构功能来限制或防止机器的某种危险，或限制运动速度等危险因素。

电气安全装置应具有的技术特征：

（1）电气安全装置零部件的可靠性应作为其安全功能的基础，在一定使用期限内不会因零部件失效而使安全装置丧失主要安全功能。

（2）电气安全装置应能在危险事件即将发生时停止可能引起危险的过程。

（3）电气安全装置具有需要进行重新启动的功能，即当电气安全装置动作使电梯停止后，只有动作的电气安全装置被恢复到正常位置、电梯才能再次投入运行。

（4）电气安全装置应采取适当方式与电梯的控制系统和/或动力系统一起操作并与其形成一个整体。安全装置的性能水平应与之相适应。

（5）电气安全装置应考虑关键件的冗余、监控，必要时还应采用相异（如含有电子元件的安全电路中的处理器等）。

电梯的电气安全装置用于电气安全回路中，主要针对电梯的机械运动状态实施监控，防止电梯发生危险故障，如开门运行、超速运行、超越端站等。一旦电梯出现某种故障或处于某种状态可能导致危险时，相应的安全保护装置就会动作；在机械安全保护装置动作的同时或先于机械安全保护切断电梯驱动主机电动机和制动器的电源，对人员、设备、装载物和建筑物实施保护，同时为电梯出现故障时实施救援提供电气保护。

正因为这些安全保护装置监控的故障或状态都是会导致危险，所以由电气安全装置串联构成的电气安全回路对电梯系统的控制在电路设计上处于优先地位。一旦电气安全装置动作，就必须及时、可靠地切断驱动主机和制动器的电源，绝不允许出现无法断开的故障。因此，电气安全装置应是具有高度可靠性的电气元件，其结构的安全性要求最重要，而且这种安全性应能在设计寿命周期内保持持续稳定。

电气安全回路、电气安全装置以及安全触点、安全电路、PESSRAL的关系见图3.13-1。

5.11.2.1　总则

5.11.2.1.1　当附录A给出的电气安全装置中的某一个动作时，应按5.11.2.4的规定防止驱动主机启动，或使其立即停止运转。

电气安全装置包括：

a）　一个或几个满足5.11.2.2规定的安全触点。或

b）　满足5.11.2.3要求的安全电路，包括下列一项或几项：

1）　一个或几个满足5.11.2.2规定的安全触点；

2）　不满足5.11.2.2要求的触点；

3）　符合GB/T 7588.2—2020中5.15要求的元件；

4）　符合5.11.2.6要求的电梯安全相关的可编程电子系统。

【解析】

本条与GB 7588—2003中14.1.2.1.1相对应。

附录A中列出了本部分中要求使用的电气安全装置，这些电气安全装置中的任何一个动作时，都应防止电梯驱动主机启动或立即使其停止运转。制动器的电源也应被切断。这个要求在5.11.2.4中非常明确。也就是说，任一电气安全装置动作都可使运行的电梯停止并可防止停止的电梯再启动。

电气安全装置分为两种：

a）安全触点（见 5.11.2.2）

电气安全装置可完全由安全触点构成，安全触点的数量可以是一个也可以是多个组合使用。"安全触点"是指主令元件的触头，应满足以下几个方面的要求：

1）触点的结构形式；

2）分断能力；

3）绝缘要求；

4）防护等级；

5）电气间隙和爬电距离；

6）机械性能。

其中"触点的结构形式"最为重要，即：安全触点必须依靠形位配合，不得用弹簧零件使其动作。同时安全触点必须满足强制断开要求。

b）安全电路（见 5.11.2.3）

构成安全电路的元件可以是多种形式，可以采用以下元件中的一种或几种组合：

1）由安全触点构成

安全电路中可以包含安全触点，由安全触点和以下 2）～4）中的一种或几种元件共同构成［如果仅由安全触点构成，则属于 a）中所述的形式］。

2）由不满足 5.11.2.2（安全触点）的触点构成

如果采用非安全触点构成安全电路时，必要部件应具备自检测功能，以自动检验其工作是否正确，最常见的形式是安全继电器。安全继电器具有强制导向触点结构，可以利用辅助电路来检测自身常开（NO）及常闭（NC）触点的熔焊及故障。由于安全继电器具有自检故障的功能，因此可用它来构成安全电路，虽然安全继电器的触点并不符合安全触点的要求。

3）由符合 GB/T 7588.2 的 5.15 要求的电气元件构成的电路

GB/T 7588.2 的 5.15 给出了电气元件各种故障的可排除条件，主要是依据以下原则：

——某种（些）故障出现的不可能性；

——普遍认可的技术经验，这种经验能独立适用于所考虑的应用场合；

——由应用导致的技术要求和所考虑的特定风险。

4）电梯安全相关的可编程电子系统（见 5.11.2.6）

可编程电子系统是以计算机技术为基础，由硬件、软件及其输入和（或）输出单元构成的。（可编程电子装置是一个或多个 CPU 及相关的存储器等为基础的微电子装置。如，微处理芯片、PLC、专用集成电路 ASIC、智能传感器等）。

应注意，安全电路所实现的安全功能和效果与安全触点是完全相同的。

5.11.2.1.2 除本部分允许的特殊情况(见 5.12.1.4、5.12.1.5、5.12.1.6 和 5.12.1.8)外,电气装置不应与电气安全装置并联。

与电气安全回路上不同点的连接仅允许用来采集信息。这些连接装置应满足 5.11.2.3.2 和 5.11.2.3.3 对安全电路的要求。

【解析】

本条与 GB 7588—2003 中 14.1.2.1.3 相对应。

电气安全装置是为了避免电梯出现危险情况而设置的保护装置。如果随意在电气安全装置上并联其他电气装置,则可能造成电气安全装置被短接,在出现可能导致电梯危险故障的情况时无法对电梯进行有效的安全保护。

电气安全回路是实现电梯安全基本保护的主要措施,其主要目的是对电梯机械运动状态进行实时监测,防止电梯发生危险故障。因此绝不允许在电气安全回路的不同点上随意连接(并联)电气装置,以防止这些并联的装置在发生故障,尤其是发生内部短路故障时,并联两接点间的电气安全装置失去应有的保护作用。如果在电气安全回路上必须设置用来采集信息的装置,这些装置可以与电气安全回路上的不同点连接。这些电路虽然不是安全电路,但应满足对安全电路的要求。如果其含有电子元件,由于不是安全电路,因此没有必要按照 GB/T 7588.2 中 5.6 的要求来验证。

但在下面这些情况下不得不短接部分电气安全装置:

(1) 门开着情况下的平层和再平层控制(5.12.1.4)。此时必须屏蔽或短接验证门锁紧和闭合的电气安全装置。

(2) 紧急电动运行控制(5.12.1.6)。此时必须使下列电气安全装置失效(屏蔽或短接):

1) 安全钳上的电气安全装置;

2) 检查超速的电气安全装置(通常是限速器电气开关);

3) 轿厢上行超速保护装置上的电气安全装置;

4) 极限开关;

5) 缓冲器上的电气安全装置;

6) 检查绳或链松弛的电气安全装置(适用于强制驱动时)。

以上两种情况属于特殊情况,是为了满足这些功能不得不使部分电气安全装置在一定条件下失效。但为了不降低安全水平,在这些特殊情况下,如果需要使电气安全装置失效必须同时满足一系列的相关规定和要求。

有一点必须明确,除了本条允许的"特殊情况"之外,在有些情况下也可出现一个电气安全装置与另一个电气安全装置并联的假象,例如本部分 5.2.6.4.4.1d)和 f)。d)的描述是:"使用钥匙打开任何通往底坑的门时,应由符合 5.11.2 规定的电气安全装置来检查,除了仅允许符合 f)规定的运行以外,防止电梯的其他任何运行"。似乎是 f)中的用于验证机械停止装置处于工作位置的电气安全装置"旁路"了 d)中用于验证通往底坑的门的关闭和锁紧的电气安全装置。但不应这样理解,正确的理解是:在 f)所述的用于验证机械停止装置处于工作位置的电气安全装置动作时,是运行使用检修运行控制装置移动电梯的一个条件,真正与5.2.6.4.4.1d)中要求的电气安全装置并联的是检修运行控制装置(见5.12.1.5)。

5.11.2.1.3 按照 GB/T 24808 的要求,内、外部电感或电容的作用不应引起电气安全装置失效。

【解析】

本条与 GB 7588—2003 中 14.1.2.1.4 相对应。

由于电感元件不允许通过其中的电流突变;电容元件不允许加在其两端的电压突变,电路中有这两种元件的存在,均会有一个充电-放电的过程。如果电容或电感元件用于电气安全装置的电路中(电容与电气安全装置并联,电感与电气安全装置串联),并且没有特殊设计,则这些元件有可能使电气安全装置延迟动作或使电梯驱动主机延迟对电气安全装置动作的响应。这就有可能使电气安全装置不能起到良好的安全保护作用。由电容、电感元件造成的延时效应不应引起电气安全装置失灵或预期的性能改变,安全电路(安全回路)的设计应该注意避免这类问题。

此外,由于电感和电容构成的电路可能产生高频正弦波信号(LC振荡电路)。如果电路具有开放的形式,则可以向外辐射电磁波,且辐射功率与振荡频率的四次方成正比。这种情况下,电气安全装置不应因被上述电磁波干扰而导致失效。电气安全装置应满足 GB/T 24808—2009《电磁兼容 电梯、自动扶梯和自动人行道的产品系列标准 抗扰度》的要求。

5.11.2.1.4 某个电气安全装置的输出信号,不应被同一电路中位于其后的另一个电气装置发出的信号所改变,以免造成危险后果。

【解析】

本条与 GB 7588—2003 中 14.1.2.1.5 相对应。

电气安全装置主要针对电梯的机械运动状态实施监控,电气安全装置的动作标志着电梯可能出现危险故障,而其作用就是为了避免这些危险故障的发生。因此电气安全装置不但不能由于其他元件的原因导致失灵,同时也不能被其他电气安全装置所发出的信号所改变。当然,5.12.1.4、5.12.1.5、5.12.1.6 和 5.12.1.8 所允许的特殊情况除外。

5.11.2.1.5 在含有两条或更多平行通道组成的安全电路中,一切信息,除奇偶校验所需要的信息外,应仅取自一条通道。

【解析】

本条与 GB 7588—2003 中 14.1.2.1.6 相对应。

本条的意思是:在由两条或更多并联通道组成的安全电路中,除相同性检查所需信息以外的一切信息应仅取自一条通道。

本部分 5.11.2.3.3 规定："如果存在三个以上故障同时发生的可能性，则安全电路应设计成有多个通道和一个用来检查各通道的相同状态的监控电路。如果检测到状态不同，则电梯应被停止"。在这里，"多个通道"指的是冗余电路的设计形式。由于监控电路的目的是校验不同通道的信息，因此需要从不同通道采样或取值。除此之外，组成安全电路的各平行通道的输入信息只允许取自一条通道。所谓"仅取自一条通道"，可理解为上述信息之间应彼此独立。

这个要求的目的是保证在安全电路的冗余设计中，每一条电路无论从输入信号上还是电路本身都是独立的，保证真正实现冗余功能。

5.11.2.1.6　记录或延迟信号的电路，即使发生故障，也不应妨碍或明显延迟由电气安全装置作用而产生的驱动主机停止，即：停止应在与系统相适应的最短时间内发生。

【解析】

本条与 GB 7588—2003 中 14.1.2.1.7 相对应。

如果使用变频器向电梯驱动主机供电，按照 5.9.2.5.4 的要求，应至少使用一个接触器。但如果静态元件的工作输出未关断但输出端突然断路，将产生巨大的浪涌冲击，损坏静态元件并造成接触器触点拉弧烧损。为防止静态元件中产生浪涌冲击，应使接触器先与静态元件导通，而后与静态元件切断。这就要求电气安全装置在切断接触器线圈供电时，要有必要的延时，以便能够使接触器在静态元件关断后再切断电路。本条中要求"停机应在与系统相适应的最短时间内发生"，而没有要求立即停机，就是考虑到在上述情况下应有必要的延时。但在上述记录或延时电路发生故障时，电气安全装置动作时使电梯停止运行的要求不能受到影响。也就是说，只要电气安全装置动作，无论这些用于延时、记录的电路发生何种故障，电气安全装置使电梯驱动主机停止都应是迅速与安全。为保证电气安全装置动作时的驱动主机停止，在电气控制电路设计时应做到：延时的动断触点要与电气安全装置串联，并应尽量避免并联支路。

5.11.2.1.7　内部电源装置的结构和布置，应防止由于开关作用而在电气安全装置的输出端出现错误信号。

【解析】

本条与 GB 7588—2003 中 14.1.2.1.8 相对应。

本条所说的"内部电源装置"是指电气安全装置内部的电源，例如有些安全电路内部具有 UPS 电源，其设计和布置应防止因电源的通断和故障使电气安全装置失效。也就是说，当某个电气安全装置的输出信号依赖于其内部的电源装置，则要求当其电源装置关断或出现故障时，电气安全装置不能输出错误信号。

本条也针对以下情况：当动力电源接通或断开时，瞬间产生的干扰信号或浪涌电流会影响电气安全装置的信号输出，使电气安全装置不动作或误动作。同时也要在控制柜、控制屏内布线的时候要考虑到防止导线间相互干扰。

对于安全电路，不但要防止电磁干扰，还应注意在电源接通或断开时可能产生的过电源或电流，避免影响安全电路的输出或损害安全电路。尤其对含有电子元件的安全电路，更应注意其内部电源装置的结构和布置是否合理，以免对整个电梯系统的安全运行留下隐患。

为防止导线间的干扰，应避免将信号线和动力线平行布置，并应留有足够的距离。最好能够采用金属屏蔽隔离措施或垂直交叉布置的方法。

5.11.2.2　安全触点

【解析】

所谓"安全触点"就是触点在断开时能够符合 GB/T 14048.1—2012《低压开关设备和控制设备　总则》中(机械开关电气)肯定断开操作的要求，即"按规定要求，当操动器位置与开关电器的断开位置相对应时，能保证全部主触头处于断开位置的断开操作"(见该标准2.4.10)。

电气安全回路、电气安全装置以及安全触点、安全电路、PESSRAL 的关系见图 3.13-1。

5.11.2.2.1　安全触点应符合 GB/T 14048.5—2017 中附录 K 的规定，并至少满足 IP4X(见 GB/T 4208)的防护等级和机械耐久性(至少 10^6 动作循环)的要求，或者满足 5.11.2.2.2～5.11.2.2.6 的要求。

【解析】

此条为新增内容。

安全触点是构成电气安全装置的基本形式之一，它要求电气控制系统中用于安全回路的主令元件(如停止按钮、超程保护开关等)的触头，应满足一定的条件，以保证触头在接触/分断时的可靠性。

本部分认为，符合"GB/T 14048.5—2017 中附录 K 的规定，并至少满足 IP4X(见 GB/T 4208)的防护等级和机械耐久性(至少 10^6 动作循环)"的要求即可认为是安全触点。

此外，符合 5.11.2.2.2～5.11.2.2.6 的触点也可以认为是安全触点。

以上条件，满足其一即可认为是满足了安全触点的要求。

(1) 符合 GB/T 14048.5—2017 中附录 K，并具备必要的防护等级，且须满足机械耐久性要求

1) GB/T 14048.5—2017 中附录 K 对触点的附加要求

GB/T 14048.5—2017《低压开关设备和控制设备　第 5-1 部分：控制电路电器和开关元件　机电式控制电路电器》附录 K 对触点一些特殊的附加要求。应注意，并不是触点仅需要满足 GB/T 14048.5—2017 附录 K 的要求即可，而是在满足 GB 14048.1—2012 和

GB/T 14048.5—2017 的其他条款的基础上再加上附录 K 的内容作为附加要求。

以下是对附录 K 所规定的附加要求的介绍。

① 额定绝缘电压

最小额定绝缘电压应为 250 V。

② 约定发热电流

最小约定发热电流为 2.5 A。

③ 开关元件的使用类别

使用类别应为 AC-15 或 DC-13（也可采用 AC-14 或 DC-14 使用类别）。

④ 结构要求

GB/T 14048.1—2012 中 7.1 和 GB/T 14048.5—2017 中第 7 章适用的情况下还应满足：

——操纵系统应具有足够的强度；

——在经过附录 K 的试验后不产生任何变形，以致使触头间的额定冲击耐受电压降低；

——用钢丝直接断开操作的控制开关，在钢丝或固定端出现故障时能自动返回至断开位置；

——对于运动能使触头分开的部件应施加一确定的驱动力，该力由施加于操动器作用点的操动力通过无弹性部分（即不采用弹簧）传递给触头。

——具有直接断开操作的控制开关应提供非从动触头元件或从动触头元件。分断触头元件在电气上应是相互分开的，并应与操作的接通触头元件在电气上分开。

2）防护等级

安全触点应具有至少满足 IP4X 的防护等级，即能够防止直径不小于 1.0 mm 的固体异物进入外壳。

3）机械耐久性

能够禁受至少 10^6 动作循环。

（2）满足本部分 5.11.2.2.2～5.11.2.2.6 要求

从本部分 5.11.2.2.2～5.11.2.2.6 的内容来看，与上述"符合 GB/T 14048.5—2017 中附录 K 的规定，并至少满足 IP4X（见 GB/T 4208）的防护等级和机械耐久性（至少 10^6 动作循环）"的技术要求基本一致。

见 5.11.2.2.2～5.11.2.2.6 解析。

> **5.11.2.2.2** 安全触点的动作应依靠断路装置的肯定断开，甚至两触点熔接在一起也应断开。
>
> 安全触点应设计成尽可能减小其组成元件失效而引起短路的风险。
>
> 注：肯定断开是指在有效行程内动触点与操动力所施加的操动器部件之间无弹性件（例如弹簧），使所有触点分断元件处于断开位置。

【解析】

本条与 GB 7588—2003 中 14.1.2.2.1 相对应。

由安全触点组成的电梯电气安全系统是静态的，只在电梯可能出现危险故障时才动作，因此安全触点工作时都是处于常闭状态（安全触点为动断触点）。

通常情况下，安全触点由动触点、静触点和操控部件构成。静触点始终保持静止状态，动触点由驱动机构推动。当动、静触点在接触的初始状态时，两个触点间产生一个初始的接触力，随着驱动机构的推进，动、静触点间将产生最终接触力，这个接触力保证触点在受压状态下具有良好的接触，直至推动到位为止。在这个过程中，触点始终在受压状态下工作。安全触点动作时，两点断路的桥式触点有一定行程余量，断开时应能可靠断开。驱动机构动作时，必须通过刚性元件迫使触点断开。此外，安全触点还应具备符合要求的电气间隙、爬电距离、分断距离、绝缘特性等。

电气安全装置从结构上分为安全触点和安全电路两种。无论哪种结构，都应能够可靠地切断电梯驱动主机电动机和制动器的供电。因此无论是安全触点还是安全电路，其断开的可靠性是至关重要的。因此，安全触点必须依靠形位配合，不得用弹簧零件使其动作。就是说用于紧急分断、超程保护的按钮、开关，必须使用由操作件或手动直接作用的常闭触点，而不可以使用常开触点。

本条要求了对于采用安全触点结构的电气元件"肯定断开"的要求，所谓"肯定断开"有下面几层意思：

（1）有足够的分断能力

安全触点必须有足够的容量断开电气安全回路，切断驱动主机电动机和制动器的电源。

（2）安全触点应能被强制断开

强制断开是指安全触点被刚性机械连杆驱动，驱动机构的驱动力直接作用于触点上。在触点熔接的情况下，这种由刚性机械结构施加的作用力也能够机械地破坏焊死的位置，将触点安全断开。

安全触点"两触点熔接在一起也应断开"，对于这个要求不能机械地去理解，触点熔接在一起并不意味着完全烧熔结合在一起，无论以多大的力都无法分断。如果这样，没有哪种触点能够满足安全触点的要求。因为所有的触点通过的电流都是被限定大小的，在最大可能出现的电流条件下可能导致触点发生粘连或熔接的程度也是一定的。此外，触点材料本身也具有确定的强度特性。将这些因素一起考虑，完全可以设计出一种能够在触点粘连甚至熔接的条件下仍能将触点断开的机械装置。因此，安全触点只要满足在规定的条件下（允许温度、电流、电压等）使用，即使触点熔接在一起时，也能被驱动机构强迫断开。具有能够被强制断开的触点的开关如图 5.11-4 所示。

（3）安全触点在内部故障的情况下，应尽可能减少短路的危险

如果安全触点的簧片或其他机械结构断裂，则不应引起短路，更不应导致安全触点无法断开。

（4）安全触点不能靠弹簧的作用断开和保持断开状态

安全触点在断开的"有效行程"内，使其分断的作用力应不是由弹性元件（如弹簧）施加

的力。保持其断开的力也不能是由弹性元件提供。这主要是考虑到弹性元件在使用过程中一旦失效，可能引起安全触点无法断开或无法保持断开状态，安全触点和非安全触点的区别见图 5.11-5。从示例可以看出，安全触点通常采用常闭触点利于满足上述要求：在触点发生熔焊的情况下，通过直接作用力产生的机械变形，仍然可以有效断开熔焊，保证安全回路的正常动作。

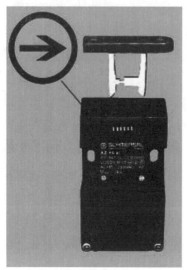

a) 具有强制断开触点的开关　　　b) 具有强制断开触点的标志

图 5.11-4　具有强制度断开触点的开关及其标志

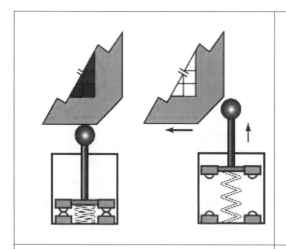
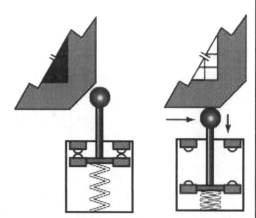

| 在此情况下，触点为动合触点。由机械部件驱动使触点闭合；当机械部件移开，外力消失时，触点靠弹簧力断开。很显然，如果弹簧失效，则触点无法断开 | 在此情况下，触点为动断触点。触点在没有机械部件的作用下为闭合状态；在机械部件对其施加作用力时，触点断开，并在作用力没有移走前保持断开状态。在此情况下，即使弹簧失效，触点也不会无法断开，只是不能闭合而已 |

a) 非安全触点　　　　　　　　　　b) 安全触点

图 5.11-5　安全触点与非安全触点的区别

但应注意，判断触点的断开元件是否处于断开位置，且在有效行程内时，动触点和施加驱动力的驱动机构之间是否有弹性元件施加作用力，不能简单地观察两者之间是否存在弹性元件。即使存在弹性元件也不能就此判断该结构不符合安全触点的要求。而应仔细判断弹性元件在触点结构中所起的作用：如果弹性元件作为断开或保持触点断开状态的施力元件，则触点不符合安全触点的结构要求；如果弹性元件只是辅助触点断开或辅助保证触点处于断开状态的施力元件，则触点符合安全触点的结构要求。简单地说，就是将弹性元件去除，如果触点在驱动机构的作用下仍能断开并保持断开状态，则触点符合安全触点的结构要求，反之则不能作为安全触点。

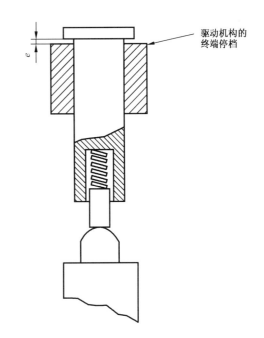

图 5.11-6　驱动机构的超行程和触点元件的超行程之间的差距 e

这里所说的"有效行程"应这样理解：在触点闭合过程中，驱动机构带动动触点向静触点移动。当动触点和静触点开始接触后，驱动机构还要向前走一段距离以便在动、静触点之间产生一定的接触压力。但此时动触点已经不再移动了。因此，从动触点与静触点接触位置起，到驱动机构移动到最终位置，这个行程应视作无效行程。此外，由于触头元件和驱动机构间可能存在的弹性联接（如图 5.11-6 所示），驱动机构的超行程可能超过触头元件超行程一个长度。同样在断开过程中，驱动机构开始，但动触点并不移动，只是接触压力逐渐减小。因此可以认为有效行程是在驱动机构的作用下，自动、静触点处于正常分断位置开始，直至运动到二者接触时为止，驱动机构所走的行程。

（5）要有相应的机械驱动机构与之相配合

触点结构是否满足安全触点要求，还应注意当触点熔接在一起的时候，驱动触点断开的机械机构是否有足够的能力将其断开，以及在有效行程内，驱动机构不是靠弹性元件的力断开触点。在一些情况下，驱动机构还用作触点断开后保持触点断开状态的元件，这时驱动机构应能满足保持触点断开的要求。

（6）触点的类型

安全触点应是符合 GB/T 14048.5 中规定的类型：AC-15（用于交流电路的安全触点）；或 DC-13（用于直流电路的安全触点）。见 5.11.2.2.3 规定。

（7）触点应具有适当的绝缘特性、爬电距离、电气间隙以及分断距离

1）绝缘特性：保护外壳的防护等级不低于 IP4X，应能承受 250 V 的额定绝缘电压；外

壳防护等级低于 IP4X,应能承受 500 V 的额定绝缘电压。见 5.11.2.2.3 规定。

　　2) 爬电距离:如果保护外壳的防护等级不高于 IP4X,爬电距离不应小于 4 mm;外壳的防护等级高于 IP4X,则其爬电距离可降至 3 mm。见 5.11.2.2.3 规定。

　　3) 电气间隙:如果保护外壳的防护等级不高于 IP4X,电气间隙不应小于 3 mm。见 5.11.2.2.3 规定。

　　4) 分断距离:保护外壳的防护等级不高于 IP4X,分断距离不应小于 4 mm;多分断点的情况,分断距离不得小于 2 mm。见 5.11.2.2.3、5.11.2.2.4 规定。

> **5.11.2.2.3**　如果安全触点的保护外壳的防护等级不低于 IP4X(见 GB/T 4208),则安全触点应能承受 250 V 的额定绝缘电压。如果其外壳防护等级低于 IP4X(见 GB/T 4208),则应能承受 500 V 的额定绝缘电压。
>
> 　　安全触点应是在 GB/T 14048.5—2017 中规定的下列类型:
> 　　a)　AC-15,用于交流电路的安全触点;
> 　　b)　DC-13,用于直流电路的安全触点。

【解析】

　　本条与 GB 7588—2003 中 14.1.2.2.2 相对应。

　　安全触点的保护外壳的防护等级不低于 IP4X,意味着外壳能够防止 ≥ϕ1.0 mm(如金属线)的固体异物进入,此时安全触点能够承受的电压为 250 V。如果外壳防护灯具低于 IP4X,则触点必须能够承受 500 V 的电压。

　　AC-15 和 DC-13 是使用类别代号,主要是用于控制电磁铁负载在正常和非正常负载条件下的接通和分断能力。

　　GB/T 14048.5 中规定的触点类型见 5.11.2.2.2 的解析。

> **5.11.2.2.4**　如果保护外壳的防护等级不高于 IP4X(见 GB/T 4208),则其电气间隙不应小于 3 mm,爬电距离不应小于 4 mm,分断触点断开后的距离不应小于 4 mm。如果保护外壳的防护等级高于 IP4X(见 GB/T 4208),则其爬电距离可降至 3 mm。

【解析】

　　本条与 GB 7588—2003 中 14.1.2.2.3 相对应。

　　"电气间隙"是指:两个导电部件之间在空气中的最短距离。"爬电距离"是指:两个导电部件之间沿固体绝缘材料表面的最短距离。

　　如上面所述,安全触点不但要求满足一系列机械特性,在电气特性方面也有严格的要求。电气间隙和爬电距离是安全触点的重要参数,本条所规定的电气间隙和爬电距离是安全触点必须满足的。

　　根据本条要求,微动开关不能用于安全触点,因为它们的电气间隙和爬电距离过小,无法保证触点在分断后的绝缘性能。

5.11.2.2.5 对于多分断点的情况，在触点断开后，触点之间的距离不应小于 2 mm。

【解析】

本条与 GB 7588—2003 中 14.1.2.2.4 相对应。

本条是针对多分断点式安全触点的情况，但目前我国的低压电器标准中没有这个名词。只有"双断点触头组"的描述：开关电器断开后，在电路内同时产生两个串联开关电器断口的触头组。

由此我们可以认为："多分断点式安全触点"就是在断开时，在电路内同时产生多个串联断口的触头组。

本条规定了安全触点即使采用多分断点结构时，在断开情况下触点之间的距离也不得小于 2 mm，实际上排除了安全触点采用多触点的微动开关和微型继电器。对于多分断点的安全触点装置，除了要满足触点断开时的分断距离要求，还应考虑各分断触点动作的同步性。

5.11.2.2.6 导电材料的磨损，不应导致触点短路。

【解析】

本条与 GB 7588—2003 中 14.1.2.2.5 相对应。

当导电材料由于磨损而脱落金属粉末，甚至触点脱落或触点簧片折断也不应导致断路故障的发生。因此，作为安全触点系统，其结构上是有特殊的要求。通常的做法是在安全触点系统的动、静触点处，设置一个绝缘的隔离支架或使触点处于完全独立的触点空间，这样即使在动、静触点磨损或者簧片折断时，也不会使动、静触点的导电部分接触而造成短路。此外对于有两副或两副以上触点的电气装置，应采用独立、隔离的电气空间绝缘。见图 5.10-7。

5.11.2.3　安全电路

【解析】

本部分中，电气安全装置可以采用两种形式：安全触点和安全电路。如果在电气安全装置的元件中，包含有非安全触点的电气元件（除导线之外），甚至是可编程电子系统，则应属于"安全电路"的范畴。安全电路可以认为是在电气系统中为了满足电梯特定的安全要求，按照一定逻辑关系，采用符合要求的电气元件组成的电路。

与安全触点的作用相同，当电梯系统可能出现危险故障时，安全电路对电梯系统起到安全保护作用，能够使正在运行的电梯驱动主机停止运转并防止其再启动，同时驱动主机制动器的供电也被切断。

虽然同是作为电气安全装置，但与安全触点相比，安全电路有其自身的特点。

（1）构成的灵活性和应用元件的多样性

从安全电路构成元件分析,其包括了电阻、电容、变压器、传感器、继电器等设备,并且使用的触点元件也比较灵活,可以使用安全触点或非安全触点。

（2）动作原理的特殊性

由于安全电路在结构上采用了机械的方式实现断开动作,安全触点的结构简单且可控性好,能够稳定地断开触点。安全电路的工作原理与安全触点有较大的不同,虽然不像安全触点一样简单,但是安全电路能够通过自监测的方式对内部元件进行监控,一旦内部元件出现故障(例如继电器熔连、电子元件损坏等),其能够立即停止电梯的运行。

> **5.11.2.3.1**　安全电路的故障分析应考虑完整的安全电路的故障,包括传感器、信号传输路径、电源、安全逻辑和安全输出。

【解析】

此条为新增内容。

安全电路可以是一个独立存在的部件,其作用上相当于由一个(或几个)安全触点构成的能够切断主接触器(或继电接触器)和制动器接触器线圈供电的电气安全装置。

最常见的电气安全装置是安全触点,其特点是结构相对比较简单。只要保证安全触点动作的可靠性以及其绝缘性能、电气间隙、爬电距离、机械性能等,即可认为其从结构上避免了不能可靠断开的情况。

但安全电路则有所不同,其内部故障的因素非常多:如果采用了非安全触点,则存在无法可靠断开的风险;构成电路的各种元件(如电阻、电容、电路板及可编程电子器件等)可能出现各种情况的故障;电路的电力和(或)信号传输失效;电源失效等。上述故障或失效对整个电路带来的影响也存在差异,因此安全电路无法如安全触点一样,依靠几个明确的参数即可保证结构的可靠性。为了保证安全电路的可靠性,只能从电路设计上加以考虑。

常见的安全电路一般包括 3 个部分:信号输入单元、自监控单元和输出单元。信号输入单元通常包含传感器和传感器信号检测电路。自监控单元是安全电路的核心部分,它使得在安全电路本身出现故障(元器件故障)时,不会有危险状态输出。输出单元通常是一组无源电气触点,可直接串入安全回路中。

安全电路包含 3 种:由一组含有非安全触点的触点系统构成的安全电路;含电子元件的安全电路;可编程电子安全相关系统。后两者主要的区别是有无程序运行。

安全电路在设计时应根据实际情况和需要保护的级别充分考虑到以下方面(注意:下面所给出的例子只是为了说明各种不同的技术是如何实现的,而不是给出了安全电路的设计方案):

（1）采用成熟的电路技术和元件

GB/T 15706—2012《机械安全　设计通则　风险评估与风险减小》中对此的结论是:"机

器的安全不仅取决于控制系统的可靠性，而且还取决于机器所有部件的可靠性"（见该标准6.12.1）。因此在安全电路中，所选用的元件应考虑其在相似的应用领域中有过广泛和成功的使用，或是根据可靠的安全标准制造的元器件；采用的技术应是成熟的且能够被正确评价的。

（2）冗余技术

安全电路中的关键零部件，可以通过备份的方法，当一个零部件失效，用备份件接替以实现预定功能。当与自动监控相结合时，自动监控应采用不同的设计工艺，以避免共同失效或减少共同失效的危险。

（3）自检测功能

安全电路中的必要部件应具备自检测功能，以自动检测其工作是否正确。

（4）采用主动模式

所谓主动模式是指信号持续发送，检测到异常时，则信号中断。而且，任何内部故障（如断线、机构的卡阻等）都会使电梯停梯。

注：主动模式是相对于被动模式而言的，在被动模式下信号仅在检测时发送，正常情况是不发送信号的。这种情况下，如果内部发生某些故障，就可能导致信号无法发送或被检测出，从而产生潜在的危险。

这里所说的主动模式，属于 GB/T 15706—2012 中"定向失效模式"的一种，"定向失效模式"是指："失效模式已事先知道，并且能预知使用时机器功能发生此类失效的影响"（见该标准 6.2.12.3）。

（5）相异

相异即多样性设计，是为了减少由于部件故障和失效导致的不安全，通过采用不同的工作原理或不同的电气装置来实现降低系统故障可能性的一种设计方法。图 5.11-7 给出了一种相异设计的方案，图中护栅的位置是由两个不同工作原理的开关，其中 S2 是上面我们说过的安全触点型开关，而 S1 则是非安全触点型的普通开关。在这里，两个开关的状态是互异的，其工作原理也是互异的，因此这两个开关可以配合使用确定护栅的开闭情况。在这个设计中，即使开关 S1 的触点发生了粘连，还有 S2 对其状态进行检测。

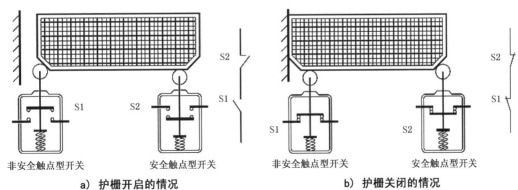

图 5.11-7　相异设计的实例

以上是一些安全电路设计中常用的技术，必须说明的是，判断某种设计是否符合安全电路的要求，必须将它放置在其所使用的系统中，否则无法得到准确答案。比如图 5.11-7 中的两种情况，看上去似乎图 5.11-7b)是安全的，因为采用了冗余技术。但如果其中任何一个继电器发生粘连，由于不能检测出来，则在另一个粘连时，依旧不能断开电动机的供电。无论从理论角度还是实际角度，只要一个继电器可能发生粘连，则与之工作状态相同的其他继电器就存在粘连的可能，因此这种冗余，即使再多也不会起到防止危险情况发生的作用，只是降低了危险发生的概率而已。因此，以上各种技术在设计时应综合考虑，根据实际情况和整体设计方案的不同而采用相应的技术，以获得适合的解决方案。

电气安全回路、电气安全装置以及安全触点、安全电路、PESSRAL 的关系见图 3.13-1。

5.11.2.3.2 安全电路应满足 5.11.1 有关出现故障时的要求。

【解析】

本条与 GB 7588—2003 中 14.1.2.3.1 相对应。

由于安全电路的构成相对比较复杂，因此，其比安全触点的要求严格得多。

安全电路要求，当其内部元件出现 5.11.1 中提出的各种故障：

——无电压、电压降低、导线中断、对地或对金属构件的绝缘损坏、电气元件的短路或断路以及参数或功能的改变、接触器或继电器的可动衔铁不吸合或吸合不完全、接触器或继电器的可动衔铁不释放、触点不断开、触点不闭合、错相等常见故障；

——GB/T 7588.2 中 5.15 所述的故障。

以上故障均不会导致安全电路失效，也不会由于这些故障的出现而使安全电路导致电梯系统的危险故障（即安全电路不能丧失其对电梯系统应有的保护，其本身也不会出现导致电梯危险的故障）。

对于"危险故障"，可以参考以下示例：

如果采用继电器操作接触器，从而切断驱动主机和制动器的供电（见 5.11.2.4），当需要切断接触器线圈供电时，继电器发生了粘连导致无法分断，进而造成接触器无法释放，驱动主机无法停止，如图 5.11-8 所示。这种故障就属于典型的危险故障。

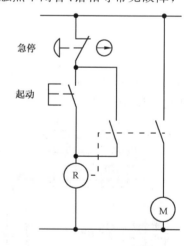

图 5.11-8　无冗余设计的实例

5.11.2.3.3 此外，如图 21 所示，还应满足下列要求：

　　a)　如果某个故障（第一故障）与随后的另一个故障（第二故障）组合导致危险状况，则最迟应在第一故障元件参与的下一个操作程序中使电梯停止。

只要第一故障仍存在，电梯的所有进一步操作都应是不可能的。

在第一故障发生后且在电梯按上述操作程序停止前，不考虑发生第二故障的可能性。

b) 如果两个故障组合不会导致危险状况，而它们与第三故障组合就会导致危险情况时，则最迟应在前两个故障元件中任一个参与的下一个操作程序中使电梯停止。

在电梯按上述操作程序停止前，不考虑发生第三故障而导致危险情况的可能性。

c) 如果存在三个以上故障同时发生的可能性，则安全电路应有多个通道和一个用来检查各通道的相同状态的监测电路。

如果检测到状态不同，则应使电梯停止。

对于两通道的情况，最迟应在重新启动电梯之前检查监测电路的功能。如果功能发生故障，电梯重新启动应是不可能的。

d) 恢复已被切断的动力电源时，如果电梯在 5.11.2.3.3a)、b) 和 c) 的情况下能被强制再停止，则电梯无需保持在已停止的位置。

e) 在冗余型安全电路中，应采取措施，尽可能限制由于某一原因而在一个以上电路中同时出现故障的危险。

【解析】

本条与 GB 7588—2003 中 14.1.2.3.2.1～14.1.2.3.2.5 相对应。

在 5.11.2.3.1 解析中已经提到，安全电路必须从电路设计上来保证其稳定可靠。作为安全电路的设计准则，本部分对于电气故障的防护提出了明确的要求，针对电梯控制系统的常用元件可预见的不同故障（或故障组合）形式提出了具体的防护要求，GB/T 7588.2 中 5.15 列出了不同电气元件故障排除的条件与标准。

并且给出了一个安全电路评价流程图（图 21），每个安全电路都可以按照这个流程图把各种故障代入进行分析，在采取相应措施后反复迭代，直至达到"可接受"的程度。

a) 安全电路在设计时应考虑部件的第一故障和第二故障组合不能导致危险状况

某些故障出现时并不会导致电梯立即出现危险状况，但如果电梯继续运行过程中有另一个故障（第二故障）发生，且它们的组合会导致电梯出现危险状况，则应在已经出现故障的元件（第一故障）参与的下一个操作中，将电梯停止。简单地说，就是在未发生危险之前使电梯停止下来。

应注意：这种情况下，如果发生第一故障到电梯停止过程中，如果任一时间点发生第二故障，电梯仍然会出现危险情况。但这种情况在技术上无法避免，因此本部分对此不作考虑。

此外，已经停止的电梯，被认为不会发生下一个故障。

b) 安全电路在设计时还应考虑发生两个故障后，与第三故障组合也不能导致危险状况

与 a) 的要求类似，当两个故障的组合不会导致危险状况，电梯运行中发生第三故障，它

与前两个故障的组合可能导致出现危险状况，则应在已经出现故障（前两故障）任一元件参与的下一个操作中，将电梯停止。仍然要求，在未发生危险之前使电梯停止下来。

依然以 5.11.2.3.2 解析中所举的用继电器控制接触器的例子来说明：

按照 a) 的要求：如果担心继电器触点粘连，在回路中再增加一个继电器，通过两个串联继电器（R1 和 R2）控制接触器线圈，如图 5.11-9 所示。如果其中一个继电器触点发生粘连（第一故障发生），另一个仍能切断供电回路。这就是第一故障不会导致电梯危险状况的发生。但如果不处理第一故障，允许电梯一直运行，在某个时候第二个触点也发生粘连（第二故障发生），就会造成接触器不能释放，并切断驱动主机和制动器的供电。这就是所谓"两个故障组合"导致了电梯的危险状况。为避免这种情况，就要在第二个继电器触点粘连发生之前，使电梯停下来。并且只要第一个粘连没有被排除，电梯就不能运行。但是在第一个继电器发生粘连以后，至电梯停止之前的这段时间里，第二个继电器发生粘连故障的风险在本部分中不予考虑（概率极低）。

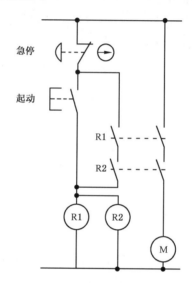

图 5.11-9　带有冗余设计的实例

按照 b) 的要求：如果以串联更多的继电器作为解决方案，避免触点粘连带来的危险状况，则两个故障（粘连）发生后，要考虑它们与第三故障（粘连）组合而导致危险状态的可能性，即按照图 21 的流程进行迭代。

由此可见，无论串联多少个继电器，均不能满足安全电路的要求，因为会一直在图 21 中循环，无法得到"可接受"的结论。

c) 应采用监测电路，以避免 3 个以上的故障组合导致电梯危险状况

从 a) 和 b) 的示例中可以得出结论，单纯采用冗余设计的方法无法满足安全电路的要求（无法通过图 21 的安全电路评价流程）。因此，如果可能同时发生的故障很多，无法确定是否会导致危险状态，则安全电路应采取必要的措施进行故障监控，在发现故障时将电梯停止。

当存在同时发生三个以上故障的可能性时,安全电路应采用多通道形式,在通道之间设置监测电路,通过对各通道的监控和比较,一旦发现各通道状态不一致的情况,则电梯应被停止,见图 5.11-10。

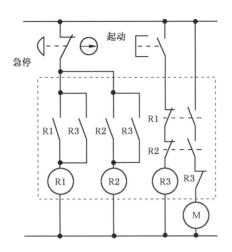

图 5.11-10　有冗余、有监测的设计的实例

对于两个通道的情况,在电梯重新启动之前,还应检查监测电路的功能。如果监测电路发生故障,电梯应不能重新启动。对于 3 个或者更多通道的情况,标准中没有强制要求必须具有此功能。

应注意:监测电路属于安全电路的组成部分。其选用的元件也必须符合安全电路的要求。

依然以 5.11.2.3.2 解析中所举的用继电器控制接触器的例子来说明:

在 a)和 b)的示例中,采用了多个串联继电器(R1 和 R2),见图 5.11-10。R1 和 R2 继电器线圈构成了两个通道,需要电梯停止时,通过使 R1 和 R2 线圈失电,使触点断开并切断接触器线圈供电。

一方面,R3 继电器作为监测电路,其动作为:当电梯启动时,通过对 R3 线圈通电,使其触点闭合,接通 R1 和 R2 线圈的电源,R1 和 R2 触点闭合,自锁后切断 R3 线圈的电源,使 R3 的常闭触点闭合,从而接通驱动主机电源。需要切断接触时,如果 R1 和 R2 中的某个触点粘连,则其对应的常闭触点断开;下一次启动时,R3 线圈无法得电,触点无法吸合,防止电梯启动。另一方面,监控继电器 R3 的触点如果粘连,则其常闭触点断开,驱动主机也无法得电。所以,这样的设计是符合安全电路的要求的。当然,这里的 3 个继电器(R1、R2 和 R3)应采用符合 5.10.3.2.1 要求的安全继电器(见 5.10.3.2.1 解析)。

由 a)、b)、c)项规定可见,安全电路的要求比安全触点严格很多,这主要由于安全电路自身的复杂性决定的,因此只能说安全电路的作用与安全触点类似,但它们并不等效。由于安全电路一旦出现故障,可能造成电梯出现危险状态时无法被停止,使危险状态进一步扩大,因此安全电路应具有很高的安全级别。按照 a)、b)、c)项的规定,安全电路的安全级别应为 GB/T 16855.1《机械安全　控制系统有关安全部件　第1部分：设计通则》中所规定的4级。对于 GB/T 16855.1 的介绍见"GB/T 7588.1 资料 5.11-1"。

　　d）安全电路动作后，恢复供电时对电梯的要求

　　当电梯的安全电路出现故障，导致电气安全装置将驱动主机电源切断时，当再次给电，如果电梯能够保证在安全电路再次出现故障（包括故障组合在内）时，在出现危状态之前停梯，则电梯在给电后可以不必停在原来的位置上。

　　e）冗余性安全电路的设计原则（防止冗余设计失效）

　　当安全电路的设计中采用冗余技术时，应防止冗余措施的轻易丧失。下面一个例子就是采用相异技术来防止冗余失效的设计。目前，电梯多采用微机控制，我们无法保证采用的微处理器在硬件设计上是毫无缺陷的，如果采用图 5.11-11 中 a)的设计，虽然采用两个微处理器，但采用的是两个相同厂家、相同型号的产品。如果这种微处理器在硬件设计上存在缺陷，则很可能在某种情况下在两条电路中同时出现故障。但 b)中的情况就不同了，采用了3个（当然也可以是两个）不同制造单位的微处理器，它们不可能存在完全相同的硬件设计缺陷，在某一条件下同时发生故障，因此能够保证冗余设计不会轻易丧失。而且，通过对3个微处理器输出的监控，完全可以做到当某个处理器出现故障时，使电梯停止。

　　图 5.11-11 的例子并不代表电梯控制系统必须使用两个相异的微处理器，但如果安全电路中采用冗余设计，则应采用相应的技术，防止由于某一原因使冗余部件同时出现故障。

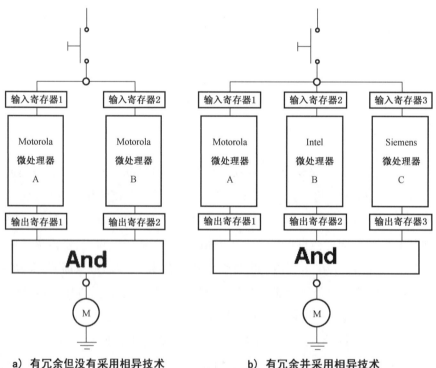

图 5.11-11　防止冗余设计失效的例子

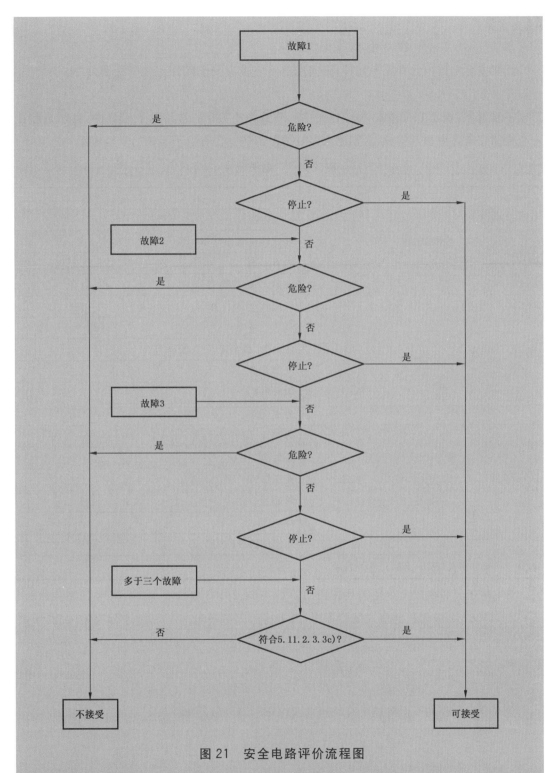

图 21　安全电路评价流程图

5.11.2.3.4 含有电子元件的安全电路是安全部件，应按照 GB/T 7588.2—2020 中 5.6 的要求来验证。

【解析】

本条与 GB 7588—2003 中 14.1.2.3.4 相对应。

如果安全电路中含有电子元件，则安全电路应视为安全部件。这里所谓的"电子元件"可以参考 GB/T 7588.2 中 5.15"电气元件的故障排除"中所列出的元件。

不难看出，表 5.11-1 中的"电子元件"几乎涵盖了所有的常用电子元器件，也就是除非安全电路完全是由触点构成，否则绝大多数情况都应是含有电子元件的安全电路。

表 5.11-1　电子元件

无源元件	定值电阻
	可变电阻
	非线性电阻如 NTC,PTC,VDR,IDR 等
	电容
	电感元件:线圈、扼流圈
半导体	二极管、发光二级管
	稳压二极管
	三极管,晶闸管,可关断晶闸管
	光耦合器
	混合电路
	集成电路
其他元件	连接件、端子、接插件
	氖灯泡
	变压器
	熔断器
	继电器
	印制电路板(PCB)
组装于印制电路板(PCB)上的元件的总成	

含有电子元件的安全电路需要按照 GB/T 7588.2 中 5.6 的要求进行相关的型式试验。与 GB/T 7588.2 中的其他型式试验不同，由于检验人员不可能在现场进行相关试验，因此含有电子元件的安全电路的型式试验只能在实验室进行。试验时的样品应为一块印制电路板和一块不含电气元件的印制电路裸板（即基板）。

关于"型式试验"的定义可参见"GB/T 7588.1 资料 3-1"中 130 条目。

含有电子元件的安全电路的介绍可参见"GB/T 7588.1 资料 5.11-2"。

> **5.11.2.3.5**　含有电子元件的安全电路上应设置标牌，并标明：
> a)　安全部件的制造单位名称；
> b)　型式试验证书编号；
> c)　电气安全装置的型号。

【解析】

本条与 GB 7588—2003 中 14.1.2.3.5 相对应。

要求在安全电路上设置相关标牌是为电梯的正常使用及在电梯上工作提供安全保障。安全电路作为安全部件之一，其电子元件应当有办法追溯它们的具体型号、制造生产商及型式试验证书。

5.11.2.4 电气安全装置的动作

电气安全装置动作时应立即使驱动主机停止，并防止驱动主机启动。

按照 5.9.2.2.2.3a)、5.9.2.5 和 5.9.3.4 的要求，电气安全装置应直接作用在控制驱动主机供电的设备上。

如果使用符合 5.10.3.1.3 的继电器或接触器式继电器控制驱动主机的供电设备，应按 5.9.2.2.2.3a)、5.9.2.5 和 5.9.3.4.4 的要求，对这些继电器或接触器式继电器进行监测。

【解析】

本条与 GB 7588—2003 中 14.1.2.4 相对应。

电气安全装置（包括安全触点和安全电路）的作用是防止电梯发生危险故障，它（们）动作说明电梯可能会处于不安全的状态。无论是哪个电气安全装置（见本标准表 A.1）动作，也无论电气安全装置的形式如何（安全触点或安全电路），都应对电梯进行安全保护。为此，本条对电气安全装置的动作作出了规定，主要有以下三点：

（1）在电气安全装置动作的时候，应能立即停止电梯运行并防止其启动

要停止驱动主机并防止其启动，就要求电气安全装置动作后，既要切断驱动主机电动机的供电，同时也要切断制动器电源。

（2）电气安全装置应直接作用在控制驱动主机供电的设备上

本条要求电气安全装置应直接对驱动主机的供电设备起作用，这里的供电设备并不一定是主电源，也可以是向电梯驱动主机供电的变频器、发电机等。表 A.1 中的电气安全装置串联，构成安全回路（电气安全链），它们中的任何一个动作时，应直接切断驱动主机接触器的线圈的供电，这样接触器的触点就能断开，驱动主机电动机供电则被切断。同样，控制制动器的接触器也如上所述，切断制动器供电。

图 5.11-12 是电气安全装置直接切断接触器线圈供电的情况，其中只要有一个电气安全装置断开，主接触器 KMC 和制动器线圈的接触器 KMB 的供电就被切断，从而断开主电源和制动器的电源。

通俗地说，这种设计就是将所有安全开关的触点串联在一起，将设备正常运行时，所有触点都必须是正常接通的（即我们通常说的常闭触点），安全回路的最终控制元件是主接触器，当安全回路断开后，主接触器失电释放，电机主机供电则被切断。因此安全回路很简单，一根线串到底，但只能使用在串联的触点较少的情况下，否则每个触点带来的电压降低

会影响安全回路的可靠性。

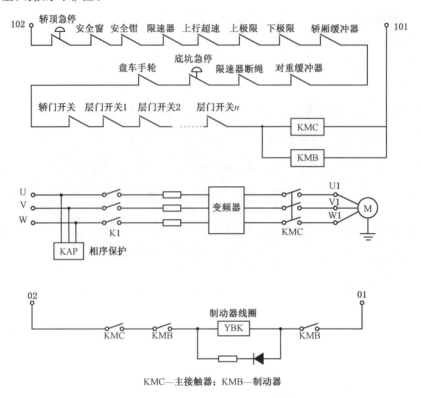

KMC—主接触器；KMB—制动器

图 5.11-12　电气安全装置直接切断接触器线圈供电的情况

（3）允许采用继电器或接触器式继电器控制驱动主机的供电设备，但必须对上述装置进行监测

由于建筑物的高度和层站数等原因，由电气安全装置串联构成的安全回路中可能出现相当大的电压降。尤其是当包含有许多个层门触点的情况下，这种电压降会非常明显，甚至会在电气安全装置没有动作的情况下切断驱动主机和制动器接触器的线圈供电，造成电梯停止。此外，由于接触器线圈具有一定的功率输出，要保证接触器正常工作，就必须维持线圈的额定电压、电流。考虑到安全回路传输损失，可能需要向安全回路施加较高的电压，这样既危险，也增加了电气安全装置的发热。

为了避免上述情况的发生，通常采用将安全回路分为几个部分的形式，以减少每一部分中电气安全装置的数量。例如，将层门门锁单独串联为一个回路（通常称为门锁回路）；其他部分（如限速器、安全钳、缓冲器、极限开关等）串联为另一个回路。如果某个电气安全装置动作，其所在的回路切断该回路的继电器（或接触器式继电器），再由这个继电器（或接触器式继电器）切断驱动主机和制动器的接触器。以门锁回路为例，如果某层门锁紧触点断开，则门锁回路的继电器（门锁继电器）线圈失电，进而切断主接触器和制动器接触器的线圈供电，使驱动主机停止并防止再启动。

很明显，上述设计不是由电气安全装置直接切断驱动主机和制动器的接触器，而是通过中间的继电器（或接触器式继电器）间接操作。为了保证与直接切断接触器的设计具有同等安全性，必须对操作接触器的继电器（或接触器式继电器）作出要求：

1）应符合 5.10.3.1.3 的要求，即，

——AC-15，用于控制交流接触器；DC-13，用于控制直流接触器。

——接触器式继电器符合 GB/T 14048.5—2017 的附录 L。

——继电器符合 IEC 61810-3:2015，以便确保任何动合触点和动断触点不能同时在闭合位置。

2）应按 5.9.2.2.2.3a）、5.9.2.5 和 5.9.3.4.4 的要求，对这些继电器或接触器式继电器进行监测

由于继电器（或接触器式继电器）的触点不符合本部分中的"安全触点"和"安全电路"的要求，这就相当于在安全回路中的电气安全装置后面串联了非安全触点，而且如果这些用于操作主接触器和制动器接触器的继电器（或接触器式继电器）一旦发生触点粘连，则无论前端有多少电气安全装置动作，均无法停止驱动主机，这无疑增加了危险。为避免上述情况的发生，在采用中间的继电器（或接触器式继电器）时，应对它们进行监测，以使这些非安全触点达到安全电路的要求。

图 5.11-13 所示的设计，在安全回路中使用继电器时，对它们的状态采取了监测手段。JMS 和 JMS1 是门锁回路继电器，它们符合本部分 5.10.3.1.3（即如果有一个常开触点粘连，则常闭触点断开）。将上述继电器的常开触点串联到安全回路中，由 JK 监测其常闭触点。当门锁开关断开时，如果 JMS 和 JMS1 中的常开触点粘连，则相应的常闭触点断开，这样 JK 线圈失电，即使门锁开关再次闭合，JMS 和 JMS1 线圈也无法得电，安全回路断开。

对于机器设备停止类型的介绍可参见"GB/T 7588.1 资料 5.11-3"。

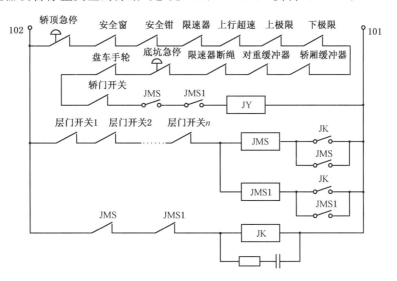

图 5.11-13　继电器切断接触器线圈供电的情况[9]

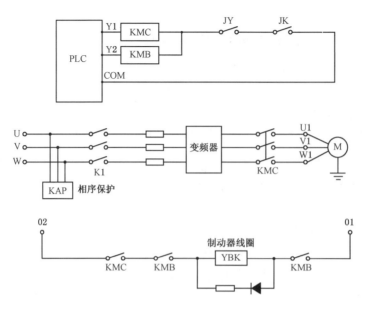

JMS 和 JMS1—门锁回路继电器；JK—监测继电器

图 5.11-13（续）

5.11.2.5 电气安全装置的操作

操作电气安全装置的部件，应能在连续正常操作所产生的机械应力下，正确地起作用。应考虑可能影响安全功能的机械失效。

失效案例如下：

a) 曳引或摩擦所引起的滑动对轿厢速度或位置传感系统的影响；

b) 带、链条、绳等类似装置断裂或松弛对轿厢速度或位置传感系统的影响；

c) 烟雾、灰尘等类似物质对轿厢速度或位置传感系统的影响。

如果操作电气安全装置的装置设置在人员容易接近的地方，则该装置应设置成采用简单的方法不能使电气安全装置失效。

注：用磁铁或桥接件不认为是简单方法。

冗余型安全电路应采用传感元件机械的或几何的布置来确保机械失效时不丧失其冗余性。

用于安全电路的传感元件应符合 GB/T 7588.2—2020 中 5.6.3.1.2 的要求。

【解析】

本条与 GB 7588—2003 中 14.1.2.5 相对应。

电气安全装置，尤其是安全触点型的电气安全装置是与相关的机械结构配合使用的，比如限速器上的电气开关、极限开关等，在动作时都会受到机械应力的作用。要求电气安全装置（包括安全触点和安全电路型电气安全装置）能够承受正常使用中的机械应力。

如果操作电气安全装置的装置设置在人们容易接近的地方，为防止无关人员轻易使之失效，应采取必要措施防止这种情况的发生。本条要求不能通过简单方法使之失效。

本条所说的"失效"应作如下理解，根据 GB/T 16855.1《机械安全　控制系统有关安全部件　第 1 部分：设计通则》中的定义，所谓"失效"是指：产品执行所需功能能力的终止。"失效"与"故障"的区别是，"失效"是一个事件，而"故障"是一种状态。

操作电气安全装置的装置设置在人们容易接近的位置，最典型的例子就是验证层门锁紧的开关，这个电气安全装置的操作装置（锁钩）安装在人们容易接近的地方，但要使触点失效，则必须采用短路等方法。这些方法（包括使用磁铁）都不视为简单方法。简单方法应为人们非故意施加的方法，或即便故意但无需使用专门工具的方法。

对于采用冗余技术的安全电路，其传感器元件（如果有）应采用合理的布置方式或机械结构，当发生机械故障时，冗余性不能丧失。这与 5.11.2.3.3 中："在冗余型安全电路中，应采取措施，尽可能限制由于某一原因而在一个以上电路中同时出现故障的危险"的要求是类似的。

对于安全电路的传感器元件，按照本条规定，应能够抵御 GB/T 7588.2 中 5.6.3.1.1 对于振动的要求。即振动幅值为 0.35 mm 或 5 g_n、频率为 10 Hz～55 Hz 的低频小振幅振动。应充分注意一些安全开关，如安全钳开关、验证层门锁紧开关、验证层门开关、轿门关闭开关等，应能经受上述振动，以防止在电梯运行和开关门的条件下影响这些安全装置的性能。

安全回路、电气安全装置、安全触点和安全电路之间的对比及相互关系可参见"GB/T 7588.1 资料 5.11-4"。

关于 GB/T 16855.1《机械安全　控制系统有关安全部件　第 1 部分：设计通则》的介绍可参见"GB/T 7588.1 资料 5.11-1"。

5.11.2.6　电梯安全相关的可编程电子系统（PESSRAL）

表 A.1 规定了每个电气安全装置的最低安全完整性等级。

含有按照 5.11.2.6 要求设计的可编程电子系统的安全电路视为满足 5.11.2.3.3 的要求。

PESSRAL 应符合 GB/T 7588.2—2020 中 5.16 列出的安全完整性等级（SIL）设计规则。

为了避免不安全改动，应采取措施防止非法访问程序代码和 PESSRAL 的与安全相关的数据，例如：采用 EPROM、访问密码等。

如果 PESSRAL 和一个非安全相关系统共用同一印制电路板（PCB），则两个系统的分隔应符合 5.10.3.2 的要求。

如果 PESSRAL 和一个非安全相关系统共用同一硬件，则应符合 PESSRAL 要求。

应能通过内置系统或外部工具识别 PESSRAL 的故障状态。如果该外部工具是专用工具，则应能在电梯现场取得。

【解析】

本条为新增条款。

PESSRAL 是 Programmable Electronic System in Safety Related Applications for Lifts 的英文简写，在本部分中译作"电梯安全相关的可编程电子系统"。与此相对应，用于自动扶梯和自动人行道的可编程电子安全相关系统简称 PESSRAE。

电气安全回路、电气安全装置以及安全触点、安全电路、PESSRAL 的关系见图 3.13-1。

无论是 PESSRAL 还是 PESSRAE，其核心都是可编程电子系统。"可编程电子系统"(PES)是基于一个或多个可编程电子装置的控制、保护或监视的系统，包括系统中所有单元，如电源、传感器和其他输入装置、数据总线和其他通信路径、执行装置和其他输出装置。图 5.11-14 为一个基本 PES 结构图。PES 可包括执行 SIL 要求和非 SIL 要求的单元。SIL 分级仅对于执行 SIL 相关功能性要求的单元。

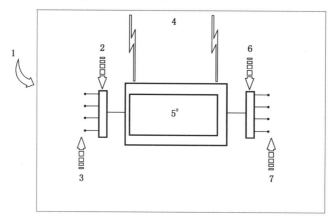

1—PES 的范围；2—输入接口（如 A/D 转换器）；3—输入装置（如传感器）；4—通讯；

5—可编程电子装置(PES)；6—输出接口（如 D/A 转换器）；7—输出装置/终端元件（如执行装置）

ª 图中所示的可编程电子装置在中心位置，但是它可以存在于 PES 的多个位置。

图 5.11-14 基本 PES 结构

以前，电梯的安全控制都是基于机械和电气技术的，虽然能够保证安全但可能带来设备笨重、精度不高的弊端。随着电子技术的进步，计算机、集成电路等技术的发展已经渗透到所有工业领域，计算能力的极大增加彻底改变了工厂和工业过程的控制，也改变了安全控制策略，以计算机为基础的系统被越来越多地用于安全目的。

随着电梯功能的日趋复杂，对于安全功能的响应速度和响应精度有了更高的要求，同时对安全装置的小型化也有着进一步的要求。因此，使用包含有电子、电气设备，计算机软、硬件的系统作为电梯电气安全装置，并保证与传统电气安全装置具有同等安全性，是必须要面对的问题。在本部分中，与含电子元件的安全电路一样，可编程电子安全相关系统也被允许用做电梯的电气安全装置。PESSRAL 用于电气安全装置，应满足以下要求：

（1）满足表 A.1 中规定的最低安全完整性等级

安全完整性等级定义见 3.52，这里面的"安全完整性"是指：在规定的条件下、规定的时间内,安全相关系统成功实现所要求的安全功能的概率。

表 A.1 中给出了 PESSRAL 用作各电气安全装置时,其应具有的最低安全完整性等级。

应注意,从表 A.1 中的电气安全装置都允许采用 PESSRAL 来实现。

（2）可编程电子系统用作电气安全装置时,应满足 5.11.2.3.3 的要求

本部分 5.11.2.3.3 是对安全电路的统一要求,因此无论哪种模式的安全电路均应满足。因此 PESSRAL 中的控制、防护、监测的系统,包括系统中所有元素(如电源、传感器和其他输入装置,数据总线和其他通信路径,以及执行器和其他输出装置)也必须按照图21的流程进行评价。

PESSRAL 与含有电子元件的安全电路的区别主要在于是否有软件参与。PESSRAL在作为电气安全装置时,不仅允许用作监控电路,而且允许用作执行单元,但由于有软件参与,应对电路以及软件进行安全评价,以确保能够达到与其他几种类型(安全触点、含有电子元件的安全电路等)电气安全装置具有同等安全性,见图 5.11-15。

（3）PESSRAL 应符合 GB/T 7588.2 中 5.16 列出的安全完整性等级(SIL)设计规则

对于与安全相关的装置,SIL 是全世界广泛认可的方法。许多情况下,可用多种基于不同技术的防护系统来保证安全(如机械、液压、气动、电气,电子和可编程电子系统等)。从安全角度看,不仅要考虑各独立系统中所有元器件的问题(如传感器、控制器、执行器等),还要考虑由所有安全相关系统构成的组合安全相关系统的问题。

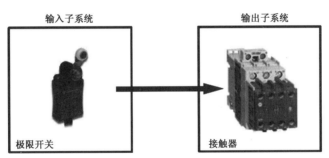

a) 安全触点直接切断驱动主机和制动器电源

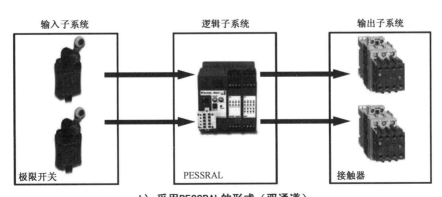

b) 采用PESSRAL的形式（双通道）

图 5.11-15　采用安全触点或 PESSRAL 应具有相同的安全水平

GB/T 7588.2 中 5.16 对安全完整性等级(SIL)给出了相应的设计规则。

1）可编程系统设计和实现的通用措施

与硬件设计相关的避免和检测故障的通用措施，与软件设计相关的避免和检测故障的通用措施应该分别符合以表 5.11-2 和表 5.11-3 规定的要求；设计和实现过程的通用措施宜符合表 5.11-4 规定的要求。

表 5.11-2　与硬件设计相关的避免和检测故障的通用措施

序号	对象	措施
1	处理单元	使用看门狗
2	元器件选择	使用的元器件仅在规格说明（清单）范围内
3	I/O 单元和通信接口	电源失效或重启时进入已定义的安全状态
4	电源	电源失效或重启时进入已定义的安全关闭状态
5	可变的存储区	仅使用固态存储器
6	可变的存储区	启动中对可变数据存储的读写测试
7	可变的存储区	仅对资料性（如统计数据）可远程访问
8	不可变的存储区	不可能改变程序代码，无论是系统自动改变还是远程介入改变
9	不可变的存储区	启动过程中对程序代码存储器和固定数据存储器进行测试，方法至少等同于和数校验

表 5.11-3　与软件设计相关的避免和检测故障的通用措施

序号	对象	措施
1	结构	根据技术水平的程序结构（如模块化、数据操作、接口定义）
2	启动过程	启动过程中必须保持电梯处于安全状态
3	中断	限制中断的试验，仅当所有可能的中断次序可预测时才能使用中断嵌套
4	中断	中断过程不得触发看门狗，除非与其他程序序列组合
5	掉电	为了安全相关功能，不允许有掉电过程，如数据的保存过程
6	内存管理	硬件和/或软件中带有适当反馈过程的堆栈管理
7	程序	多次循环时间短于系统反应时间，如通过限制循环次数或者检查执行时间
8	程序	数组指针偏移量检查，如果使用的编程语言没有包括
9	程序	被定义的异常操作（如除以零、溢出、变量范围检查等）出现时，强制系统进入预定的安全状态
10	程序	不使用递归编程，除非在使用良好的标准库中、在被认可的操作系统中或者在高水平语言编译器中。对于这些例外，内存管理单元应当为独立的任务提供独立的堆栈并控制它

表 5.11-3（续）

序号	对象	措施
11	程序	程序库接口和操作系统的文档至少和用户程序本身一样详尽
12	程序	对于安全功能相关数据的合理性检查，如输入模式、输入范围、内部数据
13	程序	如果任一操作模式可因测试或者验证目的被运行，则直到该模式运行结束才能恢复电梯正常操作模式
14	通信系统（外部和内部）	在执行安全功能的总线通讯系统内，发生通讯错误或者与总线相关的故障后，应达到安全状态并考虑系统反应时间
15	总线系统	除启动过程外不得重新配置 CPU 总线系统
16	I/O 处理	除启动过程外不得重新配置 I/O 线

表 5.11-4　设计和实现过程的通用措施

序号	措施
1	功能、环境和接口方面的应用评估
2	结构和的规范（安全要求规范）
3	规范的检查
4	相关设计文档以及： ——包括系统结构和硬件（软件）的相互关系的功能描述； ——包括功能和程序流程描述的软件文档
5	设计、开发的检查报告
6	失效分析，如失效模式和影响分析（FMEA）方法的可靠性检查
7	制造单位的测试规范、测试报告和现场测试报告
8	指导文档，包括对预期使用的限制
9	产品有改动，复制和更新以上所提及的措施
10	执行硬件和软件的版本控制及其兼容性

2）可编程系统设计和实现的特定措施

SIL1 要求的特定措施见表 5.11-5；SIL2 要求的特定措施见表 5.11-6；SIL3 要求的特定措施见表 5.11-7。

表 5.11-5　SIL1 要求的特定措施

序号	对象	要求[1]	措施
1	结构	结构应当是一旦检测到任何一个随机故障，系统就应当进入一个安全状态	带自检功能的单通道结构，或 带比较功能的双通道或者多通道结构

表 5.11-5（续）

序号	对象	要求[1]	措施
2	处理单元	处理单元中能导致错误结果的故障应当能被检测出； 如果这样的故障会导致危险状态，那么系统应当进入一个安全状态	故障更正的硬件，或 软件自检，或 双通道结构的比较器，或 双通道结构的软件相互比较
3	不变的存储区	不正确的信息修改，如所有的 1 位或者 2 位故障，以及部分 3 位和多位故障应当最迟在电梯下一次运行之前被检测出	以下措施仅涉及单通道结构： 一位冗余（验位），或 具有单字冗余的块安全处理
4	可变的存储区	在寻址、写入、存储和读出期间的全局性故障以及所有 1 位、2 位故障，部分 3 位和多位故障应当最迟在电梯下一次运行之前被检测出	具有多位冗余（校验位），或 通过测试模式检测是静态还是动态故障
5	I/O 单元和包括通讯连接的接口	I/O 线上的静态故障和干扰以及数据流中的随机和系统故障应当最迟在电梯下一次运行之前被检测出	代码安全，或 测试模式
6	时钟	用于处理单元的时钟发生器故障，如频率改变或者停顿，应当最迟在电梯下一次运行之前被检测出	具备独立时钟基准的看门狗，或 相互监控功能
7	程序序列	安全相关功能错误的程序序列和不恰当的执行时序最迟应当在下次运行前被检测出	程序序列的时序和逻辑监视的组合

[1] 检测出失效之后，电梯应保持在安全状态。

表 5.11-6 SIL2 要求的特定措施

序号	对象	要求[1]	措施
1	结构	结构应当是在考虑了系统反应时间的前提下，一旦检测到任何一个随机故障，系统就应当进入一个安全状态	具有自检和监控功能的单通道结构，或 具有比较功能的双通道或者多通道结构
2	处理单元	处理单元中能导致错误结果的故障应当在考虑了系统反应时间的前提下能被检测出来； 如果这样的故障会导致危险状态，那么系统应当进入一个安全状态	失效纠正硬件的单通道结构，和 由硬件支持的软件自检的单通道结构，或 双通道结构的比较器，或 双通道结构的软件相互比较
3	不变的存储区	不正确的信息修改，如所有的 1 位或者 2 位故障，以及部分 3 位和多位故障应当在考虑了系统反应时间的前提下被检测出	带单字冗余的块安全处理，或 带多位冗余的字保存

表 5.11-6（续）

序号	对象	要求[1]	措施
4	可变的存储区	在寻址、写入、存储和读出期间的全局性故障以及所有 1 位、2 位故障，部分 3 位和多位故障应当在考虑了系统反应时间的前提下被检测出	带多位冗余的字保存，或
			通过测试模式检查静态或动态故障
5	I/O 单元和包括通讯连接的接口	I/O 线上的静态故障和干扰以及数据流中的随机和系统故障应当最迟在电梯下一次运行之前被检测出[2]	代码安全，或
			测试模式
6	时钟	用于处理单元的时钟发生器故障，如频率改变或者停顿，应当在考虑了系统反应时间的前提下被检测出	具备独立时钟基准的看门狗，或
			相互监控
7	程序序列	安全相关功能错误的程序序列和不恰当的执行时序应当在考虑了系统反应时间的前提下被检测出	程序序列的时序和逻辑监视的组合

[1] 检测出失效之后，电梯应保持在安全状态。

[2] 该项不适用于执行装置，如安全回路中的安全继电器或同等的电气装置。

表 5.11-7　SIL3 要求的特定措施

序号	对象	要求	措施
1	结构	结构应当是在考虑了系统反应时间的前提下，一旦检测到任何一个随机故障，系统就应当进入一个安全状态	具有比较功能的双通道或者多通道结构
2	处理单元	处理单元中能导致错误结果的故障应当在考虑了系统反应时间的前提下能被检测出；如果这样的故障会导致危险状态，那么系统应当进入一个安全状态	双通道结构的比较器
			双通道结构的软件相互比较
3	不变的存储区	不正确的信息修改，如所有的 1 位或者多位故障应当在考虑了系统反应时间的前提下被检测到	有复制块的块安全过程
			具有多字冗余的块安全
4	可变的存储区	在寻址、写入、存储和读出期间的全局性故障以及所有静态位故障和动态耦合应当在考虑了系统反应时间的前提下被检测出	有复制块的块安全过程
			监视检查，如 Galpat 法
5	I/O 单元和包括通讯连接的接口	I/O 线上的静态故障和干扰以及数据流中的随机和系统故障应当在考虑了系统反应时间的前提下被检测出	多通道并行输入
			和多通道并行输出
			输出读回
			代码安全
			测试模式

表 5.11-7（续）

序号	对象	要求	措施
6	时钟	用于处理单元的时钟发生器故障,如频率改变或者停顿,应当在考虑了系统反应时间的前提下被检测出	具备独立时钟基准的看门狗
			相互监控功能
7	程序序列	安全相关功能错误的程序序列和不恰当的执行时序应当在考虑了系统反应时间的前提下被检测出	程序序列的时序和逻辑监视的组合

3）可编程系统设计和实现的可用措施

不同 SIL 要求特定措施的失效控制的可用措施描述见表 5.11-8。

表 5.11-8　不同 SIL 要求特定措施的失效控制的可用措施

序号	元器件和功能	措施描述	
		项目及编号	描述
1	结构	1.1 具有自检功能的单通道结构	即使结构由单通道组成,也应当提供冗余的输出途径以确保安全关机;自检(周期性的)以一定的时间间隔(该间隔根据应用而定)在 PESSRAL 或者 PESSRAE 的子单元内执行。这些检查(如 CPU 检查或者存储器检查)被设计用于检测独立于数据流的潜在故障;检测到故障后,系统应当进入某一安全状态
		1.2 具有自检和监控功能的单通道结构	一个带自检和监控的单通道结构由单独的硬件监控单元组成,该单元不依赖于具体应用,周期性地从系统接受自检过程产生的数据。如有错误数据,系统应当进入某一安全状态;至少有两种独立的关机途径,使得关机可以由处理器自身或者监控单元实现
		1.3 具有比较功能的双通道或者多通道结构	双通道安全相关设计由两个独立的无反馈功能单元组成。规定的功能在每个通道内被独立地处理。对于一个专为安全装置的功能设计的双通道 PESSRAL 或者 PESSRAE,各通道的设计在软硬件方面可以完全相同。若双通道 PESSRAL 或者 PESSRAE 用于复杂的解决方案(如多个安全功能的组合)和过程或者条件不是明确可证实的场合,应当考虑对软硬件的差异性设计。该结构具有比较与安全功能相关的内部信号(如总线比较)和/或者输出信号的功能,以帮助故障检测;至少有两种独立的关机途径,使得关机可以由通道本身或者比较器实现。比较本身也应当遵守故障识别

表 5.11-8（续）

序号	元器件和功能	措施描述	
		项目及编号	描述
2	处理单元	2.1 可更正故障的硬件	这样的单元可以使用专门的故障识别或者故障更正电路技术实现; 对于简单结构,这些技术是被熟知的
		2.2 软件自检	用于安全相关应用的处理器单元的所有功能都应当进行周期性测试; 这些测试可以与子部件(如存储器、I/O 等)的测试组合在一起
		2.3 有硬件支持的软件自检	一个专用的硬件设施用于支持自检功能的故障检测。如,一个检查特定位组合模式的周期性输出的监控单元
		2.4 双通道结构的比较器	 $\boxed{1}$ —— 比较器 —— $\boxed{2}$
		2.5 带硬件比较器的双通道	使用硬件单元循环地或者连续地对两个处理器的信号进行比较。比较器可以是一个外部的检测单元或者被设计为一个自监控设备;或 使用处理器对两个通道的信号进行比较。比较器可以是一个外部的检测单元或者被设计为一个自监控设备 双通道结构的软件相互比较 $\boxed{1}$ 比较器 $\bowtie$ 比较器 $\boxed{2}$ 使用两个冗余处理器,二者相互交换与安全相关的数据。每个处理器内都对数据进行比较
3	不变的存储区(ROM,EPROM等)	3.1 1 字冗余的块安全过程(如 ROM 中的一个字宽的签名结构)	在本测试中,ROM 的内容被特定的算法压缩为至少一个存储字。该算法,如循环冗余校验(CRC),可以使用硬件或者软件实现
		3.2 具有多位冗余的字保存(如,修正的海明码)	存储器每个字被扩展若干冗余位以形成一个海明距离至少为 4 的修正的海明码。每次读一个字时,通过校验冗余位可以确定是否发生了错误。如发现有差异,系统应当进入某一安全状态
		3.3 有复制块的块安全过程	地址空间被分为两个存储器。第一个存储器以正常方式工作,第二个存储器包含同样的信息并与第一个存储器并行存取。比较两者的输出,当检测到差异时就认为出现故障。为检测特定类型的位错误,应当在两个存储器中的一个存储取反后的数据,读取的时候再次取反。在软件过程中,应用程序对两个存储区域的内容进行循环比较

表 5.11-8（续）

序号	元器件和功能	措施描述	
		项目及编号	描述
3	不变的存储区（ROM，EPROM 等）	3.4 具有多字冗余的块安全过程	本程序使用 CRC 算法来计算一个签名，而结果值至少有两个字长。扩展的签名像单字情况中那样被存储、重新计算和比较。当有差异时就产生一条错误消息
		3.5 1 位冗余的字保存（如带奇偶校验位的 ROM 监控）	存储器的每个字都扩展 1 位（奇偶校验位），此位给每个字补齐偶数个或者奇数个逻辑 1。每次读数据字时都检验奇偶性，如发现 1 的个数有错时，就产生一条错误信息。奇偶校验的选择，应当使得在失效事件中，无论是 0 字（全 0）还是 1 字（全 1）都是不适宜的，此时该字也不是有效代码。当数据字和其地址连起来计算奇偶性时，奇偶校验也可以用来检测寻址失效
4	可变的存储区	4.1 通过测试模式检测静态和动态错误，如 RAM 测试"漫步路径"法	用一个统一不变的位流初始化要测试的存储区。第一个单元被反向并检查其余的存储区以确保背景是正确的。此后第一单元再次反向从而使其恢复到初始值，对下面的单元也重复整个操作过程。在反向的背景预分配情况下执行"漂移位模型"的第二次运行。如有差异，系统应当进入一个安全状态
		4.2 有复制块的块安全过程，如带硬件或者软件比较的双 RAM	地址空间被分为两个存储器。第一个存储器以正常方式工作，第二个存储器包含同样的信息并与第一个存储器并行存取。比较两者的输出，当检测到差异时就认为出现故障。为检测特定类型的位错误，应当在两个存储器中的一个存储取反后的数据，读取的时候再次取反。在软件过程中，应当用程序对两个存储区域的内容进行循环比较
		4.3 对静态和动态故障的监视检查，如 Galpat 法	下列之一： (1)"Galpat"RAM 检查法，在将一个取反的要素写入标准预分配的存储空间中，并检查所有剩余单元以确保其内容正确。每读取一个剩余单元后，都检查一次被取反的单元。每个单元重复这样的操作。在存储空间预分配与第一轮相反的值后执行第二轮。出现差异就认为存在故障； (2)透明的"Galpat"测试，首先，使用软件或者软硬件一起形成一个关于被测试存储区容量的"签名"，并将其存入寄存器中。这与 Galpat 测试中的内存预分配是一致的。这个内容现在被反向写入测试单元中，并检查剩余单元中的内容。每次读取一个剩余单元后也读取该反向单元的内容。由于剩余单元的内容是未知的，其内容不能被逐一地测试，而是再次形成一个签名。第一个单元的第一次运行之后，该单元的内容反转数次后（如内容再次为真）又启动第二次运行。这样，存储器的原始内容被重建了。按照同样的方法测试所选存储范围内的所有单元；如果出现差异就认为存在故障

表 5.11-8（续）

序号	元器件和功能	措施描述	
		项目及编号	描述
5	I/O 单元和包括通讯连接的接口	5.1 多通道并行输入	这是一种依赖于数据流的具有独立输入的比较，以确保符合定义的偏差范围（时间值）
		5.2 输出读回（输出监控）	这是一种依赖于数据流的具有独立输入的输出比较，以确保符合定义的偏差范围（时间值）。故障并不总是和输出缺陷有关
		5.3 多通道并行输出	一种依赖于数据流的输出冗余。直接通过技术处理或者通过外部比较器识别故障
		5.4 代码安全	本程序保护输入和输出信息免受随机故障和系统故障的影响。其通过信息冗余和（或者）时间冗余实现了依赖于数据流的输入和输出单元的故障识别
		5.5 测试模式（模型）	这是一种不依赖于数据流的输入和输出单元的循环测试，用定义的测试模式来比较观测值和对应的预计值。测试模式信息、测试模式接收和测试模式评价必须是相互独立的。应当假定所有可能的输入模式是经过测试的
6	时钟	6.1 具备独立时钟基准的看门狗	具有单独时基的硬件定时器被程序的正确操作触发
		6.2 相互监控	具有单独时基的硬件定时器被其他处理器程序正确操作触发
7	程序序列	7.1 程序序列的时序和逻辑监视的组合	仅当各程序部分的时序执行正确时，一个时基的程序序列监控设施才会被重新触发

（4）应采取措施防止非法访问程序代码和 PESSRAL 的与安全相关的数据

由于 PESSRAL 在执行安全功能时，可能需要根据自带的软件进行逻辑判断，这些软件、逻辑关系的完整性和正确性直接影响了 PESSRAL 的安全性能。因此必须保证避免对其进行不安全的修改。应提供阻止访问程序代码和 PESSRAL 安全相关数据的措施，通常可采用以下方式：

——采用特定手段才能对程序代码和相关数据进行修改

如，采用 EPROM，保证数据和程序写入后，只能用强紫外线照射来擦除。

——对程序代码和相关数据设置访问权限

如，采用访问密码进行权限识别。

当然也可采用其他方式，如，禁止对数据和程序进行改写（采用 ROM）。

（5）PESSRAL 和非安全相关系统共用部件的要求

如果 PESSRAL 和一个非安全相关系统共用某一部件，则不能降低 PESSRAL 的安全水平。

1) 如果 PESSRAL 和一个非安全相关系统共用同一印制电路板(PCB)

这种情况下,应按下列要求隔离这两个系统:

——如果保护外壳的防护等级不高于 IP4X,则其电气间隙不应小于 3 mm,爬电距离不应小于 4 mm;

——如果保护外壳的防护等级高于 IP4X,则其爬电距离可降至 3 mm。

2) 如果 PESSRAL 和一个非安全相关系统共用同一硬件

PESSRAL 和非安全相关系统共用硬件,则该硬件应满足 PESSRAL 的要求。即:

——其与 PESSRAL 的共用,不会影响 PESSRAL 的安全功能;

——PESSRAL 的完整性等级不会受到影响。

(6) 对 PESSRAL 故障状态的识别

PESSRAL 是以持续控制的方式来保持安全功能的,SIL 应表示对工作在高要求模式中 PESSRAL 的要求,并应使用每小时危险失效概率来表示。

如果存在子系统输出状态的组合会直接增加危险事件发生的可能性,应将子系统中危险故障的检测视为一个工作在连续模式的安全功能。

此外,PESSRAL 的设计应允许端到端或分部测试。所谓"端到端"是指从传感器端到进入安全状态。

当预计的计划检验时间间隔大于用以决定 PESSRAL 的 SIL 的检验测试时间间隔时,应对试验作适当的规定。当需进行自动检验测试时,试验项目应成为 SIL 设计的必备部分,以测试未检测到的失效。

在进行故障识别或测试时,如果要使用外部专用工具,为了保证在任何情况下均能进行上述工作,该工具能在需要进行测试的现场获得,通常采用将专用工具存放在现场的方式。

关于"安全完整性等级"介绍,可参见"GB/T 7588.1 资料 5.11-6"。

5.11.3 电梯数据信息输出

【解析】

本条为新增内容。

物联网的应用有利于提高电梯、自动扶梯和自动人行道产品及服务质量,提高监管效率,增强社会监督的透明度,提高乘客使用满意度。具体表现为:

(1) 通过对电梯各种故障、运行、统计信息进行采集、分析,不断提高产品质量和服务质量;

(2) 电梯维护保养单位和使用单位及时掌握电梯的故障信息,及时通知专业人员及时到现场解救被困乘客、排除故障;

(3)电梯维护保养单位可远程对现场维保人员进行监督和技术支持,以确保其及时准确地完成维保工作及应急救援;

(4)便于组建统一的监管平台,提高监管效率。

为了配合物联网应用,对于电梯的数据信息输出,本部分提出了要求。对于电梯数据信息输出,本部分要求遵循 GB/T 24476—2017《电梯、自动扶梯和自动人行道物联网的技术规范》中的规定。该标准主要内容是规定了电梯、自动扶梯和自动人行道物联网的设备运行安全监管系统的基本构成,监测终端和企业应用平台的公共输出接口与协议,设备数据代码、格式及输出要求等。

5.11.3.1 电梯数据信息输出的方式应符合 GB/T 24476—2017 中 5.1.1 的规定。

【解析】

本条为新增内容。

GB/T 24476—2017 中 5.1.1 给出了电梯运行安全监管系统组网的架构,见图 5.11-16。

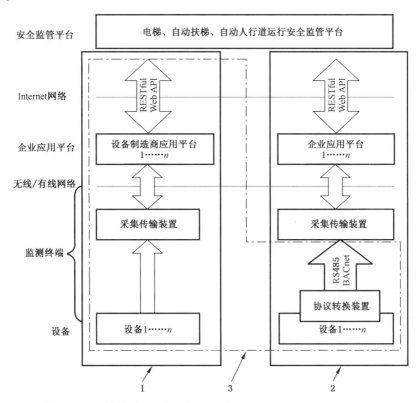

1—方式 1:通过设备制造商应用平台输出数据的方式;

2—方式 2:通过设备制造商提供的 RS-485 公共输出端口输出数据的方式;

3—接线:设备制造商输出的界限。

图 5.11-16 电梯运行安全监管系统组网架构

对于上述电梯运行安全监管系统组网构架图中的方式 1 及方式 2,目前在实际使用中有如下 3 类：

（1）方式 1 中的设备制造商监控大平台：电梯设备制造商设置远程监控中心，针对所有出厂电梯进行远程监控。对电梯运行状态实时监控，收集相关数据，综合判断电梯运行状况并通知维保人员，及时发现并处理电梯的各种不良状况，减少故障发生的可能。同时该平台提供电梯运行数据至政府监管平台（政府监管平台的数据不仅包括电梯的运行数据，也可能包括轿厢内的影像记录）。

（2）方式 1 中的设备制造商提供的监控系统：电梯设备制造商针对某一项目设计的特定监控系统（一般采用电脑屏幕形式，放置于管理室中），该系统对电梯的运行状态实时监控，收集相关数据，一旦电梯出现故障，管理室工作人员通知维保人员，及时进行故障处理，保障电梯的正常运行。同时该监控系统可集成部分电梯的控制功能，可在管理室远程对电梯进行一定程度的控制（如，改变电梯的空中运行方式、远程锁梯等）。另外，该系统的管理室主机也可作为其他功能的电脑主机使用（如读卡器的授权主机等）。此类监控系统也同样可以提供电梯运行数据至政府监管平台。

（3）方式 2 对应的设备制造商仅提供电梯运行数据接口：电梯设备制造商提供电梯运行数据接口，为 RS485 接口形式，电梯的使用方设置自己的企业平台，将 RS485 接口传递的电梯运行信息发送至自己的平台，企业可自行对电梯的运行状态进行实时监控，收集相关的数据，一旦电梯出现故障，管理室工作人员通知维保人员，及时进行故障处理，保障电梯的正常运行。同时可通过此平台综合评价每部电梯的使用情况，对电梯维保提供有价值的信息。该方式由企业平台提供电梯运行数据至政府监管平台。

上述 3 类监控系统，可单独使用，也可混合使用，甚至可能出现几种监控系统共存的情况。

5.11.3.2　当采用监测终端输出数据时，应符合 GB/T 24476—2017 中 5.2 的规定。当采用企业应用平台输出数据时，应符合 GB/T 24476—2017 中第 6 章的规定。

【解析】

本条为新增内容。

本条对于采用监测终端输出数据和企业应用平台输出数据的情况进行了规定。具体来说：

（1）采用监测终端输出数据的情况

1）监测终端应与设备之间采取隔离措施，监测终端不能影响设备的正常运行。

2）RS-485 公共输出端口应输出 BACnet 数据通信协议（见 GB/T 24476—2017 附录 B）规定的数据，不接受任何外部对设备的控制指令。

3）如果为非设备制造商提供监测终端，其电源应取自设备供电电源开关的前端。

4）当采用外加传感器时应与设备本身的电气线路无任何连接。外加的传感器不应影响设备原有的功能及运行安全。外加的传感器应符合该设备应用场合对传感器的要求。

5）设备实时运行状态信息、统计信息和故障、事件、报警记录的时间和日期应以企业应用平台为基准。监测终端的内部时钟应定期与企业应用平台的时钟进行同步，企业应用平台输出至电梯运行安全监管平台的时间以北京时间为准。

6）监测终端应配备备用电源，在其正常供电电源断电的情况下，应保证能正常工作至少 1 h。

7）设备的故障、事件、报警信息应实时向企业应用平台发送，发出信息时间不大于 1 s。

8）设备的实时运行状态信息和统计信息仅接受企业应用平台的查询，实时运行状态信息的发送间隔不大于 1 s。

9）监测终端应能至少保持最近 100 条记录，所存储的记录应包括设备的故障、事件、报警信息及其发生的时间和设备的实时运行状态信息。

10）监测终端与企业应用平台之间的数据传输和存储宜有安全策略，如对数据进行加密，对数据的远程读取应有权限管理等。

11）监测终端采用电芯通信装置时，应符合国家对电信通信装置的相关规定，如通信单元等需取得进网许可证、CCC 认证等。

（2）采用企业应用平台输出数据的情况

1）企业应用平台应能正确接收设备的故障、事件、报警信息、统计信息和实时运行状态信息，向电梯运行安全监管平台提供 GB/T 24476—2017 所要求的信息。

2）企业应用平台应能查询 GB/T 24476—2017 规定的设备信息。

3）企业应用平台应能对设备基础信息进行维护。

4）企业应用平台与电梯运行安全监管平台之间的数据交换应采用 RESTful Web API。

5）企业应用平台应能及时监测设备的在线状态。

6）企业应用平台可随时接受电梯运行安全监管平台的访问，提供 GB/T 24476—2017 规定的信息。

7）企业应用平台与电梯运行安全监管平台之间的数据传输和存储应有安全策略，如对数据进行加密、对数据的远程读取应有权限管理等。

5.12　控制、极限开关和优先权

5.12.1　电梯运行控制

【解析】

本条涉及"4　重大危险清单"的"吸入或陷入危险""带电部件""通道""重复活动""可见性""动力源失效"危险。

电梯作为涉及人身安全的机电一体化产品，其控制是至关重要的。电梯运行控制应是电气控制，不应采用气动、机械等方式来控制电梯运行。各种安全保护措施中，目前使用最多、技术最成熟的方式是机电式，因此针对电梯要求的许多安全部件和安全功能都是依靠电气控制实现的，比如驱动主机制动器是机-电式的、电气安全装置切断驱动主机主电源及制动器电源等。

5.12.1.1　正常运行控制

【解析】

　　本条涉及"4　重大危险清单"的"指示器和可视显示单元的设计或位置"和"控制装置的设计、位置或识别"危险。

> 5.12.1.1.1　这种控制应借助于按钮或类似装置，如触摸控制、磁卡控制等。这些装置应置于盒中，以防止使用者触及带电零件。
>
> 　　除报警触发装置外，黄颜色不能用于其他控制装置。

【解析】

　　本条与 GB 7588—2003 中 14.2.1.1 相对应。

　　本条是针对电梯的正常运行控制而制定的。电梯正常情况下的运行控制应采用按钮或者类似装置，如触摸控制或者磁卡控制等。

　　对于电梯控制装置，近年来市场上常见的产品有以下 3 类：

　　（1）轿内及层站按钮

　　采用按钮操作和控制电梯的正常运行，是目前最主流的形式。如图 5.12-1a)所示的层站呼梯按钮、轿内选层按钮是最普通和常见的。

　　（2）磁卡式控制装置

　　类似产品如图 5.12-1b)，常见的操作模式是：客户通过刷卡进入电梯，同时刷卡进行电梯选层。但如果出现消防、火灾等情况，为保证消防员可以方便地使用电梯，磁卡控制是失效的，仍需使用按钮对电梯运行进行控制。

　　（3）触摸式控制装置

　　市场上常见的触摸产品分为两种，一种是如图 5.12-1c)所示的触摸按钮，这种按钮的功能与普通的微动按钮是一样的，差别仅在于操作方式为触摸式，不需要对按钮施加揿压力。目前市场上大部分此类产品都需要在电源有效的情况下方可使用，因此如果警铃按钮也采用触摸式控制装置，则需要为警铃按钮设置应急备用电源（可采用轿内对讲机及应急灯的备用电源，前提是电源容量能够满足要求）。

　　另一种是触摸屏，如图 5.12-1d)，液晶屏上显示出按钮图像并通过点选实现选层和其他控制操作。应注意，使用触摸式的控制装置时，如果报警触发装置也以屏幕显示的方式设置，电源失效时液晶屏无法操作，则可能造成无法进行紧急报警的操作，必须避免这种情况的发生。实际使用中，采用触控装置作为轿内控制装置，会在触控装置近旁额外增加机械式开、关门按钮及警铃按钮。以避免触控装置故障或电源失效时上述按钮无法实现其正常功能。

为了保护使用人员和设备的安全，应防止电梯使用人员接触这些部件的带电部分，故这些部件应当安置于盒体中。同时，这些部件需保留不带电的表面操作部分供使用者操作电梯的正常运行。

GB 2893《安全色》中的相关规定中对黄色的规定是："表示提醒人们注意。凡是警告人们注意的器件、设备及环境都应以黄色表示"。故报警触发装置应采用黄色，同时为了避免误操作，其他轿内控制装置均不应采用黄色标记。

a) 层站按钮和轿厢按钮

b) 磁卡控制式产品

c) 触摸按钮

d) 轿内触控屏

图 5.12-1 电梯控制装置的几种常见形式

5.12.1.1.2 控制装置应清晰地标明其功能，参见 GB/T 24477—2009 中 5.4 或 GB/T 30560 的要求。

【解析】

此条为新增内容。

本条要求对于不同功能的控制按钮，都应清晰明确地加以区分，以便使用者能明白其功能。为此，应符合 GB/T 24477—2009《适用于残障人员的电梯附加要求》中的相关要求。

控制装置可按照 GB/T 24477—2009 中 5.4.2.1 的要求进行配置：

（1）"选层"按钮：－2、－1、0、1、2 等；

（2）"警铃"按钮：黄色并标示为铃形符号；

（3）"再开门"按钮：◀│▶；

（4）"关门"按钮：▶│◀。

上述要求在 GB/T 30560《电梯操作装置、信号及附件》中也有体现。

5.12.1.1.3 　应设置清晰可见的显示信号，使轿内人员知道轿厢所停靠的层站。

【解析】

此条为新增内容。

本条要求轿厢必须有显示信号，告知轿内人员电梯的停靠层站。该信号必须是清晰可见的，这就要求即使在轿厢环境较暗时，该信号也应当清晰明亮，因此应当是发光或者点亮的形式，以便使用者识别。由于显示信号最重要的功能就是告知轿内人员电梯的停靠层站，因此该信号应当与轿厢的运行状态是关联的。当轿厢即将停在或已经停在特定的楼层时，显示信号必须持续保证清晰可见。

5.12.1.1.4 　轿厢的平层准确度应为±10 mm。如果平层保持精度超过±20 mm（例如在装卸载期间），则应校正至±10 mm。

【解析】

本条涉及"4　重大危险清单"的"人员的滑倒、绊倒和跌落（与机器有关的）"危险。

此条为新增内容。

本条给出了轿厢平层准确度和轿厢平层保持精度的要求范围。

平层准确度：轿厢依控制系统指令到达目的层站停靠后，门完全打开，在没有任何负载的情况下，轿厢地坎上平面与层门地坎上平面之间铅垂方向的最大差值。（见 GB/T 7024—2008《电梯、自动扶梯、自动人行道术语》）

平层保持精度定义见本部分 3.25。

为了保证轿厢在层站停靠期间，人员进出轿厢时的安全，本条对轿厢地坎和层站地坎上平面之间的铅垂距离进行了限制。

本条有 3 层含义：

（1）平层时，轿厢地坎与层门地坎面在铅垂方向上的最大差值应在±10 mm 的范围内（见图 5.12-2）

本部分对该值的要求与 GB/T 10058—2009《电梯技术条件》中 3.3.7 中的要求是一致的。

（2）电梯装卸载过程中，轿厢地坎和层站地坎间铅垂方向的最大差值应在±20 mm 的范围内轿厢平层后，在装卸载期间，由于钢丝绳头弹簧、曳引机减震橡胶、轿底减震橡胶（或弹簧）等弹性元件的压缩量变化，液压系统的油温变化和微小泄漏，以及钢丝绳的弹性变形，导致轿厢地坎与层门地坎的铅垂距离发生变化，这个变化导致的轿厢地坎和层站地坎的最大差值，其范围比平层准确度宽松，但应控制在±20 mm 的范围内。

　　这里的"±20 mm"不仅要将装卸载导致的差值计算在内，而且连同轿厢的平层准确度差值（±10mm）也包含在内。

　　本部分对平层保持精度的要求与 GB/T 10058—2009《电梯技术条件》3.3.7 中的要求是一致的。

图 5.12-2　轿厢的平层准确度和平层保持精度示意图

　　（3）如果装卸载期间平层保持精度不能保证在±20 mm 的范围，应有校正功能

　　从电梯安全方面考虑，一旦平层保持精度超过±20 mm 时，电梯控制系统必须采取措施进行校正控制。

　　应注意，校正后不是达到±20 mm，而是要达到±10 mm 以内。显然，电梯控制系统校正时，若仅将平层保持精度校正至±20 mm 时，由于在装卸载过程中，电梯很容易又超出该范围，导致反复进行校正，这对电梯运行及控制是不利的。

　　这里所说的"校正"其实就是 GB/T 7024—2008 中 3.1.28.4 的"再平层"功能："当电梯停靠开门期间，由于负载变化，检测到轿厢地坎与层门地坎平层差过大时，电梯自动运行使轿厢地坎与层门地坎再次平层的功能"。

　　是在轿厢装卸载期间，平层保持精度只要有超出±20 mm 的可能，则必须有再平层功能。结合 5.6.7 中的要求，此时应设置检测轿厢意外移动的装置。

5.12.1.2　载荷控制

5.12.1.2.1　轿厢超载时，电梯上的一个装置应防止电梯正常启动及再平层。对于液压电梯，该装置不应妨碍再平层运行。

【解析】

　　本条与 GB 7588—2003 中 14.2.5.1 相对应。

由于电梯的曳引条件、安全部件的配置等一些与安全相关的重要设计,都是以轿厢满载作为条件进行考虑的,当轿厢超载时无法保证轿厢仍然能够安全运行,因此必须设置一个能够防止在超载情况下轿厢正常启动运行的装置。由于超载时难以预知轿内实际载荷的情况,为了防止由于再平层引起钢丝绳打滑或轿厢向下意外移动,则超载时也要防止轿厢再平层。

目前在电梯中广泛使用的载重量控制装置是称重传感器或微动开关,即在调试时根据预设的载重量使传感器或微动开关动作,以使电梯控制系统获得是否超重的信号。这类装置一般设置在绳头上或轿底,通过绳头弹簧或轿底橡胶在不同的压力作用下产生不同的变形量,并配合相应的传感器正确"感知"轿厢内的质量,见图5.12-3。

图5.12-3a)是采用称重传感器作为载荷控制装置,可以输出载荷变化的连续信号;图5.12-3b)中采用了微动开关的形式,只能设定一个或几个称量限值。

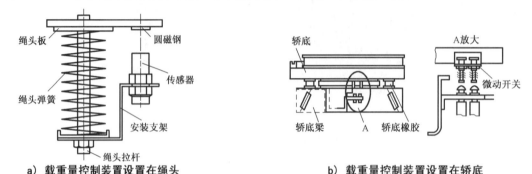

a) 载重量控制装置设置在绳头　　　　　b) 载重量控制装置设置在轿底

图5.12-3　载重量控制装置

对于液压电梯而言,由于其自身特点决定了在一定范围内超载即使进行再平层也不会导致轿厢失控滑移。此外,由于油温变化以及液压系统的微小渗漏不可避免地将导致一定量的沉降,因此液压电梯即使由于超载而不能启动,也必须能进行再平层,从而保证轿厢在平层区域内,避免危险的发生。

应注意,在超载情况下用于防止电梯正常启动的装置,不属于电气安全装置,它仅是用于向使用者提供超载信息的装置。

此外,还应注意,本条只是要求了如果电梯在停站时发生了超载则不能启动,但并没有要求电梯运行中超载装置动作(由于乘客在轿厢中蹦跳等,这种情况可能存在),电梯必须停止运行。这是因为,按照一般情况,如果电梯停站时没有发生超载,在运行过程中是不可能出现轿内载重量变化的情况。

5.12.1.2.2 应最迟在载荷超过额定载重量的110%时检测出超载。

【解析】

本条与GB 7588—2003中14.2.5.2相对应。

本条给出了所谓"超载"的具体指标,并不是只要超过额定载荷即为"超载"。超载是轿厢实际载荷超出额定载荷的10%,在10%以下时均不应视为超载。

旧版标准中规定的"超载"，还有另外一个条件，即"并至少为 75 kg"，理由是在本部分中一个人的质量假定为 75 kg。但如果额定载重量较小（如 320 kg 或 450 kg）的电梯，75 kg 远远超出了额定载荷的 110％。因此本次修订中取消了 75 kg 的限定，更有利于保证安全。

> **5.12.1.2.3**　在超载情况下：
>   a)　轿厢内应有听觉和视觉信号通知使用者；
>   b)　动力驱动自动门应保持在完全开启位置；
>   c)　手动门应保持在未锁紧状态；
>   d)　5.12.1.4 所述的预备操作应取消。

【解析】

本条与 GB 7588—2003 中 14.2.5.3 相对应。

为保证电梯在超载情况下能够使轿内乘客获知超载的信息，本条 a)的要求是必须的，即轿厢内应当有听觉（如语音说明或者蜂鸣示警声）以及视觉（如发光闪烁示警信号）信号向轿内乘客示警，该信号应当直至部分乘客离开轿厢，使轿厢内的载重量低于超载的质量时方可停止发出。同时，为了能够使轿内乘客方便地离开轿厢，在超载报警时，应当满足本条 b)、c)中的要求，即层门和轿门都应保持在完全打开的位置，如果为手动门，应处于未锁闭状态。当然，如果电梯超载，本条 d)中指明的 5.12.1.4（门未关闭和未锁紧情况下的平层、再平层和预备操作控制）的预备操作应取消。电梯应将轿内乘客的选层信号全部取消，直至足够的乘客离开轿厢后，由轿内乘客再次选层。

应注意，超载情况下，液压电梯依然可以进行再平层运行（见 5.12.1.2.1 及其解析）。

5.12.1.3　采用减行程缓冲器时对驱动主机正常减速的监控

在 5.8.2.2.2 情况下，轿厢到达端站前，符合 5.11.2 规定的电气安全装置应检查驱动主机的减速是否有效。

如果未有效减速，驱动主机制动器应能使轿厢减速，在轿厢或对重接触缓冲器时，其撞击速度不应大于缓冲器的设计速度。

【解析】

本条与 GB 7588—2003 中 12.8.1 和 12.8.2 相对应。

在使用减行程缓冲器时，由一个检查装置（安全触点或安全电路）来确认轿厢或对重（或平衡重）的速度已经小于设定的最大允许速度，并在平层停靠直至接触极限开关（当然，正常的平层停靠是不会接触到极限开关）时始终小于这个允许速度。为此，端站减速检查装置应在轿厢进入监测位置开始，到轿厢平层停靠、触及极限开关直至撞击缓冲器之前，始终处于能够监控电梯速度的状态。只有当轿厢在接触端站减速检查装置直至撞击缓冲器之前，速度已经小于设定的最大允许速度，端站减速检查装置才不会动作，否则应实施保护。

在一些设计中，这样的速度监控装置可以通过限速器来实现，在限速器上设置一组凸轮，在电梯处于不同速度阶段，按照设定情况，由不同的凸轮推动与之相对应的安全触点，根据安全触点导通的情况来监控电梯的速度。图5.12-4所示的装置就是设置在限速器上，通过限速器轮的旋转速度来实现对电梯速度的监控。

图5.12-4 采用减行程缓冲器时限速器上附带的速度验证开关

端站减速开关的作用仅是需要保证在使用减行程缓冲器的情况下，轿厢、对重（或平衡重）撞击缓冲器时的速度不超过减行程缓冲器的最大允许速度。因此，在端站减速检查装置获取了轿厢的速度之后，如果这个速度在整个监控过程中没有超过设定的最大速度，则监控装置不会操作减速机构使电梯系统减速。否则，应通过操纵速度调节系统将电梯的速度降低至允许的范围内。

5.12.1.4 门未关闭和未锁紧情况下的平层、再平层和预备操作控制

在下列情况下，允许层门和轿门未关闭和未锁紧时，进行轿厢的平层和再平层运行与预备操作：

a) 通过符合5.11.2规定的电气安全装置，限制在开锁区域内（见5.3.8.1）运行。在预备操作期间，轿厢应保持在距层站20 mm的范围内（见5.12.1.1.4和5.4.2.2.1）。

b) 平层运行期间，只有在已给出停站信号之后才能使门电气安全装置不起作用。

c) 平层速度不大于0.8 m/s。对于手动控制层门的电梯，应检查：

　　1) 对于由电源频率决定最高转速的驱动主机，仅用于低速运行的控制电路已通电；

　　2) 对于其他驱动主机，到达开锁区域的瞬时速度不大于0.8 m/s。

d) 再平层速度不大于0.3 m/s。

【解析】

本条与GB 7588—2003中14.2.1.2相对应。

根据本条规定，在电梯平层运行（提前开门）和自动再平层（或手动再平层）的情况下，允许层门和轿门打开使移动轿厢。提前开门和自动再平层（或手动再平层）的情况参考5.3.8.1解析。

在层门、轿门开启的情况下移动轿厢必然要将验证层门和轿门关闭及锁紧的电气安全装置进行旁路，因此对于上述运行必须进行严格限定。

（1）轿厢只能在开锁区进行平层（提前开门）或再平层运行

由于要实现开门运行，必须要将验证层、轿门的锁紧和闭合的电气安全装置旁接或桥接，为避免发生挤压、剪切的危险，必须限定轿厢只能在移动范围内（开锁区）进行上述运行，同时，按照 5.12.1.1.4 和 5.4.2.2.1 的要求，该区域的范围应当为轿厢距层站 20 mm 的范围内。为保证这个要求，必须有一个符合 5.11.2 规定的安全触点或安全电路构成的电气安全装置对电梯的提前开门和再平层运行进行保护，而且要求这个电气安全装置串联在门及锁紧电气安全装置的桥接或旁接电路中，一旦动作将直接切断这个桥接或旁接电路，使电梯立即停止运行。此外，平层运行只能是电梯已经到达目的层站后（控制系统已经给出停站信号后）才能进行，也就是说只有这个时候才能够旁接或桥接门的电气安全装置。

（2）平层（提前开门）或再平层运行时轿厢的速度必须受到严格限制

1）平层运行（提前开门）时

平层时的速度不超过 0.8 m/s。而且，如果层门的开启是手动控制的且电梯的驱动主机的转速是直接由电源频率决定的（如交流双速电梯），在平层运行时必须已经切换到低速运行状态。如果驱动主机的转速是由其他方式控制的，或层门不是手动控制的，则只需要保证平层时的速度不超过 0.8 m/s 即可。

2）再平层运行时

再平层速度不超过 0.3 m/s。与平层运行的要求相似，如果电梯的驱动主机的转速是直接由电源频率决定的，则再平层运行时必须已经切换到低速运行状态。

应注意，本条所谓的"预备操作"是指为了保证电梯的运行效率，在门开启的情况下进行轿厢运行的预备操作，比如轿内的选层登录、候梯厅侧的呼梯等。这些预备操作并不包含启动轿厢或使轿厢继续运行的动作，因此被认为即使是在门开启状态下实施预备操作也是安全的。但必须严格遵守：安全回路断开情况下，不允许给驱动主机电机和制动器供电。

实现本条要求最常见的方式是：由于门锁触点（层门和轿门）是串联在电气安全回路中的，平层（提前开门）和再平层时必须通过某种手段桥接或旁接轿门和相应的层门触点，必须保证这种桥接或旁接是安全的。同时保证平层和再平层的速度不超过最大值。图 5.12-5 给出的是一个门未关闭和未锁紧情况下的平层、再平层安全电路图。

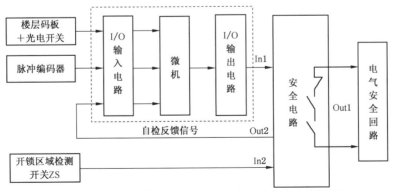

a）门未关闭和未锁紧情况下的平层、再平层安全电路设计框图

图 5.12-5　门未关闭和未锁紧情况下的平层、再平层安全电路

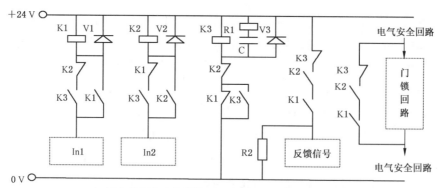

b) 门未关闭和未锁紧情况下的平层、再平层安全电路图

续图 5.12-5

图 5.12-5a)是开门情况下的平层和再平层设计框图，其中：

In1 信号决定于电梯当前运行状态，由微机控制。在满足以下几个条件的情况下，In1 有信号输出：①速度已降到可以开门平层或者再平层的速度；②未到平层位；③开门信号有效；④安全电路自检反馈信号正常。

In2 信号决定于电梯轿厢是否到达开锁区域，电梯轿厢到达门域，ZS 开关导通，In2 有信号输入。

安全电路检测到 In1 和 In2 同时有信号输入，立即通过安全电路上的安全触点 Out1 和 Out2 把门锁开关电路桥接起来。

安全电路见图 5.12-5b)，若轿门已开而安全电路尚未接通桥接支路，则电梯电气安全回路断开，电梯制停。内含自检电路，自检时发现安全模块发生故障，控制系统将通过自检回路的反馈信号识别故障。

图 5.12-5b)所示电路，在开门情况下再平层时，继电器 K3 吸合，继电器 K2 和 K1 处于无电释放状态。In1 信号的控制采用安全电路（PESSRAL）；In2 信号直接取自检测轿厢是否处于开门区域的开关 ZS。此时，In1 和 In2 产生输入信号，继电器 K1 和 K2 随后吸合，继电器 K3 断开，门锁电路被桥接。其中，K1、K2、K3 应选用"安全继电器"（见 5.11.2.1.1 解析）。

保证桥接或旁接安全性的要求：至少有一个装于门及桥接或旁接式电路中的开关，用这个开关防止轿厢在开锁区域外的所有运行。开关应符合安全触点或安全电路的要求。当这个开关的动作不与轿厢机械连接时，要能切断电梯驱动主机运转。同时只有已给出停站信号之后桥接或旁接电路，才能使门的电气安全装置不起作用。

5.12.1.5 检修运行控制

【解析】

本条涉及"4 重大危险清单"的"控制装置的设计、位置或识别"危险。

5.12.1.5.1 设计要求

5.12.1.5.1.1 为便于检查和维护,应在下列位置永久设置易于操作的检修运行控制装置:

a) 轿顶上[5.4.8a)];

b) 底坑内[5.2.1.5.1b)];

c) 在5.2.6.4.3.4所述的情况下,轿厢内;

d) 在5.2.6.4.5.6所述的情况下,平台上。

【解析】

本条与GB 7588—2003中14.2.1.3部分相对应。

与旧版标准相比,本部分要求在所有需要移动轿厢的工作区域设置检修运行控制装置(旧版标准只要求在轿顶设置该装置)。

为了使检修人员在电梯的日常检修和维护操作中快捷方便地操作相关检修控制装置,检修控制装置的位置必须能够使授权人员易于操作。所谓"易于操作"是指该检修装置应当是检修人员在检修场所可方便地接触到,相关检修控制的操作应能不借助相关工具即可完成。同时为了避免安装位置的变更对检修人员操作带来不便,故本部分要求相关检修装置的安装位置应当是永久的,即在常规条件下,电梯安装完成后检修运行开关的安装位置应当永久固定,不能变更。

此外,本条也明确给出了检修运行开关应当设置的位置,即

a) 轿顶上

轿顶上必须设置检修运行控制装置,而且应符合5.4.8a)中对该装置的设置要求:检修控制装置在避险空间(见5.2.5.7.1)水平距离0.3 m内可操作。该条指明:即使在最不利的情况(维修人员处于避险空间内)下,人员也可操作轿顶检修运行开关(检修运行开关安装位置为距离避险空间水平距离0.3 m内,且需保证可操作)。

b) 底坑内

底坑内也必须设置检修运行控制装置。在5.2.1.5.1b)中给出了该装置在底坑设置的要求:检修运行控制装置从避险空间(见5.2.5.7.1)0.3 m内可操作。该条指明:即使在最不利的情况(维修人员处于避险空间内)下,人员也可操作底坑检修运行开关(检修运行开关安装位置为距离避险空间0.3 m内,且需保证可操作)。

c) 轿厢内

应注意,不是在任何情况下均必须设置轿厢内检修运行控制装置,而是如果采用了5.2.6.4.3.4中要求的人员在轿厢上检修门时,则在检修门的附近应设置检修控制装置。同时,为防止被误操作和滥用,应保证该装置应只能被授权人员接近,即必须防止乘客能够触及轿厢内的检修运行控制装置。但如果在轿厢内的操作不需要移动轿厢,可以不设置该装置。

d）平台上

本部分 5.2.6.4.5.6 要求，当电梯需要设置检修平台，并且需要从平台上移动轿厢时，则应该利用平台上的检修运行控制装置进行操作。因此，在这种情况下应在平台上设置检修运行控制装置。但如果在平台上的操作不需要移动轿厢，可以不设置该装置。

应注意，检修运行控制装置的设置位置有如下原则：

1）上述 4 个位置（轿顶、底坑、轿厢和平台）中，轿顶和底坑中必须设置检修运行控制装置；如果工作区域在轿内和（或）平台上，且在上述位置需要移动轿厢，则轿内和（或）平台上也需要设置该装置。

2）除上述 4 个位置之外，其他位置也可设置检修运行控制装置，但必须保证仅能由被授权人员接触。

> **5.12.1.5.1.2** 检修运行控制装置应包括：
> a） 满足 5.11.2 要求的开关（检修运行开关）。
> 该开关应是双稳态的，并应防止意外操作。
> b） "上"和"下"方向按钮，清楚地标明运行方向以防止误操作。
> c） "运行"按钮，以防止误操作。
> d） 满足 5.12.1.11 要求的停止装置。
> 检修运行控制装置也可与从轿顶上控制门机的能防止意外操作的附加开关相结合。

【解析】

本条与 GB 7588—2003 中 14.2.1.3 部分相对应。

本条给出了一个检修运行控制装置的必备组成部件。

a）检修运行开关

检修运行开关用于切换电梯的"检修/正常"运行状态。应符合以下 3 个要求：

1）应符合 5.11.2 的要求（即应符合电气安全装置的要求）

对于"开关"，在 GB/T 2900.18—2008《电工术语 低压电器》中的定义为"开关电器：用于接通或分断一个或多个电路电流的电器"。由此可见，这里的"开关"并不一定必须采用"机械开关电器"（其定义为"通过可分流的触头来闭合或断开一个或多个电路的开关电器"）。

电气安全装置既包括安全触点形式，也包括安全电路形式，因此"检修运行开关"可采用上述两种形式中的任意一种。

目前常见的检修运行开关多采用安全触点的结构。

2）检修运行开关应当是双稳态的

所谓"双稳态开关"，是指这种开关有两个稳定的状态，如果没有外界操作，这种开关可以稳定地保持在一种状态下。检修运行开关的一个状态是"正常运行"，另一个状态是"检修运行"。在检修运行开关的旁边应标有"检修""正常"字样以明显区别这两种状态。

3）应带有防止误动作的防护装置

图 5.12-6 中检修运行开关旁边设置的防护圈高于旋柄的边缘，操作时手指要伸入其保护外壳内旋动开关，非故意地操作或操作人员的衣物就不太可能无意间转动或触碰开关。就是说不可能意外把处于检修状态的检修运行转换开关转换到正常运行位置，从而防止对轿顶检修人员产生危险。这就起到防止误动作的作用。

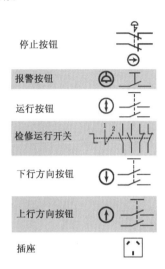

图 5.12-6　检修运行控制装置

b）控制运行方向的按钮

检修运行控制装置上应带有清楚地标明运行方向的"上"和"下"方向的按钮。

在检修运行状态下，控制轿厢运行应依靠持续揿压按钮（点动按钮）实现。此处的动作应当为同时按下"运行"按钮和"上行"或"下行"按钮，且需要持续揿压此按钮方可操作轿厢向上或者向下运行。同时按钮或其旁边应清晰标明"上行""下行"及"运行"字样，也可用表17 的符号表示。其目的是最大程度避免出现误操作。如图 5.12-6 中的上、下行控制按钮和"运行"按钮均带有防护圈，这也是出于防止误动作的目的。

c）"运行"按钮

在检修运行状态下，控制轿厢运行应依靠持续揿压按钮（点动按钮）实现。此处的动作应当为同时按下"运行"按钮和"上行"或"下行"按钮，且需要持续揿压，方可操作轿厢向上或者向下运行。

d）停止装置

检修运行控制装置上应设置满足 5.12.1.11 要求的停止装置。

在检修运行过程中，如果轿顶的操作人员发现电梯出现可能导致危险的异常情况，应立即将电梯停止，避免事故的发生。这就要求应在检修控制装置上提供一个提供符合5.12.1.11d）项规定的停止装置。

由于层门、轿门在开启状态下无法通过检修运行移动轿厢，见 5.12.1.5.2.1h），而且在检修运行过程中有时需要对电梯门机构进行操作,因此允许在检修控制装置上提供一个控制门机的开关。该开关在检修运行操作中与检修运行控制装置配合使用。该开关的要求见5.12.1.5.2.1d)的解析。

> **5.12.1.5.1.3** 检修运行控制装置应至少具有 IPXXD(见 GB/T 4208)防护等级。
>
> 旋转控制开关应采取措施防止其固定部件旋转,单独依靠摩擦力应认为是不足够的。

【解析】

此条为新增内容。

为了防止人员接触带电部件,检修运行控制装置应当具有至少 IPXXD(见 GB/T 4208)的防护等级。根据 GB/T 4208《外壳防护等级(IP 代码)》中的规定,当外壳防护等级为 IPXXD 时,可防止金属线接近带电部件。根据本条要求,检修运行控制装置对防水没有特别要求。

在电梯安装完成后,应保证检修运行控制装置的各开关的安装均能持续稳定地具有至少 IPXXD 的防护等级。对于旋转开关而言,在使用一定次数之后容易出现开关的固定部件松脱的现象,一旦发生这种情况则无法保证至少 IPXXD 防护等级的要求。因此,应当采取有效措施对其固定部件进行固定,防止其旋转和松脱。

仅靠摩擦力对固定部件进行固定是不足够的,这是因为摩擦力的大小与环境、温度、湿度都有一定关系,在不同的时间和地点,这些状况会存在一定的变化。常见的可靠固定方式有卡扣固定、螺钉固定等,见图 5.12-7。

a) 卡扣固定 　　　　　　　　　　　　 b) 螺钉固定

图 5.12-7　旋转控制开关固定部件的防旋转设计

5.12.1.5.2　功能要求

5.12.1.5.2.1　检修运行开关

检修运行开关处于检修位置时,应同时满足下列条件:

a) 使正常运行控制失效。

b) 使紧急电动运行控制(5.12.1.6)失效。

c) 不能进行平层和再平层(5.12.1.4)。

  d) 防止动力驱动的门的任何自动运行。门的动力驱动关闭操作应依靠：

    1) 操作运行方向按钮；或

    2) 轿顶上控制门机的能防止意外操作的附加开关。

  e) 轿厢速度不大于 0.63 m/s。

  f) 轿顶上任何站人区域(见 5.2.5.7.3)或底坑内的任何站人区域上方的净垂直距离不大于 2.0 m 时，轿厢速度不大于 0.30 m/s。

  g) 不能超越轿厢正常行程的限制，即不能超过电梯正常运行的停止位置。

  h) 电梯运行仍依靠安全装置。

  i) 如果多个检修运行控制装置切换到“检修”状态，操作任一检修运行控制装置，均应不能使轿厢运行，除非同时操作所有切换到“检修”状态的检修运行控制装置上的相同按钮。

  j) 在 5.2.6.4.3.4 所述的情况下，轿厢内的检修运行开关应使 5.2.6.4.3.3e)规定的电气安全装置失效。

【解析】

本条与 GB 7588—2003 中 14.2.1.3 部分相对应。

当电梯进行调试和维修保养时，人员通常需要在工作区域慢速移动轿厢，这种状态下对电梯的控制就是所谓的“检修运行控制”，在这种模式下电梯能够以低速运行(不超过 0.63 m/s 的速度)。检修运行是电梯的一种特殊运行状态。GB/T 7024—2008 中 3.2.18 给出了检修操作的定义：在电梯检修状态下，手动操作检修控制装置使电梯轿厢以检修速度运行的操作。

检修运行时，由于工作人员是在轿顶、底坑(或其他工作区域)进行操作，保护工作人员的人身安全是非常重要的。因此，检修运行操作时，相关工作人员必须对电梯的控制拥有最高优先权(操作检修运行的工作人员对电梯的控制也必须依赖于电气安全装置)。

电梯在检修运行状态下必须符合如下要求：

a) 使正常的运行控制失效

此时电梯不再响应正常运行的信号，仅响应检修运行控制装置的信号。对于正在进行的正常运行，也应中断并进行相应检修运行。

b) 使紧急电动运行失效

“使紧急电动运行控制失效”包含了以下两层含义：

1) 如果电梯正处于 5.12.1.6 所述的紧急电动运行，则进入检修运行应取消正在进行的紧急电动运行，并对于在检修运行之后发出的紧急电动运行信号不予响应。

2) 紧急电动运行控制不应对检修运行控制产生影响。这是因为操作检修运行的人员所处的位置通常是轿顶、底坑等工作区域，而紧急电动运行的操作人员均是在井道外(见 5.2.6.4.3.2、5.2.6.4.4.3、5.2.6.4.5.7)。很明显，检修运行操作人员所处的位置的风险等级要高于操作紧急电动运行的人员所处位置，两者相比而言，操作检修运行的人员更容易受到伤害。因此为了保护检修运行操作人员的安全，紧急电动运行的优先级应低于检修运行。

曾有过这样的设计：将紧急电动运行和检修运行采用互锁的方式，即轿顶检修运行，则紧急电动运行失效；但如果紧急电动运行开关拨到紧急电动运行位置，则轿顶检修运行也无法进行。这种方式是不符合标准要求的，因为如果有人员在井道外操作紧急电动运行开关，则操作检修运行的人员存在被困的风险（尤其是人员在轿顶和底坑位置）。

c）不能进行平层和再平层操作

切换到检修运行状态后，电梯应不能进行平层和再平层运行，以防止上述运行给操作人员带来伤害。

d）防止动力驱动的门的任何自动运行

处于检修运行状态的电梯，动力驱动的门应不能进行任何自动运行，无论是门的开启和关闭均不得自动进行。例如，如果门正在运行（开启或关闭）的过程中，操作检修运行开关将电梯切换至检修运行状态，则门的运行应该停止。这是出于防止门的运行给检修操作人员造成伤害。

如果需要依靠动力驱动关闭门，则应采取以下形式之一：

1）操作电梯运行方向按钮

持续按压"上行"或"下行"按钮，操作使门关闭。当门已到达关闭位置，并且按压该按钮的压力被取消时，门应保持关闭状态。

2）轿顶上设置一个附加开关

设置专门用于控制关门的附加开关，其目的是使得检修运行操作人员通过它进行关门操作时能明确地意识到自己的行为及带来的结果，防止误操作带来的伤害。

这个附加开关不一定必须紧邻检修操作开关设置，可以位于门机附近，但应满足以下条件：

——设置在轿顶上（底坑、轿内、平台或其他安装了检修运行控制装置的位置不能设置控制门机的开关）。

——能防止意外操作，一般情况下这个开关也选用电动开关。

——仅当"检修运行"时，控制门机的开关才有效（如果在正常运行期间，由于观察门机而转移维修人员注意力是非常危险的）。

应注意，这个附加开关不是必须设置的（不设置时，可采用操作电梯运行方向按钮的方式实现门的关闭），但如果设置这个开关，应满足以上条件。

应注意，d）中 1）、2）给出的方案采用其中一种即可。而且这是对"门的动力驱动关闭操作"，如果采用非动力驱动关闭（如手动关闭）的门，则不需要满足上述要求。

5.12.1.5.1.2 中的要求与本条相对应。

e）轿厢速度不大于 0.63 m/s

电梯处于检修运行状态时,其运行是由操作人员通过持续操作实现的,且操作人员可能处于风险等级较高的位置,因此必须限制电梯检修运行速度不能过高,以便给操作人员留出必要的操作反应时间。

f) 轿厢临近上、下端层时,检修运行速度应进一步降低

具体来说,轿顶上任何站人区域(见5.2.5.7.3)或底坑内的任何站人区域上方的净垂直距离不大于2.0 m时,轿厢速度不大于0.30 m/s。

这是因为,在轿厢处于述位置时,与轿顶和底坑内的人员距离非常近,为了防止出现撞击、挤压等风险必须将检修运行速度进一步降低,以保护人员的安全。

应注意,检修运行不是不能进入"轿顶上任何站人区域(见5.2.5.7.3)或底坑内的任何站人区域上方的净垂直距离不大于2.0 m"的空间,而是当进入上述空间后,检修运行速度不得超过0.30 m/s。

g) 检修运行不能超越轿厢正常行程的限制,即不能超过电梯正常运行的停止位置

为防止出现脱出导轨等危险故障的发生,处于检修状态的电梯,其行程也不能超过轿厢正常的行程范围,即电梯的行程不能超越极限开关。

h) 电梯运行仍依靠安全装置

电气安全装置一旦动作,即使在检修运行状态下也不能移动轿厢。换言之,电气安全装置的优先级比检修运行装置要高。这是因为,电气安全装置(如缓冲器开关、门锁开关等)也是对检修运行的安全保护。特殊情况见本条j)和5.12.1.8.3的解析。

i) 对于多个检修控制装置同时操作的要求

如果设置了多个检修运行控制装置,如果有两个或两个以上的控制装置都切换到了"检修"状态,任何一个检修运行控制装置都不应使轿厢移动。如果需要移动轿厢,则必须同时操作所有处于"检修"状态的控制装置,而且必须是操作相同的按钮(如同时操作所有"上行"或"下行"按钮)。

j) 如果轿厢内设置了检修运行开关,在切换至检修运行时应使验证轿壁检修门锁闭的电气安全装置失效。

如果轿壁上设置了检修门,而且人员检修时要在轿内移动轿厢,则应在轿厢内设置紧急电动运行装置(见5.12.1.5.1.1)。检修门的作用就是为检修提供连通井道的开口,移动轿厢往往需要在检修门开启的情况下进行。而5.2.6.4.3.3e)规定了应设置验证检修门锁闭的电气安全装置。因此,如果操作轿内的检修运行开关时,不能屏蔽上述电气安全装置,则根据h)的要求,无法实现检修运行。

以上a)~j)条对检修运行的要求(见图5.12-8),可总结如下:

——保证检修运行相对于其他运行的优先权:a)~d);

——为检修操作人员提供必要的反应时间:e)、f);

——检修运行期间的安全保护:g)、h)、j);

——多个检修运行控制装置之间的优先级:i)。

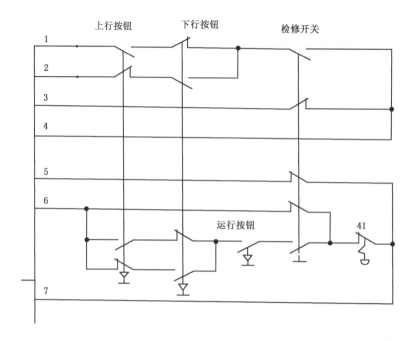

图 5.12-8　检修运行电路图

5.12.1.5.2.2　恢复电梯的正常运行

只有操作检修运行开关到正常运行位置,才能使电梯重新恢复正常运行。

此外,通过操作底坑检修运行控制装置,使电梯恢复至正常运行,还应满足下列条件:

a)　进出底坑的层门已关闭并锁紧。

b)　底坑内所有的停止装置已复位。

c)　井道外的电气复位装置应:

    1)　通过进出底坑层门的紧急开锁装置操作;或

    2)　通过仅被授权人员可接近的装置。例如,设置在靠近进出底坑层门附近的锁住的柜内。

当与检修运行有关的电路出现5.11.1.2列出的单一电路故障时,应采取预防措施防止轿厢的所有意外运行。

【解析】

本条与 GB 7588—2003 中 14.2.1.3 部分相对应。

从检修运行状态恢复到正常运行状态,需具备一定的条件,本条对此进行了详细要求。首先必须明确:"只有操作检修运行开关到正常运行位置,才能使电梯重新恢复正常运行"中所述的"检修运行开关"是指所有的间隙开关(设置了多个检修运行控制装置的情况下)。有任何一个检修运行开关没有切换到正常运行状态,电梯均不应恢复正常运行。这在5.12.1.5.2.1i)中有明确要求。

本条明确了"通过操作底坑检修控制装置，使电梯恢复至正常运行"时，除"检修运行开关到正常运行位置"之外，还需满足的条件。

a）进出底坑的层门已关闭并锁紧

如果通过电梯层门作为进入底坑的通道门，即使将检修运行开关切换至正常运行状态，如果用于进出底坑的层门没有关闭并锁紧，则电梯依旧不能恢复正常运行。这一点与5.12.1.5.2.1h)的要求相一致。

应注意，本条涉及的是"进出底坑的层门"而不是"底坑通道门"。不是通向危险区域的底坑通道门不必设置电气安全装置，见本部分5.2.3.3d)。

b）底坑内所有的停止装置已复位

停止装置的目的就是用于停止电梯并使电梯保持在非服务状态，因此恢复电梯的正常运行必须在停止装置复位的前提下实现。

应注意，本部分5.2.1.5.1规定了，当底坑较深时应设置 2 个停止装置，如果需要恢复电梯的正常运行，则应保证底坑内所有的停止开关均被复位。这一点与5.12.1.5.2.1h)的要求相一致。

c）井道外的电气复位装置已复位

设置井道外电气复位装置的目的，是因为人员进入底坑时应先操作停止装置（见5.2.1.5.1)，但为了实现检修运行，在操作检修运行控制装置时必须将该停止装置复位（见5.2.3.3d)。在检修运行操作完成后，若需要恢复电梯的正常运行，则需要将检修运行控制装置上的相关电气装置（停止开关、检修运行开关等）全部复位。此时，如果没有本条要求的电气复位装置，在人员离开底坑之前，电梯已恢复正常运行，可能对操作人员带来伤害。因此，为了保护在底坑中进行检修运行操作的人员，应有一个电气复位装置确保人员已经离开底坑之后电梯才能恢复到正常进行状态，因此这个电气复位装置应设置在井道外。该装置在本部分中没有要求必须采用电气安全装置。

本条所述的电气复位装置与本部分5.2.6.4.4.1g)的要求相类似，不同之处可参见该条解析。

需要说明的是，本条要求的装置是为了保护底坑中进行检修运行操作的人员，且在任何情况下，底坑中都必须设置检修运行控制装置（见5.12.1.5.1.1)，因此本条要求的电气复位装置是必须设置的。

与5.2.6.4.4.1g)中所要求的电气复位装置不同，本条要求更加灵活，允许采用以下方式之一实现保护：

1）通过进出底坑层门的紧急开锁装置操作

当人员将进出底坑的层门关闭并锁紧，即可认为人员已经安全地出离底坑。"紧急开锁装置"的要求见5.3.9.3。本条所述的紧急开锁装置仅适用于通过层门进出底坑的情况，没有涉及其他形式的底坑通道门。

2）通过设置仅被授权人员可接近的装置，例如：设置在靠近进出底坑层门附近的锁住的柜内。

通过设置与 5.2.6.4.4.1g)要求类似的装置（仅被授权人员可接近），在操作人员离开底坑后对此装置进行复位操作。

以上两种方式，采取其中之一即可。

很明显，本条要求的电气复位装置比 5.2.6.4.4.1g)的要求更加多样化，因此如果按照 5.2.6.4.4.1g)设置了电气复位装置，本条要求的装置可与之共用。

由于检修运行是一种特殊的运行状态，且在此种状态下人员所处的工作区域的危险性较高，因此与检修运行有关的电路应具有较高的安全等级。在出现 5.11.1.2 列出的单一电路故障时，此时电梯应当有相关的预防措施防止轿厢的所有意外运行，来保护工作人员及设备的安全，而不仅仅是 5.11.1 中要求的此类故障"不应成为导致电梯危险故障的原因"。

本部分中，还有一些特殊情况与检修运行有关，一些特定开关也会对检修运行后恢复电梯的正常运行产生影响，总结如下：

——轿顶上的工作区域（见 5.2.6.4.3.1）

根据 5.2.6.4.3.1b)的要求，用于验证机械装置（目的是防止轿厢意外移动）的电气安全装置处于非工作位置时，电梯才可运行。

——轿厢内的工作区域（见 5.2.6.4.3.3）

根据 5.2.6.4.3.3e)中要求，当检修门设置在轿壁上时，应设置电气安全装置验证其锁住位置。检修操作完成后，在恢复电梯的正常运行时，上述电气安全装置应处于非动作状态。

——底坑内的工作区域（见 5.2.6.4.4.1）

5.2.6.4.4.1d)中要求了使用钥匙打开任何通往底坑的门时，应由符合 5.11.2 规定的电气安全装置来检查，如果在满足 5.2.6.4.4.1f)的条件下（验证机械保护装置位于工作位置的电气安全装置处于动作状态），则只允许在检修运行控制装置操作下的运行（检修运行）。

因此，验证通往底坑的门的电气安全装置和验证机械保护装置位置的电气安全装置也会对检修恢复电梯的正常运行产生影响。

对于本条，CEN/TC 10 给出了解释单（EN 81-20 019 号解释单），具体内容见 5.2.6.4.4.1 解析。

5.12.1.5.2.3　按钮

检修运行模式下的轿厢运行应仅依靠持续按压方向按钮和"运行"按钮进行。

应能用一只手同时操作"运行"按钮和一个方向按钮。

检修运行电气安全装置的旁路应采用下列方式之一：

a)　串联连接的方向按钮和"运行"按钮。

这些按钮应为 GB/T 14048.5 中规定的下列类型：

——AC-15，用于交流电路的触点；

——DC-13，用于直流电路的触点。

在所适用的机械和电气负载下，应至少能承受 1 000 000 次动作循环。

b) 监测方向按钮和"运行"按钮正确操作的符合5.11.2的电气安全装置。

【解析】

此条为新增内容。

检修运行模式，因其特殊的运行状态，若发生误动作，可能会对检修人员及电梯设备造成重大伤害。为了保护人员和设备的安全，在检修模式下移动轿厢，应仅依靠同时持续按压方向按钮和"运行"按钮，且上述操作应能用一只手完成。上述要求的目的在于：

（1）通过持续按压按钮，保证人员在检修运行期间的注意力一直保持在检修操作上，同时也降低了误动作的风险。

（2）同时按压方向按钮和"运行"按钮，可以避免意外动作。

（3）"仅依靠"持续按压方向按钮和"运行"按钮进行检修运行，避免了人员需要操作多个按钮而发生的混乱操作和误操作。图5.12-9表现了方向按钮的容错设计，通过将上、下方向按钮的常闭触点与对方的常开触点串联，可以有效防止同时按下上、下行按钮导致的运行错误。

（4）应能用一只手同时操作"运行"按钮和一个方向按钮，是考虑操作人员如果另一只手持有工具、照明或支撑身体保持平衡等情况下，仍能安全地进行检修运行操作。

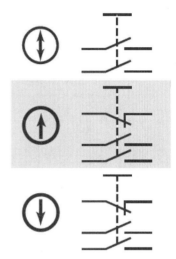

图 5.12-9 上、下方向按钮的容错设计

在检修运行时，为了查找和排除故障，有时需要将部分电气安全装置进行旁路，但出于安全原因，旁路电气安全装置应满足一定条件。本条给出了旁路电气检修安全装置允许采用的两个方案。

a）串联连接的方向按钮和"运行"按钮，且按钮触点满足GB/T 14048.5中规定的AC-15（用于交流电路的触点）或DC-13（用于直流电路的触点）。

这是由于运行按钮和"方向"按钮的触点为动合（常开）触点，难以采用安全触点的形式（安全触点通常为动断触点），如图5.12-8a)所示，这种触点必须考虑粘连的风险。如上述两个按钮不是采用串联形式，一旦按钮触点粘连，在旁路了电气安全装置的情况下，极有可能导致伤害事件的发生。而通过运行按钮和方向按钮的串联，能够降低触点粘连引起的风险。

b）采用电气安全装置，监测方向按钮和"运行"按钮正确操作

如果方向按钮和"运行"按钮不是采用串联形式，则应采用电气安全装置监测上述两个按钮的操作。应注意，这里的电气安全装置并不是用于防止按钮触点发生故障（如粘连），而是用于在发生故障时，能够及时发现故障。

5.12.1.5.2.4 检修运行控制装置

检修运行控制装置上应给出下列信息（见图 22）：

a) 检修运行开关上（或近旁）应标明"正常"和"检修"字样；

b) 通过颜色辨别运行方向，见表 17；

表 17 检修运行控制装置的按钮名称和符号

控制	按钮颜色	符号颜色	引用标准	符号
上行	白	黑	GB/T 5465.2—2008 第 3 章中的图形符号 5022	↑
下行	黑	白	GB/T 5465.2—2008 第 3 章中的图形符号 5022	↓
运行	蓝	白	GB/T 5465.2—2008 第 3 章中的图形符号 5023	↕

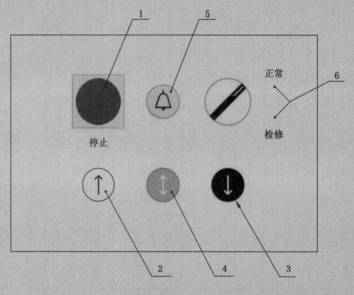

说明：

1——停止装置；

2——上行方向按钮；

3——下行方向按钮；

4——运行按钮；

5——报警按钮；

6——正常/检修转换位置。

注：报警按钮可选择设置在检修运行控制装置上。

图 22 检修运行控制装置的控制元件和象形图示例

【解析】

此条为新增内容。

本条对检修控制装置上必须设置的控制元件（见 5.12.1.5.1.2）的标识做出了明确规定。其目的是对上述控制元件进行统一标识和表述，以避免随意地采用标识和表述文字可能给检修运行操作人员带来混乱和困扰。

本条所涉及的符号，来源于 GB/T 5465.2—2008《电气设备用图形符号 图形符号》第 3 章，其中：

——符号"→"为"单向运动"，表示控制动作或被控制物沿着所指的方向运动（见该标准 5022），在本部分中以"↑"和"↓"分别表示电梯上、下行方向。

——符号"↕"为"双向运动"表示控制动作或被控制物可按标出的方向做双向运动（见该标准 5023），在本部分中以"↕"表示电梯可以被该按钮控制做上下运行。

a）描述检修运行开关状态的要求

按照 5.12.1.5.1.2 要求，检修运行开关为双稳态开关，为了使操作人员不会发生混淆，本部分要求采用"正常"和"检修"字样来明确标识上述两个位置。

b）对按钮的颜色和标志的要求

上、下行及运行按钮本身应采用的颜色及符号表达，具体可参照该条款中表 17 的具体要求。检修运行控制装置的控制元件布置可参考图 22 示例。其中，除报警装置按钮外，其余按钮是必须设置（见 5.12.1.5.1.2），各装置的位置可以与图 22 有差异。

检修运行控制装置可以不设置图 22 中的报警装置按钮，其原因是报警触发装置要求设置在"人员存在被困危险的地方"（见 5.2.1.6），因此可以将该装置设置在检修运行控制装置上，也可单独设置在检修运行控制装置近旁。

5.12.1.6 紧急电动运行控制

5.12.1.6.1 根据 5.9.2.3.3 的要求，如果需要紧急电动运行，应设置符合 5.11.2 规定的紧急电动运行开关。驱动主机应由正常的主电源供电或由备用电源供电（如果有）。

应同时满足下列条件：

a）操作紧急电动运行开关后，应允许持续按压具有防止意外操作保护的按钮控制轿厢运行。应清楚地标明运行方向。

b）紧急电动运行开关操作后，除由该开关控制的轿厢运行外，应防止其他任何的轿厢运行。

c）按照下列要求，检修运行一旦实施，紧急电动运行应失效：

1）检修运行过程中，如果紧急电动运行开关动作，则紧急电动运行无效，检修运行的上行、下行和"运行"按钮仍保持有效；

2）紧急电动运行过程中，如果检修运行开关动作，则紧急电动运行变为无效，而检修运行上行、下行和"运行"按钮变为有效。

d）紧急电动运行开关应通过本身或另一符合 5.11.2 规定的电气开关使下列电气装置失效：

1）用于检查绳或链松弛的电气安全装置［见 5.5.5.3b)］；

2）轿厢安全钳上的电气安全装置（见 5.6.2.1.5）；

3）检查超速的电气安全装置［见 5.6.2.2.1.6a)和 b)］；

> 4) 轿厢上行超速保护装置上的电气安全装置（见5.6.6.5）；
>
> 5) 缓冲器上的电气安全装置（见5.8.2.2.4）；
>
> 6) 极限开关（见5.12.2）。
>
> e) 紧急电动运行开关及其操纵按钮应设置在易于直接或通过显示装置〔5.2.6.6.2c)〕观察驱动主机的位置。
>
> f) 轿厢速度不应大于0.30 m/s。

【解析】

本条与GB 7588—2003中14.2.1.4部分相对应。

首先必须明确，紧急电动运行功能并不是每台电梯必备的。只有在5.9.2.3.3所述的情况下，紧急电动运行功能才是必要的，即向上移动载有额定载重量轿厢所需的手动操作力大于400 N时，由于人员体能的限制，已不能再依靠人力完成上述操作的状况或者未设置5.9.2.3.1a)规定的手动机械装置（该手动机械装置可使轿厢移动到层站所需的操作力不大于150 N）的状况。

如果设置紧急电动运行应满足以下条件：

——设置紧急电动运行开关

能够通过紧急电动运行开关切换电梯的运行模式（正常模式和紧急电动运行模式）。同时该开关应符合5.11.2的要求，即采用安全触点或安全电路的形式，此要求与检修运行开关相同。

紧急电动运行开关的设置位置在旧版标准中明确要求应当设置在机房中，但在本版标准中未指明紧急电动开关的具体位置。这是因为本版标准考虑了机器空间和工作区域在不同位置的情况，如机器空间在底坑等位置。紧急电动运行开关应设置在被授权人员容易接近且可以安全操作的地方。因此，紧急电动运行通常在机房内和井道外进行操作。

——紧急电动运行状态下应依靠电力移动轿厢

驱动主机应由正常的主电源供电或备用电源供电，并由驱动主机来移动轿厢。不允许仅通过电力开启制动器，利用轿厢侧/对重侧质量差的方式移动轿厢。

当电梯具有紧急电动运行功能时，按照本条规定，并没有要求必须具备备用电源，但从实际使用上来看，如果没有备用电源，一旦发生停电故障，则无法通过紧急电动运行移动轿厢，解救被困乘客。

本条中提到的"备用电源"在标准中没有明确定义。一般认为，双路供电的第2电源可以称为备用电源；应急发电设备也可以称为备用电源。如果是用目前电梯上使用的可充电应急电源，则该电源的容量、供电和控制方式就要符合5.12.1.6的所有要求。

紧急电动运行与检修运行类似，也属于电梯处于特殊状态下的运行方式，因此对电梯处于紧急电动运行（见图5.12-10）状态时的检修运行也有严格的要求。

对于将电梯切换到紧急电动运行状态的装置，应满足如下要求：

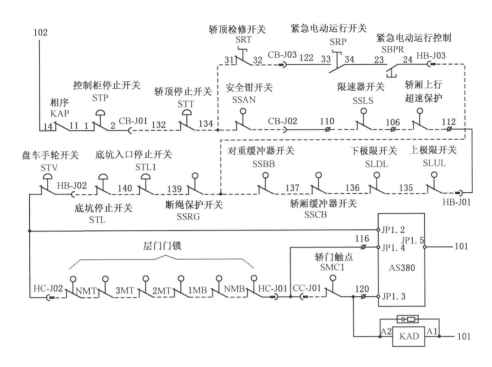

图 5.12-10 紧急电动运行电路图

a) 对紧急电动运行的操作要求

进入紧急电动运行状态后,应依靠人员持续按压按钮,操作电梯移动。通过持续按压按钮进行操作,其目的保证人员在检修运行期间的注意力一直保持在紧急电动运行操作上,同时也降低了误动作的风险。

此外,按钮应能够防止误动作,并在旁边标明轿厢运行的方向(通常是标有上、下行的字样),以避免操作人员发生混淆。

用于操作紧急电动运行的按钮没有强制要求是采用单一按钮移动轿厢,还是如检修运行一样需要同时按压两个按钮。同时也没有要求是否必须可以通过一只手完成。

b) 紧急电动运行正常运行之间的关系

紧急电动运行开关操作后,除由该开关控制的以外,应防止轿厢的一切运行。也就是说,一旦进入紧急电动运行,应取消轿厢任何正常运行控制,以保证紧急电动运行控制的优先权高于正常的运行控制。

c) 紧急电动运行与检修运行之间的关系

本条明确要求了:一旦实施检修运行,则紧急电动运行应失效,这与 5.12.1.5.2.1b)条的要求相一致。所谓"紧急电动运行应失效",体现在以下两个方面:

1) 检修运行过程中,如果紧急电动运行开关动作,则紧急电动运行无效,且用于检修运行控制的装置(上、下行按钮和运行按钮)的作用不受影响;

2) 紧急电动运行过程中,如果检修运行开关动作,则无论将紧急电动运行开关置于哪个位置,均无法进行紧急电动运行操作。此时,检修运行的上、下行和运行按钮可以实现相应的检修运行操作。

本条要求是因为，相比在机房内或井道外进行的紧急电动运行而言，在轿顶、底坑、轿内和平台上进行检修运行操作的人员的风险更大（无论从人身伤害方面还是从被困风险方面）。因此要求紧急电动运行的优先级别应低于检修运行的优先级。

d）允许在紧急电动运行状态下，使部分电气装置失效

在电梯正常运行中，如果电气安全装置动作，电梯会立即停止运行并被防止再次启动，这是为了保证使用者安全的基本特性。当发生上述保护时，如果轿内有乘客，需要通过紧急电动运行将轿厢移动到某个安全的救援地点（通常是层站），将被困乘客救出轿厢。但经过分析不难发现，如果是某些电气安全装置动作导致了电梯停止运行，如果不将动作的电气安全装置置于失效状态，将无法通过紧急电动运行移动轿厢并救援乘客。比如，轿厢冲顶碰到极限开关，根据5.12.2.2.4的规定，电梯应立即停止并防止再次启动。这种情况下，如果需要通过紧急电动运行移动轿厢，只能使极限开关失效。因此，为了移动轿厢解救被困人员，紧急电动运行时允许使以下电气安全装置失效：

1）用于检查绳或链松弛的电气安全装置[见5.5.5.3b)]；

2）轿厢安全钳上的电气安全装置（见5.6.2.1.5）；

3）检查超速的电气安全装置[见5.6.2.2.1.6a)和b)]；

4）轿厢上行超速保护装置上的电气安全装置（见5.6.6.5）；

5）缓冲器上的电气安全装置（见5.8.2.2.4）；

6）极限开关（见5.12.2）。

应注意，紧急电动运行状态下，仅允许使上述电气安全装置失效，不允许擅自扩大被旁接的电气安全装置的数量和种类。

此外，使上述电气安全装置失效的装置，可以是紧急电动运行开关本身或另一个符合安全触点或安全电路的电气开关（如控制紧急电动运行的上、下方向运行开关）。

e）在使用紧急电动运行开关及其操纵按钮时，应能观察电梯驱动主机

紧急电动运行属于电梯在非常规情况下的运行，具有一定的风险，尤其是旁接了部分电气安全装置后，因此应保证紧急电动运行一直处于操作人员的监控之下。

本条要求紧急电动运行是靠电梯驱动主机来移动轿厢，因此可通过观察驱动主机的运行状态对紧急电动运行进行必要的控制。因此，为使操作人员能够时刻监视驱动主机的运行状态，要求在进行紧急电动运行操作时，操作人员能够方便地观察电梯驱动主机，也就是说紧急电动运行的切换开关和控制按钮均应始终在易于观察驱动主机的位置上。这里所谓的"观察"可以是直接目视，也可通过显示装置（见5.2.6.6.2c)进行间接观察。

f）紧急电动运行状态下轿厢的速度限制

本部分要求紧急电动运行下的轿厢速度不大于0.30 m/s，与旧版标准规定的不大于0.63 m/s有所降低。相比旧版的速度限制，紧急电动运行速度不超过0.3 m/s更容易保证救援的安全和有效。以开锁区的范围为例，开锁区最大可以达到0.7 m，在紧急救援过程

中,如果要将轿厢停止在开锁区范围内,且紧急电动运行速度为 0.63 m/s,则要求操作人员要在看到轿厢到达门区后 1 s 以内作出反应,而不超过 0.30 m/s 的紧急电动运行速度下,可以给操作人员留下更多的判断和操作时间。

> **5.12.1.6.2** 紧急电动运行控制装置应至少具有 IPXXD(见 GB/T 4208)的防护等级。
> 旋转控制开关应采取措施防止其固定部件旋转,单独依靠摩擦力应认为是不足够的。

【解析】

此条款为新增内容。

本条可参见 5.12.1.5.1.3 解析。

> **5.12.1.7 维护操作的保护**
>
> 控制系统应具有以下功能的装置:
> a) 防止电梯应答层站呼梯并防止应答远程指令;
> b) 取消自动门运行;
> c) 至少提供用于维护作业的端站呼梯。
> 该装置应被清晰地标明且仅被授权人员可接近。

【解析】

此条为新增内容。

本条是对维护操作保护的条款。在本部分 3.30 中对电梯的"维护"给了定义。除了通常进行的"润滑清洁""设置和调整操作"以及"修理和更换磨损或破损的部件,但并不影响电梯的特性"外,维护操作还包括"救援操作"。这一点值得注意。

在进行维护操作时,为了给操作人员提供安全、方便的召唤电梯和进入轿顶的手段,控制系统应能实现以下功能:

(1)防止电梯应答层站呼梯;

(2)防止应答远程指令;

(3)取消自动门运行;

(4)端站呼梯(用于维护作业)。

上述功能应通过操作一个装置来实现(如采用开关、按钮等)。应注意,这个装置没有要求必须采用电气安全装置的形式,微动开关等形式也符合要求,也可采用按钮、开关等部件组合构成。

上述功能和动作,其目的是为操作人员在维护操作之前提供必要的准备,这些功能和动作本身并不属于检修运行、紧急电动运行等特殊运行模式。

> **5.12.1.8 层门和轿门旁路装置**

【解析】

此条为轿门和层门旁路装置的要求。所谓"旁路",是指允许电流流过与主通道并联的另一个通道。层门和轿门的旁路装置，就是将验证层、轿门关闭和锁紧的触点进行旁路的装置。无论是旁路轿门或层门触点还是旁路门锁触点都可能导致严重风险，必须对这种操作做出相应的技术和安全保证要求。与GB 7588—2003版本相比，该条关于旁路装置的功能为新增加的要求。层门和轿门旁路装置是为了解决门触点故障而提供的一种装置，是在检修运行状态下的一种特殊模式。

　　本条与5.12.1.9的关系见5.12.1.9解析。

> **5.12.1.8.1**　为了维护层门触点、轿门触点和门锁触点，在控制屏（柜）或紧急和测试操作屏上应设置旁路装置。

【解析】

　　在前几个版本的GB 7588中，均没有对维护操作时是否可以旁路层、轿门触点和门锁触点进行旁路甚至短接进行明确说明，也没有做出相关的特殊保护。但由于在实际工作中为了检查和维护（如检查门触点接触不良故障），可能需要对上述部位进行旁路。层、轿门旁路装置，旨在当门锁回路出现故障时，为检修人员提供一种方便而安全的短接门回路的方法。使用该装置，能够在门回路故障而导致安全回路断开的情况下移动电梯，完成检查和修理工作。作为预防性安全防护功能，该装置能够使检修人员尽可能避免采用直接使用短接线对门回路进行短接的操作。大量实践表明，直接使用短接线旁接门锁回路时，操作人员很可能在检修完成后忘记移除短接线，导致电梯正常运行而门触点被短接的风险。因此本次修订特别对层、轿门旁路装置进行了要求，以避免上述风险。

　　本部分只允许在控制屏（柜）或紧急和测试操作屏上设置旁路装置对门触点和门锁触点进行旁路，不允许采用直接短接上述触点的方式。因为只有通过旁路装置才可能实现本部分要求的保护，以导线进行简单的短接无法满足5.12.1.8.2和5.12.1.8.3中的要求。同时，要求旁路装置必须设置在控制屏或者紧急和测试操作屏上，保证了该装置仅能由被授权人员操作，避免了被误用和滥用的可能。

> **5.12.1.8.2**　该装置应为通过永久安装的可移动的机械装置（如盖、防护罩等）防止意外使用的开关，或者插头插座组合。上述开关和插头插座组合应满足5.11.2的规定。

【解析】

　　本条是对轿门、层门和门锁触点旁路装置的形式和安全保护方面的要求。主要有以下几个方面：

　　（1）旁路装置的形式

　　旁路装置应采用开关或插头/插座组合的形式，见图5.12-11，且无论是开关或插头/插座组合均应满足5.11.2中对安全触点的要求。广义而言，这里的"开关"也可以采用安全电路的形式,但现实中这种设计很罕见,在此以安全触点为基础进行说明。

由此可见,用于旁路装置的开关或插头/插座组合必须满足"依靠断路装置的肯定断开,甚至两触点熔接在一起也应断开"的要求(见 5.11.2),不能采用微动开关、按钮开关等不符合上述要求的开关。

(2)旁路装置的保护

为了防止旁路装置被意外使用,应为其设置防护装置。通过防护装置的保护,使得对旁路装置的操作必须是检修人员有意识的动作,避免意外动作将其触发。本条要求该防护装置的形式为"永久安装的可移动的机械装置"。其中有 3 层含义:

1)"永久安装"表明该防护装置不能由操作人员提供、在操作时临时安装。而应采用设置在旁路装置上的形式。

2)"可移动"表明旁路装置在非操作状态下,其保护装置应将其置于有效防护的状态(如被盖罩、护罩所覆盖)。在操作旁路装置时,可将保护装置移开。

3)"机械装置"表明保护装置应是机械式的,不是电气、软件等方式。

注:1.DJ1接插件1号脚和3号脚短接、2号脚和4号号脚、5号脚和6号脚短接;
2.正常运行时,DJ1插头插DJ2插座;
3.旁路厅门锁时,DJ1插头插DJ3插座;
4.旁路轿门锁时,DJ1插头插DJ4插座;

a)开关形式　　　　　　b)插头/插座形式

图 5.12-11　旁路装置的形式

5.12.1.8.3 在层门和轿门旁路装置上或其近旁应标明"旁路"字样。此外,被旁路的触点应根据原理图标明图形符号。

作为选择,图 23 所示的符号可与电气原理图上的图形符号一起使用。

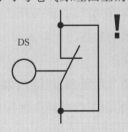

说明:

DS——接线图上的名称实例。

图 23　旁路符号

应清楚地标明旁路装置的动作状态。

应满足下列功能要求:

a) 使正常运行控制无效,正常运行包括动力驱动的自动门的任何运行。

b) 能旁路层门关闭触点(5.3.9.4、5.3.11.2)、层门门锁触点(5.3.9.1)、轿门关闭触点(5.3.13.2)和轿门门锁触点(5.3.9.2)。

c) 不能同时旁路层门和轿门的触点。

d) 为了允许旁路轿门关闭触点后轿厢运行,提供独立的监控信号来证实轿门处于关闭位置。该要求也适用于轿门关闭触点和轿门门锁触点共用的情况。

e) 对于手动层门,不能同时旁路层门关闭触点(5.3.9.4)和层门门锁触点(5.3.9.1)。

f) 只有在检修运行(5.12.1.5)或紧急电动运行(5.12.1.6)模式下,轿厢才能运行。

g) 运行期间,轿厢上的听觉信号和轿底的闪烁灯应起作用。轿厢下部1 m处的听觉信号不小于55 dB。

【解析】

除5.12.1.8.2要求对旁路装置应设置的防护之外,本条对在该装置的标识和动作后电梯的功能要求进行了规定。

(1)对标识的规定

旁边应有明确的标识:

——以文字"旁路"表明装置的作用;

——以图23中的图例作为标识;

——标明旁路装置的动作状态(是否处于旁路状态)。

上述这些标识相结合,可以给予被授权人员清晰明确的提示,最大化降低人员误操作的可能。

(2)旁路装置动作后电梯的功能

a)使正常运行(包括动力驱动的自动门的任何运行)控制无效

当旁路装置起作用时,电梯可以在层门或轿门开启的情况下运行,这种情况下如果正常运行控制依然有效,则可能发生剪切和挤压风险。

b)旁路装置仅允许旁路部分触点

由于设置旁路装置的目的是"为了维护层门触点、轿门触点和门锁触点"(见5.12.1.8.1),因此仅允许旁路装置将以下四种触点进行旁路:

1)层门关闭触点(5.3.9.4、5.3.11.2);

2)层门门锁触点(5.3.9.1);

3)轿门关闭触点(5.3.13.2);

4)轿门门锁触点(5.3.9.2)。

应特别注意，以下用于验证门关闭的触点不能被旁路：

1) 用于证实通道门、安全门和检修门关闭状态的电气安全装置（见5.2.3.3）；

2) 用于验证轿厢安全窗和轿厢安全门锁紧的电气安全装置（见5.4.6.3.2）。

由于上述电气安全装置往往与上述层/轿门触点、层/轿门门锁触点串联形成"门锁安全回路"，在旁路装置工作时，不能将其一并旁路。

当然，除本条b)所述的触点外，其他电气安全装置均不允许被旁路装置屏蔽。

c) 不能同时旁路层门和轿门的触点

如果同时旁路层门和轿门触点，极易发生剪切伤害。不仅不允许将所有层、轿门触点和门锁触点同时旁路，也不允许在旁路了某一个层门触点（关闭触点和门锁触点）的同时，旁路任一轿门触点（关闭触点和门锁触点）。

d) 需要提供独立的监控信号来证实轿门处于关闭位置

虽然旁路装置可以将轿门关闭触点和轿门锁触点进行旁路，但为了防止剪切和挤压伤害，如果轿门没有关闭，则仍不允许移动轿厢。如果需要轿厢运行，则必须提供单独的轿门关闭触点的监控信号来证实轿门处于关闭位置。这里强调采用"独立的监控信号"监控轿门是否处于关闭状态，是由于轿门由动力驱动且本部分允许轿门不设置锁紧，因此轿门触点回路被旁路后，无法准确确定轿门是否处于关闭状态，因此需要另外提供独立的监控信号证实轿门处于关闭状态。

这个监控信号应是：

——独立于被旁路的轿门关闭触点；

——能够正确验证轿门是否处于关闭状态。

如果是轿门关闭和轿门锁共用触点的情况，仍需要提供上述监控信号。

应注意，本条要求"独立的监控信号"，是指该信号不能受到轿门关闭触点（5.3.13.2）、轿门门锁触点等信号的影响。另外，此处要求的监控信号，没有要求必须由电气安全装置提供。

在本部分5.3.13.1中规定："除了5.12.1.4和5.12.1.8所述情况外，如果轿门（或多扇轿门中的任一门扇）开着，应不能启动电梯或保持电梯继续运行"。似乎在使用轿门旁路装置时，允许开启轿门运行。这与本条要求矛盾，且从风险的角度看，本条要求更加安全。5.3.13.1的要求疑存在瑕疵。

e) 对于旁路手动层门触点的要求

手动层门的开启（包括开启门扇和门锁）时，如果同时旁路层门关闭触点（5.3.9.4）和层门门锁触点（5.3.9.1），则轿厢可能在层门未关闭情况下离开层站，此时手动层门不会自动关闭，存在层站人员坠落的风险。此外，手动层门可以由非授权人员操作，如果同时旁路了层门关闭触点和层门门锁触点，还可能发生非授权人员在不知情的情况下手动开启层门，而电梯正在运行的状态，会造成剪切和挤压伤害。因此，对于手动层门不能同时旁路层门关闭触点和层门门锁触点。

应注意，对于非手动层门无上述要求，这是因为即使层门触点全部被旁路，在轿厢离开层站后，自动层门会在自闭装置作用下关闭并锁紧，可以避免发生人员从层门处意外坠落的事故。

f) 旁路装置工作时，对电梯的运行要求

由于旁路装置是为了维护电梯时使用，因此要求在旁路装置工作时，轿厢应能在检修运行模式下运行。另外，如果由于层/轿门触点以及层/轿门门锁触点故障造成乘客被困，此时应能通过旁路上述触点将轿厢移动到适当的位置以救援被困乘客。因此，旁路装置工作时也应允许进行紧急电动运行控制。

除检修运行和紧急电动运行模式之外，在旁路装置工作时，电梯不能进行其他任何运行模式。

应注意：在门旁路装置作用时，对于没有设置紧急电动运行的电梯，在门旁路时应能在检修运行状态下使轿厢运行；对于设置了紧急电动运行的电梯，在检修运行和紧急电动运行状态下均应能够使轿厢运行；这对于设置了紧急电动运行的电梯，如果仅能在检修运行或紧急电动运行状态下使轿厢运行，是不符合本条要求的。

g) 旁路装置工作时，轿厢移动过程中应有提示信号

在旁路装置工作时，如果需要移动轿厢，在轿厢移动过程中应提供提示信号使轿厢附近（包括底坑内）的工作人员获知相应信息。具体来说，应有以下信号：

——轿厢上（包括轿内和轿顶）和下部均应有听觉信号，且轿厢下部1 m处的听觉信号不小于55 dB。

——轿底应有提示灯，以闪烁的形式提供光信号。

以上信号是对轿顶、轿内及底坑内的作业人员提供足够强度的警示信息，以保证其安全作业，见图5.12-12。

关于层、轿门旁路装置是否能够使轿厢意外移动保护装置失效的问题，CEN/TC 10的解释可参见5.6.7解析。

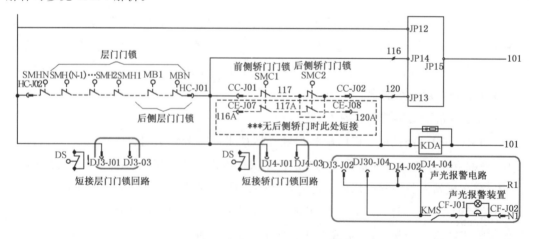

图5.12-12 门旁路及报警信号

5.12.1.9　门触点电路故障时防止电梯正常运行

当轿厢在开锁区域内，轿门开启且层门门锁释放时，应监测检查轿门关闭位置的电气安全装置(5.3.13.2)、检查层门锁紧装置的锁紧位置的电气安全装置(5.3.9.1)和监控信号[5.12.1.8.3d)]的正确动作。

如果监测到上述装置的故障，应防止电梯的正常运行。

注：对电气安全装置的监测也可通过对轿门电气安全装置或层门电气安全装置所构成电路的监测来实现。

【解析】

本条为新增内容。

本条要求的功能也称为"回路检测功能"。虽然根据本部分 5.12.1.8"为了维护层门触点、轿门触点和门锁触点，在控制屏（柜）或紧急和测试操作屏上应设置旁路装置"，在检修时如果需要，可以将以上触点通过旁路装置短接，但通常是将整条层门或轿门电气安全装置全部短接。而在实际操作中，为了查明门锁的具体故障点，可能仍需要将诸如某一层门门锁或某一轿门（多个轿门情况下）的电气安全装置短接。为了防止在检修完成后忘记恢复而被乘客使用，需要设置本条要求的功能，以防止电梯在门触点电路异常时仍能正常运行。

为了防止门的电气安全装置被短接后电梯被正常使用，门回路检测功能要求，当轿厢进入开锁区后，轿门开启且层门解锁的情况下，应对以下电气安全装置和监控信号进行监测：

① 5.3.13.2 所述，用于验证轿门关闭位置的电气安全装置；

② 5.3.9.1 所述，用于验证层门锁紧的电气安全装置；

③ 5.12.1.8.3d)所述，轿门处于关闭位置的监控信号。

通过对上述两个电气安装装置和监控信号的对比，可以有效监测到上述门触点电路是否处于故障状态（包括触点被人为短接）。当监测到上述装置故障时，应防止电梯的正常运行。

按照正常工作状态，如果轿厢到达开锁区，开启轿门并带动层门开启，此时①应为断开状态、②为断开状态、③给出轿门开启的信号。如果①②③情况同时出现，则可判断在该层站轿门触点和层门门锁触点均处正常状态，除此之外，其他任何状态均可判断为故障，电梯应不能正常运行（如果①为闭合、②闭合、③给出的是轿门闭合信号，则无法验证，不属于本条的前提条件）。可参见图 5.12-13 及表 5.12-1。

以比较容易发生的人为短接层门锁触点为例，当轿厢处于开锁区内并开启轿门时，①处于断开状态、③给出轿门开启的信号，由于层门门锁触点被短接，此时②为闭合状态。按照逻辑判断，这种情况是电梯处于轿门开启但层门没有解锁状态，显然是不正常的。其他状况也可同理推导。

应注意,如果轿厢有多个轿门,轿门开启时,需要检查的是与该轿门同侧的层门锁紧触点。

本条仅规定了"轿门关闭位置的电气安全装置(5.3.13.2)、检查层门锁紧装置的锁紧位置的电气安全装置(5.3.9.1)和监控信号[5.12.1.8.3d)]的正确动作",没有要求检查以下电气安全装置的动作:

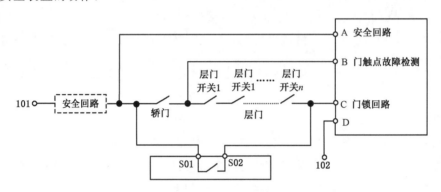

图 5.12-13　门触点电路故障检测及判断流程

表 5.12-1　门触点电路故障检测情况列表

层、轿门及 S01、S02 状态	含义	B	C
层门、轿门关闭时	正常	1	1
层门、轿门开启时	正常	0	0
层门、轿门打开;S01、S02 不接通	轿门短接,层门未短接	1	0
层门、轿门打开;S01、S02 不接通	轿门未短接,层门不确定	0	0
层门、轿门打开;S01、S02 接通	轿门不确定,层门短接	1	1
层门、轿门打开;S01、S02 接通	轿门未短接,层门未短接	0	1
注:如果 S01、S02 不接通,层门的状态无法检测。			

④ 5.3.9.2 所述,用于验证轿门锁紧的电气安全装置(如果有);

⑤ 5.3.9.4 所述,用于验证层门关闭的电气安全装置。

这是由于以下原因:

(1) 轿门锁紧装置不是每台电梯都必须具备的,只有 5.2.5.3.1c)的情况下需要设置;

(2) 只要验证轿门关闭是可靠的,则轿内人员可避免因由轿厢入口产生的剪切、挤压等风险;

(3) 层门解锁肯定先于层门开启,如果层门门锁触点发现故障后能够防止电梯的正常运行,则可以避免风险。

门触点电路故障检测及判断流程见图 5.11-14。

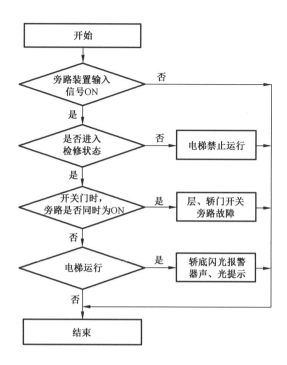

图 5.12-14 门触点电路故障检测及判断流程

还应注意的是，当轿厢在开锁区域内，轿门开启且层门门锁释放时，本条要求的是：应监测轿门关闭触点（5.3.13.2）、层门门锁触点（5.3.9.1）和监控信号［5.12.1.8.3d)］的"正确动作"。所谓"正确动作"是指上述触点（电气安全装置）给出的信号能够准确验证被监测部件的状态。以 5.12.1.8.3d) 中要求的监控信号为例，如果用于传输该监控信号的导向（或传输装置）损坏，电梯应不能正常运行。

对于本条中的"注：对电气安全装置的监测也可通过对轿门电气安全装置或层门电气安全装置所构成电路的监测来实现"，CEN/TC 10 给出解释单（见 EN 81-20 009 号解释单）如下：

询问：如果门是由多个间接机械连接的门扇组成时，设置一个电气安全装置检查证实未被门锁锁定的门扇的关闭位置。该电气安全装置通常与检查被锁紧门扇的关闭位置的电气安全装置串联。这种情况下，只需要监测由门锁装置和门板闭合触点组成的整个门的触点电路就足够，没有必要单独监测每一个触点。这种理解对吗？

CEN/TC 10 的答复是：对。每一个门组合的触点可以被当作一个电路进行监测。

本部分 5.12.1.8 和 5.12.1.9 之间的关系可以这样理解：

5.12.1.8 要求的门旁路装置，可以使短接门锁的操作更便利，可以取代使用导线直接短接的操作，同时通过对适用门旁路装置后电梯运行的一系列限制，来保证将风险降低至可以接受的水平。

5.12.1.9 要求的门回路检测功能，可以避免在控制柜使用短接线短接门锁回路后，忘记取下短接线而造成伤害事故。

CEN/TC 10 给出的另一解释单（见 EN 81-20 020 号解释单）如下：

询问：5.12.1.9"门触点故障时防止电梯正常运行"，关于这一条的实际要求已经有了很多讨论。

问题 1：标准中要求"装置"在监测到故障时，应该防止电梯的正常运行。但是，监测信号不属于"装置"。使电梯脱离正常运行，是通过层门门锁和轿门关闭触点的故障，还是也包括监测信号的故障？

问题 2：如果要求监测信号的故障，仅在双通道被激活时进行监测是否满足要求，还是必须在正常工作期间均应进行监测？

CEN/TC 10 的答复是：

回答 1：是的，除安全装置外，信号的故障也应被监测。

回答 2：在旁路状态下，监测信号到轿门关闭。监测该信号的目的是监测该信号没有一直处于轿门关闭状态。当门开启时，如果监测信号显示门处于关闭状态，则电梯应脱离正常运行。

5.12.1.10　电气防沉降系统

液压电梯电气防沉降系统（见表 12）应满足下列条件：
a)　在结束最后一次正常运行后 15 min 内，轿厢应被自动分派到底层端站。
b)　对于手动门或需使用者持续控制进行关闭的动力门，在轿厢内应设置须知："关门"，文字高度应至少为 50 mm。
c)　在主开关上或近旁应设置须知："只有轿厢在底层端站时才能断开"。

【解析】

此条为新增内容。

液压电梯的液压控制元件多是靠间隙密封的，难以完全避免泄漏。随着元件使用次数的增多，运动部件的磨损增加，引起的泄漏也会随之增加。此外液压电梯的另一个缺点是油温变化会导致液压缸内的油液体积发生变化。随着轿厢长时间停放后，一方面，油液通过液压控制元件的间隙泄回油箱；另一方面，随着油液冷却，其体积缩小。这些因素会导致液压轿厢发生下沉，需采取措施防止轿厢沉降后可能带来的危险，电气防沉降系统就是其中一种手段。

电气防沉降是采用电气的方式，当轿厢下沉到某一规定值时，向上缓慢运行，使轿厢上升到平层位置。电气防沉降系统在表现上类似于曳引式电梯的再平层功能，区别在于电气防沉降只是在一个方向上进行再平层。其原理是利用电梯井道内的楼层感应器监测轿厢所处的平层位置，当该位置发生变化时，旁路门锁给电梯一个以较低运行速度的指令，使电梯再次运行到平层位置。使用电气防沉降系统应满足以下条件：

a) 在结束最后一次正常运行后 15 min 内，轿厢应被自动分派到底层端站对正常使用状态的电梯而言,本条要求的目的是防止当轿厢停在底层以上的楼层时,断电后液压系统由于油温发生变化或者油泄漏可能造成轿厢下沉并离开平层区,由此在层门处出现可能的危险空间。运行至底层端站的轿厢,即使油温降低并发生少量泄漏,下沉量也不会导致不可接受的风险。

b) 对于非自动门,轿内应有关门提示

当采用电气防沉降系统时,无论轿厢由于何种原因下沉,电梯的电气防沉降功能会起作用,使轿厢保持在平层位置(见 5.12.1.1.4)。而且,电气防沉降系统可以在门没有关闭的情况下进行再平层操作(见 5.12.1.4)。采用非自动门(手动门或需使用者持续控制进行关闭的动力门)的电梯,如果不通过手动操作(包括持续控制)进行关门,层门将会一直保持开启。如果在这种情况下停电,在电气防沉降系统失效的情况下轿厢下沉后可能导致人员从开启的层门处坠落。

此外,如果电梯进入检修运行状态,则检修状态将取消再平层操作(见 5.12.1.5.2.1),电气防沉降系统无法工作。在此状态下即使保持供电,仍会存在轿厢下沉风险。如果层门没有关闭,可能导致人员坠落风险。

因此,在使用非自动门的情况下,应在轿厢中设置须知:"关门",文字高度应至少为50 mm。以提醒操作人员不允许开着层、轿门后离开。

c) 在主开关旁设置断电提示

采用电气防沉降系统时,在主开关上或近旁应设置须知:"只有轿厢在底层端站时才能断开",以保证除非轿厢在底层端站停梯时,电源一直有效。这是因为,如果电梯电源没有被切断,即使轿厢下沉,电梯的电气防沉降功能会起作用,使轿厢保持在平层位置,从而避免在层门处出现可能的危险空间。而当轿厢在最底层站时,切断电源供电,即使轿厢下沉在层门处也不会产生可能的危险空间。

此要求仅针对使用电气防沉降系统的液压电梯,其他的机械防沉降措施(如棘爪),在正常平层状况下,不论是否断电,这些机械式的防沉降措施均能保证不会出现可能的危险空间,因此无需对主开关进行上述标识。

5.12.1.11 停止装置

【解析】

本部分中的"停止装置"的技术条件与 GB 16754—2008《机械安全 急停 设计原则》中的"急停装置"要求不同,而是需要满足 GB/T 14048.14—2006《低压开关设备和控制设备 第 5-5 部分:控制电路电器和开关元件具有机械锁闩功能的电气紧急制动装置》的要求。

本部分所要求的"停止装置"的功能是(见 GB/T 14048.14—2006 中 3.1):

(1)避免或降低对人的伤害及对机械或工作过程的损害;

（2）由单人的动作触发。

应注意，设置停止装置的目的是：当电梯发生危险动作的时候，能够为操作人员或在电梯上以及电梯附近工作的人员提供一种有效的、能使电梯及时停止的装置。它不应用来代替安全防护措施和其他主要安全功能，而应设计为一种辅助安全措施，而且不应削弱防护装置或其他主要安全功能装置的有效性。

急停功能应设计得当，在其动作后，运行的电梯应以合适的方式停止运行，而不产生附加风险。在电梯的各种运行模式中，停止功能都应优先于其他所有功能。

> **5.12.1.11.1**　电梯应具有停止装置，用于停止电梯并使电梯保持在非服务状态，包括动力门。停止装置应设置在：
>   a)　底坑内［5.2.1.5.1a)］；
>   b)　滑轮间内［5.2.1.5.2c)］；
>   c)　轿顶上［5.4.8b)］；
>   d)　检修运行控制装置上［5.12.1.5.1.2d)］；
>   e)　电梯驱动主机上，除非在1 m之内可直接操作主开关或其他停止装置；
>   f)　紧急和测试操作屏(5.2.6.6)上，除非在1 m之内可直接操作主开关或其他停止装置。
> 停止装置上或其近旁应标明"**停止**"。

【解析】

本条与GB 7588—2003中14.2.2.1相对应。

停止装置是电气安全装置，被列入附录A中。停止装置动作后，可以使运行中的电梯停止下来，在没有将停止装置复位的情况下，能够防止电梯的再次启动。

停止装置设置的目的是保护检修人员和设备的安全，再考虑到电梯检修的实际情况，可以得到停止装置应位于条款中a)～f)所列举的位置的结论。同时，为了便于检修人员操作，停止装置应配置在检修人员容易接近处，同时需保证工作人员和可能操作它们的人员在操作时没有危险。a)～f)所列举的几个停止装置中，依据5.12.1.5.2.4中图22的说明，若有需要，设置在轿顶的和设置在检修控制装置上的停止开关可以合并使用。

此外，本条款e)和f)表明，驱动主机、紧急和测试操作屏周边，若在1 m之内可直接操作主开关或者其他停止装置，则此处可以不必单独安装停止装置。

为了明确地告知检修人员停止装置的位置及作用，停止装置上或者其附近应标明"停止"字样。

> **5.12.1.11.2**　停止装置应由符合5.11.2规定的电气安全装置组成。停止装置应为双稳态，意外操作不能使电梯恢复运行。
> 停止装置应使用符合GB/T 14048.14要求的按钮装置。

【解析】

本条与 GB 7588—2003 中 14.2.2.2 相对应。

停止装置必须采用强制机械作用原则,应采用具有肯定断开操作的电接触停止装置来实现强制机械作用原则。与安全触点相同,(接触元件的)肯定断开操作是通过非弹性元件(如不依靠弹簧)开关操纵器的特定运动直接结果实现接触、分离的。操作停止装置产生停止电梯运行的指令后,该指令必须通过驱动装置的啮合(锁定)而保持,直到停止装置复位(脱开)。在没有产生停止指令时停止装置应不可能啮合。停止装置的复位(脱开)应只可能在停止装置上通过手动进行。复位停止装置时不应由其自身产生再启动指令。在所有已操作过的停止装置被复位之前,电梯应不可能重新启动。

停止装置应是双稳态的,其状态应能够稳定地保持,在没有操作的情况下,停止装置不会自动改变状态。停止装置应有防止误动作的措施,在其动作后,即使操作人员不小心出现误动作,电梯也不能意外启动。直到停止功能被复位以前,任何起动指令(预定的,非预定的或意外的)都应是无效的。

同时,本条要求停止装置应当按照 GB/T 14048.14—2006《低压开关设备和控制设备第 5-5 部分:控制电路电器和开关元件具有机械锁闩功能的电气紧急制动装置》中"按钮型紧急制动装置"的相关条款要求。这种紧急制动装置就是常见的"蘑菇形按钮",停止装置本身应为红色。如果有背景的话,背景最好是黄色,如图 5.12-15 所示。

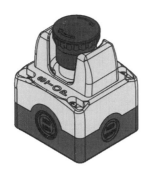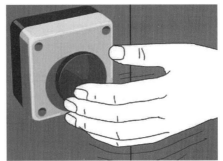

图 5.12-15　停止按钮

5.12.1.11.3 轿厢内不应设置停止装置。

【解析】

本条与 GB 7588—2003 中 14.2.2.3 相对应。

轿厢内不允许设置停止装置。这是因为,电梯轿厢内的设备是电梯在正常运行状态下乘客能够接触到的,如果在轿厢内设置停止装置,无法保证停止装置不被乘客随意使用。在电梯运行过程中如果发生随意操作停止装置的情况,电梯将紧急停止,这不但会造成轿内乘客被困,也可能对电梯设备造成不必要的损伤。

5.12.2　极限开关

【解析】

本条涉及"4　重大危险清单"的"因动力源中断后又恢复而产生的意外启动、意外越程/超速（或任何类似故障）"危险。

5.12.2.1　总则

应设置极限开关：

a)　对于曳引式和强制式电梯，设置在行程的顶部和底部；

b)　对于液压电梯，仅设置在行程的顶部。

极限开关应设置在尽可能接近端站时起作用而无误动作危险的位置。极限开关应在轿厢或对重（如果有）接触缓冲器之前或柱塞接触缓冲停止装置之前起作用，并在缓冲器被压缩期间或柱塞在缓冲停止区期间保持其动作状态。

【解析】

本条与 GB 7588—2003 中 10.5.1 相对应。

GB 7024《电梯、自动扶梯、自动人行道术语》中对"极限开关"的定义为：当轿厢运行超越端站停止开关后，在轿厢或者对重装置接触缓冲器之前，强迫电梯停止的安全装置。也就是说，当电梯运行到最高层或最低层时，为防止电梯由于控制方面的故障，轿厢超越顶层或底层端站继续运行（冲顶或撞击缓冲器事故），必须设置保护装置以防止发生严重的后果和导致电梯结构损坏，这就是极限开关设置的目的，见图 5.12-16。

a)　对于曳引式和强制式电梯，极限开关应设置在行程的顶部和底部

从曳引式和强制式电梯的结构特点可知，当轿厢位于以下位置时，可能发生超越行程的风险：

1)　行程顶部

当轿厢位于行程顶部时，如果驱动主机继续提拉轿厢，则存在轿厢超越行程而造成冲顶的风险。

2)　行程底部

曳引驱动电梯的轿厢位于行程底部时，如果继续向上提升对重，则轿厢可能存在蹲底风险。

对于强制驱动电梯，当轿厢位于最底层时，如果是采用钢丝绳悬挂轿厢的形式，则根据本部分 5.5.4.2 要求，此时卷筒上仍保留有钢丝绳，轿厢仍有继续向下运行的可能。而对于采用链条悬挂轿厢的形式，情况与曳引式电梯类似。

曳引驱动和强制驱动电梯均可能发生向上和向下超越行程的风险，因此在行程的顶部

和底部均应设置极限开关加以保护。

　　b) 对于液压电梯,极限开关仅设置在行程的顶部

　　对于液压电梯,当轿厢处于行程底部时,液压缸中的油液已经流回油箱,柱塞已经到达最下端位置,不可能出现轿厢继续下行的风险。因此液压电梯仅在行程顶部设置极限开关即可。

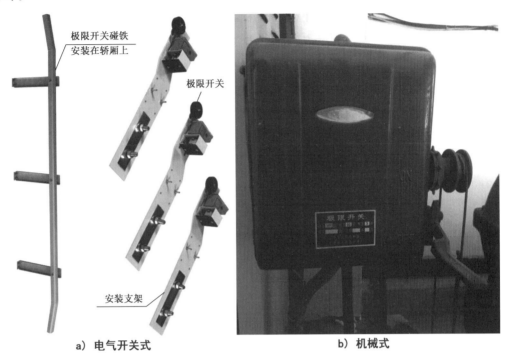

图5.12-16　极限开关组件及其动作装置

　　极限开关的作用是为了保护电梯在超出端站位置时,能够可靠地停止下来,以免冲顶或蹾底发生事故。因此要求极限开关要尽可能靠近端站位置,以便及时检测到轿厢位置是否出现了异常。但也必须考虑防止极限开关误动作的情况。

　　电梯撞击缓冲器对于电梯本身会产生冲击,对于轿内乘客也会带来一定的心理压力,因此应尽可能避免轿厢或对重撞击缓冲器。这就要求极限开关的安装位置应能使尽可能在轿厢发生越行程时,在还没有撞击缓冲器之前使轿厢停止下来。

　　对于液压电梯而言,由于极限开关安装在行程的顶部,为了保护乘客安全,以及避免液压缸缸筒和柱塞之间的冲击,极限开关应在柱塞接触缓冲停止装置(见5.9.3.2.4)之前起作用。

　　由于本部分中只要求了耗能型缓冲器必须设置检查缓冲器是否复位的电气安全装置(见5.8.2.2.4)。对于蓄能型缓冲器(无论是线性还是非线性缓冲器),并没有要求设置检查缓冲器复位的电气安全装置。所以,要求在轿厢或对重压在缓冲器上或柱塞在缓冲停止区期间时,极限开关应保证其动作状态以避免在没有排除电梯故障之前电梯再一次启动。

　　根据本条要求,以下两个距离或距离范围在设计时必须加以考虑:

——轿厢在下端层平层时，轿底与缓冲器之间的距离

轿底与缓冲器之间的距离以及下部极限开关的设置位置，决定了轿厢在蹾底接触缓冲器之前是否能够使下部极限开关动作。由于轿厢侧设有平层开关（平层开关使轿厢在最端站的平层位置不受钢丝绳伸长的影响），因此轿底与缓冲器之间的距离通常设置为一个固定值，除了需满足本条要求外，这个距离还应在轿厢完全压缩缓冲器时能够满足本部分5.2.5.8要求的底坑避险空间和间距。

——轿厢在上端层平层时，对重（如果有）与其缓冲器之间的距离

对重与缓冲器之间的距离以及上部极限开关的设置位置，决定了对重在撞击缓冲器之前轿厢是否能够使上部极限开关动作。由于在电梯使用期间，钢丝绳会由于拉力而逐渐伸长。因此轿厢在上端层平层时，对重距离其缓冲器的距离会不断变化。对此，对重与缓冲器之间的距离应规定一个范围，此范围的上限值应保证对重在完全压缩缓冲器时，轿厢能够满足本部分5.2.5.7轿顶避险空间和顶层间距的要求；下限值应保证对重触及缓冲器之前，轿厢能够使上部极限开关动作。

5.12.2.2 极限开关的动作

5.12.2.2.1 正常的端站停止开关（装置）和极限开关应采用分别的动作装置。

【解析】

本条与GB 7588—2003中10.5.2.1相对应。

极限开关是防止电梯在非正常状态下超越正常行程范围而造成危险而设置的，因此极限开关应是在电梯产生非正常的越程时才被动作的。而在正常进行端站停靠时并不是故障状态，因此极限开关必须与正常的端站停止开关采用不同的动作装置。

5.12.2.2.2 对于强制式电梯，极限开关的动作应由下列方式实现：

    a) 利用与驱动主机的运动相连接的装置；或

    b) 利用处于井道顶部的轿厢和平衡重（如果有）；或

    c) 如果没有平衡重，利用处于井道顶部和底部的轿厢。

【解析】

本条与GB 7588—2003中10.5.2.2相对应。

强制驱动的电梯是由链条、链轮或钢丝绳、绳鼓驱动电梯系统构成的，可以利用驱动主机来触发极限开关。如果强制驱动电梯带有平衡重，则轿厢和平衡重都应能够触发极限开关。如果没有平衡重，则可利用轿厢来触发极限开关。

强制驱动的电梯在运行过程中，当轿厢、平衡重（如果有）发生卡阻的情况，如果此时驱动主机继续旋转，则仍然可以将另一侧的平衡重或轿厢提起而发生越行程的危险。因此必须使轿厢和平衡重都能够触发极限开关，只有这样才能真正避免轿厢发生冲顶或蹾底

事故。

5.12.2.2.3 对于曳引式电梯，极限开关的动作应由下列方式实现：
    a) 直接利用处于井道顶部和底部的轿厢。或
    b) 利用与轿厢连接的装置。如：钢丝绳、带或链条。
    该连接装置一旦断裂或松弛，符合 5.11.2 规定的电气安全装置应使驱动主机停止运转。

【解析】

本条与 GB 7588—2003 中 10.5.2.3 相对应。

对于曳引驱动电梯，极限开关应能用机械方式直接切断电动机和制动器的供电回路，或直接通过轿厢触发。

应注意的是，曳引驱动的电梯强调了极限开关的动作应由轿厢或与轿厢连接的装置触发，不能由对重触发。这是由于极限开关是为避免轿厢发生冲顶和蹾底事故而设置的，因此最直接体现轿厢是否发生越程的方式就是直接利用轿厢的位置来反映其状态。由于在电梯的使用过程中，轿厢和对重之间的钢丝绳可能发生异常伸长，轿厢每次停靠都会自动寻找平层位置，这将造成所有钢丝绳伸长量全部累积到对重一侧，如果由对重触发极限开关，很可能造成极限开关的误动作。

a）直接利用处于井道顶部和底部的轿厢控制

直接利用处于井道顶部和底部的轿厢触发的极限开关通常为安全触点型的电气开关，见本部分 5.12.2.3.1b)。这种型式的极限开关设置在井道顶部和底部，并由支架固定在导轨上。当轿厢底端超越上下端站一定距离时，在轿厢或对重撞击缓冲器之前，由安装在轿厢上的碰铁触动极限开关，切断主电路接触器线圈电源，断开主电路接触器，使驱动主机停止转动，并使驱动主机制动器动作，可靠地停止电梯系统的运行。电气式极限开关动作后被轿厢上的碰铁压迫处于动作状态，只有认为将轿厢移开极限开关方能复位。

目前曳引电梯的极限开关的控制一般都采取这种形式。

对曳引式电梯，允许在轿厢上安装一个符合 5.11.2 要求的极限开关；由安装在行程终点的两个撞弓使该极限开关可靠地动作。

b）利用与轿厢连接的装置

除使用轿厢直接动作极限开关外，也可以利用与轿厢连接的装置，如：钢丝绳、带或链条间接触发。这种情况下，极限开关通常为机械电气式极限开关，见本部分中 5.12.2.3.1a)。这种型式的极限开关是由上下碰轮、传动钢丝绳以及设置在机房中专门只能手动复位的铁壳开关构成［见图 5.12-17b)］。钢丝绳一端绕在极限开关闸柄驱动轮上，另一端与装在井道内的上下碰轮连接。当轿厢或对重越过行程时，在其尚未接触到缓冲器上的时候，由设置在轿厢上的碰铁触动井道上（下）端的碰轮，牵动钢丝绳并带动极限开关闸柄，使极限开关直接切断电梯的总电源（照明电源和报警装置电源除外）。

目前这种设计较为少见，当采用这种设计时应注意，设置在机房中的铁壳开关应具有足够的容量，以便能够切断电梯的动力电源。

与轿厢直接动作相比，由于钢丝绳、带或链条对极限开关的控制属于间接控制，当上述部件断裂或松弛时存在无法控制极限开关的风险，因此应设置防止这些间接连接部件断裂或松弛的检查开关（符合 5.11.2 规定的电气安全装置）。当发生上述情况时，该装置使驱动主机停止运转，以防止人身伤害及设备损坏。

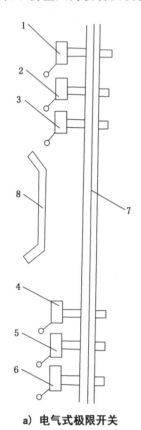

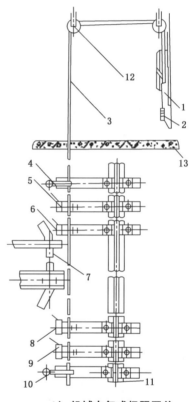

a) 电气式极限开关	b) 机械电气式极限开关
1、6—极限开关；2—上限位开关； 3—上强迫减速开关；4—下强迫减速开关； 5—下限位开关；7—导轨；8—轿厢碰铁	1—机械开关；2—配重；3—钢丝绳；4—上碰铁； 5—上限位开关；6—上强迫减速开关；7—轿厢碰铁； 8—下强迫减速开关；9—下限位开关；10—下碰轮； 11—导轮；12—导向滑轮；13—机房地板

图 5.12-17　极限开关及其动作方式

综上所述，极限开关应采用能够直接切断电梯动力电源的机械式开关或安全触动型的电气开关，为保证极限开关的动作可靠性，不能采用感应式或非接触式开关。

极限开关作为防止越程的保护装置只能防止在运行中控制故障造成的越程，若是由于曳引绳打滑、制动器失效或制动力不足造成轿厢越程，该保护装置则无能为力。

通常情况下，曳引式电梯的极限开关并不是单独使用的，它作为防止电梯越程保护装置的一部分，一般是与设在井道内上下端站附近的强迫缓速开关、限位开关共同配合使用。

——强迫缓速开关

当电梯运行到最高层或最低层应减速的位置而电梯没减速时,装在轿厢边的上下开关碰铁使上缓速开关或下缓速开关动作,强迫轿厢减速运行到平层位置。

——限位开关

当轿厢超越平层位置 50 mm 时,轿厢打板使上限位开关或下限位开关动作,切断电源,使电梯停止运行。

——极限开关

当以上两个开关均不起作用时,轿厢上的打板触动极限开关碰轮,使终端极限开关动作,切断电源使电梯停止。

由于极限开关才是保护电梯安全的部件,因此本部分中,只要求必须设置极限开关,对于上面所说的其他几种辅助性开关则不是必须设置的。

> **5.12.2.2.4**　对于直接作用式液压电梯,极限开关的动作应由下列方式实现:
> 　　a)　利用轿厢或柱塞。或
> 　　b)　利用与轿厢连接的装置。如:钢丝绳、带或链条。
> 　　　　该连接装置一旦断裂或松弛,符合 5.11.2 规定的电气安全装置应使驱动主机停止运转。

【解析】

本条与 GB 21240—2007 中 10.5.2.2 相对应。

与曳引式电梯的极限开关在功能要求和动作形式上均不同,液压电梯的极限开关是通过切断液压缸驱动来保证轿厢冲顶时失去动力,以防止轿厢的进一步上行。因此直接作用式液压电梯极限开关动作可以采用以下方式:

a)利用轿厢或柱塞

直接作用式液压电梯的轿厢和柱塞直接反映了电梯的位置,因此以上述部件动作极限开关是可靠的。

b)利用与轿厢连接的装置

见 5.12.2.2.3b)解析。

> **5.12.2.2.5**　对于间接作用式液压电梯,极限开关的动作应由下列方式实现:
> 　　a)　直接利用柱塞。或
> 　　b)　利用与柱塞连接的装置。如:钢丝绳、带或链条。
> 　　　　该连接装置一旦断裂或松弛,符合 5.11.2 规定的电气安全装置应使驱动主机停止运转。

【解析】

本条与 GB 21240—2007 中 10.5.2.3 相对应。

间接作用式液压电梯在使用过程中,钢丝绳会变长,因此无法保证极限开关在柱塞完全伸出前动作。因此,轿厢不得作为触发极限开关动作的部件。

请参考 5.12.2.2.4 解析。

5.12.2.3 极限开关的作用方法

5.12.2.3.1 极限开关应通过下列方式起作用:
  a) 采用强制的机械方法直接切断电动机和制动器的供电回路;或
  b) 通过符合 5.11.2 规定的电气安全装置。

【解析】

本条与 GB 7588—2003 中 10.5.3.1 相对应。

本条给出了极限开关的动作方法:

a) 采用强制的机械方法直接切断电动机和制动器的供电回路

这种方式在以前的电梯上比较常见,通常是用一根连接到轿厢上的钢丝绳驱动安装在机房内的手动复位式的大铁壳开关[见图 5.12-17b)],铁壳开关用于直接切断电动机和制动器的供电回路。目前已经很少使用这种方式。

b) 采用符合 5.11.2 规定的电气安全装置

可以采用符合 5.11.2 规定的电气安全装置作为极限开关,并通过电梯到达极限位置触发该电气安全装置切断驱动主机的电源,见图 5.12-18。

图 5.12-18 采用电气安全装置作为极限开关

5.12.2.3.2 极限开关动作后,仅靠响应轿内和层站呼梯信号不可能使轿厢运行,即使液压电梯由于沉降轿厢离开动作区域。

  如果使用了 5.12.1.10 所规定的电气防沉降系统,轿厢一旦离开极限开关的动作区域,应立即启动 5.12.1.10a)所述的轿厢自动分派操作。

  只有胜任人员干预后,才允许电梯恢复正常运行。

【解析】

本条与 GB 7588—2003 中 10.5.3.2 和 GB 21240—2007 中 10.5.3.2 相对应。

极限开关动作本身就证明电梯系统存在控制方面的问题,故仅靠响应轿内和层站呼梯信号是不可能使轿厢自动恢复运行的。在极限开关动作后,在没有解决控制系统本身存在的问题之前，为了防止电梯系统发生更大的危险，必须要求电梯不能自动恢复运行。

对于液压电梯，在极限开关动作后，根据 5.12.2.3.1 要求，将直接或通过电气安全装置切断向液压缸供油，使液压电梯停止继续上行。在一段时间之后，由于液压系统的微量泄漏或油温下降导致沉降，进而导致轿厢离开极限开关开动作区域，但由于没有查清并解决系统本身的故障，依然不得响应轿内和层站呼梯信号使轿厢恢复正常运行。

但对于采用了具有电气防沉降系统的液压电梯，轿厢由于沉降脱离了极限开关动作区域，应立即将轿厢运行至底层端站，在脱离危险区域的同时也避免进一步发生沉降。这种情况下，要立即操作轿厢至底层端站，而不是在"结束最后一次正常运行后 15 min 内"（见5.12.1.10a）。

无论是哪种驱动方式的电梯，只要极限开关动作，必须经过胜任人员干预后，电梯方能恢复正常运行。

5.12.3　紧急报警装置和对讲系统

【解析】

本条涉及"4　重大危险清单"的"动力源失效"危险。

5.12.3.1　应设置符合 GB/T 24475 要求的远程报警系统（见 5.2.1.6），确保有一个双向对讲系统与救援服务持续联系。

【解析】

本条与 GB 7588—2003 中 14.2.3.1、14.2.3.2 和 14.2.3.3 相对应。

本部分要求的电梯对讲系统应符合 GB/T 24475—2009《电梯远程报警系统》的要求，可参见 5.2.1.6 解析。

本条申明了，报警系统应是：

——双向对讲系统（即所谓"全双工通信制系统"）

由于报警系统不但要求能使外界获知轿厢内有被困的乘客，同时还应能够了解被困乘客的具体情况，并能告知乘客救援复位的进展情况。为便于双方的沟通，应采取一个能够双向通话的对讲系统。双向通话的对讲系统是通信设备之间的通信链路占用两个频率：从终端到网络（上行链路）的传输信道，以及一个反方向（下行链路）的信道。这种通讯型式可以同时进行双向传输，即对讲双方可以同时通话，就如平时在电话中通话那样。像步行对话机这样的设备是半双工或简单双工的，不能用于紧急报警系统的对讲机。

——与救援服务保持联系

报警系统的目的是通过该系统使救援人员获知电梯发生困人情况，且可以与轿内被困人员进行联系。因此报警系统应能与救援服务组织（通常是在管理室值守的被授权人员）进行联系。

GB/T 24475—2009《电梯远程报警系统》中对"远程报警系统"的要求可参见该标准。该标准的主要技术内容总结为以下几个方面：

（1）报警的发送和终止

报警系统能够发送完整的报警信息，直至报警信息被确认（即便是在电梯维护时也应能保证上述要求），并能接收从救援服务组织发出的通信信息直到报警终止。

如果在确认之前发送失败，应尽量减小再次发送的延迟间隔时间（减少到通信网络能满足的最小限度）。

如果通信中断，在报警确认后，报警装置应不得妨碍任何信息的再发送。

应提供方法，能够表明从报警系统到救援服务组织的报警已被处理，且无使用人员被困在电梯中。

报警终止应仅从报警所属的设备上触发。报警终止的触发装置应防止任何非胜任人员触及。

应采取措施使报警装置可远程复位。

（2）报警系统的紧急电源

即使在电源转换或电源发生故障时，任何报警信息也不得受阻或丢失。

当使用可充式紧急电源时，如果该电源的容量降低（小于报警系统正常工作1 h所需的容量），应立即自动地将该情况通知救援服务组织。

（3）报警系统的易用性和可接近性

轿厢中至少应有下列标志：

——轿厢内有报警系统和与救援服务组织连接的标志；

注：可使用象形图。

——报警触发装置标志（如：报警开关的按钮、触摸屏等）应为黄色，且为如图5.12-19所示的符号。

图5.12-19 报警按钮及标志符号

即使在测试时，报警装置也应使救援服务组织至少能识别该设备。

在报警触发装置启动后,被困的电梯使用人员应不必再做其他操作。

在报警启动后,乘客应无法中断双向通信。

在报警过程中,电梯使用人员应一直可以再次启动报警。

报警触发装置应安装在电梯使用人员存在被困危险的地方。轿厢内的报警触发装置一般应设置在操纵盘上。

报警装置应安装在轿厢(但乘客不可接近)、井道、机器区间或滑轮间。

报警系统应可被电梯使用人员在进入轿厢的任何时间内操作。

(4)报警过滤

应有措施使报警系统能过滤不适当的报警。

当下列任一情况发生时,应能通过过滤取消报警:

——轿厢处在开锁区域,且轿门和层门完全打开;

——在轿厢运行中和到下一层站开门期间。

但是,在维护和(或)修理过程中所触发的报警不应被过滤。

报警系统还应提供方法允许救援服务组织使报警过滤功能有效或无效。

5.12.3.2 如果电梯行程大于 30 m 或轿厢内与进行紧急操作处之间无法直接对话,则在轿厢内和进行紧急操作处应设置 5.4.10.4 所述的紧急电源供电的对讲系统或类似装置。

【解析】

本条与 GB 7588—2003 中 14.2.3.4 相对应。

当电梯行程大于 30 m 或轿厢内与进行紧急操作处之间无法直接对话时,轿厢和机房之间(假定轿厢停在最下层时),轿厢与紧急操作装置之间存在无法采用直接喊话的方式进行必要联系时,为保证维修和保养电梯人员的安全,应在轿厢、机房、底坑和轿顶的紧急操作装置之间设置相应的对讲系统。同时,为了保证各个紧急操作装置和轿内被困乘客与管理室方便可靠地联系,在管理室中也应当设置对讲机。

5.12.4 优先权和信号

【解析】

本条涉及"4 重大危险清单"的"指示器和可视显示单元的设计或位置"危险。

5.12.4.1 对于手动门电梯,应具有一种装置,在电梯停止后不小于 2 s 内,防止轿厢离开停靠层站。

【解析】

本条与 GB 7588—2003 中 14.2.4.1 相对应。

本条规定了电梯的优先权，所谓优先权是指电梯到达停站时，应为在该层站的电梯使用人员（包括乘客和工作人员）提供优先使用电梯的权利。这种就近使用电梯的原则能够使电梯获得相对高效的使用，尤其是当电梯采用按钮控制和信号控制的模式时（按钮控制和信号控制的特点见下文）。

当电梯采用手动门的情况下，在电梯停站时，为了保证电梯停站楼层的使用者使用电梯的优先权，必须为使用者提供充足的手动开门的时间，因此要求电梯停止后至少应在 2 s 钟内不会响应其他楼层的呼梯和轿内选层信号。

GB 7024—2008《电梯、自动扶梯、自动人行道术语》中对"按钮控制"和"信号控制"的定义：

按钮控制：电梯运行由轿厢内操纵盘上的选层按钮或层站呼梯按钮来控制。某层站乘客将呼梯按钮揿下，电梯就启动运行去应答。在电梯运行过程中如果有其他层站呼梯按钮揿下，控制系统只能把信号记录下来，不能去应答，而且也不能把电梯截住，直到电梯完成前一个运行层站之后，方可应答其他层站呼梯信号。

信号控制：把各层站呼梯信号集合起来，将与电梯运行方向一致的呼梯信号按先后顺序排列好，电梯依次应答接运乘客。电梯运行取决于电梯司机操纵，而电梯在何层站停靠由轿厢操纵盘上的选层按钮信号和层站呼梯按钮信号控制。电梯往复运行一周可以应答所有呼梯信号。

> **5.12.4.2**　从门关闭后到外部呼梯按钮起作用之前，应有不小于 2 s 的时间让进入轿厢的乘客能按压所选择的按钮。
> 　　该要求不适用于集选控制的电梯。

【解析】

本条与 GB 7588—2003 中 14.2.4.2 相对应。

当电梯为按钮控制或信号控制时，由于电梯在应答呼梯信号和选层信号时，很大程度上是按照信号的先后顺序来排列的，为保证在电梯停站时能够为所在层站的乘客提供有限使用电梯的权利，应为乘客提供充足的揿压按钮选层的时间。也就是说至少应提供 2 s 的时间让电梯使用者选层，如果在规定时间内没有任何指令，则在电梯门锁闭的情况下响应其他楼层的呼梯指令。

由于集选控制的电梯是将所有的呼梯信号集合起来进行有选择地应答，所以优先权是由集选控制系统来保障的（集选控制的特点见下文）。

GB 7024—2008《电梯、自动扶梯、自动人行道术语》中对"集选控制"的定义：

集选控制：在信号控制的基础上把呼梯信号集合起来进行有选择地应答。电梯为无司机操纵。在电梯运行过程中可以应答同一方向所有层站呼梯信号和按照操纵盘上的选层按钮信号停靠。电梯运行一周后若无呼梯信号就停靠在基站待命。为适应这种控制特点，电梯在各层站停靠时间可以调整，轿门设有安全触板或其他近门保护装置，以及轿厢设有过载保护装置等。

> **5.12.4.3**　对于集选控制的情况,从停靠层站应能清楚地看到一种发光信号,向该层站的使用者指出轿厢下一次的运行方向。
>
> 　　对于群控电梯,不宜在各停靠层站设置轿厢位置指示器,宜采用一种先于轿厢到站的听觉信号来指示。

【解析】

本条与 GB 7588—2003 中 14.2.4.3 相对应。

集选控制是将所有的呼梯信号集合起来进行有选择地应答,电梯停站后下一次运行方向并不完全由某个使用者决定,而是依靠集选系统根据所有使用者的指令、电梯所处的位置以及电梯运行方向综合判断确定。因此对于集选控制的电梯,要求在停站侧能够看到轿厢下一次启动的运行方向的信号,以便使用者能够按照预报的方向乘用电梯。为便于使用者在晚上光线不足的情况下也能够容易地获得电梯运行方向的信号,本条要求指示轿厢运行方向的信号是发光的。

群控电梯一般是由 3 台或 3 台以上电梯所构成的电梯群,每台电梯作为这个梯群的一部分,受到群控系统的调配,按照最有利于交通流量的方式应答使用者的召唤和指令(群控的特点见下文)。这种控制方式是目前最经济、最有效的电梯调度方式,它有助于做到使各层站使用者候梯时间最短。

正是由于上述优点,群控电梯也有自身的一些弊端,如果处理不当,很容易造成使用者的误解。对于群控电梯,不一定是距离使用者呼梯楼层最近的一台电梯应答呼梯信号,尤其是最近的一台电梯如果处于满载状态或其当时的位置、运行方向不能最有效率地应答使用者的召唤时,这台电梯将不会在该呼叫层停站。在这种情况下,群控系统会综合根据整个梯群的情况调度一台最适合的电梯来响应使用者的召唤。这时不宜在各停靠站设置轿厢位置和方向的指示器,否则如果出现距离使用者发出呼梯信号最近的一台电梯由于上述原因经过该呼梯层而没有停站时,不了解轿厢内情况和整个梯群运行情况的使用者会感到疑惑和抱怨:为什么电梯不响应我的召唤呢? 为了免除这些误会,建议不采用轿厢位置指示器,而采用一种轿厢抵达前的预报信号。这种预报信号在轿厢抵达该层站之前,通知使用者是哪一台电梯将要到达。

应注意,本条虽然不是强制要求的条款,但给出的方案是一种更优的设计方案。

GB 7024—2008《电梯、自动扶梯、自动人行道术语》中对"群控"的定义:

群控(梯群控制):具有多台电梯客流量大的高层建筑物中,把电梯分为若干组,每组 4～6 台电梯,将几台电梯控制连在一起,分区域进行有程序或无程序综合统一控制,对乘客需要电梯的情况进行自动分析后,选派最适宜的电梯及时应答呼梯信号。

6 安全要求和(或)保护措施的验证

6.1 技术符合性文件

应提供技术符合性文件以按6.2进行验证。该文件应包含必要的信息，以确认相关部件设计正确以及电梯符合本部分的规定。

注：附录B给出了技术符合性文件所包含信息的指南。

【解析】

《特种设备安全法》中有以下规定：

"第二十一条 特种设备出厂时，应当随附安全技术规范要求的设计文件、产品质量合格证明、安装及使用维护保养说明、监督检验证明等相关技术资料和文件，并在特种设备显著位置设置产品铭牌、安全警示标志及其说明。"

本部分对技术符合性文件的要求，体现了对上述法律规定的落实。

技术符合性文件可以参照附录B的信息指南进行制作，但不局限于仅采用附录B中的相关内容，技术符合性文件在GB/T 24803.3—2013《电梯安全要求 第3部分：电梯、电梯部件和电梯功能符合性评价的前提条件》的4.6中有进一步的说明，详见附录B的解析。

技术符合性文件是按照6.2设计验证时所必需的文件资料，电梯的制造单位应从电梯的设计、制造等各环节提供详细的图样、图表、计算资料和测试结果等，尽力做到周全而具体，翔实和充分，为电梯的设计验证提供完整的文件资料。

6.2 设计验证

表18指出了第5章规定的安全要求和(或)保护措施的验证方法。未列出的下一级子条款应作为上一级条款的一部分进行验证。例如：子条款5.2.2.4作为5.2.2的一部分进行验证。

表18 安全要求和(或)保护措施的验证方法

条款号	安全要求	目测[a]	性能检查或试验[b]	测量[c]	图样或计算书[d]	使用信息[e]
5.1	通则					
5.1.1	非重大危险	√				√
5.1.2	标志、标记、警示和操作说明	√				√
5.2	井道、机器空间和滑轮间					
5.2.1	总则	√	√	√	√	√

表 18（续）

条款号	安全要求	目测[a]	性能检查或试验[b]	测量[c]	图样或计算书[d]	使用信息[e]
5.2.2	进入井道、机器空间和滑轮间的通道	√		√		√
5.2.3	通道门、安全门、通道活板门和检修门	√		√		√
5.2.4	警告	√				√
5.2.5	井道	√	√	√	√	√
5.2.6	机器空间和滑轮间	√	√	√	√	
5.3	层门和轿门					
5.3.1	总则	√		√	√	
5.3.2	入口的高度和宽度			√		
5.3.3	地坎、导向装置和门悬挂机构	√			√	
5.3.4	水平间距	√	√	√	√	√
5.3.5	层门和轿门的强度	√	√		√	√
5.3.6	与门运行相关的保护	√		√		√
5.3.7	层站局部照明和"轿厢在此"信号	√	√	√		√
5.3.8	层门锁紧和关闭的检查	√	√			√
5.3.9	层门和轿门的锁紧和紧急开锁	√				√
5.3.10	证实层门锁紧状态和关闭状态装置的共同要求		√			
5.3.11	机械连接的多扇滑动层门	√	√		√	
5.3.12	动力驱动的自动层门的关闭	√	√		√	
5.3.13	证实轿门关闭的电气安全装置	√	√			√
5.3.14	机械连接的多扇滑动轿门或折叠轿门	√	√		√	
5.3.15	轿门的开启	√	√		√	
5.4	轿厢、对重和平衡重					
5.4.1	轿厢高度			√	√	√
5.4.2	轿厢的有效面积、额定载重量和乘客人数		√	√	√	√

表 18（续）

条款号	安全要求	目测[a]	性能检查或试验[b]	测量[c]	图样或计算书[d]	使用信息[e]
5.4.3	轿壁、轿厢地板和轿顶	√			√	
5.4.4	轿门、地板、轿壁、吊顶和装饰材料	√			√	
5.4.5	护脚板	√		√	√	
5.4.6	轿厢安全窗和轿厢安全门	√		√	√	√
5.4.7	轿顶	√		√	√	
5.4.8	轿顶上的装置	√	√			
5.4.9	通风	√			√	
5.4.10	照明	√		√	√	√
5.4.11	对重和平衡重	√			√	
5.5	悬挂装置、补偿装置和相关的防护装置					
5.5.1	悬挂装置	√			√	√
5.5.2	曳引轮、滑轮和卷筒的绳径比及钢丝绳或链条的端接装置	√		√	√	
5.5.3	钢丝绳曳引		√		√	
5.5.4	强制式电梯钢丝绳的卷绕		√		√	
5.5.5	钢丝绳或链条之间的载荷分布	√	√		√	
5.5.6	补偿装置		√		√	
5.5.7	曳引轮、滑轮、链轮、限速器和张紧轮的防护	√			√	
5.5.8	井道内的曳引轮、滑轮和链轮	√		√	√	
5.6	防止坠落、超速、轿厢意外移动和轿厢沉降的措施					
5.6.1	总则	√			√	√
5.6.2	安全钳及其触发装置	√	√		√	
5.6.3	破裂阀	√			√	
5.6.4	节流阀	√	√	√	√	
5.6.5	棘爪装置	√	√		√	
5.6.6	轿厢上行超速保护装置	√	√	√	√	√
5.6.7	轿厢意外移动保护装置	√	√	√	√	√

表 18（续）

条款号	安全要求	目测[a]	性能检查或试验[b]	测量[c]	图样或计算书[d]	使用信息[e]
5.7	导轨					
5.7.1	轿厢、对重和平衡重的导向	√			√	√
5.7.2	载荷和力	√			√	
5.7.3	载荷和力的组合				√	
5.7.4	冲击系数				√	
5.7.5	许用应力				√	
5.7.6	许用变形				√	
5.7.7	计算				√	
5.8	缓冲器					
5.8.1	轿厢和对重缓冲器	√	√	√	√	√
5.8.2	轿厢和对重缓冲器的行程	√	√	√	√	√
5.9	驱动主机和相关设备					
5.9.1	总则	√			√	
5.9.2	曳引式和强制式电梯的驱动主机	√	√	√	√	√
5.9.3	液压电梯的驱动主机	√	√	√	√	√
5.10	电气设备（装置）及其连接					
5.10.1	通则	√	√	√	√	√
5.10.2	输入电源的端子				√	
5.10.3	接触器、接触器式继电器和安全电路元件	√	√		√	
5.10.4	电气设备的保护	√	√		√	√
5.10.5	主开关	√	√		√	
5.10.6	电气配线	√			√	
5.10.7	照明与插座	√	√		√	√
5.10.8	照明和插座电源的控制	√	√		√	√
5.10.9	接地保护		√		√	
5.10.10	标记	√			√	√

表 18（续）

条款号	安全要求	目测[a]	性能检查或试验[b]	测量[c]	图样或计算书[d]	使用信息[e]
5.11	电气故障的防护、故障分析和电气安全装置					
5.11.1	电气故障的防护和故障分析	√	√		√	√
5.11.2	电气安全装置	√	√		√	√
5.11.3	电梯数据信息输出	√	√			√
5.12	控制、极限开关和优先权					
5.12.1	电梯运行控制	√	√	√	√	√
5.12.2	极限开关	√	√		√	√
5.12.3	紧急报警装置和对讲系统	√	√	√	√	√
5.12.4	优先权和信号	√	√	√	√	√

注："√"表示考虑该项。

[a] 目测是通过对所提供的零部件的外观检查以验证所要求的必要特征是否符合要求。

[b] 性能检查或试验是验证所提供的部件是否按要求实现其功能。

[c] 测量是通过使用仪器来验证是否满足要求。

[d] 用图样或计算来验证零部件的设计是否满足要求。

[e] 验证相关要点是否包含在使用维护说明书或标记中。

【解析】

GB/T 16755—2008《机械安全　安全标准的起草与表述规则》中 5.8 给出了"设计验证"的方法：

对于每种安全要求和/或保护措施（除非它是不言而喻的），应确立以下验证方法：

a) 通过试验验证（例如：双手控制装置的功能实验、防护装置的强度实验、稳定性实验）；

b) 通过测量验证（例如：测量噪声排放）；

c) 通过计算验证（例如：质心的位置）；

d) 如果试验验证和计算验证不够充分，通过其他方法验证（例如：通过目视检查）

应确定：

——其他标准中是否有合适的试验/计算方法（或其他验证方法）；

——是否有必要起草这样的方法。

构成电梯的零部件种类繁多，有不同的使用要求和安全要求；结合第 5 章的条款，与 GB/T 16755—2008 的内容相对应，表 18 依据不同零部件的安全要求和（或）保护措施提供

了 4 种设计验证的方法以及对"使用信息"的检查分别是:

1)目测检验(对应 GB/T 16755—2008 中 5.8d)

目测检验就是采用视觉直接对所提供的零部件进行外观检查以验证所要求的必要特征是否符合要求。

2)性能检查或验证(对应 GB/T 16755—2008 中 5.8a)

性能检查或验证是指,通过改变所给的条件,测量试验对象的状态变化并分析其原因,明确试验对象的性能或性能故障。

本部分中是验证所提供的部件是否按要求实现其功能。

3)测量(对应 GB/T 16755—2008 中 5.8b)

测量检查是使用测量仪器验证特定限制条件下是否满足要求。相应的测量方法应与所应用的测试标准仪器适应。

本部分中测量的目的是通过使用仪器来验证是否满足要求。

4)用图纸或计算验证(对应 GB/T 16755—2008 中 5.8c)

通过提供的图纸或计算过程/结果来验证零部件的设计特性是否满足要求。

5)验证相关要点是否包含在使用说明书或标记中(也属于目视检查)

此表中有 15 个条目是 4 种验证方法和使用信息都要采用的,但并不能浅显地理解为只有这 15 个条目是重要的,其他的条目同等重要;只是因其性状或特点差异,有些验证方法不能采用,例如:5.5.3 钢丝绳曳引显而易见是不能通过目视检查来验证的。

6.3 交付使用前的检查

6.3.1 总则

电梯交付使用前,应按 6.3.2~6.3.15 进行试验(见表 18)。

【解析】

电梯的最终生产过程是安装,通过安装过程将电梯的部件进行组合才形成了最终的产品。但由于安装工作一般都是在远离电梯生产厂家的使用现场进行的,因此电梯的安装比一般的机电设备要更加复杂和重要。电梯的安装工程质量与其设计、制造质量共同决定了电梯最终的产品质量,因此,要进行表 18 所述的试验,即"交付使用前的检验"。

本条所要求的检验都是针对那些涉及电梯安全的重要部件的检验。主要目的是验证其:

(1)适用性;

(2)安装的正确性;

(3)实际性能。

6.3.2 制动系统（5.9.2.2）

试验应验证：

a) 当轿厢载有 125％额定载重量并以额定速度下行时，仅用机电式制动器应能使驱动主机停止运转，在上述情况下，轿厢的减速度不应大于安全钳动作或轿厢撞击缓冲器所产生的减速度；

b) 另外，通过实际试验验证，如果使一组部件不起作用，应仍有足够的制动力使载有额定载重量以额定速度下行的轿厢减速（见 5.9.2.2.2.1）；

c) 当轿厢载有下列载荷时：

——小于或等于 $(q-0.1)Q$；或

——大于或等于 $(q+0.1)Q$ 且小于或等于 Q。

其中：

q——平衡系数，表示由对重平衡额定载重量的量；

Q——额定载重量。

手动释放（见 5.9.2.2.2.7）制动器能使轿厢自行移动，或为此而设置的装置［见 5.9.2.2.2.9b)]是可取得和操作的。

【解析】

电梯轿厢装载 125％时，电梯处于超载状态，按照 5.12.1.2 载荷控制的要求，电梯是不能够正常启动及再平层的，并且超载相关的听觉和视觉信号被触发、门处于开启位置，且 5.12.1.4 所述的预备操作被取消。

但此时并不是电梯的正常运行期间出现的超载，而是交付使用前的检验环节所必须的工作，所以需要适当地特殊设定，使轿厢即使装载 125％，电梯仍应处于"正常"的运行状态。

因为超载，电梯控制系统会降低电梯的加速度，以保护电梯设备（变频器等）的安全，在此状态下电梯由零速加速至额定速度的时间会相应地增加。试验过程中，电梯达到额定速度后，切断电梯的供电电源，制动器应使装载 125％的轿厢可靠制停；且减速度不应大于 $1.0g_n$，因为过高的减速度容易使轿厢内乘客受到伤害。

依照本部分的要求制动器的机械部件应分为两组装设，其中一组制动器出现故障而不起作用的状态可以通过将其拆卸或者造成其动作卡阻来实现，使制动器摩擦片不能与制动面贴合，从而失去制动作用。需要注意，此处要求载有额定载重量以额定速度下行的轿厢减速，而不是必须要制停。轿厢减速的具体数值在这里并没有要求，但必须是在电梯到达底层端站撞击缓冲器时，缓冲器适用范围内的速度。

6.3.3 电气设备

应进行下列试验：

a) 目测检查（例如：破损、接线松脱、接地线的连接等）。

b) 按照 GB/T 16895.23—2012 中 61.3.2a)的要求,检查保护导体(5.10.9)的连续性。

c) 不同电路绝缘电阻(5.10.1.3)的测量。进行此项测量时,所有电子元件的连接均应断开。

d) 按照 GB/T 16895.23—2012 中 61.3.6 和 61.3.7 的要求,验证自动切断电源的故障保护措施(间接接触防护)的有效性。

【解析】

目测检查主要是对电缆、接线的连接部位以及接地线的连接状态的确认,都是外观检查。线缆的破损易出现在反复折弯,可能发生磨损剐蹭或温差变化较大的部位,这些部位应作为重要的目测检查点。

GB/T 16895.23—2012 中 61.3.2a 是对保护导体,其中包括总等电位联结导体和辅助等电位连接导体的导电连续性进行的测试,检查保护导体接地保护符合 GB/T 16895.21—2011 中 411.3.1.1 的要求。GB/T 16895.21—2011 中 411.3.1.1 要求保护接地:外露可导电部分应按 TN 系统、TT 系统、IT 系统所述的接地型式的具体条件,与保护导体连接。可同时触及的外露可导电部分应单独地、成组地或共同地连接到一个接地系统。保护接地的导体应符合 GB/T 16895.3 的规定。每一个回路应具有连接至相关的接地端子的保护导体。"GB/T 7588.1 资料 6-1"是关于 GB/T 16895.3—2004《建筑物电气装置 第 5-54 部分:电气设备的选择和安装接地配置、保护导体和保护联结导体》的介绍。

绝缘电阻的测试一般分为设计测试、生产测试、交接验收测试、预防性测试。这里要求的测试属于交接验收测试的范畴。绝缘电阻的数值一般采用兆欧表(也叫绝缘电阻表)进行各个线路的测量。将电子元件与电路断开的目的是避免因为电子元件本身带有电压等干扰测试结果的正确性。

GB/T 16895.23—2012 中 61.3.6 对于检验采用自动切断电源作为间接接触防护的有效措施,按照 TN 系统、TT 系统和 IT 系统分别进行了说明;61.3.7 是通过视检和测试的方法对附加保护措施的有效性进行验证。"GB/T 7588.1 资料 6-2"是对 GB/T 16895.23—2012《低压电气装置 第 6 部分:检验》61.3.6、61.3.7 部分的介绍。

关于 GB/T 16895.3—2004《建筑物电气装置 第 5-54 部分:电气设备的选择和安装接地配置、保护导体和保护联结导体》的介绍可参见"GB/T 7588.1 资料 6-1"。

关于 GB/T 16895.23—2012《低压电气装置 第 6 部分:检验》的介绍可参见"GB/T 7588.1 资料 6-2"。

6.3.4 曳引检查(5.5.3)

在电梯最不利制动工况下,通过使电梯紧急制动数次,检查曳引能力。每次试验,轿厢应完全停止。

试验应按下列要求进行：

a)　在行程上部，轿厢空载上行；

b)　在行程下部，轿厢载有125％额定载重量下行。

当对重压在缓冲器上时，应使驱动主机连续转动直到钢丝绳打滑；或者如果不打滑，应不能提升轿厢。应检查平衡系数是否与制造单位（或安装单位）所述一致。

【解析】

在行程上部轿厢空载上行和在行程下部轿厢载有125％额定载重量下行的工况是曳引机曳引轮两侧钢丝绳张力差最大的情况。在此工况下进行电梯紧急制停，难免会因为张力差较大，出现钢丝绳在曳引轮绳槽滑移现象。本条是要求即使出现了钢丝绳在绳槽中的滑移现象，也必须要保证能将轿厢安全制停。

所谓"使电梯紧急制动数次"是指在每个运行方向上至少进行两次紧急制动测试。

当对重压在缓冲器上时，钢丝绳在曳引轮的绳槽中打滑是为了防止出现过曳引的情况，以免造成轿厢的冲顶事故。当然如果采取了特殊设计，电梯曳引机在此工况下不启动，轿厢也就不会被提升，钢丝绳不打滑也是同等安全的状态，这是允许的（见5.5.3）。

对于平衡系数的检查可以按照TSG T7001—2009《电梯监督检验和定期检验规则——曳引与强制驱动电梯》（2013年第1次修改）附件A第8.1项平衡系数试验的方法：轿厢分别装载额定载重量的30％、40％、45％、50％、60％进行上、下全程运行，当轿厢和对重运行到同一水平位置时，记录电动机的电流值，绘制电流-负荷曲线，以上、下行运行曲线的交点确定平衡系数，以电动机电源输入端为电流检测点。除了可以采用以上所说的电流法测量平衡系数，也可以采用T/CASEI T101—2015《电梯平衡系数快捷检测方法》中规定的方法。

应注意，本条所规定的曳引检查比GB/T 7588.2中5.11.2.2.2对"紧急制动"工况的计算更加严格，其目的是验证电梯的曳引能力有足够的安全余量，以便电梯在投入使用之后能够达到本部分0.4.4的规定："零部件具有良好的维护并保持正常的工作状态，尽管有磨损，仍满足所要求的尺寸"。

本部分5.5.3要求与6.3.3曳引检查的关系可参见"GB/T 7588.1资料6-3"。

6.3.5　轿厢安全钳(5.6.2)

交付使用前试验的目的是检查其安装、调整的正确性以及整个组装件（包括轿厢和轿厢装饰、安全钳、导轨及其与建筑物的连接件）的坚固性。

试验时，载有均匀分布载荷的轿厢下行期间，驱动主机运转直至轿厢仅在安全钳制动下完全停止。试验的速度和载荷应满足下列要求：

a)　瞬时式安全钳：

轿厢应以额定速度运行，并载有下述情况之一的载荷：

1)　当额定载重量符合表6(5.4.2.1)的规定时，载有额定载重量；或

2)　对于液压电梯，如果额定载重量小于表 6(5.4.2.1)规定的值，载有 125％ 的额定载重量，但不超过表 6 对应的载重量。

b)　渐进式安全钳：

对于曳引式电梯，轿厢应载有 125％额定载重量，并以额定速度或较低的速度运行。

对于强制式和液压电梯，如果额定载重量符合表 6(5.4.2.1)的规定，轿厢应载有额定载重量，并以额定速度或较低的速度运行。

对于液压电梯，如果额定载重量小于表 6(5.4.2.1)规定的值，轿厢应载有 125％的额定载重量，但不应超过表 6 对应的载重量，并以额定速度或较低的速度运行。

如果试验以低于额定速度进行，制造单位（或安装单位）应提供曲线图，说明该规格渐进式安全钳和轿厢所附联的悬挂质量一起进行动态试验的型式试验性能。

试验以后，应目测检查确认未出现对电梯正常使用有不利影响的损坏。必要时可更换摩擦部件。

为了便于试验结束后轿厢卸载及释放安全钳，试验宜尽量在接近层门的位置进行。

【解析】

此处安全钳的试验是进行限速器-安全钳的联动试验。安全钳是在轿厢下行超速时将轿厢制停的执行部件，但轿厢是否超速下行是由限速器实时监控的，所以现场试验需要模拟电梯超速下行的工况，由限速器发出制停轿厢的信号，由安全钳执行制停轿厢的任务。一般情况下，电梯以检修速度下行，进行限速器-安全钳联动试验，人为触发限速器的机械装置，卡阻限速器钢丝绳，触发提拉装置提拉安全钳的滑动楔块，从而使安全钳制停轿厢。在检修速度下进行限速器-安全钳联动试验后，还需要提供曲线图，以证明在相同工况条件下，采用额定速度试验是可靠和安全的。

通过对安全钳的试验，如果安全钳能够将轿厢制停在导轨上，则可以判定电梯符合本条要求的"安装、调整的正确性以及整个组装件（包括轿厢和轿厢装饰、安全钳、导轨及其与建筑物的连接件）的坚固性"。

6.3.6　对重或平衡重安全钳(5.6.2)

交付使用前试验的目的是检查其安装、调整的正确性以及检查整个组装件［包括对重（或平衡重）、安全钳、导轨及其与建筑物的连接件］的坚固性。

试验时，对重（或平衡重）下行期间，驱动主机运转直至对重（或平衡重）仅在安全钳制动下完全停止，并应满足下列要求：

a)　瞬时式安全钳：

轿厢空载，以额定速度运行，由限速器或安全绳触发安全钳。

b) 渐进式安全钳：

轿厢空载，以额定速度或较低的速度运行。

如果试验以低于额定速度进行，制造单位应提供曲线图，说明该规格渐进式安全钳和对重（或平衡重）所附联的悬挂质量一起进行动态试验的型式试验性能。

试验以后，应目测检查确认未出现对电梯正常使用有不利影响的损坏，必要时可更换摩擦部件。

【解析】

此条是对 5.2.5.4 情况下（井道下方确有人员能够到达的空间）设置的对重（或平衡重）安全钳的验证。

与 6.3.4 不同之处是：安全钳是安装于对重（或平衡重）上，所以需要轿厢空载上行，从而实现对重（或平衡重）下行工况下的试验验证目的。本条的判定条件是"驱动主机运转直至钢丝绳打滑或松弛"，由于这种工况对于钢丝绳的损害较大，因此只要出现短暂的打滑或松弛即可判定符合本条要求。

6.3.7　棘爪装置(5.6.5)

应进行下列试验：

a) 动态试验：

试验应在轿厢载有均匀分布的载荷以下行额定速度向下运行时进行，并应短接棘爪装置和耗能型缓冲装置(5.6.5.7)（如果有）上的触点，以防止下行方向阀的闭合。

棘爪装置应将载有 125% 的额定载重量的轿厢制停在每一层站上。

试验后应目测检查确认未出现对液压电梯正常使用有不利影响的损坏。

b) 目测检查棘爪与每个支撑的结合情况以及运行期间棘爪与每个支撑间的水平间隙。

c) 验证缓冲装置的行程。

【解析】

当液压电梯采用棘爪作为防沉降措施时，需要对棘爪停止电梯的有效性进行验证。

在进行动态测试时，工况为：轿内载有 125% 额定载荷并以下行额定速度运行。且为了避免棘爪装置上的电气安全装置动作，切断液压缸的上下方向阀，应将上述电气安全装置短接。

由于棘爪装置的核心是类似缓冲器的缓冲停止装置，因此对棘爪装置的验证主要集中在：

(1) 是否能每一层站有效停止载有 125% 的额定载重量的轿厢；

(2) 停止后的液压电梯是否被损坏;

(3) 棘爪与支撑装置的配合(含运行时两者之间的必要间隙);

(4) 缓冲装置的行程。

6.3.8　缓冲器(5.8.1和5.8.2)

试验应按以下方法进行:

a)　蓄能型缓冲器:

将载有额定载重量的轿厢压在缓冲器上,使悬挂钢丝绳松弛,或者通过按压手动紧急下降按钮使液压系统的压力降到最小。同时,应检查压缩是否符合技术符合性文件上的特性曲线(参见附录 B)。

注:可能有必要使最小压力装置失效或临时修改最小压力装置的设定值。

b)　耗能型缓冲器:

载有额定载重量的轿厢和对重以额定速度撞击缓冲器,或者在使用具有减速验证的减行程缓冲器的情况下(见 5.8.2.2.2),以减行程设计速度撞击缓冲器。

试验后,应目测检查确认未出现对电梯正常使用有不利影响的损坏。

【解析】

蓄能型缓冲器的试验是模拟轿厢完全压在缓冲器上的静态试验,不存在初始速度和撞击速度的要求;如果是液压电梯则需要尽最大可能降低液压系统的压力,甚至可以在试验期间使液压系统临时失效,采用这些方法的目的就是为了验证最极端工况下缓冲器工作状态良好。

耗能型缓冲器需要根据额定载重量和额定速度进行有针对性的撞击试验,尽最大可能还原其被撞击时的工况,验证缓冲器的安全可靠性。

6.3.9　破裂阀(5.6.3)

应按以下方法进行系统试验:

轿厢载有均匀分布的额定载重量,超速(5.6.3.1)向下运行,使破裂阀动作。检查所调整的触发速度是否正确,例如,利用与制造单位的调整曲线(参见附录 B)进行比较的方法进行检查。

对于具有多个相互联接的破裂阀的液压电梯,利用测量轿厢地板倾斜度(5.6.3.4)的方法检查其是否同时闭合。

【解析】

TSG T 7004—2012《电梯监督检验和定期检验规则——液压电梯》中 7.3"破裂阀动作试验"是装有均匀分布额定载重量的轿厢停在适当的楼层(足以使破裂阀动作,但尽量低的楼层)的试验。在机房操作破裂阀的手动试验装置,使液压电梯超速向下运行。在达到不

超过额定速度 $v_d+0.3$ m/s 时,检查破裂阀是否动作,动作速度是否符合要求,是否将轿厢可靠制停。破裂阀调整曲线,见图 6.3-1。

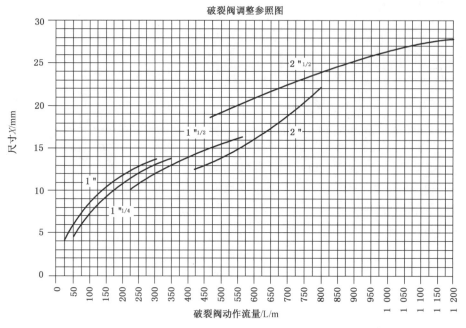

图 6.3-1　破裂阀调整曲线

6.3.10　节流阀或单向节流阀(5.6.4)

最大下行速度(v_{max})不应超过下行额定速度(v_d)加上 0.30 m/s,应按下列方法之一进行检查:

a)　采用测量的方法;或

b)　采用公式(17):

$$v_{max}=v_t\sqrt{\frac{p}{p-p_t}} \quad\cdots\cdots\cdots\cdots\cdots\cdots\cdots(17)$$

式中:

v_{max}——液压系统破裂情况下的最大下行速度,单位为米每秒(m/s);

v_t——载有额定载重量的轿厢向下运行期间测得的速度,单位为米每秒(m/s);

p——满载压力,单位为兆帕(MPa);

p_t——载有额定载重量的轿厢下行时测得的压力,单位为兆帕(MPa),如有必要,将压力损失和摩擦损失计入在内。

【解析】

与破裂阀的作用类似,设置节流阀或单向节流阀的目的也是为了在液压系统发生重大泄漏的情况下,防止载有额定载重量的轿厢下行速度超过额定速度 $v_d+0.3$ m/s。

根据流量特性方程:$Q=KA\Delta p^m$

式中:Q——节流阀口的流量;

K——节流系数;

A——过流面积;

Δp——入口和出口之间的压力差;

m——节流口指数形状:细长孔取 $m=1$,薄壁节流口 $m=0.5$,本部分中节流阀口的流量按照紊流计算,因此取 $m=0.5$。

上式中,节流阀确定之后,K、A 均为常数,因此 Q 与压力差 Δp 成正比。流量 Q 与液压梯的速度也成正比,即

$$\frac{v_{\max}}{v_t}=\frac{Q_{\max}}{Q_t}=\sqrt{\frac{\Delta p_{\max}}{\Delta p_t}}$$

式中:$Q_{\max}$——节流阀口的最大流量;

Q_t——节流阀口的额定流量;

$\Delta p_{\max}$——满载情况下管道破裂时阀口两侧压差,由于此时管道侧压力接近于 0,因此压差即为满载压力:$\Delta p_{\max}=p$;

Δp_t——满载压力与额定压力之差。

因此可得:

$$\frac{v_{\max}}{v_t}=\sqrt{\frac{p}{p-p_t}}$$

6.3.11 压力试验

将 200% 满载压力作用在单向阀与液压缸之间的液压系统中,观察液压系统在 5 min 期间内是否出现压力降和泄漏(考虑液压油中可能出现的温度变化的影响)。

试验后应目测检查确认液压系统仍保持其完整性。

该试验应在防坠落保护装置(5.6)试验之后进行,并且包括轿厢意外移动保护装置中的任何液压部件。

【解析】

TSG T 7004—2012《电梯监督检验和定期检验规则——液压电梯》中的压力试验方法为:液压电梯在上端站平层,将带有溢流阀的手动泵接入液压系统中单向阀与液压缸之间的压力检测点上(系统已含有手动泵的除外),调节手动泵上的溢流阀工作压力为满载压力值的 200%,操作手动泵使轿厢上行直至柱塞完全伸出,并且系统压力升至手动泵溢流阀的工作压力,停止操作保持 5 min。观察并且记录液压系统压力的下降值应满足要求。

6.3.12 轿厢上行超速保护装置(5.6.6)

试验应按以下方法进行:

空载轿厢以不低于额定速度上行,仅用轿厢上行超速保护装置制动轿厢。

【解析】

对于永磁同步无齿轮曳引机来说，曳引机的制动器也是上行超速保护装置，通常采用 TSG T 7001—2009《电梯监督检验和定期检验规则——曳引与强制驱动电梯》(2013 年第 1 次修改)第 2 号修改单附件 A 中第 8.10 项"上行制动工况曳引检查 B"的方法：轿厢空载以正常运行速度上行至行程上部，切断电动机与制动器供电，轿厢应当完全停止。在轿厢停止过程中，空载轿厢的减速度不应大于 $1g_n$。

当轿厢采用双向安全钳或夹轨器等直接作用于轿厢的上行超速保护装置时，由于直接作用的原因，可能在制动过程中出现轿厢减速度超出规定范围的情况。

对于采用制动曳引轮（或最靠近曳引轮的轮轴）、钢丝绳或对重等部件作为轿厢上行超速保护措施的情况，由于不是直接制停轿厢，且钢丝绳也不可能向下传递制动力，因此主要应防止轿厢上抛后回落引起的减速度过大的情况。

6.3.13　平层准确度和平层保持精度(5.12.1.1.4)

验证轿厢在所有层站的平层准确度应符合 5.12.1.1.4 的要求，中间层站的上下方向均应满足此要求。

验证轿厢在装卸载过程中的平层保持精度应符合 5.12.1.1.4 的要求，试验应在最不利的层站进行。

【解析】

本部分 5.12.1.1.4 要求轿厢的平层准确度应为 ±10 mm，平层保持精度 ±20 mm。如果电梯在装卸载期间出现平层保持精度超过 ±20 mm，则应校正至 ±10 mm。也可见 3.24 解析。

所谓"最不利的层站"是指：

——底层端站；

——顶层端站；

——装、卸载实验中，轿厢地坎与层门地坎分别在两个方向上差异最大的层站。

6.3.14　轿厢意外移动保护装置(5.6.7)

交付使用前试验的目的是检查检测装置和制停部件。

试验时应仅使用 5.6.7 定义的装置的制停部件制停电梯。

试验应：

a)　包括验证该装置的制停部件按型式试验所述的方式触发。

b)　轿厢以预定速度［例如：型式试验时所确定的速度（如检修速度等）］，在井道上部空载上行（例如：从一个层站到顶层端站），以及在井道下部满载下行（例如：从一个层站到底层端站）。

> 应按型式试验确定的方法，验证轿厢意外移动的距离满足 5.6.7.5 规定。
>
> 如果该装置需要自监测（见 5.6.7.3），应检查其功能。
>
> **注：** 如果该装置的制停部件包括层站的部件，有必要在每个涉及的层站重复该试验。

【解析】

TSG T 7001—2009《电梯监督检验和定期检验规则——曳引与强制驱动电梯》（2013 年第 1 次修改）第 2 号修改单附件 A 中增加："8.3 轿厢意外移动保护装置试验"：

"（1）轿厢在井道上部空载，以型式试验证书所给出的试验速度上行并触发制停部件，仅使用制停部件能够使电梯停止，轿厢的移动距离在型式试验证书给出的范围内；

"（2）如果电梯采用存在内部冗余的制动器作为制停部件，则当制动器提起（或者释放）失效，或者制动力不足时，应当关闭轿门和层门，并且防止电梯的正常启动"。

除了进行轿厢空载上行的验证，还需要进行轿厢在井道下部满载运行时的试验验证。

6.3.15　坠落与剪切的保护措施（5.3.9.3.4）

> 将轿厢离开开锁区域（见 5.3.8.1）并使层门开启 100 mm 的间隙，应检查释放后层门的关闭与锁住。

【解析】

本条主要验证的是弹簧的弹力设定和重锤质量的选取是否能够满足使层门关闭并锁住的要求（见 5.3.9.3.4）。如果采用了轿门与层门联动的模式，当轿厢驶离了开锁区，即层门失去了轿门的驱动力，将层门开启 100 mm 的间隙之后释放，层门依靠弹簧或者重锤应能够有效地关闭并锁住。

7 使用信息

【解析】

本条为新增条款。

7.1 通则

文件应包括使用维护说明书和日志。

【解析】

电梯出厂时应附带必要的文件,文件中应至少包括使用维护说明书和日志两部分。

《特种设备安全法》第二十一条对此也有相应的要求:"特种设备出厂时,应当随附安全技术规范要求的设计文件、产品质量合格证明、安装及使用维护保养说明、监督检验证明等相关技术资料和文件,并在特种设备显著位置设置产品铭牌、安全警示标志及其说明"。其中"安装及使用维护保养说明"即可看作是本条涉及的说明书和日志。

本条后续条款对使用维护说明书和日志两项内容进行了阐述。

(1)使用维护说明书

使用维护说明书主要是为了保证恰当地操作电梯,以及使电梯零部件能够保持其预期的性能。此外,使用维护说明书中通常也包含降低电梯设备给人员带来的风险的相应内容。主要由以下方面构成:

1)使用说明书;

2)电梯维护的相关内容;

3)电梯检验的相关内容。

应注意,使用维护说明书应在电梯寿命期内长久保存并能有效查询。

(2)日志

日志主要是电梯安装、维护、修理等工作的记录,其目的是保证电梯交付后在使用、检验、维护、修理等环节均处于受控和可追溯状态。

日志应根据实际情况随时记录并长期保存。

7.2 使用维护说明书

【解析】

电梯的使用维护说明书是指以文体或图表的方式对电梯的使用方法、注意事项以及维护要求、维护要领等进行表述的说明文件。其目的是使相关人员正确使用和维护电梯。

7.2.1　总则

制造单位(或安装单位)应提供使用维护说明书。

【解析】

电梯的使用维护说明书应由电梯的制造厂家或安装单位提供。在我国,电梯的使用维护说明书基本是由制造厂家制作并提供。

7.2.2　正常使用

使用维护说明书应具有如 GB/T 18775 所述的电梯正常使用和救援操作的必要说明,特别是下列内容：

a)　保持机房和滑轮间的门锁紧；

b)　安全地装卸载；

c)　采用部分封闭的井道[见 5.2.5.2.3e)]所采取的防护措施；

d)　胜任人员需要介入的事项；

e)　允许在轿顶和底坑进行维护和检修操作的人员数量；

f)　保持日志更新；

g)　专用工具(如果有,见 7.2.3)的位置和使用；

h)　三角钥匙的使用。详述所采取的重要措施,以防开锁后因未能有效的重新锁上而可能引起的事故；

　　在电梯现场应能取得该钥匙,且仅被授权人员才能取得。

　　该钥匙上应附带标牌,用来提醒人员注意使用该钥匙可能引起的危险,并注意在层门关闭后应确认其已经锁住。

i)　救援操作：尤其是对于制动器、轿厢上行超速保护装置、轿厢意外移动保护装置、破裂阀和安全钳的释放,包括专用工具(如果有)的识别,应给予详细说明。

【解析】

本条规定了使用维护说明书中对"正常使用"电梯时必须包括的内容。

应注意,本条对使用维护说明书的要求,不应看作是使用维护说明书中仅包括本条 a)～i)内容。上述内容均是为保证正常使用时的安全,以及保护被授权人员操作电梯时的安全。

关于 GB/T 18775—2009《电梯、自动扶梯和自动人行道维修规范》的介绍,可参见"GB/T 7588.1 资料 7-1"。

a)对机房和滑轮间门的锁紧,是为了防止未被授权的人员接近机器发生危险。

b)对电梯装置和卸载的注意事项,尤其是对于载货电梯的装卸载过程中装卸装置是否等同于载荷被运载等内容(见 5.4.2.2.1)。

c) 采用部分封闭的井道时，所采取的防止其他设备干扰电梯运行的防护措施。

d)"胜任人员"（见本部分 3.7）需要介入的事项，如：电梯检查、维护、修理以及救援等工作。

e) 本部分 5.2.5.8.1 和 5.2.5.7.1 要求了需要有适当的标识，标明允许进入的人员数量和与避险空间类型对应的姿势（见表 3 和表 4）。在使用手册中也应有相应的信息，使被授权人员预知此信息。同时也避免上述标识损坏后，无从查询相应信息。

f) 由于电梯日志是记录电梯相关的维修、改装后的检查、事故和定期检查，包括制造单位或安装单位指定的内容（见 7.3.1），属于保证电梯安全运行的技术文件，因此应在使用维护说明书中应告知用户，必须保持日志内容的更新。

g) 所谓"专门工具"，按照本部分 3.57 的定义是"为了使设备保持在安全运行状态或为了救援操作，所需的特定工具"。本部分中允许电梯使用一些专门工具（如 5.3.9.3.2 所述长度大于 200 mm 的三角钥匙、5.11.2.6 所述用于识别 PESSRAL 的故障状态的外部工具等）。专门工具并非一定会被使用，但如果使用了上述专门工具，应在使用维护说明书中给出使用方法及存放位置的信息。

h) 由于使用三角钥匙可以手动打开层门，因此必须告知在使用三角钥匙时的风险。此外，也应告知用户，只有被授权人员才可以使用三角钥匙，以免滥用。

在使用维护说明书中除了体现上述内容之外，三角钥匙上还应附带包含以下信息的标牌：

1) 注意使用此钥匙可能引起的危险；

2) 在层门关闭后应注意确认层门已锁住。

可参见 5.3.9.3.1 解析。

i) 由于电梯的救援操作与乘客及操作人员的人身安全相关，具有一定的危险性。而且救援操作与电梯设备的自身特点有着密切的关系，如，实施紧急操作的位置、紧急操作的方式（手动或紧急电动运行）等。因此使用维护说明书中应对救援操作进行相应的说明。尤其是对一些比较复杂的安全部件或涉及安全的电梯装置（如制动器、轿厢上行超速保护装置、轿厢意外移动保护装置、破裂阀和安全钳等），上述部件一旦动作，在释放时需要专业的技能和特殊方法，因此应对上述部件的释放作出说明。此外，如果使用了专用工具，应对专用工具的识别和使用作出详细说明。

图 7.2-1 是电梯使用维护说明书中部分内容示例。

7.2.3　维护

使用维护说明书应符合 GB/T 18775 的要求。

应告知如何识别和使用专用工具。

应给出驱动主机制动器、轿厢上行超速保护装置和轿厢意外移动保护装置维护的要求和方法。对于采用制动力自监测和制动力定期检查的，应明确具体的周期。

对于合成材料制成的蓄能型缓冲器，应根据制造单位提供的说明书定期对其老化状况进行检查［见 GB/T 7588.2—2020 中的 5.5.1c) 和 5.5.4i)］。

禁止非专业人员拆卸和维修
电梯,或使用厅门开锁三角
钥匙,以免发生意外事故

禁止超载运行,超载铃响时
后进者退出。

电梯发生故障或停电被困时,
请乘客保持镇静,使用电梯
内报警装置报警后,等待救援。
千万不要强行撬门擅自逃离!

禁止扒门和打开轿顶安全窗,
以免坠落电梯井道,发生重
大伤亡事故。

图 7.2-1　使用维护说明书中内容示例

【解析】

本条规定了使用维护说明书中对电梯"维护"工作必须包括的内容。

可参考 7.2.2 解析。

电梯维护工作的目的之一是为了检查部件的使用情况,本条特别提到了驱动主机制动器、轿厢上行超速保护装置、轿厢意外移动保护装置和合成材料制成的蓄能型缓冲器。

对于驱动主机制动器、轿厢上行超速保护装置和轿厢意外移动保护装置,为了保证其参数和状态稳定,应给出维护要求及维护方法,以便能够得到及时、适当的维护。对于采用制动力自监测和制动力定期检查的制动器,要求明确具体的检查周期,以免疏漏。

而采用合成材料制造的部件,可能对环境因素更加敏感,温度、湿度、光照及环境中是否有促使其老化的成分等因素均可能影响到合成材料的寿命。因此在对电梯进行维护操作时,应特别注意那些采用合成材料制成的部件的使用情况(是否达到了老化和报废的条件)。尤其是以合成材料制作的安全部件,如蓄能型缓冲器,应在使用维护说明书中给出判定其老化的标准和检查方法,以便在维护操作中进行检查。这一点在 GB/T 7588.2 中也有涉及,要求缓冲器制造单位提供其产品的使用环境信息、使用寿命等,以便在维护和检查中对缓冲器的有效性进行判定。

7.2.4　检查

使用维护说明书应具有下列内容：

a)　定期检查：

电梯交付使用后，为了验证其是否处于良好状态，应参照附录 C 的要求对电梯作定期检查，并记录在日志中。

b)　任何特殊要求。

【解析】

本条规定了使用说明书中对电梯"检查"应包括的内容。

a) 定期检查相关内容

本部分附录 C 给出了电梯定期检查应进行的内容，为了使用户有效了解电梯定期检查的相关项目，应在使用维护说明书中给出相应的信息，并要求将定期检查内容、结果以及相关内容记录在日志中。

b) 由于电梯设计、制造和运行环境的多样性，附录 C 中要求的检查内容可能并不充分，因此如果有特殊要求，也应体现在使用维护说明书中。

7.3　日志

【解析】

本条所说的"日志"是记录有电梯基本特征、规格参数以及在使用过程中的检验和检查报告等内容的技术档案。

《特种设备安全法》中对电梯安全技术档案作出了如下规定：

"第三十五条　特种设备使用单位应当建立特种设备安全技术档案。安全技术档案应当包括以下内容：

（一）特种设备的设计文件、产品质量合格证明、安装及使用维护保养说明、监督检验证明等相关技术资料和文件；

（二）特种设备的定期检验和定期自行检查记录；

（三）特种设备的日常使用状况记录；

（四）特种设备及其附属仪器仪表的维护保养记录；

（五）特种设备的运行故障和事故记录。"

上述内容的一部分应作为日志予以保存。

7.3.1　应具有日志，记录电梯事故后的修理与检查，以及定期检查，包括制造单位（或安装单位）指定的内容。

【解析】

应为电梯建立日志，并能从中对电梯的使用、改装、修理和定期检查进行追溯。同时，作为电梯安全技术档案的一部分，日志中也应包括制造单位（或）安装单位指定的内容。

> 7.3.2　电梯的基本特征应记录在日志中。应包括：
>
> a)　技术部分：
>
> 　　1)　电梯交付使用的日期。
>
> 　　2)　电梯的基本参数。
>
> 　　3)　钢丝绳和（或）链条的技术参数。
>
> 　　4)　需要进行符合性验证的部件的技术参数（参见附录B）。
>
> 　　5)　电梯土建布置图。
>
> 　　6)　电气原理图。
>
> 　　　　电气原理图可限于能对安全保护有全面了解的范围内，并使用GB/T 4728的符号，任何GB/T 4728中未出现的图形符号应分开表示，且用图标或辅助文件描述。所有文件和电梯上的元件和装置的符号和代码应一致。
>
> 　　　　所用的缩写符号应通过术语进行解释。
>
> 　　　　如果电气原理图有几个选择，应指明哪一个是有效的，例如，列出可供选择的适用的解决方案的清单。
>
> 　　7)　液压系统图（使用GB/T 786.1的符号）。
>
> 　　　　液压原理图可限于能对安全保护有全面了解的范围内。缩写符号应通过术语进行解释。
>
> 　　8)　满载压力。
>
> 　　9)　液压油的特性或类型。
>
> 　　10)　各路电源的规格参数：
>
> 　　　　——额定电压、相数及频率（对于交流电）；
>
> 　　　　——满载电流；
>
> 　　　　——电源输入端的短路容量。
>
> b)　具有日期的检查和检验报告副本及巡查记录的部分。
>
> 　　在下列情况下，应及时更新记录或档案：
>
> 　　1)　钢丝绳或重要部件的更换；
>
> 　　2)　事故。
>
> 主管维护的人员和负责定期检查的人员或组织可获得本记录或档案。

【解析】

作为电梯安全技术档案的组成部分，日志内容必须详尽、规范。本条是对日志内容及形式的规定，以便在需要时，日志能够发挥应有的作用。

附录 A（规范性附录）　电气安全装置表

表 A.1 给出了电气安全装置及其最低安全完整性等级（SIL）。

表 A.1　电气安全装置表

条款号	所检查的装置	最低安全完整性等级（SIL）
5.2.1.5.1a)	底坑停止装置	3
5.2.1.5.2c)	滑轮间停止装置	3
5.2.2.4	检查底坑梯子的存放位置	1
5.2.3.3	检查通道门、安全门和检修门的关闭位置	2
5.2.5.3.1c)	检查轿门的锁紧状况	2
5.2.6.4.3.1b)	检查机械装置的非工作位置	3
5.2.6.4.3.3e)	检查检修门的锁紧位置	2
5.2.6.4.4.1d)	检查所有进入底坑的门的打开状态	2
5.2.6.4.4.1e)	检查机械装置的非工作位置	3
5.2.6.4.4.1f)	检查机械装置的工作位置	3
5.2.6.4.5.4a)	检查工作平台的收回位置	3
5.2.6.4.5.5b)	检查可移动止停装置的收回位置	3
5.2.6.4.5.5c)	检查可移动止停装置的伸展位置	3
5.3.9.1	检查层门锁紧装置的锁紧位置	3
5.3.9.4.1	检查层门的关闭位置	3
5.3.11.2	检查无锁门扇的关闭位置	3
5.3.13.2	检查轿门的关闭位置	3
5.4.6.3.2	检查轿厢安全窗和轿厢安全门的锁紧状况	2
5.4.8b)	轿顶停止装置	3
5.5.3c)2)	检查轿厢或对重的提升	1
5.5.5.3a)	检查钢丝绳或链条的异常相对伸长（使用两根钢丝绳或链条时）	1
5.5.5.3b)	检查强制式和液压电梯的钢丝绳或链条的松弛	2
5.5.6.1c)	检查防跳装置的动作	3
5.5.6.2f)	检查补偿绳的张紧	3

表 A.1（续）

条款号	所检查的装置	最低安全完整性等级(SIL)
5.6.2.1.5	检查轿厢安全钳的动作	1
5.6.2.2.1.6a)	检查超速	2
5.6.2.2.1.6b)	检查限速器的复位	3
5.6.2.2.1.6c)	检查限速器绳的张紧	3
5.6.2.2.3e)	检查安全绳的断裂或松弛	3
5.6.2.2.4.2h)	检查触发杠杆的收回位置	2
5.6.5.9	检查棘爪装置的收回位置	1
5.6.5.10	采用具有耗能型缓冲装置的棘爪装置的电梯,检查缓冲器恢复至其正常伸出位置	3
5.6.6.5	检查轿厢上行超速保护装置	2
5.6.7.7	检测门开启情况下轿厢的意外移动	2
5.6.7.8	检查门开启情况下轿厢意外移动保护装置的动作	1
5.8.2.2.4	检查缓冲器恢复至其正常伸长位置	3
5.9.2.3.1a)3)	检查可拆卸手动机械装置(盘车手轮)的位置	1
5.10.5.2	采用接触器的主开关的控制	2
5.12.1.3	检查减行程缓冲器的减速状况	3
5.12.1.4a)	检查平层、再平层和预备操作	2
5.12.1.5.1.2a)	检修运行开关	3
5.12.1.5.2.3b)	检查与检修运行配合使用的按钮	1
5.12.1.6.1	紧急电动运行开关	3
5.12.1.8.2	层门和轿门触点旁路装置	3
5.12.1.11.1d)	检修运行停止装置	3
5.12.1.11.1e)	电梯驱动主机上的停止装置	3
5.12.1.11.1f)	测试和紧急操作面板上的停止装置	3
5.12.2.2.3	检查轿厢位置传递装置的张紧(极限开关)	1
5.12.2.2.4	检查液压缸柱塞位置传递装置的张紧(极限开关)	1
5.12.2.3.1b)	极限开关	1

注: 安全完整性等级(SIL)仅与电梯安全相关的可编程电子系统(PESSRAL)有关(见5.11.2.6)。

【解析】

表 A.1 给出了电气安全装置及其最低安全完整性等级（SIL）。附录 A 是将本部分正文中所要求的电气安全装置进行了整理。电气安全装置的具体要求（功能、结构等）在5.11.2 中进行了规定。

应明确的是，并不是表 A.1 中所列出的电气安全装置在动作时均应导致，"防止电梯驱动主机启动，或使其立即停止运转"。例如 5.12.1.4a)"检查平层、再平层和预备操作"和5.12.1.8.2"层门和轿门触点旁路装置"。这两个开关的作用并不是要切断驱动主机和制动器电源并防止驱动主机启动，而是为了防止电梯在开锁区外或对接操作行程限制范围外开门运行。这与其他电气安全装置略有不同。此外，5.2.6.4.3.1b)"检查机械装置的非工作位置"、5.2.6.4.4.1e)"检查机械装置的非工作位置"等位置的电气安全装置，其动作不但不会导致电梯停止运行，相反却是电梯能够运行的前提保证。但对于它们的结构要求，则与其他电气安全装置完全一致。

对于附录 A，CEN/TC 10 给出解释单（见 EN 81-20 013 号解释单）如下：

询问： 对于 5.12.1.4 中的规定："在下列情况下，允许层门和轿门未关闭和未锁紧时，进行轿厢的平层和再平层运行与预备操作：a)通过符合 5.11.2 规定的电气安全装置，限制在开锁区域内（见 5.3.8.1）运行。在预备操作期间，轿厢应保持在距层站 20 mm 的范围内（见 5.12.1.1.4 和 5.4.2.2.1）"。

表 A.1-1　电气安全装置表（部分）

条款号	所检查的装置	最低安全完整性等级（SIL）
5.2.5.3.1c)	检查轿门的锁紧状况	2
5.3.9.1	检查层门锁紧装置的锁紧位置	3
5.3.9.4.1	检查层门的关闭位置	3
5.3.11.2	检查无锁门扇的关闭位置	3
5.3.13.2	检查轿门的关闭位置	3
5.12.1.4a)	检查平层、再平层和预备操作	2

用于检查轿厢的平层和再平层运行与预备操作的电气安全装置使 5.3.9.1、5.3.9.4.1、5.3.11.2 和 5.3.13.2 中要求的电气安全装置失效。表 A.1-1 的装置（指5.3.9.1、5.3.9.4.1、5.3.11.2 和 5.3.13.2 的电气安全装置）不低于 SIL3。按照EN 61508-2（对应我国标准为 GB/T 20438.2）中 7.4.4.2.3，这被认为是安全子系统的串联。这种情况下能够达到的最高 SIL 等级取决于 SIL 等级最低的那个部件。这意味着被失效的装置的 SIL 等级降低了。用于检查轿门锁紧的电气安全装置只满足 SIL2。检查层门锁紧装置锁紧位置的电气安全装置满足 SIL3。无论从层站坠入井道还是从轿厢坠入井道，其后果是一样的。因此要求不同的 SIL 等级是不合理的。

问题 1：5.12.1.4a)要求的 SIL 等级正确吗？

问题 2：5.2.5.3.1c)要求的 SIL 等级正确吗?

CEN/TC 10 的回复：是的，要求是正确的。尽管如此，安全完整性等级将在 EN 81-20 的修订中考虑与最新修订的 EN 61508 和 ISO 22201-1 的要求一致。

注：GB/T 20438.2《电气/电子/可编程电子安全相关系统的功能安全　第 2 部分：电气/电子/可编程电子安全相关系统的要求》中 7.4.4.2.3 的内容为："在一个 E/E/PE 安全相关子系统中，通过组件串联实现多个组件安全功能时，此类组合安全功能可声明的最高安全完整性等级，取决于硬件故障裕度为 0 时安全失效分数最低的那个组件"。简单地说，GB/T 20438.2 中 7.4.4.2.3 的意思就是在组件串联时，组合安全功能符合"木桶原理"，其最高安全完整性等级是由安全等级最低的那个部件决定的。

附录 B（资料性附录）　技术符合性文件

技术符合性文件应包括下列信息，该文件在符合性评价过程中可能是必需的。

a)　电梯制造单位（或安装单位）的名称和地址。

b)　可供检查的电梯地点的详细信息。

c)　电梯的基本描述（如特征、额定载重量、额定速度、提升高度、层站数等）。

d)　设计和制造图样和（或）图表（如机械、电气或液压等）。

注 1：图样或图表用于了解设计和操作方法。

e)　电梯上所使用的安全部件的型式试验证书的副本，见 GB/T 7588.2—2020。

f)　下列部件（如果有）的证书和（或）报告：

1)　悬挂钢丝绳或链条；

2)　玻璃面板；

3)　需要冲击试验的门；

4)　需要耐火试验的层门。

g)　制造单位（安装单位）进行或委托进行的任何测试或计算结果：如曳引条件、导轨和液压系统等的计算。

h)　电梯说明书的副本：

1)　土建布置图；

注 2：土建布置图有利于电梯的正常使用、维护、修理、定期检查和救援操作。

2)　电梯使用说明。

i)　维护说明（见 GB/T 18775）：

1)　紧急操作规程；

2)　制造单位定期检查的要求。

j)　日志。

注 3：技术符合性文件的进一步指导也参见 GB/T 24803.3—2013 中 4.6 的要求。

【解析】

电梯作为建筑物中的重要交通工具，与一般产品不同，它是一种比较复杂的机电设备，而且其出厂时仅是部件，并不是最终产品。电梯的最终生产过程是安装，通过安装过程将电梯的部件进行组合才形成了最终的产品。但由于安装工作一般都是在远离电梯生产厂家的使用现场进行，因此电梯的安装比一般的机电设备的安装要更加复杂和重要。电梯的安装工程质量与其设计、制造质量共同决定了电梯最终的产品质量。因此，进行"交付使用前的检验"的第一个步骤就是验证、核对各项资料、证书是否与被检验电梯相一致；检查部件的制造是否满足要求；检查电梯运行的环境条件、土建条件是否满足要求。

附录 C（资料性附录） 定期检查

> **C.1** 定期检查的内容不应超出电梯交付使用前的检查。
>
> 　　这些重复进行的定期检查不应造成过度磨损或产生可能降低电梯安全性能的应力，尤其是对安全钳和缓冲器等部件的试验。当进行这些部件的试验时，应在轿厢空载和降低速度的情况下进行。

【解析】

　　定期检查是指以一定的时间间隔对已经投入使用的电梯按照标准规定的项目和技术要求进行的检查、试验和验证。

　　《特种设备安全法》中第四十条规定"特种设备使用单位应当按照安全技术规范的要求，在检验合格有效期届满前一个月向特种设备检验机构提出定期检验要求"。

　　无论是本部分附录 C 规定的"交付使用前的检验"还是《特种设备安全法》的规定，都要求电梯投入运行前需要进行大量的检验。因此，在定期检查时，其范围不必超出电梯交付使用前检验的内容。

　　由于定期检查每隔一定时间间隔就要进行一次（按照我国的规定，周期为 1 年），定期检查本身不应成为加剧电梯部件损坏、降低电梯安全性能的原因，因此在进行定期检查的项目时，应尽量降低对电梯部件的不利影响，尽量在轿厢空载、降低速度情况下进行。

> **C.2** 负责定期检查的人员应确认这些部件仍处于可动作状态（在电梯正常运行时，它们不动作）。

【解析】

　　在电梯正常运行时，有些部件是不会动作的，例如：安全钳、缓冲器、极限开关、限速器电气开关等。此外，如果不是采用制动器作为轿厢上行超速保护和轿厢意外移动保护装置时，上述两个部件在电梯正常运行时也不会动作。在定期检查时，工作人员应确认这些部件的性能，保证其仍处于可以正常动作的状态。

> **C.3** 定期检查报告副本应附在 7.3.2b)规定的记录或档案中。

【解析】

　　定期检查报告是电梯档案、记录的重要组成部分。应形成一份副本，作为电梯的基本特征记录在日志中[7.3.2b)]。

附录 D（资料性附录）　机器空间的入口

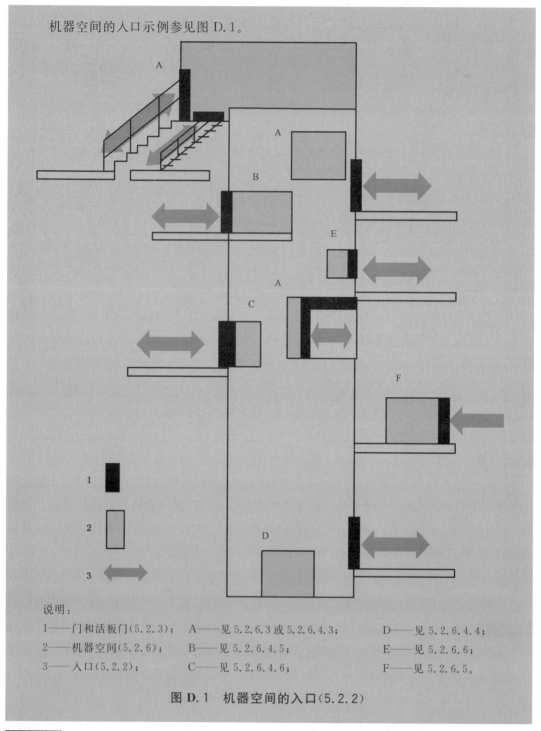

机器空间的入口示例参见图 D.1。

说明：

1——门和活板门(5.2.3)；　　A——见 5.2.6.3 或 5.2.6.4.3；　　D——见 5.2.6.4.4；

2——机器空间(5.2.6)；　　　B——见 5.2.6.4.5；　　　　　　　E——见 5.2.6.6；

3——入口(5.2.2)；　　　　　C——见 5.2.6.4.6；　　　　　　　F——见 5.2.6.5。

图 D.1　机器空间的入口(5.2.2)

【解析】

　　附录 D 给出了机器空间的位置及其入口。机器空间和工作区域可参考图 5.2-4。为了方便阅读,将附录 D 中的位置 A～F 以及 1～3 进行列表 D.1 说明。

表 D.1　机器空间入口位置对应的条款

位置	对应本标准的条款	涉及内容
A	5.2.6.3	机器在机房内(含曳引轮在井道内的情况)
	5.2.6.4.3	轿厢内或轿顶上的工作区域
B	5.2.6.4.5	平台上的工作区域
C	5.2.6.4.6	井道外的工作区域
D	5.2.6.4.4	底坑内的工作区域
E	5.2.6.6	紧急和测试操作装置
F	5.2.6.5	机器在井道外
1	5.2.3	通道门
		通道活板门
		检修门
2	5.2.6.3	机器空间——机器在机房内
	5.2.6.4	机器空间——机器在井道内
	5.2.6.5	机器空间——机器在井道外
3	5.2.2.1	对于"井道、机器空间和滑轮间及相关工作区域"可接近的要求
	5.2.2.4	对于"进入底坑的方式"的要求
	5.2.2.5	对于"进入机器空间和滑轮间的安全通道"的要求

附录 E（资料性附录）　与建筑物的接口

E.1　通则

建筑结构应能承受因电梯设备引起的载荷和力，如果本部分没有特殊应用的规定，则载荷和力为：

a)　由静止质量产生的静载荷；和

b)　由运动质量及其在紧急操作时产生的动载荷和力，其动态影响冲击系数为 2。

【解析】

本条对于建筑物为电梯提供的支反力计算提供了依据和参考。

应注意，按照本条 a)、b)获取的"因电梯设备引起的载荷和力"应视为建筑结构应能承受的载荷和力的最低限度。

E.2　导轨支撑

重要的是，导轨的支撑方式能使其受所安装的建筑结构的位移的影响为最小。

考虑到建筑为混凝土、砌块或砖的结构，可以假定支撑导轨的导轨支架不会因井道壁的位移而发生移位(5.7 所提及的收缩除外)。

但是，当导轨支架通过钢梁连接到建筑或者通过连接件连接到木构架建筑时，这些结构可能会因轿厢通过导轨和导轨支架所作用的载荷而产生变形。另外，由于外部载荷(如风荷载、雪荷载等)的作用，可能会使电梯的支撑结构产生位移。

安全装置等部件的可靠动作所允许的导轨总变形应包含任何因建筑结构变形而产生的导轨位移和导轨及其固定部件自身因载荷作用而产生的变形。

因此，重要的是支撑结构的设计单位和施工单位与电梯供应商进行沟通，以确保支撑结构适用于所有载荷条件。

【解析】

与 5.7.1.4 和 5.7.2.3.5 中所述的"收缩"不同，本条所述的"位移"尤其针对的是导轨支架在水平方向上的位移，因为水平方向的位移会导致导轨在垂直方向上的偏斜，不但在运行时会加剧单侧导轨的受力，在安全钳制动时也可能出现安全隐患。

通常情况下，电梯的导轨支撑部件(导轨支架)均安装在井道壁或井道内特别设置的钢梁上。在设计过程中，为了最大限度地避免导轨的位移(尤其是水平方向的位移)，考虑导轨支架安装位置时，应注意避开那些建筑物可能出现位移的结构，如伸缩缝等位置。以避免建筑物结构出现相对位移时对导轨支撑部件的功能有所削弱。这种情况严重时，可能导致两列导轨中心距变大，造成安全钳动作失效或轿厢/对重的导向失效。

当导轨支架直接或间接（通过刚性连接，如钢梁）安装在混凝土、砖或其他具有足够强度的井道上时，由于这些材料不易变形且具有足够的稳定性，可以认为在电梯使用期间，导轨支架与井道壁之间的相对位置是固定不变的。

如果导轨支架安装在容易产生变形的建筑材料或结构上（如木构架），则必须考虑由于建筑结构变形导致的导轨移位。此外，在电梯使用中，由电梯部件（如，轿厢等）引起的建筑结构或建筑材料发生的变形也应予以考虑，以避免上述变形或位移导致导轨位置发生变化。当然本条所述的"木构架建筑"只是为了说明问题而采用的示例，不应认为仅有当木构架建筑才需要考虑变形，即使是钢结构建筑也必须考虑上述情况的影响。

此外，如果是木构架或钢构件建筑，由于外力（如风荷载、雪荷载等）引起的电梯支撑结构的位移也应进行考虑。通常情况下，砖、石和混凝土建筑在受到上述外力时，发生的变形较小，因此可不必进行特殊考虑。

对于 5.7.2.1.2、5.7.6 和 E.2，CEN/TC 10 给出了解释单（见 EN 81-20 010 号解释单），具体内容见 5.7.2.1.2 解析。

E.3　轿厢、井道和机房的通风

E.3.1　总则

参见 0.4.2、0.4.16 和 0.4.17。

电梯井道和机房的通风要求通常包含在国家的建筑法规中，或者有专门的规定，或者与对任何安装机器设备或容纳人员（如用于休闲、工作等）的建筑空间的通用要求一样。当井道和机房是一个较大且往往较为复杂的总建筑环境的一部分时，本部分不可能对这些空间通风的要求提供具体的指导，否则会导致本部分与相应的国家标准相矛盾。

但是，本部分可给出一些原则性的指导。

【解析】

本部分 0.3.2 中明确说明"本部分未重复列入适用于任何电气、机械及包括建筑构件防火保护在内的建筑结构的通用技术规范"。而井道和机房的通风，通常是包含在建筑法规中。

0.4.2 中假设了买方和供应商之间就"环境条件，如温度、湿度、暴露在阳光、风、雪或腐蚀性空气中""土木工程问题（如建筑法规）"以及"为了电梯部件或设备的散热，对井道和（或）机器空间、设备安装位置的通风要求"已进行了协商，并达成了一致。

0.4.16 中假设了"井道和机器空间内的环境温度假定保持在＋5 ℃～＋40 ℃"。

0.4.17 中假设了"井道具有适当通风，根据国家建筑规范，考虑了制造单位给出的散热说明、电梯的环境状况和 0.4.16 给出的限制，如：因节能要求的建筑物环境温度、湿度、阳

光直射、空气质量和气密性"。

上述假设均为电梯安装使用的前提，因此本条给出的应视为一些原则性指导，而非强制性规定。

E.3.2 井道和轿厢的通风

对于轿厢内的人员或在井道中工作的人员，或者因轿厢滞留在楼层之间可能困在轿厢内或井道中的人员，他们的舒适感和安全性取决于许多因素，例如：

a) 作为建筑物的一部分或完全独立的井道的环境温度；

b) 阳光直接照射；

c) 挥发性的有机物、二氧化碳、空气质量；

d) 进入井道内的新鲜空气；

e) 井道尺寸，即：横截面积和高度；

f) 层门的数量、大小、周围的间隙和位置；

g) 所安装设备的预计的热输出（发热量）；

h) 消防和排烟措施，以及相关的楼宇管理系统（BMS）；

i) 湿度、灰尘和烟雾；

j) 空气流量（热/冷）和节能建筑技术的应用；

k) 井道和整个建筑的气密性。

轿厢应设置足够的通风孔，以确保在最大可载人数时有足够的空气流通（见5.4.9）。

在电梯正常运行和维护过程中，层门周围的间隙、开关门和电梯在井道运行的活塞效应在楼梯间、候梯厅与井道之间形成空气流通，通常足以满足人员需要。然而，因技术需要和在某些情况下人员的需要，井道和整个建筑物的气密性、环境条件，尤其是较高的环境温度、辐射、湿度、空气质量，将导致永久需要或按需开启通风孔和（或）结合强制的通风和（或）新鲜空气的进入。当运输某些物体（如排放有害尾气的机动车）时，以上措施也是必需的，这只能根据不同的情况来决定。

此外，对于因正常或意外情况长期停运后的轿厢，应给予更充分的通风。

应特别注意那些采用了节能设计和技术的新建和翻修的建筑。

井道不能用于建筑物其他区域的通风。

在某些情况下，某些做法是极其危险的，例如在工厂或地下停车场，危险气体通过井道可能会对乘坐电梯的人员造成额外的风险。基于以上考虑，不能将建筑物其他区域的污浊空气作为井道通风。

当电梯井道作为消防竖井的组成部分时，需要进行特别考虑。

在这些情况下，应征询此类设备专业人员的建议，或者满足国家的建筑和消防法规。

电梯的制造单位（或安装单位）应提供适当的建筑设计和计算的必要信息，以便使负责建筑或结构的工作人员确定是否需要为作为建筑物一部分的所有电梯提供通风或需要提供哪种通风。换言之，双方应告知对方必要的事实；另一方面，采取适当的措施，以确保建筑物中的电梯的正确操作、安全使用和维护。

【解析】

作为资料或指导，本条给出了井道和轿厢的通风的建议，归纳如下：

（1）关于被困于井道内或轿厢内的人员的安全及健康

本条 a)～k)给出了影响上述人员被困情况下的舒适性与安全性。

（2）轿厢应设置通风孔

轿厢设置通风孔的目的是轿内有足够的空气流通。

（3）井道应设置通风孔或进行强制通风

井道通风的目的是提供人员所需的楼梯、大厅与井道之间的空气流通。通常情况下依靠电梯停站时的开/关门、层门的间隙，以及轿厢运行时引起的气流就可以达到上述目的，但如果使用电梯的人员或电梯运行的技术条件有特殊要求，则要考虑设置特别的通风措施。尤其是在下列情况下，应对井道通风的设计做特别考虑。

1）井道气密性较高的情况下（尤其是采用了节能设计和技术的新建和翻修的建筑）；

2）井道内的环境条件不利，例如：环境温度和（或）湿度较高、空气质量恶劣等；

3）当被运输的物品或设备可能存在有害排放物时；

4）长期停运后的电梯再次投入运行前，应注意井道通风。

（4）井道通风设计中应征询通风换气设备专业人员的建议，或者满足国家建筑和消防法规

1）井道不能用于建筑物其他区域的通风（见 5.2.1.3）；

2）不能将建筑物其他区域的排出的空气，尤其是污浊的空气作为井道通风；

3）当电梯井道作为消防竖井的组成部分时，需要进行特别考虑。

（5）买方和供应商之间应对井道和轿厢通风进行协商并达成一致。

E.3.3　机房的通风

机房的通风通常是为被授权人员和设置在其中的设备提供一个合适的工作环境。

因此，机房的环境温度应保持在 0.4.16 所述的范围内。还应考虑湿度和空气质量，以避免因凝露等造成技术问题。

如果不能保持上述温度，可能导致电梯自动退出服务，直到温度恢复到其预期的水平。

电梯的制造单位（或安装单位）应提供适当的建筑设计和计算的必要信息，以便使负责建筑或结构的工作人员确定是否需要为作为建筑物一部分的机房提供通风或需要提供哪种通风。换言之，双方应告知对方必要的事实；另一方面，采取适当的措施，以确保电梯的正确操作、安全使用和维护。

【解析】

本条是对机房通风的建议，主要分为以下 3 个方面的内容：

（1）空气的相对湿度和空气质量

在 0.4.16 中已经假定了机房温度应保持在 5 ℃～40 ℃,但并没有对其他相关因素(如空气湿度、空气质量等)作出要求。对此可以参考相应的电梯标准。

1) 对于空气中的相对湿度

对于空气相对湿度,根据 GB/T 10058—2009《电梯技术条件》中 3.2.3 的要求:"运行地点的空气相对湿度在最高温度为＋40 ℃时不超过 50％,在轿底温度下可有较高的相对湿度,最湿月的月平均最低温度不超过＋25 ℃,该月的月平均最大相对湿度不超过 90％。若可能在电气设备上产生凝露,应采取相应措施"。

2) 对于空气质量

根据 GB/T 10058—2009 中 3.2.5 的要求:"环境空气中不应含有腐蚀性和易燃性气体,污染等级不应大于 GB/T 14048.1—2006 规定的 3 级"。

注:GB 14048.1 现已修订为 GB 14048.1—2012。

GB/T 14048.1—2012《低压开关设备和控制设备　第 1 部分:总则》中的"污染等级 3"是指:"有导电性污染,或由于凝露使干燥的非导电性污染变为导电性污染"。

(2) 机房温度过高可能导致电梯(自动)停止服务

(3) 买方和供应商之间应对机房的通风进行协商并达成一致

附录 F（规范性附录）　进出底坑的梯子

F.1　底坑梯子的类型

下列类型的底坑梯子可用于进出底坑（见图 F.1）：

a)　固定的梯子（类型 1），直立在一个位置，使用和存放在同一位置。或

b)　可伸缩的梯子（类型 2a），直立在两个位置，一个用于使用，另一个用于存放。当人员站在踏棍上时能够转换到使用位置。或

c)　可伸缩的梯子（类型 2b），直立存放，通过水平滑出梯子的底部，人员手动将其移动到使用位置。或

d)　可移动的梯子（类型 3a），直立存放，人员手动移动到倾斜的使用位置。或

e)　可移动的梯子（类型 3b），平放存放在底坑地面上，人员手动移动到倾斜的使用位置。或

f)　可折叠的梯子（类型 4），存放在底坑内，使用时放置并钩在层门地坎上。

【解析】

本条给出了用于进出底坑的梯子的形式。图 F.1 给出了允许使用的 4 类（共计 6 种）梯子的示意图。作为对图 F.1 的补充，图 F.1-1 给出了用于进出底坑的梯子的示意图及实物图。

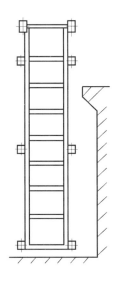

a)　固定的梯子（类型1）

图 F.1-1　用于进出底坑的梯子（6 种）

b）可伸缩的梯子（类型2a）

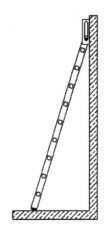

c）可伸缩的梯子（类型2b）

d）可移动的梯子（类型3a）

续图 F.1-1

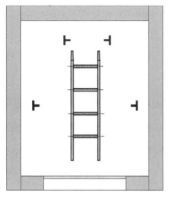

e) 可移动的梯子（类型3b）

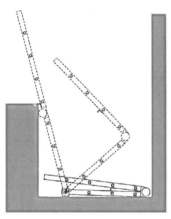

f) 可折叠的梯子（类型4）

续图 F.1-1

F.2 一般要求

F.2.1 按照设计电梯时所选择的梯子类型，梯子应永久保存在底坑内，不能移出井道或用于其他用途。

【解析】

在设计进出底坑的梯子时，可以根据电梯安装现场的实际情况选择 F.1 中给出的任一型式的梯子。但所选用的梯子必须专门用于进出底坑，不可移作其他用途或与其他场所共用。因此要求：

（1）永久保存在底坑内

为了使人员在进出底坑时能方便地获取，梯子应存放在底坑内，不允许保存在其他场所。即使在最底层层站也不允许。这是因为，只有梯子存放在底坑内，才能使人员最直接、最方便地获得。如果存放在其他位置（即使存放在底层层站），也可能存在人员由于不知道具体存放地点而无法获取的风险。

（2）不能移出井道或用于其他用途

无论在存放位置还是在工作位置，梯子均不得移出井道，也不得作其他用途，以免人员在进出底坑时无法有效获得。

> **F.2.2　梯子应：**
> a)　能够承受一个人的重量，其重量按 1 500 N 计算；
> b)　由铝或钢制成，不能使用木制的梯子。在钢制的情况下，应进行防锈蚀保护。

【解析】

本条对进出底坑的梯子的强度和材料进行了要求。

a）强度方面

能承受一个人的重量。考虑到人员进出底坑时可能携带工具，因此作用在梯子上的力按 1 500 N 计算。这是对于梯子强度的最低要求。

b）梯子的材料

底坑中的湿度可能较大，且梯子需要长期保存在这种环境中，考虑到需要保证材料的稳定性，因此不应使用木材制作的梯子。钢材和铝材的耐久性很好，因此梯子应采用这两种金属材料制造。如果采用钢材制造，则要进行必要的防锈措施（镀锌、喷漆等），以免腐蚀。

> **F.2.3　梯子的长度应满足下述要求：在使用位置，梯框或其他适合扶手从层门地坎向上垂直延伸的高度至少为 1.10 m。**

【解析】

人员通过梯子进出底坑时，为了避免在层门地坎处发生坠落风险，梯子应提供一个足够高的可供手扶的长度，以保证人员能够方便地抓握。

本条规定，上述高度应为从层门地坎向上垂直延伸的至少为 1.10 m。应注意 1.10 m 的高度要求不是梯子延伸的长度而是在垂直方向上的高度，如图 F.2-1 所示。

> **F.3　梯框和踏棍**
>
> **F.3.1　梯框**
>
> 梯框的横截面应满足下列要求：
> a)　为了容易和安全地抓握，宽度不大于 35 mm，深度不大于 100 mm；和
> b)　符合 GB/T 17889.2—2012 第 5 章中机械强度试验的规定。

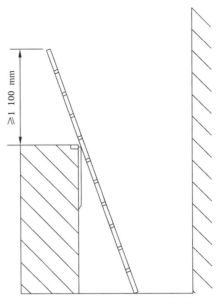

图 F.2-1 梯子的向上垂直延伸的高度

【解析】

根据 GB/T 17889.1—2012《梯子 第 1 部分：术语、型式和功能尺寸》中的定义，"梯框"是指"支撑踏棍、踏板或支撑腿横撑的梯子侧边构件"，参见图 F.3-1。

作为梯子的结构件，梯框同时又可能作为人员抓握的扶手，因此其结构尺寸既需要考虑到人体功效学的因素，也需要有强度和刚度方面的保证：

a) 为了容易和安全地抓握，梯框宽度不大于 35 mm，深度不大于 100 mm。

图 F.3-1 给出了梯框宽度和深度的示意图。

b) 符合 GB/T 17889.2—2012 第 5 章中机械强度试验的规定

图 F.3-2 给出了按照 GB/T 17889.2—2012 中 5.2 进行梯框强度试验的示意图。

按照 5.2 的要求，强度试验应在完整的梯子上进行。如果是延伸式梯子和组合式梯子，则试验应在完全展开的梯子上进行。分段式梯子应在所有可用部件

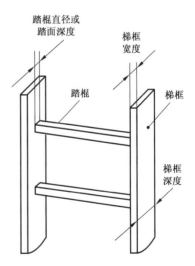

图 F.3-1 梯框和踏棍

的全部长度上进行试验。如果支撑腿没有永久固定在梯子上，则试验应在无支撑腿的条件下进行。

梯子应水平放置在两个支撑点上，两个支撑点分别位于距离梯子两端 200 mm 处。两个支撑点应为直径在 25 mm～100 mm 的圆柱，并且其中一个能自由转动，另一个是固定的。

单位为毫米

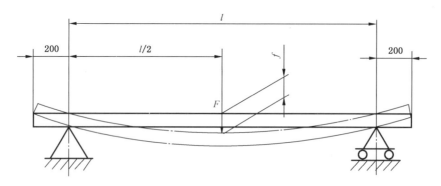

图 F.3-2　梯框的强度试验

试验载荷应缓慢均等地施加到梯子中部的两个梯框上，受力处的宽度为 100 mm。施加载荷时应注意避免产生冲击力。

预加载 500 N 并持续 1 min。去除预加载荷后，梯子的位置为初始测量位置。

施加 1 100 N 的试验载荷 F（见图 F.3-2）并持续 1 min。应在去除试验载荷 1 min 之后进行测量。

梯子的永久变形 f 不应超过两个支撑点间距 l 的 0.1%。

F.3.2　踏棍

踏棍应符合下列要求：

a)　踏棍的最小净宽度应为 280 mm；

b)　踏棍应等距布置，间距在 250 mm～300 mm 之间；

c)　踏棍的横截面应为圆形或多边形（正方形或 4 边以上），直径或踩踏面深度为 25 mm～35 mm；

d)　踏棍的表面应是非光滑的，即：采用异型表面或特殊的耐用的防滑涂层。

【解析】

根据 GB/T 17889.1—2012《梯子　第 1 部分：术语、型式和功能尺寸》中的定义，"踏棍"是指"站立面前后宽度小于 80 mm，且不小于 20 mm 的攀爬支撑件"。应注意的是，本部分中踏棍尺寸的要求比 GB/T 17889.1—2012 的规定更加严格。

a）踏棍宽度

根据 GB/T 17889.1—2012 的定义，踏棍宽度是指，沿最短踏棍的上边缘梯框内侧之间的可用距离。

根据 GB/T 17889.1—2012 中的表 2、表 3，无论是倚靠式踏棍梯子还是自立式踏棍梯子，其踏棍最小净宽度不应小于 280 mm，见图 F.3-3 中的尺寸 b。

b）踏棍布置

根据 GB/T 17889.1—2012 的定义，踏棍间距是指沿两梯框之间的中线，相邻踏棍上边缘之间的距离。

GB/T 17888.4—2008《机械安全 进入机械的固定设施 第4部分:固定式直梯》中4.4.1.1中要求"踏棍的间距应是一致的",本部分也规定了相同的要求,即踏棍应等间距布置。这是因为,只有等间距布置才能有效避免人员使用时由于难以找到踏棍的布置规律,而增加坠落风险。

根据GB/T 17889.1—2012中表2、表3,无论是倚靠式踏棍梯子还是自立式踏棍梯子,其踏棍的布置间距应在250 mm~300 mm,以方便人员使用,见图F.3-3中的尺寸 h。

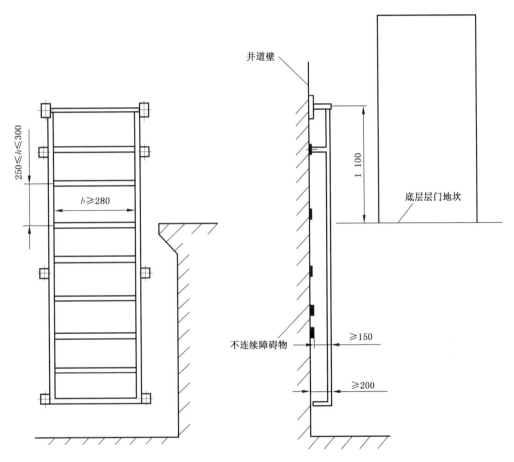

图 F.3-3 踏棍及其布置要求

c) 踏棍横截面的形状和尺寸

为了使人员在踩踏时不容易滑落,以及攀登时容易用手抓握,踏棍的截面形状应为圆形、正方形或多边形(超过4边)。

为了人员能够稳定地踩踏以及抓握,根据GB/T 17888.4—2008《机械安全 进入机械的固定设施 第4部分:固定式直梯》中4.4.2.3踏棍的踩踏深度应在25 mm~35 mm,如图F.3-1所示。

d）踏棍的表面应具有防滑设计

踏棍应有防滑设计或防滑处理，以防止其上有油污、凝露或结冰时增加人员打滑的风险。

F.4　非固定式梯子的特殊要求

对于可移动或可折叠的梯子（类型 3 或类型 4），应符合下列要求：

a）　为了在地坎处安全和容易地操作梯子，梯子的最大质量不超过 15 kg；

b）　通过设置使梯子与地坎、底坑底部或井道壁固定的装置，确保在使用位置安全地使用梯子；

c）　通过设置在梯框底端适合的装置，防止人员站在或抓住梯子的上部（在地坎平面以上）时梯子翻倒；

d）　对于可伸缩的梯子（类型 2a）和可折叠的梯子（类型 4），当梯子从使用位置收回到存放位置时，应防止在收缩或折叠梯子的过程中产生剪切和（或）挤压手或脚的风险。

【解析】

本部分 F.1 中允许使用非固定式梯子作为进出底坑的设备。对于上述梯子，本条做出了详细规定：

a）可移动或可折叠梯子的质量

由于需要人员移动或展开梯子，如果梯子过于笨重，会造成人员难以操作，甚至发生由于用力过大造成坠入井道的风险。因此必须对可移动或可折叠梯子的质量加以限制。根据 GB/T 12330—1990《体力搬运质量限值》中所给出的参数，人体搬运质量最大极限值（男子，单次质量）为 15 kg（见该标准表 3），因此本条将可移动或可折叠梯子的质量限制在不超过 15 kg 是合适的。

b）可移动或可折叠梯子的固定

与固定式梯子不同，每一次使用非固定式梯子时均需要进行固定，如果固定不当可能导致梯子发生危险位移。因此在使用可折叠或可移动梯子时，必须使梯子与地坎、底坑底部或井道壁固定（如图 F.4-1 所示），以避免发生上述危险。

c）应有防止梯子翻倒的设计

无论是可移动或可折叠的人员梯子，在移动或展开到工作位置后，其底部梯框均应有固定装置，以避免人员站在或抓握梯子上部时，人员质量或施加的力使梯子翻倒，见图 F.4-2。

d）防止可伸缩的梯子（类型 2a）和可折叠的梯子（类型 4）在使用过程中产生剪切和（或）挤压肢体的风险。

上述两种类型的梯子存在剪切和（或）挤压肢体的风险：

1) 类型为 2a 的可伸缩梯子在使用过程中(收缩梯子时),可能发生使用者的手臂夹在梯子和井道壁之间,产生挤压风险,见图 F.1-1b)所示。同时这种梯子在伸展至工作位置时,也可能发生梯框下缘砸伤使用者的脚的风险,见图 F.4-1b)所示。

a)　梯子上端部梯框与井道固定

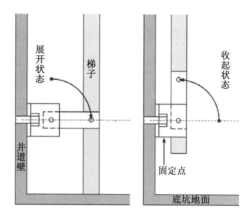

b)　梯子下部梯框与井道壁固定

图 F.4-1　梯子的固定

图 F.4-2　梯子防翻倒设计(底部梯框固定)

2) 类型为 4 的可折叠的梯子在折叠过程中,可能夹伤使用者的手或手臂,见图 F.4-3 所示。

图 F.4-3　折叠梯子的伸展或收起

因此，上述两种梯子（类型 2a 和类型 4）应能防止在从使用位置收回到存放位置时，产生剪切和（或）挤压手或脚的风险。例如，采用图 F.4-3 所示方法，当人员离开底坑后可以通过推动折叠梯子的最上面一段，方便地将梯子折叠起来，而且在整个过程中肢体不会进入梯子的任何一个折叠段内，可以有效避免发生挤压风险。

F.5　底坑中梯子的位置

底坑中的梯子的使用位置应满足下列要求：

a) 对于直立的梯子，踏棍后面与墙壁的距离不应小于 200 mm，在有不连续障碍物的情况下不应小于 150 mm；

b) 层门入口边缘与处于存放位置的梯子或操作梯子的装置（如链条、带等）的距离不大于 800 mm；

c) 层门入口边缘与处于使用位置的梯子踏棍中点的距离不大于 600 mm，以便于人员容易接近；

d) 梯子的一个踏棍的高度应尽可能与地坎在同一水平面。

【解析】

对于进出底坑的梯子，其位置也是保证在使用过程中人员安全的重要因素。对于底坑中梯子的位置，应满足以下几个方面的要求。

a) 踏棍与墙壁之间的距离

采用直立梯子时，为了保证踏棍后方有能够容纳使用者的脚的空间，踏棍与墙壁之间的距离应足够大。GB/T 17888.4—2008《机械安全　进入机械的固定设施　第 4 部分：固定式直梯》中 4.4.4"肢体和周围固定部分之间的距离"为："……在踏棍后面：至少为 200 mm，在有不连续障碍物的情况下，应为 150 mm"（见图 5.2-12 和图 F.3-3 的示意），本部分采用了上述规定。

b) 存放梯子的位置或用于操作梯子的装置的位置

人员在使用梯子进出底坑时，如果存放梯子的位置距离层门入口处过远，在移动梯子时，容易发生坠落风险，因此应对梯子的位置或操作梯子的装置的位置作出限制。由 GB/T 13547—1992《工作空间人体尺寸》可知：18～60 岁男性的双臂展开宽为 1 579 mm（P_5），单臂展开并考虑上身宽度，存放梯子的位置距离层门入口边缘的距离不超过 800 mm，这是人员容易接近的。

基于同样原因，对于可移动或折叠的梯子，操作梯子的装置（通常是链、带等）也应设置在距离层门入口边缘不超过 800 mm 处。

c) 梯子与层门入口边缘之间的距离

为了防止人员在层门入口的梯子上发生坠落，要求梯子踏棍距离层门入口的距离不超过 600 mm。从人体功效学的统计数据来看，身高在 1.6 m～1.7 m 的成年人，其步长在 0.55 m～

0.75 m,因此本部分规定的 0.6 m 能够避免由于梯子与层门入口距离过大导致的坠落。

d) 梯子第一个踏棍与地坎的高度差

梯子第一个踏棍与地坎面的高度差，也会有人员坠落风险。GB/T 17888.4—2008《机械安全　进入机械的固定设施　第 4 部分：固定式直梯》中 4.4.1.2 对"踏棍和启程面、到达面之间的距离"是这样规定的："启程面的步行表面和第 1 级踏棍间的距离不应超过相邻踏棍间的距离。……顶部踏棍与到达面的步行表面应处于同一水平面……"。

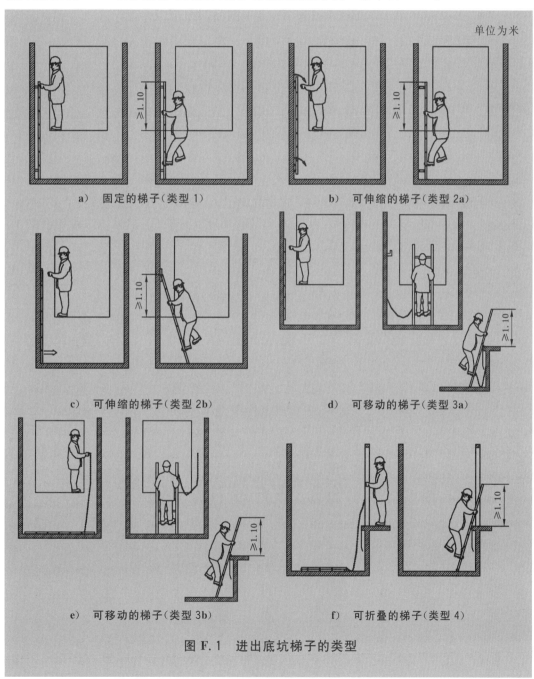

图 F.1　进出底坑梯子的类型

参 考 文 献

[1]　GB/T 7631.2　润滑剂、工业用油和相关产品(L 类)的分类　第 2 部分:H 组(液压系统)(GB/T 7631.2—2003,ISO 6743-4:1999,IDT)

[2]　GB 15763.2　建筑用安全玻璃　第 2 部分:钢化玻璃

[3]　GB 15763.3　建筑用安全玻璃　第 3 部分:夹层玻璃

[4]　GB/T 16895.18—2010　建筑物电气装置　第 5-51 部分:电气设备的选择和安装　通用规则(IEC 60364-5-51:2005 Ed.5.0,IDT)

[5]　GB/T 17888.2—2008　机械安全　进入机械的固定设施　第 2 部分:工作平台和通道(ISO 14122-2:2001,IDT)

[6]　GB/T 17888.4—2008　机械安全　进入机械的固定设施　第 4 部分:固定式直梯(ISO 14122-4:2004,IDT)

[7]　GB/T 20438.1　电气/电子/可编程电子安全相关系统的功能安全　第 1 部分:一般要求(GB/T 20438.1—2017,IEC 61508-1:2010,IDT)

[8]　GB/T 20438.2　电气/电子/可编程电子安全相关系统的功能安全　第 2 部分:电气/电子/可编程电子安全相关系统的要求(GB/T 20438.2—2017,IEC 61508-2:2010,IDT)

[9]　GB/T 20438.3　电气/电子/可编程电子安全相关系统的功能安全　第 3 部分:软件要求(GB/T 20438.3—2017,IEC 61508-3:2010,IDT)

[10]　GB/T 20438.4　电气/电子/可编程电子安全相关系统的功能安全　第 4 部分:定义和缩略语(GB/T 20438.4—2017,IEC 61508-4:2010,IDT)

[11]　GB/T 20438.5　电气/电子/可编程电子安全相关系统的功能安全　第 5 部分:确定安全完整性等级的方法示例(GB/T 20438.5—2017,IEC 61508-5:2010,IDT)

[12]　GB/T 20438.6　电气/电子/可编程电子安全相关系统的功能安全　第 6 部分:GB/T 20438.2 和 GB/T 20438.3 的应用指南(GB/T 20438.6—2017,IEC 61508-6:2010,IDT)

[13]　GB/T 20438.7　电气/电子/可编程电子安全相关系统的功能安全　第 7 部分:技术和措施概述(GB/T 20438.7—2017,IEC 61508-7:2010,IDT)

[14]　GB/T 20900　电梯、自动扶梯和自动人行道　风险评价和降低的方法(GB/T 20900—2007,ISO/TS 14798:2006,IDT)

[15]　GB/T 24477—2009　适用于残障人员的电梯附加要求

[16]　GB/T 24479　火灾情况下的电梯特性

[17]　GB/T 24803.2　电梯安全要求　第 2 部分:满足电梯基本安全要求的安全参数(GB/T 24803.2—2013,ISO/TS 22559-2:2010,MOD)

[18]　GB/T 24803.3—2013　电梯安全要求　第 3 部分:电梯、电梯部件和电梯功能符合性评价的前提条件(ISO/TS 22559-3:2011,MOD)

［19］　GB/T 26465　消防电梯制造与安装安全规范

［20］　GB/T 28621　安装于现有建筑物中的新电梯制造与安装安全规范

［21］　GB/T 30560　电梯操作装置、信号及附件（GB/T 30560—2014，ISO 4190-5：2006，MOD）

［22］　GB/T 31095　地震情况下的电梯要求

［23］　GB/T 31523.1—2015　安全信息识别系统　第1部分：标志（ISO 7010：2011，MOD）

［24］　JC 433　夹丝玻璃

［25］　JC 846　贴膜玻璃

［26］　ISO 7000：2014　Graphical symbols for use on equipment—Registered symbols

参考文献

［1］　成大先.机械设计手册(第五版)［M］.北京:化学工业出版社,2008.

［2］　张福恩,吴乃优,张金陵,等.交流调速电梯原理、设计及安装维修［M］.北京:机械工业出版社,1991.

［3］　张福恩,张金陵,李秧耕,等.电梯制造与安装安全规范应用手册［M］.北京:机械工业出版社,1993.

［4］　朱昌明,洪致育,张惠侨.电梯与自动扶梯-原理设计安装测试［M］.上海:上海交通大学出版社,1995.

［5］　刘连昆,冯国庆,等.电梯安全技术——结构.标准.故障排除.事故分析［M］.北京:机械工业出版社,1995.

［6］　杨华勇,骆季皓.液压电梯［M］.北京:机械工业出版社,1996

［7］　张利平.液压传动系统设计与使用［M］.北京:化学工业出版社 ,2012.

［8］　李秧耕.电梯基本原理及安装维修全书［M］.北京:机械工业出版社,2005.

［9］　朱昌明,孙立新,张晓峰,等.EN 81-1:1998〈电梯制造与安装安全规范〉解读［M］.北京:中国标准出版社,2007.

［10］　Jonathan Statham,Simon Coldrick,Jonathan Statham,etc. Technical assessment of means of preventing crushing risks on lifts subject to directive 95/16/EC［J］.

［11］　EN 81-1/2 解释单汇编.全国电梯标准化技术委员会秘书处.

［12］　马培忠.限速器的型式特点和性能分析——浅谈电梯安全部件之一［J］.中国电梯,1996,(6).

［13］　马培忠.安全钳的型式特点和性能分析——浅谈电梯安全部件之二［J］.中国电梯,1996,(7).

［14］　马培忠.缓冲器的型式特点和性能分析——浅谈电梯安全部件之三［J］.中国电梯,1996,(8).

［15］　George W. Gibson. 电梯水平滑动门系统瞬时最大动能限量［J］.Elevator World,1997,(4).

［16］　金琪安.电梯的电气安全保护［J］.中国电梯,2002,(8).

［17］　金琪安.再谈电梯的电气安全保护［J］.中国电梯,2003,(19).

［18］　金江山.电梯安全链安全技术应用探讨［J］.中国电梯,2004,(15).

［19］　曾晓东.接地保护的原理、检验及计算［J］.中国电梯,2001,(7).

[20]　冯志华,杨永强,朴庆利,等.变频器与长电缆相连时电机的失效现象分析[J].电气传动,2002,(5).

[21]　权安江.安全元件、安全电路及安全系统设计介绍[J].

[22]　王宏杰.电梯开门情况下的平层和再平层检查装置的设计[J].中国电梯,2014,(5).